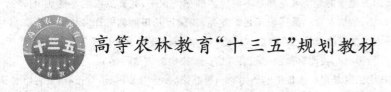

高等农林教育"十三五"规划教材

兽医传染病学

单 虎 主编

U0219438

中国农业大学出版社

·北京·

内 容 简 介

　　虽然我国是养殖业大国,但是我国养殖业的经济效益却达不到世界的平均水平,究其原因主要是动物传染病造成大量的生产动物发病甚至死亡,造成畜禽产品产量不足。此外,我国近几年面临着许多动物传染病和人兽共患病的困扰,兽医传染病对国民的身体健康也存在极大的威胁。兽医传染病学就是研究畜禽动物传染性疾病及人兽共患传染病的发生、流行规律、检测以及预防和消灭这些传染病的方法科学。

　　本书包括总论和各论两部分。总论主要是对兽医传染病的感染与抗感染、发生与发展、流行过程、流行特征以及防疫措施进行较为全面的概括和介绍。各论结合某种传染病发生的案例,首先对案例进行准确、详细的剖析,通过案例阐述该传染病的概况、病原、流行病学、发病机理、临床症状、病理变化、类症鉴别、诊断和预防措施等。各论分为6章,主要介绍100多种传染病,包括人兽共患传染病、猪的传染病、反刍动物的传染病、家禽的传染病、马的传染病、犬的传染病、猫的传染病、兔的传染病以及貂的传染病。本书以真实案例作背景,有利于读者加深对各种传染病的认识。本书科学性、系统性和实用性强,有助于提高高等农业院校兽医及相关专业学生技术水平,也可作为科研、生产等相关人员的一本重要的参考用书。

图书在版编目(CIP)数据

兽医传染病学/单虎主编.—北京:中国农业大学出版社,2017.2
ISBN 978-7-5655-1776-1

Ⅰ.①兽…　Ⅱ.①单…　Ⅲ.①兽医学—传染病学　Ⅳ.①S855

中国版本图书馆 CIP 数据核字(2017)第 004410 号

书　　名	兽医传染病学		
作　　者	单 虎　主编		
策　　划	赵 中	责任编辑	冯雪梅
封面设计	郑 川	责任校对	王晓凤
出版发行	中国农业大学出版社		
社　　址	北京市海淀区圆明园西路2号	邮政编码	100193
电　　话	发行部 010-62818525,8625	读者服务部	010-62732336
	编辑部 010-62732617,2618	出 版 部	010-62733440
网　　址	http://www.cau.edu.cn/caup	E-mail	cbsszs @ cau.edu.cn
经　　销	新华书店		
印　　刷	北京时代华都印刷有限公司		
版　　次	2017年4月第1版　2017年4月第1次印刷		
规　　格	787×1 092　16开本　31.75印张　790千字		
定　　价	66.00元		

编 审 人 员

主　　编　单 虎
副 主 编　郭 鑫　沈志强
编　　者　（以姓氏笔画为序）

马吉飞　（天津农学院）

尹革芬　（云南农业大学）

王　涛　（河南牧业经济学院）

刘文强　（聊城大学）

刘晓东　（青岛农业大学）

李玉保　（聊城大学）

李桂梅　（青岛农业大学）

沈志强　（滨州畜牧兽医研究所）

单　虎　（青岛农业大学）

杨瑞梅　（青岛农业大学）

胡敬东　（山东农业大学）

郭　鑫　（中国农业大学）

高　利　（东北农业大学）

秦四海　（临沂大学）

秦晓冰　（青岛农业大学）

谢之景　（山东农业大学）

曹瑞兵　（南京农业大学）

黄　娟　（青岛农业大学）

韩先杰　（青岛农业大学）

温建新　（青岛农业大学）

鲜思美　（贵州大学）

主　　审　陈溥言

前　　言

　　长期以来,我国各种相关教材和课堂教学都是承袭前辈们流传下来的固定模式,即对每一种动物传染病的教授都是按照"病性、病原、流行病学、临床症状、病理变化、诊断、防治、公共卫生"这一"流程"进行模式化的教学。这种授课方法虽然具有比较系统、符合逻辑、"步调一致"等优点,表面上看起来似乎便于学生识记,但实际上由于教学方法和模式千篇一律,呆板枯燥,缺乏灵活性和多样性,重"说教式""填鸭式"教学而全无启发性,因此学生无论是在课堂上听讲还是在课堂下阅读教材,都容易产生厌倦和疲劳,不利于调动学生的学习积极性和主动性,从而影响教学效果和学习效率。而且动物传染病是一门实践性很强的学科,只学会了书本的知识,缺乏临床和实践经验,不能对临床的传染病进行诊断,造成人才培养存在缺陷。目前,我国大专院校动物传染病学课程教学普遍存在教学容量大、教学时数少、教学方法单一、教学手段陈旧,学生眼高手低,缺乏对学生的引导与实践能力的培养。

　　动物传染病学主要是研究动物传染病发生、发展和流行规律、各种传染病的特征、防控措施及原则的一门科学,由于很多传染病既有共性的东西,又有各自的特点,每种传染病在不同的发病条件下都可看作是一个独立的典型案例,因此非常适合采用案例教学法,通过案例教学可以增加学生的临床实践经验。

　　根据学术刊物、专著、学术会议等报道的动物传染病案例,搜集相关信息编写案例式教学讲义,对每一个重点案例的具体情况进行剖析,重点突出流行病学情况、特征症状、病理变化和实验室诊断技术的描述,结合临床的复杂性,讲授每一个案例,使得同学有亲临临床诊断现场之感。根据已经报道的临床治疗措施的总结和描述,使学生能掌握非常实用的临床治疗经验。

　　该版教材主要通过传染病案例教学新模式的建立,打破常规的教学方法的局限,充分调动学生学习积极性,使学生主动思考,主动理解,主动吸收,并根据实际做合理延伸,这是动物传染病学学科教学所需要的。通过动物传染病学案例教学的方法,使"老师主动教"改变为"学生主动学",从而提升教学质量,改善现有的动物传染病学教学效率低下的现状。

　　教材包括总论和各论两部分。总论主要是对兽医传染病的感染与抗感染、发生与发展、流行过程、流行特征以及防疫措施进行较为全面的概括和介绍。各论结合某种传染病发生的案例,首先对案例进行准确、详细的剖析,通过案例阐述该传染病的概况、病原、流行病学、发病机理、临床症状、病理变化、类症鉴别、诊断和预防措施等。各论分为六章,主要介绍100多种传染病,包括人兽共患传染病、猪的传染病、反刍动物的传染病、家禽的传染病、马的传染病、犬的传染病、猫的传染病、兔的传染病以及貂的传染病。本书以真实案例作背景,有利于读者加深对各种传染病的认识,科学性、系统性和实用性强,有助于提高高等农业院校兽医及相关专业学生技术水平,也可作为科研、生产等相关人员的一本重要的参考用书。

　　为了使教材内容丰富、信息来源广泛、各案例与知识结构构架合理、广度和深度相得益彰,我们汇聚了青岛农业大学、中国农业大学、云南农业大学、天津农学院、聊城大学、滨州畜牧兽医研究所、山东农业大学、东北农业大学、临沂大学、南京农业大学、贵州大学、河南牧业经济学院 12 所高等院校的 20 余位知名教授共同编写本教材，以便学生们能够系统、全面地掌握动物传染病知识体系。由于各个地区传染病流行情况不同，使用本书授课，可根据各地域、各高校具体情况和学时安排，选择重点章节讲授。部分内容可供科研工作者借鉴、参考。

本版教材引用了大量参考文献，包括电子、网络文献，但因篇幅所限，不能一一列出，在此特向有关作者表示歉意，并致以衷心感谢！

本书由陈溥言教授主审。编委秘书刘晓东同志作了大量文字辅助工作。

随着科技与社会的不断发展，知识的涵盖面也是千变万化、日新月异、无穷无尽的，而编者的知识面有限，对于本书中的不足之处，诚请同学、专家和奋斗在一线的科研工作者们批评指正，以便我们再版整改，谨此致谢。

编者
2016 年 12 月

目　录

总　论

各　论

总　　论

第一章　兽医传染病的发生与流行

第一节　感染与抗感染免疫

一、感染

病原微生物侵入动物机体,在一定部位定居、生长、繁殖,从而引起机体产生一系列的病理反应,这个过程称为感染(infection)。引起感染的病原微生物通常有细菌、病毒、真菌等。感染的过程是病原微生物的致病力、动物的易感性、病理反应和临床反应综合作用的结果。感染的结果表现出很大的差异,这与病原微生物的特性(毒力和致病性)、动物的易感性(先天的遗传性和免疫状态)和环境因素有关。

二、感染的类型

感染的过程实际上是病原微生物和动物机体斗争的过程,斗争的结果由于双方力量的对比和相互作用的条件不同而表现不同的形式。根据感染的本质、特点、表现形式及后果等,通常将感染分为不同的类型。

1. **按感染来源分类感染可分为内源性感染和外源性感染**

(1)内源性感染　病原体寄生在动物机体内,在机体正常的情况下,它并不表现致病性,这样的病原微生物称为条件性病原微生物。但当受到不良因素的影响,如动物饲料营养不平衡、气候突变等因素,致使动物机体的抵抗力减弱时,可引起病原微生物的毒力增强,大量繁殖,最后引起机体发病。由此引起的发病称为内源性感染。例如兔巴氏杆菌感染、猪链球菌感染有时就是这样发生的。

(2)外源性感染　来自动物机体外的病原微生物引起的感染过程,称为外源性感染。多数病原微生物引起的感染属于这一类型,例如破伤风梭菌、炭疽杆菌、猪伪狂犬病毒、猪蓝耳病病毒、猪传染性胃肠炎病毒、犬细小病毒感染、口蹄疫病毒等引起的感染,这样的例子举不胜举。

2. **按感染病原的种类和数量分类感染可分为单纯感染、混合感染和继发感染**

(1)单纯感染　单纯感染是指只有一种病原微生物引起的感染。例如用无菌动物进行单一病原微生物攻毒试验时的感染为单纯感染。

(2)混合感染　由两种或两种以上病原微生物同时参与的感染。目前,混合感染在生产中比较常见,如肉仔鸡大肠杆菌、支原体、传染性支气管炎病毒等病原微生物引起的混合感染,猪蓝耳病病毒、圆环病毒、副猪嗜血杆菌等病原微生物引起的混合感染等。

（3）继发感染　动物感染一种病原微生物以后，机体抵抗力降低，由新侵入的病原微生物或已存在于体内的另一种病原微生物引起的感染。比如猪先前已经发生肺炎支原体的感染，随后又发生巴氏杆菌或蓝耳病病毒的感染。混合感染或继发感染使疾病表现严重而且复杂，增加了疾病诊断和防治的难度。

3. 按感染的范围分类感染可分为全身感染、局部感染

（1）全身感染　病原微生物突破了各种屏障侵入血液向全身扩散，产生严重的全身性反应。比如急性猪瘟、急性猪链球菌病、高致病性禽流感等发生的感染均为全身感染。

（2）局部感染　侵入的病原微生物在一定部位生长繁殖，并引起一定病变。例如由致病性大肠杆菌引起鸡的眼炎、眶下窦炎等即属于局部感染。

4. 按临床表现分类可分为显性感染、隐性感染、顿挫型感染及一过型感染

（1）显性感染　当病原微生物具有相当的毒力和数量，而动物机体的抵抗力相对较弱时，病原微生物侵入机体后大量生长繁殖，导致组织损伤，引起病理改变和临床表现，这个过程称为显性感染。

（2）隐性感染　侵入的病原体虽然在一定的部位生长繁殖，但是动物不表现任何临床症状而呈隐蔽经过的称为隐性感染。隐性感染的动物虽然不表现临床症状或病理变化，但是它们能排出有感染性的病原体，是潜在的传染病的传染源。有些隐性感染的动物在机体抵抗力下降时能转变成显性感染。

（3）顿挫型感染　顿挫型感染是指开始时症状较重，与急性病例相似，特征性症状尚未出现即迅速消退，恢复健康，称为顿挫型感染。

（4）一过型感染　一过型感染是指开始时症状较轻，特征症状未出现即行恢复，也称"消散型"感染。

5. 根据症状是否典型分类分为典型感染和非典型感染

（1）典型感染　感染过程中表现出特征性的临床症状者。如猪患亚急性猪丹毒，其皮肤出现圆形、方形、菱形或不规则形的皮肤疹块；小马驹感染破伤风梭菌，会表现四肢僵硬、运动不协调，似"木马"样姿势的典型神经症状。典型感染表现的临床症状具有很强的示病意义，对初步诊断疾病或感染有很大的帮助。

（2）非典型感染　非典型感染与典型感染相反，临床表现症状一般较轻。当前，动物饲养由小规模的散养向集约化、规模化的饲养方式转变，养殖行业普遍重视动物的群体免疫，对动物群进行高密度的疫苗免疫，在这种情形下，一些动物传染病的发生多表现为非典型感染，如非典型新城疫、非典型性猪瘟等。

6. 据感染的严重性分类分为良性感染、恶性感染

一般以死亡率作为判断传染病严重性的主要指标。不引起发病畜禽大批死亡者，称为良性感染；而引起畜禽大批死亡者称为恶性感染。如发生高致病性禽流感时可使大批家禽死亡，此感染类型为恶性感染。

7. 按病程长短分类可分为最急性、急性、亚急性和慢性感染

最急性感染病程很短，常在感染后数小时或1～2天内突然死亡，常常见不到任何临床症状，如最急性的猪链球菌感染、最急性的猪多杀巴氏杆菌感染和最急性的牛羊炭疽杆菌感染等。急性感染病程较短，从几天到几周不等，死亡率较高，伴有典型的临床症状，如急性猪链球菌感染、急性猪瘟病毒感染等。病程稍长，经过缓和，临诊症状不明显，称为亚急性感染，如亚急性的猪丹毒杆菌感染、亚急性的小鹅瘟病毒感染等。病程发展缓慢，常在 20 天至 1 个月以上，临诊症状不明显甚至表现不出来，称为慢性感染，如猪肺炎支原体感染、牛结核分枝杆菌感染、马传染性贫血病毒感染等属于慢性感染。

　　8.病毒的持续感染和慢病毒感染

　　持续感染是指入侵的病毒不能杀死宿主细胞，宿主的具有防御能力的细胞也不能将病毒完全杀死，病毒在动物宿主体内持续存在而不被清除的状态。发生持续感染的动物常缺乏临床症状，或出现与免疫病理反应有关的症状，但可长期或终生带毒，经常或反复不定期地向体外排出病毒。疱疹病毒科、副黏病毒科等所属的病毒常诱发持续感染。

　　慢病毒感染是指潜伏期长，发病呈进行性，常以死亡为转归的病毒感染。慢病毒感染与持续感染不同点在于感染过程缓慢，但不断发展最终常引起死亡。马传染性贫血病毒感染、梅迪－维斯纳病毒感染、绵羊痒病、牛海绵状脑病、传染性水貂脑病和人的库鲁病等均属于慢病毒感染。

　　以上各种感染的类型是从某个角度来进行分类的，这些分类方法都不是绝对的，它们之间相互联系或重叠交叉。如急性猪链球菌感染按照病程长短来分类为急性感染，按照感染的部位分类一般为全身感染。

三、抗感染免疫

　　在大多数情况下，动物机体的内环境并不允许侵入的病原微生物生长繁殖，或者动物机体能迅速动员全身的防御力量将入侵的病原微生物消灭，维持自身的生理功能稳定和平衡，从而保证机体的健康，这个过程称为抗感染免疫。

　　抗感染免疫是机体在进化过程中逐渐建立起来的一系列防御功能，并在与病原微生物的长期斗争中不断完善。抗感染免疫功能由机体的免疫系统完成，需要机体固有的天然屏障结构和一整套复杂的细胞与分子共同完成。针对感染的病原体不同，抗感染免疫可分为抗病毒免疫、抗细菌免疫、抗真菌免疫等。根据抗感染的机制不同，抗感染免疫又分为先天性免疫（也称固有免疫）和获得性免疫。机体的抗感染免疫能力除了主要与免疫系统的功能有密切关系外，还受个体的种属、年龄、营养状况、应激等因素的影响。

四、机体的免疫抑制

　　免疫抑制是动物免疫功能异常的一种表现，是指动物机体在单一或多种致病因素的作用下，参与免疫应答的器官、组织和细胞受到破坏，导致机体暂时性或持久性的免疫应答功能紊乱，从而使动物机体的免疫功能减弱或者丧失，表现出对疾病的易感性增加。机体发生免疫抑制的危害主要表现为影响生长和繁殖，导致机体免疫力下降，对疾病的易感性增强，发病率和死亡率增加；影响免疫应答，降低疫苗的免疫效果等。

　　近年来，在我国畜牧业生产中由于兽药的不合理使用、饲料中霉菌毒素的影响和免疫抑制性疾病的广泛存在，使得动物发生免疫抑制的现象变得越来越严重，常导致畜禽大量发病，严重时引起大批死亡，造成了巨大的经济损失，对我国畜牧业造成了深远影响。地塞米松等糖皮质激素类药物、氯霉素类药物、四环素类药物和磺胺类药物等常可导致机体免疫抑制。一些研究发现，地塞米松可阻碍浆细胞产生抗体，引起淋巴组织萎缩，抑制淋巴细胞及感染补体参与免疫反应。霉菌在自然界中种类繁多,目前已发现 300 多种有各种毒性作用的霉菌广泛存在于食品和饲料当中。霉菌毒素是霉菌在生长繁殖过程中产生的有毒次级代谢产物,其中最常见且危害较大的霉菌毒素包括黄曲霉毒素、赭曲霉毒素、玉米赤霉烯酮(又称 F-2 毒素)、呕吐毒素、T-2 毒素以及青霉酸。霉菌毒素对畜禽的影响除了中毒和致死之外更重要的是引起容易被人忽视的亚临床症状,其中对动物机体免疫抑制作用引起了广泛的关注。霉菌毒素的核心危害作用是对免疫系统的破坏及对免疫应答的强烈抑制,可表现为降低 T 淋巴细胞和 B 淋巴细胞的活性,抑制免疫球蛋白和抗体的产生,降低补体和干扰素的活性,损害巨噬细胞的功能。在所有霉菌毒素当中,黄曲霉毒素(AF)高强度地抑制动物免疫系统,它主要作用于细胞免疫,对体液免疫的影响较小。AF 通过与 DNA 和 RNA 结合并抑制其合成,引起胸腺发育不良和萎缩,淋巴细胞减少,影响肝脏和巨噬细胞的功能,抑制补体(C4)的产生和 T 淋巴细胞产生白细胞介素(IL)及其他淋巴因子。在生产实践中,几种霉菌毒素经常同时并存于同一种饲料或饲料原料中,霉菌毒素间的协同作用对动物的危害要比单独作用大得多。免疫抑制性疾病主要由病毒细菌和其他致病微生物引起。现已证实的免疫抑制性致病微生物有多种,引起猪免疫抑制的常见病原有猪圆环病毒 2 型(PCV-2)、猪伪狂犬病病毒(PRV)、猪呼吸与繁殖综合征病毒(PRRSV)、猪肺炎支原体等病原。这些病原主要侵害猪的免疫器官和免疫细胞,抑制或减弱猪的体液免疫应答和细胞免疫应答,使猪抗病能力显著减弱,健康水平下降,增加对其他致病微生物的易感性,导致低致病力的病原体或弱毒疫苗的感染发病。比如 PCV-2 在巨噬细胞介导和分裂素诱导下,能明显抑制淋巴细胞的增生,从而干扰正常免疫功能。PCV-2还可诱导 B 淋巴细胞凋亡,造成体液免疫无应答。引起鸡免疫抑制的常见病原有马立克病病毒(MDV)、禽白血病病毒(ALV)、禽呼肠病毒(ARV)、网状内皮组织增生病毒(REV)和传染性法氏囊病病毒(IBDV)等。这些病毒诱导机体产生免疫抑制的机制虽有所不同,但均能破坏免疫系统,导致机体免疫抑制的产生。

免疫抑制疾病广泛存在于畜牧业养殖中,其广泛性和隐蔽性是其巨大危害的根源,需要加强对免疫抑制疾病的研究,找出其致病原因,研发治疗免疫抑制疾病的药物,从根本上预防免疫抑制疾病的发生,保障动物性食品安全,为大众谋福利,为畜牧养殖业谋福利。

第二节　兽医传染病的发生

一、传染病的发生

(一)传染病的概念

凡是由病原微生物引起,具有一定的潜伏期和相同的临床症状,并且具有传染性的疾病。尽管不同传染病的表现形式多种多样,但是由于同一种传染病具有相同的特征,根据这些特征将其与其他传染病相区分。

(二)共同特点

1.传染病由特定的病原微生物引起

这些病原微生物通常为细菌、病毒、支原体、真菌等,如猪瘟由猪瘟病毒引起,猪丹毒由红斑丹毒丝菌引起,鸡新城疫由新城疫病毒引起等。

2.具有传染性、流行性

从患病动物体内排出的具有致病性的病原微生物,经过某些传播途径(比如直接接触、空气、水等媒介)再传给易感动物,这种使疾病由患病动物传给易感动物并且使其发病的过程就是传染。当条件适宜时候,某一地区动物群体中有许多动物被感染,致使传染病蔓延扩散,造成地方性流行、甚至大流行。

3.具有相同的症状

同一种传染病具有相同的症状,包括临床表现、眼观的病理变化等。注意的一点是要与中毒病、营养代谢病区分。

4.有相似或相同的病程经过

被感染的动物机体发生特异性的免疫反应。在传染发展的过程中,由于外来病原微生物的抗原刺激作用,动物机体发生免疫生物学反应,产生特异性的抗体或致敏的免疫细胞等。这种免疫生物学的改变可通过血清学方法等特异性反应检查出来。

5.耐过的动物获得特异性的抵抗力

动物耐过某种传染病以后,大多数情况下获得了对该病特异性的抵抗力,在一定时期或者终生不再感染该传染病。

(三)传染病的发展阶段

传染病的发展过程大多数情况下有一定的规律性,大致可分为:

1.潜伏期

从病原微生物进入机体进行繁殖时起,直到疾病的临诊症状开始出现之前,这段时间称为潜伏期。潜伏期的长短因传染病的不同而异。即使同一种传染病,由于动物的种属、品种或个体的不同,以及侵入病原微生物的毒力、数量不同,潜伏期的长短亦可能有一定的差异,但是总体而言还是有一定的规律性。如牛发生口蹄疫的潜伏期平均为2～4天,牛结核病的潜伏期长短不一,短者十几天,长者数月或半年。每种传染病的潜伏期一般都较为固定,可以作为诊断疾病的一个依据。

2.前驱期

这是疾病的征兆阶段,传染病的一般临诊症状如食欲减退、体温升高、精神异常等开始表现出来,但特征性症状尚不明显。各种传染病和各个病例的前驱期长短不一,通常只有数小时至一两天。

3.明显期

此阶段是疾病发展到高峰阶段,在此时期,该病的许多有代表性的特征性症状逐步明显地表现出来,在诊断时较易识别,有很强的示病意义。比如猪发生亚急性猪丹毒时,猪背部、臀部的局部皮肤出现圆形、方形或菱形等疹块,俗称"打火印",此时对诊断亚急性猪丹毒的意义很大。

4.转归期

传染病进一步发展为转归期。如果病原微生物的致病能力增强,动物的抗病能力减弱,则传染过程以动物死亡为转归。如果动物的抗病能力得到改进和增强,则机体逐步恢复健康,表现临床症状消退,体内的病理变化减轻,正常的生理机能和生产性能逐步恢复。动物在病后恢复健康的一段时间内还有带菌(带毒)、排菌(排毒)的现象发生,仍然属于传染源,此时仍需加强饲养管理,促使动物彻底康复。

(四)动物传染病的分类

动物传染病的分类方法很多,为了反映疾病的不同特性,人们从不同的侧面对动物传染病进行了分类,这样便于制定传染病的防治对策和统计分析,下面分别介绍几种分类方法。

1. 按病原体分类

有病毒病、细菌病、支原体病、衣原体病、螺旋体病、放线菌病、立克次体病和霉菌病等,其中除病毒病外,由其他病原体引起的疾病习惯上统称为细菌性传染病。

2. 按动物的种别分类

有猪传染病、鸡传染病、鸭传染病、鹅传染病、牛传染病、羊传染病、马传染病、犬传染病、猫传染病、兔传染病以及人畜共患性传染病等。

3. 按病原体侵害的主要器官或系统分类

有全身性败血性传染病和以侵害消化系统、呼吸系统、神经系统、生殖系统、免疫系统、皮肤或运动系统等为主的传染病等。

4. 按疾病的危害程度分类

国内和国际分类方法略有不同。

(1)国内分类 《中华人民共和国动物防疫法》第一章第四条规定:根据动物疫病对养殖业生产和人体健康的危害程度,本法规定管理的动物疫病分为下列三类:

一类动物疫病是指对人和动物危害严重、需要采取紧急、严厉的强制性预防、控制和扑灭措施的疫病。一类动物疫病大多数为发病急、死亡快、流行广、危害大的急性、烈性传染病或人和动物共患的传染病。按照法律规定此类疫病一旦发生,应采取以疫区封锁、扑杀和销毁动物为主的扑灭措施。一类动物疫病包括口蹄疫、猪水泡病、猪瘟、非洲猪瘟、高致病性猪蓝耳病、非洲马瘟、牛瘟、牛传染性胸膜肺炎、牛海绵状脑病、痒病、蓝舌病、小反刍兽疫、绵羊痘和山羊痘、高致病性禽流感、新城疫、鲤鱼病毒性出血症、虾白斑综合征共 17 种。

二类动物疫病是指可造成重大经济损失、需要采取严格控制扑灭措施的疾病。由于该类疫病的危害性、暴发强度、传播能力以及控制和扑灭的难度等不如一类动物疫病大,因此法律规定发现二类动物疫病时,应根据需要采取必要的控制、扑灭措施,当然不能排除采取与上述一类动物疫病相似的强制性措施。二类动物疫病包括狂犬病、伪狂犬病、炭疽、布鲁氏菌病、副结核病、弓形虫病、猪丹毒、马鼻疽、鸡传染性喉气管炎、鸭瘟、禽霍乱等 77 种。

三类疫病是指常见多发、可造成重大经济损失、需要控制和净化的动物疫病。该类疫病多呈慢性发展状态,法律规定应采取检疫净化的方法,并通过预防、改善环境条件和饲养管理等措施控制。大肠杆菌病、李氏杆菌病、牛流行热(病毒性腹泻)、羊肠毒血症、马流感、猪流行性感冒、禽结核病、犬瘟热等 63 种。一、二、三类动物疫病的名录可参见"中华人民共和国农业部公告 第 1125 号"。

这种疫病分类方法的主要意义是根据疫病的发生特点、传播媒介、危害程度、危害范围和危害对象,在众多的动物传染病中能够分别主次,明确疫病防制工作的重点,便于组织实施疫病的扑灭计划。

(2)国际兽疫局的动物疫病分类　国际兽疫局(Office International Des Epizooties,OIE)于 1924 年 1 月由 28 个国家在法国巴黎正式创立的国际组织。2003 年 5 月,国际兽疫局更名为世界动物卫生组织(World Organisation for Animal Health),但仍然沿用其法语首字母缩略词(OIE)的简称。截至 2014 年 6 月,其成员国及地区已达到 180 个。OIE 主要职能是通报各成员动物疫情,协调各成员动物疫病防控活动,制定动物及动物产品国际贸易中的动物卫生标准和规则,其标准和规则被世界贸易组织所采用。同时,其帮助成员完善兽医工作制度,提升工作能力;促进动物福利,提供食品安全技术支撑。OIE 发布的国际标准有动物卫生法典(Animal Health Code)——陆生动物卫生法典、陆生动物诊断试验和疫苗手册、水生动物卫生法典、水生动物疫病诊断手册。此外,还提供诸多有关动物疫病防控、动物福利、食品安全方面的指南、建议。OIE 制定的动物疫病名录收录了对当前国际动物卫生和动物产品国际贸易影响较大的动物(水生、陆生)疫病。

2005 年以前,OIE 制定的动物疫病名录将动物疫病分为 A 类和 B 类动物疫病(List A and List B)。A 类动物疫病是指超越国界,具有快速的传播能力,能引起严重的社会经济或公共卫生后果,并对动物和动物产品的国际贸易具有重大影响的传染病。按照《国际动物卫生法典》的规定,应将 A 类疾病的流行状况定期或及时地向 OIE 报告。A 类疾病包括口蹄疫、水泡性口炎、猪水泡病、牛瘟、小反刍兽疫、牛传染性胸膜肺炎、结节性皮肤病、裂谷热、蓝舌病、绵羊痘和山羊痘、非洲马瘟、非洲猪瘟、猪瘟、高致病性禽流感和新城疫。B 类动物疫病是指在国内对社会经济或公共卫生具有明显的影响,并对动物和动物产品国际贸易具有很大影响的传染病或寄生虫病。按规定应每年向 OIE 呈报一次疫情,但是必要时也需要多次报告。

2005 年以后,OIE 根据世界贸易组织(WTO)协议中关于实施卫生与植物卫生措施协议(Agreement On The Application Of Sanitary And Phytosanitary Measures,SPS)有关规则,在国际贸易中给予所有疫病同等程度的重视,取消了 A 类和 B 类疫病名录的定义和分类,统一为单一的 OIE 疫病名录。OIE 陆生动物卫生法典(2015 版)将动物疫病分为多种动物共患疫病(18 种)、蜜蜂病(6 种)、禽病(9 种)、牛病(13 种)、马病(11 种)、兔病(2 种)、羊病(9 种)、猪病(4 种)。自 2010 年起,OIE 不断修订动物疫病录入标准和疫病名录。如 2010 年,OIE 做出了动物疫病名录调整,在多种动物共患疫病名录中新增流行性出血病,删除了牛恶性卡他热,将马脑脊髓炎(东部型)、苏拉病(伊氏锥虫病)从名录中的马病调至多种动物共患疫病。2014 年,OIE 将猪水泡病和水泡性口炎从动物疫病名录中删除。OIE 会根据全球动物疫情的变化修订动物疫病名录,在逐步缩减疫病名录的同时,也在增加一些新的病种。

第三节　兽医传染病的流行过程

一、兽医传染病流行过程的基本环节

兽医传染病的流行过程,就是从动物个体发病发展到群体发病的过程,也就是传染病在动物群体中发生、发展的过程。传染病在动物群体中蔓延流行,必须具备三个相互联系的环节,即传染源、传染播途径和易感动物。这三个环节通常称为传染病流行过程的三个基本环节,只有这三个环节同时存在并相互联系时才会造成传染病的流行,只要打断其中任何一个环节,传染病就不会发生流行。因此,掌握兽医传染病流行过程的三个基本环节,有助于我们采取正确、有效的防控措施。防控兽医传染病的主要措施,如隔离、封锁、扑杀、检疫、消毒、染疫动物的无害化处理、免疫接种等措施,都是针对兽医传染病流行的三个环节来采取的有针对性的措施。

(一)传染源

传染源是指某种传染病的病原体在其中定居、生长、繁殖,并能排出体外的动物机体。传染源是受病原微生物感染的动物机体,而被病原体污染的器具、活动场地、饲料等不能称为传染源,可称之为污染物或传播媒介。根据传染源特性,传染源一般可分为患病动物和病原携带者两种类型。

患病动物往往是最明确、最重要的传染来源。不同发病期的病畜,它作为传染源的意义不相同,有的动物传染病的传染源在发病的前驱期和明显期排出大量的致病力强的病原微生物,因此作为传染源的作用也最大。潜伏期和恢复期的患病动物是否具有传染源的作用则随病种不同而异。

原携带者指外表无症状但携带并排出病原体的动物。有时病原携带者为隐性感染动物,因缺乏临床症状一般不易被发现,但它有时可成为重要的传染源,如果检疫不严,很有可能随动物的运输将某种传染病传播到其他地方,造成新的暴发或流行。病原携带者可以分为潜伏期病原携带者、恢复期病原携带者和健康病原携带者三类。

潜伏期病原携带者是指在某种传染病潜伏期阶段即能排出病原微生物的动物。一般情况下,多数动物传染病在潜伏期阶段病原微生物的数量还很少,此时又不具备排出的条件,因而不能起到传染源的作用。但有少数传染病如口蹄疫、狂犬病等在潜伏期即能排毒,在潜伏期即有传染性。恢复期病原携带者是指在临诊症状消失后仍能排出病原微生物的动物。有少数传染病如猪气喘病、布鲁氏杆菌病在恢复期仍能排出病原微生物。健康病原携带者是指动物外表呈健康状况,但能排出某种病原微生物的动物。据调查,35%～50%健康猪携带猪丹毒杆菌,带菌猪可通过分泌物、排泄物排出菌体污染饲料、饮水、土壤和用具等,经消化道传给其他易感猪。

研究各种动物传染病存在着何种形式的病原携带状态不仅有助于对流行过程特征的了解,而且对控制传染源、防治传染病的蔓延和流行也具有重要意义。

(二)传播途径

传播途径是指病原体从传染源排出体外,经过一定的方式再次侵入其他易感动物体的途径。传播途径分为两类:水平传播和垂直传播。

1. 水平传播

水平传播是指传染病在群体之间或群体的个体之间以水平形式横向平行传播的方式。在传播方式上水平传播又分为直接接触和间接接触传播。

(1)直接接触传播　在没有任何外界因素的参与下,病原体通过传染源与易感动物直接接触而引起的传播方式。直接接触的途径有交配、舐、咬和抓等。如动物和人的狂犬病由病犬、病猫等通过咬伤、抓伤等所致。仅能以直接接触进行传播的传染病,其流行特点是一个一个的发生,使传染病的传播受到限制,总体上多以散发性为主,一般不易造成广泛的流行。

(2)间接接触传播　在外界环境的参与下,病原体通过传播媒介使易感动物发生感染的方式,称为间接接触传播。由传染源将病原体传播给易感动物的各种外界因素,称为传播媒介。这些传播媒介如果是生物,称为媒介者;若为非生物性的,称为媒介物或者污染物。多数传染病以间接接触传播为主要方式,同时也可以经过直接接触传播。间接接触一般通过以下几种途径而传播。

①经过空气传播　这类传播通过空气飞沫、飞沫核、尘埃为媒介而进行传播。病原体由传染源通过咳嗽、喷嚏等喷出飞沫,使易感者吸入而感染。飞沫中的水分蒸发变干后,形成飞沫核,体积小的飞沫核可在空气中飘浮较长的时间,传播病原的距离较远。一般情况下,飞沫传播只有易感个体与传染源距离较近时才可能实现,但是若借助风力,可以传播到较远的距离。所有的呼吸道类传染病主要通过飞沫进行传播,如流感、猪气喘病、结核病等。另一种经空气传播的媒介物是尘埃,病原体吸附在尘埃上,随尘埃在空气中飘扬,被易感动物吸入而感染。在传播作用上尘埃比飞沫的作用要小,因为大多数病原微生物在外界经过干燥、日晒而死亡,少数存活能力强的病原微生物能耐过这种干燥、日晒的环境。借助尘埃传播的传染病有结核病、炭疽、痘病等。

②经过污染的饲料和饮水传播　除了经过呼吸道感染以外,多数传染病的病原体侵入门户为消化道。被传染源的分泌物、排泄物和病畜尸体污染的饲料、饲槽、水源、水槽等可作为传播媒介传播疾病。可通过污染的饲料和饮水传播的兽医传染病有口蹄疫、牛瘟、猪瘟、鸡新城疫、沙门氏菌病、炭疽、鼻疽等。

③经过污染的土壤传播　有的病原体随病畜的分泌物、排泄物、尸体落入土壤,能在土壤中存活很长时间,说明这些传染病的病原体对外界的抵抗力较强。有些病原菌含有芽孢,这类传染病有炭疽、气肿疽、猪丹毒等。

④经过媒介者传播　有些兽医传染病可以经过非本动物(如昆虫、野兽、飞鸟等)和人作为传播媒介来进行传播,主要有:

a.节肢动物　蚊、苍蝇、虻、蜱等动物,有些是机械性传播(叮咬),它们通过在患病、健康动物之间刺蛰、吸血而传播病原体,如库蚊可以通过叮咬吸血而传播日本乙型脑炎,飞蠓可以传播蓝舌病。有的则为其中的中间宿主,如有些病原体(如立克氏体)在感染家畜前,先在一定种类的节肢动物(如某种蜱)体内进行一定的发育阶段,才能致病。

b.野生动物　野生动物的传播可以分为2类。一类是某些野生动物本身对某些病原微生物有易感性,受感染后作为传染源传播该病。如狼、狐狸、吸血蝙蝠可以传播狂犬病,鼠类传播伪狂犬病、钩端螺旋体,野鸟传播新城疫、禽流感等。另一类是某些野生动物本身对某些病原微生物无易感性,但可机械性地传播该病,如乌鸦啄食患炭疽病病畜的尸体后从鸟粪排出含有芽孢繁殖体的炭疽杆菌。

c.人类　人作为兽医传染病的传播媒介有两种情况。一种情况是人不是某种兽医传染病病原微生物的易感者,但是人的衣服、体表、鞋子及随身携带的生产用具等都可以携带病原微生物,无论是养殖场内的工作人员,还是养殖场外的饲料、兽药推销人员、动物收购人员等都可以作为某些兽医传染病的传播媒介。另一种情况是人作为某种兽医传染病的病原微生物的易感者,这些易感者在与动物接触的过程中可以将传染病传给易感动物。如结核病患者或病原携带者饲养牛,就可将结核病传给动物。因此,结核病患者不允许管理、饲养家畜。

2.垂直传播

有些传染病的病原微生物可经卵、胎盘和产道等而感染下一代,这种传播方式成为垂直传播。垂直传播包括以下几种方式：一是经胎盘传播。被病原微生物感染的母畜体内的病原微生物突破母畜的血胎屏障感染子宫中的胎儿，这种传播途径成为经胎盘传播。可经胎盘传播的动物传染病有母畜的胎盘传播的疾病猪瘟、猪细小病毒病、猪伪狂犬病、猪蓝耳病、猪细小病毒病、猪圆环病毒2型感染、布氏杆菌病、钩端螺旋体病等。二是经卵传播。由携带病原体的卵细胞发育而使胚胎受感染，称为经卵传播。经卵传播主要见于禽类，可经卵传播的禽传染病有沙门氏菌病、禽白血病、鸡减蛋综合征、鸡传染性贫血、鸡脑脊髓炎等。三是经产道传播。可经产道传播的动物传染病有大肠杆菌病、葡萄球菌病、沙门氏菌病和疱疹病毒感染等。

兽医传染病的传播途径比较复杂，有的可能只有一种途径，如经虫媒病毒病，有的有多种途径，如一些重大动物传染病的传播途径往往有多种。了解每一种兽医传染病的传播途径，可以针对该传播途径采取应对性的措施，切断传染病的传播。

（三）易感动物

动物能否发生某种传染病取决于它对该传染病病原体易感性的高低。易感性是指动物对某种传染病病原体感受性的大小。易感动物影响兽医传染病流行的因素主要有以下方面：

1.与病原体的种类、毒力强弱有关

自然界中病原微生物的种类众多，即使是同一种病原微生物毒力也有高（强）、中和低毒之分。以猪瘟为例，一般强毒株引起急性猪瘟的发生，中等毒力毒株引起亚急性猪瘟，而低毒力毒株引起隐性感染。

2.与动物个体的遗传性有关

动物对某种传染病的病原体易感性的高低与该物种先天性的遗传有关，如口蹄疫病毒可使猪多数偶蹄兽易感，而单蹄兽（马、驴和骡）等易感性低。同一个种动物的不同品系对传染病的抵抗力亦有遗传性差别，如白色莱航鸡对马力克氏病的易感性差，而海兰褐则较强。

3.饲养管理条件

动物饲料营养是否全价、饲养密度的高低、圈舍内 CO_2 和氨气等有害气体的浓度、温度、湿度、卫生状况等均影响机体对传染病的易感性。如当猪群密度过大时，呼吸道性传染病的发病概率明显上升。

4.与群体或个体的免疫状态有关

动物对某种传染病易感性的高低还与动物体内针对该传染病特异性抗体水平的高低有关。动物体内某种抗体的水平只有高于某一水平（阈值）才对动物有保护力。如有研究表明，成年种猪猪瘟正向间接血凝抗体的效价高于1∶64对种猪有保护力，对仔猪而言，猪瘟正向间接血凝抗体的效价高于1∶16才具有保护力。对动物群来说，不要求群体中每一个个体都有抵抗力，事实上由于生物个体差异，要求某一群体的所有个体均有抵抗力也很难实现。一般如果一个群体80％以上动物有抵抗力就不会发生传染病大规模暴发流行。所以对群体而言，强调的是群体免疫力，在生产中常适时地对群体进行免疫接种来增强群体的特异性免疫力。

二、动物传染病的流行特征

（一）流行过程的强度

动物传染病流行过程中，根据流行强度可分为以下几种表现形式。

1. 散发性

散发性是指动物发病数量不多,且在一段较长时间内呈现个别、零星的发生。某些动物传染病以散发性的形式出现主要有以下几种原因:

(1)动物群体的整体免疫力比较高,发病者是个别动物。当前人们普遍重视预防接种,使动物群体整体免疫力较强。但是当免疫接种工作做得不细致,如出现漏免、免疫剂量不准时可造成零星散发。例如猪瘟原本是一种流行性很强的传染病,目前按照国家政策需要对猪瘟进行强制性免疫,在高密度、高强度免疫背景之下,猪瘟在我国的发生多以散发性为主。

(2)隐性感染造成的,如家畜的钩端螺旋体病、乙型脑炎等多表现隐性感染,仅有一小部分动物偶尔表现症状。

(3)某些传染病的传播需要一定条件,如破伤风感染需要环境中有破伤风梭菌和易感者有深部创伤,即使环境中有病原体,易感者没有深部伤口也不会发生感染。

(4)某些潜伏期较长的传染病易出现散发,如狂犬病、结核病等。

2. 地方性流行

是指较长时间在一定地区和群体中发生,带有局限性特点的传播,有较小规模的流行。地方性流行有以下特点:一是从发病程度上比散发性高,发病频率相对稳定;二是传染病的发生有明显的地区局限性,即在某一地区多发,而其他地区没有或者很少发生。

3. 流行性

在一定时间内,群体中的发病数量超过了寻常水平的现象。流行性是一个相对的概念,仅仅说明某种传染病的发病数量比平时高,比如在冬季发生的流行性感冒在程度上常表现流行性的特点。

4. 暴发

在局部范围内的动物群中,短时期内突然出现很多相同的病例,一段时间后趋于平静。暴发是传染病流行的一种特殊形式。

5. 大流行性

是指某些传染病传播迅速、扩散范围广、群体中受害动物的比例大的情况。此类疫病的流行范围从几个省发展到几个国家甚至几个大洲,如 2004 年前后,高致病性禽流感波及 4 个大洲,52 个国家先后发生 4 000 余起家禽疫情,各国因此扑杀家禽 2 亿余只,可视为一次全球性的大流行。

(二)疾病发生的度量

描述疾病在动物群中的分布,常用疾病在不同时间、地区、不同动物群的分布频率来表示,如发病率、死亡率、病死率等。其中死亡率、病死率是疾病分布的一项重要指标,借此来判断疾病的严重程度,后者比前者更准确。发病率是指一定时期内某动物群新病例的出现频率。它可以描述传染病的分布程度,反映传染病对动物的危害程度。死亡率是指在一定时间内死亡动物总数占同期该群动物总数的比例。死亡率是动物疫病分布的一项重要指标,能反映疫病的危害程度和严重程度,对病死率高的疫病,如急性新城疫、急性猪瘟等的诊断很有价值。病死率是指一定时期内某种疫病的患病动物发生死亡的比率。病死率比死亡率更能准确反映疫病的严重程度,如狂犬病的死亡率低,但是病死率很高,可达 100%。

(三)流行过程的地区性

在此强调的是疾病分布的地域性,它包括:

1.外来性

国内没有,从其他国家输入的动物传染病。如当前我国不存在非洲猪瘟、非洲马瘟、裂谷热等动物传染病,这些动物传染病对我国而言即为外来性动物传染病。

2.地方性

仅在一些地区有,而其他地区不发生或少发生。如仔猪水肿病在 A 地区发病较多,而其他地方发病较少,仔猪水肿病在 A 地的发生为地方性。

3.疫源地

凡是存在传染源及其排出的病原体污染的地区,称为疫源地。疫源地的含义比传染源广,包括传染源、被病原体污染的圈舍、放牧地以及该地区可能被传染的可疑动物和储存宿主。从范围上讲,疫源地可限于个别圈舍、放牧地、整个畜禽场、甚至更大的地区。据范围的大小可分为疫点、疫区。范围小的疫源地或单个传染源所构成的疫源地,称为疫点。若干的疫源地连成片范围较大时称为疫区。

4.自然疫源地

某些动物传染病的病原体在自然条件下不依靠人和家畜(禽),可通过特有的传播媒介(主要是吸血节肢动物)感染宿主(主要是野生脊椎动物)造成流行,并且长期在自然界流行延续,这种现象称为自然疫源性。具有自然疫源性的疾病称为自然疫源性疾病。存在自然疫源性疾病的地方称为自然疫源地。自然疫源性疾病有明显的地区性,并受人畜经济活动的显著影响。自然疫源性疾病原先一直在某个区域的野生动物群中传播着,当人畜由于开荒、从事野外作业等闯入这些环境时,在一定条件下可以感染某些自然疫源性疾病。常见的自然疫源性疾病有:流行性出血热、森林脑炎、狂犬病、伪狂犬病、犬瘟热、流行性乙型脑炎、黄热病、蓝舌病、口蹄疫、鼠疫、布氏杆菌病、李氏杆菌病、莱姆病、钩端螺旋体病、弓形体病等。

三、动物传染病的三间分布特征

三间分布是指动物传染病的时间、空间和群间分布形式。分析动物传染病的流行特征,需要分别或综合性的描述疾病的群间、时间和空间分布形式。

(一)群间分布特征

一般情况下,不同年龄、性别、畜种或品种的动物群体以及不同养殖模式的群体,某种传染病的分布是有所差别的。掌握传染病的群间分布特征,对于做好传染病的防控工作具有重要意义。群间分布主要包括年龄分布、性别分布、种和品种的分布。

1.年龄分布

动物不同的生长发育阶段对不同病原体的敏感性不同,因而使某些传染病有较强的年龄分布特征。如雏鸡在 3 周龄内法氏囊发育最快,6 周龄时候趋于稳定,以后逐渐退化,12 周龄以后萎缩,因此鸡传染性法氏囊病主要发生在 3~6 周龄。再如仔猪黄痢多发生于 1 周龄内的仔猪,小鹅瘟常见于 20 日龄以内的雏鹅,小鸭病毒性肝炎多发生在 1 月龄内的雏鸭,这些动物传染病均具有较强的年龄分布特征。

2.种和品种的分布

不同种和品种的动物对病原体的易感性可能存在明显的差异,如亚洲Ⅰ型口蹄疫主要导致牛发病,猪、羊一般不表现典型的临床症状。自然条件下小鹅瘟主要发生在鹅和番鸭的幼雏,其他品种的鸭对其有抵抗力。

3.性别分布

某些传染病在不同性别的动物中表现出不同的发病特点,如动物的布鲁氏杆菌病雌性家畜(尤其是妊娠的雌性家畜)发病率比雄性家畜高,其原因可能与动物的生理、内分泌等方面存在差异有关。

(二)时间分布特征

病原体、宿主和环境三者的变化和相互作用,通常导致疾病在时间序列上出现变动。不同疾病的时间分布不同,同一种疾病也可能表现为时间分布上的多种特征。动物传染病的时间分布表现可分为4种形式。

1.短期波动

短期波动又称时点流行,是指某动物群体在短时间内发病动物突然增多,超过平时的发病率,经过一段时间后又平息下去,这一现象称为短期波动。短期波动是由于动物群体中大多数易感动物短时间内接触或暴露于同一致病因素所致。传染病、食物中毒常表现短期波动。短期波动的原因一般可以很快查明,应该对其不失时机地进行调查研究,以便采取相应的防控措施。如2005年夏发生于四川省的猪链球菌2型感染事件,由于很快查到病因,相关防控措施到位后,疫情很快得到控制。

2.季节性波动

传染病经常发生在某一季节,或者在某一季节发病率明显增多的现象称为季节性波动。传染病流行的季节性波动可分为3种情况。

(1)严格的季节性　发病时间比较集中,主要与作为传播媒介的节肢动物的活动有关。例如猪日本乙型脑炎在我国北方多发生于7—9月份,南方6—10月份常见,冬春季节均无病例出现。

(2)季节性升高　有的传染病全年均可发生,但在一定的季节内明显升高。这主要由于环境影响病原微生物的存活。如呼吸道类传染病多发生于冬、春季节。

(3)无季节性　有的传染病一年四季均可发生、无明显季节性。如猪瘟、新城疫、兔瘟等。此外,有些慢性、潜伏期长的传染病(如结核、鼻疽等)发病无明显的季节性。

3.周期性波动

某些传染病经过一定时间间隔后,再次发生较大规模的流行,呈现有规律的变动情况,称为周期性波动。如口蹄疫、马流感等部分动物传染病,具有3～5年甚至10年流行一次的周期性波动特点。动物传染病的流行出现周期性波动的原因有以下两个方面:

(1)动物群体的更新　马、牛、羊等繁殖率较低的动物每年更新动物的比例不大,几年后群体才能达到一定的数量,某种传染病发生时周期性比较明显。对猪、禽等繁殖率高、群体更新快的动物传染病可以每年流行,周期性波动表现不明显。

(2)与微生物的特性有关系　例如流感病毒的核酸是分节段的,不同节段可以造成重组或互换,产生新的病毒亚型,新的病毒亚型的产生需要一定的时间周期。

4.长期转变

长期转变是指疾病在几年、几十年甚至更长的一段时间发生的变化。这种变化包括宿主、临床症状、发病率、死亡率以及病原体本身的变化和变异。由于饲养模式、生态环境的改变以及许多认为干预措施的出现,有的动物传染病的发生呈现下降趋势甚至被消灭,如猪瘟、鸡新城疫多年来一直呈下降趋势,牛瘟、牛肺疫已经被消灭。有的传染病经过长期流行后,病原体出现新的变异。如鸡传染性法氏囊病毒超强毒株的出现,猪伪狂犬病毒、猪流行性腹泻病毒等都在发生一定程度的变异,一旦出现新的变异株,随时引发新的疫情。

(三)空间分布特征

传染病的分布往往具有明显的空间(地域)分布特征。有的动物传染病可以遍布全球,如口蹄疫;有的只分布在特定的地区,如动物的蓝舌病通常只分布于北纬58°与南纬34°之间。不同传染病的不同分布特点,与当地的气象、自然环境、动物的分布以及人群的生活习惯有关,是诸多因素作用于宿主和病原体的结果。了解疾病的空间分布特征,不仅有助于探讨病因,分析传染病发生的规律和流行趋势,还可帮助制定防控措施。研究某种动物传染病地区分布的空间尺度,在全球水平上可以国家或大洲为单位划分;在国家水平上,可以县区、地市、省区为单位划分。有时也可按不同的自然地理条件来划分,如平原、山区、湖泊、森林等。对于一些特殊的疾病,如蓝舌病等,还可按照传播媒介存在的地理空间进行描述。动物传染病地区分布的描述,常以点图、区直图、等值图等图形标注形式来描述某传染病的发病率、流行率、感染率等。地理信息系统(GIS)的成功开发和使用为动物传染病空间分布研究提供了便利工具。

四、影响动物传染病流行的因素

兽医传染病的流行依赖传染源、传播途径和易感动物这三个基本环节的连接和延续,任何一个环节的变化都可能影响传染病的流行。这三个环节的相互连接和作用往往受到自然因素、社会因素、饲养管理等因素的影响和制约。

(一)自然因素

影响传染病流行的自然因素主要包括气候和地理因素。自然因素通过作用于传染源、传播媒介和易感动物而影响传染病的流行。不同的地理条件、气候对传染源分布产生一定的限制。如动物的炭疽病在山区和半山区呈地方性流行,在其他地方则呈现散发,这可能与传染源的地理分布有关。环境因素对传播媒介的影响非常明显。在气温高的夏季,蚊子大量滋生繁殖,以蚊子为传播媒介的传染病,如流行性日本乙型脑炎的病例增多。在洪水泛滥季节,地面粪尿、被病原体污染的土壤被冲刷进河塘湖泊,造成水源污染,使一些以土壤和水为传播媒介的传染病,如钩端螺旋体病、炭疽病等容易流行。温度降低、湿度增加,有利于经空气传播的传染病发生,因此像鸡传染性支气管炎、禽流感等呼吸道传染病在冬季发病率增高。季节和气候变化可引起动物抵抗力的改变,如当寒冷潮湿时,动物肌体容易受凉、呼吸道黏膜的屏障作用降低,呼吸道疾病容易流行。例如,患喘气病的隐性病猪病情恶化,出现频繁咳嗽等临床症状。反之,在干燥、温暖的季节,猪的病情减轻,咳嗽减少。

(二)社会因素

社会因素主要包括政治经济制度、生产力、文化与科学技术水平、兽医相关法律法规的制定与贯彻执行情况等。近年来布氏杆菌病、结核病、狂犬病等一些过去在一定程度上得以控制的动物传染病又卷土重来,改革开放后一些新传染病的暴发与流行,很大程度上受到了社会因素的影响。社会因素既可能是促进动物传染病广泛流行的原因,又可以是有效消灭和控制传染病流行的关键。

改革开放以后随着我国政治经济制度的完善与文明程度的提高,给动物疫病的预防和控制营造了良好的氛围,提供了基础和保障。但是随着社会进步,畜禽及其产品贸易来往频繁,传染病种类增多,流行机会也大大增强。同时,由于人们生活方式的改变和麻痹大意,使一些在一定程度上得到控制的老疫病又重新发生。比如,随着生活水平和生活方式的改变,目前城市宠物犬和农村护院犬的数量大大增加,但是狂犬病疫苗的普种率低,加之人们对狂犬病认识不够,结果造成了近年来狂犬病的发病率明显上升。

兽医法规的制定与执行是控制和消灭传染病的重要保证,但目前我国在一定程度上存在着兽医法律法规不能得到有效贯彻执行的现状。比如,一些基层兽医和防疫人员的流失,致使与畜禽饲养关系最为直接的乡村兽医站或防疫站不健全,已有的兽医法律法规不能贯彻执行,结果传染病一旦发生而不能及时做到快速诊断、疫情上报及采取最初的控制措施,使传染病的防治错失了最佳时机。发生传染病时,应严格采取就地扑灭、消灭疫源地的措施,但是由于种种原因,实际生产中在某些地方该措施并没有彻底执行,以至于一旦发生疫病便迅速扩大、蔓延流行。

❓ 思考题

1. 名词解释

感染　隐形感染　显性感染　持续感染　慢病毒感染　内源性感染
外源性感染　传染病　潜伏期　前驱期　一类动物疫病　传染源
水平传播　垂直传播　媒介者　媒介物　散发　流行性　暴发
发病率　病死率　疫点　疫区　疫源地　自然疫源性　自然疫源性疾病

2. 问答题

(1)兽医传染病有哪些特征?

(2)兽医传染病流行的三个环节有哪些?了解此规律有何意义?

(3)兽医传染病的发展过程有哪几个阶段?了解它有何意义?

第二章 兽医传染病的综合防制措施

认识和研究动物传染病发生、流行规律,旨在据之采取积极有效的对策和措施来预防、控制和消灭传染病,促进畜牧业的健康发展。传染病的预防(prevention)是指采取各种措施将动物传染病排除在未受感染动物之外。针对动物传染病发生、流行的三个环节(传染源、传播途径和易感动物)而采取的预防措施有检疫、消毒、杀虫、灭鼠、预防接种、药物预防和加强饲养管理等措施,从而及早发现传染源、切断传播途径和提高易感动物的抵抗力。传染病的控制(control)是指采取各种措施减少或消除传染病的病原,降低已发生传染病的发病率和死亡数,把传染病控制在局部范围内,并使疫情最终平息。传染病的消灭(eradication)是指消灭某些传染病的病原体。如新中国成立后,我国先后消灭了牛瘟和牛肺疫。尽管消灭某种传染病极其不易,但是只要采取一系列的综合防控措施,经过长期不懈地努力,在一定范围内消灭某些传染病是可能的。

动物传染病综合防控措施的制定要从消灭传染源、切断传播途径和保护易感动物三个方面进行,同时在宏观上要积极进行动物健康养殖体系及其生物安全保障体系的规划、建设与完善,以充分发挥人类活动在动物传染病防制工作中的重大作用与积极影响。

第一节 兽医传染病防制工作的基本原则和内容

一、兽医传染病防制工作的基本原则

1. 坚持以预防为主

随着养殖模式由传统的农户散养向集约化、规模化养殖的转变,动物的饲养密度和数量大,一旦某种动物传染病在动物群体中发生,可给生产带来不可估量的损失。因此,对动物传染病的防制应该牢固树立"预防为主"的观念,改变重治轻防的传统兽医防疫模式,使我国的兽医防疫体系沿着健康的轨道发展。

2. 加强和完善兽医防疫法律和法规的建设

在兽医传染病的防治工作中,可以借鉴发达国家控制兽医传染病的成功经验,加强相关法律和法规建设,为兽医传染病防治提供法律保障。我国先后制定、实施了《中华人民共和国进出境动植物检疫法》、《中华人民共和国进出境动植物检疫法实施条例》、《中华人民共和国动物防疫法》、《中华人民共和国动物检疫法》等。这些兽医法规对我国动物疫病的防疫和检疫工作的方针和基本原则做了明确而具体的叙述,它们是兽医工作者开展防疫、检疫工作的法律依据。

3.加强对疫病的调查和监测

根据不同传染病的发病规律,在不同的时间、地点对某些疫病进行流行病学调查,查明病原、发病率、死亡率等,便于提出针对性的防疫措施。此外,对免疫动物进行免疫检测,根据检测的结果进行免疫评价,发现问题,及早解决。

4.健全动物疫病防控机构

县以上农牧部门是兽医行政机构,县级人民政府和乡级人民政府应当采取有效措施,加强村级防疫员队伍建设,还可根据动物防疫工作需要,向乡、镇或者特定区域派驻兽医机构,共同担负动物传染病的预防与扑灭工作。兽医防疫工作是一项系统的工程,它与农业、商业、外贸、卫生、交通等部门都有密切的关系,只有依靠政府的统一领导、协调,从全局出发,大力合作,统一部署,全面安排,才能有效及时地把兽医防疫工作做好。

5.突出防控重点

动物传染病的控制或消灭需要针对流行过程的三个基本环节来采取综合性防制措施。但在实施和执行综合性措施时,必须考虑不同传染病的特点及不同时期、不同地点和动物群的具体情况,突出主要因素和主导措施,即使为同一种动物传染病,在不同情况下也可能有不同的主导措施,在具体条件下究竟应采取哪些主导措施要根据具体情况而定。

二、兽医传染病防制的基本内容

动物传染病的流行是传染源、传播途径和易感动物这三个环节相互联系而构成的复杂过程。因此,只要采取适当的防疫措施来切断这三个基本环节及其相互联系,便可预防或终止动物传染病的流行。多年来的防疫实践表明,在采取防疫措施时,只进行某一项单独的防疫措施往往是不够的,必须采取包括"养、防、检、治"四个基本方面的综合性防疫措施。饲养场应时刻贯彻"预防为主,防重于治"的原则,严格执行兽医生物安全措施,从场址选择、畜舍设计、环境控制、饲养管理制度、人员培训、检疫、消毒措施与制度、畜种来源、免疫接种以及药物保健等多方面进行综合考虑,力争避免和消除传染病发生的各种因素,从而将传染病拒之门外。综合性防疫措施可分为平时性的预防措施和发生传染病时的扑灭措施。

(一)平时的预防措施

(1)健全标准化的动物饲养模式,全面推行健康养殖和生物安全动物生产体系,贯彻自繁自养和全进全出的原则,减少动物传染病传播。

(2)制定和执行定期预防接种计划,并及时补种,提高动物特异性免疫水平。

(3)定期消毒、杀虫、灭鼠,对粪便、废弃物等做无害化处理。

(4)认真贯彻执行各种检疫工作,严格执法,根除种畜禽垂直性传播的传染病,防止外来传染病的侵入,及时发现并消灭传染源。

(5)定期进行疫情调查,研究和掌握本地及周边地区动物传染病的流行与分布状况,组织相邻地区动物传染病的联防协作工作,有计划地进行传染病的控制、净化和消灭。

(二)发生传染病时的扑灭措施

(1)及时发现并迅速上报疫情,尽快诊断和查明传染源并通知临近单位做好预防工作。

(2)迅速并严密隔离患病动物,对污染的场所和环境进行紧急消毒。若发生危害性大的动物传染病(如口蹄疫、炭疽、高致病性禽流感等),须依法采取封锁等综合性措施。

（3）用疫苗或特异性抗体作紧急预防接种，对患病和可疑动物进行及时治疗或预防性治疗。

（4）完善和强化养殖场的生物安全措施，并依法对病死和淘汰患病动物进行无害化处理。

以上各项预防和扑灭措施不是截然分开的，而是相互联系、相互配合和相互补充的。

第二节　兽医传染病的诊断和疫情报告制度

一、兽医传染病的诊断

对发生的兽医传染病做出及时、正确的诊断是兽医传染病综合防制工作的重要环节，关系到能否对其制定有效的防控措施。兽医传染病的诊断大体分为现场诊断和实验诊断。现场诊断是通过现场的流行病学调查、临诊诊断和病理解剖学诊断的结果做出初步诊断，为实验室诊断提供方向。实验室诊断包括病理组织学诊断、病原学诊断和免疫学诊断。任何一种诊断方法都有其局限性，在实际工作中应将各种诊断方法结合起来，相互参照和对比，最后做出确诊。现将各种诊断方法简述如下：

1. 流行病学诊断

流行病学诊断是兽医传染病常用的诊断方法之一，它是在兽医流行病学调查、分析的基础上详细地了解传染病发生、发展和流行规律，结合临诊诊断、解剖病理学诊断和实验室诊断，最终对传染病做出确诊。流行病学诊断在兽医传染病的诊断中具有很大的价值，应该加以重视并充分利用和掌握。例如一周龄内的仔猪发生仔猪黄痢和传染性胃肠炎，二者的临诊症状相似，都表现拉黄色稀便、脱水、消瘦，病死率很高。但是二者在流行特点上有一个显著不同是仔猪黄痢有明显的年龄分布特征，主要发生于1周龄内的仔猪，其他日龄阶段的猪不发生仔猪黄痢；而猪流行性腹泻无明显的年龄分布特征，任何日龄阶段的猪均可发病。故通过发病猪年龄分布特征可对二者进行初步地鉴别诊断。流行病学诊断中需要进行流行病学调查的内容较多，可根据不同的情况进行重点选择。流行病学调查通常包括以下几个方面：

（1）传染病的三间分布情况　传染病的三间分布（时间、地点和动物群）情况是流行病学调查的基本内容，其中比较重要的是群体分布。通过调查，要了解发生传染病的动物种类，发病动物有无年龄、性别和品种的分布特征。还要了解发病动物的发病率、病死率、病程长短、传播速度和传播范围等情况，借以判断传染病的严重程度和流行程度。

（2）疫情来源　发病前是否从外地引进动物、动物的产品、饲料等，是否进行动物的交易，是否有外来人员入场进行推销产品、访问、参观等活动。放牧的动物要了解发病前1个月左右动物放牧地点（如草场、水源地）及其周围地区动物传染病的发生情况。还要了解最近2～3年本养殖场或本地是否发生过类似的传染病，若发生则进一步了解发生的时间、地点、流行情况、是否确诊、采取哪些措施、效果如何等。

（3）免疫背景　要了解发病动物的免疫防疫情况，如接种哪些疫苗、疫苗的保存、使用、生产厂家；疫苗接种后是否进行抗体监测，动物群体抗体的水平如何。

（4）传播途径和方式　了解有哪些助长动物传染病传播蔓延的因素和控制传染病的经验，如动物的使役与放牧情况；动物的收购、流动及卫生防疫情况；产地检疫、交通检疫、市场检疫和屠宰检疫的情况;病死动物的处理情况;疫点或疫区的地理、地形、河流、交通、气候、野生动物和昆虫的分布和活动情况,它们与传染病的发生与传播有无关联等。

(5)社会情况　了解本地各类有关动物的饲养管理制度和方法;人类生产、生活的基本情况与特点;畜牧兽医机构和工作基本情况;当地领导、干部、兽医、饲养员和群众对疫情的看法等。

流行病学调查不仅可以给流行病学诊断提供依据,而且也能为制定防治措施提供依据。

2.临诊诊断

临诊诊断是兽医传染病诊断的基本方法之一,它是借助器械或不借助器械,利用人的感官对患病动物进行检查。临诊诊断的方法采用群体与个体相结合的方法,一般先进行群体检查,再进行个体检查。群体检查的方法可归纳为"静、动、食"三大环节。"静"是指静态检查,是在不惊动大群的情况下,用静看、静听的方法,观察动物群体精神状态、姿势,听其叫声、喘息和咳嗽的声音等,注意有无精神不振、嗜睡、咳嗽等反常表现。"动"是指动态观察,是在静态观察后,将大群轰起,观察其活动状态,注意动物有无跛行、行动迟缓等异常情况。"食"是指食欲的观察,是在家畜、家禽采食、饮水时观察,注意有无异食、食欲减退、吞咽异常等现象。进食后,动物一般有排粪的习惯,趁机观察粪便的形状、颜色有无异常。

经过大群检查后,临诊发现有异常表现的动物,应单独进行个体检查。个体检查的要领为"看、听、摸、叩、嗅、检"。具体的方法要运用兽医临床诊断学所学的知识进行。前面已经提到兽医传染病的发展过程分为4个阶段,其中临床明显期所表现的症状有很强的示病意义,在临诊诊断时应该注意观察传染病临床明显期的症状。对于一些有特征性临诊症状的典型病例,如破伤风、狂犬病、马腺疫等,经过临诊检查,一般不难做出诊断。当前在集约化、规模化养殖的条件下,由于疫苗的广泛应用,免疫过的动物出现典型临床症状的情况比较少见,非典型症状比较多见,此时要结合其他诊断方法才能作出确诊。

3.病理解剖学诊断

运用解剖病理学的知识,对病死动物的尸体进行剖检,观察其病理变化,必要时进行病理切片。不同的病原微生物与动物机体的斗争构成不同对"矛盾",每一对"矛盾"有其特殊性,此特殊性表现在病理解剖方面即是呈现出特征性的病理变化,这些特征性的病理变化可作为兽医传染病诊断的重要依据。如猪瘟、猪气喘病、猪蓝耳病、鸡新城疫、鸡传染病法氏囊炎等一般而言多有特征性病理变化,常常有很大的诊断价值。病理解剖学检查是诊断兽医传染病的重要方法之一,与临诊诊断结合起来,可为兽医传染病的实验室确诊提供重要的参考依据。由于每一种传染病的特征性病理变化不可能在每个病例都充分体现出来,例如一些最急性的病例和非典型病例,其病理变化大都不典型,故而在病理解剖学诊断时,要尽量多检查几头(只)动物,将多头(只)动物的病变解剖学信息进行汇总,可获得有价值的信息。有些兽医传染病进行病理组织学检查是必要的,如对疑似疯牛病的诊断等。病理解剖学诊断应由兽医人员在规定的地点和场所来完成,不可随意随地剖检,以免造成污染和传染病的散播。有的兽医传染病(如疑似炭疽)要严禁进行剖检。

4.实验室诊断

实验室诊断是动物传染病确诊的主要手段。由于许多传染病都以非典型性或者混合感染的形式出现,仅靠临诊诊断和解剖病理学诊断很难做出准确的诊断,因此实验室诊断非常重

要。实验室诊断的大体步骤如下:

(1)采取病料　正确地采集病料是实验室诊断的基本环节。采集的病料应该力求新鲜,最好在濒死期或死亡后数小时内采集,尽量避免细菌污染。应根据不同的传染病,相应地采取该病常侵害的脏器或内容物。例如败血性传染病,可采肝脏、脾脏、淋巴结、心血等器官或组织;有神经症状的传染病可采集脑、脊髓或脑脊液。对于临诊症状不明显,解剖病变又难以分析判断出可能属于哪种传染病时,应该进行全面取材,同时要注意带有病变的部分。病料采集后应该正确地保存和运送。

(2)病料涂片镜检　通常选择将病变明显的病料涂片,对其进行革兰氏染色,有时还需进行美蓝、瑞氏或抗酸染色。对一些有典型形态特征和染色特征的病原体,比如炭疽杆菌、葡萄球菌、链球菌等,该方法具有一定的诊断意义。对大多数传染病的诊断而言,该方法仅能提供病原学诊断的初步依据。

(3)病原体的分离、培养与鉴定　怀疑为细菌、真菌和支原体等病原体引起的传染病,要选择合适的培养基对病原体进行分离、培养与鉴定。比如怀疑是仔猪黄痢(大肠杆菌感染),选择麦康凯培养基来分离、培养细菌;怀疑是猪链球菌病,需要用绵羊或兔鲜血平板来分离、培养细菌。对这类病原体的分离与培养而言,培养基的选择很关键。分离到病原体,可进行形态学、生化试验、血清学试验、分子生物学试验等方法进行鉴定。如果怀疑是病毒性传染病,需要将病料剪碎、研磨、反复冻融、无菌滤膜滤过等步骤处理,将处理过的无菌含病毒病料接种敏感细胞,进行病毒分离、培养,通过细胞病变观察、免疫荧光抗体染色、酶标抗体染色、PCR(或 RT-PCR)等方法对分离培养的病毒进行鉴定。

(4)免疫学诊断　免疫学方法是诊断兽医传染病常用和重要的方法之一,包括常规的血清学试验(如凝集试验、琼脂扩散试验、荧光抗体技术、ELISA 等)和变态反应。比如用试管凝集试验诊断动物的布氏杆菌病,琼脂扩散试验诊断鸡传染性法氏囊病、禽流感、鸡病毒性关节炎、马立克氏病等,用直接荧光抗体试验检测猪瘟、猪传染性胃肠炎等,用变态反应诊断牛结核病、马鼻疽等。

(5)分子生物学诊断　分子生物学诊断又称基因诊断,是一项新兴的诊断技术。该技术主要针对不同病原微生物的特异性核酸序列和结构进行测定,能在分子水平检测特定的核酸(DNA 或 RNA),从而达到鉴别和诊断传染病的目的。分子生物学诊断技术具有敏感性高、特异性强的特点,同时具有快速诊断和早期诊断的优点,在动物传染病的诊断中显示出良好的应用前景。该技术主要包括核酸探针、PCR(聚合酶链反应)和环介导等温扩增技术(LAMP)。

①核酸探针　核酸探针也称基因探针,是指用同位素、生物素、酶或其他标记物标记的特定 DNA 片段,借助上述标记物可探查出特异性或差异性 DNA。双链 DNA 的变性和复性特点 DNA 探针技术的基础。经加热,或在强酸、强碱作用下,双链 DNA 氢键被破坏,双链分离,变成单链(此即变性);而当条件缓慢变为中性或温度下降($50\,^{\circ}\mathrm{C}$ 左右)时,氢键恢复,分开两股单链又重新合为互补的双链结构(此即复性)。DNA 探针分子杂交就是将样本 DNA 分子经上述条件处理后,使其变性为单链状态,固定在载体硝酸纤维膜上,再与经小分子标记的 DNA 探针单链分子混合,在一定条件下使它们互补杂交结合。将未杂交的成分洗脱后,标记物显色,即可观察结果。目前 DNA 探针以用于多种动物传染病的诊断。

基因芯片技术(gene chip)是 20 世纪 90 年代由基因探针技术发展而来的一项新技术。它将集成电路、计算机、半导体、激光共聚焦扫描、荧光标记探针等技术结合为一体,使众多的寡核苷酸探针有规律地排列在硅片上(探针密度可达 $10^5/cm^2$),用其可与带有荧光标记的 DNA 样品杂交,再通过计算机分析荧光信号获得待测 DNA 样品的序列信息。基因芯片技术大大提高了基因探针的检测效率。

②PCR 技术　PCR(聚合酶链反应)是在寡核苷酸引物介导下由 DNA 聚合酶催化的一种体外特异性扩增 DNA 的技术。它包括模板 DNA 热变性解链、引物与模板 DNA 退火、引物延伸 3 个步骤的循环过程。其基本原理是在试验条件下,根据温度的变化控制 DNA 解链和退火(引物与模板 DNA 结合),在引物启动和 DNA 聚合酶催化下,合成二条引物特定区域内的 DNA 链。上述"解链—退火—延伸"3 个连续步骤为一个循环。经过 20～30 个循环反应,可使引物特定区段的 DNA 量增加至少 10^5 倍。有些病毒的遗传物质为 RNA,由于 DNA 聚合酶不能以 RNA 为模板进行 DNA 链的延伸,需先用反转录酶以 DNA 为模板合成一股与 RNA 互补的 DNA 链(cDNA),随后以 cDNA 为模板进行常规 PCR,该方法称为 RT-PCR。以常规 PCR 为基础又发展了荧光定量 PCR、免疫 PCR、复合 PCR 等。目前 PCR 技术广泛用于传染病的诊断、病原微生物的分子流行病学调查、病原微生物种的鉴定和变异分析等。

③环介导等温扩增技术(LAMP)　LAMP 是由日本学者于 2000 年发明的一种新的基因诊断技术,LAMP 的优势除了高特异性、高灵敏度外,操作十分简单,对仪器设备要求低,一台水浴锅或恒温箱就能实现反应,结果的检测也很简单,不需要像 PCR 那样进行凝胶电泳,LAMP 反应的结果通过肉眼观察白色浑浊或绿色荧光的生成来判断,简便快捷,适合基层快速诊断。LAMP 自发明以来,已广泛应用于由各种病毒、细菌、寄生虫等引起的疾病检测。可以预见,在未来的基因诊断领域,LAMP 方法将占有重要的地位。

(6)动物试验　动物试验的目的之一是确定分离的病原体来自患病动物,而不是取病料时污染的;其另外一个目的是确定分离的微生物的毒力(致病性)。动物的选择除了使用同种动物以外,还可以根据分离病原微生物的特性使用敏感的试验动物,如小白鼠、家兔、鸽子、鸡(胚)、鸭(胚)等。动物接种试验时应该注意对其进行严格的隔离饲养和消毒,对死亡动物要进行无害化处理,否则实验动物房可能成为新的疫源地,使传染病得到蔓延和扩散。

二、动物疫情报告制度

为了迅速控制、扑灭重大动物疫情,保障养殖业生产安全,维护公众身体健康与生命安全,维护正常社会秩序,根据《中华人民共和国动物防疫法》和《重大动物疫情应急条例》制定动物疫情报告制度。

1.动物疫情报告

按照相关法律规定,从事动物疫情监测、检验检疫、疫病研究与诊疗以及动物饲养、屠宰、经营、隔离、运输等活动的单位和个人,发现动物染疫或者疑似染疫的,应当立即向当地兽医主管部门、动物卫生监督机构或者动物疫病预防控制机构报告,并采取隔离等控制措施,防止疫情扩散。其他单位或个人发现动物染疫或者疑似染疫的应当及时报告。接到动物疫情报告的单位,应当及时采取必要的控制、处理措施,并按照国家规定的程序上报。

2.动物疫情实行逐级报告制度

动物疫情的逐级报告制度见图 2-1 所示。

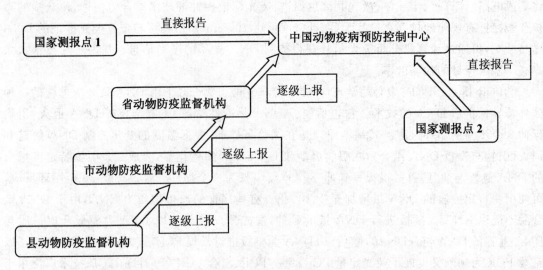

图 2-1 动物疫情逐级报告

3. 疫情报告时限

（1）快报 有下列情形之一的必须快报：发现发生一类或者疑似一类动物疫病；二类、三类或者其他动物疫病呈暴发性流行；新发现的动物疫情；已经消灭又发生的动物疫病。县级防疫监督机构和国家测报点确认发现上述动物疫情后，应在 24 h 内快报至全国畜牧兽医总站。全国畜牧兽医总站在 12 h 内快报至国务院畜牧兽医行政管理部门。

（2）月报 动物疫情的月报如图 2-2 所示。

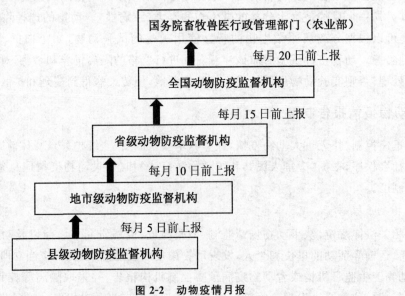

图 2-2 动物疫情月报

（3）年报 动物疫情的年报如图 2-3 所示。

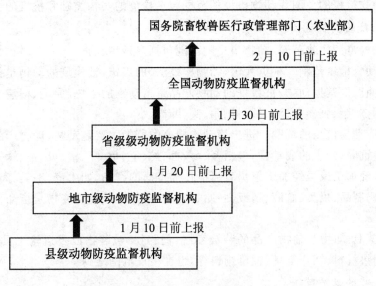

图 2-3 动物疫情年报

第三节 消灭传染源

一、动物检疫

(一)动物检疫的概念

动物检疫是由法定的机构或者人员按照规定的方法与标准对动物及其产品的疫病状况及其卫生安全实施强制性检查、定性和处理,并且出具结论性法定证明的行为。动物检疫的目的是查出传染源,预防或阻断动物传染病的发生以及从一个地区向另一个地区的传播。检疫有两种基本属性:一是强制性,即检疫是国家采取的强制性行政措施,任何单位和个人不得干扰或阻止,受到法律保护。同世界上许多国家一样,我们国家制定了一些与动物检疫相关的法律法规,如《中华人民共和国进出境动植物检疫法》、《中华人民共和国进出境动植物检疫法实施条例》、《中华人民共和国动物防疫法》、《中华人民共和国动物检疫法》(以下简称《动物检疫法》)以及有关的配套法规,如《中华人民共和国进境动物一、二类传染病、寄生虫病名录》、《中华人民共和国禁止携带、邮寄进境的动物、动物产品及其他检疫物名录》、《动物检疫管理办法》等。《动物检疫法》适用于在中华人民共和国领域内的动物防疫活动,进出境动物、动物产品的检疫,适用《中华人民共和国进出境动植物检疫法》。有上述法律和法规做保障,动物检疫工作得以正常进行并发挥其应有的作用。二是预防性,即动物检疫可以防止疫病传入,而不是等疫病传入后再去控制。否则,不仅控制效果差,而且控制的难度大,且控制的代价也高。

(二)动物检疫的范围

动物检疫的范围是指动物检疫的责任界限。根据我国《动物检疫法》的规定,凡是在国内收购、交易、饲养、屠宰和进出我国国境和过境的贸易性、非贸易性的动物、动物产品及其运载工具均属于动物检疫的范围。动物检疫的范围包括检疫的实物类别和检疫的性质两方面。

1. 动物检疫的实物范围

按照动物检疫的实物范围,动物检疫的范围包括三种情况:

(1)国内动物检疫范围　根据我国《动物检疫法》的规定,被检疫的动物是指家畜家禽和人工饲养、合法捕获的其他动物;被检疫的动物产品是指动物的生皮、原毛、精液、胚胎、种蛋以及未经加工的胴体、脂、脏器、血液、绒、骨、角、头、蹄等。

(2)进出境动物检疫的范围　进出境动物检疫的范围主要是动物、动物产品以及其他检疫物。动物是指饲养、野生的或动物,包括畜、禽、兽、蛇、龟、鱼、虾、蟹、贝、蚕、蜂等。动物产品是指来源动物未经加工或虽经加工但仍有可能传播疫病的产品,如生皮、毛类、肉类、脏器、油脂、动物水产品、奶制品、蛋类、血液、精液、胚胎、骨、蹄、角等。其他检疫物是指动物疫苗、血清、诊断液等。

(3)运载工具　动物及动物产品的装载容器、饲养物、包装物以及运输工具,包括车、船、飞机、包装物、铺垫材料、饲养工具、饲草饲料等,也在检疫范围之列。

2. 动物检疫的性质范围

按照动物检疫的性质,动物检疫的范围有以下五个方面:

(1)生产性检疫　包括农场、牧场、集体或个体饲养畜禽的检疫。

(2)贸易性检疫　包括进出境和国内市场贸易检疫、运输检疫。

(3)非贸易性检疫　包括国际邮包、展品、援助、交换、赠送及旅客携带的动物和动物产品的检疫。

(4)观赏性检疫　包括动物园的观赏性动物、艺术团体的演出动物等的检疫。

(5)过境检疫　包括对通过过境的列车、汽车、飞机等运载动物及其产品的检疫。

(三)动物检疫对象

动物检疫对象是指动物检疫中各国政府或国际组织规定的应检疫的动物疫病。我国规定出入境动物检疫的对象由国家进出境检验检疫局规定和公布,贸易双方国家签订有关协定或贸易合同也可以规定某种动物疫病为检疫对象。我国1992年公布的《中华人民共和国进境动物一、二类传染病、寄生虫病名录》共列97种动物疫病,其中一类传染病、寄生虫病15种,二类传染病、寄生虫病82种。国内动物检疫的对象由农业部规定的动物疫病名录,2008年农业部公布了《一、二、三类动物疫病病种名录》,共包括157种动物疫病,其中一类动物疫病17种,二类动物疫病77种,三类动物疫病63种。国内检疫的对象,除国家统一规定者外,省、市畜牧兽医部门还可从实际情况出发,补充规定某些传染病作为本地区的检疫对象,在省际公布执行。

(四)动物检疫的分类

为了有效地预防、控制和消灭动物传染病,需要根据动物传染病发生和流行的特点,在容易造成疫病传播的各个环节上进行检疫。根据动物及其产品的动态和运转形式,我国动物检疫总体上分为国内检疫(俗称内检)和出入境检疫(俗称外检)和两大类,各自又包括若干种检疫。

1. 国内检疫

国内检疫指在国内各省、市、县或乡镇地区实行的检疫。国内动物检疫包括产地检疫、市场检疫、屠宰检疫、运输检疫等。

（1）产地检疫　家畜及其产品在离开饲养、生产地之前的检疫称之为产地检疫。做好产地检疫是防止畜禽疫病进入流行环节的关键，也是屠宰检疫等的基础。我国现行法律规定，只有经过检疫合格的动物及其产品方可出售。

（2）市场检疫　对上市交易的畜禽及其产品所进行的检疫称为市场检疫。畜禽及其产品必须经市场检疫合格后，才能上市交易。做好市场检疫可以防止疫病相互传染，确保畜禽产品无害，促进经济贸易，保证消费者安全。

（3）屠宰检疫　屠宰检疫是指对家畜、家禽在屠宰加工过程中进行的检疫。屠宰检疫必须按规定进行，畜禽宰前检疫、宰后检验及其处理按《肉品卫生检验试行规程》执行。

（4）运输检疫　对畜禽及其产品在出县运输过程中进行的检疫，称运输检疫。做好运输检疫工作，对防止疫病远距离传播，保证产地检疫的开展，都有着很重要的意义。

2. 出入境检疫

出入境检验检疫是指政府行政部门以保护国家整体利益和社会利益为衡量标准，以法律、行政法规、国际惯例或进口国法规要求为准则，对出入境货物、交通工具、人员及其他事项等进行管理及认证，并提供官方检验证明、民间检验公证和鉴定完毕的全部活动。它包括进出境动物检疫、过境检疫、运输工具检疫。

（1）进出境动物检疫　为防止动物疫病从国外传入和由国内传出，由国家法定机构或人员，根据相关法律规范，对进出本国国境的动物、动物产品、其他检疫物、装载容器和包装物、运输工具等法定检疫对象实施检疫，并进行相应处理的行政行为。进出境动物检疫的目的是防止动物疫病由国外传入和从国内传出。

（2）过境检疫　是指境外动物、动物产品在事先得到批准的情况下，允许途经一国国境运往第三国，根据途经国家的法律规定，该国的检验检疫机构对过境动物和动物产品依法实施检疫和全程监督管理。

（3）出入境运输工具检疫　口岸出入境检验检疫机构对来自动植物疫区的船舶、飞机、火车，无论是否装载物品，都必须依法实施检疫，可以登船、登机、登车实施现场检疫。

（五）动物检疫的方法

动物检疫的方法主要有临诊检查法、流行病学检查法、病理检查法、微生物学检查法、免疫学检查法。检疫的方法很多，但在实际工作中，并不是每种检疫对象的检查或每次检疫时都要全面应用上述方法，而是根据各检疫对象的特点，在不同条件和要求下，选择几种方法进行。动物检疫与一般的兽医传染病诊断都是利用兽医诊断技术对动物疫病进行诊断或检查，但二者在目的、对象、范围和处理等方面有很大的不同。兽医传染病的诊断的目的是对动物传染病进行确诊，为制定有效的防控措施提供依据。动物检疫是由法定的机构和人员按照法定的检疫项目和规范的检疫方法，对法定的检疫对象进行检查，以确定被检动物是否患有法定的动物疫病或携带该病的病原体，进而对动物及其产品进行认定和处理，从而防止疫病的传播。

二、隔离

隔离是指采取措施将处于传染期的患病动物、可疑感染动物与健康动物分开，进行单独养育。隔离是传染病防制的重要措施之一。通过隔离，可以控制传染源，能够最大限度地缩小污染范围，减少传染病传播的机会。隔离有两种情况，一种是对新引进的动物进行隔离，其目的是观察这些动物是否健康,以防把感染动物引入新的地区或动物群,造成传染病的传播和流行;另一种情况是在发生传染病时实施的隔离,将患病动物、可疑感染动物与健康动物隔离开。在传染病流行时,应首先查明传染病在动物群中的蔓延程度,逐头检查临诊症状,必要时进行血清学和变态反应检查。根据诊断结果,可将全部受检动物分为患病动物、可疑感染动物和假定健康动物等三类,以便分别对待。

1.患病动物

患病动物是指有典型症状或类似症状或其他特殊检查阳性的动物。它是危险性最大的传染源,应该选择不易散播病原体、消毒处理方便的地方隔离。被隔离的动物须有专人看管和及时治疗,工作人员出入应遵守消毒制度。隔离区内的用具、饲料、粪便、垫料等未经彻底消毒处理,不得随意运出隔离区。没有治疗价值的患病动物按照国家规定严格处理。隔离时间的长短,应根据该种传染病患病动物带菌(毒)、排菌(毒)的时间而定。

2.可疑感染动物

可疑感染动物是指没有任何症状,但与患病动物及污染的环境有过明显的接触,如曾与患病动物同群、同圈、同槽、同牧等情况。这些动物可能处于潜伏期,并有排毒(菌)的危险,应在消毒后另选地方将其隔离,限制其活动,进行消毒、详细地观察,出现症状按照患病动物处理,条件允许的情况下立即进行紧急免疫接种或预防性治疗。隔离观察期应根据该传染病的最长潜伏期而定,经最长潜伏期后仍无新病例出现时,则可取消对其的隔离。

3.假定健康动物

除上述两类外,疫点或疫区内其他易感动物均属此类。应禁止假定健康动物与上述两类动物接触,加强消毒和相应的保护措施,立即进行紧急免疫接种。

三、封锁

当发生某些重要传染病时,除了严格隔离患病动物之外,还应该采取划区封锁措施。封锁是指当发生法定一类动物疫病或者外来疫病时,为了防止疫病扩散以及安全区健康动物误入而对疫区和其他动物群采取划区隔离,扑杀、销毁、消毒和紧急接种等强制性措施。封锁的目的是阻止传染病向周围地区散播,将其控制在封锁地就地消灭。根据我国《动物防疫法》的规定,发生一类动物疫病或二、三类动物疫病呈暴发性流行时,当地县级以上地方政府兽医主管部门应当立即派人到现场,划定疫点、疫区、受威胁地区,调查疫源,及时报请本级人民政府对疫区实行封锁。

封锁区的划分,必须根据发生传染病的流行规律、疫情流行情况及当地动物的分布状况、地理环境、居民点、交通等实际情况而定,确定疫点、疫区和受威胁地区。封锁应掌握"早、快、严、小"的原则,即封锁应在流行早期,行动果断迅速,封锁要严密;范围不宜过大。

当疫区内(包括疫点)最后一头患病动物被扑杀或痊愈后,经过该传染病一个潜伏期以上的监测、观察,未出现新的发病动物,经彻底清扫、消毒,经县级以上兽医行政部门检查合格后,报原发布封锁令的人民政府发布解除封锁令,并通报毗邻地区和有关部门。

四、扑杀

捕杀政策是指在兽医行政部门的授权下,宰杀感染特定疫病及其同群可疑感染动物,并在必要时宰杀直接接触动物或可能传播病原体的间接接触动物的一种强制性措施。当某地暴发一类动物疫病、外来疫病以及一些重要的人兽共患病时,其疫点内的所有动物,无论其是否实施过免疫接种,按照规定应一律宰杀,动物的尸体通过焚烧或深埋销毁。捕杀政策通常与封锁和消毒等措施结合使用。

捕杀政策是兽医学中特有的传染病控制方法。由于多数情况下病原体对宿主动物具有依赖性关系,只有通过扑杀感染动物,才是消灭传染源的可靠方法。从养殖业发展的全局出发,这种措施对传染病的扑灭和净化也是有利的,许多国家的经验已证明了这一点。

五、无害化处理

根据《中华人民共和国动物防疫法》和《重大动物疫情应急条例》的规定,应该对染疫动物及其产品、发病死亡动物进行彻底地无害化处理,措施包括消毒、高温处理、深埋、焚烧等处理。实际上无害化处理是防止动物疫病传播给人或其他动物所做的一种彻底的消毒处理工作。

六、动物疫病净化

动物疫病净化是指在某一限定地区或养殖场内,根据疫病流行病学调查的结果和监测结果,及时发现并淘汰各种形式的感染动物,是限定群中某种疫病逐渐被清除的疫病控制方法。动物疫病净化是以消灭和清除传染源为目的,对动物传染病控制起到了极大的作用。

动物疫病净化是符合现阶段疫病防控规律、适应当前畜牧发展方式转变、满足广大生产者和消费者需要的一项系统工程。《国家中长期动物疫病防治规划(2012—2020年)》提出了优先防治口蹄疫、禽流感等16种国内动物疫病,特别指出要大力开展种畜禽场疫病净化工作,实施种畜禽场疫病净化计划,逐步实现种畜禽场高致病性禽流感、新城疫、沙门氏菌病等8种主要疫病的净化。

第四节 切断传播途径

一、消毒

(一)消毒的概念和分类

消毒是指通过物理、化学或者生物学的方法杀灭或者清除环境中的病原微生物的技术或措施。消毒是贯彻"预防为主"方针的一项重要措施,其目的是消灭停留在不同的传播媒介物上的病原体,借以切断传播途径,阻止和控制传染的发生。规范性消毒是预防及控制传染病的一种最有效和最快捷的手段和方法,但还需结合其他措施如隔离、封锁、免疫接种等措施方能达到防控传染病之效。

根据消毒的目的不同,消毒分为预防性消毒、随时消毒和终末消毒。

1. 预防性消毒

预防性消毒是指在未发现传染病的情况下,平时定期、有计划地对有可能被病原微生物污染的场所、物品进行消毒,如圈舍、活动场地、饲养用具、饮水等。预防性消毒对减少传染病的发生和传播起着相当大的作用。

2. 随时消毒

随时消毒是指当明确有传染病发生或有动物不明原因出现死亡时即刻进行的消毒。应急性消毒的对象包括患病动物所在的圈舍、活动场地以及被其分泌物和排泄物污染的一切可能的场所、用具等。随时消毒的目的是及时迅速杀灭从机体中排出的病原体。

3. 终末消毒

终末消毒是指传染源因解除隔离、转移、死亡而离开疫点或终止传染状态后,对疫点进行的一次彻底消毒。其目的是完全消灭患病动物所播散的、遗留在环境中存活的病原体,使疫点无害化。终末消毒进行得越及时、越彻底,防疫效果就越好。

(二)消毒方法

1. 机械消毒法

通过机械的清扫、冲刷、擦洗和通风等方法将环境或物品中病原微生物进行清除。通过清扫、洗刷圈舍地面,将其中的粪尿、垫草、饲料残渣等及时清除干净,洗刷畜体被毛,除去体表污物及附在污物上的病原体。这种机械清除的方法虽然不能杀灭病原体,但可以有效地减少畜禽圈舍及体表的病原微生物数量,如果再配合其他消毒方法,常可获得较好的消毒效果。通风亦具有消毒作用,它虽不能直接杀灭病原体,但通过交换圈舍的空气,减少病原体数量。

2. 物理消毒法

物理消毒法是指是指利用物理因素杀灭或消除病原微生物及其他有害微生物的方法。它包括热力消毒、辐射消毒、干燥等方法。

(1)热力消毒 热力消毒是经常使用的物理消毒法之一,而且消毒效果好。热力消毒包括火焰灼烧或焚烧、煮沸、流通蒸汽灭菌、高热蒸汽灭菌、干热灭菌等。热力消毒能使病原体蛋白凝固变性,失去正常代谢机能。

①火焰灼烧或焚烧 灼烧是指直接用火焰灭菌,适用于金属笼具等不怕火烧的金属器具或器材,灼烧可立即杀死附着在金属器具上的全部微生物。焚烧主要对经济价值小的污染物,如垫料、垫草、垃圾、尸体等采用燃烧的办法进行烧毁,该法是简便、彻底的消毒方法。

②煮沸 玻璃、一般金属器械等耐煮物品均适合用煮沸消毒,于100℃水煮沸1~2 min即完成消毒,但芽孢则须较长时间。炭疽杆菌芽孢须煮沸30 min、破伤风梭菌芽孢需煮沸3 h才能达到彻底消毒。对金属器械进行煮沸消毒时,水中加1%~2%碳酸钠或0.5%软肥皂等碱性剂,可溶解脂肪,增强杀菌力。物品煮沸消毒时,其体积不可超过容器容积的3/4,物品应浸于水面下。注意留出空隙,以利于水的对流。

③巴氏消毒法 巴氏消毒法亦称低温消毒法,冷杀菌法,是一种利用较低的温度既可杀死病菌又能保持物品中营养物质或有效成分不变的消毒法,常用于啤酒、鲜奶等食品和血清等的消毒。其原理是将混合原料加热至68~70℃,并保持此温度30 min以后急速冷却到4~5℃。一般细菌的致死点均为温度68℃与时间30 min以下,所以将混合原料经此法处理后,可杀灭其中的致病性细菌和绝大多数非致病性细菌;混合原料加热后突然冷却,急剧的热与冷变化也可以促使细菌的死亡。

④流通蒸汽灭菌 流通蒸汽灭菌是利用蒸笼或流通蒸汽灭菌器进行消毒灭菌,又称常压蒸汽灭菌。一般在100℃加热30 min可杀灭细菌繁殖体,但不保证杀灭细菌的芽孢和霉菌孢

子。因此,常在100℃加热30 min后,将消毒物品置于常温下,待细菌的芽孢萌发,第二天、第三天用同样的方法进行处理和消毒,这样经过连续三天三次处理,即可保证杀死全部细菌及其芽孢。采用流通蒸汽灭菌时,消毒物品的包装不宜过大、过紧,以利于蒸汽穿透。

⑤高压蒸汽灭菌 用高温加高压灭菌,不仅可杀死一般的细菌、真菌等微生物,对细菌的芽孢、真菌孢子也有杀灭效果,是最可靠、应用最普遍的物理灭菌法。它主要用于能耐高温、高压的物品,如培养基、金属器械、玻璃、搪瓷、敷料、橡胶及一些药物的灭菌。高压蒸汽灭菌器的类型和样式较多,下排气式压力蒸汽灭菌器(俗称高压锅)是普遍应用的灭菌设备,压力升至103.4 kPa(1.05 kg/cm²)、温度达121.3℃,维持15~20 min,可达到灭菌目的。

⑥干热空气灭菌 在干燥情况下,利用热空气灭菌的方法。干热空气灭菌通常在干热灭菌器(烘箱)内进行,适于在高温下不损害、不变质、不蒸发的物品消毒,常用于实验室的玻璃器皿、金属器械等的消毒、烘干。不同的温度灭菌过程所需的时间也不同:140℃必须在3 h以上,160~170℃在2 h以上,260℃为45 min。

(2)辐射消毒 辐射消毒是利用电离辐射杀灭病原体的方法。它包括紫外线照射消毒和电离辐射消毒。

①紫外线照射消毒 紫外线照射消毒是一种经济方便的方法。将消毒的物品放在日光下曝晒或放在人工紫外线灯下,利用紫外线、灼热以及干燥等作用使病原微生物灭活而达到消毒的目的。此法较适用于畜禽圈舍的垫草、用具、进出人员等的消毒,对被污染的土壤、牧场、场地表层的消毒均具有重要意义。紫外线是一种肉眼看不见的辐射线,其波长范围在100~400 nm之间,其中波长在200~320 nm内的紫外线有杀灭病原体的作用,而253~266 nm的紫外线杀菌力最强。紫外线可以杀灭细菌、真菌、病毒和立克次体等微生物。一般说来,革兰氏阴性菌对紫外线最敏感,其次为革兰氏阳性球菌,细菌芽孢和真菌孢子抵抗力最强。病毒也可被紫外线灭活,其抵抗力介于细菌繁殖体与芽孢之间。有学者的研究结果表明,对紫外线呈低度抗性的病原微生物有牛痘病毒、大肠杆菌、金黄色葡萄球菌、普通变形杆菌、军团菌和大肠杆菌噬菌体。

采用紫外线进行空气消毒时可采取安装固定式的紫外线灯管的方法,用于禽、畜的笼、舍和超净工作台消毒。将紫外线灯吊装在天花板或墙壁上,离地面2.5 m左右,灯管安装金属反光板,使紫外线照射在与水平面呈30°~80°角。这样使全部空气受到紫外线照射,而当上下层空气对流产生时,整个空气都会受到消毒。通常以每6~15 m³空间用1支15 W紫外线灯。紫外线对固体物质的穿透力和可见光一样,不能穿透固体物体,只能对固体物质的表面进行消毒。照射时,灯管距离污染表面不宜超过1 m,所需时间30 min左右,消毒有效区为灯管周围1.5~2 m。影响紫外灯消毒效果的因素有电压、温度、湿度、距离、角度、空气含尘率、紫外灯的质量、照射时间和微生物数量等,养殖场应该根据各自不同的情况,因地制宜,因时制宜,合理配置、安装和使用紫外灯,才能达到灭菌消毒的效果。

②电离辐射消毒 电离辐射消毒是利用了射线、伦琴射线或电子辐射能穿透物品,杀死其中的微生物的低温灭菌方法,统称为电离辐射。电离辐射是低温灭菌,不发生热的交换、压力差别和扩散层干扰,所以,适用于热敏材料的灭菌,具有优于化学消毒、热力消毒等其他消毒灭菌方法的许多优点,特别是在SPF动物饲料的消毒灭菌方面应用广泛。

3. 化学消毒法

(1)化学消毒法的类型 化学消毒法是指利用化学消毒药物杀灭或清除微生物的方法,是生产中常用的消毒方法,主要用于养殖场内外环境、圈舍、饲槽、某些物品的表面及饮水消毒等。常用的化学消毒法包括拌和、撒布、涂擦、喷洒、熏蒸和气雾法等。

①拌和　粪便、垃圾等消毒时可用分机型消毒药与其拌和均匀,堆放一段时间,即可达到消毒目的。例如用漂白粉和粪便以1:5拌和均匀,可进行粪便消毒。

②撒布　将粉剂型消毒药品均匀撒布在消毒对象表面。如在养殖场内运送粪便的道路(污道)上撒布漂白粉对污道进行消毒。

③涂擦　用抹布蘸取消毒药液,如碘酊、酒精等,在物品表面擦拭消毒。有时将消毒药品制成膏剂,涂擦在动物体表需要消毒的部位。

④喷洒　用药液喷洒地面、墙壁、顶棚和室内固定设备等。喷洒消毒一般使用喷雾器,要求喷洒全面,药液要喷到物品的各个部位。

⑤熏蒸　熏蒸消毒可用于密闭的圈舍、仓库等的消毒。该法简便、省事,消毒全面,对房屋结构无损。常用的消毒药物有福尔马林(40%的甲醛溶液)。为了加速蒸发,通常利用高锰酸钾的氧化作用。

⑥气雾法　气雾是将消毒液倒入气雾发生器后喷出的雾状微粒,是消灭空气中微生物的理想办法。气雾法常用于空气消毒和带畜(禽)消毒,例如用5%的过氧乙酸对圈舍进行空气消毒。

⑦发泡法　也称泡沫法,是人们开发的一种新的消毒方法,是把高浓度的消毒液用专用的发泡机制成泡沫畜禽舍内面及设施的表面,其用水量一般为常规消毒的1/10。采用发泡消毒法,对一些形状复杂的器具、设备进行消毒时,由于泡沫能较好地消毒对象的表面,故能得到较为一致的消毒效果,且由于泡沫能较长时间附着在消毒对象的表面,可延长消毒剂的作用时间。

(2)化学消毒剂的分类

①按照杀菌能力分类　可分为高效消毒剂、中效消毒剂和低效消毒剂。高效消毒剂可杀灭各种细菌繁殖体、病毒、真菌及其孢子等,对细菌芽孢也有一定杀灭作用,达到高水平消毒要求,这类消毒剂有含氯消毒剂、臭氧、双连季铵盐等。其中可使物品达到灭菌要求的高效消毒剂又称灭菌剂,包括甲醛、戊二醛、环氧乙烷、过氧乙酸等。中效消毒剂能杀灭细菌繁殖体、真菌、病毒等微生物,达到消毒要求,包括含碘消毒剂、醇类消毒剂、酚类消毒剂。低效消毒剂仅可杀灭部分细菌繁殖体、真菌和有囊膜的病毒,不能杀死结核分枝杆菌、细菌芽孢和较强的真菌和病毒,能达到消毒剂要求,包括苯扎溴铵、氯己定等双胍类消毒剂、中草药消毒剂等。

②按化学成分分类　常用化学消毒剂按照化学性质不同可分为酸类、碱类、酚类、氧化剂、挥发性烷制剂、卤素类、离子型表面活性剂、醛类、醇类、重金属类等。

(3)常用的化学消毒剂

①酸类消毒剂　酸类消毒剂有抑菌和抗菌作用,其抗菌或抑菌机理是由于高浓度的H^+能使菌体的蛋白质变性和水解,低浓度的H^+能改变细菌表面蛋白的离解度而影响其吸收、排泄、代谢和生长。此类消毒剂在规模化养殖场消毒中应用较少,生产中使用较多的酸类消毒剂是醋酸和乳酸,常用其蒸汽或喷雾对空气进行消毒,可杀灭某些细菌和病毒,对流行性感冒病毒、口蹄疫病毒、乙脑病毒等有一定的杀灭作用。

②碱类消毒剂　碱类消毒剂包括火碱、苛性钾、石灰等。此类消毒剂的抗菌强度取决于碱液中氢氧根离子的解离度,解离度越高,氢氧根离子浓度越高,抗菌活性越强。

火碱(氢氧化钠):火碱对细菌和病毒有强大的杀伤力,能够溶解蛋白质,一般用1％～2％浓度的火碱溶液消毒被细菌和病毒污染的畜舍、地面和用具等。若用热水配置,消毒效果更好。火碱溶液消毒后地面要用清水冲洗干净,空舍半天,否则残留的火碱会损伤畜禽的蹄(趾)。

生石灰(氧化钙):呈白色或灰白色块状,易吸收水分,在空气中可吸收二氧化碳变成碳酸钙,失去消毒作用;新鲜的生石灰与水作用后生成氢氧化钙,氢氧化钙解离出氢氧根离子,有杀菌作用。氢氧化钙对大多数繁殖型细菌有较强的杀灭作用,但对细菌芽孢无效。养殖场一般采用10％～20％的石灰水涂刷圈舍的墙壁、栏圈、地面消毒。例如,20％石灰乳用于消毒炭疽菌污染场所,每4～6 h喷洒一次,连续2～3次;刷墙2次可杀灭结核芽孢杆菌。因性质不稳定,故应用时应新鲜配制。

③酚类消毒剂　酚类消毒剂使病原体蛋白凝固而发生消毒作用,包括煤酚皂溶液(来苏儿)和石炭酸(苯酚),低浓度时表现抑菌作用,高浓度时表现杀菌作用。酚类消毒剂能杀灭繁殖型的细菌,但不能杀灭细菌的芽孢和某些抵抗力强的病毒。它可用于畜禽栏舍及运输车辆和器具的消毒,由于具有特殊的气味,故不适合食品、衣物的消毒。目前常用的新型酚类消毒剂主要为复合酚消毒剂,是酚、有机酸等组成的混合物,商品名有农福、消毒灵等。

④氧化剂类消毒剂　氧化剂具有强大的氧化能力,各种微生物对其十分敏感,使其的蛋白质变性而起到消毒作用。该类消毒剂是一类广谱、高效的消毒剂,但有机物、血液、牛奶及还原剂(如硫代硫酸钠、亚硫酸钠)的存在可降低杀菌效能。常用的氧化剂有过氧乙酸、过氧化氢、高锰酸钾等。

过氧乙酸(过醋酸):本品为高浓度的过氧化氢与冰醋酸按一定比例反应而成,市售一般为20％的溶液和配合型过氧乙酸。配合型过氧乙酸是由含冰醋酸的A液和含过氧化氢的B液配合而成,平时二者分开贮存,使用时将A、B二液混合即可。过氧乙酸属强氧化剂,是广谱、高效、速效的消毒剂,能杀灭细菌、真菌、病毒及芽孢,可用于环境、车辆、用具、饮水的消毒及带禽消毒。本品水溶液不稳定,宜现配现用;不宜用于金属笼具及有色棉织物的消毒。

过氧化氢:又称双氧水,为强腐蚀性、微酸性、无色透明液体,能与水以任何比例混合,具有漂白作用。过氧化氢可快速灭活多种微生物,如细菌、细菌的芽孢、酵母、真菌孢子等,并将其分解成无害的水和氧。气雾用于空气、物品表面的消毒,溶液用于饮水器、饲槽、用具等消毒。如进行畜禽舍空气消毒时,1.5％～3％的过氧化氢喷雾,每立方米20 mL,作用30～60 min,消毒后进行通风。过氧化氢有强腐蚀性,避免用金属容器盛装,配制时应戴防护手套、防护镜,须现用现配。

臭氧:臭氧是一种强氧化剂,具有广谱的杀灭微生物的作用,能有效地杀灭细菌、病毒、芽孢、真菌孢子等,还兼有除臭、增加畜禽舍内氧气含量的作用,用于空气、水体、用具等的消毒。臭氧的消毒效果与浓度高度相关,与作用时间关系较小。臭氧发挥消毒作用时具有使用方便、刺激性低、作用快速、无残留污染的优点,但是其稳定性差,有一定的腐蚀性和毒性,受有机物影响较大。

高锰酸钾:高锰酸钾是强氧化剂,可有效杀灭细菌繁殖体、真菌、细菌的芽孢和某些病毒,主要用于皮肤黏膜、物体表面、饮水等方面的消毒。在生产中高锰酸钾常与甲醛搭配使用进行空气的熏蒸消毒。

⑤卤素及含卤化合物类消毒剂　卤素以及容易释放出卤素的化合物均有强大的杀菌能

力,其作用机理是卤素原子深入细胞内与菌体蛋白的氨基或其他基团相结合而发生卤化作用,使其中的有机物分解或丧失功能呈现杀菌作用。所有卤素均具有杀菌性能,一般常用含氯和含碘的消毒剂。

含氯消毒剂:是指在水中能产生具有杀菌作用的活性次氯酸的一类消毒剂,包括无机类含氯消毒剂(次氯酸钠、漂白粉、二氧化氯等)和有机类含氯消毒剂(二氯异氰尿酸、二氯异氰尿酸钠、三氯异氰尿酸、二氯海因)。无机氯制剂具有性质不稳定、难储存、强腐蚀的缺点,而有机氯制剂则具有性质稳定、易储存、低毒等优点。有机氯制剂属于高效消毒剂,对细菌、芽孢和各种病毒都有较好的消毒效果,其消毒效果的高低取决于有效氯的含量,有效氯的含量越高,消毒效果越好。其缺点是使用时受环境有机质、还原物质和 pH 的影响大,在 pH 为 4.0 时消毒能力最强;在 pH 为 8.0 以上时可失去消毒作用。常用的含氯消毒剂有漂白粉、次氯酸钠、氯胺 T、二氯异氰尿酸钠等。

漂白粉:又名含氯石灰、氯化石灰,为白色颗粒状粉末,主要成分是次氯酸钙,有效氯含量为 25%～32%,在常温条件下保存,有效氯每月可减少 1%～3%,当有效氯低于 16% 时,不再适合作为消毒剂。漂白粉为广谱消毒药,对细菌、芽孢、病毒等均有效,但消毒作用不持久。其干粉可用于养殖场圈舍、道路的表面、畜禽排泄物的消毒,其水溶液可用于圈舍、设施、车辆、饮水、污水等消毒。饮水消毒用 0.03%～0.15% 的漂白粉溶液,喷洒消毒用 5%～10% 的乳液,也可用干粉撒布。漂白粉对织物有漂白作用,对金属有腐蚀性,对组织由刺激性,使用时要注意人兽安全。

次氯酸钠为广谱消毒剂,可有效杀灭各种微生物,包括细菌、病毒、真菌等。200～700 mg/L 次氯酸钠溶液(以有效氯含量计)用于非清洁物品表面的浸泡、冲洗或喷洒消毒,5～10 g/L 用于传染病病原污染物品、物体表面的喷洒、浸泡消毒。本品对织物有漂白作用,对皮肤、黏膜有较强的刺激作用,应避光密封保存。以次氯酸钠为主要成分的商品消毒剂有 84 消毒液等。

氯胺 T:又名氯亚明,其化学名为对甲基苯磺酰氯胺钠,是由国外公司开发的一种含氯消毒剂。该消毒剂作用温和、持久,对组织刺激性小,受有机物影响小。0.000 4% 用于饮水消毒,0.5%～0.1% 溶液用于饲槽、器具的消毒;3% 的溶液用于排泄物、分泌物的消毒。

二氯异氰尿酸钠:又名优氯净,为白色、微黄色粉末,性质稳定,有氯味,有效氯的含量为 62%～64%,是一种广谱、高效、低毒的有机氯消毒剂,为氯化异氰尿酸类产品的主导品种。二氯异氰尿酸钠能有效、快速地杀灭各种细菌、真菌、芽孢、霉菌等微生物。本品 0.5%～1% 溶液作用 15～60 min,可杀灭圈舍地面、笼具的细菌繁殖体和病毒,5%～10% 溶液作用 15～60 min 可杀灭细菌的芽孢。

二氧化氯:常温下为黄绿色到橙黄色的气体,有氯臭,11℃时液化成棕红色液体,-59℃凝固成呈红色晶体。目前已有稳定性二氧化氯溶液、粉剂和片剂等固态含二氧化氯产品。本品极易溶于水,而不与水发生反应。该品可快速杀灭所有病原微生物,具有高效、低毒、除臭和无残留的特点。200 mg/L 用于养殖环境(如空气、场地、笼具等)喷洒、喷雾消毒;200 mg/L 用于饮水消毒、用具、食槽等浸泡消毒。

含碘消毒剂:含碘消毒剂包括碘及碘为主要消毒成分制成的各种制剂。常有碘酊、碘甘油、碘伏、复合碘制剂等,属于中效消毒剂,常用于皮肤、黏膜的消毒和手术器械的灭菌。碘酊是一种温和的含碘消毒剂,兽医上一般配成 5%(W/V),常用于注射部位、外科手术部位的皮肤以及各种创伤感染皮肤或黏膜的消毒。碘甘油含 1% 的有效碘,用于鼻腔黏膜、口腔黏膜、幼畜皮肤、母畜乳房皮肤消毒和清洗脓腔。碘伏(络合碘)是碘与表面活化剂及增溶剂形成的不定型络合物,主要剂型为聚乙烯吡咯烷酮碘和聚乙烯醇碘。该产品性质稳定,对皮肤无害。0.5%~1% 溶液用于皮肤消毒,10 mg/L 溶液用于饮水消毒。

⑥表面活性剂类消毒剂　该类消毒剂能降低溶液界面的表面张力并具有清洁作用。此外,一部分表面活性剂可聚集在细菌表面,引起细菌膜通透性改变,使菌体内的酶和中间代谢产物逸出,影响细菌的生理代谢,使菌体蛋白变性而呈现杀菌作用。根据其所带电荷不同,可分为阳离子型、阴离子型、两性离子型和非离子型表面活性剂。其中杀菌力最强为阳离子型表面活性剂。

苯扎溴铵:苯扎溴铵为第一代单链季铵盐类阳离子型表面活性剂,为淡黄色胶样液体,易溶于水,溶液无色透明,性质比较稳定,价格低廉,市售商品名称为新洁尔灭。0.02% 以下溶液用于黏膜、创口的消毒,0.1% 的溶液用于皮肤、器械的消毒,1%~2% 溶液用于圈舍的喷雾消毒。本品忌与碘、肥皂合用,不宜用于饮水、排泄物、污水的消毒。

杜米芬:该消毒剂亦为单链季铵盐类阳离子型表面活性剂,为白色或微黄色结晶片剂或粉末,味微苦,能溶于水或乙醇,性能稳定。其杀菌范围与用途与新洁尔灭相似。

癸甲溴铵:为双链季铵盐类阳离子型表面活性剂,其商品名为百毒杀。该产品为无色、无臭、无刺激性、无腐蚀性的溶液剂。它性质稳定,不受环境酸碱度、水的硬度、粪便和血污等有机物的影响,可长期保存,使用范围广,消毒效果优于单链季铵盐类。在推荐使用剂量对人畜绝对无毒性,1:(2 000~4 000)稀释可用于饮水消毒,疫病期间可使用 1:(1 000~2 000)稀释连用 7 天。

⑦醛类消毒剂　此类消毒剂作用于微生物蛋白质中的氨基、羟基,引起蛋白质变性,从而使微生物死亡。这类消毒剂对各种病原体均有高效、广谱的杀灭作用,且对物品无损伤,是较为常用的一类消毒剂。该类消毒剂主要有甲醛、聚甲醛和戊二醛等,其共同特点是杀菌力强、杀菌谱广,其缺点是有刺激性和毒性。

甲醛:甲醛有很强的消毒作用,2%~4% 甲醛溶液可用于地面、墙壁等的消毒,1% 可用于带畜消毒。粗制的 36% 的甲醛水溶液俗称福尔马林,常与高锰酸钾配合对圈舍、孵化室、化验室等密闭场所进行熏蒸消毒。熏蒸消毒时要密闭门窗,消毒结束时要打开门窗,排出残余的气体。

戊二醛:戊二醛为无色油状体,味苦,市售商品为其 25% 的水溶液。它作为消毒剂时常用其 2% 的水溶液,用 0.3% 的碳酸氢钠溶液调整 pH 为 7.5~8.5,其杀菌作用显著增强,其杀菌作用较甲醛更强、更快,是甲醛的 2~10 倍。生产中主要用 2% 的戊二醛溶液喷洒地面、墙壁。

⑧烷基化气体消毒剂　这是一类主要通过对微生物蛋白分子的烷基化作用、干扰微生物酶代谢而使微生物灭活的消毒剂。在兽医消毒上应用比较广泛的是环氧乙烷,它在低温下为无色透明的液体,沸点 10.8℃,储存在钢瓶内。环氧乙烷气体穿透力强、消毒谱广、消毒作用强,为高效消毒剂,能杀灭细菌的芽孢。它对大多数物品不造成损坏,可用于皮革、皮毛、化纤织物、一次性高分子医疗器材等的灭菌处理。环氧乙烷气体消毒时,最适宜的相对湿度为30%~50%,温度以 40~54℃ 为宜,不应低于 18℃。消毒时间越长,消毒效果越好,一般为 8~24 h。使用环氧乙烷气体消毒时要注意防火、防爆、防泄漏,不用于饮水、食品和人畜的消毒。

⑨醇类消毒剂　醇类消毒剂具有杀菌作用,其杀菌机理为除去细菌细胞膜的脂类并使菌

体蛋白凝固和变性。在实际消毒工作中使用最广泛的是乙醇。

乙醇：乙醇为无色液体，有较强的酒气味，易挥发、易燃。无水乙醇的杀菌力很低，加水稀释成质量分数为70%或体积分数为77%的乙醇溶液杀菌作用最强，但一般只能杀灭细菌的繁殖体，对细菌芽孢无效。乙醇常用于皮肤、医疗器械的消毒。

⑩胍类消毒剂　该品的消毒机理同于表面活性剂。此类消毒剂包括氯己定、盐酸聚六甲基胍等。

氯己定：又名洗必泰，为白色结晶粉末，无臭但味苦，微溶于水和乙醇，溶液呈碱性。氯己定的杀菌谱与季铵盐类相似，具有广谱的抑菌作用，对细菌的繁殖体、真菌有较强的杀灭作用，但不能杀灭细菌芽孢、结核分枝杆菌和病毒。0.02%～0.05%水溶液用于人员洗手消毒，0.05%水溶液用于冲洗创伤。有机质、硬水和肥皂等会降低其活性。

盐酸聚六甲基胍：该产品为白色无定型粉末，无特殊气味，易溶于水，水溶液无色至淡黄色。他对细菌和病毒有较强的杀灭作用，作用快速、稳定性好；无毒、无腐蚀性、可降解，对环境无污染。该品0.1%～1%用于食品加工设备的消毒，0.2%～0.8%用于水产养殖中水体的消毒。

4.生物热消毒

生物热消毒是指利用一些生物及其产生的物质来杀灭或清除病原微生物的方法。该方法主要用于粪便、垫料等的无害化处理。在粪便的堆沤过程中产热，粪便中的嗜热菌可以繁殖、继续产热，最终是粪堆中的温度达到70℃以上，在此温度下大多数病毒及除芽孢以外的病原菌、寄生虫幼虫和虫卵在几天到数周内死亡而达到消毒目的。粪便、垫料等污物等采用此法消毒比较经济，消毒后不失其作为肥料的使用价值，所以生物热消毒值得推广。生物热消毒的处理方法有堆肥法和发酵池法。

二、杀虫与灭鼠

(一)杀虫

许多节肢动物(如蚊、蝇、蜱、虻、蠓、螨、虱、蚤等吸血昆虫)都是动物疫病及人兽共患病的传播媒介，可携带细菌、病毒、寄生虫等，能传播传染病和寄生虫病，如蚊子可以传播疟疾、乙型脑炎、登革热等，蚤(跳蚤)传播鼠疫、斑疹伤寒，虱传播流行性斑疹伤寒，白蛉传播黑热病等。因此，杀虫是切断虫媒传染病传播途径的重要措施，对防治动物传染病有重要意义。常用的杀虫方法有以下几种：

1.环境防治法

通过对饲养环境的合理规划、布局、改造、整理等来规避和消除媒介昆虫生长、繁殖和生存的条件，减少或消除媒介昆虫滋生和活动。例如养殖场选址要地势高燥，对圈舍每天要彻底清扫干净，及时除去粪尿、垃圾、饲料残屑及污物等，保持圈舍清洁卫生，地面干燥、通风良好。圈舍外环境要彻底铲除杂草，填平积水坑洼，保持排水通畅。严格管理好粪污，对其进行无害化处理，使有害昆虫失去繁衍滋生的场所，以达到消灭有害昆虫的目的。

2.物理防治法

利用人工防护设施(如安装纱窗)及机械杀虫(拍打、黏附、电子灭蚊灯)进行防虫、杀虫。

3.化学防治法

该方法是使用化学杀虫剂来杀虫，具有经济、简单易行，即可大面积喷洒，又可小面积使用,并且可在短时间内杀灭害虫。常用的化学杀虫剂有蚊蝇净、拜虫杀等。

(二)灭鼠

鼠类不仅吃掉大量的粮食,而且是很多人兽传染病的传播媒介和传染来源,能传播伪狂犬病、钩端螺旋体病、鼠疫、流行性出血热等多种动物疫病及人兽共患病,对动物和人类的健康造成严重的威胁。因此灭鼠工作不仅可以减少鼠类对粮食造成的经济损失,对切断传播途径,防止传染病的传播有重要意义。灭鼠工作可从以下两个方面进行:

1.生态学灭鼠

生态学灭鼠是指根据鼠类的生态学特点,通过改造环境的方法恶化鼠类的生活环境和生活条件进行防鼠、灭鼠。例如养殖场圈舍及周围地区要整洁,挖毁室外鼠类的巢穴、填埋、堵塞鼠洞,使老鼠失去栖身之处,破坏其生存环境,可达到驱杀之目的。

2.直接杀灭鼠

可采用器械灭鼠法和药物灭鼠法进行杀灭鼠。药物灭鼠后要及时收集鼠尸,集中统一处理,防止有些动物误食后发生二次中毒。用于灭鼠的药物要定期临换使用,长期使用单一的灭鼠药物会造成灭鼠失败。

三、防鸟

鸟类可以携带某些病原体,传播一些人和动物的传染病,如鸟类可携带禽流感病毒、鹦鹉热衣原体、隐球菌等,分别可传播禽流感、鹦鹉热、隐球菌性脑炎等。因此,规模化养殖场应该做好防鸟工作。可采取全封闭的饲养方式或安装隔离网等措施防止鸟类进入圈舍,接触畜禽。禁止家养水禽在开放的水域中饲养或混养,减少其与野生鸟类的接触。

第五节 保护易感动物

一、免疫学防治

免疫学防治是指应用各类生物制剂或非生物制剂来建立、增强机体的免疫应答,调节免疫功能,达到预防或控制传染病的目的。免疫学防治包括免疫预防和免疫治疗两个方面。

(一)免疫预防

免疫预防是人为地给机体输入抗原或抗体等,使机体获得某种特异性免疫力,达到预防某些传染病的目的。人类用免疫的方法预防传染病有着悠久的历史,采用牛痘苗接种的方法成功地在全球消灭了天花是用免疫预防的方法消灭传染病的最好例证。随着卫生状况的改善和计划免疫的实施,人们在动物传染病的预防中取得了巨大成就。例如当前我国一些重大动物疫病得到有效控制,如猪瘟、鸡新城疫等,免疫预防工作起了很大的作用。免疫接种是免疫预防的重要手段之一,它是用人工的方法将有效的生物制品等引入动物体内,使其产生特异性的抵抗力,使易感动物转化为不易感动物的一种手段。免疫接种是预防和控制动物传染病的重要措施之一。实践证明,在一些重要传染病的控制和消灭过程中,有组织、有计划地进行免疫接种是行之有效的方法。根据免疫接种进行的时机,免疫接种可分为预防接种和紧急接种。

1. 预防接种

在经常发生传染病的地区或者有些传染病潜在存在的地区，为了防患于未然，在平时有计划地给健康动物群进行免疫接种。预防接种通常使用疫苗、菌苗等生物制剂作为抗原激发动物产生主动免疫力。

(1)疫苗　疫苗是指给动物接种后产生主动免疫应答的生物制品，它包括用细菌、支原体、螺旋体制备的菌苗、病毒制成的疫苗和细菌外毒素制成的类毒素。按照疫苗的构成成分及其特性，它可分为常规疫苗、亚单位疫苗和生物技术疫苗。常规疫苗是指由细菌、病毒、支原体等完整微生物制成的疫苗，它包括活疫苗和灭活苗。亚单位疫苗是指用微生物中一种或几种免疫成分制成的疫苗。生物技术疫苗是利用生物技术制备的分子水平的疫苗，包括基因工程亚单位疫苗、合成肽疫苗、抗独特性疫苗、基因缺失疫苗、基因工程活载体疫苗、DNA疫苗以及转基因植物疫苗等。

疫苗在动物传染病控制方面起着非常重要的作用，有些动物疫病的成功消灭和控制主要归功于发明和使用高效的疫苗，如我国牛瘟、牛肺疫的消灭，猪瘟、鸡新城疫等控制。疫苗在动物传染病的控制方面仍将发挥重要作用。根据生物制品的不同特点和动物的差异，免疫接种的方法有注射法(包括皮下、皮内、肌肉注射)、皮肤刺种、点眼、滴鼻、喷雾和口服等方法。值得注意的是点眼、滴鼻、喷雾等免疫接种方法适合家禽的免疫接种，其目的是产生黏膜免疫。

(2)免疫程序　预防接种进行的疫苗免疫是按照免疫程序来进行的。免疫程序是根据一定地区或者养殖场内不同传染病流行情况以及疫苗的特性，为特定的动物群制定的免疫接种计划，包括疫苗接种类型、次序、次数、方法以及间隔时间。由于不同地区或养殖场在饲养管理水平、病原微生物的分布、动物的品种等方面存在差异，因此，没有一个免疫程序能够适合所有的地区或养殖场，每个地区或养殖场只能根据自己的实际情况制定合适的免疫程序。制定免疫程序的步骤和方法有以下几点：

①掌握本地区或者养殖场传染病的种类和分布特点　根据监测和调查结果，本地区常见的或者受临近地区威胁较大的传染病应当列入免疫程序当中。例如猪场制定猪的免疫程序时，猪瘟、猪伪狂犬病等传染病的免疫应该列入免疫程序中，而仔猪大肠杆菌病、仔猪副伤寒等可根据该病在本地区或本场的危害程度而定。

②了解疫苗的免疫学特性　由于疫苗的种类、保存条件、使用剂量、接种方法、接种后产生免疫力所需的时间、免疫保护力的持续期、适宜的免疫时机等因素是免疫程序的主要内容，因此在制定免疫程序时应针对这些特性进行充分的研究与分析。例如灭活疫苗的使用方法为皮下或肌肉注射，若采用口服的方法则无效。

③充分利用免疫监测的结果　通过抗体监测获得动物体内抗体消长规律，根据此规律来确定比较适宜的首免、二免甚至三免的免疫时机。例如新生动物首次免疫某种疫苗要考虑相应母源抗体的水平，可通过抗体监测测定其母源抗体的消长规律。当母源抗体的水平低于保护值时要立即进行疫苗免疫；当母源抗体水平较高时，根据抗体的半衰期确定疫苗的首免时间，防止高水平的母源抗体对疫苗免疫产生干扰作用。

④根据传染病流行特点确定免疫的时机和次数　例如猪细小病毒病主要发生在初产母猪，经产母猪一般不发生猪细小病毒病。所以在种母猪的免疫程序中，仅对初产母猪进行细小病毒疫苗免疫即可。

(3)免疫接种失败的原因　预防接种是预防兽医传染病发生的有效方法之一，但是接种过疫苗的畜禽不一定都能产生坚强的免疫力,有时接种疫苗的畜禽仍然发生相应的传染病,此现象称为免疫失败。免疫失败通常由以下因素造成:

①疫苗质量存在问题　表现在疫苗的质量低于国家规定的质量标准,如疫苗中有效抗原的含量不足、疫苗中带有外源微生物的污染等。

②疫苗使用不当　表现在疫苗的保存、运输或使用不当,或使用过期、变质的疫苗。

③制定免疫程序不合理　表现在没有考虑首免时母源抗体对疫苗的影响,二免甚至三免时机的确定不恰当,不同活疫苗之间存在干扰等。

④宿主因素　首先,免疫应答是一个生物学反应,由于存在生物个体差异性,故疫苗免疫不可能对群体中的所有个体提供绝对的保护。其次,宿主体内存在由某些病原微生物或者长期使用某些化学药物造成机体的免疫抑制。例如鸡的传染性法氏囊病毒、马立克氏病毒、鸡传染性贫血病毒等均可引起免疫抑制,如果在免疫疫苗之前家禽有上述病毒的潜在感染,接种任何疫苗都会发生免疫失败。再次,免疫疫苗时群体存在相应传染病病原的潜伏感染,或者在免疫空白期内感染野毒。

⑤病原体血清型的变异　有些兽医病原微生物,如口蹄疫病毒、禽流感病毒、鸡传染性法氏囊病毒、鸡传染性支气管炎病毒、大肠杆菌等,存在众多的血清型,如果疫苗株的血清型与发病时野毒的血清型不一致,即可发生免疫失败。

⑥药物干扰　比如免疫活疫苗前后时间段内在动物的饲料或饮水中添加抗菌或抗病毒的药物。

2.紧急接种

紧急接种是指已经发生了传染病,为了控制和扑灭疫情的流行,对疫区和受威胁的地区尚未发病的动物群进行的应急性接种。紧急接种可使用高免血清、高免卵黄抗体和疫苗进行接种,但使用高免血清或高免卵黄抗体比较安全有效。但血清用量大、价格高,免疫期短,在大批畜禽紧急接种时往往供不应求,不能满足实际需要。多年来的实践证明,发生猪瘟、鸡新城疫和鸭瘟等一些急性传染病时,用疫苗进行紧急接种切实可行,并能取得较好的效果。紧急接种仅对正常无病的动物接种疫苗,患病动物以及可能已受感染的潜伏期动物,不能再接种疫苗。其原因是在外表正常无病的动物中可能混有一部分潜伏期患病动物,这一部分患病动物在接种疫苗后不仅不能获得保护,反而促使它更快发病,因而在紧急接种后一段时间内,动物群中发病数反而增多。所以应用疫苗作紧急接种时,首先对所有受到传染病威胁的动物进行详细观察、检查和必要的实验室检验,以排除处于潜伏期感染的动物。

(二)免疫治疗

免疫治疗是指应用免疫制剂、免疫调节药物或其他措施来调节或重建免疫功能,以达到治疗传染病的目的。免疫治疗包括特异性免疫治疗和非特异性免疫治疗。特异性免疫治疗是指给机体引入外源性的特异性致敏淋巴细胞或高免卵黄抗体、高免血清等达到治疗传染病的目的。例如在兽医学方面使用高免卵黄抗体或高免血清分别治疗鸡传染性法氏囊炎、小鸭病毒性肝炎、犬瘟热等,经大量的临床实践证明治疗效果良好。非特异性免疫治疗是指给机体引入生物性免疫调节药物来达到治疗传染病的目的。例如给患病毒性传染病的动物注射干扰素、转移因子等生物制剂进行治疗即属于非特异性免疫治疗。值得注意的是在传染病发生的早期采用免疫治疗的方法进行治疗能取得较好的效果。

二、药物预防与治疗

(一)药物预防

药物预防是指为了预防动物传染病的发生,通过肌肉注射、动物饲料或水中添加某种安全的药物进行群体性的给药,使易感动物在一定时间内不受传染病的危害。药物预防是预防和控制动物传染病的措施之一。例如使用长效头孢噻呋对 30 日龄内仔猪进行"三针"保健,预防 2～5 周龄的仔猪发病即属于药物预防的措施之一。药物预防是某些养殖场进行动物传染病预防常用的措施,但是其弊端也逐渐得到业内人士的共识:

(1)兽药在畜禽产品当中的肉、蛋、奶中残留,危害人体的健康,可能产生人类目前科学水平尚未能了解的疾病或危害。

(2)导致畜禽体内外微生物产生多重耐药性或抗药性,使药效降低,用药量不断增加,使养殖成本增加的同时也使药物残留更为严重,形成恶性循环。

(3)动物长期使用或滥用药物后,不仅抑制或杀灭动物体内的病原微生物,同时也抑制或杀灭其中的正常有益的微生物菌群,造成机体正常微生态体系失衡,造成动物抗定植能力下降,内源性和外源性感染的概率增大。

(4)药物的长期使用使动物对药物产生依赖性,使抗病力下降。有些抗生素和化学合成药长期使用后可对动物造成免疫抑制,其后果是一方面使动物机体对病原微生物的易感性增加,另一方面可造成疫苗免疫失败。

为了克服这些药物的长期使用和滥用带来的弊端,必须大力推进动物健康养殖模式,建立、健全动物养殖场生物安全体系的建设,积极倡导和实施动物传染病的综合防制措施,使动物无病、无虫、健康。在必须使用药物时,选择对病原高度敏感的药物用于传染病的预防和治疗,并在产蛋期、产奶期和屠宰前停药一段时间。同时努力寻求和研发无毒、无副作用的新型防控制剂,如微生态制剂、中兽药制剂等。

(二)药物治疗

动物传染病的治疗,一方面可以挽救患病动物,最大限度地减少动物疫病造成的经济损失;另一方面,通过对其进行积极、有效的治疗,可以阻止病原体在体内的增殖,在一定程度上起到消除传染源的作用。动物传染病的治疗首先要遵从治疗与预防相结合的原则。传染病不同于其他疾病,必须在严格隔离条件下进行治疗,同时还要做好消毒及其他防疫工作,以控制其蔓延,达到防治结合的目的。其次要注意早期治疗与阶段性治疗相结合。由于传染病具有传染性,在一定的条件下能引起流行,早期治疗对消灭传染来源和阻止其流行意义甚大,而治疗本身也是整个防制措施中的一个重要环节。若传染病的诊断在潜伏期或前驱期就能确立,不仅能早期治疗,并能更好地贯彻"防重于治"的原则。

根据治疗目的的不同,传染病的治疗通常分为针对病原体的疗法和针对患病动物机体的疗法。

1. 针对病原体的疗法

针对病原体的疗法有免疫治疗法、抗生素和化学药物治疗法和中草药疗法等。

(1)免疫治疗 采用针对该传染病的高免血清、高免卵黄抗体等特异性生物制剂进行治疗。如用抗破伤风抗毒素(抗血清)治疗动物的破伤风有特效,而对其他传染病治疗则无效。

(2)抗生素和化学药物治疗法 抗生素和化学药物是细菌性急性传染病的主要治疗药物，在兽医临床实践中应用十分广泛。抗生素和化学药物的使用须按传染病病原体的种类和药物的敏感性来选择使用，如革兰氏阳性细菌引起的炭疽、猪丹毒等传染病，可用青霉素进行治疗，由支原体引起的感染使用支原净治疗效果比较理想。使用抗生素和化学药物治疗开始剂量宜大，以便消灭病原体，以后可按病情酌减用量。疗程则根据传染病的种类和病畜禽的具体情况决定。

(3)抗病毒药物 病毒性传染病是兽医临床上对动物危害最为严重的传染病之一，特别是一些高致病性病毒病的流行往往会给养殖业带来巨大的损失。动物的病毒性传染病通常传播快、致病率和致死率高，严重危害动物的健康和生命，影响畜牧业生产。因此，在兽医临床上抗病毒药物的使用就显得尤为重要。抗病毒药物有化学类、细胞因子类、中药及其他类抗病毒药。

化学类抗病毒药有金刚烷胺类、病毒唑、焦磷酸化合物、病毒灵等，它们在病毒增殖的不同时期发挥抗病毒作用。我国农业部于 2005 年 10 月发布第 560 号公告《食品动物禁用的兽药及其他化合物清单》中规定禁止使用金刚烷胺、金刚乙胺、阿昔洛韦、病毒灵、利巴韦林等及其盐、酯及单、复方制剂用于食品动物病毒性疾病的治疗。细胞因子类抗病毒药有干扰素、白细胞介素、转移因子、胸腺肽等生物制剂，其中应用较多的为干扰素。Ⅰ型干扰素的抗病毒作用最强，Ⅱ型干扰素的免疫调节作用较强。干扰素的抗病毒作用属于非特异性，其抗病毒作用具有动物种属特异性。干扰素发挥抗病毒作用是并非直接杀灭病毒，而是在未感染的细胞表面与特殊的受体结合使细胞产生抗病毒蛋白。有些中药，如贯众、穿心莲、大青叶、板蓝根、金银花、地丁、黄芪、紫草、大黄等，能够抑制病毒，干扰病毒的增殖，具有抗病毒作用，其单方或复方在兽医临床上用于鸡传染性支气管炎、猪流感等动物传染病的治疗。其他抗病毒药物包括聚肌胞、反义寡核苷酸、阿糖胞苷等，在兽医临床也用于病毒性传染病的治疗。

病毒是严格的细胞内寄生物，具有独特的复制特点，对临床用药提出了很高的要求。近年来，动物的抗病毒药物的研制开发取得了很大的进展，但是由于病毒之间形态学及理化性质的千差万别，很难有一种药物对所有病毒有效。因此，对抗病毒药物的研究就显得任重而道远。相信随着生物技术和药理学的快速发展，会有越来越多的新型抗病毒药物被研制出来，为人类和动物的健康做出新的贡献。

(4)中草药治疗 我们的祖先在使用中草药治疗人、畜疾病方面积累了丰富的经验，现代的研究成果表明某些中草药具有免疫增强、抗菌、抗病毒等作用，例如黄芪多糖的免疫增强作用，金银花、连翘、黄连、大青叶、板蓝根等抗菌和抗病毒作用。临床实践证明，某些中草药单用或组成复合方剂，对某些动物传染病的治疗有较好的疗效，如使用白头翁汤治疗羔羊痢疾有较好的疗效。因此，应该加强中草药的开发和利用，发挥其在动物传染病治疗中的作用。

2.针对动物机体的治疗

在治疗染疫动物的工作中，既要考虑帮助动物机体消灭或抑制病原体，消除其致病作用，又要帮助动物机体增强一般抵抗力，调整、恢复生理机能，依靠动物机体战胜传染病，使动物恢复健康。针对动物机体的治疗方法包括以下两个方面：

(1)加强护理 对患病动物护理工作的好坏，直接关系到治疗效果，是治疗工作的基础。对染疫动物的治疗，应在严格隔离的畜舍中进行；冬季应注意防寒保暖，夏季注意防暑降温。隔离舍必须光线充足，通风良好，并有单独的畜栏，防止病畜彼此接触，应保持安静、干爽清洁，并经常进行消毒,严禁闲人入内。应供给病畜充分的饮水,给以新鲜而易消化的高质量饲料。根据病情的需要,亦可用注射葡萄糖、维生素或其他营养性物质以维持其基本代谢需求。此外,还应该根据动物传染病的性质、染疫动物的临诊特点进行适当的护理。

(2)对症治疗　在传染病治疗中,为了减缓或消除某些严重的症状,调节和恢复机体的生理机能而进行的内、外科疗法,均称为对症疗法。如使用退热、止痛、止血、镇静、兴奋、强心、止咳、平喘、利尿、轻泻、止泻、防止酸中毒和碱中毒、调节电解质平衡等药物以及某些急救手术和局部治疗等,都属于对症疗法的范畴。比如对发热的动物用安乃近、复方氨基比林等药物进行退热,对出现喘的动物用氨茶碱、麻黄素等进行平喘,用洋地黄苷强心等。在治疗过程中,根据具体情况选择相应的对症疗法,减少动物痛苦,促进患病动物尽快恢复健康。

三、建立无特定病原动物群

无特定病原(specific pathogen free,SPF)动物群是指不患有某些指定的特定病原微生物和寄生虫病,动物呈现明显的健康状态的动物。无特定病原动物,根据各个国家控制疫病规定的标准而有不同的要求。例如有的国家规定,在猪群中不存在有气喘病、传染性萎缩性鼻炎、猪痢疾、猪丹毒和猪弓形虫病等传染病和寄生虫病,即认为成功地建成了无特定病原的猪群。实践证明,一个动物群中如果存在某些慢性传染病,即便是优良品种,并给予数量充足、营养全价的饲料,由于生长发育慢,也不会得到理想的经济效果。特别是母畜或母禽患有某些传染病后会把病原经胎盘或种蛋传给其后代,从而又使其后代发病。随着我国畜禽养殖呈工厂化、集约化的发展,动物数量多、周转快,对传染病和寄生虫病的防治提出更高的要求,因此建立无特定病原体动物尤为重要。世界上有些发达国家十分重视建立无特定病原动物群,我国也已建成一定规模的无特定病原鸡群、无特定病原猪群和无特定病原兔群。建立无特定病原动物有以下意义:首先,利用SPF技术将核心动物群SPF化。利用SPF技术净化种畜(禽)场,通过建立SPF动物群可以清除动物群中某些难以根除的顽固性传染病,从而培育出健康动物群,达到净化传染病,提高生产效率,促进畜牧业的发展。其次,利用SPF动物可以更准确地研究病原体对机体的作用机理,以制定出有效的传染病防治措施。最后,使用SPF动物及其产品进行生物制品生产,可以保证生物制品的质量。

四、抗病育种

动物传染病,尤其是病毒性传染病,严重威胁动物的健康。尽管预防接种发挥了重要的防治作用,但未能完全控制和消灭动物传染病的流行。随着动物养殖集约化程度的提高和饲养条件的改变,相继发现新的动物传染病发生与流行。加上病原微生物不断地发生变异,有新的耐药菌株、超强毒株的出现,促使人们探索新的防疫途径,动物抗病育种是其中的一个重要方向。从长远来看,采用遗传学方法从遗传本质上提高动物对病原的抗病力,提高动物的免疫功能,开展抗病育种对动物传染病的防治具有治本的功效。动物抗病育种的途径包括以下几个方面:

1. 抗病性状的直接选择

该方法主要根据性状直接选择,即在群体感染病原体的情况下将不发病或存活个体留为种用,经多代选择即可提高群体的抗病力。这是传统的表型选择方法,可以顾及所有抗性或易感性的遗传因子,但该方法要求大量的基础群和进行攻毒所需的专门环境条件,同时还需进行后裔测定,增加世代间隔,育种成本高。

2.DNA 分子标记辅助育种

标记辅助选择(marker－assisted selection,MAS)是建立在基因和数量性状基因座成功定位的基础上,通过表型值、系谱信息和 DNA 标记的实施发展起来的一种数量性状优良个体选择的育种措施。遗传标记多以 DNA 水平上的多态性为基础,现已发现许多疾病都有标记基因或标记性状,包括主要组织相容性复合体(MHC)、Toll 样受体基因等。利用 DNA 水平的分子标记辅助选择来代替以表型为基础的选择,可缩短世代间隔,提高选择强度,提高选种的准确性和效率,大大降低育种成本,为抗病性选择提供极大的方便。例如鸡的 MHC 单倍体分型在鸡的抗病性研究中具有重要意义,携带 MHC 单倍型的鸡的品系中,B^{21} 因子与马立克氏病(MD)抗性有关,B^{19} 与易感性有关,可间接通过选择 B^{21} 纯合个体而培育 MD 抗病鸡群。但是由于影响 MD 抗病性的基因相当复杂,并且还存在基因互作等因素,因此依靠 DNA 标记进行鸡 MD 的分子抗病育种还有大量的基础工作要做。

3.转基因动物抗病育种

转基因动物抗病育种是用基因转移的方法来培育抗病动物品系,它是利用重组 DNA 技术,在体外构建所期望的遗传表型(如有抗病性)的基因,并导入动物的受精卵,建立转基因动物,再结合常规育种技术,最终获得具有稳定抗病表型的动物品系的育种方法。采用转基因动物抗病育种方法转移的抗病基因一般分为 2 种:一种是一般抗病基因,如干扰素基因;另一种是特殊抗病基因,如某种病毒衣壳蛋白基因、反义基因和核酶基因等。

在动物抗病育种中,对抗病力基因的筛选是抗病育种的关键内容。虽然抗病育种已经在遗传机制和应用方面取得了一定进展,许多新技术、新方法已应用于抗病分子标记的筛选,但在抗病力基因筛选方面表现为已识别的抗病基因数目有限,寻找到一个成熟的分子标记并不是一件简单的事情,因此给动物抗病育种提出了巨大的挑战。因此,扎实地开展动物基因组的基础研究,特别是疾病抗性基因的研究,充分利用现代生物学技术,采用候选基因法、分子标记辅助选择和转基因工程抗病育种将会是实现抗病育种的希望所在。动物抗病育种为动物传染病的防治提供新的思路,将对我国畜牧业发展产生重大影响。

思考题

1.名词解释

检疫	消毒	隔离	封锁	疫苗
免疫接种	疫病消灭	疫病控制	预防接种	

2.问答题

(1)消毒措施对动物传染病的防治有何意义?

(2)常用的消毒方法有哪些? 并举例说明。

(3)联系生产实际,如何制定免疫程序?

(4)联系生产实际,分析免疫失败的原因有哪些?

各　论

第三章　人兽共患传染病

病毒性人兽共患病

第一节　痘病

痘病(Variola,Pox)是可使多种动物罹患的一种急性、热性、共患性传染病,病原为痘病毒(*Pox virus*),以皮肤和黏膜发生特征性痘疹为典型临床特征。发病初期为丘疹,后逐渐演变为水泡、脓疱,脓疱干燥结痂后痂皮脱落自愈。大多数动物发病为良性经过,痊愈后都能获得强免疫力。但在人类历史上天花曾造成人的大批死亡。在动物的痘病毒感染中,以绵羊痘和鸡痘最为严重,病死率较高。

痘病是一种古老的疾病,相传3 000年前的埃及法老的王妃就死于天花。世界卫生组织于1980年宣布全球消灭天花,标志着人类在传染病防治方面取得重大成就。

【病原】痘病毒(*Pox virus*)属于痘病毒科(*Poxviridae*)脊椎动物痘病毒亚科(*Poxvirinae*)。痘病毒为双股DNA病毒,有囊膜,病毒粒子为砖形或卵圆形,大小为(170～250) nm ×(300～325) nm。各种哺乳动物的痘病毒有其固有的宿主,一般不出现交叉感染。各种哺乳动物痘病的共同特点是在皮肤上形成脓疱,而禽痘则还可以在其黏膜上皮组织表面产生增生性和肿瘤样病变。痘病毒可在易感动物的皮肤或其他上皮和睾丸内中增殖,也可在鸡胚绒毛尿囊膜、鸡胚成纤维细胞、猪肾细胞、兔肾细胞与兔睾丸细胞中增殖培养。在细胞浆内繁殖,病毒形成嗜酸性或嗜碱性包涵体,大小5～30 μm。

痘病毒对热、直射阳光,碱和多数常用消毒药均较敏感,如58℃ 5 min即可杀死病毒。但在痂皮中痘病毒能耐受干燥,在自然环境中能存活6～8周。

1. 绵羊痘病毒(*Sheep pox virus*)

绵羊痘病毒属于痘病毒科(*Poxviridae*)山羊痘病毒属(*Capripoxvirus*)。引起的绵羊痘(variola ovina/sheep pox)是绵羊的一种急性、热性、接触性传染病,以皮肤和黏膜上发生痘疹为特征,是各种动物痘病中危害最为严重的传染病,在我国被列为一类动物传染病。

绵羊痘病毒大小约为115 mm×194 mm。可在鸡胚绒毛尿囊膜上生长,形成灰白色痘斑。在羔羊和犊牛的皮肤细胞、睾丸细胞和肾细胞上生长良好,也可以在鸡胚成纤维细胞上生长。病毒在细胞内增殖时可形成蚀斑。

2.山羊痘病毒(*Goat pox virus*)

山羊痘病毒属于痘病毒科(*Poxviridae*)山羊痘病毒属(*Capripoxvirus*),山羊痘(goat pox)是由山羊痘病毒引起山羊的急性、热性、接触性传染病,在皮肤上发生丘疹—脓疱性痘疹。对山羊的发病率和致死率均较高,在我国被列为一类动物传染病。

山羊痘病毒可在鸡胚绒毛尿囊膜上生长,易在羔羊(绵羊和山羊)的肾或睾丸细胞内增殖,并产生细胞病变和胞浆内包涵体。

3.禽痘病毒(*Avian pox virus*)

禽痘病毒是痘病毒科(*Poxviridae*)禽痘病毒属(*Avipoxvirus*)中的多种痘病毒。禽痘(avian pox)是由禽痘病毒引起的禽类的一种急性、接触传染性疾病,以表皮和羽囊显著的暂时炎症过程和增生肥大,在细胞浆内形成包涵体,最后变性上皮形成痂皮和脱落为特征,有的口腔和咽喉黏膜发生纤维素性坏死性炎症,常形成假膜,故又名禽白喉。鸡痘病毒是其代表种。禽痘病毒呈砖形或长方形,大小平均为 258 nm×354 nm。基因组约为 300 kb,属大型的痘病毒。在患部皮肤或黏膜上皮细胞和感染鸡胚的绒毛尿囊膜上皮细胞的胞浆内形成包涵体,包涵体中可见大量病毒粒子。

禽痘病毒可在鸡胚、鸭胚、火鸡胚或其他种类的禽胚进行增殖,并在鸡胚的绒毛尿囊膜上产生痘斑。各种禽痘病毒均能在鸡胚或鸭胚成纤维细胞培养物上生长繁殖,并产生细胞变圆和坏死的细胞病变。能形成具有明显特征的蚀斑,蚀斑为中央透明而周围则不大透明的环状带。鸡痘病毒具有血凝性,常以马的红细胞用作血凝或血凝抑制试验。

【流行病学】自然感染情况下,绵羊痘病毒主要感染绵羊,山羊亦可被感染。细毛羊、羔羊最易感,病死率高。妊娠母羊感染易引起流产。病羊是主要传染源,主要通过呼吸道传播,也可通过破损皮肤或黏膜侵入机体。气候严寒、雨雪、霜冻、饲养管理不当等因素可增加发病率。饲养管理人员、饲料、垫草、护理用具、皮毛产品和外寄生虫等均可作为传播媒介。该病常发生于冬末春初。新疫区往往呈暴发流行。

山羊痘通常感染山羊,在同群山羊中传播迅速,但常不向其他羊群散播。健康羊因接触病羊或污染的厩舍和用具而感染。病羊唾液内经常含有大量病毒。该病四季都可发病,但冬春较多。

禽痘主要感染鸡,以雏鸡、中鸡最易感,雏鸡死亡率高。病鸡和带毒鸡是主要传染源。病毒通常存在于病禽落下的皮屑、粪便、喷嚏或咳嗽等排泄物中。一般通过破损皮肤和黏膜感染。此外,该病可通过吸血昆虫传播。禽痘一年四季均可发生,但秋冬最多。皮肤型鸡痘易发生于秋季和初冬,黏膜型多发生于深冬。饲养管理不当、营养缺乏、拥挤、通风不良、阴湿、体表寄生虫等因素会使病情加重。如发生并发症,可以造成大批死亡。

【临床症状】绵羊痘潜伏期平均 6～8 天。典型病例病初体温升高,达 41～42℃,食欲减退,精神不振,结膜潮红,有浆液、黏液或脓性分泌物从鼻孔流出。呼吸和脉搏增速,1～4 天后开始在眼、唇、鼻、外生殖器、乳房、腿内侧及尾内侧形成痘疹。最初局部皮肤出现红斑,1～2 天后形成丘疹,突出于皮肤表面,随后丘疹扩大,变成灰白色或淡红色隆起的结节。结节几天之内转变成水泡,后变为脓疱。如无继发感染,几天内脓疱干燥结痂脱落。整个病程 3～4 周,耐过者可痊愈。非典型病例仅出现体温升高、呼吸道和眼结膜的卡他性炎症,不出现或仅出现少量痘疹,或痘疹出现硬结状,在几天内经干燥后脱落,不形成水泡和脓疱。有些病羊痘疱内出血,呈黑色痘;有些病羊局部皮肤化脓或发生坏疽,形成较深的溃疡,具有恶臭味,表现为恶性经过,病死率较高。

山羊痘的临诊症状与绵羊痘相似。潜伏期 4～7 天。病初体温高达 40～42℃,精神不振、食欲减退。结膜潮红,鼻有多量黏性分泌物,后转为黄色脓性分泌物结痂于鼻端。不久在体表无毛或少毛部位出现圆形红斑疹,用手按压,红色消退(红斑期);从次日起在红斑中央发生微红色圆形结节,芝麻大小,质地坚硬。结节迅速变大,直径可达 1 cm 左右(丘疹期);结节在几天之内转变成水泡,有些水泡中央凹陷,称为痘脐(水泡期);随后,水泡变为脓疱(脓疱期);脓疱内容物逐渐干涸,形成痂皮(结痂期)。痂皮脱落后,遗留放射状瘢痕而痊愈。有的发病山羊在背部、头、颈、胸部等肢体外侧体表较厚的皮肤真皮层形成坚硬结节,并不发展成水泡,触按体表皮肤有硬如小石子的感觉,称为"石痘"。此时,常见咳嗽,呼吸加快,流脓鼻涕和停食等症状。成年羊一般愈后良好,但羔羊和痘疹发生广泛者,特别当累及肺和其他内脏时,死亡率甚高。病愈山羊获得终生免疫力。

禽痘潜伏期在鸡、火鸡和鸽为 4～10 天。由于鸡的个体和侵害部位不同,分为皮肤型、黏膜型和混合型,偶尔还有败血型。

(1)皮肤型 在冠、肉垂、眼睑、喙、泄殖腔周围和全身无毛的部位,出现灰白色小结节,呈黄色或灰黄色,凹凸不平,有时互相融合,形成较大的棕褐色结节,突出于皮肤表面,呈菜花样痘痂。如痘痂发生在眼部,可使眼缝完全闭合;若发生在口角,则影响家禽采食。痘痂 3～4 周逐渐脱落,留下灰白色疤痕。常见雏鸡精神沉郁、食欲减退、体重减轻。产蛋鸡则产蛋减少或完全停止。

(2)黏膜型 又称鸡白喉,多发生于幼鸡。在口腔、咽喉处出现溃疡或黄色的伪膜,随着病情发展,伪膜逐渐扩大增厚,病鸡呼吸和吞咽困难,张口呼吸。严重时嘴无法闭合,采食困难,消瘦。有的在气管内出现隆起的灰白色痘疹,上有渗出液或干酪样物,数量多时常阻塞喉头和气管引起鸡窒息死亡,此型鸡痘死亡率高。眼、鼻和眶下窦也常受侵,即所谓的眼鼻型鸡痘,病情严重。

(3)混合型 皮肤和口腔黏膜同时发生病变,病情严重,死亡率高达 50％以上。

(4)败血型 比较少见,以严重的全身症状开始,继而发生肠炎,病鸡多迅速死亡,或转为慢性腹泻而死。

【病理变化】绵羊痘病毒侵入机体后,经过血液到达皮肤和黏膜,在上皮细胞内增殖,产生特异性的丘疹、水泡、脓疱和结痂。除了在绵羊体表有皮肤痘疹、脓疱和结痂外,其内脏也出现病变。在呼吸系统可见咽喉、气管、肺等黏膜上形成灰白色或红褐色痘斑,肺部可见干酪样结节和卡他性肺炎区。在消化道黏膜可出现痘疹,其中有些表面破溃形成糜烂和溃疡。其他实质器官,如心、肾等黏膜下形成灰白色扁平或半球形的结节。

山羊痘在皮肤的少毛部位可见到不同时期的痘疱。病情严重者痘疱密集地相邻,但各痘之间界限明显。呼吸道黏膜有出血性炎症,有时见有圆形或椭圆形增生性病灶,直径约 1 cm,有时有假膜覆盖,轻抹可露出红色至暗红色的痘斑。肺部呈大叶性肺炎状,肺表面有痘结,大小如绿豆至大豆大,灰白色或褐色,手捏坚硬,深陷于肺实质深层,切开见白色胶样物(无液体),称为肺痘。在消化道的胃、肠黏膜或浆膜表面,肝脏等处亦有这种灰白色突起的痘斑或痘结。淋巴结水肿,切面多汁,肝脏有脂肪变性病灶。

鸡痘的病理变化比较典型,容易识别。皮肤型鸡痘的病变如临诊症状所见。在病禽皮肤上可见白色小病灶、痘疹、坏死性痘痂及痂皮脱落的疤痕等不同阶段的病理变化。黏膜型鸡痘则见口腔、咽喉部甚至气管黏膜上出现溃疡,表面覆有纤维素性坏死性伪膜。肠黏膜有小出血点,肝、脾和肾肿大。心肌有的呈实质变性。组织学变化的特征主要是黏膜和皮肤的感染,上皮细胞肥大增生,并有炎症变化和特征性的嗜伊红 A 型细胞浆包涵体。包涵体可占据几乎整个细胞浆,并有细胞坏死。重者还可见到支气管、肺部及鼻部的病理变化。

【诊断】

1. 绵羊痘和山羊痘

典型病例可根据临诊症状、病理变化和流行情况作出初步诊断。对非典型病例,需结合实验室诊断作出确诊。

(1)染色镜检法 采取丘疹组织涂片,晾干后按莫洛佐夫镀银法染色镜检,如在胞浆中有深褐色单在或成双、短链、成堆的球菌样圆形小颗粒,即可确诊。此外,病毒培养和电镜观察也可以确诊。

(2)免疫学方法 琼脂扩散试验、病毒中和试验、间接荧光抗体试验和 ELISA 试验等均有助于该病的诊断。此外,应用 PCR 技术检测绵羊痘也已广泛使用。

(3)动物试验 痘疹组织抗菌处理后制成 10 倍混悬液,经离心沉淀除去沉渣,划痕接种家兔、豚鼠或犊牛的无毛皮肤,经 36～72 h 后,皮肤发生痘疹。

(4)鉴别诊断 应与丘疹性湿疹和螨病相区别。丘疹性湿疹不发热,无痘疹的特征性病程。螨病的痂皮多为黄色麦麸样,可查出螨虫。另外,应与绵羊传染性脓疱皮炎相区别,后者主要在口唇和鼻周围皮肤上形成水泡、脓疱,然后形成厚而硬的痂,一般无全身反应。

2. 禽痘

症状比较典型的病例,根据流行特点及皮肤、喉头气管变化可作出诊断。如遇可疑病例,可通过病理组织学检查细胞浆内包涵体或分离病毒来证实。

(1)病毒分离 取病鸡病变组织或痂皮作成 1∶5 的悬液,划痕接种雏鸡或 9～12 日龄的鸡胚绒毛尿囊膜。接种鸡于 5～7 天后出现典型皮肤痘疹;鸡胚绒毛尿囊膜则于接种后 5～7 天出现痘斑。

(2)血清学试验 一般应用琼脂免疫扩散、间接血凝试验、中和试验、免疫荧光抗体技术以及酶联免疫吸附试验等。

(3)动物试验 取痘痂或者伪膜,按病毒常规处理后接种没有做过鸡痘免疫的 2～3 月龄易感鸡,方法是涂擦划破鸡冠或者鸡腿外侧拔毛的毛囊,如果有鸡痘病毒存在,接种部位出现结痂。

(4)鉴别诊断 黏膜型易与传染性鼻炎、传染性喉气管炎等病混淆,与传染性气管炎(传喉)区别点是,传喉咳血,喉头气管有黏液或者血凝块,发病 2～3 天后有黄白色纤维素性干酪样伪膜,而鸡痘不咳血,气管内无血液和血凝块。可用病理组织学和病毒分离予以确定。

【防制】

1. 绵羊痘和山羊痘

不从疫区购羊。新引入的羊需要隔离 21 天,经观察和检疫后证明完全健康的方可与原有的羊群混养。常发病地区要定期接种羊痘鸡胚化弱毒疫苗或细胞苗。对于发病的羊群,应立即封锁,挑出病羊严格隔离;羊舍、用具进行充分消毒;病死尸体应深埋。疫情扑灭后,须做好预防接种及消毒工作才可解除封锁。在发病羊群中,对健康羊也可进行预防接种,一般接种后

6～7天即可终止发病。

该病尚无特效药,常采取对症治疗等综合性措施。发生痘疹后,局部可用0.1%高锰酸钾溶液洗涤,擦干后涂抹紫药水或碘甘油等。同时,可煎中草药给羊饮用或灌服。全身治疗可用病毒灵、病毒唑注射液抗病毒。为防继发感染,可以青链霉素、磺胺类药物、四环素等注射液皮下注射。

2. 禽痘

做好饲养卫生管理工作,新引进的鸡要进行隔离观察,必要时做血清学试验,证明无病时方可合群。一旦发生该病,应隔离病鸡,重症者要淘汰,死鸡深埋或焚烧。鸡舍、运动场和各种用具应严格消毒。对未发病的鸡可进行紧急接种疫苗。目前国内应用的疫苗有两种,即鸡痘鹌鹑化弱毒疫苗和鸡痘鹌鹑化弱毒细胞苗,接种方法是用鸡痘刺种针或无菌钢笔尖蘸取疫苗,于鸡的翅内侧无血管处皮下刺种。一般6日龄以上的雏鸡用200倍稀释液刺种1针;超过20日龄的雏鸡,用100倍稀释液刺种1针;1月龄以上可用100倍稀释液刺种两针。刺种后7～10天局部出现红肿,随后产生痂皮,2～3周痂皮脱落。每年两次免疫接种。对前一年发生过鸡痘的鸡群,应对所有的雏鸡接种疫苗,如每年养几批的,则每批都要接种。

思考题

1. 痘病毒的形态特征是什么?
2. 痘疹的形成过程是怎样的?
3. 羊痘病毒的临诊症状、病理变化怎样?初诊的依据是什么?怎样防制?
4. 禽痘有哪些主要症状,如何防制?
5. 鸡痘的临诊和病理诊断要点有哪些?

案例分析

【临诊实例】

2002年6月湖南省部分县市开始流行一种山羊传染性疾病,病羊体温升高、眼鼻有脓性分泌物、体表无毛部位出痘、呼吸困难。发病率、死亡率均非常高。根据流行病学调查、临床症状和病理变化特点结合电镜检查、分子生物学检查等方法对该病诊断为恶性山羊痘。

【诊断】

1. 病因浅析

山羊痘是由山羊痘病毒引起的一种急性、热性、接触性传染病,在皮肤上发生丘疹—脓疱性痘疹。

2. 流行特点

该病发病迅速,在羊群中传播迅速。自2002年6月开始发生,到10月已经迅速扩散至20多个县区。不论年龄、大小的羊均易感。此次流行发病率为100%,死亡率为36.7%,符合山羊痘高发病率和高致死率的特点。

3. 主要症状

病初体温升高,眼鼻流脓性分泌物,精神不振、食欲减退、消瘦;无毛或少毛处皮肤出现大量红色丘疹。随后丘疹形成水泡,再经 3~4 天后形成脓疱,约 1 周后脓疱结痂脱落。有的病羊在有毛部位皮肤出现"石痘";妊娠后期母羊流产;病情严重的羊出现咳嗽、呼吸困难。出现呼吸症状和停食的羊多预后不良。病程进展符合山羊痘典型特征。

4. 剖检病变

剖检病死羊可见体表淋巴结肿胀,口腔、舌、喉头等部位的黏膜有丘状隆起痘疱或溃疡;在无毛部位有圆形痘疹、痘疱中心凹陷,呈脐状;切开石痘可见皮肤增厚突起,有的达 0.4 cm;肺有出血性肺炎病变,肺表面有大小不等的白色球形痘疱,切开可见不透明的白色胶冻样物;气管、前胃、肠道可见圆形浅灰黑色斑痕,轻抹即掉并露出红色溃疡灶。

5. 鉴别诊断

由于该病可出现严重的肺部病变,应与山羊传染性胸膜肺炎或羊痘与传染性胸膜肺炎的混合感染相鉴别。从病变组织中没有分离出支原体。在对多起有严重呼吸症状的羊解剖时均发现有肺痘和出血性肺炎及消化道痘斑病变。电镜检查皮痘和肺痘均发现山羊痘病毒粒子,这说明肺痘、肺炎和消化道痘斑的形成是恶性山羊痘的典型病变,同时也是造成山羊死亡的主要病因。

6. 实验室诊断

(1)鸡胚培养 取皮痘、肺痘疱接种于 9 日龄鸡胚绒毛尿囊膜,连续观察 7 天,培养结束后检查发现绒毛尿囊膜接种部位上有显著增厚的白斑,胚体出血。

(2)电镜观察 从皮痘、肺痘疱材料中均发现典型的方砖形或近圆形山羊痘病毒粒子,大小为(200~250) nm×(270~300) nm。

(3)分子生物学检查 对二处病羊肺病料作山羊痘 PCR 试验为阳性。

【防控措施】

1. 防病要点

采用羊痘弱毒疫苗紧急接种,对病死羊尸体无害化处理;严防疫情扩散。

2. 治疗措施

主要采用对症治疗和支持疗法。首先将病羊隔离,用消毒王或来苏儿等消毒药水对环境和羊只皮毛洗刷消毒,干后用紫药水或碘酊涂擦皮痘和痘疹患处,注射抗病毒制剂和抗生素,同时用中草药加白糖或葡萄糖辅助治疗。

3. 小结

山羊痘是一种急性传染病,其传染性强,发病严重,敏感羊群常造成大量死亡。羊痘疫苗能够较好地控制疫病,但要注意严格按要求操作。各地尽早采取广泛接种羊痘疫苗、严格调种检疫等措施,就能够在很大程度上减轻疫病带来的损失。

第二节　狂犬病

狂犬病(rabies)又称恐水病,是由狂犬病病毒感染引起的急性人兽共患传染病。临床表现以恐水、畏光、狂躁、吞咽困难等为主要症状。病死率极高,一旦发病,几乎全部死亡。主要侵害中枢神经系统,导致急性、进行性、致死性脑脊髓炎。

【病原】　狂犬病病毒(*Rabies virus*,RABV)属于弹状病毒科(*Rhabdoviridae*)狂犬病病毒属(*Lyssavires*)。核酸为单股 RNA,病毒有一种糖蛋白 GP,GP 是跨膜糖蛋白,构成病毒表面的纤突,也是狂犬病毒与细胞受体结合的结构,在该病毒致病与免疫中起着关键作用。核蛋白(NP)是诱导狂犬病细胞免疫的主要成分,由于 NP 蛋白更为稳定且高效表达,常用于狂犬病毒诊断和流行病学研究。

狂犬病毒对温度抵抗能力弱,可被各种理化因素灭活,不耐湿热,56℃ 15～30 min 或 60℃ 10 min 均可使之灭活,但在冷冻或冻干状态下可长期保存病毒。脑组织内狂犬病毒常温自溶 7～10 天失活,在 50％甘油缓冲溶液保存的感染脑组织中病毒至少存活 1 个月。

自然病毒或街毒(*Stree virus*)是患者和患病动物体内所分离到的病毒,其特点是毒力强,但经多次通过兔脑后成为固定毒(*Fixed virus*),毒力降低,可以制作疫苗。现已证明由街毒变异为固定毒的过程是不可逆的。

可用鸡胚绒毛尿囊膜、原代鸡胚成纤维细胞以及小鼠和仓鼠肾上皮细胞培养物中增殖该病毒,并在适当条件下形成蚀斑。狂犬病毒 Flury 毒株的 LEP 和 HEP 株适应于鸡胚成纤维细胞,在细胞培养物中的病毒产量较高,可以用于制备疫苗。

根据对不同毒株的血清学反应和单克隆抗体将狂犬病毒分为 4 个血清型。血清 1 型:为典型的狂犬病毒标准攻击毒株(challenge virus standard,CVS),包括全球各地主要的原型株(野毒株)和实验株(固定株),以及新认识的中欧的啮齿动物分离株。血清 2,3,4 型从蝙蝠和其他动物体内分离获得。

【流行病学】

1.宿主和传染源

主要易感动物是犬、猫和翼手类(蝙蝠)和一些啮齿动物。狼、狐狸、浣熊、臭鼬、蝙蝠等是主要的狂犬病毒的自然储存宿主。野生啮齿动物,如老鼠和松鼠、黄鼠狼容易感染该病,在一定条件下可以成为狂犬病的危险来源并存在很长时间,当其被肉食兽吞食可能传播疾病。蝙蝠是该病最重要的储存宿主,除了在拉丁美洲吸血蝙蝠外,欧洲和美国一些国家也发现了各种各样的蝙蝠体内带有狂犬病病毒。患狂犬病的犬是一个主要的感染源,还有外观健康但携带病毒的动物可以作为传染源。几乎所有的人患狂犬病与犬携带狂犬病有关,中国的狂犬病大多数是由狗咬伤,其次为猫,偶尔为牛、猪、马等。

2.传播途径

大多数患病动物在唾液中带有病毒,生病的动物咬伤或伤口直接污染含有狂犬病毒的唾液是传播该病的主要方式。

3.群易感性

人被动物咬伤后并不全部发病,在狂犬病疫苗使用前,被咬伤后的狂犬病发病率 30％～35％,目前,被狂犬咬伤后如果能及时接种疫苗,发病率可降至 0.1％～0.2％。

4.影响发病的因素

动物攻击方式、暴露部位、伤口处理以及暴露后有无免疫接种与狂犬病发病的潜伏期有关。咬伤部位的影响:一般头面部咬伤者比躯干、四肢咬伤者发病率高,因头面部的周围神经分布相对较多,使病毒较易通过神经通路进入中枢神经系统。伤口越深,伤处越多者发病率也越高。因为野生动物唾液腺中病毒含量比犬高,且含毒时间更为持久,被狼咬伤者其发病率可比被犬咬伤者高一倍以上。暴露后医生处理伤口和暴露后接受免疫接种的潜伏期短。

【症状与病变】 病毒特异性结合乙酰胆碱受体以及神经节苷脂等受体,在伤口附近的肌细胞内复制,而后通过感觉或运动神经末梢侵入外周神经系统,沿神经轴上行至中神经系统,导致脑组织损伤,行为失控出现症状。病毒扩散至唾液腺等器官,在其内复制,产生很高的滴度。

狂犬病病毒当皮下或肌肉接种后,从接种部位沿周围神经的轴浆传播到中枢神经系统。在入侵神经之前,可在接种部位的肌肉细胞中增殖并存留一定时间。使被咬伤者有可能用疫苗接种"处理",取得预防的效果。狂犬病病人临床分为狂躁型和麻痹型。我国 RV 的最主要病例属于狂躁型,损伤部位主要为脑干、脊髓神经或更高级的中枢神经系统。麻痹型主要分布于印度和泰国,占当地临床症状的 1/5 左右,主要损害脊髓和延髓。

潜伏期长短差别很大,短者 1 周,长者 1 年以上,一般为 2～8 周。咬伤头面部及伤口严重者潜伏期较短;咬伤下肢及伤口较轻者潜伏期较长。

该病无特征性剖检变化,只有反常的胃内容物可以视为可疑。人和各种动物的主要症状分述如下:

1. 犬

潜伏期自 10 天至 2 个月,有时更久。一般可分为狂暴型和麻痹型两种临床类型。其狂暴型可有前驱期、兴奋期和麻痹期。

前驱期 1～2 天。病犬精神沉郁,常躲在暗处,不愿和人接近,不听呼唤,病初常有逃跑或躲避趋势,故又将其称为逃跑病。强迫牵引则咬畜主。性情、食欲反常。

兴奋期 2～4 天。病犬高度兴奋,表现狂暴并常攻击人畜。病犬到处奔走,最远可达 40～60 km,沿途随时都有可能扑咬人和所遇到的各种家畜。狂暴发作常与沉郁交替出现。当再次受到外界刺激时,又可出现一次新的发作,狂乱攻击,自咬等。病犬在野外游荡,多半不归,到处咬伤人畜。拒食或贪婪狂食,如吞食木片、石子、煤块或金属。随着病程发展,陷于意识障碍,反射紊乱,狂咬,消瘦,吠声嘶哑,夹尾,眼球凹陷,散瞳。

麻痹期 1～2 天。麻痹症状急速发展,下颌下垂,舌脱出口外,流涎显著,不久后躯及四肢麻痹,卧地不起,最后因呼吸中枢麻痹或衰竭而死。整个病程 7～10 天。

麻痹型病犬以麻痹症状为主,兴奋期很短或无。麻痹始见于头部肌肉,病犬表现吞咽困难,使主人疑为正在吞咽骨头,当试图加以帮助时常遭致咬伤。随后发生四肢麻痹,进而全身麻痹以致死亡。一般病程 5～6 天。

2. 牛、羊

麻痹型的牛、羊狂犬病多由吸血蝙蝠传播,潜伏期长,为 25～150 天,甚至更长。病牛离群,嗜睡和沉郁,后肢运动异常,很少发生狂躁症状,但可能呈现肌肉抽搐、不安,运动肌共济失调,颈部、躯干和四肢的肌群发生阵挛性收缩和强直。病牛出现吞咽困难,反刍停止,最终伏卧不起,直至死亡。牛患狂躁型狂犬病时,临床表现少有攻击人畜现象,用蹄刨地,高声吼叫,并啃咬周围物体、磨牙、流涎,最后发生麻痹症状,并于 3～6 天内死亡。

3. 猪

病猪兴奋不安,横冲直撞,叫声嘶哑,流涎,反复用鼻掘地,攻击人畜。在发作间歇期常钻入垫草中,稍有声响立即跃起,无目的地乱跑,最后麻痹,经 2～4 天死亡。

【诊断】 该病的临床诊断比较困难,有时因潜伏期特长,查不清咬伤史,症状又易与其他脑炎相混。如患病动物出现典型的症状,结合病史可做出初步诊断。另外当动物被可疑病犬咬伤后,及早对该犬隔离观察作出确诊。

目前检测狂犬病的方法有病毒分离、直接染色检查、血清学检验及分子生物学诊断等,现分述如下:

1. 直接染色检查

用荧光抗体检查(FAT)作为最重要的初步检测方法,然后采用组织培养感染试验(RTCIT)或小鼠脑内接种试验(MIT)来进行确诊。

FAT:用抗狂犬病高免血清以及荧光素异硫氰酸酯(FITC)制备好狂犬病高免荧光抗体,病料制备脑组织涂片,自然干燥后,滴 1～2 滴上述狂犬病荧光体抗体液,经 37℃ 孵化 30 min,取出后 PBS 冲洗,吸水纸吸干,加 1 滴甘油缓冲液,盖上盖玻片,荧光显微镜观察。该法具有简便,快速及准确的特点。

2. 分子生物学诊断

根据狂犬病病毒保守的核蛋白基因设计引物,利用 RT-PCR 技术从狂犬病病毒扩增特异的核酸片段应用到狂犬病的诊断。

3. 病毒分离

取脑或唾液腺等病料加缓冲盐水研磨成 10％ 乳剂,5～7 日龄乳鼠脑内接种,每只注射 0.03 mL,每份标本接种 4～6 只乳鼠。乳鼠在接种后继续由母鼠同窝哺养,3～4 天后如发现哺乳减退,痉挛,麻痹死亡,即可取脑检查包涵体,并制成抗原,作病毒鉴定。如经 7 天仍不发病,可杀死其中 2 只,剖取鼠脑作成悬液传代。如第二代仍不发病,可再传代。连续盲传三代总计观察 4 周而仍不发病者,作阴性结果报告。新分离的病毒可用电子显微镜直接检查,或者应用抗狂犬病特异免疫血清进行中和试验或血凝抑制试验加以鉴定。

4. 血清学检验

一般实验室常用的血清学诊断法为中和试验。近年来已将单克隆抗体技术用于狂犬病的诊断,特别适用于区别狂犬病病毒与该病毒属的其他相关病毒。

【防制】

1. 控制和消灭传染源

犬是人类狂犬病的主要传染源,因此对犬狂犬病的控制,是预防人狂犬病最有效的措施。

2. 咬伤后防止发病的措施

包括及时而妥善地处理伤口,个人的免疫接种以及对咬人动物的处理。

目前认为紧急处理伤口以清除含有狂犬病毒的唾液是关键性步骤。伤口应用大量肥皂水或 0.1％ 新洁尔灭和清水冲洗,再局部应用 75％ 酒精或 2％～3％ 碘酒消毒。不论使用何种溶液,充分冲洗是重要的,尤其是穿通伤口,应将导管插入伤口内接上注射器灌输液体冲洗,如引起剧痛可予局部麻醉。在局部清洗的同时,如有条件还可应用抗狂犬病免疫血清或人源抗狂犬病免疫球蛋白(RIGH)围绕伤口局部作浸润注射。局部处理在咬伤后早期(尽可能在几分钟内)进行的效果最好,但数小时或数天后处理亦不应疏忽。局部伤口不应过早缝合。凡咬伤严重、多处伤口,或头、面、颈和手指被咬伤者,在接种疫苗的同时应注射免疫血清。因免疫血清能中和游离病毒,也能减低细胞内病毒繁殖扩散的速度,可使潜伏期延长,争取自动抗体产生的时间而提高疗效。

对咬人动物的处理,凡已出现典型症状的动物,应立即捕杀,并将尸体焚化或深埋。不能肯定为狂犬病的可疑动物,在咬人后应捕获隔离观察 10 天;捕杀或在观察期间死亡的动物,脑组织应进行实验室检验。

3. 免疫接种

对家犬大面积的预防免疫是控制和消灭狂犬病的根本措施。

我国目前应用的原代仓鼠肾细胞培养人用狂犬病疫苗,近年来经改用连续 10 针法(0~9 各 1 针),7 针法(0、3、6、9、12、15、21 天各 1 针)或变 5 针法(0、3、6、9、12 天各 1 针),在免疫后血清中和抗体高峰均可提前至 30 天时出现,而常规 5 针法要在免疫后 90 天才出现血清中和抗体高峰。

国内常用的兽用狂犬病弱毒细胞培养疫苗,系将 Flury 毒株鸡胚低代毒(LEP)适应于 BHK-21 细胞培养后制成的活毒疫苗。对猫和牛需用毒力更低的 Flury 株鸡胚高代毒(HEP)疫苗,免疫期均在 1 年以上。近年来从国外引进的 ERA 株狂犬病弱毒疫苗比 LEP 株毒力较弱,经肌肉注射成年牛、山羊、绵羊、犬和家兔均安全有效,可用于各种动物的免疫。

由于以注射途径对犬的免疫覆盖率达 75% 存在困难,已开始对犬进行口服免疫的研究。在国外已有两种疫苗在犬作过口服试验证明安全有效,一种是广泛应用于口服免疫的基因重组活疫苗 V-RG(痘苗-狂犬病糖蛋白),另一种是以 SAG 弱毒株制备的减毒活疫苗。

【公共卫生】

人感染狂犬病后,愈合的咬伤伤口或周围感觉异常、麻木发痒、刺痛或蚁走感。出现烦躁、兴奋、恐惧,对外界刺激如风、水、光、声等异常敏感;具有"恐水"症状,伴交感神经兴奋性亢进,继而肌肉瘫痪或颅神经瘫痪。确诊实验室诊断检出狂犬病病毒。

第三节　口蹄疫

口蹄(foot and mouth disease,FMD)疫俗称"口疮"、"蹄癀",是由口蹄疫病毒所引起的一种急性热性高度接触性传染病,易感动物达 70 多种,主要侵害偶蹄兽,该病以牛最易感,羊的感染率低,偶见于人和其他动物。患口蹄疫的动物会出现发热、跛行和在皮肤与皮肤黏膜上出现泡状斑疹等症状,尤以在口腔黏膜、蹄部及乳房皮肤发生水泡和溃烂为主要特征。

【病原】　口蹄疫病毒(FMDV)属于小 RNA 病毒科(Picornaviridae)中的口蹄疫病毒属(Aphthavirus)。FMDV 基因组 RNA 全长约 8.5 kb。口蹄疫病毒是由一条单链正链 RNA 和包裹于周围的蛋白质组成,无囊膜,成熟病毒粒子约含 30% 的 RNA,其余 70% 为蛋白质。其 RNA 决定病毒的感染性和遗传性,是感染和遗传的基础,病毒蛋白质决定其抗原性、免疫性和血清学反应能力,并保护中央的 RNA 不受外界核糖核酸酶等的破坏。

FMDV 的外壳蛋白质包括 4 种结构多肽(VP1—VP4)。VP1、VP2 和 VP3 组成衣壳蛋白亚单位,VP4 与 RNA 紧密结合,是病毒粒子的内部成分。VP1 全长 213 个氨基酸,是序列依赖型表位的主要结构基础,分离的~P1 可诱生中和抗体,是近年来免疫、诊断制剂研究的重点。

FMDV 基因组由大约 8 500 个核苷酸组成的单链线状 RNA 组成,依次为 5′UTR、ORF 和 3′UTR 组成,其中 5′UTR 长约 1 300 bp,含有 VPg 二级结构、poly(C)区段和内部核糖体进入位点等;ORF 约 6.5 kb,由 L 基因、P1 结构蛋白基因、P2 和 P3 非结构蛋白基因以及其始密码子和终止密码子组成。从 5′末端大约 2 000 bp 开始为病毒蛋白编码区。编码结构蛋白 VP4、VP2、VP3 和 VP1 的基因片段分别命名为 1A、1B、1C 和 1D(跨越第 2 000～4 000 bp)。比较分析 7 个不同血清型 FMDV 基因组核苷酸序列后发现,1C 和 1D 区段变异最大。FMDV 的型别(抗原差异)是由病毒粒子外部构象决定的,即抗原的差异是由蛋白结构决定的。那些决定病毒抗原性的蛋白结构小区段被称为抗原位点。实验表明,对胰酶敏感的 FMDV 抗原位点集中在显示血清型差异的 VP1 上。许多 O、A 和 C 型毒株在 VP 的一些区段的氨基酸组成不同,构成了型的抗原差异。

FMDV 具有多型性、易变性的特点。根据其血清学特性,现已知有 7 个血清型,即 A、O、C、SAT1(南非 I 型)、SAT2(南非 II 型)、SAT3(南非 III 型)和 Asia₁(亚洲 I 型)等 7 个血清型。每个类型内又有多个亚型,目前共有 65 个亚型。同型各亚型之间交叉免疫程度变化幅度较大,亚型内各毒株之间也有明显的抗原差异。各型的抗原不同,不能相互免疫。病毒的这种特性,给该病的检疫、防疫带来很大困难。

FMDV 在病畜的水泡皮内及其淋巴液中含毒量最高。在水泡发展过程中,病毒进入血流,分布到全身各种组织和体液。在发热期间血液内含毒量最多,退热后在奶、尿、口涎、泪和粪便中都含有 FMDV。排病毒量以在病畜的内唇、舌面水泡或糜烂处,在蹄趾间、蹄上皮部水泡或烂斑处以及乳房处水泡最多;其次在流涎、乳汁、粪、尿及呼出的气体中也会有病毒排出。不过,FMDV 也有较大的弱点:耐热性差,所以夏季很少暴发,而病兽的肉只要加热超过 100℃也可将病毒全部杀死。

口蹄疫病毒能在许多种类的细胞培养内增殖,并产生致细胞病变。病毒增殖通常用原代细胞和传代细胞。原代细胞常用的有牛舌上皮细胞、牛甲状腺细胞、猪和羊胎肾细胞、乳仓鼠肾细胞,犊牛甲状腺细胞等,其中以犊牛甲状腺细胞最为敏感,并能产生很高的病毒滴度,因此常用于病毒分离鉴定。传代细胞常用猪和仓鼠的传代细胞系,如 PK₁₅、BHK₂₁ 和 IB-RS-2 等细胞。培养方法有单层细胞培养和深层悬浮培养,后者适用于疫苗生产,近来应用微载体培养细胞繁殖口蹄疫病毒亦已获成功,有时也用微载体培养。

豚鼠是常用的实验动物,在后肢跖部皮内接种或刺划,常在 24～48 h 后接种部位形成原发性水泡,此时病毒在血液中出现,于感染后 2～5 天可在口腔等处出现继发性水泡。未断乳小鼠,一般用 3～5 日龄(也可用 7～10 日龄),对该病毒非常敏感,是能查出病料中少量病毒最好的实验动物,皮下或腹腔接种,经 10～14 h 表现呼吸急促、四肢和全身麻痹等症状,于 16～30 h 内死亡。牛可在舌面接种,可于 10～12 h 内出现水泡,20～24 h 内表现发热和病毒血症,在 2～4 天内蹄叉出现继发性水泡。其他如犬、猫、仓鼠、大鼠、家兔、家禽和鸡胚等人工接种亦可感染。

FMDV 在自然情况下,对外界环境的抵抗力较强,不怕干燥,存在时间长,但对高温和紫外线敏感,对其有杀灭作用。FMDV 对酸和碱十分敏感,因此很多酸性溶液或碱性溶液均为 FMDV 良好的消毒剂。常用的消毒剂有:3%～5%福尔马林溶液、2%～4%氢氧化钠、5%氨水、5%次氯酸钠、0.2%～0.5%过氧乙酸等。肉品在 10～12℃经 24 h,或在 4～8℃经 24～48 h,由于产生乳酸使 pH 下降至 5.3～5.7,能使其中病毒灭活。水泡液中的病毒在 60℃经 5～15 min 可灭活,80～100℃很快死亡,在 37℃温箱中 12～24 h 即死亡。鲜牛奶中的病毒在 37℃可生存 12 h,18℃生存 6 天,酸奶中的病毒迅速死亡。

【流行病学】　口蹄疫病毒侵害多种动物,但主要为偶蹄兽。家畜以牛易感,尤其是犊牛最易感染,其次是猪,再次为绵羊、山羊和骆驼,牛、猪、羊等高易感动物,感染发病率几乎为100%,仔猪和犊牛不但易感而且死亡率也高。野生动物中黄羊、鹿、麝和野猪也可感染发病;长颈鹿、扁角鹿、野牛、瘤牛等都易感。易感性不受性别影响,但与年龄有一定关系,但幼龄动物较老龄者易感性高。

口蹄疫流行快、发病急、危害大、传播广、传播途径多,同时传播速度很快。发病或处于潜伏期的动物是主要的传染源。口蹄疫病毒可通过空气、灰尘、病畜的水泡、唾液、乳汁、粪便、尿液、精液等分泌物和排泄物,以及被污染的饲料、褥草以及接触过病畜的人员的衣物传播。该病入侵途径主要是消化道,也可经呼吸道传染。口蹄疫通过空气传播时,病毒能随风散播到50~100 km以外的地方,风和鸟类也是远距离传播的因素之一。病畜和潜伏期动物是最危险的传染源。病畜的水泡液、乳汁、尿液、口涎、泪液和粪便中均含有病毒。在症状出现前,从病畜体开始排出大量病毒,发病期排毒量最多。在病的恢复期排毒量逐步减少。

病愈动物的带毒期长短不一,一般不超过2~3个月。以病愈带毒牛的咽喉、食道处刮取物接种健康牛和猪可发生明显的症状。康复牛的咽喉带毒可达24~27个月。这些病毒可藏于牛肾,从尿排出,羊可达7个月。

从流行病学的观点来看,绵羊是该病的"贮存器",猪是"扩大器",牛是"指示器"。

隐性带毒者主要为牛、羊及野生偶蹄动物,猪不能长期带毒。研究表明,FMDV在有抗体存在时,可引起病毒演化,发生病毒持续性感染,在牛食道、咽部和软腭背部上皮细胞,奶牛乳腺,羊扁桃体上皮可长期存活。FMDV持续带毒的毒力较低,持续感染带毒者在一定条件下可成为传染源,如各种应激因素使带毒者免疫力降低,或由于病毒变异增强了毒力。疫苗毒株的散毒和变异是引起近来欧洲口蹄疫暴发的主要根源。

FMDV的传递途径主要是直接接触传播,但间接接触传递也可能造成该病的发生。在间接接触传播中,经消化道传播是最常见的感染途径,同时也能经呼吸道及损伤的黏膜和皮肤感染。

各种接触过病畜的相关物品均可成为传染媒介,空气也是口蹄疫的重要传播媒介。口蹄疫的流行迅速,多呈大流行的方式,呈跳跃式传播流行,有明显的季节规律,一般冬、春季较易发生大流行,夏季减缓或平息。但在大群饲养的猪舍,该病并无明显的季节性。口蹄疫的暴发流行有一定的周期性,每隔二年或三五年流行一次。

【发病机理】 病毒侵入机体后,首先在侵入部位的上皮细胞内生长繁殖,引起浆液性渗出物而形成原发性水泡(第一期水泡),通常不易发现。1~3天后病毒进入血液引起体温升高和全身症状,病毒随血液到达所嗜好的部位,如口腔黏膜和蹄部、乳房皮肤的表层组织继续繁殖,形成继发性水泡(第二期水泡),随着水泡的发展、融合而破裂时,体温下降至正常,病毒从血液中逐渐减少至消失,此时病畜即进入恢复期,多数病例逐渐好转。有的病例,特别是吃奶的幼畜,当血液感染时,病毒产生的毒素危害心肌,致使心脏变性或坏死而出现灰白色或淡灰色的斑点、条纹,多以急性心肌炎而致死亡。

【症状】 由于多种动物的易感性不同,也由于病毒的数量和毒力及病毒侵入门户的不同,潜伏期的长短和病状也不完全一致。

1.牛

潜伏期1~7天,平均2~4天,病牛体温升高至40~41℃,精神沉郁,食欲减退,闭口,流涎,开口时有吸吮声,发病1~2天后,在唇内面、齿龈、舌面和颊部黏膜发生蚕豆至核桃大的水泡,涎液增多并呈白色泡沫状挂于嘴边,采食及反刍停止。水泡约经一昼夜破裂,形成溃疡,这时体温会逐渐降至正常,糜烂逐渐愈合,全身症状逐渐好转。在口腔发生水泡的同时或稍后,趾间及蹄冠的柔软皮肤上也发生水泡,也会很快破溃,然后逐渐愈合。若病牛衰弱,或饲养管理不当,糜烂部位可能发生继发性感染化脓、坏死,病畜站立不稳,行路跛拐,甚至蹄匣脱落。有时在乳头皮肤上也可见到水泡,水泡很快破裂形成烂斑,如涉及乳腺引起乳房炎,泌乳量显著减少,有时乳量损失高达75%,甚至泌乳停止。实践证明,乳房上口蹄疫病变见于纯种牛,黄牛较少发生。

该病一般呈良性经过,经1周左右即可自愈;若蹄部有病变则可延至2~3周或更久,死亡率1%~2%,该病型叫良性口蹄疫。有些病牛在水泡愈合过程中,病情突然恶化,全身衰弱、肌肉发抖,心跳加快、节律不齐,食欲废绝、反刍停止,行走摇摆、站立不稳,往往因心脏麻痹而突然死亡,这种病型叫恶性口蹄疫,死亡率高达25%~50%。犊牛发病时往往看不到特征性水泡,主要表现为出血性胃肠炎和心肌炎,死亡率极高。病愈牛可获得一年左右的免疫力。

2. 羊

潜伏期一般为2~8天,症状轻微,不易察觉,特别是当水泡仅限于口腔黏膜时,由于水泡较小,有米粒至豆粒大小,无其他明显的并发症状如流涎等,而且水泡迅速消失。蹄部和牛相似,发现水泡时表现为跛行,病羊不愿走动。

3. 猪

潜伏期1~2天,病猪以蹄部水泡为主要特征,病初体温升高至40~41℃,精神沉郁,食欲减少或废绝。口黏膜、鼻镜、乳房形成水泡或糜烂。蹄冠、蹄叉、蹄踵等部局部发红,有米粒或蚕豆大的水泡,水泡破裂后表面出血,形成糜烂。如无细菌感染,1周左右痊愈。如有继发感染,可能出现蹄叶、蹄壳脱落,卧地不起。口腔、舌面和上颚常出现豌豆大的水泡,破裂后上皮层变成微白色碎片而脱落;唇内侧有时出现水泡,并继而形成烂斑。病猪鼻镜、乳房也常见到烂斑,尤其是哺乳母猪,乳头上的皮肤病灶较为常见。还可出现跛行,流产,乳房炎及慢性蹄变形。未断奶的仔猪感染后通常呈急性胃肠炎和心肌炎而突然死亡。病死率可达60%~80%。

【病变】 口腔和蹄部的水泡和烂斑,此外还可见到食道和瘤胃黏膜有水泡和烂斑;胃肠有出血性炎症;肺呈浆液性浸润;心包内有大量混浊而黏稠的液体。恶性口蹄疫可在心肌切面上见到灰白色或淡黄色条纹与正常心肌相伴而行,如同虎皮状斑纹,俗称"虎斑心"。

【诊断】 口蹄疫病变典型易辨认,故结合临床病学调查不难作出初步诊断。根据病的急性经过、流行快、传播广、发病率高,但死亡率低,且多呈良性经过,主要侵害偶蹄兽和一般为良性转归以及大量流涎,口部和蹄部的水泡和烂斑等典型临诊表现可做出初步诊断。为了与其他相似疾病鉴别及毒型的鉴定,还需要进行实验室检查。

1. 实验室诊断

(1)病毒分离鉴定 采集样品包括水泡皮、水泡液、鼻拭子、食道-咽部刮取物、抗凝血或血清、牛奶等。死亡动物可采集淋巴结、扁桃体、脊髓及心脏。样品应冰冻保存,或置 pH 7.2~7.6 的甘油缓冲液中。通常取病畜水泡皮或水泡液进行病毒分离鉴定。取病畜水泡皮,用 PBS 液制备混悬浸出液,或直接取水泡液接种 BHK 细胞进行病毒培养分离,做蚀斑试验。同时应用补体结合试验,目前多用酶联免疫吸附试验(ELISA)效果更好。

对康复牛用食道探杯取其咽头食道刮取物,接种 BHK 细胞或犊牛甲状腺细胞分离口蹄疫病毒,用蚀斑法检查病毒。

（2）血清学试验

①采取水泡皮制成混悬浸出液，接种乳鼠继代并用阳性血清作乳鼠保护试验或中和试验。可用于型和亚型鉴定，并用于抗体水平测定。

②取水泡皮混悬浸出液作抗原，用标准阳性血清作补体结合试验或微量补体结合试验，同时可以进行定型诊断或分型鉴定。

③用康复期的动物血清对 VIA 抗原作琼脂免疫扩散试验并进行定型试验。

④应用反向被动血凝反应试验，比补体结合试验灵敏度高。

⑤应用酶联免疫吸附试验（ELISA）、间接酶联免疫吸附试验以及免疫荧光抗体技术诊断均有很好效果。ELISA 可用于代替补体结合试验和中和试验，具有敏感、特异且操作快捷等优点。

⑥单克隆抗体可用于实验室抗原分析。

⑦确定毒型的重要性在于目前使用的多系单价疫苗，如果毒型与疫苗毒型别不符，就不能收到预期的防疫效果。

2.鉴别诊断

口蹄疫、猪水泡病、猪水泡疹和水泡性口炎 4 种水泡性疾病的诊断见表 3-1。

表 3-1　猪口蹄疫、猪水泡病、猪水泡疹和水泡性口炎的诊断

试验动物	接种途径	动物数量	口蹄疫（FMV）	水泡性口炎（VS）	猪水泡疹（VES）	猪水泡病（SVD）
猪	皮内（鼻和唇）或皮下划痕	2	＋	＋	＋	＋
	静脉	2	＋	＋	＋	＋
	蹄冠或蹄叉	1	＋	○	○	＋
马	肌肉内	1	－	＋	－	－
	舌皮内	1	－	＋	－	－
牛	肌肉内	1	＋	－	－	－
	舌皮内		＋	＋	－	－
绵羊	舌皮内	2	＋	＋	－	－
豚鼠	跖部皮内	2	＋*	＋	－	－
乳小鼠 5 日龄以内	腹腔内、皮下	10	＋	＋	＋	＋
7～9 日龄小鼠	腹腔内、皮下	10	＋	＋	－	－
鸡胚		5	＋	（卵黄囊）＋	－	－
成年鸡	舌皮下	5	＋	○	－	－
细胞培养			牛猪羊乳兔肾细胞地鼠肾传代细胞	牛、猪、仓鼠肾及鸡胚成纤维细胞	猪胚肾细胞	－

注：＋表示阳性；不规则或轻度反应；○表示没有数据；* 表示少数例外。

【防制】

动物患口蹄疫会影响使役,减少产奶量,一般采用宰杀并销毁尸体进行处理,给畜牧业造成严重损失。国际兽疫局将口蹄疫列为"A类动物传染病名单"中的首位。世界上许多国家把口蹄疫列为最重要的动物检疫对象,中国把它列为"进境动物检疫一类传染病"。防制该病应结合本国实际情况采取相应对策。无病国家暴发该病后应采取屠宰病畜、消灭疫源的措施;已消灭了该病的国家通常采取禁止从有病国家输入活畜或动物产品;有该病的地区或国家,应采取以检疫诊断为中心的综合防制措施,发生病畜疑似口蹄疫时,应立即报告兽医机关,病畜就地封锁,消毒。确认后,立即进行严格封锁、隔离、消毒及防治等一系列工作。发病畜群扑杀后要无害化处理,工作人员外出要全面消毒,污染的饲料器具等要烧毁或深埋,畜舍及附近,严格消毒。对疫区周围牛羊,选用与当地流行的口蹄疫毒型相同的疫苗,进行紧急接种。在最后一头病畜死亡的一个潜伏期内没有出现新的病例可宣布解除封锁。

预防接种应用与当地流行的相同病毒型、亚型的弱毒疫苗或灭活疫苗进行免疫预防,目前主要应用灭活疫苗。主要采用单层或悬浮的 BHK21 细胞系和 IB-RS-2 细胞系培养生产灭活疫苗,灭活剂多采用主要作用于核酸、蛋白抗原性保护较好且毒性小的二乙烯亚胺灭活后加油类佐剂。还可应用合成肽疫苗,核酸疫苗等,以及应用康复血清或高免血清。严格按照免疫程序执行,根据猪口蹄疫发病特点、病理、症状等制定合理的免疫程序并严格执行。

1. 消毒

疫点严格消毒,畜舍及附近,与病畜的粪便以及与病畜接触过的物品、器具可以用2%氢氧化钠、二氯异氰脲酸钠、1%～2%福尔马林喷洒消毒。

2. 治疗

如非珍贵动物,不做治疗。

治疗病初,即口腔出现水泡前,用血清或耐过的病畜血液治疗。对病畜要加强饲养管理及护理工作,每天要用盐水、硼酸溶液等洗涤口腔及蹄部。要喂以软草、软料或麸皮粥等。畜舍应保持清洁、通风、干燥、暖和,多垫软草,多给饮水。

口腔可用清水、食醋或0.1%高锰酸钾洗漱,糜烂面上可涂以1%～2%明矾或碘酊甘油,也可用冰硼散。对破溃面用0.1%高锰酸钾或2%硼酸或2%明矾水洗净,再涂1%紫药水或5%碘甘油。口腔有溃疡时,用碘甘油合剂(1:1)每天涂擦3～4天,用10%食盐水也可。

蹄部可用3%臭药水或来苏儿洗涤,擦干后涂松馏油或鱼石脂软膏等,再用绷带包扎,不可接触湿地。蹄部破溃的用0.1%高锰酸钾或2%硼酸或3%煤酚皂溶液清洗干净,再涂1%紫药水或青霉素软膏。

乳房可用肥皂水或2%～3%硼酸水洗涤,然后涂以青霉素软膏或其他防腐软膏,定期将奶挤出以防发生乳房炎。

恶性口蹄疫病畜除局部治疗外,可用强心剂和补剂,如安钠咖、葡萄糖盐水等。用结晶樟脑口服,每天2次,每次5～8g,可收良效。

案 例 分 析

【临诊实例】

口蹄疫是由口蹄疫病毒引起的偶蹄动物的急性、热性、接触性传染病,人可以感染发病。

猪感染后,以鼻镜、唇边、蹄部、母猪乳头出现水泡,表现蹄痛、跛行为特征。该病潜伏期为2~8天。猪口蹄疫常呈地方流行,传播迅速,发病率高,仔猪死亡率也高。常发生于秋末、冬季和早春,尤以春季达到高峰。主要发生于集中饲养的猪场、城郊猪场,农村分散饲养的猪较少发生。(高振龙.猪口蹄疫病例报告.中国畜牧兽医文摘,2013,29(7):137.)

1.发病情况

2013年春季,在内蒙古宁城县某养猪场出现疫情,以幼仔猪为发病源头,呈现高速传播,病猪以蹄部水泡为主要特征,一般潜伏期在2~8天。发病初期,体温升高,至40~41℃,精神不振,食欲废绝。蹄冠、蹄叉、蹄踵发红形成水泡和溃烂,不久结成痂皮,一般水泡破裂后,体温下降,如无细菌感染,1周左右自然康复。严重的病例,被侵害蹄叶的蹄壳脱落,病猪跛行,喜卧。病猪的鼻盘、口腔、齿龈、舌、母猪的乳房,也可见到水泡和烂斑。仔猪感染后,常呈急性胃肠炎和心肌炎而突然死亡。

2.临床症状

病猪蹄部出现水泡。病初体温升高至40~41℃,精神不振,不吃。蹄冠、蹄叉、蹄踵发红,形成水泡和溃烂,不久结成痂皮,一般水泡破裂后,体温下降,如无细菌感染,1周左右可自然康复。严重病例,被侵害蹄叶的蹄壳脱落,病猪跛行,喜卧。病猪的鼻盘、口腔、齿龈、舌、母猪的乳房,也可见到水泡和烂斑。仔猪感染后,常呈急性胃肠炎和心肌炎而突然死亡。

3.病理变化

病猪口腔、鼻盘及蹄部等处发生特征性水泡和溃烂。仔猪因心肌炎死亡时可见心肌松软,心肌切面有淡黄色斑点或条纹,有"虎斑心"之称,还可见出血性肠炎变化。

4.流行病学

除猪发病外,牛、羊也有发病。病畜的水泡皮和水泡液、粪尿、奶、眼泪、唾液等均含有病毒。该病主要通过消化道、呼吸道、破损的皮肤、黏膜等途径感染。畜产品、人、动物、运输工具等都是该病的传播媒介。

5.鉴别诊断

猪水泡病仅猪发病,牛、羊不感染,呈地方流行性。仔猪的病死率较低,2%的病猪出现中枢神经紊乱症状。用水泡皮或水泡液制成悬液,给2日龄和7~9日龄乳鼠皮下注射,仅2日龄乳鼠死亡。而发生口蹄疫时,牛、羊、猪先后或同时发病,呈流行性或大流行发生。吃奶仔猪的发病率较高,用水泡皮或水泡液制成悬液,给2日龄和7~9日龄乳鼠皮下注射,全部死亡。

(1)猪水泡疹 仅猪感染发病,用水泡皮或水泡液制成悬液,给2日龄和7~9日龄乳鼠皮下注射,均不引起死亡。可与口蹄疫区别。

(2)猪水泡性口炎 马、牛、猪均能感染发病,常在一定地区散发,发病率和病死率都很低,多见于夏季和秋初。取水泡液,接种于马、牛、猪的舌面,均发生水泡,给牛肌肉注射不发病。而口蹄疫不感染马,常呈流行性发生,发病率很高,多见于冬季和春季,以口蹄部病变较多见。用水泡液给牛舌面接种和肌肉注射均发病。

【防控措施】

1.加强饲养管理

做好预防措施,特别是加强生猪收购和调运时的检疫工作。同时,在日常的卫生清洁中,要及时清理舍内粪便,对于进出人员、车辆、猪群等等要严格消毒。一般来说,这种疫病的发病季节集中在秋末、春冬。要保证每2～3天进行1次全面的消毒预防,特别是对空气消毒尤为重要。

2.隔离、封锁

疑似口蹄疫时,应立即上报确诊,并对发病现场采取封锁措施,防止疫情扩散蔓延。对猪舍、环境及饲养管理用具严格的消毒。对病猪及其同栏猪中屠宰,按食品卫生部门的有关法规处理。对未发病的猪、牛、羊,应立即注射口蹄疫油乳剂灭活苗,所用疫苗的病毒型必须与该地区流行的口蹄疫病毒型相一致。

3.治疗

病猪在隔离条件下,及时进行治疗,并加强饲养和护理。一般采取对症疗法,对水泡破溃之后的破溃面用0.1%高锰酸钾或2%的硼酸清洗干净,再涂青霉素软膏或1%紫药水,促进口腔、蹄部的早日康复。为防止继发感染,可应用林可霉素等抗生素治疗。

第四节　流行性乙型脑炎

流行性乙型脑炎(epidemic encephalitis,B)又称日本脑炎(Japanese encephalitis,JE),简称"乙脑",是由日本脑炎病毒(*Japanese encephalitis virus*,JEV)引起的一种蚊媒性人兽共患传染病。该病属于自然疫源性疾病,人和多种动物均可感染,其中人、猴、马和驴感染后出现明显的脑炎临诊症状、病死率较高。猪群感染最为普遍,商品猪大多不表现临诊症状,怀孕母猪可表现为高热、流产、死胎和木乃伊胎,公猪则出现睾丸炎。其他动物多为隐性感染。

流行性乙型脑炎最先发现于日本,从1871年开始,每年夏、秋季节都有发生。由于当时冬、春季节还流行一种昏睡性脑炎,二者容易混淆,为了区别起见,于1928年将昏睡性脑炎称为流行性甲型脑炎;而将夏、秋季节流行的脑炎称为流行性乙型脑炎。1935年在日本人群中流行该病时,马也发生了流行,同年日本学者从人和马的脑组织中分离到日本脑炎病毒,首次确定了该病的病原,并证明其抗原性不同于美国圣路易脑炎。我国于1940年从脑炎死亡病人的脑组织中分离出日本脑炎病毒,证实该病存在。该病分布很广,主要存在亚洲地区各国。我国大部分地区也时有发生。由于该病疫区范围较大,人兽共患,危害严重,被世界卫生组织列为需要重点控制的传染病。

【病原】　JEV属于黄病毒科(*Flaviviridae*)黄病毒属(*Flavivirus*)。病毒粒子直径30～40 nm,呈球形,二十面体对称,在氯化铯中的浮密度为1.24～1.25 g/cm³。病毒核心为衣壳蛋白包裹的RNA,外层为囊膜糖蛋白。JEV具有血凝活性,能凝集绵羊、鹅、鸽和雏鸡的红细胞,但不同毒株的血凝特性有明显差异,JEV SA4株和YN株血凝性较好,而SH3株和P3株血凝性较差,此外,蚊源细胞C6/36增殖的乙脑病毒血凝性较好。

JEV基因组为单股正链RNA,长约10 976 nt,基因结构为5'NCR-C-PrM-E-NS1-NS2A2B-NS3-NS4A4B-NS5-3'NCR,其中5'和3'端为非编码区,二者之间为JEV RNA编码区,形成一个开放阅读框(ORF),编码全长为3 432个氨基酸的多蛋白前体,在宿主细胞和病毒蛋白酶的作用下被切割为3个结构蛋白:核衣壳蛋白(C)、前膜蛋白(prM)、囊膜蛋白(E)和7个非结构蛋白(NS1、NS2A、NS2B、NS3、NS4、A4B和NS5)。JEV E蛋白是病毒的主要保护性抗原成分,参与病毒粒子的装配、受体结合和膜融合等过程。JEV抗原性稳定,只有一个血清型,但可根据 E 基因的差异分为 5 个基因型,我国流行的毒株多为基因 I 型和基因 III 型,基因 V 型仅一株的报道。

该病毒适宜在鸡胚卵黄囊内繁殖,也能在鸡胚成纤维细胞、原代仓鼠肾细胞以及 C6/36、BHK-21、vero 等传代细胞中增殖,并产生细胞病变和形成空斑。不同 JEV 毒株在 C6/36 细胞上增殖形成的细胞病变不同,一类以细胞圆缩堆积脱落为主,如 P3 株等;一类以细胞大片融合融合为主,如 SA14 株等。不同 JEV 毒在 BHK21 细胞上形成的空斑大小和形态也有差别,JEV 弱毒疫苗株 SA14-14-2 的空斑小(<1.0 mm),而其亲本毒株 SA14 的空斑较大(≥1.5 mm),JEV 分离株的空斑大小与其毒力有一定的相关性,但不完全一致。此外,毒力强的毒株其空斑边缘清晰,而毒力低的毒株则空斑边缘模糊。

病毒在感染动物血液内存留时间很短,主要存在于中枢神经系统。人和动物感染该病毒后,均产生补体结合抗体、中和抗体和血凝抑制抗体。流行地区的吸血昆虫,特别是库蚊和伊蚊体内常能分离出病毒。小鼠是最常用来分离和繁殖该病毒的实验动物,各种年龄的小鼠都有易感性,但以 1～3 日龄乳鼠最易感。小鼠脑内接种后 3～5 天发病,表现离巢,被毛无光泽,并于发病后 1～2 天内死亡。根据感染途径的不同,JEV 的毒力可以分为脑内毒力(神经毒力)和皮下毒力(神经侵袭毒力)。JEV 分离株的毒力差异大多表现在皮下毒力的差异,脑内毒力差异不显著。根据不同 JEV 毒株对成年鼠皮下致病力的不同,可以将 JEV 分为强毒株和弱毒株。

该病毒对外界环境的抵抗力不强,常用消毒药都有良好的灭活作用。该病毒在 -20℃可保存一年,但病毒滴度降低,病毒在 50%甘油生理盐水中于 4℃可存活 6 个月。该病毒在 pH 7 以下或 pH 10 以上,活性迅速下降。

【流行病学】 该病为自然疫源性传染病,多种动物和人感染后都可成为该病的传染源。在该病流行地区,畜禽的隐性感染率均很高,特别是猪,其次是马和牛,国内很多地区的猪、马、牛等的血清抗体阳性率在 90%以上。猪感染后出现病毒血症的时间较长,血液中的病毒滴度较高,对乙脑的传播起重要作用。猪的饲养数量大、更新快,容易通过"猪—蚊—猪"的循环,扩大病毒的传播,所以猪是该病毒的主要增殖宿主和传染源。其他温血动物虽能感染该病毒,但随着中和抗体的产生,病毒很快从血液中消失。

该病主要通过带毒的蚊虫叮咬传播,已知库蚊、伊蚊、按蚊属中的不少蚊种以及库蠓等均能传播该病。其中尤以三带喙库蚊(*Culex triaeniorhynchus*)为该病主要媒介,病毒在三带喙库蚊体内可迅速扩增。三带喙库蚊的地理分布与该病的流行区相一致,它的活动季节也与该病的流行期明显吻合。三带喙库蚊是优势蚊种之一,嗜吸畜血和人血,感染阈低(小剂量即能感染),传染性强,病毒能在蚊体内繁殖和越冬,且可经卵传至后代,带毒越冬蚊能成为次年感染人畜的传染源。因此,蚊不仅是传播媒介,也是病毒的贮存宿主。蝙蝠、蛇、蜥蜴和候鸟也可成为传染源。某些带毒的野鸟在传播该病方面的作用亦不应忽视。

人和家畜中的马属动物、猪、牛、羊等均有易感性。猪不分品种和性别均易感,发病年龄多与性成熟期相吻合。该病在猪群中的流行特征是感染率高,发病率低,绝大多数在病愈后不再复发。未成年马,尤其是当年幼驹发病率高,一般为散发,成年马多为隐性感染。但在新疫区常可见到猪、马集中发生和流行。人群对乙脑病毒普遍易感,但感染后出现典型乙脑临诊症状的只占少数,多数人通过临诊上难以辨别的轻型感染或隐性感染获得免疫力。通常以 10 岁以下的儿童发病较多,尤以 3～6 岁发病率最高。但因儿童计划免疫的实施,近来报道发病年龄有增高趋势。病后免疫力强而持久,罕有二次发病者。

在热带地区,该病全年均可发生。在亚热带和温带地区该病有明显的季节性,主要在 7—9 月流行,这与蚊子的活动有密切关系。我国华南地区的流行高峰在 6—7 月,华北地区为 7—8 月,而东北地区则为 8—9 月。气温和雨量与该病的流行也有密切关系,夏季连续阴雨后易发生该病流行。在自然条件下,每 4～5 年流行一次。

【致病与免疫机制】

流行性乙型脑炎的发生是 JEV 和动物机体相互作用的结果,病毒的毒力和宿主的抗性均起重要作用,因此该病存在感染率高,发病率低的现象。人或动物被带毒的蚊子叮咬后,病毒首先在皮肤的郎罕氏树突状细胞中复制,通过细胞归巢病毒进入局部淋巴结,进而引发初始病毒血症,病毒进入外周器官大量复制提高了病毒血症的滴度,最后终于突破血脑屏障进入中枢神经器官——大脑。

研究发现本 JEV 的 Cap、E、NS1′ 和 NS5 蛋白均可影响病毒在宿主体内的增殖。Cap 蛋白可与多个宿主蛋白作用调控宿主细胞的凋亡以及影响细胞之间的黏附。E 蛋白决定了病毒的神经嗜性和宿主血液系统对病毒的清除效率,例如,JEV E 蛋白 E138K 突变导致病毒血症显著降低。NS1′ 和 NS5 蛋白可在病毒感染的早期抑制宿主的先天性免疫通路对病毒抑制,JEV 强毒 NS1 蛋白翻译过程中发生核糖体移位产生的 NS1′ 能抑制宿主补体系统对病毒的清除,NS5 蛋白能够抑制干扰素抗病信号通路 Tyk-2 的磷酸化,阻止干扰素诱导抗病毒蛋白的产生。

尽管如此,正常宿主细胞的病原模式识别受体 RIG-1 和 TLR 还是能有效识别 JEV 的入侵,激活先天性免疫系统,快速抑制病毒的早期增殖,并启动获得性免疫系统,产生高水平和持久的体液免疫和细胞免疫抑制病毒的再次入侵。因此,遗传多态性导致抗 JEV 关键蛋白发生位点突变的个体组成了该病的感群体,应通过预防性接种疫苗提高特异性免疫力或避免暴露于蚊虫来预防该病的发生。

【临床症状】

1. 猪

人工感染潜伏期一般为 3～4 天。常突然发病,体温升高达 40～41℃,呈稽留热,精神沉郁、嗜睡。食欲减退,饮欲增加。粪便干燥呈球状,表面常附有灰白色黏液,尿呈深黄色。有的猪后肢轻度麻痹,步态不稳,或后肢关节肿胀疼痛而跛行。个别表现明显神经临诊症状,视力障碍,摆头,乱冲乱撞,后肢麻痹,最后倒地死亡。

妊娠母猪常突然发生流产。流产前除有轻度减食或发热外,常不被人们注意。流产多在妊娠后期发生,流产后临诊症状减轻,体温、食欲恢复正常。少数母猪流产后从阴道流出红褐色乃至灰褐色黏液,胎衣不下。母猪流产后对继续繁殖无影响。

流产胎儿多为死胎或木乃伊胎,或濒于死亡。部分存活仔猪虽然外表正常,但衰弱不能站立,不会吮乳;有的出生后出现神经临诊症状,全身痉挛,倒地不起,1～3 天死亡。有些仔猪哺乳期生长良莠不齐。

公猪除有上述一般临诊症状外,突出表现是发生睾丸炎。一侧睾丸明显肿大,具有证病意义。患睾阴囊皱褶消失,温热,有痛觉。白猪阴囊皮肤发红,两三天后肿胀消退或恢复正常,或者变小、变硬,丧失形成精子功能。如一侧萎缩,尚能有配种能力。

2. 马

潜伏期为 1～2 周。病初体温短期升高,可视黏膜潮红或轻度黄染,精神不振,头下垂,驻立于暗处,常打呵欠,食欲减退,肠音稀少,粪球干小。部分病马经 1～2 天体温恢复正常,食欲增加并逐渐康复。有些病马由于病毒侵害脑和脊髓,出现明显的神经临诊症状,表现沉郁、兴奋或麻痹。视力和听力减退或消失。针刺反应减弱,常有阵发性抽搐。有的病马以沉郁为主,表现呆立不动,低头垂耳,眼半开半闭,常出现异常姿势,后期卧地昏迷。有的病马以兴奋为主,表现狂暴不安,乱冲乱撞,攀越饲槽,后期因过度疲惫,倒地不起,麻痹衰竭而死。一般病马多为沉郁和兴奋交替出现。还有的病马主要表现后躯的不全麻痹,步行摇摆,容易跌倒,甚至不能站立。多数预后不良,治愈马常遗留弱视,舌唇麻痹,精神迟钝等后遗症。

3. 牛、羊

多呈隐性感染,自然发病者极为少见。牛感染发病后主要见有发热和神经临诊症状。发热时,食欲废绝、呻吟、磨牙、痉挛、转圈以及四肢强直和昏睡。急性者经 1～2 天,慢性者 10 天左右可能死亡。山羊病初发热,从头部、颈部、躯干和四肢渐次出现麻痹临诊症状,视力、听力减弱或消失,唇麻痹、流涎、咬肌痉挛、牙关紧闭、角弓反张,四肢关节伸屈困难,步样蹒跚或后躯麻痹,卧地不起,约经 5 天可能死亡。

4. 鹿

突然发病,病初体温升高,食欲减退,不安尖叫。有的倒地不能站立,头歪向一侧,磨牙,眼球和局部肌肉震颤,四肢划动。有的病鹿初见运动障碍,行走摇摆、头顶饲槽或墙壁,造成多处擦伤,最后倒地死亡。一般多为兴奋、沉郁及后躯麻痹混合发生。有的未见任何临诊症状而突然死亡。

【病理变化】

1. 猪

病理变化主要在脑、脊髓、睾丸和子宫。脑的病理变化与马相似。肿胀的睾丸实质充血、出血和坏死灶。流产胎儿常见脑水肿,严重的发生水化,皮下有血样浸润。胸腔积液、腹水、浆膜小点出血、淋巴结充血、肝和脾内坏死灶、脊膜或脊髓充血等。脑水肿的仔猪中枢神经区域性发育不良,特别是大脑皮层变得极薄。小脑发育不全和脊髓鞘形成不良也可见到。全身肌肉褪色,似煮肉样。胎儿大小不等,有的呈木乃伊化。

2. 马

脑脊髓液增量,脑膜和脑实质充血、出血、水肿,肺水肿,肝、肾浊肿,心内、外膜出血,胃肠有急性卡他性炎症。脑组织学检查,见非化脓性脑炎变化。

3. 牛、羊、鹿

脑组织学检查,均有非化脓性脑炎变化。

【诊断】

1. 临诊综合诊断

该病有严格的季节性,散发,有明显的脑炎临诊症状,怀孕母猪发生流产,公猪发生睾丸炎。死后取大脑皮质、丘脑和海马角进行组织学检查,发现非化脓性脑炎等,可作为诊断的依据。

2. 病毒分离与鉴定

在该病流行初期,采取濒死期脑组织或发热期血液,立即进行 1～5 日龄乳鼠脑内接种或 SPF 鸡胚卵黄囊接种,可分离到病毒,但分离率不高。分离获得病毒后,可用中和试验、间接免疫荧光试验、RT-PCR 和基因测序鉴定病毒。

3.血清学诊断

酶联免疫吸附试验、血凝抑制试验、中和试验和间接免疫荧光试验是该病常用的实验室诊断方法。由于该病毒抗体在发病的初期效价较低，且隐性感染或免疫接种过的人、畜血清中都可出现抗体，因此均以双份血清抗体效价升高 4 倍以上作为诊断标准。血清学方法多用于回顾性诊断或流行病学调查。

机体感染该病毒后 3～4 天即可产生特异性 IgM 抗体，2 周达高峰，因此确定单份血清中的 IgM 抗体，可以达到早期诊断的目的。检测血清中 IgM 抗体，通常采用 2-巯基乙醇（2-ME）法，即在被检血清中加入 0.2 mol/L 的 2-ME，在 37℃作用 1h 后，与不用 2-ME 处理的被检血清同时做血凝抑制试验。如被检血清中含有 IgM 抗体，则其大分子的 IgM 抗体球蛋白被 2-ME 裂解为无免疫活性的小分子球蛋白，因而血凝抑制价降低。比较同一被检血清在 2-ME 处理前后的血凝抑制效价，如效价相差 4 倍以上，即可证明血清中的血凝抑制抗体为 IgM。此法的早期诊断率可达 80% 以上。

4.鉴别诊断

当猪发病时，应注意与布氏杆菌病、猪繁殖与呼吸综合征、猪伪狂犬病、猪细小病毒病等相区别。

【防制】

预防流行性乙型脑炎，应从控制传播媒介和易感畜群免疫接种这两个方面采取措施。

1.控制传播媒介

以灭蚊防蚊为主，尤其是三带喙库蚊。应根据其生活规律和自然条件，采取有效措施。对猪舍、马栅、羊圈等饲养家畜的地方，应定期进行喷药灭蚊。对重要易感动物（如种公猪）畜舍必要时应加防蚊设备。

2.易感动物免疫接种

为了提高易感动物的免疫力，可接种乙脑疫苗。目前国际上主要使用的乙脑疫苗有两类，即灭活疫苗和减毒活疫苗。早期的灭活疫苗是应用强毒株接种鼠脑获得的纯化抗原制备，后来改用原代仓鼠肾细胞做培养基质，目前多用 vero 细胞培养病毒制备。我国研制的流行性乙型脑炎减毒活疫苗种毒为 JEV SA14-14-2 株，系选用 60 年代分离自蚊子的 SA14 株经地鼠肾细胞连续传代、蚀斑克隆筛选获得的致弱毒株，安全性和免疫原性好。SA14-14-2 减毒株可用于人、马、猪，该疫苗用于猪，保护率可达 90%。

3.使用疫苗应注意

一是易感动物一定要在当地蚊蝇出现季节的前 1～2 个月接种疫苗。二是为防止母源抗体的干扰，后备种猪一般在 5 月龄以上接种。一般注射一次即可，两次免疫效果更佳。母猪一般在配种之前免疫接种乙脑疫苗。应重点管理好没有经过夏秋季节的幼龄动物和从非疫区引进的动物。这类动物大多没有感染过乙脑，一旦感染则容易产生病毒血症，成为传染源。应在乙脑流行前完成疫苗接种。

该病无特效疗法，应积极采取对症疗法和支持疗法。病马在早期采取降低颅内压、调整大脑机能、解毒为主的综合性治疗措施，同时加强护理，可收到一定的疗效。

【公共卫生】

带毒猪是人乙型脑炎的主要传染源，往往在猪乙型脑炎流行高峰过后 1 个月便出现人乙型脑炎发病高峰。人感染后从隐性到急性致死性脑炎,潜伏期一般为 7~14 天。患者大多数为儿童,也有少数免疫低下的老年人感染发病。多突然发病,最常见的临诊症状是发热、头疼、昏迷、嗜睡、烦躁、呕吐以及惊厥等。主要神经体征为颈强直、腹壁反射及提睾反射消失,腱反射减弱或亢进。病例分为轻症型和重症型(又分为脑型及脑脊髓型),重症常发生呼吸衰竭而死亡。一般于体温正常后,多数患者的脑系临诊症状及体征亦同时消失。治愈后少数人可能留有失语、四肢软弱、精神错乱、痴呆等后遗症。

预防人类乙型脑炎主要靠免疫接种,我国对该病实行计划免疫,即所有儿童都要按时接受疫苗接种。我国研制的流行性乙型脑炎减毒活疫苗(SA 14-14-2 株)安全性和免疫原性好。疫苗注射的对象主要为流行地区儿童。8 月龄儿童首次免疫,于上臂外侧三角肌附着处皮下注射 0.5 mL;分别于 2 岁和 7 岁再各注射 0.5 mL,以后不再免疫。

思考题

1. 流行性乙型脑炎有哪些突出的流行病学特征?
2. 如何鉴别流行性乙型脑炎病毒与其他病毒引起的猪繁殖障碍?
3. 预防猪流行性乙型脑炎的措施有哪些?

第五节　流行性感冒

流行性感冒(influenza)简称流感,是由流行性感冒病毒(*Influenza virus*)引起的一种急性、热性、高度接触性传染病。以高热、呼吸困难以及其他各系统程度不同的症状为临床特征。该病发病急、病程短、传播快、流行广,是危害最重的人兽共患病之一。

流感在世界各地流行广泛,普遍存在于多种动物和人群中。有关动物流感最早的报道是 1878 年发生于意大利的鸡群流感。人类流感至今已流行上百次,其中有详细记载的世界大流行 6 次,其中 1918 年的西班牙流感导致全球约 2 000 万人丧生。

高致病性禽流感(*highly pathogenic avian influenza*,HPAI),又名真性鸡瘟(*fowl plague*),多见于鸡和火鸡,致死率可高达 100%,对养禽业造成严重危害。OIE 和我国均将其列为烈性疫病。

【病原】　流行性感冒病毒简称流感病毒,属于正黏病毒科(*Orthomyxoviridae*)、A 型流感病毒属(*Influenzavirus A*)。正黏病毒科分 4 个属,A、B、C 型流感病毒属和托高土病毒属。A 型流感病毒宿主谱较广,可引起多种动物感染,包括人、各种禽类、马、猪、海豹、猫科动物、犬科动物等;B 型、C 型流感病毒仅感染人类。

A 型流感病毒粒子呈多形性,如球形、椭圆形及长丝管状,直径 20~120 mm。核酸为分 8 个片段的单股负链 RNA,核衣壳呈螺旋状对称。有囊膜,囊膜上分布有形态和功能不同的两种纤突,即血凝素(HA)和神经氨酸酶(NA)。HA 能与宿主细胞上的特异性受体结合,在病毒吸附及侵入过程中起关键作用,决定了病毒的宿主特异性;HA 能刺激机体产生中和抗体;同时 HA 能吸附和凝集红细胞,这种凝集作用能被其诱导的特异性血清所中和,因此可应用血凝试验和血凝抑制试验来鉴定病毒及其血清型,并检测免疫个体的血清抗体水平。NA 可水解细胞表面受体特异性糖蛋白末端的 N-乙酰基神经氨酸。出芽的病毒需要 NA 水解后才能游离再侵入其他细胞,当 NA 被抑制则释放的病毒就不能游离再侵入新的宿主细胞。对流感有特效的药物达菲,其作用机制正是使 NA 失活,避免进一步感染,具有治疗流感的作用。

HA 和 NA 是流感病毒的表面抗原,具有良好的免疫原性,是流感病毒血清亚型及毒株分类的重要依据。目前已知 HA 有 16 个亚型,NA 有 10 个亚型,不同亚型在血清学上存在很大差异。流感病毒具有很强的变异性,其变异主要发生在表面抗原 HA 和 NA 上。流感病毒的变异有两种方式——"抗原漂移"和"抗原转换"。"抗原漂移"是当流感病毒复制过程中个别氨基酸或抗原位点发生的变化,变异幅度较小,此时可产生新的毒株,引起中小流行;"抗原转换"是流感病毒复制过程中发生基因组不同片段的重组和交换,尤其是同一细胞中感染了两个不同血清型或血清亚型的病毒。此时可产生新的亚型,往往可引起较大的流行,甚至世界性流行。

HA 对宿主细胞受体的特异性识别决定了不同血清亚型的流感病毒对宿主的特异性与致病性。感染人的流感病毒主要有 H1N1、H2N2、H3N2,而感染猪的流感病毒主要有 H1N1、H3N2,感染禽的主要为 H9N2、H5N1、H5N2、H7N1 等,感染马的主要为 H3N8、H7N7。研究表明,猪流感与人流感的病原有的血清亚型相同,加之猪的特殊生态学特点,因此认为禽流感如果能够感染人,多需通过猪这一中间宿主的转换,但到目前尚无人通过此途径感染禽流感的直接证据,而人感染禽流感甚至致死的个案都是由于感染者具有与禽相同(近)的受体结构有关。但即使是同一血清亚型的病毒,其毒力有时也有很大差异。例如同是 H5 和 H7 亚型,有些毒株对鸡和火鸡是低致病性的,而另一些毒株却是高致病性的。根据禽流感病毒的毒力强弱,将其分为高致病性禽流感(*highly pathogenic avian influenza*,HPAI)和低致病性禽流感(*low pathogenic avian influenza*,LPAI)两大类。目前发现的 HPAIV 均为 H5 和 H7 亚型。但并非所有的 H5 和 H7 亚型都是高致病性毒株。HA 对宿主细胞受体的特异性识别决定了流感病毒的宿主特异性,而 HA 上蛋白酶水解位点处碱性氨基酸的多寡决定了病毒的毒力,连续的碱性氨基酸越多,致病性也越高。

流感病毒对机体组织有泛嗜性,但由于不同组织蛋白水解酶的活性差异,导致病毒对组织致病性存在一定的差异,呼吸道、消化道以及禽的生殖道最易受病毒危害且含毒量最高,在这些组织上皮细胞内增殖的病毒释放后随分泌物排出体外,感染其他易感宿主及污染环境。流感病毒可感染鸡胚及多种动物的原代或继代肾细胞,以 9~11 日龄鸡胚的增殖作用最高。

流感病毒对外界环境抵抗力不强,对温热、紫外线、酸、碱、有机溶剂等均敏感,但耐寒冷、低温和干燥。流感病毒在分泌物、排泄物等有机物保护下 4℃可存活 1 个月以上,在羽毛中可存活 18 天,在骨髓中可存活 10 个月。0.1%新洁尔灭、0.5%过氧乙酸、1%氢氧化钠、2%甲醛、阳光照射、60℃加热 10 min、堆积发酵等可将其杀灭。

【流行病学】　A 型流感病毒宿主范围广泛,包括猪、马、禽类、人、貂、海豹、鲸等,一般只侵袭其自然宿主,但某些亚型可同时感染人和猪或禽,造成动物和人之间的相互传播。各种不同年龄、品种、性别的动物均可被感染,以禽、猪、马和人的病情严重。

传染源主要为患病动物,康复或隐性感染动物亦可传播。带毒鸟类和水禽是禽流感重要传染源。这些禽类活动范围广,带毒时间长,且不表现任何症状,通过粪便等途径污染环境,造成该病的流行,在流行病学上具有重要意义。

该病可经直接接触传播,主要通过呼吸道和消化道间接接触传播,带毒动物经咳嗽、喷嚏(禽类尚可通过粪便)等排出病毒,经污染的空气、饲料、饮水及其他物品传播,鼠类、犬、猫及昆虫也可传播该病。

该病一年四季均可发生,但以晚秋和冬、春多见。饲养环境恶劣情况下更易发病和加重病情。该病多突然发生,传播迅速,通常感染率、发病率高而死亡率低,但鸡和火鸡感染高致病力禽流感时,死亡率可高达 100%。

在自然条件下 B 型和 C 型流感病毒仅感染人,一般呈散发或地方性流行,偶尔暴发。人类流感在健康成人多呈良性经过,但在老年人、儿童、慢性病患者及孕妇则可能导致肺炎、支气管炎及肾脏等器官损害,严重者可致死亡。

【致病机理】 流感病毒为泛嗜性病毒,可侵害多个系统组织器官。病毒经呼吸道或消化道黏膜侵入机体,先在局部上皮细胞内增殖并引起轻微的初期症状,如精神沉郁、食欲减退、咳嗽等。随着病毒的增殖和释放,更多的黏膜细胞受到侵害,出现相应的组织病变和临诊症状,同时病毒随淋巴进入血流而侵入全身各组织器官,可引起组织细胞肿胀、变性和坏死,临诊出现高热、咳嗽、流鼻涕、呼吸困难、精神极度沉郁、腹泻、全身肌肉和关节酸痛甚至导致死亡。

【临床症状】 各种动物临诊表现均以呼吸道症状为主,但也有差别,尤以禽流感症状复杂。

1. 猪

自然感染潜伏期 3～4 天,人工感染 1～2 天。突然发病,体温升为 40.5～42.5℃,卧地不起,食欲减退或废绝,阵发痉挛性咳嗽,急速腹式呼吸,因肌肉和关节疼痛而跛行,流鼻涕、眼流泪且有黏性眼屎,粪便干燥,妊娠母猪后期可发生流产。如无继发感染则病程 3～7 天,绝大部分可康复,病死率 1%～4%。继发细菌感染则病情加重、病程延长、病死率升高。个别病猪转为慢性,呈现消化不良、生长缓慢、消瘦及长期咳嗽,病程 1 个月以上,最终多死亡。

2. 禽

自然感染潜伏期 3～5 天,人工感染 1～2 天。HPAI 突然发病,体温升高,食欲废绝,精神极度沉郁;产蛋大幅下降或停止,头颈部水肿,无毛处皮肤和鸡冠肉髯发绀,流泪;呼吸困难,不断吞咽、甩头,口流黏液,叫声沙哑,头颈部上下点动或扭曲颤抖,甚至角弓反张;排黄白、黄绿或绿色稀便;后期两腿瘫痪,俯卧于地。急性病例发病后几小时死亡,病死率可达 100%。

LPAI 的临诊症状的严重程度与感染毒株的毒力、家禽的品种、年龄、性别、饲料管理状况、发病季节、是否并发或继发感染及鸡群健康状况有关。鸡和火鸡可表现为不同程度的呼吸道症状、消化道症状、产蛋量下降或隐性感染等。病程长短不定,单纯感染时死亡率很低,但 H9N2 型在肉鸡有时可导致 20%～30% 的死亡率。

3. 马

潜伏期 2～10 天,平均 3～4 天。根据感染毒株不同,临诊表现不一,H3N8 亚型所致的病情较重,体温升高可达 41.5℃,而 H7N7 亚型所致的病情较温和,有些马呈顿挫型或隐性感染;典型病例表现为体温升高,稽留 1～5 天;病初干咳,后为湿咳,流涕、流泪、结膜充血与肿胀;呼吸频数、脉搏加快,食欲减退、精神沉郁、肌肉震颤、不爱运动。若无继发感染,多为良性经过,病程 1～2 周,很少死亡。

【病理变化】

1. 猪

单纯流感病毒感染缺少特征型病变,很少引起死亡。有些病例可见呼吸道黏膜出血,上覆有大量泡沫样黏液;在肺的心叶、尖叶和中间叶出现气肿或肉样变;颈、纵隔和支气管淋巴结出现水肿和充血;脾轻度肿大。胃肠有卡他性炎症;如继发细菌感染则病变相对复杂。

2. 禽

依流感病毒的毒力不同,病理变化不同。

LPAI 主要表现为呼吸道和生殖道内存在较多的黏液或干酪样物,输卵管和子宫质地柔软易碎。个别病例可见呼吸道和消化道黏膜出血。

HPAI 表现为广泛出血,主要发生在皮下、浆膜下、肌肉及内脏器官。腿部角质鳞片出血,头(鸡冠、肉髯)颈部水肿且出血。腺胃黏膜点状或片状出血,腺胃与食管及肌胃的交界处出现出血带或溃疡。喉头、气管黏膜存在出血点或出血斑,气管腔内存在黏液或干酪样分泌物。卵巢和卵泡充血、出血。输卵管内存在大量黏液或干酪样物。整个肠管特别是小肠黏膜存在出血斑或坏死灶,从浆膜层便可见到大小如蚕豆到大豆大小的枣核样变化。盲肠扁桃体肿胀、出血、坏死。胰腺出血或存在黄色坏死灶。此外,可见肾脏肿大有尿酸盐沉积,法式囊肿大且时有出血,肝脏和脾脏出血时有肿大。

组织学变化是多个器官的坏死和/或炎症,主要发生在脑、心、脾、肺、胰、淋巴结、法式囊、胸腺,常见的变化是淋巴细胞的坏死、凋亡和减少。骨骼肌纤维、肾小管上皮细胞、血管内皮细胞、肾上腺皮质细胞、胰腺腺泡发生坏死。

3. 马

H7N7 亚型主要在下呼吸道,H3N8 亚型则肺感染严重,出现细支气管炎、肺炎和肺水肿。

【诊断】 根据流行病学特点、临床症状、病理变化一般不难对马流感和猪流感作出初步诊断。禽流感则由于临诊症状和病态比较复杂,与其他疾病容易混淆,单靠临诊表现进行诊断比较困难,必须依靠实验室进行确诊。实验室主要的诊断方法如下:

1. 病毒分离与鉴定

在发热期或发病初期用灭菌拭子采集动物的呼吸道分泌物或禽类泄殖腔样本,以及发病动物病变脏器,将病料除菌后接种 9～11 日龄鸡胚尿囊腔、羊膜腔或 MDCK 细胞,35℃培养 2～4 天,取其尿囊液、羊水或细胞培养上清进行 HA 试验,若为阳性,则证明有病毒增殖,再用 HI 试验鉴定病毒型及其亚型。

2. 病原快速检测

可将死亡动物组织制成切片或抹片,用荧光抗体试验检测病毒;也可以用酶标抗体进行免疫组化染色直接检测病料中的病毒。

3. 血清学试验

取发病初期和恢复期动物的双份血清,用 HI 试验检测抗体滴度的变化,当恢复期血清抗体滴度升高 4 倍以上便可确诊。还可用 ELISA、补体结合试验等血清学手段进行检测。

4. 分子生物学诊断

常用 RT-PCR 法进行快速准确而灵敏的诊断,此外,实时定量荧光 PCR、环介等温 PCR 以及核酸探技术针等也用于该病诊断和血清型鉴定。

5. 鉴别诊断

猪流感应与猪肺疫、猪气喘病、猪传染性胸膜肺炎相鉴别,但它们均为细菌性传染病,抗生素治疗有一定效果,病料涂片可见到相应的病原菌,多呈散发或地方流行性,猪肺疫和猪传染性胸膜肺炎病死率较高。禽流感应与鸡新城疫、禽霍乱、传染性喉气管炎、传染性支气管炎、传染性鼻炎和慢性呼吸道病相鉴别。除流行病学特点,典型症状和特征病变外,主要依靠实验室手段进行鉴别,尤其新城疫在症状和病理变化方面与禽流感有很多相似之处,确诊有赖于病毒分离与鉴定或血清学诊断。

【防制】

1.预防措施

加强饲养管理,做好卫生和定期消毒,坚持自繁自养,引进畜禽时,需在严格隔离观察下进行检疫。发生高致病性禽流感应立即封锁疫区,对所有感染和易感禽只一律采取扑杀、焚烧或深埋,封锁区内严格消毒,封锁区外 3～5 km 的易感禽只进行紧急疫苗接种,建立免疫隔离带。经该病最长潜伏期 21 天且无新病例出现,经检疫确认无感染性病原及经终末彻底大消毒后可报请封锁令发布机关解除封锁。

目前,猪和马尚无理想的疫苗。而禽流感的血清型众多,各亚型之间无免疫交叉,同源疫苗有散毒的危险,但目前随着我国疫苗研制水平的不断提高,H9N2 亚型、H5N1 亚型等低致病性和高致病性禽流感疫苗已成为防治禽流感的主要武器,且禽痘活载体疫苗等也在生产上广泛使用。此外,RNA 干扰技术以及多联转基因活载体疫苗、基因疫苗等也有望在今后预防禽流感中发挥其一定的作用。

2.治疗

目前,尚无特效治疗流感的动物专用药物,对于猪、马和低致病力禽流感可以在严格隔离的情况下进行针对性治疗,如应用达菲、病毒唑、干扰素、黄芪多糖等进行对因治疗;应用解热药物及抗生素防治继发细菌感染,投给利尿解毒药物防治肾脏损害和衰竭等。

【公共卫生】

人流感多发生于每年的 11 月至次年 2 月,传播迅速,常呈流行或大流行,发病率高但死亡率低,主要表现为发热、咳嗽、流鼻涕、流泪、浑身酸痛无力、头眩晕等临床症状。儿童及老人有时易继发支气管炎和肺炎使病情加重甚至死亡。个别人可感染高致病力禽流感而发病,并因全身感染与肾脏衰竭而死亡。尽管禽流感病毒还未能真正意义的感染人类,但由于该病毒的频繁变异,以及人-猪-禽的密切接触,对人类健康构成了潜在威胁。预防该病除注意保暖防寒之外,还应及时隔离病人并及时治疗,对高危人群(儿童、老年人、慢性病患者等)实行免疫接种。对病人主要进行对症治疗和防止继发感染。

案例分析

【临诊实例】

山西某村养鸡户有 45 户,共养种鸡和蛋鸡 14.95 万只。2008 年 2 月 9 日开始出现大批鸡死亡,2 月 18 日采取捕杀措施,期间共有 4 万多只鸡发病,发病率达 26.76%,死亡鸡 3.01万只,致死率达 75.25%。根据流行病学调查、临床症状、病理解剖和实验室诊断,确诊为 H5病毒感染的高致病性禽流感。

【诊断】

1. 病因浅析

禽流感是由禽流感病毒引起的一种动物传染病,常发生在禽,有时也发生在低等哺乳类动物。禽流感病毒根据其对鸡致病性的不同分为高致病性和低致病性的,高致病性的为 H5 和 H7 亚型病毒中一些毒株。

2. 流行特点

本次疫情发病急、病程短、传播迅速、死亡率高。

3. 主要症状

部分鸡起初临床症状不明显,突然食欲减退或废绝,体温升高,精神沉郁,采食量骤减,消瘦,很快死亡。病程稍长的鸡,拉黄绿色稀便,呼吸困难,鸡冠、眼睑、肉髯水肿,鸡冠和肉髯边缘出现紫黑色坏死斑点,腿部鳞片有出血斑。产蛋率由 70%～80% 迅速下降到 10%～20%,甚至停产。产蛋品质下降,软壳蛋、薄壳蛋和畸形蛋增多。

4. 剖检病变

病死鸡鼻腔黏膜充血、水肿,内有大量白色黏稠状渗出物,喉头及气管黏膜充血水肿;有的喉头、气管呈红色,出血严重,有的气管内有条状血凝块;肺脏瘀血;腺胃乳头点状出血,腺胃与肌胃的交界处有带状出血;肌胃角质层易剥离,肌层有出血斑;十二指肠呈弥漫性出血;肝脏点状出血并有黄白色条纹;脾脏肿大瘀血;肾脏肿大,瘀血或出血,呈紫黑色;有的胰脏出血、坏死;卵巢萎缩变性,呈暗红色至鲜红色出血,有的卵泡掉入腹腔形成卵黄性腹膜炎;有的肌肉和脂肪有红色点状、条状或片状出血;盲肠和泄殖腔有红色点状或条状出血;有的胸肋膜或剑状软骨有红色条状出血。口腔内有黏液,嗉囊内有酸臭液体。

5. 类症鉴别

与鸡新城疫、禽霍乱、传染性支气管炎、传染性喉气管炎、传染性鼻炎、败血支原体病、产蛋下降综合征等的鉴别,可依靠实验室手段;通过病毒分离与鉴定或血清学方法可鉴别诊断。采集鸡血 21 份,用 H9 抗原做 HI 试验,全部阴性;用 H5 抗原做 HI 试验,结果阳性 8/21。证明此次疫情是感染 H5 禽流感病毒引起的。

【防控措施】

疫情确定后,采取了捕杀、焚烧、深埋、大面积消毒等措施,在疫点周围紧急注射 H5 禽流感疫苗。及时控制了疫情,防止疫情扩散到其他村庄。

此次疫情发生原因是大部分养鸡户对高致病性禽流感的防疫意识重视不够,接种的疫苗质量不合格或者过期,疫苗使用方法不当,导致免疫失败而发生疫情。此外鸡舍过于集中,鸡群高度集中,一旦发生疫情极易扩散,很难控制。经流行病学、临床症状、病理解剖和 HI 试验,证实这次疫情是由禽流感 H5 病毒感染引起的。

思考题

1. 如何区别 HPAI 和 LPAI?

2. 发生 HPAI 时应如何紧急处理?

3. 猪流感的临诊症状和流行病学特点有哪些?猪在人流感与禽流感的发生上发挥什么作用?

第六节 轮状病毒病

轮状病毒病是由轮状病毒感染（rotavirus infection）引发的多种幼龄动物和婴幼儿的一种急性肠道传染病。以呕吐、腹泻、食欲减退和体重下降为主要临床特征。轮状病毒在全世界范围内分布广泛，是病毒性腹泻的重要抗原之一，对人类的公共卫生造成威胁，给动物养殖业带来了重大的经济损失。

【病原】 轮状病毒属于呼肠孤病毒科，轮状病毒属，其基因组包含 11 段双链独立的 RNA 片段，其中第 9 第 11 基因编码两种蛋白质，其他基因各编码一种蛋白质。病毒直径 76.5 nm，无包膜。RNA 外面包裹三层二十面体的蛋白质壳体。

轮状病毒分 A、B、C、D、E、F、G 7 种。其中 A 型较为常见。在对 A 型轮状病毒分类中采取了双重分类系统，根据病毒表面不同结构蛋白将病毒分为 P 和 G 两个基因型。

轮状病毒在细胞上较难繁殖，不易产生细胞病变。某些猪和牛的轮状病毒毒株可以在恒河猴肾脏传代细胞中增殖并产生噬斑。轮状病毒理化抵抗能力较强，室温下存活时间可达 7 个月。在 pH 3~9 环境中稳定存在，能耐受超声震荡和脂溶剂。60℃下 30 min 可灭活。牛轮状病毒在 1% 福尔马林和 37℃ 下 3 天可灭活。70% 酒精、1% 次氯酸钠和 0.01% 碘也可使病毒失去感染能力。

【流行病学】 轮状病毒主要的传染源是病畜、病人和隐性感染的动物。该病毒主要存在于肠道内部，经粪便排出体外，污染饮水、饲料和土壤等。经消化道传播，病愈动物排毒期可持续 3 周。各年龄的人和动物都可感染，感染率可达 90%~100%，但经常呈隐性经过，新生儿和幼龄动物多发，发病后可感染成年动物。该病发病多在晚秋、冬季和早春。潮湿寒冷的环境、较差的卫生条件以及一些应激因素等对该病的病死率有较大影响。

【致病机制】 轮状病毒主要在小肠绒毛的柱状上皮细胞内复制，阻碍细胞吸收转运 Na^+，造成电解质和水分在肠内大量积聚，引起吸收障碍性腹泻。同时绒毛上皮细胞的病变影响肠道内多种糖类的吸收和降解，使食物中糖类不被完全消化而被细菌分解成小分子短链有机酸，导致肠内液体渗透压增高，引起渗透性腹泻。

【临床症状】

1. 猪

该病呈地方流行，多发于 8 周龄以内的仔猪，潜伏期 12~24 h。发病仔猪精神萎靡，食欲减退，常见呕吐，腹泻，粪便呈黄白或暗黑色水样或糊状。随腹泻出现脱水症状，严重脱水常见于腹泻开始后 3~7 天，体重下降可达 30%。伴随脱水出现血液酸碱平衡紊乱。仔猪发病的日龄以及所处环境对发病程度影响较大，尤其是继发大肠杆菌病会导致临床症状加重和病死率上升。仔猪如无母源抗体保护，病死率可达 100%；如存在母源抗体保护，1 周龄仔猪则不易发病，10~21 日龄仔猪腹泻 1~2 天即可痊愈，病死率较低。断奶仔猪病死率一般为 10%~30%。

2. 牛

多发于 1 周龄以内的新生犊牛，潜伏期 15~96 h，发病犊牛精神委顿，体温略有升高，食欲减退，腹泻，粪便呈黄白色，液体状，有时带有黏液和血液，病程长的患畜脱水明显，严重者可以死亡,病死率可达 50%。病程 1～8 天,病畜用葡萄糖盐水代替乳饮后可痊愈。在恶劣寒冷天气中,犊牛可在腹泻后暴发严重的肺炎而死亡。

3. 犬

多发于幼犬,发病犬腹泻呈水样便或黏液样便,可持续 8～10 天,食欲体温无明显变化,成年犬一般隐性经过。

4. 其他动物

该病也见于一些其他动物,如驹、羔和鸡等,潜伏期短,主要症状为腹泻、精神萎靡、食欲下降和脱水等。一般 4～8 天痊愈,但也出现小动物死亡。

【病理变化】　轮状病毒感染的主要在消化道出现病变。幼龄动物感染后胃壁弛缓,胃内充满乳汁和凝集的乳块。小肠内容物为灰黑色或灰黄色液体,小肠壁变薄,呈半透明状,肠系膜淋巴结肿大。小肠绒毛萎缩变短,绒毛上皮细胞被立方形细胞取代,绒毛固有层出现淋巴细胞浸润。

【诊断】　首先根据其寒冷季节发病、发病动物多为幼龄动物、突发水样腹泻和病变集中于消化道这些特点进行初步诊断。

1. 病原体检测

病原检测主要包括电镜技术和病毒分离培养技术。电镜技术快捷简便,尤其免疫电镜技术可检测特异性抗体标记抗原,具有较高的特异性和灵敏度。病毒分离培养技术的灵敏度及阳性率均较低,并且操作难度较高,在临床诊断中应用价值有限。

2. 免疫学检测

以前有酶免疫测定、放射免疫测定、乳胶凝集试验、免疫金染色法等技术,现在随着抗体制备技术以及固相载体技术的发展,一些新的免疫技术的出现,如定量乳胶凝集试验和时间分辨免疫荧光测定等,提高了免疫学方法检测轮状病毒的特异性和灵敏度。

3. 基因检测

基因检测包括 PCR 技术、RNA 聚丙烯酰胺凝胶(PAGE)技术、和基因芯片技术。PAGE的特异性强、灵敏度较高,但操作复杂,耗时长,不适用于常规临床检测。PCR 技术灵敏度高、特异性强并且成本低、操作简单、耗时短,应用较为广泛。基因芯片技术将核酸杂交技术的高选择性与 PCR 技术的高敏感性相结合,能够更有效地检测病原。

【防制】

目前还没有针对轮状病毒的特效药物,疫苗接种是从根本上控制轮状病毒传播和流行的有效手段。1984 年 Vesikari 制备出针对儿童的首个口服轮状病毒活疫苗。但后来因该疫苗的免疫保护效果有限,现已停止进一步研究。之后美国国立卫生研究院 Kapikian 等研制的MMV18006 疫苗株及美国费城 Wister 研究所和法国 Meneux 研究所联合研制的 WC3 疫苗株,在不同国家和地区免疫保护效果差异较大,也都先后终止研究。1998 年美国正式批准了一种由人-恒河猴轮状病毒重配的四价疫苗(Rota shield)上市,虽然该疫苗保护率较高,但因发现它能增加部分儿童出现肠套叠的概率,该疫苗上市一年后被停用。

目前比利时 GlaxoSmithKline 公司研制的人源轮状病毒单价疫苗(Rotarix)和美国 Merck公司研制的人-牛轮状病毒重配活疫苗(Rotateq)已通过Ⅲ期临床试验,并证明不会增加儿童肠套叠发生的概率,对重症腹泻的保护率可达 80%以上。在国内,兰州生物制品研究所成功研制 LLR 轮状病毒疫苗并于 2000 年获得中国药品监督管理局正式批准。该疫苗安全性良好,小范围应用保护率达 70%。

【公共卫生】

婴幼儿轮状病毒感染在发达国家和发展中国家都较为广泛。但由于发展中国家医疗卫生水平相对落后,故其轮状病毒腹泻的发生率和死亡率均高于发达国家。每年全世界有超过 60 万人死于轮状病毒感染。轮状病毒感染已成为重要的公共卫生问题,给社会造成了沉重的经济负担。目前疫苗接种是唯一可控制轮状病毒感染的有效措施。孕妇接种轮状病毒疫苗后,能通过乳汁让新生儿获得抵抗轮状病毒感染的能力。

思考题

1. 轮状病毒的流行病学特征有哪些?

2. 猪轮状病毒与其他腹泻病毒的类症鉴别应注意哪些方面?

案例分析

【临诊实例】

2007 年 10 月某猪场存栏 150 头,有 35 头仔猪和 5 头青年猪出现厌食,时有呕吐,吐出的是凝固的白色猪乳。其后,排出水样或糊状粪便,色黄白或暗黑,腥臭,含有絮状物,腹泻持续 3～5 天。由于水样腹泻,在腹泻发生后 2～5 天内有 3 只仔猪死亡。根据流行病学调查、临床症状、病理解剖和实验室诊断,确诊为猪轮状病毒病感染。

【诊断】

1. 流行特点

本次发病多为 8 周龄以内的仔猪,主要是由于大多数成年猪都感染过而获得了免疫,本次发病传播迅速,发生在 10 月气温变化较大的季节。

2. 病因浅析

轮状病毒属于呼肠孤病毒科,轮状病毒属,轮状病毒总共有 7 种血清型,轮状病毒主要的传染源是病畜、病人和隐性感染的动物。该病毒主要存在于肠道内部,经粪便排出体外,污染饮水、饲料和土壤等。经消化道传播,病愈动物排毒期可持续 3 周。各年龄的人和动物都可感染轮状病毒,感染率可达 90%～100%,但经常呈隐性经过,新生儿和幼龄动物多发,发病后可感染成年动物。

3. 主要症状

仔猪发生厌食、腹泻,腹泻初期多为淡棕色水样粪便,随后为黄色凝乳样物,日龄稍大的猪出现精神迟钝继而出现下痢,粪色暗黑或黄白色,腥臭。病猪消瘦、脱水。

4. 剖检病变

剖检病、死仔猪发现胃内充满凝乳块和乳汁。大、小肠黏膜呈条状或弥漫性充血,肠壁黏膜脱落,肠壁变薄,小肠壁薄而透明,内有大量液体,小肠绒毛萎缩变短。结肠和盲肠常被灰黄色或暗色的液体所扩充。

5.类症鉴别

根据流行病学分析、临床症状、病理解剖和病原诊断可以判断为轮状病毒感染。

猪轮状病毒病与猪传染性胃肠炎、猪流行性腹泻、仔猪黄白痢在临床表现上相似,需进行鉴别。

(1)猪传染性胃肠炎　猪传染性胃肠炎表现在哺乳后突然出现呕吐,随后发生水样腹泻,部分猪排乳白色、黄绿色含未消化凝乳块样的痢疾,后期脱水时粪稍黏稠,剖检可见胃底出血。而猪轮状病毒感染粪便为暗黑或黄白色,腥臭。剖检变化主要是胃内充满凝乳块和乳汁,无出血现象;大、小肠黏膜呈条状或弥漫性充血,肠壁黏膜易脱落,肠壁变薄而透明,小肠绒毛萎缩,内有多量液体,结肠和盲肠常被灰黄色或暗色的液体扩充。

(2)猪流行性腹泻　猪流行性腹泻亦发生于寒冷季节,大小猪也同样发病,剖检从胃到直肠以卡他性炎症为主。而猪轮状病毒感染主要发生在哺乳期的仔猪,病死率不会超过10%。病变主要集中在大小肠,呈弥漫性充血。

(3)仔猪黄、红痢　仔猪黄、红痢发生也无明显的季节性,多发于2～4月龄猪。急性型表现为开始便秘,接着排恶臭血痢,在耳朵、下腹部及四肢皮肤呈暗红色或青紫色;慢性型表现为顽固性下痢,排灰白、淡黄或暗绿色粪便,在皮肤上常有湿疹。而猪轮状病毒感染在发病日龄有明显的不同,且皮肤无瘀血变化。

6.实验室诊断

(1)镜检　无菌取病死猪小肠组织,在普通显微镜下,可以见到小肠绒毛萎缩。

(2)免疫荧光技术　无菌采集发病早期的小肠,刮取小肠绒毛做压抹片,丙酮固定后用猪轮状病毒荧光抗体染色,在绒毛上皮细胞的胞浆内见到特异的荧光。

【防控措施】

1.防病要点

由于在猪场的环境中普遍存在猪轮状病毒,所以消灭猪轮状病毒感染十分困难。该猪场发生该病后采取如下措施:

(1)清洁管理、管好粪便,及时铲除地面上的粪便,减少幼龄猪和大猪的接触,将不同年龄的猪分开饲养。

(2)猪舍注意保温,减少贼风,保持环境清洁,加强光照和消毒,加强饲养管理。

(3)对怀孕母猪在产前15天和产后7天对母猪进行2次免疫,其所产仔猪可以通过母乳获得较好的被动免疫。

(4)使用猪传染性胃肠炎与猪轮状病毒二联活疫苗。

(5)轮状病毒与大肠杆菌混合感染的比率较高,混合感染后病死率增加,应用抗生素控制细菌引起的继发感染。

2.小结

根据猪场饲养员介绍得知该猪场有40多头猪出现厌食、呕吐以及腹泻现象,尤以仔猪多发。腹泻初期为多量淡棕色水样粪便,随后为黄色凝乳样物。在腹泻发生后2～5天内有3只仔猪死亡。日龄稍大的猪出现精神迟钝继而出现下痢,粪色暗黑或黄白色,腥臭。猪轮状病毒病、猪流行性腹泻、猪传染性胃肠炎和仔猪黄、红痢都有类似的症状。

猪传染性胃肠炎出现水样腹泻,胃底出血,剖检病死仔猪发现病变主要在消化道,胃内充满凝乳块和乳汁,无出血现象,排除猪传染性胃肠炎。流行性腹泻不同阶段的猪都会发生,不集中在仔猪上,与该病案实际情况不符。仔猪黄、红痢在耳朵、下腹部及四肢皮肤呈暗红色或青紫色,猪轮状病毒病没有这些特征,可以排除该病案患上述疾病,剖检还发现大、小肠黏膜呈条状或弥漫性充血,肠绒毛缩短脱落,肠壁变薄半透明,内容物为灰黄色或灰黑色。结肠和盲肠常被灰黄色或暗色的液体所扩充。这些特征与猪轮状病毒病 i 表现基本一致。

采集病死猪小肠样本,刮取小肠绒毛做压抹片,固定后用猪轮状病毒荧光抗体染色,并在绒毛上皮细胞的胞浆内见到特异的荧光证明为猪轮状病毒。

第七节　传染性海绵状脑病

牛海绵状脑疾病(bovine spongiform encephalopathy,BSE),又叫疯牛病,主要侵害成年牛中枢神经系统。以潜伏期长、中枢神经系统退化、病情逐渐加重并最终死亡为特征,是一种慢性、食源性、传染性、致死性的人兽共患病。

该病首次发生于英国(1985 年),1986 年被定名为 BSE。到 1997 年,英国已查出168 578头牛感染此病。以后在欧洲、美洲、亚洲均发现该病,日本和韩国已相继报道有确诊病例。此病迄今尚无法治疗,又可传染给人,引起一种病死率极高的中枢神经退化病(新型克-雅氏病),即"人类疯牛病"。

【病原】　病原为与痒病病毒相类似的一种朊病毒(prion),它是一种小的蛋白质性传染性颗粒,可引起缓慢发展的传染性海绵状脑病(transmissible spongiform encephalopathy,TSE)。动物的朊病毒病包括痒病、牛海绵状脑病(bovine spongiform encephalopathy,BSE)、黑尾鹿和大角鹿的消瘦病(wasting disease of deer/elk)、水貂传染性脑病(transmissible mink encephalopathy)、猫海绵状脑病(FSE)等;人的朊病毒病包括库鲁(Kuru)、克-雅病(Creutsfeldt-Jakob disease,CJD)、格施沙综合征(Gerstmann-Sträussler-Scheinker sydrome,GSS)、致死性家族性失眠症(FFI)等。

正常宿主细胞朊病毒蛋白称为 PrP^c(cellular prion protein),对蛋白酶敏感。能引起痒病的朊病毒蛋白能抵抗蛋白酶,称为 PrP^{sc},新近一种假说提出朊病毒包含两种成分:一种是 PrP^{sc},称为"分离朊病毒"(apoprion),能引起痒病;另一种是核酸,称为"协同朊病毒"(coprion),能调节传染作用并构成不同毒株的朊病毒引起不同临诊综合征的基础。这种核酸可连接于 PrP^{sc} 上,也存在于正常宿主细胞中。当 PrP^{sc} 进入细胞,可激活某种细胞核酸,使之起"协同朊病毒"的作用,由于 PrP^{sc} 的存在刺激协同朊病毒通过正常细胞聚合酶而复制。

朊病毒其病原体非常微小,可以通过各种型号的细菌滤器,表明它是类似病毒或小于病毒的病原体。由于感染后潜伏期长,病原异常稳定且不受免疫反应影响,故称这类病毒为"非常规的慢病毒"。

病原对福尔马林、离子辐射及紫外线照射不敏感,对温度耐受性强,能耐热 121℃ 30 min以上,动物炼油工艺也不能将其全部杀死,需要在高压湿热灭菌 134℃ 以上才能被灭活,对强酸、强碱也有很强的抵抗力,在 pH 2.1～10.5 条件下,使用 2%～5% 的次氯酸钠或 90% 的石炭酸经 24 h 以上处理方可灭活。

【流行病学】　自然发生的痒病病例,已经官方证实发生于英国、欧洲、冰岛、印度、肯尼亚、哥伦比亚、加拿大、美国、澳大利亚、新西兰与南非。无论自然感染还是人工感染其宿主范围广,除人外,易感动物包括牛、羊、小鼠、猴、鹿、羚羊、水貂、猫、犬、猪、鸡等。

发病年龄为 3～11 岁,但多见于 3～5 岁的成年牛,其中以 4 岁牛发病最多。2 岁以下和 10 岁以上的牛很少发生。奶牛群的发病率明显高于肉牛群。患病和带毒的牛、羊及其产品为传染源;其传播方式主要有 3 种,即垂直传播、水平传播和异源性传播。

BSE 具有流行性或地方性散发,发病与气温、季节、牛的性别、泌乳期和妊娠期等因素无关。也有报道,BSE 的传播与农场干草中的螨虫有关。

【致病机制】　BSE 病原因子主要分布在中枢神经系统,脾、淋巴结、肌肉和血液中较少,粪便和尿液几乎无感染;但脑及脊髓中的病原很难在自然状态下传染健康牛,只有当一定数量这些危险感染组织,被人们当作饲料来喂养健康牛羊时,才能感染 BSE。致病因子通过血液和组织液进入到神经组织,最后进入到大脑造成多种病变。

PrP 的致病性特征主要有:

(1)感染后潜伏期长达数月至数年。

(2)宿主没有免疫应答,不破坏宿主 B 细胞和 T 细胞的免疫功能。

(3)没有发现炎症反应。

(4)慢性进行性病理变化有淀粉样斑块,神经胶质增生。

(5)疾病不会康复或减轻,最终归于死亡。

(6)细胞不产生细胞病变,感染细胞内未发现包涵体。

(7)对干扰素不敏感,不诱导细胞产生干扰素。

(8)没有发现传染性核酸,不含非宿主蛋白。

(9)免疫抑制剂、免疫增强剂等不能改变潜伏期和病程。

【临床症状】

1. 牛 BSE

不同病例潜伏期差别很大,为 2～8 年不等,甚至更长,是一种牛的慢性神经性疾病。病程一般为 14～180 天,其临诊症状不尽相同,主要侵害中枢神经系统,出现神经症状,典型的临床症状包括:

(1)行为异常:惊恐烦躁不安,神经质,有攻击性;

(2)姿势和运动异常:四肢伸展过度,后肢运动失调,震颤麻痹;

(3)感觉异常:对外界的声音和触摸过敏,擦痒。因极度衰竭、麻痹、卧地不起,最后以极度消瘦而死亡。

2. 羊痒病

该病是绵羊和山羊的一种慢性传染性疾病。致使中枢神经系统发生变性,也具有典型的海绵样脑病病理特征。其特点是潜伏期长(1～3 年),发展缓慢、病羊表现顽固性皮肤发痒(搔痒)、抓损皮肤、兴奋与恐惧、步态不稳、震颤,最后衰弱,麻痹死亡。

3. 人的海绵样脑病

这是一种中枢神经慢性感染性疾病。由于在 1920 年由 creutzfeldt 和在 1921 年由 Jakcb 首先详细描述了该病,故称为 Creutzfeldt-Jakob disease（CJD）。该病临床症状表现为进行性痴呆为主,并伴有肌肉阵挛,广泛的大脑机能障碍,瘫痪等症状。该病可传给猩猩,一些种类的猴和猫。有报告称,将 CJD 病人的脑材料能成功地传给豚鼠和小鼠。

病人的病理学特征为大脑和小脑皮质神经细胞脱失、脑浆空泡化,呈海绵状,病变范围广泛,可以累及到大脑皮质,纹状体及脊髓,故又称为皮质-纹状体-脊髓变性。

【病理变化】

1.牛 BSE

(1)肉眼观察 患病牛无明显变化,也无生物学和血液学异常变化。病理组织学变化主要局限在中枢神经系统,其病变特征主要有:脑灰质呈空泡变性、神经元消失和原胶质细胞肥大,脑组织呈海绵样外观。无任何炎症反应。

(2)电镜下观察 牛脑干区有胶原纤维,且有康蛋白酶聚集,二者的含量均与其空泡化程度有关;前庭核复合体的神经元减少了一半。

2.羊痒病

羊痒病是传染性海绵状脑病的原模型,该病是一种发展缓慢的致死性中枢神经系统变性疾病,能够引发绵羊和山羊中枢神经系统退化变性。病羊中枢神经系统变性,星状胶质细胞增生、灰质海绵状病变、神经元空泡化,最后丧失。由于神经系统功能的损害日益加重,病羊临床主要表现为共济失调、麻痹、痉挛、衰弱,运动和反射能力也受到破坏,而严重的皮肤瘙痒是该病的主要特征,因此人们称之为羊痒病,其病程很长,病畜最终100%死亡。

【诊断】 由于该病剖检肉眼变化不甚明显,不产生免疫应答反应,具有显著的非炎症性病理变化,难以建立血清学的诊断方法。因此该病的诊断主要依据流行病学、临床症状进行初步诊断,确诊需要借助实验室诊断方法。

1.病理学方法

组织病理学检查是"黄金标准",其特征是脑组织广泛海绵状空泡(尤其是脊索孤束核和三叉神经脊束核空泡变性)、淀粉样蛋白沉淀及神经退行性改变;发病后期及死后诊断可以采用病理解剖、组织学检查及动物传染试验进行诊断,用任何新方法做出的阳性结果均需用此方法作以最终判定。

2.电子显微镜检查

对 BSE 感染的脑超薄切片进行电子显微镜观察,BSE 病牛脑组织电镜超薄切片以及脑组织抽提物的负染电镜观察,可以发现病毒颗粒有一螺旋状的原纤维核,该核也是痒病相关原纤维(SAF)。在牛脑干区有胶原纤维,且有抗蛋白酶蛋白聚集,二者含量均与其空泡化程度有关;而中脑灰质的海绵样变化是由神经元突起来的膜囊空泡形成的,囊泡内含有卷曲的膜碎片,次级空腔囊泡,轴突和树突内聚集着螺旋状的纤维细丝(即 SAF),一些亚细胞结构陷入其中;某些树突内聚集着电子致密林、电子透明槽、分枝管形物和膜神经元包含物,这些包含物是疯牛病的特征,从而作为确诊 BSE 疾病的一种方法。但这种检查一般是在疾病发展的后期进行,难以实现 BSE 的活体检测。

3.生物学试验

通过接种易感动物,取即将死亡时的脑组织作病理学检查,以确定朊病毒感染。该方法的优点是比较敏感,能够研究朊病毒生物学特性。缺点是费时、费力,滴定误差大,需消耗大量动物,且费用昂贵。

4.免疫印迹检测法

根据朊病毒病理论假设,病原是宿主基因编码的一种蛋白质(PrP^c)的异构体(PrP^{sc})。这种异常的蛋白质沉积在脑组织中,就会引起人和动物发病。由于在 BSE 或其他传染性脑病中检测不到免疫反应,因而无法使用血清学试验。但 PrP^{sc}具有部分抵抗蛋白酶 K 消化的能力,而 PrP^{c}却可被 PK 完全消化。Western blot 法就是利用 PrP^{sc}的这一特性对其进行检测的。Western blot 试验是目前国际上用于确诊疯牛病的方法之一。

5.免疫组化检测法

利用标记的特异性抗体来显示组织切片朊病毒抗原上,该方法检测灵敏度、特异性都很高,已成为传染性海绵状脑病的标准检测法。

6.酶联免疫吸附试验

检测朊病毒的 ELISA 方法可分为间接酶联免疫测定法、双抗体夹心法和酶标抗原竞争法,这些方法具有灵敏度高、特异和重复性都很好,且无放射污染,可定量测定和自动化等优点,非常适合大批量 BSE 标本的普查筛选工作。

7.仪器检测法-双色强荧光目标扫描法

双色强荧光目标扫描法是运用共聚焦双色荧光相关分光镜技术检测微量的朊病毒。根据异常的朊病毒蛋白在适当条件下自我复制和自发聚集的特点,分别用绿色荧光标记重组的 PrP 和标有红色荧光的特异性抗体进行反应,其结果中同时显示红、绿两种荧光的颗粒。即可被仪器检测为具有侵染性的朊病毒蛋白。该方法特异性很好、灵敏度极高,可检测到 2 pmoL 的 Pr。

8.荧光 RT-PCR 检测方法

日本研究应用荧光 RT-PCR 技术对牛肉中的疯牛病特殊风险物质进行检测,德国科学家开发成功了一种检测肉类食品的新方法,可以准确区分出肉制品不同的动物来源,进而查出其中是否含有牛、羊等反刍动物的脑或脊髓组织。

9.压电生物芯片检测系统

本系统采用压电片、分别固定在压电片上下两面的微型电极阵列和共用电极、疯牛病朊蛋白抗体阵列,来构成疯牛病病原检测压电生物芯片,疯牛病朊蛋白抗体通过吸附键合交联包埋或自组装方法,一一对应地固定在微型电极阵列的各电极上,当抗体与对应朊蛋白进行免疫化学反应时,通过测量谐振频率可实时检测相应各种朊蛋白的信息,对其进行定性和定量分析适用于疯牛病病原的早期、高效和快速诊断。

【防制】

机体对 BSE 的感染不产生保护性的免疫应答反应。所以免疫接种不是预防 BSE 的理想方法。我国至今尚未发现 BSE,但传入我国的危险因素仍然存在,应保持高度警惕。目前国际、国内采用的预防控制措施有:

1.欧盟和其他国家采取的预防控制措施

(1)禁运疫区牛肉产品 对来自 BSE 疫区的国家和地区的活牛、牛胚胎、精液、牛奶制品、副产品等实行全面禁运,必要时禁令可延伸到所有哺乳动物、鸟类及宠物等。

(2)建立疫情报告制度 牧场主和兽医一旦发现疑似 BSE 病必须及时向政府主管兽医部门报告,以便采取检测诊断等应急措施。

(3)屠宰与消毒防疫 全部屠宰已感染 BSE 的牛及其他动物,并作安全销毁处理。

(4)禁止食用和利用,防止循环污染 为防止带 BSE 病的动物组织进入动物或人的食物链,规定人和动物禁止食 6 月龄以上可能带有传染媒介的动物饲料、脑、脊髓、脾、肠管、腰肌、胸腔、内脏等软组织。禁止采用牛胸腺、扁桃腺、淋巴腺等副产品作为生物制品原料。禁止使用牛、羊等动物的肉和骨等副产品作反刍动物的饲料添加剂。

(5)严格执行饲料加工工艺规定　保证生产加工肉骨粉的条件必须以彻底灭活 BSE 病原体的温度为加工工艺标准。

2. 我国对 BSE 病的预防控制措施

到目前,我国尚未发现疯牛病,随着国际贸易的扩展,BSE 传入的可能性增大,为预防 BSE 病传入我国,应加强进口检疫,严防 BSE 病牛及其产品进入我国。农业部制定禁止使用同种动物原性蛋白饲料喂养同种动物的规定,禁止经营和使用欧盟成员国家生产的动物性饲料产品以及有 BSE 病国家的反刍动物饲料或有痒病国家的羊肉骨粉。禁止个人和非主管企业对 BSE 病进行研究(包括病原、用病原或病料做动物实验等)以及对引进相关生物性研究材料等都作了明确的规定。

(1)禁止从疫区进口动物饲料　即禁止从欧盟国家进口动物性饲料产品。

(2)加强对 BSE 的监测　指定农业部动物检疫所为全国 BSE 检测中心,规定全国各地必须对本地所有进口牛(包括胚胎)及其后代喂过进口反刍动物性饲料的牛进行全面的追踪调查,并把调查结果报国家兽医局。

(3)建立完善的健康记录档案　有关单位对进口牛(包括胚胎)和后代均应建立完善的健康记录档案以备查。发现牛出现类似 BSE 症状且经鉴别排除其他疾病时,应立即上报监测部门予以确诊。

【公共卫生】

疯牛病的发生给许多国家在贸易上带来了摩擦,许多疯牛病发生的国家从本国的利益出发,要求其他国家进口他们的活牛和牛产品或含有牛、羊源性物质的产品。同时,世界把疯牛病作为一种危害极大的人兽共患病,在公共卫生上有重要的意义。

目前对于该病以预防为主,针对该病传播的不同环节应采取不同的预防措施,对人血液和血液制品应实行严格的统一管理,限制或禁止在疫区居住过一定时间的人献血;预防医源性感染,对危险组织及其邻近组织进行医疗处理后,所用的医疗器械必须进行特殊处理;从个人防护的角度来说,绝不食用或应用来源不明的牛肉及牛源性制品。

⊘ 思考题

1. 牛 BSE 的特征性病变包括哪些?

2. 我国应怎样防控 BSE?

3. 牛 BSE 的诊断方法有哪些?

第八节　裂谷热

裂谷热(rift valley fever,RVF)又名里夫特山谷热或动物性肝炎,是由裂谷热病毒(*Rift valley fever virus*,RVFV)引起的一种主要通过蚊子传播的急性、热性传染病。主要流行于非洲大陆和阿拉伯半岛地区,危害绵羊、山羊、牛、骆驼、人等,幼龄动物病死率较高。

【病原】　裂谷热病毒属于布尼亚病毒科(*Bunyaviridae*)、白蛉热病毒属(*Phlebovirus*)

成员。

裂谷热病毒是一种单股负链分节段 RNA 病毒。病毒颗粒呈圆球形,直径为 90～110 nm。病毒有囊膜,表面有糖蛋白突起。RVFV 能凝集多种红细胞,目前仅有一个血清型。根据核苷酸序列的差异,该病毒被可分为北非(North Africa)、西非(West Africa)、东中非(East/Central Africa) 3 个群。

实验动物中,以小鼠和地鼠最为敏感,任何途径均能感染。也可用病毒鸡胚增殖病毒。病毒在 Vero 细胞、BHK21 细胞以及一些蚊虫细胞系培养均生长良好,可用来分离病毒。病毒在宿主细胞核和细胞浆中能产生包涵体。

该病毒对乙醚等脂溶剂、酸等敏感,56℃ 40 min 或在 0.1% 的福尔马林中可将病毒灭活。病毒在室温下可存活 7 天,−20℃ 可存活 8 个月;血清中的病毒在 −4℃ 可存活 3 年。

【流行病学】 人和绵羊、山羊、牛、骆驼、马、猴、非洲鸡貂、田鼠、羚羊、野生啮齿动物等对该病均易感。该病主要传染源是小绵羊、小山羊和小牛。目前尚无人传染人的证据。感染 RVFV 可获得终生免疫。

该病主要通过伊蚊、库蚊和缓足蚊叮咬传播,具有严格的季节性,一般流行于 6 月初至 12 月。该病多发于农村、牧区,尚无城市发生该病的报道。该病呈地方性流行或暴发流行,常在暴雨之后发生。

【致病机制】 RVFV 进入机体后首先在原发感染灶的邻近组织增殖,然后入侵血液产生病毒血症。RVFV 非结构蛋白 NSs 蛋白是一个重要的毒力因子,它能干扰宿主的转录和抑制 β 干扰素(IFN-β)的生成,从而逃避宿主的抗病毒反应,限制了宿主早期阶段的自然免疫,并增加了发病的可能性。NSs 蛋白的多聚体磷酸化导致染色体内聚和偏析缺陷,使得 RVFV 感染动物导致流产和胎儿畸形。

【临床症状】 不同动物共同临床特征是高热、流产和黄疸。绵羊羔、山羊羔和小牛对该病最易感,常呈急性经过。羔羊感染后表现为精神沉郁、厌食、血尿、脉搏增数,伴随高热、呼吸困难、肌肉震颤,多在发热后 36～40 h 死亡。成年牛羊多呈隐性感染,怀孕母畜可见高热、黄疸、废食、流鼻涕(常为脓性)、呼吸困难、血尿、腹泻、全身衰弱,流产等。羔羊致死率 90%,成羊致死率 25%,怀孕母羊 100% 流产。

【病理变化】 各种动物共同的病理变化是肝坏死。羔羊肝脏肿胀、充血、表面呈点状或弥散性坏死,形成单个直径 1 mm 左右的点状坏死灶;成年羊发生局灶性肝坏死;流产胎儿肝脏呈黄褐色。皮肤大范围出血,腹壁及内脏浆膜出现瘀斑,淋巴结肿大、出血、坏死,脾脏肿大,肺水肿和气肿,肾脏、胆囊充血并伴有皮质出血,肠道出血,犊牛多出现黄疸。

【诊断】

1.临床综合诊断

临床诊断主要依据临床症状和流行病学资料,如暴雨、高密度的蚊群、牛羊的大量流产。肝脏的组织病理检查显示弥漫性坏死性肝炎,具有很好的诊断参考价值。但确诊须作病毒分离和血清学试验。

2.病毒分离与鉴定

病毒分离可取血液、肝脏、流产胎儿或急性期病畜粪便等材,接种于小鼠、地鼠、鸡胚卵黄囊中,或用 Vero 细胞培养分离病毒,分离到的病毒用标准阳性血清做中和试验进行鉴定,或利用 RT-PCR 进行病毒 RNA 检测。

3.血清学诊断

间接 ELISA(I-ELISA)方法已经被 OIE 采用,成为检测 RVFV 的标准方法之一,它是以牛肾细胞(MDBK)培养的病毒作为抗原进行检测 RVFV,适用于大批样本的检测。其他血清学试验例如血凝抑制试验、补体结合试验和中和试验可用来检测病畜双份血清的抗体。双份血清的间隔时间应超过 12 天。中和试验需要活病毒,适用于裂谷热疫区。

【防制】

在该病疫区,防制该病的主要措施是防蚊灭蚊;限制或者禁止牲畜移动,已感染或死亡的动物进行扑杀和销毁处理,病畜的肉、内脏不可食用,应予焚烧或深埋,病畜污染的场所要彻底消毒;对小羊、小牛和母畜接种疫苗;职业人群应加强个人防护。非疫区内,对进口的羊、牛等家畜应严格检疫,加强监测。

【公共卫生】

人感染该病多是经皮肤黏膜伤口直接接触具有传染性的血液、奶和肉类而引起感染,或由呼吸道吸入微生物气溶胶而感染,因此,牧民、农民、屠宰工人和兽医等职业群体感染的风险较高。另外还可通过蚊虫叮咬感染。大多数人的病例病情相对较轻,少数患者症状较严重,会表现为眼部疾病、脑膜炎或出血热。潜伏期 1 周以内,常突然发病,眼部反应者常表现畏光、眼眶后疼痛、浆液性视网膜炎、视网膜出血等症状,可引起视力障碍。病程一般 4～10 天,但完全康复常需数周,视力障碍可持续数月甚至数年。脑膜炎者表现为发热、剧烈头痛、肌病、背痛、关节痛,神经受损常见,病情很严重,但死亡率不高。出血热者表现为黄疸、恶心、腹痛、腹泻、鼻出血及肝区不适等症状,病死率较低,小于 1%。该病目前尚无特效疗法,一般仅作对症治疗和支持疗法。可用利巴韦林抗病毒治疗。

❓ 思考题

1.裂谷热的临床诊断要点有哪些?

2.裂谷热主要的传播途径是什么?

细菌性人兽共患病

第九节　大肠杆菌病

直到 20 世纪中叶,人们才认识到猪大肠杆菌病(colibacillosis)是由致病性大肠杆菌引起的一种传染病。大肠杆菌是一种条件性病原微生物,当机体抵抗力下降,特别是应激情况下,细菌的致病性即可表现出来,一些特殊血清型的大肠杆菌对人和动物有病原性,尤其对婴儿和幼畜(禽),常引起严重腹泻和败血症。

【病原】　致病性大肠杆菌为兼性厌氧 G⁻ 菌,形态为中等大小杆菌,无芽孢,有鞭毛。已确定的 O 抗原有 173 种,K 抗原有 103 种,H 抗原有 64 种。根据对大肠杆菌抗原的鉴定,血

清型可用 $O:K:H$（如 $O_8:K_{25}:H_9$）、$O:K$（如 $O_8:K_{88}$）、$O:H$（如 $O_{16}:H_{27}$）表示。近年来发现的肠道致病性大肠杆菌具有的蛋白质性黏附素抗原 F（菌毛抗原）也可用于血清型鉴定，最常见的血清型 K_{88} 和 K_{99}，现被分别命名为 F_4 和 F_5 型。在引起人畜肠道疾病的血清型中，有肠致病性大肠杆菌（简称 EPEC）、肠产毒素性大肠杆菌（简称 ETEC）、肠侵袭性大肠杆菌（简称 EIEC）、肠出血性大肠杆菌（简称 EHEC）。EHEC 是近年来新发现的一种大肠杆菌，其主型为 $O_{157}:H_7$。这种病原菌产生志贺氏毒素样细胞毒素，主要引起人出血性便。

大肠杆菌抵抗力不强，$50℃$ 30 min、$60℃$ 15 min 即可死亡，并且常用消毒药均有效。

【流行病学】　不同动物引起发病的血清型有差异，比如仔猪致病的血清型往往带有 K_{88} 抗原，而使犊牛和羔羊致病的多带有 K_{99} 抗原。

各种家畜和家禽均可感染，幼龄畜禽对该病最易感。在猪，自出生至断乳期均可发病，仔猪黄痢多发于 7 日龄以内哺乳仔猪，以 1～3 日龄者居多，仔猪白痢多发于生后 10～30 天，以 10～20 日龄者居多，猪水肿病主要见于断乳仔猪；在牛，生后 10 天以内多发；在羊，生后 6 天至 6 周多发，有些地方 3～8 月龄的羊也有发生；在马，生后 2～3 天多发；在鸡，常发生于 3～6 周龄；在兔，主要侵害 20 日龄及断奶前后的仔兔和幼兔。在人，各年龄组均有发病，但以婴幼儿多发。

病畜（禽）和带菌者是该病的主要传染源，其粪便可排出病菌，散布于外界，污染水源、饲料，以及母畜的乳头和皮肤，经消化道而感染。此外，牛也可经子宫内或脐带感染，鸡也可经呼吸道感染，或病菌经人孵种蛋裂隙使胚胎发生感染。人主要通过手或污染的水源、食品、牛乳、饮料及用具等经消化道感染。

该病一年四季均可发生，但犊牛和羔羊多发于冬春舍饲时期。仔猪黄痢发生时，常波及一窝仔猪的 90% 以上，病死率很高，可达 80% 以上，甚至 100%；发生白痢时，一窝仔猪发病数可达 30%～80%；发生水肿病时，多呈地方流行性，发病率 10%～35%，发病者常为生长快的健壮仔猪。牛、羊发病时呈地方流行性或散发性。雏鸡发病率可达 30%～60%，病死率几达 100%。

【发病机理】　病原性大肠杆菌具有多种毒力因子，引起不同的病理过程。已知的有：

1. 定植因子

又称菌毛（fimbriae，pili）、黏附素（adhesin）或 F 抗原，可与黏膜表面细胞的特异性受体相结合而定植于黏膜，这是大肠杆菌引起的大多数疾病的先决条件。在引起动物腹泻的 ETEC 中已发现的定植因子有 F_4（即 K_{88}）、F_5（即 K_{99}）、F_6（即 987P）、F_{41}，人源性菌株也有 CFA/Ⅰ、CFA/Ⅱ、CFA/Ⅲ 和 CFA/Ⅳ 4 种。

2. 内毒素

大肠杆菌外膜中含有脂多糖，当菌体崩解时被释放出来，其中的类脂 A 成分具有内毒素的生物学功能，是一种毒力因子，在败血症中其作用尤为明显。

3. 外毒素

大肠杆菌可产生外毒素，最为人所知的是 ETEC 产生的由质粒编码的不耐热肠毒素（LT）和耐热肠毒素（ST），LT 有抗原性，分子量大，$60℃$ 经 10 min 破坏，可激活肠毛细血管上皮细胞的腺苷环化酶。增加环腺苷酸（cAMP）产生，使肠黏膜细胞分泌亢进，发生腹泻和脱水；ST 无抗原性，分子量小，须 $60℃$ 以上的温度和较长的时间才能破坏，可激活回肠上皮细胞刷状缘微绒毛上的颗粒性的鸟苷环化酶,增加环鸟苷酸(cGMP)产生,同样引起分泌性腹泻。

4. 侵袭性

某些 ETEC,像各种志贺氏菌一样,具有直接侵入并破坏肠黏膜细胞的能力。这种侵袭性与菌体内存在的一种质粒有关。

5. 大肠杆菌素

从动物的全身性侵入性疾病中分离的许多大肠杆菌,具有产生大肠杆菌素 V 的质粒。据认为,此质粒与细菌引起败血症的能力有关。

6. 细胞毒素

系 KonowalchuK 等于 1977 年首先从人源 EPEC 培养物滤液中发现,能致 Vero 细胞病变,命名为 Vero 毒素,因其毒性作用相似于痢疾志贺氏菌毒素,故又称志贺样毒素(SLT)。现已报道的 SLT 主要有 3 型:SLT-I、SLT-II 和 SLT-IV,SLT-II 与引发人出血性肠炎的 O_{157}:H_7 的致病作用有关,而 SLT-IV 则能使猪产生水肿病的临诊和病理特征。

【症状与病变】

1. 仔猪

因仔猪的生长期和病原菌血清型不同,该病在仔猪的临诊表现也有不同。

(1)黄痢型 又称仔猪黄痢(yellow scour of newborn pigets)。以剧烈腹泻、排出黄色或黄白色水样粪便以及迅速脱水死亡为特征。潜伏期短,生后 12 h 以内即可发病,长的也仅 1～3 天,较此更长者少见。一窝仔猪出生时体况正常,经一定时日,突然有 1～2 头表现精神沉郁,不吃奶,脱水,以后其他仔猪相继发病,排出黄色浆状稀粪,内含凝乳小片,严重肛门松弛,排粪失禁,很快消瘦、昏迷而死。剖检尸体脱水严重,皮下常有水肿,肠道膨胀,有多量黄色液状内容物和气体,肠黏膜呈急性卡他性炎症变化,以十二指肠最严重,肠系膜淋巴结有弥漫性小点出血和肿大,心、肝、肾有不同程度的变性和小的凝固性坏死灶。

(2)白痢型 又称仔猪白痢(white scour of pigets)。病猪突然发生腹泻,排出乳白色或灰白色的浆状、糊状粪便,具腥臭,性黏腻。腹泻次数不等。病程 2～3 天,长的 1 周左右,发病率高,但能自行康复,死亡率较低,影响仔猪生长发育。病死猪消瘦、脱水、肠黏膜有卡他性炎症变化,肠系膜淋巴结轻度肿胀、出血。

(3)水肿型 又称猪水肿病(edema disease of pigs)。是断奶前后仔猪的一种急性肠毒血症,其特征为胃壁和其他某些部位发生水肿。该病发病率不高,但病死率很高,给小猪的培育造成损失。主要发于断乳仔猪,小至数日龄,大至 4 月龄也偶有发生,表现为体格健壮,营养良好,体重在 10～40 kg 的仔猪多发生该病。其发生似与饲料和饲养方法的改变、气候变化等有关。初生时发过黄痢的仔猪一般不发生该病。病猪突然发病,精神沉郁,食欲减少或口流白沫。体温无明显变化,心跳疾速,呼吸初快而浅,后来慢而深。常便秘,但发病前一二天常有轻度腹泻。病猪静卧一隅,肌肉震颤,不时抽搐,四肢划动作游泳状,触动时表现敏感,发呻吟声或作嘶哑的叫鸣。站立时背部拱起,发抖;前肢如发生麻痹,则站立不稳;至后躯麻痹,则不能站立。行走时四肢无力,共济失调,步态摇摆不稳,盲目前进或作圆圈运动。水肿是该病的特殊症状,常见于脸部、眼睑、结膜、齿龈,有时波及颈部和腹部的皮下。有些病猪没有水肿的变化。病程短的仅数小时,一般为 1～2 天,也有长达 7 天以上的。病死率约 90%。

剖检病变主要表现为各个脏器水肿严重,胃壁及肠系膜水肿最为典型。胃壁水肿,常见于大弯部和贲门部,也可波及胃底部和食道部,黏膜层和肌层之间有一层胶冻样水肿,严重的厚达 2~3 cm,范围约数厘米。胃底有弥漫性出血变化。胆囊和喉头也常有水肿。大肠系膜的水肿也很常见,有些病猪直肠周围也有水肿。小肠黏膜有弥漫性出血变化。淋巴结有水肿和充血、出血的变化。心包和胸腔有较多积液,暴露空气则凝成胶冻状。肺水肿也不少见,大脑间有水肿变化。有些病例肾包膜增厚、水肿,积有红色液体,接触空气则凝成胶冻样,皮质纵切面贫血,髓质充血或有出血变化。膀胱黏膜也轻度出血。有的病例没有水肿变化,但有内脏出血变化,出血性肠炎尤为常见。

2. 犊牛

潜伏期很短,仅几个小时。根据症状和病理发生可分为三型。

(1)败血型　病犊表现发热,精神不振,间有腹泻,常于症状出现后数小时至一天内急性死亡。有时病犊未见腹泻即归于死亡。从血液和内脏易于分离到致病性血清型的大肠杆菌。

(2)肠毒血型　较少见,常突然死亡。如病程稍长,则可见到典型的中毒性神经症状,先是不安、兴奋,后来沉郁、昏迷,以至于死。死前多有腹泻症状。由于特异血清型的大肠杆菌增殖产生肠毒素吸收后引起,没有菌血症。

(3)肠型　病初体温升高达 40℃,数小时后开始下痢,体温降至正常。粪便初如粥样、黄色,后呈水样、灰白色,混有未消化的凝乳块、凝血及泡沫,有酸败气味。病的末期,患畜肛门失禁,常有腹痛,用蹄踢腹壁。病程长的,可出现肺炎及关节炎症状。如及时治疗,一般可以治愈。不死的病犊,恢复很慢,发育迟滞,并常发生脐炎、关节炎或肺炎。

败血症或肠毒血症死亡的病犊,常无明显的病理变化。腹泻的病犊,真胃有大量的凝乳块、黏膜充血、水肿、覆有胶状黏液,皱褶部有出血。肠内容物常混有血液和气泡,恶臭。小肠黏膜充血,在皱褶基部有出血,部分黏膜上皮脱落。直肠也可见有同样变化。肠系膜淋巴结肿大。肝脏和肾脏苍白,有时有出血点,胆囊内充满黏稠暗绿色胆汁。心内膜有出血点。病程长的病例在关节和肺也有病变。

3. 羔羊

潜伏期数小时至 1~2 天。分为败血型和肠型两型。

(1)败血型　主要发于 2~6 周龄的羔羊,病初体温升高达 41.5~42℃。病羔精神委顿,四肢僵硬,运步失调,头常弯向一侧,视力障碍,继之卧地,磨牙,头向后仰,一肢或数肢作划水动作。病羔口吐泡沫,鼻流黏液。有些关节肿胀、疼痛。最后昏迷。由于发生肺炎而呼吸加快。很少或无腹泻。多于发病后 4~12 h 死亡。从内脏分离到致病性大肠杆菌。剖检病变可见胸、腹腔和心包大量积液,内有纤维素;某些关节,尤其是肘和腕关节肿大,滑液混浊,内含纤维素性脓性絮片;脑膜充血,有很多小出血点,大脑沟常含有多量脓性渗出物。

据近年报道,有些地区的 3~8 月龄的绵羊羔和山羊羔也有发生败血型大肠杆菌病的,发病急速,死亡很快。病原主要是那波里大肠杆菌。

(2)肠型　主发于 7 日龄以内的幼羔。病初体温升高到 40.1~41℃,不久即下痢,体温降至正常或略高于正常。粪便先呈半液状,由黄色变为灰色,以后粪呈液状,含气泡,有时混有血液和黏液。病羊腹痛、拱背、委顿、虚弱、卧地,如不及时救治,可经 24~36 h 死亡,病死率15%~75%。有时可见化脓性-纤维素性关节炎。从肠道各部可分离到致病性大肠杆菌。剖检尸体严重脱水,真胃、小肠和大肠内容物呈黄灰色半液状,黏膜充血,肠系膜淋巴结肿胀发红。有的肺呈初期炎症病变。

4.兔

潜伏期 4～6 天。最急性者突然死亡。多数病兔初期腹部膨胀,粪便细小、成串,外包有透明、胶冻状黏液,随后出现水样腹泻。病兔四肢发冷,磨牙,流涎,眼眶下陷,迅速消瘦,1～2 天内死亡。

剖检见胃膨大,充满液体和气体。胃黏膜有出血点。十二指肠充满气体和染有胆汁的黏液,空肠、回肠、盲肠充满半透明胶冻样液体,并混有气泡。结肠扩张,有透明胶样黏液。肠道黏膜和浆膜充血、出血。胆囊扩张,黏膜水肿。肝脏、心脏有小点坏死病灶。

5.禽

潜伏期从数小时至 3 天不等。急性者体温上升,常无腹泻而突然死亡。经卵感染或在孵化后感染的鸡胚,出壳后几天内即可发生大批急性死亡。慢性者呈剧烈腹泻,粪便灰白色,有时混有血液,死前有抽搐和转圈运动,病程可拖延十余天,有时见全眼球炎。成年鸡感染后,多表现为关节滑膜炎(翅下垂,不能站立)、输卵管炎和腹膜炎(症状不明显,以死亡告终)。

剖检病死禽尸体,因病程、年龄不同,有下列多种病理变化。

(1)急性败血症 肠浆膜、心外膜、心内膜有明显小出血点。肠壁黏膜有大量黏液。脾肿大数倍。心包腔有多量浆液。

(2)气囊炎 气囊增厚,表面有纤维素渗出物被覆,呈灰白色,由此继发心包炎和肝周炎,心包膜和肝被膜上附有纤维素性伪膜,心包膜增厚,心包液增量、混浊,肝肿大,被膜增厚,被膜下散在大小不等的出血点和坏死灶。

(3)关节滑膜炎 多见于肩、膝关节。关节明显肿大,滑膜囊内有不等量的灰白色或淡红色渗出物,关节周围组织充血水肿。

(4)全眼球炎 眼结膜充血、出血,眼房液混浊,镜检前眼房液中有变性的纤维素、巨噬细胞和异嗜性白细胞浸润。

(5)输卵管炎和腹膜炎 产蛋期鸡感染时,可见输卵管增厚,有畸形卵阻滞,甚至卵破裂溢于腹腔内,有多量干酪样物,腹腔液增多、混浊,腹膜有灰白色渗出物。

(6)脐炎 幼雏脐部受感染时,脐带口发炎,多见于蛋内或刚孵化后感染。

(7)肉芽肿 此型生前无特征性症状。主要以肝、十二指肠、盲肠系膜上出现典型的针头至核桃大小的肉芽肿为特征,其组织学变化与结核病的肉芽肿相似。

【诊断】 根据流行病学、临床症状和病理变化可做出初步诊断。确诊需进行细菌学检查。菌检的取材部位,败血型为血液、内脏组织,肠毒血症为小肠前部黏膜,肠型为发炎的肠黏膜。对分离出的大肠杆菌应进行生化反应和血清学鉴定,然后再根据需要,做进一步的检验。

1.EPEC

按常规作大肠杆菌分离培养,挑取乳糖发酵菌落分别与多价 OK 抗血清做玻片凝集试验,如不凝集或凝集弱而缓慢,可视为阴性;如某一菌落的细菌与多价 OK 抗血清发生强凝集反应,将剩余菌落移种于营养琼脂斜面上作最后鉴定。在作血清学鉴定时,应同时作生化反应,符合大肠杆菌的反应模式时,方可结合血清学鉴定结果做出判定。

2.EIEC

将分离出的大肠杆菌作生化试验和血清学鉴定,EIEC 的生化反应结果与志贺氏菌非常相似,应注意区别;血清学鉴定方法与 EPEC 者相同,仅用于鉴定的抗血清不同。生化反应和血清学鉴定通过后,再做致病力测定,如果将被检菌液接种于豚鼠或家兔结膜囊内,如为

EIEC,可产生典型的角膜-结膜炎,在角膜上皮细胞内还可见大量细菌。

3. ETEC

将分离出的大肠杆菌,经鉴定证实后,再作肠毒素测定。测定肠毒素的方法很多,兹列举数种如下。

4. LT 的检测

(1)兔肠段结扎试验　用体重 2 kg 左右家兔,禁食后麻醉剖腹取出小肠,自回肠末端开始结扎,每段长 5 cm,共 6 段,其中一段为阳性对照,一段为阴性对照,其余 4 段注入试验菌的肠毒素液 1 mL,然后将小肠放回原处,缝合腹壁,24 h 后剖腹测量各段肠液的蓄存量,如每厘米 ≥1 mL 者为阳性反应,表示被检菌能产生肠毒素。

(2)被动免疫溶血试验　被 LT 致敏的绵羊红细胞,与 LT 抗血清及补体结合后,可出现被动免疫溶血反应。用此法作 LT 的体外检查,具有快速、敏感的特点。

5. ST 的检测

常用乳鼠灌胃法,其法为取待检菌的培养滤液 0.1 mL,经口饲喂 1～3 日龄的瑞士种乳鼠,4 h 后取出全部肠管称重,再计算肠重与剩余尸体重的比值,比值大于 0.09 者为阳性,小于 0.07 者为阴性。

6. EHEC

O_{157}:H_7 具有迟缓发酵山梨醇的特性,因此可用山梨醇—麦康凯琼脂平板进行筛选。挑取白色菌落,用 H7 抗血清进行血清学鉴定。

近年来,DNA 探针技术和聚合酶链反应(PCR)技术已被用来进行大肠杆菌的鉴定。这两种方法被认为是目前最特异、敏感和快速的检测方法。

该病应与下列类似疾病相区别。猪:仔猪红痢(魏氏梭菌性下痢)、猪传染性胃肠炎以及由轮状病毒、冠状病毒等引起的仔猪腹泻;牛:犊牛副伤寒;羊:羔羊痢疾;马:幼驹副伤寒;兔:兔泰泽氏病、兔球虫病;禽:鸡白痢、禽伤寒、禽副伤寒、鸡球虫病。

【防治】

可使用经药敏试验对分离的大肠杆菌血清型有抑制作用的抗生素和磺胺类药物,如氯霉素、土霉素、磺胺甲基嘧啶、磺胺咪、呋喃唑酮等,并辅以对症治疗。近年来,使用活菌制剂,如促菌生、调痢生等治疗畜禽下痢,有良好功效。犊牛患病时,可用重新水合技术(oral rehydration)以调整胃肠机能,其配方为:葡萄糖 67.53%,氯化钠 14.34%,甘氨酸 10.3%,枸橼酸 0.81%,枸橼酸钾 0.21%,磷酸二氢钾 6.8%,称上述制剂 64 g,加水 2 000 mL,即成等渗溶液,喂药前停乳 2 天,每天喂 2 次,每次 1 000 mL。家禽患病时,用多聚甲醛(paraformaldehyde)拌料喂服,据报道有治疗效果。

消除该病发生的诱因是控制该病的首要方法,重在预防。怀孕母畜应加强产前产后的饲养管理和护理,执行良好的卫生防疫制度,经常进行消毒,仔畜应及时吮吸初乳,饲料配比适当,勿使饥饿或过饱,断乳期饲料不要突然改变。对密闭关养的畜(禽)群,尤其要防止各种应激因素的不良影响。用针对本地(场)流行的大肠杆菌血清型制备的多价活苗或灭活苗接种妊娠母畜或种禽,可使仔畜或雏禽获得被动免疫。近年来使用一些对病原性大肠杆菌有竞争抑制基因工程苗,987P 基因工程苗,K_{88}、K_{99} 双价基因工程苗,以及 K_{88}、K_{99}、987P 三价基因工程苗,均取得了一定的预防效果。

案例分析

【临诊实例】

2010 年 10 月初,某养猪户饲养 200 头猪突然发病。起初少数猪发病,后发病猪数量不断增加,3 天内有 20 多头猪发病,且发病主要为 15 天左右的断奶仔猪,发病率达 30%。哺乳仔猪、青年及成年猪群未见发病。(周荣.一例仔猪水肿病的诊治.现代农业科技,2011(10):348-350.)

【诊断】

1.临床症状

仔猪发病突然,发病后精神沉郁,饮食减少或绝食,一般体温正常,四肢无力,运步不协调,易跌倒,轻度肌肉震颤,倒地后四肢划动呈游泳状,触动时反应敏感,叫声嘶哑。有的病猪前肢或后躯麻痹不能站立,卧地不起,眼睑和结膜水肿;重症仔猪头、眼睑、耳、肛门等处高度水肿。有的病猪发展到颈、腹部水肿;急性病猪病程短,发病后数小时死亡,多数病猪在发病后 1～3 天死亡。死前呼吸困难,口流白沫。

2.剖检结果

剖检死猪最显著的病变是胃、结肠系膜、眼睑、皮下以及腹部水肿,尤其以胃壁大弯部和贲门处黏膜下层水肿最为明显,且胃底部弥漫性出血。切开水肿部,可见流出无色至黄色的渗出液,或呈胶冻状,位于黏膜下或黏膜肌层。病猪还表现为全身多处淋巴结水肿,有的可见肺水肿、脑水肿以及直肠周围水肿。心包、腹腔内有大量积液或腹水,胆囊水肿,肝脏稍肿大,颜色变黄,质地变脆,脾脏肿大。多数仔猪胃内充满食料,十二指肠及空肠处可见黏膜弥漫性出血,小肠和结肠内容物较少,大肠黏膜呈卡他性肠炎现象。

3.实验室诊断

(1)细菌分离培养 分别在无菌条件下采取发病仔猪肝脏、十二指肠、空肠、颌下淋巴结、肠系膜淋巴结,接种于麦康凯琼脂培养基平板上,37℃培养 24 h 后,麦康凯琼脂培养基上有光滑、湿润、凸起的半透明粉红色菌落形成。取单菌落革兰氏染色、镜检,可见菌体为单个、散在、两端钝圆的革兰氏阴性小杆菌。无芽孢、荚膜。将该菌在无菌条件下接种于葡萄糖、麦芽糖及蔗糖发酵管中。密封放于 37℃恒温箱中培养 24 h,可观察到该菌能发酵葡萄糖、麦芽糖,但不发酵蔗糖。另从麦康凯琼脂培养基平板上挑取单菌落,接种于血液琼脂平板上培养 24 h 后可见鲜血平板上形成边缘整齐、圆形光滑的白色菌落,周围表明有溶血环形成。

(2)动物接种试验 用纯培养物做 1:10 生理盐水悬液。试验组选取 3 只健康小白鼠,腹腔注射,0.2 mL 只;另取 3 只小白鼠腹腔注射生理盐水 0.2 mL 只作为对照。结果表明,试验组在第 1 天死亡 1 只,第 2 天死亡 2 只。剖检尸体观察其病理变化,并分别取肝、肠、肠系膜淋巴结划线接种于麦康凯琼脂培养基上,37℃培养 24 h,菌落形态同,挑取菌落涂片镜检,发现有与病死仔猪体内分离出的同样细菌。对照组小白鼠存活无发病症状。综合发病情况、临床表现、剖检结果和实验室检验,确诊该病为由致病性大肠杆菌引起的仔猪水肿。

【防制措施】

1.预防措施

首先应加强仔猪断奶前后的饲养管理,避免突然更换饲料和环境,防止饲料单一或蛋白水平过高。通常饲料中的蛋白含量以18％左右最佳。

2. 免疫接种

仔猪于15日龄左右肌肉或皮下注射"仔猪水肿病多价蜂胶灭活疫苗"或用"水肿抗毒素"在仔猪断奶前后5～7天进行一免,5天后二免。按0.5 mL/kg体重肌肉注射。

3. 隔离病猪

对猪舍和用具用0.1％百毒杀溶液定期消毒,一旦发现病猪,应立即隔离治疗分开饲养,清洁圈舍,严格消毒。对病死猪销毁并进行无害化处理。

4. 综合治疗

采取抗菌消肿、解毒镇静、强心利尿等方面进行综合治疗。用2.5％恩诺沙星注射液,按10 mL/kg体重,肌注,每天2次,连用2～3天。对病重猪用50％葡萄糖10～50 mL/kg体重、5％氯化钙5～10 mL/kg体重、甘露醇2 g/kg体重、安钠咖2～5 mL静注。

5. 小结

仔猪水肿病由某些溶血性大肠杆菌引起,该病主要危害1～2月龄断奶后的肥壮幼猪。仔猪水肿病常常由饲养管理不良、气候突变和突然改变饲料和环境等诱发,例如饲料单一、缺乏矿物质(硒)和维生素、断奶、疫苗接种、环境影响、运输、气候突变、饲料突然变更等。仔猪水肿病在猪群中发病率差异很大,一般低于20％,但致死率很高,可达80％～100％。为有效抑制该病,除应该采取综合性预防措施之外,还应该加强饲养管理,搞好圈舍卫生,防止饲料和饮水污染,定期消毒,避免惊扰仔猪,防止不良刺激,不从疫区引进猪只,仔猪日粮组成营养合理,日粮中添加含硒微量元素、维生素和土霉素添加剂等能够对该病起到良好的预防控制作用。另外,一旦猪群发病应在发病初期及时做出准确的诊断,并尽快给予有效的药物治疗,能大大地降低猪只发病率和死亡率。

第十节　沙门氏菌病

沙门氏菌病(salmonellosis),又名副伤寒(paratyphoid),是一种常见的人兽共患的肠道病。临诊上多表现为败血症和肠炎,也可使怀孕母畜发生流产。

【病原】　沙门氏菌属($Salmonella$)是一大属血清学相关的革兰氏阴性杆菌,兼性厌氧,无芽孢。据新近的分类研究,沙门氏菌属分为肠道沙门氏菌($Salmonella\ enterica$)(又称猪霍乱沙门氏菌,$Salmonella\ choleraesuis$)和邦戈尔沙门氏菌($Salmonella\ bongori$)两个种,前者又分为6个亚种,即:肠道沙门氏菌肠道亚种($S.\ enterica$ subsp. $enterica$)　(又称猪霍乱沙门氏菌猪霍乱亚种,Subsp. $Choleraesuis$),肠道沙门氏菌萨拉姆亚种($S.\ enterica$ subsp. $salamae$),肠道沙门氏菌亚利桑那亚种($S.\ enterica$ subsp. $arizonae$),肠道沙门氏菌双相亚利桑那亚种($S.\ enterica$ subsp. $diarizonae$),肠道沙门氏菌浩敦亚种($S.\ enterica$ subsp. $houtenae$),肠道沙门氏菌因迪卡亚种($S.\ enterica$ subsp. $indica$)。

沙门氏菌属依据不同的O(菌体)抗原、Vi(荚膜)抗原和H(鞭毛)抗原分为许多血清型。迄今,沙门氏菌有A～Z和O_{51}～O_{67}共42个O群,58种O抗原,63种H抗原,已有2 500种以上的血清型,除了不到10个罕见的血清型属于邦戈尔沙门氏菌外,其余血清型都属于肠道沙门氏菌。

沙门氏菌属的细菌依据其对宿主的感染范围,可分为宿主适应血清型和非宿主适应血清型两大类。前者只对其适应的宿主有致病性,包括:马流产沙门氏菌、羊流产沙门氏菌、鸡沙门氏菌、副伤寒沙门氏菌(A.C)、鸡白痢沙门氏菌、伤寒沙门氏菌;后者则对多种宿主有致病性,包括:鼠伤寒沙门氏菌、鸭沙门氏菌、德尔俾沙门氏菌、肠炎沙门氏菌、纽波特沙门氏菌、田纳西沙门氏菌等。至于猪霍乱沙门氏菌和都柏林沙门氏菌,原来认为分别对猪和牛有宿主适应性,近来发现它对其他宿主也能致病。沙门氏菌的血清型虽然很多,但常见的危害人畜的非宿主适应血清型只有 20 多种,加上宿主适应血清型,也不过 30 余种。

本属细菌对干燥、腐败、日光等因素具有一定的抵抗力,在外界条件下可以生存数周或数月。对于化学消毒剂的抵抗力不强,一般常用消毒剂和消毒方法均能达到消毒目的。

【流行病学】 沙门氏菌属中的许多血清型能在人和动物之间引起交叉感染,主要引起人发热、胃肠炎、腹泻和败血症等。各种年龄畜禽均可感染,但幼年畜禽较成年者易感。在猪,该病常发生于 6 月龄以下的仔猪,以 1～4 月龄者多发。在牛,以出生 30～40 天以后的犊牛最易感。在羊,以断乳龄或断乳不久的最易感。

病畜和带菌者是该病的主要传染源。它们可由粪便、尿、乳汁以及流产的胎儿、胎衣和羊水排出病菌,污染水源和饲料等,经消化道感染健畜。病畜与健畜交配或用病公畜的精液人工授精可发生感染。此外,子宫内感染也有可能。有人认为鼠类可传播该病。人类感染该病,一般是由于与感染的动物及动物性食品的直接或间接接触,人类带菌者也可成为传染源。据观察,1 临诊上健康的畜禽的带菌现象(特别是鼠伤寒沙门氏菌)相当普遍。病菌可潜藏于消化道、淋巴组织和胆囊内。当外界不良因素使动物抵抗力降低时,病菌可变为活动化而发生内源感染,病菌连续通过若干易感家畜,毒力增强而扩大传染。

该病一年四季均可发生。但猪在多雨潮湿季节多发,成年牛感染多于夏季放牧时发生,马多发生于春(2—3 月)、秋(9—11 月)两季,育成期羔羊常于夏季和早秋发病,孕羊则主要在晚冬、早春季节发生流产。

该病在畜群内发生后,一般呈散发性或地方流行性。有些动物还可表现为流行性。饲养管理较好而又无不良因素刺激的猪群,甚少发病,即使发病,亦多呈散发性;反之,则疾病常成为地方流行性。成年牛发病呈散发性,一个牛群仅有 1～2 头发病,第一个病例出现后,往往相隔 2～3 周再出现第二个病例;但犊牛发病后传播迅速,往往呈流行性。马一般呈散发性,有时呈地方流行性。

禽沙门氏菌病常形成相当复杂的传播循环。病禽、带菌禽是主要的传染源。有多种传播途径,最常见的是通过带菌卵而传播。被感染的小鸡若不加治疗,则大部死亡,耐过该病的鸡长期带菌,成年后也能产卵,卵又带菌,若以此作为种蛋时,则可周而复始地代代相传。

【发病机理】 据近年来的研究,沙门氏菌对人和动物的致病力,与一些毒力因子有关,已知的有毒力质粒(virulence plasmid,VP)、内毒素以及肠毒素等。

1. 毒力质粒

早期研究表明,在能引起严重的全身性感染的沙门氏菌中,普遍存在一个大小为 50～90 kb 的质粒,与沙门氏菌的毒力有关,称为沙门氏菌毒力质粒。正常情况下,大肠黏膜层固有的梭形细菌可产生挥发性有机酸而抑制沙门氏菌的生长。另外,肠道内的正常菌群可刺激肠道蠕动,也不利于沙门氏菌的附着。当存在不良因素使动物处于应激状态,以致肠道正常菌群失调时,可促使沙门氏菌迁居于小肠下端和结肠。曾经观察经过长途运输的猪,其肠道的沙门氏菌迁居率大大增高。病菌迁居于肠道后,从回肠和结肠的绒毛顶端,经刷状缘进入上皮细胞,在其中繁殖,感染邻近细胞或进入固有层,继续繁殖,被吞噬而进入局部淋巴结。机体受病菌侵害,刺激前列腺素分泌,从而激活腺苷酸环化酶,使血管内的水分、HCO_3^- 和 Cl^- 向肠道外渗而引起急性回肠炎和结肠炎,受害的绒毛充满中性粒细胞,后者也可随粪便排出。

最近的研究表明,上述引起肠炎所经历的细菌定居于肠道、侵入肠上皮组织和刺激肠液外渗三个阶段,与沙门氏菌所携带的毒力质粒有密切关系。毒力质粒是 C. W. Jones 于 1982 年首先在鼠伤寒沙门氏菌中发现的,随后在都柏林沙门氏菌、猪霍乱沙门氏菌中都发现子类似的质粒。用小鼠和鸡所作的试验证明,这种质粒可增强细菌对寄主肠黏膜上皮细胞的黏附与侵袭作用,提高细菌在网状内皮系统中存活和增殖的能力,并且与细菌的毒力呈正相关。

2. 内毒素

根据沙门氏菌菌落从 S-R 变异而导致的细菌毒力下降的平行关系可以说明,沙门氏菌细胞壁中的脂多糖是一种毒力因子。脂多糖是由一种为所有沙门氏菌共有的低聚糖芯(称为 O 特异键)和一种脂质 A 成分所组成。脂质 A 成分具有内毒素活性,可引发沙门氏菌性败血症:动物发热,黏膜出血,白细胞减少继以增多,血小板减少,肝糖消耗,低血糖症,最后因休克而死亡。

3. 肠毒素

原来认为沙门氏菌不产生外毒素,最近有试验表明,有些沙门氏菌,如鼠伤寒沙门氏菌、都柏林沙门氏菌等,能产生肠毒素,并分为耐热的和不耐热的两种。试验表明,肠毒素是使动物发生沙门氏菌性肠炎的一种毒力因子,也有报告认为,肠毒素还可能有助于细菌的侵袭力。

【临床症状】

1. 猪

又称猪副伤寒(paratyphussham)。各国所分离的沙门氏菌的血清类型相当复杂,其中主要的有猪霍乱沙门氏菌、猪霍乱沙门氏菌 Kunzendorf 变型,猪伤寒沙门氏菌、猪伤寒沙门氏菌 Voldagsen 变型、鼠伤寒沙门氏菌、德尔俾沙门氏菌、肠炎沙门氏菌等。潜伏期一般由 2 天到数周不等。临诊上分为急性、亚急性和慢性。

(1)急性(败血型)　体温突然升高(41~42℃),精神不振,食欲丧失。后期伴有下痢,呼吸困难,耳根、胸前和腹下皮肤出现紫红斑。有时症状出现后 24 h 内死亡,大多数病程为 2~4 天,病死率较高。

(2)亚急性和慢性　该病临床常见类型,与肠型猪瘟的临诊症状表现很相似。病猪体温升高(40.5~41.5℃),精神不振,寒战,喜钻垫草,聚堆,眼有黏性或脓性分泌物,上下眼睑常被黏着。少数发生角膜混浊,严重者发展为溃疡,甚至眼球被腐蚀。病猪食欲不振,初便秘后下痢,粪便淡黄色或灰绿色,恶臭,很快消瘦。部分病猪,在病的中、后期皮肤出现弥漫性湿疹,特别在腹部皮肤,有时可见绿豆大、干涸的浆性覆盖物,揭开见浅表溃疡。病情往往拖延 2~3 周或更长,最后极度消瘦,衰竭死亡。有时病猪症状逐渐减轻,状似恢复,但以后生长发育不良或经短期又行复发。

有的猪群发生所谓潜伏性"副伤寒",小猪生长发育不好,被毛粗乱,污秽,体质较差,偶见腹泻。体温和食欲症状较轻,部分病猪发展到一定时期突然症状恶化而死亡。

2. 牛

主要由鼠伤寒沙门氏菌、都柏林沙门氏菌或纽波特沙门氏菌所致。成年牛上,此病多高热

(40～41℃)、昏迷、食欲减退及废绝、脉搏频率、呼吸困难,体力较快衰竭。大多病牛于发病后12～24 h,粪便带血,很快转为下痢。粪便有恶臭味,含纤维素絮状物,含有黏膜。下痢使体温降至正常或比正常稍高。病牛常于发病 24 h 内死亡,大多数在 1～5 天内死亡。病期延长者可见迅速脱水消瘦,眼窝凹陷,黏膜(特别是眼结膜)充血和黄染。病牛有剧烈的腹痛,常见后肢踢腹。怀孕母牛大多出现流产,在流产胎儿中发现沙门氏菌。某些病例可恢复。成年牛有时可呈顿挫型经过,病牛高热、食欲减退、精神不振,产奶量降低,但经过 24 h 后,这些症状可见减退。有些牛感染后呈隐性经过,只从粪中排出病原菌,但几天后停止排菌。

犊牛上,若牛群中存在带菌母牛,则生后 48 h 内即表现不食、喜卧、衰竭等症状,常于 3～5天内死亡。尸体剖检无特殊病变,但在血液和内脏器官中可分离出沙门氏菌。大多犊牛常于10～14 日龄后发病,病初体温升高(40～41℃),24 h 后排出灰黄色液状粪便,带有黏液和血液,通常在病状出现后 5～7 天内死亡,病死率可达 50%,大多病犊可以恢复,恢复后体内通常很少带菌。病期延长时,腕和跗关节可出现肿大,有的还有支气管炎和肺炎症状。

3. 羊

主要由鼠伤寒沙门氏菌、羊流产沙门氏菌、都柏林沙门氏菌引起。该病根据临诊表现可分为下列两个表型。

(1)下痢型 病羊体温增高至 40～41℃,食欲减退,伴有腹泻,排黏液带血液的稀粪,有恶臭气味。精神沉郁、虚弱、憔悴、低头、弓背、继而卧地,通常 1～5 天内死亡。有的经两周后可康复。发病率 30%,病死率达 25%。

(2)流产型 沙门氏菌从肠道黏膜进入血液,至全身各脏器,包括胎盘。病原菌在脐带离开母血经绒毛上皮细胞进入胎儿血液循环中。怀孕绵羊在怀孕最后 1/3 期间有流产或死产。发病初期,病羊体温升高至 40～41℃,部分羊有腹泻症状。流产前和流产后数天,阴道有分泌物流出。病羊产下的活羔,表现衰弱,委顿,喜卧,并伴下痢;不吸乳,常于 1～7 天死亡。病母羊也可见流产后或无流产的情况下死亡。羊群发病一次,通常持续 10～15 天,流产率和病死率高达 60%。其他羔羊病死率 10%,流产母羊通常 5%～7% 死亡。

4. 兔

由鼠伤寒沙门氏菌和肠炎沙门氏菌引起,腹泻和流产为临床症状。

(1)腹泻型 多发于断奶后仔兔,病兔体温升高,伴有全身症状,顽固性下痢,通常经 1～7天死亡。

(2)流产型 流产多发于妊娠 1 个月左右,流产病兔大多死亡。流产后未死而康复的母兔多不再受孕。

5. 禽

禽沙门氏菌病按照病原体的抗原结构不同可分为三类。由鸡白痢沙门氏菌所引起的称为鸡白痢,由鸡伤寒沙门氏菌引起的是禽伤寒,由其他有鞭毛能运动的沙门氏菌所引起的禽类疾病则统称为禽副伤寒。禽副伤寒的病原体包括很多血清型沙门氏菌,其中以鼠伤寒沙门氏菌最常见,其次是德尔俾沙门氏菌、海德堡沙门氏菌、纽波特沙门氏菌、鸭沙门氏菌等。诱发禽副伤寒的沙门氏菌可广泛感染各种动物和人类,故在公共卫生上具有重要性。人类的沙门氏菌感染和食物中毒也常来源于副伤寒的禽、蛋或其他产品。

(1)鸡白痢(pullorosis) 各品种鸡对该病都有易感性,以 2～3 周龄以内雏鸡发病率与病死率最高,呈流行性。成年鸡感染呈慢性或隐性经过。近年来,育成阶段的鸡发病率也越来越高。

一向存在该病的鸡场,雏鸡的发病率在20%～40%,但新发该病的鸡场,其发病率显著增高,有时可高达100%,病死率也比较高。

该病在雏鸡和成年鸡中表现的症状和病程存在显著差异。雏鸡和雏火鸡两者症状类似。潜伏期4～5天,出壳后感染的雏鸡,多在孵后几天才表现明显症状。7～10天后雏鸡群内病雏增多,在第二、三周达到最高。发病雏鸡最急性者,无症状即迅速死亡。稍缓者表现精神委顿,绒毛松乱,两翼下垂,缩颈闭眼昏睡,不愿走动,聚堆。病初食欲减少,后废绝,多数有软嗉症状。同时腹泻,排稀薄粪便如糊状粪便,肛门周围绒毛被粪便污染,有的出现糊肛现象,影响排粪。由于肛门周围出现炎症引起疼痛,故常发生尖锐叫声,最后因呼吸困难及心力衰竭死亡。有的病雏出现眼盲,或肢关节肿胀,呈跛行症状。病程短的1天,一般为4～7天,20天以上的雏鸡病程稍长,很少死亡。耐过鸡生长发育不良,成为慢性患者或带菌者。

成年鸡感染常无临诊症状。母鸡排卵量与受精率降低,这种鸡只能用血清学试验才能查出。极少数病鸡腹泻,产卵停止。有的因卵黄囊炎引起腹膜炎,腹膜增生而呈"垂腹"现象,有时成年鸡可呈急性发病。

(2)禽伤寒(typhusavium)　该病主要发生于鸡,也可感染火鸡、鸭、珠鸡、孔雀、鹌鹑等鸟类,野鸡、鹅、鸽一般不易感。成年鸡易感,但有报道认为6月龄以下鸡更易感染。通常呈散发性。潜伏期一般为4～5天。在年龄较大的鸡和成年鸡,急性经过者突然停食,排黄绿色稀粪,体温上升1～3℃。病鸡可迅速死亡,通常经5～10天死亡。病死率10%～50%或更高。

雏鸡和雏鸭发病时,其症状与鸡白痢相似。

(3)禽副伤寒(paratyphusavium)　各种家禽及野禽均易感。家禽中以鸡和火鸡最常见。常在孵化后2周之内感染发病,6～10天达最高峰。呈地方流行性,病死率从很低到10%～20%不等,严重者高达80%以上。

经带菌卵感染或出壳雏禽在孵化器感染病菌,常呈败血症经过,往往不显任何症状迅速死亡。年龄较大的幼禽则常取亚急性经过,主要表现水泄样下痢。病程1～4天。1月龄以上幼禽一般很少死亡。

雏鸭感染该病常见颤抖、喘息及眼睑浮肿等症状。常猝然倒地而死,故有"猝倒病"之称。成年禽一般为慢性带菌者,常不出现症状。有时出现水泄样下痢。

【病理变化】

1. 猪

急性者主要为败血症的病理变化。脾常肿大,色暗带蓝,硬度似橡皮,切面呈蓝紫色,脾髓质不软化。肠系膜淋巴结索状肿大。其他淋巴结也有不同程度的肿大,软而红,类似大理石状。肝、肾也有不同程度的肿大,充血和出血。有时肝实质可见糠麸状、极为细小的黄灰色坏死点。全身黏膜、浆膜均有不同程度的出血斑点,胃肠黏膜可见急性卡他性炎症。

亚急性和慢性的特征性病变为坏死性肠炎。盲肠、结肠肠壁变厚,黏膜上覆盖着一层弥漫性坏死性和腐乳状物质,剥离可见边缘不规则、底部呈红色的溃疡面,该病理变化有时波及至回肠后段。少数病例滤泡周围黏膜坏死,稍突出于表面,有纤维蛋白渗出物积聚,形成隐约可见的轮环状。肠系膜淋巴结索状肿胀,部分成干酪样变化。脾脏稍肿大,呈网状组织增殖。肝脏表面有时可见黄灰色坏死小点。

2. 牛

成年牛的病变主要呈急性出血性肠炎。剖检时,肠黏膜潮红,出血,大肠黏膜脱落,有局限性坏死区。胃黏膜可见炎性潮红。肠系膜淋巴结不同程度的水肿、出血。肝脂肪变性或灶性坏死。胆囊壁有时增厚,胆汁混浊,黄褐色。肺脏有炎症,特别是在病程时间长的病例。脾可见充血、肿大。

犊牛的病变,急性病牛在心壁、腹膜以及腺胃、小肠和膀胱黏膜有针尖样出血点。脾肿胀、充血。肠系膜淋巴结水肿,有时出血。在病程较长的病例,肝脏色泽变淡,胆汁浓稠而混浊。肺常有炎症区。肝、脾和肾表面可见坏死灶。有时可见腕关节和跗关节肿大,关节腔内可见胶样液体。

3. 羊

下痢型病羊真胃与小肠黏膜充血,肠道内容物稀薄如水,肠系膜淋巴结水肿,脾脏充血,肾脏皮质部与心外膜有出血点。

流产的、死产的胎儿或生后 1 周内死亡的羔羊,表现败血症病变组织水肿、充血,肝脾肿胀,有灰色病灶。死亡母羊有急性子宫炎。流产或死产者其子宫肿胀,常含有坏死组织、浆液性渗出物和滞留的胎盘。

4. 兔

病变随疾病发展而有不同。超急性死亡病例可见多个脏器瘀血,胸腹腔浆液积聚以至浆液呈血样液体,急性病例肝脏有弥漫性或散在性淡黄色针尖至芝麻粒大的小坏死灶,胆囊肿大,充满胆汁,脾脏肿大,肠系膜淋巴结水肿,聚合淋巴滤泡有灰白色坏死灶。肾脏有散在性针尖大的出血点。

5. 禽

(1)鸡白痢　病死鸡脱水,眼球下陷,脚趾干枯,剖检可见肝脏、脾脏和肾脏肿大、充血,有时肝脏可见大小不等的坏死点。卵黄吸收不良,内容物呈奶油状或干酪样黏稠物。有呼吸道症状雏鸡的肺脏可见有坏死或灰白色结节,突出于脏器表面,肠道呈卡他性炎症,盲肠膨大。育成鸡白痢的突出变化是肝脏肿大,有的为正常肝脏大数倍、质脆,极易破裂。有数量不一的黄色坏死灶,严重的心脏变形、变圆。

成年母鸡,成年鸡最常见的病变在卵巢,有的卵巢尚未发育,输卵管细小。已正常发育的质地改变,卵子变色,卵子内容物呈干酪样,卵黄膜增厚,卵子形态不规则。变性的卵子有长短、粗细不同的卵蒂与卵巢相连。脱落的卵子进入腹腔,可引起广泛的腹膜炎及腹腔脏器粘连。成年公鸡的病变常局限于睾丸和输精管,睾丸极度萎缩,同时出现小脓肿,输精管腔增大,充满浓稠渗出液。

(2)禽伤寒　死于禽伤寒的雏鸡(鸭)病变与鸡白痢时所见相似。成年鸡,最急性病变不明显,亚急性与慢性病例的肝脏瘀血、肿大,呈青铜色或绿褐色,散在粟粒大灰白色坏死灶,肺脏、心脏和肌胃有灰白色坏死病灶,胆囊肿大,胆汁充盈。母鸡的卵子出血、变形,色彩异常,常由于卵子破裂而导致腹膜炎。

(3)鸡副伤寒　死于鸡副伤寒的雏鸡,最急性者无可见病变。病期稍长的,肝呈现青铜色,有条纹状或针尖状出血和坏死灶,肾充血,心包炎,肠黏膜呈出血性肠炎。成年鸡,肝、脾、肾充血肿胀,有出血性或坏死性肠炎、心包炎及腹膜炎,产卵鸡的输卵管坏死、增生,卵巢坏死、化脓。

雏鸭感染莫斯科沙门氏菌($S.\ moscow$)时,肝脏呈青铜色,并有灰色坏死灶。北京鸭感染鼠伤寒沙门氏菌和肠炎沙门氏菌时,肝脏显著肿大,有时有坏死灶,盲肠内形成干酪样物。

【诊断】 根据流行病学、临床症状和病理变化,可以做出初步诊断,但确诊需采集病畜(禽)的血液、内脏器官、粪便,或流产胎儿胃内容物、肝、脾等样品做沙门氏菌的分离和鉴定。近年来,单克隆抗体技术和酶联免疫吸附试验(ELISA)作为快速诊断方法已经普及。

对隐性带菌的病禽的及时淘汰,是防制该病的重要一环。目前实验室中常用血清学方法对马副伤寒、鸡白痢进行血清学诊断。可分别采取马血清和鸡血清做试管凝集试验和平板凝集试验。由于鸡白痢沙门氏菌和鸡伤寒沙门氏菌具有相同的 O 抗原,因此鸡白痢标准抗原也可用来检测鸡伤寒沙门氏菌。

猪副伤寒除少数急性败血型经过外,多表现为亚急性和慢性,症状与亚急性和慢性猪瘟相似,应注意区别;该病也可继发猪瘟,必要时应做区别性实验诊断。

【防控措施】

关于免疫接种,目前国内已研制出猪的、牛的和马的副伤寒菌苗,必要时可选择使用。根据使用者的经验,对本场(群)或当地分离的菌株,制成单价灭活苗,常能收到良好的预防效果。对禽沙门氏菌病,目前尚无有效菌苗可使用,因此,在禽类,防制该病必须坚持杜绝病菌的传入,严格贯彻消毒、隔离、检疫、药物预防等一系列综合性防制措施;在有病鸡群,应定期反复用凝集试验进行检疫,将阳性鸡及可疑鸡全部剔出淘汰,净化鸡群。

近些年来微生物制剂开始在畜牧业中应用,有的生物制剂在防治畜禽下痢有较好效果,具有安全、无毒、不产生副作用,细菌不产生抗药性,价廉等特点。常用的有促菌生、调痢生、乳酸菌等。在用这类药物的同时以及前后 4～5 天应该禁用抗菌药物。经大批量的实验认为,这种生物制剂防治鸡白痢病的效果多数情况下相当或优于药物预防的水平。应注意的是,由于促菌生制剂是活菌制剂,在使用这类制剂时必须保证正常的育雏条件,较好的兽医卫生管理措施。因此应避免与抗微生物制剂同时应用。

该病的治疗,可通过药敏试验选择有效的抗生素,如痢特灵、土霉素、氯霉素庆大霉素等,并伴对症治疗。呋喃类(如呋喃唑酮)和磺胺类(磺胺嘧啶和磺胺二甲基嘧啶)药物也有一定效果,可根据具体情况选择使用。

人沙门氏菌病可由多种沙门氏菌引起,除了伤寒、副伤寒沙门氏菌以外,以人兽共患的鼠伤寒沙门氏菌、肠炎沙门氏菌、猪霍乱沙门氏菌、都柏林沙门氏菌等最为常见。

人食物中毒的治疗一般选用氟喹诺酮类、氨苄青霉素、复方新斯的明等治疗,注意休息和加强护理,同时注意对症治疗。大多数患者可于数天内恢复健康。

案 例 分 析

【临诊实例】

海原县高崖乡联合村养殖户袁某于 2011 年 4 月 2 日从中宁县县城畜禽交易市场以每头 550 元的价格购买仔猪 19 头(1 月龄左右)进行育肥,饲养 1 周后,袁某对这 19 头仔猪用猪瘟疫苗以每头按 2 头份剂量进行免疫接种,间隔 8 天后,又用口蹄疫 O 型疫苗按常规量进行免疫接种;1 个多月来,19 头仔猪精神活泼,饮食,生长发育非常好,令袁某满意。5 月 21 日上午主人饲喂猪时,发现 2 头仔猪死亡于圈舍中,其余 17 头仔猪精神沉郁,扎堆,呼唤反应迟钝,立即找乡畜牧兽医工作站诊治,兽医人员到现场,见病情严重,马上报告县动物疾病预防控制中心,中心接到报告后,在极短的时间内赶到现场,期间已死亡 4 头仔猪。(杨彦淑,段玉鹏. 急性猪沙门氏菌病病例. 中国畜牧兽医文摘. 2011,27(5):155.)

【诊断】

1. 临床症状

体温升高,达 40.5～42℃,精神不振,被毛粗乱,食欲废绝,发抖寒战,扎堆,有些仔猪下痢,粪便淡黄色或灰绿色,恶臭。呼吸困难,心跳加快,耳根、后躯及腹下部皮肤有紫红色斑点。由于下痢,脱水,很快消瘦。

2. 剖检变化

共剖检病死仔猪 4 头,仔细观察病死猪的外观,其头部,耳朵、蹄、尾部及腹部等处皮肤出现大面积蓝紫色斑。全身黏膜、浆膜有不同程度的出血斑点。心外膜有细小的出血点,心包积液,肺心叶、间叶和膈叶有肺炎质变区。脾脏肿大,色暗带蓝,柔软似橡皮状,切面呈蓝红色。肠系膜淋巴结呈索状肿大,充血和出血。其他淋巴结也有不同程度地增大,如大理石状。肝、肾有不同程度的肿大,充血和出血。肝实质可见糠麸状,极为细小的灰黄色坏死灶。胃黏膜严重瘀血和梗死而呈黑色和浅表性糜烂。肠道呈卡他性、出血性纤维素性肠炎。

3. 实验室检验

无菌采取病死仔猪的脾、肝、肾、肠系膜淋巴结。

(1)镜检 病料涂片,革兰氏染色,镜检可见集簇状,两端钝圆,着色不均,革兰氏阴性,长 1～2.5 μm,宽 0.4～0.6 μm 的小杆菌。无荚膜和芽孢,周边有鞭毛能运动。据此检查符合沙门氏菌的特征。

(2)培养 将病料接种在普通营养琼脂、麦康凯琼脂,SS 琼脂、肉汤培养基,37℃培养 24 h。在普通营养琼脂上形成直径约 2 mm、圆形、稍凸起、灰白色、半透明、光滑的菌落,在麦康凯琼脂上形成细小、无色透明、光滑、圆整的菌落,在 SS 琼脂上形成黑色中心菌落。在肉汤培养基中呈均匀浑浊生长,管底有灰白色的沉淀物。挑取菌落移种在三糖铁斜面培养基中,先穿刺,再在斜面上划线接种,37℃培养 24 h,斜面变红,底层变黄含有气泡(产酸产气)。

(3)生化试验 挑取纯培养的菌落分别接种于生化反应管,37℃培养,结果葡萄糖＋、麦芽糖＋、乳糖－、蔗糖－、甲基红试验＋、V-P 试验－、靛基质试验－、硫化氢反应＋、运动力＋。

(4)动物试验 用肝、脾、淋巴结混悬液(1:10)接种小白鼠,每只腹腔注射 0.3 mL,56 h 发生死亡,取淋巴结、肝、肾触片镜检,可见大量革兰氏阴性的小杆菌。培养特性与自然病例培养结果相同。

(5)药敏试验 采用纸片法进行药敏试验,结果丁胺卡那、恩诺沙星高度敏感,氨苄青霉素、土霉素、磺胺嘧啶钠中度敏感,硫酸庆大霉素、环丙沙星、青霉素低敏。

4. 诊断结果

根据流行病学、临床症状、剖检变化和实验室检验,诊断为猪霍乱沙门氏菌引起的仔猪副伤寒。

【防制】

(1)硫酸丁胺卡那霉素(阿米卡星注射液)30 mg/kg 体重,肌注,2 次/天,连用 3 天。诺氟沙星粉按每头 50 g 内服,3 次/天,连用至痊愈,痊愈后再半剂量连续用药 3～5 天。

(2)5％碳酸氢钠注射液 20 mL,5％葡萄糖生理盐水 50 mL,10％氯化钾注射液 5 mL,10％维生素 C 注射液 5 mL,腹腔注射,1 次/(日·头),连用 3 次。

(3)葡萄糖粉 50 g,氯化钠 9 g,氯化钾 1.5 g,水 1 000 mL 配成溶液,让猪自由饮用。

(4)消毒,5％来苏儿和 1:500 的强力消毒灵交替使用,对猪舍环境进行喷洒消毒。疫情消失时,进行彻底的终末消毒。采取上述措施治疗 5 天后,治愈 11 头,死亡 4 头,治愈率 73.3％。

【体会与讨论】

(1)猪沙门氏菌病对养猪业的威胁极大,是仔猪的重点防治疫病,若不及时诊治,往往造成地方流行性,给养猪业生产带来极大损失。

(2)防疫是预防猪沙门氏菌病的重要措施。仔猪断奶前用仔猪副伤寒冻干弱毒菌苗预防,疫苗用 20％氢氧化铝生理盐水稀释,肌肉注射 1 mL,免疫期 9 个月。

(3)加强饲养管理,改善环境卫生条件,消除引起发病的诱因,圈舍经常要彻底清扫、消毒,特别饲料要干净,粪便堆积发酵后利用。

(4)本起仔猪发生急性猪沙门氏菌病的原因,很可能是由于春夏交接,气候多变,加之圈舍潮湿,仔猪低抗力下降所诱发的。

第十一节　巴氏杆菌病

巴氏杆菌病(pasteurellosis)是主要由多杀性巴氏杆菌所引起的,发生于各种家畜、家禽、野生动物和人类的一种传染病的总称,主要引起动物发生出血性败血病或传染性肺炎。动物之间相互传染,人被动物咬伤,多呈伤口感染,但人的病例罕见。

【病原】　多杀性巴氏杆菌(*Pasteurella multocida*)为球杆状或短杆状菌,两端钝圆,革兰氏染色阴性,病料组织或体液涂片用瑞氏、姬姆萨氏法或美蓝染色镜检,可见典型的两极着色,两端着色深,中央部分着色较浅,很像并列的两个球菌,所以又叫两极杆菌,纯化培养后两极着色消失。无鞭毛,不形成芽孢。用印度墨汁等染料染色时,可看到清晰的荚膜。

多杀性巴氏杆菌的致病性与各类相关的毒力因子有关,已鉴定出该菌关键的毒力因子主要包括脂多糖和荚膜。该菌按菌株间抗原成分的差异,可分为若干血清型。有人用该菌的特异性荚膜(K)抗原吸附于红细胞上作被动血凝试验,将该菌分为 A、B、D、E 和 F 5 个荚膜血清型,其中 C 型为猫和犬的正常栖居群,产毒素多杀性巴氏杆菌为 A 型和 D 型。根据不同菌体抗原,用凝集反应对菌体抗原(O 抗原)分类可分为 12 个血清型;根据不同的脂多糖抗原,用琼脂扩散试验对热浸出菌体抗原分类,分为 16 个血清型。一般将 K 抗原用英文大写字母表示,将 O 抗原和耐热抗原用阿拉伯数字表示。因此,菌株的血清型可列式表示,如 5:A,6:B,2:D,……(即 O 抗原:K 抗原),或 A:1,B:2、5,D:2……(即 K 抗原:耐热抗原)。

该菌根据菌落表面有无荧光及荧光的色彩,可分为三型,即蓝色荧光型(Fg)、橘红色荧光型(Fo)和无荧光型(Nf)。Fg 型菌对猪等畜类有强大毒力,对禽类的毒力较弱;Fo 型菌对禽类有强大毒力,对畜类毒力较弱;Nf 型菌对畜禽的毒力都很弱。在一定条件下,Fg 和 Fo 可以发生相互转变。

该菌根据菌落形态可分为黏液型(M)、平滑型(S)和粗糙型(R),其中 M 型和 S 型菌含有荚膜物质。

该菌存在于病畜全身各组织、体液、分泌物及排泄物里,只有少数慢性病例仅存在于肺脏的小病灶里。健康家畜的上呼吸道也可能带菌。

该菌的抵抗力比较低,60℃ 10 min 可杀死;普通消毒药在几分钟或十几分钟内可杀死。3%石炭酸和 0.1%升汞水在 1 min 内可杀菌。但在尸体中可以存活 1～3 个月,在厩肥中亦可存活 1 个月。

【流行病学】 多杀性巴氏杆菌对多种动物(家畜、野兽、禽类)和人均有致病性。该病原菌广泛流行于世界各地,无宿主特异性,可通过相互接触经呼吸道进行水平和垂直传播。家畜中以牛(黄牛、牦牛、水牛)、猪发病较多;绵羊也易感,鹿、骆驼和马亦可发病,但较少见;家禽和兔也易感染。溶血性巴氏杆菌多引起牛和绵羊肺炎、绵羊羔败血症,对禽类也有致病性,引起禽霍乱,鸡巴氏杆菌可参与禽的慢性呼吸道感染。

畜群中发生巴氏杆菌病时,往往查不出传染源。一般认为家畜在发病前已经带菌。当家畜饲养在不卫生的环境中,由于一些外因的诱导,而使其抵抗力降低时,病菌即可乘机侵入体内,经淋巴液而入血流,发生内源性传染。病畜由其排泄物、分泌物不断排出有毒力的病菌,污染饲料、饮水、用具和外界环境,经消化道而传染给健康家畜,或由咳嗽、喷嚏排出病菌,通过飞沫经呼吸道而传染。

该病的发生一般无明显的季节性,但以冷热交替、气候剧变、闷热、潮湿、多雨的时期发生较多。该病一般为散发性,家禽,特别是鸭群发病时,多呈流行性。

【症状】

1. 猪

又称猪肺疫。潜伏期 1～5 天,临诊上一般分为最急性、急性和慢性。

最急性型俗称"锁喉风",该型呈败血症症状,发病急,迅速死亡,喉头水肿,俗称"锁喉风"。常常来不及看到症状,晚间食欲正常,次日清晨见猪死于栏内。

急性型是该病常见的病型。除具有败血症的一般症状外,还表现急性胸膜肺炎。体温升高(40～41℃),初发生痉挛性干咳,呼吸困难,鼻流黏稠液。后变为湿咳,咳时感痛,触诊胸部有剧烈的疼痛。病势发展后,呼吸更感困难,张口吐舌,呈犬坐姿势,可视黏膜蓝紫,常有黏性或脓性结膜炎。初便秘,后腹泻。末期心脏衰弱,心跳加快,皮肤瘀血和小出血点。病猪消瘦无力,卧地不起,多因窒息而死。病程 5～8 天,不死的转为慢性。

慢性型主要表现为慢性肺炎和慢性胃炎症状。常有泻痢现象。进行性营养不良,极度消瘦,如不及时治疗,多经过 2 周以上衰竭而死,病死率 60%～70%。

2. 牛

又名牛出血性败血病。潜伏期 2～5 天。以败血症和出血性炎症为临床特征,病畜头部和颈部表现为肿胀,淋巴结呈现出血性肿大,皮下、关节以及各脏器出现局灶性化脓性炎症。病状可分为败血型、浮肿型和肺炎型。

败血型突然发病,高烧体温高达 41～42℃,随之出现全身症状,精神沉郁,食欲废绝,呼吸困难。稍经时日,患牛表现腹痛腹泻,粪便初为粥状,后呈液状,其中混有黏液及血液,有时鼻孔内和尿中有血。拉稀开始后,体温随之下降,迅速死亡。病期多为 12～24 h。

浮肿型除呈现全身症状外,在颈部、咽喉部及胸前的皮下结缔组织,出现迅速扩展的炎性水肿,同时伴发舌及周围组织的高度肿胀,舌伸出齿外,呈暗红色,患畜呼吸高度困难,皮肤和黏膜普遍发绀。也有下痢或某一肢体发生肿胀者。往往因窒息而死,病期多为 12～36 h。

肺炎型主要呈纤维素性胸膜肺炎症状。病期较长的一般可到3天或1周左右。

浮肿型及肺炎型是在败血型的基础上发展起来的。该病的病死率可达80%以上。痊愈牛可产生坚强免疫力。

3.羊

又称羊出血性败血症,该病多发于幼龄绵羊和羔羊。病程可分为最急性、急性和慢性三种。

最急性者,多见于哺乳羔羊。羔羊往往突然发病,呈现寒战、虚弱、呼吸困难等症状,可于数分钟至数小时内死亡。

急性者,精神沉郁,食欲废绝,体温升高至41～42℃。呼吸急促,咳嗽,鼻孔常有出血,有时黏性分泌物中混有血液。眼结膜潮红,有黏性分泌物。初期便秘,后期腹泻,有时粪便全部变为血水。颈部、胸下部发生水肿。病羊常在严重腹泻后虚脱而死,病期2～5天。

慢性者,病程可达3周。病羊消瘦、不思饮食,最后衰竭而死。流黏液脓性鼻液、咳嗽、呼吸困难。有时颈部和胸下部发生水肿。有角膜炎。病羊腹泻,粪便恶臭,临死前极度衰弱,四肢厥冷,体温下降。山羊感染该病时主要呈肺炎症状,病程急促,病程平均10天。

4.兔

统计资料表明,巴氏杆菌病是引起9周龄至6月龄兔死亡的主要原因之一。潜伏期长短不一,一般自几小时至5天或更长。患病兔多表现为精神萎靡,被毛粗乱,食欲减少甚至废绝;皮肤及可视黏膜发绀,流鼻涕,眼睑肿大;粪便多为灰绿色,较稀;后期呼吸困难;严重者四肢抽搐,最后衰竭而死。

鼻炎型,是常见的一种病型,其临诊特征是有浆液性、黏液性或黏液脓性鼻漏。鼻部的刺激常使兔用前爪擦揉外鼻孔,使该处被毛潮湿并缠结。此外还有打喷嚏、咳嗽和鼻塞音等异常呼吸音存在。

地方流行性肺炎型,最初的症状通常是食欲不振和精神沉郁,常因败血病而迅速死亡。

败血型,死亡迅速,通常不见临诊症状。如与其他病型(常见的为鼻炎和肺炎)联合发生,则可看到相应的临诊症状。

中耳炎型,又称斜颈病,单纯的中耳炎可以不出现临诊症状,在认出的病例中,斜颈是主要的临诊表现。斜颈是感染扩散到内耳或脑部的结果,而不是单纯中耳炎的症状。严重的病例吃食、饮水困难,体重减轻,可能出现脱水现象。如感染扩散到脑膜和脑则可能出现运动失调和其他神经症状。

5.禽

又名禽霍乱(Fowl Cholera),多由A型多杀性巴氏杆菌引起。自然感染的潜伏期一般2～9天,人工感染通常在24～48h发病。

最急性型,常见于流行初期,以产蛋高的鸡最常见。病鸡常无前驱症状,有时见病鸡精神沉郁,倒地挣扎,拍翅抽搐,病程短者数分钟,长者数小时,即归于死亡。

急性型最为常见。大多数急性禽霍乱病例是一种败血性感染,其明显的临床症状可能要到感染的最后阶段才会发生,包括发热(体温升高到43～44℃),食欲减退,口腔和鼻腔黏液增多,精神沉郁,羽毛粗乱,腹泻,排出黄色稀粪,呼吸困难,频率增加,渴欲增加,全身症状明显。鸡冠和肉髯呈青紫色,有的病鸡肉髯肿胀,有热痛感。产蛋鸡停止产蛋。最后衰竭、昏迷而死亡,病程短的约半天,长的1～3天,病死率很高。

慢性型多为急性病例转归而来,多表现为精神不振,鼻孔流出少量黏液,消瘦,发育不良以及肉髯发生水肿等。以慢性肺炎、慢性呼吸道炎和慢性胃肠炎较多见。

【病变】

1.猪

最急性病例主要为全身黏膜、浆膜和皮下组织大量出血点,尤以咽喉部及其周围结缔组织的出血性浆液浸润最为特征。切开颈部皮肤时,可见大量胶冻样淡黄或灰青色纤维素性浆液。水肿可自颈部蔓延至前肢。全身淋巴结出血,切面红色。心外膜和心包膜有小出血点。肺急性水肿。脾有出血,但不肿大。胃肠黏膜有出血性炎症变化。皮肤有红斑。

急性型病例除了全身黏膜、浆膜、实质器官和淋巴结和出血性病变外,特征性的病变是纤维素性肺炎。肺有不同程度的肝变区,周围常伴有水肿和气肿,病程长的肝变区内还有坏死灶,肺小叶间浆液浸润,切面呈大理石纹理。胸膜常有纤维素性附着物,严重的胸膜与病肺粘连。胸腔及心包积液。胸腔淋巴结肿胀,切面发红、多汁。支气管、气管内含有多量泡沫状黏液,黏膜发炎。

慢性型病例,尸体极度消瘦、贫血。肺脏肝变区广大,并有黄色或灰色坏死灶,外面有结缔组织包囊,内含干酪样物质,有的形成空洞,与支气管相通。心包与胸腔积液,胸腔有纤维素性沉着,肋膜肥厚,常与病肺粘连。有时在肋间肌、支气管周围淋巴结、纵隔淋巴结以及扁桃体、关节和皮下组织见有坏死灶。

2.牛

因败血型而死亡的,呈一般败血症变化。内脏器官出血,在黏膜、浆膜以及肺、舌、皮下组织和肌肉,都有出血点。脾脏无变化,或有小出血点。肝脏和肾脏实质变性。淋巴结显著水肿。胸腹腔内有大量渗出液。

浮肿型者,症状和猪的类似。

肺炎型者,主要表现胸膜炎和格鲁布肺炎。胸腔中有大量浆液性纤维素性渗出液。整个肺有不同肝变期的变化,小叶间淋巴管增大变宽,肺切面呈大理石状。有些病例由于病程发展迅速,在较多的小叶里能同时发生相同阶段的变化;肺泡里有大量红细胞,使肺病变呈弥漫性出血状。病程进一步发展,可出现坏死灶,呈污灰色或暗褐色,通常无光泽。有时有纤维素性心包炎和腹膜炎,心包与胸膜粘连,内含有干酪样坏死物。

3.羊

一般在皮下有液体浸润和小点出血。胸腔内有黄色渗出物。肺瘀血,小点出血和肝变,偶见有黄豆至胡桃大的化脓灶。胃肠道出血性炎。其他脏器呈水肿和瘀血,间有小点出血,但脾脏不肿大。病期较长者尸体消瘦,皮下胶样浸润,常有纤维素性胸膜肺炎和心包炎,肝有坏死灶。

4.兔

各个病型的变化不一致,但往往有两种或两种以上联合发生。

鼻炎型的病变,视病程长短而定。当疾病从急性向慢性转化时,鼻漏从浆液性向黏液性、黏液脓性转化。鼻孔周围皮肤发炎。鼻窦和副鼻窦内有分泌物,窦腔内层黏膜红肿。在较为慢性的阶段,仅见黏膜呈轻度到中度的水肿增厚。

地方流行性肺炎型,通常呈急性纤维素性肺炎变化,以肺的前下方最为常见。开始时呈急性炎症反应,表现为实变,肺实质内可能有出血,胸膜面可能有纤维素覆盖。消散时肺膨胀不全变得明显起来。如果肺炎严重,则可能有脓肿存在,脓肿为纤维组织所包围,形成脓腔或整个肺炎叶发生空洞,是慢性病程最后阶段常发生的现象。

败血型因死亡十分迅速,大体或显微变化很少见到。胸腔和腹腔器官可能有充血,浆膜下和皮下可能有出血。如与其他病型相伴,可出现其他病型的病变。

中耳炎型主要是一侧或两侧鼓室有奶油状的白色渗出物。病的早期鼓膜和鼓室内壁变红。鼓室内壁上皮可能含有很多杯细胞,黏膜下层有淋巴细胞和浆细胞浸润。有时鼓膜破裂,脓性渗出物流入外耳道。中耳或内耳感染如扩散到脑,可出现化脓性脑膜脑炎的病变。

5. 鸡

最急性型死亡的病鸡无特殊病变,有时只能看见心外膜有少许出血点。

急性病例病变较为特征。病鸡的腹膜、皮下组织及腹部脂肪常见小点出血。心包变厚,心包内积有多量不透明淡黄色液体,有的含纤维素性絮状液体,心外膜、心冠脂肪出血尤为明显。肺有充血和出血点。肝脏的病变具有特征性,肝稍肿,质变脆,呈棕色或黄棕色,肝表面散布有许多灰白色、针头大的坏死点。脾脏一般不见明显变化,或稍微肿大,质地较柔软。肌胃出血显著,肠道尤其是十二指肠呈卡他性和出血性肠炎,肠内容物含有血液。

慢性型因侵害的器官不同而有差异。当呼吸道症状为主时,见到鼻腔和鼻窦内有多量黏性分泌物,某些病例见肺硬变。局限于关节炎和腱鞘炎的病例,主要见关节肿大变形,有炎性渗出物和干酪样坏死。公鸡的肉髯肿大,内有干酪样的渗出物,母鸡的卵巢明显出血,有时在卵巢周围有一种坚实、黄色的干酪样物质,附着在内脏器官的表面。

6. 鸭、鹅

病变与鸡基本相似。

【诊断】　根据流行病学材料、临诊症状和剖检变化,结合对病畜(禽)的治疗效果,可对该病做出诊断,确诊有赖于细菌学检查,主要是对病原菌进行分离鉴定。对于怀疑感染的畜禽,主要检查鼻腔及鼻分泌物、扁桃体和肺中有无该病原菌的存在。败血症病例可从心、肝、脾或体腔渗出物等,其他病型主要从病变部位、渗出物、脓汁等取材,如涂片镜检见到两极染色的卵圆形杆菌,接种培养基分离到该菌,可以得到正确诊断,必要时可用小鼠进行实验感染。在血琼脂上长成淡灰白色、湿润、不溶血的露珠样菌落,麦康凯琼脂上不生长,革兰氏阴性,可进一步进行生化鉴定。动物试验将病料制成 1:10 乳剂,双抗处理后皮下或腹腔接种小鼠,接种后24～72 h 死亡,死后及时剖检,做镜检。

在猪,该病的急性型有时可与猪瘟发生混合感染,为了确定病性,有条件时可采取病猪血液或脾研磨成乳剂,一份接种家兔和小鼠,另一份经过细菌滤器或加入足量抗猪肺疫血清注射健康猪和猪瘟免疫猪。如注射猪中的未免疫猪发病,免疫猪及家兔、小鼠健活,则为猪瘟;如免疫猪健活,未免疫猪发病,而家兔与小鼠在接种后 2～5 天内死亡,剖检组织涂片检出两极杆菌,即可诊断为猪瘟和猪肺疫的混合感染。另外,病猪如取慢性经过,还应与猪气喘病进行区别诊断;如从气喘病猪中分离到巴氏杆菌,一般可认为系继发性感染。

牛的败血型与浮肿型需与炭疽、气肿疽和恶性水肿相区别,而肺炎型则应与牛肺疫区别。

在家禽,该病与鸡新城疫、鸭瘟有相似之处,应注意区别。

【防制】

根据该病传播的特点,防治方针首先应增强畜禽机体的抵抗力,消除可诱发疾病的外环境因素。平时应注意饲养管理,消除可能降低机体抗病力的因素,定期消毒。当前对该病的控制主要还是靠免疫接种和药物治疗。我国目前有用于猪、牛、羊、家禽、兔和貂的疫苗。动物源性多杀性巴氏杆菌不同血清型间的抗原性、宿主嗜性存在着明显的差异,菌间交互免疫效果较,使其引发的疾病更依赖于抗生素的治疗,或者应针对当地常见的血清群选用来自同一畜(禽)种的相同血清群菌株制成的疫苗进行预防接种。

发生该病时立即隔离治疗,氯霉素、庆大霉素、四环素以及磺胺类药物都有良好的治疗效果,肌内注射。复方新诺明或复方磺胺嘧啶,口服直到体温下降、食欲恢复为止。应将病畜(禽)隔离,严密消毒。同群的假定健康畜(禽),有条件可用高免血清进行紧急预防注射。隔离观察1周后,如无新病例出现,再注射疫苗。也可用疫苗进行紧急预防接种。发病禽群,可试用禽霍乱自场脏器疫苗(将发病禽场的急性病禽肝脏研细、稀释,用甲醛灭活而成),紧急预防接种,免疫2周后,一般不再出现新的病例。

霉素、链霉素、四环素族抗生素或磺胺类药物治疗也有一定疗效。鸡对链霉素敏感,用药时应慎重,以避免中毒。大群治疗时,可将四环素族抗生素混在饮水或饲料中,连用3~4天。喹乙醇对禽霍乱有较好治疗作用,可以选用。

人发生该病后,可以磺胺类药和抗生素(青霉素、链霉素、四环素族等)联合应用,有良好疗效。平时应注意防止被动物咬伤和抓伤,伤后要及时进行消毒处理。

案例分析

【临诊实例】

山东某大型长毛兔养殖场成年家兔发生了一种以肺出血、化脓、坏死等为症状的疾病,该病能导致家兔消瘦、零星死亡,占总死亡率的60%以上,特别是进入夏季以来其淘汰率进一步上升,一度达月死亡率的5%以上,年淘汰率达到60%。病死长毛兔的临床症状:病兔消瘦、骨瘦如柴,毛色不光滑、没有光泽、密度小,呼吸急促、腹式呼吸,鼻部潮湿、有脓性分泌物,食欲基本正常,粪便基本正常,未表现明显的其他临床症状(刘吉山等,2013)。其剖检变化:主要集中于呼吸道和肺,鼻窦内有白色奶油状分泌物,有的呈干酪样物质,气管内黏液增多,气管出血,胸腔内积满脓汁,心包粘连,胸腔粘连,单侧肺或双侧肺几乎消失,充满白色脓汁或奶油色干酪样物质。鉴于病死兔的临床症状及病理变化,作者在实验室对其进行了病原分离、生化试验、16S rRNA鉴定、药敏试验、动物试验及本场疫苗的制备与免疫试验。(刘吉山,姚春阳,莫玲. 长毛兔巴氏杆菌病诊断与防控. 中国畜牧兽医,2014,41(12):282-286.)

1. 疫苗制备

2. 扩大培养

将纯化、鉴定后的分离菌接种含4%鸡血清、1%裂解血的马丁肉汤,高密度通气发酵培养,37℃培养12 h,培养物加入0.1%福尔马林溶液,37℃灭活24 h,无菌检验合格后,于4℃冷藏备用。

3. 制备疫苗

参照沈志强等(1989)介绍的方法制备蜂胶灭活疫苗,于4℃保存备用。

4. 综合防控试验

试验组:取600只成年长毛兔,颈部皮下注射1.0 mL/(只·次),连续免疫2次,间隔1周,且在第 2 次免疫后第 4 天投喂恩诺沙星,按 24 mg/只(一般 3.5~4 kg/只),每天 1 次,连用 4 天。同时,自投药后第 1 天随机选择其中 500 只长毛兔开始观察,每隔 2 天记录 1 次死亡只数,连续观察 30 天,记录结果。对照组:取相邻区域 500 只成年长毛兔作为对照组,不采取任何处理措施,正常饲喂,记录观察结果。

【讨论】

1.临床确诊

sd-1 株分离菌革兰氏染色镜检为革兰氏阴性球杆菌,单个或成对存在;美蓝染色为两极着色。麦康凯培养基上,37℃培养 24 h,不生长。生化试验结果显示符合巴氏杆菌特点。分子生物学检测显示为荚膜血清 A 型巴氏杆菌。动物试验结果表明,该菌有足够的致病力引起日本大耳白兔发生化脓性肺炎而引发死亡。由此,确定此次发病由荚膜血清 A 型巴氏杆菌引起。巴氏杆菌可引起日本大耳白兔的鼻炎、肺炎、败血症、结膜炎、中耳炎、子宫睾丸炎等(王振华,2012),其多样性在临床上常令兽医陷入误诊。此次巴氏杆菌病并未引起日本大耳白兔的急性死亡(败血症),而是引起化脓性肺炎及鼻炎症状,与高光明等(2010)、郭慧霞等(2010)、徐刚等(2012)报道的有所不同,据笔者观察在日本大耳白兔所发生的巴氏杆菌病中以鼻炎、化脓性肺炎、结膜炎、中耳炎及子宫睾丸炎等症状的病例较多,而以败血症为特征的急性死亡病例在临床实践中并不多见。

2.药敏试验

药敏试验结果显示,sd-1 株对替米考星(T)、恩诺沙星(ENO)、氟苯尼考(F)、庆大霉素(GM)、头孢噻呋钠(CF)、阿莫西林(AMX)、环丙沙星(CIP)、氧氟沙星(OFL)、磷霉素(FOS)敏感;对硫酸新霉素(N)中度敏感,也说明了分离菌 sd-1 株对多种药物很敏感,应用大部分药物可有效控制。但此次发病,单独药物控制难以完全有效控制。孙宝莹等(2004)报道兔巴氏杆菌耐药现象较严重,多数为多重耐药,且对青霉素类、氟苯尼考及利福平敏感性较高,建议应用氟苯尼考治疗,但敏感药物临床应用是否会引发其他有害副作用,并未提及。笔者在临床实践中使用广谱抗菌药物,如利福平、氟苯尼考等,常会引发家兔腹泻等症状,从而引起家兔大批死亡的病例并不少见。因此,建议在家兔临床中慎用广谱抗菌药物,必须要用时,最好通过肌肉或静脉给药,防止发生意外。

3.防控试验

试验 A 和 C 组的死淘率分别为 1.6%、1.0%,B 组的死淘率为 2.4%,都明显低于对照组的死淘率 4.4%,说明 3 种防控方法均有疗效,其中以试验 C 组为最好,即巴氏杆菌本场疫苗免疫和恩诺沙星联用试验组。试验 B 组明显不如试验 A、C 组,试验 B 组用完药物 30 天后,新的疫情又开始了,又恢复到原来的状态。而试验 A、C 组一直保持低肺炎死亡率状态,在免疫30 天后死亡的兔子肺脏中未再次分离到巴氏杆菌,说明应用巴氏杆菌本场疫苗能有效控制荚膜血清 A 型巴氏杆菌病。通过防治试验发现无论用疫苗免疫还是用恩诺沙星投药,刚开始采取措施之后 10 天内死亡率没有很明显的起色,随着日期的延长,死亡率进一步下降,笔者认为,这种现象可能是因为很多表面健康兔已经发病且陷入严重肺炎状态,但未观察到临床症状,随着时间延长,症状加重而死亡。而之后死亡率降低可能是恩诺沙星起到了前期杀灭细菌,抑制了细菌的增殖。巴氏杆菌本场疫苗免疫组则是前期抗体未达到相当高的滴度,尚未起到有效的免疫效果,随着时间延长,抗体水平进一步升高,抑制了细菌增殖,防止继续向肺脏蔓延,从而对家兔起到保护作用。药物防治与疫苗免疫联合应用则可有效预防前期感染发病死亡的现象,因此,在发病时疫苗和兽药联合使用还是很有必要的。通过药物防治试验发现,应用恩诺沙星未发现家兔腹泻或便秘、采食量变化、精神异常问题,但发现鼻炎发生率及肺炎死亡率明显下降,因此,恩诺沙星应用在家兔中应该是安全的,且对呼吸道病是有效的,这与薛瑞辰等(2005)报道一致。另外,笔者曾用氟苯尼考进行治疗,剂量为 40 mg/只(体重 3.5~4 kg),每天 1 次,连用 4 天,结果发现家兔采食量明显下降,每天要剩料 20%,停药 3 天后才恢复正常,1 周后,腹胀、腹泻的病兔明显增多,因此,应用氟苯尼考来治疗或预防家兔的细菌病存在一定风险,一定要慎用。实际上广谱抗菌药物会引发家兔体内肠道微生物菌群失调,从而引发药物性腹泻,进而会导致大肠杆菌病、魏氏梭菌病等细菌性疾病的二次感染,这在兽医界基本达成共识,所以在临床中千万勿大剂量或长期投喂抗菌药物,发现严重不良反应,立即停止投喂。

第十二节　炭疽

炭疽(anthrax)由炭疽杆菌及其芽孢感染人和动物引发,表现为皮肤溃疡、焦痂、肠炎、肺炎及全身中毒症状,是一种人兽共患的急性、热性、败血性传染病。其病变的特点是脾脏显著肿大,皮下及浆膜下结缔组织出血性浸润,血液凝固不良,呈煤焦油样。

【病原】　炭疽杆菌(bacillus anthracis)是革兰氏阳性形成芽孢的兼性需氧菌,大小为(1.0~1.5) μm ×(3~5) μm,菌体两端平直,呈竹节状,无鞭毛,不能运动;在病料检样中多散在或呈 2~3 个短链排列,有荚膜,在普通培养基中则呈长链状,一般无荚膜,形成不膨出菌体的中央芽孢;该菌在病畜体内和未剖开的尸体中不形成芽孢,但暴露于充足氧气和适当温度下能在菌体中央处形成芽孢。

炭疽杆菌对培养基要求不严,在血琼脂培养基上的菌落形态为表面无光泽、菌落扁平、白色或灰白色、不溶血及边缘呈卷发状等;在普通琼脂平板上生长成灰白色、表面粗糙的菌落,放大观察菌落有花纹,呈卷发状,中央暗褐色,边缘有菌丝射出。

炭疽杆菌菌体对外界理化因素的抵抗力不强,但芽孢则有坚强的抵抗力,在干燥的状态下可存活 32~50 年,150℃干热 60 min 方可杀死。现场消毒常用 20% 的漂白粉,0.1% 升汞,0.5% 过氧乙酸。来苏儿、石炭酸和酒精的杀灭作用较差。

【流行病学】　炭疽的传染源包括炭疽病人、病畜及其尸体,以及被炭疽芽孢污染的环境及各种物体,主要传染源是草食动物患畜,如牛、羊、马、骆驼等。当患畜处于菌血症时,可通过粪、尿、唾液及天然孔出血等方式排菌,尤其是形成芽孢,可能成为长久疫源地,长期保存于土壤、草木和骨骼之中。

根据感染途径不同,临床上将炭疽病分为 3 种类型:皮肤炭疽、肠炭疽和肺炭疽。该病主要通过采食污染的饲料、饲草、饮水、乳、肉等经消化道感染,但经呼吸道、皮肤创伤接触、吸血昆虫叮咬而感染的可能性也存在。自然条件下,炭疽是食草动物的一种主要疾病,接触土壤中、皮毛上的芽孢可以导致感染。以绵羊、山羊、马、牛易感性最高,骆驼和水牛及野生草食兽次之。猪的感受性较低,犬、猫、狐狸等肉食动物很少见,家禽几乎不感染,许多野生动物也可感染发病,实验动物中以豚鼠、小鼠、家兔较敏感,大鼠易感性较差。人对炭疽普遍易感,芽孢可以通过呼吸道、消化道和皮肤接触感染人类，以皮肤型炭疽最常见，主要发生于那些与动物及畜产品接触机会较多的人员。

该病常呈地方性流行，疾病的发生与气候有明显的相关性，干旱或多雨、洪水涝积、吸血昆虫多都是促进炭疽暴发的因素。例如干旱季节，地面草短，放牧时牲畜易于接近受污染的土壤；河水干枯，牲畜饮用污染的河底浊水或大雨后洪水泛滥，易使沉积在土壤中的炭疽芽孢泛起，并随水流扩大污染范围。此外，从疫区输入病畜产品，如骨粉、皮革、羊毛等也常引起该病暴发。

【发病机理】　炭疽杆菌的致病物质主要是荚膜和炭疽毒素。炭疽感染从芽孢进入宿主开始，有毒力的炭疽芽孢进入动物机体后，被巨噬细胞吞噬并运送到局部淋巴结。在这一过程中，芽孢在吞噬体内幸存，开始发芽和生长，同时不断向外释放细菌，并扩散到淋巴系统，进而到达循环系统。在侵入的局部组织发育繁殖的同时，宿主本身也动员其防御机制来抑制病菌繁殖，并将其部分杀死，当宿主抵抗力较弱时，有毒力的炭疽菌能及时形成一种有保护作用的荚膜，保护菌体不受白细胞吞噬和溶菌酶的作用，使细菌易于扩散和繁殖。炭疽菌还能产生一种能引起局部水肿的毒素，菌体可在水肿液中繁殖，并经淋巴管进入局部淋巴结，侵入血液后并大量繁殖，分泌保护性抗原（PA）、致死因子（LF）和水肿因子（EF），从而导致败血症发生。

炭疽毒素与宿主细胞的相互作用一直是炭疽杆菌致病性研究的核心问题。炭疽毒素是外毒素蛋白复合物，由水肿因子（EF）、保护性抗原（PA）和致死因子（LF）三种成分构成，其中任何单一因素无毒性作用，这三种成分必须协同作用才对动物致病，它们的整体作用是损伤及杀死吞噬细胞，抑制补体活性，激活凝血酶原，致使发生弥漫性血管内凝血，并损伤毛细血管内皮，使液体外漏，血压下降，最终引起水肿、休克及死亡。用特异性抗血清可中和这种作用。

【症状】　该病潜伏期一般为 1~5 天，最长的可达 14 天。按其发病时间长短，可分为以下四种类型：

（1）最急性型　常见于绵羊和山羊，偶尔也见于牛、马，表现为脑卒中的经过（卒中型）。外表完全健康的动物突然倒地，全身战栗，摇摆，昏迷，磨牙，呼吸极度困难，可视黏膜发绀，天然孔流出带泡沫的暗色血液，常于数分钟内死亡。

（2）急性型　多见于牛、马，病牛体温升高至 42℃，表现兴奋不安，吼叫或顶撞人畜、物体，以后变为虚弱，食欲、反刍、泌乳减少或停止，呼吸困难，初便秘后腹泻带血，尿暗红，有时混有血液，乳汁量减少并带血，常有中度程度臌气，孕牛多迅速流产，一般 1~2 天死亡。马的急性型与牛相似，还常伴有剧烈的腹痛。

（3）亚急性型　也多见于牛、马，症状与上述急性型相似，除急性热性病征外，常在颈部、咽部、胸部、腹下、肩胛或乳房等部皮肤、直肠或口腔黏膜等处发生炭疽痈，初期硬固有热痛，以后热痛消失，可发生坏死或溃疡，病程可长达 1 周。

（4）慢性型　主要发生于猪，多不表现临床症状，或仅表现食欲减退和长时间伏卧，在屠宰时才发现颌下淋巴结、肠系膜及肺有病变。有的发生咽型炭疽，呈现发热性咽炎。咽喉部和附近淋巴结肿胀，导致病猪吞咽、呼吸困难，黏膜发绀最后窒息死亡。肠炭疽多伴有便秘或腹泻等消化道失常的症状。

【病变】　急性炭疽为败血症病变，尸僵不全，反刍兽多呈现膨胀。尸体极易腐败，天然孔流出带泡沫的黑红色血液，黏膜发绀，剖检时，血凝不良，黏稠如煤焦油样，全身多发性出血，皮下、肌间、浆膜下结缔组织水肿，脾脏变性、瘀血、出血、水肿，肿大 2~5 倍，脾髓呈暗红色，煤焦油样,粥样软化。局部炭疽死亡的猪,咽部、肠系膜以及其他淋巴结常见出血、肿胀、坏死,邻近组织呈出血性胶样浸润,还可见扁桃体肿胀、出血、坏死,并有黄色痂皮覆盖。局部慢性炭疽,肉检时可见限于几个肠系膜淋巴结的变化。

【诊断】 随动物种类不同,该病的经过和表现多样,最急性病例往往缺乏临诊症状,对疑似病死畜又禁止解剖,因此最后诊断一般要依靠微生物学及血清学方法。

1. 病料采集

可采取病畜的末梢静脉血或切下一块耳朵,必要时切下一小块脾脏,病料须放入密封的容器中。

2. 镜检

取末梢血液、各种分泌物、排泄物、脑脊液等材料制涂片检查,用瑞氏或姬姆萨(或碱性美蓝)染色,发现有多量单在、成对或 2~4 个菌体相连的短链排列、竹节状有荚膜的粗大杆菌,即可确诊。值得注意的是,从猪局部淋巴结检出的细菌粗细不一,菌链扭转状,且常只见荚膜阴影,而菌体消失。

3. 培养

新鲜病料可直接于普通琼脂或肉汤中培养,污染或陈旧的病料应先制成悬液,样品前处理时可以于 70℃ 加热 30 min,可杀死大部分繁殖体,并促进芽孢发芽,再接种培养,对分离的可疑菌株可作噬菌体裂解试验、荚膜形成试验及串珠试验。这几种方法中以串珠试验简易快速且敏感特异性较高。

4. 动物接种

用培养物或病料悬液注射 0.5 mL 于小鼠腹腔,经 1~3 天后接种小鼠因败血症死亡,其血液或脾脏中可检出有荚膜的炭疽菌。

5. Ascoli 反应

加热抽提待检炭疽菌体多糖抗原与已知抗体进行沉淀试验,是诊断炭疽简便而快速的方法,适用于各种病料。其优点是培养失效时,仍可用于诊断,因而适宜于腐败病料及动物皮张、风干、腌浸过肉品的检验,但先决条件是被检材料中必须含有足够检出的抗原量。肝、脾、血液等制成抗原于 1~5 min 内两液接触面出现清晰的白色沉淀环,而生皮病料抗原于 15 min 内出现白色沉淀环。此外,还可用琼脂扩散试验和荧光抗体染色试验。

【防制】

1. 预防措施

在疫区或常发地区,首先要从根本上解决外环境的污染问题,并且每年对易感动物进行预防注射,常用的疫苗是无毒炭疽芽孢苗,接种 14 天后产生免疫力,免疫期为一年。另外,要加强检疫和大力宣传有关该病的危害性及防治办法,特别是告诫广大牧民不可食用死于该病动物的肉品。

2. 扑灭措施

发生该病时,应尽快上报疫情,划定疫点、疫区,采取隔离封锁等措施,对病畜要隔离治疗,禁止病畜的流动,对发病畜群要逐一测温,凡体温升高的可疑患畜可用青霉素等抗生素或抗炭疽血清注射,或两者同时注射效果更佳,对发病羊群可全群预防性给药,受威胁区及假定健康动物作紧急预防接种,逐日观察至 2 周。对确定发生炭疽的动物不允许治疗,应做扑杀等无害化处理。

3.消毒

天然孔及切开处,用浸泡过消毒液的棉花或纱布堵塞,连同粪便、垫草一起焚烧,尸体可就地深埋,病死畜躺过的地面应除去表土 15～20 cm 并与 20％漂白粉混合后深埋。畜舍及用具场地均应彻底消毒。

4.封锁

禁止疫区内牲畜交易和输出畜产品及草料。禁止食用病畜乳、肉。人炭疽的预防应着重于与家畜及其畜产品频繁接触的人员,凡在近 2～3 年内有炭疽发生的疫区人群、畜牧兽医人员,应在每年的 4—5 月前接种"人用皮上划痕炭疽减毒活菌苗",连续 3 年。发生疫情时,病人应住院隔离治疗,病人的分泌物、排泄物及污染的用具、物品及被子衣服均要严格消毒,与病人或病死畜接触者要进行医学观察,皮肤有损伤者同时用青霉素预防,局部用 2％碘酊消毒。

5.治疗

抗生素是治疗炭疽的常规药物,对于清除体内的炭疽杆菌效果较好,但却无法清除细菌分泌的炭疽毒素。因此,必须在感染早期使用,且对病死率较高的肺炭疽、肠炭疽疗效不佳。

案例分析

【临诊实例】

2014 年 5 月 10 日,新疆精河艾比湖湿地自然保护区内的一只野生北山羊死亡。我们接到报告后,赴现场诊断为感染炭疽死亡,报告如下。病史调查,新疆精河艾比湖湿地自然保护区是国家级自然保护区,与农区有接触。区内十多种野生动物。其中野生北山羊数量在千只以上。它们经常出没在周围农区活动,采食草料。但因其是野生动物,从未免疫接种炭疽疫苗。而周边农村每年都有牛羊感染炭疽报道,今年 4 月曾有牛羊感染炭疽死亡报告。临床检查,死亡野生北山羊为雌性,年龄 1 周岁,死亡时间在 3 h 内。死尸从口腔、肛门等天然孔流出带气泡发黑色血液,血液不凝固。尸僵不全,腹部胀大。实验室检查,采取的血液和天然孔渗出物样品涂片,用瑞特氏染色镜检,可见成串有荚膜的竹节状粗大杆菌。另将皮下浆膜下组织浸出液用炭疽沉淀反应检验为阳性。诊断,根据精河艾比湖湿地自然保护区周边农村今年 4 月曾有牛羊感染炭疽死亡的报告,结合病史调查、临床检查、实验室检查结果,诊断为感染炭疽死亡。防制,禁止农区牛羊进入保护区,对野生北山羊用无毒炭疽芽孢苗免疫,做好预防宣传工作。(巴音代里根,安宁.野生北山羊感染炭疽病例诊断与防制.畜牧兽医杂志,2015,34(4):124.)

第十三节 弯曲杆菌病

弯曲杆菌病(campylobacteriasis)是一种重要的人兽共患病,可以引起人和动物发生各种疾病,并且弯曲杆菌是一种食物源性病原菌,被认为是引起全世界人类细菌性腹泻的主要原因,以空肠弯曲杆菌最为常见。

【病原】　空肠弯曲杆菌为弯曲菌属的一个种,弯曲菌属共分 6 个种及若干亚种。弯曲菌属(*Campylobactergenus*)包括胎儿弯曲菌(*C. fetus*)、空肠弯曲菌(*C. jejuni*)、结肠弯曲菌(*C. colic*)、幽门弯曲菌(*C. pybri dis*)、唾液弯曲菌(*C. sputorum*)及海鸥弯曲菌(*C. laridis*)。空肠弯曲杆菌是 80 年代起受到国内外广泛重视的人兽共同感染的病原菌,对人的感染率不亚于沙门氏菌和志贺氏菌。可以引起人类发烧、急性肠炎和 Guillain Barri 综合征,也可引起牛和绵羊流产、火鸡的肝炎和蓝冠病、童子鸡和雏鸡坏死性肝炎,以及雏鸡、犊牛、仔猪的腹泻等。

空肠弯曲杆菌为革兰氏阴性微需氧杆菌,长 $1.5 \sim 5 \mu m$,宽 $0.2 \sim 0.5 \mu m$;呈弧形或 S 形或螺旋形,$3 \sim 5$ 个呈串或单个排列;菌体两端尖,有极鞭毛,能做快速直线或螺旋体状运动;无荚膜。

空肠弯曲杆菌在普通培养基上一般生长不良,在 $5\%O_2$、$10\%CO_2$、$85\%N_2$ 的微需氧环境生长较好,少量的 H_2 有助于该菌从初级培养物中分离和生长。在 42℃ 生长最为旺盛,在 25℃ 不生长,最适宜 pH 7.0。空肠弯曲杆菌需要含有万古霉素、多黏菌素 B 和三甲氧苄胺嘧啶等抗菌药物的血液琼脂培养基,也有用无血琼脂培养基成功培养的报道。

空肠弯曲杆菌对干燥、阳光以及物理和化学消毒剂敏感;58℃ 加热 5 min 即死亡;在潮湿、少量氧的情况下,可以在 4℃ 存活 $3 \sim 4$ 周,该菌在水、牛奶、粪中存活较久,鸡粪中保持活力可达 96 h,人粪中则保持活力达 7 天以上。在 $-20℃$ 存活 $2 \sim 5$ 个月,但在室温下只能存活几天;细菌对酸碱有较大耐力,故易通过胃肠道生存。

【流行病学】　空肠弯曲杆菌作为共生菌大量存在于各种野生或家养动物的肠道内,与人体感染较为密切的主要为家禽和家畜,传染源主要是动物,弯曲菌属广泛散布在各种动物体内,其中以家禽、野禽和家畜带菌最多,其次在啮齿类动物也可以分离出弯曲菌。

动物的感染遍及哺乳类动物、禽类和各种鸟类。从粪便中分离出该细菌的哺乳动物有:牛(黄牛、奶牛)、羊(绵羊、山羊)、猪、犬、猫、家兔、猴、云豹、貂、水貂、熊、狐狸、银黑狐、麝鼠、豚鼠、田鼠、大鼠等;鸟类动物有:鸽、海鸥、麻雀、蓝马鸡、乌鸦、企鹅、白头翁、八哥、白孔雀、蓝孔雀等;禽类有:鸡、火鸡、乌骨鸡、鸭、鹅等。

野生动物、家畜及宠物都是弯曲杆菌的重要宿主。感染的动物通常无明显病症,但可长期向外排菌,从而引起人类感染。发展中国家由于卫生条件有限,水源性传播最多见,河水、溪水、山泉、井水中均可分离出弯曲杆菌。饮用未经消毒的牛奶也是重要的感染原因。此外,直接与带菌动物、宠物接触,常是屠宰场工人和儿童的感染原因。无症状带菌者和恢复期病人也可成为传染源。恢复期病人排菌时间为 8 天,有的可长达数周。特别是儿童带菌者的带菌率高。

【致病机制】

1. 弯曲杆菌性腹泻

动物实验已证实,因为弯曲杆菌不能产生肠毒素,所以该病非炎症性腹泻,此外也未发现肠壁受侵袭,所以也属非侵袭性感染,也无细胞毒存在的证据。有人推想弯曲杆菌感染系外源性感染,入侵肠道而繁殖致病。由于过量繁殖、肠道菌丛改变、免疫缺陷以及腹泻等因素的影响而使肠道中弯曲杆菌穿透肠黏膜,以至侵入血液。如同沙门氏菌或耶氏菌一样,弯曲杆菌也属于可穿透肠黏膜的致病菌,所以粪便培养和血液培养时常同时可呈阳性,且常伴有关节表现和皮疹。采用相差显微镜检查可直接自患者粪便中找到弯曲杆菌。动物感染后,从回肠、空肠或胃的吸出物中可检得弯曲杆菌,动物病变处呈现出血性坏死、炎症、溃疡。患者或口服弯曲杆菌“志愿感染者”的肠道病变与动物中所见相似,且血或粪培养也获阳性。研究表明,空肠弯曲杆菌是引致人急性胃肠炎症群的常见致病菌。此外,空肠弯曲杆菌感染性肠炎可并发肾小球性肾炎和肾小管间质性肾炎,并在动物粪便和肾活组织检查中分离出空肠弯曲杆菌。空肠弯曲杆菌还与脓毒性关节炎、骨髓炎、眼葡萄膜炎及感染性脑膜炎等疾病有关。

2. 弯曲杆菌性流产

感染一般由公牛自然交配或输入污染的精液所引起,主要侵害母牛子宫,阻止母体受孕或引起胚胎早期死亡,少数奶牛也可发生流产。空肠弯曲杆菌通过其他途径感染可引起多种肠外疾病。孕妇及妊娠期动物感染易导致自然流产、死产、早产。

【临床症状】

1. 弯曲杆菌性腹泻(空肠弯曲菌肠炎)

(1)牛　该病潜伏期为3天,牛发病突然,可见20%的牛只发生腹泻。2～3天后病情可波及80%的牛。病牛排恶臭水样棕色稀粪,牛粪便中常混有血便。大多病牛呼吸、脉搏、体温和食欲正常,少数病情严重,出现明显的全身症状。典型临床症状为病牛精神不振,食欲减退,弓背寒战,虚弱无力,泌乳量下降50%～95%。一般病程2～8天,病牛很少死亡。患牛还可患乳房炎,并从乳汁中排出病菌。

(2)人　主要临床表现为腹泻、发热和腹绞痛。大多数患者腹泻物为水样或血样;最多时每天腹泻8～10次。一些患者腹泻较少,而以腹痛和腹绞痛为主要症状。

(3)禽类　禽弯曲杆菌性肝炎又称禽弧菌性肝炎,是由弯杆菌属的嗜热弯曲杆菌,主要是空肠弯曲杆菌引起的幼鸡或成年鸡的一种传染病。该病以肝出血、坏死性肝炎伴发脂肪浸润,发病率高,死亡率低及慢性经过为特征。多数患病鸡精神不振,缩颈、闭眼,羽毛松乱,剧烈腹泻,粪便多为黄褐色,初期呈糊状,后期多呈水样,病鸡泄殖腔周围羽毛有稀粪污染。最后因衰竭而亡;自然条件下,可发生于各年龄的鸡,而以产蛋群和后备鸡群较多发,因腹腔内常积聚大量血水,故又称"出血病"。

2. 弯曲杆菌性流产

(1)绵羊　绵羊胎儿弯曲菌性流产作为绵羊的一种散发性流行病,又称胎儿弧菌病,其特征为胎膜发炎及坏死,引起胎儿死亡或早产,损失率高达50%～65.7%。流产通常发生在预产期之前28～42天,病羊步伐僵硬.精神不振。流产前2～3天阴唇显著肿胀,常从阴门流出带血的黏液。该病从怀孕的早期开始,逐渐在羊群中蔓延,直至整个产羔时期。流产的胎儿通常都发生了分解。有的达到预产期即使产活胎儿。但常因胎儿衰弱而迅速死亡。母羊在流产以后,常从子宫排出黏液,因而影响健康,使病羊较为消瘦,少数母羊可因子宫发生坏死而死亡。因该病流产过一次的母羊具有免疫力,以后继续繁殖时将不再流产。

(2)牛　公牛感染该病,无明显的临床症状,精液也正常,至多在包皮黏膜上发现暂时性潮红,但精液和包皮可带菌。母牛在交配感染后,病菌一般在10～14天侵入子宫和输卵管中,并在其中繁殖,引起发炎。病初期阴道呈卡他性炎,黏膜发红,特别是子宫颈部分,黏液分泌增加,有时可持续发生3～4个月,黏液常清澈,偶尔稍混浊,同时还发生子宫内膜炎。母牛生殖道病变的恶化常导致胚胎早期死亡并可能被吸收,从而不断发情。有的牛于感染后第二个发情期即可受孕,有的牛即使经过8～12个月仍不能受孕,但大多数母牛于感染后6个月可以受孕。有些妊娠母牛的胎儿死亡较迟,则发生流产,流产多在妊娠的第5～6个月,流产率5%～20%。早期流产,胎膜常可随之排出,如发生在妊娠的第5个月以后,往往有胎衣滞留现象。

【病理变化】

1.弯曲杆菌性流产

(1)牛 在流产病例,母牛子宫出现内膜炎、轻度子宫颈炎和输卵管炎。肉眼可见子宫颈潮红,子宫有轻度黏液性渗出物,可扩展到阴道。流产胎儿可见皮下组织的胶样浸润,胸水、腹水增量。腹腔内脏器官表面及心包呈纤维素粘连,肝脏浊肿、硬固,多数呈黄红色或被覆灰黄色较厚的伪膜,有的病例可见到肝脏有坏死灶、肺水肿等。流产后的胎盘有严重瘀血、水肿、出血等变化。公牛感染后,5岁以上的带菌公牛阴茎上皮腺的数量增加,有体积变化。

病理组织学变化:感染该病母牛病理组织学变化不明显,多呈轻度弥散性细胞浸润,伴有轻度的表皮脱落,无明显的血管变化。子宫内膜颗粒轻微增生,也可见到少数囊腺,在腺周围有轻度纤维变性。轻度子宫内膜炎则其基质内有浆细胞浸润并形成淋巴样细胞病灶。公牛生殖器官无异常变化。

(2)羊 在流产病例,由于胎儿弯曲菌积聚于胎膜及母羊胎盘之间的血管内,扰乱胎儿的营养,故胎儿不久即发生死亡,由于胎儿在死后很久才能从子宫内排出,故较容易引起腐败菌感染。在没有腐败菌作用的情况下,胎儿皮下组织均有水肿,浆膜上有小出血点,浆膜腔内含有大量血色液体,肝脏可能剧烈肿胀,有时有较多灰色坏死区,该种病灶容易破裂,而使血液流入腹腔。

2.弯曲杆菌性腹泻

(1)牛 死后剖检无明显特征性变化。腹泻期稍长的病牛,胃黏膜充血、水肿、出血,覆有胶状黏液,皱褶部出血明显。肠内容物常混有血液、气泡、恶臭、稀水状物质。小肠黏膜充血,在皱褶基部也有出血,部分肠黏膜上皮脱落,直肠也有同样变化。病牛肠系膜淋巴结肿大,肝脏、肾脏呈灰白色,有时可见出血点,心肌脆如煮肉状,心内膜也常有出血点。心、肝、肾实质器官呈现颗粒变性,肠黏膜下层与黏膜肌层胞浸润,肠黏膜下层有水肿,并有出血。

(2)禽类 病鸡喉和气管出血,心冠有出血斑点。最明显的病变是肝脏肿大、褪色,有点状黄色小坏死灶散布于肝实质内,肝被膜下有大小不等的出血灶,严重者肝变脆,并满布大的坏死灶,少数病例肝脏破裂,腹腔积水,小肠出血,肠道臌气,脾脏肿大,有坏死斑点,肾肿大呈黄褐色,质脆易碎;心包积液、呈透明的橙黄色,心肌松软无力;脾脏极度肿大变圆,呈斑驳状外观。个别鸡在头部、翅膀及腿部也出现血泡状肿,易破裂出血。

(3)人 大多数典型的感染为急性、自限性胃肠炎,此外有些病例可出现腹膜炎、胆囊炎、关节炎、阑尾炎等,也可合并溶血尿毒综合征、多发性神经炎、格林-巴利综合征、脑膜炎、心内膜炎、血栓性静脉炎、泌尿系统感染等。

【诊断】 根据流行病学、临床症状(流产、腹泻)、剖检病变可以做出初步诊断。确诊需要实验室检查。

1.病原学检查

(1)直接镜检 在鸡,无菌操作采取病死鸡肝脏涂片,革兰氏染色镜检,见大量弯杆菌呈S状、豆点状,还有的呈半圆状的阴性杆菌。

(2)分离鉴定 在牛,采取可疑病牛的胎盘、流产胎儿的胃内容物、母畜血液、肠内容物、胆汁以及阴道黏液、包皮刮取物或精液样品用无菌方法接种于血液培养基,培养在微氧环境中于37℃孵育,出现呈白色、扁平、光滑、湿润、不溶血的菌落,对分离的菌落可作进一步鉴定形态及染色,发现弯曲杆菌即可确定。

2.动物接种试验

将分离于病鸡的纯细菌培养物接种于鸡胚卵黄囊,接种后 3～5 天内鸡胚死亡,见卵黄囊及胚体出血。再用尿囊液给雏鸡肌肉注射接种 7～10 天后,部分鸡只发病死亡。取尿囊液、病死鸡组织涂片,革兰染色镜检,发现弯曲杆菌即可确定。

3.血清学试验

血清学诊断血清学诊断方法有试管凝集试验、间接凝集试验、补体结合试验、免疫荧光抗体技术、酶联免疫吸附测定试验。

4.PCR 诊断

以空肠弯曲杆菌保守基因序列为靶基因,建立空肠弯曲菌的双重 PCR 方法,此方法具有灵敏、特异的特点,可节省传统生化鉴定所耗费的时间,为空肠弯曲菌的检测提供新方法。

5.基因探针技术

有报道,使用特异探针,具有特异、灵敏度高的特点,可检出 4～8 mg 样品中的病原基因。

【鉴别诊断】

1.鸡

弯曲杆菌肝炎,由于鸡白痢、鸡伤寒、鸡白血病,都可引起肝肿大,并出现类似病灶,易与该病相混淆。鸡白痢、鸡伤寒病原为革兰氏阴性短杆菌,可用相应的阳性抗原与患鸡血清做平板凝集实验而区别。鸡白血病为病毒病,其显著特征是除肝脏外,脾和法氏囊也有肿瘤结节增生。

2.牛

弯曲杆菌性腹泻应与大肠杆菌病、副结核病、沙门氏菌病、病毒性腹泻-黏膜病、犊牛梭菌性肠炎、球虫病及隐孢子虫病相鉴别,因为这些疾病基本都有腹泻表现。

【防制】

1.弯曲杆菌性流产

采用无弯曲杆菌感染的牛精液进行人工授精是一种简单有效的预防方法。但对某些牛群来说,特别是在牧场上发生自然交配时,该法可能无实际意义。牛群中发病率高的许多国家采用免疫途径来根除牛群中的弯曲杆菌感染。公牛的抗生素治疗可作为辅助治疗手段。保持牛群严格的封闭措施,可达到有效的预防。在短期内对育种公牛进行替换时,会增加感染的危险。在这种情况下,发情周期的同期化和人工授精是一种最有效的预防措施,从而避免用未知情况的青年牛来交配。利用成年牛交配时,需要对牛进行检查,一旦发现该病及时用抗生素治疗。

2.弯曲杆菌性腹泻

(1)牛　首先,要严格贯彻执行消毒卫生工作,对患病牛要进行隔离治疗。治疗的关键是要控制传染源,切断任何可能的传播途径。例如对流产地点进行彻底消毒,对被污染的垫草、粪便进行清理,做好无害化处理等。另外,应重视屠宰场的卫生管理,尽量避免肉牛胴体被细菌侵染。治疗时主要应用对其敏感的抗生素进行。推荐使用抗生素(庆大霉素、复方新诺明和氟哌酸、磺胺甲基嘧啶、金霉素等)进行治疗。此外,腹泻性疾病会导致动物的大量失水、失电解质,应注意补液(如葡萄糖生理盐水)。

(2)鸡　加强平时的饲养管理和贯彻综合卫生措施,如定期对鸡舍、器具消毒。采用多层网面饲养可减少或阻断该病的传播。彻底消毒用具和房舍,房舍消毒后空置 7 天,可有效清除禽舍内残余的弯曲杆菌。通过消毒笼具和在出栏前至少停食 8h 来减轻其加工厂的污染,加工后用化学药物消毒胴体和分割鸡均可减少弯曲杆菌的数量。

【公共卫生】

目前认为,猪、牛、鸡和犬是最为常见的传染源。被感染的动物常无明显的症状,并长期携带此菌,其分泌物可污染周围的环境、水和牛奶,在屠宰过程中可污染动物胴体。当人与这些动物密切接触或食用被污染的食品时,病原体就进入人体。

目前尚无预防弯曲杆菌感染的疫苗。对弯曲杆菌的预防,只能针对其流行环节和特点采取相应的措施。家禽是最重要的传染源,应注意饲养场饲养卫生,采取从农场到餐桌全程控制,防止污染;不吃生的或未熟透的禽肉;对肉食品加工过程采用危害分析关键控制点(HACCP)方法,减少弯曲杆菌及其他可能的污染;净化水源,特别注意农村用水卫生;不饮用生奶,牛奶消毒可采用巴氏消毒法或煮沸法。

家庭注意厨房卫生,避免禽肉对其他食品的交叉污染。辐照也可以用于杀菌,但不能完全代替其他控制措施。此外,应尽量避免与牲畜、宠物的直接接触,减少感染机会。

思考题

1. 弯曲杆菌病主要病型有哪些?
2. 如何诊断动物的弯曲杆菌病?
3. 弯曲杆菌病的防控措施有哪些?

第十四节　布鲁氏菌病

布鲁氏杆菌病(Brucellosis)是由布鲁氏杆菌引起的人兽共患传染病,在全世界广泛分布,以流产和发热为临床特征;在家畜中,最常发生于羊、牛和猪,也可传染给人和其他动物,导致巨大的经济损失和严重的公共卫生问题,严重威胁着人和多种动物的生命健康,被列为二类法定传染病,目前在我国人畜间仍有发生。

【病原】　布鲁氏杆菌为革兰氏隐形的小球杆菌,大小为 $(0.6 \sim 1.5)$ μm × $(0.5 \sim 0.7)$ μm;无芽孢和鞭毛,在不利的条件下可以形成荚膜;自然状态下布鲁氏菌有粗糙型(Rough,R)和光滑型(Smooth,S)两种,各个种以及生物型菌株之间,形态及染色特性等方面无明显的差异,该菌经吉姆萨染色为紫色;根据宿主差异、生化反应特点及菌体表面的不同结构、宿主倾向性和危害性进行分类,可将布鲁氏菌分成 6 个不同的种,布鲁氏菌属有 6 种 19 型,能够感染人的有牛、羊、猪 3 种 16 型,包括羊种布鲁氏菌(马耳他布鲁氏菌)(Br. melitensis)、牛种布鲁氏菌(流产布鲁氏菌)(Br. abartus)、猪种布鲁氏菌(Br. suis)、绵羊种布鲁氏菌(Br. vis)、沙林鼠种布鲁氏菌(Br. neotomae)和犬种布鲁氏菌(Br. cams)。在我国流行的主要是羊、牛和猪种布鲁氏菌,其中以羊种布鲁氏菌更多见,近年来犬的布鲁氏杆菌也引起了重视。

虽然布鲁氏杆菌不产生外毒素,但是有毒性很强的内毒素,不同种类的布鲁氏菌大多具不同宿主间交叉感染的能力,并具有极为明显的宿主危害倾向性。一般说来,羊的布鲁氏杆菌毒力最强,人和羊高度易感,引起的危害也最为严重,猪布鲁氏杆菌次之,牛的布鲁氏杆菌较弱。

布鲁氏菌对外界环境的抵抗力较强,在皮毛和乳类制品中可生存数周至数月,在水和土壤中可生存 72~144 天,在粪尿中存活 45 天;但是布鲁氏菌对热抵抗力弱,在巴氏灭菌法 10~15 min 即可被杀死;对消毒剂抵抗力不强,一般消毒药(如 1%~3%的石炭酸,0.1%的升汞,2%的苛性钠,2%~3%来苏儿或 1%~2%的福尔马林液或 5%新鲜石灰乳,0.1%的新洁尔灭等)能很快将其杀死该菌;在阳光直射下 0.5~4 h 或在布片上室温干燥 5d 或在干燥土壤内 37 天可以死亡。

【流行病学】 该病的易感动物范围很广,如牛、羊、猪、骆驼、水牛、牦牛、羚羊、鹿、猴、野猪、马、野兔、犬科动物(犬、猫、狐狸、貉、狼等)、禽类(鸡、鸭)以及一些啮齿动物和海洋动物。其中羊、牛、猪为主要的易感动物。

病畜的多种体液中携带病原菌,阴道分泌物具有传染性,乳汁中带菌较多,排菌可达数月至数年。布鲁氏菌可经呼吸、消化、生殖系统黏膜以及损伤甚至未损伤完整皮肤等多种途径感染动物和人。人感染布鲁氏菌后一般不发生人与人的水平传播。人与病畜直接接触是主要感染途径,如加工病畜皮或毛、肉等也可感染,或进食染菌的生乳、乳制品、未煮熟的病畜肉类可经消化道感染。虽然某些居民无牛羊接触史,但可能由于染菌气溶胶,通过呼吸道发生感染。

绵羊、山羊和牛对布鲁氏菌最易感,也是人类最主要的感染源。流产布鲁氏菌的主要宿主是牛,对羊、猴、豚鼠有一定的易感性,猪、马、骆驼和犬、鹿、鸡、大鼠、小鼠、兔和人均可以感染。猪布鲁氏菌主要感染猪,也可感染其他动物,与流产布鲁氏菌相似。犬布鲁氏菌主要感染犬,但是犬可以是马耳他布鲁氏菌、流产布鲁氏菌、猪布鲁氏菌的机械携带或生物学的带菌者,但是牛羊、猪、人对犬布鲁氏菌易感性较低。沙林鼠布鲁氏菌对小鼠的易感性强。海洋动物的布鲁氏杆菌与陆生的布鲁氏杆菌不同,有报道感染该菌可以引起睾丸炎、流产和脑膜脑炎,尽管有人类感染的报道,尚未确定为人兽共患病。

【致病机制】 布鲁氏菌侵入动物体内后,在几天内可以到附近的淋巴结,被吞噬细胞吞噬,细菌在细胞内进行繁殖,形成原发病灶,但是不表现临床症状,随着细菌的大量繁殖,破坏了吞噬细胞后,再进入血液中发生菌血症,并引起体温升高、出汗等症状,菌血症以不定的间歇出现多次反复,侵入血液中的布鲁氏菌,散步到各个组织器官,该菌在胎盘、胎儿和胎衣等适宜组织中进行繁殖,其次在乳腺、淋巴结、骨骼、关节、腱鞘和滑液囊以及睾丸、附睾、精囊等,形成多发性的病灶。

当患病动物交配时可以发生感染,母畜阴道接受了含有布鲁氏菌的精液,在同一发情期与该母畜交配的所有公畜便受到感染。公畜在非配种期同群放牧,通常互相爬跨,使传染性精液附着于易感公畜的直肠内或会阴部皮肤,细菌穿透皮肤黏膜引起感染。爬跨的易感公畜的阴茎直接与被爬跨的附着有传染性精液的公畜的直肠或会阴部接触,细菌穿透阴茎黏膜,发生感染。偶尔传染性精液也可能传染口、鼻黏膜与眼结膜,细菌穿透黏膜引起感染。

细菌进入宿主组织,经过输入淋巴管进入局部淋巴结,引起有限的网内细胞增生后,一些病原进入血液,分布于所有器官。感染后 60 天内,到达淋巴结、肝脏、脾脏的细菌绝大多数被清除,而定位于附睾、睾丸和精液中的细菌,在感染后 45 天内引起附睾炎。附睾间质水肿与浆细胞、淋巴细胞浸润,中性粒细胞移行进入附睾管腔中。附睾管被覆上皮细胞增生,在管腔内形成阻塞性皱褶。邻近阻塞部位精子细胞大量聚积,常外渗于间质中,形成精液囊肿。扩张的管段和外渗的精子细胞引起慢性炎症反应,并形成肉芽肿。在附睾管完全闭塞后,曲细精管可能萎缩。反映在精液质量上有不同程度精细胞减少、异常精细胞、精液中有绵羊种布鲁氏菌和白细胞,感染可能长达 4 年之久。

【临床症状】

1. 羊

母羊较公羊易感性高,性成熟后对该病极为易感,消化道是主要感染途径,也可经配种感染;羊群一旦感染此病,首先表现为孕羊流产,开始仅为少数,以后逐渐增多。多数病例为隐性感染。怀孕羊发生流产是该病的主要症状,公羊睾丸肿大,后期睾丸萎缩,出现关节肿胀和不育。

2. 奶牛

患病牛潜伏期长短不一,短的两周,长的可达半年之久。临床表现也不尽相同。非妊娠奶牛感染该病既不表现临床症状又不死亡。但在较长时期内,可从粪便和尿液中持续排出病原菌。妊娠奶牛感染该病的明显症状是流产,流产可发生于妊娠的任何时期,但最常发生在妊娠的第六个月至第八个月。流产胎儿多为死胎,有时也产下弱犊,但往往存活不久。感染布病的妊娠奶牛流产特征为阴唇肿胀,阴道黏膜上有小米粒大的红色结节,阴道内有灰白色或灰色载性分泌液。流产胎水清亮,有时浑浊并含有脓样絮片。流产后常发生胎衣滞留,会在1~2周内从阴门内排出污灰色或棕红色、气味恶臭的分泌物。

3. 人

人布鲁氏菌病在农村及城市均有发生,临床上以间歇性发热,多汗,关节痛,肝、脾、淋巴结肿大为主要表现,但近年来不典型病例明显增多,某些病例还出现过去少见的胃肠道症状,肺部和神经系统并发症也较前增多,个别病人仅表现为局部症状,如发热伴有睾丸肿痛等。

4. 猪

布鲁氏菌病为布鲁氏菌引起的人兽共患病,母猪感染的典型症状为,母猪多在怀孕后30~50天或80~110天发生流产,公猪睾丸肿大。

5. 犬

犬感染犬型布氏杆菌后,多为不显示症状的亚临床感染,但可长期排菌达两年以上,只有少数感染犬在菌血症期间体温升高.但妊娠母犬感染后多数在妊娠后期发生流产,有时排出的胎儿还活着,但多数在几小时到几天内死亡。活存下来的小犬外观可能健康,但有菌血症和全身淋巴结肿胀变化。感染的公犬常发生附睾炎、睾丸炎、阴囊炎、睾丸萎缩和前列腺炎等。有的慢性病犬呈现不育、不孕和体表淋巴结肿胀现象。

6. 鹿

患病母鹿出现流产、死胎、烂胎、胎衣不下、空怀或不孕、子宫炎、乳房炎等,流产一般发生在怀孕后期,体弱乏力,食欲不振。在病情严重的鹿场母鹿流产率在50%以上。

7. 骆驼

骆驼布鲁氏菌病的阳性感染率低于牛、羊,多数缺乏布病的临床症状和流行病学指征。虽然在北非和南撒哈拉骆驼的感染可能是马耳他布鲁氏菌的感染,但是在苏联则通常是由流产布鲁氏菌所致的。

8. 狐狸

主要感染母兽,狐狸对牛型和羊型布鲁氏菌主要是经过消化道感染,流产母兽的分泌物及胎儿是最危险的传染源。成年狐发病率高,幼狐发病率低,潜伏期长。狐狸主要症状是流产,产后不孕和死胎。患病时表现食欲下降,个别病例出现化脓性结膜炎。

9. 禽类

鸡、鸭等通常表现为腹泻和虚脱,有报道可见产蛋量下降,或有麻痹症状。

10. 貂、貉

水貂、紫貂其特征性症状是周期性弛张热或长期波状热,流产、子兽弱小,周龄内死亡率高。公兽出现睾丸肿大或萎缩,配种能力下降等。

11. 马

多为隐性经过,初期表现为发热、发炎部位疼痛等,也可以发生流产。

12. 海洋动物

20 世纪 90 年代,人们陆续从海洋动物包括海豹、海豚、小鲸鱼、鲸鱼及水獭中分离到了第 7 种生物型的布鲁氏菌,为一种新的生物型的布鲁氏菌,虽然目前这种生物型布鲁氏菌还没有得到正式命名,但已经被普遍认可。一般来说,海洋哺乳动物感染布氏菌后临床症状比较轻微,发病率和死亡率都比较低,海豚可能出现流产,鲸可出现脑膜脑炎病变。

【病理变化】

1. 羊

剖检常见病羊胎衣部分或全部呈黄色胶样浸润,其中有部分覆有纤维蛋白和脓液,胎衣增厚,并有出血点流产胎羊主要呈败血症病变,浆膜与筋膜有出血点与出血斑,皮下和肌肉间发生浆液性浸润。脾脏和淋巴结肿大。肝脏中出现坏死灶公羊发生该病时,可发生化脓性坏死性睾丸炎和副睾丸炎,怀孕母羊可以发生关节炎和滑液囊炎。少数病羊发生角膜炎和支气管炎。

2. 牛、鹿

基该病变与羊相似。

3. 猪

公猪感染典型病变为附睾炎和睾丸炎、关节炎。

4. 貂、貉、狐狸

妊娠中后期死亡的母兽,出现子宫内膜炎,或有糜烂的胎儿。外阴附着有分泌物,淋巴结和脾脏肿大。个别的公兽出现睾丸炎和附睾炎性坏死灶和化脓灶。病理组织学变化主要是肝脏脾脏可见布鲁氏杆菌肉芽肿,淋巴结内可见网状细胞增生。

5. 马

一些患病马可见头部、颈部出现脓肿,少见骨脓肿、关节炎、腱滑膜炎;脓肿可程序数日或数月,脓肿或被吸收,或经常见破溃处含有纤维素凝块和黄色黏性渗出物,晚期可以形成瘘管。

6. 犬

没有特征性病理变化。临床症状明显的病犬,剖检可见淋巴结肿胀,睾丸炎,乳腺炎和关节炎等变化。流产胎儿和胎盘可见部分组织溶解,胎儿内脏出血、肝炎、肺炎和心内膜炎等变化。部分亚临床感染犬有淋巴结肿胀发炎变化,其中以咽喉与颌下淋巴结更为明显。

【诊断】　根据流行病学,临床症状(流产,胎衣滞留、不育,睾丸肿大或萎缩)可以初步诊断。但是确诊需要实验室检查。

1. 细菌学检查

(1)直接镜检　采取流产胎儿、胎衣、分泌物,流产胎儿的胃内容物、脾、肝、淋巴结、子宫坏死部分等组织做涂片,用革兰染色镜检可见革兰氏阴性菌,用柯兹洛夫斯基染色法染色,常可见到被染成淡红色的小球纤状菌,其他细菌或组织呈绿色。

(2)细菌分离培养　采取病料接种于10%马血清的马丁琼脂斜面。如病料有杂菌污染时,可用选择培养基培养(即在100 mL马丁琼脂或肝汤琼脂中,加入2 500 IU杆菌肽、10 mg放线菌酮、600 IU多黏菌素B,混合后倒入平皿中,供分离培养用)。如有细菌生长,挑选可疑的菌落做细菌鉴定。将疑似菌落进行纯培养,进一步做布鲁氏菌生物学特性检验,用抗血清做玻片凝集试验等确定。

2.血清学诊断方法

(1)凝集反应检测　目前,广泛采用凝集反应包括虎红平板凝集试验(RBPT)和试管凝集试验(SAT)。具体操作方法及判定按农业部颁布的操作规程进行。试管法可直接检测脂多糖抗原的抗体,效价$\geq$1∶160为阳性,但注射菌苗后也可呈阳性,故应检查双份血清,若效价有4倍或以上增长,提示近期布鲁氏菌感染。

(2)酶联免疫吸附试验(ELISA)　ELISA是近年来研制出的一种新型的快速检测技术,常用检测布鲁氏菌病的方法有:①间接法:多用于检测抗体,它的本质是抗球蛋白试验;②双抗体夹心法:多用于检测大分子抗原;③竞争法:多用于检测小分子抗原。研究表明,ELISA用来检测布鲁氏菌抗体,其敏感性比试管凝集反应要高10~100倍。

(3)变态反应(DTH)法　DTH试验操作简便,判断直观,标准易于掌握。但山羊的变态反应不如绵羊容易读取和判断结果,可以进行畜群检测,不易做早期诊断。一般用DTH结合补体结合试验诊断猪布病。

(4)布鲁氏菌的PCR检测　有报道,PCR技术可以特异地检测到很少量的布鲁氏菌,用引物 对布鲁氏菌R型、S型DNA进行扩增后,最低可检测到1 pg的布鲁氏菌DNA。

(5)胶体金快速检测卡　采用胶体金标记技术,检测特异抗体或抗原,具有快速、简便、准确、成本低的特点,可以用于临床诊断和快速批量筛查。应用免疫胶体金布鲁氏菌病快速诊断试纸,只需将待检血清用生理盐水按1∶40稀释,用试纸条侵入到血清标本中,2 min后即可观察结果,15 min观察终止。判定结果以试纸上出现阳性的红色沉淀线为依据。

【防制】

应当着重体现"预防为主"的原则。采取严格检疫、严格淘汰、疫苗免疫等措施进行控制。

1.严格检疫,严格淘汰

在未感染的动物群中,控制该病做好的办法是自繁自养;引进种畜时,须先调查疫情,不从流行布氏杆菌病的单位引进牛只;还必须经过布氏杆菌病检疫,证明无病才能引进。新引进的牛入进入肉牛养殖场时隔离检疫1个月,经结核菌素和布氏杆菌病血清凝集试验,都呈阴性反应,才能转入健康牛群。认真管好牲畜、粪便和水源。发现流产动物要立即隔离,对流产胎儿、胎衣及羊水等污物都要严密消毒。对种公畜每年进行两次定期检疫,检出的阳性公畜,要隔离饲养或交商业部门收购处理;阳性种公畜要淘汰,以便控制传染源,逐步净化。患病的母畜分娩后,立即将仔畜和其他的仔畜分开,单独喂养,在5~9个月内进行两次血清凝集试验,阴性者可以注射疫苗,以培养健康畜群。

2.疫苗免疫

认真落实以免疫为主的综合防治措施,逐步控制和消灭布氏杆菌病。

(1)牛种布鲁氏菌 19(*Br. abortus* strain 19,S19)疫苗　该疫苗制造用菌株是 1923 年从牛奶中分离获得的,并在实验室培养过程中致弱。菌株中含有 O 链的脂多糖(LPS)能持续刺激机体产生抗体,对牛有一定的保护力,历史上曾将 S19 株广泛应用于牛的免疫接种。但该菌株能传染人,并会引起怀孕母畜的流产,在公畜中也限制使用。由于布鲁氏菌疫苗不具备完全保护作用,免疫后的动物仍然可能感染其他菌株,因此通过血清学方法检测为布鲁氏菌阳性的家畜,仍无法判定动物是否被其他菌株感染,从而干扰临床诊断。

(2)羊种布鲁氏菌 Rev.1(*Br. melitensis Rev.* 1,Rev.1)疫苗　本疫苗被认为是一种毒力减弱株,属于光滑型。对牛、羊布鲁氏菌均具有免疫保护力。此菌株作为疫苗仍具有一定的毒力,并且在适当的条件下,毒力可以完全恢复。和 S19 一样,Rev.1 免疫动物后也会干扰临床诊断。大量的动物试验结果显示,由 Rev.1 引起的流产率比 S19(S19 低于 100)略高,而对于某些毒力变异株,其致流产率可能更高。因此以 Rev.1 作为疫苗,还需有更多的数据证实其安全性和效率问题。

(3)猪种布鲁氏菌 S2 疫苗(*Br. suis* strain 2,S2)　该疫苗是用中国分离株制造的,其毒力比 S19 和 Rev.1 对猪、牛和羊均能产生良好的免疫。由于其毒力较弱,可以通过口服或肌注的方式进行免疫,并且不会导致怀孕母畜的流产,因此在我国被广泛使用。虽然有研究认为,S2 的新型荟因工程疫苗及标志疫苗保护率较 S19 和 Rev.1 低 10%～20%,但大量的动物试验表明,S2 能够提供令人满意的保护率,对超强毒的马耳他型(*B melitensis*)布鲁氏菌的攻击能提供 40%～60%的保护。

(4)牛种布鲁氏菌 45/20(*Br. abortus strain* 45/20,45/20)疫苗　该疫苗制造用菌株是 1922 年从病牛体中分离,后经豚鼠 20 次传代后获得粗糙型的减毒株。

(5)粗糙型牛种布鲁氏菌株 51(Rough strain *B. abortus*51,RB51)疫苗　该疫苗株最初由光滑型牛布鲁氏菌 2308 株经体外反复传代,并经利福平和青霉素的筛选获得。具有利福平抗性的 RB51 是当前应用最为广泛的疫苗。多年的实践证明其免疫力和保护力均优于 S19,并克服了以往疫苗的一些弱点。预计不久将会有保护性更好的重组 RB51 问世。

(6)新型疫苗　包括布鲁氏菌重组亚单位疫苗、重组粗糙型布鲁氏菌株疫苗、布鲁氏菌 DNA 疫苗(含有 P39,Omp31,L7/L12 重要抗原基因或重组其他功能基因)正在研究开发中。对犬的布鲁氏菌疫苗尚未研究出有效的疫苗。

目前广泛使用的布鲁氏病疫苗无论在免疫原性还是生物安全性方面均存在着严重缺陷,不仅免疫效果不稳定,持续时间短,而且无法和自然感染引起的免疫反应相区别。人的弱毒疫苗其严重的过敏反应而仅为部分高危人群所接受;动物弱毒疫苗一般不能用于怀孕和泌乳期,大多对人类仍具一定感染性和致病性;现有疫苗株均为体外培养或异种不敏感动物传代获得的自然突变株,致弱机制及功能基因组基础不明确。因此,采用新兴生物技术研制新型布鲁氏病分子标志疫苗和基因工程疫苗成为布鲁氏病疫苗研究的必然方向。

【公共卫生】
该病是《中华人民共和国传染病防治法》《动物防疫法》规定的乙类传染病,该病已经波及到 160 多个国家和地区,每年出现约 50 万例人布鲁氏菌病,最近在海洋哺乳动物体内也分离到布鲁氏菌,扩大了布鲁氏菌的感染。据 WHO 专家报告,由于生态环境变化,抗生素药物滥用及病原变异等原因,布鲁氏菌致病性日趋严重,仍是 21 世纪初全球面临的最大的健康问题。

在美国,布鲁氏菌还是潜在的生物战剂,始终受到军事医学家的高度重视;而且布鲁氏菌病在世界范围内,特别是在发展中国家仍无法被根除,目前只有英国和澳大利亚通过严格的卫生防疫措施消灭了布鲁氏菌病。

布鲁氏菌病在我国有着广泛的流行区域,尤其在以畜牧业生产为主的地区。据国家疾病监控中心和农业部畜牧业疾病情报中心透露,我国每年新发布鲁氏菌病例达几万人次,牛、羊、猪感染有百万头之多,所造成的经济损失可达十几亿元。更为严重的是布鲁氏菌病发病率近年呈上升趋势,不仅严重危害了人类健康,而且对畜牧业生产造成极大的危害。

因此,需要在全国范围内增加对布鲁氏菌的重视程度,提高防范意识,加大防范力度,研制安全、有效的布鲁氏菌病疫苗,这对国家安全、人类健康和畜牧业发展都具有重要的现实意义。

思考题

1. 布鲁氏菌病主要的治病菌有哪些?
2. 布鲁氏菌病的主要病例特征是什么?
3. 布鲁氏菌病的诊断方法有哪些?各有哪些优缺点?
4. 如何防控布鲁氏菌病?

案例分析

【临诊实例】

荆州市某养殖场,该羊场的波尔山羊一部分来自自繁自养,一部分山羊是从周围农户散养收集来的,去年秋冬季就有母羊发生流产的现象,未引起重视;今年3月中旬以来,有3～4只3月龄小山羊行走时出现后肢跛行,而这批小羊就是上批母羊产下的。

【诊断】

1. 病因浅析

布氏杆菌病一年四季均可发生,在北方地区多见,且牧区的发病率明显高于农区,受布鲁氏菌病威胁的人口约有3.5亿人。现有布鲁氏菌病患者就有30万～50万人,每年新发病人数为5 000～6 000人。近来由于长江中部地区养羊业的发展,但由于还未见有该病发生的报道,养殖户对该病的认识普遍不够。这些病羊很有可能是母羊已经感染了布氏杆菌垂直传播而引起,另外布氏杆菌可以在水、土壤、粪尿中存活45～100多天,给健康羊群带来感染布氏杆菌的危险。

2. 主要症状

食欲正常,3～4天后后肢不能弯曲,站立不起,畜主使用青霉素治疗,未见好转。经询问得知这批小羊的母羊去年发生过流产现象。

3. 剖检病变

将病羊放血致死后,解剖观察器官病变,并取肝、脾、肺、肾等组织,10%福尔马林溶液固定,常规石蜡切片、H.E染色,镜检。

解剖病羊腹腔内有少量液体,肝脏肿大,表面凹凸不平,肝脏表面和切面可见较多的黄豆粒大的灰白色病灶,肺脏为粉白色,进而肺脏瘀血、出血病灶,脾脏未见肿大,肠系膜淋巴结轻度肿大,心脏、脾脏、肾脏等其他器官眼观未见病变。

病理组织学病变检查:肝细胞变性、坏死,可见较多淋巴细胞和中性白细胞的浸润灶,灶中央出现细胞坏死,外围可见较多的多核巨细胞和上皮样细胞增生,最外层是普通肉芽组织和淋巴细胞,形成结节状增生。肺脏也见较多以淋巴细胞增生为主的结节,特别在血管和支气管周围多见。其他器官未见增生性结节。

4. 实验室诊断

(1)流行病学调查 对发病山羊进行临床症状和体表观察,了解发病情况、饲养状况、治疗情况等。

(2)细菌检查 采集病羊的关节液涂片进行革兰氏染色、柯氏染色油镜检查,结果显示:革兰氏染色可见阴性的小杆菌,柯氏染色可见红色的球杆菌。

(3)试管凝集反应 将病羊颈静脉放血致死,采集血液、分离血清,进行常规试管凝集试验(布氏杆菌细胞壁抗原和标准血清购自中国兽医药品监察所),结果显示:布氏杆菌抗体检测阳性。

【防控措施】

根据病羊的临床症状、病理变化、细菌观察以及试管凝集反应的检查结果,可以诊断为布氏杆菌感染。

根据布病的传播特点以及人感染布氏杆菌90%以上是由羊种布氏杆菌而来,该菌可以感染动物和人,在人类的感染与职业密切相关,特别是兽医、畜牧工作者感染概率大,对经常接触羊群的饲养员要加强对该病的认识,增强自我防护意识,以防接触病羊而发生感染。

典型的病理损伤,发病羔羊的后肢关节不能弯曲,站立不起,肝肿大、肝表面有较多灰白色小结节,肺脏表面也见类似小结节。肝组织镜检可见特异性增生性肉芽肿,典型的多核巨细胞、上皮样细胞增生以及淋巴细胞增生。

建议对整个羊群进行布氏杆菌的普查,发现阳性病例应按照国家有关法规进行处理,对圈舍、饲具、环境严格消毒,坚持自繁自养。引进种羊,加强隔离检疫,防止该病的发生。

第十五节　绿脓杆菌病

绿脓杆菌(Bacillus pyocyaners),又称铜绿假单胞杆菌(Pseudomonas aeruginosa),是一种条件性致病菌,广泛分布于空气、土壤、水、动物的肠道和皮肤,能引起人及多种动物发病,如水貂出血性肺炎、母狐的流产、羊群的化脓性肺炎、雏鸡的败血症等。近年来,随着畜牧业养殖集约化、规模化的发展,该菌导致的疾病越来越多,死亡率高,造成很大的经济损失。

【病原】 绿脓杆菌(Bacillus pyocyaners)属假单胞菌属(Pseudomonas),兼性需氧,菌体大小为(1.5~3.0)μm×(0.5~0.8)μm,两端钝圆,无荚膜,不形成芽孢,单在、成双或成短链,革兰氏阴性杆菌。菌体一端有一根很长的鞭毛,能运动,并有很多菌毛。在普通培养基上生长良好,菌落呈圆形、光滑湿润、边缘整齐、有金属光泽。在普通肉汤培养基呈黄绿色,但液体上部的细菌发育更为旺盛,于表面形成一层厚的菌膜。绿脓杆菌能产生绿脓酶,可溶解红细胞,在血液琼脂故菌落周围有溶血环。从临床病料中分离绿脓杆菌多为大菌落,而从环境中分离的绿脓杆菌多为小菌落,但大菌落易变为小菌落,发生回变的极少。从呼吸道和尿道排泄物中分离的绿脓杆菌的菌落为黏液型。大多数绿脓杆菌菌株产生绿脓素和荧光素。该菌对外界环境理化因素的抵抗力很强,在潮湿环境能长期生存,55℃加热1 h可灭活该菌。绿脓杆菌对多种抗革兰氏阴性菌抗菌药物敏感,但易于产生耐药性。

【流行病学】 绿脓杆菌广泛存在于自然界中。人和各种动物对绿脓杆菌都有易感性。因此在烧伤、外科创伤及术后,或其他疾病如奶牛子宫炎、乳房炎等,都会为该菌的继发感染创造条件。该病的传播途径多种多样,主要通过消化道、下呼吸道或创伤接触感染。尤其是在畜禽饲养管理条件低下或幼畜、禽长途运输,因应激导致机体抵抗力下降,可经消化道、呼吸道或创伤引起群体感染绿脓杆菌发。一年四季均可发生,多呈散在发生。

【临床症状】 该病潜伏期长短不一,与动物机体抵抗力及外界应激因素有密切的关系,主要化脓性炎症及败血症。该菌在鸡,可出现眼炎、肺炎、心包及心肌炎、肝周炎、败血症、关节炎。在鸭,可引起眼炎。奶牛感染绿脓杆菌可发生拉稀。水貂感染后出现出血性化脓性肺炎,狐狸可发生流产,兔可发生肺炎。羊感染绿脓杆菌,可出现慢性化脓性肺炎,咳嗽、气喘、消瘦。

【病理变化】 鸡染绿脓杆菌病的主要病变是腹部增大,气囊膜、腹膜发炎,心包膜增厚混浊与心脏粘连,肝质脆、呈土黄色,脾肿大,腹水增多。水貂等动物有肺炎变化,气管内充满泡沫状黏液,单侧或双侧肺脏肿胀,呈暗红色,有小、硬结节,有胸膜炎,与肺粘连。患病羊呈大叶性肺炎,有的发生肉变,胸腔积液。

【诊断】 根据流行病学特点、临床症状及其病理变化可对该病做出初步诊断,确诊需进行实验室诊断。绿脓杆菌的分离鉴定是常用的诊断方法,涂片镜检为革兰氏阴性短杆菌,于NAC鉴别培养基上培养18 h,在室温下逐渐产生色素。有的菌株在NAC培养基上不产生色素,但在42℃和50 g/mL NaCl溶液中能够生长,生化鉴定氧化酶、乙酰胺酶和精氨酸阳性者,可确诊为绿脓杆菌。可进一步采用凝集试验方法对所分离的绿脓杆菌菌株进行分型鉴定。

【防制】

绿脓杆菌是条件性致病菌,加强饲养管理,减少、消除各种应激因素,搞好卫生消毒工作,是防控该病的重要措施。对患病动物进行隔离治疗,绿脓杆菌对庆大霉素、多黏霉素、羧苄青霉素和磺胺嘧啶敏感,但易于产生耐药菌株,若有条件可先进行药敏实验,选择敏感药物对患病动物进行治疗。

第十六节 土拉杆菌病

土拉弗氏菌病(tularemia)又称野兔热,原发于鼠兔类等野生啮齿动物,可传染家畜和人。主要表现为发热,淋巴结肿大、皮肤溃疡及脾和其他内脏的坏死性变化。

1912年在美国加利福尼亚州的土拉地区首次从患鼠疫样疾病的黄鼠中分离出病原体,1914年在俄亥俄州发现首例病人,1921年Francis证实了该病是由土拉杆菌引起的疾病,因此被称为土拉弗朗西斯菌。自1957年以来,我国在内蒙古、西藏、黑龙江、青海和新疆等地的动物和病人体内分离到了该病病原菌。该病的自然疫源地分布在北半球,我国北方个别地区人和动物有零星散发病例。

【病原】 土拉弗朗西斯菌(*Francisella tularensis*)为弗朗西斯菌属(*Francisella*)。

土拉弗朗西斯菌为革兰氏阴性杆菌,美蓝染色呈两极染色。在适宜培养基中的幼龄培养物形态相对一致,呈小的、单在的杆状,大小为$(0.2\sim0.3)~\mu m \times (0.2\sim0.7)~\mu m$,但很快(培养

24 h)呈多形性,表现为球状至丝状等形态。

土拉弗朗西斯菌为专性需氧菌,在患病动物的血液内近似球状,有荚膜,不形成芽孢。该菌在一般培养基中不易生长,而在含血清-葡萄糖-半胱氨酸或血清-卵黄培养基中生长良好,孵育 24~48 h 形成灰白色细小、光滑,略带黏性的菌落。可生长温度范围为 24~39℃,最适生长温度为 37℃。分解葡萄糖、果糖、甘露糖迟缓产酸不产气,可由半胱氨酸或胱氨酸产生 H_2S,触酶弱阳性,氧化酶阴性,不水解明胶,不产生吲哚。

土拉弗朗西斯菌在土壤、水、肉和皮毛中可存活数十天,在尸体中可存活 100 余天,在 4℃ 水中或湿土中可存活 4 个月,在 0℃ 以下可存活 9 个月。对 60℃ 以上的热和常用消毒药都敏感。

【流行病学】 该病的易感动物种类已知的有 250 种,包括哺乳类、鸟类、爬行类、鱼类、无脊椎动物。各种野生啮齿动物尤其是棉尾兔、水鼠、海狸等最为易感。其他野生动物、各种皮毛兽以及畜禽都有发病的报道,人也可受到感染。家禽中自然发病的报道以火鸡较多,鸡、鸭、鹅很少,但可成为传染源。家畜中最敏感的动物是绵羊,实验动物中小白鼠和豚鼠具有高度感受性,其次是大白鼠和家兔。机体感染之后可获得持久免疫力。

该病的传染媒介为吸血昆虫,主要有蜱、螨、蚊、苍蝇等,通过叮咬将病原体从患病动物传给健康动物,该菌在蜱体内还能繁殖,而且能够将菌长期保存下来,因此,蜱是该病最主要的传播媒介。或通过受污染的水、土壤、饲料及穴巢和气溶胶吸入感染等造成土拉弗氏菌病的流行。被带菌动物咬伤或抓伤也可经皮肤感染。

野兔和其他野生啮齿动物是该病的主要传染源,在啮齿动物中常呈地方流行性,但不引起严重死亡;自然灾害时,或当繁殖过多食物不足之时可发生大流行,并通过蜱等吸血昆虫传染于家畜和人。水鼠、海狸也是该病的传染源,感染后排出细菌污染水源,传染于人畜。家畜发病一般只有个别或少数病例出现,绵羊尤其羔羊有时发病较多。人与人之间不能相互传染,因此病人不是传染源。

该病多见于 5—9 月,通常都发生于夏季,但由于土拉弗氏菌病的感染途径和方式很多,如直接接触,经消化道、呼吸道或虫媒传播,不同的感染方式由多因素如气候、雨量、地势等决定,所以总的来看,一年四季均可流行。

【致病机制】 土拉弗朗西斯菌经不同途径侵入机体后首先进入附近淋巴结,引起淋巴结炎症和淋巴结肿大,在局部繁殖的细菌部分被吞噬,部分则从淋巴结进入血液循环,侵入全身各组织,尤以肝、脾、淋巴结和骨髓等网状内皮系统摄菌最多。病原菌在组织内大量生长繁殖,并释放出内毒素,导致临床症状的发生。部分患者在临床症状恢复后,淋巴结或骨髓中尚长期带菌。

【临床症状】 临床症状以体温升高、衰竭、麻痹和淋巴结肿大为主,不同家畜、不同个体病例差异较大。

绵羊体温升高(40~41℃),精神委顿,后肢软弱或瘫痪,步态摇晃,2~3 天后体温升至正常,但又可回升,体表淋巴结肿大。一般经 8~15 天痊愈,但体重减轻,皮毛质量降低。妊娠母羊常发生流产、死胎或难产。羔羊发病后常见贫血、腹泻、后肢麻痹、兴奋不安或昏睡等症状,常数小时死亡,病死率很高。山羊发病者少,症状与绵羊相似。

其他家畜中,病牛体表淋巴结可能肿大,有时出现麻痹症状。妊娠母牛常发生流产,犊牛表现衰弱、体温升高、腹泻等症状。马症状不明显,妊娠母马可发生流产。小猪发病较为多见,体温升高至 41℃ 以上,精神萎靡,行动迟缓,食欲不振,腹式呼吸,有时咳嗽,病程 7~10 天。

兔一般有鼻炎症状,体表淋巴结肿大,化脓,体温升高,白细胞增多,12～24 天痊愈。水貂常突然发病,大多水貂拒食,体温升至 42℃ 左右,精神沉郁,呼吸困难,气喘,后肢麻痹,步态蹒跚或卧地不起。被毛无光,体表淋巴结轻度肿胀,个别病貂颈部变粗。排黄白色黏液性粪便,有的死亡时发出尖叫声。

【病理变化】 典型的病理变化多见于肝、脾、淋巴结等器官肿大并具有结核样结节。绵羊体表淋巴结肿大,有时化脓,肝、脾可能肿大,有坏死结节,心内外膜有小点出血。山羊脾肿大,肝有坏死灶,心外膜和肾上腺有小点出血。牛曾见有肝脏变性和坏死。马流产后见胎盘有炎性病灶及小坏死点。猪淋巴结肿大发炎和化脓,肝实质变性,支气管肺炎。兔淋巴结肿大,有坏死结节,肝、脾等实质器官有白色坏死灶,肺有局灶性纤维素性肺炎变化。水貂全身淋巴结肿大、内脏器官发生肉芽肿与干酪样坏死。人患该病的特征性病变是局部淋巴结及其他淋巴结有急性炎症,各器官尤其是肝、脾、淋巴结内有结节性肉芽肿形成。

【诊断】 流行病学资料如与野兔接触、受昆虫叮咬等具有重要诊断意义。除结合流行病学、临床症状和病理变化进行诊断之外,该病的确诊依赖实验室检查。

1.细菌学检查

采集血液和病变组织接种于含半胱氨酸、卵黄等特殊培养基可以分离到致病菌。亦可采取淋巴结肝或脾的病灶制备组织悬液,给豚鼠或小白鼠作皮下注射,频死动物应立即检查,典型病症是脾脏肿大,并有大量小的灰色坏死灶。从心、脾、肝中分离到革兰氏阴性菌,具有土拉弗朗西斯菌典型菌落特征,在普通培养基上不生长,能与土拉弗朗西斯菌抗血清凝集方可判定。也可针对该菌16S rRNA 基因、*tul*4 基因、*sdhA* 基因、*fopA* 基因设计引物进行 PCR 检测土拉弗朗西斯菌。

2.血清学检查

凝集反应为该病最古老的诊断方法,尤其适用于畜群的普查。血清凝集试验效价≥1:160提示近期感染,1:100 以上者凝集为阳性,1:50 可疑,1:50 以下凝集为阴性。由于土拉弗朗西斯菌与布鲁氏菌有共同凝集素,故应注意非特异性反应。阳性血清用布氏抗原吸收后,效价不得低于 1:20。荧光抗体技术和 ELISA 等试验方法均有用于该病血清学诊断的报道。

3.变态反应

以土拉弗氏菌素或 1 亿/mL 死菌变态原,于尾根皱折皮内注射 0.2～0.3 mL,注射后24～48 h 分别观察结果,阳性者局部发红、弥漫性肿胀。但有一小部分病畜不发生反应。

【防制】

预防该病主要通过消除自然疫源地的传染性,扑杀啮齿动物和消灭体外寄生虫。牧场应经常做好杀虫、灭鼠和畜舍的消毒,染有该病牧场的牲畜应经检查,血清学阴性、体表寄生虫完全驱除后方可运出。目前国外已有菌苗使用,在该病疫源地对人群进行弱毒活苗皮肤划痕接种,为预防控制该病取得了显著效果。由于该菌易感动物广泛,对人具有极高的传染性和高致病性,并且可通过多种途径感染,因此可能被用作生物武器,该病亦为我国进口动物的检疫对象,对进口畜、禽,包括观赏性啮齿动物,应加强该病的检疫。

【公共卫生】

人感染该菌后潜伏期平均为 3～5 天。大多突然发病,高烧(体温达 39～40℃),寒战,疲乏无力,周身疼痛和盗汗,剧烈头痛及恶心;干咳、喉痛时有发生。发热时间可持续几天或几周、肝、脾肿大，有压痛。B 型土拉弗氏菌病的症状较轻，一般不致死；而 A 型土拉弗氏菌病可导致横纹肌溶解和败血症休克等。根据临床反应不同分溃疡腺型、腺型、眼腺型、咽腺型、肺型、胃肠型、全身型，其中溃疡腺型最为多见。该菌对链霉素、四环素类、卡那霉素和庆大霉素等抗生素均敏感，但临床上以链霉素的治疗效果较为理想。辅以对症治疗和支持疗法。

思考题

1. 土拉弗朗西斯菌一直被国际社会视为可能的生物武器病原，为什么？
2. 在防制土拉弗氏菌病时，为什么要杀灭吸血昆虫？

第十七节　鼻疽

鼻疽(malleus)是由鼻疽杆菌引起的一种接触性人兽共患传染病，主要在马、驴和骡等单蹄动物中传播蔓延，也可感染骆驼、狮、虎、猫等动物和其他一些肉食动物和人类。其特征是鼻腔、喉头和气管黏膜以及皮肤上形成鼻疽结节、溃疡和瘢痕，在肺脏、淋巴结或其他实质脏器内发生鼻疽结节。马多呈慢性经过；驴、骡呈急性；人鼻疽的特征是急性发热，局部皮肤或淋巴管等处肿胀、坏死、溃疡或结节性脓肿，有时呈现慢性经过。

鼻疽是一种很古老的疫病，并且分布极其广泛，呈全球性分布，在北美洲已绝迹，但在亚洲、非洲、中东和南美洲许多国家仍有零星发生。2012 年，由国务院办公厅印发的《国家中长期动物疫病防治规划(2012—2015 年)》的通知中显示，截止到 2012 年马鼻疽已经连续三年以上在我国未发现病原学阳性，已经具备消灭基础，计划到 2015 年，全国消灭马鼻疽。

【病原】　鼻疽杆菌又称鼻疽假单胞菌(*Pseudomonas mallei*)。该菌中等大小，革兰阴性，两端钝圆，不能运动，不形成芽孢和荚膜。幼龄菌培养物的形态比较整齐，老龄培养物中菌体有棒状、分枝状和长丝状等多形态，组织抹片菌体着色不均匀，浓淡相间，呈颗粒状。

鼻疽杆菌是需氧或兼性厌氧菌。最适生长温度为 37℃，最适 pH 为 6.4～6.8。在含有 3％～4％甘油的琼脂或肉汤中生长良好，经 24 h 培养后，形成灰白带黄色的正圆形小菌落，培养 48 h 后可达 2～3 mm，形成表面光滑、湿润、圆形的半透明、黏性菌落或黄褐色菌苔。在甘油肉汤中呈轻度均匀混浊，在管底形成黏稠的灰白色沉淀，摇动试管时沉淀物呈螺旋状上升，不宜破碎，培养时间久了之后可形成菌环或菌膜。在甘油马铃薯培养基上经 48 h 培养后，形成棕黄色黏稠蜂蜜样菌苔，随培养日数的延长，黄色逐渐变深。在血液琼脂上不溶血，在石蕊牛乳中培养时间长时，可见试管底部凝固。

该菌有两种抗原，特异性抗原和与类鼻疽共同的抗原。与类鼻疽杆菌在凝集试验、补体结合试验和变态反应中均有交叉反应。

仅有内毒素，内毒素中含有一种鼻疽菌素，可引起感染动物出现变态反应，它与类鼻疽菌素均含有多糖肽的同族半抗原，是鼻疽马和类鼻疽马点眼出现阳性交叉反应的原因。

该菌对外界抵抗力不强，能被一般的消毒剂杀灭，对金霉素、土霉素、四环素、新霉素、氯霉素及碘胺嘧啶等碘胺类药物敏感，但对青霉素、红霉素、杆菌肽和呋喃西林等不敏感。

【流行病学】　单蹄兽中，马多呈慢性经过；驴等多呈急性经过。不同性别、不同年龄马对鼻疽的感受性无显著差异，但是感染性有品种差异。鼻疽的传染来源是鼻疽病畜，特别以开放性及活动性的病畜危害最大,这些病畜鼻漏、肺及支气管和皮肤溃疡的分泌物,能排出大量的病原菌而感染健康的马匹。慢性无症状的鼻疽患马,可长期带菌、周期性地排菌,成为马群中常被忽略的传染源。

被病马污染的饲料、饮用水、垫草、厩舍以及所有用具,均可成为病原体的传播因素,引起间接接触感染。此外,病畜与健康牲畜之间相互啃咬,也可造成直接接触感染。鼻疽杆菌的传播途径主要是消化道,也可经呼吸道、结膜囊、胎盘和交媾等途径感染。骆驼、犬、猫等家养动物以及虎、狮、狼等野兽有感染该病的报道。

【临床症状】 鼻疽潜伏期的长短与病原菌的毒力、感染数量、感染途径、感染次数及机体的抵抗力等有直接关系,自然感染的潜伏期为4周或更长。根据机体抵抗力的强弱,可分为急性、慢性和隐形型。不常发病地区的马、骡、驴的鼻疽多为急性经过,常发病地区的马的鼻疽主要为慢性型。

1. 急性型鼻疽

多见于骡和驴。病畜最初体温升高(39~40℃),呈不整热,精神沉郁,食欲减退或消失,可视黏膜潮红并轻度黄染,脉搏加快(60~80次/min),呼吸加快。颌下淋巴结肿大,有痛感。重症病马由于心脏衰竭,在胸腹下、四肢下部和阴部呈现浮肿。绝大部分病例排出带血的脓性鼻汁,并沿着颜面、四肢、肩、胸、下腹部的淋巴管,形成索状肿胀和串珠状结节,索状肿胀常破溃。病畜食欲废绝,迅速消瘦,经7~21天死亡。急性型鼻疽主要表现为鼻腔鼻疽、肺鼻疽和皮肤鼻疽3种形式。后两者经常向外排菌,故又称开放性鼻疽。这3种鼻疽可以相互转化:一般常以肺鼻疽开始,后继发鼻腔鼻疽或皮肤鼻疽。

2. 鼻腔鼻疽

发病初期鼻腔黏膜潮红,一侧或两侧鼻孔流出少量浆液-黏液性鼻汁,不久鼻腔黏膜上有小米粒至高粱大的灰白色圆形结节,突出黏膜表面,周围绕以红晕。随着疾病的发展,结节的中心溃烂,形成大小不等、边缘稍隆起的溃疡,并排出黏液-脓性或混有血液的分泌物。由于病情的恶化,溃疡融合,溃疡面积扩大、加深,引起鼻中隔和鼻甲骨壁黏膜的坏死脱落,甚至使鼻中隔穿通。由于鼻黏膜肿胀和声门水肿,呼吸困难,可听到拉风匣式的鼾声。最终,病畜或极度衰竭而死或由于饲养环境条件的改善,鼻腔溃疡逐渐愈合,形成灰白色星芒状瘢痕而转为慢性鼻疽。

3. 肺鼻疽

除有不同程度的全身症状之外,主要以肺部患病为特点,时而干咳,时而咳出带血的黏液。呼吸次数加快,肺部可听到干性或湿性啰音。

4. 皮肤鼻疽

主要发生于四肢、腹下及胸侧,尤以后肢较多见。病初皮肤某处突然发生局限性浮肿、疼痛和发热,3~4天后,肿胀部位出现大小不等的结节,结节破裂,形成溃疡,排出灰黄色或带血的黏稠分泌物,形如喷火口状,不易愈合。鼻疽结节可沿淋巴管径路向附近蔓延,形成念珠状肿。当腿部局部皮肤高度增厚时,可形成"象皮腿"。皮肤鼻疽较少见占马鼻疽的2%~3%,该型发展到后期,多因为发生鼻腔鼻疽而死。

5. 慢性鼻疽

可由急性鼻疽转化而来,但也有病马一开始就发生原发性慢性鼻疽。病程较长,呈慢性经过的病马,在鼻中隔溃疡的一部分取自愈经过时,形成放射状瘢痕,不断流出少量黏脓性鼻汁,成为开放性鼻疽。病马全身症状不明显或逐渐消失,显著消瘦,被毛粗乱无光泽。我国马匹多呈慢性经过。

6.隐形型鼻疽

鼻孔中流出脓性带血的灰绿色分泌物,呼吸道黏膜肿胀,呼吸困难,动物身体各处皮下出现鼻疽结节或溃疡 ,经过1～2周后常因腹泻而死亡。

【病理变化】　鼻疽病马在肺脏、肝脏和脾脏等处有明显的病理变化。其中,以肺脏的病变最具有特征性,主要是鼻疽性结节和鼻疽性肺炎。在早期,各器官的鼻疽性结节以渗出性结节为主,结节大小不一,并伴有充血和出血的变化;随着病情的发展,转化为增生性结节,即中心坏死、化脓、干酪化、周围被增生性组织形成的红晕包裹。病的后期,结节性病灶或者吸收自愈或者被钙化。同时可见淋巴管化脓形成糜烂性溃疡,全身淋巴结出现髓样肿胀,进而化脓形成干酪样的结节。

【诊断】　根据急性型鼻疽的临床症状、流行病学及病理学检查,可进行综合诊断。但在大规模鼻疽检疫中,如果要对该病的确诊或对慢性型和隐形型的诊断,则以临诊检查及鼻疽菌素点眼为主。

1.临诊诊断

开放性鼻疽具有特异的鼻疽临诊症状,一般通过临诊检查即可确诊。当发现鼻腔或皮肤有鼻疽结节或溃疡时,通常可诊断为开放性鼻疽马。为了慎重起见,可用鼻疽菌素点眼,呈阳性反应时,即可最后确诊。

2.变态反应诊断

多采用鼻疽菌素多次点眼和注射法。我国多采用鼻疽菌素点眼法。鼻疽菌素点眼反应操作简便易行,特异性及检出率均较高,无论对急性、开放性还是慢性鼻疽马,都有较高的诊断价值。在鼻疽检疫实践中,常常将鼻疽菌素多次点眼和临诊诊断相结合,以确保检出率。

3.血清学诊断

包括补体结合试验、团集反应、凝集反应和沉淀反应和间接血凝试验、酶联免疫吸附试验(ELISA)、荧光抗体间接法、乳胶凝集试验、对流免疫电泳与双扩散试验及固相补体结合试验等方法。

4.鉴别诊断

要与马腺疫、流行性淋巴管炎、颌窦炎及鼻炎等进行区别诊断。

【防制】

该病目前尚无适用的疫苗。应通过检疫摸清鼻疽的流行情况、感染程度及其危害,采取养、检、隔、处、消等综合性防疫措施。

1.检疫

鼻疽的防制,应加强对相应动物的检疫工作。为了消灭该病,必须抓好控制和消灭传染源的环节,及时检出病马,严格处理病马,切断传播途径。该病的检疫,分为调查检疫、输出输入性检疫和大群防制检疫。在国际贸易中,OIE推荐的简易方法为变态反应试验和补体结合试验。

2.隔离

对于某些价值较高的非开放性种马,当检疫阳性的感染或发病马,经过治疗后则可集中隔离饲养于一个特定区域并严格限制其活动,通过培育无该病的健康幼驹而逐渐更新马群。即在幼驹离乳时将其单独组群,然后每年进行 2～4 次的综合性检疫,淘汰阳性幼驹。

3. 治疗

必须治疗时可用磺胺类药物和四环素族抗生素。常用的药物包括磺胺嘧啶、磺胺二甲基嘧啶、四环素和土霉素等。在治疗过程中,应加强隔离和消毒措施,防止病原菌的散播。

4. 扑杀

对开放性和急性鼻疽马一般不予治疗,易造成病原体的传播,经确诊后应立即扑杀。同时,通过加强消毒、深埋尸体,来达到消灭传染源的目的。

【公共卫生】

鼻疽杆菌可以感染人类,多经损伤的皮肤、黏膜(消化道或呼吸道)而感染。人的鼻疽可呈急性或慢性经过。急性型潜伏期约为 1 周,常突然发生高热,在颜面、躯干、四肢皮肤出现类似天花样的疱疹,四肢深部肌肉发生疖肿,膝、肩等关节发生肿胀。出现贫血、黄疸、咯脓血痰。患者极度衰竭,如不及时治疗,常因脓毒血症而死亡。慢性型潜伏期长,有的可达半年以上。发病缓慢,病程长,反复发作可达数年之久。全身临诊症状轻微,有低热或不规则发热,盗汗,四肢关节酸痛。皮肤或肌肉发生鼻疽结节和脓肿,在脓汁内含有大量鼻疽杆菌。对鼻疽病人应隔离治疗,所用药物与病马相同,一般两种以上药物联合同时应用,直至临诊症状消失。脓肿应切开引流,但应防止扩散病原。

人类感染多与职业相关,多发生于屠宰工人、兽医、饲养员和接触病料的实验室工作人员。人类预防该病主要依靠个人防护,在接触患病动物、病料及污染物时应严格按规定操作,以防污染。

❓ 思考题

1. 鼻疽的典型临诊症状是什么?

2. 如何进行鼻疽的诊断?

第十八节 类鼻疽

类鼻疽(melioidosis)是由类鼻疽假单胞菌(又称类鼻疽杆菌)引起多种动物和人的一种细菌性传染病。临床特征是急性败血症,皮肤、肺、肝、脾、淋巴结等处结节和肿胀,鼻腔和眼有分泌物。

该病的病原菌,最早是在 1913 年分离于仰光一位患有类似鼻疽的病人。主要见于热带地区,流行于东南亚地区。人主要是通过接触含有致病菌水和土壤,经破损的皮肤而被感染。我国于 1975 年首次在海南等地发现该病。

【病原】 类鼻疽假单胞菌(*Pseudomonas psedomallei*)为革兰染色阴性,形态与鼻疽杆菌相似,单个、成双、短链或栅状排列,形似别针或呈不规则状态,具有两段浓染的特性。所不同的是该菌有 3～8 根端鞭毛,能运动;病料用姬萨姆染色,可见假荚膜。

该菌在 25～27℃生长良好,42℃仍可生长,最适 pH 6.8～7.0,在培养过程中该菌能够散发出一种特殊的土霉味。在 4% 甘油琼脂上，可形成半透明的光滑菌落；随着菌落的生长，菌落逐渐增大，表面粗糙并出现皱纹。在血琼脂上生长良好并且缓慢溶血。该菌的培养滤液，对葡萄球菌、大肠杆菌、炭疽菌、土拉杆菌、布鲁菌、鼠疫杆菌、伪结核杆菌和霍乱弧菌等具有抑制生长作用。

根据不耐热抗原的有无该菌可分为 2 个血清型，Ⅰ 型具有耐热和不耐热 2 种抗原，主要存在于包括中国在内的亚洲；Ⅱ 型只有耐热抗原，主要存在于澳洲和非洲。与鼻疽假单胞菌有共同抗原，各种血清学试验均有交叉反应。

类鼻疽杆菌对多种抗生素有天然耐药性，但对四环素、强力霉素、氯霉素、卡那霉素、头孢甲羧酚、磺胺和 TMP 敏感。该菌在自然条件下抵抗力较强，在自然环境如水和土壤中可以存活 1 年以上，但不耐高热和低温，常用消毒剂将其杀灭。

【流行病学】　类鼻疽杆菌是热带地区土壤和水中的一种常见菌，该病的分布和气候地理条件有密切的关系。通常在自然条件下，类鼻疽杆菌主要感染敏感啮齿动物，也可使马、牛、绵羊、山羊、猪、犬和猫等感染发病，人类也能感染。此外，兔、灵长类、骆驼、羚羊和袋鼠等也有感染发病报道。动物和人多因接触污染的水或土壤，通过损伤的皮肤黏膜而感染，也可经过消化道、呼吸道或泌尿生殖道而感染。

该病的自然疫源性与病原菌生存环境的温度、湿度、雨量及水和土壤性状均有密切关系，我国南方热带以及某些亚热带地区，比较适合该菌的生存。其中，以稻田水、土壤以及稻田的泥土分离率最高。并且地表下 25～45 cm 的黏土层也适合该菌生存。类鼻疽菌的发生与降雨量呈正相关，一般雨季和洪水泛滥季节往往造成猪类鼻疽的流行。

【临床症状】

1. 猪

发病较多，一般急性型多见于幼龄猪，主要表现为厌食、发热、咳嗽和呼吸困难，眼和鼻流出脓性分泌物，四肢肿胀，运动失调或跛行，公猪睾丸肿大。成年猪一般多取慢性或隐形经过，临床症状不明显，在屠宰后方被发现。仔猪病死率高。常呈地方流行，偶尔暴发流行。

2. 绵羊和山羊

呈地方流行，体温升高，咳嗽和呼吸困难，厌食，消瘦眼和鼻流出黏稠分泌物，有时跛行；部分病羊有神经症状，后躯麻痹。此外，母羊可能出现乳房炎，奶中常能分离出类鼻疽杆菌；公羊睾丸可能出现顽固性结节。山羊多取慢性经过，临床症状不明显，在鼻黏膜上发生结节，流黏液脓性鼻汁。

3. 马

马属动物感染类鼻疽杆菌时，缺乏明显的临诊症状。自然感染时的症状比较复杂，一般归结为肠炎、脑炎和肺炎几种类型。临床上肠炎型的急性病马表现为体温升高，食欲废绝，呼吸困难、腹泻、疝痛和局部水肿，慢性型表现为虚弱和水肿症状，有的在鼻黏膜上出现结节，流黏液脓性鼻汁；脑炎型表现为眼球震颤、步履蹒跚、肌肉痉挛或强直、角弓反张、横卧倒地，此型病马的死亡率极高；肺炎性表现为咳嗽，肺部听诊有浊音区和啰音，最后可出现肺部感染症状。

4. 牛

与山羊的临场症状表现相似，多取慢性经过，血清阳性率较高，有时出现偏瘫或截瘫等症状。

5. 犬

类似于犬瘟热，高热，阴囊肿胀，睾丸炎和附睾炎，跛行，常常伴有腹泻和黄疸症状。

【病理变化】 各种动物的病理剖检变化相似,受侵害脏器主要表现为化脓性炎症。最常见的病变区是肺脏,出现结节性脓肿或肝变区,肝、脾、肾、淋巴结、睾丸或关节有散在的、大小不等的结节,其内常含有浓稠的干酪样物质。后驱麻痹的病例,多在腰、荐部脊椎出现脓肿;有神经症状的病例,可见脑膜脑炎。

【诊断】 一般可以根据流行病学、临床症状和病理剖检变化,可对该病做出初步诊断。但由于该病没有特征性临诊症状并且其临床变现复杂多样,该病的确诊需要实验室检查。

1.病原学检查

取病料直接涂片染色镜检,可见革兰染色阴性,形状类似于别针或呈不规则形态,若经过酶标抗体或荧光抗体检测阳性,则可作出诊断。也可进行病原菌的分离培养,可用含有头孢菌素和多黏菌素的选择培养基。

2.动物接种

取病料直接接种豚鼠腹腔,动物将于接种后 48 h 开始死亡,剖检肝、脾、睾丸等器官可见典型病变,可进一步做分离培养鉴定。

3.免疫学诊断

对可疑菌落用抗类鼻疽阳性血清做凝集试验,或用类鼻疽单克隆抗体做间接 ELISA 或 IFA 试验进行鉴定。目前,常用的抗体检测方法有间接凝血试验、补体结合试验、间接荧光抗体试验和变态反应等。变态反应多用于马和羊的诊断。

4.鉴别诊断

该病在急性期应与急性鼻疽、伤寒、疟疾、葡萄球菌败血症及肺炎等相鉴别。慢性期应与结核病、慢性期鼻疽等加以区别。

【防制】

该病是一种自然疫源性疾病,且对人和动物的危害性较大,因此防制该病应采取严格的防疫卫生措施。

(1)加强引进动物的检疫,防止引入患病和带菌动物而污染原来清净的地区;加强乳肉卫生的检验,感染猪、羊的产品应高温处理或废弃。

(2)防止该菌经水和土壤传播扩散,病人病畜的排泄物和脓性渗出物应及时消毒。

(3)加强饲料及水源的管理,做好畜舍及环境卫生工作,消灭临近的啮齿动物。

【公共卫生】

人的类鼻疽在 1921 年首例报道于仰光,人患该病的临床症状与人鼻疽相似,临诊表现多种多样,急性型的病死率可达 90％以上。病人应隔离治疗,比较有效的治疗方案是长效磺胺和磺胺增效剂联合使用。目前,全世界每年确诊的类鼻疽患者可达近百例。

第十九节 葡萄球菌病

葡萄球菌病(staphyococcosis)是由葡萄球菌引起的人和动物多种疾病的总称。葡萄球菌在自然界中分布广泛,临床主要有金黄色葡萄球菌(*Staphylococcus aureus*)、腐生性葡萄球菌(*Staph. Saprophyticus*)和表皮葡萄球菌(*Staph. epidermidis*)3 种,其中金黄色葡萄球菌为主要致病菌。常引起皮肤化脓性炎症、败血症、菌血症以及各内脏器官感染。葡萄球菌是由柯赫(R. Koch)和巴斯德(L. Pasteur)于 1878 年发现的,后经奥格斯顿(A. Og-ston)分离并证实,对该菌进行纯培养详细研究的是 F. J. Rosenbach。该病在鸡和兔中可出现流行性发病,在其他动物中多为个体局部感染,对养禽业造成损失较大。

【病原】　葡萄球菌为葡萄串状排列的圆形或卵圆形,革兰氏阳性菌,但某些耐药菌株为革兰氏阴性菌。该菌为需氧或兼性厌氧菌,直径 $1.0~\mu m$ 左右,一般不形成芽孢和荚膜,在液体培养基中常呈双球或短链状排列。

根据生化反应和产生色素不同,可分为金黄色葡萄球菌(*Staph. aureus*)、表皮葡萄球菌(*Staph. epidermidis*)和腐生葡萄球菌(*Staph. saprophytics*)3 种。其中金黄色葡萄球菌多为致病菌,表皮葡萄球菌偶尔致病,腐生葡萄球菌一般不致病。60%～70%的金黄色葡萄球菌可被相应噬菌体裂解,表皮葡萄球菌不敏感。用噬菌体可将金葡菌分为 4 群 23 个型。肠毒素型食物中毒由Ⅲ和Ⅳ群金葡菌引起,Ⅱ群菌对抗生素产生耐药性的速度比Ⅰ和Ⅳ群缓慢很多。造成医院感染严重流行的是Ⅰ群中的 52、52A、80 和 81 型菌株。引起疱疹性和剥脱性皮炎的菌株经常是Ⅱ群 71 型。

葡萄球菌抗原构造复杂,目前确认的有 30 种以上,其化学组成及生物学活性了解的仅少数几种。葡萄球菌 A 蛋白(*Staphylococcal* protein A,SPA)是存在于细菌细胞壁的一种表面蛋白,位于菌体表面,与胞壁的粘肽相结合。它与人及多种哺乳动物血清中的 IgG 的 Fc 段结合,因而可用含 SPA 的葡萄球菌作为载体,结合特异性抗体,进行协同凝集试验。A 蛋白有抗吞噬作用,还有激活补体替代途等活性。SPA 是一种单链多肽,与细胞壁肽聚糖呈共价结合,是完全抗原,具属特异性。所有来自人类的菌株均有此抗原,动物源株则少见。

多糖抗原具有群特异性,存在于细胞壁,借此可以分群,A 群多糖抗原体化学组成为磷壁酸中的 N-乙酰葡胺核糖醇残基。B 群化学组成是磷壁酸中的 N-乙酰区糖胺甘油残基。荚膜抗原几乎所有金黄色葡萄球菌菌株的表面有荚膜多糖抗原的存在。表皮葡萄球菌仅个别菌株有此抗原。

葡萄球菌对营养要求不高,在普通培养基上生长良好,在含有血液和葡萄糖的培养基中生长更佳,呈需氧或兼性厌氧,少数专性厌氧。28～38℃均能生长,致病菌最适温度为 37℃,PH为 4.5～9.8,最适为 7.4。在肉汤培养基中 24 h 后呈均匀混浊生长,在琼脂平板上形成圆形凸起,边缘整齐,表面光滑,湿润,不透明的菌落。不同种的菌在培养过程中产生不同的色素,临床有根据这种培养特性分为金黄色葡萄球菌(*Staphylococcus aureus*)(黄色)、柠檬色葡萄球菌(*S. citreus*)(橙色)、白色葡萄球菌(*S. albus*)(白色)等。葡萄球菌在血琼脂平板上形成的菌落较大,有的菌株菌落周围形成明显的完全透明溶血环(β-溶血),也有不发生溶血者。凡溶血性菌株大多具有致病性。

多数葡萄球菌能分解葡萄糖、麦芽糖和蔗糖,产酸不产气,致病性菌株可分解甘露醇。

葡萄球菌对外界环境的抵抗力较强,耐热、耐干燥。对青霉素、红霉素等较为敏感,但同时容易产生耐药菌株。

【致病机制】　葡萄球菌在体内能够产生多种致病毒素与酶,如血浆凝固酶、溶血素、杀白细胞素、肠毒素、表皮溶解素等。

血浆凝固酶能使人或兔血浆发生凝固,凝固酶有两种,游离凝固酶和结合凝固酶(又称凝聚因子),二者其进入机体后都可导致血液凝固,引起机体发病。葡萄球菌溶血素至少有 α、β、 γ、δ、ε 5 种,其中对人类致病的主要是 α-溶血素。α-溶血素能引起皮肤坏死,如进入血液循环可致动物迅速死亡。杀白细胞素含 F 和 S 两种蛋白质,能杀死人和兔的多形核粒细胞和巨噬细胞。金黄色葡萄球菌都能产生肠毒素,肠毒素分 A、B、C1、C2、C3、D、E 7 个血清型,在肠道内作用于内脂神经受体,可引起急性胃肠炎即食物中毒。表皮溶解毒素也称表皮剥脱毒素,能够引起表皮剥脱性病变,导致烫伤样皮肤综合征。

【流行病学】 葡萄球菌在自然界分布广泛,该病多发生于雏鸡,成年鸡发病少。通过各种途径均可感染,该病的传播途径主要是伤口感染,还可经消化道和呼吸道感染,常作为其他传染病的混合感染或继发感染病原。该病的发生和流行,与多种因素有关,如饲养环境和密度、饲养管理条件以及并发病导致的机体抵抗力减弱等。

【临床症状】

1. 牛

感染葡萄球菌主要多发乳房炎,急性乳房炎时患区红肿,迅速增大、变硬、发热、疼痛。乳房皮肤绷紧,呈红紫色,乳汁量少,呈红色至红棕色含絮片状,气味恶臭,并伴有全身症状。慢性乳房炎多表现为产奶量下降,乳汁中出现絮片,后期可见结缔组织增生,乳池黏膜增厚。

2. 绵羊

多出现急性坏疽性乳房炎,乳房疼痛、发热、肿胀,乳汁呈红色至黑红色,气味臭味。病羊虚弱、食欲不振,2~3 天死亡。

3. 猪

感染葡萄球菌多表现为皮炎和关节炎,仔猪感染较为严重,病猪发病初期腹内侧皮肤出现红色斑点、丘疹,并逐渐扩大融合成中间凹、周围凸起的火山口状溃疡。凹处有棕黄色液体流出,逐渐蔓延至全身,最后形成结痂,呈棕黑色,皮肤增厚,油性龟裂。患猪精神沉郁,食欲不振,喜扎堆,粪便黄色发干,严重病例于发病后 4~6 天死亡。关节炎型病初患猪喜卧,不愿站立,关节(主要是跗关节)肿胀,后局部出现波动感,行动困难,不能正常吮乳。该病在育成猪或母猪乳房上病变较轻,无全身症状。

4. 禽

葡萄球菌在禽中多发于鸡和火鸡,鸭鹅也可感染。主要症状为急性败血症、脐炎和关节炎 3 种类型。各年龄均可感染。40~60 日龄的雏禽多为败血症型,中雏出现皮肤病,成鸡出现关节炎和关节滑膜炎。脐炎多见于幼雏。

5. 鸡

病鸡感染初期精神沉郁、食欲减少或废绝,拉白色稀粪,脐孔发炎肿大,腹部膨胀(大肚脐)等,眼睑肿胀,有炎性分泌物,结膜充血、出血。中后期约有 60% 的病鸡在头颈、体躯、翅膀及腿部皮肤出现炎性水肿,严重者皮肤破裂,流出淡黄色炎性渗出物,一般病程 3~7 天,最后死亡。关节炎型两腿的膝关节,胫跗关节及趾关节肿大,以后逐渐变为紫黑色,

6. 兔

兔极易感染金黄色葡萄球菌。通过损伤皮肤或毛囊以及汗腺感染。母兔发病时精神沉郁、呆立、不愿活动,反应迟钝,食欲减少,吃草不吃精料,饮水增加。体温 40.3~41.7℃,各器官各部位组织均有化脓性炎症,初期为红肿、硬结,然后变为有波动的脓肿。肛门周围被毛有污秽,腥臭难闻。皮下脓肿破溃,可向其他部位扩散,引起败血症而死亡。初生仔兔经脐带感

染可发生脓毒血症。经呼吸道感染可引起上呼吸道炎症。

【病理变化】

1. 鸡

剖检时可见半数鸡翅膀内侧或背部、臀部皮肤发炎,出现小鸡蛋大的灰黑色坏死块,毛囊周围破损出血或瘀血,胸腹部皮下出现明显棕色或黄色的胨样水肿。个别病鸡皮下与肌肉表层覆盖黏冻样渗出物,剖检可见胸部龙骨尖两侧有严重出血斑;甚至可见肌肉间紫色血凝块,病死鸡多呈一侧或两侧跗关节肿大,切开有少量浆液流出,未经治疗的病死鸡,肝、脾等实质官器变性;脐孔周围皮肤浮肿、发红,皮下有较多红黄色渗出液,多呈胶冻样;卵黄囊较大,腹腔内脏器被染成灰黄色。

2. 猪

感染该病可见全身覆盖棕黑色痂皮,刮掉痂皮见表皮与真皮交接处有出血点,剖解可见全身淋巴结肿胀、出血,脾稍肿,心肌苍白,心冠脂肪出血,肺瘀血水肿,肝脏表面有黄豆粒大黄白色化脓灶,肾脏土黄色,皮质与髓质交界处有出血带,髓质呈胶冻状。关节炎型关节肿胀,切开发现有大量黄白色脓汁流出。

3. 兔

剖检可见腹部皮下结缔组织呈蓝紫色,乳房基部黑紫色,乳头有乳汁渗出,多数死兔血液凝固不良。有的肝、肾、脾脏表面有大小不一的囊肿,切开囊肿,内含乳白色糊状脓汁。空肠内有少量胶冻物,小肠黏膜充血。

对病原的定性诊断可做细菌培养及生化实验和动物感染实验,具体方法如下:

(1)涂片染色镜检　无菌取病死鸡皮下渗出物或肝脾等组织涂片,革兰氏染色后镜下观察,发现形态大小一致的单个、成对或成串状的革兰氏阳性葡萄球菌。

(2)细菌分离培养　无菌取肝、脾或关节水肿液接种于琼脂平皿,37℃培养24 h,出现单一的圆形突起、湿润、表面光滑、边缘整齐,直径2～4 mm的菌落,周围有溶血环。菌落初为淡黄色,48 h后变为金黄色。肉汤培养,均匀浑浊,有少量沉淀,2天后在管底形成白色的沉淀。

(3)生化鉴定　该菌能分解蔗糖、乳糖、甘露醇、葡萄糖,产酸不产气。靛基质试验阴性,血浆凝固试验和尿素酶试验阳性。

(4)人工感染动物试验　取自未发生该病鸡场的50日龄健康鸡,体重0.75～1 kg,共6只,分3组分别饲养。取死鸡水肿液和脾分离的金黄色葡萄球菌各2株,分别接种于普通肉汤培养基中,37℃培养24 h后,各取1 mL培养液肌肉接种试验鸡,对照组不接菌,接种组死后进行剖检并做细菌学检查。

(5)抗体检查　用ELISA法和对流免疫电泳(CIE)检查血清中磷壁酸抗体,CIE滴度≥1:4和ELISA1:10 000,判为阳性。

【诊断】　葡萄球菌在自然界分布广泛,发病没有季节性,一般春秋发病较多,该病主要是伤口感染,也可经消化道、经呼吸道等途径感染。此外该病的发生与饲养密度、饲养管理条件、恶劣环境、污染程度严重也有很大的关系。

(1)鸡绿脓杆菌病、硒-维生素E缺乏症、维生素K缺乏症、痛风和鸡葡萄球菌病在症状上有相似之处,诊断时需加以鉴别:鸡绿脓杆菌病病原为绿脓杆菌,培养基菌落呈蓝绿色,水肿部不显红色,破溃后不流血色液体。而鸡葡萄球菌病的病原为葡萄球菌,培养菌落呈金黄色;水肿部变红,破溃处有血色液体流出。维生素 E-硒缺乏症一般在 2～3 周龄发病,雏鸡剖检出现胸肌、心肌、骨骼肌有灰白色条纹。而鸡葡萄球菌病一般在 30～80 日龄发病,剖检后可见胸肌,尤其是龙骨尖两侧出现严重出血斑,甚至出现紫色血凝块,部分鸡大腿肌肉出血,镜检能见到革兰氏阳性菌;维生素 K 缺乏症主要特征是病鸡凝血时间长或不凝血。与葡萄球菌病相比,翅膀下出血等症状较轻,且镜检无菌;家禽痛风剖检可见关节面及周围组织出现白色尿酸盐沉着,内脏表面和胸腹膜出现石灰样尿酸盐结晶薄膜,取肿胀关节内容物检查呈紫尿酸胺阳性反应,显微镜观察见有细针状和禾束状尿酸钠结晶或放射形尿酸钠结晶,而鸡葡萄球菌病无此变化,且病料镜检发现革兰氏阳性菌。

(2)患猪疥癣、猪湿疹、坏死杆菌病和猪葡萄球菌病的病猪都有皮肤异常的表现,诊断时需加以鉴别:猪皮炎型猪葡萄球菌病在病猪皮肤上出现溃疡、结痂、皮肤增厚、龟裂,但病猪无痒感,镜检发现葡萄球菌。猪疥癣患猪剧痒,摩擦致出血、脱毛、结痂,并常在猪眼周、颊部、耳根、背部、体侧和股内侧皮肤肥厚处形成皱褶和龟裂,病程较长,镜检可见螨虫;皮炎型猪葡萄球菌病一般不呈现瘙痒,无明显季节性,而猪湿疹是一种过敏性皮肤病,多发于高温季节,发病多为大猪,有明显瘙痒表现;坏死杆菌病其特征为体表皮肤及皮下发生坏死和溃疡,多发于体侧、四肢和头部。镜检为革兰氏阳性,无运动性的纤细、稍弯曲的小杆菌。

(3)兔巴氏杆菌病与兔葡萄球菌病有很多相似的症状,诊断时需加以鉴别:兔葡萄球菌病引起的败血症多发于 2～5 天的仔兔,多数在病后 1 周死亡,耐过兔则于 2 周后康复。兔巴氏杆菌病引起的败血症发生于各种年龄、品种的家兔尤以 2～6 月龄兔发病率和死亡率较高,一年四季均可发生,但以冬春两季最为多见,常呈散发或地方性流行,多呈急性经过,常在 1～3 天死亡。葡萄球菌病引起的鼻炎,病兔打喷嚏,用爪抓挠鼻部,有的鼻部被毛脱落,而兔巴氏杆菌引起的鼻炎,鼻腔有浆液性或脓性分泌物流出,有些病兔出现腹泻。病料可做抹片或触片,经美蓝或瑞氏染色,在显微镜下观察到成对或葡萄状排列、形态近圆形或圆形的革兰氏阳性球菌为兔葡萄球菌,而两极着色的革兰氏阴性杆菌为兔巴氏杆菌。在鲜血琼脂培养基上培养葡萄球菌呈溶血,而巴氏杆菌无溶血现象。

【防制】

首先,减少敏感宿主与有毒力和耐药菌株以及有传播风险的病人和病畜的接触;加强饲养管理,降低环境因素对动物抗病力的影响;注意清除带有锋利尖锐的物品,防止皮肤外伤,如发现肤损伤,应及时处置,防止感染。其次,对动物手术伤口要注意消毒,葡萄球菌污染的物品要彻底消毒,呈流行性发生时,对周围环境也应采取消毒措施。此外,鸡葡萄球菌病的发生,多半是由鸡痘的发生而引起暴发的,因此切实做好鸡痘的预防接种是预防该病发生的重要手段。

在常发地区应考虑通过疫苗接种控制该病。实践证明,国内研制的鸡葡萄球菌多价氢氧化铝灭活苗可有效地预防该病发生。

治疗时应首先对从病畜上分离的菌株进行药敏试验,找出敏感药物进行治疗。有报道称,金黄色葡萄球菌对新型青霉素耐药性低,特别是异噁唑类青霉素,应列为首选治疗药物。对皮肤或皮下组织的脓创、脓肿、皮肤坏死等可进行外科治疗。对食物中毒的患畜,早期可用高锰酸钾液洗胃,严重病例可用抗生素治疗,并进行补液和防休克疗法。

【公共卫生】

该菌在葡萄球菌在自然界分布广泛,预防主要加强饲养管理,降低饲养密度,避免动物出现不必要的损伤,环境严格消毒,不得交叉使用饲养工具。一旦发现伤口或溃疡,应及时涂搽碘酊、碘伏或使用红霉素软膏、青霉素软膏。

? 思考题

1.不同动物葡萄球菌病的流行病学特点是什么?

2.不同动物葡萄球菌病的病理剖检有哪些特点?

案 例 分 析

【临诊实例】

某养鸡场有3万余只鸡。从某鸡场孵化室引进已接种马立克氏疫苗的雏鸡1万只,放于消毒的育雏室网上育雏。因脐炎,3天内死亡1000多只,按饲料量加入盐酸蒽诺沙星可溶性粉,连服5天后停止死亡。8日龄传染性支气管炎疫苗饮水,10日龄时用新城疫Ⅱ系疫苗滴鼻,14日龄接种禽流感疫苗,17日龄肌注法氏囊疫苗,6月22日用新城疫Ⅱ系苗气雾免疫,6月底防制球虫病,未作鸡痘苗接种,后来发现少数鸡痘,7月2日死鸡突然增加。解剖时均见一致的皮下水肿,肌肉出血,肝、脾、肾等实质器官变性。7月8日经防检站兽医诊断室剖检与细菌分离,确诊为葡萄球菌病。用敏感药防治1周(7月10—17日),控制了该病的发生与死亡。

【诊断】

1.流行特点

该病呈条件性发病特点,葡萄球菌在自然界分布广泛,肉用仔鸡对该病易感,平养鸡易发生。该病多发生于雏鸡,成年鸡发病少。该病的发生与饲养管理水平、环境污染度、饲养密度等因素有直接关系。该病的传播途径主要是伤口感染,亦可通过呼吸道感染,常见于由鸡痘的发生而引起该病的暴发,本次发病前未作鸡痘苗接种,后来发现少数鸡痘。

2.病因浅析

葡萄球菌为圆形或卵圆形,常呈葡萄串状排列,革兰氏染色阳性,但耐药的某些菌株可被染成革兰氏阴性,无鞭毛,除少数菌株外一般不形成荚膜。有金黄色葡萄球菌、表皮葡萄球菌和腐生葡萄球菌3种。葡萄球菌致病与该菌在体内产生毒素与酶有关,致病性葡萄球菌能产生血浆凝固酶、肠毒素、皮肤坏死毒素、透明质酸酶、溶血素、杀白细胞素等多种毒素和酶。

3.主要症状

初期病鸡精神沉郁,不愿走动,缩颈呆立,食欲减少或废绝,两翅下垂,羽毛蓬松,病鸡大部分拉白色稀粪,脐孔发炎肿大,腹部膨胀(大肚脐)等,眼睑肿胀,有炎性分泌物,结膜充血、出血。两腿的膝关节,胫跖关节及趾关节肿大,以后逐渐变为紫黑色,羽毛脱落,病程中后期约有60%的病鸡在翅膀、头颈、体躯及腿部皮肤出现炎性水肿,严重者皮肤破裂,流出淡黄色炎性渗出物,有的呈干性坏死,结痂,病鸡站立不稳,倒地不起,一般病程3～7天,最后死亡。

4.剖检病变

剖解发现半数鸡翅膀内侧或臀部、背部皮肤发炎或小鸡蛋大的灰黑色坏死块,有的毛囊周围出现破损,出血或瘀血现象,胸腹部皮下见明显棕色或黄色的胨样水肿,水肿液2～10 mL不等,个别鸡皮下与肌肉表层覆盖黏冻样渗出物,剖检发现胸部肌肉,尤其是龙骨尖两侧有严重出血斑;甚至肌肉间发现紫色血凝块,部分鸡大腿部肌肉出血,病死鸡多呈一侧或两侧跗关节肿大,切开有少量浆液流出,未经治疗的病死鸡,肝、脾、肾等实质器官变性;脐孔周围皮肤浮肿、发红,皮下有较多红黄色渗出液,多呈胶冻样;卵黄囊较大,腹腔内脏器被染成灰黄色。

5. 类症鉴别

根据流行病学特点、临床症状、剖检变化以及病原诊断确诊为鸡葡萄球菌。

鸡绿脓杆菌病、硒-维生素E缺乏症、维生素K缺乏症、痛风和鸡葡萄球菌病在症状上有相似之处,诊断时需加以鉴别。

(1)鸡绿脓杆菌病 病原为绿脓杆菌,水肿部不显红色,破溃后不流血色液体。颈下、脐部皮下呈黄绿色胶样浸润;培养基菌落呈蓝绿色。而鸡葡萄球菌病的病原为葡萄球菌,水肿部变红,破溃处有血色液体流出,培养菌落呈金黄色。

(2)维生素E-硒缺乏症 维生素E-硒缺乏症一般2~3周龄发病,6周龄时肿大消失,但12~16周龄再次肿大,雏鸡渗出性素质主要表现为腹部皮下水肿,针刺流蓝绿色稠液。剖检发现骨骼肌、心肌、胸肌有灰白色条纹,尿中肌酸增多,肌肉内肌酸减少。而鸡葡萄球菌病一般是30~80日龄发病,剖检雏鸡发现胸部肌肉,尤其是龙骨尖两侧有严重出血斑;甚至肌肉间可见紫色血凝块,部分鸡大腿部肌肉出血,镜检能见到革兰氏阳性菌。

(3)维生素K缺乏症 维生素K缺乏症由于凝血酶原合成减少,造成血凝时间显著延长,轻微创伤而血流不止。凝血时间长或不凝血是该病的重要指证。冠髯苍白,翅膀下有出血和紫斑,症状不如葡萄球菌病严重,且病料镜检无菌。

(4)家禽痛风 主要是饲喂大量富含核蛋白和嘌呤碱的蛋白质饲料引起。粪中含多量尿酸盐,关节出现豆状结节,破溃后流黄色干酪样物,剖检见关节面及周围组织有白色尿酸盐沉着,内脏表面和胸腹膜有石灰样尿酸盐结晶薄膜,取肿胀关节内容物检查呈紫尿酸胺阳性反应,显微镜观察见有细针状和禾束状尿酸钠结晶或放射形尿酸钠结晶,而鸡葡萄球菌病无此变化,且病料镜检发现革兰氏阳性菌。

6. 实验室诊断

(1)涂片染色镜检 无菌取病死鸡皮下炎性渗出物、脾脏、肝脏等组织涂片,用革兰氏染色,镜检,发现形态大小一致的单个、成对或成串状的革兰氏阳性葡萄球菌。

(2)细菌分离培养 无菌取肝、脾、关节水肿液接种于琼脂平皿,37℃24 h培养,发现有单一的圆形突起、湿润、表面光滑、边缘整齐2~4 mm的菌落,周围有溶血环。菌落初为淡黄色,48 h后变为金黄色。肉汤培养,均匀浑浊,并有少量沉淀,2天后在管底则形成白色的沉淀。

(3)生化鉴定 该菌能分解甘露醇、乳糖、蔗糖、葡萄糖,产酸不产气。血浆凝固试验为阳性。

(4)人工感染动物试验 取自未发生该病鸡场的50日龄健康鸡,体重0.75~1 kg,共6只分3组分别饲养。取由死鸡水肿液和脾分离的金黄色葡萄球菌各2个菌株,分别接种于普通肉汤培养基中,经37℃培养24 h后,每株各1 mL培养液,肌肉接种试验鸡,水肿液中的菌培养物接第一组,脾中菌接第二组,第三组不接菌,作为对照连续观察5天,死后剖检和作细菌学检查。接种鸡在20~40 h分别死亡,对照鸡健活。死鸡剖检变化与自然死亡病例近似,胸腹部皮下明显的淡黄或棕黄色胶冻样水肿,接种后20 h的病死鸡,水肿液达20 mL之多。颈胸部肌肉见明显的出血斑,肝、脾、肾无明显的眼观变化。从4只病死鸡的皮下水肿液、心包液、心血、肝、脾、肾中皆分离到单一的接种菌。将死鸡水肿液中分离菌株的肉汤培养物2 mL,静脉接种家兔一只,另设对照一只,12天发病,20天后死亡,剖检肾脏有绿豆至小豆大小不等的坏死灶7~8处,病料直接涂片在细胞外与吞噬细胞内均见多量的接种菌,分离培养亦得纯接种菌。

(5)抗体检查 用对流免疫电泳(CIE)和 ELISA 法检查血清中磷壁酸抗体,CIE 滴度≥1:4和 ELISA1:10 000,判为阳性。

【防控措施】

1.防病要点

此次鸡葡萄球菌病的发生,多半是由鸡痘的发生而引起暴发的,因此切实做好鸡痘的预防接种是预防该病发生的重要手段。

平时预防该病的发生,要从加强饲养管理,搞好鸡场兽医卫生防疫措施入手,尽可能做到消除发病诱因,认真检修笼具。

在常发地区频繁使用抗菌药物,疗效日渐降低,应考虑用疫苗接种来控制该病。国内研制的鸡葡萄球菌病多价氢氧化铝灭活苗,经多年实践应用证明,可有效地预防该病发生。

2.小结

首先,该鸡场的鸡在未作鸡痘苗接种(其他疫苗均按时接种)的情况下,发现少数鸡痘,几天后死鸡突然增加,这与由鸡痘的发生而引起鸡葡萄球菌病暴发的流行病学特点相符,考虑有鸡葡萄球菌病的可能。

其次,病鸡出现脐孔发炎肿大,腹部膨胀(大肚脐)。发生鸡痘的同时眼睑肿胀,有炎性分泌物、结膜充血、出血、皮下水肿等临床症状,疑似为鸡葡萄球菌病、鸡绿脓杆菌病、维生素 E-硒缺乏症、维生素 K 缺乏症和家禽痛风。鸡绿脓杆菌病水肿部不显红色,破溃后不流血色液体。培养基菌落呈蓝绿色,而本次发病鸡水肿部呈红色,破溃后流血色液体,培养菌落呈金黄色,排除鸡绿脓杆菌病。患维生素 E-硒缺乏症的病鸡剖检发现骨骼肌、心肌、胸肌有灰白色条纹,尿中肌酸增多,肌肉内肌酸减少,而该病例中无此变化,且镜检可看到细菌,排除维生素 E-硒缺乏症。根据病鸡无凝血时间长或不凝血的特征,排除维生素 K 缺乏症。对患痛风的鸡剖检发现关节面及周围组织有白色尿酸盐沉着,内脏表面和胸、腹膜未有石灰样尿酸盐结晶薄膜,显微镜观察见有细针状和禾束状尿酸钠结晶或放射形尿酸钠结晶,而此病例中的鸡无此变化,且镜检发现革兰氏阳性菌,也排除家禽痛风。

第三,对患病鸡进行解剖,均见一致的皮下水肿,肌肉出血,肝、脾、肾等实质器官变性,这些变化与鸡葡萄球菌病一致,初步诊断为鸡葡萄球菌病。

第四,无菌取病死鸡皮下炎性渗出物、脾脏、肝脏等组织涂片,用革兰氏染色,镜检,发现形态大小一致的单个、成对或成串状的革兰氏阳性葡萄球菌。再结合抗体检查为阳性,确诊为鸡葡萄球菌病。

此外,对患病鸡群采用肌肉注射庆大霉素或卡那霉素治疗后,死亡数量明显减少,进一步证明诊断无误。

第二十节 链球菌病

链球菌病(streptococcicosis)主要是由 β 溶血性链球菌引起的多种人兽共患病的总称。该病临床表现多样,可引起败血症和化脓创,也可表现为局限性感染。链球菌病分布广泛,动物中以猪、马、牛、羊、鸡较常见;人链球菌病以猩红热较常见。

【病原】 自然界中链球菌种类繁多,分布广泛。兰氏(Lancefield)血清学分类法将链球菌分为 20 个血清群(A、B、C…V,I,J 除外)。菌体呈圆形或卵圆形,在幼龄培养物中可见到荚膜,不形成芽孢,多数无鞭毛,链状排列,长短不一。固体培养基中呈短链,液体培养基中呈长链。

该菌为革兰氏阳性需氧或兼性厌氧菌。培养时需在培养基中加入血液或血清。菌落周围形成 α 型(草绿色溶血)或 β 型(完全溶血)溶血环,前者致病力弱,后者致病力强。

链球菌不耐热,60℃ 30 min 可杀死大多数链球菌,煮沸后立即死亡。普通消毒药均可将其杀死,如 0.1% 新洁尔灭、2% 石炭酸等。日光照射 2 h 死亡,0～4℃ 可存活 150 天。

【流行病学】 链球菌的易感动物较多,猪、牛、绵羊、马属动物、山羊、兔、鸡、鱼以及水貂等均有易感性。传染源主要是患病动物、病死动物和愈后的带菌动物。传播途径主要是呼吸道和受损的皮肤及黏膜。该病呈季节性流行,羊链球菌病最为明显,多出现于每年的 10 月到翌年 4 月的冬春季节,猪链球菌病无明显的季节性,一年四季均可发生,但 7～10 月份易出现大面积流行。

【致病机制】 链球菌经呼吸道或损伤的皮肤黏膜进入机体后,在入侵处分裂繁殖,形成黏液状荚膜。β 型溶血性链球菌能在代谢过程中产生透明质酸酶,分解结缔组织中的透明质酸,增强结缔组织通透性,便于此菌在组织中扩散进入淋巴管和淋巴结,继而突破淋巴屏障,进入血液,引发菌血症;该菌产生大量毒素,溶解红细胞,改变血液成分,引发血液循环系统障碍,最终导致热性全身性败血症。

【临床症状】

1. 猪

猪链球菌病在临床上分为猪败血性链球菌病、猪链球菌性脑膜炎和猪淋巴结脓肿 3 个类型。

(1)猪败血性链球菌病 根据病程的长短和临床表现,分为最急性、急性和慢性 3 种类型。最急性型发病急、病程短,发病时病畜突然死亡,或突然减食,体温升高达 41～42℃,24 h 内迅速死于败血症;急性型发病时病畜体温升高达 42～43℃,精神沉郁、食欲减少或废绝,眼结膜潮红,呼吸促迫,鼻镜干燥,流出浆液性或脓性鼻汁。颈部、耳廓、腹下及四肢下端皮肤呈紫红色,并有出血点。病程稍长,多在 3～5 天内死于心力衰竭;慢性型多由急性型转化而来,发病表现为多发性关节炎,高度跛行,站立困难,严重病例后肢瘫痪。最后死于体质衰竭。

(2)猪链球菌性脑膜炎 由 C 群链球菌引起,主要病症为脑膜炎。多见于哺乳仔猪和断奶仔猪,病初体温升高,食欲废绝,流浆液性或黏液性鼻汁。之后迅速出现神经症状,盲目走动或作转圈运动,当有人接近或触及躯体时,发出尖叫或抽搐,或突然倒地,口吐白沫,继而衰竭或麻痹,急性型多在 30～36 h 死亡。

(3)猪淋巴结脓肿链球菌病 多由 E 群链球菌引起,主要特征为颌下、咽部、颈部等处淋巴结化脓和形成脓肿。病猪体温升高、食欲减退,淋巴结首先出现小脓肿,逐渐增大,感染后 3 周达 5 cm 以上,局部显著隆起,触之坚硬,有热痛,脓肿成熟后自行破溃,流出绿色、稠厚、无臭味的脓汁。此时全身症状显著减轻。脓汁排净后,肉芽组织新生,逐渐康复。病程 2～3 周,一般不引起死亡。

2. 牛(或牦牛)

牛链球菌乳房炎主要是由 B 群无乳链球菌引起,呈急性和慢性经过。主要表现为浆液性乳管炎和乳腺炎。急性型发病时乳房肿胀、变硬、发热、有痛感,体温增高,食欲减退,产奶量减少或停止。病初乳汁或保持原样,颜色呈现微蓝色至黄色,或微红色,或出现微细的凝块至絮片。病情加剧时乳房分泌液呈浆液出血性,含有脓块和纤维蛋白絮片,颜色呈黄色、红黄色或微棕色;慢性型链球菌病多为原发,临床上无明显症状。产奶量逐渐下降,颜色呈蓝白色水样,间断地排出凝块和絮片。触诊可摸到乳腺组织中不同程度的灶性或弥漫性硬肿。

牛肺炎链球菌最急性型病程短,病畜发热、呼吸极困难,眼结膜发绀、神经紊乱,常为急性败血性经过,几小时内死亡。如病程延长1~2天,鼻镜潮红,流脓液性鼻汁。结膜发炎,消化不良并伴有腹泻。有的发生支气管炎、呼吸困难肺部听诊啰音。

3. 羊

羊链球菌病由C群马链球菌兽疫亚种引起。主要特征是全身性出血性败血症及浆液性肺炎与纤维素性胸膜肺炎。潜伏期2~7天。最急性型发病时不易被发现,常于24 h内死亡;急性型发病体温升高到41℃以上,精神委顿、食欲减退或废绝。眼结膜充血,分泌浆液性分泌物。鼻腔分泌浆液性脓性鼻汁,咽喉肿胀,呼吸困难。孕羊多发生流产,最后窒息死亡,病程2~3天;亚急性型发病体温升高,食欲减退。分泌黏性透明鼻汁,呼吸困难。病程1~2周;慢性型发病一般轻度发热、食欲不振。有的病羊咳嗽、出现关节炎。病程1个月左右,转归死亡。

4. 鸡

鸡链球菌病多发生于雏鸡。急性型多不出现临诊状或在出现某些症状后4~7 h突然死亡;慢性型发病时精神不振、停食。流黏液性口水,胫骨下关节红肿或趾端发绀。出现症状后1~3天死亡。出现神经症状时表现为角弓反张,阵发性转圈运动。

5. 兔

兔链球菌病由C群β型溶血性链球菌引起。病兔体温升高,精神沉郁,停食,呼吸困难,呈间歇性下痢。或死于脓毒败血症。

6. 马

马链球菌病多数病马症状较轻,病初体温升高达39.0~40.5℃,精神委顿,食欲减少,结膜潮红,咳嗽,流浆性或黏性鼻液,颌下淋巴结轻度肿胀,不化脓,体温稍升高,病情较轻,病程短,3~4天不治自愈。部分病马症状明显,咳嗽,流多量灰白色脓性鼻液。颌下淋巴结、颈前淋巴结显著肿大,用手触摸热、硬,指压痛感明显,低头困难,不能采食,3~5天后化脓破溃流出脓汁,呼吸和吞咽困难。

【病理变化】

1. 猪

剖检可见胸腔有大量混浊积液,含微黄色纤维素絮片样物质。心包液增量,心肌呈煮肉样。右心室扩张,心耳、心冠沟和右心室内膜有出血斑点。心肌外膜与心包膜常粘连。脾脏明显肿大,呈灰红或暗红色,质脆而软,边缘有出血梗死区,切面隆起,结构模糊。肝脏边缘钝厚,切面结构模糊。胆囊水肿,胆囊壁增厚。肾脏稍肿大,皮质髓质界限不清,有出血斑点。胃肠黏膜、浆膜散在点状出血。全身淋巴结水肿、出血。脑脊髓可见脑脊液增量,脑膜和脊髓软膜充血、出血。

2. 牛

急性型剖检可见患病乳房组织组织松弛。乳房淋巴结髓样肿胀,切面显著多汁,小点出血。乳管管腔脓栓阻塞。腺泡间组织水肿、变宽;慢性型剖检可见结缔组织硬化,部分肥大,部分萎缩。乳房淋巴结肿大。乳池黏膜可见细颗粒性突起。乳管壁增厚,管腔变窄。牛肺炎链球菌剖检可见心包出血,胸腔渗出液明显增量。脾脏充血性肿大,脾髓呈黑红色,肝脏和肾脏充血、出血,有脓肿。

3.羊

剖检可见淋巴结肿大出血。鼻、咽喉和气管黏膜出血。肺水肿或气肿,出血,出现肝变区。心冠沟及心内外包膜有小点状出血。肝肿大,边缘钝厚,包膜下有出血点;胆囊肿大,胆汁外渗。肾脏质脆、变软,包膜不易剥离。

4.鸡

剖检可见皮下出血点,颈部淋巴结充血,咽喉部有大量蛋清样胶冻样渗出物,嗉囊内充满气体。心肌表面有大量出血,心肌冠状沟有出血斑。肝表面有灰白色点状坏死灶,肾脏充血、水肿且表面有密集的红色坏死点。盲肠肿胀并有少量出血,法氏囊水肿。

5.兔

剖检可见气管、喉头黏膜出血。肝脏肿大,坏死,切面有血水渗出。脾脏、肾脏出血,心肌色淡,质地弛软,肺脏轻度气肿,有局灶性或弥漫性出血点。

6.马

剖检可见鼻、咽、喉黏膜有出血点,伴随脓性分泌物。肠系膜淋巴结肿大,颌下淋巴结化脓。心肌松弛,心内膜有出血斑,右心室充满凝固不良的血液。肺脏肿胀瘀血,呈紫青色。气管、支气管内壁附有恶臭的粥状物体。

【诊断】

1.病原学诊断

(1)镜检 取病料涂片,革兰氏染色,镜下可见革兰氏阳性球菌,单个、成对排列或多个呈短链状。

(2)分离培养 取病料在普通琼脂上培养2 h,未发现有菌落生长,用全血琼脂培养基培养,生长良好,菌落呈圆形、扁平、灰白色、光滑,周围有轻微溶血。在肉汤内呈均匀浑浊生长,后期管底有沉淀,上部清亮。

(3)生化试验 该细菌能发酵甘露糖、蕈糖、葡萄糖、蔗糖、果糖、乳糖和麦芽糖,山梨醇、β-乳糖苷酶阳性;不能发酵淀粉、甘露醇、蜜糖、棉籽糖、卫矛醇、阿拉伯糖、木糖,能水解七叶苷、水杨苷,VP反应阳性,不能水解马尿酸,甲基红试验阴性,纤维素溶解阴性,不产生靛基质不还原硝酸盐。

(4)药敏试验 对青霉素、链霉素、庆大霉素、卡那霉素、磺胺六甲嘧啶、庆大霉素、蒽诺沙星、四环素敏感,对其他药物不敏感。

2.鉴别诊断

(1)猪败血性链球菌病与猪副伤寒、猪接触传染性胸膜肺炎、猪肺疫临床症状相似,应注意鉴别。猪副伤寒在耳根、胸前和腹下皮肤有紫红色斑点。而猪链球菌病在耳廓、颈部、腹下及四肢下端皮肤有出血点;猪副伤寒眼有黏性或脓性分泌物。而猪链球菌病眼结膜潮红,有出血斑;猪副伤寒初便秘后下痢,粪便淡黄色或灰绿色,恶臭,病猪很快消瘦。而猪链球菌病流浆液性、脓性鼻汁,个别病例出现血尿、便秘或腹泻;猪接触传染性胸膜肺炎最急性型有短期的下痢和呕吐,鼻、耳、腿、体侧皮肤发绀。而猪链球菌病为颈部、耳廓、腹下及四肢下端皮肤呈紫红色并有出血点;猪接触传染性胸膜肺炎临死前从口、鼻中流出大量带血色的泡沫液体。而猪链球菌病病猪无该特点;猪肺疫最急性型病例可见颈下咽喉红肿、发热、坚硬,严重者向上延至耳根,向下可达胸前。而猪链球菌病导致的猪淋巴结脓肿则以颌下、咽部、颈部等处淋巴结化脓和形成脓肿为特征,眼观局部显著隆起,脓肿成熟后自行破溃流出带绿色、稠厚、无臭味的脓汁。急性型猪肺疫出现纤维素性胸膜肺炎症状,触诊胸部有剧烈痛感,听诊有啰音和摩擦音;而猪链球菌病无此症状。猪链球菌性脑膜炎病猪表现出盲目走动、转圈,甚至突然倒地四肢作游泳状划动等神经症状;而猪肺疫无该症状。

(2)牛肺炎链球菌病与牛传染性胸膜肺炎临床症状相似,牛传染性胸膜肺炎是由支原体所致的一种特殊的传染性肺炎,以纤维性胸膜肺炎为主要特征,3~7岁牛多发,犊牛少见。而牛肺炎链球菌病主要发生于犊牛,3周龄以内的犊牛最易感;牛传染性胸膜肺炎的典型病理变化为大理石样肺和浆液纤维素性胸膜肺炎。而牛肺炎链球菌病的病理特征为脾脏充血肿大,皮韧如硬橡皮,即所谓"橡皮脾";牛乳房炎链球菌病与牛葡萄球菌乳房炎都表现为触诊乳房硬、热、痛感、皮温热烫、体温升高等症状,牛链球菌乳房炎乳房肿胀范围较小,肿胀部位在中下部,而牛葡萄球菌乳房炎乳房肿胀范围较大,肿胀部位多在下部和中下部;牛链球菌乳房炎病牛体温与食欲无明显变化,而牛葡萄球菌乳房炎病牛体温升高,食欲减退;病原学检查结果不同。

(3)羊败血性链球菌病与羊炭疽、羊巴氏杆菌病临床症状相似,炭疽无咽喉炎、肺炎症状,唇、舌、面颊、眼睑及乳房等部位无肿胀,眼鼻无脓性分泌物;各脏器无丝状黏稠的纤维素样物质。此外,炭疽沉淀试验,羊链球菌病应为阴性,而炭疽则为阳性;巴氏杆菌为革兰氏阴性小杆菌,而链球菌为革兰氏阳性球菌。

(4)马腺疫链球菌与马传染性贫血病、马鼻疽临床症状相似,马传染性贫血病由马传染性贫血病毒引起,其特征性症状为贫血、黄疸,眼结膜、鼻黏膜、齿龈黏膜、阴道黏膜以及舌下出现大小不一的出血点等症状;恶性型腺疫患畜有典型的腺疫病史,下颌淋巴结、咽淋巴结、颈前淋巴结以及肠系膜淋巴结,甚至肺和脑等器官有化脓灶。此外,马传染性贫血病病理变化主要为全身性败血症变化,贫血,肝、脾及淋巴结等网状内皮细胞变性、增生和铁代谢障碍。而马腺疫常见的病变是鼻黏膜和淋巴结的急性化脓性炎症;马鼻疽由鼻疽假单胞菌引起,该菌为革兰氏阴性杆菌。该病的特征是在鼻腔和皮肤形成溃疡、鼻疽结节和瘢痕,在肺脏、淋巴结和其他实质脏器内发生鼻疽性结节。根据其特征性的鼻疽结节和溃疡,放射状疤痕,鼻疽菌素点眼试验阳性反应,且马鼻疽颌下淋巴结硬固肿胀,无热痛,不化脓,往往不能移动,可与马腺疫相鉴别。

(5)鸡链球菌病与大肠杆菌病、禽霍乱临床症状相似,鸡大肠杆菌病是由山埃希氏大肠杆菌引起的一种常见病,其特征是引起肝周炎、心包炎、腹膜炎、气囊炎、大肠杆菌性肉芽肿和脐炎等病变。而鸡链球菌病主要特征为急性败血症和慢性纤维素性炎症;鸡大肠杆菌病取病变内脏组织镜检可见革兰氏阴性、无芽孢、有周身鞭毛。两端钝圆的小杆菌。而鸡链球菌病取病变内脏组织镜检可见革兰氏阳性,单个、成对或短链存在的球菌;禽霍乱病鸡鸡冠、肉髯呈暗紫色。而鸡链球菌病病鸡鸡冠、肉髯无明显变化;禽霍乱剖检病鸡可见心冠脂肪及心外膜出血,肝脏表面有多量灰白色小坏死点。而鸡链球菌病以坏死性心肌炎和心瓣膜炎为特征,有时可见肝表面有红色、黄褐色或白色的坏死点;禽霍乱取病变组织镜检可见革兰氏阴性、两极着色的圆形小杆菌。

而鸡链球菌病取病变组织镜检可见革兰氏阳性,单个、成对或短链存在的球菌。

(6)兔链球菌病与魏氏梭菌病、仔兔轮状病毒病临床症状相似,魏氏梭菌病临床表现为急性腹泻,很快死亡,粪便腥臭,有气泡,呈褐色或绿色。而链球菌病急性病例表现为迅速死亡,但无急性腹泻。魏氏梭菌病剖检特点胃黏膜脱落,有溃疡斑或点。小肠充满气体,肠壁薄,盲肠和结肠充满气体和黑绿色稀薄的内容物,有腐败味,肠壁弥漫性充血或出血。而链球菌病剖解变化主要为肝脏肿大,瘀血,出血,坏死,切面模糊不清,有血水渗出。消化道病变不明显;仔兔轮状病毒病主要侵害2~6周龄仔兔,病兔昏睡,不食,粪稀如水,病程为3天左右。发病率与死亡率均高,抗生素治疗无效。剖检特点:萎缩性小肠炎,肠黏膜水肿,其绒毛萎缩,上皮脱落。而链球菌病各种年龄均可发生,病程短,常呈急性死亡,可用抗生素进行治疗。剖解变化主要为肝脏肿大出血,坏死,切面有血水渗出。

【防制】

对于该病的预防,平时主要搞好环境卫生,做好定期消毒措施,加强饲养管理,平衡饲料营养,减少应激因素,一旦出现伤口,要做及时处理,避免交叉使用饲养用具。在该病流行季节可用药物预防,以控制该病的发展。在饲料中加入金霉素或四环素连喂2周。

对于发病的动物应用敏感抗生素治疗,同时配合对症和支持疗法,一般会起到良好治疗效果。

我国已成功研制出预防猪、羊链球菌病的灭活苗和弱毒活苗。保护率均能达到75%~100%,免疫期均在6个月以上。应用化学药品致弱的G10-G115弱毒株和经高温致弱的ST-171弱毒株制备的弱毒冻干苗,保护率可达60%~80%和80%~100%。在流行季节前接种,可有效预防。

【公共卫生】

链球菌在自然界分布广泛,是条件性致病菌。猪链球菌病常因气候炎热引起大面积流行,而羊链球菌病流行与气候有密切关系。马腺疫的暴发流行,常常也归咎于诱因的作用。说明链球菌要在一系列诱因作用下,才能导致发病。其中既有饲养管理与环境因素,也有遗传因素。所以做好饲养管理和加强环境卫生控制是预防该病的关键。

思考题

1.不同动物链球菌病的剖解特征是什么?

2.链球菌病应注意与哪些疾病进行鉴别诊断?

3.链球菌病的防治措施有哪些?

案例分析

【临诊实例】

某村流行一种以发热、病程短、发病率和死亡率高的急性猪传染病,接着很快在附近村庄都有猪发病。兽医赶到疫点调查恰遇上王某饲养的2头母猪,其中1头4天前产仔11头,因接生时没有无菌结扎脐带及消毒,导致新生仔猪脐带伤口感染发病8头,已死亡3头。

【诊断】

1.流行特点

病猪、临床康复猪和健康带菌猪是该病的主要传染源。病菌主要存在于猪的鼻腔、扁桃体、额窦、乳腺等处，从病猪的脓汁、血、脑、肝、脾均可检出该菌。未经严格处理的尸体、内脏、肉类及废弃物，是散布该病的主要因素。皮肤伤口和呼吸道是该病的主要传播途径，新生仔猪、哺乳仔猪多发。该病呈散发性地方性流行，在新疫区多呈暴发流行，发病率、死亡率均高。王某家新生仔猪脐带伤口感染，与该次发病有关系。

2.病因浅析

链球菌的种类繁多，根据血清学分类链球菌有 20 个血清群。链球菌的易感动物较多，因而在流行病学上的表现不完全一致。致病链球菌经呼吸道或其他途径（受损处的皮肤和黏膜）进入机体后，β 型溶血性链球菌在代谢过程中，能产生一种透明质酸酶，突破机体防御系统引起菌血症而发病。

3.主要症状

病猪主要表现为体温升高，达 41.5～42.5℃，鼻镜干燥，流白色黏稠状鼻汁，眼结膜潮红，有脓性分泌物。食欲减退，磨牙，卧地不起，呼吸困难。全身颤抖，在颈下、耳尖、腹部等皮肤出现紫色出血性红斑，经药物治疗后个别猪出现跛行。

4.剖检病变

该病例剖解病变可见全身皮下、黏膜和浆膜有出血点。喉头、气管充血，并有泡沫，肺水肿，小支气管与肺泡内充满泡沫状液体。心包积液，心脏房室壁瘀血，质地较硬。肝脏肿大，质脆，表面有灰白色病变，脾脏出血肿大。胃底部有出血点，内充满黄色液体。盲肠壁充血，回肠空虚，黏膜脱落，有脓性物。肺、肝门、肠系膜等处淋巴结充血、水肿。

5.类症鉴别

根据流行病学调查、临床症状、剖检变化和实验室检查确诊为猪败血性链球菌病。

猪败血性链球菌病与猪副伤寒、猪接触传染性胸膜肺炎、猪肺疫临床症状相似，应注意鉴别。

(1)猪副伤寒　猪副伤寒在耳根、胸前和腹下皮肤有紫红色斑点。而猪链球菌病在颈部、耳廓、腹下及四肢下端皮肤呈紫红色并有出血点；猪副伤寒眼有黏性或脓性分泌物。而猪链球菌病眼结膜潮红，有出血斑；猪副伤寒初便秘后下痢，粪便淡黄色或灰绿色，恶臭，病猪很快消瘦。而猪链球菌病流浆液性、脓性鼻汁，个别病例出现血尿、便秘或腹泻。

(2)猪接触传染性胸膜肺炎　猪接触传染性胸膜肺炎最急性型有短期的下痢和呕吐，鼻、耳、腿、体侧皮肤发绀。而猪链球菌病为颈部、耳廓、腹下及四肢下端皮肤呈紫红色并有出血点；猪接触传染性胸膜肺炎临死前从口、鼻中流出大量带血色的泡沫液体。而猪链球菌病病猪无该特点。

(3)猪肺疫　猪肺疫最急性型病例可见颈下咽喉红肿、发热、坚硬，严重者向上延至耳根，向下可达胸前。而猪链球菌病导致的猪淋巴结脓肿则以颌下、咽部、颈部等处淋巴结化脓和形成脓肿为特征，眼观局部显著隆起，脓肿成熟后自行破溃流出带绿色、稠厚、无臭味的脓汁。急性型猪肺疫出现纤维素性胸膜肺炎症状，触诊胸部有剧烈痛感，听诊有啰音和摩擦音；而猪链球菌病无此症状。猪链球菌性脑膜炎病猪表现出盲目走动、转圈，甚至突然倒地四肢作游泳状划动等神经症状；而猪肺疫无该症状。

6. 实验室诊断

无菌采取病死猪的心血、肝、脾、肺涂片,革兰氏染色,镜检,发现有革兰氏阳性、单球菌、双球菌及短链状球菌。将病料接种于血琼脂培养,产生 β 溶血现象。

【防控措施】

1. 防病要点

注射猪链球菌病活苗,种母猪在产前肌肉注射,每次 1 头份;种公猪每年注射 2 次,每次 1 头份;仔猪 40～45 日龄肌肉注射,每次 1 头份。注射 14 天后产生免疫力,免疫期为 6 个月。

在该病流行季节可用药物预防,以控制该病的发展。在饲料中加入金霉素或四环素连喂 2 周;猪场有该病发生时,在饲料中加入阿莫西林,连用 2 周。

搞好环境卫生,每周消毒两次,有条件猪场最好实施"全进全出"的饲养模式。

2. 小结

猪链球菌病、猪瘟、猪流感、猪肺疫、猪弓形体以及伪狂犬病等猪病均以高热(40～43℃)或反复高热为主要特征,临床上以耳朵发紫、皮肤充血、出血现象多见。但临床上要区别猪链球菌与其他猪病热症,必须将一个地区、一个猪场猪病的流行病学、饲养管理、临床表现及病理剖检变化等综合起来考虑,有条件的可结合实验室诊断。

(1)从流行病学上分析　猪链球菌病的流行没有明显的季节性,一年四季均可发生,但在夏秋季节 5—11 月发病较为严重。弓形体病大多发生在气温 25℃ 以上的季节里。

猪链球菌病多为散发,一般呈地方流行。单纯的猪流感常呈一过性,地区性流行,而红细胞体病、猪接触传染性胸膜肺炎则常继发于猪流感、弓形体病、亚急性猪瘟。

猪链球菌病可见于各种年龄、品种和性别的猪,尤以仔猪、架子猪、怀孕母猪的发病率高。仔猪副伤寒多发生在 2～4 月龄的断奶仔猪或小架子猪;猪接触传染性胸膜肺炎多见于架子猪;猪肺疫则大猪发病严重。

(2)从病原学上分析　猪败血性链球菌病由链球菌引起,该菌为革兰氏阳性球菌;猪副伤寒由沙门氏菌引起,猪肺疫由巴氏杆菌引起,后两者的致病菌均为革兰氏阴性杆菌;猪接触传染性胸膜肺炎由胸膜肺炎放线杆菌引起,该菌为革兰氏阴性小杆菌,具有典型的球杆菌形态,在培养基上呈杆状或棒状,革兰氏染色菌块中央呈阳性,周围膨大部分呈阴性。

(3)从病理剖检变化上分析　猪败血型链球菌病剖检可见全身器官充血、出血,并有化脓症状;而脑膜炎型剖检可见脑膜充血、出血甚至溢血,个别脑膜下积液,脑组切面有点状出血;淋巴结脓肿型剖检可见关节有黄色胶冻样或纤维素性、脓性渗出物、淋巴结脓肿。猪传播性胸膜肺炎从严重的胸膜、肺膜纤维素性渗出,粘连气管内有泡沫样浅红色黏液可识别。

经临床检查、流行病学、病原学和病理剖检变化的鉴别分析,最终确诊该病为猪败血性链球菌病。

第二十一节　李氏杆菌病

李氏杆菌病是由李氏杆菌引发的人兽共患性传染病,分布于全球大部分国家和地区,该病以发热、呕吐、脑膜炎和流产为主要临床症状,牛、羊、鼠、兔易感。

【病原】 李氏杆菌为李氏杆菌科(Listeriaceae),李氏杆菌属(*Listeria*)成员。李氏杆菌属主要包含产单核细胞李氏杆菌(*L. monocytogenes*)、伊氏李氏杆菌(*L. ivanovii*)、无害李氏杆菌(*L. innovua*)、韦氏李氏杆菌(*L. welshimeri*)、塞氏李氏杆菌(*L. seeligeri*)、格氏李氏杆菌(*L. grayi*)、莫氏李氏杆菌(*L. murrayi*)。产单核细胞李氏杆菌和伊氏李氏杆菌均可使动物致病,但只有产单核细胞李氏杆菌可同时引致人和动物的李氏杆菌病,故其为该属的代表种。

根据菌体(O)抗原和鞭毛(H)抗原,将产单核细胞李氏杆菌分成 13 个血清型,分别为 1/2a、1/2b、1/2c、3a、3b、3c、4a、4b、4ab、4c、4d、4e 和 7,致病菌株血清型一般为 1/2a、1/2b、1/2c、3a、3b、3c、4a 和 4b,其中 1/2a 和 4b 两型居多。

产单核细胞李氏杆菌为革兰氏阳性短杆菌,大小为 $0.5\ \mu m \times (1.0 \sim 2.0)\ \mu m$,直或稍弯,两端钝圆,常呈 V 字形排列,偶有球状、双球状,无芽孢,一般不形成荚膜。在 $20 \sim 25 ℃$ 培养可产生周鞭毛,具有运动性,在 $37 ℃$ 培养则很少产生鞭毛,无运动力。

需氧或兼性厌氧,生长温度为 $1 \sim 45 ℃$,在 $4 ℃$ 可缓慢增殖,最适生长温度为 $30 \sim 37 ℃$。在普通琼脂培养基中可以生长,在血清或全血琼脂培养基上生长良好,加入 $0.2\% \sim 1\%$ 的葡萄糖或 $2\% \sim 3\%$ 的甘油生长更佳。在 BCM 或 ALOA 等鉴别培养基上,$45°$斜射光照射镜检时,菌落呈特征性蓝绿色光泽。在含七叶苷的琼脂培养基(如 PALCAM)上,菌落呈黑色。在血琼脂培养基上呈狭窄的 β 溶血,移去菌落可见其周围狭窄的 β 溶血环。

$60 \sim 70 ℃$ 经 $5 \sim 20\ min$ 可杀死,70%酒精 $5\ min$、2.5%石炭酸、2.5%氢氧化钠、2.5%福尔马林 $20\ min$ 可杀死该菌。对多黏菌素 B 具有天然抗性。耐高盐。

【流行病学】 产单核细胞李氏杆菌能侵袭人、家畜、家禽、野生动物,并可寄生在鱼、昆虫、蜱、蝇及甲壳动物体内。

该菌存在于土壤、污水、屠宰废弃物、青贮饲料、鲜奶及奶制品。动物易食入该菌,并经口-粪便途径传播。自然条件下,牛、绵羊、山羊、猪、禽、兔、鹿等动物均可感染发病,牛、羊等草食家畜比较易感,可导致怀孕母畜流产、犊牛或羔羊败血症。兔和小鼠易感性最强,是首选实验感染动物。猪、禽患病相对较少。

人主要是由于食入生鲜或灭菌不彻底的食品而感染,孕妇感染后,可通过胎盘或产道感染胎儿或新生儿,导致流产和新生儿败血症。

李氏杆菌病一年四季均可发病,但在夏、秋季发病率较高。

【致病机制】 产单核细胞李氏杆菌为兼性胞内寄生菌,以内化素 InlA 和 InlB 分别与上皮细胞和肝细胞表面的受体结合,介导细菌进入宿主细胞,细菌分泌表达的溶血素 LLO(listeriolysin O)在吞噬体膜上成孔,在吞噬体和溶酶体融合之前,部分细菌即由此孔进入宿主细胞浆中并繁殖,位于宿主细胞浆的细菌以其蛋白 ActA 募集宿主细胞的肌动蛋白,形成类似"彗星"的尾部,产生动力,推动菌体在宿主细胞内运动并向相邻细胞扩散,从而对机体产生损害。侵袭肠道上皮细胞可致腹泻,突破肠黏膜的细菌进入血液系统导致菌血症,并可进一步突破血胎屏障,感染胎儿,导致流产。

【临床症状】 潜伏期短的仅数天,长的达 $2 \sim 3$ 周。患病动物临床表现为发热、精神萎靡和神经症状,颈部肌肉痉挛,往往呈现"转圈病",有的还伴有呕吐和腹泻,怀孕母畜流产,幼龄动物常呈败血症。

【病理变化】 产单核细胞李氏杆菌最初是以发病实验兔的单核细胞显著增多而命名的,但事实上,并不是所有被感染动物和人的单核细胞都明显增多。具神经症状的患病动物其脑膜充血或水肿,脑脊液增多、浑浊。发生败血症时,可见脾脏肿大、肝脏多坏死灶。

【诊断】

1.病原学检查

根据临床症状和病变的不同,可采集血液、肝脏、脾脏、脑脊液或脑组织进行镜检和细菌分离培养。革兰氏染色可见短小阳性菌,血琼脂培养基上呈狭窄的β溶血,PALCAM平板培养基上的菌落呈黑色,最后利用阳性分型血清做平板凝集试验进行鉴定。

2.分子生物学检测

设计针对产单增李氏杆菌溶血素基因的特异性引物对进行PCR鉴定,PCR扩增产物经琼脂糖电泳应有符合预期大小的目的条带,必要时可测定所扩增片段的核苷酸序列以确认该菌。

【防控】

严格执行养殖场生物防控的规章制度,及时清理畜禽粪便和污水,定时消毒,加强通风,保持舍内空气适当流动。加强怀孕母畜的饲养管理,特别是饲草的卫生管理,防止感染。对人类而言,摄入被污染的食品是主要的感染途径,因此,日常生活中对食品进行有效的加热灭菌是重要的预防措施。

临床治疗李氏杆菌病的主要手段是抗生素治疗,通常情况下,青霉素、氨苄青霉素、四环素和氯霉素均为敏感药物。为避免因细菌耐药影响治疗效果,应通过药物敏感性试验筛选并确定敏感抗生素。

【公共卫生】

通常部分健康人群粪便中可检出产单核细胞李氏杆菌,李氏杆菌病多散发,发病率较低,但发病死亡率很高,可达25%。患者的疾病严重程度与其身体健康状况密切相关,孕妇、新生儿、老年人和肿瘤患者等免疫力低下者易感。患者伴有发热、呼吸急促、呕吐、腹泻、胃肠炎、出血性皮疹、化脓性结膜炎、抽搐、昏迷、流产或死婴、脑膜炎、败血症直至死亡。败血症患者常表现为心内膜炎、肝脏肿大、脾脏肿大。神经症状患者可表现为脑膜炎(其中15%～20%患者表现颈脖僵硬和运动失调,约75%患者精神状态变化较大)、脑干脑炎、脑脓肿(常见丘脑、脑桥和延脑脓肿)。

该菌为食源性致病菌,生鲜蔬菜瓜果、水产品、鲜奶及鲜奶制品的细菌检出率较高,尽可能清洗消毒彻底,并加热处理后食用。屠宰场、食品加工车间的地面、墙壁和加工设备上也易检出该菌,工作人员要加强防范意识,遇有创伤时要及时消毒处理,防止感染。

第二十二节　棒状杆菌病

棒状杆菌病(corynebacteriosis)是由棒状杆菌属细菌引起的多种人和动物的疾病总称。由于棒状杆菌的种类不同,不同人和动物的临诊表现也存在差异,但以组织器官化脓性或干酪性病变为主要特征。

【病原】　根据《伯吉氏细菌学分类手册》,化脓棒状杆菌属于放线菌属,名为化脓放线菌(*Actinomyces pyogenes*),将马棒状杆菌划归于红球菌属中,命名为马红球菌(*Rhodococcus equi*)。

棒状杆菌为一类多形态细菌,菌体细长,直或微弯,一端常膨大呈杆状,似短球菌。革兰氏染色阳性,无鞭毛,不产生芽孢。致病性棒状杆菌大都为需氧兼性厌氧,最适生长温度为37℃,在有血液或血清的培养基上生长良好,有的能产生外毒素。

棒状杆菌在自然界分布广泛,多数为非致病菌,只有少数有致病性。对动物有致病性的主要有化脓棒状杆菌(*Corynebacterium pyogens*)、肾棒状杆菌(*C. renale*)、假(伪)结核棒状杆菌(*C. pseudotuberculosis*)和马棒状杆菌(*C. equi*),对人有致病性的主要是白喉棒状杆菌(*C. diphtheriae*)。

(一)化脓棒状杆菌感染

化脓棒状杆菌(*Corynebacterium pyogenes*)为革兰染色阳性的短棒状杆菌,现归为隐秘杆菌属(*Arcanobacterium collins*),该菌最早(1983 年)从牛的脓汁中分离到。

【流行病学】 主要易感动物为猪、牛、绵羊、山羊等主要感染途径为外伤,主要的传播媒介是苍蝇。该病为散发,无明显季节性;该菌引起的牛乳房炎,有明显的季节性,夏秋炎热季节多发。

【症状】 猪化脓棒状杆菌的主要症状为关节肿胀、形成脓疱、跛行甚至卧地不起。表在性脓肿常发生在颈部、肩胛部等处皮下组织内。深在性脓肿常发生在肌膜下、肌间、骨膜下和实质器官。肺部感染的病猪体温升高,咳嗽,后转入慢性经过,逐渐消瘦,最后因恶病质而死亡。牛的多种化脓性疾病中,都能发现化脓棒状杆菌。成年牛和小母牛由于该菌引起的乳房炎,一般认为是由苍蝇来传播,且主要发生在夏季,在我国进口的奶牛中也发现该病存在,危害很大。羊棒状杆菌病伴有慢性化脓性肺炎,羔羊慢性咽喉脓肿.致死率很高。人感染棒状杆菌后,可发生局部脓肿、溃疡,甚至形成瘘管;严重的可通过淋巴管向外扩散,引起全身临诊症状。

【诊断】 患畜有外伤史,体表有肿胀继而形成脓肿等特征,可初步诊断为化脓棒状杆菌病。确诊需进行细菌分离鉴定。

【治疗】 化脓棒状杆菌对青霉素、磺胺类药物、广谱抗生素敏感,发病早期合理使用上述药物,可有效抑制细菌繁殖。静脉输注营养性药物,提高病牛抵抗力,限制细菌感染范围,手术去除早期脓肿,可以取得良好的疗效。同时,使用中药清热解毒可起到良好的辅助疗效。

(二)肾棒状杆菌感染

肾棒状杆菌属于棒状杆菌属,多发于母牛,公牛比较少见,对马、猪、绵羊等也有致病性。发病动物以肾组织、膀胱和输尿管炎症为主要特征。

【流行病学】 分娩前后的牛会发生肾盂肾炎,表现为共生微生物的机会性感染,该病主发于母牛,公牛很少见,可能通过病牛的尿污染健牛尿道生殖道口引起传染。肾棒状杆菌的成员定居在牛或其他反刍动物的下端生殖道。该菌现呈全球性分布。

【症状】 病畜体温升高,精神沉郁,食欲不振,排尿困难,尿液混浊且带有血块。病程 2～5 天不等。剖检可见单侧或双侧肾肿大,并伴有斑点状的化脓灶或坏死灶;肾盏、肾盂扩大;肾乳头坏死,有渗出物,混有纤维素凝块;输尿管肿大,积尿;膀胱积尿,膀胱壁增厚,有出血点或坏死灶;

【诊断】 可根据特征性临诊症状和剖检变化进行初步判断,确诊需进一步通过微生物学方法。尿的全面检查可能观察到红细胞和高碱性的存在(pH＝9.0)。显微镜观察可以观察到革兰氏阳性似白喉杆菌的多态性,容易从沉淀中培养微生物。在 Chris-tensen 尿琼脂斜面的一个点的足够接种,在接种的几分钟内,将产生一种碱性变化,显示尿发生水解。如果来自鸟的似白喉分离物能够产生这种反应,并且发酵葡萄糖,则可能属于肾群。

【治疗】 隔离饲养发病家畜,同群家畜原地观察,对家畜活动场所和饲养管理用具进行严格消毒。妥善处理病死家畜。在抗生素的选择上,青霉素疗效较好,病初肌肉注射,隔天1次,连用4~6周,可以治愈。治愈的病畜,必须继续隔离观察1年以上,如不复发才可认为痊愈。

(三)伪结核棒状杆菌感染

伪结核棒状杆菌感染是伪结核棒状杆菌引起多种动物的一类慢性传染病,其中主要为羊的伪结核和马的溃疡性淋巴管炎。犊牛、猪、兔和豚鼠也有发生的报道。1918年Ebersom将其列入棒状杆菌属,并命名为伪结核杆菌。

伪结核棒状杆菌是棒状杆菌属(Corynebacterium)的成员,是一种大小(0.5~0.6)μm×(1.0~3.0)μm,革兰氏染色阳性而非抗酸的多形性杆状菌,多呈棒状或梨状,不能运动,无荚膜,不形成芽孢。用苯胺染料水溶液易于染色。它的分布很广,通常栖居于肥料、土壤和肠道中,也存在于皮肤上。

在有氧条件下培养,该菌在琼脂和凝固血清上形成灰色或灰白色菌落,菌落呈鳞片状,不易乳化于液体中,在肉汤中的管底能形成小团块,不产生靛基质。在马铃薯上不能生长,或只有瘠薄的生长。该菌耐干燥,能在冻肉和粪便中存活数月。日光直射、90℃加热和各种消毒剂均能迅速将其杀死。

1.绵羊和山羊的伪结核

绵羊和山羊的伪结核又称绵羊和山羊的干酪性淋巴结炎(caseus lymphadenitis in sheep and goat),是由伪结核棒状杆菌引起绵羊和山羊的一种慢性传染病。

【流行病学】 该病常散发于澳大利亚、新西兰及南美的绵羊群中,偶尔呈地方性流行。德国、法国、波兰和保加利亚均报道过该病的发生。该病在我国多发于2~4岁的山羊, 5岁以上较少出现。公、母山羊均受侵害,但以母羊占大多数。该病病原伪结核杆菌主要为动物寄生,只是偶尔定居在土壤中。对于绵羊,剪羊毛,去尾和急压触诊是感染传播的显著原因。对于山羊,必须对直接的接触、吞食和节肢动物媒介给予考虑。病羊粪便中的病原菌可污染牧地。

【症状】 绵羊和山羊的干酪样的淋巴腺炎可归咎于皮肤损伤。在侵入后,微生物激发弥漫性的炎症,伴随着结核和具有包囊的脓肿的形成。炎症细胞穿过外周的荚膜,增加了一层脓和新的荚膜,几次循环后即造成损伤,尤其是在绵羊中出现一种"洋葱环"的现象。患羊感染初期表现为局部发炎,逐渐波及附近淋巴结,之后淋巴结慢慢肿大并呈现化脓,渐变为干酪样,切面呈同心轮环状。以头、颈、肩前以及股前等淋巴结较常见。羔羊常出现腕关节及跗关节的化脓性关节炎。

【诊断】 根据特征性症状和病变可做出初步诊断。确诊需采集未破溃的脓肿脓汁,接种于血平板,孵育24~48 h(35~37℃),产生小的白色弱溶血菌落,这些菌落能够突出于琼脂表面,葡萄球菌β毒素的抑制和与马红球菌协同溶血确定了假结核棒状杆菌的鉴定。该病类症鉴别应注意与结核病的鉴别。

【治疗】该病的预防需要定期对环境和用具进行消毒。病羊隔离治疗,防止脓肿自行破溃污染环境。对无全身症状的病羊需要促使体表淋巴结脓肿成熟,及时切开排脓,再用双氧水和生理盐水先后冲净脓腔,最后涂擦碘酊,间隔3~5天处理1次,一般2~3次即可治愈。对有全身症状的病羊,可用0.5%黄色素10 mL静脉注射,同时肌肉注射青霉素,可提高疗效。

2.马溃疡性淋巴管炎

溃疡性淋巴管炎是由伪结核棒状杆菌引起马属动物的一种慢性传染病,以皮淋巴管慢性发炎并逐渐形成结节及溃疡为特征。

【流行病学】　该病主要是由污染病原菌的土壤、肥料及垫草,通过皮肤伤口进入真皮和皮下淋巴间隙而引起感染的,极少见到由患畜直接传染给健畜。病菌在组织中缓慢繁殖,沿淋巴管逐渐扩散。该病多呈良性经过,但在热带,特别是热带的驴,多为恶性。

【症状】　马的溃疡性淋巴管炎,从(马蹄后上部的)丛毛开始,通常上升到后肢的淋巴。肿胀和脓肿标志着其向腹股沟区的进展,其破裂沿其路线引起溃疡。血性的传播很少,除了手足的其他区域,偶尔会被感染。有的病例的病变可由后肢蔓延到躯干、颈部、前肢甚至头部。倘若病菌转移到肺脏和肾脏.而发生转移性化脓灶时,可使病情恶化,呈现全身症状,甚至死亡。在发生一般结节、脓肿和溃疡时,只有中等度发热,以午后的体温升高较为明显,这主要是由于吸收了化脓灶中所产生的有毒物质所引起的。该病经过缓慢,在温带发生的病例,即使出现多数结节和溃疡,也常常能治愈。但在热带,特别是热带的驴,是多呈恶性经过。季节对该病有一定的影响,夏季多明显好转,至寒冷季节则又呈现恶化。

【诊断】　根据该病的溃疡所排出不黏稠的脓汁,溃疡的肉芽组织有明显愈合趋势,不侵害其附近淋巴结.鼻腔无病变等特点,即可建立诊断。也可从脓肿中采集脓汁接种在血液琼脂平板上,产生溶血、干燥的鳞片状菌落,容易识别。但该病皮肤病变与皮鼻疽及流行性淋巴管炎相似,应仔细鉴别。

【治疗】　可通过外科手术处理马脓肿,将结节及时摘除,对溃疡面进行外科治疗,有助于溃疡的愈合,但不能阻止顽固病例的病情发展。根据某些研究者应用青霉素或链霉素取得良好效果的报道,可采用这些抗生素进行试治,在治疗过程中,要保证患畜的充分休息,并给予营养丰富的饲料,以促进其治愈。

(四)白喉棒状杆菌感染

白喉是由白喉棒状杆菌所引起的一种急性呼吸道传染病,主要特征为发热、咳嗽、声音嘶哑、扁桃体及其周围组织出现白色伪膜。严重者,并发心肌炎和神经麻痹。

【流行病学】　人类特别是儿童人群为白喉棒状杆菌的自然宿主,主要经呼吸道造成人际间传播感染,白喉棒状杆菌侵入易感者上呼吸道,通常在咽部黏膜生长繁殖,经飞沫或污染物品传播,偶有通过皮肤病损或非生物媒介发生传播的情况。相比较而言,研究认为动物是溃疡棒状杆菌的自然宿主,其病例多为摄入生奶制品或密切接触牛、猪、宠物等动物而发生感染的,罕有人-人传播感染的报道,是否能直接在人际间传播还有待证实。

【症状】　鼻、咽黏膜局部渗出纤维素和白细胞,与坏死组织共同凝固形成灰白色膜状物。咽、喉、气管黏膜水肿、假膜脱落,造成呼吸道阻塞,甚至窒息死亡。细菌外毒素可引起等组织细胞坏死,内脏出血以及外周神经麻痹。导致心肌炎、软腭麻痹、肾上腺功能障碍等症状。

【诊断】　对病损取样后应通过培养鉴别不同潜在的感染源,如细菌、真菌和分枝杆菌等。组织活检病理学检查也十分重要,由于皮肤表面共生有各种棒状杆菌属,因此从伤口样本中分离明确致病菌就变得更加困难,从而可能进一步延误诊断。可通过奈瑟氏染色或美蓝染色,镜检有无含异染颗粒的棒状杆菌同时结合临床症状作出初步诊断。确诊需进行细菌培养和毒力试验。除了微生物方面的检测,对已确诊病例应行进一步检测查找白喉可能后遗症的证据,包括心电图、超声心动图查看心肌并发症情况,心电图可以显示早期心脏传导阻滞的征象;如有外周神经病变症状提示行神经传导检测,可以发现肢体远端运动迟缓。

【治疗】　预防该病,除注意平时卫生外,应注射白喉类毒素及抗毒素血清。白喉杆菌属于革兰氏阳性菌,在抗生素的选择上,青霉素是首选,青霉素可以通过抑制白喉杆菌细胞壁的合成而起较强的杀菌、抑菌作用。一般使用时间为 7～10 天,用至症状消失和白喉杆菌培养阴转为止。此外,可在发病早期视病情严重程度肌注或静脉滴注白喉抗毒素作为特效治疗。简言之,对白喉棒状杆菌的治疗以应用抗毒素血清为主,加注大剂量青霉素,并配合输液,严重者还可加服中草药。

思考题

1. 简述伪结核棒状杆菌感染的症状。
2. 如何进行伪结核与结核病的鉴别诊断?

案例分析

【临诊实例】

某养殖户引进奶牛 24 头,半个月后开始发病,患牛频频排尿,呈现排尿困难,尿液混浊,出现血尿,随病程延长,尿液中混有血块和黏液。3 个月后陆续有 7 头发病,发病率 29%,患牛出现发热,食欲不振,乳量降低等症状。后期死亡 4 头,死亡率为 59.1%。后经病理剖检、实验室检验,确诊为奶牛棒状杆菌病。

【诊断】

1. 流行特点

牛对化脓棒状杆菌、肾棒状杆菌易感性高,病牛和其他感染动物为传染源,可随脓汁及各种分泌物、排泄物排出病原体,污染饲料、饮水、用具、垫草及周围环境,散播传染。该病主要通过伤口、消化道、呼吸道途径传播,吸血昆虫叮咬也可传播;此外,可通过污染乳房、尿道口等部位发生传染;由于有些棒状杆菌存在于动物的口腔、咽喉等部位,故常发生内源性感染。该病一般呈散发性流行,有时可表现为地方性流行。该次发病是引入感染牛所致。

2. 病因浅析

棒状杆菌广泛分布于自然界,多数为非致病菌,只有少数有病原性,能引起人和动物的急性和慢性传染病。对动物有致病性的主要有化脓棒状杆菌、肾棒状杆菌、假(伪)结核棒状杆菌和马棒状杆菌,对人有致病性的主要是白喉棒状杆菌。

3. 主要症状

病牛呈现尿频、排尿困难、尿液混浊、血尿等症状。随着病程发展,尿中混有血块和黏膜碎片,有的患牛发热、食欲不振、泌乳量降低,有的病牛逐渐消瘦,有的衰竭而死亡。

4. 剖检病变

对该病例中病、死牛进行剖检,其主要变化为皮下、肌间水肿,腹水增多,呈腹膜炎病变;在膀胱黏膜可见有水肿、出血,膀胱内存有脓块和结石,尿液浑浊,输尿管扩张、肿大,管壁呈水肿性肥厚,管腔内含有脓汁或坏死组织片,肾包膜剥离困难,肾皮质表面可见有大小不等灰白色斑,肾盂明显扩张,内有多量的脓汁和组织碎片。

5. 类症鉴别

根据该病的流行病学特点、临床症状、病理剖检变化结合病原鉴定确诊为奶牛棒状杆菌。

牛钩端螺旋体病与该病临床症状有相似之处,应注意鉴别诊断。

钩端螺旋体病牛体温升高,心率加快,皮肤干裂,坏死、溃疡。肺脏有出血斑;心脏表面有大面积点状出血;肝脏肿大,泛黄有坏死灶。取肾组织,制成涂片,用姬姆萨染色后,在显微镜下观察,发现许多一端或两端弯曲如钩状的、纤细的、呈螺旋状的病原体。而牛棒状杆菌病无此变化,且牛棒状杆菌为革兰氏阳性小杆菌,有的菌形一头呈棍棒状,多为杆菌。

6. 实验室诊断

(1)细菌分离培养 无菌采取 1 号病死牛脓汁、腹水,2 号病死牛肝、脾、心血、肺和淋巴结,分别接种于葡萄糖血液琼脂平板和厌氧肉肝汤,置 37℃培养 24～48 h。培养获得 A1、A2 两个菌株,然后挑取进行抹片、革兰氏染色和镜检。观察到 A1、A2 菌株均为革兰氏阳性小杆菌,有的菌形一头呈棍棒状,多为杆菌,着色不均匀;宽 0.2～0.4 μm,长 0.5～1.5 μm;多散在,也有呈丛或 2～4 个并列者;不运动,无荚膜,无芽孢。在血液琼脂平板上 37℃培养 48～72 h,呈针尖大小至 1 mm 的暗灰色菌落,表面干燥,有 β 型溶血环。在血清肉汤中 37℃ 48 h,液体清朗,无菌膜菌环,管底有颗粒状沉淀物,振荡不易散开。在普通肉汤中不生长或生长极差。

(2)生化鉴定 能发酵葡萄糖、乳糖、麦芽糖和单奶糖,产酸。尿素酶试验及接触酶试验均为阴性。

(3)动物接种试验 将两株分离菌分别接种于血清肉汤中 37℃培养 72 h,取混合培养物0.3 mL,分别对 2 只 18～20 g 健康小白鼠、2 只 250～300 g 健康豚鼠和 2 只 2.0～2.5 kg 家兔进行腹腔和皮下注射,观察 10 天。腹腔注射小白鼠在 20～43 h 死亡,皮下注射小白鼠在 36 h 均健活;腹腔注射家兔在 20～148 h 内死亡,皮下注射家兔到 168 h 均健活;腹腔和皮下注射的豚鼠观察 10 天均健活。取死亡小白鼠、家兔心血、肝组织进行抹片、染色镜检与病死牛病料镜检结果相同,接种培养分离出原感染细菌;将感染豚鼠人工致死剖检,采取心血、肝组织、肝脏脓汁做细菌分离培养,未见细菌生长。

【防控措施】

1. 防病要点

该病极有可能是刚引进的 24 头奶牛带菌感染发生的,因此引进动物要严格检疫,隔离观察,证明无病后方可混群饲养。

不从疫区引入动物、动物产品及饲料。

平时要加强饲养管理,注意圈舍环境、饲管用具的清洁卫生,加强消毒工作。防止皮肤、黏膜受伤,发生外伤应及时处理。对尿中带菌的牛,要早发现,早隔离。

2. 小结

首先,从发病症状看,病牛频频排尿,呈现排尿困难,尿液混浊,出现血尿,随病势进展,尿液中混有血块和黏液。3 个月后陆续有 7 头发病,发病率 29％,患牛出现发热,食欲不振,乳量降低等症状。后期因消瘦而死亡,死亡 4 头,死亡率为 59.1％,所以有棒状杆菌病和牛钩端螺旋体病的可能。但牛钩端螺旋体病能引起流产,并且取肾组织,制成涂片,用姬姆萨染色后,在显微镜下观察,可见许多一端或两端弯曲如钩状的、纤细的、呈螺旋状的病原体。而牛棒状杆菌病无此变化,且牛棒状杆菌为革兰氏阳性小杆菌,有的菌形一头呈棍棒状,多为杆菌,故排除牛钩端螺旋体病。

其次,从流行病学看,此次奶牛是在刚引进 24 头奶牛半个月后发病,这与牛对化脓棒状杆菌、肾棒状杆菌易感性高,病牛和其他感染动物为传染源,可随脓汁及各种分泌物、排泄物排出病原体,污染饲料、饮水、用具、垫草及周围环境,散播传染的流行病学资料相符,因此怀疑为奶牛棒状杆菌病。

第三,从病理剖检变化看,皮下、肌间水肿,腹水增多,呈腹膜炎病变;在膀胱黏膜可见有水肿、出血,膀胱内存有脓块和结石,肾皮质表面可见有大小不等灰白色斑,肾盂明显扩张,内有多量的脓汁和组织碎片,由此初步诊断为奶牛棒状杆菌病。

第四,为确诊该病,需做病原学诊断。无菌采取 1 号病死牛脓汁、腹水,2 号病死牛肝、脾、心血、肺和淋巴结,分别接种于葡萄糖血液琼脂平板和厌氧肉肝汤,置 37℃培养 24～48 h。培养获得 A1、A2 两个菌株,然后挑取进行抹片、革兰氏染色和镜检。观察到 A1、A2 菌株均为革兰氏阳性小杆菌,有的菌形一头呈棍棒状,多为杆菌,即为肾棒状杆菌。

此外,用青霉素、磺胺类药物、广谱抗生素进行治疗后,有效地抑制病菌繁殖,控制病菌扩散。通过静脉输注营养性药物后,全身症状改善,且病菌的感染部位局限于局部。手术方法治疗脓肿也取得了较好的疗效。同时,使用中药清热解毒,进一步改善病牛体质可以起到很好的辅助疗效。后期死亡的 4 头牛是因前期未及时治疗最后消瘦衰竭而死。通过疗效观察进一步证明为棒状杆菌感染。

第二十三节　放线菌病

放线菌病(actinomycosis)是放线菌引起的一种人兽共患病。主要特征为化脓或肉芽肿性炎症、多发脓肿和窦道瘘管。该病分布广泛,世界各地均有报道。

【病原】　放线菌(*actinomycete*)是一群革兰氏阳性、高(G＋C)mol％含量(＞55％)的细菌。是一类主要呈菌丝状生长和以孢子繁殖的陆生性较强大的原核生物。因在固体培养基上呈辐射状生长而得名。大多数有发达的分枝菌丝。菌丝纤细,宽度近于杆状细菌,0.5～1 μm。可分为:营养菌丝,又称基质菌丝,主要功能是吸收营养物质,有的可产生不同的色素,是菌种鉴定的重要依据;气生菌丝,叠生于营养菌丝上,又称二级菌丝。该菌在自然界。主要以孢子或菌丝状态存在于土壤、空气和水中。

【流行病学】　牛、羊、猪、马等多种动物均可感染此病,人也可感染。动物中牛最易感,换牙齿期和天气炎热时尤其易感,病牛为主要的传染源,该病以水平方式传播,无明显季节性,呈散发性,潜伏期较长,可达 3～18 个月。

【致病机制】　目前,关于放线菌病的致病机制尚有两个公认假说:①放线菌在正常的寄生部位(主要指口腔及肠道黏膜)不致病,但当放线菌通过破裂的管腔黏膜转移到黏膜下层及体腔,则导致放线菌病;②放线菌进入到黏膜下之后需要在其他细菌的协同作用下致病,如大肠杆菌和链球菌。

【临床症状】

1. 牛

常见上下颌骨肿大,肿胀进展缓慢,不能移动;病牛呼吸、咀嚼和吞咽均感困难,迅速消瘦,口内恶臭;舌和咽部组织变硬,舌活动困难,称为"木舌病";皮肤化脓破溃,脓汁流出,形成瘘管,长久不愈;乳房感染时呈弥散性肿大或局灶性硬节,乳汁黏稠,混有脓汁。

2.猪

病猪体温升高,皮肤发绀、有出血性瘀斑。肢体远端充血(导致蹄、尾和耳坏死)、关节肿胀。病猪喘气并伴有震颤。断奶猪发热、厌食、肺炎、持续性咳嗽。成年猪死亡率低,可见体温升高,皮肤出现圆形或菱形红斑。母猪可见乳房炎和流产。

3.羊

常见症状为唇部、头下方及颈区发肿。有时脓肿破裂,脓汁与毛结痂成块。未破的纤维组织病灶坚固,脓内含有黏稠的绿黄色脓液以及灰黄色小片状物。

【病理变化】

1.猪

特征性病变是肺脏、肝脏、心脏、脾脏、皮肤和小肠的出血,其中肺脏出血最为严重,甚至可见,肺小叶坏死和血纤维素渗出。大日龄哺乳和断奶仔猪在肺脏、肾脏、肝脏、肠系膜淋巴结和皮肤可见粟粒状脓肿。成年猪在皮肤上可见大量圆形、菱形以及不规则形状的病变。猪感染驹放线杆菌时,感染器官可见豌豆粒大小结节,后变为脓肿,内含乳白色或乳黄色的脓液。

2.羊

感染病害常限于头部,内脏没多大变化,嘴唇肿大、坚硬、瘘管有脓液流出,部分带有干脓或脓痂。颌下淋巴结增大。

【诊断】

1.临床诊断

口腔黏膜可见突出黏膜表面的红色柱状肉芽组织,两颊、上下颌及头部皮下可见多个破溃和非破溃的化脓性硬结,脓汁中肉眼可见硫黄样颗粒状菌块。

2.解剖镜观察

用无菌注射器抽取脓汁置于无菌培养皿中解剖镜下观察,用接种环挑取直径 1 mm 以下的灰色或硫黄色颗粒至玻片上,用盖玻片轻轻挤压。低倍镜下观察可见中央深暗色的缠绕菌丝,菌丝末端呈放线状排列,颇为紧密,终末部分较粗。

3.分离培养

将脓液内的小颗粒研碎后接种于血清 LB 琼脂和血清 LB 肉汤中分别做厌氧和需氧培养。37℃培养 24 h,琼脂平板上可见圆形、灰色、边缘略透明的细小菌落和光滑、湿润、隆起的圆形大菌落;肉汤中可见细小、浑浊、绒球样絮状沉淀。

4.革兰氏染色镜检

取培养物革兰氏染色镜检。分别做涂片、染色和纯培养后可确诊大菌落为葡萄球菌,小菌落可见革兰氏阳性的细分支菌丝和菌丝的断片。

5.生化鉴定

该菌能发酵葡萄糖、麦芽糖、半乳糖、果糖、蔗糖、木糖、甘露醇产酸不产气,产生硫化氢,MR 阳性,吲哚阳性。

【防制】

预防该病应注意加强饲养管理,平时饲喂应以粗纤维饲料为主;同时使役不宜过量,不在低湿地区放牧。碘化钾有杀灭和抑制该病菌生长的药效,如发生刺伤,要及时处理,但在用药过程中,还应特别注意防止碘中毒,如患畜用药后出现流泪、皮肤出疹、大量脱毛等症状,应立即停药或减少用药剂量。

【公共卫生】 人可通过多种感染途径感染放线菌病,感染位置不同,病变也都不相同。口腔感染可由龋齿或牙周脓肿处入侵,常发于面颈交界部,表面局部坚硬,之后形成脓肿,脓肿破溃排脓后常见带有硫磺颗粒的脓汁。病原菌经呼吸道感染肺部可致胸膜炎脓胸,形成排脓瘘管,X光显示肺叶实变,可见透亮区。病原菌还可经胃肠入侵,常表现为亚急性或慢性阑尾炎,可波及肝肾等器官,甚至经血液侵害中枢神经系统。

思考题

1. 放线菌病的感染途径有哪些?
2. 放线菌病如何防制?

案例分析

【临诊实例】

某奶牛场的 3 头水牛中有 1 头母牛发病。该牛 5 岁,毛青灰色,体重约为 600 kg。据畜主介绍,该牛病初头部肿大,下颌部较为严重,随后下颌出现明显的肿大且形成硬结,淌哈喇子,舌伸出口外,咀嚼小心。用青霉素、硫酸庆大霉素、磺胺类等药物肌肉注射治疗,一段时间后,病牛皮肤化脓破溃,有脓汁不断流出,病情不见好转。遂来就诊,经手术治愈。

【诊断】

1. 流行特点

该病以 2～5 岁牛最易感。当口腔、鼻腔和气管以及由于外伤等原因所致的皮肤等破损时,内外源性放线菌适时侵入、定居、生长繁殖,引起牛放线菌病的发生和流行。该病潜伏期为3～18 个月,一年四季都可以发生,以春季病例较多,呈散发性。

2. 病因浅析

放线菌病原主要是牛放线菌和林氏放线杆菌,放线菌可能在正常的寄生部位(主要指口腔及肠道黏膜),当管腔黏膜破裂或管腔全层破裂,放线菌转移到黏膜下层及体腔,则导致放线菌病,或其他细菌辅助感染,放线菌进入到黏膜下通常伴有其他细菌,主要是大肠杆菌和链球菌等,在这些细菌的协同作用下导致放线菌病的发生。放线菌可形成生物膜,在生物膜网状结构内保持菌的活性,在一定条件下致病。

3. 主要症状

病牛的上、下颌骨出现界限明显、不能活动的赘生物,初期触压坚硬如石有疼痛反应,后期则痛觉消失,上下颌骨逐渐增大,头部变形,患牛呼吸、吞咽或咀嚼困难,肿胀部皮肤化脓、破溃后,流出脓汁,形成经久不愈的瘘管,流涎,舌外伸,触摸舌体较坚硬,并在下缘有结节,溃烂,流出恶臭液体,疑似为放线菌病。

4. 剖检病变

本次没有病死牛,没有剖解。

5. 类症鉴别

根据流行病学调查、临床症状和实验室检查确诊为牛放线菌病。牛放线菌病与牛淋巴结核病有相似临床表现,注意鉴别诊断。

牛结核病是由结核分枝杆菌引起的人兽共患慢性传染病。临床上常见的主要是肺结核,也可见乳房结核、淋巴结核,肺结核时以长期顽固的干咳为主要症状。牛放线菌病主要与牛淋巴结核相鉴别:淋巴结核常见于颌、咽、颈和腹股沟等部位,淋巴结肿大突出于体表,无热无痛。特征性的病变是组织中形成结节与冷性脓疡,随后发生干酪样病变和钙化,机体呈慢性消耗性病变。采用牛结核菌素进行皮内注射并结合点眼,可确诊疑似病例和隐性病例。该病一般死亡率较高,难以治愈。而牛放线菌病肿胀部皮肤易化脓、破溃,形成经久不愈的瘘管。舌染病者流涎,舌外伸,触摸舌体较坚硬,并在下缘生结节,有溃烂,流出恶臭液体。该病一般死亡率较低,若治疗及时,治愈率很高;病原学诊断,牛结核分枝杆菌短粗,呈单独或者平行相聚排列,多为棍棒状,间有分枝状的革兰氏阴性菌。而牛型放线菌,中央为革兰氏阳性的密集菌丝体,外围为放射状的革兰氏阴性的棍棒体。林氏放线杆菌,中心为革兰氏阴性的小杆菌丛,外围也有呈放射状的棍棒体。

6. 实验室诊断

(1)染色镜检　用消毒的 16 号针插入病牛肿胀部位,轻微转动,抽出针头,立即抹片。脓块中可见"硫黄样"颗粒。压片经革兰氏染色后镜检,中央为革兰氏阳性的密集菌丝体,外围为放射状的革兰氏阴性的棍棒体。

(2)分离培养　无菌取病料接种于羊血琼脂培养基,37℃培养 24 h 后,培养基上出现圆形、半透明的乳白色菌落,此菌落不溶血,制片,革兰氏染色镜检,可见中心及周围均呈红色、长短不一、具有多数分枝的细线状菌丝,确定为放线菌。

【防控措施】

1. 防病要点

为了预防该病的发生,要做好畜体的卫生工作,避免在低温地区放牧。在饲喂和放牧时,不用带刺或带芒的粗硬干草饲喂牛。干草、谷糠等应浸泡变软后再饲喂,避免刺伤口腔黏膜。对于发生外伤的牛要及时消毒和治疗,以免感染。

2. 小结

病牛表现为上、下颌骨出现界限明显、不能活动的赘生物,并且逐渐增大,导致患牛头部变形,呼吸、吞咽或咀嚼困难,肿胀部皮肤化脓、破溃,形成经久不愈的瘘管,舌外伸,触摸舌体较坚硬,并在下缘有结节,溃烂。该病的临床症状比较特殊,不易与其他传染病混淆,初步诊断为放线菌病。

为进一步诊断该病,需结合实验室诊断。首先,取病牛脓块可见"硫黄样"颗粒,然后压片经革兰氏染色后镜检,见到中央为革兰氏阳性的密集菌丝体,外围为放射状的革兰氏阴性的棍棒体;无菌取病料接种于羊血琼脂培养基,37℃培养 24 h 后,培养基上出现圆形、半透明的乳白色菌落,此菌落不溶血,制片,革兰氏染色镜检,见到中心及周围均呈红色、长短不一、具有多数分枝的细线状菌丝,确定为放线菌。

依据病牛特殊的临床症状,并结合镜检和分离培养的结果,确诊为放线菌病。

放线菌作为一种寄生菌经常寄生在健康牛的口腔、鼻腔和气管内,一部分寄居在动物皮肤上，当这些部位发生破损时，放线菌就乘机侵入并不断繁殖，导致疾病发生。在该病案中，3头水牛中就1头发病，可能是由于这头牛的口腔或某部位发生损伤，感染了放线菌而发病。

第二十四节　结核病

结核病是由结核分枝杆菌引起的一种人畜共患性传染病。特征性病变是在多种组织器官形成结节性肉芽肿，肉芽肿中心形成干酪样坏死或钙化。该病在世界各地分布广泛，可通过污染饲料、饮水、食物和空气传播，防制措施不健全的国家和地区往往成为疾病流行重灾区。

【病原】　分枝杆菌属（*Mycobacterium*）分3个种，即结核分枝杆菌（*M. tuberculosis*）、牛分枝杆菌（*M. boris*）和禽分枝杆菌（*M. avium*）。

结核分枝杆菌是革兰氏阳性细长杆菌，呈单独或平行排列。不形成芽孢和荚膜，不能运动。该菌为专性需氧菌，最适生长温度37.5℃，在固体培养基上生长缓慢，3周左右开始生长，出现粟粒大圆形菌落。牛分枝杆菌生长最慢，禽分枝杆菌生长最快。

该菌耐干燥和湿冷，不耐热，60℃ 30 min即可杀死。阳光下直射数小时死亡。该菌对环丝氨酸和氨基水杨酸等敏感。

【流行病学】　人和多种动物均可感染该菌。家畜中牛最易感，猪和家禽易感性也较强。

该病主要经呼吸道、消化道感染。病畜粪尿、乳汁等体液中都可带菌，排出体外污染饲料、饮水、食物、空气和环境而散播传染。畜舍通风不良、潮湿、拥挤等均可导致病菌传播。

【致病机制】　结核杆菌侵入机体后，易被吞噬细胞吞噬或被带入局部组织，发生原发性病灶，形成结核。还可进一步发展，形成续发性病灶，甚至细菌进入血流，引起全身性结核。

【临床症状】

1.牛结核病

牛感染肺结核，病初常发短而干的咳嗽，随后咳嗽加重，呼吸次数增多或发生气喘。病畜体表淋巴结肿大，常见于颌下、咽、肩前等处。胸膜腹膜发生结核病灶即所谓的"珍珠病"，胸部听诊可听到摩擦音。病牛乳房感染时，可见乳房上淋巴结肿大，泌乳量减少，严重时乳汁呈水样稀薄。犊牛肠道发生结核时，表现为消化不良，顽固性下痢，迅速消瘦。生殖器官发生结核，可导致性欲亢进，发情频繁，孕畜流产，公畜阴茎发生结节、糜烂等。侵染中枢神经系统可引发神经症状，如运动障碍、癫痫样发作等。

2.禽结核病

病鸡精神萎靡，呆立不动，食欲不振或废绝，肉髯苍白变薄，胸骨突出，产蛋下降；关节感染时常出现一侧翅下垂和跛行；顽固性腹泻，最后衰竭死亡。

3.猪结核病

病猪体温升高、呼吸急促、精神沉郁、厌食，腕关节肿大，顽固性下痢，渐进性消瘦，在扁桃体和颌下淋巴结发生病灶。猪感染牛分枝杆菌常导致死亡。

4.鹿结核病

多由牛分枝杆菌引发。症状和牛基本相同。

【病理变化】

1.牛

剖检可见病牛胸膜和腹膜出现密集结核结节,形似珍珠,即所谓的"珍珠病"。肺淋巴结、头颈淋巴结、肠系膜淋巴结有黄色或白色结节,切开有干酪样坏死,有的钙化。胃肠黏膜有大小不等的结核结节。乳房感染后剖开可见大小不等的病灶,内含干酪样物质。子宫病变多出现在黏膜上,呈弥漫干酪化,黏膜下组织或肌层组织内也有的发生结节、溃疡或瘢痕化。

2.猪

猪发病后在肝、肾、肺等一些器官出现小病灶,有的干酪样变化,但钙化不明显。或有的病例发生广泛的结节性过程。咽、颈部淋巴结肿大,切开有干酪样坏死;膈肌有结核结节,肋骨与胸膜粘连,上有增生性串珠样结节;肺脓肿、肾肿大、脾形成不同大小的增生性结节;腿腕关节切开后流出含蛋白渗出物,深层有组织坏死并有脓性分泌物。

3.鸡

剖检发现肝肿大、呈灰黄或黄褐色、质坚、有大小不等的结节,大的有豆大或鸽卵大;脾肿大 2～3 倍,表面凹凸不平,有蚕豆大灰色结节;肠道有豌豆大小的结节、肠系膜形成"珍珠病";直肠充血、出血,内含少量黏液。病重鸡心包、食道、肺、嗉囊、肾、卵巢等多处均可见结节,切开后均呈干酪样。

【诊断】

1.结核菌素试验

结核菌素试验包括老结核菌素(OT)诊断方法和提纯结核菌素(PPD)诊断方法。

(1)老结核菌素诊断法　结核菌素皮内注射法和点眼法各作两回,其中出现一种阳性反应,则可判定为阳性反应牛。

(2)提纯结核菌素诊断法　用蒸馏水将牛分枝杆菌提纯菌素稀释成 100 000 IU/mL,颈侧中部上 1/3 处皮内注射 0.1 mL。72 h 判定反应,当注射部位红肿,皮厚增加 4 mm 以上,为阳性;皮厚增加 2～3.9 mm,红肿不明显,为可疑;皮厚增加在 2 mm 以下者,为阴性。

①诊断鸡以 0.1 mL(2 500 IU)禽分枝杆菌提纯菌素注射于鸡的肉垂内 24 h,48 h 判定,如注射部位出现增厚、发热、弥漫性水肿则判定阳性。

②诊断猪用老结核菌素原液或牛、禽两型结核菌提纯菌素分别注射两耳根外侧皮内,成年猪 0.2 mL;3 个月至一年的猪 0.15 mL;3 个月以下的猪 0.1 mL。注射后 48～72 h 后各观察一次。如注射部位皮厚增加 5 mm,则判定为阳性。

2.病原诊断

取病变器官的病变与非病变交界处组织直接涂片,Ziehl-Neelsen 氏染色,镜检可见红色成丛的杆菌。将上述经处理的病料接种于兔子,皮下或腹腔注射 0.5 mL,接种后 2 周死亡。剖检发现肺部出现黄色结节样变,切开时有沙砾感,并有的坏死溶解,并有空洞。

3.鉴别诊断

(1)牛结核病与支气管炎、牛白血病临床症状相似　牛结核病与支气管炎都表现为咳嗽,吸冷气易咳嗽,呼吸次数增加。但支气管炎无传染性,体温稍高,体表淋巴结不肿大,没有进行性消瘦和贫血;而牛结核病是由牛分枝杆菌引起的一种牛的慢性消耗性传染病,体温不升高,体表淋巴结肿大,日渐消瘦,贫血;牛结核病与牛白血病都表现为体表淋巴结肿大,贫血。但牛白血病临床表现为体温较高,颌下、垂皮水肿,没有短而干的咳嗽;而牛结核病体温不升高,常见短而干的咳嗽。牛白血病血检白细胞数增加显著;而牛结核病白细胞变化不显著。

(2)禽结核病与禽伤寒、禽副伤寒、禽曲霉菌病临床症状相似　禽伤寒表现为冠髯苍白皱缩,贫血腹泻。剖检可见肺、肝有坏死灶。禽结核病也有此类临床症状,但随着病程的加长禽伤寒会出现"企鹅样站立"样特征,且体温升高,禽结核病体温不出现升高现象。禽伤寒剖检可见肝呈棕绿或古铜色,没有结节;而禽结核剖检可见肝肿大、呈灰黄或黄褐色,肝、肺、肠道等处均可见结节;禽副伤寒与禽结核病在临床上都表现为下痢、消瘦、关节肿胀有跛行、产蛋下降;但禽结核病为顽固性腹泻直到衰竭死亡。禽副伤寒剖检可见心包炎、腹膜炎、出血性坏死性肠炎、输卵管坏死性增生性病变,卵巢化脓性坏死性病变;禽结核剖检可见肝、脾肿大,呈灰黄或黄褐色;肝、肺、肠道等处均可见结节;禽曲霉菌病与禽结核病都有逐渐消瘦、贫血、产蛋下降、病程长的特征。但禽曲霉菌病表现呼吸困难,而禽结核病无此特征。禽曲霉菌病剖检可见肺的粟米至绿豆大霉菌结节,色呈灰白、黄白、淡黄,周围有红色浸润,柔软,干酪样物有层状结构;而禽结核病剖检可见肝肿大、呈灰黄或黄褐色,质坚,有大小不等的结节,大的有豆大或鸽卵大。禽曲霉菌病取肺部霉菌结节镜检可见曲霉菌的菌丝;而禽结核病可用结核菌素试验,结果呈阳性即可鉴别。

【防制】

人结核病的防制在婴儿时期就普遍注射卡介苗;对于感染患者要严格隔离,彻底治疗。有多种治疗人结核病的有效药物,最常用的是链霉素、异烟肼和对氨基水杨酸钠等。在一般情况下,联合用药可延缓产生耐药性,增强疗效。

牛患结核病一般不予以治疗,因不能根治,而且疗程较长、费用大,尤其对开放性的结核病牛,淘汰处理。对牛群采取综合防疫措施,加强检疫、防止疾病传入,净化污染群。

对牛群用结核菌素每年至少春秋进行两次检疫,阳性者必须淘汰。

对来自感染牛群或隔离牛场的乳品,必须加热至65℃,经30 min 消毒后方可食用。

对严重开放性结核牛应屠宰,高温处理后方可利用。

假定健康牛群在第一年应每隔3个月检疫一次,直到不出现阳性牛为止。之后的1~1.5年内连续检疫3次。如均为阴性反应则可判定为健康牛群。病牛所产的小牛隔离饲养,按规定进行3次以上的检疫,证明为阴性者方可送入假定健康牛群中培育。

加强消毒,每年进行2~4次预防性消毒,每当畜群出现阳性牛,都要彻底消毒。常用消毒药为10%漂白粉,5%来苏儿或克辽林,3%苛性钠溶液或3%福尔马林。粪便烧掉或堆积发酵。尸体妥善处理。

【公共卫生】

建立和完善现代生物安全体系,加强饲养管理、环境监控,搞好消毒、隔离和防疫等工作,提高群体抗病力,阻断病原菌的传播和流行。

屠宰时应加强检疫,一旦发现结核病变,应将局部废弃深埋。牛、猪、鸡应分开饲养,不用未经处理的鸡粪喂猪。开放性结核病人不能从事饲养员工作。

❓ 思考题

1.牛结核病的临床症状是什么?

2.牛结核病的实验室诊断方法是什么?

3.牛结核病的防治措施是什么?

案例分析

【临诊实例】

　　某年年底,某兽医站在每年例行的疫病检查中,发现某奶牛场的奶牛皮毛粗乱无光泽、消瘦、咳嗽,产奶量明显下降。经牛提纯结核菌素试验,呈阳性的奶牛有 34 头,占存栏 59 头的 57.6%。另取病料(喉头拭子)送某动物防疫监督总所,确定结核阳性牛 34 头。检查时部分牛结核菌素试验阳性,畜主说是注射卡介苗所致。为确诊动物防疫监督所连同其他兽医防检所及市疾病预防控制中心的技术人员进行会诊。

【诊断】

　　1.流行特点

　　牛结核病是由牛分枝杆菌引起的一种牛的慢性消耗性传染病,以渐进性消瘦,在组织器官内形成结核性结节和干酪样坏死病灶为特征。该菌有牛型、人型和禽型。牛型主要侵害牛,但牛是家畜中最易感的动物,特别是奶牛,其次是水牛。该病主要通过呼吸道和消化道传播,也可通过交配传播。吸入被污染的飞沫是牛结核病传染的最主要方式,另外采食有传染性的黏液、粪便、尿液甚至牛奶都可引起感染。

　　2.病因浅析

　　该病的病原是分枝杆菌属牛分枝杆菌。该病可侵害人和多种动物。家畜中牛最易感,特别是奶牛,其次为黄牛、牦牛、水牛,猪和家禽易感性也较强。结核杆菌侵入机体后,与吞噬细胞遭遇,易被吞噬或将结核菌带入局部的淋巴管和组织,并在侵入的组织或淋巴结处发生原发性病灶,细菌被滞留并在该处形成结核。如果机体抵抗力强,此局部的原发性病灶局限化,长期甚至终生不扩散。如果机体抵抗力弱,疾病进一步发展,细菌经淋巴管向其他一些淋巴结扩散,形成续发性病灶。如果疾病继续发展,细菌进入血流,散布全身,引起其他组织器官的结核病灶或全身性结核。

　　3.主要症状

　　病牛多为慢性过程,共同表现是消化不良、食欲不振、全身消瘦、贫血。可见咳嗽,呼吸紧迫,肺音粗粝,有啰音,清晨运动时尤为明显;肩前、股前、腹股、颌下、咽及颈淋巴结肿大,乳房淋巴结肿大无热无痛,泌乳量减少;乳房结核时,在乳房中可摸到无热无痛的硬结,乳房淋巴结肿大;胸部听诊有摩擦音。

　　4.剖检病变

　　动物防疫部门剖检病牛发现肺门淋巴结、头颈淋巴结、肠系膜淋巴结有白色或黄色结节,切开有干酪样坏死,有的钙化,切开时有砂砾感。肺部有的坏死组织溶解和软化,排出后形成空洞。胸腔、腹腔浆膜上可发生密集的结核结节,呈粟至豌豆大、半透明灰白色的坚硬结节(即所谓珍珠病)。胃肠黏膜上可能有大小不等结核结节或溃疡。乳房有干酪样渗出,并可见渗出性炎症的病变。

　　5.类症鉴别

　　根据流行病学、临床症状、剖检变化和病原诊断确诊为牛结核病。牛结核病与支气管炎、牛白血病临床症状相似,应注意鉴别。

(1)支气管炎　牛结核病与支气管炎都表现为咳嗽,吸冷气易咳嗽,呼吸次数增加。但支气管炎无传染性,体温稍高,体表淋巴结不肿大,没有进行性消瘦和贫血;而牛结核病是由牛分枝杆菌引起的一种牛的慢性消耗性传染病,体温不升高,体表淋巴结肿大,日渐消瘦,贫血。

(2)牛白血病　牛结核病与牛白血病都表现为体表淋巴结肿大,贫血。但牛白血病临床表现为体温较高,颌下、垂皮水肿,没有短而干的咳嗽;而牛结核病体温不升高,常见短而干的咳嗽。牛白血病血检白细胞数增加显著;而牛结核病白细胞变化不显著。

6. 实验室诊断

(1)提纯结核菌素(PPD)皮试　用稀释的牛型和禽型两种结核菌素同时分别皮内接种0.1 mL,72 h判定反应,当注射部位红肿,皮厚增加4 mm以上,为阳性;皮厚增加2~3.9 mm,红肿不明显,为可疑;皮厚增加在2 mm以下者,为阴性。可疑猪须在72 h后在同一部位,用同样方法复检;两次可疑者可判为阳性。

(2)涂片镜检　取患病器官的结核结节病变与非病变交界处组织直接涂片,Ziehl-Neelsen氏抗酸染色后镜检,可见红色成丛的杆菌。

(3)动物接种　将上述经处理的病料接种于兔子,皮下或腹腔注射0.5 mL,接种后2周死亡。剖检发现肺部出现黄色结节样变,切开时有沙砾感,并有的坏死溶解,并有空洞。

【防控措施】

1. 防病要点

牛患结核病一般不予以治疗,因不能根治,而且疗程较长、费用大,尤其对开放性的结核病牛,淘汰处理。而是采取综合性防疫措施,加强检疫、隔离,防止疾病传入,净化污染群,培育健康畜群。

对牛群用结核菌素每年至少春秋进行两次检疫,阳性者集中隔离。

对来自感染牛群或隔离牛场的乳品,必须加热至65℃,经30 min消毒后方可食用。

对严重开放性结核牛应屠宰,高温处理后方可利用。

病牛所产的小牛隔离饲养,按规定进行3次以上的检疫,证明为阴性者方可送入假定健康牛群中培育。

隔离牛场应经常进行消毒,消毒药可用20%石灰乳或5%~10%热碱水或20%漂白粉或5%来苏儿。粪便烧掉或堆积发酵。尸体妥善处理。

2. 小结

根据该动物防疫站的资料显示该牛场病牛初期表现为全身消瘦、贫血,咳嗽,呼吸紧迫,肺音粗粝,有啰音,在清晨牵出厩舍及运动时尤为明显。随着病程的加长,体表淋巴结出现肿大,乳房淋巴结肿大,胸部听诊有摩擦音。该牛场兽医进行结核菌素试验,呈阳性的奶牛有34头,占存栏59头的57.6%。

动物防疫部门剖检时可见淋巴结干酪样坏死,肺部有坏死组织,并还有空洞;胸腔、腹腔浆膜上可发生密集的结核结节,呈粟至豌豆大、半透明灰白色的坚硬结节,有的钙化。且该病有传染性、慢性消耗性消瘦、白细胞无明显增多,排除牛支气管炎和牛白血病的干扰,基本断定为牛结核病。

动物检疫部门为进一步确诊进行病原学诊断,通过PPD皮试,皮厚增加5 mm以上,为阳性;取患病器官的结核结节病变与非病变交界处组织直接涂片,将涂片通过Ziehl-Neelsen氏抗酸染色可见杆菌;动物接种在兔身上可见病毒的致病性的反应,确诊为牛结核病。

采用链霉素、异烟肼(雷米封)、对氨基水杨酸钠治疗,部分感发病牛有好转,PPD实验为阴性,这进一步证明诊断正确。

第二十五节　恶性水肿

恶性水肿(malignant edema)是多种家畜的一种以创伤局部发生急剧气性炎性水肿,并伴有发热和全身毒血症为主要特征的急性传染病,该病经创伤感染引起,以绵羊和马多见。常呈散发病例。

【病原】　该病的病原为梭菌属(*Clostridium*)中的病原梭菌,主要是腐败梭菌(*Cl.septicum*),占病例数的60%左右;魏氏梭菌(*Cl.wekhii*)、诺威氏梭菌(*Cl.aovyi*)及溶组织梭菌(*Cl.histolyticum*)等也可引起感染。

腐败梭菌为革兰氏阳性菌,菌体粗大两端钝圆,无荚膜,能形成芽孢,有周鞭毛,培养物中菌体单在或呈短链状,但在动物腹膜或肝被膜上的菌体常形成无关节微弯曲的长丝或长链状。

腐败梭菌为严格厌氧菌,在加有血液、血清或糖类的培养基上生长良好。在固体培养基表面容易发生蔓延生长,可在培养基中加入水合氯醛,以获得单一菌落。对污染的材料,可先经80℃加热20 min以杀死不耐热的杂菌,再进行分离培养。

各种动物的伤口、肠道、粪便和土壤表层等都有大量菌体存在。菌体抵抗力不强,3%～5%硫酸、10%～20%漂白粉溶液、石炭酸合剂,3%～5%氢氧化钠可很快杀灭菌体。但该菌的芽孢能耐高温、干燥、化学消毒药等,抵抗力很强。

【致病机制】　该菌经创伤侵入机体后,在缺氧情况下芽孢变为繁殖体并能产生多种毒力强的外毒素(主要是 α、β、γ、δ)。α 毒素为卵磷脂酶,具有坏死、致死和溶血作用,β 毒素是DNA酶,具有杀白细胞作用,γ 和 δ 毒素分别具有透明质酸酶和溶血素活性,它们可使血管通透性增强,致炎性渗出,并不断向周围组织扩张,使组织坏死。病畜局部组织发生炎性水肿、毒血症或脓毒血症,最终因高度缺氧和心力衰竭而死。

【流行病学】　该病的病原菌以土壤和动物肠道中较多。自然条件下,恶性水肿较多见于绵羊、马,较少在牛、猪、山羊上发生该病,禽类仅见鸽发生该病;家兔、小鼠及豚鼠对该菌易感,犬、猫不易感。传染源主要是病畜。病畜通过排泄物不断污染环境,健康动物若有因去势、断尾、注射、剪毛、采血、助产等外伤时,消毒不当污染该菌芽孢,即可引起感染。当创伤深并存在坏死组织时,由于缺氧更易发病。绵羊和猪可经口食入多量芽孢发生感染,引起的疾病称为"快疫"。该病一般为散发,但在畜群去势、剪耳号或预防注射等时若消毒不严,有可能同时出现较多病例。

【临床症状】　潜伏期一般12～72 h。马感染后精神沉郁,体温升高,伤口局部严重肿胀,肿胀部初期压之如面团状,坚实、灼热、疼痛;肿胀部迅速扩散蔓延,后肿胀局部坏死,变无热痛,触之柔软;肿胀部切开后可见多量淡红褐色带少许气泡、其味酸臭的液体流出。后期病马全身症状严重,呼吸困难,高热稽留,多在1～3天内死亡。去势感染多发生于术后2～5天,病畜呈现疝痛,腹壁知觉过敏及全身症状,在阴囊、腹下可见弥漫性气性炎性水肿。因分娩感染的病畜表现为会阴和阴户呈气性炎性水肿,并迅速蔓延至腹下、股部,以致发生运动障碍。牛、猪和绵羊经外伤或分娩感染时,症状与上述马的症状相似。羊经消化道感染腐败梭菌时,则引起羊快疫。

【病理变化】 死于恶性水肿的病畜尸体腐败很快,因此应尽早剖检。剖检时可见发病局部的弥漫性水肿,皮下和肌肉间结缔组织有污黄色液体浸润,常含有少许气泡,其味酸臭。肌肉呈白色,煮肉样,易于撕裂,有的呈暗褐色。实质器官变性,肝、肾浊肿,脾、淋肿大,偶有气泡,血凝不良,心包、腹腔有多量积液。

【诊断】 根据该病外伤的情况和临诊气性炎性水肿等特点可初步怀疑为该病,确诊应进行实验室检查。

1. 细菌学检查

①病原体厌氧分离培养。对分离得到的梭菌进行培养特性、生化鉴定及毒力测定。

②直接染色观察。取肝脏浆膜等病变组织,制成涂片或触片染色,可见到长丝状菌体。

③动物接种试验。将病料制成乳剂接种于豚鼠、家兔、小鼠或鸽等实验动物,观察症状和病变特点。

2. 血清学检查

可应用免疫荧光抗体对该病作快速诊断。

3. 鉴别诊断

绵羊和牛因分娩感染病原梭菌,多可诊断为恶性水肿;若无外伤等诱因感染病原梭菌,临床上应注意与气肿疽相区别。气肿疽多发生于 6 月~3 岁龄的牛,常呈地方性流行,该病病原菌主要侵害丰满的肌肉处,肿胀部捻发音更显著,死亡动物的肝表面触片,可见菌体多单在或成对排列。猪的恶性水肿病则要注意与仔猪水肿病、巴氏杆菌病的区别。单蹄兽发生创伤感染,临床上表现局部有急剧的气性炎性水肿,并伴有体温等全身症状时,应注意与炭疽等病区别。

【防制】

在家畜饲养过程中,注意清除粪便和防止外伤。分娩、去势等各种外科手术及药物和疫苗注射等应做好无菌操作和术后护理工作。在梭菌病常发地区,可常年注射多联苗。

对病畜及早隔离,早期采用青霉素或与链霉素联合应用抗菌消炎,辅以强心、补液、解毒等对症疗法。对肿胀局部应尽早切开,扩创清除异物和腐败组织,吸出水肿部渗出液,再用0.1%高锰酸钾等氧化剂冲洗,最后撒上青霉素粉末或在病灶周围注射青霉素,保持伤口开放。病死动物尸体必须深埋或焚烧处理,对被污染的物品和场地要彻底消毒。

【公共卫生】

人的恶性水肿病潜伏期多在 3 天以内。患者伤口剧烈疼痛,并有包扎过紧感。周围皮肤高度水肿,发白,很快转为紫铜色、暗红色或紫黑色。伤口内的肌肉犹如熟肉般肿胀。病人可因中毒性休克和衰竭而死亡。对病人应清除创内异物和腐败组织,使渗出液顺利排出,用双氧水冲洗后撒上消炎粉。也可肌注干燥精制多价气性坏疽抗毒素,一次 3 万~5 万 IU。

? 思考题

1. 预防恶性水肿病的主要措施有哪些?

2. 恶性水肿和气肿疽在病原学上有哪些鉴别特点?

第二十六节 破伤风

破伤风(tetanus)一词来源于希腊语,表示痉挛的意思,经常发生在创伤之后。如果机体伤被厌氧的破伤风梭状芽孢杆菌(*Clostridium tetani*)感染,该细菌就会在缺氧的环境下生长并产生外毒素而引起的急性、致死性的神经系统疾病。因为破伤风的临床表现让人触目惊心,并且有较高的发病率和病死率,所以该病引起了人们的高度重视,并在世界范围内成为医学界关注的问题。据估计,全世界每年有 800 000~1 000 000 个破伤风死亡病例,其中新生儿占400 000,因此破伤风是一种严重危及人类健康的疾病。该病死亡多发生在非洲和东南亚等不发达国家。虽然在发达国家破伤风发病率较低,但近年来,战争和自然灾难的不断发生导致外伤、烧伤、撕伤、磨伤、划伤等都可感染破伤风梭菌,使破伤风在各个国家的发病也呈上升的趋势,而且随着毒品成瘾者越来越多,采用被污染的注射器注射吸毒,也导致发生破伤风的病例在逐年增加,此外还有耳部感染,牙龈发炎,动物咬伤,堕胎,分娩,刺伤,纹身等都能引起破伤风。

【病原】 破伤风梭菌是梭菌属成员,革兰阳性厌氧菌。芽孢呈正圆形,位于菌体一端,使菌体呈鼓槌状。芽孢抵抗力极强,在自然界中分布广泛,土壤、人和动物的粪便中都能分离到。破伤风梭菌有菌体抗原和鞭毛抗原。该菌可产生两种外毒素,一种为破伤风溶血素(tetanolysin)只在培养初期产生以后逐渐减少并消失。另一种为破伤风痉挛毒素(tetanospasmin),是一种神经毒素,与破伤风梭菌的致病性有关,即通常所指的破伤风毒素。

破伤风毒素具有良好的免疫原性,可刺激机体产生特异性的抗体,但外毒素的毒性作用极强,对人的致死量小于 1 μg。经甲醛脱毒后可制成没有毒性,仍有较强免疫能力的类毒素,并且继续精制后,可作为疫苗对人和动物进行免疫接种,能有效地预防破伤风的发生。

【流行病学】 各种动物均有易感性。其中以单蹄兽最易感,猪、羊、牛次之。犬、猫偶尔发病。家禽自然发病较罕见。幼龄动物的易感性高。该菌广泛存在于自然界,人和动物的粪便中都可能存在该菌,尤其是在施肥的土壤和腐臭的淤泥中。感染常见于各种创伤.如断脐、去势、手术、断尾、穿鼻、产后感染等,在临诊上有些病例查不到伤口.可能是创伤已愈合或经由损伤的黏膜而感染。

破伤风的发病无明显的季节性,多为散发,但环境不卫生以及春、秋雨季病例较多。

【临床症状】 该病潜伏期的长短与动物种类及创伤部位有关,一般为 1~2 周,最短者为1 天,最长者可以长达数月。人和单蹄兽较牛、羊易感性更高。症状也相对严重。

1. 马

临诊表现为牙关紧闭,不能采食和饮水,流涎、咬牙、口臭。耳竖立,瞬膜露出,瞳孔散大,鼻孔开张似喇叭状。腹部紧缩,尾根高举,四肢因强直而外张,站立如木马。

各关节屈曲困难,出现运步障碍。重症病畜出现角弓反张,状如鹿颈。对外界刺激的反射兴奋性增强,表现恐惧不安、出大汗、发抖和肌肉痉挛加重。体温正常,呼吸浅表、增数。脉搏细弱,黏膜发绀。

2. 牛

初期采食,咀嚼、吞咽迟缓,头、颈、腰、四肢转动灵活,眼神敏感,运步稍僵拘,体温正常,口色红,脉浮数;中期采食吞咽困难,开口亦困难,因唾液不能咽下而流涎,此时若轻击鼻骨或将病牛下颌猛向高托。可见瞬膜露出且不易回缩,耳竖,尾直,四肢僵硬,粪便干燥,口色赤红,脉象紧数;后期牙关紧闭,口涎增多,呼吸迫促,全身肌肉僵硬,腹肌紧缩,瘤胃臌气,腰背弓起,口色赤紫,脉象细数,甚至卧地不起,体温升高,呼吸困难,终因窒息而死亡。

3.羊

成年羊病初症状不明显,病的中、后期才出现与马相似的全身性强直症状,常发生角弓反张和瘤胃臌气,步行时呈现高跷样步态。羔羊的破伤风常起因于脐带感染,可呈现畜舍性流行,角弓反张明显,常伴有腹泻,病死率极高,几乎可达100%。

4.猪

较常发生,多由于阉割感染。一般是从头部肌肉开始痉挛。病猪两眼发直,牙关紧闭,口吐白沫。叫声尖细,瞬膜外露,两耳竖立,腰背弓起,全身肌肉痉挛,触摸坚实如木板感,四肢强硬,难于站立。病死率较高。

5.人

潜伏期可长达数月或2年以上。绝大多数破伤风患者均有外伤史,伤口多先有或合并化脓性感染。一般伤口较深,常有异物及坏死组织残留。部分患者伤口较小而隐蔽,常被患者忽视而致延误诊断和治疗,甚至因病情发展而造成严重后果。

病人初期表现为咀嚼肌及面肌痉挛。张口困难,牙关紧闭。身体各部位的肌肉强直引起破伤风患者特征性的痉笑面容、吞咽困难、颈强直、角弓反张、腹肌强直及四肢僵硬等临床表现。较重的病例常同时有交感神经过度兴奋的症状,如高热、多汗、心动过速等。高热是破伤风患者预后差的重要标志之一。

【致病机制】 破伤风是破伤风杆菌侵入伤口内繁殖、分泌毒素引起的急性特异性感染,主要表现为全身或局部肌肉的持续性收缩和阵发性痉挛。破伤风杆菌是一种革兰氏阳性厌氧芽孢杆菌,广泛存在于泥土、粪便之中,对环境有很强的抵抗力。创伤时其可污染深部组织,若伤口较深,又有坏死组织,局部缺血、缺氧,就形成了适合细菌生长繁殖的环境。

破伤风梭菌感染易感伤口后,芽孢发芽成繁殖体,在局部繁殖并释放破伤风痉挛毒素及破伤风溶血素。前者与中枢神经系统抑制突出前膜的神经节苷脂结合,阻断该突触释放抑制性介质,运动神经元抑制解除。骨骼肌持续兴奋,发生痉挛,发病后症状明显,患者常见机体痉挛、四肢强直、角弓反张,最终因窒息或呼吸衰竭而死亡。

【诊断】 破伤风患者的实验室检查一般无特异性发现。破伤风的诊断主要靠外伤史及典型的临床表现。如短期动态观察患者症状发展,亦能早期做出诊断。当患者有确切的外伤史或有感染伤口存在,继之发展张口困难,全身肌张力增高等症状,诊断应无困难。如再发展阵发性肌痉挛,则可更加肯定诊断。但临床约有20%的破伤风患者无明显外伤史,诊断主要靠特征性的临床表现。此时,鉴别诊断十分重要。由于破伤风的临床表现较为特异,尤其症状典型时诊断不难,故作临床诊断时不要求常规作厌氧培养和细菌学证据。

诊断依据:

(1)患者有开放性损伤感染史,或新生儿脐带消毒不严,产后感染,外科手术史。

(2)前驱期表现乏力,头痛,舌根发硬,吞咽不便及头颈转动不自如等。

(3)典型表现为肌肉持续性强直收缩及阵发性抽搐,最初出现咀嚼不便,咀嚼肌紧张,疼痛性强直,张口困难,苦笑面容,吞咽困难,颈项强直,角弓反张,呼吸困难,紧张,甚至窒息。

（4）轻微的刺激（强光、风吹,声响及震动等）均可诱发抽搐发作。

（5）局部型破伤风,肌肉的强直性收缩仅限于创伤附近或伤肢,一般潜伏期较长,症状较轻,预后较好。

【防制】

破伤风一旦发病治疗效果不佳,目前针对破伤风通常采用控制抽搐和供应氧气的支持疗法,所以预防极为重要。通过免接种疫苗避免患病,从而降低发病率和病死率,是控制该病的最佳有效方法。因此在控制破伤风疾病中,破伤风疫苗发挥着至关重要的作用。

具体防治措施如下:

（1）凡开放性伤口均需进行早期彻底的清创。提倡新法接生,正确处理脐带。

（2）采取被动免疫。伤后应及早肌肉注射 1 500 U 破伤风抗毒素,创伤严重者,1 周后可重复肌肉注射 1 次。注射前均应作皮内过敏试验,阳性者脱敏后方能应用。

（3）主动免疫是为最可靠的方法。分 3 次皮下注射破伤风类毒素,每次 0.5～1 mL,间隔为 6～8 周,以后每年再强化注射一次效果更佳。

【公共卫生】

人类破伤风的预防包括自动免疫、被动免疫和受伤后的清创处理及围生期保护。

1. 主动免疫

我国早已将百日咳菌苗、白喉类毒素和破伤风类毒素混合为三联疫苗列入儿童计划免疫。接种对象为 3～5 月龄幼儿,第 1 年皮下注射 0.25 mL、0.5 mL 和 0.5 mL 共 3 次,间隔 4 周。第 2 年皮下注射 0.5 mL 1 次,并在 1 岁半至 2 岁再复种 1 次。以后每隔 2 年可加强注射 1 次 1 mL,直至入学前以保持抗体水平。对未进行过破伤风主动免疫的军人及易受伤的职业工作者,可采用磷酸铝吸附精制破伤风类毒素进行人群免疫,具有经济安全有效的特点。方法为第 1 年肌内注射 2 次,每次 0.5 mL,间隔 4～8 周。第 2 年肌内注射 0.5 mL,以后每 5～10 年加强注射 1 次,即可维持有效抗体水平。在受伤时还可追加注射 1 次,以达到增强抗体水平。破伤风类毒素免疫性强,接种后成功率高,很少有接种后再发病者。在破伤风发病较高的地区,提倡孕妇在妊娠后期进行破伤风免疫。方法为每次破伤风类毒素 0.5 mL 肌内注射,共注射 3 次,间隔 1 个月,末次注射应在分娩前 1 个月。这不仅可保持产妇在分娩时有较高抗体水平,而且有足够的抗体传递给婴儿,达到有效的保护预防作用。世界卫生组织曾广泛在全球推行儿童破伤风免疫计划,希望在 2000 年全球基本消灭破伤风。可惜这一目标尚远未达到。来自美、英等国的计划免疫监测报告显示,破伤风保护抗体,随年龄增长而逐渐下降。在成人中仅 60% 左右的人具有保护性抗体。因此,如何保护老年人和进一步在发展中国家普及破伤风免疫计划仍是尚待努力的问题。

2. 被动免疫

主要用于未进行破伤风自动免疫的受伤者。采用破伤风抗毒素 TAT(1 000～2 000 U),1 次注射。注射前需先作皮试,如皮试阳性者则应改为脱敏注射法分次给予。注射后可维持保护期约 10 天。亦可用人破伤风免疫球蛋白 HTIG 500～1 000 U 肌内注射,可维持保护期 3～4 周。为加强保护效果,最好同时开始建立主动免疫。进行被动免疫后,仍可能有部分人发病,但通常潜伏期长,病情亦较轻。

3.伤口处理

对伤口的及时彻底清创和处理,能有效防止破伤风细菌的感染和繁殖。包括对产妇产程中的严格消毒,均有肯定的预防作用。此外,如伤口较深或污染严重者,应及早选用适当抗生素预防和控制感染。一般主张在受伤 6 h 内应用最好,疗程 3～5 天。目的主要是控制需氧化脓菌的感染,进而避免造成厌氧的微环境,达到控制和预防破伤风梭菌生长繁殖的目的。

现在用的被动免疫法是注射从动物(牛或马)血清中精制所得的破伤风抗毒素(TAT)。它是一种异种蛋白,有抗原性,可导致过敏反应,而且在人体内存留的时间不长,6 天后即开始被人体除去。因此,这种破伤风抗毒素还不理想。理想的制品是人体破伤风免疫球蛋白,它无过敏反应,1 次注射后在人体内可存留 4～5 周,免疫效果比破伤风毒素高 10 倍以上。其预防剂量为 250～500 U,肌肉注射。人体破伤风免疫蛋白来源较少,制备复杂,在目前尚不能普遍应用的情况下,注射破伤风抗毒素仍不失为一种主要的被动免疫法。

伤后尽早肌肉注射破伤风抗生素 1 500 IU(1 mL)。伤口污染严重者或受伤已超过 12 小时,剂量可加倍。成人与儿童的剂量相同。必要时可在 2～3 天后再注射 1 次。

❓ 思考题

破伤风的防治措施有哪些?

第二十七节　肉毒梭菌中毒症

肉毒梭菌毒素中毒症(botulism)是由于肉毒梭菌毒素进入人和多种动物机体后引起的一种以运动神经麻痹为特征的中毒性疾病。引起动物发病的原因多为食入含肉毒毒素的腐败的蛋白性饲料所致。

该病呈全世界分布,我国在北纬 30°～50°之间的西北地区发生较多。

【病原】　肉毒梭菌属于梭菌属(Clostidium),为革兰氏阳性的粗短杆菌,菌体大小(0.3～1.2) $\mu m \times$(4～18) μm,不同代谢菌群菌株的大小有差异,单在或成双存在,周身有鞭毛,能运动,无荚膜。能产生芽孢,芽孢呈椭圆形,位于菌体近末端且膨大,形成芽孢后的菌体常呈网球拍形。该菌为腐生型专性厌氧菌,对营养要求不高,在人工培养基中都能生长,对温度的要求因菌株不同存在差异,一般最适 30～37℃温度,多数菌株在 25℃和 45℃可生长,最适的产毒素温度 25～30℃。该菌在鲜血琼脂上长成石棉絮状菌落,培养 24～36 h 后便产生芽孢。

肉毒梭菌根据毒素性质和抗原性分为 A、B、C$_{\alpha}$、C$_{\beta}$、D、E、F、G 8 个型。该菌可产生肉毒梭菌毒素。它是已知毒力最强的细菌神经毒素,相对分子质量约为15 000,通常以毒素分子与血凝素载体所构成的复合物形式存在。其毒性是氰化钾的 1 万倍,对人的最小致死量为 0.1 μg,1 mg 结晶纯毒素能致死 2 亿只小鼠。肉毒梭菌毒素对胃酸和消化酶都有很强的抵抗力,在消化道内不会破坏,其中 C、D、E、F 型毒素被蛋白酶激活后才显示出毒性。

肉毒梭菌繁殖体抵抗力中等,加热 80℃ 30 min 或 100℃ 10 min 就能将其杀死,但芽孢的抵抗力极强,在动物尸体中能存活 6 个月以上,能耐受煮沸达 5 h,10%盐酸能于 1 h 内、20%福尔马林能于 24 h 内将其摧毁。

肉毒梭菌毒素对酸及消化酶都有很强的抵抗力,毒素能耐 pH 3.6～8.5,在消化道内不被破坏。液体中的毒素在 100℃经 15～20 min 即被破坏,在固体食物中则经 2 h 才可破坏。在动物尸体、骨头、腐烂植物、青贮饲料和发霉饲料、青干草中的毒素能保持多月,但加热 80℃经 30 min 则能使之变性。

【流行病学】　自然界广泛存在肉毒梭菌芽孢,尤以动物肠道内容物、粪便、腐败尸体、腐败饲料及各种腐败植物中含量最多。动物的易感性依次为单蹄兽、家禽、反刍兽及猪,犬、猫少见,兔豚鼠和小鼠都易感,貂也有易感性。动物发病主要是摄入梭菌毒素引起,动物之间不会相互传染。

A、B、E 和 F 型毒素是引起人肉毒中毒的普遍病因,而 C 型(少数 D 型)毒素只引起人以外动物的肉毒中毒。A 型见于北美洲西部,E 型见于中欧、俄罗斯、日本和加拿大,B 型主要见于欧洲和北美洲东部。这些中毒以在美国、南非、澳大利亚引起牛及小反刍动物的"麻痹病"和在欧洲、美国引起貂的肉毒中毒及导致鸡大批死亡的所谓"弯颈病"等所造成的经济损失为最严重。家禽肉毒中毒通常是由 C_α 型毒素引起,貂和牛的肉毒中毒普遍是由 C_β 型毒素所致。

该病的发生除有明显的地域分布外,还与土壤类型和季节等有关。池塘及湖疆中腐烂的动植物为该菌繁殖和产生毒素提供了良好环境,当其干涸时,常常引起前来觅食的鸭群或其他水禽的大批死亡。在缺磷及蛋白质地区的畜禽也常因啃食动物尸体残骸而引起中毒,也有些鸡鸭因啄食动物尸上繁殖的含有多量毒素的蝇蛆而中毒的。在一般家禽中发生中毒的只是少数。在温带地区适合肉毒梭菌大量繁殖并产毒,所以是该病多发地区,动物由于营养不平衡形成异食癖乱食腐败动物尸体残骸易发生中毒。放牧盛期的夏季、秋季发生较多。

饲料中毒时,与饲料保存和处理、卫生条件有密切关系,动物发病以膘肥体壮、食欲良好的动物发生较多。

【致病机制】　肉毒梭菌毒素摄入体内后,经胃和小肠黏膜进入淋巴和血液,随血流到达外周神经,毒素还损害中枢神经系统(延脑神经核和脊髓神经细胞)导致呼吸肌麻痹,动物窒息死亡。

肉毒梭菌毒素是一种神经毒素,但也能损害血管细胞和其他组织。当摄入的毒素经胃肠道吸收进入血液后,作用于神经肌肉结合点,通过抑制乙酰胆碱的释放阻断运动神经冲动的传导导致运动神经麻痹。在整个病程中表现运动神经的进行性麻痹,最后以膈神经麻痹达到顶峰。这种对神经的损害是不可逆的。

摄入中毒剂量以下的毒素并不引起症状,但间隔时日,如再次摄入上述量毒素时,即可引起发病。

【临床症状】　由于摄入毒素剂量不同,该病的潜伏期长短不一,一般多为 4～20 h,长的可达数日。各种动物肉毒梭菌毒素中毒的临床表现基本相似,主要为运动神经麻痹所致。

1. 家禽

表现为头颈软弱无力,向前低垂,以喙触地或以头部着地,颈项高度弯曲,俗称"弯颈病"。腿脚肌肉麻痹,行走困难。翅膀下垂,羽毛松乱,容易脱落。有的病禽发生嗜睡症状及阵发性痉挛,以后衰竭而死。有的病禽仅表现共济失调症状而死亡。急性者数小时死亡,一般于 2～3 天内死亡。中毒极轻的可能出现 2～3 天的虚弱而后康复。病死率 5%～95%。

2. 马

多于摄入毒素后 3～7 天内发病,呈神经麻痹症状,由头部向后迅速发展,表现为四肢软弱无力、无法站立,咀嚼及吞咽功能障碍,舌外垂,流涎,下颌下垂,眼闭合不全,瞳孔散大,对外界各种刺激反应淡漠。肠道弛缓,粪便秘结,有腹痛症状。呼吸极度困难,直至呼吸麻痹而死。在死前,患马的体温、意识及反射仍然正常。严重病例数小时内死亡。病死率为 80%～100%,轻者可逐渐康复。

3. 牛和羊

也主要表现为神经麻痹,病畜表现步态僵硬,共济失调,起立困难或卧地不起,头部偏于一侧。有的病例发生咀嚼困难及吞咽困难以及舌和下颌麻痹。肠音废绝,粪便秘结。患畜往往于麻痹症状不断加重之后死亡。有的病例可能不表现任何症状而突然死亡。

4. 猪

猪的肉毒中毒很少见,主要表现肌肉进行性衰弱和麻痹,病初表现为虚弱,吞咽困难,唾液外流,两耳无力而下垂,视觉障碍,反射迟钝,共济失调,逐渐发展为全身性的运动麻痹,不能起立。呼吸肌受害时,则出现呼吸困难,黏膜发绀,最后呼吸麻痹,窒息而死。耐过的病例要经过数周至数月后才能康复。

5. 貂

病貂通常肌肉紧张消失,后肢软弱无力,瞳孔放大,流涎。病貂任人捕捉而不咬啮或仅表示防御动作,咀嚼、吞咽障碍,呼吸困难,发病后短时间死亡,病死率 70%～90%。

【病理变化】 尸体剖检无特异的病理变化,仅可见咽喉黏膜、胃肠黏膜、心内外膜有出血斑点,肺脏充血,简直增宽,膀胱积尿。

【诊断】 根据临床症状、气候特点及病因可做出初步诊断。确诊需采集患病动物胃肠内容物和可疑饲料化验,病料用生理盐水溶解,研磨制成混悬液,静置 1～2 h,离心,取上清液分成 2 份:一份不加热供毒素试验用,另一份 100℃加热 30 min 供对照用。吸取上述液体注射于鸡内眼角皮下,注射量均为 0.1～0.2 mL,一侧注射实验上清液,另一侧注射对照上清液,如注射后 0.5～2.0 h,试验眼当时就闭合,而对照眼仍正常,试验鸡于 10 h 后死亡,则证明有毒素;用小鼠作试验时,则以上述两种液体分别对 2 只小鼠作皮下或腹腔内注射,每只 0.2～0.5 mL,如试验小鼠于 1～2 天内麻痹死亡,而对照小鼠正常,则为有毒素;以豚鼠作试验时,则以上述两种液体分别对 2 只豚鼠注射或口服,剂量 1～2 mL,试验豚鼠如经 3～4 天出现麻痹症状,以后死亡,而对照豚鼠仍健康,证明有毒素。检出毒素后,即可最后确诊。

对毒型的鉴定,可用小鼠和豚鼠进行中和试验。

【鉴别诊断】 应当注意与葡萄穗霉菌毒素等其他中毒、低钙血症、低镁血症、禽传染性脑脊髓炎和其他急性中枢神经系统疾病作鉴别。

【防制】

预防的主要措施在于不使采食到腐败的动物尸体和腐烂草料。禁喂腐烂的草料、青菜等,调制饲料要防止腐败,放牧场及畜舍中腐败尸体及腐烂饲料随时予以清除,缺磷地区应多补钙和磷。发病时,应立即查明和清除毒素来源,发病动物的粪便内可能含有多量肉毒梭菌及其毒素,也应及时清除。

疾病常发地区可用同型类毒素或明矾菌苗进行预防接种。

治疗该病在早期可注射多价抗毒素血清或在毒型确定后用同型抗毒素,在摄入毒素后 12h 内均有中和毒素的作用。对大家畜可用大量盐类泻剂或用 5% $NaHCO_3$ 或 0.1%高锰酸钾洗胃灌肠,可促进毒素的排出。有人报道,应用盐酸胍(guanldlne hvdrochloride)和单醋酸芽胚碱以促进神经末梢释放乙酰胆碱和增加肌肉的紧张性,对该病有良好治疗作用。

【公共卫生】

肉毒梭菌毒素中毒是人类的一种重要的食物中毒性疾病,主要是由于食入污染该菌的食品引起。由于污染该菌的食物常无明显腐败变质变化,易造成误食。发病一般很急,患者初感全身乏力、头昏、眩晕、胃肠道功能紊乱等前驱症状,继而出现该病的典型临诊症状:视力模糊、复视,眼睑下垂,瞳孔散大、对光反射消失,眼内外肌麻痹,严重时出现咀嚼和吞咽困难,呼吸和言语困难,常因呼吸肌麻痹而死亡。患者神智始终清楚,体温正常,但无强直性痉挛的临诊症状。

预防人肉毒梭菌毒素中毒症的主要措施是要严格贯彻各类食品加工和保管的公共卫生法规,加强卫生管理和注意饮食卫生,尤其是各种肉类制品、罐头、发酵食品等。

思考题

1.肉毒梭菌毒素中毒有哪些致病特征?
2.简述肉毒梭菌毒素中毒的流行特点。
3.如何预防人肉毒梭菌毒素中毒?

案例分析

【临诊实例】

某黄羽肉鸡放养场发生一种以"软颈"等神经症状为特征的疾病。发病鸡群的栏舍地处于红壤岗地,周围树木丛生,地面阴暗潮湿。经仔细查看,在栏舍及运动场发现一些腐烂的蚯蚓碎片,运动场还有不少粗大腐烂的蚯蚓和蝇蛆。据户主反映,当日天气闷热,午后下过一场大雨,雨后地面钻出许多蚯蚓,放养鸡相互争食,到第4天,由于高温高湿,死亡的蚯蚓很快腐烂变质,有的已滋生蝇蛆,鸡群啄食后相继发病,其中一群鸡5 000多只,当天死亡30只。

【诊断】

1.流行特点

肉毒梭菌是一种腐生菌,动物肠道内容物、粪便、腐败尸体、腐败饲料及各种植物中都经常含有。自然发病主要是由于摄食了含有毒素的食物或饲料引起,该病的发生出有明显的季节和地域分布,在夏季、秋季多发。经过调查发现该鸡场病鸡在出现症状前食入大量腐烂变质的蚯蚓。

2.病因浅析

肉毒梭菌毒素摄人体内后,经胃和小肠黏膜进入淋巴和血液,随血流到达外周神经,毒素还损害中枢神经系统(延脑神经核和脊髓神经细胞)导致呼吸肌麻痹,动物窒息死亡。肉毒梭菌毒素是一种神经毒素,但也能损害血管细胞和其他组织。当摄入的毒素经胃肠道吸收进入血液后,作用于神经肌肉结合点,通过抑制乙酰胆碱的释放阻断运动神经冲动的传导导致运动神经麻痹。在整个病程中表现运动神经的进行性麻痹,最后以膈神经麻痹达到顶峰。这种对神经的损害是不可逆的。

3. 主要症状

病鸡精神沉郁,不爱活动,两眼半开半闭,双腿发软无力不能站立,勉强站立行走者却摇摆不定,容易跌倒。颈部、翅膀麻痹,导致头颈伸直软垂,伏在地上,出现所谓的"软颈病"。病鸡羽毛松乱,容易脱落,病重者相继死亡。

4. 剖检病变

剖检死亡鸡,在嗉囊、肌胃发现有饲料、蚯蚓碎片、污泥等污秽混合物。肠道呈卡他性肠炎,十二指肠出血严重,泄殖腔有尿酸盐积聚,心外膜和脑有少量出血点。

5. 类症鉴别

根据流行病学、临床症状、剖检变化和病原诊断确诊为鸡肉毒梭菌中毒症。鸡肉毒梭菌中毒症与李氏杆菌病、食盐中毒、黄曲霉毒素中毒临床症状相似,应注意鉴别。

(1)李氏杆菌病　李氏杆菌病临床表现为冠髯发绀,脱水,皮肤暗紫,倒地侧卧、腿划动,或盲目乱闯、尖叫,头颈弯曲,仰头,阵发性痉挛;而鸡肉毒梭菌中毒症临床表现为颈部、翅膀麻痹,导致头颈伸直软垂,伏在地上,无冠髯发绀,脱水和皮肤暗紫。李氏杆菌病剖检可见脑膜血管充血。肝肿大、呈土黄色、有紫色瘀血斑和白色坏死点、质脆易碎。脾肿大、呈黑红色;鸡肉毒梭菌中毒症剖解肝、脾无明显的特征性病理变化,在肠道有出血现象。李氏杆菌病取血液病料涂片、革兰氏染色可见排列"V"状的阳性小杆菌;而鸡肉毒梭菌中毒症取血液病料涂片、革兰氏染色看不到"V"状的阳性小杆菌。

(2)食盐中毒　食盐中毒临床表现为无食欲,饮欲增加,口鼻流大量黏液,嗉囊扩张;而鸡肉毒梭菌中毒症临床表现无上述症状。食盐中毒剖检可见脑膜血管充血、扩张,心包积液,肝瘀血、有出血斑,皮下组织水肿;而鸡肉毒梭菌中毒剖检肝、脾无明显的特征性病理变化。

(3)黄曲霉毒素中毒　黄曲霉毒素中毒临床表现为共济失调跛行,颈肌痉挛,角弓反张,鸡冠苍白,稀粪含血;而鸡肉毒梭菌中毒症无上述临床表现。黄曲霉毒素中毒剖检可见肝肿大、呈橘黄或土黄色、有弥漫性出血和坏死。胆囊肿大、壁增厚(胆囊上皮增生)。脾肿大、呈淡黄或灰棕色。腺胃、肌胃有出血。而鸡肉毒梭菌中毒症剖解各脏器均无明显的特征性病理变化。

6. 实验室诊断

采取嗉囊内容物 10 g 放入灭菌乳钵中研磨,加生理盐水 20 mL,在室温中浸泡 1～2 h,过滤至透明,对照组加热 100℃,30 min 灭活对照,试验组不加热,各取 0.2 mL 分别注射 2 组鸡眼睑皮下。2 h 后,其中试验组试验侧眼睑发生麻痹,逐渐闭合。对照组眼睑仍正常。

【防控措施】

1. 防病要点

该病多因不良环境因素引起,故防止此病发生的关键在于搞好环境卫生和饲养管理。

鸡场选址应选择在地势高燥、排水良好的地区,栏舍设备要合理。积极搞好栏舍、运动场的卫生,经常清理和疏通栏舍周围的沟渠,排除积水,减少蚊虫、蝇蛆滋生,并做好灭鼠工作。注意天气变化,及时清理雨后栏舍周围的污物。

加强饲养管理,及时更换潮湿垫料和清理死亡鸡只,不喂霉烂饲料。果园放养鸡时,应注意施放于果园的有机肥是否深埋,防止鸡剔食腐烂物。

饲养管理人员平时应注意病鸡、死鸡的症状,一经发现类似该病临诊症状时,应立即驱鸡返栏,停止放养。彻底清理栏舍内外、运动场上的腐烂物,收集可疑物送兽医门诊作进一步诊断。同时,对发病鸡群施行对症治疗。

2.小结

病鸡表现为双腿发软无力不能站立,勉强站立行走者却摇摆不定,容易跌倒。颈部、翅膀麻痹,导致头颈伸直软垂,出现所谓的"软颈病"。病鸡羽毛松乱,容易脱落,病重者相继死亡。发现鸡场中有腐烂变质的死亡蚯蚓。根据临床症状和饲养管理状况初步诊断为李氏杆菌病、食盐中毒、黄曲霉中毒或鸡肉毒梭菌病。

询问养鸡户得知没有添加过量食盐,排除食盐中毒。剖检病死鸡发现在嗉囊、肌胃发现有饲料、蚯蚓碎片、污泥等污秽混合物。十二指肠出血严重,泄殖腔有尿酸盐积聚,心外膜和脑有少量出血点与肉毒梭菌病相吻合。李氏杆菌病临床表现为冠髯发绀,皮肤暗紫,倒地侧卧、腿划动,头颈弯曲,仰头,阵发性痉挛;剖检可见脑膜血管充血。肝肿大、呈土黄色、有紫色瘀血斑和白色坏死点、质脆易碎,与该病案不符,可排除李氏杆菌病。黄曲霉毒素中毒临床表现为共济失调,跛行,颈肌痉挛,角弓反张,稀粪含血,剖检可见肝肿大,有弥漫性出血和坏死,腺胃、肌胃有出血,这些病变亦与该病案不符。排除食盐中毒、李氏杆菌病和黄曲霉毒素中毒,基本确诊为鸡肉毒梭菌病。

为进一步确诊,进行病原诊断。胃内容物按比例加入生理盐水,研碎,浸泡,注射于鸡两侧眼睑皮下,一侧供试验用,另一侧注射加热过滤液作对照、如果注射 30～120 min 后出现眼睑麻痹,逐渐闭合,而对照眼睑仍正常,则证明滤液中含有毒素。

第二十八节　坏死杆菌病

坏死杆菌病是由坏死梭杆菌(*Fusobacterium necrobacillosis*)引起各种哺乳动物和禽类的一种慢性传染病。该病主要经伤口感染发病,多发生于低洼潮湿地区及炎热、多雨季节,多散发或呈地方流行性。主要表现为受损伤的皮肤和皮下组织、消化道黏膜发生组织坏死,有的在内脏形成转移性坏死灶。世界各地都有发生,我国也是该病常发地区,各种动物都有发病报道。

【病原】　坏死梭杆菌为革兰氏阴性菌,小球杆状或短杆状。

该菌是典型厌氧菌,采样只能从体表感染处健康组织与患病组织交界处采到,或者从体内转移病灶采病料分离,经血液琼脂或葡萄糖血液琼脂培养 48～72 h,可见圆形或椭圆形菌落,呈 β 溶血。在培养基中加入血液、血清、葡萄糖、肝块等可助其生长,大的呈长丝状(长达 100 μm),幼龄培养菌着色均匀,老龄则着色不匀,似串珠状。该菌无荚膜、鞭毛和芽孢。该菌能产生靛基质,发酵乳糖、产生丙酸。

该菌对环境抵抗力不强,常用消毒药都可杀死该菌,在污染的土壤或有机质中存活时间较长。

【流行病学】　该病传染源主要为患病动物或带菌动物,病菌随渗出分泌物或坏死组织污染周围环境。健康动物(草食兽)胃肠道常见有该菌,随粪便会排出体外,沼泽、水塘、污泥、低洼地等环境适宜该菌的生存。常发于炎热、多雨季节,散发或呈地方流行性。病菌通过损伤创口感染,多数动物均可感染,尤以猪、绵羊、山羊、牛、马易感,实验动物中兔和小鼠易感,豚鼠次之,人也可感染。其他发病的诱因包括啮齿类及吸血昆虫传播、营养不良导致异食行为及长途运输等均可促进该病的发生。

【致病机制】 坏死杆菌的毒力因子主要包括白细胞毒素、内毒素脂多糖、溶血素、血凝素、黏附素等,其中溶血素是坏死杆菌的一个重要毒素,与腐蹄病和肝脓肿发生有关。此外坏死杆菌可分泌一种具有溶胶原活性的蛋白质 CP,它具有裂解型胶原蛋白的能力,感染后导致动物皮肤、跟腱以及软骨的主要成分降解,胶原降解物可为细菌的生长提供必需氨基酸促进病菌生长繁殖,同时胶原降解产物集结会影响局部血液供给,导致组织发生厌氧性环境促进病菌繁殖产生毒素。

【临床症状】 潜伏期较短,一般1~3天,病型因侵害部位不同而不同。

1.牛、羊、鹿

坏死杆菌病多表现为腐蹄病或坏死性口炎症状,感染后短时间内蹄间隙、蹄冠及蹄踵部皮肤开始肿胀、发热、坏死。创面鲜红色,流出黄色渗液体,恶臭。严重的关节囊、腱韧带、关节发炎,蹄匣脱落,患肢跛行,着地疼痛,起卧困难;动物食欲减退,发热、脉搏、呼吸加快,消瘦,多由于败血症死亡。坏死性口炎时,病初厌食、发热、流涎,在舌、齿龈、上颚、颊、喉头等处黏膜上有伪膜,污秽呈灰褐色或灰白色,去掉伪膜可见不规则的溃疡面。咽喉发生时下颌水肿,呼吸困难,吞咽障碍,病变蔓延至肺部或转移他处或坏死物被吸入肺内,继发支气管炎、肺炎、胸膜炎,常导致病畜死亡。

2.猪

坏死杆菌病多表现为坏死性皮炎或坏死性口炎症状,多见于仔猪、架子猪或母猪,多发生皮肤及皮下发生坏死和溃疡。

病初创口有少量脓汁或结痂,硬固肿胀,无热无痛。随即痂下组织坏死,迅速扩延,病灶内组织坏死溶解形成囊状坏死灶,有灰黄色或灰棕色恶臭液体流出。发生耳及尾的干性坏死可致耳及尾的脱落。病猪无其他症状,食欲基本正常。如果内脏出现转移性坏死灶或继发感染时,则全身症状明显,发热、食欲低下或废绝,后期多衰竭死亡。

仔猪咽部感染临床也叫白喉病,表现为吃食低下、腹泻、消瘦,舌、齿龈、颊及扁桃体溃疡,上附伪膜或痂皮,下有淡黄色的化脓性坏死性病变,气味特别腥臭,严重的病后5~10天死亡。

猪也可能发生坏死性肠炎,表现严重腹泻,迅速消瘦等全身症状,排黏液脓性血便,剖检可见肠黏膜坏死和溃疡,有白色伪膜覆盖,病变严重者可致肠壁穿孔。

3.人

主要表现为手部皮肤、口腔、肺形成脓肿。与口腔感染、牙周炎、妇女生殖道感染及肠穿孔等有关。

【病理变化】

1.牛、羊

剖解可见趾间组织从浅表到深部坏死,呈褐色,组织水肿。慢性病例蔓延到蹄关节并形成瘘管,从瘘管排出渗出物。关节周围形成外生性骨疣。关节炎愈后的病例,第二、第三趾骨横径增大。肝脓肿和其他脏器的脓肿时,脓肿内充满黄白色黏稠脓汁,与周围健康组织界限明显。肺感染时表面有散在粟粒状灰白色圆形结节,切面干燥。心外膜有出血点,腹腔、心包腔有大量黏液,少数胸壁粘连。肾表面有少量出血点,淋巴结肿大出血并有小坏死灶,真胃和回肠黏膜下层水肿,有条索状出血。

2.猪

剖解可见皮下坏死组织呈淡黄色或黄褐色,与周围健康组织界限明显。坏死区形成囊状空洞,有大量灰黄色恶臭的液体。肝肿大、瘀血、呈暗红色,表面呈多发性圆形淡黄色坏死,质地坚实,界限清晰。心肌和胃有不同程度的坏死灶,胃和大肠黏膜有纤维坏死灶,肺内有数量和大小不等的灰黄色结节,圆而硬固,切面干燥。

【诊断】　该病诊断根据特定发病部位、特有坏死病灶,结合流行病学特点可以作出初步诊断。

1.病原诊断

(1)涂片镜检　蹄部病灶在病、健组织交界处采样镜检可见革兰氏染色阴性或呈短杆状或呈长丝状的菌体,无鞭毛,无芽孢和荚膜,复红-美蓝染色镜检可见弯曲细长淡蓝色的丝状菌体。

(2)动物试验　病料制成悬液,取 0.5～1 mL 注射兔耳侧皮下,注后 2～3 天后局部坏死、化脓、消瘦死亡。剖解肝脏表面有粟粒大小的灰白色坏死灶,挑取病变组织涂片、染色、镜检见革兰氏阴性呈放射状排列杆菌。

(3)细菌培养　用棉拭子沾取病变深处材料,迅速接种含 0.02％结晶紫,0.01％孔雀绿和苯乙基乙醇的卵黄培养基(以抑制革兰氏阴性、兼性厌氧菌生长),然后立即在 10％CO_2 厌氧培养箱内培养,48～72 h 后,可见蓝色、中央不透明、边缘有一圈亮带的菌落。

2.鉴别诊断

(1)牛坏死杆菌病与腐蹄病临床症状相似　腐蹄病表现为体温不高,无传染性;而坏死杆菌病体温升高,有传染性,呈地方流行性。腐蹄病多因畜铺污秽潮湿,蹄经常浸泡不洁畜铺而发病;而坏死杆菌病剖检可见肝坏死。

(2)羊腐蹄病与绵羊红蹄病相似　绵羊红蹄病的病原尚不清楚,多发于新生羊羔,蹄壳变松或脱落露肉叶;而坏死杆菌病也发生于成年羊,临床表现为趾间、蹄冠、蹄缘、蹄踵出现蜂窝织炎,多形成脓肿、脓漏和皮肤坏死,导致病羊跛行。

(3)猪坏死杆菌病与猪皮肤曲霉病、猪痢疾、猪沙门氏菌病临床症状相似　猪皮肤曲霉病临床表现为眼结膜潮红,眼、鼻流浆液性分泌物,呼吸不畅有鼻塞音,皮肤肿胀破溃流浆性渗出液;而坏死杆菌病(坏死性皮炎)临床主要表现为坏死性皮炎,皮肤上面有伪膜或痂皮,下有淡黄色的化脓性坏死性病变,气味腥臭;舌、齿龈、颊及扁桃体出现溃疡。猪皮肤曲霉病用 75％酒精消毒后刮取皮屑放在载玻片上,加 10％氢氧化钾 1 滴,盖上盖玻片镜检可见多量分隔菌丝,但没有孢子;而坏死性皮炎取病料涂片,石炭酸复红染色,镜检可见着色不均呈串珠长丝菌体;猪痢疾临床表现为粪腥臭,腹痛,常抽搐死亡;而坏死杆菌病(坏死性肠炎)有腹泻但无腥臭味,无腹痛。猪痢疾剖检可见结肠、盲肠肿胀、出血、有皱襞,肠内容物如巧克力色或酱油色;而坏死性肠炎剖检可见胃和大肠黏膜有纤维坏死性病灶,结肠和盲肠病变不明显;猪副伤寒初期粪便为淡黄色或灰绿色,后期皮肤出现湿疹,发绀。剖检可见回肠后段和大肠淋巴结中央坏死,渗出纤维素形成糠麸样伪膜。而猪坏死杆菌病体表皮肤及皮下发生坏死和溃疡为特征。

【防制】

该病无特异性疫苗,临床一般采取综合性防制措施,加强饲养管理,搞好环境卫生和消除诱发病因,避免皮肤和黏膜损伤。防止动物互相啃咬,不到低洼潮湿地方放牧,牛、羊、马做好护蹄工作,在多发季节,可在饲料中加抗生素类药物进行预防。

畜群中一旦发病应及时隔离治疗,环境彻底消毒。在采用局部治疗的同时,要根据病型不同配合全身治疗,如肌肉或静脉注射磺胺类药物,四环素、土霉素、金霉素、螺旋霉素等,有控制该病发展和继发感染的双重功效。此外还应配合强心、解毒、补液等对症疗法,以提高治愈率。

对腐蹄病的治疗,应用清水洗净患部并清创。再用1%高锰酸钾或5%福尔马林或用10%的硫酸铜冲洗消毒。然后在蹄底的孔内或洞内填塞硫酸铜、水杨酸粉或高锰酸钾、磺胺粉,创面可涂敷木焦油福尔马林合剂或5%高锰酸钾或10%甲醛酒精液或龙胆紫,牛、羊可通过5%福尔马林或10%硫酸铜进行蹄浴。对软组织可用磺胺软膏、碘仿鱼石脂软膏等药物。

对"白喉"病畜,应先除去伪膜,再用1%高锰酸钾冲洗,然后用碘甘油或10%氯霉素酒精溶液涂擦,每天2次至痊愈,或用硫酸钾轻擦患处至出血为止,隔日1次,连用3次。

【公共卫生】

由于该病传染源主要为患病和带菌动物,病菌随渗出分泌物或坏死组织污染周围环境。带菌动物粪便本身就是污染源。所以通过加强管理、营养、环境控制等措施,搞好消毒、隔离和防疫等工作,在多发季节不要到低洼潮湿的地方放牧,增强群整体抗病水平,阻断病原在动物的传播和流行。

案例分析

【临诊实例】

某养羊户,共养100只绵羊,因天气阴雨连绵,羊群长期在污水里浸渍,3个月后有的羊出现跛行,逐渐发展到46只,成年羊较多,羔羊有坏死性口炎症状。有3只成年羊、1只羔羊死亡。

【诊断】

1.流行特点

坏死杆菌是严重厌气菌,引起的坏死杆菌病是一种慢性传染病,哺乳动物和禽类都可易感,该病传染源主要为患病和带菌动物。该病主要经损伤的皮肤和黏膜(口腔)而感染,新生畜有时经脐带感染。该病多发于低洼潮湿地区,常发于炎热、多雨季节,一般散发或呈地方流行性。圈舍吸血昆虫、饲喂硬锐草料、矿物质特别是钙磷缺乏、维生素不足均可促进该病的发生与发展。经调查发现羊圈舍内积水严重,且成年羊有跛行,羔羊有坏死性口炎现象。

2.病因浅析

坏死杆菌的毒力因子主要包括白细胞毒素、内毒素脂多糖、溶血素、血凝素、黏附素等,其中溶血素是坏死杆菌的一个重要毒素,与腐蹄病和肝脓肿发生有关。此外坏死杆菌可分泌一种具有溶胶原活性的蛋白质CP,它具有裂解型胶原蛋白的能力,感染后导致动物皮肤、跟腱以及软骨的主要成分降解,胶原降解物可为细菌的生长提供必需氨基酸促进病菌生长繁殖,同时胶原降解产物集结会影响局部血液供给,导致组织发生厌氧性环境促进病菌繁殖产生毒素。

3.主要症状

成年羊蹄肿胀溃疡,趾间、蹄冠、蹄缘、蹄踵出现蜂窝织炎,流出恶臭的脓汁,蹄底有小孔或创洞,内有角质和污黑臭水,按压病部有痛感,跛行,病羊出现蹄壳脱落。

羔羊表现为坏死性口炎,厌食,体温升高,流涎,流鼻液。齿龈、舌、上腭、颊两侧、喉头有界限明显的硬肿,覆有坏死物质,脱落后露出溃疡面,易出血呼吸困难。

4.剖检病变

肺表面有散在粟粒状灰白色圆形结节,肺与结节切面干燥。心外膜有出血点;腹腔、心包腔有大量黏液,少数胸壁粘连。肝肿大,坏死性肝炎,呈黄疸色,散在许多黄白色坚实的坏死灶。肾表面有少量出血点;淋巴结出血水肿并有小坏死灶,真胃和回肠黏膜下层水肿,有斑条状出血。

5. 类症鉴别

根据流行病学、临床症状、剖检变化和病原诊断为牛坏死杆菌病。

牛坏死杆菌病与腐蹄病、绵羊红蹄病临床症状相似,应注意鉴别。

(1)腐蹄病　腐蹄病临床表现为体温不高,无传染性;而坏死杆菌病体温升高,有传染性。腐蹄病多因畜铺污秽潮湿,蹄经常浸泡不洁畜铺而发病;而坏死杆菌病通常是坏死杆菌由损伤的皮肤或黏膜进入机体引起发病。

(2)绵羊红蹄病　绵羊红蹄病的病原尚不清楚,多发于新生羊羔,蹄壳变松或脱落露肉叶;而坏死杆菌病也发生于成年羊,临床表现为趾间、蹄冠、蹄缘、蹄踵出现蜂窝织炎,多形成脓肿、脓漏和皮肤坏死,导致病羊跛行。

6. 实验室诊断

(1)涂片镜检　在病灶边沿病、健康组织交界处,用无菌方法取病料涂片。镜检可见,革兰氏染色阴性,或呈短杆状,或呈长丝状的菌体,无鞭毛,未见到芽孢和荚膜。经复红-美蓝染色镜检,可见弯曲细长淡蓝色的丝状菌体。

(2)动物接种试验　将病料制成悬液,取 0.5～1 mL 注射兔耳侧皮下,注后 2～3 天,局部坏死、脓肿、消瘦死亡。再从肝、脾、肺、心坏死灶分离此菌。

(3)细菌培养　用棉拭子蘸取病变深处材料,迅速接种含 0.02% 结晶紫的卵黄培养基,然后立即放于含有 10% CO_2 厌氧缸内培养,48～72 h 后,可见一种带蓝色的菌落,中央不透明,边缘有一圈亮带。

【防控措施】

1. 防病要点

该病尚无特异性疫苗,主要采取综合性防治措施,一旦发现病羊立即隔离治疗。

羊圈及运动场地应清除钉类,避免刺伤蹄底而感染坏死杆菌,用具保持清洁,发现皮肤损伤及时进行消毒处理。

牧场注意排水,及时清理粪便、污水,不能到潮湿不平的泥泞地放牧,在多发病季节,在饲料中加抗生素类药物进行预防。

2. 小结

发病成年羊多见于羊蹄肿胀溃疡出现蜂窝织炎,流出恶臭的脓汁,蹄底有小孔或创洞,内有角质和污黑臭水,按压病部有痛感,跛行,病羊出现蹄壳脱落。羔羊表现为坏死性口炎,体温升高,齿龈、舌、上腭、颊两侧、喉头有界限明显的硬肿,覆有坏死物质,脱落后露出溃疡面,易出血。实地调查发现成年羊主要病变在蹄部,跛行,羔羊主要表现为坏死性口炎,圈舍积水严重。临床症状与羊腐蹄病、绵羊红蹄病相类似。

羊坏死杆菌病、羊腐蹄病和绵羊红蹄病临床症状相似。羊坏死性杆菌病有传染性,成年羊病变主要在蹄部,跛行,羔羊主要表现为坏死性肠炎。而羊腐蹄病无传染性。绵羊红蹄病主要是羔羊发病,所以可排除羊腐蹄病和红蹄病的干扰,基本确诊为羊坏死性杆菌病。

剖检病死羊发现皮肤皮下组织和消化道黏膜有坏死和溃疡。肺有灰黄色圆形坏死灶。肝肿大、呈黄疸色,散在许多黄白色坚实的坏死灶。有的内脏形成转移性坏死灶。剖检与羊坏死杆菌病相似。

为进一步确诊进行病原学诊断,在病灶边沿病、健组织交界处取病料涂片,镜检发现革兰氏染色阴性,或呈短杆状或呈长丝状的菌体,无鞭毛。经过动物实验,将病料制成悬液,注射兔耳侧皮下,剖检发现肝、肺有结节样变,病能分离到上述形态的菌体。确诊该病为羊坏死杆菌病。

第二十九节　钩端螺旋体病(钩体病)

钩端螺旋体病(leptospirosis)是由致病性钩端螺旋体引起的一种人兽共患性传染病,临诊表现形式不一,家畜多呈隐性感染,急性病例表现为发热、出血性素质、贫血、黄疸、水肿、血红蛋白尿、流产及黏膜坏死等。

该病在世界各地都有流行,尤以热带亚热带更加普遍。我国许多省区都有该病的发生和流行,并以南方地区发病最多。

【病原】　病原为钩端螺旋体科(Spirochaetaceae)细螺旋体属(Leptospira)的似问号钩端螺旋体,细螺旋体属共有 6 个种,其中似问号钩端螺旋体对人和动物有致病性。

钩端螺旋体长 6～20 μm,宽 0.1～0.2 μm。在暗视野或相差显微镜下,菌体呈细长的丝状或圆柱形,通常呈"C""S"或"8"字形弯曲,螺纹细密规则,显微镜下钩体运动非常活跃,沿长轴旋转运动,菌体中央部分较僵直,两端柔软,有较强的穿透力。革兰氏染色阴性。

菌体呈圆柱形,由二条轴丝缠绕,由胞壁、胞浆膜及胞浆内容物组成。轴丝为钩体运动器官,亦为其支持结构。外膜位于菌体的最外层,具有较强的抗原性,外膜抗体亦为保护性抗体。

钩端螺旋体为需氧菌,对培养基的成分无特殊要求,在含有少量的 5% 灭活兔血清或牛血清白蛋白的林格氏液等液体培养基中均可生长。最常用的培养基为柯素夫培养基和希夫纳培养基。培养温度为 28～30℃,pH 为 7.2～7.5 进行培养,生长繁殖缓慢,需 1 周左右,对酸性及碱性环境都较敏感。钩端螺旋体也能在鸡胚及牛胚肾细胞组织培养中生长。实验动物中以仓鼠及幼豚鼠比较敏感,幼兔也有感受性,小鼠易感性有差异,大鼠不敏感。

根据抗原结构成分,以凝集溶解反应将该菌分为黄疸出血(Icterohemorrhagiae)、爪哇(Javanica)、犬(canicola)、秋季(Autumnalis)、澳洲(Australis)、波摩那(Pomona)、流感伤寒(Grippotyphosa)、七日热(Hebdomadis)等血清群,已知有 23 个血清群,再以交互凝集吸附实验每群又区分为若干个血清型,共有 200 个血清型。我国至今分离出来的致病性钩端螺体共有 19 个血清群,75 个血清型,且不断有新型被发现。

钩端螺旋体环境生存能力强,在水田、池塘、沼泽及淤泥中可以存活数月或更长,这在该病的传播上有重要意义。适宜的生存 pH 7.0～7.6,对酸和碱敏感。

钩端螺旋体是比较脆弱的病原微生物,对热敏感,于 60～70℃ 1 min,50℃ 10 min,45℃ 20～30 min 内致死。对低温抵抗较强,-20℃ 放置 14 天仍可存活。一般常用消毒剂有效。

【流行病学】　病原性钩端螺旋体世界各地普遍存在,尤其是热带、亚热带地区的江河、湖泊、沼泽、池塘和水田地带为甚。我国中南、西南、华东等地区发病最多,是危害较大的省份。

钩端螺旋体几乎所有温血动物都可感染,宿主广泛,鼠类是最主要储存宿主。我国已从 67 种动物分离出钩体,包括啮齿目 28 种,食虫目 5 种,食肉目 3 种,兔形目、偶蹄目和鸟类各

2种,爬行动物、鱼类和节肢动物各1种,两栖类9种,家畜及实验动物11种。除鸟类和昆虫外,其余均既带菌又排菌,既是储存宿主又是传染源。我国的主要传染源是鼠类和家畜。

鼠类感染后,多数不发病,呈带菌者,尤以黄胸鼠、沟鼠、黑线姬鼠、罗赛鼠、鼷鼠等较多,带菌时间长达1～2年甚至终生。猪、牛、羊、犬等都是重要的宿主和传染源,对人的危害极大。

爬行动物、两栖动物、节肢动物、软体动物和蠕虫等也可自然感染钩端螺旋体。如蛙类、蛇、蜥蜴、龟等,蛙感染后从尿排出钩端螺旋体可持续1个月之久。

病畜和带菌动物是该病的传染源,鼠类、家畜和人的钩端螺旋体常相互交错传染,构成错综复杂的传播网络。患病和带菌动物经过多种途径由体内排菌,污染水、土壤、植物、食物及用具等,接触这些污染物都可感染,特别是污染水源。该病主要通过皮肤、黏膜和消化道传染,也可通过交配、人工授精和在菌血症期间通过吸血昆虫如蜱、虻和蝇等叮咬传播。

该病是典型的人畜的共患传染病,人的感染多多由此病在动物中流行感染引起。钩端螺旋体在自然界存活,储存宿主的大量存在,甚至有些媒介昆虫介入,而使此病具有自然疫源性质,形成自然疫源。

低湿草地、死水塘、水田、淤泥沼等呈中性和微碱性有水的地方被带菌的鼠类、家畜的尿污染后为危险的疫源地。

该病发病不分年龄,但以幼畜发病较多。通过直接或间接方式传播感染,每年以7—10月为发病高峰期,有明显的季节性,其他月份为散发。

【致病机制】 钩端螺旋体具有较强的侵袭力,能通过皮肤的微小损伤、眼结膜、鼻或口腔黏膜、消化道途径感染,感染后12 h即可在肝脏发现大量菌体,在体温升高前,菌体主要积聚在肝脏,心肌和肺脏中少见,偶见于肾脏和肾上腺。菌体进入血液繁殖时动物体温升高,血糖含量降低,红细胞大量崩解,血中血红蛋白增多,引起溶血性黄疸。菌血症期间肝脏变性,坏死,胆红素直接进血液和组织内,引起实质性黄疸。因此,该病引起的黄疸属混合性黄疸。随着黄疸的出现,菌体在肾脏内数量增加,钩体病后期的后发症状则主要是由机体的变态反应引起。

【临床症状】 不同血清型的钩端螺旋体对各种动物的致病临床症状表现不一。大部分临床症状轻微,多呈隐性感染,潜伏期一般为2～20天。

不同血清型的钩端螺旋体对各种动物的致病性不一,同时还受到很多复杂因素约影响,因而各种家畜感染钩端螺旋体后其症状多种多样,一般来说,传染率高,发病率低,幼龄的比成年的发病率高,症状轻的多,症状重的少。

1. 猪

猪钩端螺旋体病较普遍。我国猪感染有14个菌型,主要是波摩那型,其次为犬型,大多数无典型临床症状,猪的临床表现差异很大。急性、亚急性、慢性以及流产这几种类型的临诊症状可同对出现于一个猪场,但多数不同时存在。

(1)急性型 主要见于感染仔猪的犬型、黄疸出血型、波摩那型钩体、急性型黄疸型多发生于大猪和中猪,呈散发,也偶见暴发。潜伏期1～2周。病初病猪体温升高、不食、沉郁、腹泻、黄疸以及神经性后肢震颤与脑膜炎症状,有时数小时内突然惊厥而死,1～2天内全身皮肤和黏膜泛黄,尿呈浓茶样或血尿。死亡率高达50%以上。

(2)亚急性与慢性型 多发生于断奶前后至30 kg以下的小猪,以损害生殖系统为特征。呈地方流行性或暴发,病初有不同程度的体温升高,食欲减退,精神沉郁,结膜潮红,有时有浆性鼻液。几天后结膜有的潮红浮肿、有的泛黄,有的上下颌、头部、颈部甚至全身水肿,指压留痕,尿液呈黄色、茶色或血红蛋白尿甚至血尿,有时粪干硬,有时腹泻,病猪逐渐消瘦,病程由十几天至1个多月不等。病死率达50%~90%。恢复后生长缓慢甚至成为"僵猪"。母猪表现为发热、无乳,怀孕不足4~5周的母猪感染后4~7天可发生流产、死产。产率可达70%以上,母猪在流产前后可并发其他症状,甚至流产后发生急性死亡。流产的胎儿有死胎、术乃伊,也有弱仔,常于产后不久死亡。在波摩那型与黄疸出血型钩端螺旋体感染所致的流产中,胎儿出现木乃伊化或各器官呈均匀苍白,死胎常出现自溶现象。

2.牛

流产是牛钩端螺旋体病的重要临诊症状之一。一些牛群暴发该病的唯一临诊症状就是流产,但也可与急性临诊症状同时出现。牛感染钩端螺旋体后有急性、亚急性和慢性三种变化。

(1)急性型 多见于犊牛,通常呈流行性或散在性发生,潜伏期为2~10天,主要由波摩那型与其他非适应性血清型钩端螺旋体引起常表现为突然高热,呼吸困难,腹泻,黏膜发黄,尿色很暗,有大量白蛋白、血红蛋白和胆色素,出现脑膜炎症状的常于1天内窒息死亡。

(2)亚急性型 常见于哺乳母牛与其他成年牛,病程持续2周以上。病牛体温有一过性发热,达40.5~41℃,精神沉郁,饮食和反刍停止,黏膜发生黄疸。奶牛乳房松软,奶量显著下降或停止,乳汁初黄后红,常混有小血块。腹泻或便秘,尿血。孕牛有的流产。有的病牛口腔黏膜、乳房和外生殖器的皮肤发生坏死。该病多呈散在发生,死亡率低。

(3)慢性型 主要见于怀孕母牛。呈间歇热,发热时贫血加重,黄疸和尿血时隐时现,反复发病,牛逐渐消瘦。怀孕母牛发生流产、死产,新生弱犊死亡,胎盘滞留以及不育症。

3.马

主要为流感伤寒、波摩那、犬、黄疸出血及澳洲群等所引起。

(1)急性 病例多突然发病,体温高达39.8~41.1℃,稽留数日,食欲废绝,皮肤与可视黏膜轻度黄染,点状出血,皮肤干裂和坏死,病的中后期出现胆色素尿和血红蛋白尿。病程数天至两周.病死率为40%~60%。

(2)亚急性 病例有发热、委顿、消瘦、黄疸等临诊症状。病程较长,2~4周,病死率较低,为10%~18%。

马周期性眼炎可能与感染钩端螺旋体有关。病马表现羞明流泪,结膜红肿,眼前房充满纤维素性出血性渗出物,虹膜色淡,轮廓不清,可持续2~3周。恢复后间隔6~8周反复发作,最终导致晶状体、玻璃体和视网膜受损,最后失明。

4.犬

主要为犬群,次为黄疸出血群、波摩那群及七日热群等所引起。以幼犬发病较多,成犬常呈隐性感染。主要症状为发热、嗜睡、呕吐、便血、黄疸及血红蛋白尿等,严重者可发生死亡。呈隐性感染,少数表现急性、亚急性。

5.羊

羊的钩端螺旋体病由波摩那钩端螺旋体引起,其表现的临床症状与牛相似,但发病率较低。

6.鹿

多呈流行性或地方性发生,不同的国家流行的血清型有明显差异,在临床上主要表现为急性型、亚急性与慢性型的变化。

(1)急性型 病鹿表现为高热、沉郁,棕红或红色蛋白尿,可视黏膜黄染,病程7~10天,残废率高达 90％以上。濒死前脉搏加快,体温下降,呼吸困难,最终因窒息而死亡。有的鹿出现视力障碍以至失明。

(2)亚急性与慢性型　病鹿可能有一过性发热黄疸以及血红蛋白尿,呈散发性死亡。病程 1～2 个月。怀孕母鹿感染后经 15～25 天的潜伏期,可发生死亡、流产以及产下弱鹿。

鹿的钩端螺旋体病曾在我国北方养鹿场中发生,以当年仔鹿易感性最强。主要表现体温升高到 41℃以上,可视黏膜黄染,贫血,血尿,食欲减退或废绝,精神委顿,心跳加快,如治疗不及时,预后往往不良。

7.貂

波摩那型感染的病例,主要表现为排黄色稀便,渴欲增加,食欲减退,心率及呼吸增数,精神沉郁。有些病例,出现眼结膜炎、发热、贫血、后肢瘫痪、血尿等临诊症状,往往归于死亡。

【病理变化】　各种家畜的病变基本一致。主要病变是皮肤、皮下组织、浆膜和黏膜明显黄染,以及心、肺、肾、肠系膜、肠和膀胱黏膜出血等。淋巴肿大、出血。肝肿大,黄棕色。肾肿大,皮质散在着灰白色病灶。此外,还有的皮肤发生坏死皮下水肿。慢性或轻型病例肾脏变化较突出。

1.猪

皮肤、皮下组织、浆膜和黏膜有程度不同的黄疸,胸腔和心包有黄色液体积聚。心内膜、肠系膜、肠、膀胱黏膜等出血。肝肿大呈棕黄色.胆囊肿大、瘀血,慢性者有散在的灰白色病灶(间质性肾炎)。水肿型病例则在上下颌、头颈、背、胃壁等部位出现水肿。

(1)急性型　鼻部、乳房部皮肤发生溃疡、坏死。剖检可视黏膜、皮肤、皮下脂肪浆膜、肝脏、肾脏以及膀胱等黄染并有不同程度的出血。胸腔、心包腔积有少量黄色、半透明稍浑浊的液体。肝肿大,呈土黄色或棕黄色,被膜下可见粟粒大到黄豆大小的出血灶,切面可见黄绿色散在性点状或粟粒大小的胆栓。脾肿大、瘀血,偶有出血性梗死。肾肿大、瘀血,肾周围脂肪、肾盂、肾实质黄染,膀胱黏膜上有散在的点状出血。结肠前段的黏膜表面有糜烂,有时可见出血性浸润。肝、肾淋巴结肿大,充血。组织学检查肝脏表现为肝细胞索排列紊乱,肝细胞出现颗粒变性与脂肪变性,胞浆内有胆色素沉着,部分肝细胞发生坏死,肝毛细胆管扩张并有胆汁淤滞,汇管区与小叶间质内有巨噬细胞、淋巴细胞、嗜中性白细胞浸润,肾小管上皮细胞颗粒变性和脂肪变性。肾小管、血管周围的间质内有淋巴细胞、浆细胞;和嗜中性白细胞浸润,脑神经细胞不同程度的变性、坏死。小血管周围水肿、出血,偶见脑膜有炎性细胞浸润,中枢神经与外周神经的神经节细胞变性。淋巴结出现浆液出血性炎症,淋巴组织增生明显。心肌和胰脏的实质细胞变性。

(2)亚急性与慢性型　剖检可见身体各部组织水肿,尤其头颈部、腹壁、胸壁、四肢最为明显肾脏、肺脏、肝脏、心外膜出血,肾皮质与肾盂周围出血明显。浆膜腔内有过量的黄绿色液体与纤维蛋白。肝脏、脾脏、肾脏肿大,有时在肝脏边缘出现 2～5 mm 的棕褐色坏死灶。组织学检查肝脏高度瘀血,犹如血池样外观,枯否氏细胞增生与单核细胞浸润,汇管区和肝实质的凝固性坏死区周围有嗜中性白细胞与淋巴细胞浸润。心外膜、心内膜常见单核细浸润,有时出现局灶性心肌炎、凝固性坏死以及炎性细胞浸润。肾脏除有出血性间质性肾炎的散发性病灶外,肾盂周围的肾实质内有许多单核细胞浸润,有时侵及乳头与肾门旁的肾皮质和髓炎。

2.牛

皮肤有干裂坏死性病灶,口腔黏膜有溃疡,黏膜及皮下组织黄染,有时可见浮肿。肺、心、肾和脾等实质器官有出血斑点。肝肿大、泛黄。肾稍肿,且有灰色病灶。膀胱积有深黄色或红色尿液。肠系膜淋巴结肿大。

(1)急性型 以黄疸、出血、严重贫血为特征。唇、齿龈、舌面、鼻镜、耳颈部、腋下、外生殖器的黏膜或皮肤发生局灶性坏死与溃疡。剖检可见可视黏膜、皮下组织以及浆膜呈黄染。皮下、肌间、胸腹下、肾周围组织发生弥漫性胶样水肿与散在性点状出血。胸腔、腹腔以及心包腔内有大量的黄色或含胆红素性液体。肺脏苍白、水肿、膨大,肺小叶间质增宽。心肌柔软,呈淡红色,心外膜常见点状出血,血凝固不良。肝肿大、脆弱、贫血,被膜下偶见点状出血。切面结构模糊,有时见灰黄色病灶。脾被膜下常见点状出血。肾肿大,被膜易剥离,质地柔软,肾表面有不均匀的充血与点状出血。膀胱膨胀,充满血性、浑浊的尿液。全身淋巴结肿大,尤以内脏器官、肩胛上、股、腘淋巴结最为明显。切面多汁,偶见点状出血。组织学检查主要见肾小球变性、坏死,有时有出血。肾小球囊腔内有嗜伊红微滴,肾小球周围有淋巴细胞浸润,肾曲小管上皮细胞肿胀、变性,核消失。有些肾曲小管发生坏死。肾直小管扩张,许多小管腔内含有蓝色至粉红色、无结构的管型,管型中偶见淋巴细胞和个别嗜中性白细。间质内有局灶性淋巴细胞、巨噬细胞浸润,以肾弓形动脉周围最为显著。肾髓质内大多数肾小管和部分集合管扩张.充满透明管型。肾盂上皮细胞有空泡,含有密集的嗜酸性圆形小体,上皮细胞下有淋巴细胞浸润。肝细胞颗粒变性与脂肪变性,胞浆内常有沉积的胆色素颗粒,有的肝小叶出现中心性带状坏死和典型的严重贫血性变化,肝枯否氏细胞增生,胞浆内含有大量含铁血黄素,门脉三角区与小叶间质内有轻度弥漫性淋巴细胞和嗜中性白细胞浸润,微细胆管扩张,充满胆汁。淋巴结表现浆液性炎症。

(2)亚急性型 剖检所见全身组织轻度黄染,肝脏、肾脏有明显的散在性或弥漫性灰黄色病灶。乳房与乳房上淋巴结肿大、变硬。脾脏肿大。组织学检查肝细胞严重缺血与坏死。汇管区与小叶间质内有大量单核细胞浸润。肾小球囊壁上皮细胞增生,肾小管上皮细胞变性、坏死、脱落,管腔内有管型及渗出物。肾小球囊周围的肾小管间,血管周围有大量巨噬细胞、淋巴细胞及浆细胞浸润。乳腺、脾及乳房上淋巴结出现增生性炎症。

(3)慢性型 剖检所见尸体消瘦,极度贫血,黏膜、皮肤局灶性坏死。全身淋巴结肿大,质地变硬。肾皮质有灰白色、半透明、大小不一的病灶。

组织学检查肾皮髓质及间质内炎性细胞浸润。肾小球透明变性,肾小球囊周围有大量淋巴细胞浸润有的肾小球基底膜增厚、皱缩或纤维化。肾曲小管内有嗜伊红碎屑。肾直小管扩张,有管型形成。集合管上皮细胞增生。在受损的肾病变医经常可见合胞体细胞与朗罕氏巨细胞。

3.马

马的病变与牛大同小异。如肝肿大,泛黄。肾稍肿,具有灰色病灶等。

4.绵羊和山羊

病理变化与牛基本相同。

5.鹿

(1)急性型 部榆见见可视黏膜黄染,皮肤、皮下组织、黏膜、浆膜以及其他脏器等黄染。肝肿大,呈土黄色.有散在出血点。肾肿大、脆弱,被膜下有散在点状出血,切面皮质与髓质界限不清,肾上腺有散在出血点。膀胱膨胀,充满红色尿液。肺脏散在大小不等的出血斑。心内膜有点状或线状出血。全身淋巴结肿大。组织学检查见肝变性及坏死性炎症。肾呈现急性出血性肾小球肾炎以及肾小管变性、坏死。

（2）亚急性与慢性型 剖检见肾肿大，呈苍白色。组织学检查肾脏有弥漫性单核细胞浸润，淋巴细胞性小结节与生发中心形成，肾结缔组织增生。肾小球萎缩、囊壁上皮细胞增生，肾小球周围结缔组织增生。肾小管扩张，内含有蛋白质、嗜中性白细胞或细胞碎屑构成的管型。间质内结缔组织增生，并出现单核细胞浸润、淋巴细胞滤泡性增生以及异常的肾小管。

6.犬

剖检可见全身黄染，黏膜、浆膜有点状出血。肝、脾肿大充血。肾肿大，皮质部点状出血，其内侧有粟粒大乃至米粒大坚硬的病灶，致使肾表面凹凸不平。犬剖检见全身黄染，在鼻黏膜、口腔黏膜、胸膜、腹膜以及肾脏见有点状出血。肝、脾充血肿大等。肾肿大，皮质部点状出血，其内侧有粟粒大乃至米粒大坚硬的病灶，致使肾脏表面变得凸凹不平。组织检查肝脏肿大变性、坏死等。肾脏的肾小球和肾小管上皮细胞变性、坏死或明显的渐进性坏死。而慢性型肾脏则以间质炎症及与之伴随的局限性变性为主，并随着病程的延续而纤维化，最终陷于肾萎缩。

【诊断】 该病确诊较为困难，单靠临床症状和病理剖检难于确诊，只有结合实验室诊断进行综合性分析才能确诊。

1.直接检查

取患畜血液、尿液或组织悬液，经过差速离心等操作后用生理盐水做成悬液，直接滴片或压片，作暗视野检查，或经过改良的镀银染色法染色观察。应用暗视野显微镜可以直接检查培养物、体液或组织中的钩体，常可以提供快速诊断的结果。但是各种实际条件可能影响该方法的使用，如钩体浓度过低就不易检出。检查钩端螺旋体应注意在患病的不同时期，菌体在机体内的分布有变化。死后检查在 1 h 内进行，最迟不得超过 3 h，否则组织中的菌体大多数发生溶解。

（1）钩体分离与鉴定常用柯索夫培养基或 8% 正常兔血清磷酸盐培养基，也可用鸡胚培养或牛胚肾细胞培养。接种后置 25～30℃ 下培养，然后每隔一定时间观察有无钩端螺旋体的生长。动物接种常用幼龄豚鼠和幼龄仓鼠。将血液、尿或肾等病料经腹腔接种实验动物，然后每天进行检温观察。如发现病变者，取肝、肾等检查菌体。应注意接种后的实验动物必须严格管理，以防止环境污染，并且做好工作人员的防护。

（2）血清学试验有凝集溶解试验、补体结合试验、间接荧光抗体法以及酶联免疫吸附试验等。显微镜凝集试验是普遍采用的血清学方法，检查时将等量的一系列血清稀释液与钩体培养物混合，血清与抗原放在室温作用 1.5～4 h，在暗视野显微镜下观察其凝集的程度及判定终点。该方法特异性和灵敏性都比较高。但需要保存一套不同型别的标准菌株作抗原，这点困难。而且凝溶效价必须在 1∶400 以上才有诊断意义。

（4）玻片凝集试验检测 该方法速度快，操作简单，成本低，对实验条件要求也不高。检查时取一定量的灭活抗体和病人血清在载玻片上混合，一段时间后用肉眼检查凝集反应。

（5）补体结合试验在钩端螺旋体病的诊断上不能用来鉴定血清型，可以完成大批的血清样本检查，常用于流行病学调查或普查，但是准备试验比较复杂。

2.酶联免疫吸附（ELISA）试验

本方法特异性及敏感性都很高，具有早期诊断意义。本方法也具有属的特异性。有人曾用本法与显微凝集试验做比较，发现本法检出率较高，有望成为一种很特异性诊断方法。

3.聚合酶链反应(PCR)

钩端螺旋体 PCR 检测是一种敏感、特异和快速的检测方法。找到钩端螺旋体,尤其是致病型钩端螺旋体的基因保守性序列,并根据序列设计合适的引物应用 PCR 方法进行检测。但应注意排除假阳性,保证 PCR 检测的结果具有临床诊断意义。

该病应注意与附红细胞体病、衣原体病相区别。

【防制】

平时防制该病应从三个方面入手,即消除传染源(带菌排菌的各种动物);切断传播途径,消除和清理被污染的水源、污水、淤泥、牧地、饲料、场舍、用具等以防止传染和散播;加强饲养管理及有效的预防接种,提高动物的特异性和非特异性抵抗力。具体做法如下:

(1)加强控制传染源,对隔离治疗的病畜和可疑病畜,严格禁止流动。开展群众性捕鼠、灭鼠,防止饲料、水源的污染。

(2)切断传染途径,加强疫源低水、粪便及相关污染物管理,对畜粪、畜尿进行无害化处理,稻田积水及污染的水源用漂白粉消毒,防止常菌鼠的排泄物污染食品。

(3)加强饲养管理,提高动物抵抗力,在疫区可用单价或多价疫苗对动物进行预防接种,同时避免接触疫水。在疫病流行初期,应迅速控制疫情,可用青霉素或其他抗生素进行药物预防,可收到效果。

治疗钩端螺旋体感染有两种情况,一种是无临诊症状带菌者的治疗,另一种是急性亚急性患病动物的抢救。

(1)带菌治疗 链霉素和四环素族抗生素有效。一旦发现感染,应全群投药治疗,饲料加入土霉素连喂 7 天,可以解除带菌状态和消除一些轻型临诊症状。怀孕母猪产前 1 个月连续饲喂土霉素可以防止流产。加入饲料中连续喂饲,可以有效地预防犊牛的钩端螺旋体感染。应用青霉素治疗则必须大剂量才有疗效。

(2)抗菌疗法 早期治疗是治疗该病的核心。应用抗生素.青霉素 G 为首选药物,其他如链霉素、氧霉素、四环素、庆大霉素等疗效均好。轻症 2~3 天,重症 5~7 天,方可治愈。对重症病例,应配合对症治疗。如静脉注射葡萄糖,维生素 C、维生素 K 及强心剂,可以提高治愈率。对患有周期性眼炎病的,应早期应用链霉素,效果很好。

急性、亚急性患病动物的治疗,成年牛可静脉注射。猪急性亚急性钩端螺旋体单纯用大剂量青霉素、链霉素和土霉素等抗生素效果不佳,必须配合对症疗法,如葡萄糖、维生素 C 静脉注射及强心利尿剂的应用。

当动物群发现该病时,及时用钩端螺旋体病多价苗(人用多价疫苗也可应用)进行紧急预防接种,同时实施一般性防疫措施,多数能在两周内控制疫情。

自然耐过病畜均有坚强的免疫力,但是耐过动物可较长时期由肾脏随尿排出菌体,故称之带菌免疫。现在研制的疫苗,主要是灭活疫苗和弱毒疫苗。

(3)灭活疫苗 我国研制的有经碳酸或福尔马林灭活的单价和多价疫苗。对牛、马二次注射。要 1 次 10 mL,第 2 次 10 mL,间隔 7 天,对猪、羊、犬第 1 次 3 mL,第 2 次 5 mL,安全有效。灭活疫苗须连年接种以提高畜群的群体免疫性,可以制止率病的传播。免疫家畜虽不能完全制止由肾带菌和排菌.但是排菌量显著减少,菌的毒力有所减弱。

弱毒疫苗我国福建省前后筛选出 4 株无毒菌株,对敏感动物毒力减弱,对仓鼠免疫效果好。羊型波摩那型弱毒疫苗对猪一次免疫效果较好。在国外,Stalhcin(1968)用改良吐温综合培养基培育出 5 株波摩那型弱毒株,对猪、牛无致病力,效果较好。

多抗原肽(multiple antigenic peptide,MAP)疫苗是以人工合成的多聚氨基酸高分子与抗原表位肽交联的复合体,具有同时提呈多个抗原表位、抗原提呈作用强、各抗原肽分枝之间能以非共价结合形成构成表位而提高免疫效果等优点。此外还可通过串联表达而提高产量。因此,采用 MAP 疫苗研制策略,不失为是一条避免常规基因工程疫苗缺陷的有效途径。

【公共卫生】

人的潜伏期平均为 7～13 天。患者突然发热、头痛、肌肉疼痛,尤其是腓肠肌疼痛并有压痛,腹股沟淋巴结肿痛,并有蛋白尿及不同程度的黄疸、皮肤黏膜出血等临诊症状。有的病例出现上呼吸道感染,类似流行性感冒的临诊症状。也有表现为咯血或脑膜脑炎等临诊症状。临诊表现轻重不一,大多数经或轻或重的临诊反应后恢复.少数严重者,如治疗不及时则可引起死亡。人钩端螺旋病的治疗,应按病的表现确定治疗方案,一般是抗生素为主,配合对症、支持疗法,首选药物为青霉素 G,其次为四环素族、庆大霉素、氨苄青霉素,强力霉素也有良好疗效。病畜要严格管理,科学治疗,防止病畜成为钩端螺旋体病的传染源。尸体及污染物进行无害化处理,平时应做好灭鼠工作,加强动物管理,保护水源不受污染;注意环境卫生,经常消毒和清理污水、垃圾;发病率较高的地区要用多价疫苗定期进行预防接种。

思考题

1.简述钩端螺旋体的传播方式及致病过程。

2.简述钩端螺旋体病的发病机制。

3.钩端螺旋体病原体的特点是什么?

案例分析

【临诊实例】

某犬场暴发传染病,病犬表现为腹部胀大、皮肤黏膜黄染、血尿、后肢麻痹、瘫痪。全场有 82 只犬,15 只犬发病,5 只死亡。

【诊断】

1.流行特点

犬钩端螺旋体病的病原主要为犬钩端螺旋体和出血性黄疸钩端螺旋体。该病在世界各地均有发生,有明显的季节性,一般是夏秋季节多发。各种年龄的犬均可发病,且公犬的发病率高于母犬,另外幼犬易感且症状较重。鼠类是钩端螺旋体的主要宿主,是主要的自然疫源体。传播途径主要是通过直接接触,可通过完整的皮肤黏膜、伤口与消化道食入来传播。该犬场此次发病发病率 18.3%,死亡率为 33.3%,且经过调查发现有鼠类活动,在犬舍内发现有死亡鼠。

2.病因浅析

病原为钩端螺旋体科细螺旋体属似问号钩端螺旋体,细螺旋体属共有 6 个种,其中似问号钩端螺旋体对人和动物有致病性。钩端螺旋体具有较强的侵袭力,能通过皮肤的微小损伤、眼结膜、鼻或口腔黏膜、消化道途径感染,感染后 12 h 即可在肝脏发现大量菌体,在体温升高前,菌体主要积聚在肝脏,心肌和肺脏中少见,偶见于肾脏和肾上腺。菌体进入血液繁殖时动物体温升高,血糖含量降低,红细胞大量崩解,血中血红蛋白增多,引起溶血性黄疸。菌血症期间肝脏变性,坏死,胆红素直接进血液和组织内,引起实质性黄疸。因此,该病引起的黄疸属混合性黄疸。随着黄疸的出现,菌体在肾脏内数量增加,钩体病后期的后发症状则主要是由机体的变态反应引起。

3. 主要症状

病犬表现为被毛松乱无光泽、体重减轻、食欲下降、排墨绿色粪便、不喜动、后肢张开扒地而睡。几天后体温迅速上升至40℃左右,精神沉郁、舌头灰白、腹围膨大,腹区触诊痛感明显,皮肤黏膜黄染,后肢无力,有些病犬出现血尿。病情发展缓慢的病犬,尿液散发强烈的铜臭味,后肢逐渐出现局部麻痹甚至瘫痪。

4. 剖检病变

剖检死亡犬可见肺充血水肿。肝肿大、质脆、色黄。胃肠黏膜有出血点,肠系膜淋巴结出血,肿胀。肾肿大,有点状或斑状出血,有2只肾出现槟榔样变。

5. 类症鉴别

依据流行病学调查、临床症状、剖检变化及病原诊断确诊为犬钩端螺旋体病。

犬钩端螺旋体病与犬传染性肝炎、犬溶血性链球菌病在临床症状上相似,需进行鉴别诊断。

(1)犬传染性肝炎 犬钩端螺旋体病与犬传染性肝炎在临床症状上有许多相似之处。不同之处是犬传染性肝炎表现为呕吐,腹泻和眼、鼻流浆液性、黏液性分泌物,而钩端螺旋体病没有;犬传染性肝炎很少出现黄疸现象,病犬黏膜一般苍白,而钩端螺旋体病皮肤出现黄染;犬传染性肝炎出现蛋白尿,而钩端螺旋体病为血尿。

(2)犬溶血性链球菌病 犬溶血性链球菌病与犬钩端螺旋体病都表现为精神沉郁,食欲减退,运动无力、体重减轻。可视黏膜黄染等黄疸现象,有血尿。但犬溶血性链球菌病病犬还有躯体发生震颤,四肢发凉,体温成滞留热型;而犬钩端螺旋体病无上述病症,并且随着病程的加长病犬尿液会散发强烈的铜臭味,后肢逐渐出现局部麻痹到瘫痪。

(3)犬瘟热 两种疾病都有传染性。体温高(40～41℃),沉郁,食欲不振,眼结膜充血,有时呕吐。但犬瘟热体温表现双相热。病程分三个阶段,第一阶段,减食,咳嗽,流鼻液,结膜、巩膜充血;第二阶段,中期即绝食,常出现角膜炎和溃疡,流脓性分泌物。血检,白细胞病初减少,后期增高;第三阶段,出现震颤、流涎等神经症状。

(4)犬埃里希氏体病 两病都有传染性。体温升高,沉郁,厌食,呕吐,黄疸。但犬埃里希氏体表现黏膜苍白,有时出现眼前房积血,眼流黏液脓性分泌物,体表有蜱。病料镜检,可在淋巴细胞和单核细胞浆内发现立克次氏体,在细胞内发现梨浆虫。

(5)巴贝尔斯虫 两病都有体温高(40～41℃),黄疸,呕吐,尿黄褐色,沉郁,厌食,眼结膜充血。但巴贝尔斯虫病原由蜱传播,常见脓性结膜炎,腹泻,尿暗褐色或血尿。触诊,脾脏肿大,红细胞降至300万～400万个/mm³,末梢血涂片姬姆萨染色,可见于红细胞内发现巴贝尔斯虫。

6. 实验室诊断

(1)取病犬新鲜尿液10 mL,用2 500 r/min离心15～20 min,取沉淀物400倍显微镜下暗视野观察,发现带钩状沿长轴方向滚动式或横向屈曲式运动的菌体,与钩端螺旋体形态相似。

(2)取病犬血液,分离血清,用ELISA试剂盒进行检测,结果为钩端螺旋体阳性。

【防控措施】

1.防病要点

(1)发现疫情后即进行隔离消毒,划定疫情隔离区域、严禁无关的人员和正常的犬进入。

(2)注射钩端螺旋体多价苗。仔犬在2月龄时开始接种钩端螺旋体疫苗,在11~12周龄时二免,在14~15周龄时三免,以后每年接种1次。对经常接触易感动物的人员进行预防接种。

(3)加强犬舍、环境和隔离区域的消毒,用次氯酸钠、福尔马林和百毒杀全面消毒。水沟、低洼潮湿地撒生石灰消毒。立即隔离病犬,深埋病死犬及被污染的饲料、排泄物。用3%氢氧化钠溶液对犬舍及活动场地全面彻底消毒,被污染的饮水用4%漂白粉溶液消毒,用3%来苏儿清洗饲养用具。

(4)灭鼠　用电猫捕鼠或投杀鼠药灭鼠,但要注意人犬安全。

(5)加强饲养管理,散放时不要让犬随地拣食,不要让犬到潮湿地和污水污染地活动。

2.小结

在此次暴发传染病的犬场中,病犬表现为可视黏膜、皮肤黄染,病犬消瘦,精神沉郁,高度虚弱,病程超过3天的病犬尿酮臭味很浓,首先应该怀疑为血液性疾病。在犬场中发现有鼠类活动,在犬舍有犬未食完的死鼠,初步怀疑为犬钩端螺旋体病、犬溶血性链球菌病或犬传染性肝炎。

由于病初怀疑为犬传染性肝炎,采用先锋霉素、双黄连、清开灵等药物抗菌消炎,同时对症治疗,症状未见缓解且先后有幼犬死亡。又怀疑是犬溶血性链球菌病,但随着病程的加长,患犬出现尿液散发强烈的酮臭味,后肢出现瘫痪现象,溶血性链球菌病不会出现上述症状。对死亡犬进行剖检,发现病犬肺充血水肿。胃肠黏膜有出血点,发黄。肝肿大、质脆、色黄。肾表面有点状或斑状出血、肾呈槟榔样变。结合犬群的患病情况,病犬没有表现出明显的犬传染性肝炎症状,可以排除犬传染性肝炎和犬溶血性链球菌病的干扰。且剖检症状与犬钩端螺旋体病很相似。

为进一步确诊,进行实验室检查,取病犬尿液离心后直接镜检,观察到呈串珠样的钩端螺旋体病原,且用ELISA试剂盒检测,结果为阳性,确诊为犬钩端螺旋体病。

排除传染性肝炎和犬溶血性链球菌病后大剂量使用青霉素和链霉素,并积极进行保肝、强心、利尿、防止脱水和酸中毒等对症支持疗法,治疗效果较好,根据治疗性诊断结果基本诊断为钩端螺旋体病。

第三十节　莱姆病

莱姆病(lyme disease)是由伯氏疏螺旋体引起的,由蜱叮咬而传播的一种自然疫源性人畜共患传染病。临床上以动物关节肿胀、跛行和四肢运动障碍为特征;人则以慢性"游走性红斑",关节肿胀和慢性神经系统病变为特征。

1975年,Steere A C首先在美国康乃狄克州莱姆镇发现的一系列"少年红斑性关节炎"儿童中发现的蜱传螺旋体感染性人兽共患病。1977年美国研究人员从莱姆病患者的血液、皮肤病灶和脑脊髓液中分离出了莱姆病病原:螺旋体,并首次报道了该病的全部临床表现。1980

年将该病命名为莱姆病。1982年,Burgdorferi W 及其同事从蜱体内分离出螺旋体,莱姆病的病原从而被确定。1984年,Johnson R C 根据分离的莱姆病病原螺旋体的基因和表型特征,认为该螺旋体是疏螺旋体属(*Borrelia*)内的一个新种,正式将其命名为伯氏疏螺旋体(*Borrelia burgdorferi*)。该病分布广泛,全世界至今已有五大洲的70多个国家报告发现了该病,而且发病区域仍在继续扩大,发病率呈现上升趋势。我国于1986年首次在黑龙江省海林县林区发现了莱姆病,分离出3株伯氏疏螺旋体。1987年,从病原学上证实人被蜱叮咬后发生的皮肤、神经、关节、心血管等损害的多种临床病症是莱姆病。1990年,在福建林区从蜱中分离出疏螺旋体,该病原可感染人和马、牛、羊等多种动物,并在人畜之间传播流行。此后全国以血清学方法确定的有29个省、市、自治区,以病原学方法确定的有19个省、市、自治区存在莱姆病的自然疫源地,说明莱姆病在我国分布相当广泛。

【病原】 该病的病原伯氏疏螺旋体(*Borrelia burgdorferi*)属于螺旋体类(*Spirochaetes*),疏螺旋体属(*Borrelia*)的成员。该菌的形态似弯曲螺旋,向左旋转的螺旋体构型,有7个螺旋弯曲,末端通常尖锐,平均长度30 μm,直径0.2~0.4 μm。鞭毛较少。镜下暗视野可见菌体具有扭曲,翻转运动的特性。该菌至少含有30种蛋白质,但其功能却了解甚少。这些蛋白质中包括两种主要外膜蛋白 A(30~32 ku)和外膜蛋白 B(34~36 ku)。另外,66 ku 多肽可能位于外膜,41 ku 抗原位于鞭毛,并与其他螺体的鞭毛抗原相似。

该菌为革兰氏阴性菌,姬姆萨法染色良好。厌氧和微需氧,在液体 BSK 培养基中,33℃培养生长最好,也可在加1.3%的琼脂糖的固体 BSK 培养基上生长并形成集落。在含人血液的培养基中,4℃条件下存活25天,最长达60天,该菌可用鸡胚培养,也能在卵黄囊,尿囊腔或尿囊膜上生长。目前,世界各国已从患病动物和人以及传播媒介—蜱中分离到许多菌株,经实验证实,各株间的 DNA 有同源性,外膜蛋白抗原性和质粒组成都存在差异。

该菌对各种理化因素的抵抗力不强,但特别耐高温和干燥。对青霉素,四环素,红霉素等敏感;而对庆大霉素。新霉素、丁胺卡那霉素,在8~16 μg/mL 浓度时仍能生长,据此可将此类抗生素加到 BSK 培养基中作为选择培养基。

【流行病学】 家养动物,多种野生动物和人都有易感性。牛(奶牛),马、山羊、犬、猫。白尾鹿、鼠类均可感染发病。有的虽然不发病,但经血清学检验都有特异抗体存在。在自然界该菌可在蜱类,某些野生动物和一些家畜间循环存在。人及家养动物可因蜱及吸血昆虫的叮咬而感染发病。蜱既是传播媒介也是贮存宿主。实验证实,白尾鹿和鼠类也是该病的主要传染源。

感染动物可通过排泄物向外界排菌,成为传染源,输血和药物注射等也能引起疫源性传播。该病主要是通过媒介蜱及吸血昆虫的叮咬而传播。蜱在叮咬人或动物时需持续一定时间才能有效传播。另外,该病也可通过直接接触传播。蜱类是该病的主要媒介昆虫,是该病流行的重要环节。美国主要是达敏硬蜱,欧洲是鼠籽硬蜱,亚洲是金沟硬蜱。在我国,全钩硬蜱是东北地区的主要传播媒介。长角血蜱,三棘血蜱和嗜群血蜱是东北、华北和西南地区的媒介体。福建北部林区为粒形硬蜱,内蒙古森林草蜱也带有该菌。除蜱类外,蚊、马、骡等也能传播该病。

该病的发生有一定季节性,每年的6—9月常发。发生的季节及其高峰,与当地的蜱类活动时间、数量及活动高峰相一致。

【致病机制】 伯氏疏螺旋体进入蜱体内,大量表达外膜蛋白 A(OspA),它是一种黏附素,协助螺旋体定居在蜱的中肠,与蜱中肠肠腔表面蛋白 TROSPA 受体结合,当感染的蜱叮咬宿主时,蜱中肠的螺旋体对吸入的血液作出反应,大量繁殖,而且蛋白合成发生改变,蜱体内的螺旋体会下调的表达 OspA,而同时上调 OspC 的表达,使螺旋体从蜱中肠转移到唾液腺,启动对宿主动物的感染过程。在蜱吸血过程中有一系列的蜱唾液腺蛋白被诱导表达,Salp15 就是其中之一,Salp15 可以抑制 T 细胞活化。

郝琴和徐建国研究团队发现伯氏疏螺旋体代谢产物不是毒力因子,是其在宿主体内复制、存活的原因,伯氏疏螺旋体具有约 900 kb 的线性染色体和 23 个线性和环状质粒,这些质粒编码多种外膜蛋白,如 OspA、B、C、D、E、F 等,它们有助于螺旋体对宿主动物的感染。同时在宿主体内,伯氏疏螺旋体表达脂蛋白在其表面形成抗原层,从而使其避免与周围环境的直接接触。同时,螺旋体针对宿主免疫系统的攻击改变其表面的抗原表达,在体液免疫压力的影响下,螺旋体将下调 OspC 的表达量,同时升高 BBF01 和 vlsE 的表达量。实现螺旋体逃避机体免疫从而导致持续感染。宿主细胞间基质的主要成分有核心蛋白聚糖和纤维粘连蛋白,螺旋体通过表达核心蛋白聚糖结合蛋白(DbpA 和 DbpB),纤维粘连蛋白结合蛋白 BBK32 以及其他成分,与宿主的细胞间基质相互作用,实现伯氏疏螺旋体逃避体液免疫。除此之外,伯氏疏螺旋体还在表面表达它们自己的补体结合蛋白,如补体调节子获得性表面蛋白(CRASPs 或 CspZ)FactorH 结合表面蛋白 E 类似物等,这些表面蛋白能够与补体级联反应的负调节因子 FH,FHL-1 和 C4b 结合,使螺旋体能够逃避宿主体内补体介导的杀伤作用,不同基因型的莱姆病螺旋体表达的 CspZ 与补体调节因子的结合能力不同。螺旋体进入机体后,通过大量的脂蛋白与单核细胞和巨噬细胞表面 Toll 样受体(TLR)1/2 结合,介导机体的固有免疫,产生大量的细胞因子,并启动获得性免疫反应,莱姆病螺旋体通过这些细胞因子可以导致组织炎症和损害。这些细胞因子有 CCL2、CCL3、CCL4、CCL5、CXCL9、CXCL10、CXCL11、CXCL12、CXCL13、INF-β、IFN-γ、CD4、CD8、TNF-α、IL-1β、IL-6 等。莱姆病在宿主体内也可能通过分子模仿引起宿主自身免疫反应而致病。

【症状】

1.奶牛

体温升高(38~39℃),身体无力,精神沉郁,口腔黏膜苍白。病初轻度腹泻,继之严重水样腹泻,消瘦。腹下和腿部背面皮肤出现肿胀。触摸时高度敏感,关节肿胀疼痛。跛行,产乳量下降。有些病牛出现心肌炎、血管炎。肾炎和肺炎等症状。怀孕母牛常发生流产。

2.马

嗜睡,发热(38.6~39℃)。触摸蜱叮咬部位高度敏感,四肢被叮咬部位脱毛,皮肤脱落。前肢或后肢出现疼痛和轻度肿胀,跛行或四肢僵直不愿运动。有些病马出现脑炎症状,大量出汗,头颈歪斜,尾巴无力,吞咽困难,不能久立。孕马可发生流产。

3.犬

发热,厌食、嗜睡。关节肿胀,跛行和四肢僵硬,手压患部关节有柔软感,运动时疼痛。局部淋巴结肿胀。有的病犬出现神经症状和眼病。有的还表现肾功能紊乱。氮血症,蛋白尿、圆柱尿。脓尿和血尿。有的发生心肌炎等。猫主要表现厌食、疲劳。跛行或关节异常等。

【病理变化】　该病主要的病理变化主要表现为,在蜱叮咬的四肢部位出现脱毛和皮肤剥落现象。

1.奶牛

可见消瘦,皮下和肌膜组织萎缩,心脏和肾脏表面可见苍白色斑点,两腕关节囊显著变厚,所有关节中均含有较多的淡红色滑液,同时出现绒毛增生性滑膜炎。有的病例胸腹腔内积有大量液体和纤维蛋白附着,全身淋巴结肿胀和水肿。肺脏呈苍白色,组织学变化为,肾含有中等数量的嗜酸性细胞管型,还可见到坏死细胞碎片形成的管型及中等到严重的膜增生性肾小球炎及上皮变性。肠出现轻度到显著的浆细胞浸润。肺出现中性粒细胞及嗜酸性粒细胞形成的混合性间质性肺炎。由于广泛的肉芽组织及坏死碎片而使关节囊腔隙变小,滑膜出现大量绒毛增生并可见广泛的淋巴细胞浸润和中性粒细胞及嗜酸性细胞灶的形成,关节腔液中可见有嗜酸性细胞和中性粒细胞。小动脉出现连接组织和外膜共同增生的现象。还可见到坏死性肠炎和盲肠炎的病变。

2.马

眼观病变与牛基本相同。组织学变化则为关节出现淋巴细胞增生性骨膜炎,腕关节的滑膜绒毛性增生,由许多淋巴细胞和浆细胞形成的滑液炎,弥漫性增生性肾小球肾炎和间质性肾炎。

3.犬

病理变化主要是心肌炎,肾小球肾炎及间质性肾炎等。

【诊断】

1.临床综合诊断

诊断该病应根据流行病学,临床症状特征、病理变化以及病原检查,血清学检验等综合性判定。首先应详细了解患病动物的发病史与蜱或其他吸血昆虫的接触情况。另外季节性和蜱的活动时间及活动高峰的一致性是该病流行病学的特点。该病在动物的临床上与病理变化上,应注意被蜱叮咬的皮肤变化,其他变化无特征性的表现。该病易与支原体。衣原体感染所致的疾病相混,容易误诊,宜注意。

2.病毒分离与鉴定

采集病料应选择患病动物的病变部位,血液、尿液、关节滑液、脑脊髓液等。将病料接种于BSK培养基,以33~35℃封闭悬浮培养,2周后取少许培养液滴片,在暗视野镜下观察。按7~10天的间隔时间做定期观察并及时更换培养基。一般培养3~4周,取其样品在镜下可见到菌体,在8周左右时呈现大量繁殖,菌体密度增加。用间接免疫荧光抗体技术鉴定菌体或用免疫过氧化物酶组化染色法及病理切片检查病原体。

3.血清学诊断

血清学试验应用间接免疫荧光抗体技术和酶联免疫吸附试验。此两种方法对该病早期诊断的敏感性较差,并且对其他螺旋体病易出现交叉反应。现在有人应用免疫印迹技术作早期诊断效果较好,但和钩端螺旋体病易发生交叉反应。有人用提纯的菌鞭毛蛋白作酶联免疫吸附试验,敏感性较好。最近,有些学者应用多聚酶链(PCR)技术检测该菌,认为敏感,特异性强。此外,有人应用该菌外膜蛋白A(OspA)16S、5S和23S rRNA基因间隔区。选择适当的样本和改进PCR方法(如采用套式PCR)可以改善检测敏感性。特别是与血清免疫学检测和分离培养相结合,有助于做出准确诊断。

【防制】

目前治疗该病还没有最佳的疗法。一般应用青霉素、先锋霉素、四环素、红霉素、头孢曲松等药物,同时结合对症治疗方法,可收到良好效果。

目前对该病还没有可行的疫苗,所采取的措施主要是:

(1)人畜不要到有蜱的灌木丛地,防止蜱及其他吸血昆虫叮咬。在疫区的人和牲畜实行定期检疫,阳性的应隔离治疗。

(2)灭蜱,用棉球蘸上化学药物,放在鼠洞附近让老鼠带回洞内,当其睡眠时化学药物即可沾染到鼠的皮肤上,可杀死附着在鼠身上的蜱。另外用蜱的天敌——欧洲黄蜂进行生物防治,效果较好。

(3)病畜的肉禁止食用,作适当处理。

【公共卫生】

莱姆病是一种人兽共患传染病,患者主要是皮肤上出现典型的慢性游走性红斑病变,被蜱叮咬的红斑中心可见明显的充血和皮肤变硬,有时还可见水疱或坏死孔,从叮咬部位逐渐向外扩散成"牛眼形疹",同时伴有疲劳感、发热、寒战、头痛;中期出现神经症状,游走性肌肉痛、骨骼痛、心悸、头晕及呼吸短促等症状;后期为典型的关节炎,一些大关节出现风湿性关节炎症状,嗜睡,体温升高 40~41℃,跛行、不愿走路。组织学变化呈现皮下淋巴浸润,关节出现肥大性滑膜炎,微血管性病变和滑液增生。在滑液绒毛内或其表面见有淋巴细胞浸润和纤维蛋白沉积。心肌有区域性淋巴细胞浸润及心肌细胞坏死为特征的心肌炎。有的发生神经根炎、脑膜炎和脑炎。

第四章 猪的传染病

猪的病毒性传染病

第一节 猪瘟

猪瘟,俗称烂肠瘟,是由猪瘟病毒(*Classical swine fever virus*,CSFV 或 *Hog cholera virus*,HCV)引起猪的一种急性、热性和高度接触性传染病,欧洲人也称其为古典猪瘟(Classical swine fever,CSF)。CSF 感染在临床上可表现为急性型(死亡率很高)、亚急性型(死亡率变化不定)、慢性型以及隐性型。该病以发病急、发生高热稽留和细小血管壁变性、全身泛发性小点出血、脾梗死为特征。猪瘟流行广泛,发病率、死亡率高。

1833 年在美国俄亥俄州首先发现 CSF,1903 年证明 CSF 的病原体是病毒,CSF 在世界养猪国家有不同程度流行。1984 年国际动物卫生组织(World Organization for Animal Health,OIE)将该病列入 A 类法定传染病之一并规定为国际重要检疫对象。

我国于 1945 年首次分离到猪瘟石门系强毒株。1954 年中国兽医药品监察所研制成功了猪瘟兔化弱毒疫苗,该疫苗具有安全性高和免疫原性优良的特点。猪瘟兔化弱毒疫苗从 1956 年起在我国广泛使用,为控制和消灭 CSF 做出了巨大贡献。该疫苗在国外应用也取得了良好的效果,比如罗马尼亚、朝鲜、阿尔巴尼亚等国家应用我国的猪瘟兔化弱毒疫苗消灭了 CSF。

目前全世界共有 40 多个国家和地区存在 CSF 的流行,甚至近年来一些已经宣布消灭了 CSF 的欧洲国家(如荷兰、比利时、英国、德国、意大利、西班牙等)CSF 又相继复发。我国虽然控制了 CSF 的急性发生和大流行,但在一些养猪密集地区的猪瘟的发病率也有上升趋势,并且 CSF 的流行形式和发病特点发生了很大变化(此变化也是世界性的)。

【病原】 CSFV 属于黄病毒科(*Flaviridae*)瘟病毒属(*Pestivirus*)。CSFV 粒子直径为 34～50 nm,有 20 面体对称的核衣壳,内部核心直径约 30 nm,病毒粒子略呈圆形,具有脂蛋白囊膜,病毒粒子表面有脆弱的纤突结构。病毒在蔗糖密度梯度中的浮密度为 1.15～1.16 g/cm³,可以通过各种除菌滤器。

CSFV 基因组为单股正链 RNA,长度为 12.3 kb。根据 CSFV 的血清学特性的差异及毒株的毒力、抗原性、致病性,可将 CSFV 分为 2 个血清型(群),其中 1 群主要包括 CSFV 的强毒株和绝大多数用做疫苗的弱毒株;2 群主要包括引起慢性猪瘟的低毒力毒株。按照 CSFV 流行株基因结构的多样性,将其分为 2 个基因组 6 个基因亚组。

CSFV 在猪体内感染时可破坏多种细胞,导致感染猪迅速发病、死亡。在体外培养的细胞中,CSFV 感染一般不产生细胞病变,但细胞可以带毒传代并在分裂时将病毒传至子代细胞中。CSFV 可在猪的肺脏、脾脏、肾脏、骨髓及睾丸的原代细胞培养物及白细胞中增殖,最常用的传代细胞系是 PK-15、SK6 和 CPK,其中在 PK-15、PK-2a 和 ST 等细胞系中较易增殖。同时,一系列研究证明,CSFV 可在低代次细胞系(如胎牛的脾、气管和皮肤细胞,胎羊的睾丸和肾细胞,兔的皮肤细胞)中增殖,但在高代次细胞系中不能生长,如人和其他灵长类细胞、猫肾和乳仓鼠肾 BHK-21 细胞、非洲绿猴肾细胞系以及牛肾细胞系等。

CSFV 主要存在于病猪的各种脏器,以脾脏含毒量最高。病毒在各个脏器的分布:脾脏＞淋巴结＞肺＞血液。

CSFV 在细胞培养液中经 60℃ 10 min 或 56℃ 60 min 可失去感染性,但在脱纤血中经 68℃处理 30 min 或 64℃ 60 min 仍不能灭活。存在于畜圈及粪便中的 CSFV 能存活几天,在猪肉和猪肉制品中的 CSFV 则可保持数月的感染性。CSFV 在 pH 5～10 条件下比较稳定,pH 过低或过高均可使 CSFV 的感染性迅速丧失。脂溶剂,如乙醚、氯仿、脱氧胆酸盐以及多种去污剂和常用的消毒剂均能使 CSFV 迅速灭活,2％氢氧化钠溶液是最适宜的消毒剂。

【流行病学】 猪瘟发现至今已近 180 年,在对该病的防制上世界各国的学者都付出了巨大的努力,在北美、欧洲的一些地区曾成功地消灭了猪瘟,但该病在世界范围内仍广泛传播。根据目前全球不同地区猪的饲养量、猪与猪肉制品的国际贸易量以及猪瘟的流行程度,可将猪瘟分流行区为三大区,即欧洲特别是西欧流行活跃区、中南美洲疫情稳定区和东南亚老疫区。

猪瘟是严重威胁我国养猪业的主要动物疫病之一,从发现至今已流行 70 多年。我国曾于 1956 年提出了控制猪瘟的规划,但时至今日猪瘟仍在我国广泛流行。根据近年来的调查数据表明,目前我国大型养猪场猪瘟的平均感染率在 10％左右,死亡率 3％～5％,每年由此引起的经济损失高达人民币 50 亿元以上。当前我国猪瘟的流行病学与临床特点主要表现如下:

1. 流行范围广

全国范围内均有猪瘟流行,与缺乏有效的运输及市场检疫情况下猪只频繁交易和流动有关。

2. 多呈散发流行

近年来,猪瘟在我国主要呈地方性散发流行趋势,在一些大型养猪场时而也有发生,损失仍然十分严重。

3. 发病日龄小

目前猪场发生的猪瘟多见于 3 月龄以下,特别是出生 10 日龄以内及断奶前后的仔猪,死亡率高;成年猪(育肥猪、种猪)症状不明显。

4. 持续性感染和先天性感染

感染猪往往外表健康,但可将病毒传递给仔猪,这类猪是引起流行最危险的传染源。

5. 免疫力低下

发病猪群的防疫密度较高,但个体免疫水平不高,免疫状态低下导致发病。临床上缺乏有效的免疫监测手段,致使免疫程序混乱,最终导致免疫失败。

【致病机制】 感染早期,CSFV 抗原首先在单个基质细胞或成团细胞中出现;随着被感染细胞的增多,全部基质细胞内均可检测到 CSFV 抗原的存在。随后 CSFV 侵入皮肤的生发层、舌涎腺、舌的中间层、扁桃体中的类 RE 细胞、脑中的胶质细胞及神经元、Kupffer's 细胞、外周血单核白细胞血管窦状隙,最终遍布全身。晚期病猪皮肤内发生出血变色、粒细胞增多,出现神经症状、体温可降至正常以下,最终导致死亡。

(1)CSFV 强毒株急性感染时可导致血小板严重缺乏、内皮细胞变性和纤维合成障碍等变化,致使机体出现多发性出血,很快死亡。

(2)CSFV 中等毒力毒株可导致急性或亚急性感染,或经过急性期转化为慢性型及温和型感染,也可以康复。临床上感染分为 3 个时期,即急性初期、临床缓解期和急性恶化期。在急性初期,虽然病毒在体内的传播与急性猪瘟类似,但传播速度较慢,血液和器官中病毒滴度较低,病毒抗原主要存在于淋巴样组织、上皮组织和网状内皮系统中;在临床缓解期,血液中的病毒滴度很低或无,病毒抗原主要局限于扁桃体、胰腺、肾脏和回肠中;在急性恶化期,病毒再度传遍全身,并主要分布于淋巴组织的巨噬细胞和网状细胞中。

(3)低毒力毒株感染妊娠母猪后的致病机制尚不清楚。病毒在局部淋巴结和扁桃体增殖后,经血液循环进行传播,可能在一个或多个部位通过胎盘屏障在胎儿间传播。胎儿受感染后出现病毒血症,抗原主要分布在其网状内皮系统、淋巴组织和上皮细胞中,并且感染时的胎龄愈小,胎儿出现损伤的危险性愈大。

妊娠母猪的亚临床感染可导致胎盘感染,被感染的幸存仔猪可能成为亚临床感染的带毒猪,持续排毒并污染环境。如果幸存仔猪被选育为种猪,则自动形成新的持续感染母猪,造成母猪繁殖障碍和新生仔猪带毒。CSFV 也可以通过水平传播感染其他易感猪。

【临床症状】 根据发病程度和病程长短,在临床上可将猪瘟划分为 5 种病型,即最急性型、急性型、亚急性型、慢性型和持续感染型。

1.最急性型

多见于流行初期和首次发生猪瘟的猪场。潜伏期一般为 2~3 天,猪只突然发病,高热稽留(体温升高 2℃以上),全身痉挛,四肢抽搐,四肢末梢、耳尖和黏膜发绀,全身有多处出血点或出血斑,卧地不起,很快死亡。病程一般不超过 5 天,死亡率为 90%~100%。

2.急性型

临床中最常见,潜伏期一般为 3~5 天,起初感染猪精神沉郁、食欲锐减,到后期病猪厌食,往往把嘴放到食槽处片刻又回到休息处。高热稽留,同时白细胞数下降。发病初期,病猪眼部的分泌物增多,伴发结膜炎导致流泪,严重者眼睑被完全粘连。在高温初期一般出现便秘,继而出现严重的黄褐色水样腹泻及呕吐,吐出含黄色含胆汁的液体。病猪怕冷,常常聚堆、颤抖、嗜睡、被毛蓬松。病猪几日内消瘦、虚弱,多数猪行走弯扭或步伐摇晃,后肢麻痹,不能站立而呈犬坐姿势,偶见抽搐。腹部皮肤、耳、鼻镜和四肢,甚至全身常有红色或紫色的出血点,逐渐扩大连成片或出血斑,甚至有皮肤坏死区。有些病猪双耳尖及尾部由于出血、坏死,由红色变成紫色甚至蓝黑色,逐渐干枯,常被其他猪撕咬。急性猪瘟病猪,大多在感染后 10~20 天死亡,死亡率 50%~60%。死亡前数小时,体温下降到正常以下。

3.亚急性型

多见于猪瘟常发地区或饲养管理较差的猪场。症状与急性相似,但临床表现更轻微。潜伏期 1~2 周,体温升高 1~2℃。发病后期病猪消瘦,出现运动失调,常因衰竭而死亡,死亡率一般为 30%~40%。病程 3 周以上的不死猪常转为慢性型。

4. 慢性型

多见于防疫条件差的猪场或常年具有猪瘟流行的猪场。根据临诊症状和血相变化,将亚急性型和慢性型猪瘟的病程分为三期:第一期病猪出现厌食、沉郁、体温升高、白细胞减少。几周后,食欲和外观明显改善,体温下降到正常体温或稍高,白细胞仍然减少,这种临诊症状的好转是第二期的特征。第三期,病猪再度厌食、精神沉郁、体温升高,并持续到死亡。或者食欲、精神、体温再次恢复正常但成为"僵猪"或终身带毒猪。这些猪的生长严重受阻,皮肤出现病变,并常见弓背站立。慢性猪瘟的患病猪可存活100天以上。

5. 持续感染型

多见于有猪瘟流行史的猪场。感染猪只本身无任何临床症状,但长期带毒和排毒,并可通过胎盘垂直感染胎儿。感染母猪表现为流产、早产,产木乃伊胎、死胎、弱胎以及颤抖的仔猪或外表健康的仔猪,所有这些胎儿和仔猪均长期带毒。产后的仔猪大部分会发病死亡,但发病时间各不相同,有些产后即可发病,部分仔猪产后1周内发病,也有些于20日龄后发病,还有些仔猪不发病,终身带毒和不定期排毒。经胎盘垂直感染的发病仔猪,临床症状似急性型,死亡率50%左右。

【病理变化】 CSFV感染后的主要病理变化是免疫抑制和血细胞减少,CSFV对猪免疫系统的损伤是导致急性致死性猪瘟的一个重要原因。CSFV感染并损害淋巴组织的发生中心,阻碍B淋巴细胞的成熟,从而使在循环系统及淋巴组织中的B淋巴细胞缺失、病猪胸腺萎缩、白细胞减少,病猪的骨髓也遭到了破坏。原位杂交显示,作为病毒复制及入侵淋巴结位点的滤泡在晚期结构已遭到破坏。

(1)在急性或亚急性的猪瘟病例中,常出现以实质器官多发性出血为特征的败血症病变。颌下、腹股沟、肠系膜等淋巴结肿大、出血,呈现大理石或红黑色外观;消化道、呼吸道和泌尿道出现卡他性、纤维性和出血性炎症反应;肾脏表面有大小不一的出血点或出血斑;尿道、膀胱有出血点或出血斑;喉部、会厌软骨、心脏、肠道出血。脾脏边缘梗死被认为是猪瘟最具特征性的病变,梗死呈黑色,大小不一,表面稍隆起,可能单个出现,也可以结合在一起,在脾脏边缘形成梗死灶。扁桃体出现坏死灶,是扁桃体发生梗死的表现。肺部梗死和出血,可形成卡他性到纤维素性支气管炎和胸膜炎,可能是继发细菌感染所致。心脏病变主要是心肌松弛和心肌充血。胃底部经常出现明显的充血和出血。小肠和大肠瘀血和弥漫性出血。

(2)在慢性猪瘟和迟发性猪瘟中,出血和梗死病变不太明显或缺乏。持续性感染猪只最显著的病变是胸腺萎缩和外周淋巴样器官中淋巴细胞排空。还常看到组织细胞增生,同时伴有淋巴细胞碎片的吞噬现象。持续感染猪瘟病毒猪,在盲肠和结肠可见坏死和纽扣状溃疡。成熟软骨发生钙化沉积,导致肋骨损伤。慢性猪瘟有肾小球肾炎病变,在迟发性猪瘟中没有出现。

【诊断】

1. 临床综合诊断

猪瘟的发生不受年龄、性别和品种限制,发病率和死亡率较高,在免疫猪群中可呈散发,抗菌药物治疗无效;临床上主要表现为高热稽留、食欲废绝或减少、结膜炎和急性肠炎等,四肢末梢、腹下、耳尖、尾尖等处有紫红色斑点或斑块;肾有点状出血。淋巴结切面周边出血呈红白相间的大理石样,脾脏不肿大、表面有点状出血或边缘楔状梗死区,心脏、喉头、膀胱、胆囊有点状出血,以及回盲瓣、回肠、结肠形成"纽扣状"溃疡等可作初诊。同时,当仔猪出现衰弱、寒战、痉挛、发育不良等现象时,可怀疑母猪为 CSFV 携带者,确诊该病还需要依据实验室诊断。另外,由于目前猪瘟常以非典型形式出现,并可与其他疾病如猪繁殖与呼吸综合征、非洲猪瘟、伪狂犬病、猪细小病毒病、猪弓形体病等混淆,因此实验室检测是猪瘟诊断必不可少的确诊方法。

2. 病原学诊断

常用免疫荧光、免疫过氧化物酶单层试验来检测切片或组织培养物中的 CSFV 抗原,也可从组织病料或病猪血样中提取病毒基因组,通过 RT-PCR 检测病毒抗原,同时可以进行测序分析。

(1)病毒分离与鉴定 取病猪淋巴结、扁桃体、脾脏或肾脏组织研磨成乳剂,离心取上清,经双抗处理后过滤,接种到 PK-15 细胞等易感细胞,接种 48～72 h 后取出接毒后的细胞片,用 HC 免疫荧光抗体法或免疫酶染法检查,或者盲传 3 代,RT-PCR 检测是否有 CSFV。

(2)血清学诊断 目前常用猪瘟病毒强毒株、弱毒株和 BVDV 单抗进行血清学试验以测定不同的毒株和病毒感染,常用的方法包括 HC 单抗酶联免疫吸附试验,荧光抗体病毒中和试验,过氧化物酶联中和试验。

3. 鉴别诊断

当猪发病时,除注意与其他可导致繁殖障碍型的病毒病(如猪繁殖与呼吸综合征、伪狂犬病、猪细小病毒病)相区别外,还应注意与败血型沙门菌病、猪丹毒病、猪巴氏杆菌病、败血性链球菌病、弓形体病和黄曲霉毒素中毒等进行鉴别。

【防制】

控制猪瘟尚无有效的治疗药物和治疗方法,磺胺类药物与抗生素基本无效。目前唯一有效的治疗制剂是使用 CSFV 的高免血清,但也只限于对发病初期的猪有效。猪瘟的防制必须从感染源、传播媒介、易感动物、生态环境等多个环节着手,采取综合性的防制措施:把好引种关,防止将带毒者以及持续感染病猪引入猪场;严格检疫和淘汰带毒者,建立健康繁殖母猪群;制定科学和确实有效的免疫接种计划,认真执行免疫程序,定期检测免疫效果;实行科学的饲养管理制度,建立良好的生态环境;切断疾病传播途径等。

控制和消灭猪瘟是一项系统工程,必须多方面密切配合,运用有效的科技手段,坚持不懈地努力才能实现。目前世界各养猪国家防制猪瘟主要是采取扑杀或免疫接种为主的控制措施。扑杀主要是通过消灭传染源来防制猪瘟,免疫接种主要是通过将易感动物转化为非易感动物来防制猪瘟,这两种办法对防制猪瘟都起到了非常好的效果,但都存在一个问题,即没有采取及时发现和淘汰猪瘟持续感染带毒猪的控制措施。因此,污染猪场应定期进行病原学和血清学检测,及时发现并淘汰带毒猪。

我国是养猪大国,鉴于目前的国情,还不能实行发病猪的全部扑杀计划,接种猪瘟疫苗是当前控制猪瘟的主要手段。接种疫苗时应做好以下几点:做好免疫,制定科学、合理的免疫程序,以提高群体免疫力,并做好免疫抗体的跟踪检测;加强以种公猪、种母猪及后备种猪为主的净化措施,及时淘汰带毒种猪,铲除持续感染的根源,建立健康种群,繁育健康后代;加强猪场的科学化管理,实行定期消毒;采用全进全出的计划生产,防止交叉感染;加强对其他疫病的协同防制,如确诊有其他疫病存在,还需同时采取其他疫病的综合防制措施。

以净化种猪群、后备种猪群、消除传染源、降低垂直传播的危险为主,结合制定科学、合理的免疫程序,增强群体免疫力,并对其他疫病进行积极协同防制,加强隔离消毒,逐步实现"全进全出"计划,改良环境,改善设施等一整套综合防制技术措施是行之有效的,容易推广。

思考题

1.简述当前我国猪瘟的流行病学与临床特点。

2.如何实施猪瘟扑灭计划?

案例分析

【临诊实例】

安阳市某猪场,存栏母猪 300 余头,于 2010 年初,有多头母猪所产的仔猪,整窝发病,主要表现为先天性震颤,陆续死亡。另外,场内 2 月龄以下的猪陆续发病,一个多月时间,发病 57 头,死亡 26 头。对发病猪用抗生素和磺胺类药物治疗无效,病猪少食或废食,体温 40～41℃,便秘或腹泻,用解热药和抗生素或磺胺药联合治疗,可见病猪吃少量饲料或临近料槽呆立不吃料,随病程增加病状加重,出现呆立、蜷缩、走路不稳,病例缓慢增加。病程达 5～7 天后,病猪逐渐消瘦,粪球表面有白色或黄白色的黏膜,粪便腥臭味,尿液呈黄色,病猪皮肤有紫斑或出血点,在耳尖、腹下和四肢末梢表现更为明显,病程长的形成坏死痂。经过流行病学、临床症状、病理变化、实验室检测确诊为非典型猪瘟,虽经系列措施控制了疫情,但经济损失严重(以上案例引自张燕,2012)。

【诊断】 根据该病发生不受年龄、性格和品种的限制,发病率、死亡率较高,在免疫猪群中呈散发,抗菌药物治疗无效,临床症状、病理变化以及当地的流行病学特点可作出初诊。确诊则需要依靠实验室诊断。实验室诊断手段多采用免疫荧光技术、酶联免疫吸附测定法、血清中和试验等,比较灵敏迅速,且特异性高。

1.病因浅析

猪瘟俗称"烂肠瘟",是由黄病毒科猪瘟病毒属的猪瘟病毒(CSFV)引起的一种高度传染性和致死性传染病。CSFV 感染在临床上可表现为死亡率很高的急性型,或者死亡率变化不定的亚急性型、慢性型以及隐性型。该病的特征是高热稽留和小血管壁变性引起各器官的广泛性出血、梗死和坏死等表现。CSFV 为有囊膜的单正链 RNA 病毒,具有 RNA 感染性。根据 CSFV 的毒力、抗原性、致病性以及血清学特性的差异,通常将 CSFV 分为 2 个血清型,其中第 1 群包括许多 CSFV 强毒株和绝大多数用作疫苗的弱毒株,第 2 群包括引起慢性猪瘟的低毒力毒株。CSFV 不同流行毒株在致病力上有很大的差别,其毒力具有易变的特性。CSFV 在细胞培养液中经 56℃ 60 min 或 60℃ 10 min 便失去感染性,pH 过高或过低均可使病毒的感染性迅速丧失,脱脂剂如乙醚、氯仿以及多种去污剂和常用的消毒剂等均可使 CSFV 迅速灭活,2％氢氧化钠溶液为适宜的消毒剂。

2.流行特点

该病在自然条件下只感染猪,不同年龄、性别、品种的猪和野猪都易感,一年四季均可发生。病猪是主要传染源,病猪排泄物和分泌物,病死猪及其脏器、急宰病猪及脏器、废水废料污染的饲料,饮水都可散播病毒。该病可通过口腔、鼻腔、眼结膜、生殖道黏膜和皮肤擦伤感染,也可垂直传播,在自然条件下多数病例是以上述一种或者几种途径传播的,但感染猪与易感猪的直接接触则是该病传播的主要方式。

近年来猪瘟的流行、发病特点及病原的毒力都发生了很大的变化,其中流行形式从频繁发生的大流行转为周期性、波浪性、地区性流行或散发,疫点多局限于一定地区或某些猪场,流行速度缓慢;发病特点上表现为非典型性、温和性、无名高热甚至隐性感染,临床症状显著减轻,发病率不高,病势较缓和,潜伏期及病程较长,死亡率较低,多呈散发。

3. 主要症状

根据病情和病程,临床上可将猪瘟分为 5 种病型,即最急性型、急性型、亚急性型、慢性型和持续感染型。

(1)最急性型 多见于流行初期和首次发生猪瘟的猪场。潜伏期短,一般为 2～3 天,突然发病,表现为高热稽留,体温升高 2℃以上,全身痉挛,四肢抽搐,四肢末梢、耳尖和黏膜发绀,全身多处出血点或血斑,卧地不起,很快死亡。病程一般不超过 5 天,死亡率为 90%～100%。

(2)急性型 最为常见。潜伏期一般为 3～5 天,高热稽留,病初表现为精神萎靡,食欲废绝,眼内有多量黏脓性分泌物。后期可见颈部、四肢、腹下、耳尖、臀部及外阴等部位皮下有出血点或者大面积出血斑。

(3)亚急性型 多见于猪瘟常发地区或饲养管理较差的猪场。症状与急性型相似,但较缓和,潜伏期 1～2 周。后期病猪消瘦,共济失调,常因衰竭而死亡,死亡率一般为 30%～40%。病程 3 周以上,耐过者常转为慢性型。

(4)慢性型 多见于常年具有猪瘟流行的猪场或者防疫卫生条件差的猪场。病猪表现为被毛粗乱,消瘦,贫血,精神不振,全身衰弱,嗜睡,体温时高时低,食欲时好时坏。部分病猪在耳尖、尾尖、臀部和四肢末梢有紫斑或坏死痂,病程至少 1 个月以上,病猪预后不良,不死者常称为僵猪。死亡率一般为 10%～30%。

(5)持续感染型 多见于有猪瘟流行病史的猪场。持续感染是目前引起猪瘟流行的主要原因之一。感染猪只本身无任何临床症状,但长期带毒和排毒,并可垂直传播,母猪流产、早产,产木乃伊胎、死胎、弱仔以及颤抖的仔猪或外表健康的仔猪。

4. 剖检病变

(1)最急性型 多无特征性病变,一般仅见浆膜、黏膜和内脏有少数的出血斑点。

(2)急性型 全身皮肤、浆膜、黏膜和内脏器官均有不同程度的出血变化,以淋巴结、肾脏、膀胱、脾脏、喉头、胃和大肠黏膜出血最为常见。全身淋巴结充血或出血,外表呈紫褐色,切面为大理石样,该病变具有诊断意义,肾脏表面及膀胱黏膜有数量不等针尖状出血点,脾脏一般不肿胀,边缘常出现出血性梗死灶。但以上典型病变在近年并不多见,目前大多数猪瘟病例主要表现为黏膜表现的针尖状出血点,多数病猪的扁桃体出现坏死,部分病猪小肠、大肠黏膜有充血和出血点,盲肠和结肠的淋巴组织坏死,并形成突出于黏膜表面的灰色纽扣状溃疡。

(3)亚急性型 明显病变主要表现在淋巴结、肾脏及胆囊等出有数量不等的出血,坏死性肠炎和肺炎的变化比较明显。

(4)慢性型 主要病变为体内部分实质性器官有少量针尖状的陈旧性出血点或出血斑,特征病变是回场和盲肠有坏死性肠炎。

(5)持续感染型 常见病变是肾脏表面有针尖状陈旧性出血点,淋巴结有少量的出血点。

5. 类症鉴别

由于目前猪瘟常以非典型形式出现,并可与其他疾病如猪繁殖与呼吸综合征、伪狂犬病、猪细小病毒感染、猪弓形体病、非洲猪瘟等混淆,同时还应注意与败血型沙门菌、猪丹毒、猪巴氏杆菌病、败血性链球菌病和黄曲霉毒素重度等鉴别,因此实验室检测是猪瘟确诊必不可少的方法。

6.实验室诊断

(1)病原学诊断　常用免疫荧光方法、免疫酶试验检测切片、组织培养物中的病毒抗原。

(2)病毒分离与鉴定　取病猪扁桃体、淋巴结、脾或肾组织,处理后接种 PK-15 细胞,接种后 48～72 h 后取出接毒后的细胞,用免疫荧光抗体或免疫酶染色法检查。

(3)血清学试验　目前常用猪瘟病毒强毒株、弱毒株和 BVDV 单抗进行血清学试验以测定不同的毒株和病毒感染,常用方法包括:单抗酶联免疫吸附试验、荧光抗体病毒中和试验、过氧化物酶联中和试验,如今已有专门的猪瘟检测试剂盒可供选用。

【防控措施】

1. 防病要点

猪瘟防治必须从传染源、传播媒介、易感动物、生态环境等多个环节着手,采取综合性的防制措施。目前世界各国养猪国家防治猪瘟的办法主要有两种,即采取扑杀或免疫接种为主的控制措施。

(1)加强猪群的科学饲养管理,增强免疫应答能力。

(2)科学免疫程序,实施强化免疫,正确使用零时免疫,任何猪场、任何时候,都不可能制定一个通用的免疫程序。对猪瘟疫苗的免疫程序要根据当时当地的流行病史、饲养管理和猪群的免疫抗体水平等因素综合考虑。

(3)强化监测制度,淘汰阳性猪,净化猪群。综合防治的关键技术是净化措施,采取以狠抓种猪群净化,培育健康种群为主的综合防控措施,定期检查种猪,及时发现并立即扑杀阳性猪,加强免疫监测,建立新的无带毒健康种猪群,繁衍健康后代。

(4)自繁自养,全进全出。

(5)坚决贯彻执行《中华人民共和国动物防疫法》及相关法规。

2. 治疗

目前世界各国养猪国家防治猪瘟的办法主要有两种,即采取扑杀或免疫接种为主的控制措施。如果某一猪场一旦确诊为猪瘟感染时,应迅速对猪群进行检查,隔离和扑杀病猪,扑杀和死亡的猪只应经高温、焚烧、深埋等严格措施销毁,严禁随处乱扔;全程进行紧急消毒处理,加强工作人员的管理和消毒,禁止场内物品、用具的混用和人员的随意流动,并加强定期消毒措施的落实。同时对全场猪只进行 2～4 头份猪瘟疫苗紧急接种。随后可根据需要实施定期检疫、淘汰带毒猪的净化措施。

3. 小结

针对我国当前猪瘟的流行与发病现状以及养猪业规模化的特点,在我国消灭和控制猪瘟不可能实行全部扑杀,只能采用逐步净化措施。结合国情,开展一系列的猪瘟综合防治技术研究和应用,在我国建立一整套切实可行的消除根源、净化猪场、控制 CSFV 的综合防治措施和防治模式迫在眉睫。

❓ 思考题

如果某一猪场猪瘟疫情暴发,该采取哪些措施?

第二节　非洲猪瘟

非洲猪瘟（African swine fever，ASF）又称非洲猪瘟疫，或疣猪疫，是由非洲猪瘟病毒（*African swine fever virus*，ASFV）感染引起的一种严重危害猪及野猪的动物传染病，其病程短，死亡率高达100%。该病属于世界动物卫生组织（OIE）要求法定报告的动物疫病，在我国动物病原微生物名录中列为一类动物疫病。目前，全球已有49个国家报道曾经发生或仍有非洲猪瘟流行，主要集中在非洲、欧洲、美洲和欧亚接壤地区。

非洲猪瘟于1921年在肯尼亚首次发现，在自然条件下仅感染猪。急性型的症状和损害最具有特征，如高温、高病死率，广泛出血、肺水肿、淋巴组织的广泛死亡等。

最近10年来，非洲国家依然有疫情报道，非洲猪瘟一旦出现很难根除，并且如果控制不佳，疫情可能会不断扩散。以目前的情形来看，非洲猪瘟疫情有向亚洲蔓延的趋势。2007年以来，在亚接壤地区频频暴发非洲猪瘟。

【病原】　非洲猪瘟过去曾被划归为彩虹病毒科，但由于其DNA结构及其复制方式与痘毒病相似，而不同于彩虹病毒将其单列为非洲猪瘟病毒科。非洲猪瘟病毒在病毒分类中的地位为双链DNA病毒目（dsDNA）、非洲猪瘟病毒科（*Asfarviridae*）、非洲猪瘟病毒属（*Asfivirus*）。

ASFV病毒颗粒有囊膜，直径175～215 nm，核衣壳20面体对称，直径180 nm。基因组由单分子线状双股DNA组成，大小170～190 kb，编码约200种蛋白。病毒粒子主要由5个多肽组成，其中2个为糖蛋白多肽。空衣壳含有2个多肽，分别为vp72（MW76 000）和vp73（MW50 000），膜由vp1（MW125 000）和vp4（MW44 000）组成，vp5（MW39 000）可能与病毒的DNA有关。

非洲猪瘟病毒的抗原性与毒株的感染力有关。强毒株感染的猪，其脏器和淋巴结中的抗原浓度较高。而用弱毒株或无毒株接种的猪体内未检测出抗原性。目前发现非洲猪瘟病毒至少有8个血清型。琼脂扩散试验和红细胞吸附抑制试验证实病毒有一定的株特异性；补体结合实验呈群特异性。

【流行病学】　病猪、康复猪和隐形感染猪为主要传染源。病猪在发病前1～2天就可排毒，尤其从鼻咽部排毒。隐形带毒猪、康复猪可终生带毒，病毒分布于急性型病猪的各种组织、体液、分泌物和排泄物中。

目前已知的传播媒介主要是蜱，蜱叮咬感染的野猪后，在蜱的体内长期存在，同时ASFV可以在蜱之间通过交配传播，使得蜱的群落长期携带病毒。蜱叮咬家猪时，使得病毒又传播到了家猪体内。除此之外，在没有蜱的参与下，非洲猪瘟病毒也可以在家猪之间循环，主要是因为病死猪和隐形带毒猪都可以将病毒传染健康猪。有些患慢性病的带毒猪不仅终身带毒，还可通过其排泄物散播病毒。不仅如此，被ASFV污染了的猪肉制品也同样会传播病毒。

ASFV的传播途径主要是通过接触或采食受ASFV污染的物品而经口传染或通过昆虫吸血而传染。短距离内可经空气传播，污染的饲料、泔水、剩菜及肉屑、栏舍、车辆、器具和衣物等均可间接传播该病。

ASFV直接感染猪接触后的潜伏期为5～19天，暴露于带毒蜱后一般潜伏期不超过5天，5～7天即出现典型症状。

【致病机理】　非洲猪瘟病毒通常经由口鼻途径传递,蜱的叮咬、皮肤擦伤、肌肉、静脉、皮下和腹腔注射均可引起感染。扁桃体和颌下淋巴结的单核细胞核巨噬细胞首先被感染,随后通过该区的淋巴结和血液而到达靶器官(淋巴结、骨髓、脾、肺、肝和肾),病毒主要在那里进一步增殖。感染后6～8天形成病毒血症,并维持很长一段时间。

病毒能与红细胞和血小板的细胞膜结合,在感染猪内导致血吸附(HA)。急性病猪的出血现象是由疾病后期内皮细胞内病毒增殖而恶化了吞噬作用的活化。在亚急性病猪中出血主要由于血管渗透性的增强。急性型中淋巴减少主要与淋巴器官T区淋巴细胞的凋亡有关,但没有发现病毒在T或B细胞中增殖的迹象。在急性和亚急性型后期,肺血管内巨噬细胞激活而引起肺泡水肿,这是死亡的主要原因。

【临床症状】

1.最急性

感染猪无临床症状突然死亡。有些病例,死前可见斜卧、高热,腹部和末梢部位暗红,扎堆,呼吸急促。

2.急性

病猪体温升高至42℃,精神沉郁,厌食,耳、四肢、腹部皮肤有出血点,可视黏膜潮红、发绀。眼、鼻有黏液脓性分泌物,呕吐,便秘,粪便表面有血液和黏液覆盖,或腹泻,粪便带血。共济失调或步态僵直,呼吸困难,病程延长则出现神经症状,妊娠母猪在妊娠的任何阶段均可流产。病死率高达100%。病程1～7天。

3.亚急性

临床症状同急性型,但症状较轻,病死率较低,持续时间较长,体温波动无规律,常大于40.5℃。呼吸窘迫,湿咳。通常继发细菌感染关节疼痛、肿胀。病程持续数周至数月,有的病例康复或转为慢性病例。小猪病死率相对较高。

4.慢性

波状热,呼吸困难,湿咳。消瘦或发育迟缓,体弱,毛色暗淡。关节肿胀,皮肤溃疡。易继发细菌感染,通常可存活数月,但很难康复。急性ASFV感染猪康复后,一般不再表现症状。亚急性和慢性型ASF通常在欧洲和加勒比海地区发生,很少在非洲地区流行。

【病理变化】

1.最急性型

肉眼病变不明显,部分病例体液蓄积,急性死亡。

2.急性型

浆膜表面充血、出血,肾、肺脏表面有出血点,心内膜、心外膜大量出血点,胃、肠道黏膜弥漫性出血。脾脏肿大,变软,呈黑色,表面有出血点,边缘钝圆,有时出现边缘梗死。胆囊、膀胱出血。肺脏肿大,切面流出泡沫性液体,气管内有血性泡沫样黏液。颌下淋巴结、腹腔淋巴结肿大,严重出血。有些病例,胸腔、腹腔蓄积血色液体。

3.亚急性和慢急性

主要病变是消瘦、间质性肺炎、淋巴结肿大,后期肺部和淋巴结硬化,肺浆膜面和心外膜有大量纤维素沉着等。

【诊断】　在我国,非洲猪瘟属于一类动物疫病、外来动物疫病。该病可以通过接触和吸血昆虫传播,不仅引起大量猪死亡,而且可以导致贸易受阻,对养猪业危害巨大。因此,我国要求对非洲猪瘟的诊断、报告与防控必须遵循《非洲猪瘟防止技术规范》和《非洲猪瘟防控应急预案》的管理要求。疑似样品的采集、运送与储存要求满足国务院《病原微生物实验室生物安全管理条例》等法律法规的规定,样品的采集单位、运送单位和病料样品存数单位均要具备相应的资格。

因为该病的症状和病变与猪的其他出血性疾病,特别是经典型猪瘟很难区分,而且没有疫苗可以使用,所以快速而准确的实验室诊断就显得尤其重要。目前检查 ASFV 及其抗体已建立很多血清学方法以及电镜方法和 DNA 杂交方法。但目前最常用的方法仍是直接免疫荧光试验(DIF)、ELISA、血吸附试验(HA)。DIF 用于检查脾、淋巴结等组织的压片和冰冻切片中的 ASFV 抗原,具有快速、经济和对急性 ASF 的敏感性高等优点,但对亚急性或慢性型 ASF 的敏感性仅 40%,因为部分病毒与抗体形成复合物,不能与荧光抗体反应。HA 的原理是 ASFV 具有血吸附的特性,感染的巨噬细胞带有 ASFV,红细胞吸附其上,在细胞病变产生之前即可形成特征性花环。虽然 HA 是检测 ASFV 最敏感的试验,但有一小部分野毒株无 HA 现象,需用 DIF 鉴定。ASFV 抗体检测有特别重要意义,因为它不存在疫苗抗体,同时其 IgG 抗体在体内持续很长时间,特别适用于在消灭该病规划的实施过程中检出亚急性和慢性病例。检测抗体的主要方法有 ELISA、免疫印迹(IB)和间接免疫荧光试验(IIF)。

【防制】

非洲猪瘟于 1921 年最早在非洲肯尼亚出现,到 20 世纪中期在西班牙暴发该病,之后开始传播到了更多的非洲国家以及美洲的一些国家。2007 年,格鲁吉亚也暴发了该病。随后在高加索地区的阿塞拜疆以及俄罗斯地区都出现了大面积非洲猪瘟流行。非洲猪瘟的蔓延趋势已经逐渐形成并且日益严重。

目前尚无有效的疫苗可供应用。灭活苗对猪没有任何保护力。减毒疫苗可以保护部分对猪对同源毒株的攻击,但这些猪成为带毒猪或产生慢性损害。西班牙和葡萄牙的成功经验证实,在扑灭方案中,疫苗不是主要的,在流行地区疫苗的作用也很有限。特异性抗体似乎不能中和病毒。核苷酸全序列分析研究有可能找到与保护性免疫有关的某些基因。

虽然我国到目前为止尚未出现过非洲猪瘟的病例,但是作为与俄罗斯接壤的邻国,仍然受到了非洲猪瘟传入的威胁。在对非洲猪瘟这样的外来疾病防控方面,首先要制定科学的检测方法和检疫制度,对于任何进口食品和生物制品都进行严格检查;其次要建立起完善的突发应急方案,对于突发的情况能及时掌握并且快速制定相关方针,开辟不同地区之间相关信息的交流通道;最后要加强国际联系与交流,密切关注国际动物疫情情况,对非洲猪瘟的传入风险进行评估,及时调整战略和政策。

第三节　猪伪狂犬病

伪狂犬病(pseudorabies, PR 或 aujeszky's disease, AD)是一种由伪狂犬病毒(*Pseudorabies virus*,PRV)感染引起的多种家畜和野生动物共患的急性、热性传染病,除猪以外的其他动物均呈致死性感染。1813 年,美国的某牛场病牛出现极度瘙痒症状,被称为"疯痒症",是最早报道的与该病近似的疾病。1902 年,匈牙利学者 Aujeszky 首先报道了伪狂犬病,并排除了细菌感染的可能。1936年,Elford等利用超速离心的方法证明该病病原是一个100～150 nm大小的病毒。

猪是PRV唯一的自然宿主,仔猪感染后往往发展为神经系统疾病(如呕吐,颤抖,共济失调,瘫痪和抽搐),并可能死于严重的脑脊髓炎;成年猪主要出现发热和呼吸道症状(打喷嚏和肺炎);怀孕母猪感染后可导致流产或产死胎,且任何年龄的猪在耐过急性感染后均能形成潜伏感染。因此,该病给全球养猪业带来严重危害并造成巨大的经济损失,提高了各国兽医研究者对该病的高度重视。在世界动物卫生组织2009年发布的陆生动物诊断试验和疫苗手册中,伪狂犬病被视为对养猪业影响最大的疾病之一,我国将其列为二类动物疫病。

【病原】　猪伪狂犬病病毒的分类学命名为猪疱疹病毒Ⅰ型(*Suid Herpesvirus 1*,SHV-1),属于疱疹病毒科(*Herpesviridae family*)α-疱疹病毒亚科(*Alphaherpesvirinae subfamily*)的成员之一。

PRV的病毒粒子呈球形,成熟的病毒粒子大小为150～180 nm,有囊膜,且囊膜表面有8～10 nm呈放射状排列的纤突。一个成熟的病毒粒子主要包括四个亚病毒结构组分:核芯中的双链DNA基因组,包裹在外的二十面体衣壳,衣壳外围是被称为囊膜的脂质双层,其中包含病毒编码的糖基化和非糖基化蛋白,以及衣壳和囊膜之间的呈无定形物质状态的被膜蛋白,它是病毒粒子最为复杂的结构。

PRV基因组为双股线形DNA,长约143 kb,平均G+C含量高达73%以上,至少包含70个基因,编码约100种蛋白,成熟的病毒粒子约含有50种蛋白。PRV基因组由独特长区(UL)和独特短区(US)及位于US两侧的末端重复序列(TRS)与内部重复序列(IRS)所组成。由于在US两端的重复序列可以发生重组,US区方向与UL区方向可以一致也可以相反,因此PRV基因组存在两种不同的异构体。UL区基因编码的重要蛋白有gB、gC、gH、gK、gL、gM、gN、胸苷激酶(thymidine kinase,TK)、碱性核酸酶(alkaline nuclease,AN)、DNA结合蛋白(DNA binding protein,DBP)、主要衣壳蛋白(major capside proteion,MCP)等;US区基因编码的重要蛋白有蛋白激酶(protein kinase,PK)、gG、gD、gI、gE以及11 ku和28 ku蛋白。根据PRV感染细胞后DNA转录、表达时间的先后可将PRV基因分为立即早期基因(immediate early gene,IE)、早期基因(early gene)和晚期基因(late gene)。PRV只有一种立即早期基因即IE180,由于PRV基因组采用级联式转录方式,即立即早期基因的表达启动后续早期基因和晚期基因的表达,所以IE180在PRV复制增殖中具有决定性作用。

PRV只有一种血清型,世界各地分离的毒株呈现一致性的血清学反应,但毒力却有一定差异。

PRV具有广泛嗜性,可在很多种动物细胞中生长繁殖,如在猪肾细胞、兔肾细胞、牛睾丸细胞、鸡胚成纤维等原代细胞以及PK-15,Vero,BHK-21等传代细胞中都能很好地增殖,细胞被该病毒感染后可产生明显的细胞病变,最初散在分布,而后逐步扩大,最后细胞全部溶解脱落,同时会有大量多核巨细胞出现。利用苏木素-伊红对病变细胞染色后,可见典型的核内嗜酸性包涵体。该病毒通过绒毛尿囊膜接种鸡胚可在其表面形成隆起的痘斑样病变或溃疡,并可造成鸡胚死亡;通过尿囊腔和卵黄囊接种也可引起鸡胚死亡。

PRV对外界环境的抵抗力较强,如44℃经过5 h不能将其完全灭活,但55℃ 50 min、80℃ 3 min或100℃瞬间即可将病毒杀灭。在污染的猪舍中可以存活1个月以上,在肉中可存活5周以上。在低温潮湿环境,pH 6～8时病毒最为稳定;而在4～37℃,pH 4.3～9.7的环境中

1～7天便可失活;在干燥条件下,特别是有阳光直射,病毒很快失活。但该病毒由于具有囊膜,对各种化学消毒剂敏感。

【流行病学】 由于控制力度的加大和根除计划(在大规模接种 gE 缺失疫苗以区分野毒感染与疫苗接种的基础上扑杀野毒感染的猪只)的实施,使得欧洲许多国家得以在家养猪中根除此病,这些国家包括奥地利、丹麦、芬兰、德国、荷兰、瑞典、瑞士、挪威等。近年来,加拿大、新西兰和美国也已报道在家养猪中消除此病。在这些已根除伪狂犬病的国家,疫苗接种是被禁止的。但在根除计划成功后仍有猪伪狂犬病暴发,起初是因为在根除计划末期疫苗使用的减少,没有疫苗的保护使得野生型毒株可在没有预防接种的猪只中传播,几年后,这种情况不再发生。然而近些年来又再次暴发了伪狂犬病,有分析表明可能是因为接触了感染的野猪。近年来,欧洲国家血清学调查和监测力度的增加也反映出 PRV 感染的自然病例在增多,据报道其感染率在 2.4%～56.25%不等。

自 1947 年我国学者刘永纯首次报道了猫的伪狂犬病,其后陆续报道了猪、牛、羊、貂、狐等感染伪狂犬病例,而后多个 PRV 经典野毒株被分离鉴定,如闽 A 株(Fa)、陕 A 株、京 A 株、鄂 A 株(Ea)、鲁 A 株(LA)等。目前,我国对该病的防控主要还是采用免疫接种 gE 基因缺失疫苗结合 gE-ELISA 检测方法,但伪狂犬病在我国仍常有发生。

PRV 是动物感染种类较多和致病性较强的病毒之一,该病毒宿主范围广泛。在自然状态下,以家畜为代表的猪、山羊、绵羊、牛、猫、犬,以经济动物为代表的狐、水貂、雪貂及以野生动物为代表的野猪、鹿、熊、野鼠、豺均可被伪狂犬病毒感染。猪是 PRV 的主要储存宿主和传染源,也是伪狂犬病的重点防治对象。

各种年龄猪均易感,幼龄猪可以自然排毒、散毒,耐过后呈隐性感染的成年猪及种猪,是该病的主要传染源。猪场中的猫和鼠类,也是 PRV 的自然宿主,容易成为该病的传染源。该病感染途径主要包括呼吸道、消化道、泌尿生殖道、皮肤黏膜创伤和眼结膜等。病毒可直接接触传播,亦可间接接触传播。如被病毒污染过的工作人员、饲料、器材器具、病猪分泌物、公猪精液等,吸血昆虫也是可能的传播媒介之一。PRV 可突破胎盘屏障,通过带毒母猪垂直传播给胎儿,引起流产和死胎。PRV 还可通过乳汁传播,泌乳母猪感染后 1 周左右乳中即有病毒出现,哺乳小猪可因食入母猪乳汁而感染。

PRV 在适宜环境下可在干草、木屑及食物中生存至 46 天,故环境污染可促其感染。伪狂犬病野毒感染率无明显季节性,寒冷的冬、春季节是伪狂犬病流行的多发季节,低温有利于病毒在环境中存活,增加感染宿主的概率。

【致病机制】 依据病毒毒株、猪的年龄、感染剂量和感染途径不同而异。猪的年龄越大,抵抗力越强;对成年猪,低毒力毒株感染后病毒复制可能仅仅局限在感染局部,而不表现临床症状。自然条件下,较低的感染剂量即可使猪出现血清转阳或使其成为无症状潜伏感染者。通过口腔、鼻腔、胃内、气管、结膜内、子宫、睾丸、肌肉、静脉和脑内接种途径均可建立人工感染,但经鼻内接种感染后所表现的临床症状与病理变化与自然病例更接近。

PRV 经呼吸道或消化道侵入猪体后,首先在口腔、鼻腔黏膜完成第一轮复制(也可直接进入鼻咽部感觉神经末梢并在其中复制),构成原发感染灶。第一轮复制完成后,病毒数量急剧增加,经嗅神经、三叉神经和吞咽神经的神经鞘快速到达(最快于 24 h 之内)中枢神经脊髓和脑,并通过血液循环到达身体各个部位。但在血液中呈间歇性出现,滴度较低。病毒侵入细胞的过程,包括吸附宿主细胞,与宿主细胞浆膜融合,核衣壳直接进入胞浆等几个步骤。首先,依靠 gC、gD、gE 等蛋白的帮助,病毒吸附在目的细胞上。这一过程中,病毒侵入中央神经系统的二、三级神经元,必须依靠 gE 蛋白的协助。缺失 gE 的 PRV 虽可通过嗅神经和三叉神经的传递引起周围组织和一级神经元感染,但不能引起中央神经系统的二、三级神经元感染。之后,在 gB、gD、gH 以及 gL 的参与下,病毒与细胞浆膜融合。在此阶段,缺少 gB、gD、gH、gL 中的任何一种蛋白的病毒粒子,都无法有效侵入宿主细胞。病毒囊膜与细胞胞浆膜融合之后,核衣壳开始释放,并快速(通常在 5 分钟内)沿微管转移至细胞核膜上临近核孔的位置,核衣壳的一个顶点正对核孔,将病毒 DNA 注入细胞核内。

【临床症状】 潜伏期长短不一,最短 36 h,一般为 3～6 天,个别长达 10 天。动物种类、年龄和毒株毒力决定着伪狂犬病的临床症状的不同。新生仔猪及 15 日龄以内的仔猪常表现为最急性型。病程一般在 72 h 以内,死亡率 100%。主要表现为仔猪突然发病,体温升至 41℃ 以上,不食,期间偶尔出现呕吐和腹泻,精神高度沉郁,共济失调,癫痫样抽搐,角弓反张等神经症状,最终昏迷死亡。断奶猪也能引起死亡,但主要表现为咳嗽、流鼻液、打喷嚏、强直、阵发性痉挛、后肢运动失调、划船运动、头部紧张等神经症状,死亡率常低于 5%。育肥猪则大多数伴有高热、厌食和呼吸困难,偶有神经症状,一般不发生死亡。成年猪一般无明显临床症状或表现为轻微临床症状,体温略有升高,一般不发生死亡,耐过后呈长期潜伏感染、带毒或排毒状态。怀孕母猪常发生流产、死胎或木乃伊胎,且以产死胎为主。公猪睾丸肿胀,萎缩,严重者丧失种用价值。种猪不孕,感染公猪、母猪不育不孕是伪狂犬病另一发病特点。

牛、羊和兔对该病都特别敏感,感染后病死率高、病程短,症状比较特殊,主要表现为体表皮肤奇痒,可发生于体表任何部位。患病动物不停舔患部,或用力摩擦,使局部皮肤发红、擦伤。后期体温升高、出现神经症状,表现为狂躁、咽喉麻痹、呼吸困难、磨牙、吼叫、痉挛,不久会死亡,病程 1～2 天。个别病例发病后无奇痒症状,数小时内死亡。

【病理变化】

1. 猪

以哺乳期和保育期发病小猪较为明显,可见脑膜充血水肿、脑脊液明显增多,鼻黏膜和咽部广泛充血,肺水肿、出血和小叶性肺炎,肺部有明显的出血坏死灶。其他年龄阶段的猪感染,一般无特征性病变,但经常可见浆液性到纤维性坏死性鼻炎、坏死性扁桃体炎及口腔和上呼吸道局部淋巴结肿胀或出血。成年猪偶见坏死性肠炎,母猪轻微子宫内膜炎和坏死性胎盘炎,公猪偶发阴囊炎。

2. 其他动物

主要是体表皮肤局部擦伤、撕裂、皮下水肿,肺充血、水肿,心外膜出血,心包积水。

【诊断】 伪狂犬病通常需要结合病史、临床症状、剖检病理变化、血清学、病毒抗原检测等作出诊断。初步诊断该病可根据典型的临床症状;对新生仔猪进行病理剖检,如眼观可看到肝、脾灶性坏死,扁桃体坏死等病理变化,可进一步确诊伪狂犬病。如果只有育肥猪或成年猪发病,伪狂犬的诊断则比较困难易与猪流感混淆。

1. 临床综合诊断

临床症状见共济失调,后肢震颤,角弓反张,发作时四肢泳动,并同时发出如老鼠叫声般的"叽叽"尖叫声;解剖可观察到橡皮样肺,部分病例肺表面有灰白色坏死灶;部分病例肝脏和脾脏浆膜表面有灰白色坏死灶,则可应考虑部分猪只存在 PRV 感染。

2.病毒分离与鉴定

采取流产胎儿、脑炎病例的鼻咽分泌物、脑、扁桃体、肺脏组织病料分离病毒。三叉神经节虽是 PRV 潜伏感染的部位,但样本中不含有病毒粒子,仅含有病毒基因组,因此不用于分离病毒的样本。病料经处理后接种易感细胞(BHK-21 细胞或 PK-15 细胞),可在接种后 24～72 h,细胞出现典型的细胞病变效应,主要表现为细胞变圆,拉网、脱落。如果第一次接种不出现细胞病变,应将其反复冻融后盲传三代,倘若仍无 CPE,则鉴定伪狂犬病毒检测阴性。无条件进行细胞培养时,用疑似 PRV 感染的病料皮下注射接种家兔,若存在 PRV,则可引起注射部位瘙痒,并于 2～5 天死亡。

3.病毒抗原检测

使用样品取决于 PCR 检测的目的,常采用鼻拭子来检测猪群是否排毒;采用肾脏、脾脏及肾脏等病变组织用于疾病诊断;对扁桃体进行活体采样检测是否带毒;采用三叉神经节检测是否处于潜伏感染状态。与传统的病毒分离相比,诊断快速且敏感性高是 PCR 诊断的主要优点。

4.血清学诊断

最广泛应用的有微量血清中和试验(SVN)、酶联免疫吸附试验(ELISA)、乳胶凝集试验(LA)、补体结合试验、间接免疫荧光(IFA)等。

由于 gE 蛋白是所有 PRV 野毒株都表达的一种蛋白,而且目前国内大部分猪场选用的伪狂犬病疫苗,都是 gE 基因缺失苗,因此,通过检测 gE 蛋白抗体,可以区分被检测个体是否存在 PRV 野毒感染。如果需要对疫苗的免疫抗体定期监测或不定期抽测,以对免疫效果作出准确评价,则需选用非 gE 蛋白血清抗体 ELISA 检测。非 gE 蛋白血清抗体 ELISA 检测不能准确区分抗体是来自于疫苗免疫还是野毒感染,生产上最好与 gE 蛋白血清抗体 ELISE 检测结合使用。如果猪群 gE 蛋白血清抗体阳性率较低(甚至为零),且非 gE 蛋白血清抗体阳性率较高,被检测个体的抗体滴度都比较高,检测值离散度小,则表明猪场受 PRV 的威胁比较小,免疫工作比较到位。

【防制】

引进动物时进行严格的检疫,防止将野毒引入健康动物群是伪狂犬病控制的一个非常重要和必要的措施。定期灭鼠,猪场内严格控制犬、猫、鸟类和其他禽类的流通严禁猪、牛和羊的混合饲养及外来人员进出猪场搞好消毒及血清学检测对该病的防制都有积极作用。

氢氧化铝甲醛灭活苗是目前我国预防牛、羊伪狂犬病的主要疫苗。目前,国内外均已研发出伪狂犬病灭活疫苗、弱毒活疫苗和基因缺失标记疫苗。猪场应从以下几个方面进行控制:预防阶段,制订和实施综合安全措施控制和净化伪狂犬病、制订合理的免疫计划;控制阶段,加强免疫、降低感染猪排毒、降低水平传播强度;净化阶段,利用鉴别诊断方法,检测并淘汰野毒感染猪,建立伪狂犬病阴性猪场。

1.阴性猪场的控制措施

(1)规范引种　严禁从伪狂犬病阳性猪场引种,并对所引猪只采血检测,确定无伪狂犬病毒阳性后方可进行引种。种猪引入后需隔离饲养观察至少 6 周方能并入猪群。同时,为避免因引种带入其他外来病原的风险,应采取自繁自养的方式。

(2)实行封闭式管理　外出归场的工作人员,尤其是生产区的饲养人员和技术人员,需在办公区隔离两天。原则上严禁外来参观人员进入生产区,倘若必须,隔离 2 天后再须沐浴更衣才能进入生产区。

（3）定期灭鼠 采用化学药物和物理机械方案捕杀猪场内部的鼠类，并作杀灭效果评估。

（4）保护易感猪群 根据猪场前期工作基础和累计的经验，选择适合自己猪场的伪狂犬病gE基因缺失疫苗。现有疫苗在伪狂犬病净化中仍然发挥主导作用，即使在新发伪狂犬病的猪场，通过紧急接种，仍可迅速控制该病。

2. 阳性猪场的控制策略

（1）隔离消毒与治疗 首先把出现临床症状的病猪及时隔离，淘汰哺乳仔猪，严格消毒被其污染的栏舍，防止病原扩散。哺乳小猪发病严重，死亡率高，应予淘汰。抗生素治疗无济于事，有时可用排疫肽、干扰素等制剂试治。成年猪或种猪，一般都均能耐过，不需治疗。但是，由于康复耐过后病猪能长期带毒排毒，故原则上应予淘汰，不便淘汰时，需隔离并由专人饲养，加强消毒以防止病原扩散。

（2）改善饲养管理 饲养方面，根据各个生产阶段猪群特征，提供优质饲料，保障营养供给，实施全群对全群实施优饲，为各个生产阶段的猪群提供优质、合理和充足的营养物质，满足机体营需求；生产管理上方面，应实行早期断奶，隔离饲养和全进全出的管理方法，减少各种应激，营造为猪群营造舒适的生活环境，减少环境应激。总之，通过改善饲养管理提高猪群整体健康状况，增强机体抗病能力免疫力以达到防病的目的。

（3）紧急免疫接种 进行疫苗免疫接种是控制传染性疾病疫情乃至净化该病的重要有效措施。疫情发生后，给猪群紧急接种疫苗可预防由该病导致的流产死胎和仔猪死亡，降低排毒量，和缩短排毒持续时间，对于防止疫情扩散蔓延，减少经济损失等方面具有重要意义。由于灭活疫苗不能在靶组织定植，因此难以阻止或降低潜伏感染；而活疫苗可在短期内产生保护抗体，因此对于感染率高的阳性猪场，应用活疫苗以有效阻止或降低潜伏感染。为猪群对于感染率高的阳性场的易感猪群，应用活疫苗可以提供更迅速的、更充分的保护力。因此，阳性场不宜使用灭活苗，而要及时注射基因缺失弱毒疫苗。在疫情基本平息后，按照常规免疫程序免疫进行基因缺失疫苗的常规免疫接种。每季度或半年监测一次抗体水平，进行一次疫苗抗体水平检测，补免对疫苗抗体水平低下的个体或群体，或滴度参差不齐的群体予以补针或普注，以确保猪群保持较高的理想的疫苗抗体水平，防止发病。避免该病发生，有效控制疫情。

（4）检测淘汰

①种猪群 当种猪群的伪狂犬病野毒感染抗体阳性率在10%以下时，对种猪群实行逐头采样检测。将gE抗体检测为阳性的感染猪直接淘汰；针对可疑样品可采用不同批次试剂盒再次检测。如仍为可疑，判为野毒抗体阳性直接淘汰。另外，空怀母猪、妊娠母猪和公猪gE抗体如检测为阳性应直接淘汰。

②后备猪群 对选取的后备种猪，应分别在5月龄、进入后备舍或配种前检测gE抗体，如为阴性，可做种猪使用；如为阳性，淘汰处理。

（5）清群处理 如果种猪群的伪狂犬病野毒抗体阳性率在30%以上，全部清群，重新引种；或者该猪群不能作为种猪群使用，通过加强免疫接种，作为商品猪场的繁殖猪群，最终全部淘汰该猪群。

（6）加强消毒 消毒是杀灭病原、防止疫情蔓延的有效手段。隔离病猪后，应严格消毒猪舍和周围环境，病猪舍可用2%～3%烧碱液或20%新鲜石灰乳消毒，并将消毒工作规范化、制度化；粪便、污染物和生产污水，经消毒液严格处理后才可排放；病死猪尸及流产胎儿、胎衣等，应及时收集,用密封袋装好,深埋处理,防止病原扩散。定期消毒,定时消毒,为防止病毒和细菌对药的抗性增加,更换消毒药,交替使用。

由于一般弱毒疫苗有毒力返强和基因缺失弱毒苗有重组变强的可能,因此,当阴性猪场注射疫苗时,建议使用基因缺失灭活苗,既安全,又便于鉴别野毒感染抗体和疫苗抗体;而发生疫情后,为使受威胁的易感猪群尽快得到疫苗抗体的有效保护,应选用基因缺失弱毒苗。免疫接种时,一个猪场只能使用同一种基因缺失弱毒苗,不能使用两种或多种基因缺失弱毒苗,以防发生基因重组现象。感染后的母猪能长期带毒与排毒,对其实施免疫接种能有效降低其排毒量、缩短其排毒持续时间,对控制疫情具有重要意义。

？思考题

1. 对猪伪狂犬病毒阳性和阴性猪场进行综合防制的措施有何异同?
2. 简述猪伪狂犬病毒基因缺失疫苗的特点及配套诊断方法。

案例分析

【临诊实例】

山东省诸城市某县某养殖户共有 30 头母猪,产后先后发现有 6 窝仔猪发病,主要有呕吐、发热、腹泻和神经症状等临床表现。猪产后五天左右开始出现发烧、拉稀和打喷嚏等症状,到某兽医服务站按肠炎、感冒给予治疗后无明显好转;其他日龄较大的仔猪也相继发病,近期已死亡 36 头,占所有仔猪的 60%。由于发病猪通常有呕吐、腹泻、体温升高、喜喝脏水、神经症状增多和磨牙等猪伪狂犬病的典型症状,剖检可见淋巴结肿大、出血、坏死,喉头及扁桃体坏死或溃疡,心内膜、膀胱内膜及脾脏出血、梗死,肾脏存在较多的白色坏死点。结合患猪的临床症状、细胞病变观察以及 PCR 鉴定结果,最终确诊为猪伪狂犬病。(以上案例引自王霞,2015)。

【诊断】 伪狂犬病的诊断通常根据猪群的发病史、临床症状、肉眼和显微病变、血清抗体检测以及荧光抗体组织切片中病毒抗原检测和病毒分离等方法来综合判定。当新生仔猪出现典型的症状,并且产生明显的病变如局灶性肝脾坏死和坏死性扁桃体炎时,可作出推定性诊断。对于育成猪和成年母猪,伪狂犬病的诊断比较困难。因为这一年龄阶段的猪暴发 PR 时只表现呼吸道症状而非常容易被误诊为猪流感;若个别猪感染后出现了神经症状,那么作出推定性诊断就比较容易。

1. 病因浅析

猪伪狂犬病是由伪狂犬病病毒(PRV)引起的急性传染病,主要特征是发热和脑脊髓炎,新生仔猪出现神经症状,成年猪多为隐性感染,妊娠母猪表现为流产、产死胎或木乃伊胎,尤其以产死胎较为严重。PRV 学名为猪疱疹病毒 I 型,属于疱疹病毒科 α 疱疹病毒亚科。其完整病毒粒子为圆形,有囊膜,囊膜表面有呈放射状排列的纤突。PRV 对外界环境的抵抗力较强,55℃ 50 min,80℃ 3 min 或 100℃ 瞬间才能将病毒杀灭。在低温潮湿环境下,pH 6.8 时病毒能稳定存活;在干燥条件下,特别是在阳光直射下,病毒很快失活。PRV 对乙醚、氯仿、福尔马林等各种化学消毒剂都敏感。PRV 只有一种血清型,但不同毒株在毒力和生物学特性等方面存在差异。

2. 流行特点

该病多发生于寒冷、气温多变的秋、冬、春季,有一定的季节性。哺乳仔猪出生后第 3 天发病,表现为精神沉郁、不吃乳、呕吐、腹泻、鸣叫、兴奋不安、转圈或卧地昏睡或四肢痉挛,呼吸衰竭而死亡,发病率为 100%,死亡率高达 95%;断奶前后的仔猪发病表现为呼吸困难、咳嗽、流鼻涕,有的呕吐、腹泻,部分病猪出现神经症状,发病率为 20%~40%,死亡率为 30%左右。成年猪多为隐性感染,症状轻微,有的出现呕吐、腹泻、咳嗽,多能耐过,死亡率很低。母猪表现为不育、返情率高、屡配不孕,妊娠母猪大批流产,产死胎或木乃伊胎;种猪出现与蓝耳病病毒、猪瘟病毒、流感病毒以及猪流行性腹泻病毒等病毒的混合感染,使病情复杂化,使发病率与死亡率升高,应引起重视。

3. 主要症状

猪伪狂犬的临床表现主要取决于毒株和感染量,最主要的是感染猪年龄。不同猪群感染 PRV 后的反应可能明显不同。根据临床表现病程长短及不同猪群,可将它分为 4 种类型。

(1)繁殖障碍综合型 母猪和公猪感染后除了表现呼吸症状外,主要表现妊娠母猪产死胎、木乃伊或流产,母猪长期不发情或屡配不孕等繁殖障碍。在母猪怀孕前期感染伪狂犬病病毒,胚胎会被吸收,母猪重新进入发情期。妊娠中期或后期感染 PRV 而引起的繁殖障碍一般表现为流产或产死胎,大多是按正常怀孕日期分娩,但产出外观发育正常已死亡的胎儿。接近分娩期感染的母猪,所产仔猪出生时就患有 PR,生活力弱,1~2 天死亡。感染 PRV 的母猪群,还可长期不发情,屡配不孕,假孕等,有时返情率可达 60% 以上。种公猪则出现睾丸炎、附睾炎、鞘膜炎等致使睾丸、附睾萎缩硬化,失去种用价值。

(2)仔猪脑脊髓炎—腹泻型 出生仔猪正常,从第 2~3 天开始发病,第 3~6 天是死亡高峰,死亡率近于 100%,多为整窝死亡,仔猪于 20 日龄后此型发生减少,但发病后仍有较高的致死率,此型发病突然,部分体温升高到 40.0~41.5℃,有的体温正常或略低,继而肌肉震颤,行走不稳或困难,或共济失调无目的移动,盲目行走或转圈,很快不能站立,倒地侧卧或做游泳划水状,有的仰头歪颈、抽搐、角弓反张,并间歇发作,在声光及触摸等外界刺激时,常引起抽搐发作和鸣叫。有些病猪伴发腹泻,排黄色有腥味稀粪,从而病症加剧,死亡加速。脑脊髓炎—腹泻型的患病仔猪,日龄越小,死亡率越高,病程短的仅数小时,一般病程 1~3 天死亡。

(3)呼吸道综合征型 多发生于断奶后仔猪及育成猪,少数育肥猪也有发生,有时与其他型 PR 同时发生或相继发生。患病猪食欲不振,精神沉郁,体温升高,流鼻汁、打喷嚏和咳嗽,重者呼吸困难,有时呈"犬坐姿势",出现这些症状的猪体质明显恶化,体重减轻。症状持续5~10 天,大多数退热,恢复食欲后迅速痊愈,出现神经症状的猪一般死亡,如果继发或同时发生细菌感染时死亡率增大。

(4)生长发育受阻型 发病在 15 日龄以上的仔猪,部分表现脑脊髓炎—腹泻而死;有的症状轻微或无症状,得以存活,但仔猪食欲不佳,生长缓慢;还有的并发咳嗽及慢性腹泻,抗病力下降,易感染其他疾病,而且接种猪瘟等疫苗免疫时,所产生的抗体不高。其中部分猪生长发育明显落后,形成"僵猪"被迫淘汰,还有部分同窝仔猪,虽没有明显的上述症状,采食正常,但生长速度减慢,饲料报酬显著降低。

4. 剖检病变

伪狂犬病毒感染一般无特征性病变。眼观主要见肾脏有针尖状出血点,其他肉眼病变不明显。可见不同程度的卡他性胃炎和肠炎,中枢神经系统症状明显时,脑膜明显充血,脑脊髓液量过多,肝、脾等实质脏器常见灰白色坏死病灶,肺充血、水肿和坏死点。子宫内感染后可发展为溶解坏死性胎盘炎。

组织学病变主要是中枢神经系统的弥散性非化脓性脑膜脑炎及神经节炎,有明显的血管套及弥散性局部胶质细胞坏死。在脑神经细胞内、鼻咽黏膜、脾及淋巴结的淋巴细胞内可见核内嗜酸性包涵体和出血性炎症。有时可见肝脏小叶周边出现凝固性坏死。肺泡隔核小叶质增宽,淋巴细胞、单核细胞浸润。

5.类症鉴别

根据疾病的临诊症状,结合流行病学,可做出初步诊断,确诊必须进行实验室检测。猪伪狂犬病的鉴别诊断方法是在使用基因标志疫苗的基础上应用的一类诊断方法,目前已有多种鉴别诊断试剂盒可供选用,同时要注意与猪细小病毒、流行性乙型脑炎病毒、猪繁殖与呼吸综合征病毒、猪瘟病毒、弓形虫及布鲁氏菌等感染引起的母猪繁殖障碍相区别,可选用病原学与血清学方法进行鉴别诊断。

6.实验室诊断

(1)病原分离与鉴定　病毒的分离与鉴定是诊断伪狂犬病的可靠方法。患病动物的多种病料组织如脑、心、肝、脾、肺、肾、扁桃体等均可用于病毒的分离,但以脑组织和扁桃体最为理想,另外,鼻咽分泌物也可用于病毒的分离。病料处理后可直接接种敏感细胞,如猪肾传代细胞(PK-15 和 IBRS-2)、仓鼠肾传代细胞(BHK-21)或鸡胚成纤维细胞(CEF),在接种后 24～72 h 内可出现典型的细胞病变。若初次接种无细胞病变,可盲传 3 代。不具备细胞培养条件时,可将处理的病料接种家兔或小鼠,根据家兔或小鼠的临诊表现做出判定,但小鼠不如家兔敏感。分离到病毒后再用标准阳性血清做中和试验以确诊该病。

(2)组织切片荧光抗体检测　取患病动物的病料如脑或扁桃体的压片或冰冻切片,用直接免疫荧光检查。其优点是快速,在几小时内即可获得可靠结果,对于新生仔猪,其敏感性与病毒分离相当,但对于育肥猪与成年猪,该法则不如病毒分离敏感。

(3)PCR 检测　利用 PCR 可从患病动物的分泌物如鼻咽拭子或组织病料中扩增猪伪狂犬病病毒的基因,从而对患病动物进行确诊。PCR 与病毒分离鉴定相比,具有快速、敏感、特异性强等优点,能同时检测大批量的样品,并且能进行活体检测,适合于临床诊断。

(4)血清学诊断　多种血清学方法可用于伪狂犬病的诊断,应用最广泛的有中和试验、酶联免疫吸附试验、乳胶凝集试验、补体结合试验及间接免疫荧光等。其中血清中和试验的特异性、敏感性都是最好的,并且被世界动物卫生组织(OIE)列为法定的诊断方法。但由于中和试验的技术条件要求高、时间长,所以主要是用于实验室研究。酶联免疫吸附试验同样具有特异性强、敏感性高的特点,3～4 h 内可得出试验结果,并可同时检测大批量样品,广泛用于伪狂犬病的临诊诊断。近几年来,乳胶凝集试验以其独特的优点也在临诊上广泛应用,操作极其简便,几分钟之内便可得出试验结果。

【防控措施】

1.防病要点

(1)坚持自繁自养,该法是猪场控制伪狂犬病在内各种传染病的最有效措施。如果要引进新猪(包括精液)必须来自阴性猪场,禁止从疫区引种,引进种猪要严格隔离,并进行种猪检疫和做好各种隔离、消毒工作,在引进前或引进后两周采血,做血清学检查,经检疫无该病病原才能转入生产群使用。

(2)做好免疫接种,积极开展免疫接种是防治猪伪狂犬病的有效措施,不同情况应分别对待。根据流行病学调查结果结合猪场自身的环境,合理制定猪场的免疫程序。

(3)强化饲养管理,猪场感染伪狂犬病后要控制、清除的难度非常大。只有在做好免疫接种的基础上,结合完善的生产、防疫管理,才可大大减少伪狂犬病的扩散蔓延。坚持猪群的消毒工作,发现有可疑的猪只应及时隔离,消毒猪舍和周围环境;发病猪舍用2%～3%烧碱液与20%石灰水混合消毒,粪便、污水用消毒液严格处理后才可排放,限制病原扩散,并对全场猪群尤其是仔猪实施紧急预防接种措施。同时注意清除各种传染源和传播媒介,包括栏舍消毒,人员车辆进出消毒和杀虫灭蝇灭鼠等。其中灭鼠问题是猪场控制伪狂犬病过程中绝不可忽视的工作,因为鼠类是病毒的主要带毒者与传染媒介,猪可能由于采食被老鼠污染的饲料而感染。

(4)可进行适当的保健预防。

2.治疗

该病没有有效的治疗措施,前期以预防为主。如果发病可以使用猪血清抗体进行治疗。

3.小结

由于该病目前没有有效的治疗药物,因此实际生产中应以预防为主,根据猪场自身特点及当地流行病学情况制定合理的免疫程序,同时通过加强饲养管理,提高猪群的自身抵抗力。对猪群进行定期检疫,及时处理、隔离阳性带毒猪只,同时应注意日常消毒以及传播媒介的清除,以预防疾病的发生。

思考题

哪些病原可以引起猪的繁殖障碍? 怎样鉴别区分?

第四节　猪细小病毒病

猪细小病毒病是由猪细小病毒(*Porcine parvovirus*,PPV)感染引起的以母猪繁殖障碍为主要特征的病毒性传染病,主要表现为受感染母猪,特别是初产母猪及血清学阴性的经产母猪发生流产、产死胎、畸形胎、木乃伊胎、弱仔及屡配不孕等;仔猪感染可表现为非化脓性心肌炎、皮炎及消瘦性综合征;其他年龄的猪感染后一般不表现明显临诊症状。

PPV 是 Mary 和 Mahnel 于 1966 年进行猪瘟病毒组织培养时发现的一种自我复制的细小病毒;Cartwright 等 1967 年从病料中分离出 PPV 并首次证明了它的致病作用。自 20 世纪 60 年代中期以来,欧洲、美洲、亚洲等很多国家相继分离到该病毒或检测出其抗体,我国先后在北京、上海、吉林、黑龙江、四川、浙江等地分离到了多株 PPV。随着养猪业的发展、大型集约化猪场的相继出现使得 PPV 感染呈扩大趋势,给养猪业造成了巨大的经济损失,引起国内外科研工作者的广泛重视。

【病原】　PPV 属于细小病毒科(*Parvovirdae*)细小病毒亚科(*Parvoridae*)细小病毒属(*Parvovirus*)。PPV 外观呈六角形或圆形,无囊膜,直径 20～23 nm,二十面体等轴对称,有

2~3个衣壳蛋白,32个壳粒。病毒基因为单股DNA,长约5 000 bp,成熟的病毒粒子仅含有负链DNA基因组。PPV基因编码三种结构蛋白VP1、VP2、VP3,三者均能使家兔产生血凝抑制抗体和中和抗体,它们具有平行关系;诱导抗体的能力以VP3最强,VP1和VP2此致;VP2是构成衣壳蛋白的主要成分。PPV基因编码的三种非结构蛋白为NS1、NS2和NS3,其中NS1蛋白具有调节PPV DNA复制的作用,NS2和NS3的功能目前尚不清楚。美国学者Moltor等研究表明,PPV病毒粒子分为"实心"(full)和"空心"(empty)两种,二者在氯化铯中的浮密度分别为1.39 g/mL和1.30 g/mL,都具有PPV血凝活性,但空心粒子不具有感染性。按照致病性与组织嗜性,PPV大致可分为4个类型:第一类以NADL-2株为代表的弱毒株,口服接种不能穿过胎盘屏障,不能形成病毒血症,可以用作弱毒疫苗来防止PPV感染;第二类是以NADL-8株为代表的强毒株,口服接种能够穿过胎盘屏障,造成胎儿感染,形成病毒血症;第三类是以Kresse株为代表的皮炎型强毒株,有报道称其毒力比NADL-8株还要强;第四类为肠炎型毒株,主要引起肠道病变。虽然自然界中存在不同的病毒株,但是目前认为PPV只有一个血清型。

与大多数细小病毒一样,PPV在处于分裂期的细胞中才能增殖,因为此时细胞正处于细胞周期的DNA合成期,为PPV提供了复制所需的细胞源DNA合成酶。PPV在几乎所有猪原代细胞(猪肾细胞,猪睾丸细胞),传代细胞(PK-15、CPK、IBBS-2、MVPK及ST等细胞),甚至牛肾原代细胞以及人的某些传代细胞(Hela、KB、Hep-2等细胞)上都能生长繁殖,多数细胞在处于旺盛的有丝分裂期进行病毒接种最好,如细胞周期S期的晚期和G2期的早期进行接毒,这时细胞DNA多聚酶有利于病毒复制。新生仔猪原代细胞最适宜PPV增殖,培养时需要加入去除生长因子的血清。美国ATCC(American Type Culture Collection)对收藏的NADL-2株培养接毒的要求是:最好在刚分细胞时或细胞未长成单层就接毒,这时PPV在原代细胞上出现细胞病变(cytopathic effect,CPE)效果最好。PPV在传代细胞上引起的CPE主要表现为细胞圆缩、溶解以及在感染细胞的核内出现包涵体。用免疫荧光(IFA)或免疫单层酶染(IPMA)可发现细胞核内有大小不等、亮度非常强或着色极深的感染灶。Bachman等检验PPV在不同温度下的增殖情况,发现在28℃、33℃、37℃时病毒的增殖和血凝滴度没有明显差异,当降低温度时,病毒的复制很快受到抑制。

PPV能凝集豚鼠、大鼠、猪、鹅、猴、小白鼠、鸡、猫和人O型红细胞,但不能凝集牛、绵羊等其他动物的红细胞或者血凝效果不明确,对马和鸭红细胞的凝集作用不稳定。PPV凝集豚鼠红细胞的现象最明显,鸡红细胞对该病毒的敏感性有很大的个体差异。红细胞来源动物的年龄以及血清中非特异性凝集素和抑制素是否处理都是影响血凝和血凝抑制试验的主要因素。PPV的血凝活性依赖于反应温度,4℃可获得最高的血凝滴度,75℃以上加热处理后,病毒的血凝效价几乎完全消失,弱酸性至中性的介质适于病毒血凝性的保持。PPV的血凝性是完整病毒颗粒的特性,其血凝素存在于病毒蛋白衣壳内,血凝抑制(HI)和血清中和(SN)抗体来源相同。

PPV对热具有强大的抵抗力,能耐受56℃48 h或70℃2 h,但经80℃5 min感染性和血凝活性都丧失。Mayr和Bochmann等的研究表明,PPV在4℃极为稳定,对酸有较强的抵抗力,在pH 3~9之间稳定,对乙醚、氯仿等脂溶剂有抵抗力,但0.5%漂白粉或氢氧化钠5 min可杀死PPV,而2%戊二醛则需要20 min;3%甲醛需1 h,甲醛蒸汽和紫外线需要相当长的时间才能杀死PPV。病毒组织培养液在pH 9.0的甘油缓冲盐水中或在-20℃及-70℃以下保存 1 年以上其感染效价和血凝性都不减弱。

【流行病学】 猪是 PPV 的易感动物,不同年龄、性别的家猪和野猪均可感染。据报道,在牛、绵羊、猫、豚鼠、小鼠和大鼠的血清中也曾检出 PPV 特异性抗体。来自病猪场的鼠类,其抗体阳性率高于阴性猪场的鼠类。病猪和带毒猪是主要传染源,PPV 能通过胎盘传给胎儿形成垂直传播。荧光抗体检查病毒主要分布于猪体内一些增生迅速的组织,如淋巴发生中心、结肠固有层、肾间质、鼻甲骨膜等。从屠宰场怀孕母猪的子宫中取出胎儿进行 PPV 检测,发现感染 PPV 的母猪所产的死胎、活胎、仔猪及子宫内排泄物中均含有高滴度的病毒。子宫内感染的仔猪至少可带毒 9 周,有些具有免疫耐性的仔猪可能终生带毒和排毒。被感染种公猪的精细胞、精索、附睾、副性腺中均可分离出 PPV,在配种时易传给易感母猪。除经过胎盘感染和交配、人工授精感染外,公猪、育肥猪、母猪主要由被污染的食物及环境经呼吸道、消化道感染。有实验证实,污染的猪舍在病猪移出后空圈 4.5 个月,经一般方法清扫,当再放入易感猪时仍可被感染。

PPV 感染常见于初产母猪,一般呈地方流行性或散发,有时也呈现流行性。感染主要发生于春、夏季节或母猪产仔和交配后的一段时间。Fujisak 等报道,有猪细小病毒病发生的猪场能持续几年甚至十几年不断出现繁殖失败。母猪怀孕早期感染 PPV,其胚胎、胎猪死亡率可高达 80%~100%。猪在感染 PPV 1~6 天后可产生病毒血症,1~2 周后通过粪便排出造成环境污染,病毒感染后 7~9 天后可测出 HI 抗体,21 天内 HI 抗体滴度可达 1:15 000,且能持续数年。

【致病机制】 在目前已分离到的 PPV 毒株中,不同毒株的致病性不同。实验研究和流行病学调查证实,PPV 在母猪妊娠前期感染后才能引起病害,这主要是由于妊娠早期的胚胎或胎儿免疫系统发育不完善,缺乏免疫反应。PPV 感染后的复制增殖需要借助宿主细胞的蛋白质和核酸合成体系,并对宿主细胞所处的生长周期具有严格的选择性,只在 S 晚期和 G2 早期大量复制,导致细胞有丝分裂和本身生物组分的合成受到抑制,从而直接影响胎儿的发育导致该病的发生。胎儿的死亡可能是由于病毒损伤了大量的组织和器官,包括胎盘而引起的。病毒分布的一个显著特点是广泛存在于内皮心中,阻止胎儿脉管网络的进一步发育,并损伤胎儿的循环系统,出现水肿、出血和体腔内大量浆液性渗出物的积聚,显微镜下可见内皮细胞坏死。PPV 能牢固地吸附在母猪受精卵细胞透明层的外表面,对胎儿的形成构成严重威胁。

国外研究较多的是 NADL-8 和 NADL-2 毒株。对这两个毒株的比较研究证实,NADL-8 是一种强毒株,无论是口鼻接种还是肌肉注射均可引起妊娠母猪的病毒血症并通过胎盘垂直传播给胎儿,引起胎儿木乃伊化及死亡;NDAL-2 是一种细胞适应后的弱毒株,无论是口鼻接种还是肌肉注射均不能通过胎盘传播给胎儿,不过能引起妊娠母猪的病毒血症。然而,NADL-2 毒株通过子宫接种与 NADL-8 毒株一样有复制和感染能力,并可导致胎儿死亡。Moiletr 等对这一现象的解释是 NADL-8 毒株感染细胞中有干扰缺损颗粒,可干扰 NADL-2 的复制,这种干扰作用为宿主机体建立抵抗 PPV 的免疫反应提供了足够的时间,从而阻止了病毒血症的产生和继发的胎盘感染。

【临床症状】 仔猪和母猪急性感染 PPV 后通常只表现出亚临床症状,但在感染动物体内很多组织器官(尤其是淋巴组织)中均可检测出 PPV 的存在。母猪不同孕期感染 PPV 会表现出不同的临床症状,其中初产母猪感染症状更为明显。母猪怀孕 30~50 天感染 PPV 导致产木乃伊胎;怀孕 50~60 天感染时多出现死胎;怀孕 70 天感染的母猪则通常出现流产等临床症状;怀孕 70 天后,病毒可经过胎盘屏障后感染胎儿,但大多数胎儿能对病毒感染产生有效的免疫应答,胎儿会存活且无明显的临床症状,但是这些仔猪通常是病毒携带者;如果在怀孕 30 天以内胚胎受感染,造成胎儿死亡,母猪会迅速吸收胎儿以清除传染源,所以此时病毒在子宫内一般不会传播。此外,PPV 感染还可以引起母猪产仔瘦小、弱仔,发情不正常,屡配不孕以及早产或预产期推迟等临床症状,而对公猪的受精率或性欲没有明显的影响

【病理变化】　PPV 引起的眼观病理变化主要包括母猪子宫内膜有轻微的炎症,胎儿被溶解、吸收,胎盘部分钙化。感染胎儿可见充血、水肿、出血、体腔积液、脱水(木乃伊化)及坏死等病理变化。组织病理学检查可见母猪妊娠黄体萎缩,子宫上皮组织和固有层呈现局部灶性或弥散性单核细胞浸润。感染胎儿死亡后可见多种组织和器官有广泛的细胞坏死、炎症和核内包涵体,大脑呈现脑膜炎,在大脑灰质、白质及脑膜出现增生的外膜细胞、组织细胞和梁细胞形成的血管套为特征的病理变化,这也是该病的特征性病理变化。

【诊断】

1. 临床综合诊断

当母猪特别是初产母猪发生流产、死胎、胎儿发育异常等情况且没有其他明显临床症状,同时有其他的证据认为是一种传染病时,可以考虑是否由 PPV 感染引起,但最后的确诊必须依靠实验室检测。

2. 病毒分离与鉴定

通常采取可疑的流产和死产胎儿的肾、肺、肝、脑、睾丸和胎盘等作为分离病毒的病料,而被感染仔猪以肠系膜淋巴结和肝脏作为病料分离率最高。病毒分离可将病料制成(1:5)～(1:10)的悬液,离心,上清液经无菌处理后接种尚未长成单层的仔猪原代肾细胞(PPK)或 SK 细胞系培养物,最好与培养细胞同时接种。初次分离时一般不用 PK-15 细胞系,因其不如前两种细胞敏感。如果病料中的病毒浓度较高,接种后可于 24～72 h 出现细胞病变。但应注意的是大于 70 日龄的死胎、木乃伊胎和新生仔猪不易检出,因为即使这些胎儿感染了 PPV,但在它们的组织内含有特异性抗体,会干扰对病毒的分离。病毒分离成功的关键在于是否同步接种,这是因为病毒主要在有丝分裂的 S 期细胞内复制,即同步接种后的 16～48 h。也有人强调在种植细胞的 4 h 内必须将含病毒的样品加入到培养瓶中,否则病毒增殖不理想。病毒的分离鉴定结果准确可靠,可用作最后确诊,但费时费力,并需要一定的技术条件和设备。在该病流行初期,采取濒死期脑组织或发热期血液,立即进行 1～5 日龄乳鼠脑内接种或 SPF 鸡胚卵黄囊接种,可分离到病毒。分离获得病毒后,可用中和试验、间接免疫荧光试验、RT-PCR 和基因测序鉴定病毒。

3. 血清学诊断

血凝抑制试验、中和试验、酶联免疫吸附试验、凝胶扩散试验、补体结合试验、免疫荧光抗体法、乳胶凝集试验等是该病常用的实验室诊断方法。血凝-血凝抑制(HA-HI)试验检测 PPV 抗体具有操作简便,不需要特殊设备等优点,因此国内一直使用 HA-HI 来检测抗原和抗体。但该方法需要采血洗血球,必须对被检样品做繁杂的特殊处理,虽能进行快速、大量的诊断,但是其灵敏度低、特异性不强,只能作为辅助诊断方法。而免疫荧光技术具有特异、敏感、快速和检出率高等优点,但对操作条件要求较高。

4. 鉴别诊断

临床诊断中特别注意该病与猪伪狂犬病、猪乙型脑炎、猪繁殖障碍综合征和猪布鲁菌病等

的鉴别诊断。

【防制】

同其他病毒性传染病的防制一样,猪细小病毒病的防制也主要以免疫预防为主。目前用于防制猪细小病毒病的疫苗主要有弱毒活疫苗和灭活疫苗,在世界范围内广泛使用,取得了较好的效果。随着分子生物学技术的发展,PPV的新型疫苗正在研究与开发之中。如单价灭活疫苗、二联疫苗和多联疫苗、弱毒疫苗、基因工程亚单位疫苗、核酸疫苗等。

对于PPV的控制,应从未发生过PPV感染的农场和地区引进种猪,杜绝引进病猪和带毒猪,公猪精液进行检查,PPV阴性者方可使用。发病猪场,应特别防止母猪在初受孕时被感染,可考虑将其配种期延长到9月龄,此时母源抗体已消失,自动免疫力产生,能对机体提供有效的免疫保护。

案例分析

【临诊实例】

2010年4月,兴城市元台子乡某养猪户的母猪相继发生流产,畜主到卫生监督所寻求帮助。经过详细询问了解到,该养殖户饲养可繁母猪7头,其中3头相继出现难产情况,猪只生产时间过长,生出的仔猪为死胎或夹杂着木乃伊胎。2010年2月配种的2头母猪在4个月腹部出现腹围减小情况,其中1头猪在配种后又出现发情。经调查了解养殖户防疫情况,该场注射了高致病性蓝耳病、猪瘟、猪口蹄疫疫苗,没有注射猪细小病毒疫苗。经病理剖检,孕猪感染后无明显的可视症状,流产胎儿除可见不同程度的发育障碍和生长不良外,还可见水肿、充血、出血、体腔积液、脱水等病变。感染胎儿死亡后可见多种组织和器官出现范围广泛的细胞坏死、炎症和核内包涵体。在大脑灰质、白质和软脑膜有以增生的外膜细胞、组织细胞和浆细胞形成的血管套为特征的脑膜脑炎变化等特征性病变。采集病料进行实验室检查最终确诊为细小病毒感染。(以上案例引自陈敬,2012.)

【诊断】

1.病因浅析

猪细小病毒病又称猪繁殖障碍病,是由猪细小病毒(PPV)引起的一种猪的繁殖障碍病。PPV为细小病毒科细小病毒属成员。病毒对热具有较强抵抗力,56℃48 h或70℃2 h病毒的感染性和血凝性均无明显改变,但80℃5 min可使感染性和血凝活性均丧失。病毒在40℃极为稳定,对酸碱有较强的抵抗力,在pH 3.0~9.0之间稳定,能抵抗乙醚、氯仿等脂溶剂,但0.5%漂白粉、1%~1.5%氢氧化钠5 min能杀灭病毒,2%戊二醛需20 min、甲醛蒸汽和紫外线需要相当长的时间才能杀死该病毒。

2.流行特点

已知猪是唯一的易感动物,各种不同年龄、性别的家猪和野猪均易感。该病的传染源主要来自感染的母猪、带毒的公猪和持续性感染的外表健康猪,后备母猪比经产母猪易感。感染母猪所产死胎、活胎、弱仔及子宫分泌物中均含有高滴度的病毒,感染种公猪也是该病危险的传染源,其精液、精索、附睾、性腺等都含有病毒,可在配种是传给易感母猪。

该病除了胎盘感染和交配感染外,通过呼吸道和消化道感染也是非常重要的途径。目前,该病几乎存在于所有猪场中,并多见于初产母猪,经产母猪偶尔可发生,一般呈地方流行或散发,某猪场一旦传入该病则连续几年不断地出现母猪繁殖失败。

3.主要症状

该病是一种繁殖障碍病,主要表现为胎儿和胚胎的感染和死亡,而受感染母猪通常不表现临床症状。在临床上该病以受感染母猪产出死胎、畸形胎、木乃伊胎及病弱仔猪为特征。仔猪和母猪的急性感染通常都表现为亚临床形式,临床表现也主要取决于发生病毒感染母猪的妊娠时期,母猪可能再度发情,可能既不发情也不产仔,可能每胎只产出几只仔猪或产的胎儿大部分都已木乃伊化,所有这些现象都是妊娠早期胚胎死亡的结果。如果感染发生在怀孕中期或后期,可出现产木乃伊胎、死胎或流产等。

4.剖检病变

该病缺乏特异性的眼观病变,仅见母猪子宫内膜有轻微炎症,胎儿在子宫溶解、吸收,或感染胎儿出现充血、水肿、出血、体腔积液、脱水(木乃伊化)及坏死等病变。

5.类症鉴别

当猪场出现以胚胎或胎儿死亡、胎儿木乃伊化等为主的母猪繁殖障碍,而母猪自身及同一猪场内公猪无变化时,可怀疑为该病。此外,还应根据该场的流行特点、猪群的免疫接种以及主要发生于初产母猪等现象进行初步诊断,但最后确诊必须依靠实验室检验,同时要注意与流行性乙型脑炎、猪繁殖与呼吸障碍综合征、迟发性猪瘟、猪伪狂犬病、衣原体感染和猪布氏杆菌病等疾病进行鉴别诊断。

6.实验室诊断

(1)病毒分离和鉴定　可直接检测病原,其用于诊断的最大优点是结果准确可靠,可以作为最后确诊,但是检测结果常受胎儿死亡时间的影响。一般用于检测该病的病料为流产或死产胎儿的新鲜脏器(如脑、肾、肝、肺、睾丸、胎盘及肠系膜淋巴结等),其中以肠系膜淋巴结和肝脏的分离率最高。间接免疫荧光技术是鉴定猪细小病毒病抗原可靠而又敏感的诊断技术。取胎猪组织制备冰冻切片,再与标准化试剂反应,在几小时内可以完成试验。免疫荧光抗体技术具有特异、敏感、快速、检出率高的特点,是实验室进行病毒分离鉴定常用的辅助方法。

(2)血清学试验　包括血清中和试验、血凝抑制试验、酶联免疫吸附试验等。在猪细小病毒的血清学诊断方法中,血凝抑制(HI)试验是检测猪细小病毒抗体最常用的方法,一般采用试管法或微量法。该方法相对比较简单、方便,灵敏度也较高。近些年,建立了检测PPV血清抗体的乳胶凝集诊断方法,其特异性较高,具有简便、快速、经济等优点,尤其适合于临诊上的现场检测和该病的早期定性诊断。

(3)核酸探针技术　是一种分子水平的检测技术,具有快速、敏感、特异性强等特点,特别适用于疾病的早期诊断和类症鉴别诊断,是近20年来应用较多的一项诊断技术,适宜于实验室进行猪细小病毒感染的诊断。但该方法的技术含量高,只能在专业实验室应用,不适合大面积临诊诊断和现场应用。

【防控措施】

1.防病要点

该病的防制通常需要采取综合性防制措施:

(1)加强猪的科学饲养管理,增强免疫应答能力。细小病毒(PPV)对外界环境的抵抗力很强,要使一个无感染的猪场保持下去,必须采取严格的卫生措施,尽量坚持自繁自养;

（2）加强检疫措施，防止尚未感染的猪场从国外或国内其他猪场引入阳性猪只；

（3）加强种猪群，特别是后备种猪的免疫接种；

（4）根据当地流行病学的特点以及结合猪场本身的情况，制定合理的免疫程序；

（5）猪群发病后应对其排泄物、分泌物和产出的胎儿及污染的场所和环境进行合理的处理。

2. 治疗

目前并无针对该病特效的治疗方法，可对猪群进行对症治疗，实际生产中仍以预防为主。

3. 小结

由于目前无特效药对该病进行治疗，所以临床上仍要以预防为主，加强猪群的饲养管理，增强猪群整体抵抗力，制定合理的免疫程序，定期检疫，对感染猪只及相关排泄物、污染物品等进行合理的处理，同时加强对引进猪只的检疫以预防该病的发生。

❓思考题

1. 细小病毒感染主要的临床症状有哪些？

2. 如何将其与流行性乙型脑炎、伪狂犬病、猪繁殖与呼吸障碍综合征、迟发性猪瘟、衣原体感染和猪布氏杆菌病等进行鉴别？

第五节 猪繁殖与呼吸综合征

猪繁殖与呼吸综合征（porcine reproductive and respiratory syndrome，PRRS）是由猪繁殖与呼吸综合征病毒（*Porcine reproductive and respiratory syndrome virus*，PRRSV）引起的猪的繁殖障碍和呼吸系统疾病，是一种高度接触性病毒性传染病。临床上以母猪繁殖障碍和各种生长阶段猪的呼吸道疾病为主要特征。妊娠母猪的繁殖障碍表现为流产、早产和产死胎；各种生长阶段猪特别是仔猪的呼吸道症状主要表现为高热、呼吸困难等症状。该病在临床上可引发病猪耳部发绀呈蓝紫色，故俗称"蓝耳病"。

1987 年，该病首次在美国的北卡罗纳州、爱荷华等州发现，当时称为"猪神秘病"（mystery swine disease，MSD）。随后，该病在全美境内迅速蔓延。1990 年德国发生类似疾病；1991 年，欧洲其他国家相继报道。1991 年，荷兰学者 Wensvoort 等从 Lelystad 镇发生"猪神秘病"的猪体内分离得到该病的病原体，命名为 Lelystad virus（简称 LV 株）。1992 年，美国也分离到该病毒，命名为 ATCC VR-2332 株，之后 PRRSV 几乎遍及世界各地，给养猪生产带来巨大的经济损失。1993 年，亚洲地区日本首次分离出 PRRSV。1996 年，我国学者郭宝清在国内分离到第一株 PRRSV（CH-1a 株），此后短时间内便传播至全国各地。尤其是 2006 年以高热、急性死亡、高发病率和高死亡率为特征的严重型 PRRS（Atypical PRRSV）在我国暴发和流行，造成大批猪只死亡，对我国养猪业造成了前所未有的冲击。

该病刚流行时，由于病因不明，世界各个国家和地区的命名不一，直至 1992 年，国际兽疫局（OIE）统一将其命名为"猪繁殖与呼吸综合征"。目前，该命名已被广泛采用。PRRS 对养猪业危害很大，经济损失严重，OIE 将其列入 B 类传染病，我国将高致病性猪繁殖与呼吸综合征列为一类动物疫病，而将猪繁殖与呼吸综合征病（经典株）列为二类动物疫病。

【病原】 PRRSV属于套式病毒目（Nidovirales）动脉炎病毒科（Arteriviridae）动脉炎病毒属（Arterivirus）。PRRSV呈球形，有囊膜，直径45～65 nm。病毒的核衣壳直径为25～35 nm，呈二十面体对称。在蔗糖和CsCl中的浮密度分别为1.14 g/cm³和1.19 g/cm³。PRRSV无血凝性，但若经非离子去污剂和脂溶剂处理后，可凝集小鼠红细胞。

PRRSV基因组为不分节段的单股正链RNA，基因组全长15 kb，除3′和5′非翻译区（untranslated region，UTR）外，至少包含有10个开放阅读框（open reading frames，ORFs）。基于基因变异程度，PRRSV可以分为基因Ⅰ型和基因Ⅱ型，基因Ⅰ型是以LV毒株为代表的欧洲型毒株，基因Ⅱ型是以ATCC VR-2332为代表的美洲型毒株。欧洲型又可依据ORF7的长短将其分为三种亚型，即全欧洲亚型1，东欧亚型2、3，其编码核衣壳蛋白的氨基酸分别为128aa，125aa，124aa。2010年，在白俄罗斯农场中分离一种新的欧洲亚型PRRSV病毒，取名Lena，东欧3亚型PRRSV病毒Lena为高致病毒株，与欧洲1亚型LV株和北美US5毒株在基因和抗原水平上都有区别。虽然PRRSV毒株的核酸序列变异比较大，但到目前为止尚未发现PRRSV毒株有不同的血清型。

PRRSV具有较严格的宿主细胞特异性。原代猪肺巨噬细胞（primary porcine alveolar macrophages，PAM）是PRRSV的靶细胞，另外PRRSV也可以在传代细胞系CL2621、MARC-145中生长增殖。PRRSV在原代PAM上生长较快，出现典型CPE时间短，主要表现为细胞圆缩和快速崩解，但其在传代细胞系CL2621和MARC-145上生长速度较在PAM上缓慢，同样CPE出现较晚，主要表现为细胞圆缩，聚集，最后脱落。研究表明，PRRSV的复制在细胞浆内进行，感染原代PAM细胞6h后可见核衣壳从滑面内质网出芽，感染9～12 h后可释放新的病毒粒子。

PRRSV具有显著的单核/巨噬细胞嗜性。在体内，主要感染巨噬细胞，但并不是所有的巨噬细胞都可以受到感染，这与细胞的分化和发育程度紧密相关。已有研究表明原代猪肺泡巨噬细胞是PRRSV的主要靶细胞，此外，脾、扁桃体、淋巴结、肝、派伊尔结（Peyer's patches）和胸腺中的巨噬细胞也对PRRSV敏感。但腹腔巨噬细胞、新分离的血液单核细胞、骨髓中的祖细胞（progenitor cell）对PRRSV不易感。猪睾丸生殖细胞-精细胞（spermatid）和精母细胞（spermatosid）以及小胶质细胞也对PRRSV有一定的易感性。在体外，PRRSV除感染PAM外也能感染猪外周血单核细胞。

PRRSV有囊膜，外层含有脂质膜结构，因此对乙醚和氯仿等脂溶剂敏感。PRRSV对pH敏感，在pH低于6或高于8的环境中，其感染性将损失90%以上。病毒可以在低温下保存，在-70℃下保存数月或4℃保存1个月仍具有感染性，但不耐热，经56℃处理45 min或37℃处理48 h PRRSV可被完全灭活，

【流行病学】 各年龄段的猪只对PRRSV均具有易感性，但妊娠母猪和1月龄以内仔猪的症状最为明显，且发病严重，危害大。有研究表明，在实验室条件下野鸭可以感染PRRSV，并且在感染后5～24天可以通过粪便排毒，但其自身不发病，可能为该病的贮存宿主。除此之外，目前尚未发现其他动物对该病有易感性。

患病猪和带毒猪是主要的传染源。病毒可以通过鼻、眼分泌物、胎儿及子宫甚至公猪的精液排出而感染健康猪只。

PRRSV的传播途径有三种，分别为接触感染、空气传播和精液传播。将感染猪特别是隐性感染猪引入易感猪群是该病流行的重要因素。实验表明，易感猪可经口、鼻腔、肌肉、腹腔、

静脉及子宫内接种等多种途径而感染病毒。从病猪的粪便拭子、尿液及鼻腔中均能分离到病毒。据报道显示,引入感染猪后易感猪群发生 PRRS 的潜伏期为 3～37 天。1990 年德国暴发的 PRRS,可能借助空气途径传播到其他欧洲国家。欧洲的高湿、低温、低风速构成了病毒经空气传播的适宜条件。另有文献报道,某些鸟类也可以传播 PRRSV。此外,感染公猪的精液可传播 PRRSV。临床检测结果表明,精液传播病毒的持续时间较短,一般在 1 周以内。在母猪妊娠中期和晚期,病毒可以通过胎盘垂直传播胎儿,但其具体传播机制目前还不清楚,推测可能与已感染的巨噬细胞通过胎盘进入胎儿体内有关。目前,尚不清楚病毒是如何引起胎儿死亡的。

PRRSV 的感染受宿主、病毒及环境等多方面因素的影响,如毒株的致病性和毒力、猪群的抵抗力、环境及管理以及细菌和病毒的混合感染等。常与 PRRSV 混合感染的病原体包括猪呼吸道冠状病毒、猪流感病毒、沙门氏菌、猪链球菌和副猪嗜血杆菌。此外,新疫区和老疫区猪群的发病率及疫病的严重程度也有明显的差异,新疫区常呈地方性流行,而老疫区则多为散发性。

持续感染是 PRRSV 存活和在猪群中传播与扩散的重要因素。研究表明,PRRS 流行后,其病毒可在猪群中持续存在,归结其原因可分为以下三个方面:其一,PRRS 暴发数月后感染母猪至其发病,并将病毒传给其他健康猪群;其二,保育猪群的病毒血症一般持续 4 周,因此保育猪群感染后可成为 PRRSV 的贮存宿主,并将病毒传播给刚断奶的仔猪,临床调查表明,排毒的种猪和育肥猪是将病毒传播给刚断奶仔猪的一个重要因素;最后,易感初产母猪可能是病毒在猪群中持续性感染的另一个重要因素。

【致病机制】 PRRSV 感染通常引发极弱的先天性免疫应答,几乎无 IFN-α 应答,炎性细胞因子产生同样是延迟和少量的。细胞抗病毒的一个重要标志是 IFN-Ⅰ(IFN-α 和 IFN-β)的产生。PRRSV 感染后,外周血和肺中的 IFN-α 表达量较低,同时 IFN-β 的表达量被显著抑制,表明 PRRSV 感染并未诱导 IFN-α 和 IFN-β 表达的上调,从而影响机体的天然免疫防御和特异性免疫应答。PRRSV 感染抑制宿主的先天性免疫在一定程度上随着遗传多样化分离株的不同而呈现多样性。

PRRSV 感染可激发宿主明显的体液免疫反应,产生一系列抗 PRRSV 特异性抗体,且针对不同蛋白成分的特异性抗体出现的时间顺序、维持时间的长短、抗体滴度及中和活性均不相同。PRRSV 的非中和抗体水平相对较高,在感染早期即可产生,且维持时间长久,而中和抗体则于感染后 1～2 个月才能产生。中和抗体在 PRRSV 感染的保护性免疫反应中起重要的作用,但亚中和水平的体液抗体却对 PRRSV 感染具有促进作用。PRRSV 感染后具有抗体依赖性增强作用(antibody dependent enhancement,ADE),这与猪体内 PRRSV 中和抗体水平的变化密切相关,当 PRRSV 中和抗体水平较高时,对 PRRSV 的感染具有一定的保护作用,但随着中和抗体水平的下降,容易出现 ADE 现象。研究表明,母源抗体水平较低的仔猪接种 PRRSV 后,其病毒血症持续时间较长。

大量研究表明,PRRSV 对宿主免疫系统具有抑制作用。PRRSV 优先在巨噬细胞中复制并破坏这些细胞,肺泡巨噬细胞的比例显著降低,其功能也会受到抑制,从而导致猪对继发感染的易感性增高。PRRSV 感染可损害血管巨噬细胞清除血源性颗粒的能力,从而导致感染 PRRSV 猪对细菌性疾病更加易感。

【临床症状】 由于年龄、性别和生理状态的不同,感染猪只的临床表现也不同。

（1）公猪感染后除表现一般临床症状以外，还表现精子质量下降，畸形精子增多，可以在精液中检查到 PRRSV，并可以通过精液传播病毒而成为重要的传染源。

（2）妊娠母猪主要表现为食欲不振乃至废绝、精神沉郁，发热。妊娠母猪多数在妊娠后期（107～112 天）发生流产，分娩出弱仔、死胎及木乃伊胎等。妊娠 84～93 天后的母猪人工接种 PRRSV 时，潜伏期为 2～4 天，继之出现呼吸系统症状和身体的变色，于感染后 6～12 天可以观察到该母猪的流产现象。

（3）在分娩舍内受到感染的仔猪，临床上表现为食欲不振、发热（持续 1～3 天）和呼吸系统症状（呼吸困难、腹式呼吸），皮毛粗糙，发育迟缓，耳、鼻端乃至肢端发绀。试验感染的病猪常有眼睑水肿和犬坐样姿势。病程后期常由于多种病原的继发感染而导致病情恶化，死亡率较高。

一般 PRRS 首次发生时比较严重，一次流行过后，一般会转入亚临床感染或持续性感染状态，随后通常呈地方流行性发生。常与猪呼吸道冠状病毒、伪狂犬病毒、环病毒 2 型、猪瘟病毒、猪流感病毒、支原体或细菌混合感染，使感染猪只的临床症状多样化。感染猪只病情的严重程度与病毒毒力、猪群健康状况及饲养管理水平等多种因素有关。临床经常观察到的是 PRRSV 急性感染，但在临床实际中，慢性和亚临床感染最为多见。

（1）急性感染　急性感染可分为感染初期、高峰期和末期。初期典型症状是厌食、发热、嗜睡和精神沉郁等。此外，还可见病猪耳部发绀；仔猪和少数成年猪呼吸困难；少数母猪发生流产，偶尔可见中枢神经系统症状。高峰期主要表现为母猪流产、早产、产木乃伊胎和弱仔增多。断奶前仔猪的死亡率一般为 20%～50%。高峰期一般持续 8～12 周。急性感染末期，母猪的繁殖功能可恢复到正常水平。

（2）慢性感染　感染猪的生长速度和饲料报酬率低，平均日增重下降 15% 左右。慢性感染对猪造成的影响主要是由于其他细菌和病毒的继发感染引起的。

（3）亚临床感染　持续性感染是该病的重要特征之一，即猪群暴发该病一段时间后，其临床症状虽然消失，但 PRRSV 在猪体内仍低水平持续存在，病毒常见于肺泡巨噬细胞、单核细胞和上皮细胞等，可长达数月之久。研究表明，在该病临床症状消失 4 个月以后，向该猪舍引入 SPF 猪，仍可导致 SPF 猪感染 PRRSV。康复猪群抗体水平也参差不齐，在一些应激因素的影响下，有的猪仍具有一定的排毒能力。

【病理变化】 猪繁殖与呼吸综合征病毒毒株众多，其毒力也存在差异。不同毒力的毒株引起的组织病理变化的严重程度也不尽相同。肺脏和淋巴结是其主要的复制组织。单独的 PRRSV 感染猪的肺脏可以引起不同严重程度的间质性肺炎和水肿。其主要表现为肺实质不同程度的变硬或者指压不塌陷，呈现灰色到黑红的色的斑驳状。显微病理观察其肺泡壁扩张，肺泡间隔增厚，Ⅱ型肺泡上皮细胞增生，肺泡中会呈现大量坏死的巨噬细胞、细胞碎片等。而在自然感染状态下，由于和其他病毒/细菌混合感染或者其他环境因素，可能导致其临床病理变化发生改变。

PRRSV 感染后会引起淋巴结的肿大、出血等病理变化。随着感染进程的推进，淋巴结会逐渐变硬。其显微病变显示在感染早期出现生发中心坏死及缺失。

在其他组织中，PRRSV 会引起心脏的多灶性淋巴组织脉管炎和血管周心肌炎病变以及肾脏血管内皮肿胀、内皮下蛋白样液体聚积、血管内壁和周围淋巴细胞和巨噬细胞的聚积。在一些 PRRSV 感染的病例中可见肝脏小叶下静脉瘀血，周围出现水肿。肝索细胞肿胀，胞浆呈颗粒状或空泡状。在出现神经症状的 PRRS 临床病例中，可以发现在猪的大脑、小脑出现坏死性脉管炎,淋巴细胞和巨噬细胞浸润。

【诊断】　目前常根据临床症状、组织病理学变化、病毒的分离鉴定以及血清学方法和分子生物学方法等进行综合诊断:

1.临床诊断

PRRSV 的分离毒株毒力差别很大,同时伴随着继发感染和环境因素,导致临床症状差别很大。典型的 PRRSV 引起的临床症状包括食欲减退、精神沉郁、低热,公猪性欲缺乏、精液质量下降,母猪的流产、早产、产死胎或木乃伊胎。仔猪则表现为咳嗽、气喘等呼吸困难症状。高致病性毒株感染后则表现为体温明显升高,皮肤潮红,耳朵发绀,体温可达 41℃ 以上;食欲废绝,精神沉郁;咳嗽气喘;眼睑水肿,眼结膜炎;有的病猪表现出共济失调等神经症状。仔猪的发病率可达 100%,死亡率 50% 以上。

2.组织病理学检查

肺脏的病变表现为间质性肺炎,可见肺泡间隔增厚,肺泡上皮细胞增生,肺泡中可见浆液性渗出物。高致病性 PRRSV 感染后可见集中于肺部各叶近心端的肉变。组织病理学的检查主要适用于发病仔猪。

3.病毒检测

实验室检测可以通过病毒分离培养以及分子生物学和血清学的方法进行检查确诊。

用于 PRRSV 病毒分离培养的细胞有原代 PAM 和 CL2621 及 MARC-145 等传代细胞系。不同的毒株对不同的细胞有所选择,但大多数毒株,特别是从血清中分离病毒都可感染原代 PAM。根据病毒的培养特性,电镜观察,再综合临床症状及病理学检测即可做出初步诊断。最终确诊还需要使用血清学方法和分子生物学方法进行鉴定。常用的血清学技术主要包括酶联免疫吸附试验(ELISA)、间接免疫荧光试验(IFA)、血清中和试验(SN)和胶体金标记技术等,其中,IDEXX 的 ELISA 技术是目前应用最广泛的检测 PRRSV 抗体的方法。常用的分子生物学检测方法主要有反转录-聚合酶链式反应(RT-PCR)、套式 PCR 技术、实时 RT-PCR、核酸探针原位杂交技术(ISH)及序列测定。利用 RT-PCR 方法可以特异性检测血清、精液和组织中的病毒 RNA。ORF5 序列测定经常用来进行毒株鉴定和变异分析,且相关的数据库已经建立。

公猪的血样或精液,出生仔猪的脐带,断奶仔猪的血样及死猪的组织病料均可用于 PRRSV 的实验室诊断。近期的研究表明口腔分泌物是血样外的另一样品选择。口腔分泌物是唾液和龈沟液的混合物,其比唾液更接近血样。口咽分泌物的采集方便,安全且对动物没有创伤。基于口咽分泌物的诊断方法包括 ELISA,RT-PCR 等。为提高检测的敏感性,荧光微球免疫试验可用于检测口腔分泌物和血清中的不同抗原和抗体。在传统的抗体检测中主要检测 PRRSV 的 N 蛋白抗体,但一些非结构蛋白,如 Nsp1α、Nsp1β、Nsp2 和 Nsp7 亦可作为诊断 PRRSV 感染的指标。

【防制】

自 2006 年在中国及其周边地区暴发严重的高致病性 PRRSV 以来,对 PRRSV 经济、有效的防控一直是困扰猪业生产的重大难题。其中 PRRSV 持续性感染的特性是其防控困难的重要因素。除通过口腔鼻腔分泌物、乳汁、精液等直接传播外,PRRSV 还可通过多种间接的方式传播,如污染的靴子、工作服、针头、蚊子、苍蝇、运输工具和气溶胶等。有研究表明可在距传染源 4.7 km 的空气中检测到 PRRSV, 在距传染源 9.2 km 空气中分离病毒。因此持续稳定的 PRRSV 传染源及其无孔不入的传播途径使得采取以生物安全为主的综合防控措施尤为重要。防制 PRRSV 的生物安全措施主要包括:

（1）实施全进全出制度和严格的卫生消毒措施, 清除 PRRSV 在猪场的污染, 降低和杜绝其在猪群间的传播风险;

（2）猪场应严格进行种猪血清学和病毒学检测, 禁止引入 PRRSV 感染和带毒的种猪;

（3）严格实施人员进出控制制度, 出入猪场的人员必须淋浴并更换工作服和靴子, 对运输工具及猪场工作人员靴子和工作服进行彻底的清洗和消毒, 注意更换注射针头, 灭蚊和苍蝇, 应定期对猪场相连的道路和环境进行消毒, 切断 PRRSV 的间接传播途径。

从长远的角度看, 根除仍然是防控 PRRSV 最为有效的手段。其具体方法主要有三种: 检测与淘汰、全清群与再建群和闭群管理。成本高是检测与淘汰的主要缺点, 但针对猪场不集中地区的多点式猪场, 检测与淘汰是最有可能实现根除 PRRSV 的方法。旧群全清与新群再建对 PRRSV 的根除十分有效, 建群前需对所有设施消毒, 建群后需严格实施生物安全措施以防止 PRRSV 的再感染。闭群管理作为清除母猪群 PRRSV 最常用的根除手段, 其主要内容包括严格闭群至少 6 个月或 200 天并持续清除血清学阳性的动物。之所以在闭群期间禁止引入新的动物, 是为了降低 PRRSV 复制的可能, 有利于病毒的清除。闭群管理在清除 PRRSV 的方法中成本最低, 在完成闭群管理的猪场中猪群的生产性能可得到明显的改善。闭群前对种猪群进行感染该猪场的同源病毒或免疫弱毒活疫苗可提高其群体免疫力, 而群体免疫力的提升可以有效降低 PRRSV 在该猪群中的传播和循环能力。此外, 闭群管理后, 应引入 PRRSV 阴性的后备母猪, 以防止 PRRSV 的再感染。目前智利配合使用全清群与再建群和闭群管理实现了国内猪场 PRRSV 的净化。瑞典使用全清群与再建群并通过严格的生物安全措施和监测亦实现了 PRRSV 的净化。此外, 在美国明尼苏达州史蒂文斯县也实现了 PRRSV 的区域净化, 其系统、经济的净化方案也成为了 PRRSV 区域净化的典型范例。

与成本高昂的 PRRSV 根除相比, 疫苗免疫在 PRRSV 防控中更具前景。PRRSV 灭活疫苗虽然安全可靠, 可在一定程度上提高妊娠母猪的产子率和成活率, 但不能产生有效的免疫保护力。目前使用的经典株弱毒疫苗有 Ingelvac^R PRRS ATP、Porcilis 猪繁殖与呼吸综合征病毒、AMERVAC-PRRS、PYRSVAC-183 和 CH-1R 株。使用弱毒疫苗后可产生一定的保护作用, 但其保护不完全, 而且免疫妊娠母猪后会产生一定的副作用。弱毒疫苗容易发生毒力返强或造成疫苗株与野毒株之间的重组, 易导致 PRRSV 新毒株的出现。HP-PRRSV 弱毒疫苗有 HuN4-F112 株、JXA1-R 株和 TJM-92 株。仍在使用的灭活疫苗有欧洲型 PRRSV 灭活疫苗 PRRomiSe^R, 北美洲 PRRSV IAF-klop 株灭活苗、猪繁殖与呼吸综合征 CH-1a 株灭活苗。

近年来, 基因工程疫苗的研究与开发成为 PRRS 疫苗研究领域的热点。以 DNA 质粒或其他病毒为载体表达 PRRSV 结构蛋白 GP5 等的亚单位疫苗, 虽然免疫后能在猪体内检测一定量的中和抗体, 但其免疫保护力有限, 也不能阻止 PRRSV 在猪体内的潜伏感染及病毒的传播。相比之下, PRRSV 弱毒疫苗能诱导更强、更持久的免疫保护, 不仅针对同源的野毒株, 对异源的野毒株也有一定的免疫保护力。但 PRRSV 弱毒疫苗的使用会加剧其变异, 使疫苗株毒力返强或造成疫苗株之间、疫苗株与野毒之间的重组, 导致 PRRSV 新毒株的出现。此外, 如何区分疫苗免疫和野毒感染是使用 PRRSV 弱毒疫苗过程中的一大难题。有研究表明, 应用反向遗传学技术去掉 PRRSV Nsp2 抗原表位并在 Nsp2 高变区插入标签蛋白, 制备的阳性、阴性双标记疫苗株能明显与野毒相区分,但 PRRSV Nsp2 高变区的不稳定性使得该疫苗株的标记效果有待考证。考虑到 PRRSV 弱毒疫苗使用的迫切性与其潜在的危害,针对不同情况选择性使用 PRRSV 弱毒疫苗十分重要,有专家建议在猪场内有病毒传播的情况下,生长猪群有感染,临床发病,并且继发感染有一定死亡率,依据实验室确诊的生长猪群感染和发病阶段,提前 3～4 周为生长猪群进行一次弱毒疫苗免疫,但在猪群稳定后应立即停止使用活疫苗。而针对母猪存在 PRRSV 引起的繁殖障碍,生长猪群有临床发病的情况下应使用减毒活疫苗,按照合理的免疫程序进行免疫。

思考题

　　1. 猪繁殖与呼吸综合征的主要临床症状有哪些?
　　2. 如何有效防控高致病性猪繁殖与呼吸综合征?

案例分析

【临诊实例】

　　福建省漳州市某私营猪场母猪存栏量 400 多头。2014 年 1 月保育猪群陆续出现高烧、厌食、精神沉郁、打喷嚏、流鼻涕等症状,急性死亡猪皮肤发绀,慢性经过猪表现被毛粗乱,贫血、皮肤苍白、衰竭无力。20% 左右发病猪皮肤炎症较严重。转入保育舍的断奶仔猪在 45 日龄左右陆续发病,到 55 日龄进入发病高峰,死淘率增加到 80% 以上,工作人员通过对该猪场猪只进行临床症状、剖检病变和实验室诊断,最终确诊为高致病性蓝耳病(以上案例引自夏伟,2014)。

　　【诊断】　该病要根据流行病学、临床症状、病毒分离鉴定及血清抗体检测进行综合诊断。根据各年龄猪出现程度不同的临床表现,怀孕中后期的母猪和哺乳仔猪最多发等现象,可作出初步诊断,确诊则必须依靠实验室检测。

　　1. 病因浅析

　　猪繁殖与呼吸综合征(PRRS)是由猪繁殖与呼吸综合征病毒(PRRSV)引起的,临床上以妊娠母猪流产、死产、产木乃伊和弱仔等繁殖障碍及各生长阶段猪的呼吸道病症状和高死亡率为主要特征。PRRSV 是动脉炎病毒科的成员,为小型有囊膜的单链 RNA 病毒,呈二十面体,对称,对热、乙醚、氯仿等敏感。现已证实,至少存在 2 种完全不同类型的病毒,即分布于欧洲的 A 亚群(Lelystad)和分布于美洲的 B 亚群(VR-2332)。二者虽然在形态及物理、化学特性方面相同,但其在核苷酸序列以及抗原性方面存在较大差异。

　　PRRSV 可以破坏机体内各种组织的巨噬细胞,肺泡内的巨噬细胞是其主要的靶细胞。该病毒的感染可导致群体免疫力和健康水平下降,使猪群对疾病的易感性增高,目前该病已成为公认的猪免疫抑制性疾病。

　　2. 流行特点

　　各年龄猪对 PRRSV 均易感,但以孕猪(特别是怀孕 90 日龄后)和初生仔猪的症状最为明显。感染猪和康复猪是主要的传染源。康复猪在康复后 3 个月内可持续排毒。病毒可以通过鼻、眼分泌物、胎儿及子宫甚至公猪的精液排出,感染健康猪。

该病主要通过呼吸道或者公猪的精液经生殖道在同猪群间进行水平传播,也可以通过母子间垂直传播。此外,风媒传播在该病流行中具有重要的意义,通过气源性感染可以使该病在3 km 以内的农场中传播。通过鼻腔人工接种细胞培养物可以复制该病。

PRRSV 的感染受宿主及病毒双方的影响。由于不同分离株的毒力和致病性不同,发病的严重程度也不同。许多因素对病情的严重程度都有影响,如猪群的抵抗力、环境、猪场管理以及细菌、病毒的混合感染等。常与该病混合感染的病原体包括猪呼吸道冠状病毒、猪流感病毒、猪链球菌和猪副嗜血杆菌。此外,新疫区和老疫区猪群的发病率及疾病的严重程度也有明显的差异,新疫区常呈地方性流行,而老疫区则多为散发性。

3. 主要症状

由于年龄、性别和生理状态的不同,发病猪的临床表现也不同。

繁殖母猪发病后的主要表现是食欲不振乃至废绝、精神沉郁、发热。妊娠母猪多数在妊娠后期(107～112 天)发生流产,产死胎、弱仔、木乃伊胎及未成熟胎儿。

仔猪感染后的临床表现为食欲不振、发热(持续 1～3 天)和呼吸系统症状(呼吸困难、腹式呼吸),皮毛粗糙,发育迟缓,耳、鼻端乃至肢端发绀。

公猪感染后出现食欲不振、高热,其精液的数量和质量下降,可以在精液中检测到PRRSV,并可以通过精液传播病毒而成为重要的传染源。

老龄猪和育肥猪受 PRRSV 感染影响较小,仅出现短时间的食欲不振、轻度呼吸系统症状及耳朵皮肤发绀现象,但可因继发感染而加重病情,导致病猪的发育迟缓或死亡。

4. 剖检病变

通常感染猪子宫、胎盘、胎儿乃至新生仔猪无肉眼可见的变化。剖检死产、弱仔和发病仔猪常能观察到肺炎病变。患病哺乳仔猪肺脏出现重度多灶性乃至弥漫性黄褐色或褐色的肝变,可能对该病诊断具有一定的意义。此外,尚可见到脾脏肿大,淋巴结肿胀,心脏肿大并变圆,胸腺萎缩,心包、腹腔积液,眼睑及阴囊水肿等变化。

组织学变化是新生仔猪和哺乳仔猪纵隔内出现明显的单核细胞浸润及细胞的灶状坏死,肺泡间质增生而呈现特征性间质性肺炎的表现。有时可以在肺泡腔内观察到合胞体细胞和多核巨细胞。

5. 类症鉴别

当发现猪繁殖障碍时,应与猪细小病毒感染、猪传染性脑心肌炎、猪伪狂病、钩端螺旋体病、猪流感、猪日本乙型脑炎等疫病鉴别。断奶仔猪转入保育舍 1～2 周开始出现高烧、慢性消瘦、衰竭、皮肤炎症,要做好猪高致病性蓝耳病与猪圆环病毒 2 型(PCV2)、猪渗出性皮炎(EE)的鉴别诊断。猪渗出性皮炎的病原是猪葡萄球菌,为革兰氏阳性、条件致病菌,常寄居于皮肤、黏膜,当饲养环境发生变化、动物机体的抵抗力降低或皮肤黏膜破损时,病菌便乘虚而入。一般单一感染猪葡萄球菌的皮肤炎症通过体表局部消毒和敏感抗生素治疗效果显著。另外,猪群感染高致病性蓝耳病毒后再感染猪圆环病毒 2 型,可明显提高猪群发病率和死亡率。哺乳仔猪出现呼吸道症状则应与猪脑心肌炎、伪狂犬病、猪呼吸道冠状病毒感染、猪副流感病毒感染、猪流感、猪血凝性脑脊髓炎鉴别诊断。主要采用病原分离及血清抗体检测进行综合诊断。

6. 实验室诊断

根据各年龄猪只均出现程度不同的临床表现,但以孕期中后期的母猪和哺乳仔猪最多发等现象,可作出初步诊断,确诊则必须依靠实验室检测。

(1)病原分离与鉴定　分离病毒最好用猪肺泡巨噬细胞,常取急性期猪的血清、胸水、腹水或病死猪的肺、扁桃体、脾脏、淋巴结等病料分离病毒。新分离的病毒,往往不能引起细胞病变,需要将其进行2~3次传代培养,病料接种的细胞培养物要用标记抗体染色的方法检测。

(2)血清学试验　PRRSV抗体可以应用免疫过氧化物法(IPAM)、间接免疫荧光法(ĨFA)、ELISA法及病毒中和试验等方法检测。IPAM法反应灵敏,可以用于区别欧洲毒株和美洲毒株,其抗体通常在感染后7~14天出现。ELISA方法灵敏度高,特异性强,目前有标准的检测试剂盒,无论欧洲毒株还是美洲毒株均可检测,并可同时检测大量的样品。IFA法简便易操作、诊断快速,其抗体一般在感染后5~7天出现,可以用于群体检疫。核酸探针及PCR法也可用于该病的检测。

【防控措施】

1.防病要点

由于该病传染性强、传播快,发病后可在猪群中迅速扩散和蔓延,给养猪业造成了巨大的经济损失,因此应该严格执行兽医综合性防疫措施加以控制。

(1)加强检疫措施,防止国外其他毒株传入国内,防止养殖场内引入阳性带毒猪。

(2)要加强饲养管理和环境卫生消毒,降低饲养密度,保持猪舍干燥、通风。减少各种应激因素,并坚持全进全出制饲养。

(3)对受威胁的猪群及时进行疫苗免疫接种。

(4)加强平时的猪群检疫,发现阳性猪群应做好隔离和消毒工作。

2.治疗

发病猪群可通过合理的药物治疗计划控制细菌继发感染,常用的药物包括金霉素、四环素、恩诺沙星等广谱抗生素,另外通过对发病猪场常见多发病原菌的分离,制备和应用自家疫苗控制继发感染,也可取得很好的效果。

3.小结

把猪养好的核心就是要有一个好的团队,一批高素质的人才,满足猪的基本需求,保证猪吃好、住好,做好猪只的预防保健,牢记养大于防、防大于治、防治结合的方针。根据猪场的情况制订合理的免疫保健程序,做好消毒工作。当前猪场流行的疾病多是混合感染,疾病预防的重点是综合预防,不要单纯注重某个疾病忽略其他疾病的预防,管理者的思维决策是关键。

思考题

实际生产中如何制定合理的免疫程序?需注意哪些要点?

第六节　猪传染性胃肠炎

猪传染性胃肠炎(transmissible gastroenteritis,TGE)是由猪传染性胃肠炎病毒(*Transmissible gastroenteritis virus*,TGEV)引起的一种急性、高度接触性肠道传染病。主要特征是呕吐、剧烈腹泻、脱水和高病死率。各种年龄的猪对该种病毒均敏感,10日龄以内的猪病死率极高,随着年龄的增长,病死率降低,90日龄以上的猪患病几乎不死亡。育成猪、育肥猪、后备母猪、基础母猪及公猪临床症状轻微,只表现数天厌食或腹泻,可耐过。

TGEV于1946年在美国最先被报道,接着遍及全球,成为世界性的猪流行病。60年代末期,我国就有了关于该病的报道。近年来TGEV在国内的流行形势严峻,并且经常伴随着与猪轮状病毒病和猪流行性腹泻病的混合感染,无有效的治疗药物,因此已经成为严重危害养猪业的重要疫病之一,给我国猪养殖业带来了严重的经济损失。在《国际动物卫生法典》中,猪传染性胃肠炎也已经被列入B类传染病,是我国法定重点防控的疫病之一。

【病原】 TGEV属于冠状病毒科(*Coronaviridae*)冠状病毒属(*Coronavirus*)。病毒粒子直径90～200 nm,呈圆形或椭圆形,有囊膜。脂质双层组成了病毒粒子的囊膜,大而稀疏的纤突附在病毒粒子的囊膜表面。病毒结构蛋白由纤突(S)蛋白、小膜蛋白(sM)、膜内蛋白(M)和核衣壳(N)蛋白组成。其中纤突(S)蛋白突出于病毒粒子外,成棒状结构。核衣壳(N)蛋白的结构是螺旋形,并与RNA组成核蛋白的核芯(图4-1)。该病毒具有血凝活性。

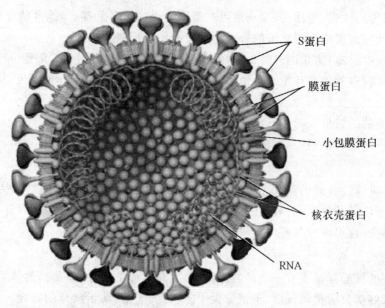

S蛋白
膜蛋白
小包膜蛋白
核衣壳蛋白
RNA

图4-1 TGEV模型

TGEV基因组为不分节段的单股正链RNA,长约29.0 kb。该病毒抗原性稳定,只有一个血清型,但近年来许多国家都发现了该病毒的变异株,即猪呼吸道冠状病毒。免疫电镜和免疫荧光试验证明,TGEV与猪呼吸道冠状病毒、犬冠状病毒、猫传染性腹膜炎病毒和猫肠道冠状病毒之间有一定的抗原相关性。

TGEV可在本属动物或其细胞系上繁殖,在不同细胞系上的生物学特性表现的也不一致,比较敏感的细胞系有猪唾液腺细胞、猪甲状腺细胞、猪睾丸(swin testicle,ST)细胞、仔猪的肾细胞(pk-15)。近几年,ST细胞和PK15细胞被认定是最易感的且方便病毒增殖的细胞系,也是目前实验室最常用的细胞系。有研究人员比较了TGEV对这两种细胞系的适应情况。结果表明TGEV在这两种细胞系上都能产生明显的病变,而且证明了病毒主要在细胞浆内增殖。但相比较而言,TGEV在ST细胞系上比较敏感,病变的时间产生的比较早,而且病毒滴度也要比在pk-15细胞系上提高很多。在种毒制备上选用最合适的细胞系来繁殖病毒是比较重要的,可以较快的提高病毒滴度,这样的病毒制备的疫苗免疫源性较,而且降低成本。也有文献中证明在繁殖病毒的培养液中加入 1‰二甲基亚矾(DMSO)可提高病毒在 pk-15 细胞系上的敏感性。

TGEV 主要经过呼吸道和消化道两种途径进入动物体内,在鼻黏膜、肺细胞和小肠的绒毛上皮细胞上大量增殖,然后再经过血液循环回到小肠组织细胞,在小肠细胞内发生较为严重的病变。TGEV 通过 S 蛋白的氨肽酶受体(pAPN)识别位点与细胞的识别位点相结合,再经吞饮和融合的方式进入到宿主细胞中,在细胞的胞浆内进行脱壳,被感染的细胞在 12～16 h 后则会产生大量的病毒粒子。

TGEV 不耐热,加热 56℃ 45 min 或 65℃ 10 min 可被完全灭活,随着温度的升高,病毒滴度也会随着下降。用甲醛溶液处理病毒,37℃ 20 min 亦能使病毒发生灭活。病毒对光和紫外线敏感,在阳光下 6 h 即可灭活。TGEV 在胆汁中存在相当稳定,而对乙醚、氯仿和去氧胆酸钠这三种试剂敏感。该病毒对胰酶有抵抗力,能耐受 0.5％胰蛋白酶时间长达 1 h,毒株的毒力越弱,其对胰酶的敏感性越高。TGEV 在 pH 为 4～9 的区间时表现稳定,pH 3.0 在低温条件下仍稳定,高温时则灭活,但是同对胰酶的抵抗力一样,毒株毒力的强弱对 pH 的敏感性也不相同,它的这些特征有利于其抵抗胃肠的酸碱环境,达到自我保护的效果。

【流行病学】　该病的发生有明显季节性,以冬春寒冷季节较为严重。从每年的 11 月份至次年的 4 月份发病最多,夏季很少发病。

病猪和带毒猪是该病主要的传染源,通过粪便、乳汁、鼻分泌物、呕吐物以及呼出的气体排出病毒,污染饲料、饮水、空气、土壤、用具等。另外,其他动物如猫、犬、狐狸、燕、八哥等也可携带病毒,能够间接地造成该病的传播和蔓延。该病主要经消化道、呼吸道在猪群中造成水平传播。

TGEV 的易感动物为猪,人及其他家禽家畜不感染该病。实验证明,对于犬、猫科动物及鼠类等经过消化道注入大量病毒后也不会发病,但通过这些动物的粪便可检测到该病毒,并且发现血清中含有阳性中和抗体。

各种年龄的猪均有易感性,但该病主要感染 2 周龄以内仔猪,以发生呕吐、严重腹泻和脱水为特征,患病日龄越小,死亡率越高,可达 100％;随着仔猪日龄增长,其发病率和死亡率会逐渐降低,5 周龄以上仔猪发病的典型症状是短暂呕吐,继而发生水样腹泻,体重迅速减轻,病猪通常没有发热的表现,痊愈的仔猪生长发育不良;成年猪有时也有较高的死亡率,母猪表现为厌食、发热、腹泻及无乳,也可能无症状感染,该病常与猪流行性腹泻病毒、猪轮状病毒混合感染。

根据易感性的不同,TGE 可分为三种流行形式。其一,呈流行性,尤其是在冬季,当 TGEV 入侵易感猪群后,常会迅速导致各种年龄段的猪发病,还会表现不同程度的临诊症状;其二,呈周期性流行,如果有 TGEV 侵入有免疫母猪的猪场,常发生周期性流行;其三,呈地方流行性,在常有仔猪出生或不断增加易感猪的猪场中,当病毒感染力超过猪的抗感染力时,将会引起猪的感染。因此病毒能长期存在于这些猪群中。

【致病机制】　小肠是 TGEV 的靶器官,病毒经呼吸道、口和鼻传染后,首先在鼻黏膜和肺中繁殖,然后经消化道或血液而进入小肠。TGEV 能抵抗胃酸的 pH 3.0 和蛋白分解酶而保持活性,大量的小肠上皮细胞受感染后,使小肠黏膜上皮细胞绒毛显著萎缩。上皮细胞遭到破坏而脱落,破坏了产生酶的活性,得病的猪不能水解乳糖和其他必要的营养物质,而导致消化吸收不良。乳糖在肠腔中的存在,在渗透压的作用下,水分滞留,甚至从自身组织中吸收体液,产生了腹泻和失水。哺乳仔猪易感和发病率高且严重的原因可能是由于小肠黏膜绒毛未发育缓慢而使病毒数量大增,导致脱水和代谢性酸中毒以及高血钾症而引起的心功能异常和肾功能减退。

【临床症状】 猪传染性胃肠炎的潜伏期较短,短则在 15～20 h 发病,长则达 2～3 天。且该病的传播速度快,几日内便可感染整个猪场。

在临床症状上,母猪和仔猪的临床表现不同,一般仔猪表现为发病急,初期厌食,不同程度的呕吐,病情严重后频繁的水样腹泻,粪便呈喷射状,颜色为白色或黄色,且夹有未消化凝乳块。病料的特征是呈碱性,含有大量水分、电解质和脂肪。发病的仔猪可明显观察到其脱水,体重明显减轻,状态不佳等现象,该病可引起两周龄以下的仔猪死亡,且在 2～7 天内死亡的居多,致死率高达 100%,临床上母猪患该病会出现泌乳量减少,导致仔猪不能得到足够的乳汁,出现严重的营养失调,进而导致病情的加重,仔猪的病死率增加。但随着仔猪日龄的增长,其病死率也逐渐降低。5～8 天腹泻会停止进而康复,但病愈的仔猪会表现为生长发育不良;某些哺乳母猪与患病仔猪长期密切接触,反复感染,临诊症状较重,体温升高、呕吐和腹泻,泌乳停止,但极少死亡。

猪群感染呼吸道冠状病毒后,其临床表现与环境、季节、管理、感染剂量以及其他病原继发或伴发等有关。通常呈亚临床型,通过组织学检查能发现间质性肺炎变化;有时可见轻度或中度的呼吸道症状和增重明显减慢,但某些毒株感染则可引起严重的肺炎,死亡率可高达 60%。当该病毒与其他呼吸道病原体共同感染时,能造成保育猪、育成猪或育肥猪严重的呼吸道症状,致使猪群死淘率明显增加。

【病理变化】 TGE 主要的病理变化是胃部含有未完全消化的呈鲜黄色并混有大量乳白色凝乳小块,小肠因内有气体导致肠管扩张,内容物稀薄,呈黄色,泡沫状,肠壁菲薄呈透明状,迟缓而缺乏弹性。有的病例肠道充血,胃底黏膜潮红、肿胀、充血,黏膜上常覆盖一层黏液。日龄较大的猪胃黏膜发生溃疡,在近幽门区常有较大的坏死灶,淋巴结和脾脏肿大。

TGE 特征性病变主要发生于小肠,用生理盐水将一段小肠冲洗干净,放入培养皿中,显微镜下观察,患病猪的小肠绒毛变短,粗细不均匀,有的严重者小肠绒毛会有大面积消失。

猪呼吸道冠状病毒感染时,病猪肺脏可出现程度不同的间质性肺炎变化。

【诊断】

1.临床综合诊断

该病的发生有明显的季节性:寒冷季节多发,夏季很少发病,从每年的 11 月份至次年的 4 月份发病最多。不同年龄的猪相继或同时发病,表现水样腹泻和呕吐,10 日龄以内仔猪病死率很高,较大的或成年猪经 5～7 天康复。病死仔猪小肠呈卡他性炎症变化,肠绒毛萎缩。根据该病的流行特点、临床症状、病理变化等可以作出初步诊断,确诊需要依靠实验室诊断。

2.电镜检测

取感染猪的肠内容物和粪便,通过电镜负染色法来观察病毒粒子的形态,进而确诊。免疫电镜能敏感的检测出细胞培养物或临床样品中的 TGEV,比常规电镜效果更好。

3.病毒分离与鉴定

取被感染猪的肠内容物及粪便,用猪肾传代细胞系、猪甲状腺原代细胞等细胞分离 TGEV。初代无明显细胞病变(CPE),分离的毒株在细胞上经过多次传代可以产生细胞病变效应。分离获得病毒后,可用免疫电镜技术、中和试验、间接免疫荧光试验、RT-PCR 和基因测序鉴定病毒。如果使用单克隆抗体则可同时将 TGEV 与其他肠道病毒鉴别开来。

4.血清学诊断

常用的方法包括酶联免疫吸附试验、血凝抑制试验、血清中和试验和间接免疫荧光试验等。血清中 TGEV 的中和抗体最早可于感染后 7～8 天检测到,并可持续存在 18 个月;与血清中和试验比较,间接免疫荧光试验的敏感性与可靠性相对较差;而间接血凝抑制试验和 ELISA 均为非常敏感的试验。当一个猪群需要检验其是否流行 TGE 时,可取 2～6 月龄猪的血清样品检测其抗体,因为处于此日龄段的猪只母源抗体已经消失,血清检测阳性则提示有 TGEV 流行。

5.分子生物学诊断

主要包括原位杂交技术诊断和聚合酶链式反应(PCR)检测两种方法。

(1)原位杂交技术诊断是指将已知碱基序列的带有标记的核酸作为探针,与组织切片或细胞中的核酸杂交,使组织切片或细胞中的核酸序列精的定量定位的过程。1996 年 Sirinaru-mitr T 和 Paul PS 等制备成 35S RNA 探针,可以检测出自然感染肺脏组织和细胞培养物上的 TGEV。

(2)聚酶链式反应法(PCR)是实验室最常用的一种检测方法,能够检测出样本中微量的核酸,现已建立的 TGEV PCR 诊断方法有 RT-PCR、TGEV/PEDV 双重 PCR、套式 PCR、RFLP-PCR 等。

6.鉴别诊断

当猪发病时,应注意与猪流行性腹泻(PEDV)感染、猪轮状病毒(RV)感染、仔猪黄痢、仔猪白痢相区别。这几种病的临诊症状都是以腹泻为主。用电镜可以很容易区分冠状病毒和轮状病毒,但是不能区分 PEDV 和 TGEV。用分子生物学技术如 cDNA 探针、RT-PCR 等可快速鉴别诊断以上 3 种病毒,病毒间无交叉反应。

【防制】

预防该病应主要从控制病毒传播和易感畜群免疫接种这两个方面采取措施。

首先应采取措施控制病毒传播。加强检疫防止将潜伏期病猪或病毒携带者引入健康猪群,需要时可从无 TGE 或血清检测阴性的猪场引入,并在混群以前隔离饲养观察 2～4 周;强化猪场的卫生管理,定期消毒。

除了控制病毒传播措施外,免疫接种是最好的预防措施。TGE 是典型的局部感染和黏膜免疫,只有通过黏膜免疫产生 IgA 才具有抗感染能力,IgG 的作用很弱。口服、鼻内接种方法可能与刺激分泌性 IgA 免疫系统有关,使黏膜固有层淋巴细胞分泌肠内 SIgA 抗体。另外,关于 TGEV 的免疫大多数是对妊娠母猪于临产前 20～40 天经口、鼻和乳腺接种,使母猪产生抗体。这种抗体在乳中效价较高,持续时间较长。仔猪可从乳中获得母源抗体而得到被动免疫保护,此谓乳源免疫。

国外有多种弱毒疫苗使用,接种的途径也不一样。中国农业科学院哈尔滨兽医研究所成功研制了猪传染性胃肠炎与猪流行性腹泻二联灭活苗和弱毒苗,适用于疫情稳定的猪场(特别是种猪场)。这两个二联疫苗配套使用为最终防制这两种病毒性腹泻病提供了强有力的手段。怀孕母猪口服活毒苗常产生较高的抗体水平,它不仅对母猪本身产生保护力,而且其母源抗体对哺乳仔猪保护力也较高。已感染 TGEV 的怀孕母猪经非肠道接种 TGEV 弱毒苗后或用 TGEV 自家灭活苗后海穴接种后,其抗体水平可得到很大的提高。另外,亚单位疫苗、重组活载体疫苗及转基因植物疫苗等的研究飞速发展,提供了更多防制 TGE 的安全有效的新型疫苗。

【治疗】

目前还没有特效药物能够治疗该病。对发病猪一般可采取对症疗法,以减少死亡,促进康复。一方面通过补液减轻失水和酸中毒;另一方面可用抗生素及其他抗菌药物防止继发感染;此外,为感染仔猪提供温暖、干燥的环境,供给可自由引用的饮水或营养性流食能够有效地减少仔猪的死亡率。

猪传染性胃肠炎与猪其他腹泻类疫病在临床上虽然很相似,但还是各有各的特点,可以发病的日龄、发病季节、粪便的颜色、性状、气味、混有物、病变特征等方面进行鉴别。值得注意的是饲养管理失宜、环境卫生不良、消毒制度不完善和各种应激因素的产生是此类疫病发病的共同诱因。加强平时的预防工作是防制该病的关键。

❓ 思考题

1.怎样鉴别猪传染性胃肠炎和猪流行性腹泻这两种传染病?

2.猪患传染性胃肠炎体内脱水严重,如何救治才能尽量降低死亡率?

第七节　猪流行性腹泻

猪流行性腹泻(porcine epidemic diarrhea,PED)是由猪流行性腹泻病毒(*Porcine epidemic diarrhea virus*,PEDV)引起的以腹泻、呕吐、脱水和对哺乳仔猪高致死率为主要特征的一种高度接触性肠道传染病。

PED 是世界范围内发生的猪病之一。1971 年,英格兰地区的架子猪和育肥猪群中首次暴发 PED。此后,除美洲以外,多个国家和地区相继报道了 PED 的发生。1973 年,与 TGEV 类似症状的急性腹泻首先在我国上海发生,期间间接有猪群腹泻病的报道,但是直到 1984 年,经荧光抗体试验和血清中和试验才证实该病的病原是 PEDV。在过去的 30 年间,PEDV 在亚洲猪场中的感染非常严重,日本在一次 PED 的暴发中仔猪死亡数超过 300 000 头,造成严重的经济损失。在我国 PEDV 感染也尤其严重,由于 PEDV 引起的腹泻在临床上很难与 TGE 区分,为临床确诊带来一定困难;并且随着集约化养殖规模的不断扩大、猪场防控措施不到位等都为 PEDV 的流行创造了有利条件。截至目前,我国大部分地区包括东北、华中、华南以及东部沿海地区都出现了以发病年龄小、涉及面广、死亡率高为特点的仔猪病毒性腹泻流行,其中以南方和华东地区的报道最为严重,说明 PED 在我国已经广泛存在,成为我国重要的猪传染病之一,对国内的养猪业造成了巨大的经济损失。目前该病已成为亚洲国家的常见传染病之一。

【病原】　PEDV 与猪传染性胃肠炎病毒(*Transmissible gastroenteritis virus*,TGEV)同属于套式病毒目(*Nidovirales*)冠状病毒科(*Coronaviridae*)冠状病毒属(*Coronavirus*)。二者的致病机理以及引起的临床症状极其相似,给养猪业带来严重危害。病毒粒子呈多形性,大多呈球形,病毒粒子大小为 95～190 nm,其平均直径(包括纤突在内)约 130 nm。外有囊膜,囊膜上有从核心向外放射状排列的纤突,纤突长 18～23 nm,许多病毒粒子有中心电子不透明区。

PEDV 基因组是单股正链具有感染性的 RNA,全长 27 000~33 000 个核苷酸,分子量为 $6×10^6$~$8×10^6$。目前已测定了 PEDV CV777 株完整的基因组序列,基因组大小为 28 033 bp。基因组序列包括 6 个 ORF,从 $5'$→$3'$ 依次为编码复制酶多聚蛋白 lab(pplab)、纤突蛋白(S)、ORF3 蛋白、次要嵌膜蛋白(E)、主要嵌膜蛋白(M)和核衣壳蛋白(N)的基因。位于 sM 基因上游的 ORF3,编码一未知功能且具有多态性的产物。有学者还进一步鉴定了 ORF3 上游完整的 S(spike)基因。其中,S 基因、E 基因、M 基因和 N 基因分别编码病毒的结构蛋白,长度分别为 4 152、231、681 和 1 326 bp。细胞培养野生型 PEDV 比较困难,对已适应细胞生长的 PEDV 基序组的测序已报道,但都不完整。基因组 $5'$ 端非翻译区长 296 nt;内含 Kozak 序列;目前,除人冠状病毒 229E 毒株(HCoV-229E)外,已知的其他冠状病毒成员都有 Kozak 序列,但序列有所差异。

PEDV 在 60℃ 及以上处理 30 min,就可使病毒失去感染力。50℃ 条件下以及 4℃、pH 5~9 和 37℃、pH 6.5~7.5 的条件下相对稳定。病毒即使经过超声波或反复冻融处理对 PEDV 感染力的影响不大。PEDV 经过浓缩和纯化后,对动物的红细胞不产生凝集。PEDV 对乙醚和氯仿十分敏感,对消毒药和外界环境抵抗力较差。

病毒的繁殖需经仔猪口服接种,在实验室条件下 PEDV 在人工宿主中生长非常困难。研究者做了很多实验,即使在营养液中加入胰蛋白酶和胰酶都不能成功的增殖传代。后来在 Vero 细胞(非洲绿猴肾细胞)上得以成功培养增殖并传代,在 Vero 细胞生长过程需依赖于添加胰蛋白酶的培养液。细胞病变形成空泡和合胞体,合胞体最多时可含有 100 多个核。病毒接种 15 h 就可达到最高滴度 105.5 PFU/mL。

电镜法和 ELISA 能从粪便中检出 PEDV 及其抗原,目前 PEDV 只发现一种血清型。

【流行病学】 PED 是接触性急性传染病,我国各种年龄的猪都可感染,仔猪,育肥猪,架子猪中哺乳仔猪最易感,发病率和死亡率均高于其他阶段的猪。目前,除猪之外还没有其他动物的发病报道。疾病的严重程度主要取决于地方流行特点和免疫情况,冬季 12 月至翌年 2 月是该病的高发季节。潜伏期较短,一般为 8~36 h,有的猪可延长至 3 天。

带毒猪和病猪是主要传染源。病毒经感染猪的粪便传播,污染猪舍环境和饲养工具,感染猪康复后可长期带毒并排毒,这些都可作为 PEDV 间接传播潜在的重要传染源。

猪群经口腔摄入被污染的粪便或其他携带病毒的污染源是自然感染的主要途径。猪之间打架撕咬容易造成 PEDV 传播,有些自繁自养的猪场,发病猪会传播给健康猪,母猪传给小猪,从而导致 PED 的持续性流行。带毒猪排出的粪便极易污染猪舍周围的环境,消毒不到位极易导致猪群的感染。另外,有些猪场进出人员和车辆没有严密的消毒措施,尤其是猪群在销售前或买进后 4~5 天,易感地区的猪场或从易感地区购买的猪群极易导致 PEDV 暴发。

【致病机制】 PED 有明显的季节性,主要在冬季发生,我国以 12 月到翌年 2 月发生较多。消化道是主要的传播途径,研究表明,给 3 日龄未吃初乳的仔猪口服接种 PEDV 后,22~36 h 后表现症状,透射电镜和免疫荧光证实,病毒在整段小肠和结肠绒毛的上皮细胞中复制,导致细胞变性、绒毛缩短、变形、绒毛长度和隐窝深度之比由正常的 7:1 减少到 3:1,上皮细胞的变性不发生在结肠。PEDV 在小肠上皮细胞内增殖,导致分泌细胞的乳酸酶被破坏,二糖分解吸收下降,肠管渗透压升高,发酵异常,从而发生腹泻导致脱水,造成掉膘、降低饲料利用率、浪费药物和人力等所造成的经济损失是非常严重的。由于 PEDV 在小肠中感染和复制过程较慢,所以潜伏期比较长。对临床上常见的育成猪和成年猪发生猝死并伴有背部肌肉急性坏死,也未能从致病机理的角度上做出解释。

【临床症状】 猪流行性腹泻的临床症状一般表现为严重的水样腹泻,并伴有呕吐现象,全身脱水明显,排出带有恶臭气味的灰黄色或黄色粪便,一般体温基本无变化。病猪精神萎靡,被毛松乱,战栗,眼窝下陷,食欲减退或废绝,粪便中含未消化的白色或淡绿色凝乳块,病猪在腹泻 3~4 天后,会因严重脱水而死亡。严重时病死率高达 100%。猪流行性腹泻的临床症状与猪传染性胃肠炎(TGE)较为相似。两者相比,猪流行性腹泻的传播速度较慢,持续时间相对较长,腹泻程度也相对较轻。

【病理变化】 PEDV 在自然感染和实验感染的仔猪中均能引起肉眼可见的病变,主要表现为:小肠膨胀,内充满大量黄色液体。在接毒后 24 h,仔猪的小肠绒毛出现组织学变化,主要表现为:小肠绒毛上皮细胞空泡化、脱落,绒毛变短,细胞器减少,出现电子半透明区,接着微绒毛和末端网状结构消失,部分胞浆突入肠腔内,肠细胞变平,紧密连接消失,脱落进入肠腔,可见肠细胞内的病毒是通过内质网膜以出芽方式形成的。在结肠,含病毒的肠细胞出现一些细胞病变,但未见细胞脱落。这个组织学变化恰恰与仔猪腹泻发生的时间相吻合。

【诊断】 猪流行性腹泻在临床症状上与猪传染性胃肠炎极其相似,而通过临床症状很难鉴别出这两种病,有时还会与猪轮状病毒共同感染。所以,通常用实验室诊断技术来检验是否是猪流行性腹泻病毒引起的腹泻。常用的实验室诊断技术有微量血清中和试验、免疫电镜法(IEM)、免疫荧光法(FAT)、酶联免疫吸附试验(ELISA)、反转录-聚合酶链式反应(RT-PCR)。

最初在实验室中,主要依靠病毒分离、病毒中和试验和免疫荧光试验等检测 PEDV 抗原和抗体的病原学诊断方法,这些方法都能对 PED 作出准确的诊断,但是操作复杂而且耗时。随着分子生物学的发展,PCR、ELISA 和 RFLP 技术被应用到 PEDV 诊断技术中。

【防制】

暴发 PED 时,无特别有效的措施,抗菌药物治疗无效。发生腹泻的猪只应让其自由饮水,以减少脱水的发生,另外,应停止喂料,尤其对于育肥猪。由于 PEDV 传播相对较慢,可采取一些预防措施以防止病毒侵入分娩舍而危害新生仔猪,这种方法有利于推迟仔猪的感染而减少死亡损失。将 PEDV 人为地扩散到妊娠母猪舍可激发母猪乳汁中迅速产生免疫力,因而可缩短该病的流行时间。这种人为感染的方法与猪传染性胃肠炎(TGE)的相似,即将腹泻仔猪的粪样或死亡猪只的肠内容物暴露于妊娠母猪舍内。对于种猪场,若发现暴发 PED 后连续数窝的断奶仔猪中均存在 PEDV,则可将仔猪断奶后立即移至别处至少饲养 4 周,同时暂停从外引进新猪。加强卫生管理,可防止病毒侵入猪场内,目前流行病学调查表明该病毒主要是通过猪和人的流动而侵入猪场的。在欧洲,1997 年由 PEDV 引起的腹泻未导致严重损失,因而未着手研制疫苗;而在亚洲,由于腹泻严重暴发,故进行了研制弱毒疫苗的尝试。

目前对 PED 并无特效治疗药物,一般对症治疗效果不佳,所以最好接种疫苗防止暴发。目前,市面上用于预防 PEDV 的商品化的疫苗主要为灭活苗和弱毒苗。灭活苗虽然安全稳定,但需要大剂量接种或应用浓缩抗原;免疫期短,常需强化接种;产生完全免疫力需要 2 周,不利于紧急预防接种与降低疫苗费用且灭活苗只能通过注射免疫,仔猪无法获得 sIgA,保护效果不佳。而弱毒苗由于存在着成本高、易返祖、有潜在感染危险等缺陷,很难在实践中推广应用。TGEV 和 PEDV 均属冠状病毒,致病机理相似,组织嗜性相同。因此,研制疫苗也是发展的方向,该系列的产品包括 TGEV 和 PEDV 二联灭活苗、二联活疫苗和二联弱毒疫苗。传统疫苗在防治 PED 中暴露出越来越多的问题,研发一种新型的既安全又可靠的疫苗迫在眉睫,目前,基因工程疫苗是研究的热点。

【公共卫生】　患病猪是该病的主要传染源,易感猪场常于销售或购进猪只后 4～5 天内暴发急性 PED,病毒可以通过污染物(饲料、车辆以及被病毒污染的靴、鞋或其他携带病毒的污染物)传入猪场。粪-口途径可能是 PEDV 传播的主要方式,但并不是唯一的传播途径。调查研究表明,若某一个粪样为 PEDV 阳性,采集相对应的母猪乳液,进行 PCR 检测,结果发现母乳阳性率为40.8%,由此推断,母乳可能是一种母猪至仔猪垂直传播的途径,且这一推断可以由人工托管的乳猪死亡率低而间接证明。

如今亚洲 PED 成为关注的焦点,PED 在亚洲的疫情比欧洲严重,临床症状与猪传染性胃肠炎的症状极为相似,死亡率高,造成严重的经济损失。自 2010 年 10 月起,PED 在中国暴发,导致数百万头仔猪死亡,新生仔猪约 100% 发病,致死率为 80%～100%。

❓ 思考题

1. 根据病原学和流行病学的特点简要介绍猪传染性胃肠炎和猪流行性腹泻的异同。
2. 规模化猪场应如何防治猪流行性腹泻?

第八节　猪水泡病

猪水泡病(swine vesicular disease,SVD)是由猪水泡病病毒引起的猪的一种急性、热性、接触性传染病。该病传染性强,发病率高,其临床特征是猪的蹄部、鼻端、口腔黏膜、乳房皮肤发生水泡,类似于口蹄疫,但该病只引起猪发病,对其他家畜无致病性。

该病 1966 年首先发现于意大利,1971 年见于中国香港地区,随后英国、奥地利、法国、波兰、比利时、德国、日本、瑞士、匈牙利、苏联和中国台湾等国家和地区先后报道发生该病。

【病原】　猪水泡病病毒(*Swine vesicular disease virus*,SVDV)属于微 RNA 病毒科(*Picornaviridae*)肠道病毒属(*Enterovirus*),病毒粒子呈球形,在超薄切片中直径为 20～23 nm,用磷酸钨负染法测定为 28～30 nm,用沉降法测定为 28.6 nm。病毒粒子在细胞质内呈晶格排列,在病理变化细胞质的囊泡内凹陷处呈环形串珠状排列。

病毒的衣壳呈二十面体对称,基因组为单股正链 RNA,大小约 7.4 kb,无囊膜,对乙醚不敏感,在 pH 3.0～5.0 表现稳定。

将病毒接种 1～2 日龄乳鼠和乳仓鼠,引起痉挛、麻痹等神经临床症状,在接种后 3～10 天内死亡。接种成年小鼠、仓鼠和兔均无反应,但能产生中和抗体。豚鼠足蹠接种不表现临床症状,可制备诊断用抗血清。

该病毒在仔猪肾、仓鼠肾原代细胞和猪传代细胞 IBRS-2、PK-15 以及人羊膜传代细胞 FL 细胞株上生长,24 h 在细胞质内出现颗粒、细胞变圆,48 h 细胞单层全部脱落。对牛、仓鼠、豚鼠、兔的肾细胞、牛甲状腺细胞、BHK-21 传代细胞等均不感染。据报道,病毒不同毒株在 IBRS-2 细胞单层上均可见到蚀斑,蚀斑直径达 4～5 mm。

用细胞培养中和试验、乳鼠中和试验及琼脂扩散试验证明 SVDV 与人的肠道病毒柯萨奇

B5(Coxsaekie B5)有亲缘关系,无论在细胞培养和小鼠脑内接种,用柯萨奇 B5 病毒的血清,可中和 SVDV。另外,柯萨奇 B5 病毒与 SVD 康复血清也出现明显交叉中和反应。

该病毒无血凝特性,对环境和消毒剂有较强抵抗力,在 50℃ 30 min 仍不失感染力,60℃ 30 min 和 80℃ 1 min 即可灭活,在低温中可长期保存。病毒在污染的猪舍内存活 8 周以上,病猪的肌肉、皮肤、肾脏保存于-20℃11 个月,病毒滴度未见显著下降。病猪肉腌制后 3 个月仍可检出病毒。3% NaOH 溶液在 33℃,24 h 能杀死水泡皮中的病毒,1%过氧乙酸 60 min 可杀死病毒。

【流行病学】 在自然流行中,该病仅发生于猪,而牛、羊等家畜不发病。猪不分年龄、性别、品种均可感染。在猪高度集中或调运频繁的单位和地区,容易造成该病的流行,尤其是在猪集中的猪舍,猪只数量和密度愈大,发病率愈高。在分散饲养的情况下,很少引起流行。该病在农村主要由于饲喂城市的泔水,特别是洗猪头和蹄的污水而感染动物。

小白鼠可被实验性感染,工作人员或接近感染猪群的人员,可在鼻液中发现病毒,而且曾有人被感染过的报道。

病猪、带毒猪是该病的主要传染源,通过粪、尿、水泡液、乳汁排出病毒。感染常由接触、饲喂病毒污染的泔水和屠宰下脚料、生猪交易、运输工具(被污染的车、船)而引起。被病毒污染的饲料、垫草、运动场和用具以及饲养员等往往造成该病的间接传播。受伤的蹄部、鼻端皮肤、消化道黏膜等是主要传播途径。

健康猪与病猪同居 24~45 h,虽未出现临床症状,但体内已含有病毒。发病后第 3 天,病猪的肌肉、内脏、水泡皮,第 15 天的内脏、水泡皮及第 20 天的水泡皮等均带毒,第 5 天和 11 天的血液带毒,第 18 天采集的血液常不带毒。病猪的淋巴结和骨髓带毒 2 周以上。贮存于-20℃,经 11 个月的病猪肉块、皮肤、肋骨、肾等的病毒滴度仍未见显著下降。盐渍病猪肉中的病毒须经 110 天后才能灭活。

牛、羊与病猪接触虽不表现临床症状,但牛可短期带毒,绵羊血清中可检出中和抗体并从咽部、奶汁和粪便中曾分离出病毒(表 4-1)。

表 4-1 动物水泡性疾病的流行特征比较

病原	主要宿主	传播方式	发病率	带毒动物	主要污染物
口蹄疫病毒	猪、牛、羊、山羊、非洲水牛,有些毒株有严格的宿主	气溶胶,接触污染器械	高	牛、羊、猪、鹿	冻肉、淋巴结、骨髓、奶制品
猪水泡病病毒	猪、人	接触污染器械	中等	猪	长期存在于治愈动物肌肉和腺体
猪水泡性疹病毒	猪及许多海生动物	接触污染器械	中等	猪	肉类
水泡性口炎病毒	马、牛、猪和人	昆虫叮咬、接触	中等到低等	多种动物	无记录

【致病机理】 病毒侵入猪体,扁桃体是最易受害的组织。皮肤、淋巴结和咽后淋巴结可发生早期感染。原发性感染是通过损伤的皮肤和黏膜侵入体内经 2~4 天在入侵部位形成水泡,

以后发展为病毒血症。病毒到达口腔黏膜和其他部位皮肤形成继发性水泡。该病毒对舌、鼻盘、唇、蹄的上皮,心肌、扁桃体的淋巴组织和脑干均有很强的亲和力。上皮病理变化的发生可分为两个过程,一是细胞死亡和由于皮肤棘细胞层松解丧失了结合力;二是细胞内水肿导致上皮细胞的网状变性。

【临床症状】　自然感染潜伏期一般为 2～5 天,有的延至 7～8 天或更长。人工感染最短为 36 h。

临床症状可分为典型、温和型和亚临床型(隐性型)。

1. 典型的水泡病

其特征性的水泡常见于主趾和附趾的蹄冠上。早期临床症状为上皮苍白肿胀,在蹄冠和蹄踵的角质与皮肤结合处首先见到,36～48 h 时水泡明显凸出,里面充满水泡液,很快破裂,但有时维持数天。水泡破后形成溃疡,真皮暴露,颜色鲜红。常常环绕蹄冠皮肤与蹄壳之间裂开。病理变化严重时蹄壳脱落。部分猪的病理变化部因继发细菌感染而形成化脓性溃疡。由于蹄部受到损害而出现跛行。有的猪呈犬坐式或躺卧地下,严重者用膝部爬行。水泡也可见于鼻盘、舌、唇和母猪乳头上。仔猪多数病例在鼻盘发生水泡。体温升高(40～42℃),水泡破裂后体温下降至正常。病猪精神沉郁、食欲减退或停食,肥育猪显著掉膘。在一般情况下,如无并发其他疾病者不引起死亡,初生仔猪可造成死亡。病猪康复较快,病愈后 2 周,创面可痊愈,如蹄壳脱落,则相当长时间后才能恢复。

2. 温和型(亚急性型)

只见少数猪只出现水泡,病的传播缓慢,症状轻微,往往不容易被察觉。

3. 亚临床型(隐性感染)

猪感染后没有出现临床症状,但可产生高滴度的中和抗体。据报道,将一头亚临床感染猪与其他 5 头易感猪同圈饲养,10 天后有 2 头易感猪发生了亚临床感染,这说明亚临床感染猪能排出病毒,对易感猪有很大的危险性。

水泡病发生后,约有 2% 的猪发生中枢神经系统紊乱,表现向前冲、转圈运动,用鼻摩擦、咬啮猪舍用具,眼球转动,有时出现强直性痉挛。

【病理变化】　特征性病理变化表现为蹄部、鼻盘、唇、舌面、乳房出现水泡,水泡破裂,水泡皮脱落后,暴露出创面有出血和溃疡。个别病例心内膜上有条状出血斑。其他内脏器官无可见病理变化。组织学病理变化为非化脓性脑膜炎和脑脊髓炎,大脑中部病理变化较背部严重。脑膜含有大量淋巴细胞,血管嵌边明显,多数为网状组织细胞,少数为淋巴细胞和嗜伊红细胞。脑灰质和白质出现软化病灶。

【诊断】　临床症状无助于区分猪水泡病、口蹄疫、猪水泡性疹和猪水泡性口炎,因此必须依靠实验室诊断加以区别。该病与口蹄疫区别更为重要,常用的实验室诊断方法有下列几种:

1. 生物学诊断

将病料分别接种 1～2 日龄和 7～9 日龄乳鼠,如 2 组乳鼠均死亡者为口蹄疫;1～2 日龄乳鼠死亡,而 7～9 日龄乳鼠不死者,为猪水泡病。病料经在 pH 3～5 缓冲液处理后,接种 1～2 日龄乳鼠死亡者为猪水泡病,反之则为口蹄疫。或以可靠的猪水泡病免疫猪或病愈猪与发病猪混群饲养,如两种猪都发病者为口蹄疫。

2. 反向间接血凝试验

用口蹄疫 A、O、C 型的豚鼠高免血清与猪水泡病高免血清抗体球蛋白(IgG)致敏经 1% 戊二醛或甲醛固定的绵羊红细胞,制备抗体致敏红细胞与不同稀释的待检抗原,进行反向间接血凝试验,可在 2～7 h 内快速区别诊断猪水泡病和口蹄疫。

3. 补体结合试验

以豚鼠制备的诊断血清与待检病料进行补体结合试验,可用于猪水泡病和口蹄疫的鉴别诊断。

ELISA 用间接夹心 ELISA,可以进行病原的检测,目前该方法逐渐取代补体结合试验。

4. 荧光抗体试验

用直接和间接免疫荧光抗体试验,可检出病猪淋巴结冰冻切片和涂片中感染细胞,也可检出水泡皮和肌肉中的病毒。

5. RT-PCR

可以用于区分口蹄疫和猪水泡病。

【防制】

猪感染水泡病病毒 7 天左右,可在猪血清中出现中和抗体,28 天达高峰。因此用猪水泡病高免血清和康复血清进行被动免疫有良好效果,免疫期达 1 个月以上,为此在商品猪大量应用被动免疫,对控制疫情扩散、减少发病率会起到良好作用。用于水泡病免疫预防的疫苗有弱毒疫苗和灭活疫苗,但由于弱毒疫苗在实践应用中暴露出许多不足,目前已停止使用。灭活疫苗安全可靠,注苗后 7～10 天即可产生免疫力,保护率在 80% 以上,免疫期在 4 个月以上。用水泡皮和仓鼠传代毒制成灭活苗有良好免疫效果,保护率为 75%～100%。

防止病原由疫区向非疫区扩散是控制猪水泡病的重要措施,尤其是应注意监督牲畜交易和转运的畜产品。运输时对交通工具应彻底消毒,屠宰下脚料和泔水经煮沸方可喂猪。

加强检疫,在收购和调运时,应逐头进行检疫,一旦发现疫情应按照我国动物防疫法中相关规定立即向主管部门报告,按早、快、严、小的原则,采取封锁、隔离、扑杀、销毁、消毒、无害化处理、紧急免疫接种等强制性措施,迅速扑灭疫病。对疫区和受威胁区的猪只,可采用被动免疫或疫苗接种,以后实行定期免疫接种。病猪及屠宰猪肉、下脚料应严格实行无害处理。环境及猪舍要进行严格消毒,常用于该病的消毒剂有过氧乙酸、复合酚、氨水和次氯酸钠等。福尔马林和苛性钠的消毒效果较差,且有较强腐蚀性和刺激性,已不广泛应用。

【公共卫生】

猪水泡病与人的柯萨奇 B5 病毒密切相关,实验人员和饲养员因感染 SVDV 而得病,临床症状与柯萨奇 B5 病毒感染相似。近年来一些研究者指出,SVDV 感染后,小鼠、猪和人都有程度不同的神经系统损害,因此实验人员和饲养员均应小心处理这种病毒和病猪,加强自身防护。

第九节　猪圆环病毒病

猪圆环病毒 2 型(*Porcine circovirus type 2*,PCV2)为猪圆环病毒病(porcine circovirus associated disease,PCVAD)的主要病原,能够引起包括断奶仔猪多系统衰竭综合征(PMWS)在内的一系列疾病。1991 年,该病首次在加拿大暴发,以断奶仔猪为主,主要的临床症状为呼吸急促或困难、腹泻、贫血和进行性消瘦。病理组织学观察发现有明显的淋巴组织病变,严重影响了猪的生长发育,Nayar 等 1997 年从患病猪体内分离到 PCV2,并用分离毒株试验感染悉生猪和普通猪,产生了与自然感染 PMWS 病例相一致的临诊症状,因此确认 PCV2 为 PMWS 的病原。随后欧洲和亚洲多个国家纷纷报道了 PMWS 在本国的发生和流行,使得 PMWS 成为了世界范围内广泛存在并流行的一种疾病。2000 年,我国学者通过血清学调查首次证实了包括北京在内的多个地区猪群中均存在 PCV2 抗体;并于 2001 年证明由 PCV2 引起的 PM-WS 南方地区开始流行;2002 年,我国各地区规模化养猪场均暴发了 PMWS,给我国养猪业造成了严重的经济损失。目前,该病已经在全世界范围内呈流行性趋势成为危害养猪业的重要疾病之一。PCV2 可导致猪群产生免疫抑制,而且其常与猪繁殖与呼吸综合征病毒(PRRSV)、猪细小病毒(PPV)等混合感染或继发细菌及支原体感染,使患病猪病情加重,死亡率升高。

【病原】 猪圆环病毒(*Porcine circovirus* ,PCV)为 DNA 病毒,属于圆环病毒科圆环病毒属,该病毒属除了 PCV 以外,还包括近年来发现的多种导致畜禽及鸟类免疫系统损伤的病毒,主要包括鹦鹉喙羽病病毒(*Beak and feather disease virus* ,BFDV)、金丝雀圆环病毒(*Canary cirovirus* ,CaCV)、鹅圆环病毒(*Goose circovirus* ,GCV)、鸽圆环病毒(*Pigeon circovirus* ,PICV)等。

PCV 粒子直径约为 17 nm,主要由衣壳蛋白(Capsid,Cap 蛋白)和病毒核酸组成,无囊膜,最外层为 Cap 蛋白,呈二十面体对称。基因组由单股闭合环状 DNA 构成。根据 PCV 对猪的致病性、抗原性及核苷酸序列的差异,将其分为 2 个基因型,即猪圆环病毒 1 型(PCV1)和猪圆环病毒 2 型(PCV2)。PCV1 首先于 1974 年由德国人 Tischer 等从多株连续传代的 PK-15 细胞中发现,后证明该病毒来源于当初制备 PK-15 细胞的猪肾组织。PCV2 在 1996 年首次出现于加拿大西部的 PMWS 病猪中并被分离出来,该病毒能够引起仔猪的多种疾病,并在世界范围内广泛流行,给世界各国的养猪业的发展造成了严重的影响。PCV1 基因组全长 1 759 bp,PCV2 基因组全长 1 768 bp 或 1 767 bp。PCV1 与 PCV2 之间的核苷酸序列相似性低于 80%,而 PCV2 同一基因型内部各毒株核苷酸序列同源性均在 96% 以上。根据 PCV2 基因组序列的差异可将其进一步分为 PCV2a、PCV2b、PCV2c、PCV2d 四种亚基因型,其中 PCV2a 和 PCV2b 亚型是目前世界各地流行的主要基因亚型。我国存在 PCV2a、PCV2b、PCV2d 三个亚基因型。PCV 感染细胞后,基因组进入细胞,依赖于宿主细胞的基因复制体系来合成自身的基因组。因此 PCV 适于在增殖能力强、处于有丝分裂期的宿主细胞中复制,其 DNA 复制依赖细胞在 S 期表达的细胞蛋白。PCV2 可以在 PK-15 细胞上增殖,但不产生细胞病变(CPE),病毒在感染细胞的细胞核和胞浆内集聚,主要是以胞浆内包涵体的形式存在,圆形或卵圆形的胞浆内包涵体主要分布于细胞核的周围;核内包涵体也可见于少数染毒细胞内。用 D-氨基葡萄糖处理接种病毒的细胞有助于病毒的增殖。

PCV2 是引起猪只免疫抑制的病原,病毒能够感染多种抗原递呈细胞(Antigen presenting cell,APC),并在细胞中进行复制和繁殖,降低机体中 APC 的抗原递呈能力,从而抑制机体对各种入侵的病原体的抵抗能力。另外,PCV2 感染 APC 后,能够在细胞中长期持续存在,并随着细胞的复制进行病毒基因组的复制,而且不引起感染细胞的死亡。PCV2 感染 APC 后,被 APC 吞噬 PCV2 后并不影响 MHC I 和 MHC II 类分子、CD80/80L,CD25 等细胞表面表达与免疫相关的抗原。PCV2 也可感染 B、T 淋巴细胞,破坏淋巴细胞,降低 T、B 淋巴细胞的数量,进而降低机体体液和细胞免疫反应能力。从病理变化中观察,PCV2 能够感染猪的淋巴结,导致淋巴组织中淋巴细胞的缺失,组织中出现巨噬细胞聚集及浸润,而且能够在巨噬细胞的细胞浆中形成包涵体。已有的动物实验表明,PCV2 单独感染试验猪后只能够引起猪体轻微的病理组织学损伤,如淋巴结出血,不能够引起显著临床变化。然而,如果与其他病原体如 PPV、PRRSV、猪伪狂犬病毒(PRV)等共感染或混合感染,则可能会出现明显的临床症状及组织病理学损伤,甚至出现典型的 PMWS 症状,因而 PCV2 与多种病原体在临床中的混合感染有可能是导致 PCV2 引起疾病的重要原因。

PCV 有自己独特的理化特性,利用氯化铯密度梯度离心测定发现 PCV 的浮密度为 1.37 g/mL,其沉降系数为 52 S,分子量为 5.8×10^2;此外,该病毒粒子虽无囊膜,但对外界环境的抵抗力较强,在酸性环境中可以存活较长时间;对有机溶剂如氯仿等抵抗性强,但对苯酚、季铵盐类化合物、氢氧化钠和氧化剂等较敏感。在 56℃ 高温环境中,病毒能够长时间保持活性,在 72℃ 持续存在 15 min 才能被灭活。PCV 无血凝性,不能凝集牛、羊等多种动物以及人类的红细胞。

【流行病学】 自然条件下,猪是 PCV2 的主要宿主,不同种类、年龄、性别的猪均可感染,尤其是断奶仔猪的感染率最高,发病猪和隐性感染带毒猪是主要的传染源。PCV2 感染猪后,可以在猪群中进行水平传播,亦可垂直传播,由带毒母猪感染给仔猪。PCV2 感染猪后,最易导致 PMWS 病猪的发生,以断奶仔猪为主尤其是 5～12 周龄最为常见。PCV2 的感染一般在仔猪断奶后 2～3 天或 1 周左右开始发病,一般 PMWS 发病猪的死亡率较低,急性感染的死亡率仅为 10% 左右。然而,PCV2 感染猪群后,发病猪群的免疫力显著下降,常常会引起其他细菌或病毒的继发感染,大大增加发病猪的死亡率,可高达 50% 以上。猪群在感染 PCV2 后未死亡的猪易成为隐性感染猪,隐性感染猪往往携带 PCV2 病原体,同时存在 PCV2 的抗体,在 PCV2 的再次感染时发病率和死亡率都会降低。相对于 PMWS,PDNS 主要发生于年龄偏大猪群,一般是保育和生长育肥猪,保育猪的抵抗力较断奶仔猪强,感染 PCV2 后,一般呈散发的流行状态,且死亡率低。另外,PCV2 感染还可以引起的母猪的繁殖障碍,主要感染者为初产的后备母猪和新建的种猪群。

【致病机制】 在 PCV2 单独感染猪时,其临床症状和病理变化不典型或比较轻微。然而,当与 PRRSV、PPV 等病原混合感染时,PMWS 感染猪会出现明显的临床症状和病理组织学损伤。越来越多的研究表明,PCV2 感染可显著抑制猪的免疫功能。在 PMWS 病例中,猪体内外周血单核细胞和未成熟粒细胞显著增加,然而 $CD4^+$ T 细胞和 B 细胞的数量明显减少,也就是说 PMWS 病猪的细胞和体液免疫能力受到显著影响,而使机体无法产生有效的免疫应答。另外,由于养殖场中环境复杂,一些细菌和病毒与 PCV2 有可能会同时存在,它们也会对 PCV2 的致病性起到协同作用。除了病原体,环境变化、免疫刺激及其他应激因素的存在也是促进 PCV2 感染猪群的原因之一。研究证明,PCV2、PRRSV 和 PPV 具有相同的靶细胞,即单核/巨噬细胞,靶细胞在感染了 PRRSV 或 PPV 之后被迅速活化,从而使得 PCV2 感染后处于有丝分裂期的靶细胞的复制能力明显增强,加强了 PCV2 的致病性。免疫刺激对 PMWS 的发生具有重要作用,在 PCV2 感染严重的猪体内常出现显著的淋巴组织病变,如淋巴组织出血、淋巴细胞亚群的比例发生变化,甚至淋巴细胞缺乏,导致在其他病原感染的情况下,感染猪不能产生有效免疫应答,清除相应的病原体。

具有感染性的 PCV2 DNA 感染性克隆的成功构建为 PCV2 在 PCVAD 及其感染所特有的临床表现和病理变化提供了有力支持。构建成功的 PCV2 的 DNA 感染性克隆毒株具有纯度高、均一性好的特点,最主要的是它和 PCV2 的病毒粒子具有同样的致病性。将 PCV2 的感染性克隆毒株接种到动物体内,并通过分子水平的遗传操作可以判定其生物学效应上的遗传变化。2005 年,法国一研究小组发现,将 PCV2 的感染性克隆毒株接种于 SPF 猪能够使得 SPF 猪出现 PCV2 病毒粒子感染引起的 PCVAD,证实了 PCV2 是引发 PCVAD 的主要病原。对带毒猪和发病猪体内的 PCV2 的病毒载量进行定量分析发现,带毒猪病毒感染的细胞数量似乎总是低于发病猪体内相对的细胞数量,这可能是由于猪体内的病毒载量达到一定量后才能够出现相应的临床症状及病理变化。虽然 PCV2 是引发 PMWS 的直接原因,但是众多实验结果表明,其他致病因子在该疾病发生中也具有重要的协同效应,这就很好地解释为什么很多猪场中 PCV2 的血清抗体呈阳性,但猪群却没有发生病。

【临床症状】 PCV2 感染猪后潜伏期较长,既可以在胚胎期或出生早期感染,也可以在断奶后陆续出现临床症状。PCV2 的感染能够引起以下多种病症:

1. 断奶仔猪多系统衰竭综合征(PMWS)

加拿大 Harding 和 Clark 首次于 1991 年报道 PCV2 很可能与 PMWS 的发生有关。之后在 1997 年从 PMWS 病猪体内分离得到 PCV2 病毒,证实了 PCV2 是 PMWS 的主要病原。随后,在德国、爱尔兰、韩国等全世界多个国家也报道了该病的发生。Magar 等利用间接免疫荧光的方法对加拿大 1985 年、1989 年、1997 年收集的猪血清进行检测,结果发现在 1985 年 PCV2 血清抗体就呈阳性,表明在 PMWS 首次报道的 10 年前,PCV2 已经在加拿大猪群中流行。PMWS 的大规模流行直至 20 世纪 90 年代后期才发生。PMWS 主要发生在断奶之后的猪群中,多发于 60～120 日龄的猪只。临床症状主要表现为呼吸困难、皮肤苍白、进行性消瘦、腹泻。病理组织学变化主要为淋巴结肿大和黄疸。PCV2 感染猪群后,猪只的发病率和死亡率均不高,急性发病时死亡率也仅在 10% 左右。然而,并发或继发细菌、病毒感染会大大增加感染 PMWS 猪只的死亡率。由 PCV2 单一因素引起的 PMWS 仅占 15%。PMWS 易与 PRRSV、SIV、PPV、副猪嗜血杆菌及猪链球菌等多种病原体混合感染,造成严重的临床损伤及死亡率。此外,各类环境因素包括饲养条件不同日龄的猪混养以及其他因素的存在都可能使病情恶化。很多情况下,PCV2 呈隐性感染,在未表现 PMWS 的临床及组织学损伤特征的猪体内,也能分离得到 PCV2 病毒。

2. 猪皮炎与肾病综合征(PDNS)

PDNS 是一种免疫系统紊乱引起的血管疾病,主要病理变化在皮肤和肾脏。Smith 和 White 首次报道了该病的发生并证实了其病原体是 PCV2。PDNS 多发生于保育猪和生长肥育猪,呈散发。临床症状主要为皮肤表面出现圆形或不规则的红色或紫色出血点,出血斑点最先出现在猪的后肢及会阴部,随着病情的发展可蔓延至猪的前胸、背部及耳朵等部位。猪发病后症状类似 PMWS,死亡率大约在 20%。剖检后可见肾脏苍白,肿大,表面有瘀斑。

3. 母猪繁殖障碍

近年来世界各地均有 PCV2 引起母猪繁殖障碍的报道,临床症状主要表现为母猪流产,产死胎和木乃伊胎。PCV2 引起的母猪繁殖障碍主要发生在母猪妊娠中后期。有研究证明 PCV2 可经母猪胎盘进行传播,病毒感染妊娠后期母猪并在胎儿体内进行复制。妊娠中期的胎儿容易感染 PCV2,但不同的 PCV2 毒株对胎儿的致病性不存在显著差异。对流产胎儿或死胎进行剖检可发现胎儿心脏水肿、坏死、纤维性心肌炎,病理组织学检查可见淋巴细胞及巨

兽医传染病学・各论

噬细胞浸润。胎儿心脏是病毒复制的最主要器官。

4.猪肉芽肿性肠炎

成年猪感染PCV2后有时能引发猪肉芽肿性肠炎。该病主要发生在40～70周龄猪,临床症状主要表现为腹泻,在发病的前期病猪排出的粪便呈淡黄色,随着时间的延长转为黑色。病理剖检发现猪的大肠和小肠内侧均有肉芽肿性炎症和淋巴细胞浸润,抗生素对该类腹泻不起作用。

5.猪呼吸道综合征(PRDC)

PRDC主要影响16～22周龄的生长肥育猪,临床上主要表现为生长缓慢、饲料利用率低下、精神沉郁、发热及咳嗽等症状。Ellis等从一例猪增生性坏死性肺炎的病例中分离得到PCV2,由此推测PCV2可能是PRDC的主要致病因子。同样,PCV2单纯感染并不能引发PRDC,和其他病原混合感染时才可能引起PRDC的发生,如PRRSV、SIV、猪肺炎支原体(Mhyo)、传染性胸膜肺炎防线杆菌等。有研究表明,在50%被诊断为PRDC的病猪体内同时检测到了PRRSV与PCV2,即可能是PRRSV的感染加剧了PRDC的临床症状。

6.新生仔猪先天性震颤

新生仔猪感染PCV2后全身震颤,无法站立,躺卧后震颤症状减轻,再站立又出现相同的症状。不同仔猪震颤的身体部位不同,有的仔猪仅头颈部,有的仔猪为后躯震颤。病情轻的仔猪可运动,仍体温、脉搏和呼吸均无明显变化,经数小时或数日会自愈。该病只通过垂直传播的途径由感染母猪传播给仔猪,不能在仔猪之间水平传播。

【病理变化】 PCV2感染猪的病理剖检变化主要为淋巴组织以及其他部位的淋巴细胞、滤泡性树状细胞和吞噬细胞内出现PCV2病毒粒子的积累,进而发生间质性肺炎、淋巴结病等。随着病程的进行,肝脏、胰腺、肾脏、大脑、肠道和皮肤也会发生病变。剖检后全身多处淋巴结肿大,肺脏有橡皮样硬块,会出现水肿和炎症,同时其他组织也会出现不同程度的炎症反应。在PMWS症状出现的早期,肺脏会出现弥散或局灶性间质性肺炎,慢性感染病例中会出现多个肉芽肿性间质性肺炎病灶,病灶中存在大量巨细胞和多核合胞体细胞。同时,气管内上皮细胞会出现不同程度的脱落,在气管腔道中可发现中性粒细胞。发生PMWS的猪只一般出现回肠、脾脏、扁桃体和淋巴结多种淋巴组织的损伤,其中以盲肠壁固有层和淋巴器官为特征性病变。病理组织学可观察到感染的早期淋巴组织出现T细胞区域扩大化、B细胞滤泡消失等现象,淋巴结可见多灶性凝固性坏死,嗜酸性核内包涵体出现于坏死细胞内。肝、肾和胰等也存在淋巴细胞不同程度的浸润、实质细胞变性等现象。

【诊断】 仅通过观察病猪临床症状和病理解剖学变化难以确诊,对猪圆环病毒病的确诊需要依靠实验室诊断方法,主要包括病原学及血清学诊断技术。

1.临床诊断要点

PMWS主要发生断奶仔猪,一般为5～12周龄,仔猪在断奶前无明显的临床症状。在PCV2感染的一定时期内,猪场中断奶仔猪同时发生咳嗽等呼吸道症状和腹泻等消化道症状。抗生素对病情的治疗效果不佳,病程持续时间较长的猪只会出现生长发育迟缓、体重下降,皮肤苍白或黄疸等临床症状。PCV2感染猪死亡后剖检可观察到全身多处淋巴结肿胀,出血。淋巴结切面呈暗红色或灰黄色;脾脏和肺脏肿胀轻度肿胀且肺间质增宽,其表面散在有大小不均一的褐色实变区。

238

2.实验室诊断

（1）病毒的分离和鉴定　传代猪肾细胞（无 PCV 污染的 PK15 细胞）最常用于 PCV2 的分离。死亡猪的肺脏、淋巴结、肾脏、血清等均可以作为 PCV2 病原的分离材料。由于 PCV2 在 PK15 细胞中不能产生典型的细胞病变，因此病料只能通过在细胞上盲传 1～3 代后用分子生物学和血清学方法对进行 PCV2 进一步的鉴定。

（2）病毒的检测　可采用分子生物学试验方法对病毒的抗原进行检测，例如 PCR 间接免疫荧光试验等。

（3）抗体检测　可采用血清学试验方法对 PCV2 的抗体水平进行检测，例如酶联免疫吸附试验（ELISA）、间接免疫荧光抗体技术等。但由于 PCV1 与 PCV2 同源性较高，两种亚型抗原之间存在交叉反应，因此需要制备 PCV2 特异性的单克隆抗体，或者特异性的重组抗原才能够满足建立特异性血清学实验方法的需要。

【防制】

由于该病的发病机制还有许多未知因素，因而尚无特异性治疗措施。随着疫苗的成功研制，应该采取以免疫预防为主的综合防控措施。目前国内外已有多种可用于 PCV2 防制的灭活疫苗及亚单位疫苗，除了适时进行免疫预防外，加强饲养管理至关重要，主要措施为加强环境消毒和饲养管理，减少仔猪应激反应；控制继发感染，做好 PRRSV、PPV、PRV、猪气喘病、传染性胸膜肺炎等其他疫病的综合防制等。

❓ 思考题

1.猪圆环病毒病的种类及临床症状有哪些？
2.控制圆环病毒病为何要对多种疾病进行同时防制？

第十节　猪腺病毒感染

猪腺病毒感染（porcine adenovirus infection）大多数无临床症状，但有时也可引起脑炎、肺炎、肠炎、肾病理变化或呼吸道疾病。1964 年美国首次从腹泻仔猪直肠拭子中分离到猪腺病毒，1966 年从患脑炎的仔猪脑中分离到腺病毒，此后从各种病料中都分离到该病毒。血清学调查表明，猪的腺病毒感染分布广泛，可能是到处存在。根据中和试验迄今共发现 6 个血清型，其中血清 4 型分布最为广泛，且能凝集多种动物的红细胞。

【病原】　猪腺病毒的基本特性与腺病毒科的其他成员相似。它们在 pH 4 或用氯仿或乙醚处理时稳定，并且是相对耐热的，但很多常用消毒剂可使之灭活。猪腺病毒可在猪原代肾细胞和某些猪传代细胞系中生长并产生细胞病理变化。猪腺病毒带有哺乳动物腺病毒群特异抗原，可用琼脂扩散和补体结合试验查出。

猪腺病毒可能通过粪经口传播，但也可能发生传染性气溶胶的吸入感染。断奶后的猪在粪中排毒最常见。成年猪很少排毒，但常有高水平血清抗体。吮乳仔猪通常得到母源抗体保护。

【临床症状】　不明显。1966 年从猪脑组织中分离的 4 型标准毒株感染后可使患猪表现为厌食、肠炎、运动失调、肌肉痉挛等，4 型的其他毒株则是从有呼吸道和消化道临床症状的病猪分离得到。5 型毒株从有呼吸道类感冒的育肥猪中分离得到。6 型毒株从出生不久就死亡的仔猪脑中分离得到。其他血清型的猪腺病毒可从有下痢临床症状的猪分离得到。但是从临床正常的仔猪粪便中也常可分离到腺病毒。猪腺病毒各血清型人工感染比较一致的临床症状是下痢,虽然人工感染也可引起脑炎、肺炎和肾炎,但相关临床病例未见相关报道。

【诊断】 该病诊断依赖于免疫荧光或免疫过氧化物酶染色检测病毒抗原,或进行病毒分离鉴定。病毒学诊断可将含毒材料接种细胞培养物,有些毒株需盲传几代才能产生细胞病理变化。

【防治】

目前,尚无特异的防制方法。利用重组猪腺病毒作为疫苗活载体的研究十分活跃。

第十一节　猪肠病毒感染

猪肠道杯状病毒(*Porcine enteric caliciviruses*)最早在美国和英国发现于断奶猪和哺乳仔猪的腹泻粪便,后来被荷兰、匈牙利和日本确认。该病毒与人类胃肠炎中的杯状病毒、牛肠道疾病中诺沃克病毒属的杯状病毒相对应,在猪肠道疾病中可能发挥着重要作用。

【病原】 猪肠道杯状病毒感染是杯状病毒科的某些病毒引起的胃肠炎。杯状病毒科至少可分为诺瓦病毒属(*Norovirus*),札幌病毒属(*Sapovirus*),水泡疹病毒属(*Vesivirus*)和兔病毒属(*Lagovirus*)。水泡疹病毒属和兔病毒属病毒在动物上主要引起出血性、呼吸性和水泡性疾病。诺瓦病毒属的诺瓦病毒(*Norwalk virus*)和札幌病毒属的札幌病毒(*Sapporo virus*)引起主要人和动物胃肠道炎症。基于 RNA 聚合酶序列,札幌病毒可分为 G I 到 G V 等 5 个基因群,G I 、G II 、G IV 和 G V 群可引起人的感染,G III 群能感染猪。基于 VP1 序列,诺瓦病毒可分为 G I 到 G V 等 5 个基因群,并可进一步划分为 29 基因簇,G1 群可分 8 个,G2 群可分 17 个,G3 群可分 2 个,G4 和 G5 各有 1 个。人诺瓦病毒主要属于 G I 、G II 和 G IV 群,猪诺瓦病毒主要属于 G II 群。

猪札幌病毒 PEC/Cowden 株具有杯状病毒典型的形态学特征。病毒粒子直径约 35 nm,基因组为 RNA,与人类的札幌病毒相似。抗原性上与猪疱疹病毒、猫杯状病毒无关。札幌病毒 PEC/Cowden 只在包含肠内容物培养基的原代和传代猪肾细胞上才能生长。胆汁酸通过影响蛋白激酶 A 细胞信号途径而使该种病毒生长。实验猪通过静脉注射和口服途径感染可导致疾病的发生和肠道的损伤。猪诺瓦病毒目前尚无分离培养,其理化特性和生物学特性尚不清楚。

腹泻猪群中该病毒抗体阳性率较高,但猪肠道杯状病毒和自然疾病关系尚不十分明确,自然感染传播途径可能通过口腔-粪便传播。病毒种属特异性还没有确定。

猪札幌病毒口腔感染潜伏期一般为 2～4 天,腹泻症状持续 3～7 天。肠道病变包括十二指肠和空肠绒毛的缩短、变钝、融合或者是消失。电镜观察肠上皮细胞被不规则的微绒毛所覆盖。隐窝细胞增生,绒毛与隐窝比例减小,上皮细胞胞浆空泡变性。固有层多核细胞和单核细胞浸润。与其他的肠道病毒性病原体(如轮状病毒)所致的肠道病变难以区别。

【诊断】 实验室诊断依靠 RT-PCR 检测猪札幌病毒和诺瓦病毒。ELISA 方法可用于检测抗体。该病防控主要依靠综合性措施。猪群中消除或阻止小猪的自然感染比较困难。母源抗体可以提供新生仔猪保护作用。严重感染病例，口腔补液有一定效果。

第十二节　猪血凝性脑脊髓炎

猪血凝性脑脊髓炎(porcine hemagglutinating encephalomyelitis)是由血凝性脑脊髓炎病毒引起的猪的急性传染病，临床上又分为两种类型：脑脊髓炎及呕吐消耗病(VWD)。新生仔猪通常可从初乳中获得母源抗体而得到被动保护。1962 年加拿大首次从患脑脊髓炎哺乳仔猪的脑组织中分离到病毒，1971 年将其归类为冠状病毒。该病毒呈世界性分布，但以亚临床感染为主。1993 年中国台湾首次从 30～50 日龄有中枢神经疾病症状的病猪体内分离到病毒。2010 年我国大陆也分离到该病毒我国少有报道。

【病原】　猪血凝性脑脊髓炎病毒(*Hemagglutinating encephalomyelitis virus*，HEV)属冠状病毒科(*Coronaviridae*)冠状病毒属(*Coronavirus*)。病毒粒子为球形，直径 120 nm，有囊膜，囊膜表面的棒状突起排列如日晕。氯化铯中的浮密度为 1.21 g·mL^{-1}。基因组为正链单股 RNA，编码 5 种病毒蛋白。病毒虽可引起不同临床症状，但只有 1 个血清型。它与牛冠状病毒、火鸡肠道冠状病毒、人呼吸道冠状病毒 OC43、小鼠肝炎病毒、火鸡肠道冠状病毒等有抗原关系。病毒具有两种病毒相关血凝素：血凝素-脂酶(HE)和 S 蛋白。病毒能自发凝集鸡、小鼠、大鼠、仓鼠鸡和其他几种动物的红细胞，并有血吸附现象。

该病毒能在猪肾、甲状腺、胎肺、睾丸等原代细胞、PK-15、IBRS2 和 SK 等细胞系增殖，并形成蚀斑，但对非猪源细胞系不易感。猪是 HEV 的自然宿主，但是可以人工感染实验小鼠和大鼠。病毒在小鼠体内有嗜神经性，其易感性与年龄和接种途径有关。

该病毒在 pH 4～10 稳定，对热中度敏感，56℃ 30 min 病毒感染性全部丧失。该病毒对脂溶剂(包括脱氧胆汁酸钠)均敏感。

【流行病学】　猪是 HEV 唯一的自然宿主，感染很普遍，一般呈现隐性感染。很多国家国外采用血凝抑制试验和病毒中和试验进行血清学调查，育肥猪的血清抗体阳性率 31%～82% 较高，但是，大多数为亚临床感染无明显经济学意义，因此，经济意义不太大。该病传染源为带毒猪和病猪，经口、鼻感染，实验条件下，3 周龄以内的非免疫猪以口鼻途径接种病毒后出现临床症状，包括急性脑脊髓炎和慢性 VWD，其严重程度与分离株毒力和猪个体易感性有关。成年猪不易感，母源抗体对哺乳仔猪有保护作用。

【临床症状】　该病潜伏期 4～7 天。该病临床上有急性脑脊髓炎和呕吐消耗病两种表现类型，主要发生于 3 周龄以内的仔猪，较大的猪偶尔发病。从第一窝仔猪发病到疾病停止一般为 2～3 周。猪感染后体内存在血清中和抗体和血凝抑制抗体。

1.呕吐消耗病

暴发初期体温升高，打喷嚏，咳嗽，反复干呕和呕吐。病猪常挤堆，弓背，苍白、倦怠、磨牙、咽麻痹，因长时间呕吐及摄食减少导致便秘和体质迅速下降。初生仔猪几天后就会严重脱水，表现呼吸困难，发绀，陷入昏迷状态而死亡。较大的猪食欲消失，很快消瘦，仍有呕吐，持续数周直到饿死。同一窝猪死亡率达 100%，而幸存者成为僵猪。

2.脑脊髓炎

猪龄越小，临床症状越严重。患猪全身肌肉颤动和神经质，步态蹒跚，往后退行。逐渐虚弱，不能站立，四肢呈划桨状，鼻和蹄发绀，也可能出现失明、角弓反张及眼球颤动现象。最后病猪虚脱、倒卧和呼吸困难，大部分病例昏迷而死。VWD暴发后1～3天，也可出现严重脑脊髓炎症状，致死率可达100%。

【病理变化】 HEV感染唯一有意义的肉眼病理变化是有些慢性病猪的胃扩张，里面充满气体，腹部膨胀。急性病猪在扁桃体、神经系统、呼吸系统和胃有显微变化。扁桃体病变特征是隐窝上皮变性和淋巴细胞浸润。70%～100%呈现神经症状和20%～60%显示VWD的猪有非化脓性脑脊髓炎，以血管周围袖套、胶质细胞增生和神经元变性为特征。肺和胃的变化仅见于VWD。

【诊断】 该病临床上很难诊断，需与捷申病（Teschen disease）和伪狂犬病鉴别。后两种病造成脑脊髓炎的临床症状通常要比HEV感染更严重，并且不但在仔猪中出现，在较大的猪群中也出现。发生伪狂犬病时的典型症状是大猪表现呼吸症状，母猪表现流产。该病确诊依赖于实验室诊断。

采集刚出现症状的仔猪扁桃体、脑和肺脏，制备组织匀浆接种原代PK细胞、猪次代甲状腺细胞或者猪的其他细胞系，盲传1～2代，当产生合胞体、血吸附和血凝作用，采用血清学和分子生物学方法进行病毒鉴定。发病2天以上的猪很难分离到病毒。抗体检测方法有中和试验和血凝抑制试验，但由于病毒的亚临床感染很普遍，其诊断的意义不大。

【防制】

因为HEV普遍存在，绝大多数仔猪均能从母猪获得母源抗体的保护，临床症状只发生在那些母猪未感染HEV所生的仔猪。所以让母猪在第一次生产时就已经处于免疫状态，使仔猪得到保护，是防制该病的有效措施。具体做法是使后备母猪在配种前获得感染。

第十三节　猪水泡性疹

猪水泡性疹（vesicular exanthema of swine, VES）是由病毒引起猪的一种中度接触性传染病，以水泡疹为特征。海生动物如海狮、海豹等是猪水泡性疹病毒（VESV）的天然宿主。1932年发现于美国，1959年美国宣布消灭猪水泡性疹，世界其他国家尚无此病。

【病原】 猪水泡性疹病毒属于嵌杯状病毒科（Caliciviridae）水泡疹病毒属（Vesivirus）。病毒粒子为35～40 nm，表面有纤突状构造物，具有独特的杯状结构，基因组为单股正链RNA。

【诊断】 该病的临床症状和病理变化与口蹄疫、水泡性口炎和猪水泡病相似，在临床上很难区别。鉴别诊断可以取水泡液和水泡皮作补体结合试验和ELISA法作出区别，也可采用接种动物，将病料接种乳鼠或乳仓鼠，若是猪水泡性疹则不发病，而口蹄疫、水泡性口炎和猪水泡病均感染发病。

【病理变化】 主要在口腔、鼻腔的复层鳞状黏膜、脚、乳头、四肢受力点、趾间、眼睑及冠状带周围形成。开始是小面积变白，进而形成苍白隆起，上皮与基底层分离，形成一个有破裂上皮碎片的红色病灶。由于水泡通常在承受压力的部位形成，因此，水泡很快破裂，留下红色病理变化。进而有细菌继发感染，导致跛行。

【防制】

应严格做好口岸检疫防止该病传入。将潲水煮熟喂猪。用水泡皮组织制备灭活苗进行免疫接种,免疫期可达 6 个月。注射康复猪血清有一定疗效。

猪的细菌性传染病

第十四节　猪丹毒

猪丹毒(erysipelas suis)也叫"钻石皮肤病"(diamond skin disease)或"红热病"(redfever),是由猪丹毒杆菌引起的一种急性、热性传染病,是猪传染病中重要而古老的病种之一。该病主要侵害架子猪,特征性病理变化为急性型的败血症变化、亚急性型的特征性疹块以及慢性型的关节炎、心内膜炎和皮肤坏死。

1882 年 *Pasteur* 首先从猪丹毒病猪体内分离到丹毒杆菌,随后猪丹毒广泛流行于世界各地,包括我国许多地区。人通过创伤也可感染,称为类丹毒,以与链球菌感染人所致的丹毒相区别。我国农业部把该病列入二类动物疫病。

【病原】 红斑丹毒丝菌(*Eryselothrix rhusiopathiae*)俗称丹毒杆菌,属于丹毒杆菌属(*Eryspelothrix*),是一种纤细的小杆菌,不运动,不产生芽孢,无荚膜,革兰氏染色阳性。该菌为微需氧菌,在血琼脂或血清琼脂上生长较佳。现已确认有 25 个型(即 1a、1b、2～22、N 型),我国主要为 1a 和 2 型。在急性病例的组织触片或血涂片中,可见到单个、成对或丛状菌体聚集。从慢性猪丹毒心瓣膜疣状物中分离到的病原菌,为粗糙型的菌体,常呈中等长度的链状或长丝状不分枝。

该菌微需氧或兼性厌氧菌。在普通培养基中生长不良,在含有少量血清或血液或葡萄糖的培养基内生长旺盛,在含有酪蛋白、明胶核黄素、皂海苷的特殊培养基中生长最佳。

在含有 5%～10%健康动物血清(马、牛或羊血清)的马丁琼脂平板培养 24～36 h,菌落呈透明露滴状,针尖大小、蓝灰白色、边缘整齐,菌落中心似颗粒状堆集。

在血液琼脂平板上经 24～48 h 培养,由于菌体形态不同,可形成光滑型(S)和粗糙型(R)两种菌落。光滑型菌落圆凸、边缘整齐、光滑透明的针尖大露珠样小菌落(24 h),菌落周围形成狭窄的绿色溶血环。粗糙型培养 48 h 后,菌落大而厚、边缘不整齐、表面颗粒状的灰暗色菌落。由慢性病猪或带菌猪分离到的细菌,其菌落为粗糙型、表面粗糙、边缘不整齐、镜检菌体呈长丝状。在麦康凯琼脂上不生长。

猪丹毒杆菌在明胶高层培养基穿刺时,生长特殊,在 18℃培养 3～4 天,沿穿刺线向侧方呈"试管刷状"生长。在明胶平板上生长的菌落很小,呈云雾状无明显的结构。

不同血清型的菌株致病力不同,1a、1b 的致病力最强,从急性败血型猪丹毒病例中分离的猪丹毒杆菌约 90%为 1a 型。我国主要为 1a 和 2 两型,即迭氏的 A、B 型。A 型菌株毒力较强,可作为攻毒菌种;B 型菌株常见于关节炎病猪,毒力较 A 型弱,而免疫原性较好,可作为制疫苗的菌种。灭活苗应以 B 型菌种为主,否则免疫力欠佳。至于弱毒活疫苗,则 A、B 两型均可应用。致病力不同的菌株其菌落形态也不同,在良好的固体培养基上培养 24 h,毒力强的猪丹毒杆菌的菌落光滑(即 S 型),菌落小,蓝绿色,荧光强;毒力弱的菌落为粗糙型,(即 R 型),菌落大,土黄色,无荧光;毒力介于上述两型之间的菌落,即中间型呈金黄色,荧光弱。

人工感染猪以皮肤划痕或皮内注射较易成功;滴眼和滴鼻感染更易引发疾病;口服或静脉、肌肉、皮下及腹腔内注射,较难引起疾病。

小鼠、鸽子对该菌最为敏感,兔子的易感性较低,而豚鼠对该菌的抵抗力比较强。

该菌对盐腌、烟熏、干燥、腐败和日光等自然因素的抵抗力较强。在腌制或熏制的肉内能存活 3～4 个月,在土壤中能存活 35 天,在肝、脾中 4℃下保存 159 天,仍有毒力;露天放置 77 天的肝脏,深埋 1.5 m 经 231 天的尸体仍有活菌。该菌在消毒剂如 2% 福尔马林,1% 漂白粉,1% 氢氧化钠或 5% 石灰乳中很快死亡。但对石炭酸的抵抗力较强(在 0.5% 石炭酸中可存活 99 天),对热和直射光较敏感,70℃ 经 5～15 min 可完全杀死。

一般而言,猪丹毒杆菌对青霉素最敏感,对链霉素中度敏感,而对磺胺类、卡那、新霉素有抵抗力。但其具体的抗药性会因地区不同而异。

【流行病学】 该病主要发生于猪,不同年龄的猪均易感,其他家畜如牛、羊、犬、马以及禽类包括鸡、鸭、鹅、火鸡、鸽、麻雀、孔雀等也有病理报告。

病猪和带菌猪是该病的主要传染源,35%～50% 健康猪的扁桃体和其他淋巴结组织中存在此菌。病猪、带菌猪以及其他带菌动物(分泌物、排泄物)排出菌体污染饲料、饮水、土壤、用具和场舍等,经消化道传染给易感猪。该病也可以通过损伤皮肤及蚊、蝇、虱、蜱等吸血昆虫传播。屠宰场、加工场的废料、废水,食堂的残羹,动物性蛋白质饲料(如鱼粉、肉粉等)喂猪常常引起发病。富含腐殖质、沙质和石灰质的土壤特别适宜于该菌的生存,例如在弱碱性土壤中可生存 90 天,最长可达 14 个月,可以构成重要的传递因素之一,因此土壤污染问题在该病的流行病学上有极重要的意义。

细菌主要存在于带菌动物扁桃体、胆囊、回盲瓣和骨髓中,可随粪尿或口、鼻、眼的分泌物排菌,从而污染饲料、饮水、土壤、用具和圈舍等。该病病原菌红斑丹毒丝菌在自然界广泛存在,除猪以外,鱼类、禽类、蟹、虾、龟、鳖等动物也能带菌,并能在富含有机质的碱性土壤中长期生存和繁殖,对环境的抵抗力较强。

易感猪主要经消化道和皮肤创伤感染发病(如人的职业感染),吸血昆虫也能传播该病。猪主要是通过被污染的饲料、饮水等经消化道感染,还可通过拱食土壤感染。经皮肤创伤感染也是感染途径之一。家鼠是猪丹毒的一种传播媒介,经研究发现,蚊虫吮吸病猪的血液后,蚊虫体内也会带有猪丹毒杆菌。

主要感染猪,各种年龄和品种的猪均易感,主要见于育成猪或架子猪,随着年龄的增长,易感性逐渐降低。但 1 岁以上的猪甚至老龄种猪和哺乳仔猪也有发病死亡的报告。由于 35%～50% 健康猪为带菌状态,当猪体受多种因素的影响其抵抗力减弱时,或细菌的毒力突然增强也会引起内源性感染发病,导致该病暴发流行。母猪在妊娠期间感染极易造成流产。

该病在北方地区具有明显的季节性,以 7～9 月的夏秋季节为多发季节,其他月份则零散发生;在气温偏高并且四季气温变化不大的地区,则发病无季节性。环境条件改变和一些应激因素,如饲料突然改变、气温变化、疲劳等,都能诱发该病。我国是猪丹毒流行较广泛的国家。

【临诊症状】 人工感染的潜伏期为 3～5 天,个别为 1 天,长的可延长至 7 天,根据临诊表现可分为 3 型。

1. 急性败血症

在流行初期,有一头猪或数头猪不表现任何症状而突然死亡,接着其他猪相继发病。病猪体温升高达 42～43℃,稽留,虚弱,不愿走动,一旦唤起,行走时步态僵硬或跛行,似有疼痛。站立时背腰拱起。饮水和摄食量明显下降,有时呕吐。结膜充血。粪便干硬呈板栗状,附有黏液,有的后期发生腹泻。严重的呼吸增快,黏膜发绀。部分病猪皮肤潮红,继而发紫,以耳、颈、背等部位较为多见。病程 3～4 天。病死率 80％ 左右,不死者转为疹块型或慢性型。

哺乳仔猪和刚断乳的小猪,一般突然发病,表现神经症状,抽搐,倒地而死,病程多不超过一天。

2. 亚急性疹块型

俗称"打火印"或"鬼打印"其特征是皮肤表面出现疹块。病初少食,口渴,便秘,体温升高至 41℃ 以上;通常于发病后 2～3 天在胸、腹、背、肩、四肢等部的皮肤发生疹块,呈方块形、菱形、偶或圆形,稍突起于皮肤表面,大小约一至数厘米,从几个到几十个不等。初期疹块充血,指压褪色,后期瘀血,紫蓝色,压之不褪。疹块发生后,体温开始下降,病势减轻,经数日以至月余,病猪可能康复。若病势较重或长期不愈,则有部分或大部分皮肤坏死,久而变成革样痂皮。也有不少病猪在发病过程中症状恶化而转变为败血型而死,病程为 1～2 周。

3. 慢性型病例

多由急性和亚急性转变而来,主要表现为慢性疣状心内膜炎、皮肤坏死和浆液性纤维素性关节炎。皮肤坏死一般单独发生,而浆液性纤维素性关节炎和疣状心内膜炎往往在一头病猪身上同时存在。

(1)心内膜炎 病猪体温正常或稍高,消瘦,贫血,食欲不定,喜卧伏,不愿走动。强迫其行走,则举步缓慢,全身摇晃,被毛无光,膘情下降。有轻度咳嗽,呼吸快而短促;听诊时有心杂音、节律不齐、心动过速;可视黏膜呈紫色,四肢和胸部有浮肿。通常由于心脏麻痹而突然倒地死亡。

(2)浆液性纤维素性关节炎 关节炎主要表现为四肢关节(腕、跗关节较膝关节为常见)的炎性肿胀,可能包括一只或多只腿,通常发生于较低的关节,但任何关节都可被影响。初始时,关节肿胀,有热痛。后期病腿僵硬,疼痛,行动困难。以后急性症状消失,而以关节变形为主,呈现一肢或两肢的跛行或卧地不起。病猪食欲如常,但生长缓慢,体质虚弱,消瘦,病程数周至数月。

(3)皮肤坏死 多是由于细菌的繁殖阻塞了皮下的毛细血管,引起血液循环障碍所致,在背、肩、耳、蹄和尾部等处可见。局部皮肤肿胀、隆起、坏死、色黑、干硬、似皮革,逐渐与其下层新生组织分离,犹如一层铠甲。坏死区有时范围很大,可以占整个背部皮肤;有时可在部分耳尖、尾巴末梢和蹄壳发生坏死。经两三个月坏死皮肤脱落,遗留一片无毛、色淡的疤痕而愈。如有继发感染,则病情复杂,病程延长。

【病理变化】

1. 急性型

以急性败血症的全身变化和体表皮肤出现红斑为特征。鼻、唇、耳及腿内侧等处皮肤和可视黏膜呈不同程度的紫红色,全身淋巴结发红肿大切面多汁,呈浆液性出血性炎症,肝充血,心内外膜小点状出血,肺充血、水肿。脾樱红色,充血、肿大,有"白髓周围红晕"现象。肾常发生急性出血性肾小球炎,体积增大,呈弥漫性暗红色,有大红肾之称,纵切面皮质部有小红点,这是肾小囊积聚多量出血性渗出物造成的;肝充血,心内外膜小点状出血;肺充血,水肿;消化道有卡他性或出血性炎症。胃底及幽门部尤其严重,黏膜发生弥漫性出血。十二指肠及空肠前部发生出血性炎症。

2. 亚急性型

以皮肤(颈、背、腹侧部)疹块为特征。疹块内血管扩张,皮肤和皮下结缔组织水肿浸润,有时有小出血点,亚急性猪丹毒内脏的变化比急性型轻缓。

3. 慢性型

慢性型关节炎是一种多发性增生性关节炎,关节肿胀,有多量浆液性纤维素性渗出液,黏稠或带红色。后期滑膜绒毛增生肥厚。慢性心内膜炎常为溃疡性或"花椰菜"样疣状赘生性心内膜炎。一个或数个瓣膜,多见于二尖瓣膜。它是由肉芽组织和纤维素性凝块组成的。

【诊断】

该病可根据流行病学、临床症状及尸体剖检等资料进行综合分析作出诊断,特别是当病猪皮肤呈典型病理变化时。现场诊断猪丹毒是容易的,必要时进行血清学检测和病原学检测。

1. 病原学诊断

急性败血症病例采集其耳静脉血,死后取心血和脾、肝、肾、淋巴结等。亚急性型可采集血液、脏器或疹块皮肤制成触片或抹片,染色镜检,如发现革兰氏阳性纤细杆菌,可作初步诊断。确诊将新鲜病料接种血琼脂,培养 48h 后,长出小菌落,表面光滑,边缘整齐,有蓝绿色荧光。明胶穿刺呈试管刷状生长,不液化。还可将病料制成乳剂,分别接种小鼠、鸽和豚鼠,如小鼠和鸽死亡,尸体内可检出该菌,而豚鼠无反应,可确诊为该病。

2. PCR 检测

对可疑的菌落可以用 PCR 进行检测,该方法特异性高,快速简便。

3. 血清学诊断

主要应用与流行病学调查和鉴别诊断,目前常用的方法有血清培养凝集试验,可用于血清抗体检测和免疫水平评价;SPA 协同凝集试验,可用于该菌的鉴别和菌株分型;琼扩试验也用于菌株血清型鉴定;荧光抗体可用作快速诊断,直接检查病料中的猪丹毒杆菌,并可与李氏杆菌鉴别。

4. 免疫荧光抗体试验

标本的制备:先将载玻片通过火焰去脂,待冷后用铂耳钓取被检材料,于玻片上均匀地涂成约 1 cm^2 的圆形涂片(如被检材料太浓时,可先用灭菌生理盐水稀释),于空气中自然干燥。用肝、肾、淋巴结等脏器,可制成压印片,先将被检组织切开,用滤纸吸干切面的血液,并将玻片轻轻按压切面,于空气中自然干燥。然后,将玻片放入冷丙酮中固定 15 min 或放入无水甲醇中固定 10 min,也可用火焰固定。接着放入 pH 7.6 PBS 液浸泡 3~5 min。取出自然干燥,干燥后,再加工作滴度的 A 型、B 型荧光抗体约 0.1 mL,使其布满整个标本为宜。

将玻片置湿盒内盖上盖后,放 37℃ 温箱中 30 min 左右。然后,用 PBS 液浸洗 3 次,每次 3 min,再用蒸馏水浸洗 3 min,干燥,滴加 1 滴甘油缓冲液,加盖玻片,封片,镜检。在荧光显微镜下观察,可见有呈亮绿色的菌体为阳性。

免疫荧光抗体技术诊断猪丹毒是一种特异、快速和敏感的方法。

5. 鉴别诊断

在该病诊断中,急性败血型猪丹毒应注意与猪瘟、猪肺疫、猪链球菌病和李氏杆菌病等相区别。

【防制】

预防接种是防制该病最有效的办法。每年春秋或冬夏二季定期进行预防注射,仔猪免疫因可能受到母源抗体干扰,因于断乳后进行,以后每隔 6 个月免疫 1 次。

1. 预防

常用的菌苗有以下几种:

(1)猪丹毒灭活菌苗 使用猪丹毒 2 型强毒菌灭活后加铝胶制成,所以又叫猪丹毒氢氧化铝甲醛菌苗。注射该菌苗 21 天后,可产生坚强的免疫力,免疫持续期 6 个月。体重在 10kg 以上的断乳猪,一律皮下或肌肉注射 5 mL,10 kg 以下或未断奶的猪,均皮下或肌肉注射 3 mL,1 个月后再补注 3 mL。

(2)猪丹毒弱毒活菌苗 采用猪丹毒 GC42 或 CT(10)弱毒菌株制备,该苗用于 3 个月以上的猪,用 GC42 菌株制的苗,亦可每头猪口服 2 mL。免疫后 7 天产生免疫力,免疫持续 1 期 6 个月。

(3)猪瘟、猪丹毒猪肺疫三联活疫苗 本苗注射 1 次可预防 3 种传染病,效果与 3 种单苗相近。

(4)猪丹毒、猪肺疫氢氧化铝二联灭活菌苗 免疫效果与单苗相近,使用方法与猪丹毒灭活苗相同。

2. 治疗

发病初期可皮下或耳静脉注射抗猪丹毒血清,效果良好。在发病后 24～36 h 内用抗生素治疗也有显著疗效。首选药物为青霉素,对急性型最好首先按每千克体重 4 万～6 万 IU 青霉素静脉注射。以后按常规剂量每天肌注两次,直至体温和食欲恢复正常,不宜停药过早,以防复发或转为慢性。

3. 综合性防制措施

平时应搞好猪圈和环境卫生,地面及饲养管理用具经常用热碱水或石灰乳等消毒剂消毒。猪粪、垫草集中堆肥。对发病猪群应及早确诊,及时隔离病猪;对病死猪及内脏等下水进行高温处理;控制猪场内及周边鼠类、猫、犬等;尽量不从外地引进新猪,新购进猪必须观察 30 天;对慢性病猪应及早淘汰。

【公共卫生】

人在皮肤损伤时如果接触猪丹毒杆菌易被感染,所致的疾病称为"类丹毒"。感染部位多发生于指部或手部,感染 3～4 天后,感染部位肿胀、发硬、暗红、灼热、疼痛,但不化脓,肿胀可向周围扩大,甚至波及手的全部。常伴有腋窝淋巴结肿胀,间或可发生败血症、关节炎和心内膜炎,甚至肢端坏死。若用青霉素可治愈,病后无长期免疫,有人一年之内患病 3～4 次。类丹毒是一种职业病,多发生于兽医、屠宰加工人员及渔民。因此,在处理和加工操作中,必须注意防护和消毒,以免感染。

第十五节　猪痢疾

猪痢疾(swine dysentery)，曾称为血痢、黏液出血性下痢或弧菌性痢疾，是由致病性猪痢疾短螺旋体引起猪的一种肠道传染病。其特征为黏液性或黏液出血性下痢，大肠黏膜发生卡他性出血性炎症，有的发展为纤维素性坏死性炎症。

Whiting(1921)首次报道该病，1971年才确定其病原体为猪痢疾短螺旋体。目前，该病已遍及世界主要养猪国家。我国于1978年由美国进口种猪发现该病，由上海市畜牧兽医研究所经临床观察、粪便及大肠黏膜检查、病原分离培养、动物接种等确诊为猪痢疾。20世纪80年代后，疫情迅速扩大，涉及全国20多个省市，由于采取综合防制措施，20世纪90年代后该病得到有效控制。目前仍有散在发生。

【病原】　该病的病原体为猪痢疾短螺旋体(*Brachyspira hyodysenteriae*，B. h)，曾命名为猪痢疾密螺旋体(*Treponema hyodysenteriae*，T. h)、猪痢疾蛇形螺旋体(*Serpulina hyodysenteriae*，S. h)，主要存在于猪的病变部位肠段黏膜、肠内容物及粪便中。短螺旋体有4～6个弯曲，两端尖锐，呈缓慢旋转的螺丝线状。在暗视野显微镜下较活泼，以长轴为中心旋转运动，在电子显微镜下可见细胞壁与外膜之间有7～9条轴丝。革兰氏染色阴性，苯胺染料或姬姆萨染液着色良好，组织切片以镀银染色更好。

该菌为严格厌氧菌，对培养基要求严格，一般常用胰酶大豆琼脂或含5%～10%脱纤血(通常是绵羊血或牛血)的胰酶大豆琼脂平板。在101.3 kPa(1 atm)80% H_2(或无氧 N_2)、20% CO_2 以钯为催化剂的厌氧罐内，于37～42℃培养6天，在鲜血琼脂上可见明显的β型溶血，在溶血带的边缘，有云雾状薄层生长物或针尖状透明菌落。猪痢疾短螺旋体在结肠、盲肠的致病性不依赖于其他微生物，但肠内固有厌氧微生物可协助该菌定居和导致严重病理变化。菌体含有两种抗原成分，一种为蛋白质抗原，为种特异性抗原，可与猪痢疾短螺旋体的抗体发生沉淀反应，而不与其他动物短螺旋体抗体发生反应；另一种为脂多糖(LPS)抗原，是型特异性抗原。Hampson等对北美、欧洲和澳大利亚 B. h 菌株的LPS进行了研究，将LPS分为9个血清群(A-I)，每群含有几个不同血清型。到目前为止，未见 B. h 血清型之间有毒力差异的报道。

猪痢疾短螺旋体对外界环境抵抗力较强，在粪便中5℃存活61天，25℃7天，在土壤中4℃能存活102天，－80℃存活10年以上。对消毒剂抵抗力不强，普通浓度的过氧乙酸、来苏儿和氢氧化钠均能迅速将其杀死。

【流行病学】　猪痢疾仅引起猪发病。各种年龄和不同品种猪均易感，但7～12周龄的猪发生较多。小猪的发病率和病死率比大猪高。一般发病率约75%，病死率5%～25%。

病猪或带菌猪是主要传染源，康复猪带菌可长达数月，经常从粪便中排出大量病菌，污染周围环境、饲料、饮水或经饲养员、用具、运输工具的携带经消化道而传播。犬、鸟经口感染后13天和8 h在粪便中仍有菌体排出。苍蝇至少带菌4 h，小鼠为100多天。运输、拥挤、寒冷、过热或环境卫生不良等均可诱发该病。不少国家报道，猪痢疾流行原因是引进带菌猪所致。但也见于没有购入新猪历史的猪群，可能与上述传播媒介有关。

该病无明显季节性，流行经过比较缓慢，持续时间较长，且可反复发病。该病往往先在一个猪舍开始发生几头，以后逐渐蔓延开来。在较大的猪群流行时，如治疗不及时，常常拖延达几个月,而且很难根除。

【临床症状】 潜伏期3天至2个月以上。自然感染多为1~2周。猪群初次发生该病时,通常为最急性型,随后转变为急性和慢性型。

最急性型表现为剧烈腹泻,排便失禁,迅速脱水、消瘦而死亡。

急性型往往先有个别猪突然死亡,随后出现病猪,病初精神稍差,食欲减少,粪便变软,表面附有条状黏液。以后迅速下痢,粪便黄色柔软或水样。重病例在1~2天间粪便充满血液和黏液。在出现下痢的同时,腹痛,体温稍高,维持数天,以后下降至常温,死前体温降至常温以下。随着病程的发展,病猪精神沉郁,体重减轻,渴欲增加,粪便恶臭带有血液、黏液和坏死上皮组织碎片。病猪迅速消瘦,弓腰缩腹,起立无力,极度衰弱,最后死亡。病程约1周。

慢性病例病情较轻。下痢,黏液及坏死组织碎片较多,血液较少,病期较长。进行性消瘦,生长迟滞。不少病例能自然康复,但间隔一定时间,部分病例可能复发甚至死亡。病程为1个月以上。

【病理变化】 病理变化局限于大肠、回盲结合处。大肠黏膜肿胀,并覆盖着黏液和带血块的纤维素。大肠内容物软至稀薄,并混有黏液、血液和组织碎片。当病情进一步发展时,黏膜表面坏死,形成假膜;有时黏膜上只有散在成片的薄而密集的纤维素。剥去假膜露出浅表糜烂面。由于大肠病理变化导致黏膜吸收机能障碍,使体液和电解质平衡失调,发生进行性脱水、酸中毒和高血钾,这可能是该病引起死亡的原因。其他脏器无明显病理变化。

组织学变化:在早期病例,黏膜上皮与固有层分离,微血管外露而发生灶性坏死。当病理变化进一步发展时,肠黏膜表层细胞坏死,黏膜完整性受到不同程度的破坏,并形成假膜。在固有层内有多量炎性细胞浸润,肠腺上皮细胞不同程度变性、萎缩和坏死。黏膜表层及腺窝内可见数量不一的猪痢疾短螺旋体,但以急性期数量较多,有时密集呈网状。病理反应局限于黏膜层,一般不超过黏膜下层,其他各层保持相对完整性。

【诊断】 根据特征性流行规律、临床症状及病理变化的特点可以作出初步诊断。一般取急性病例的猪粪便和肠黏膜制成涂片染色,用暗视野显微镜检查,每视野见有3~5条短螺旋体,可以作定性诊断依据。但确诊还需从结肠黏膜和粪便中分离和鉴定致病性猪痢疾短螺旋体。分离该菌多采用添加壮观霉素($400\ \mu g \cdot mL^{-1}$)等抑菌剂的胰胨大豆琼脂,加入5%~10%牛或马血液,采用直接划线或稀释接种法,于1 atm($80\% H_2 + 20\% CO_2$)以钯作催化剂的厌氧环境中38~42℃培养,每隔2天检查一次,当培养基出现无菌落β溶血区即表明有该菌生长,经继代分离培养,一般经2~4代后即可纯化。进一步鉴定可做肠致病性试验(口服感染试验猪和结肠结扎试验),若有50%的感染猪发病,即表示该菌株有致病性。结扎肠段、接种菌悬液,经48~72 h扑杀,如见肠段内渗出液增多,内含黏液、纤维素和血液,肠黏膜肿胀、充血、出血,抹片镜检有多量短螺旋体,则可确定为致病性菌株,非致病性菌株接种肠段则无上述变化。也可用PCR快速鉴定病原体。

1. 血清学诊断

有凝集试验、间接荧光抗体、被动溶血试验、琼扩试验和ELISA等,比较实用的是凝集试验和ELISA,主要用于猪群检疫。

2. 类症鉴别

该病应注意与下列几种病进行鉴别。

(1)沙门氏菌病 为败血症变化,在实质器官和淋巴结有出血或坏死,小肠内可发现黏膜病理变化，肠道糠麸样溃疡，都是沙门氏菌病的重要特性。确诊应根据大肠内有无猪痢疾短螺旋体，和从小肠或其他实质器官中分离出沙门氏菌来确定。

（2）猪增生性肠炎　该病病理变化主要见于小肠，确诊在于增生性肠炎病理变化特点和肠上皮细胞有劳氏胞内菌（*Lawsonia intracellularis*）的存在。

（3）结肠炎　由结肠菌毛样短螺旋体（*Brachyspira pilosicoli*）引起，临床症状与温和型猪痢疾相似，但剖检病理变化局限于结肠，确诊依靠结肠菌毛样短螺旋体的分离鉴定。

另外，还应注意与猪瘟、传染性胃肠炎、猪流行性腹泻及其他胃肠出血的鉴别。

【防制】

至今尚无菌苗可用，因此控制该病应加强饲养管理，采取综合防制措施。严禁从疫区引进生猪，必须引进时，应隔离检疫2个月；猪场实行全进全出饲养制度，进猪前应按消毒程序与要求认真消毒猪舍。保持舍内外干燥，防鼠灭鼠，粪便及时无害处理，饮水应加含氯消毒剂处理。发病猪场最好全群淘汰病猪，彻底清理和消毒，空舍2～3个月，再引进健康猪；对易感猪群可选用多种药物预防，具体方法详见表4-2；并结合清除粪便、消毒、干燥及隔离措施，可以控制甚至净化猪群。

表 4-2　猪痢疾的药物防治方法

药物	治疗		预防	
	用量	疗程	用量	使用时间
痢立清（carbadox）	50 g/t 饲料	连续使用	50 g/t 饲料	70 天
痢菌净（MAQO）	5 mg/kg，每天2次口服	5 天	减半	60 天
新霉素（Neomycin）	140 g/t 饲料	3～5 天	100 g/t 饲料	20 天
林可霉素（Lincomycin）	100 g/t 饲料	21 天	40 g/t 饲料	6 天
泰乐菌素（Tylosin）	0.057 g/L 水	3～10 天	100 g/t 饲料	20 天
泰妙菌素（Tiamulin）	0.006％水溶液	5 天		
杆菌肽（Bacitracin）	500 g/t 饲料	21 天	减半	

第十六节　猪支原体肺炎（气喘病）

猪支原体肺炎（mycoplasina pneumonia of Swine，MPS）又称猪喘气病或猪地方性流行性肺炎（swine enzootic pneumonia），是由猪肺炎支原体引起的一种接触性呼吸道传染病，病猪主要表现为咳嗽、气喘、生长迟缓、饲料转化率低。食欲、体温基本正常。解剖时以肺部病变为主，尤以两肺心叶、中间叶和尖叶及膈叶的前部出现胰样变或肉样变为其特征。发病率高，死亡率低。该病普遍存在于世界各地，是规模化养猪场造成经济损失的重要疾病之一。对养猪业造成严重危害，农业部将其列为二类传染病。

该病病原体早期被认为是病毒，直至1965年Maxe和Goodwin等才证实为肺炎支原体。1973年上海农业科学院畜牧兽医研究所首次通过病猪肺组织埋块细胞培养法分离到一株致病性支原体。第二年江苏省农业科学院畜牧兽医研究所以无细胞培养基培养直接从病猪获得一株致病性支原体，以后广东、广西等8个省（自治区）也相继分离到肺炎支原体。

规模化猪场猪支原体常与多种细菌、病毒及环境因子协同作用,引起猪呼吸道疾病综合征(*porcine respiratory disease complex*,PRDC),但猪气喘病常是 PRDC 的原发性病因。

【病原】 病原为猪肺炎支原体(*Mycoplasina hyopneumoniae*),分类学上属于软膜体纲(Mollictes)、支原体目(Mycoplasmatales)、支原体科(Mycoplasmataceae)、支原体属(*Mycoplasma*)成员。猪肺炎支原体又称猪肺炎霉形体,无细胞壁,故呈多形态,有环状、球状、点状、杆状和两极状。该菌革兰氏染色阴性,但着色不佳,姬姆萨或瑞氏染色良好。

猪肺炎支原体菌体直径在 $300 \sim 800$ nm 之间,由于缺乏细胞壁,因而菌体常呈多形性,镜检可以见到球状、两极状、环状等菌体形态。也有的几个菌体由长丝串连而成环状,菌体以环状为主,大小也不一致。

该菌在猪体内主要寄居在猪的气管、支气管和细支气管的纤毛间,电镜观察菌体常呈球状和环状。

固体培养时,生长很慢,尤其是初分离到的菌株在固体培养基上长出的时间更长些。$10 \sim 14$ 天才能观察到细小的菌落,已在实验传代适应的菌株则在 5 天以上即可见到菌落,猪肺炎支原体菌落很小。典型的菌落为圆形,边缘整齐,灰白色,半透明,表面粗糙,表面中央常有许多小颗粒凸,菌落大小在 $100 \sim 300$ μm。观察时要与培养基中的小气泡或杂质以及常分离到的猪鼻支原体相区别。猪鼻支原体生长快,一般 24 h 即可以呈典型的"荷包蛋"样菌落。液体培养基由含有水解乳蛋白的组织缓冲液、酵母浸液和猪血清组成。江苏Ⅱ号培养基可提高猪肺炎支原体的分离率。在液体培养基生长时,首先观察到的是 pH 的改变,但产酸的快慢与接种量、培养基新鲜度及菌株不同有关,而产酸程度又与菌体的毒力和数量有关。

组织培养,应用猪肺埋块,猪肾和猪睾丸细胞继代培养。病料接种乳兔,经连续传代 600 多代,对猪的致病力减弱,并仍保持较好的免疫原性。也可在鸡胚中生长。

猪肺炎支原体的毒力与抗原性密切相关,一般规律毒力越强,则抗原性越好,在培养基中传代多了,往往毒力减弱了,抗原性也变弱了。中国兽药监察所利用在乳兔体长期传代,将猪肺炎支原体强毒株毒力减弱了,且保持了良好的免疫原性,这是目前世界上唯一毒力弱,免疫原性良好的菌株,此菌株已经用于生产猪支原体肺炎弱毒疫苗。

猪肺炎支原体的标准菌株为 J 株;VPⅡ株为参考菌株,国内分离的代表菌株 Z 株、168 菌株。

经生长抑制和代谢抑制等的试验结果表明,美国、日本、欧洲和中国所分离到的猪肺炎支原体都是同原菌株。

猪肺炎支原体对外界环境的抵抗力不强。一般情况下,温度越低生存的时间越长。而肺组织中的支原体存活时间比在培养基中的长。在猪舍、饲槽、用具上污染的病原体一般 $2 \sim 3$ 天就可以失去致病力。试验表明,猪肺炎支原体培养物在 $4 ℃$ 时可保存 7 天,在 $25 \sim 30 ℃$ 可保存 3 天。资料表明,肺悬液中的支原体在 $15 \sim 25 ℃$ 的条件下放置 36 h 后就丧失致病性。猪肺炎支原体在 $60 ℃ 12$ min 即灭活。

猪肺炎支原体对青霉素和磺胺类药物均不敏感,对乙酸铊有很强的耐受性,对放线菌素 D、丝裂菌素 C 最为敏感;特别是对链霉素有高度的耐受性。所以,在分离或传代的猪肺炎支原体的液体培养基中经常加上青、链霉素或乙酸铊替代链霉素,以此抑制细菌生长。但对喹诺酮类药物、卡那霉素、土霉素、金霉素、四环霉素、泰妙菌素、泰乐菌素、强力霉素、新霉素等抗生素类药物均敏感。很多消毒药物如 0.5% 福尔马林、0.5% 苛性钠、20% 的石灰乳、1% 的石炭酸等都能在几分钟内杀死支原体。

【流行病学】 自然病例仅见于猪,不同年龄、性别和品种的猪均能感染。但乳猪和断乳仔猪易感性最高,发病率和死亡率较高。其次是怀孕后期和哺乳期的母猪,育肥猪发病较少,病情也轻。母猪和成年猪多呈慢性和隐形。

病猪和带菌猪是该病的传染源。很多地区和猪场由于从外地引进猪只时未经严格检疫购入带菌猪,引起该病暴发。仔猪从患病的母猪感染,病猪在临诊症状消失后,相当长一段时间内不断排菌,感染健康猪。该病一旦传入后,如不采取严密措施,很难彻底扑灭。

病猪与健康猪直接接触,或通过飞沫经呼吸道感染。给健康猪皮下、静脉、肌肉注射或胃管投入病原体都不能致病。

大量的实验资料表明,猪肺炎支原体主要存在病猪的呼吸道、气管、支气管和细支气管的纤毛上,以及肺部的淋巴结中。能够从病猪的鼻腔分泌物中分离到病原体。以病猪肺悬液或猪肺炎支原体培养物经气雾、滴鼻和气管注射,胸腔注射均可以引起猪支原体肺炎。而其他途径感染则很少发病。一般情况下,该病不易发生间接感染。猪肺炎支原体不会经过胎盘垂直传播。

该病一年四季均可发生,但在寒冷、多雨、潮湿或气候骤变时较为多见。饲养管理和卫生条件是影响该病发病率和死亡率的重要因素,尤以饲料质量、猪舍潮湿和拥挤、通风不良等影响因素较大。如继发和并发其他疾病,常引起临诊症状加剧和死亡率升高。

该病的流行在老疫区,一般以缓慢经过为主;在新疫区(场)内可呈急剧暴发或地区性流行。常有许多病原与该病造成混合感染,如猪胸膜炎嗜血杆菌、猪鼻支原体及败血波氏杆菌等。架子猪和育肥猪的慢性肺炎极为普遍,对养猪业造成很大的经济损失。

【发病机理】 支原体聚集并粘连在支气管、细支气管及气管上皮细胞上,首先附着在纤毛上皮细胞上。然后逐渐引起感染细胞病理变化与死亡,导致纤毛萎缩脱落及功能受损。肺部感染后发展为支气管肺炎,严重影响肺的正常功能。同时,肺炎支原体感染会影响免疫机制,也是该病的重要发病机理。

【临诊症状】 潜伏期一般为11~16天,以X线检查发现肺炎病灶为标准,最短的潜伏期为3~5天,最长可达1个月以上。主要临诊症状为咳嗽和气喘,根据发病经过,大致可分为急性、慢性和隐性3个类型。

1. 急性型

主要见于新疫区和新感染的猪群,病初精神不振,头下垂,站立一隅或趴伏在地,呼吸次数剧增,达60~120次/min。病猪呼吸困难,严重者张口喘气,发出哮鸣声,似拉风箱,有明显腹式呼吸。咳嗽次数少而低沉,有时也会发生痉挛性阵咳。体温一般正常,如有继发感染则可升到40℃以上。病程一般为1~2周,病死率较高。

2. 慢性型

多由急性转来,也有部分病猪开始就取慢性经过。常见于老疫区的架子猪、育肥猪和后备母猪。主要临诊症状为咳嗽,清晨和傍晚气温低时或赶猪喂食和剧烈运动时,咳嗽最为明显。咳嗽时四肢叉开,站立不动,背拱,颈伸直,头下垂,用力咳嗽多次,声音粗粝、深沉、洪亮,严重时呈连续的痉挛性咳嗽。常出现不同程度的呼吸困难,呼吸次数增加和腹式呼吸(喘气)。上述症状时而明显,时而缓和。食欲变化不大,但病势严重时食欲减少或完全不食。病期较长的小猪身体消瘦而衰弱,生长发育停滞。病程可拖延2~3个月,甚至长达半年以上。病程和预后视饲养管理和卫生条件的好坏而相差很大。条件好则病程较短,临诊症状较轻,病死率低;条件差则抵抗力弱,病程长,并发症多,病死率升高。

3.隐性型

可由急性或慢性转变而来。有的猪只在较好的饲养管理条件下,感染后不表现临诊症状,但用 X 线检查或剖检时可发现肺炎病理变化。该型在老疫区的猪只中占相当大的比例。如加强饲养管理,则肺炎病理变化可逐步吸收消退而康复。反之饲养管理恶劣,病情恶化而出现急性或慢性临诊症状,甚至引起死亡。

【病理变化】　病猪解剖时的肉眼病变,病变区主要在肺、及肺部淋巴结和纵隔淋巴结。肺的病变出现在两侧尖叶、心叶、中间叶及膈叶的前缘部分,这是猪支原体肺炎的特征性病变。常可见到紫红色或灰色的实变区。开始时多为点状或小片状,逐渐融合成大片的像鲜嫩肌肉样或胰脏样的颜色,所以又叫做"肉样变"或"胰样变"。病变区与健康区界限明显,切开病变区,切面湿润。气管内常有白色泡沫。肺部淋巴结、纵隔淋巴结肿大切面外翻,恢复期的病变肺结缔组织增生,肺组织凹陷呈无气肺。

组织病理学:感染早期以间质肺炎为主,少量以多核细胞在气管周围及肺泡内积聚,在气管周围及小血管外膜有多量淋巴样细胞浸润及滤泡样增生,形成"袖套"状,肺泡中积聚大量水肿液,肺泡壁增厚。以后逐渐发展成支气管肺炎。小支气管周围肺泡扩张,许多小病灶融合成大片实变区。由于单核细胞增生,大量淋巴样细胞积聚导致呼吸腔变窄,气管黏膜增厚,纤毛大片脱落,气管中有渗出物。肺泡内积聚大量炎性渗出物。急性病例中,扩张的泡腔内充满浆液性渗出物,兼有单核细胞、中性粒细胞、少量淋巴细胞和脱落的肺泡上皮细胞。在慢性病例中,肺泡内的炎性渗出物的液体成分相应减少,大部分是细胞成分。在该病的末期,肺泡中的炎性渗出物逐渐被吸收,肺泡壁显著增宽,肺泡凹陷。

【诊断】　根据流行病学特点、临床症状、病理变化,可以初步诊断,确诊需做实验室检查。诊断该病时应以一个猪场整个猪群为单位,只要发现一头病猪,就可以认为该猪群是病猪群。

20 世纪 80 年代后,在血清学与分子生物学诊断方面的研究取得较大进展,包括针对抗原与抗体的相关方法,使该病诊断的速度与准确性均有所提高。

1.病原分离培养鉴定

(1)病原分离培养　将病料剪成 1 mm³ 的小块,直接接种于培养基中,37℃培养 10～14天,每天观察培养基变化情况。待培养基变为均匀混浊的黄色时,将培养物接种于固体培养基中,1 mL/培养皿(直径 9 cm),37℃培养,每天观察一次。待长出菌落时,在显微镜低倍镜下观察菌落形态,挑取可疑菌落作纯培养及染色镜检。

(2)镜检　用铂耳挑取固体培养基上的单个菌落涂片,自然干燥后经甲醇固定瑞特氏染色30 min,然后镜检。可见多形态,着色不良的菌体。主要呈球形、杆状、梨形灯泡状等。

(3)菌落染色试验　采用狄氏染色法对菌落进行染色,30 min 后观察结果。可区分支原体菌落和细菌菌落。

2.生化试验鉴定

支原体的生化试验鉴定程序,是从毛地黄皂苷的敏感性开始,接着是脲酶实验,在特殊情况下如果疑为螺旋原体时应作形态学检查,如果类似支原体属,应先确定是否发酵葡萄糖或水解精氨酸来确定支原体种的组合。常见支原体种的范围归纳为两组,发酵葡萄糖/不水解精氨酸,不发酵葡萄糖/水解精氨酸。

3.血清学鉴定

将直径为 6 mm 的滤纸片灭菌后,每片用 0.02 mL 猪肺炎支原体抗血清浸透,室温空气干燥,于 -30℃ 冰箱中保存备用。试验时将分离菌的纯培养菌液以滚滴法接种于固体培养基中,当液体吸收后贴上含猪肺炎支原体抗血清的纸片,于 37℃ 培养,每天观察,出现菌落后记录结果,若抑菌圈≥2 mm 为猪肺炎支原体,小于 2 mm 则非猪肺炎支原体。

4.X 光检查

在肺叶的内侧区及心膈角区呈现不规则的絮状渗出性阴影,密度中等,边缘模糊。对阴性猪应隔 2~3 个月后再复检 1 次。

5.病理剖检

以两肺的心叶、尖叶和膈叶发生对称性的实变,中间叶实变,以及肺部淋巴结肿大、增生为特征,其他内脏器官无明显变化。

6.聚合酶链反应(PCR)

对可疑的菌落或患病的肺组织用 PCR 进行检测,该方法特异性高、快速,可用于快速诊断。

7.血清学检查

目前证明行之有效的血清学诊断方法有微量间接血凝试验(IHA)。其他抗体检测的方法有补体结合试验(CF)、酶联免疫吸附试验(ELISA)、微粒凝集试验(MAT)、乳胶凝集试验、免疫荧光试验等。

8.微量间接血凝试验(IHA)

该技术是使用猪肺炎支原体致敏醛化鞣酸化的绵羊红细胞检测猪血清中的抗体。IHA 的特异性与荧光抗体技术的特异性是相等的。有的学者认为 IHA 的特异性相等或超过 CF 试验,而且敏感性高,操作简单。虽然,中间有时出现交叉现象,但是与较高的同源滴度相比,它们滴度低,可以忽略不计。IHA 在猪支原体肺炎流行病学调查方面是值得推广的,但标准化困难。IHA 被检血清抗体价≥1:10 判为阳性;抗体价<1:5 者判为阴性;介于二者之间判可疑。

9.鉴别诊断

主要注意与肺丝虫、蛔虫及猪肺疫的区别,因肺丝虫幼虫可以引起猪发生咳嗽。但在肺丝虫引起的咳嗽时,可于粪便中检出虫卵或幼虫,剖检时可在支气管内发现虫体,并在膈叶的后缘形成病变和剪开时见到虫体。蛔虫幼虫所引起的咳嗽,数天内逐渐消失,无气喘症状。猪肺疫为多杀性巴氏杆菌所引起。

【防制】

自然和人工感染的康复猪能产生免疫力,说明人工免疫是可能的,但免疫保护力与血清 IgG 抗体水平相关性不大,母源抗体保护率低,起主要作用的是局部免疫。目前用两类疫苗可用于预防:一类是弱毒疫苗,由中国兽医药品监察所研制成的猪气喘病乳兔化弱毒冻干苗,对猪安全,保护率 80%,免疫期 8 个月;江苏省农业科学院畜牧兽医研究所研制的 168 株弱毒菌苗,保护率可达 80%~96%。另一类为进口灭活苗。

总之,弱毒苗和灭活苗的免疫保护力均有限,预防或消灭猪气喘病主要在于坚持采取综合防治措施。在规模化猪场,猪支原体是引起猪呼吸道疾病综合征(PRDC)常见的病原体之一。PRDC 是一种多因子病,除支原体外,还包括猪胸膜肺炎放线杆菌、伪狂犬病病毒、副猪嗜血杆菌、猪多杀性巴氏杆菌、萎缩性鼻炎波氏杆菌、猪流感病毒、猪链球菌、猪瘟病毒、猪繁殖与呼吸综合征病毒、猪 2 型圆环病毒感染等。因此,应全面考虑疫苗预防、生物安全与药物控制等综合措施。

在疫区,以健康母猪培育无病后代,建立健康猪群为主。主要措施有:自然分娩或剖腹取胎,以人工哺乳或健康母猪带仔法培育健康仔猪,配合消毒切断传播途径并消灭传染因素;仔猪按窝隔离,防止蹿栏;育肥猪、架子猪和断奶小猪分舍饲养;利用各种检疫方法及早清除病猪和可疑病猪,逐步扩大健康猪群。

未发病地区和猪场的主要措施有:坚持自繁自养,尽量不从外地引进猪只,必须引进时,要严格隔离和检疫;加强饲养管理,搞好兽医卫生工作,推广人工授精,避免母猪与种公猪直接接触,保护健康母猪群;科学饲养,采取全进全出和早期隔离断奶技术(SEW),从系统观念上提高生物安全标准。

健康猪群鉴定标准:观察 3 个月以上,未发现气喘临诊症状的猪群,放入易感小猪 2 头同群饲养,也不被感染者;1 年内整个猪群未发现气喘病临诊症状,所宰杀的肥猪、死亡猪只肺部检查均无气喘病病理变化者;母猪连续生产两窝仔猪,在哺乳期,断奶后到架子猪,经观察无气喘病临诊症状,1 年内经 X 线检查全部仔猪和架子猪,间隔 1 个月再行复查,均全部无气喘病病理变化者。

治疗时,土霉素盐酸盐按每日每千克体重 40~50 mg 计算,用 5%氯化镁溶液或用 5%葡萄糖溶液稀释,肌肉注射,每日 1 次,5~7 天为一疗程,必要时可重复一个疗程。用灭菌花生油、豆油或茶油配制成 20%~25%土霉素碱油剂,在病猪颈、背侧肌肉分点注射,小猪 1~3 mL,中猪 4~6 mL,大猪 7~10 mL,3 天注射 1 次,共用 6 次。重病猪可与卡那霉素配合肌肉注射。不常使用土霉素的猪场,可按每吨饲料中加入 1 000 g 喂服,连用 7 天。泰乐菌素每千克体重 8~10 mg,肌肉注射,每日 1 次,连注 3 天为一疗程,有一定疗效。与土霉素或金霉素联合应用可增加疗效。饲料中加入 200 g 以上的磷酸泰乐菌素有一定治疗作用。为缓解喘息可注射 3%盐酸麻黄素,或 2.5%氨茶碱等对症疗法。

第十七节 猪梭菌性肠炎

猪梭菌性肠炎也称叫猪传染性坏死性肠炎、仔猪肠毒血症,俗称仔猪红痢。是由 C 型产气荚膜梭菌引起的新生仔猪肠毒血症。该病主要侵害出生 3 日龄以内的仔猪,大于 3 日龄的仔猪很少感染发病。仔猪出生后 10 h 即可发病,下红痢,气味腥臭,肠坏死,病程短,死亡迅速。各年龄段猪不分性别,一年四季均可发病。发病率不高,但死亡率极高,是严重危害养猪养猪业的重要疾病。

【病原】 魏氏梭菌(*Clostridium welchii*),也称产气荚膜梭菌(*Bacillus perfringens*),是一种广泛分布于自然界中的条件性致病菌。此菌 1892 年英国人 Welchii 最早从一个腐败人尸体中产生气泡的血管中分离得到。我国于 1964 年由湖北畜牧特产研究所首次从患红痢仔猪中分离出魏氏梭菌。在我国,20 世纪 80 年代末期,魏氏梭菌病仅在豫东地区零星发生,之后,在山东、宁夏、吉林、辽宁、新疆等省市暴发了大规模的魏氏梭菌病,并蔓延至全国。目前该病已广泛分布于世界各地,呈全球流行态势,严重危害各国畜禽业发展,成为动物传染病学、兽医微生物学的研究热点。

魏氏梭菌可产生多种外毒素及酶类。依据魏氏梭菌所合成分泌的主要毒素,可以将其分为 A、B、C、D、E 型,其中 A 型可能感染到人,形成气肿疽,死亡率不一,B、C、D 型特别与动物的肠道感染关联亲密。两端钝圆,粗大杆菌,单在或成双排列,短链较少,无鞭毛,不能活动,在动物机体里或含血液的培养基中可形成荚膜,无芽孢,革兰氏阳性。牛乳培养基中"暴烈发酵",即接种培养 8～10 h 后牛乳被酸凝,同时产生大量的气体,使凝块变多孔的海绵状,严峻时被冲成数段甚至喷出试管外。

此菌为厌氧菌,对养分、厌氧要求不高。局部菌可使牛肉块变成为粉红色。在一般培养基上均易成长,在葡萄糖血琼脂上的菌落特点:圆形、润滑、隆起、淡黄色、直径 2～4 mm、有的构成圆盘形,边沿成锯齿状。屡次传代后,名义有辐射状条纹的"勋章"样且菌落周围有棕色溶血区。有时为双环溶血,内环透明,外环淡绿色。

【流行病学】 C 型产气荚膜梭菌在自然界分布很广,土壤中大多存在该病。在感染该病的猪群中,此菌常存在于一部分母猪的肠道中,通过这些母猪的粪便把细菌散布于猪舍环境中,污染猪舍的泥土和垫草,仔猪出生后不久即将细菌吞入消化道,细菌即在其中生长繁殖,产生外毒素,仔猪因吸收这些毒素而中毒死亡。猪场一旦发病则不易消除,且常反复发生。该病与气候和季节无关,任何品种母猪所产的仔猪均能感染该病。在仔猪的人工感染试验中,给仔猪口服细菌纯培养物或无菌毒素均可使仔猪发病并引起死亡。

【临床症状】 仔猪红痢侵害出生仔猪,产后 3 天以内的猪常感染该病。该病病程短,有些猪在出生后 3 天内全群死亡,大于 3 日龄的仔猪很少发病。仔猪红痢是经口感染,有的生后 8 h 左右即可得病,且多为急性型。根据临床症状的情况可分为最急性型、急性型、亚急性型和慢性型。

1. 最急性型

仔猪初生当天就发病,可出现出血性腹泻(血痢),后躯沾满带血稀粪。病猪精神不振,走路摇晃,随即虚脱或昏迷、抽搐而死亡。部分仔猪无血痢而衰竭死亡。

2. 急性型

病程一般可维持 2 天左右,拉带血的红褐色水样稀粪,其中含有灰色坏死组织碎片,病猪迅速脱水、消瘦,最终衰竭死亡。

3. 亚急性型

发病仔猪一般在出生后 5～7 天死亡。病猪开始精神、食欲尚好,持续性的非出血性腹泻,粪便开始为黄色软便,后变为清水样,并含有坏死组织碎片,似米粥样。随病程发展,病猪逐渐消瘦、脱水,于出生后 5～7 天死亡。

4. 慢性型

病程一至数周,呈间歇性或持续腹泻,粪便为灰黄色、黏液状,后躯沾满粪便的结痂。病猪生长缓慢,发育不良,消瘦,最终死亡或形成僵猪。

发病仔猪的主要症状是排出红褐色血性稀便,便中含有少量灰色坏死组织碎片和气泡,粪便有特殊腥臭味,后肢沾染血样便。有的病猪呕吐,出现不自主的运动,尖叫,最后死亡。该病预后不良,患病仔猪很难幸免。在发生该病的地区,发病率在 40%～50%,有的地方可能还要高些,死亡率一般为 100%。

【病理变化】 患病仔猪死亡甚急,外观除被毛粗而无光,后肢被粪便污染外,多无明显变化。剖检时猪腹部特别是猪下腹部皮下有轻度无色甚至淡黄色透明的胶样浸润。内脏最特异的病理变化在小肠,空肠常有长短不一的出血性坏死,外观肠壁呈深红色,两端界限分明。小肠浆膜下和肠系膜中有很多小气泡,肠壁粗糙、肥厚,这种变化极为特殊。十二指肠没有这种病变,但有时可侵及回肠。肠内充满气体,肠内容物呈不同程度的灰黄、红黄或暗红色。心脏扩张,表面血管怒张,呈树枝状,心外膜有血点,心包液增多。脾脏边缘有小点状出血。肾脏皮质表面散在很多针尖大暗红色出血点。膀胱黏膜也有小点出血。肠淋巴结呈暗红色。肝肺多无明显变化,腹水增多,多半呈血性,有的病例也出现胸水。

【诊断】

1. 病原学检测

小鼠致死试验于尾静脉注射含魏氏梭菌毒素的检样或其稀释液,10 min 或数 min 内发病、死亡。可用魏氏梭菌 A、B、C、D、E 抗毒素血清作毒素中和试验,进行鉴别。

兔泡沫肝试验用魏氏梭菌给兔静脉接种后,兔肝肿胀呈泡沫状,比正常肝大 2～3 倍,且肝组织呈烂泥状,一触即破。肠腔中也产生大量的气体,因而兔腹围显著增大。

豚鼠皮肤蓝斑试验分点皮内注射魏氏梭菌检样 0.05～0.1 mL,经 2～3 h 后静脉注射10%～25%伊文斯蓝 1.0 mL,30 min 后观察局部毛细血管渗透性呈亢进状态,一般于 1 h 后局部呈环状蓝色反应,即为阳性。

2. 结扎肠袢试验

将魏氏梭菌接种于 DS 培养基,37℃培养 18～24 h,取检样于麻醉手术下注入兔肠管结扎段内,90 min 后测量结扎肠管的长度、积液量,邻近肠管段内注入生理盐水做对照。回盲结合部位上端 50 cm 处不宜做试验,因其易呈非特异性阳性反应,可用精制的 CPE 对家兔做免疫注射,可获得特异性抗 CPE 血清,用于免疫学检测。

3. 肠内容物毒素检查

患病仔猪是由于细菌在肠道中繁殖产生大量毒素而中毒死亡的,因此肠内容物中应含有该菌产生的毒素,证明这种毒素对诊断该病是非常重要的。因此可取小肠内容物进行肠毒素试验:采取刚死亡的急性病猪的空肠内容物或腹腔积液,加等量生理盐水搅拌均匀后,以3 000 r/min 离心 30～60 min,取上清液静脉注射体重 18～22 g 的小鼠 5 只,每只注射 0.2～0.5 mL,同时以上述滤液与 C 型和 D 型产气荚膜梭菌抗毒素进行中和试验,作用 40 min 后,注射于另一组小鼠,以作对照。如注射滤液的一组小鼠迅速死亡,而对照组不死,可确诊为该病。如果这种毒素被 C 型抗毒素中和,则注射含毒素上清液与 C 型抗毒素混合物的小鼠存活,证明肠内容物中含有 C 型产气荚膜梭菌的毒素,仔猪是由于吸收这种毒素而致死的。

【防制】

在该病流行的地区,有许多兽医工作者都希望找到有效的治疗方法,但因该病发病迅速,病程较短,又是毒血症,用一般化学药物或是各种抗生素都没有收到满意的效果,从而普遍认为治疗是难以见效的。国外有些学者也认为一旦发现病猪临床症状,就不易改变其病程,化学药物是无效的,因此对于该病主要是进行预防。

可给妊娠母猪注射菌苗,仔猪出生后吸吮初乳可以获得免疫,这是预防仔猪红痢的最有效的方法。妊娠母猪在临产前一个月肌肉注射 5~10 mL 的氢氧化铝菌苗,临产前半个月再注射 10 mL,经过这样注射疫苗的母猪,其初乳中含有大量的抗毒素,仔猪食入这种初乳即可获得良好的被动免疫。另外,仔猪出生后注射高效价的抗毒素 3~5 mL,可以有效预防该病的发生。因该病在出生后 7~8 h 即可出现,因此注射抗毒素要早,最好在仔猪出生后立即注射,否则效果不佳。

? 思考题

猪梭菌性肠炎如何防治?

第十八节　猪接触传染性胸膜肺炎

猪接触传染性胸膜肺炎(porcine contagious pleuropneumonia)原名胸膜肺炎嗜血杆菌,亦称副溶血嗜血杆菌,是由胸膜肺炎放线杆菌引起的一种接触性急性呼吸道传染病,以急性出血性纤维素性肺炎和慢性纤维素性坏死性胸膜炎为主要特征,多呈最急性或急性病程而迅速致死,慢性者通常能耐受,可发生于任何年龄的猪只,但以 3 月龄仔猪最易感。该病被国际公认为是危害现代养猪业的重要传染病。

该病自 1957 年发现以来,已在世界广泛流行,且有逐年增长的趋势。随着集约化养猪业的发展,该病对养猪业的危害越显严重,造成了巨大的经济损失。美国、丹麦、瑞士将该病列为主要猪病之一。近年来,我国由于引种频繁,该病也随之侵入,其发生和流行日趋严重,已有多个地区报道了此病。

【病原】　该病的病原体以前称为胸膜肺炎嗜血杆菌(*Haemophilus pleuropneumonia*),因其与林氏放线杆菌的 DNA 具有同源性,故国际细菌分类命名委员会于 1983 年将之称为胸膜肺炎放线杆菌(*Actinobacillus pleuropneumonia*,APP),属于巴氏杆菌科(*Pasteurellaceae*)放线杆菌属(*Actionbacillus*)。该菌为革兰氏染色阴性的小球杆状菌或纤细的小杆菌,有的呈丝状,并可表现为多形态性和两极着色性。有荚膜,无芽孢,无运动性,有的菌株具有周身性纤细的菌毛。为兼性厌氧菌,其生长需要的生长因子为 V 因子,不需要 X 因子。可在葡萄球菌周围形成卫星菌落,在巧克力琼脂(鲜血琼脂 80~90℃加热 5~15 min 而制成)上生长良好,37℃培养 24~48 h 后,长成圆形、隆起、表面光滑、边缘整齐的灰白半透明小菌落。最适生长温度为 37℃。在普通培养基上不生长,需添加 V 因子才能生长。在 10%CO_2 条件下,可生成黏液状菌落,巧克力琼脂上培养 24~48 h,形成不透明淡灰色的菌落,直径 1~2 mm。可形成两种类型的菌落,一种为圆形,坚硬的蜡状,有黏性;另一种为扁平、柔软的闪光型菌落;有荚膜的菌株在琼脂平板上可形成带彩虹的菌落。在牛或羊血琼脂平板上通常产生 β 溶血环。该菌产生的溶血素与金黄色葡萄球菌的 β 毒素具有协同作用,即金黄色葡萄球菌可增强该菌的溶血作用,CAMP 反应呈现阳性。

目前已报道的有 15 个血清型,各血清型具有特异性,其血清型特异性取决于荚膜多糖(CP)和菌体脂多糖(LPS)。但有些血清型有相似的细胞结构或相同的 LPSO 链,这可能是造成有些血清型间出现交叉反应的原因,如血清 8 型、3 型、6 型之间,血清 1 型、9 型及 11 型之间以及血清 4 型和 7 型之间存在有血清学交叉反应。

　　根据 NAD(nicotinamide adenine dinucleotide,烟酰胺腺嘌呤二核苷酸,又称 V 因子)的依赖性可把 15 个血清型分为两个生物型。生物 I 型为 NAD 依赖型菌株,包括血清型 1～12 型和 15 型;生物 II 型为 NAD 非依赖型,但需要有特定的嘌呤核苷酸或其前产物以辅助生长,包括血清型 13、14。生物 I 型菌株毒力强,危害大。生物 II 型可引起慢性坏死性胸膜肺炎,从猪体内分离到的常为 II 生物型。生物 II 型菌体形态为杆状,比生物 I 型菌株大。根据细菌荚膜多糖和细菌脂多糖对血清的反应,其中血清 1 型和 5 型进一步分为 A 和 B 两个亚型,即血清 1A、1B 和 5A、5B。不同血清型间的毒力有明显的差异。我国流行的主要以血清 7 型为主,其次为血清 2、4、5、10 型。

　　【流行病学】　各种年龄、性别的猪都有易感性,其中 6 周龄至 6 月龄的猪较多发,但以 3 月龄仔猪最为易感。胸膜肺炎放线杆菌是对猪有高度宿主特异性的呼吸道寄生物,急性感染不仅可在肺部病理变化和血液中见到,而且在鼻液中也有大量细菌存在。该病的发生多呈最急性型或急性型,病程短而迅速死亡。猪群规模越大,发病危险亦越大。急性暴发猪群,发病率和死亡率一般为 50% 左右,最急性型的死亡率可达 80%～100%。

　　病猪和带菌猪是该病的传染源。种公猪和慢性感染猪在传播该病中起着十分重要的作用。APP 主要通过空气飞沫传播,在感染猪的鼻汁、扁桃体、支气管和肺脏等部位是病原菌存在的主要场所。病菌随呼吸、咳嗽、喷嚏等途径排出后形成飞沫,通过直接接触而经呼吸道传播。也可通过被病原菌污染的车辆、器具以及饲养人员的衣物等而间接接触传播。小啮齿类动物和鸟也可能传播该病。

　　猪群之间的传播主要是因引入带菌猪或慢性感染的病猪;饲养环境不良,管理不当可促进该病的发生与传播,并使发病率和死亡率升高。据调查,初次发病猪群的发病率和病死率均较高,经过一段时间,逐渐趋向缓和,发病率和病死率显著减少。因此,该病的发病率和死亡率有很大差异,发病率通常在 8.5%～100% 之间,病死率在 0.4%～100% 之间。当卫生环境不好和气候不良时,也可促进该病的发生。

　　该病的发生具有明显的季节性,多发生于 4—5 月和 9—11 月。饲养环境突然改变、猪群的转移或混群、拥挤或长途运输、通风不良、湿度过高、维生素 E 缺乏、气温骤变等应激因素,均可引起该病发生或加速疾病传播,使发病率和死亡率增加。

　　【发病机理】　该菌通过呼吸道进入肺脏,在扁桃体上定居并黏附到肺泡上皮,借助表面纤维、荚膜在肺泡内定居。在肺内,该菌可被肺泡巨噬细胞迅速吞噬或吸附并产生毒素,对肺泡巨噬细胞和血液中单核巨噬细胞产生细胞毒性作用,导致肺部病理变化。如肺泡壁水肿,毛细血管堵塞,淋巴管由于充满水肿液、纤维及炎性细胞而扩张。同时,在损伤的肺泡内可见血小板凝集及中性粒白细胞的积聚,动脉血栓及血管壁坏死并发生破裂。在受感染的肺泡内可看到菌落并发生菌血症。在肺坏死边缘可见死亡或受损的巨噬细胞及碎片,在感染后 4 天,肺泡界线分明。同时支气管也充满黏稠的分泌物,随着病理变化时间的延长,中心部位出现坏死并有纤维化现象。

　　研究表明,胸膜肺炎放线杆菌有许多毒力因子引起动物发病。包括荚膜(CP)、脂多糖(LPS)、外膜蛋白(OMP)、转铁结合蛋白(TBP)、蛋白酶、溶血外毒素(actinobacillus pleuro-pneumoniae-RTX-toxins,Apx)、黏附因子、菌毛等。已经证实,溶血外毒素是胸膜肺炎放线杆菌引起猪发病的主要毒力因子。该菌分泌 4 种溶血外毒素,包括 Apx I、Apx II、Apx III 和

ApxⅣ。ApxⅠ、ApxⅡ及ApxⅢ对于疾病临床症状的出现及典型的肺部病变是必需的。不同血清型的App产生不同的毒素,除所有血清型的APP均产生ApxⅣ外,没有任何一种血清型App能同时产生这4种Apx毒素,大多数只产生2种。如血清型1、5、9、11产生ApxⅠ、ApxⅡ和ApxⅣ;而血清型2、3、6、8产生ApxⅡ、ApxⅢ和ApxⅣ,血清型10型产生ApxⅠ、ApxⅣ;血清型7、12产生ApxⅡ、ApxⅣ。少数血清型菌只产生一种Apx毒素,血清4型产生ApxⅢ。ApxⅠ具有很强的溶血活性和细胞毒性,ApxⅡ溶血活性和细胞毒性相对弱些,而ApxⅢ具有较强的细胞毒性,无溶血活性。因此,血清型1、5、9、11毒力和致病性较其他血清型要强得多。

【临诊症状】 该病的潜伏期,通常人工接种感染的潜伏期为1～12 h,自然感染的快者为1～2天,慢者为1～7天。这主要与猪的免疫状态、应激程度、环境状况和病原毒力及其感染量相关。死亡率随毒力和环境而有差异,但一般较高。根据病猪的临床经过不同,一般可将之分为最急性型、急性型、慢性型和亚急性型。

1.最急性型

发病突然,病程短,死亡快。一般有一只或几只猪突然发病,体温升高至41～42℃,心率增加精神极度沉郁,食欲废绝,出现短期的腹泻和呕吐症状,早期病猪无明显的呼吸道症状。后期心衰,鼻、耳、眼及后躯皮肤发绀,晚期呼吸极度困难,常呆立或呈犬坐式,张口伸舌,咳喘,并有腹式呼吸。临死前体温下降,严重者从口鼻流出泡沫血性分泌物。初生猪则为败血症致死。病猪于出现临诊症状后24～36 h内死亡。有的病例见不到任何临诊症状而突然死亡。此型的病死率高达80%～100%。

2.急性型

发病较急,有较多的猪同时受侵。病猪体温升至40～41.5℃,精神不振,食欲减损,有明显的呼吸困难、咳嗽、张口呼吸等较严重的呼吸障碍症状。如不治疗,常于1～2天内窒息死亡;病猪多卧地不起,常呈现犬卧或犬坐姿势,全身皮肤瘀血呈暗红色;有的病猪还从鼻孔中流出大量的血色样分泌物,污染鼻孔及口部周围的皮肤。如及时治疗,则症状较快缓和,能度过4天以上,则可逐渐康复或转为慢性。此时病猪体温不高,发生间歇性咳嗽,生长迟缓。

3.慢性型和亚急性型

多于急性期后期出现。病猪轻度发热或不发热,体温在39.5～40℃之间,精神不振,食欲减退。不同程度的自发性或间歇性咳嗽,呼吸异常,生长迟缓。病程几天至1周不等;并常因其他微生物(如肺炎支原体、巴氏杆菌等)的继发感染而使呼吸障碍表现明显,病程恶化,病死率明显增加。

【病理变化】 主要病变存在于肺和呼吸道内。肺呈紫红色,肺炎多是双侧性的,并多在肺的心叶、尖叶和膈叶出现病灶,其与正常组织界线分明。最急性死亡的病猪气管、支气管中充满泡沫状、血性黏液及黏膜渗出物,无纤维素性胸膜炎出现。发病24 h以上的病猪,肺炎区出现纤维素性物质附于表面、肺出血、间质增宽、有肝变。气管、支气管中充满泡沫状血红色黏液及黏膜渗出物,喉头充满血性液体,肺门淋巴结显著肿大。随着病程的发展,纤维素性胸膜炎蔓延至整个肺脏,使肺和胸膜粘连。常伴发心包炎,肝、脾肿大,色变暗。病程较长的慢性病例,可见硬实肺炎区,病灶硬化或坏死。发病的后期,病猪的鼻、耳、眼及后躯皮肤出现发绀,呈紫斑。

1. 最急性型

病死猪剖检可见气管和支气管内充满泡沫状带血的分泌物。肺充血、出血和血管内有纤维素性血栓形成。肺泡与间质水肿。肺的前下部有炎症出现。

2. 急性型

急性期死亡的猪可见到明显的剖检病变。喉头充满血样液体,双侧性肺炎。常在心叶、尖叶和膈叶出现病灶,病灶区呈紫红色,坚实,轮廓清晰,肺间质积留血色胶样液体。随着病程的发展,纤维素性胸膜肺炎蔓延至整个肺脏。

3. 亚急性型

肺脏可能出现大的干酪样病灶或空洞,空洞内可见坏死碎屑。如继发细菌感染,则肺炎病灶转变为脓肿,致使肺脏与胸膜发生纤维素性粘连。

4. 慢性型

肺脏上可见大小不等的结节(结节常发生于膈叶),结节周围包裹有较厚的结缔组织,结节有的在肺内部,有的突出于肺表面,并在其上有纤维素附着而与胸壁或心包粘连,或与肺之间粘连。心包内可见到出血点。

在发病早期可见肺脏坏死、出血,中性粒细胞浸润,巨噬细胞和血小板聚集,血管内有血栓形成等组织病理学变化。肺脏大面积水肿并有纤维素性渗出物。急性期后则主要以巨噬细胞浸润、坏死灶周围有大量纤维素性渗出物及纤维素性胸膜炎为特征。病原如为血清 3 型,则在少数猪中出现关节炎,心内膜炎和不同部位肿胀等病变。

【诊断】 根据流行病学和特征的临诊症状,可做出初诊。确诊要对可疑的病例进行实验室诊断。

1. 实验室诊断

(1)直接镜检 从鼻、支气管分泌物和肺脏病变部位采取病料涂片或触片,革兰氏染色,显微镜检查,如见到多形态的两极浓染的革兰氏阴性小球杆菌或纤细杆菌,可进一步鉴定。

病原的分离鉴定:将无菌采集的病料接种在 7% 马血巧克力琼脂、划有表皮葡萄球菌十字线的 5% 绵羊血琼脂平板或加入生长因子和灭活马血清的牛心浸汁琼脂平板上,于 37℃ 含 5%~10% CO_2 条件下培养。如分离到的可疑细菌,可进行生化特性、CAMP 试验、溶血性测定以及血清定型等检查。

(2)血清学诊断 包括补体结合试验、2-巯基乙醇试管凝集试验、乳胶凝集试验、琼脂扩散试验和酶联免疫吸附试验等方法。国际上公认的方法是改良补体结合试验,该方法可于感染后 10 天检查血清抗体,可靠性比较强,但操作烦琐,一般认为酶联免疫吸附试验较为实用。

2. 鉴别诊断

诊断该病时需与猪肺疫、猪气喘病等相区别。

(1)猪肺疫 该病与肺猪疫的症状和肺部病变都相似,较难区别,但急性猪肺疫常见咽喉部肿胀,皮肤、皮下组织、浆膜和黏膜以及淋巴结有出血点,而猪接触传染性胸膜肺炎的病变往往局限于肺和胸腔。猪肺疫的病原体为两极着染的巴氏杆菌,而猪接触传染性胸膜肺炎的病原体为球杆状或多形态的胸膜肺炎放线杆菌。

(2)猪气喘病 该病与猪气喘病的症状有些相似,但猪气喘病的体温不高,病程长,肺部病变对称,呈胰样或肉样变,病灶周围无结缔组织包裹,而有增生性支气管炎变化。

【防制】

由于该菌血清型多达 15 种，不同血清型菌株之间交叉免疫性又不强，因此灭活苗主要从当地分离的菌株制备而成。对母猪和 2～3 月龄猪进行免疫接种，能有效控制该病的发生。各种亚单位苗成分不尽相同，一般是以胸膜肺炎放线杆菌外毒素为主要成分，辅以外膜蛋白或转铁蛋白等各种毒力因子，保护效果不一。另外，市场上还有胸膜肺炎放线杆菌灭活苗加入毒素成分制成的类毒素苗，也获得了较好的保护效果。保护效果更好、使用更加方便的弱毒苗、微胶囊苗等新型疫苗尚在研发之中。

此外，对无病猪场应防止引进带菌株，在引进前应用血清学实验进行检疫。对感染猪场逐头进行血清学检查，清除血清阳性带菌猪，并结合药物防治的方法来控制该病。

对该病采取早期治疗是提高疗效的重要条件。常用有效的治疗药物有氯霉素、青霉素、卡那霉素、土霉素、四环素、链霉素及磺胺类药物等；用药的基本原则是肌肉或皮下大剂量注射，并重复给药。一般的用药剂量为：氯霉素肌注或静注，每千克体重 10～30 mg，每天 2～4 次；青霉素肌注，每头每次 40 万～100 万单位，每日 2～4 次。能正常采食者，可在饲料中添加土霉素等抗生素或磺胺类药物，剂量为每千克饲料中加入土霉素 0.6 g，连服 3 天，可以控制该病的发生。

第十九节　猪传染性萎缩性鼻炎

猪传染性萎缩性鼻炎(swine infectious atrophic rhinitis)是由支气管败血波氏杆菌或/和产毒素多杀性巴氏杆菌引起的猪的一种慢性呼吸道传染病。其特征为鼻炎，颜面部变形，鼻甲骨尤其是鼻甲骨下卷曲发生萎缩和生长迟缓。临诊症状表现为打喷嚏、流鼻血、颜面变形、鼻部歪斜和生长迟滞，猪的饲料转化率降低，给集约化养猪业造成巨大的经济损失。同时，由于病原感染猪只后，损害呼吸道的正常结构和功能，使猪体抵抗力降低，极易感染其他病原，引起呼吸系统综合征，增加猪的死淘率。该病常发生于 2～5 月龄的猪，现在几乎遍及世界养猪业发达的地区，我国许多地区亦有该病发生。

【病原】　支气管败血波氏杆菌(*Bordetella bronchiseptica*) Ⅰ相菌和多杀性巴氏杆菌毒素源性菌株联合感染。

研究证明，支气管败血波氏杆菌Ⅰ相菌单独不能引起渐近性猪传染性鼻缩性鼻炎发生，但支气管败血波氏杆菌与多杀性巴氏杆菌毒素源菌株荚膜血清型 A 或 D 株联合感染 SPF 猪和无菌猪，能引起鼻甲骨严重损害和鼻吻变短。用多杀性巴氏杆菌 D 型或 A 型株毒素，单独给健康猪接种，可以发生猪传染病性萎缩性鼻炎和严重病变。多种应激因素、营养、管理和继发的微生物如绿脓杆菌、嗜血杆菌及毛滴虫等，可加重病情。

支气管败血波氏杆菌为革兰氏染色阴性球状杆菌，散在或成对排列，偶见短链。不能产生芽孢，有周鞭毛，能运动，有两极着色的特点。为需氧菌，最适生长温度 35～37℃，培养基中加入血液或血清有助于此菌生长。

在鲜血培养基上生长能产生 β 溶血，在葡萄糖中性红琼脂平板上呈烟灰色透明的中等大小菌落。在肉汤培养基中呈轻度均匀浑浊生长，不形成菌膜，有腐霉气味。在马铃薯培养基上使马铃薯变黑，菌落黄棕而带绿色。不发酵糖类，使石蕊牛乳变碱，但不凝固。甲基红试验、

VP 试验和吲哚试验阴性。能利用柠檬酸盐、分解尿素。过氧化氢酶、氧化酶试验阳性。

根据毒力、生长特性和抗原性,支气管败血波氏杆菌有 3 个菌相,Ⅰ相菌病原性较强,具有红细胞凝集性。有荚膜和密集周生菌毛,很少见有鞭毛;球形或球杆状,染色均匀;有表面 K 抗原(由荚膜抗原和菌毛抗原组成)和细胞浆内存在的强皮肤坏死毒素(似内毒素),Ⅱ相菌和Ⅲ相菌无荚膜和菌毛,毒力较弱。Ⅰ相菌在人工培养过程中及不适宜条件下可成为低毒或无毒,向Ⅱ、Ⅲ相菌变异。Ⅱ相菌是Ⅰ相菌向Ⅲ相菌变异的过渡菌型,各种生物学活性介于Ⅰ相菌与Ⅲ相菌之间。Ⅰ相菌感染新生的猪后,在鼻腔中增殖,并可存留 1 年之久。

引起的猪传染性萎缩性鼻炎的多杀性巴氏杆菌,绝大多数属于 D 型,能产生一种耐热的外毒素,毒力较强;可致豚鼠皮肤坏死及小鼠死亡。用此毒素接种猪,可复制出典型的猪萎缩性鼻炎(AR)。少数属于 A 型,多为弱毒株,不同型毒株的毒素有抗原交叉性,其抗毒素也有交叉保护性。

该菌对外界环境的抵抗力不强,一般消毒药均可杀死病菌。在液体中,58℃ 15 min 可将其杀灭。

【流行病学】　该病在自然条件下只见猪发生,各种年龄的猪都可感染,最常见于 2～5 月龄的猪。在出生后几天至数周的仔猪感染时,发生鼻炎后多能引起鼻甲骨萎缩;年龄较大的猪感染时,可能不发生或只产生轻微的鼻甲骨萎缩,但是一般表现为鼻炎症状,症状消退后成为带菌猪。病猪和带菌猪是主要传染来源。病菌存在于上呼吸道,主要通过飞沫传播,经呼吸道感染。该病的发生多数是由有病的母猪或带菌猪传染给仔猪的。不同月龄猪只混群,再通过水平传播,扩大到全群。昆虫、污染物品及饲养管理人员,在传播上也起一定作用。所以,健康猪群,如果不从病猪群直接引进猪只,一般不会发生该病。一般来说,被污染的环境和用具,只要停止使用数周,就不会传递该病。该病在猪群中传播速度较慢,多为散发或呈地方流行性。饲养管理条件不好,猪圈潮湿,寒冷,通风不良,猪只饲养密度大、拥挤、缺乏运动,饲料单纯及缺乏钙、磷等矿物质等,常易诱发该病,加重病的演变过程。

产毒素多杀巴氏杆菌对常见的消毒剂敏感,如氨水、碘酊、酚类、次氯酸钠和洗必泰等。在0.5%苯酚中 15 min 即可灭活。该菌在粪便中感染性可保持 1 个月,60℃10 min 即可灭活。产毒素多杀巴氏杆菌还可从牛、兔、犬、猫、大鼠、禽类、山羊和绵羊中分离到,从火鸡中分离的产毒素多杀巴氏杆菌可引起猪猪萎缩性鼻炎病变。

【临床症状】　受感染的小猪出现鼻炎症状,打喷嚏,呈连续或断续性发生,呼吸有鼾声。猪只常因鼻类刺激黏膜表现不安定,用前肢搔抓鼻部,或鼻端拱地,或在猪圈墙壁、食槽边缘摩擦鼻部,并可留下血迹;从鼻部流出分泌物,分泌物先是透明黏液样,继之为黏液或脓性物,甚至流出血样分泌物,或引起不同程度的鼻出血。

在出现鼻炎症状的同时,病猪的眼结膜常发炎,从眼角不断流泪。由于泪水与尘土沾积,常在眼眶下部的皮肤上,出现一个半月形的泪痕湿润区,呈褐色或黑色斑痕,故有"黑斑眼"之称,这是具有特征性的症状。

有些病例,在鼻炎症状发生后几周,症状渐渐消失,并不出现鼻甲骨萎缩。大多数病猪,进一步发展引起鼻甲骨萎缩。当鼻腔两侧的损害大致相等时,鼻腔的长度和直径减小,使鼻腔缩小,可见到病猪的鼻缩短,向上翘起,而且鼻背皮肤发生皱褶,下颌伸长,上下门齿错开,不能正常咬合。当一侧鼻腔病变较严重时,可造成鼻子歪向一侧,甚至成 45°歪斜。由于鼻甲骨萎缩,致使额窦不能以正常速度发育,以致两眼之间的宽度变小,头的外形发生改变。

病猪体温正常。生长发育迟滞,育肥时间延长。有些病猪由于某些继发细菌通过损伤的筛骨板侵入脑部而引起脑炎,发生鼻甲骨萎缩的猪群往往同时发生肺炎,并出现相应的症状。

猪萎缩性鼻炎的特征性症状是猪吻部扭曲变形,病猪上颌比下颌短,面部皮肤皱缩,骨质变化严重时可出现鼻盘歪斜,伴有鼻炎或支气管炎,病猪出现咳嗽、喷嚏,有时还有不同程度的黏液性或脓性分泌物。病猪由于眼角流泪黏附尘土而在脸部出现脏的条纹,并出现严重的生长迟滞现象。如伴发其他呼吸道传染病如支原体、猪呼吸与生殖障碍综合征病毒或猪嗜血杆菌等可加重病情,严重的可导致死亡。

【病理变化】 病变多局限于鼻腔和邻近组织。病的早期可见鼻黏膜及额窦有充血和水肿,有多量黏液性、脓性甚至干酪性渗出物蓄积。病进一步发展,最特征的病变是鼻腔的软骨和鼻甲骨的软化和萎缩,大多数病例,最常见的是下鼻甲骨的下卷曲受损害,鼻甲骨上下卷曲及鼻中隔失去原有的形状,弯曲或萎缩。鼻甲骨严重萎缩时,使腔隙增大,上下鼻道的界限消失,鼻甲骨结构完全消失,常形成空洞。

剖检变化患猪除出现生长迟滞外,其他眼观病变主要位于鼻腔及临近头部,可见到面部变形,上呼吸道表现为腹侧和背侧鼻软骨萎缩。通常通过第1臼齿和第2臼齿间鼻盘是否横向错位来评价萎缩程度。在这个位置,正常猪的鼻卷曲是上下对称的。在轻度或中度病变,鼻甲骨腹侧卷曲受到的影响大,其变化由轻度收缩至完全萎缩;在严重的病例,腹侧、背侧鼻甲骨卷曲及筛骨均发生萎缩;最严重时,鼻甲骨结构完全消失。

病理组织学变化产毒素多杀巴氏杆菌引起猪萎缩性鼻炎的特征性病理组织学变化是鼻甲骨腹侧纤维化,此外还伴有呼吸道上皮细胞退化,黏膜系膜层炎性渗出。同时,感染Bb的仔猪出现肺炎。Bb主要影响肺毛细血管并引起肺泡内出血、坏死及间叶水肿,在出血不严重的部位有嗜中性白细胞渗出。随着病程的延长,肺泡纤维化,一些肺泡内出现肺泡巨噬细胞。

【诊断】 临床诊断和病理诊断该病临床特征明显,可根据病猪出现鼻甲骨变形或扭曲,出现不同程度的分泌物,同时伴有生长迟滞现象就可做出初步诊断。对于那些症状不明显或流行不严重的,即便有经验的人员也很难进行准确判断。剖检尸体也是该病的良好的诊断方法之一。对4周龄以上死亡猪或到屠宰年龄的猪在第1或第2臼齿处将猪鼻横向锯开,观察有无鼻甲骨萎缩。但应注意尽量多剖检患猪,以便提供较准确的诊断依据。此外,一些国家采取X射线对活猪鼻甲骨进行诊断。该方法的缺点是操作困难.不能检出轻度病变。

细菌学诊断对怀疑有猪萎缩性鼻炎的猪群,主要检查鼻腔及鼻分泌物、扁桃体和肺有无病菌存在。鼻分泌物或鼻腔最好用有金属或弹性的塑料杆或竹签的棉签蘸取,保定好活猪并擦净鼻孔,轻轻将棉签插入鼻中,并顺着腹侧轻轻转动着向前推进,尽量避免损伤鼻甲骨。采集病料的棉签应尽快接种鉴别培养基,经纯繁后观察菌落形态和荧光,并进一步作生化试验和菌体型鉴定。

检测出的多杀巴氏杆菌可进一步进行产毒素检测,可通过接种豚鼠或用 ELISA 或 PCR 方法进行鉴定。

鉴别诊断猪萎缩性鼻炎应与仔猪局部细菌感染(伤口细菌进入鼻窦引起的炎症)相区别。猪萎缩性鼻炎引起猪打喷嚏、鼻炎等,其他许多病如猪流感、猪胸膜肺炎、猪呼吸与繁殖障碍综合征和伪狂犬病等也有相似症状,应注意它们之间的区别。

【防制】

该病的感染途径主要是由哺乳期病母猪,通过呼吸和飞沫传染给仔猪,使其仔猪受到传染。病仔猪串圈或混群时,又可传染给其他仔猪,传播范围逐渐扩大。若作为种猪,又通过引种传到另外猪场。因此,要想有效控制该病,必须执行一套综合性兽医卫生措施。

(1)加强我国进境猪的检验,防止从国外传入。事实表明,我国的猪传染性萎缩性鼻炎,就是某些地区猪场从国外引进种猪将此病传入而引起流行的,应采取坚决的淘汰和净化措施。

(2)无该病的健康猪场其防制的主要原则是:坚决贯彻自繁自养,加强检疫工作及切实执行兽医卫生措施。必须引进种猪时,要到非疫区购买,并在购入后隔离观察2~3个月,确认无该病后再合群饲养。

(3)淘汰病猪,更新猪群将有病状的猪全部淘汰育肥,以减少传染机会。但有的病猪外表病状不明显时,检出率很低,所以又不是彻底根除病猪的方法。比较彻底的措施,是将出现过病猪的猪群,全部育肥淘汰,不留后患。

(4)隔离饲养凡曾与病猪或可疑病猪接触过的猪只,隔离观察3~6个月;母猪所产仔猪,不与其他猪接触;仔猪断奶后仍隔离饲养1~2个月;再从仔猪群中挑选无病状的仔猪留作种用,以不断培育新的健康猪群。发现病猪立即淘汰。这种方法在我国还较适用,但也要下功夫才能办到。

至于剖腹取胎、隔离饲养仔猪,从中选育出健康猪的方法,人力、物力花费太大,难以坚持。

(5)改善饲养管理。断奶网上培育及肥育均应采取全进全出;降低饲养密度,防止拥挤;改善通风条件,减少空气中有害气体;保持猪舍清洁、干燥、防寒保暖;防止各种应激因素的发生;做好清洁卫生工作,严格执行消毒卫生防疫制度。这些都是防止和减少发病的基本办法,应予十分重视。

(6)用支气管败血波氏杆菌(Ⅰ相菌)灭活菌苗和支气管败血波氏杆菌及D型产毒多静『生巴氏杆菌灭活二联苗接种在母猪产仔前2个月及1个月接种,通过母源抗体保护仔猪几周内不感染。也可以给1~3周龄仔猪免疫接种,间隔1周进行第二免。

第二十节　副猪嗜血杆菌

副嗜血杆菌病,又称多发性纤维素性浆膜炎和关节炎,又称格拉瑟氏菌病(glasser's disease),临床上以体温升高、关节肿胀、呼吸困难、多发性浆膜炎、关节炎和高死亡率为特征,严重危害仔猪和青年猪的健康。

1910年,德国科学家Glässer首次对病猪脏器浆液性分泌物中的革兰氏阴性杆菌进行了描述。1922年,Schermer和Ehrlic首次成功分离出该菌。最初,1943年,Hjarre和Wramby通过生化鉴定,认为Ⅹ(iron porphyrin,铁卟啉)和Ⅴ因子(nicotinamide adenine dinucleotide;NAD,烟酰胺腺嘌呤二核苷酸)是该菌生长所必需的营养因子,并与猪嗜血杆菌非常相似,由此命名为"猪嗜血杆菌"。直到1969年,Biberstein和White通过研究表明HPS的生长只需Ⅴ因子,命名为副猪嗜血杆菌。Rapp-Gabrielson和Gabrielson通过SPF猪证实了副猪嗜血杆菌不同血清型之间的毒力差异。根据不同血清型之间的毒力差异,将副猪嗜血杆菌分为15个血清型,其中高毒力菌株有血清型1、5、10、12、13、14型;中等毒力菌株有血清型2、4、15型;其他血清型菌株毒力较弱或没有毒力,同时还有20%左右的细菌不能被分型。

该病在世界范围内广泛流行,如美国、日本、加拿大、德国、澳大利亚、丹麦、西班牙、瑞典等。在我国,20 世纪关于猪场发生多发性浆膜炎与关节炎的报道极少,几乎处于空白。近几年来,该病在我国的发病率呈现显著上升趋势,其中 4 型和 5 型为主要流行血清型,占总发病率的 43.4% 左右,其次为血清型 13 型、14 型、和 12 型,使我国养猪业经济损失严重。到目前为止,该病在我国各个省市均有发生,成为危害养猪业的最严重的细菌病之一。

【病原】 该病病原为副猪嗜血杆菌(*Haemophilus parasuas*,HPS),属于巴氏杆菌科嗜血杆菌属,革兰氏阴性菌。

副猪嗜血杆菌可在多种培养基上生长,在 TSA、TSB、BHI、TM/SN、巧克力琼脂平板上均生长良好,但实践中 TSA 和 TSB 培养基为常用培养基。但副猪嗜血杆菌在体外培养时,严格需要烟酰胺腺嘌呤二核苷酸(又称 NAD 或 V 因子),不需要 X 因子(血红素或其他嘌呤类物质)。在血液培养基和巧克力培养基上生长,菌落小而透明,在血液培养基上无溶血现象;在金黄色葡萄球菌菌苔周围生长良好,形成"卫星生长现象"。在含有新生牛血清和 NAD 的 TSA 培养基上 37℃ 培养 24～48 h,可形成表面光滑湿润、边缘整齐、无色透明、中间隆起、针尖大小的圆形菌落。菌落及镜检形态观察见图 4-2:

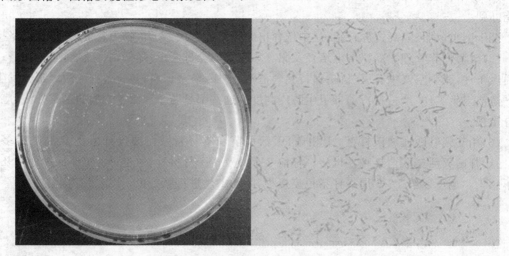

图 4-2 菌落及细菌形态特征
(图片由青岛农业大学动物科技学院山东省高校预防兽医学重点实验室提供)

一般条件下很难分离到该菌,特别是应用抗生素治疗过的病猪。但是细菌的分离培养是临床疾病诊断中所必需的,因此病料的选择对于成功分离得到该菌显得尤为重要。加拿大安大略省诊断实验室回归分析法(retrospective analysis of submission)结果表明,HPS 的真实发病率可能是实际报道的 10 倍之多。研究表明使用平板稀释技术、在培养基中加入抗生素(如杆菌肽和林肯霉素)可以提高污染病料中细菌的分离率。HPS 分离鉴定时应采集处于疾病急性期并且没有使用抗生素的病料,最好选择浆膜表面物质、心血或脑脊液,这样既可以减少杂菌的污染又可以增加分离的概率。也可在送到实验室之前接种到转移培养基上,也能从中获得副猪嗜血杆菌。同时要注意进行鉴别诊断特别是 NAD 依赖的细菌如 L 类嗜血杆菌、猪放线菌、吲哚放线菌等,但毒力较低。

副猪嗜血杆菌(HPS)菌体形态多样,从单个的球杆菌到长丝状,有的呈长链状,不溶血,无运动性。HPS 通常具有荚膜,但在体外培养时易受影响。在 HPS 表面呈细丝状结构,细菌经活体内传代后常形成纤毛样结构。

巴氏杆菌科中多种细菌引起呼吸道疾病,这与细菌外膜蛋白(outer membrane protein, OMP)、夹膜、纤毛和定居在上呼吸道有关,这包括嗜血杆菌属的细菌。因为从健康猪鼻腔中也能分离出该菌,因此对于黏附于门户部位是细菌入侵开始的先决条件提出了质疑。

该病菌对外界抵抗力不强,干燥环境易死亡。60℃可存活 5～20 min,4℃可存活 7～10 天,常用消毒药可将其杀灭。

【流行病学】 猪是副猪嗜血杆菌(HPS)感染的唯一宿主,主要存在于猪的上呼吸道和扁桃体中,可通过空气飞沫、猪群间接触以及排泄物而发生传播。HPS 主要危害 2 周龄到 4 月龄的猪,通常见于 5～8 周龄,发病率从 10％到 50％,病死率从 50％～90％。传统认为 HPS 是零星发生的,并与猪的应激有关。当前 HPS 的发病率和死亡率均呈现上升趋势并呈现出地方流行性。

带菌者和慢性感染猪是该病的传染源。哺乳期的仔猪通过母乳可感染该病,而通过初乳获得免疫力的仔猪,在断奶后体内抗体水平下降而易感。这些猪未受到自身感染后免疫保护或初乳抗体的免疫保护,因此在临床上证实该病在 5～6 周龄多发。

此外,气候突变、贼风、空气污染严重、寒冷潮湿、饲养密度过大、饲料质量差、长途运输等也可诱发和促使 HPS 的发生与流行,因此该病在冬、春季节多发。

HPS 是条件性致病菌,当感染病毒性疾病或发生混合感染可加速该病的发生,有证据表明,PCV-2、PRRS、猪流感病毒、伪狂犬病毒、肺炎支原体、链球菌、巴氏杆菌、猪传染性胸膜肺炎等都引起 HPS 的继发感染。HPS 常与 PRRS 并发,在猪群中存在 PRRS 感染时,HPS 的分离率会增加,由 HPS 导致的死亡率也会大幅度增加。

该病在临床中发生的日龄与猪只的被动免疫抗体水平、疫苗免疫后抗体水平、感染后机体产生的免疫力有关,对某一指定的猪群而言,应综合考虑发病日龄与猪群特异性免疫力的相关性、其他疾病诱发该病发生的可能性等因素才能更好地防治该病。

【发病机理】 副猪嗜血杆菌是上呼吸道的常在菌,是一种条件致病菌,常常可在鼻腔内、扁桃体内和气管前段分离到,有些菌株会破坏上呼吸道的防卫机制从而在敏感猪引起全身感染。免疫组织学技术和透射电镜观察到:该菌在感染的早期阶段定居在鼻腔和气管的中端,引起黏膜损伤,从而增加细菌和病毒入侵机会;也可损伤纤毛上皮,使呼吸道黏膜表面纤毛的活动显著降低,在外界诱因的存在下,侵入肺部引起疾病。感染中后期菌血症十分明显,肝、肾和脑膜上的瘀斑和瘀点构成了败血症损伤,血浆中可检出高水平的毒素,许多器官出现纤维蛋白性血栓。随后,出现典型的多发性纤维蛋白化脓性浆膜炎、关节炎和脑膜炎等。

给自然分娩后不喂初乳的仔猪鼻内接种副猪嗜血杆菌毒力菌株,12 h 后即可从鼻窦和气管内分离出该菌;接种后 30 h,血液培养物中可分离出该菌;接种后 36～108 h,全身各组织均可分离出该菌。在感染的早期阶段,菌血症十分明显,肝脏、肾脏和脑膜上出现败血性损伤,血浆中可检测到高水平的毒素,许多器官出现纤维蛋白血栓。随后,在多种浆膜面引起典型的纤维蛋白化脓性多发性浆膜炎、多发性关节炎和脑膜炎症状(Vahle 等,1995)。

西班牙学者 Olvera(2009)对副猪嗜血杆菌的致病机理研究结果表明,副猪嗜血杆菌能避开机体的肺部免疫屏障而存活下来。Olvera 用引起全身性发病的致病性菌株和非致病性菌株进行比较,发现从健康动物鼻腔分离的细菌能被肺泡巨噬细胞有效吞噬,而引起全身发病的致病性菌株能抵抗吞噬细胞的吞噬作用。这其中最重要的机制是细菌能避开肺泡巨噬细胞的吞噬作用。

副猪嗜血杆菌病常常与其他传染性细菌病和病毒病混合感染。副猪嗜血杆菌病在仔猪中多发,主要是因为新生仔猪从母猪内得到了母源免疫,随母源抗体水平下降,仔猪母源抗体的保护作用逐渐慢慢减弱,各种病原乘虚而入,便会导致各种疾病的混合感染。已有证据表明,副猪嗜血杆菌常与一些免疫抑制性的疾病病原如猪繁殖与呼吸综合征病毒、猪圆环病毒、猪胸膜肺炎放线杆菌、多杀性巴氏杆菌、支气管败血波氏杆菌、伪狂犬病毒等猪的呼吸道病原微生物混合或/和继发感染,使猪的呼吸道传染病更为复杂和严重,给全球的养猪业造成巨大的经济损失(Jung 等,2004)。

所以,到目前为止,副猪嗜血杆菌病的致病机理尚未清晰,需要我们进一步研究。

【临床症状】 临床症状表现为食欲不振甚至厌食、反应迟钝、呼吸困难、关节肿胀、跛行、可视黏膜发绀、侧卧或趴卧、共济失调,持续发热 3 天以上,随时可能死亡。急性感染耐过者可能会有后遗症,如母猪流产、公猪慢性跛行等。而且哺乳母猪的慢性跛行可能会引起母性行为的极端弱化。副猪嗜血杆菌本身作为呼吸道正常菌群,因此 HPS 疾病很难根除,特别是在不同的畜群中混养,或引入新饲养的种猪时,会引起严重的问题。

【病理变化】 副猪嗜血杆菌病以纤维素性多发性浆膜炎、脑膜炎和关节炎为特征,而 Little 报道急性病例多发性浆膜炎不明显,而肺炎多见。HPS 常引发急性败血症,其产生的内毒素可引起弥漫性血管内凝血(DIC),在多个器官内形成微血栓,在脏器浆膜面可见到纤维素性浆液性或化脓性蛋白渗出物。显微镜下可看到少量的炎性细胞。Hoefling(1991)报道称 HPS 还可引起筋膜炎和肌炎,也有报道称 HPS 还可引起化脓性鼻炎。

在显微镜下可看到,脏器实质细胞出现水泡变性、颗粒变性和坏死,细胞间可见炎性细胞浸润。气管黏膜上皮脱落,黏膜下有炎症反应和出血。心肌纤维断裂,并可见有炎性渗出物。脾生发中心可能变小。肺表现为支气管性肺炎症状。消化系统有出血性纤维素性肠炎的病变。HPS 也引起脑膜炎的病变。慢性病例主要表现为纤维性化脓性支气管炎,兼有纤维素性胸膜炎。病变在肺脏的背部比较明显,呈圆形,有明显的界限。发病早期肺脏坏死、出血,嗜中性粒细胞浸润,血小板和巨噬细胞活化,血管内有血栓形成,后期则以巨噬细胞浸润为特征。急性病例主要病变表现为纤维素性-浆液性浆膜炎和多发性关节炎,通常在肺横膈膜病变明显,全身淋巴结肿大,呈暗红色,切面呈大理石花纹样。脾脏出血性梗死。回盲口附近可见轮层扣状溃疡。肾脏、十二指肠也有出血点。

【诊断】

1. 初步诊断

根据流行病学、临床症状和病理变化可对该病做出初步诊断。但确诊还需要进行实验室诊断。临床症状表现为咳嗽、呼吸困难、消瘦、跛行和被毛粗乱。肺间质呈灰白色到血样胶冻样水中是该病的一特征性病理变化。该病最为特征性的病理变化表现为多模性纤维素性增生、粘连,特别是心包膜性纤维素性增生(俗称"绒毛心")。但这种变化通常出现在病程较长的病例,急性发作或病程较短的病例则不易观察到病理变化。通过屠宰反馈是否有"绒毛心"是判断猪场是否存在副猪嗜血杆菌病的一种简便的诊断方法。

2.实验室诊断

常用的实验室诊断方法包括微生物学方法、血清学方法、分子生物学方法。

(1)微生物学方法　副猪嗜血杆菌较难分离,对病料、采集时间、培养基都有严格要求。一般应选取临床症状典型并且最好未经抗生素治疗的病猪,采取人工致死的方法从全身各个部位采集新鲜病料,且从采集病料到送检一般不超过 24 h。特别注意,由于副猪嗜血杆菌是呼吸道的常在菌,因此仅从鼻腔、扁桃体或气管等组织脏器中分离的细菌,并不能评估是否由该菌引起猪发病。应从全身多个部位如心包、关节液、心血、脑脊液等处分离病原。同时可对分离方法以及培养方法进行改进如使用有抗生素的选择性培养基,或运用特殊的稀释技术以提高的分离率。研究结果表明 5‰ CO_2 或蜡罐培养并不能提高其生长速度,而用脱纤维蛋白鲜血和胰蛋白胨鲜血琼脂培养基培养可以提高生长速度;用牛或羊血和胰酶水解酪蛋白琼脂作为培养基效果不佳。副猪嗜血杆菌在体外培养要求极为严格,生长以来外源 NAD(Ⅴ因子)。葡萄球菌可产生 Ⅴ 因子,因此副猪嗜血杆菌在其周围生长呈"卫星生长显现"。该菌可分解蔗糖和尿素,不分解乳糖、甘露醇和麦芽糖,对葡萄糖发酵不稳定;硝酸盐还原试验阳性,触媒试验阳性。

(2)血清学方法　血清学诊断主要用于细菌的筛选和流行病学研究,检测副猪嗜血杆菌的血清学诊断结果不一致并且不准确。目前用于 HPS 血清学诊断的方法有间接血凝试验(IHA)、补体结合试验(CF)和酶联免疫法吸附试验(ELISA)等。CF 循环抗体在急性病 1 周左右出现,不同血清型间有交叉反应。使用超声波破碎细菌或煮沸细菌的上清作为包被抗原致敏绵羊红细胞进行间接血凝试验,以及对使用煮沸细菌菌液上清或经过透析的热酚水提取物脂多糖,作为包被抗原进行酶联免疫吸附试验,结果表明这些诊断方法不稳定并且经常出现假阴性结果,甚至对免疫动物进行的攻击得到完全保护时也是如此。对于评估副猪嗜血杆菌的保护性免疫来说,这些方法并不可靠。

(3)PCR 检测方法　PCR 方法具有快速、简便、灵敏、特异等优点,已被广泛用于动物疫病的诊断或检测。其特异性的关键取决于所选靶序列的特异性。16S rRNA 基因是细菌染色体上编码 rRNA 相对应的 DNA 序列,是目前进行细菌分类鉴定的重要靶基因之一,具有高度的保守性。

【防制】

副猪嗜血杆菌的综合防控措施包括免疫接种、药物防治、加强饲养管理等。

1.抗生素预防与治疗

根据该病的发病规律,可在大批发病前半个月或断奶后,给易感猪群在饲料中投药做预防或注射针剂进行保健。预防用药不可长期使用一种抗菌药物,应半年或一季一换。

早期用抗生素预防和治疗有效,可有效减少猪群死亡。但猪群一旦发病,出现临床症状,无立即注射大剂量的抗生素进行治疗,并且应当对整个猪群药物预防。

通常,大多数副猪嗜血杆菌菌株对头孢菌素、氟苯尼考、替米考星、泰妙菌素、泰乐菌素、氨苄西林、四环素、庆大霉素和增效磺胺类等药物敏感,但对红霉素、氨基糖苷类、壮观霉素和林可霉素、氟喹诺酮类和磺胺类药物的抗药性有增强的趋势。

鉴于副猪嗜血杆菌存在的耐药性问题,临床常采用两种以上的有效药物进行药物配伍,如泰乐菌素＋增效磺胺类;林可霉素＋氟甲砜霉素;头孢类＋阿莫西林;阿米卡星＋强力霉素;支原净＋金霉素＋阿莫西林;或支原净＋氟甲砜霉素等。

2.预防免疫

副猪嗜血杆菌疫苗在美国、加拿大、日本、西班牙等国家应用较为广泛,大量报道指出,通过商品化疫苗接种或使用特异性灭活疫苗,可成功地控制该病的发生。

目前,我国商品化的灭活疫苗有德国勃林格公司的副猪嗜血杆菌病灭活疫苗(Z-1517株)、西班牙海博莱的副猪嗜血杆菌病灭活疫苗(SV-1株＋SV-6株)和武汉科前的副猪嗜血杆菌病灭活疫苗(MD0332株＋SH0165株)。血清型分别有 4、5 及 13 型(勃林格)、1 和 6 型(海博莱)、4 和 5 型(武汉科前)、4 和 5 型(中牧)。这些血清型与我国流行菌株的主型基本相符,所以,现有商品化疫苗免疫可预防该病的发生。

2011 年,Newport 实验室研制出第一株商业化的 HPS 活疫苗-Parasail 疫苗,该疫苗可提供异源血清型(4、5、13 型)交叉保护作用。该菌苗还没有在国内应用。

重组亚单位疫苗是利用 DNA 重组技术,将编码的病原体保护性抗原基因导入原核细胞或真核细胞中,使其在受体细胞中高效的表达并分泌保护性抗原肽链,它不存在活疫苗带来的安全问题。Frandoloso(2001)等研究发现 NPAPTM 疫苗和 NPAPTCP 疫苗(NPAPT,为 Nagasaki 血清 5 型菌株转铁蛋白)与商品 PG 疫苗保护力相当,而 rTbpA 对血清 5 型菌株的感染只能产生很小的保护力。李建军(2012)等对 5 型 HPS 的转铁结合蛋白 A(TbpA)做了免疫原性分析,其反应原性和免疫原性很好,为亚单位疫苗的研制提供了依据。

菌影是新发展的一种新型无核酸和细胞浆空细菌体疫苗,同时具有佐剂和免疫原性高的作用。胡明明等以 HPS 血清 5 型菌株为载体成功制备了 HPS 菌影,并进行了免疫效力的评价,结果显示肌注加有佐剂的菌影疫苗明显优于灭活疫苗等其他组,为 HPS 的防治提供了新的思路。但其本身虽安全性好,抗原的免疫原性也会遭到破坏,免疫保护效果也会相应的降低。

当然也有部分猪场使用疫苗预防后失败的个案,这可能是由于猪群流行菌株的血清型与疫苗标准菌株的血清型不符,或疫苗免疫后所引起交叉保护性缺乏所致。因此,准确诊断和调查当地的副猪嗜血杆菌病流行病学特征是控制该病的有效措施。

3.消除诱因

加强饲养管理与环境消毒,减少各种应激,尤其做好猪瘟、伪狂犬、猪繁殖与呼吸综合征、圆环病毒等疾病的免疫预防工作。

在猪群断奶、转群、混群、换料或运输前后可在饮水中加一些抗应激的药物如维生素 C 等,同时在料中添加以上推荐药物组合可有效防止该病的发生。

注意猪舍的保温通风,尤其在寒冷季节一定要注意保温和通风工作,通风不良和低温超时是副猪嗜血杆菌病发生的最大诱因。加强生物安全,严格执行"全进全出"制,多点饲养,严格消毒,杜绝生产各个阶段的猪群混养等情况等均能有效控制该病的发生。

❓ 思考题

1.现如今,副猪嗜血杆菌病流行的优势血清型有哪些?

2.如何进行副猪嗜血杆菌的诊断?

案例分析

副猪嗜血杆菌

【临诊实例】

2014 年 10 月份,某规模猪场 40 日龄左右的保育猪发病,发病初期,病猪精神沉郁、食欲下降、被毛粗乱、呼吸困难、咳嗽,体温偏高(40～41.5℃),继而呼吸困难,颈部皮肤发紫,被毛粗糙,食欲不振,机体消瘦,部分病猪跛行、共济失调,甚至后期出现神经症状,最终死亡。剖检发现其鼻腔有大量泡沫样的分泌物,气管内也有泡沫状物质,肺脏表面有大量纤维素性渗出物,有大量的出血斑,肺脏和胸腔粘连,心包膜增厚,心包积液,病情严重的猪出现"绒毛心",胸腔、腹腔积液,关节腔尤其是腕关节和跗关节积有大量透明的胶冻样液体,全身淋巴结肿大,肝脏呈明显的土黄色,脾脏边缘为锯齿状,肾脏颜色较淡,表面凹凸不平(以上案例引自张东超,2015)。

【诊断】

1. 病因浅析

副猪嗜血杆菌猪革拉泽氏病(Glasser's disease)的病原菌,属于巴氏杆菌科嗜血杆菌属。副猪嗜血杆菌于 1910 年由 Glasser 首次报道,是猪群上呼吸道的一种常在菌,但在特定的条件下可引起猪的全身性疾病,以纤维素性浆膜炎、多发性关节炎和脑膜炎为特征,镜检呈现无节长丝状是其典型特征。

呼吸道中的副猪嗜血杆菌可引起上呼吸道黏膜表面纤毛活动的显著降低,损伤纤毛上皮,引起化脓性鼻炎、病灶处纤毛丢失以及鼻黏膜和支气管黏膜细胞的急性肿胀,黏膜的损伤可能会增加细菌和病毒入侵的机会。在猪感染的早期阶段,菌血症十分明显,肝、肾和脑膜上出现瘀斑和瘀点以及败血症损伤;血浆中可检测到含量较高的毒素;许多器官出现纤维蛋白血栓。随后,出现典型的纤维蛋白化脓性多浆膜炎、多关节炎和脑膜炎等。

2. 流行特点

副猪嗜血杆菌是猪体上呼吸道黏膜的正常菌群,一年四季均可发生,但是以 10 月份到第二年 3 月份最易发病。因为其气候变化比较大,特别是日夜温差较大,在保温和通风不能兼顾的情况下,促使了该病的流行和蔓延。该病一般感染 2 周龄到 4 月龄的仔猪和青年猪居多,但以 3～8 周龄的仔猪和保育猪最易感染,发病率达 10%～70%,但严重时死亡率高达 50%。

3. 主要症状

临床症状取决于炎性损伤的部位,在高度健康的猪群,发病很快,接触病原后几天内就发病。临床症状包括发热,食欲不振,厌食,反应迟钝,呼吸困难,疼痛(由尖叫推断),关节肿胀,跛行、颤抖,共济失调,可视黏膜发绀,侧卧,随之可能死亡。急性感染后可能留下后遗症,即母猪流产,公猪跛行,即使应用抗生素治疗感染母猪,分娩时也可能引发严重疾病。在通常的畜群中,哺乳母猪的跛行可能引起母性行为极端弱化。总之,咳嗽,呼吸困难,消瘦,跛行和被毛粗乱是主要的临床症状。

4. 剖检病变

肉眼可见的损伤主要是在浆膜面,可见浆液性和化脓性纤维蛋白渗出物,这些浆膜包括腹膜,心包膜和胸膜,这些损伤也可能涉及脑和关节表面,尤其是腕关节和跗关节。在显微镜下观察渗出物,可见纤维蛋白,中性粒细胞和较少量的巨噬细胞。副猪嗜血杆菌也可能引起急性败血症,在不出现典型的浆膜炎时就呈现皮下水肿和肺水肿,乃至死亡。另报道,副猪嗜血杆菌还可能引起筋膜炎和肌炎,以及化脓性鼻炎等。

5. 类症鉴别

因当前猪场病情复杂,副猪嗜血杆菌病又多继发于各种原发病之后,一旦发生,往往容易造成误诊、误治而延误了最佳治疗时间,可根据流行病学和临床症状加以鉴别。

(1)与蓝耳病、附红体病或弓形体病的鉴别诊断 副猪嗜血杆菌病常出现高烧、皮肤潮红、耳朵发绀和呼吸困难等症状,极容易误诊为蓝耳病、附红体病或弓形体病。蓝耳病常伴有明显的母猪流产和种猪的一系列其他繁殖障碍,而该病的危害主体只是 2 周龄至 4 月龄的仔猪和生长猪;附红体病或弓形体病的体表出血与该病的体表皮肤潮红发绀有明显区别。

(2)与猪流感的鉴别诊断 猪流感多发于冬春季节,发病急剧,一旦发生,很快在猪群中传播蔓延。病猪精神委顿、咳嗽和喷嚏症状明显,若无继发、并发症,少见体表、耳朵发绀症状,1 周左右常康复自愈,几乎无死亡病例。"病来如山倒,病去如抽丝"是人们对猪流感病程的形象描述。

(3)与传染性胸膜肺炎的鉴别诊断 患胸膜肺炎时,病猪出现喘咳和呼吸困难等症状,程度剧烈,有时呈犬坐、张口呼吸姿势。病猪咳声轻微,每次只表现 2~3 声短咳。该病引起的病变多数为脑膜炎、关节炎和四肢跛行等,而传染性胸膜性肺炎较少见。

(4)与圆环病毒的鉴别诊断 副猪嗜血杆菌病常出现渐进性消瘦、被毛粗乱等症状,容易误诊为圆环病毒感染。圆环病毒感染后用抗生素治疗效果不明显,而该病在初期用敏感药物施治疗效果良好。

(5)与链球菌病的鉴别诊断 链球菌病虽有关节炎及脑膜炎症状,但是典型的皮肤潮红、耳朵发绀症状却很少发生。该病经常是胸膜炎和腹膜炎同时发生,链球菌病不易发生腹膜炎。患该病的部分发病猪会流鼻液,而猪链球菌病一般不表现该症状。

(6)与气喘病的鉴别诊断 副猪嗜血杆菌病常出现喘咳和腹式呼吸症状而误诊为气喘病。气喘病多为个别少量发病,病程较缓和。呈连声咳嗽,用支原体敏感药物治疗有效。该病则呈两三声短咳,且多伴有体表、耳朵发绀、关节肿痛和脑膜炎等症状。

6. 实验室诊断

副猪嗜血杆菌病常继发其他呼吸道病,且其病原菌对营养条件要求极高,因此副猪嗜血杆菌的分离培养条件极其苛刻,这给疾病的确诊带来了极大的困难。需要结合临床症状和剖检病变以及实验室诊断进行确诊。

(1)细菌分离 从疑似副猪嗜血杆菌病的病猪的鼻腔、肺脏、膜、胸腹腔积水、心包积液、心血、关节液和脑组织等病料无菌取样,分别接种于 TSA 平板,37℃培养 24~48 h,长出灰白色、透明、光滑湿润的露珠样针尖大小的圆形菌落。

(2)细菌形态及生化分析 挑取上述纯培养菌落涂片,进行革兰氏染色、镜检,在镜下可见革兰氏阴性短小杆菌,呈多形性,多见短杆状,也有球状、长杆、长丝状。

分离菌株在普通琼脂平板、麦康凯琼脂平板、血琼脂平板上均未见生长,在含有 NAD 的鲜血琼脂平板上呈露珠状、透明菌落,不溶血。在巧克力琼脂平板上长出灰白色、透明的露珠样菌落,但较含 NAD 的鲜血琼脂平板上的菌落小。

在鲜血琼脂平板上可见在金黄色葡萄球菌菌线两侧有灰白色、透明的露珠样菌落,离金黄色葡萄球菌愈近菌落较大,愈远菌落较小,呈现明显的"卫星生长的现象"。

取分离菌株的纯培养物分别接种于添加有 5 μL、0.005％的 NAD 微量生化管中,置 CO_2 培养箱中 37℃培养 24～48 h,观察生化反应结果。能发酵葡萄糖、果糖、蔗糖、半乳糖,接触酶阳性,脲酶和氧化酶阴性。

(3)PCR 检测 根据副猪嗜血杆菌 16S rRNA 序列设计引物,并经生物公司进行合成。

将分离菌的 TSB 培养物取 1 mL,1 000 r/mim 离心 5 min,将沉淀收集在 2 mL 的离心管中,按照细菌 DNA 提取试剂盒的步骤提取分离株的 DNA 模板。经 PCR 扩增产物片段与预期的大小相符,则为阳性。必要时进行测序分析。

【防控措施】

1.防病要点

加强平时的预防措施,对圈舍勤打扫,勤更换垫土,同时对圈舍、过道及饲养用具等用 4％的氢氧化钠溶液或 20％漂白粉进行全面彻底的消毒。

2.治疗

该病在临床症状出现初期,立即应用上述大剂量敏感药物进行注射治疗,一般均有一定效果。常用的药物为头孢霉素、阿莫西林、氟苯尼考和氟喹诺酮类等,可联合用药,对阿莫西林、四环素、庆大霉素、达诺沙星或恩诺沙星等任何两种无配伍禁忌的药物进行组合,同时混合或分别肌肉注射,并配合地塞米松增强效果。

3.小结

副猪嗜血杆菌病为条件性致病菌,做好仔猪的饲养管理至关重要。一旦发生病情,就要进行妥当的控制,以后进行定期的免疫;而对于没有该病发生的猪场就要做好严格的监控工作,因为该病在未发生过的猪场,引起的损失更为严重。

而当前规模化猪场中存在滥用抗生素的现象,这给疾病的分离和诊断带来了困难,因此在做好疾病预防工作的同时,注意合理的用药,以防止耐药性的产生及疾病的误诊带来延期治疗造成不必要的损失。

思考题

1.副猪嗜血杆菌病如何与其他呼吸道疾病相鉴别?

2.该病发生后如何进行处置?

第五章　反刍动物的传染病

病毒性传染病

第一节　牛病毒性腹泻

　　牛病毒性腹泻-黏膜病（bovine viral diarrhea-mucosal disease, BVD-MD）是由牛病毒性腹泻病毒（BVDV）引起牛的以黏膜发炎、糜烂、坏死和腹泻为特征的疾病。各种年龄的牛都易感染、以幼龄牛易感性最高。传染来源主要是病畜。病牛的分泌物、排泄物、血液和脾脏等都含有病毒，以直接接触或间接接触方式传播。

　　该病呈全球性分布，各养牛业发达国家均有流行，如该病已成为美国牛场中主要传染病之一。在自然条件下，该病可感染家养和野生的反刍兽，但主要侵害6~18月龄的幼牛，最初常表现为水样腹泻，后期便中带血和黏膜，病牛的死亡率可高达90%。怀孕母牛感染后，可造成流产、早产或死胎。如足月生产，犊牛可表现为先天性缺陷，小脑发育不全，共济失调，或不能站立，发育不良，生长缓慢，饲养困难。由于养牛业的集约化，国内牛的频繁交换以及牛进口数量的增加促进了BVDV的传播。该病多发生于肉牛，发病率变动很大，一般在2%~50%之间，而在最严重的病群中死亡率可高达90%。我国从进口牛当中也发现有较高的血清阳性率，并多次分离到病毒，所以认为BVDV-MD是牛的具有重大经济意义的疾病之一，也是进口检疫中应重点防范的疾病之一。

　　【病原】　BVD病毒为黄病毒科、瘟病毒属。是一种单股RNA、有囊膜的病毒。新鲜病料作超薄切片进行负染后，电镜下观察可见病毒颗粒呈球形，直径24~30 nm。病毒在牛肾细胞培养中，有三种大小不一的颗粒，最大的一类直径80~100 nm，有囊膜，呈多形性，最小的一类直径只有15~20 nm。

　　病毒对乙醚和氯仿等有机溶剂敏感，并能被灭活，病毒悬液经胰酶处理后（0.5 mg/mL，37℃下60 min）致病力明显减弱，pH 5.7~9.3时病毒相对稳定，超出这一范围，病毒感染力迅速下降。病毒粒子在蔗糖密度梯度中的浮密度为1.13~1.14 g/mL；病毒粒子的沉降系数是80~90 s。

　　病毒在低温下稳定，真空冻干后在-60~-70℃下可保存多年。病毒在56℃下可被灭活，氯化镁不起保护作用。病毒可被紫外线灭活，但可经受多次冻融。

　　BVD 病毒的分离株之间有一定的抗原性差异,但是用常规血清学方法区别病毒分离物之间的差异是非常困难的,一般认为一种 BVD 病毒产生的抗体能抵抗其他毒株的攻击。BVD 病毒可在胎牛的肾、睾丸、脾、气管、鼻甲骨等牛源性细胞上生长,并且对胎牛睾丸细胞和肾细胞最敏感,做病毒分离时最好采用这两种细胞。BVD 病毒也能在牛肾继代细胞(MDBK)上生长良好,因取用方便,所以常用 MDBK 和牛鼻甲骨细胞进行诊断实验和制造疫苗。病毒不能在鸡胚上繁殖。

　　根据分离到的 BVD 病毒在细胞培养中是否能产生病变(CPE),可将 BVD 病毒分为二种生物型,即致细胞病变(CPE)BVD 病毒和非致细胞病变(N-CPE)BVD 病毒。这二种生物型 BVD 病毒能由它们在细胞培养物上的表现区分开。CPE BVD 病毒能引起感染细胞变圆,胞浆出现空泡,细胞单层拉网,最后导致细胞死亡而从瓶壁上脱落下来。N-CPE BVD 病毒对感染的细胞不产生不利影响,不出现 CPE,但可在感染的细胞中建立持续感染。分离到的 BVD 病毒多为 N-CPE 的。

　　BVD 病毒与猪瘟病毒在琼脂扩散试验、中和试验、免疫荧光试验中有交叉反应,这两种病毒可能含有共同的可溶性抗原。用 BVD 病毒接种猪后能产生对低毒力猪瘟病毒的免疫力,但不能抵抗强毒株的攻击。BVD 病毒与绵羊边界病病毒在琼脂扩散试验、中和试验、免疫荧光试验中也有交叉反应。

　　【流行病学】　家养和野生的反刍兽及猪是该病的自然宿主,自然发病病例仅见于牛,黄牛、水羊、牦牛,没有明显的种间差异。各种年龄的牛都有易感性,但 6～18 月龄的幼牛易感性较高,感染后更易发病。绵羊、山羊也可发生亚临诊感染,感染后产生抗体。

　　病毒可随分泌物和排泄物排出体外。持续感染牛可终生带、排毒,因而是该病传播的重要传染源。该病主要是经口感染,易感动物食入被污染的饲料,饮水而经消化道感染,也可由于吸入由病畜咳嗽、呼吸而排出的带毒的飞沫而感染。病毒可通过胎盘发生垂直感染。病毒血症期的公牛精液中也有大量病毒,可通过自然交配或人工授精而感染母牛。

　　该病常发生于冬季和早春,舍饲和放牧牛都可发病。

　　【临床症状】　该病自然感染的潜伏期为 7～10 天,短者为 2 天,长者为 14 天。人工感染的潜伏期多为 2～3 天。临诊上主要有如下表现形式:

　　1.持续感染

　　持续感染是在母牛怀孕头 4 个月,N-CPE 病毒经胎盘垂直感染胎儿造成的。大多数持续感染牛临诊上是正常的,但可以见到一些持续感染牛是早产的,生长缓慢、发育不良及饲养困难;有些持续感染对对疾病的抵抗力下降,并在出生后 6 个月内死亡。通过母乳获得的母源抗体不能改变犊牛的病毒血症状态,但可能干扰从血清中分离病毒。持续感染发生率较低,一般每出生 100～1 000 个犊牛中可能有一个持续感染牛。

　　2.黏膜病(MD)和慢性 BVD

　　目前认为 MD 和慢性 BVD 是持续感染的继续,正常牛不发生这两种疾病过程。MD 主要表现为发病突然,重度腹泻、脱水、白细胞减少、厌食、大量流涎、流泪、口腔黏膜糜烂和溃疡,并可在发病后几天内死亡。慢性 BVD 表现为间歇性腹泻,并表现出里急后重,后期便中带血并有大量的黏膜;病牛重度脱水,体重减轻,可在发病几周或数月后死亡。病牛血清中检测不到抗体或抗体水平很低(<1:64),但可检测到大量的病毒。这两种形式的发病率低,但死亡率可高达 90%。

急性 BVD 临诊上最常见的是急性 BVD,在自然条件下通常是由 N-CPE BVD 病毒引起的临诊上不明显到中等程度的疾病过程。CPE BVD 病毒也能引起急性 BVD,但 CPE BVD 病毒在自然界很少存在。急性 BVD 的症状与上述两种形式的症状相似,但程度要缓和得多。病牛表现为体温突然升高到 40℃ 以上,但高温只持续 2~3 天,伴有一过性的白细胞减少。怀孕母牛可能表现为胚胎早期死亡、流产或先天异常。感染后 2~3 周内产生很高的抗体水平,病毒将从体内消失。急性 BVD 发病率高但死亡率低,一般不超过 5%。

【致病机制】 在自然条件下,病毒是经口、鼻侵入宿主体内的。病毒首先在甲状腺腺窝上皮细胞中繁殖,病毒或被病毒感染的细胞被巨噬细胞吞噬后转移到导管淋巴组织。

犊牛经口、鼻人工感染后 2~4 天可从血液中查到病毒,感染后 2~3 周内可产生很高的抗体水平[(1:100)~(1:10 000)],在抗体出现 11 天后,感染力主要存在于白细胞中,病毒是以这种方式躲避了中和抗体的作用,但是在检测到中和抗体后,血浆中的感染力迅速消失。最后由于抗体的出现,病毒似乎从各感染的组织中消失了,但是在此之前,感染牛可经排泄物和分泌物向体外排毒。感染该病的公牛,精液中也有病毒存在;病毒还可通过胎盘发生垂直感染。

缺乏 BVD 病毒抗体的怀孕母牛,在怀孕后头四个月内,如感染 N-CPE 病毒,母牛将发生急性 BVD,并可在感染后 2~3 周内产生抗体,并最终康复。但是,在感染后母牛处于病毒血症时,病毒可通过胎盘感染胎儿。此时胎儿还不具备对病毒的免疫力,胎儿的免疫系统不能识别病毒,不产生免疫应答,而将病毒接受为"自身物"在胎儿体内保留下来,形成了持续感染。这样的胎牛不产生抗体,而处于免疫抑制状态。持续感染胎儿可正常分娩,出生时表现正常但却是持续感染牛,并可终生保持病毒血症状态。持续感染母牛的后代将是持续感染的,持续感染公牛的精液中也存在有病毒,但其后代的持续发生率较低。

由于持续感染牛的免疫系统受到抑制,对某些 CPE BVD 病毒是敏感的,出生后特别是 6~18 月龄时,如受到 CPE BVD 病毒攻击将不产生免疫应答,病毒将大量繁殖,而暴发致死性 BVD-MD。再次感染的 CPE BVD-MD 病毒可能是来其他动物或疫苗,也可能是 N-CPE 病毒变异而来。

犊牛吸吮初乳后获得的母源抗体滴度可达 1:1024,由于持续感染时,病毒主要存在于白细胞中,母源抗体不能改变病毒血症状态,但可抵抗 CPE 病毒的攻击。28 周龄时母源抗体滴度下降到 1:16 以下,此时不能抵抗 CPE 病毒的攻击。这就说明了为什么 8 月龄以下的犊牛很少发生慢性 BVD 和 MD。

引发 MD 或慢性 BVD 时,N-CPE 病毒和 CPE 病毒及宿主之间的相互作用的关系尚不十分清楚,有限的研究表明引发 MD 或慢性 BVD 的 N-CPE 病毒和 CPE 病毒在与中和作用有关的病毒膜上的位点的抗原性是相似的,当存在这样的相似性时持续感染牛体内的 N-CPE 病毒导致感染牛的免疫抑制,使宿主的免疫系统不能识别 CPE 病毒,在 CPE 病毒感染后不产生抗 CPE 病毒抗体,CPE 病毒将大量繁殖引发致死性的 BVD-MD。反之如 CPE 病毒的抗原性与持续感染的 N-CPE 病毒的抗原性不同时,持续感染牛的免疫系统仍能识别 CPE 病毒,在 CPE 病毒攻击时,持续感染牛的免疫系统将会发生应答反应,而产生抗 CPE 病毒的抗体,在临诊上感染牛可能发生急性 BVD 但不发生 MD。这也说明了为什么有些持续感染牛血清中有 BVD-MD 病毒的抗体存在。

在怀孕中后期(大约 180 天以后),怀孕母牛感染 BVD 病毒时也会发生垂直感染,但此时胎儿已具备免疫应答能力,感染 20~30 天后胎牛可产生抗体,随后病毒将从体内消失,而不发生持续感染。这样的胎儿出生后,在哺乳前可检测到 BVD-MD 抗体。

【病理变化】　BVD-MD 的病理变化依感染的病程不同而有所不同。在重度病例中见到上呼吸道和消化道前段黏膜的广泛性溃疡或弥漫性坏死。组织病理学检查会发现溃疡部位的黏膜下血管有血栓形成,瓣胃和幽门到直肠间的肠段小动脉有玻璃样栓塞。由于白细胞的浸润和环绕性坏死引起毛细血管渗透性增加及心包炎。淋巴结中淋巴细胞基质中单核细胞明显减少,这一现象也可见于脾脏,表现了淋巴细胞的衰竭。呼吸系统的弥漫性损伤包括腹侧胸膜和气管黏膜的无炎症迹象的点状或瘀斑状出血。10％的病例表现有喉、气管水肿。

亚急性、慢性和恢复期病例,大体及显微变化最为明显,但疾病的早期病理学变化不明显。MD 和 BVD 的病理损伤部位及特性是相似的,但 MD 比 BVD 的病理学变化严重得多,主要表现在消化道淋巴组织的糜烂、溃疡和破坏。但试验条件下所致的病理学变化都是温和的。

上皮的坏死首先是从黏膜下层开始的,基层表现出退化性变化而不出现表面的坏死,但坏死通常可延伸到上皮组织的深层。

在怀孕前 1/3 时间,BVD-MD 病毒经胎盘感染胎儿时引起的损伤主要表现为小脑和眼睛的退化和畸形。胃肠黏膜固有层的循环障碍导致黏膜的充血和出血,表现为出血点和瘀血斑。

【诊断】

1.观察临床症状

发病时多数牛不表现临床症状,牛群中只见少数轻型病例。有时也引起全牛群突然发病。急性病牛,腹泻是特征性症状,可持续 1～3 周。粪便水样、恶臭,有大量黏液和气泡,体温升高达 40～42℃。慢性病牛,出现间歇性腹泻,病程较长,一般 2～5 个月,表现消瘦、生长发育受阻,有的出现跛行。

2.剖检病死牛

主要病变在消化道和淋巴结,口腔黏膜、食道和整个胃肠道黏膜充血、出血、水肿和糜烂,整个消化道淋巴结发生水肿。

该病确诊须进行病毒分离,或进行血清中和试验及补体结合试验,实践中以血清中和试验为常用。

【防制】

目前无特效的治疗方法,对症治疗和加强护理可以减轻症状,增强机体抵抗力,促使病牛康复。

为控制该病的流行并加以消灭,必须采取检疫、隔离、净化、预防等兽医防制措施。预防上,我国已生产一种弱毒冻干疫苗,可接种不同年龄和品种的牛,接种后表现安全,14 天后可产生抗体并保持 22 个月的免疫力。

第二节　牛传染性鼻气管炎

牛传染性鼻气管炎(bovine infectious rhinotracheitis),又称“坏死性鼻炎”(necroticrhinitis)、“红鼻病”(“rednose”disease),是由病毒引起牛的一种急性、热性、接触性传染病,表现上呼吸道及气管黏膜发炎、呼吸困难、流鼻汁等症状,还可引起生殖道、消化道感染、结膜炎、脑膜脑炎、流产、乳房炎等多种病型。

该病自 1955 年美国首次报道以来,世界许多国家和地区都相继发生和流行。

该病的危害性在于,病毒侵入牛体后,可潜伏于一定部位,导致持续性感染,病牛长期乃至终生带毒,给控制和消灭该病带来极大困难。

【病原】 牛传染性鼻气管炎病毒(*Infectious bovine rhinotracheitis virus*),又称牛(甲型)疱疹病毒[*Bovine(alpha)herpesvirus*],是疱疹病毒科(*Herpesviridae*)疱疹病毒亚科甲(*Alphaherpesvirinae*)水痘病毒属(*Varicellovirus*)的牛疱疹病毒Ⅰ型。该病毒为双股 RNA,有囊膜。

该病毒能在多种细胞培养物中生长并产生细胞病变,如原代或次代牛肾、肺或睾丸细胞,胎牛肺、鼻甲或气管等组织制备的细胞株,以及 MDBK 等传代细胞系都比较适用 一般病料上清接种后 3 天即出现细胞病变(CPE),培养细胞聚集,会出现巨核合胞体。无论在体内或体外被感染细胞用苏木紫伊红染色后均可见嗜酸性核内包涵体。该病毒只有一个血清型。与马鼻肺炎病毒、马立克氏病病毒和伪狂犬病病毒有部分相同的抗原成分。

病毒在 4℃可保存 1 个月,37℃存活 10 天左右,−60℃可保存 9 个月,对冻干、冻融也很稳定,但在 63℃以上数秒内可被灭活。病毒在 pH 6.9～9.0 时稳定,在 pH 4.5～5.0 下可被灭活。病毒对乙醚、氯仿、丙酮敏感。多种消毒剂均可使病毒灭活,如 0.5％氢氧化钠、0.01％氯化汞、1％漂白粉、1％酚衍生物和 1％季铵盐在数秒内灭活,5％甲醛溶液 1 min 内灭活;将污染物品暴露在 38％甲醛气溶胶(20 mL/m³)6 h,次氯酸钠溶液(相当于 1.5％活性氯,200 mL/m³)1 h,3％过醋酸(200 mL/m³)1 h,0.25～1.6 mg/L 臭氧可灭活病毒。

【流行病学】 该病主要感染牛,尤以肉用牛较为多见,其次是奶牛。肉用牛群的发病有时高达 75％,其中又以 20～60 日龄的犊牛最为易感。病死率也较高。

病牛和带毒牛为主要传染源,隐性带毒牛往往是最危险的传染源,如隐性感染的种公牛因精液带毒,病愈牛可带毒 6～12 个月,甚至长达 19 个月。病毒主要存在于鼻、眼、阴道分泌物和排泄物中。该病可通过空气、飞沫、物体和病牛的直接接触、交配,经呼吸道黏膜、生殖道黏膜、眼结膜传播,但主要由飞沫经呼吸道传播,吸血昆虫(软壳蜱等)也可传播该病。病毒也可通过胎盘侵入胎儿引起流产。

该病在秋、冬寒冷季节较易流行。过分拥挤、密切接触的条件下更易迅速传播。运输、运动、发情、分娩、卫生条件、应激因素等均可激发潜伏于三叉神经节和腰、荐神经节中的病毒活化,并出现于鼻汁与阴道分泌物中。一般发病率为 20％～100％,死亡率为 1％～12％。

【致病机制】 该病毒具有典型的泛嗜性,能侵袭多种组织器官,经鼻腔感染的病毒,首先在上呼吸道和扁桃体黏膜繁殖,滴度升高后进一步扩散到结膜并通过神经轴突传到三叉神经节,引起结膜炎和脑炎;经生殖系统感染的病毒,在阴道或包皮黏膜中繁殖并引起病变,随后将扩散至荐神经节并潜伏下来,持续感染和潜伏感染是该病的基本特征,有关研究表明,自然状态下,绝大部分抗体阳性牛均处于潜伏感染状态,还有一些牛即使在抗体转阴后仍处于潜伏感染状态 病毒在感染牛的神经节以及上呼吸道和生殖道上皮组织中持续存在,甚至可维持终生,中和抗体对潜伏病毒无作用,运输 分娩等应激因素以及促肾上腺皮质激素 地塞米松等具有免疫抑制作用的激素能激活潜伏感染状态的病毒,导致间歇性排毒,使带毒牛重新成为传染源。

【临床症状】 潜伏期一般为 4～6 天,有时可达 20 天以上,人工滴鼻或气管内接种可缩短到 18～72 h。该病可表现多种类型,主要有:

1. 呼吸道型

急性病例可侵害整个呼吸道,病初发高热 39.5～42℃,极度沉郁,拒食,有多量黏液脓性鼻漏,鼻黏膜高度充血,出现浅溃疡,鼻窦及鼻镜因组织高度发炎而称为"红鼻子"。有结膜炎及流泪。常因炎性渗出物阻塞而发生呼吸困难及张口呼吸。因鼻黏膜的坏死,呼气中常有臭味。呼吸数常加快,常有深部支气管性咳嗽。有时可见带血腹泻。乳牛病初产乳量即大减,后完全停止,病程如不延长(5～7 天)则可恢复产量。

2. 生殖道感染型

由配种传染。潜伏期 1～3 天可发生于母牛及公牛。病初发热,沉郁,无食欲。频尿,有痛感。产乳稍降。阴户联合下流黏液线条,污染附近皮肤,阴门阴道发炎充血,阴道底面上有不等量黏稠无臭的黏液性分泌物。阴门黏膜上出现小的白色病灶,可发展成脓疱,大量小脓疱使阴户前庭及阴道壁形成广泛的灰色坏死膜。生殖道黏膜充血,轻症 1～2 天后消退,继则恢复;严重的病例发热,包皮、阴茎上发生脓疱,随即包皮肿胀及水肿,公牛可不表现症状而带毒,从精液中可分离出病毒。

3. 脑膜脑炎型

主要发生于犊牛。体温升高达 40℃ 以上。病犊共济失调,沉郁,随后兴奋、惊厥,口吐白沫,最终倒地,角弓反张,磨牙,四肢划动,病程短促,多归于死亡。

眼炎型:一般无明显全身反应,有时也可伴随呼吸型一同出现。主要症状是结膜角膜炎。表现结膜充血、水肿,并可形成粒状灰色的坏死膜。角膜轻度混浊,但不出现溃疡。眼、鼻流浆液脓性分泌物。很少引起死亡。

4. 流产型

一般认为是病毒经呼吸道感染后,从血液循环进入胎膜、胎儿所致。胎儿感染为急性过程,7～10 天后以死亡告终,再经 24～48 h 排出体外。因组织自溶,难以证明有包涵体。

5. 肠炎型

见于 2～3 周龄的犊牛,在发生呼吸道症状的同时,出现腹泻,甚至排血便,病死率 20％～80％。

【病理变化】　呼吸型时,呼吸道黏膜高度发炎,有浅溃疡,其上被覆腐臭黏液脓性渗出物,包括咽喉、气管及大支气管。可能有成片的化脓性肺炎。呼吸道上皮细胞中有核内包涵体,于病程中期出现。第四胃黏膜常有发炎及溃疡。大小肠可有卡他性肠炎。脑膜脑炎的病灶呈非化脓性脑炎变化。流产胎儿肝、脾有局部坏死,有时皮肤有水肿。

非化脓性感觉神经节炎和脑脊髓炎,和黏膜炎症一样,都是该病的主要特征性病变。

【诊断】　根据病史及临床症状,可初步诊断为该病。确诊该病要作病毒分离。分离病毒的材料,可在感染发热期采取病畜鼻腔洗涤物,流产胎儿可取其胸腔液,或用胎盘子叶。可用牛肾细胞培养分离,再用中和试验及荧光抗体来鉴定病毒。间接血凝试验或酶联免疫吸附试验等均可作该病的诊断或血清流行病学调查。近年来,检测病毒 DNA 的核酸探针技术,国内外均已有报道,利用生物素标记的病毒 DNAHindⅢ酶切片段作探针,可以检出 10 pg 水平的病毒 DNA,而且在感染后 2 h 内收集的鼻拭子和分泌物即可呈现阳性结果。诊断该病的聚合酶链反应(PCR)技术也已建立。据报道,应用核酸探针、PCR 技术检测潜伏的病毒取得了较好的效果。

该病应与牛流行热、牛病毒性腹泻-黏膜病、巴氏杆菌、犊牛白喉等区别。

该病呼吸型与牛流行热类似,都有高热、流泪、流鼻液、呼吸困难等症状。牛流行热的高热也达 40℃ 以上,但通常在持续 2～3 天后下降,并且伴有四肢关节疼痛而引起跛行,以肺气肿为特征,剖检时可见间质性肺气肿以及肺充血和肺水肿等病变,而呼吸型牛传染性鼻气管炎高热 40℃ 以上可持续 7～10 天,并伴有咳嗽,以鼻、气管炎症为主,鼻黏膜充血,有脓疱形成,剖检时在鼻和气管内有纤维性渗出物,喉头水肿。

该病肠炎型主要见于 2～3 周龄的犊牛,在发生呼吸道症状的同时,出现腹泻,甚至排血便,第四胃黏膜常有发炎及溃疡。大小肠可有卡他性肠炎。牛病毒性腹泻发病时多数牛不表现临床症状,牛群中只见少数轻型病例。有时也引起全牛群突然发病。腹泻是特征性症状,可持续 1～3 周。粪便水样、恶臭,有大量黏液和气泡,体温升高达 40～42℃。慢性病牛,出现间歇性腹泻,病程较长,一般 2～5 个月,表现消瘦、生长发育受阻,有的出现跛行。病变主要在消化道和淋巴结,口腔黏膜、食道和整个胃肠道黏膜充血、出血、水肿和糜烂,整个消化道淋巴结发生水肿。

该病呼吸道型表现有多量黏液脓性鼻漏,鼻黏膜高度充血,出现浅溃疡,鼻窦及鼻镜因组织高度发炎而称为"红鼻子"。常因炎性渗出物阻塞而发生呼吸困难及张口呼吸。因鼻黏膜的坏死,呼气中常有臭味。呼吸数常加快,常有深部支气管性咳嗽。有时可见带血腹泻。剖解可见呼吸道黏膜有浅溃疡,其上被覆腐臭黏液脓性渗出物,包括咽喉、气管及大支气管。牛巴氏杆菌病病牛主要表现急性纤维素性胸膜炎、肺炎症状。后期有的发生腹泻,便中带血,有的尿血,数天至两周死亡,有的转为慢性型。剖解肺脏切面大理石样变。

该病呼吸道型表现有多量黏液脓性鼻漏,鼻黏膜高度充血,出现浅溃疡,鼻窦及鼻镜因组织高度发炎而称为"红鼻子"。常因炎性渗出物阻塞而发生呼吸困难及张口呼吸。因鼻黏膜的坏死,呼气中常有臭味。呼吸数常加快,常有深部支气管性咳嗽。有时可见带血腹泻。剖解可见呼吸道黏膜有浅溃疡,其上被覆腐臭黏液脓性渗出物,包括咽喉、气管及大支气管。

犊牛白喉多发生在 1～4 月龄犊牛。鼻漏呈脓样,齿龈、颊部、硬腭、舌及咽部有界限明显的硬肿,上附粗糙、污秽褐色的坏死物质。坏死物脱落留下溃疡,边缘肥厚,底部不平整。鼻腔、气管黏膜也有病变。当喉部、肺部感染,呼吸困难,咳嗽短具痛感,呼出气具腐臭味,通常经 7～10 天死亡。病程长者,呈持续喘鸣声。剖检见舌、齿龈黏膜上有溃疡。上附坏死黏膜及渗出物,坏死灶深达 2～3 cm,溃疡底部有肉芽增生。喉、气管、鼻、真胃及大肠也可见有类似病变。当肺部感染,可见有肺炎灶、胸膜炎及肝肿大与坏死灶。组织学变化见坏死是广泛性,在整个损伤处可以看到丝状坏死杆菌和其他细菌菌落。

【防制】

由于该病病毒导致的持续性感染,防制该病最重要的措施是必须实行严格检疫,防止引入传染源和带人病毒(如带毒精液)。有证据表明,抗体阳性牛实际上就是该病的带毒者,因此具有抗该病病毒抗体的任何动物都应视为危险的传染源,应采取措施对其严格管理。发生该病时,应采取隔离、封锁、消毒等综合性措施,由于该病尚无特效疗法,病畜应及时严格隔离,最好予以扑杀或根据具体情况逐渐将其淘汰。

关于该病的疫苗,目前有弱毒疫苗、灭活疫苗和亚单位苗(用囊膜糖蛋白制备)三类。研究表明,用疫苗免疫过的牛,并不能阻止野毒感染,也不能阻止潜伏病毒的持续性感染,只能起到防御临床发病的效果。因此,采用敏感的检测方法(如 PCR 技术)检出阳性牛并予以扑杀可能是目前根除该病的唯一有效途径。

第三节 牛流行热

牛流行热(bovine ephemeral fever)又称三日热(three days sickness)、暂时热(stiff sickness)、牛登革热(dengu fever of cattle)以及懒人病(lazy man's disease),是由牛流行热病毒(*Bovine Ephemeral Fever Virus*,BEFV)引起的一种急性、热性、高度接触性传染病。感染范围包括黄牛、瘤牛、爪哇野牛和水牛。此外,一些反刍动物对于 BEFV 呈隐性感染(silentinfection)。感染此病牛临床特征为突然高热,呼吸促迫,跛行和消化器官的严重卡他炎症和运动障碍。感染该病的大部分病牛经 2～3 天即恢复正常,这也是此病被称为三日热的原因。该病发病率高,但是死亡率低。牛流行热主要流行在非洲、亚洲和澳大利亚的亚热带和温带地区。由于该病降低奶牛场大群奶牛发病、泌乳量减少以及后来继发疾病导致的死亡。因此,BEFV给奶牛业带来巨大的经济损失并影响奶牛业的发展。

牛流行热的源头虽然还存在争议,但是该病于十九世纪中期在东部非洲被报道,然后在罗德西亚、肯尼亚、印度、埃及、巴勒斯坦、澳大利亚、日本等过被陆续报道。通过血清学调查表明,新西兰和太平洋诸岛没有牛流行热。在南非、印度、日本和澳大利亚局部,牛流行热属于一种地方病。

【病原】 BEFV 属于弹状病毒科(*Rhabdoviridae*),暂时热病毒属(*Ephemerovirus*)。病毒粒子大小为 $(60～90)$ nm$×(160～180)$ nm。病毒粒子有囊膜,囊膜厚 $10～12$ nm,表面具有纤细的突起。病毒粒子中央有紧密缠绕螺旋样的核衣壳。大多数 BEFV 外观呈弹状,南非分离株外观呈圆锥状。BEFV 与同科其他病毒在宿主范围、生理周期、产热机理、免疫反应等方面均存在较大的差异。因此,对于 BEFV 在病毒分类学上所处的位置仍有争议。1994 年 ICTV 会议将它正式列为弹状病毒科暂时热病毒属。

目前 BEFV 只有一个血清型,但是单克隆抗体以及抗原表位图谱表明抗原表位存在变异。BEFV 为单股负链 RNA 病毒,基因组长度为 14.8 kb,其中 11 组基因已被确定,从 $3'～5'$ 端的顺序依次为 $3'$-N-M_1-M_2-G-G_Ns-α_1-a_2-a_3-β-γ-L-$5'$。除 α_1 基因外,其余所有基因均以-UUGUCC-序列起始,转录合成的 mRNA 在 $5'$端具有帽子结构,其基因起始序列为-AACAGG-,终止序-CNTG$(A)_{6～7}$。

BEFV 在以感染牛分离的白细胞接种的 $1～3$ 日龄乳鼠、哺乳的仓鼠和大鼠脑中生长良好。经过六轮传代后病毒毒力稳定,并失去对幼牛致病力。BEFV 能在牛肾,仓鼠肺、Vero 和白纹伊蚊细胞及仓鼠肺组织生长,在加入鼠脑或牛白细胞悬浮液后的 BHK-21 中生长良好。培养的 BEFV 并不都产生 CPE,因此人们常用免疫荧光方法检测该病毒。近年来,人们又发展了 G1-ELISA、real-time RT-quantative(q)PCR 和 loop-mediated isothermal amplification 等检测方法。

感染牛能保持较长时间对 BEFV 的免疫,并且感染后不会成为带毒体。在出现临床症状之后 $4～5$ 天,产生特异的 IgG 中和抗体,抗体水平在 30 天左右达到峰值。补体结合抗体在感染后也会出现,但很快便消失。急性感染期,血液中白介素-1 及肿瘤坏死因子浓度增加。可见,BEFV 可刺激机体产生体液和细胞免疫。

BEFV 对氯仿、乙醚敏感。病毒粒子强酸$(pH<2.5)$或强碱$(pH>12)$存在 10 min 或

37℃作用18 h即失去感染力。枸橼酸盐抗凝的病牛血液于2～4℃贮存8天后仍有感染性。反复冻融对病毒无明显影响。于-20℃以下低温保存,可长期保持毒力。

【流行病学】 根据报道,BEFV存在非洲的肯尼亚,亚洲的中国、朝鲜、日本、印度、印度尼西亚等,大洋洲的澳大利亚,地中海地区。1949年以前,我国就有BEFV在部分地区发生流行的记载。该病在我国主要见于南方,广东、广西、云南、贵州、湖南、湖北、江西、江苏等省区的黄牛和水牛常发,一般零星散发或呈地方流行性发生,尤其是夏末初秋、高温季节则较多发生。目前,在北方地区也时有该病的流行。从1991年至今未见有大规模流行的报道。

该病发病率可高达80%,在无并发症的情况下病死率一般较低,一般在2%～3%之间,但是过度肥胖的牛病死率可高达30%。奶牛在产奶早期和中期比干奶期的牛更容易死亡。

该病是否可以垂直传播或水平传播还未确定。目前认为蚊子是该病的主要媒介,传播方式为非接触感染。关于节肢动物传播BEFV还未得到证实,但是昆虫叮咬可以传播该病。研究人员已经澳大利亚库蚊(Culicine)和按蚊(Anopheline)以及非洲和澳大利亚属于库蠓属(*Culicoides*)的几个种的蠓中分离到了BEFV。该病呈周期性流行,每10～20年流行1次。近年来,此病流行周期有缩短的趋势。根据流行病学调查,该病流行周期缩短至3～5年或6～8年,甚至更短。

【致病机制】 该病的发病过程是由宿主释放的淋巴因子介导宿主炎症反应,进而引发宿主与BEFV相互作用而导致的结果。在感染期间,BEFV并不引起广泛的组织损伤。对于众多的BEFV感染牛检测中发现,在血液中存在早期的嗜中性粒细胞伴随异常水平的不成熟的嗜中性粒细胞。同时血浆钙含量显著降低以及血浆纤维蛋白原含量显著提高。注射非类固醇抗发炎药物和钙制剂的感染牛临床症状有所缓解。

BEFV包含五个结构蛋白,分别为L ($M=180$ ku),G ($M=81$ ku),N ($M=52$ ku),M1 ($M=43$ ku)和M2 ($M=29$ ku)。G属于Ⅰ型跨膜糖蛋白,代表着型特异性并包含中和抗体标位。G蛋白由信号肽、疏水核心、富极性电荷区组成。539～554 aa为由疏水氨基酸组成的G蛋白跨膜蛋白区。N蛋白和M_2蛋白是磷酸化的核衣壳蛋白,N蛋白与负链RNA结合,它在核衣壳组装、调控病毒的复制和转录等方面起关键作用。M_1蛋白是病毒多聚酶成分之一,在感染细胞的细胞质中以可溶性成分存在,能够阻止N蛋白的自身凝集,帮助N蛋白脱离核表壳与RNA分离,能刺激机体产生细胞免疫。L蛋白具有RNA依赖的RNA多聚酶活性,其mRNA具有蛋白激酶的活性,对基因的转录和复制具有调控作用。

【临床症状】 该病临床症状的表现和严重程度在不同的暴发流行中甚至在同一个畜群中都有显著的差异。个别的动物可能不会出现该病完整的特征性的临床症状。所有病牛往往表现出相似的症状,但是水牛的表现较为温和。成年牛比小牛更为严重,公牛比阉割的牛更为严重,胖牛比瘦牛更为严重,产奶期的牛比干奶期的更严重。该病分为四个主要阶段:发热期、失能期、恢复期以及后遗症期。

1. 发热期

突然发热,在几小时内达到40～42℃并持续12～24 h。在此阶段,除了产奶期的奶牛产奶量显著下降外其余临床症状较为温和。一些病牛可表现出精神沉郁、不愿走动、身体有些僵硬但食欲尚在。这一阶段可持续达12 h。

2. 失能期

为BEF的特征性症状发生的第二个阶段,可持续1～2天。表现为发热高峰已经过去,但是直肠温度仍在升高。动物表现为严重的精神沉郁并表现出肌肉僵硬,食欲下降。随后伴有跛行,同时可能出现关节肿胀。常伴有浆液性和黏液性鼻液,但眼的液体分泌物较少。病畜可表现颤抖或肌肉抽搐,心率和呼吸频率加快。肺部检测由干性啰音发展为湿性啰音。在这一阶段,产奶可能停止,并且伴随后来的奶质量下降。进一步表现出胸骨倾斜,这是 BEF 的明显特征。发病初期在足够的刺激下发病动物能够站立,随着疾病的发展将无法站立。随后发病动物出现吞咽反射消失、肿胀、瘤胃积食、便秘、流涎症状。在严重的病例中,动物倾向一侧,伴随更加严重的反射消失,最终发展至昏迷,甚至死亡。

3. 恢复期

适合大多数病例为温和至中等严重程度间的发病状况。出现明显临床症状之后的第三天,病畜开始出现逐渐的或者显著的恢复期。大多数病牛在发热消失后几小时出现恢复的早期表现。掉膘的公牛以及育肥牛要重新增膘,速度较为缓慢。随着康复,产奶期奶牛的产奶量稳步回升,但除非是在产奶的早期感染否则将无法恢复到发病之前的产奶水平。怀孕奶牛除发病晚期发生流产外,没有其他大的损失,且其产奶量将在发病 10 天内恢复到发病之前的85%~90%的产奶水平。

4. 后遗症期

小部分发病动物会发生并发症,包括吸入性肺炎、乳腺炎、怀孕后期流产以及公牛长达 6 个月的临时性体重下降等。还可能发生后腿及臀部瘫痪并持续数天、数周甚至永久性的。

【病理变化】　最明显的病理病变有浆液纤维素性滑膜炎、关节炎、腱鞘炎、蜂窝组织炎和骨骼肌斑点状坏死。在动物的跛肢,甚至脊柱的滑液面可能会有纤维素斑点。心包膜、胸膜、腹膜腔出现流动的带有纤维素的斑点,表现明显的淋巴结泛发型水肿,出血点较为少见。肺有斑块状水肿,肺小叶充血,肺膨胀不全,少数病例表现严重的肺泡性和间质性肺气肿。

【诊断】

1. 临床综合诊断

牛流行热多发生于夏末秋初,短期内广泛传播,但只发生于牛,特别是黄牛和奶牛。该病的病变主要表现在肺部。急性死亡的病例,肺高度膨隆,间质增宽,内有气泡,压迫肺呈捻发音;气管内积有多亮的泡沫状黏液。部分牛可见肺充血、淋巴结充血、肿胀和出血。真胃、小肠可见卡他性炎症或渗出型出血。

2. 病毒分离与鉴定

采病牛急性期血液或血液中的白细胞层,脑内接种乳鼠、乳仓鼠,常能分离到病毒。连续传代常可使潜伏期不断缩短:第一代 6~8 天;第二代 5 天左右;至第 6~8 代,仅 2~3 天即可使乳鼠全部发病死亡。

3. 血清学诊断

血清学诊断方法有牛流行热微量中和试验、阻断 ELISA、间接 ELISA-BEFV 作为包被抗原、间接 ELISA-原核表达蛋白、间接 ELISA-真核表达蛋白等方法。牛流行热微量中和试验为该病的标准血清学诊断方法(中华人民共和国农业行业标准 NY/T 543—2002)。

4. 鉴别诊断

BEF 应注意与运输热和牛传染性气管炎相区别。

(1)运输热是副黏液病毒属中副流感 3 型病毒,该病毒在正常情况下对牛无害,只有当牛体受某些诱因作用下,抵抗力降低而致病,一般常见于长途运输后,多发生于成年牛,表现大叶性肺炎症状,巴氏杆菌病常为继发入侵者,四环素和磺胺类药物疗效很好,这些可区别牛流行热。

(2)牛传染性气管炎发生于较冷季节,以育肥牛多见,多数病例表现鼻黏膜发炎,形成溃疡,鼻翼和鼻镜部坏死(又称红鼻病),有的还发生脓包性外阴及阴道炎,结膜炎,甚至发生流产和脑炎等症状,这些在一般情况下易与牛流行热相辨认。

【防制】

及时隔离病牛,并进行对症治疗,可采取退热、强心、利尿等措施及补充生理盐水或葡萄糖,应用抗菌药物等。受威胁牛紧急接种疫苗,该病流行季节到来之前及时进行免疫接种可取得较好的预防效果。牛场通过采取切断传播途径,保持环境卫生等措施可起一定的预防作用。

免疫是目前唯一有效的保护措施。JB76H 株灭活疫苗保护期在 6 个月,但接种量大,接种牛局部反应较重。弱毒苗有日本的 YHL 株、澳大利亚的 919 株,其免疫期在 6 个月。我国所用的疫苗是自己生产的灭活疫苗,效果尚可。在该病流行地区,应每年对牛只进行免疫,尤其对奶牛、家畜以及高值的种畜,维持免疫力提供保护以减少由 BEFV 造成的损失。最好在春天进行免疫,这样将可以保证病畜在传播媒介活跃的夏季和秋季产生较高的免疫保护水平。研究表明,6 月龄以下小牛的母源抗体将会影响人工免疫效果。

案例分析

牛流行热

【临诊实例】

2011 年 8 月 27 日,我站接本县某镇白露村群众报告称"该村近期牛发病情况比较严重",即于当日前往该地进行调查。据调查该村是一个自然村,现有村民小组 3 个,养牛户 34 户,养牛 38 头。发现疑似病例 4 例,分别是 2 组村民严某存栏牛 2 头(母牛 1 头,犊牛 1 头),发病 1 头(母牛);3 组翟姓村民 3 户,均存栏牛 1 头,发病 1 头。

8 月 29 日通过调查,全县 20 个镇,共栏存牛 58 119 头,发病 378 头,死亡 1 头。发病牛涉及 13 个镇,主要分布在平川丘陵地带,发病牛症状多为舌头潮红,食欲反刍、减少或停止,鼻镜干燥、发烧、流涎、后腿跛行,病程 3~5 天,大部分牛发病呈良性经过,若诊断准确,治疗及时,一般 2 天即愈,个别牛可因继发其他疾病而死亡(以上案例引自王占宏等,2012)。

【诊断】

1. 病因浅析

牛流行热又称三日热、暂时热、牛登革热以及懒人病,是由牛流行热病毒(*Bovine ephemeral fever virus*,BEFV)引起的一种急性、热性、高度接触性传染病。感染范围包括黄牛、瘤牛、爪哇野牛和水牛。BEFV 属于弹状病毒科(*Rhabdoviridae*),暂时热病毒属(*Ephemerovirus*)。病毒粒子大小为(60~90)nm×(160~180)nm。病毒粒子有囊膜,囊膜厚 10~12 nm,表面具有纤细的突起。病毒粒子中央有紧密缠绕螺旋样的核衣壳。大多数 BEFV 外观呈弹状,南非分离株外观呈圆锥状。BEFV 与同科其他病毒在宿主范围、生理周期、产热机理、免疫反应等方面均存在较大的差异。

2. 流行特点

该病除牛外,其他动物都不易感染。在牛群中,主要侵害黄牛和乳牛,水牛较少感染发病;

以 3～5 岁的壮年牛易感性最大。病畜是该病的主要传染源,病毒主要储藏于患牛的血液及呼吸道分泌物中。该病主要是通过吸血昆虫叮咬,或通过与病畜接触过的人、用具、草料、水及其他动物等,都有可能传播此病。该病发生时来势凶猛,传播迅速,短期内可使很多牛感染发病,呈地方流行性。发病有明显的季节性,常见于雨量较多或气候炎热的季节,多发生在 6—9 月份。此病的发生有周期性,3～5 年流行一次,一次大流行之后,间隔一次小流行。

3. 主要症状

该病潜伏期较短,一般为 1～3 天,人工感染有长达 8 天的。突然发病,开始 1～2 头,很快波及全乡(镇)。病畜体温升高到 40℃以上,稽留 1～3 天。精神萎靡,鼻镜干燥,鼻黏液潮红,有浆液性鼻漏。脉搏细弱,70～110 次/min,呼吸急促,40～100 次/min,严重呼吸困难时,病牛头颈伸直,张口伸舌,大量流涎,气喘。不食不反刍。眼结膜潮红,水肿,常有畏光,流泪,出现喜卧,不爱运动,站立困难,有的甚至卧地不起,步履缓慢。行走不便,四肢关节可有轻度肿胀与疼痛,跛行,严重的呈瘫痪状态。少数牛发生流产,多见于怀孕后期母牛。该病一般经过3～5 天,及时治疗可迅速康愈。但也有个别急性病例,常因突然发生窒息而死亡。

4. 剖检病变

剖检可见,呼吸道黏膜充血、肿胀、点状出血。有不同程度的肺间质性气肿,部分病例可见肺充血及水肿,肺体积增大。全身淋巴结充血、出血、肿胀。

5. 类症鉴别

BEF 应注意与运输热和牛传染性气管炎相区别。

运输热是副黏液病毒属中副流感 3 型病毒,该病毒在正常情况下对牛无害,只有当牛体受某些诱因作用下,抵抗力降低而致病,一般常见于长途运输后,多发生于成年牛,表现大叶性肺炎症状,巴氏杆菌病常为继发入侵者,四环素和磺胺类药物疗效很好,这些可区别牛流行热。

牛传染性气管炎发生于较冷季节,以育肥牛多见,多数病例表现鼻黏膜发炎,形成溃疡,鼻翼和鼻镜部坏死(又称红鼻病),有的还发生脓包性外阴及阴道炎,结膜炎,甚至发生流产和脑炎等症状,这些在一般情况下易与牛流行热相辨认。

实验室诊断　病毒分离与鉴定　采病牛急性期血液或血液中的白细胞层,脑内接种乳鼠、乳仓鼠,常能分离到病毒。连续传代常可使潜伏期不断缩短:第一代 6～8 天;第二代 5 天左右;至第 6～8 代,仅 2～3 天即可使乳鼠全部发病死亡。

6. 血清学诊断

(1)病毒分离与鉴定　采病牛急性期血液或血液中的白细胞层,脑内接种乳鼠、乳仓鼠,常能分离到病毒。连续传代常可使潜伏期不断缩短:第一代 6～8 天;第二代 5 天左右;至第 6～8 代,仅 2～3 天即可使乳鼠全部发病死亡。

(2)血清学诊断　方法有牛流行热微量中和试验、阻断 ELISA、间接 ELISA-BEFV 作为包被抗原、间接 ELISA-原核表达蛋白、间接 ELISA-真核表达蛋白等方法。牛流行热微量中和试验为该病的标准血清学诊断方法(中华人民共和国农业行业标准 NY/T 543—2002)。

【防控措施】

1. 防病要点

解热镇痛,配合抗菌抗病毒药物,防止继发感染。

2. 治疗

可采用 1 500 mL 的 5%葡萄糖氯化钠溶液,1 000 mL 的 50%葡萄糖注射液,40 mL 的安钠咖注射液,静脉注射,每日两次;800 万 U 的青霉素钠盐,400 万 U 的链霉素,30%安乃近注射液 40 mL,20 mL 的蒸馏水,肌肉注射,每日两次。对四肢关节疼痛的牛,用水杨酸钠溶液静脉注射;对于脱水及胃干涸的牛,用生理盐水或林格氏液 2~4 L,再用 3%~5%的盐类溶液向胃里灌 10~20 L。对于呼吸型的病牛,也可采用 100 g 的葡萄糖 2 000 mL,500 mL 的生理盐水,300 mL 的碳酸氢钠,20 mL 的肌苷,800 万 U 的青霉素,3.5 克的维生素 C,100 mg 的地塞米松,混合之后静脉注射,每日两次。

3. 小结

防治牛流行热目前尚无特效治疗药物。该病是由吸血昆虫为媒介而引起的疫病,因此消灭吸血昆虫,防止吸血昆虫的叮咬,是预防该病的首要措施。同时要严格执行综合性防疫措施,加强牛的饲养管理,在流行季节到来之前进行免疫接种。发生该病后,应立即隔离病牛并进行治疗。对假定健康牛及附近受威胁地区的牛群,可用疫苗或高免血清进行紧急预防接种。目前我国批准生产的牛流行热灭活疫苗只有一种,系将牛流行热病毒(JB76K 株)接种 BHK-21 细胞,收获病毒培养物,用 TritonX-100 裂解并用甲醛灭活后,与等量的白油佐剂混合乳化制成。该疫苗对牛是安全有效的,免疫牛血清中和抗体效价达 32 倍以上。

第四节　牛瘟

牛瘟(rinderpest,RP)由副黏病毒科(*Paramyxoviridae*)麻疹病毒属(*Morbillivirus*)中的牛瘟病毒引起的牛急性传染病中兽医称烂肠瘟或胀胆瘟。其临床特征表现为体温升高,病程短,黏膜特别是消化道黏膜发炎,出血,糜烂和坏死。该病起源于亚洲,传入非洲、欧洲,主要侵染反刍兽,感染率达 60%~90%,死亡率≥90%,给畜牧业带来了严重的经济损失。我国于 1956 年宣布消灭了牛瘟。2010 年 10 月 14 日,联合国粮农组织(FAO)宣布,牛瘟这种对牛类最致命的急性病毒性传染病已经从地球上彻底根除。牛瘟的根除是世界兽医史上最伟大的成就。

【病原】

1. 种属

牛瘟病毒(*Rinderpest virus*,RPV)与人麻疹病毒(MV)、犬瘟热病毒(CDV)、小反刍兽疫病毒(PPRV)同属于副黏病毒科(*Paramyxoviridae*)麻疹病毒属(*Morbillivirus*),相互之间有交叉免疫性。

2. 基因、血清型、形态特征

牛瘟病毒颗粒近圆形,也有丝状的,直径一般为 150~300 nm,病毒颗粒的外部是由脂蛋白构成的囊膜,其上具有放射状的短凸起或针状物,内部是由单链反义 RNA 组成的螺旋状结构,直径约 18 nm。基因全长 15 882 个碱基,含 6 个基因,编码 6 中结构蛋白和两种非结构蛋白。牛瘟病毒只有一个血清型,也可根据其地理分布和分子生物学特性分为亚洲型、非洲 1 型和非洲 2 型。

3. 培养特性

牛瘟病毒能适应于绵羊、山羊、兔、仓鼠和小鼠,但马、犬和豚鼠的易感性较低。通过静脉、绒毛尿囊和卵黄囊接种,牛瘟病毒能在鸡胚中生长,实验室保持的毒种和野外毒株可在原代细胞和传代细胞培养中获得良好增殖并产生明显的病变,但兔化和山羊化的毒株往往不能产生细胞病变(抗原性)血清学研究表明,牛瘟病毒的不同毒株拥有共同的可溶性抗原,与 MV、CDV、PPRV 的各毒株的抗原性非常密切,但又各自具有特殊组分。交叉保护性实验证明,接种 CDV 或 RPV 后所产生的免疫力能够抵抗 CDV 的攻击,但牛接种 CDV 后不能抵抗牛瘟。麻疹病毒的血凝素可作为检测牛瘟和犬瘟热抗体的抗原。病毒粒子有许多与感染力无关的可溶性抗原,如不提结合性抗原和沉淀抗原,它们均可因腐败而迅速破坏。

4. 抵抗力

牛瘟存在于牛的内脏、血液、分泌物和排泄物中,对外界环境敏感,对阳光、温度、腐败和消毒剂等抵抗力很弱,因此在体外不能长期生存,37℃牛瘟病毒感染力半衰期为 1～3 h,多数毒株在 56℃ 60 min 或 60℃ 30 min 被灭活,4℃储存数月感染力下降,−70℃经一年感染滴度有所下降,pH 4.0 以下或强碱即可将其灭活,对乙醚氯仿敏感,尤其对甘油更敏感,但牛瘟病毒对低温抵抗力很强,冰冻组织或组织悬液中至少能保存一年。

【流行病学】　牛瘟病毒在自然情况下,主要感染牛,绵羊、山羊、鹿和骆驼也能感染。病牛和潜伏期牛是主要传播来源,病流行无明显季节性,主要特点是传播迅速、发病率和死亡率高。

公元 78 年中国即有流行记载。1937 年在四川成都发现的古文物铁制水牛和在四川广元县发现的一石碑上,均记载有清乾隆年间这些地区牛瘟大流行、耕牛死亡枕藉的情况。1930—1949 年间全国除新疆外,每年因牛瘟死亡的牛数达 10 万～100 多万头。1955 年牛瘟在全国被肃清,我国于 1956 年宣布消灭了牛瘟。此后除 1966 年由邻国传入西藏被迅速扑灭外,未再发生。欧洲中世纪即有牛瘟流行,直至 19 世纪末期才止息。印度和少数非洲国家至今仍有此病,但在世界其他地方均已绝迹。

20 世纪 80 年代牛瘟主要集中发生在非洲和西南亚。20 世纪 90 年代,非洲牛瘟得到了控制,但是西南亚的情况没有改善,反而有加重的迹象。一段时间以来,该病在巴基斯坦、苏丹和也门等国家和地区还有发病报道。在亚洲,最后一次报告牛瘟暴发的是 2000 年 10 月在巴基斯坦的信德省。最后一次"看到"病毒是 2001 年在肯尼亚,当时在梅鲁国家公园的水牛上诊断出牛瘟,然后经在英国的牛瘟世界参考实验室测试,得到了确认。2010 年 10 月 14 日,联合国粮农组织(FAO)宣布,牛瘟这种对牛类最致命的急性病毒性传染病已经从地球上彻底根除。

牛可以直接传播和间接传播。病毒从患牛的口、鼻和消化道排泄物等排出体外,鼻液含病毒量最多,健康牛接触就会被直接感染,其次为口中分泌物和肛门排泄物。另外,间接传播,包括被污染的饲料、水源、工作人员的着装等传播途径,和通过交通运输工具及隐性感染牛传播途径。

【致病机制】　牛瘟病毒通过消化道侵入血液和淋巴组织,主要在脾和淋巴结中迅速繁殖,然后传遍全身各组织内。一般在病牛发热前一天出现病毒血症,动物体温越高,血中含毒量越大;约在中等浓度时,可引起宿主的组织变化,出现症状。

牛瘟病毒主要破坏上皮细胞,对淋巴细胞具有同样的选择亲和性,并予以破坏。

【临床症状】　该病以黏膜发炎、坏死,败血性病变为特征,死亡率高。

1. 急性型

新发地区、青年牛及新生牛常呈最急性发作,无任何前驱症状死亡。

2.非典型及隐性型

长期流行地区多呈非典型性,病牛仅呈短暂的轻微发热、腹泻和口腔变化、死亡率低。或呈无症状隐性经过。

3.一般潜伏期为 3~10 天

病初体温升高呈稽留热、精神不振、食欲或反刍减少甚至废绝、粪便干黑、尿少而色深、经2~3 天后,出血特有的结膜炎、鼻腔和口腔黏膜炎性坏死变化。眼结膜潮红、眼帘肿胀、有浆性、黏性或黏液脓性分泌物。发炎的结膜表明附有菲薄的假膜,角膜有时混浊。鼻黏膜潮红,有出血斑和出血点,从鼻孔流出黏液或黏液脓性分泌物,最后呈污灰色或棕红色,有时混有血液。鼻镜干燥和龟裂,有棕黄色痂皮,痂皮剥离后呈现红色易出血的溃疡面。口腔黏膜的变化为该病的主要特征,口涎增多外流,口腔黏膜充血,有灰色或灰白色小点,初硬后软,状如一层麸皮,形成灰色或灰白色假膜,容易擦去,出现不规则烂斑。粪稀薄、带血和条块状假膜、恶臭。剖检病变可见瓣胃干燥,真胃黏膜红肿,皱襞上有多数出血点和烂斑,覆盖棕色假膜。小肠黏膜水肿和有出血点,淋巴集结肿胀坏死。大肠和直肠黏膜上覆盖灰黄色假膜。胆囊黏膜出血,增大 1~2 倍,充满大量黄绿色稀薄胆汁。在偶发地区则尚须作实验室诊断。该病无药可治,但疫苗预防十分有效。

【病理变化】 尸体极度消瘦,后躯为粪便污染,主要病变在消化道,除口腔黏膜特征的弥散性坏死和烂斑外,在第一胃、第二胃尤其是第四胃见有严重充血、出血,纤维素性假膜和溃疡。胃底部黏膜下层广泛性水肿,切面呈胶冻样。大小肠也呈充血、出血、黏膜糜烂,淋巴滤泡发生坏死。肠淋巴结肿胀、出血、呈暗红色。胆囊肿大,充满胆汁,黏膜有出血点或溃疡。

【诊断】 临床综合诊断依据流行病学、临床症状和病理变化可做出初步诊断。但牛瘟常与口蹄疫、牛恶性卡他性热、牛水泡性口炎等有类似的病状,确诊需进一步做实验室诊断。

1.病毒分离与鉴定

用于抗原检测方法有琼脂凝胶免疫扩散试验、直接和间接免疫过氧化物酶试验、对流免疫电泳;用于病毒分离和鉴定方法有病毒分离、病毒中和试验;用于检测病毒 RNA 方法有牛瘟特异性 cDNA 探针和 PCR 扩增。

2.血清学诊断方法

分为竞争性 ELISA、间接血凝和间接血凝抑制试验、补体结合试验和病毒中和试验,常用的是 ELISA、病毒中和试验。中和试验具有很强的特异性,不仅可以鉴别毒株还可以区分毒株之间的差异。ELISA 具有快速、简便的特点。

3.鉴别诊断

牛瘟应注意与口蹄疫、牛病毒性腹泻/黏膜病、牛传染性鼻气管炎、恶性卡他热、水泡性口炎、副结核、沙门氏菌病鉴别、砷中毒区别。小反刍动物,应注意与小反刍兽疫区别。

【防制】

1.预防

疫区及受威胁区可采用细胞培养弱毒疫苗免疫,也可采用牛瘟/牛传染性胸膜肺炎联苗免疫。

2.处理措施

一旦发生可疑病畜应立即上报疫情,按《中华人民共和国动物防疫法》规定,采取紧急、强制性的控制和扑灭措施。隔离病畜,严密封锁疫区,禁止牛只出入,禁止所有与饲料产品的交易。并采取一系列综合性防治措施,疫区周围设立检疫消毒站,污染的畜舍、用具和环境用二氯异腈尿酸钠等高效消毒剂彻底消毒,每天一次,连续两周。将尸体深埋或焚烧。疫区周围受威胁的地区,普遍进行牛瘟兔化弱毒疫苗预防注射,防止疫情的扩大和蔓延。彻底切断传播途径,消灭传染源。直至最后一头病牛痊愈后 21 天解除封锁,再进行一次大消毒即可。

【公共卫生】

牛瘟虽然不感染人类,但在依赖牛获得肉、奶和畜力的地区,牛瘟常导致大范围的饥荒,间接导致数以万计的人死亡。数千年来,牛瘟肆虐欧亚大陆,经常对牛类以及其他反刍动物造成毁灭性的打击,引发严重的经济和社会问题。该病在 19 世纪末进入非洲,随后的流行在该大陆导致 90% 的牛快速死亡,幸存下来的也往往有残疾或不育。在 20 世纪 80 年代初,尼日利亚的一次牛瘟暴发曾造成 20 亿美元的损失。

牛瘟的根除对世界食品供应的贡献是惊人的:自从牛瘟疫苗在非洲开始接种,总共额外增加了价值 470 亿美元的食品产出;而在印度,估计额外增加的收入是 2 890 亿美元。在发展中国家,由于牛瘟的根除而额外增产的肉类超过 7 000 万 t,牛奶超过 10 亿 t。

【案例】

X 年 X 月,某地牛群突然高热,41～42℃,稽留 3～5 天不退。一岁以下青年牛及新生牛常呈最急性发作,无任何前驱症状死亡。病牛眼结膜潮红、流泪;鼻、口腔黏膜充血潮红,有黏脓性鼻涕。发热后第 3～4 天,口腔黏膜(齿龈、唇内侧、舌腹面)潮红,迅速发生大量灰黄色粟粒大突起,状如撒层麸皮,互相融合形成灰黄色假膜,脱落后露出糜烂或坏死,呈现形状不规则、边缘不整齐、底部深红色的烂斑。

高热过后严重腹泻,粪稀恶臭异常,如浓汤带血。尿频,色呈黄红或黑红。从腹泻起病情急剧恶化,迅速脱水、消瘦和衰竭,不久死亡。病程一般 4～10 天。病死率高达 50% 以上。

剖检可见口腔、上呼吸道黏膜坏死、糜烂,或充血、出血。小肠黏膜潮红、水肿,有出血点;大肠呈程度不同的出血或烂斑,覆盖灰黄色假膜,形似"斑马条纹"。真胃黏膜潮红、水肿、脱落。淋巴结肿胀、坏死。胆囊增大 1～2 倍,充满大量绿色稀薄胆汁,黏膜有出血点。

? 思考题

1. 怎样综合诊断牛瘟?

2. 假如我国西部边境某地发生牛瘟,如何防制扑灭?

第五节　恶性卡他热

恶性卡他热(malignant catarrhal fever,MCF)是包括牛、鹿在内的糜羚反刍动物的一种致死性淋巴增生性传染病,临床以发热、呼吸道和消化道上皮细胞的卡他性黏脓性炎、广泛的淋巴细胞增生、角膜结膜炎、脑炎和体况迅速消失为特征的一种恶病质疾病。恶性卡他热(MCF)由疱疹病毒引起,呈世界性分布。在非洲已经分离到两株病毒,分别称为狷羚疱疹病毒-1(AHV-1)和狷羚疱疹病毒-2(AHV-2)。

【病原】　该病的病原为疱疹病毒,狷羚疱疹病毒-1(AHV-1),又称牛恶性卡他热病毒(AHV-1)、角马疱疹病毒,属于疱疹病毒科丙型疱疹病毒亚科未分属成员。MCFV 具有囊膜,直径为175 nm,核衣壳呈20面体对称,病毒核酸为双股DNA。能在犊牛甲状腺细胞或肾上腺细胞增殖,并形成合胞体和Cowdry A型核内包涵体。在犊牛肾和睾丸细胞、狷羚和家兔的肾细胞及绵羊甲状腺细胞上培养容易增殖并出现CPE。该病于1877年首先发现与瑞士,随后在整个欧洲、南美、北美、非洲、亚洲、澳大利亚等许多国家发生,但广发泛流行于南非和东非。据统计,该病几乎世界各地都有散发,尤其见于绵羊和牛混饲地区。该病八十年代我国有报道。

【流行病学】

1. 传染源

自然藏毒宿主为幼龄蓝、黑角马、绵羊,而山羊则与水牛MCF有密切关系,棕色羚羊应考虑为传染的可能疫源之一。在欧洲,绵羊是该病的自然宿主和传播媒介,绵羊带毒、排毒,并可通过胎盘感染胎儿。牛的发病都与羊有接触史,同群放牧,同栏饲养均可导致传播该病。

2. 传播途径

主要是与羊有接触史,吸血昆虫也可能起到传播作用,病牛和健康牛之间一般不发生互相感染。

3. 易感动物

所有年龄和品种的牛皆易受感染. 黄牛、奶牛、肥育牛和水牛有明确的发病报道。之外,发病动物尚有非洲紫褐羚、捐羚、曲角羚、大羚羊、梅花鹿、红鹿、中国水鹿、长颈羚等. 该病多见于1~4岁黄牛,1岁以下的犊牛很少发病,老龄也少见。牛的发病率很低,为7%左右,病死率接近100%。该病无严格季节性,但以冬季和早春季节多发。潜伏期为4~20周,最常见的为28~60天,人工感染犊牛的潜伏期10~30天。

【致病机理】 主要症状是发热,并且很高,可达40.5~42.2℃,并且临床发病期间持续性发热。另外,还有一个症状就是淋巴结病,所有的其他症状是由严重的脉管炎引起的,脉管炎可以影响到许多器官。脉管炎在组织学上与淋巴细胞浸润有关。有时淋巴细胞浸润很广泛,以至于被认为是淋巴细胞肿瘤。脉管炎可以影响到胃肠道、神经中枢系统、眼、泌尿系统、肝脏、皮肤、上呼吸道及其他部位。

【临床症状】发热是所有病例中最为常见,并且很高,可达40.5~42.2℃,并且在临床发病期间一直持续。常常发生淋巴结病,发生脉管炎,其可影响到多个器官,导致相应的变化,并引发衰竭。

1. 最急性型

病变广泛,病初体温升高达41~42℃,稽留不退,精神萎靡,被毛松乱。眼结膜潮红,鼻镜干热。食欲和反刍减少,饮欲增加,泌乳停止,呼吸和心跳加快,少数病例可能在此时死亡。

2. 头眼型

病变为眼及中枢神经系统,也伴有其他症状。双眼都受侵害,表现为羞明、流泪、眼睑肿胀、结膜高度充血,角膜混浊。由于脑和脑膜发炎,有时表现为兴奋和敏感,如磨牙、吼叫、冲撞。多数则表现为衰弱和昏迷,或久卧在地,头颈伸直,起立困难,最后全身麻痹。刚发病时病牛体温升高达到41℃,精神委顿,没有食欲,有的病牛出现拱背、狂叫不安、全身痉挛等症状,最典型的特征就是眼结膜发炎,眼睑肿胀,畏光流泪;口腔黏膜充血,致使整颊部锥状乳头特别粗壮出现坏死及糜烂区;急性黏膜损伤外观似黏膜被煮成半熟样,如存活时间较长,苍白色的黏膜脱落,留下糜烂和溃疡,口内充满唾液,顺嘴角流出臭味的口水,里面有坏死的组织碎片;先便秘后腹泻,水样粪便,混有假膜,组织碎片和血液,腥臭味浓厚,齿龈充血和出血,有大豆至一分硬币大的烂斑;鼻中隔黏膜潮红肿胀,附黄白或紫红色纤维样假膜,剥去后留下溃疡病灶。气道狭窄,呼吸极度困难(吸气用力,30～40 次/min),发出剧烈鼾声,时时张口伸舌呼吸,病畜极度不安。鼻黏膜充血,排出恶臭的脓性黏液,里面混有纤维素膜和组织碎片,呼吸困难,发出鼾声,有时会发生咽炎,咳嗽及吞咽困难,鼻炎常常波及额窦和角根部组织,使双角松动,甚至脱落;疾病的早期也可能有神经症状,如四肢软弱,运动失调,后期可能出现瘫痪或者惊厥,严重的皮肤上出现紫红色的出血斑;尿呈酸性,里面含有蛋白,血液。病程一般不确定,有的 1 天到数周,大多数死亡,个别康复。绝大多数"头眼型"病例临床病程 48～96 h,较轻病例可存活较长时间。

3. 肠型

病变在消化道,小肠结肠炎并具有一定程度的黏膜损伤,以纤维素性坏死性肠炎症状为主,伴发稽留热。腹泻严重,混有黏液块,末期大便失禁,常与 BVDV 感染、牛瘟或其他肠道病混淆。

4. 皮肤型

病变为全身皮肤,全身皮肤或颈部、背部、乳头和蹄叉等处的皮肤发生丘疹或水泡,伴以棕色痂皮,痂皮脱落时,被毛也脱落。病程多为急性,多数病例于 4～14 天死亡。

该病还有一种少见的症状就是严重的出血性膀胱炎,表现为血尿、痛性尿淋漓或尿频,存活一般在 1～4 天组织学变化表现为全身性脉管炎和淋巴细胞浸润。

从临床症状可以看出:患牛皮肤、消化道、眼及中枢神经系统均有不同程度的损害,由于牛恶性卡他热病毒具有泛嗜性,对上皮细胞有特殊的亲和力,所以临床表现复杂多样,各种型之间没有严格界限,可能在一种动物上几种型可能会都存在或存在 2～3 种。

【剖检】　全身淋巴结水肿、充血,周围呈胶冻样水肿,切面多汁,偶见坏死灶,特别是头颈部淋巴结。鼻窦、喉、气管及支气管黏膜充血肿胀,有假膜覆盖及溃疡;口、咽、食道糜烂、溃疡;真胃和小肠等部位的黏膜上出现充血、水肿、糜烂或溃疡变化,泌尿生殖道也有类似变化。肺部充血、出血、水肿,支气管肺炎。实质脏器严重变性,肝脏、肾脏、心脏变性、肿大、有针尖大小至粟粒大小的灰白色坏死灶,是该病的特征性变化之一。脑膜出血,脑实质水肿、脑脊液增多,呈非化脓性脑炎变化,神经细胞内有包涵体。

【诊断】　根据该病的流行特点(无接触传染,呈散发),临床症状(病牛发烧 40℃以上,连续应用抗生素无效,典型的头和眼型变化)以及病理变化可以做出初步诊断。该病应与牛瘟、黏膜病、口蹄疫等病相鉴别。最后确诊还应通过实验室诊断。实验室诊断有:

1. 病毒分离鉴定

病料接种牛甲状腺细胞或肾上腺细胞,培养 3～14 天可出现细胞病变,用中和试验或免疫荧光试验进行鉴定,也可以通过分子生物学检测其核酸(PCR)直接鉴定组织中的病原。

2. 动物接种

用病牛的新鲜血液或淋巴结组织悬液,经脑内接种家兔,分离病毒,接种家兔常于接种内28 天内死亡。或以发热期病牛抗凝全血(500～800 mL),静脉接种 1 周龄健康犊牛,待犊牛发病后扑杀,取其甲状腺或肾上腺进行带毒组织培养,再以常规方法传代分离病毒。分离病毒后,用病毒中和试验鉴定病毒。

3.血清学检查

间接荧光抗体试验、免疫过氧化物酶试验。

【治疗】

该病没有特异性的治疗手段,死亡率高,治疗效果差,可以通过输液抗病毒及抗继发细菌病感染来进行支持疗法,帮助病牛恢复,董恒勋等报道应用板蓝根150 g,煮汁灌服,2次/天,能够帮助治愈。俄罗斯学者在20世纪90年代提出了一套治疗方案,文献报道效果良好。孙晓辉报道,应用中药治疗可以用龙胆泻肝汤,1次·日对病情较轻者效果明显。但总的来说,对于该病的治疗没有确切方案和预防用疫苗出现。

对于牛恶性卡他热的预防,应采取牛舍及用具的彻底清毒措施。最关键的是要立即将绵羊等反刍动物从牛群中清除出去,不让牛羊接触。对饲养者建议牛羊等反刍动物不能混群、同舍饲养或合群放牧。牛羊圈舍、养殖小区,要科学规划,分开建设,这样能有效预防牛恶性卡他热的发生。

案例分析

牛恶性卡他热

【临诊实例】

甘肃省崇信县2010年至2013年期间发生牛恶性卡他热疾病的有20例,其中有 ,15例死亡,5例治愈,治愈率25%。主诉:发病牛为散养奶牛,大多数发病牛在2~4岁,病牛出现糜烂性口炎、胃肠炎、上呼吸道糜烂、结膜炎,皮肤红疹和淋巴结肿大等,是以发烧和黏膜病变为主的疾病。在整个病程内持续发烧,体温达40~42℃,精神委顿、没有食欲,有的病牛出现拱背,狂叫不已,全身痉挛等神经症状。眼睑肿胀,畏光流泪。口腔黏膜现坏死糜烂,里面有坏死组织;鼻腔内排出恶臭黏性液体,呼吸困难,发出鼾声,有的腹泻严重,有的体表出现丘疹、疱疹和龟裂坏死,病程最急性的1~3天死亡,一般在5~14天死亡,有的转为慢性3~4周,个别康复。剖检病死牛发现:尸僵不全、鼻腔、口腔、窦黏膜有坏死、伪膜和脓性分泌物。全身淋巴结充血、出血、水肿,对周围组织胶冻性浸润,以头颈部淋巴结最为明显。

【诊断】

1.病因浅析

恶性卡他热(MCF)由疱疹病毒引起,呈世界性分布。在非洲已经分离到两株病毒,分别称为狷羚疱疹病毒-1(AHV-1)和狷羚疱疹病毒-2(AHV-2)。在非洲以外大陆主要由狷羚疱疹病毒-1(AHV-1)引起的,即绵羊相关型病毒。主要引起牛的黏膜病变及神经症状。

2.流行特点

(1)传染源　自然藏毒宿主为幼龄蓝、黑角马、绵羊,而山羊则与水牛MCF有密切关系,棕色羚羊应考虑为传染的可能疫源之一。在欧洲,绵羊是该病的自然宿主和传播媒介,绵羊带毒、排毒,并可通过胎盘感染胎儿。牛的发病都与羊有接触史,同群放牧,同栏饲养均可导致传播该病。

(2)传播途径　主要是牛与羊有接触史,吸血昆虫也可能起到传播作用,病牛和健康牛之间一般不发生互相感染。

（3）易感动物　所有年龄和品种的牛皆易受感染。黄牛、奶牛、肥育牛和水牛有明确的发病报道。之外，发病动物尚有非洲紫褐羚、捐羚、曲角羚、大羚羊、梅花鹿、红鹿、中国水鹿、长颈羚等。该病多见于 1～4 岁黄牛，1 岁以下的犊牛很少发病，老龄也少见。牛的发病率很低，为 7％左右，病死率接近 100％。该病无严格季节性，但以冬季和早春季节多发。潜伏期为 4～20 周，最常见的为 28～60 天。

3. 主要症状

发热是所有病例中最为常见，并且很高，可达 40.5～42.2℃，并且在临床发病期间一直持续。常常发生淋巴结病，发生脉管炎，其可影响到多个器官，导致相应的变化，并引发衰竭。

（1）最急性型　病变广泛，病初体温升高达 41～42℃，稽留不退，精神萎靡，被毛松乱。眼结膜潮红，鼻镜干热。食欲和反刍减少，饮欲增加，泌乳停止，呼吸和心跳加快，少数病例可能在此时死亡。

（2）头眼型　病变为眼及中枢神经系统，也伴有其他症状。双眼都受侵害，表现为羞明、流泪、眼睑肿胀、结膜高度充血，角膜混浊。由于脑和脑膜发炎，有时表现为兴奋和敏感，如磨牙、吼叫、冲撞。多数则表现为衰弱和昏迷，或久卧在地，头颈伸直，起立困难，最后全身麻痹。刚发病时病牛体温升高达到 41℃，精神委顿，没有食欲，有的病牛出现拱背、狂叫不安，全身痉挛等症状，最典型的特征就是眼结膜发炎，眼睑肿胀，畏光流泪；口腔黏膜充血，致使整颊部锥状乳头特别粗壮出现坏死及糜烂区；急性黏膜损伤外观似黏膜被煮成半熟样，如存活时间较长，苍白色的黏膜脱落，留下糜烂和溃疡，口内充满唾液，顺嘴角流出臭味的口水，里面有坏死的组织碎片；先便秘后腹泻，水样粪便，混有假膜，组织碎片和血液，腥臭味浓厚，齿龈充血和出血，有大豆至一分硬币大的烂斑；鼻中隔黏膜潮红肿胀，附黄白或紫红色纤维样假膜，剥去后留下溃疡病灶。气道狭窄，呼吸极度困难（吸气用力，30～40 次/min），发出剧烈鼾声，时时张口伸舌呼吸，病畜极度不安。鼻黏膜充血，排出恶臭的脓性黏液，里面混有纤维素膜和组织碎片，呼吸困难，发出鼾声，有时会发生咽炎，咳嗽及吞咽困难，鼻炎常常波及额窦和角根部组织，使双角松动，甚至脱落；病的早期也可能有神经症状，如一肢软弱，运动失调后期可能出现瘫痪或者惊厥，严重的皮肤上出现紫红色的出血斑；尿呈酸性，里面含有蛋白、血液。病程一般不确定，有的 1 天到数周，大多数死亡，个别康复。绝大多数"头眼型"病例临床病程 48～96 h，较轻病例可存活较长时间。

（3）肠型　病变在消化道，小肠结肠炎并具有一定程度的黏膜损伤，以纤维素性坏死性肠炎症状为主，伴发稽留热。腹泻严重，混有黏液块，末期大便失禁，常与 BVDV 感染、牛瘟或其他肠道病混淆。

（4）皮肤型　病变为全身皮肤，全身皮肤或颈部、背部、乳头和蹄叉等处的皮肤发生丘疹或水泡，伴以棕色痂皮，痂皮脱落时，被毛也脱落。病程多为急性，多数病例于 4～14 天死亡。

该病还有一种少见的症状就是严重的出血性膀胱炎，表现为血尿、痛性尿淋漓或尿频，存活一般在 1～4 天组织学变化表现为全身性脉管炎和淋巴细胞浸润。

从临床症状可以看出：患牛皮肤、消化道、眼及中枢神经系统均有不同程度的损害，由于牛恶性卡他热病毒具有泛嗜性，对上皮细胞有特殊的亲和力，所以临床表现复杂多样，各种型之间没有严格界限，可能在一种动物上几种型可能会都存在或存在 2～3 种。

4.剖检病变

患病牛死亡后全身淋巴结水肿、充血,周围呈胶冻样水肿,切面多汁,偶见坏死灶,特别是头颈部淋巴结。鼻窦、喉、气管及支气管黏膜充血肿胀,有假膜覆盖及溃疡;口、咽、食道糜烂、溃疡;真胃和小肠等部位的黏膜上出现充血、水肿、糜烂或溃疡变化,泌尿生殖道也有类似变化。肺部充血、出血、水肿,支气管肺炎。实质脏器严重变性,肝脏、肾脏、心脏变性、肿大、有针尖大小至粟粒大小的灰白色坏死灶,是该病的特征性变化之一。脑膜出血,脑实质水肿、脑脊液增多,呈非化脓性脑炎变化,神经细胞内有包涵体。

5.类症鉴别

该病应与黏膜病、牛瘟、口蹄疫等病相鉴别。

(1)黏膜病 牛病毒性腹泻(BVDV),表现为24月龄以内犊牛临床症状明显并且死亡率高,表现为腹泻及口腔黏膜溃疡(粉红色),只有30%～50%病例出现口腔病变,有的有趾部冠带出血、渗出和糜烂或址间糜烂。有明显的水平传播特征。

(2)牛瘟 在中国已经被消灭。主要表现为黏膜出血坏死与牛恶性卡塔热临床症状与病理变化极为相似,但其同群间传染迅速,而牛恶性卡塔热主要是散发,与羊有间接或直接接触史。

(3)口蹄疫 区别于蹄部病变,而牛恶性卡塔热无蹄部病变,犊牛口蹄疫由于心肌坏死死亡严重,并有同群间传染迅速的特点。口蹄疫黏膜病变没有牛恶性卡塔热严重,仅仅口腔病变,流涎,口腔溃疡。

6.实验室诊断

(1)原学检查 病毒分离鉴定,病料接种牛甲状腺细胞培养3～10天出现了细胞病变,用中和试验进行了鉴定。

(2)血清学检查 间接荧光抗体试验、免疫过氧化物酶试验、病毒中和试验。

(3)PCR鉴定 可以通过分子生物学检测其核酸(PCR)直接鉴定组织中的病原。

【防控措施】

1.防病要点

对于牛恶性卡他热的预防,应采取牛舍及用具的彻底清毒措施。最关键的是要立即将绵羊等反刍动物从牛群中清除出去,不让牛羊接触。对饲养者建议牛羊等反刍动物不能混群、同舍饲养或合群放牧。牛羊圈舍、养殖小区,要科学规划,分开建设,这样能有效预防牛恶性卡他热的发生。

2.治疗

该病没有特异性的治疗手段,死亡率高,治疗效果差,可以通过输液抗病毒及抗继发细菌病感染来进行支持疗法,帮助病牛恢复。该病例采用土霉素每天分两次静脉注射!足量连用3～5天为一疗程。同时使用氢化可的松和其他药物对症治疗。同时,中药治疗采用龙胆泻肝汤:龙胆草、柴胡、黄芩、淡竹叶、地骨皮、车前草各62 g,茵陈124 g,薄荷、僵蚕、牛蒡子、板蓝根、双花、连翘、玄参各31 g,栀子46 g煎服,每天1次。对病情较轻者效果明显。

3.小结

牛恶性卡他热是病毒性疾病,目前,没有有效的疫苗,并且发病后没有有效的治疗措施,死亡率高,对于症状明显的病例,100%死亡,少有治愈,症状较轻病例可能治愈。防控该病的关键在于不让牛羊接触,不能混群、同舍饲养或合群放牧,只有这样才能控制该病的发生。建议发病后,为节省开支,避免浪费财力,直接淘汰处理。

❓ 思考题

1.简述牛恶性卡他热的临床症状。
2.简述牛恶性卡他热的实验室诊断方法。

第六节　牛白血病

牛白血病是一种慢性接触性传染性肿瘤病,其特征为淋巴样细胞恶性增生,进行性恶病质和病死率高,又称为地方流行性牛白血病。其病原为牛白血病病毒(BLU)。该病早在 19 世纪末被发现,直到 1969 年美国的 Miller 才分离到病毒。目前该病分布广泛,几乎遍布全世界养牛的国家。我国自 1974 年首次发现该病,以后许多省市均有发生,对养牛业的发展构成严重威胁。

【病原】　该病病原为牛白血病病毒(*Bovine leukemia virus*,BLV)。根据国际病毒分类委员会 1999 年公布的病毒分类报告显示,该病毒属于反录病毒(*Retroviridae*)丁型反转录病毒属(*Deltaretrovirus*)。病毒粒子呈球形,直径 80~120 nm,芯髓直径 60~90 nm,外包双层囊膜,膜上有 11 nm 的纤突,病毒含单股 RNA,能产生反转录酶。该病毒是一种外源性反转录病毒,存在于感染动物的淋巴细胞 DNA 中。该病毒具有凝集绵羊和鼠红细胞的作用。

病毒含有多种蛋白质,其囊膜上的糖基化蛋白,主要有 gp35、gp45、gp51、、gp55、gp60、gp69,芯髓内的非糖基化蛋白,主要有 P10、P12、P15、P19、P24、P80,其中以 gp51,和 P24 的抗原活性最高,用这两种蛋白作为抗原进行血清学试验,可以检出特异性抗体。病毒可用羊胎肾传代细胞系和蝙蝠肺传代细胞系进行培养。

【致病机理】　BLV 感染宿主细胞时,和其他反转录病毒类似,病毒先与细胞囊膜上的受体结合,然后病毒进入细胞,与细胞染色体整合,再转录 BLU。在体内只极少数感染 BLV 的 B 淋巴细胞表达病毒,而当持续性淋巴细胞增多的细胞单独体外培养时,病毒的表达却会增加。BLU 慢性感染可导致牛产生持续性淋巴细胞增多,引起增生性肿瘤,导致患畜逐渐消瘦,最后衰竭而死。

白血病性状的遗传是由一种隐性基因决定,而抗白血病因子是显性的。犊牛型白血病是一种罕见的肿瘤性疾病,呈散发性发生,发病率极低;犊牛型白血病目前还没有检出特异的病毒或抗体,其发病机制尚不清楚。犊牛型白血病表现为全身淋巴结肿大和骨髓病变。该病被认为是在胎儿期就形成了的白血病性淋巴肿瘤。

【流行病学】　牛 BLV 的传播方式主要有垂直传播和水平传播两种,前者包括先天性传染在内,是由母牛体内子宫胎盘将病毒传递给胎儿;后者传播一般是指病毒在动物间的传播。BLV 水平传播的途径很多,常见的传播一般为多种因素的综合,如由病毒污染的器械、兽医采血、注射、手术、人工输精、生物制剂、吸血昆虫的刺螯等而传染。新生犊牛吃进带病毒牛的初乳、常乳及其制品等,也可传染发病。

主要感染牛、绵羊、瘤牛,人工接种山羊、黑猩猩、猪、兔、蝙蝠、野鹿、小白鼠都能发病,人工感染猪不成功。该病主要发生于成年牛,尤以 4~8 岁的牛最常见。患病畜和带毒畜为该病的传染源。潜伏期平均为 4 年。血清流行病学调查结果表明，该病可水平传播、垂直传播及经初乳传染给犊牛。纯种牛感染白血病的比例高。牛白血病是否传播于人也有研究，但资料不足，未能确定。

【临床症状】 该病有亚临床型和临床型两种表现。

1. 亚临床型

患病牛无瘤的形成，其特点是淋巴细胞增生，可持续多年或终身，对健康状况没有任何扰乱。这样的牲畜有些可进一步发展为临床型。

2. 临床型

病牛生长缓慢，体重减轻。体温一般正常，有时略为升高。从体表或经直肠可摸到某些淋巴结呈一侧或对称性增大。腮淋巴结或股前淋巴结常显著增大，触摸时可移动。如一侧肩前淋巴结增大，病牛的头颈可向对侧偏斜；眶后淋巴结增大可引起眼球突出。出现临床症状的牛，通常均取死亡转归，但其病程可因肿瘤病变发生的部位、程度不同而异，一般在数周至数月之间。各型 BL 患牛的主要症状表现如下：

(1) 成年型　多见于 2 岁以上的奶牛，呈地方流行性。病牛产奶量下降，食欲减退或废绝，消瘦，体表淋巴结肿大，腹泻，有的眼球突出。后期常发生后躯麻痹或瘫痪，呼吸困难，小便不畅，心机能障碍。孕牛有的发生流产。

(2) 小牛型　也叫幼年型，散发于 6 月龄以内的犊牛。患犊表现全身性淋巴病变，恶病质，心音不整。还发生 B 细胞免疫缺乏。

(3) 胸腺型　亦称青年期型。主要散发于 6~18 月龄的肉用牛。特征症状为肿瘤体从颈腹侧部一直延伸至胸腔，由于肿瘤压迫呼吸道而表现呼吸困难；肿瘤压迫食道可使嗳气受阻，发生瘤胃鼓气。

(4) 皮肤型　散发于 3 岁以上的牛。病牛皮肤出现许多风疹块样的病变，后来逐渐形成溃疡或坏死。

【病理变化】 按照国际白血病研究委员会的临床病理学分类方法，牛白血病可分为犊牛型、胸腺型、地方流行性和皮肤型。地方流行性牛白血病是常见的牛慢性肿瘤性传染病，而其他类型为非传染性疾病。病理形态学的研究做了一些分类；但一般认为 98% 是肿瘤型，几乎都是淋巴细胞型或成淋巴细胞型。牛流行性白血病以细胞免疫反应为主，体液免疫反应则随着疾病的发展而逐渐减弱。

病牛外观消瘦、贫血，体表淋巴结肿大，有的眼球突出。剖检可见体内肿瘤发生广泛，除淋巴结肿大外，在真胃、子宫、网膜、肾、心脏、膀胱、直肠、肺、脾、前胃、主动脉弓、齿龈、横膈膜、骨骼肌和眼底部等处发现有肿瘤。对后躯麻痹瘫痪的牛做组织学检查，可见瘤细胞于脊髓硬膜外表浸润增生，使脊髓受压迫，发生变形、萎缩。

各器官的发生率据国外资料统计以真胃第一，心脏或子宫次之。有时脊椎发生病变，后肢可见麻痹。病变能波及脑膜，但不影响神经系统。肿瘤如发生在眼眶，可使眼球突出。

【诊断】

1. 病毒检查

(1) 分离培养　将感染牛的血液淋巴细胞与胎羊肾细胞或蝙蝠肺细胞共同培养，可形成持续性感染，并释放出大量的病毒粒子。细胞培养物制片，负染后进行电镜检查，在细胞质的空泡内和细胞膜上发现有很多游离的或正在出芽的病毒颗粒,多为球形,少数棒状,大小不一,具有囊膜,囊膜上有纤突。

(2)电镜检查　采取 BL 牛外周血淋巴细胞接种于羊胎肾细胞或羊胎肺细胞进行培养,加入植物血凝素促进病毒增殖,制成超薄切片做免疫电镜观察,可见典型的 BLVC 型病毒子。

2.血液学及组织学诊断

采集新鲜血液进行血液学检查、病毒培养和分离血清用于血清学试验;采集淋巴结、肝、脾、肾、胸腺等材料用于组织学检查。组织学检查发现,肿瘤中含有致密基质和两种细胞,一种为淋巴细胞(直径 8～10 μm),另一种是成淋巴细胞(直径 12～15 μm),常见到核分裂现象。

3.血清学诊断

目前国外对牛白血病的检测主要是采用 ELISA 方法,已成功研制出基于 gp51、p24 抗体的检测试剂盒,如 BLVgp51 蛋白单克隆抗体阻断 ELISA 检测试剂盒(如美国 IDEXX)。

其他方法包括　琼脂凝胶免疫扩散试验(AGID)、免疫荧光抗体法(FA)、补体结合反应(CF)、放射免疫测定法(RIA)、血凝试验(HA)、病毒中和试验(VN)及对流免疫电泳技术、亲和素-生物素过氧化物酶检测。

4.液体磁流芯片检测

有报道,采用 gp51 肽偶联免疫磁珠为材料,通过对封闭液、血清稀释浓度和 HRP 标记的兔抗牛 IgG 工作浓度的筛选和优化,建立的牛白血病的液体磁流芯片检测方法,可以检测牛白血病。

5.鉴别诊断

牛白血病在临床上应注意与牛白血病病毒感染无关的暂时性淋巴细胞增生的疾病如结核病、布鲁氏菌病等区别。通过比较病的特征、进行病原学检查以及血清学试验可区分。

【防制】

对于该病尚无特效疗法。有报道对初期病牛,尤其有一定经济价值的牛,可试用抗肿瘤药,如氮芥 3040 mL,1 次静脉注射,连用 3～4 天,可缓解症状。盐酸阿糖胞普 1000 mg,用 500 mL 葡萄糖盐水稀释成注射液,1 次静脉注射,每周 1 次,连用 4 次为一疗程,似对肿瘤生长有抑制作用。

根据该病的发生呈慢性持续性感染的特点,防制该病应采取以严格检疫、淘汰阳性牛为中心,包括定期消毒、驱除吸血昆虫、杜绝因手术、注射可能引起的交互传染等在内的综合性措施。无病地区应严格防止引入病牛和带毒牛;引进新牛必须进行认真的检疫,发现阳性牛立即淘汰,但不得出售,阴性牛也必须隔离 3～6 个月以上方能混群。

疫场每年应进行 3～4 次临床、血液和血清学检查,不断剔除阳性牛;对感染不严重的牛群,可借此净化牛群,如感染牛只较多或牛群长期处于感染状态,应采取全群扑杀的坚决措施。

对检出的阳性牛,如因其他原因暂时不能扑杀时,应隔离饲养,控制利用;肉牛可在肥育后屠宰。阳性母牛可用来培养健康后代,犊牛出生后即行检疫,阴性者单独饲养,喂以健康牛乳或消毒乳,阳性牛的后代均不可作为种用。对有一定经济价值的牛,可试用抗肿瘤药治疗。

【公共卫生】

就肿瘤来说,由于病毒对动物致癌作用的发现,如鸡马立克氏病及牛、猫、鸡的白血病,家畜肿瘤病毒的公共卫生学意义日益受到重视。例如畜禽的白血病的病原是反录病毒肿瘤亚科的病毒,其中牛白血病呈水平传播,与人类关系密切,大量的流行病学和血清学调查企图证实牛白血病与人白血病的相关性,但至今尚无定论。牛白血病病毒所致的病理变化与人白血病相似,又能感染与人亲缘关系相近的猩猩,还有人发现白血病病人血清中存在抗牛白血病淋巴细胞表面抗原的抗体,所以其在公共卫生上的潜在危害还不能排除。

带有传染病的奶牛不但会引起家畜传染病的暴发,还会影响牛奶和奶制品的品质。该病是人兽共患病,可经牛奶途径传染给人类,引起消费者尤其是免疫力低下的弱势人群发病。

思考题

1. 牛白血病的临床特征有哪些?
2. 牛白血病的诊断方法由哪些,各有何优缺点?
3. 如何净化牛白血病?

第七节　茨城病

茨城病(Ibaraki disease,IBAD)又称类蓝舌病(bluetongue-like disease),是由茨城病病毒(*Ibaraki virus*,IBAV)引起的牛的一种急性、热性、病毒性传染病。其主要特征为病牛突发高热、咽喉麻痹、关节疼痛性肿胀。该病临床症状与牛流行热病十分相似,在临床上很难区分。1961年,Omori首次从日本茨城县的病牛分离到了该病毒,并命名为茨城病毒。1991年国际病毒分类委员会会议上予以确认。

茨城病除在日本最先发生流行外,之后在朝鲜、美国、加拿大、印度尼西亚、澳大利亚、菲律宾也有发生,现已广泛分布于热带地区,我国台湾省已明确该病的存在,其他省份也不同程度地检出了牛茨城病病毒抗体阳性牛,该病给养牛业造成了一定的经济损失。《中华人民共和国进境动物一、二类传染病、寄生虫病名录》中将其列为二类传染病。

【病原】　IBAV属于呼肠孤病毒科(*Reoviridae*)环状病毒属(*Orbivims*)鹿流行性出血热病毒群成员。与其他环状病毒相似,IBAV病毒粒子呈球形或圆形,二十面体对称,直径50～55 nm。病毒核心为衣壳蛋白包裹的双股RNA,无囊膜,但在感染的细胞中偶见一个或多个病毒粒子包裹在一个伪囊膜中。IBAV具有红细胞凝集性,能迅速吸附在置于37℃、22℃和4℃高渗稀释液(0.6M NaCl,pH 7.5)中的牛红细胞上。

IBAV的基因组为双链、分节段的RNA,以高度有序的形式存在于核心中。基因组编码7种结构蛋白和4种非结构蛋白,分别命名为VP1-VP7和NS1-NS3、NS3A。VP2蛋白位于病毒离子的最外层,亲水性强,可以诱导产生中和抗体。VP2蛋白是环状病毒结构蛋白中变异性最强的蛋白,决定着病毒的血清型。VP2蛋白与病毒的吸附、穿膜及释放相关。VP5蛋白在病毒穿越宿主细胞膜的过程中起重要作用。VP3和VP7蛋白高度保守,属群特异性抗原。非结构蛋白在病毒粒子的组装和运输过程中起重要作用。

IBAV经卵黄囊接种鸡胚(在33.5℃孵化)易生长繁殖并致死鸡胚,脑内接种乳鼠和乳土拨鼠可发生致死性脑炎。病毒可在 BHK-21、BHK-KY、EFK-78 和 H mLu-1 等传代细胞以及牛肾原代细胞上繁殖并产生细胞病变(CPE)。

病毒对氯仿、乙醚和脱氧胆酸钠有抵抗力,对 pH 5.15 以下的酸性环境敏感。56℃作用 30 min 或 60℃作用 5 min,病毒的感染力明显下降,但并不完全失活。病毒在常温或 4℃条件下很稳定,但−20℃冰冻时迅速丧失感染力。

【流行病学】 病牛和带毒牛是该病的主要传染源。IBAV 是通过库蠓(Culicoides)叮咬传播的,因此该病的发生具有明显的季节性和地区性,主要在 8～11 月发生。该病多为隐性感染,肉用牛比荷兰奶牛发病率高,病情也较重。1 岁以内的牛不发病或少发病,病愈牛对近期的流行不易感。鹿和绵羊也可感染该病毒。蠓吸食病畜的血液后,病毒在其唾液腺和血腔细胞内繁殖。7～10 天后,病毒就能在唾液腺中排泄,通过叮咬易感动物传播病毒。热带地区气候适宜蠓的生存,是该病的高发地区。

【致病机制】 环状病毒在胞浆内复制。病毒通过 VP2 蛋白与宿主细胞上的受体结合,通过受体介导的内吞作用进入细胞内吞体中.病毒侵入机体后,造成食道、咽喉和舌的一些特征性变化,即横纹肌的变性和坏死,呈透明玻璃样结构,横纹肌横纹消失,使其正常功能减退,造成舌麻痹、咽喉麻痹、食道麻痹,出现吞咽障碍、饮水鼻腔反流、瘤胃反流现象,易造成异物性肺炎。由于肌肉变性坏死,可因部位不同而表现各异,常造成四肢疼痛、关节肿胀、跛行或易跌倒。

【临床症状】 该病潜伏期 3～7 天,病牛突然发热,可达 39℃左右,精神沉郁、食欲减退、反刍停止、流泪、流泡沫样口涎、眼结膜充血,水肿。部分牛在口腔、鼻黏膜、鼻镜和唇上发生糜烂或溃疡。上述症状基本消退后出现特征性症状即吞咽困难(占发病牛的 20%～30%),前驱症状不明显的病例则被认为是突然出现吞咽困难,舌麻痹,出现舌头伸出口腔,不能收回的露舌现象,在咽喉部则引起咽喉头麻痹。食道肌肉受损引起食道麻痹,失去紧张和括约力,饮水从口和鼻孔反流或因低头从瘤胃反流,导致牛脱水,是该病致死率高的主要原因。吞咽困难的病牛在自由饮水时常引起误咽,因而引起异物性肺炎而死亡。另外,在蹄冠、乳房和外阴部也可能形成溃疡。病牛四肢疼痛、关节肿胀、跛行或易跌倒,部分牛只出现肌肉震颤等神经症状。还可引起怀孕母牛流产。

【病理变化】 病死牛可见皮下组织较干燥,腹水消失。在颚凹等局部呈胶状水肿,咽喉、舌出血;食道从浆膜至肌层均见有出血、水肿,食道壁弛缓;瘤胃、网胃和瓣胃内容物干涸,粪便呈块状;皱胃黏膜充血、出血,水肿、腐烂、溃疡的发生率很高。另外,还可见有心脏内外膜出血、心肌坏死、肾出血,肝脏也可见发生出血性坏死。

镜下可见食道、咽喉和舌有特征性变化,即横纹肌的变性和坏死,呈玻璃样病变,横纹肌横纹消失,并可见修复性成纤维细胞、淋巴细胞、组织细胞增生。肺炎病变比较明显,为细菌性继发感染引起的支气管肺炎或误咽性肺炎。中枢神经系统的变化主要为小血管充血及血管周围水肿。

【诊断】

1.临床综合诊断

该病根据流行季节、临床症状、病理变化等情况,不难作出初步诊断,但确诊仍需进行病毒分离与鉴定。

2.病毒分离与鉴定

分离和鉴定病毒是确诊该病的最好方法。分离病毒的材料,以发病初期的血液为宜。剖检病例,以脾、淋巴结为适宜,细胞培养可用牛肾细胞、BHK-21或HmLu-1传代细胞,盲传3代,出现细胞病变(CPE)。

3.血清学诊断

牛只一旦受到IBAV感染,体内会产生针对病毒的特异性抗体,检测牛血清中是否有特异性抗体就可以检测其是否受到感染。用已知阳性血清作中和试验来鉴定,或用已知病毒与急性期及恢复期双份血清进行中和试验和血凝抑制试验进行鉴定,也可用补体结合试验、酶联免疫吸附试验等进行血清学诊断。目前,我国诊断茨城病的标准方法琼脂免疫扩散试验法,具体步骤可参见中华人民共和国出入境检验检疫行业标准《SN/T1357—2004茨城病免疫琼脂扩散试验方法》。

4.分子生物学诊断

Ohashis等设计了针对包括茨城病病毒在内的数种牛虫媒病毒的PCR检测方法。可以在同一个反应中检测数种牛虫媒病毒。

5.鉴别诊断

从临床症状上讲该病易与口蹄疫、牛流行热、蓝舌病、牛病毒性腹泻等牛病之间发生误诊。该病口腔和鼻镜的病变与口蹄疫病毒、牛疱疹病毒Ⅰ型和牛病毒性腹泻-黏膜病病毒感染症状相似;流泪、关节疼痛和肌肉震颤的症状与牛流行热相似。但与口蹄疫、牛疱疹病毒Ⅰ型感染和牛病毒性腹泻-黏膜病的流行病学特征不同,茨城病的发生存在明显的季节性和地区性。牛流行热突然高热、呼吸促迫、流行比较剧烈等症状区别于该病。另外,牛流行热的致死率较低,一般不超过1%,而茨城病的致死率一般可达到10%。对于临床症状、流行特点和病理学特征都非常相似的蓝舌病,可根据病原和血清学特征进行进一步确诊。

【防制】

预防茨城病,应从控制传播媒介和易感畜群免疫接种这两个方面采取措施。

1.控制传播媒介

由于该病主要由吸血昆虫传播引起,因此消灭畜舍内外的库蠓等传播媒介对于预防该病有一定的效果。对圈舍等饲养家畜的地方,应定期进行喷药并采取防护措施。加强饲养管理、保持厩舍通风、干燥、凉爽、卫生、定期消毒、防止蚊蝇叮咬是预防该病传播的有效措施。

2.免疫接种

日本1961年研制的茨城病鸡胚弱化苗是将茨城病毒强毒株在牛肾细胞传16代,并进一步在鸡胚细胞上连续传代60次致弱而成。在疾病的流行期来临之前进行皮下注射,可以有效防止该病的发生。目前我国尚未有可应用的疫苗。

该病无特效治疗方法,应积极采取对症疗法和支持疗法,同时加强护理,可收到一定的疗效。未发生吞咽障碍的患畜预后一般良好。对于发生吞咽障碍者,严重缺水和误咽性肺炎造成死亡是淘汰的主要原因。因此,补充水分和防止误咽是治疗的重点。为了避免自由饮水可能造成的误咽,可使用胃导管和瘤胃注射的方法补充水分,可根据病情使用葡萄糖、维生素、强心剂等。重症病例可使用抗生素,防止继发感染。另外,加强进出口检疫,防止病原从国外传入,也是预防该病的重要措施之一。

案例分析

茨城病

【临诊实例】

在日本,在 1949—1951 年,曾有牛的流行热的大流行,3 年时间发病牛约 67 万头,死亡达 1 万多头。在流行的后半期,出现了一过性体温升高(40～42℃),呼吸急促、流泪、关节疼痛、肌肉震颤等牛流行热症状,持续一周后,突然出现咽喉部或食道麻痹,引起吞咽障碍,不能饮水和采食。因急剧脱水或误咽引起肺炎造成很大部分病牛死亡,给畜牧业带来了巨大损失。

1959—1960 年,该病在日本单独流行,在此次流行中,分离出了与牛流行热完全不一样的病毒,找到了引起咽喉麻痹的真正病原体,1961 年,Omori 首次报道从日本茨城县的病牛分离到了该病毒,并命名为茨城病毒。1991 年国际病毒分类委员会会议上予以确认。

发热一般较轻微,病牛体温 39～40℃,潜伏期 3～7 天,呼吸次数正常,结膜充血、水肿,流泪,接着出现脓性眼屎。流涎呈泡沫状。鼻液最初为水样,继而呈脓性。鼻镜、鼻腔黏膜、齿龈、牙床及舌等初期充血,后现瘀血,最后坏死,形成溃疡。因此,鼻镜部、口腔内常被污染。在初期病变大体恢复或正在恢复时,或者完全无前躯症状,突然发生该病的特征性症状"咽喉麻痹",舌伸出口腔,并逐步形成不能收复的露舌现象,引起饮水反流,出现误咽性肺炎以及流涎等各种症状,该病常因缺水和误咽性肺炎等致死,致死率高于牛流行热的 1%,达 10% 以上。该病还常在蹄冠、乳房及外阴等部出现溃疡,口腔和蹄冠病变易误诊为口蹄疫。第四胃黏膜变化明显,常见充血、出血、水肿、糜烂和溃疡。第一至第三胃内容物干涸,粪便呈块状。咽下障碍的食道从浆膜至肌层可见出血、充血。死亡病例的横纹肌发生透明变性,均质无结构。稍后,出现修复性成纤维细胞、淋巴细胞以及组织细胞增殖,舌及咽喉头也呈现同样病理变化。还常见肝脏出血,灶状坏死以及网状内皮系统细胞活化。

【诊断】

1. 病因浅析

茨城病是由茨城病病毒引起,该病相当广泛地分布于热带地区。该病作为虫媒病,其疫源地同牛流行热、赤羽病等一样在热带丛林之中。澳大利亚在一种蠓中已分离到该病毒。该病主要由吸血昆虫传播,通过库蠓等传播媒介叮咬牛引起,高寒地区很难引起发病。另外,都不能发生同居感染。

2. 流行特点

(1)传染源　病牛和带毒牛是该病的传染源。通过吸血昆虫传播。取急性发热期病牛血液静脉接种易感牛,可发生与自然病例相似的疾病。

(2)传播途径　该病主要由吸血昆虫传播引起,通过库蠓等传播媒介叮咬病牛和健康牛而传播,病牛和健康牛不能发生同居感染。因此该病有明显的季节性和地区性,该病的季节发生及地理分布与气候条件以及节肢动物的传递密切相关。

(3)易感动物　在日本肉用牛比奶牛发病率高,病情也重。1 岁以下牛一般不发病,病愈牛对近期的流行不易感。

3. 主要症状

该病潜伏期 3～7 天,病牛突然发热,可达 39℃ 左右,精神沉郁、食欲减退、反刍停止、流泪,流泡沫样口涎、眼结膜充血,水肿。部分牛在口腔、鼻黏膜、鼻镜和唇上发生糜烂或溃疡。上述症状基本消退后出现特征性症状即吞咽困难,有的前驱症状不明显突然出现吞咽困难,舌麻痹,出现舌头伸出口腔,不能收回的露舌现象,在咽喉部则引起咽喉头麻痹。食道肌肉受损引起食道麻痹,低头从瘤胃反流,导致牛脱水,是该病致死率高的主要原因。吞咽困难的病牛在自由饮水时常引起误咽,因而引起异物性肺炎而死亡。另外,在蹄冠、乳房和外阴部也可能形成溃疡。病牛四肢疼痛、关节肿胀、跛行或易跌倒,部分牛只出现肌肉震颤等神经症状。还可引起怀孕母牛流产。

4. 剖检变化

病死牛可见皮下组织较干燥,腹水消失。在颚凹等局部呈胶状水肿,咽喉、舌出血;食道从浆膜至肌层均见有出血、水肿,食道壁弛缓;瘤胃、网胃和瓣胃内容物干涸,粪便呈块状;皱胃黏膜充血、出血,水肿、腐烂、溃疡的发生率很高。另外,还可见有心脏内外膜出血、心肌坏死、肾出血,肝脏也可见发生出血性坏死。

5. 类症鉴别

从临床症状上讲该病易与口蹄疫、牛流行热、蓝舌病、牛病毒性腹泻-黏膜病等牛病之间发生误诊。该病口腔和鼻镜的病变与口蹄疫病毒、牛疱疹病毒 I 型和牛病毒性腹泻-黏膜病病毒感染症状相似;流泪、关节疼痛和肌肉震颤的症状与牛流行热相似。但与口蹄疫、牛疱疹病毒 I 型感染和牛病毒性腹泻-黏膜病的流行病学特征不同,茨城病的发生存在明显的季节性和地区性。牛流行热突然高热、呼吸促迫、流行比较剧烈等症状区别于该病。另外,牛流行热的致死率较低,一般不超过 1%,而茨城病的致死率一般可达到 10%。对于临床症状、流行特点和病理学特征都非常相似的蓝舌病,可根据病原和血清学特征进行进一步确诊。

6. 实验室诊断

(1)病原学检查 发现牛只有呼吸道症状及流鼻涕的现象可以采集鼻涕及加抗凝剂的血液供病毒分离,以发病初期的血液为宜,剖检时,应采脾脏、淋巴结制成乳剂以供病毒分离。细胞培养可用牛肾细胞、BHK-21 或 HmLu-1 传代细胞,盲传 3 代,出现细胞病变(CPE)。

(2)血清学检查 牛只一旦受到 IBAV 感染,体内会产生针对病毒的特异性抗体,检测牛血清中是否有特异性抗体就可以检测其是否受到感染。用已知阳性血清作中和试验来鉴定,或用已知病毒与急性期及恢复期双份血清进行中和试验和血凝抑制试验进行鉴定,也可用补体结合试验、酶联免疫吸附试验等进行血清学诊断。目前,我国诊断茨城病的标准方法是琼脂免疫扩散试验法,具体步骤可参见中华人民共和国出入境检验检疫行业标准《SN/T1357—2004 茨城病免疫琼脂扩散试验方法》。

(3)PCR 鉴定 可以通过分子生物学检测其核酸(PCR)直接鉴定血液、组织中的病原。

【防控措施】

1. 防病要点

控制传播媒介,由于该病主要由吸血昆虫传播引起,对圈舍等饲养家畜的地方,应定期进行喷药并采取防护措施。加强饲养管理、保持厩舍通风、干燥、凉爽、卫生、定期消毒、防止蚊蝇叮咬是预防该病传播的有效措施。

2. 治疗

该病无特效治疗方法,应积极采取对症疗法和支持疗法,同时加强护理,可收到一定的疗效。

患畜高热时可肌肉注射药物降温(如复方氨基比林),四肢关节肿胀疼痛时可静脉注射镇痛药物(如水杨酸钠)。

不出现吞咽障碍的患畜预后一般良好。对于出现吞咽障碍者,严重缺水和误咽性肺炎造成死亡是淘汰的主要原因。因此,补充水分和防止误咽是治疗的重点。为了避免自由饮水可能造成的误咽,可使用胃导管和瘤胃注射的方法补充水分,可根据病情使用葡萄糖、维生素、强心剂等。重症病例可使用抗生素,防止继发感染。

3. 小结

我国虽然至今没有分离出茨城病病毒,但是很多地区已经证明存在抗体阳性牛,同时也见有疑似病例的报道,以往我国关于牛流行热的许多文献中常将茨城病的典型症状——吞咽困难,误认为牛流行热症状。因此可以说茨城病在我国早有流行,我国已的确存在。只不过是将牛流行热病和茨城病混为一谈,掩盖了茨城病的存在。很可能成为威胁我国养牛业的一大隐患。在日本采用鸡胚化弱毒冻干疫苗来预防该病的发生。在无该病发生的国家和地区,重点是加强进口检疫,防止引入病牛和带毒牛。

🔘 **思考题**

1. 怎样进行茨城病的检疫?
2. 茨城病的特征性临床症状有哪些?

第八节　山羊病毒性关节炎—脑炎

山羊病毒性关节炎—脑炎(caprine arthritis-encephalitis,CAE)是由山羊关节炎—脑炎病毒引起的以成年羊呈慢性、多发性关节炎间或伴发间质性肺炎或间质性乳房炎,羔羊呈脑脊髓炎为临床特征的传染病。

瑞士于1964年首次报道了该病,并且称其为山羊慢性淋巴细胞性多发性关节炎;法国于1969年发现,称为山羊肉芽肿性脑脊髓白质炎;1974年,Cork等认为是山羊病毒性脑脊髓白质炎;1980年,Clements等报道为山羊关节炎脑炎或脑脊髓白质炎;1981年,Osulivan等在澳大利亚也有关于该病的报道,由于均为能够分离出病原,所以均未命名。Crowford等于1982年从患病山羊关节滑液中分离到该病毒,将其接种GSM细胞培养,形成典型的合胞体,接种SPF山羊出现与自然病例相一致的症状后,才正式定名为山羊关节炎—脑炎病毒(CAEV)。

我国曾于1981、1982和1984年先后从英国进口了三批萨嫩和吐根堡奶山羊,进口后不久就出现了类似于山羊关节炎脑炎的症状,经CAE普查和分离后,于1989年7月首次从血清学上确诊四川某农场(1982年)从英国进口的吐根堡奶山羊中有CAV存在,并分离出病毒。

【病原】　山羊关节炎—脑炎病毒(*Caprine arthritis-encephalitis virus*,CAEV)在病毒分类中属于逆转录病毒科(*Retroviridae*),正反逆转录亚科(*Orthoretrovirinae*),慢病毒属(*Lentivirus*)。CAEV在免疫原性和基因结构上与梅迪-维斯纳病毒(*Maedi visna virus*,MVV)相似,病毒粒子近似球形,也有呈管状者,有囊膜,囊膜外有突刺,电镜下病毒粒子直径介于70~120 nm,浮密度为1.15 g/cm³,分子质量为5.5×10^6 u。该病毒对外界环境的抵抗力较差,一般情况下,经56℃,30分钟CAEV即可失去感染致病能力,对氯仿等有机溶剂敏感。

CAEV为单股正链RNA病毒,核酸线性结构由64S和4S两个片段构成,3个结构基因(gag、pol、env)和3个调节基因(vif、tat、rev),主要编码4种结构蛋白,分别是核芯蛋白P^{28}、P^{19}、P^{16}及囊膜蛋白GP^{135},其中病毒的主要抗原成分是囊膜蛋白GP^{135}和核芯蛋白P^{28},这两种抗原梅迪-维斯纳病毒的GP^{135}、P^{28}抗原之间有强烈的交叉反应。

【流行病学】 CAEV的天然宿主是山羊,不论各种年龄、性别的山羊都可以感染,其中最易感的为奶山羊。在发展中国家,本土山羊不存在CAE的感染,但有从国外引种的地区,本土山羊也会出现感染CAEV的现象。有报道表明,CAEV也可以感染绵羊,并且人工感染试验也证实CAEV能够在绵羊体内增殖。感染多发生在羔羊阶段,感染途径以消化道为主,感染母羊通过乳汁感染羔羊,被污染的饲料、饲草。饮水等均可以称为传播媒介;该病毒也可通过生殖道感染而垂直传播。此外,呼吸道感染和医疗器械接触传染该病的可能性不能排除。

CAE的流行呈现区域性流行,在一些封闭无引种地区一般不会出现CAE的流行,相反,在奶山羊养殖数量多且引种广泛的地区,该病盛行。随着活羊交易市场的开放和国际间引种的不断扩大,CAE呈现全世界范围流行的趋势。我国于1982年首次从进口羊中检测到AEV特异性抗体后,在"七五"和"八五"期间对全国范围内进行CAEV普查,结果发现贵州、海南、陕西、甘肃、四川、云南、新疆、辽宁、山东、黑龙江、河南11个省(自治区)发现有山羊关节炎一脑炎,阳性率为4.8%(0.2%~30%)。一般,该病感染率为1.5%~81%,感染母羊所产的羔羊当年发病率为16%~19%,病死率高达100%。

患病成年羊多表现为慢性持续性感染,主要以进行性消瘦和多系统病理损伤为主要特征。CAEV除了能引发CAE以外,还能引发宿主的免疫抑制,患病羊免疫能力低下,继发细菌感染,使患病羊病情加重,CAE的流行给养羊业造成了相当严重的经济损失。

【致病机制】 CAEV由消化道侵入血液后首先感染单核/巨噬细胞系,以前病毒状态整合到单核细胞的DNA内,虽然宿主体内存在体液和细胞的免疫应答,但是这种感染仍将持续到被感染山羊的一生。被感染的单核细胞进入脑、关节、肺和乳腺靶器官转化为巨细胞后,前病毒被激活并释放子代病毒,进一步感染靶细胞使病毒抗原量大增,引起以巨细胞、淋巴细胞和浆细胞增生为主的炎症反应。巨噬细胞虽活跃地复制CAEV,但其本身并不被破坏,反为病毒避免免疫清除起到了屏障作用。显然,CAEV在感染组织巨噬细胞,中低水平持续复制、扩散感染,使其抗原成分充分表达,从而刺激巨噬细胞、淋巴细胞、浆细胞增生性的局部炎症反应,患羊不能清除CAEV,使炎症反应持续存在。

该病毒感染不能诱导中和抗体的产生或其滴度非常低,也不参与控制病毒的增殖。病变主要集中于中枢神经系统,四肢关节和肺、乳房、肾脏、甲状腺和淋巴结等部位,主要表现为一些炎症反应及由炎症反应引起的病变。主要病变见于中枢神经系统,四肢关节及肺脏,其次是乳腺。据试验表明,关节内病毒抗原的表达和抗体的出现与滑膜炎的发生密切相关。

【临床症状】 依据患病山羊的临诊表现可以分为:脑脊髓炎型、关节炎型和间质性肺炎或间质性乳房炎型3种类型,山羊羔主要表现为脑脊髓炎型,成年山羊主要表现为关节炎型,类型间多独立发生,很少有交叉发生,但在剖检时,多数病例具有其中2型或者3型的病例变化。

1.脑脊髓炎型

具有明显的季节性,80%以上的病例发生于3~8月间,与晚冬和春季产羔有关,主要发生于 1～6 月龄的羔羊。潜伏期较长,53～113 天不等,主要临床症状为进行性麻痹症。病初病羊精神沉郁,一只或两只后腿跛行,不协调,慢慢发展为后肢麻痹,甚至发展为四肢麻痹瘫痪在地。病羊采食,饮水正常,一般不发烧,依旧表现活跃、敏感。有的病例表现为明显神经症状,眼球震颤、角弓反张、头颈歪斜或做圆圈运动。病程半月至 1 年不等。个别耐过羊留有后遗症,少数病例兼有肺炎或关节炎临诊症状。

2.关节炎型

常见于周岁以上的成年山羊,临诊症状突然或非常缓慢的出现。主要见于腕关节、跗关节、膝关节肿大和跛行。患病部位周围组织肿胀、热痛,关节肿大、跛行,渐渐关节僵硬,活动受限,病羊跪行或躺卧,体重下降。后期,关节软骨,周围组织变性坏死,形成骨赘。有时病羊肩前淋巴结肿大。该型病例的发展和严重程度有很大的差异性,有的病例几年仅出现轻度或间歇性跛行,有的病例则很快不能活动,完全瘫痪。

3.间质性肺炎或间质性乳房炎型

该型病例较少见,常与其他病型同发。间质性肺炎主要表现为咳嗽,发展缓慢的呼吸困难,进行性消瘦,与绵羊进行性肺炎症状相似,胸部叩诊有浊音,听诊有湿啰音。多数病例都有关节炎症状兼发。

哺乳的母山羊有时会发生间质性乳房炎,哺乳山羊分娩后 1～3 天,乳房变硬或者十分坚硬,仅有少量奶能够从乳头挤出,所以又称"硬乳房"。该型病症很难恢复,建议发现后淘汰患病母羊。

【病理变化】　主要病理变化见于中枢神经系统、四肢关节和肺脏,此外是乳腺。

1.神经病变

主要见于小脑和脊髓的灰质,严重病例剖检可见脊髓和脑的白质有局灶性淡褐色病变区,轻型病例剖检常无肉眼可见病变。镜检可见非化脓性脱髓鞘性脑脊髓炎,病灶周围淋巴细胞,单核细胞严重浸润。

2.关节病变

关节周围组织水肿,纤维增生,关节囊肥厚,滑膜常与关节软骨有粘连。关节腔增大,充满黄色、粉红色液体,其中常悬浮游纤维蛋白凝块。关节软骨色泽暗淡,呈局灶性糜烂。病情严重患羊可见筋腱、韧带骨附着处出现断裂,关节周围结缔组织钙化。镜检可见滑膜绒毛增生折叠,淋巴细胞、浆细胞及单核细胞灶状聚集,严重病例发生纤维素性坏死。

3.肺脏病变

肺脏略显肿大,呈灰白色或粉红色,质地坚实,切面可见 1～2 mm 灰白色坏死灶,支气管淋巴结常可见肿大。镜检可见细支气管周围有淋巴细胞、单核细胞、巨噬细胞浸润,甚至形成淋巴小结,肺泡隔因肺泡上皮增生及细胞浸润而增厚。小叶间缔组织增生,邻近的肺泡萎缩或纤维化。

4.乳房病变

该种病例乳房坚实,乳房后淋巴结增生,乳导管、腺叶间有大量淋巴细胞、单核细胞、巨噬细胞浸润。

此外,少数病例肾表面有直径 1～2 mm 的灰白色坏死点,镜检可见广泛性的肾小球肾炎。

【诊断】

1. 临床综合诊断

根据患羊病史、临诊症状和剖检病变即可做出初步诊断。山羊群中出现慢性关节炎,进行性消瘦,有时也可见咳嗽,呼吸困难,硬乳房,羔羊呈现神经症状,使用抗生素治疗无效后,即可怀疑该病发生。

2. 病原分离鉴定

采取病羊关节液、脑组织及肺脏进行病毒的分离鉴定,电镜观察有无特异性发转录病毒颗粒。

3. 血清学试验

目前广泛使用的血清学试验是琼脂扩散试验、酶联免疫吸附试验和免疫印迹试验,都可以对 CAE 确诊。

【防控措施】

该病目前尚无疫苗和有效治疗方法,只能针对具体病症使用消炎药物缓解局部炎症症状,并给予广谱抗生素预防细菌性继发感染。预防和控制该病的方法主要是加强饲养管理和定期对羊群进行血清学调查,做到有疫情早发现,早处理。加强进口检疫;禁止从病疫区引进种羊;无病疫区,提倡自繁自养的养殖模式,引进种羊前,应先做血清学检查,运回后应严格隔离一年以上,期间每隔半年血清学检查一次,2 次血清学检查均为阴性才可混群,否则予以扑杀销毁。

该病尚无有效治疗方法,有文献报道清开灵注射液(兽用)20 mL,阿莫西林粉针(兽用)4 g,混合肌肉注射,同时使用甘露醇注射液 125 mL,静脉缓慢点滴,以利水而消除脑水肿,2 次/天,连续 2 天用药,效果显著。

【小结】

由于该病潜伏期特别长,并且对一些没有临床症状的羊进行血清学检测也检测不出,因此该病的防治工作具有极大的困难性和不确定性,最终会造成大量的财力、物力损失。因此,对该病的防制和其他病毒性疾病是一样的,做好预防工作至关重要。随着分子生物学和分子免疫学的不断发展,对 CAEV 的基因组结构和免疫原性的研究不断深入,以重组 DNA 技术为基础的核酸疫苗的出现,为有效控制和根除山羊病毒性关节炎-脑炎病带来了希望。

案例分析

【临诊实例】

2007 年 7 月通辽市某地某动物医院门诊接到 4 只该地区送来的待检病羊,该发病区于送羊前 1 周发病,已经死亡 27 只 2～6 月龄山羊羔。病初病羊精神状态差、跛行,进而四肢强直,呈游动状态;有的病羊眼球震颤、头颈歪斜或作圆圈运动;有的病例吞咽困难,双目失明。剖检见肺脏轻度肿大,质地硬,呈灰色,切面有大叶性或斑块装实变区,支气管淋巴结和纵隔淋巴结肿大。关节未见明显变化,有少数羊肾脏表面有灰白色小点。从发病区域采集羊血样品进行 ELISA 试验、琼脂免疫扩散试验和动物实验,确诊为山羊病毒性关节炎-脑炎。(魏艳辉,王丽,高秀英. 疑似山羊病毒性关节炎-脑炎脑脊髓炎型的诊断[J]. 兽医临床,2008,(12):68-69.)

思考题

1. 阐述 CAE 发病类型及其防控要点。
2. 详细阐述 CAE 的发病机制。

第九节 中山病

中山病（Chuzan disease）又称牛异常分娩病，是由中山病毒（*Chuzan disease virus*）引起的、由节肢动物传播的牛异常分娩性疾病。以妊娠母牛产出积水性无脑或脑发育不良的犊牛为特征，部分病例可见视力减弱、眼球白浊、听力丧失、不能站立等症状。

该病于 1985 年在日本首次发生，并由鹿儿岛市中山镇日本家畜卫生试验场九州支场分离到病毒，故命为中山病。该病在日本熊本、大分和宫崎等县均有发生，1986 年，日本对九州地区奶牛场进行血清学调查，其血清阳性率达 30%～87%。对澳大利亚进口牛和韩国送检牛血清的检测结果显示，二者均检出了中山病病毒抗体，且澳大利亚进口牛抗体检出率高达 34.6%。据初步调查，该病来自日本南方冲绳岛，并可能与我国台湾省有关。在我国，2002 年刘焕章等首次报道有该病的发生。

【病原】 中山病病毒属于呼肠孤病毒科环状病毒属（*Orbivirus*）Palyam 病毒群。该病毒能凝集牛、绵羊和兔的红细胞，对马、仓鼠及大鼠的红细胞有不同程度的凝集性，但对人 B 型、鸡和鹅的红细胞不具有凝集性。在多数动物的红细胞中，以对牛的红细胞凝集性最强，但随牛个体的不同，以及 NaCl 浓度的不同，其凝集性也有差异，但与 pH 及温度无关。该病毒能刺激机体产生血凝抑制、琼脂免疫扩散和中和抗体等。

中山病毒基因组为双链 RNA，其大小为 11.75×10 u，长度为 18 915 bp，含有三种结构多肽（95K、86K、23K）。其基因组由 10 个基因片段组成。1、2、3、4、6、7、9 片段编码 VP1、VP2、VP3、VP4、VP5、VP6、VP7 等 7 个结构蛋白。5，8 基因片段编码 NS1、NS2 两个非结构蛋白，片段 10 编码 NS3 和 NS3A 非结构蛋白。与环状病毒属其他成员核苷酸序列分析比较表明，VP2 是主要的中和抗原型和血清型特异性抗原，具有变异性。VP5 与抗原变异有关，VP3 和VP7 可能包含血清群特异性抗原决定簇，VP3 是比较保守。中山病病毒典型代表株（K-47）能在细胞内形成包涵体，并可观察到多个病毒粒子，病毒直径约为 50 nm。具有中央电子密度较高的芯子，周围带有外壳，在感染细胞中形成病毒粒子时，整个细胞的电子密度也变高，最后逐渐变成只剩下微细纤维或微细管的细胞骨架。

中山病病毒能在牛肾细胞、猪肾细胞、仓鼠传代细胞、仓鼠肾细胞、原代猪睾丸细胞、猴肾细胞、仓鼠肺细胞中增殖并出现细胞病变，但在兔 RK-13 细胞中增殖不良。

该病毒对有机溶剂具有较强的抵抗力，特别是对乙醚和氯仿具有抗性，但对酸的耐受性较差，在 pH 3.0 时其感染性完全丧失。

【流行病学】 中山病的易感动物主要是牛，并以肉用日本黑牛多发，奶牛及其他品种牛易感性较低。病牛和带毒牛是该病的主要传染源，其传播媒介为尖喙库蠓（*Culicoides oxystoma*），也可通过胎盘传染胎儿或通过脑内接种感染。该病的流行具有明显季节性，多流行于每年8月上旬至9月上旬,异常分娩发生的高峰在每年1月下旬至2月上旬。用中山病病毒给妊娠母牛静脉接种,母牛无发热等症状,但1周左右出现白细胞,特别是淋巴细胞明显减少,红细胞中病毒的感染价较高,而血浆中病毒的感染价较低。将病毒培养液给1日龄未哺乳的犊牛静脉接种,症状与妊娠母牛相似。病毒经脑内接种,犊牛在接种后36 h开始发热,体温可达40.9℃,第4天开始出现弛张热,吸乳量开始明显减少,于第6天体温明显降低,不能站立,呈角弓反张等神经症状。

【致病机制】 中山病病毒侵入机体后,首先在红细胞和血小板内增殖,当机体产生中和抗体后,病毒仍然能在红细胞内存在几周。

【临床症状】 成年牛呈隐性感染,不表现任何明显的临床症状。妊娠母牛感染后,可出现异常分娩,主要表现为流产、早产、死产或产畸形胎。少数异常分娩的犊牛可见脊椎侧凸,上颌收缩,眼睛凹陷,白内障。多数表现为身体虚弱,哺乳能力丧失,失明,站立困难,行走摇晃,痉挛、旋转运动等神经症状。一般犊牛的成活率较低。

【病理变化】 中山病病毒主要侵害犊牛的中枢神经系统。剖检可见脑室扩张积水、大脑和小脑缺损或发育不全(积水性无脑),脊髓内形成空洞(孔洞脑),小脑发育不全与脑水肿等中枢神经系统病变。组织病理学检查发现,病牛大脑实质缺失,脑干膨大,淋巴细胞周围形成血管套,脑干中充满红细胞,中脑导管膨大,小脑皮质发育异常,脊髓腹触角的神经细胞减少,骨骼肌发育不全。

【诊断】

1.临床综合诊断

该病可根据临床症状、流行特点、病理变化可做出初步诊断,确诊有赖于实验室检验,主要包括病原学诊断和血清学诊断。因该病的症状与赤羽病等相似,应特别注意。最典型的区别是,中山病异常分娩胎儿的体形无变化,关节等肢体部位不发生弯曲,赤羽病则与此相反。病理剖检发现所有的病例都出现积水性无脑畸形,小脑发育不全,有的病例还出现脑干发育不全。组织病理学检查发现,病牛大脑实质丢失,脑干膨大,淋巴细胞周围形成血管套,脑干中充满红细胞,中脑导管膨大,小脑皮质发育异常,脊髓腹触角的神经细胞减少,骨髓肌发育异常。

2.病毒分离与鉴定

在该病流行季节,可从成年牛、异常产胎牛的大脑、中脑、延髓、小脑与淋巴组织、红细胞以及库蠓中分离到。中山病毒的鉴别诊断是基于病毒分离与血清学诊断的基础上进行的,ELISA与PCR技术是高度敏感及特异性鉴别方法。该病毒的鉴别诊断,还应包括与其他可引起神经性疾病的病毒或由节肢动物传播的病毒的鉴别,例如散发性牛脑脊髓炎病毒、牛病毒性腹泻病毒、阿卡斑病毒于皮顿病毒等。

3.血清学诊断

中山病的血清学诊断方法主要包括病毒中和试验、血凝和血凝抑制试验、酶联免疫吸附测定试验、多聚酶链式反应等。病毒中和试验按常规方法进行,由于中山病毒可以凝集多种动物红细胞,因此可以用血凝抑制试验来监测抗体。实验结果表明血凝抑制抗体和中和抗体具有平行关系,且在体内可保持1年或更长时间,所以用血凝抑制试验来进行血清学诊断是可行的。血凝抑制试验要求对待检血清进行处理,用高岭土除去血清中非特异性因素,用牛红细胞吸收天然抗体并用水浴灭活。将待检血清用 pH 7.0 的巴比妥缓冲液做 1∶5 稀释,加等体积的 25％的高岭土充分混匀,室温作用 20 min 后离心弃去高岭土。将此悬液做 1∶10 稀释备用。血凝抑制试验时取 1 mL 经上述方法处理过的血清加入 100 微升牛红细胞混匀,室温作用 30 min 离心弃去红细胞,然后 56℃ 水浴 30 min 灭活即可使用。使用 4 个单位血凝抗原加等量经倍比稀释的待检血清 37℃ 作用 1 h 后加入等量 0.3％的牛红细胞,4℃ 作用 18 h 后判定,以能够完全抑制红细胞血凝的血清最高稀释度即为待检血清血凝抑制价。

【防制】

对于该病的防制,主要依靠疫苗接种。将病毒接种于 BHK-21 细胞单层上,培养 4 天,病毒毒价达 $10^{6.25}$ TCID$_{50}$/mL 时收获病毒,加入 0.05％甲醛灭活 48 h,制成油佐剂灭活疫苗,牛肌肉注射,3 mL/只,间隔 3 周进行第二次免疫。疫区还应注意在该病流行期内,及时杀灭吸血昆虫并消除其滋生地,加强对易感动物的保护措施以防昆虫叮咬。此外,应在无该病流行地区进行种畜的引种,且做好检测工作。

思考题

1. 简述中山病的诊断。
2. 怎样做好种畜引种时中山病的检测工作?

第十节 小反刍兽疫

小反刍兽疫(peste des petits ruminants,PPR),又名"伪牛瘟"、"羊瘟"、"肺肠炎"、"口炎肺肠炎复合症"等,是一种由小反刍兽疫病毒(*Peste des petits ruminants virus*,PPRV)引起的一种急性接触性传染病。主要感染绵羊、山羊、羚羊等小反刍动物,牛、猪感染后不表现出临床症状,人类不感染。该病以发病急、高热、眼鼻分泌物、口腔糜烂、腹泻和肺炎为特征,对养羊业危害严重,世界卫生组织(OIE)将其列为必须报告的 A 类疫病。我国将其列为一类动物疫病,是《国家动物疫病中长期防治规划(2012～2020 年)》明确规定重点防范的外来动物疫病之一。

1942 年,小反刍兽疫首次报道发生于科特迪瓦,随后陆续出现在非洲、中东地区、西亚、南亚多个国家,我国于 2007 年 7 月首次在西藏发现该病,并通过流行病学调查和血清学分析证实,该病早在 2005 年发生于位于中印边境的热角村,而后由西向东缓慢传播。2013 年底该病再现于新疆,随后传入内地多省,短短半年时间,先后有超过 20 个省区暴发了小反刍兽疫疫情,我国养羊业损失惨重。

【病原】 小反刍兽疫病毒属副黏病毒科(*Paramyxoviridae*)麻疹病毒属(*Morbillivirus*)成员。PPRV 病毒粒子具有多形性,常为粗糙的球形或不规则形态。病毒颗粒较牛瘟病毒大,直径 130～500 nm,核衣壳为螺旋中空杆状并有特征性的亚单位,有囊膜,但囊膜纤突中只有血凝素蛋白(H 蛋白),无神经氨酸酶。病毒基因组为不分节段的单股负链 RNA,长度约 16 kb,是麻疹病毒属中最长的病毒,与牛瘟病毒和麻疹病毒基因的同源性分别为 67.0％和 70.5％。

病毒理化特性及免疫学特性与牛瘟病毒相似，病毒粒子在 pH 为 5.8～11.0 的环境中较为稳定，4℃下，pH 7.2～7.9 时的半衰期为 3.7 天。病毒在体外存活时间不长，自然环境下抵抗力较低，37℃条件下感染力的半衰期为 1～3 h，56℃ 60 min 即可灭活，70℃以上迅速灭活。病毒对多数消毒剂敏感，醇、醚、酚类、碱类及其他常用洗消剂都可以杀灭病毒，使用非离子去垢剂可使病毒的纤突脱落，降低感染力。

PPRV 可以在多种哺乳动物原代细胞及传代细胞上增殖，常用的原代细胞如绵羊肾、山羊肾、犊牛肾、人羊膜、猴肾的原代及传代细胞，传代细胞系如 Vero、BHK-21、MDBK 等。毒株、接种细胞不同，其生长特性也有差异，有的毒株复制较快，接种后 21 h 即可观察到细胞病变，有的毒株则需要 5～7 天，有的毒株在原代分离培养时需要 14～21 天。显微镜下观察可见病变细胞变圆、折光性增强、细胞聚集、融合，形成合胞体，多核细胞的细胞核的数目与细胞种类有关，排列成环状，周围出现一个折光环，外观呈钟面状。

PPRV 毒基因组从 3′端至 5′端依分布 N-P-M-F-H-L 6 个基因，分别编码 6 种结构蛋白和 2 种非结构蛋白，包括核蛋白 NP，磷蛋白 P，聚合酶大蛋白 L，构成病毒囊膜内层的基质蛋白 M，以及用于病毒吸附和入侵细胞的两个蛋白融合蛋白 F 和血凝素 H。PPRV 病毒粒子虽然含有血凝素蛋白，但是不能对猴、牛、绵羊、山羊、马、猪、犬、豚鼠等大多数哺乳动物和禽的红细胞具有凝集性。

PPRV 只有 1 个血清型，可分为 4 个系/群。其中Ⅰ、Ⅱ系/群主要分布在非洲，Ⅲ系/群主要流行于中东和东非地区，Ⅳ系/群分布最广，分布于亚洲、中东和非洲北部。此外，南亚地区除了存在Ⅳ系/群外，还存在Ⅲ系/群毒株。我国流行的毒株多为Ⅳ系。目前人们通常采用 N 基因对各个系进行分类。2014 年国内小反刍兽疫病毒流行株与西藏株同源性为 96.1%，与巴基斯坦 2010 年流行株为 98%，与塔吉克斯坦 2004 年流行株为 97.3%，引发此次疫情的病原由境外传入的可能性很大。

【流行病学】　该病 1942 年首次报道出现于科特迪瓦，随后，非洲多个国家陆续出现疫情，并迅速扩大，如今主要分布在撒哈拉和赤道之间的非洲地区、中东地区和南亚、西亚等地区多个国家，造成了严重的经济损失。我国周边多个国家如缅甸、老挝、蒙古、哈萨克斯坦、俄罗斯等均有小反刍兽疫疫情传出，2007 年我国西藏自治区首次报道出现该病，通过毒株基因组序列测定和分析发现，该毒株与印度来源的毒株序列相似性最高（97.6%）。2013 年底至 2014 年春，我国多个地区出现了疫情，该病防控形势格外严峻。

PPRV 主要感染山羊、绵羊、羚羊等小反刍动物，通常认为山羊发病较为严重，也有一些报道认为绵羊发病率高于山羊，且母羊略高于公羊。野生小反刍动物如岩羊、野山羊、盘羊、黄羊等小反刍兽和亚洲水牛、骆驼等可以自然感染并发病，引起呼吸困难、腹泻、流产，甚至死亡。牛、猪等可以感染，但通常为亚临床经过。易感羊群发病率通常达 60%以上，病死率可达 50%以上。

PPRV 具有高度传染性，主要通过直接和间接接触受感染动物的分泌物和排泄物而传播。该病的传染源主要为患病动物和隐性感染动物，处于亚临床型的病羊尤为危险。传播方式主要是接触传播，可通过与病羊直接接触传播，患病动物的眼分泌物、鼻液、口腔分泌物以及粪便中含有大量的病毒，动物感染后 3 天即能够检测到排毒，康复后也能够持续排毒。与被病毒污染的饲料、饮水、衣物、工具、垫料、圈舍和牧场等接触也可发生间接传播,在养殖密度较高的羊群也会发生近距离的气溶胶传播。

该病一年四季均可发生,但多雨季节和干燥寒冷季节多发。潜伏期一般为 4～6 天,短的 1～2 天,长者 10 天。OIE 规定最长潜伏期为 21 天。

【致病机制】　PPRV 的致病机理研究仍需要进一步深入。现有研究认为,PPRV 利用细胞自噬机制开展病毒复制,从而诱导感染细胞凋亡。PPRV 对宿主有一定的免疫抑制作用。PPRV 野毒株可以引起严重的免疫抑制,尤其表现在感染急性期(感染后 4～10 天),表现为机体白细胞减少、淋巴细胞减少、早期抗体应答缓慢等,但是,PPRV 疫苗株感染机体后仅表现一过性的淋巴细胞减少,对抗体应答的影响不明显。PPRV 对处于免疫抑制情况下的宿主具有更高的致病性,处于免疫抑制状态下的羊感染 PPRV 后其病情表现更为严重,各个器官病毒载量显著增高。此外,PPRV 病毒一直在持续发生变异,近期分离株的 N 基因与 20 世纪 80 年代相比,其病毒基因在病毒复制周期、抗体应答、血凝素蛋白和融合蛋白基因等方面存在不同程度的进化。

【临床症状】　小反刍兽疫潜伏期为 4～5 天,最长 21 天。自然发病仅见于山羊和绵羊。山羊发病严重,绵羊也偶有严重病例发生。感染动物临诊症状与牛瘟病牛相似。根据症状可分为温和型、标准型和急性型。

急性型:较少发生,患畜感染后 1～2 天内死亡。

标准型:体温突然升高至 40～41.3℃,并持续 3～5 天。感染动物烦躁不安,背毛无光,食欲减退。早期鼻液严重,发展成黏液脓性鼻液,呼出气体恶臭味。结膜充血,眼分泌物增多,眼角出现硬痂,一些患羊出现卡他性结膜炎。口腔黏膜充血,颊黏膜进行性广泛性损害、导致多涎,随后出现坏死性病灶,下唇、下齿龈等处黏膜出现小的粗糙的红色、粉红色浅表坏死病灶。严重病例可见坏死病灶波及齿垫、腭、颊部及其乳头、舌头等处。感染后期(多在 5～10 天)出现带血水样腹泻,严重脱水,消瘦,随之体温下降。后期有时还可表现支气管肺炎,出现咳嗽、呼吸异常,类似羊支原体肺炎;怀孕母羊可发生流产。

温和型:症状轻微,发热,类似感冒症状。一些康复山羊的唇部形成口疮样病变。

该病发病率高达 100%,在严重暴发时,死亡率为 100%,在轻度发生时,死亡率不超过 50%。幼年动物发病严重,发病率和死亡率都很高。

【病理变化】　尸体剖检病变与牛瘟病牛相似。患畜异常消瘦,可见结膜炎、坏死性口炎等肉眼病变,下唇、牙龈、舌腹可见坏死灶,严重病例可蔓延到硬腭及咽喉部。皱胃常出现有规则、有轮廓的糜烂,创面红色、出血,瘤胃、网胃、瓣胃很少出现病变。小肠病变较轻,十二指肠和回肠末端可能出现线状出血,有时有糜烂灶,肠系膜淋巴结病变严重;大肠病变通常较为严重,在结肠直肠结合处往往可见特征性线状出血或斑马样条纹。淋巴结肿大,脾有坏死性病变。在鼻甲、喉、气管等处有出血斑。组织学上可见肺部组织出现多核巨细胞以及细胞内嗜酸性包涵体。

【诊断】　该病的潜伏期 3～6 天,但也有的可达 10～21 天。动物感染该病后的排毒期较长,感染后 3 d 即能够检测到排毒,康复后也能够持续排毒。因此,开展早期诊断对于有效预防控制该病非常重要。

1. 临床综合诊断

根据该病的流行病学、临床表现和剖检变化做出初步诊断。患病羊发病急剧、眼鼻分泌物增加、口腔糜烂、腹泻严重，剖检结肠和直肠结合处出现特征性的线状出血或斑马样条纹，可作为诊断的依据。

2. 病毒分离与鉴定

在该病流行初期，无菌采集被扑杀或刚死亡病畜的脾、肠系膜或支气管淋巴结、胸腺、肠黏膜、肺等组织，或采集病羊眼棉拭子、口棉拭子、鼻棉拭子。采取濒死期脑组织或发热期血液，立即剪碎、匀浆、离心处理后接种敏感细胞（原代羔羊肾或非洲绿猴肾细胞等），连续传代培养3代，当细胞培养物出现病变或形成合胞体时，表明病料样品中存在病毒。分离获得病毒后，可用中和试验、间接免疫荧光试验、RT-PCR和基因测序鉴定病毒。

3. 病原学诊断

OIE公布的PPR诊断方法中，病原鉴定有琼脂凝胶免疫扩散（AGID）、捕获法酶联免疫吸附试验、核酸检测（PCR或32P标记）、对流免疫电泳、细胞培养分离病毒等，琼脂凝胶免疫扩散试验方法简单，但仅适用于病毒抗原含量较高的样品，对病毒抗原含量低的温和型小反刍兽疫检测灵敏度不高；免疫捕获酶联免疫吸附试验法灵敏度较高，操作简单，可快速鉴别诊断小反刍兽疫病毒和牛瘟病毒，是国际贸易中指定的替代诊断方法。目前国内外应用较为集中的还有相对比较灵敏的RT-PCR方法。RT-PCR方法的靶基因多用N基因，因为PPRV的N基因的遗传变异比其他基因更为明显，该基因更适用于病毒的分子分型。当然，在采用N基因建立PCR诊断方法时，也需要考虑不同遗传谱系间的遗传变异情况，合理设计引物，从而确保能够有效扩增或区分各个系/群。

4. 血清学诊断

血清学方法多用于回顾性诊断或流行病学调查。病毒中和试验、竞争酶联免疫吸附试验是该病常用的实验室诊断方法。无菌采集全血，用常规方法分离血清用作检测。病毒中和试验是国际贸易中指定的诊断方法。ELISA检测所用抗原多为重组N蛋白，该蛋白具有较好的稳定性和特异性。

5. 鉴别诊断

小反刍兽疫诊断时，应注意与其他麻疹病毒属病毒感染（如牛瘟）、呼吸道感染（如山羊传染性胸膜肺炎）、消化道感染（如羊快疫），以及其他相似疾病（如传染性脓疱、蓝舌病、口蹄疫等）做鉴别。

【防制】

该病一旦发生，危害严重，政府相关部门需要高度重视该病疫情。严禁从存在该病的国家或地区引进相关动物。一旦发生该病，应按《中华人民共和国动物防疫法》规定，采取紧急、强制性的控制和扑灭措施，扑杀患病和同群动物。疫区及受威胁区的动物进行紧急预防接种。

该病无特效疗法，但积极采取对症疗法和支持疗法可以治疗细菌或寄生虫引起的并发症，从而降低家畜死亡率。

易感动物可以接种疫苗。由于PPRV和牛瘟病毒具有较高的抗原相关性，早期人们通常采用接种RPV组织培养疫苗或细胞疫苗来预防小反刍兽疫。但RPV弱毒疫苗免疫动物仅产生抗 RPV 的中和抗体,而没有抗 PPRV 的中和抗体,而且 RPV 弱毒疫苗免疫动物存在散毒的可能性,不利于全球牛瘟消灭计划的实施。1989 年以后,人们通过 Vero 细胞的连续传代,成功研制了 Nigeria 75/1 PPR 弱毒疫苗,该疫苗既对 Ⅰ 亚群 PPRV 毒株有很好的免疫保护作用,又能交叉保护其他群毒株的攻击感染,免疫期超过一年。如今国内外应用最多的疫苗有 Nigeria 75/1 株、Sungri/96 株、AR/87 等,不同疫苗株在生物学特性和抗原性等方面均存在一定差别,目前我国农业部批准使用的是 Nigeria 75/1 株。但是,PPRV 对热高度敏感,现有疫苗在生产、运输、使用过程中处置不当容易导致疫苗效力下降,这一点尤其需要注意。

思考题

1. 比较小反刍兽疫与羊快疫在临床症状和剖检变化方面的异同。
2. 简述小反刍兽疫的诊断要点和防制扑灭措施。

案 例 分 析

【临诊实例】

2013 年 11 月 27 日,新疆伊犁州霍城县兽医站接到该县三宫乡兽医站报告,三宫乡一村民饲养的 2 700 只山羊发病,发病山羊精神不振,呼吸困难,表现腹式呼吸,呼吸次数 58 次/min,体温升高至 38.8～40.1℃,病羊咳嗽,鼻腔和眼睛有脓性分泌物。病羊腹泻,个别孕羊出现流产。剖检发现,病羊心脏增大、心壁变薄;肺脏一侧出现胶冻状纤维素性渗出,肺脏充血,肺、纵膈、心包粘连,肺门淋巴结出血,气管出血;肝脏肿大,土黄色,胆囊肿大;大肠黏膜充血、条纹状出血,伴有糜烂灶,肠系膜淋巴结充血、肿胀、化脓;肾脏有出血点。经实验室抗体 ELISA 检测、抗原 ELISA 检测、荧光定量 RT-PCR 检测于 N、F 部分基因序列比较分析,确诊为小反刍兽疫。(以上案例引自王清华等,2014.)

【诊断】

1. 病因浅析

小反刍兽疫由副黏病毒科麻疹病毒属小反刍兽疫病毒引起,该病毒为 RNA 病毒,其基因组为不分节段的单股负链 RNA,病毒颗粒直径 130～500 nm,有囊膜,但囊膜纤突中只有血凝素蛋白(H 蛋白),且不能凝集猴、牛、绵羊、山羊、马、猪、犬、豚鼠等大多数哺乳动物和禽的红细胞。PPRV 经直接接触或间接接触进入宿主机体后,利用细胞自噬机制开展病毒复制,从而诱导感染细胞凋亡。PPRV 野毒株可以引起严重的免疫抑制。

2. 流行特点

山羊、绵羊最易感染小反刍兽疫,野生小反刍动物如岩羊、野山羊、盘羊、黄羊等小反刍兽和亚洲水牛、骆驼等也可以自然感染并发病。该病的传染源主要为患病动物和隐性感染动物,处于亚临床型的病羊尤为危险。传播方式主要是接触传播,直接接触患病动物的眼分泌物、鼻液、口腔分泌物以及粪便,以及接触被病毒污染的饲料、饮水、衣物、工具、垫料、圈舍和牧场等,均有可能感染该病,在养殖密度较高的羊群也会发生近距离的气溶胶传播。该病在多雨季节和干燥寒冷季节多发。潜伏期一般为 4～6 天,最短 1～2 天,最长可达 21 天。

3. 主要症状

病羊高热稽留，可至 40～41.3℃，持续 3～5 天。病情严重的在 1～2 天内死亡，病程较长者表现烦躁、少食、背毛无光。鼻液、眼分泌物增多，渐渐出现黏液脓性鼻漏。口腔黏膜充血，多涎，随后出现坏死性病灶，下唇、下齿龈等处黏膜出现小的粗糙的红色、粉红色浅表坏死病灶。严重时波及齿垫、腭、颊部及其乳头、舌头等处。5～10 天时出现带血水样腹泻，严重脱水，消瘦。部分可能表现支气管肺炎，出现咳嗽、呼吸异常；怀孕母羊可能发生流产。该病发病率 100%，严重时死亡率可达 100%，在轻度发生时，死亡率不超过 50%。

4. 剖检病变

患畜下唇、牙龈、舌腹可见坏死灶，严重病例可蔓延到硬腭及咽喉部。皱胃常出现有规则、有轮廓的糜烂，创面发红，有出血。大肠病变严重，可出现特征性病变，在结肠直肠结合处往往可见线状出血或斑马样条纹。淋巴结肿大，脾有坏死性病变。在鼻甲、喉、气管等处有出血斑。组织学上可见肺部组织出现多核巨细胞以及细胞内嗜酸性包涵体。

5. 类症鉴别

该病应注意与山羊传染性胸膜肺炎、羊快疫、羊猝死症、肠毒血症、传染性脓疱、口蹄疫等相区分。

(1)山羊传染性胸膜肺炎是由支原体引起的，冬季和早春枯草季节多发，阴雨、寒冷潮湿、羊群密集时易发。发病羊高热、咳嗽，流浆液性鼻液，后期转为铁锈色脓性黏液。病羊呼吸困难，流泡沫状唾液，剖检病变多局限于胸部，胸腔有大量淡黄色液体，肺脏呈纤维素性肺炎变化，肝变区颜色由红色至灰色不等，切面呈大理石样。可吸取胸腔积液进行支原体培养。

(2)羊快疫病原为腐败梭菌，该病发病季节是秋冬和早春时节，发病羊多体温升高，剖检可见真胃和十二指肠出血性炎症显著，胃底部及幽门部黏膜有大小不等出血点及坏死区，肝被膜触片镜检可见长丝状的腐败梭菌。

(3)羊猝死症病原是 C 型魏氏梭菌，冬春季节最易发病，多见于 1～2 岁绵羊，病程短，死亡快。解剖病变以十二指肠和空肠黏膜严重出血、糜烂为特征，肝脏组织厌氧培养可见两极浓染的革兰氏阳性 C 型魏氏梭菌生长。

(4)肠毒血症由 D 型魏氏梭菌引起的急性毒血症，通常以 2～12 月龄、膘情较好的羊多发，常常发生于饲料突然改变，特别是从吃干草改为采食大量谷类或青嫩多汁和富含蛋白质的草料之后。临床表现为抽搐型和昏迷型，特征性病变为肾软化和肠出血。

(5)传染性脓疱的病原为羊口疮病毒，以在病羊口、唇、鼻、乳房等部位的皮肤和黏膜形成丘疹、脓疱、溃疡和疣状结痂为特征，一年四季均可发生，病程多 1～2 周，死亡率较低。

6. 实验室诊断

(1)病毒分离与鉴定　无菌采集被扑杀或刚死亡病畜的脾、胸腺、肠系膜和支气管淋巴结、肠黏膜、肺等组织，或采集病羊眼棉拭子、口棉拭子、鼻棉拭子，或采取发热期血液，无菌处理后接种原代羔羊肾或非洲绿猴肾细胞，连续传代培养 3 代，观察细胞病变情况，当细胞出现变圆、聚集或形成合胞体时，表明病料样品中存在病毒。分离获得病毒后，可用中和试验、间接免疫荧光试验、RT-PCR 和基因测序鉴定病毒。

(2)病原学诊断　可采用商品化免疫捕获酶联免疫吸附试剂盒检测病羊分泌物中是否含

有病毒蛋白。应用实时荧光反转录聚合酶链式反应(real-time RT-PCR)或普通反转录聚合酶链式反应(RT-PCR)可快速检测病羊组织、体液及分泌物中病毒核酸,对 PCR 产物进行核酸序列测定可进行病毒分型。

(3)血清学诊断　无菌采集全血,用常规方法分离血清,经灭活、梯度稀释后可与病毒标准品共同接种敏感细胞,进行病毒中和试验检测血清中 PPRV 中和抗体情况。临床上可以使用商品化竞争酶联免疫吸附试验直接检测血清中 PPRV 抗体,进行临床筛检和免疫监测。

【防控措施】

饲养、生产、经营单位及个人应加强饲养管理,积极配合相关部门开展各项检疫,按照《动物防疫条件审核管理办法》规定建设合格饲养、生产、经营场所。建立并实施严格的卫生消毒制度,野外放牧时应避免与野羊群接触。一旦发现以发热、口炎、腹泻为特征,发病率、病死率较高的山羊和绵羊疫情时,应立即向当地动物疫病预防控制机构报告。定期对风险羊群进行免疫接种,定期采样监测疫苗免疫效果。

第十一节　边界病

边界病(border disease,BD),又称"长毛摇摆病"(hairy shaker disease)、"茸毛羔"(fuzz lambs),是一种由边界病病毒(*Border disease virus*,BDV)引起的先天性传染病,以新生羔羊身体多毛,生长不良和神经异常为主要特征,其主要病变为中枢神经系统的髓鞘质生成缺陷。该病主要感染绵羊,在绵羊之间通过口、鼻传播,感染的羔羊皮肤和肾脏中持续存在病毒,是该病的重要传染源。被感染的羔羊生长成熟后仍具有对其后代的感染性。病毒也可经胎盘和精液发生垂直传播。感染了边界病病毒的羔羊表现为发育不良和畸形,断奶羊多见死亡,成年羊主要表现为繁殖力下降和流产。

边界病病毒呈世界性分布,大多数饲养绵羊国家都有该病的报道。该病最早发现于英国苏格兰和威尔士边界地区,此后新西兰、美国、澳大利亚、德国、加拿大、匈牙利、意大利、希腊、荷兰、法国、挪威、日本等国家相继报道该病。我国也自 2012 年起出现了几例检测到边界病病毒的报道。

【病原】　边界病病毒属黄病毒科(*Flaviviridae*)瘟病毒属(*Pestivirus*)成员。在电镜下观察,BDV 的形态与牛病毒性腹泻-黏膜病毒相似,多呈球形,大多数病毒颗粒直径为 $32\sim52$ nm,核芯直径为 24 nm,可以通过孔径为 50 nm 的滤膜。病毒有囊膜,体外较不稳定,$56℃$ 水浴 30 min、脂溶剂、普通消毒药、紫外线以及干燥都可使病毒灭活。边界病病毒在 $10\%\sim35\%$ 的蔗糖中的密度为 $1.09\sim1.15$ g/mL,在蔗糖密度梯度中的浮密度为 1.115 g/mL。

边界病病毒较难在体外分离培养。根据是否能在细胞培养中出现病变作用,可将该病毒分为致细胞病变型毒株和非致细胞病变型毒株,而目前分离到的大多数边界病病毒是非致细胞病变的。英国 Moredum 研究所应用胎羊肾细胞经多次传代培养分离出一株可致细胞病变的 BDV 毒株即 Moredum 株,其病变主要表现为细胞脱落,细胞单层变薄,染色后可观察到细胞中存在空泡。目前报道的应用于分离该病毒的细胞有胎羊肾细胞、原代牛睾丸细胞、绵羊脉络丛细胞、牛肾传代细胞系、PK15 细胞系等。

边界病病毒基因组为单分子正链 RNA,全长约 12.3 kb,包括一个开放阅读框及 5′端及 3′端非编码区。基因组编码 4 个结构蛋白,包括 1 个衣壳蛋白 C 蛋白和 3 个囊膜蛋白 Erns,E1 and E2 蛋白,此外还编码 7～8 个非结构蛋白,其中 Npro 基因、E2 基因和 5′-UTR 区常被用于病毒分离株的分类。目前该病毒包含至少 7 个基因型,我国 2012 年分离的毒株属于基因Ⅲ型。

【流行病学】 边界病病毒的主要自然宿主是绵羊,山羊也可感染,持续感染的绵羊和羊羔是该病的主要传染源。牛和猪均有易感性,血清学调查表明某些品种的野生鹿和野生反刍动物也可感染该病,并成为家畜感染的传染源。该病可通过直接接触而水平传播,或通过胎盘垂直传播。病毒主要存在于流产的胎儿,胎膜、羊水中,先天性感染的病畜表现为终生持续感染,病毒持续通过呼吸道、消化道和泌尿生殖道排出体外,动物可通过吸入和食入而感染该病。接种污染了瘟病毒的活毒疫苗可能造成该病的严重流行,日本 2014 年报道在猪场首次发现 BDV,该猪场无小反刍兽疫,但 BDV 血清阳性率高达 58.5%。

【致病机制】 将边界病母羊产出的羔羊或流产胎儿的脑脊髓和脾脏乳剂接种怀孕母羊时可发生溃疡性或坏死性肉阜炎,从而导致流产。非怀孕绵羊(包括羔羊)感染后出现病毒血症,6～11 天时出现微热和一过性白细胞减少等亚临诊症状。试验感染 3～7 天可以从外周血液及鼻分泌物中检测到病毒,同圈舍的对照组于试验接种后 14 天,血液中可检测到中和抗体;试验感染后 7 天大多数组织器官中均可检测到病毒,而感染 21 天后,抗体的产生可以有效地中和体内病毒,其血液和组织中均检测不到病毒或病毒抗原。边界病毒还可以使怀孕母牛和山羊发生实验感染。

边界病病毒的致病作用受到多种因素的影响,尤其与母羊的免疫状态及妊娠时间有关。怀孕母羊感染边界病病毒时虽不表现出明显的症状,但在母体出现病毒血症后的一周之内,病毒迅速通过胎盘而感染胎儿。由于母源抗体不能通过胎盘屏障,病毒可经过血流或感染细胞广泛地存在于胎儿的各个组织中。胎羊在妊娠早期两个月内最易受到边界病病毒的攻击,几乎所有的组织中都可以检测到病毒或病毒抗原的存在。感染后的数周或数月,胎儿均可能发生死亡,导致隐性流产。孕后 60～85 天时发生感染时,根据胎儿自身免疫应答能力不同,部分胎羊持续带毒,保持病毒血症状态,出生时血液中检测不到中和抗体。部分胎羊则在出生时可检测到中和抗体。孕 85 天后发生感染,多数情况下胎儿可产生免疫应答。但是需要强调的是,边界病病毒有免疫抑制作用,怀孕期感染边界病病毒后,无论胎儿是否具有免疫应答能力,病毒均可在体内的各种组织中持续存在而成为病毒携带者和疾病的传染源。

边界病病毒感染后引起胎盘肉阜中隔的坏死性炎症,甚至广泛性胎盘坏死,导致胎儿营养供给减少和生长缓慢,从而造成病羔短小,生长迟滞甚至死亡;病毒入侵甲状腺和其他内分泌腺,影响激素的产生和分泌,也可导致胎儿出生体重轻、产后增重慢。病毒对神经系统的作用主要表现在少突神经胶质细胞的前体细胞的分化,髓鞘质生成缺陷,导致在发育的关键时期轴索髓鞘形成的减慢或完全停止,某些病例可见脑积水、穿孔或小脑发育不全。羔羊产后呈现先天性肌肉震颤,骨骼畸形,有的病例出现"毛颤"和"骆驼腿",以及关节弯曲、脊柱后侧凸等病状。

孕后三个月内感染该病,羔羊的皮、毛可能出现异常。病毒感染导致协调初级毛囊发育的正常抑制过程受到破坏,初级毛囊异常生长和分化,导致细毛羊种出现反常的茸毛状被毛。

【临床症状】 边界病病毒的临诊表现主要取决于宿主的年龄。

健康新生羔羊和成年绵羊感染多呈温和经过,感染后 6~11 天出现短暂病毒血症,病羊表现低热与轻度白细胞减少,此后出现中和抗体。偶有病毒株可以引起高热、重度白细胞减少症,幼羊死亡率达 50%。

该病临床症状主要限于怀孕期受到感染的新生羊或羔羊。妊娠早期胎儿常发生死亡,死亡胎儿被吸收或流产,不易观察,但可以根据空怀母羊数量变化加以关注。妊娠后期可出现胎儿流产、死产或早产弱仔。成活的羔羊表现个体短小、虚弱,多数不能站立,羔羊叫声低沉、颤抖,有的站立困难,由于颤抖无法自己吸乳,出现特征性神经症状,重者后腿到背部肌肉强烈牵缩,轻者表现头颈、后肢不自主性的肌肉震颤。部分品种被毛明显发生变化,粗乱、过多、过长,毛色异常,有的出现异常棕色或黑斑。有的羔羊表现为长趾,俗称"骆驼腿",有的表现为骨骼畸形、小脑袋、骨骼细长。

自然条件下,许多病羔羊在出生后头几周内死亡,未死亡的羔羊表现为震颤或可逐渐好转,并可在大约 20 周龄消失,死亡可一直延续到整个哺乳期及断奶以后。后期的死亡多是由于继发感染导致重度腹泻或呼吸系统疾病。

【病理变化】　孕羊出现坏死性胎盘炎,胎盘可见坏死灶。胎儿出现小脑发育不全和异常,以及坏死性炎症引起的积水性无脑和孔洞脑,大脑皮质缺乏,白质软化形成囊肿或空洞,神经纤维肿胀、扭转或弯曲,可见不同程度的髓鞘质缺乏,白质细胞增多。

【诊断】　该病可以根据临床表现和剖检变化做出初步诊断,但确诊需要进行病原鉴定和血清学检验。

1. 病毒分离与鉴定

无菌采集濒死或刚死亡病羊、胎儿的脾、胸腺、肾、脑、甲状腺、淋巴结和肠道病灶等组织,处理后接种敏感的绵羊原代或次代细胞,连续传代培养,用中和试验、间接免疫荧光试验、免疫过氧化物酶试验鉴定病毒。病羊血液用于分离病毒时,可以将白细胞与易感细胞共同培养 5~7 天后冻融一次,再接种易感细胞,进行下一步鉴定。用精液分离病毒时,需要事先稀释 10 倍以上,降低样品的细胞毒性。

2. 病原学诊断

OIE 公布的诊断方法中,病原鉴定有免疫组化法、ELISA 和 RT-PCR 法。免疫过氧化物酶法可以配合细胞培养进行病毒分离鉴定,也可以用于检测持续感染动物的大多数组织。ELISA 法可以检测绵羊病毒血症,但检测幼龄羔羊时要与其他方法配合使用,避免出现假阴性,该方法也可以替代免疫荧光和免疫过氧化物酶法,检测细胞培养物。RT-PCR 法现在已经广泛地应用于 BDV 的诊断。

3. 血清学诊断

用感染细胞培养物作为抗原,可以通过中和试验、补体结合试验、间接免疫荧光等方法检测血清抗体。已经出现商品化的 ELISA 抗体检测试剂盒,可以有效检测血清中 BDV 抗体水平。

4. 鉴别诊断

应注意与类似症状的营养代谢与中毒病、衣原体性流产、布鲁氏菌病和赤羽病等相区别。

【防制】

该病目前尚无特异的防制方法。经实验室检测确诊为该病后,应及时扑杀病羔及其母羊。

该病已经有组织灭活疫苗和灭活油佐剂细胞传代疫苗生产和应用,但仍有很大局限性。值得重视的是,污染瘟病毒的弱毒活疫苗(如污染的猪瘟、伪狂犬病、轮状病毒病、山羊痘、传染性脓疱等疫苗)可能导致猪、牛、绵羊和山羊在接种后严重发病。

❓ 思考题
  1. 怎样进行边界病的实验室诊断?
  2. 简述边界病毒的病原学特性。

细菌性传染病

第十二节　牛传染性胸膜肺炎

牛传染性胸膜肺炎又称牛肺疫,是由丝状支原体丝状亚种所引起的一种牛的高度接触性传染病。该病以肺小叶间质淋巴管、结缔组织和肺泡组织的渗出性炎与浆液纤维素性胸膜肺炎为特征。

该病曾在许多国家的牛群中发生并造成巨大损失。在非洲、拉丁美洲、大洋洲和亚洲还有一些国家存在该病。1949 年前,我国东北、内蒙古和西北一些地区时有该病发生和流行,由于成功地研制出了有效的牛肺疫弱毒疫苗,结合严格的综合性防制措施,已于 1996 年宣布在全国范围内消灭了此病。

2011 年 5 月 24 日,世界动物卫生组织(OIE)第 79 届年会通过决议,认可我国为无牛传染性胸膜肺炎(简称"牛肺疫")国家。

【病原】　病原体为丝状支原体丝状亚种,过去经常用的名称为类胸膜肺炎微生物(PP-LO)。其在分类上列为软细胞膜纲,支原体目,支原体科,支原体属。因其无细胞壁只有三层细胞膜,故其形态多形,可呈球菌样、丝状、杆状、星状螺旋体与颗粒状,由于其细小且细胞膜具有弹性而能通过细菌滤器。细胞的基本形状以球菌样为主,革兰氏染色阴性,不易着色,可用吉姆萨染液或瑞特氏染液染色。形态大小差异很大,球状的直径 125～250 nm,丝状长度可从几个纳米到 150 nm,核酸为 DNA 和 RNA。该菌在加有血清的肉汤琼脂可生长成典型菌落。

支原体对外界环境因素抵抗力不强。暴露在空气中,特别在直射日光下,几小时即失去毒力。干燥、高温都可使其迅速死亡,但在病肺组织冻结状态,能保持毒力 1 年以上,培养物冻干可保存毒力数年,对化学消毒药抵抗力不强,对青霉素和磺胺类药物、龙胆紫则有抵抗力。

【流行病学】　该病易感动物主要是牦牛、奶牛、黄牛、水牛、犏牛、驯鹿及羚羊。各种牛对该病的易感性,依其品种、生活方式及个体抵抗力不同而有区别,发病率为 60%～70%,病死率 30%～50%,山羊、绵羊及骆驼在自然情况下不易感染,其他动物及人无易感性。主要传染源是病牛及带菌牛。据报道,病牛康复 15 个月甚至 2～3 年后还能感染健牛。病原体主要由呼吸道随飞沫排出,也可由尿及乳汁排出,在产犊时还可由子宫渗出物中排出。自然感染主要传播途径是呼吸道。当传染源进入健康牛群时,咳出的飞沫首先被邻近牛只吸入而感染,再由新传染源逐渐扩散。通过被病牛尿污染的饲料、干草,牛可经口感染。年龄、性别、季节和气候等因素对易感性无影响。饲养管理条件差、畜舍拥挤,可以促进该病的流行。牛群中流行该病时,流行过程常拖延甚久。舍饲者一般在数周后病情逐渐明显,全群患病要经过数月。带菌牛进入易感牛群,常引起该病的急性暴发,以后转为地方性流行。

【致病机制】 病原起初侵害细支气管,继而侵入肺脏间质,随后侵入血管和淋巴管系统,取支气管源性和淋巴源性两种途径扩散,进而形成各种病变。支气管源性系沿细支气管蔓延,引起肺小叶细支气管发生炎症和部分坏死,进一步扩展到毗邻小叶。由于大量小叶病变迅速发展扩大和大量淋巴液蓄积,患部很快硬化,使淋巴管和血管栓塞而形成坏死。又因肺炎的进展阶段不同,出现红、黄和灰色等不同色彩的肝变。淋巴源性是沿细支气管周围发展,侵入肺小叶间的结缔组织和淋巴间隙中,引起小叶间结缔组织广泛而急剧的炎性水肿。淋巴管显著扩张,其中淋巴液大量增加。由于淋巴管舒张,淋巴液大量蓄积,病原的繁殖与淋巴液的渗出相互促进,终于造成血液和淋巴循环系统的堵塞。导致小叶间组织显著增宽,呈白色,内含大量淋巴液和炎性细胞,形成广泛的坏死。这种间质变化与肺泡的各期肝变构成了色彩不同的大理石样的典型病变。通过淋巴管病变迅速扩展,可很快形成融合性大叶肺炎。肺脏发生炎症,导致大量淋巴液渗出于胸腔,继而引起浆液纤维素性胸膜炎,而胸膜纵隔和淋巴结的肿大则是病原沿着淋巴管的侵入而引起。

【临床症状】 症状发展缓慢者,常是在清晨冷空气或冷饮刺激或运动时,发生短干咳嗽,初始咳嗽次数不多而逐渐增多,继之食欲减退,反刍迟缓,泌乳减少,此症状易被忽视。症状发展迅速者则以体温升高 $0.5 \sim 1℃$ 开始。随病程发展,症状逐渐明显。按其经过可分为急性和慢性两型。

急性型症状明显而有特征性,体温升高到 $40 \sim 42℃$,呈稽留热,干咳,呼吸加快而有呻吟声,鼻孔扩张,前肢外展,呼吸极度困难。由于胸部疼痛不愿行动或下卧,呈腹式呼吸。咳嗽逐渐频繁,常是带有疼痛短咳,咳声弱而无力,低沉而潮湿。有时流出浆液性或脓性鼻液,可视黏膜发绀。呼吸困难加重后,叩诊胸部,患侧肩胛骨后有浊音或实音区,上界为一水平线或微凸曲线。听诊患部,可听到湿性啰音,肺泡音减弱乃至消失,代之以支气管呼吸音,无病变部分则呼吸音增强,有胸膜炎发生时,则可听到摩擦音,叩诊可引起疼痛。病后期,心脏常衰弱;脉搏细弱而快,每分钟可达 $80 \sim 120$ 次,有时因胸腔积液,只能听到微弱心音或不能听到。此外还可见到胸下部及肉垂水肿,食欲丧失,泌乳停止,尿量减少而比重增加,便秘与腹泻交替出现。病畜体况迅速衰弱,眼球下陷,眼无神,呼吸更加困难,常因窒息而死。急性病程一般在症状明显后经过 $5 \sim 8$ 天,约半数取死亡,有些患畜病势趋于静止,全身状态改善,体温下降、逐渐痊愈。

有些患畜则转为慢性,整个急性病程为 $15 \sim 60$ 天。慢性型多数由急性转来,也有开始即取慢性经过者。除体况消瘦,多数无明显症状。偶发干性短咳,叩诊胸部可能有实音区。消化机能扰乱,食欲反复无常,此种患畜在良好护理及妥善治疗下,可以逐渐恢复,但常成为带菌者。若病变区域广泛,则患畜日益衰弱,预后不良。

【病理变化】 特征性病变主要在胸腔。典型病例是大理石样肺和浆液纤维素性胸膜肺炎。肺和胸膜的变化,按发生发展过程,分为初期、中期和后期三个时期。初期病变以小叶性支气管肺炎为特征。肺炎灶充血、水肿,呈鲜红色或紫红色。中期呈浆液性纤维素性胸膜肺炎,病肺肿大、增重,灰白色,多为一侧性,以右侧较多,多发生在膈叶,也有在心叶或尖叶者。切面有奇特的图案色彩,犹如多色的大理石,这种变化是由于肺实质呈不同时期的改变所致。肺间质水肿变宽,呈灰白色,淋巴管扩张,也可见到坏死灶。胸膜增厚,表面有纤维素性附着物,多数病例的胸腔内积有淡黄透明或混浊液体,多的可达 10 000～20 000 mL,内混有纤维素凝块或凝片。胸膜常见有出血,肥厚,并与肺病部粘连,肺膜表面有纤维素附着物,心包膜也有同样变化,心包内有积液,心肌脂肪变性。肝、脾、肾无特殊变化,胆囊肿大。后期,肺部病灶坏死,被结缔组织包围,有的坏死组织崩解(液化),形成脓腔或空洞,有的病灶完全瘢痕化。该病病变还可见腹膜炎、浆液性纤维性关节炎等。

【诊断】 在该病流行区,根据患者与家畜特别是牛羊的接触史,以及发热、剧烈头痛和肺部炎症,可怀疑为该病,但该病与其他传染病如流感、伤寒、肺炎或传染性肝炎等容易混淆。因此,该病的诊断必须依靠实验室检查结果,而血清学检测结果在临床诊断中具有重要参考价值。

该病应与牛巴氏杆菌病、牛肺结核病等进行区别诊断。

1. 病原学检查

(1)病原的分离鉴定 取病牛鼻腔拭子、鼻腔分泌物、肺组织、胸腔积液和淋巴结,制成悬液,接种含 10% 马血清的马丁肉汤及马丁琼脂。37℃ 培养 5～7 天,如有生长,即可进行支原体的分离鉴定。取培养物涂片,进行吉姆萨或瑞氏染色,镜检。

(2)PCR 检测 国内外学者建立了牛胸膜肺炎支原体——丝状支原体丝状亚种的 PCR 检测方法,大大提高了病原的检出率,节省了检测时间。

(3)动物接种试验 进一步确定病原,可用病牛胸腔积液或培养物接种于犊牛皮下,如发生皮下蜂窝织炎或关节炎即可确诊。

2. 血清学试验

(1)补体结合试验,在该病诊断中应用广泛。

(2)竞争性酶联免疫吸附试验,OIE 已经建立有诊断该病的 C-ELISA 法。

(3)免疫印迹试验,该法的灵敏度及特异性均比补体结合试验高,可用于监测动物对该病的免疫状态。

【防制】

抗生素如红霉素、卡那霉素、泰乐菌素等也可使用。在治疗过程中不能静脉输液,以免增加病牛肺部压力,加重病情,导致病牛呼吸急促而窒息死亡。可以口服补液盐代替,按 3 g/kg 体重,加 500 mL 温水灌服,每日 2 次,连用 4 天。

该病预防工作应注意自繁自养,不从疫区引进牛只,必须引进时,对引进牛要进行检疫。做补体结合反应两次,证明为阴性者,接种疫苗,经 4 周后启运,到达后隔离观察 3 个月,确证无病时,才得与原有牛群接触。原牛群也应事先接种疫苗。

我国消灭牛肺疫的经验证明,根除传染源、坚持开展疫苗接种是控制和消灭该病的主要措施,即根据疫区的实际情况,扑杀病牛和与病牛有过接触的牛只,同时在疫区及受威胁区每年定期接种牛肺疫兔化弱毒苗或兔化绵羊化弱毒苗,连续 3～5 年。我国研制的牛肺疫兔化弱毒疫苗和牛肺疫兔化绵羊化弱毒疫苗免疫效果良好,曾在全国各地广泛使用,对消灭曾在我国存在达 80 年之久的牛肺疫起到了重要作用。

思考题

1. 简述该病的实验室诊断技术。
2. 简述该病的防治技术。

案例分析

牛传染性胸膜肺炎

【临诊实例】

2013 年 08 月 27 日,某养殖户饲养的 49 头牛,在半个月内发病死亡 3 头。8 月 13 日牛群当中有 1 头西杂牛体温升高达 41.3℃,呼吸加快,流口涎,流清鼻涕,3 天后鼻涕逐渐变浓变多,病到 5 天时腹部出现胀大,出现腹部胀大后经 3 天死亡从 8 月 13 日开始陆续有牛零星发病,已经死亡 3 头,其中 1 头刚死亡不久。解剖见颌下淋巴结、肺门淋巴结肿大,切面呈红紫色,肺明显肿大且与胸肋粘连,胸腔积液,内含絮状纤维素样物,部分肺呈肉样病变,肝明显肿大,呈黄褐色,胆囊肿大明显(5 倍左右)且充满深绿色胆汁,肾脏、膀胱、消化道无明显变化。经实验室病原的分离鉴定和 PCR 诊断确诊为牛传染性胸膜肺炎。

【诊断】

1. 病因浅析

病原起初侵害细支气管,继而侵入肺脏间质,随后侵入血管和淋巴管系统,取支气管源性和淋巴源性两种途径扩散,进而形成各种病变。支气管源性引起肺小叶细支气管发生炎症和部分坏死,进一步扩展到毗邻小叶,患部很快硬化,使淋巴管和血管栓塞而形成坏死、肝变。淋巴源性是沿细支气管周围发展,导致小叶间组织显著增宽,呈白色,内含大量淋巴液和炎性细胞,形成广泛的坏死。这种间质变化与肺泡的各期肝变构成了色彩不同的大理石样的典型病变。通过淋巴管病变迅速扩展,可很快形成融合性大叶肺炎。肺脏发生炎症,导致大量淋巴液渗出于胸腔,继而引起浆液纤维素性胸膜炎,而胸膜纵隔和淋巴结的肿大则是病原沿着淋巴管的侵入而引起。

2. 流行特点

牛对该病的易感性因其品种等因素不尽相同,牦牛与黄牛易感染发病。发病率为 60% 以上,病死率 30%～50%。病牛与带菌牛是主要的传染源,病牛康复 1 年甚至 2 年以上仍可带毒而感染健康牛。病原体主要由呼吸道也可随尿、乳汁及产犊时子宫渗出物排出,健康牛主要由飞沫经呼吸道感染,也可通过污染的饲料经消化道感染。发病不分年龄、性别和季节。疾病常呈现亚急性或慢性经过。在自然情况下,潜伏期平均 3～4 星期。传染源主要是表现急性症状的病牛,但隐性感染或康复牛也有传染力。据报道,康复牛于 15 个月后,甚至 2～3 年后还能感染健牛。

3.主要症状

牛群中有 4 头发病,精神不振,呼吸迫促呈腹式呼吸,其中 1 头牛不能站立,另 1 头牛只能勉强站起,病牛均厌食或不食,鼻镜干燥,唇缘和口腔内可见少量白沫,牛群内有部分牛偶见咳嗽,4 头病牛大便软不成型,尿色变深液面有较多泡沫,体温在 40.5～41℃之间。

4.剖检病变

我们对当场死亡不到 3 小时的牛进行了解剖:外观见腹部肿大,下颌部也略显肿大,其他无明显变化。解剖见颌下淋巴结、肺门淋巴结肿大,切面呈红紫色,肺明显肿大且与胸肋粘连,胸腔积液,内含絮状纤维素样物,部分肺呈肉样病变,肝明显肿大,呈黄褐色,胆囊肿大明显(5 倍左右)且充满深绿色胆汁,肾脏、膀胱、消化道无明显变化。

5.类症鉴别

根据典型眼观与组织变化,结合流行病学资料与症状,可做出初步诊断。确诊应进行血清学检查(补体结合试验)和病原体检查。病原体枪杏可从病肺组织、胸腔渗出液与淋巴结取材。接种于 10％马血清马丁肉汤及马丁琼脂,37℃培养 2～7 天,如有生长,即可进行霉形体的分离鉴定。胸型巴氏杆菌病的肺病变和该病相似,应注意鉴别。但巴氏杆菌病除病原不同外,肺大理石样变不很典型,间质增宽与多孔状不明显,不发生坏死块化,组织上无血管周围机化灶和边缘机化灶等变化。

6.实验室诊断

(1)病原学检查

①病原的分离鉴定,取病牛鼻腔拭子、鼻腔分泌物、肺组织、胸腔积液和淋巴结,制成悬液,接种含 10％马血清的马丁肉汤及马丁琼脂。37℃培养 5～7 天,如有生长,即可进行支原体的分离鉴定。取培养物涂片,进行吉姆萨或瑞氏染色,镜检。

②采用刘洋等建立的 PCR 检测方法,对病原菌进行快速的检测。

③动物接种试验。进一步确定病原,可用病牛胸腔积液或培养物接种于犊牛皮下,如发生皮下蜂窝织炎或关节炎即可确诊。

(2)血清学试验

①补体结合试验,在该病诊断中应用广泛。

②竞争性酶联免疫吸附试验,OIE 已经建立有诊断该病的 C-ELISA 法。

③免疫印迹试验,该法的灵敏度及特异性均比补体结合试验高,可用于监测动物对该病的免疫状态。

【防控措施】

1.防病要点

加强饲养管理,冬季注意补饲,以提高牛的抵抗力;做好圈舍卫生消毒工作;保持舍内空气新鲜、湿润;做好疫苗接种工作,疫区和受威胁区牛每年定期接种牛肺疫兔化弱毒苗,连续接种 2～3 年;定期进行药物保健和驱虫,用麻杏石甘散拌料让牦牛自由采食 3～4 天。

2.治疗

氟苯尼考(0.029/kg 体重)＋泰乐菌素(1 万 IU/kg)混合肌肉注射一边,另一边肌肉注射纯粉头孢赛呋钠(0.0159/kg 体重)＋50％板蓝根注射液(0.1 g/kg)＋转移因子(500 μg/头),

每头每日早晚各 1 次,连用 3～5 天。

用"硫黄＋艾叶＋苍术"熏烟进行空气消毒,每日 1 次;用戊二醛溶液稀释对牛场内外进行场地消毒,每日 1 次;用含"甲基吡磷啶 15％＋灭蝇蛆胺自由基酯 15％＋常山酮 5％＋薄荷 10％"的灭蚊灭蝇产品按 100 倍比例稀释后,向蚊蝇或蚊蝇常出没和停留处喷雾,连用 3～5 天。

3. 小结

应加强检疫,禁止从疫区输入任何牛只,根除传染源,坚持疫苗接种。根据疫区的实际情况,及时采取扑杀销毁病牛与病牛接触过的牛只作无害化处理,彻底消毒,防止疫情扩散,同时在疫区及受威胁区每年定期进行免疫接种,连续 3～5 年。因临床治愈的病牛,可长期带菌而成为传染源,故应及时淘汰,彻底消毒。非疫区应坚持自繁自养,加强饲养管理是控制和消灭该病的主要措施。

第十三节　牛副结核病

牛副结核病,又叫副结核性肠炎,也称约内氏病,主要是由禽分枝杆菌副结核亚种引起的一种牛、羊慢性接触性传染病。以特异性增生性肠炎为特征。临床主要表现顽固性腹泻和渐进性消瘦。

【病原】　副结核分枝杆菌在分类上属于分枝杆菌属。近年来的研究结果表明,该菌与禽分枝杆菌有较多的相似性,变态反应也与禽分枝杆菌有明显的交叉性。

副结核分枝杆菌为短杆菌,是一种细长杆菌,有的呈短棒状,有的呈球杆状,常呈纵排列,无鞭毛,无运动力,不形成荚膜和芽孢,革兰氏染色为阳性,抗酸染色为阳性。该菌为需氧菌,最适生长温度为 37.5℃,最适 pH 为 6.8～7.2。该菌生长缓慢、原代分离极为困难,需在培养基中添加草分枝杆菌素抽提物,一般需要 6～8 周才能发现小菌落。

副结核分枝杆菌对热和化学药品的抵抗力与结核菌相同,对外界环境的抵抗力较强,在污染的牧场,厩肥中可存活数月至一年,在牛乳和甘油盐水中可保存十个月。对湿热抵抗力不大,60℃,30 min 或 80℃,1～5 min 可杀灭。

【流行病学】　该病的自然宿主为反刍动物,如牛、绵羊、山羊、鹿及骆驼对该菌易感,且多见于母牛,尤其是在妊娠以及泌乳期的母牛最易感。虽然幼龄动物对该病最易感,但往往经数月或数年的潜伏期后,到成年才出现临床症状。牛一般在 2～5 岁时出现症状,母牛在开始怀孕、分娩、泌乳期易于出现症状。该病的传播较为缓慢,多呈散发。病原菌主要集中在病畜的肠道黏膜和肠系膜淋巴结内,通过粪便污染饲料和饮水等,再经消化道感染健康动物。犊牛也可经患病母畜的乳汁感染该病。机体抵抗力下降、饲料中无机盐和维生素缺乏等均可促进该病的发展。

该病无明显的季节性,但常发生于春秋两季。潜伏期长,可达 6～12 个月或更长,主要呈散发,有时呈地方流行性。在青黄不接、草料供应不上、体质不良时发病率上升。转入青草期,病羊症状减轻,病情见好转。副结核病广泛流行于世界各国。

【致病机制】　副结核分枝杆菌到达肠道后进入肠黏膜和黏膜下层,在其中繁殖,引起肠道的损害,最初在小肠,以后蔓延至大肠,肠黏膜,及黏膜下层产生大量类上皮样细胞,组织增生,增厚,形成皱褶,同时肠黏膜腺体受到压迫而致萎缩,影响动物机体的消化,吸收等正常功能。导致病畜的机体消瘦。

牛分枝杆菌无内毒素,也不产生外毒素和侵袭性酶类,其致病作用主要靠菌体成分,特别是胞壁中所含的大量脂质,脂质的含量与毒力呈平行关系,含量越高毒力越强。与致病有关的菌体成分包括:脂质,包括磷脂、脂肪酸和蜡质等。

【临床症状】 发病初期患畜表现间歇性腹泻,粪便稀薄恶臭,病畜体温、食欲、精神等常无异常。后期腹泻逐渐加重,由间歇性腹泻转为持续性腹泻,粪便呈水样。病畜明显消瘦、衰弱、脱毛、卧地,可并发肺炎。病程一般 3~4 个月,有些病例可拖 6 个月至 2 年,最终因衰竭而死亡。幼龄期牛易感染副结核,尤其在 1 月龄内最易感染。动物发病缓慢,有反复加重和缓解的过程,腹痛轻重不一。发病时临床表现为渐进性消瘦,周期性、顽固性下痢,下痢呈喷射状、恶臭、粪便中常混有脱落的肠黏膜和血液。

【病理变化】病畜尸体极度消瘦,可视黏膜苍白,皮下与肌间脂肪胶冻样浸润。主要病变在消化道(空肠、回肠、结肠前段)和肠系膜淋巴结,以肠黏膜肥厚、肠系膜淋巴结肿大为特征。病菌侵入后在肠黏膜和黏膜下层繁殖,并引起肠道损害。肠黏膜增厚 3~20 倍,并发生硬而弯曲的皱褶,如大脑回纹。肠系膜淋巴结肿大变软,切面湿润,上有黄白色病灶。

【诊断】

1.病原学检查

该法为活体定性方法,并且为目前世界上认可推荐使用的方法。其具体操作步骤:取病牛直肠病变部位组织的刮取物或粪便放入蒸馏水中混匀,离心后取沉淀物用姜-尼氏抗酸染色显微镜下观察。值得注意的是,肠道其他腐生性抗酸菌也呈红色,但它们较副结核分枝杆菌粗大,不呈丛状排列。镜检若未发现病原菌,不能立即做判定,应间隔数日后再次对病畜进行检查。若有条件或必要时也可做细菌分离培养。

(1)变态反应诊断 操作和判定同结核菌素皮内接种实验,将提纯的副结核菌素稀释 0.5 mg/mL,接种于牛颈左侧中部上 1/3 处,用卡尺测量注射处皮肤厚度并记录。注射后 72 h 观察反应,检查注射部位的红、肿、热、痛等炎性变化,并在次测量皮厚和统计注射前后皮厚差。如注射后局部出现炎性反应,皮厚差>4 mm,则判为阳性。该方法适用于发病前期,不适用于中后期,在感染后 3~9 月龄反应良好,但至 15~24 月龄反应下降,此时大部分排菌牛及一部分感染牛均呈阴性反应,即许多牛只在疾病末期表现耐受性或无反映状态 II。

(2)胶体金检测技术 该方法是胶体金标记羊抗兔 IgG 抗体,检测动物副结核病 IgG1 抗体的银加强胶体金技术。用该法检测动物血清中抗副结核分枝杆菌 IgG1 抗体的可信度高,并且具有敏感、特异、简易、经济和适用于现场推广应用等优点,作为一种新的血清学诊断方法具有较强的推广价值。

(3)聚合酶链式反应技术(PCR) 随着现代分子生物学技术的发展,聚合酶链式反应技术(PCR)也逐步用于动物疫病病原的检测工作中。使用 PCR 检测技术的特异性强,不能在非副结核分枝杆菌 DNA 中扩增出条带;敏感性高,最低检测的 DNA 含量为 1 pg。该检测体系的成功构建为牛副结核病的检测、鉴定和流行病学调查提供了有力的技术支持。

2.血清学试验

(1)补体结合试验 最早用于该病的诊断,为国际上诊断副结核病常用的血清学方法,与变态反应一样,病牛在出现临床症状之前即对补体结合反映呈阳性反应,但其消失比变态反应迟。

（2）琼脂免疫扩散实验　该方法虽然操作简便易行,结果判读容易,但由于敏感性低,不适宜作筛选和鉴定亚临床感染病例。

（3）竞争性酶联免疫吸附试验　这是目前检查血清抗体最敏感和特异的方法。

（4）胶体金快速检测　这是近年来新发展的试验方法,操作简单,时间短。

【防制】

1.综合性防治措施

因病牛往往在感染后期才出现症状,因此用药物治疗的实际意义较小。预防该病主要是加强饲养管理,尤其要注意幼年牛的营养补充以便增强抵抗力。如从疫区引进牛只则必须进行健康检查才能混群。对曾有过病牛的假定健康牛群,随时做好观察、定期进行临床检查,对所有牛只每隔3个月做一次变态反应,变态反应为阴性的牛方可调出,连续3次检查为阴性的牛可视为健康牛。对变态反应和临床症状明显的排菌牛,应隔离分批扑杀。被污染的牛舍、栏杆、饲槽、用具、绳索、运动场要用生石灰、来苏儿、氢氧化钠、漂白粉、石炭酸等消毒液进行喷雾、浸泡或冲洗,粪便应堆积高温发酵后作肥料。

2.疫苗免疫接种

欧美一些副结核病流行严重的国家由于流行面广、感染率高,承受不了检出扑杀的巨大经济损失。这些国家通过长期的论证认为,对新生犊牛进行免疫接种、配合必要的兽医卫生措施是控制该病的最有效措施。但因犊牛的接种免疫效果不佳以及接种牛对变态反应呈阳性等问题,未能在世界各国推广。副结核病是在幼龄期感染的,并存在较高的垂直传播,因此仅靠主动免疫防止感染较为困难。在实际应用中,副结核疫苗只是抗临床发病,不能彻底清除排菌牛。另外接种副结核疫苗的牛对结核菌素和副结核菌素皮内变态反应都呈阳性,对识别结核病牛造成困难,从而影响牛结核病的检疫,只有几个国家使用此方法。目前使用的疫苗有两种,一是弱毒疫苗,一是灭活疫苗。英国及一些东欧国家一般采用弱毒活疫苗,而美国、挪威等国家使用灭活疫苗。

【公共卫生】

近年来由于奶牛和肉牛业发展迅速,生产规模逐渐扩大,集约化程度越来越高,牛的流动范围也随之加大,副结核发病呈上升趋势,需要重点关注。当前一些劣质奶及其乳产品的出现,人类免疫抑制性疾病的发病率逐渐增高,加剧了牛副结核病的潜在危险,也使人克罗恩病的发病率增大。要更好地预防副结核病的发生需要定期检疫、处理或隔离病牛并采取相应的卫生消毒措施,对具有明显临床症状的开放性病牛和细菌学检查为阳性的病牛,要及时捕杀处理,防止细菌继续扩散。同时要加强食品卫生的检疫力度,及时发现并淘汰劣质牛奶,争取将其影响控制到最小程度。

思考题

1.简述该病的检疫技术。

2.简述该病阳性场的防制扑灭措施。

案例分析

牛副结核

【临诊实例】

2004 年 4 月份,在丹东市元宝区一养殖户,一成年奶牛出现间歇性腹泻,最后变成经常性的顽固性腹泻。粪便稀薄、恶臭、带有气泡,混有黏液和血液,精神不振,产乳量逐渐下降。体温无明显变化,通过直肠检查可以摸到肠黏膜增厚,形成脑回样皱褶。通过实验室皮内变态反应试验,结果阳性。直接采取粪便中的黏液、直肠黏膜刮取物,制成涂片,经萋-尼氏抗酸染色,镜下见大量细小杆菌,确诊为副结核杆菌。

【诊断】

1. 病因浅析

4 月份在北方地区正好处于青黄不接的时间段,且天气乍暖还寒,部分奶牛体况下降,应激造成牛副结核病的发生。

2. 流行特点

牛是副结核最易感的动物,绵羊、山羊等反刍动物均易感。牛的年龄不同,对副结核分枝杆菌的易感性也不同,4 月龄以下的牛最易感,绝大多数感染后造成永久性感染并排菌或发病。该病一般为散发或地方流行性,病牛、处于潜伏期的牛或带菌动物是重要传染源。当怀孕、分娩后哺乳期以及营养不良、管理不当、气候恶劣、阴雨潮湿或长途运输等不利条件下,感染牛易出现临床症状。

3. 主要症状

该病的特征性临床症状主要表现为慢性进行性消瘦和腹泻。腹泻开始是间歇性的,而后逐渐严重和频繁。随着病程的发展,出现营养不良,贫血,高度消瘦,全身状况恶化并伴发下颌、胸垂、腹部水肿,产奶量急剧下降,产奶量急剧下降或停止泌乳,最后患畜全身衰弱而死亡。

4. 剖检病变

剖检病死牛,可见肠黏膜面覆盖大量灰黄色或黄白色糊状黏稠黏液。回肠黏膜增厚 3～20 倍并形成似脑回样褶皱的硬而弯曲的纵横褶皱;肠系膜淋巴结肿大,切面可见乳白色水样液体。

5. 类症鉴别

该病应注意与胃肠道寄生虫感染、病毒性腹泻-黏膜病、梭菌性肠炎、霉变饲料的慢性中毒等区分。

6. 实验室诊断

目前牛结核病的防治没有有效的疫苗可供使用,世界各国控制牛结核病主要采用的是检疫扑杀的防治措施。因此该病的诊断方法在该病的控制中起着至关重要的作用。

(1) 抹片镜检 直接采取病牛粪便中的黏液、直肠黏膜刮取物,制成涂片,经萋-尼氏抗酸染色,显微镜下见大量的细小杆菌,确诊为副结核杆菌。

（2）采用牛副结核分枝杆菌的 PCR 方法可以快速的诊断，是否有病原的存在。

（3）变态反应诊断　将提纯的副结核菌素稀释 0.5 mg/mL，对牛就行皮内接种，用卡尺测量注射处皮肤厚度并记录。注射后 72 h 观察反应，检查注射部位的红、肿、热、痛等炎性变化，并在次测量皮厚和统计注射前后皮厚差。其结果以测定皮厚度的增加数为感染与否的判定标准。注射后局部出现炎性反应，皮厚差为 6 mm，判为阳性。

【防控措施】

1. 防病要点

平时加强饲养管理。对病牛舍及饲养场进行定期消毒，常用消毒药可选用 10％～20％漂白粉液、5％EP 醛溶液、5％来苏儿、3％～5％石炭酸水等，药液加热消毒效果更佳。强化动物检疫。对检出的阳性牛和有临床症状的病牛及时隔离或扑杀；在疫区，每年对牛群检疫 3～4 次，检出的阳性牛严格隔离，确保病牛与健牛完全分离；检测出阳性个体或有临床症状的牛场要对圈舍进行连续性的彻底清理和消毒；检出的疑似病例应做好标记，单独组群饲养 3 个月后再进行检测，仍为可疑者可按阳性牛处理。疫群清理出的粪便应堆积泥封，生物热消毒。牛副结核传染性较强，牛群出现阳性个体后如不尽快和严格处理，则可能在该群扎根，一旦扎根则很难净化。

2. 治疗

该病无有效的治疗方法，危害极大，应加强检疫、消毒及饲养管理。

3. 小结

牛副结核的确诊已达百年，但迄今为止仍无特效的预防和治疗药物。尽管牛副结核疫苗的临床免疫试验结果已经成功，但进入临床应用还需要很长时间，而且面临许多困境。其原因是副结核的感染主要发生于幼龄期，且存在垂直感染的可能，仅靠主动免疫阻止感染较为困难；此外，由于副结核菌和牛结核菌表面抗原存在一定的相关性，副结核疫苗的免疫可能干扰和影响结核菌素对牛结核的检疫，而牛结核病对人类健康的危害较副结核严重得多，必须优先考虑。因此，预防该病的发生，应加强饲养管理，强化动物检疫，对检疫阳性的动物应按照中华人民共和国动物防疫法，采取扑杀、销毁、消毒等控制扑灭措施。

第十四节　无浆体病

无浆体病（anaplasmosis）是由无浆体引起的反刍动物的一种慢性和急性传染病，其特征为高热、贫血、消瘦、黄疸和胆囊肿大。该病也叫边虫病。该病广泛分布于世界热带和亚热带地区，在南北美洲、非洲、南欧、澳大利亚、中东等地流行。我国也有发生。山羊无浆体病曾称边虫病，是由绵羊无浆体引起的一种蜱媒传染病。其临床特点是发热、贫血、黄疸和消瘦。常与山羊泰勒焦虫等混合感染。该病呈世界性分布，在非洲、北美洲、南美洲、中美洲、地中海各国、中东、东南亚地区以及澳洲等地都有发生。我国经血清学和病原学调查，甘肃、青海、新疆、宁夏、陕西北部和内蒙古西部均属病原分布区。1982 年和 1986 年，新疆和内蒙古曾先后发生绵羊无浆体病流行，绵羊和山羊的死亡率达 17％。

【病原】该病的病原是无浆体（*Anaplasma*），以往将其分类为原生动物，称为边虫，但近年来根据其超微结构和代谢特点，将其列为立克次氏体目（*Rickettsiales*）无浆体科（*Anaplasmataceae*）无浆体属（*Anaplasma*）。对牛、羊有致病力的无浆体有以下3种：边缘无浆体边缘亚种（*A. mrginale* subsp. *margnae*）、边缘无浆体中央亚种（*A. marginale* subsp. *centrale*）和绵羊无浆体（*A. ovis*）。

无浆体几乎没有细胞浆，呈致密的、均匀的圆形结构，直径为0.3～1.0μm。在红细胞里，边缘亚种和绵羊无浆体多数位于边缘，而中央亚种则多数位于中央。革兰染色阴性，姬姆萨染色呈紫红色，每个红细胞可含1～3个菌体。用电子显微镜观察，这种结构是由一层限界膜与红细胞胞浆分隔开的内含物，每个内含物包含1～8个亚单位或称初始体。初始体是实际的寄生体。每个初始体直径0.2～0.4μm，呈细颗粒状的致密结构，其外包有双层膜。初始体是以使胞浆膜内陷和形成空泡的方式进入新的红细胞，初始体在空泡中以二分裂法繁殖并形成一个内含物，成熟后的初始体从红细胞中释出，再侵入新的红细胞，完成一个生活周期。这个过程反复发生，从而大量破坏红细胞而使动物发生贫血。

无浆体不能在人工培养基上生长，但可在鸡胚及某些细胞中增殖。

边缘无浆体边缘亚种的寄主主要是牛和鹿，边缘无浆体中央亚种主要寄生于牛，绵羊无浆体则侵害绵羊、山羊和鹿。这三种无浆体都具有一些共同抗原，用补体结合反应试验可以出现交叉反应。

无浆体对理化因素的抵抗力较弱，56℃10 min或在普通消毒液中很快死亡，但耐低温和干燥，在干燥昆虫粪便中或在4℃以下可长期存活。在加有保护剂的血液中可存活数月至1年。对金霉素等敏感，但对青霉素和磺胺类药物不敏感，磺胺类药物甚至可以促使其繁殖。带病原的抗凝血液在3℃贮存，能保持活力82天，如再加入葡萄糖、蔗糖，则可存活350天。如用肝素抗凝，并加甘油，在-70℃可保存4年之久。

【流行病学】 黄牛、水牛、野牛、骆驼、绵羊、山羊等不分年龄均易感，幼畜的抵抗力较强、易感性低，而1岁以上动物发病严重，其随年龄的增长而病情加剧。本地牛或犊牛感染后症状较轻并可耐过，但可成为带菌者（最长可在牛体内存活13～15年）。3岁以上的成年牛特别是外地引进牛呈最急性经过，常常导致死亡。

该病的传播媒介主要是蜱，20余种，多数是机械性传播。少数如具环牛蜱（*Boophilusannulatus*）、西方革蜱（*Dermacentor occidensalis*）和安氏革蜱（*Dermacentor andersoni*）等是生物学传播，且可经卵传给下一代。其他媒介还包括牛虻、蝇和蚊类等多种吸血昆虫。传播途径主要是通过叮咬经皮肤感染。另外消毒不彻底的手术器械、注射器、针头等也可以机械性的传播该病。

该病有明显的地区性和季节性，在我国主要见于南方，广东、广西、云南、贵州、湖南、湖北、江西、江苏等省区的黄牛和水牛常发，一般零星散发或呈地方流行性发生。该病多发于高温季节，我国南方于4～9月份多发，北方在7月份以后多发。

【致病机制】 在无浆体致病力方面，目前尚不大清楚，但无浆体作为一种细胞内病原，主要是寄生在牛的红细胞里面。病原体与红细胞的相互作用是一个极其复杂的过程，能引起一系列的机体损伤与抗损伤反应，包括体温升高、贫血、黄疸、临床上持续性的隐性感染和消瘦。

但与其他血液性原虫(如:焦虫)致病不同的是,该病原体引起的高热属突然高热(41～42℃),继而持续性低热(趋于正常,此时临床上进入持续期隐性感染);病原体对红细胞的损伤也有所不同,无浆体不引起红细胞的破裂,而是侵袭红细胞后,引起宿主机体巨噬细胞吞噬系统对其的吞噬。这可能便是临床上无法检查到血红蛋白尿的原因。

【临床症状】

1. 牛

潜伏期17～45天。中央亚种的病原性弱,引起的临诊症状轻,有时出现贫血,衰弱和黄疸,一般不会死亡。边缘亚种病原性强,引起临诊症状重。急性的体温突然升高达40～42℃。病牛唇、鼻镜变干,食欲减退,反刍减少,贫血,黄疸。黏膜或皮肤变为苍白和黄染。呼吸与心跳增数。虽可见腹泻,但便秘更为常见,常伴有顽固性的前胃弛缓。粪暗黑,常血染并有黏液覆盖。患病后10～12天病牛的体重可减少7%,还可出现肌肉震颤,流产和发情抑制。血液检查可发现感染无浆体的红细胞。慢性病例呈渐进性消瘦、黄疸、贫血、衰弱,红细胞数和血红蛋白数均显著减少。

2. 羊

潜伏期20～30天。病羊体温升高、衰弱无力、贫血和黄疸、委顿、厌食、失重很明显。血液检查发现红细胞总数、血红素和血细胞压容积均减少。在染色的血片中,可见到许多红细胞中存在无浆体,感染后20～60天,即可辨认出这种微生物。病羊和带病原羊是该病主要的传染源。山羊和绵羊感染后,可长期带病原。该病不能通过动物间的直接接触传播。能传播该病的媒介昆虫主要是蜱类,如血蜱、革蜱、扇头蜱和钝缘蜱等。蚊等吸血昆虫也都有媒介作用。消毒不严的针头及外科器械,在断角、阉割、接种疫苗、采集血样时也能机械传播。除绵羊和山羊感染外,羚羊和野山羊也有易感性。通常山羊感染后,呈隐性经过,若有严重应激可引起该病的暴发。该病多发生于夏秋季节,不同年龄、性别和品种的山羊均可感染。在热带、亚热带和部分温带地区较多发生。

该病的发病率可达10%～20%,病死率可达5%。死亡多半是无浆体和其他病原微生物(如焦虫)的联合作用引起,或营养缺乏和微量元素缺乏所致。

【病理变化】 病畜体表有蜱附着,大多数器官的变化都和贫血有关。牛尸消瘦,内脏器官脱水、黄染。体腔内有少量渗出液,颈部、胸下与腋下的皮下轻度水肿。心内外膜下和其他浆膜上可见出血点。血液稀薄。脾肿大3～4倍,髓质变脆如果酱。淋巴结肿大,水肿。骨髓增生呈红色。肺水肿。胆囊扩张,其内充满了浓稠的胆汁。肝脏显著黄疸。真胃有出血性炎症。大、小肠有卡他性炎症。

【诊断】 临床综合诊断根据症状、剖检变化和血片检查即可作出临床诊断。在病畜体表发现有传染媒介寄生,发热,贫血,黄疸,尿液清亮但常常起泡沫,对诊断具有重要意义。血片用瑞特氏法或姬姆萨氏法染色,可在一些红细胞中发现单个存在的或多个无浆体,红细胞的侵袭率超过0.5%,即可作出阳性诊断。

病原鉴定鉴定动物临床感染无浆体最常用的方法是用显微镜检查姬姆萨染色后的血液或组织涂片。在这些涂片中,可见边缘无浆体多在红细胞内,呈致密的圆形小体,直径在0.3～1.0 μm,菌体大多位于红细胞的边缘或边缘附近。中央无浆体在外观上与边缘无浆体相似,但大多数菌体不在红细胞边缘。活牛可由静脉或其他大静脉采血制作抹片。作死后诊断时,应采集内脏器官(包括肝、肾、心、肺等)和外周血管内的血液制作抹片,后者在死后开始腐败时更理想。

血清学诊断带菌动物可用补体结合试验、毛细管凝集试验、琼脂扩散试验、酶联免疫吸附试验和间接荧光抗体试验检查。在进行血清学试验时,要考虑到无浆体种间由于存在共同抗原而出现的交叉反应。在野外,可应用卡片凝集试验,几分钟内即可得出结果。

鉴别诊断该病还常与双芽巴贝斯虫病、牛巴贝斯虫病、文氏附红细胞体病及牛巴尔通体病混合感染,在诊断上需要注意鉴别。此外还应与钩端螺旋体病及焦虫病等进行鉴别诊断。

【防制】

由于吸血昆虫是主要媒介,因此在疫区应经常杀灭吸血昆虫及其虫卵,并及时消灭体表寄生虫。保持圈舍及周围环境的卫生,以防经饲草和用具将蜱带入圈舍。

引进动物时应注意对该病及其体表可能存在的传播媒介进行检疫。在发病季节,在常发地区可用灭活或弱毒苗作免疫接种。可对牛群进行药浴或淋浴,如以1‰的敌百虫溶液灭蜱1次,共5~6次,以杀灭牛体表寄生的蜱,也可同时用四环素注射3次,每次间隔2天(48 h)或每天按0.2 mg/kg给牛饲喂,进行药物预防。

对发病牛要进行隔离,加强护理。供给足够的饮水和饲料,可用灭蝇剂喷洒体表,驱除吸血昆虫,治疗可用四环素、土霉素或金霉素(10 mg/kg),也可用盐酸氯喹肌肉注射,每日250~500 mg/kg,连续5天。

每天喷药驱杀吸血昆虫。用四环素、金霉素或土霉素等药物治疗有效,而青霉素或链霉素则无效。

(1)抗生素类药 盐酸四环素,或土霉素,或金霉素,均按每千克体重10毫克,溶于500~1 000 mL 5‰葡萄糖生理盐水中,静脉注射,连用数日。

(2)血虫净(贝尼尔) 按每千克体重8 mg,用注射用水配成5‰溶液,深部肌肉注射,隔日1次,连用3次。

(3)黄色素(盐酸吖啶黄) 按每千克体重3~4 mg(每头牛最大剂量不超过2 g),用注射用水配成0.5‰~1‰溶液,静脉注射,隔2~3天后重复用药1次。

【公共卫生】

嗜吞噬细胞无浆体是近年新发现的一种人兽共患病病原体,对人、畜均有较强致病性,其所引起的疾病称为人类嗜吞噬细胞无浆体病,为一种新的人类传染病。人粒细胞无浆体病是由嗜吞噬细胞无浆体(曾称为"人粒细胞埃立克体"),侵染人末梢血中性粒细胞引起,以发热伴白细胞、血小板减少和多脏器功能损害为主要临床表现的蜱媒传染病。

1. 常见表现

均有蜱叮咬史。潜伏期一般为7~14天(平均9天)。急性起病,主要症状为发热(多为持续性高热,可高达40℃以上)、全身不适、乏力、头痛、肌肉酸痛,以及恶心、呕吐、厌食、腹泻等。部分患者伴有咳嗽、咽痛。体格检查可见表情淡漠,相对缓脉,少数病人可有浅表淋巴结肿大及皮疹。可伴有心、肝、肾等多脏器功能损害,并出现相应的临床表现。危重表现:重症患者可有间质性肺炎、肺水肿、急性呼吸窘迫综合征以及继发细菌、病毒及真菌等感染。少数病人可因严重的血小板减少及凝血功能异常,出现皮肤、肺、消化道等出血表现,如不及时救治,可因呼吸衰竭、急性肾衰等多脏器功能衰竭以及弥漫性血管内凝血死亡。老年患者、免疫缺陷患者及进行激素治疗者感染该病后病情多较危重。并发症：如延误治疗，患者可出现机会性感染、败血症、中毒性休克、中毒性心肌炎、急性肾衰、呼吸窘迫综合征、弥漫性血管内凝血及多脏器功能衰竭等，直接影响病情和预后。

2. 一般治疗

患者应卧床休息，高热量、适量维生素、流食或半流食，多饮水，注意口腔卫生，保持皮肤清洁。对病情较重患者，应补充足够的液体和电解质，以保持水、电解质和酸碱平衡；体弱或营养不良、低蛋白血症者可给予胃肠营养、新鲜血浆、白蛋白、丙种球蛋白等治疗，以改善全身机能状态、提高机体抵抗力。

3. 对症与支持治疗

对高热者可物理降温，必要时使用药物退热。对有明显出血者，可输血小板、血浆。对合并有弥漫性血管内凝血者，可早期使用肝素。对粒细胞严重低下患者，可用粒细胞集落刺激因子。对少尿患者，应碱化尿液，注意监测血压和血容量变化！对足量补液后仍少尿者，可用利尿剂。如出现急性肾衰时，可进行相应处理。心功能不全者，应绝对卧床休息，可用强心药、利尿剂控制心衰。应慎用激素。国外有文献报道，人粒细胞无形体病患者使用糖皮质激素后可能会加重病情并增强疾病的传染性，故应慎用。对中毒症状明显的重症患者，在使用有效抗生素进行治疗的情况下，可适当使用糖皮质激素。

4. 隔离及防护

对于一般病例，按照虫媒传染病进行常规防护。在治疗或护理危重病人时，尤其病人有出血现象时，医务人员及陪护人员应加强个人防护！做好病人血液、分泌物、排泄物及其污染环境和物品的消毒处理。

5. 出院标准

体温正常、症状消失、临床实验室检查指标基本正常或明显改善后，可出院。

6. 预后

据国外报道，病死率低于1%。如能及时处理，绝大多数患者预后良好。如出现败血症、中毒性休克、中毒性心肌炎、急性肾衰、呼吸窘迫综合征、弥漫性血管内凝血及多脏器功能衰竭等严重并发症的患者，易导致死亡。

❓思考题

1. 某规模奶牛场或规模羊场发生了无浆体病，应如何防制？
2. 简述无浆体病对人的危害和防治措施。

第十五节 牛传染性脑膜脑炎

牛传染性脑膜脑炎又称牛传染性血栓栓塞性脑膜脑炎（contagious bovine thromboembolic meningoencephalitis，TEME），是牛的一种以脑膜脑炎、肺炎、关节炎等为主要特征的疾病，其病原体为昏睡嗜血杆菌。该病于 1956 年在美国科罗拉多州最先发现,以后见于加拿大、英国、瑞士、意大利和大洋洲一些国家,1977 年以后广泛流行于日本。近几年,在国内也偶有报道。该病多发生于集约化饲养的育肥牛,表现为突然发热和运动失调,不能起立,随后陷于昏睡以致死亡。

【病原】 牛传染性脑膜脑炎的病原为昏睡嗜血杆菌(*Haemophilus somnus*;简称 H. S)。昏睡嗜血杆菌为革兰氏阴性菌,非抗酸染色,为多形性小球杆菌,其大小约 1.0 μm 或更短,呈短链或纤维状,无鞭毛,不运动,不产生芽孢。

昏睡嗜血杆菌在固体培养基上培养 2～3 天,形成黄色或奶油状圆形凸起菌落,湿润有光泽,直径可达 1～2 mm;老龄菌落呈颗粒状,中央呈乳头样突起而外周扁平。多数菌株能形成溶血带,但有一些菌株不溶血或仅使培养基稍微变绿。H. S 在含 10% 血液、0.5% 酵母浸膏的脑心浸汁琼脂和含 10% 血液、0.5% 酵母浸膏的半胱氨酸心浸汁琼脂中(pH 7.8),置于含 10% CO_2 的 37℃环境中生长较佳。

该菌多能发酵葡萄糖,氧化酶阳性,硝酸盐还原阳性。能利用氨基乙酰丙酸,不能利用构橼酸。甲基红/V-P 反应阳性,尿素酶阴性。在麦康凯培养基上不生长。在无血液的培养基中生长不良,但能在葡球菌周围呈卫星状生长。梭化辅酶和单磷酸硫胺能促进生长。在不含 CO_2 的空气中生长不良或不生长。

在 5% 马血琼脂中加入万古霉素(5 μg/mL)、新霉素(5 μg/mL)、叠氮钠(50 μg/mL)、制霉菌素(100 IU/mL)、放线菌酮(100 μg/mL)和单磷酸硫(1 μg/mL)可作为该菌分离用选择培养基。在这种培养基上,革兰氏阳性菌不能生长,多种革兰氏阴性菌菌落消失、减少并缩小,但变形杆菌、巴氏杆菌和放线杆菌也能生长,需注意区别。在 10% CO_2 中培养 40 h,实验室菌株在马血琼脂比在羊血琼脂中的再现率较高,菌落增大而典型。选择培养基制成平板后,4℃ 可保存 2 周。

与脑脊髓液、全血、血浆、阴道黏液、乳汁混合的强毒菌株于−70℃ 可存活 70 天以上,在 3℃存活不超过 5 天。在排出的尿液中存活时间不超过 2 h。在卵黄囊中−70℃ 可保存 8 年之久。

尽管不同株的昏睡嗜血杆菌在培养特性、生化反应、电泳和血清学方面没有明显差异,但它们之间有毒力的差异。给犊牛脑池内注入从包皮和精液中分离的菌株,仅引起温和的非致死性的脊髓炎,而注入从脑炎病例分离的菌株,可引起致死性的纤维素性化脓性脊髓炎。给犊牛气管内注入从肺炎牛分离到的菌株可引起明显的呼吸道症状和肺部病变。

【流行病学】 病牛和隐性带菌牛是主要传染源,主要传染路径为呼吸道和生殖道,嗅舔外阴也能造成传播,吃入污染草原的草经消化道这一传播径路也不能排除。未经交配的牛生殖道中也有该菌存在。经由泌尿生殖道可能是传播该菌的重要途径之一。从正常牛鼻腔和气管中也常可分离出该菌。有报道指出,运输或者病毒感染所致的应激因素是诱发该病的主要原因。

该病主要发生于肉牛,但乳牛、放牧牛也能发生。TEME 常发生于冬季,潮湿阴冷骤变的气候比严寒气候多发。往往在引入牛只后数周内发病。该病发病年龄多集中在 9～12 月龄的牛,但 4 月龄以下、2 岁以上的牛也能发生。运输、断乳等逆境因素能促成发病。呼吸道型在春、夏季发生于 4 月龄以下哺乳犊牛。乳牛犊比肉牛犊发病率高。全年均可发病,但多数发生在冬季至早春的 2—4 月份,其次 9—1 月份也有多发倾向。

【致病机制】 昏睡嗜血杆菌是牛的条件性致病菌,在正常牛的生殖道和呼吸道常有该病原存在。当长途运输、拥挤等应激时即可诱发该病。公牛和母牛的生殖道和尿道常有该菌存在,并从尿液排出污染环境,动物吸入含细菌的雾化颗粒后发生感染,也可经呼吸道发生水平传播。

体外研究表明,牛中性白细胞不能杀死昏睡嗜血杆菌,而且该菌可在牛单核细胞中增殖。另外,牛的肺泡巨噬细胞和血液单核细胞不能杀死调理素化的昏睡嗜血杆菌。这表明该菌能在这些细胞中生存和繁殖,因而促进疾病的发生。病原随血液到组织器官定位后,引起小血管内皮脱落,从而暴露内皮下的基底膜,激活凝血系统导致血栓形成。血液供应的障碍导致组织的损伤和临床症状的出现。

【临床症状】 当属于神经刺激症状时,病牛通常突然发病,发病初期体温升高至 39～41℃,精神极度沉郁,厌食,肌肉软弱,球关节着地,步行僵硬,有的发生跛行,关节和腱鞘肿胀。病的后期眨眼,眼球突出,肌肉震颤,嚎叫,运动失调,转圈,伸头,伏卧,麻痹,昏睡,角弓反张和痉挛,常于短期内死亡,往往伴发菌血症或毒血症现象。呼吸道型病例表现高热、呼吸困难、咳嗽、流泪、流鼻液、有纤维素胸膜炎症状。生殖道型可引起母牛阴道炎、子宫内膜炎、流产以及空怀期延长、屡配不孕、感染母牛所产犊牛发育障碍,出生后不久死亡。公牛感染后,一般不引起生殖道疾病,偶尔可引起精液质量下降而不育。

【病理变化】 神经型典型的病变是脑膜充血,脑实质有针尖至大米粒大小的灰白色坏死灶,呈血栓性脑膜脑炎。心脏肿大,心内外膜有大量出血点或出血斑,心耳有出血点和小米粒大的灰白色坏死灶,肝脏明显肿大有出血斑,肾脏有出血点,但不肿大。在败血型中,可经常观察到心外膜出血、心包炎和心肌炎。心肌炎的病变主要局限于心室壁,切开病变区可见有小脓肿存在。感染动物常因急性心力衰竭而突然死亡。除心肌炎外,可能有因左心衰竭所导致的肺充血和水肿。生殖道型,母牛表现出卵巢囊肿病变。呼吸道型,昏睡嗜血杆菌不仅引起上呼吸道和下呼吸道的感染,而且可引起败血症。上呼吸道感染引起喉头炎和气管炎,下呼吸道感染引起化脓性支气管肺炎。昏睡嗜血杆菌亦可引起严重的纤维素性胸膜炎,但很少与纤维素性肺炎同时出现。

【诊断】

1.临床诊断

仅靠临床症状和病变不能确诊。在血栓性脑膜脑炎的病例中,脑内的出血性坏死灶具有诊断价值。

2.病原诊断

由于昏睡嗜血杆菌在环境中存活时间较短,所以采样用的棉拭子应新鲜、湿润,采样后应尽快送实验室分离培养。应在用抗生素治疗前采样。采取肺组织样品时,应从正常与病变组织交界处采取。昏睡嗜血杆菌是牛的正常寄生菌,只有从病变组织中分离到其纯培养物才有诊断意义。

3.血清诊断

过去通常使用微量凝集试验、酶联免疫吸附试验、补体结合试验等检测血清抗体。由于很多动物处于带菌状态或隐性感染,所以血清抗体的存在并不能作为曾发生过该病的标记。随着抗体类别和亚类以及抗原结构的研究进展,血清学方法已发展为一种特异、可靠的诊断手段。研究发现,病牛的IgG_2明显高于临床正常的带菌牛和不带菌牛,IgG_1和IgM在病牛与带菌牛之间没有明显区别,带菌牛的IgG_1和IgM明显高于不带菌牛。昏睡嗜血杆菌表面有两种与牛IgG、IgA和$IgMFc$段结合的受体,高分子量的受体(350、270和120 ku)可在免疫斑点试验中与康复牛血清发生反应。而低分子量的受体(41 ku)不与康复牛血清发生反应。以270 ku的外膜蛋白作为抗原,用免疫斑点试验检测了牛的抗体滴度,发现在流产,肺炎以及抗种了菌苗的牛IgG_2抗体明显升高。用酶标的A蛋白进行检查(它主要与牛的IgG_2结合)可将感染昏睡嗜血杆菌的牛与无症状的带菌者和不带菌者以及溶血性巴氏杆菌和巴氏杆菌感染的牛区别开。因此270 ku的外膜蛋白可作为一种有效的诊断抗原。

TEME需和脑脊髓软化(病因可能是缺乏硫胺)、散发性牛脑脊髓炎(病原为衣原体)、李氏杆菌病、铅中毒等疾病区别。呼吸道型、生殖道型和弱犊综合征无明显特征。首例诊断需分离H.S并接种实验动物。由于隐性带菌牛甚多,即使分离出该菌,需复制发病后方能确诊该病。

【防制】

该病属于自发性感染,预防其发生以搞好环境卫生,减少发病诱因为主,防止密饲、换气不良和圈舍污染等。对新引进的牛要进行为期一个月的环境适应观察。在饲料中添加磺胺类药物有一定效果。牛的生殖道和尿道经常存在带菌状态,抗生素的作用一但消失,可发生重复感染。当同槽同圈的家畜相继发生该病时,即应隔离观察和治疗,防止传播,保证家畜健康。

唯一有效的预防措施是进行免疫预防。目前已有菌苗用于免疫。实验表明,用菌苗免疫两次的牛可抵抗静脉、呼吸道和脑池的实验性感染,使发病率和死亡率降低。在育成牛进行的田间试验中,间隔一定时间两次接种菌苗可降低发病率和死亡率。近年来,对昏睡嗜血杆菌保护性抗原的研究取得了一定的进展,40 ku的外膜蛋是有效的保护性抗原,可用于制备亚单位疫苗。

🔎 思考题

1. 简述牛传染性脑膜脑炎的中西医结合防治技术。

2. 简述牛传染性脑膜脑炎的诊断技术。

案 例 分 析

牛传染性脑膜脑炎

【临诊实例】

固原市原州区寨科乡弯掌村杨某饲养4头牛,2008年3月12日1头1周岁的牛发病,未出现神经症状,经当地兽医治疗7天痊愈。2008年6月7日又1头牛发病,2天内死亡。2008年10月23日又有2头4周岁的牛发病,短时间内出现神经症状,治疗无效,于10月25日死亡。

4头牛基本上是同一种症状,以神经型和心肌炎为主。发病初期体温升高至39～41℃,精神极度沉郁,厌食,肌肉软弱,球关节着地,步行僵硬,有的发生跛行,关节和腱鞘肿胀。病的后期眨眼,眼球突出,肌肉震颤,嚎叫,运动失调,转圈,伸头,伏卧,麻痹,昏睡,角弓反张和痉挛,直至死亡。(病例引自吴慧兰,2009年.)

【诊断】

1. 病因浅析

牛传染性脑膜脑炎是由昏睡嗜血杆菌引起牛的急性败血性传染病,又称牛血栓栓塞性脑膜脑炎。在临床上有多种病型,以呼吸道型、生殖道型和神经型较为多见。

2. 流行特点

该病无明显季节性,多见秋末初冬或早春寒冷潮湿的季节,常呈散发性。

3. 主要症状

呼吸道型病例表现高热、呼吸困难、咳嗽、流泪、流鼻液、有纤维素胸膜炎症状。生殖道型可引起母牛阴道炎、子宫内膜炎、流产以及空怀期延长、屡配不孕、感染母牛所产犊牛发育障碍,出生后不久死亡。公牛感染后,一般不引起生殖道疾病,偶尔可引起精液质量下降而不育。

4. 剖检病变

神经型典型的病变是脑膜充血,脑实质有针尖至大米粒大小的灰白色坏死灶,呈血栓性脑膜脑炎。心脏肿大,心内外膜有大量出血点或出血斑,心耳有出血点和小米粒大的灰白色坏死灶,肝脏明显肿大有出血斑,肾脏有出血点,但不肿大。

5. 类症鉴别

牛传染性脑膜脑炎需和脑脊髓软化(病因可能是缺乏硫胺)、散发性牛脑脊髓炎(病原为衣原体)、李氏杆菌病、铅中毒等疾病区别。呼吸道型、生殖道型和弱犊综合征无明显特征。

6. 实验室诊断

(1)组织涂片　无菌采取脑、肝、脾、肺、肾涂片,革兰氏染色镜检,在脑和肝涂片中发现大量着色均匀的革兰氏阴性小型球杆菌。

(2)细菌培养　将病牛脑、肝、脾组织划线接种在含10%牛血清和0.5%酵母提取物的脑心琼脂或巧克力琼脂平板上,37℃培养2～3天形成隆起,湿润闪光的淡黄色或奶油色菌落。取该菌落少许涂片镜检,见菌体为椭圆形、动点形等多形性的革兰氏阴性短小球杆菌。

(3)药敏实验　药敏实验结果表明,该菌对四环素、红霉素、氨苄西林、氟本尼考敏感。

根据发病情况、临床症状、病理变化及实验室检验,确诊为牛传染性脑膜脑炎。

【防控措施】

1. 防病要点

加强饲养管理,搞好卫生消毒,减少应激因素。在同群未发病的家畜饲料中添加氟本尼考,饲喂3～5天。

2. 治疗

“炎热头孢”(氨苄西林)5 g/200 kg体重、安痛定注射液20 mL、“链菌磺”(磺胺嘧啶钠)0.1 mL/kg体重,分侧肌肉注射。投服“疫疠解毒清心散”,生石膏300 g,犀角20 g,黄连20 g,黄芩30 g,玄生50 g,鲜生地50 g,知母15 g,丹皮15 g,焦栀子15 g,生绿豆100g,鲜菖蒲15 g,白毛根100 g共末温开水调服。每天1次,连7天后痊愈。

3. 小结

该病早期发现及时确诊后,中西医结合疗法效果很好。若出现神经症状,一般治疗无效。

第十六节 气肿疽

气肿疽（gangraena emphysematosa），又称黑腿病（black leg）、气肿性炭疽或鸣疽，是由气肿疽梭菌引起的以牛、羊等反刍动物的一种急性、发热性传染病，被国际兽医局评为第三类传染病。以发病急，传播速度快和反复性为重要特征。该病主要呈散发或地方性流行。其特征为肌肉丰满的部位发生炎性气性肿胀，呈暗红棕色到黑色，中心坏死变黑，按压有捻发音，并常有跛行。

该病最初由 Bollinger 和 Feser 分别于 1875 年和 1876 年发现，该病遍布世界各地，所有养牛的国家均有该病发生。我国从 1954 年开始有气肿疽的病例报告，由于采用气肿疽菌苗预防接种，现在已经基本控制。2006 年以来，日本、美国发生了人感染气肿疽梭菌死亡的病例，打破了气肿疽梭菌只感染动物的定论，使得该病迅速成为人医和兽医共同关注和研究的热点。该病造成家畜猝死，致使养殖户经济损失严重，同时也威胁着人类生命安全。

【病原】 该病病原为气肿疽梭菌（*Clostridium chauvoei*），又名肖氏梭菌、费氏梭菌，俗称黑腿病杆菌，为细菌纲，芽孢杆菌科，梭菌属（*Clostridium*）。该菌为菌端圆形的杆菌，有周身鞭毛，能运动。在体内外均可形成中立或近端芽孢，在液体和固体培养基中很快形成纺锤状芽孢。是专性厌氧菌。在被接种豚鼠腹腔渗出物中，单个存在或呈 3～5 个菌体形成的短链，该特点可与成长链存在的腐败梭菌在形态上加以鉴别。革兰氏染色不规则，在组织中及幼龄培养物中呈革兰氏阳性，而在陈旧培养物中可染成阴性。

气肿疽梭菌是专性厌氧菌，在普通培养基上生长不良，加入葡萄糖或肝浸液能促进生长。在血液琼脂上可形成边缘不整、扁平、直径 0.5～3 mm 灰白色纽扣状的圆形菌落，呈 β 型溶血。在厌气肉肝汤中生长时培养基混浊，产气，然后菌体下沉呈絮状沉淀。能分解葡萄糖、蔗糖产酸产气，不分解水杨苷和甘露醇，此点与腐败梭菌不同。气肿疽梭菌有鞭毛抗原、菌体抗原及芽孢抗原，所有的菌株都具有一个共同的菌体抗原，与腐败梭菌有共同芽孢抗原。

在适当的液体培养基中培养产生 α、β、γ 等毒素，具有溶血和坏死性的 α 外毒素，能溶解牛、绵羊和猪的红细胞，但不溶解马和豚鼠的红细胞；也是神经毒素，能引起皮肤坏死和纤维溶解。γ 毒素是透明质酸酶，β 毒素是脱氧核糖核酸酶。

该菌的繁殖体对理化因素的抵抗力不强，但芽孢抵抗力则极大，一旦病原菌在菌体的周围形成芽孢存在于环境中，则具有非常强的抵抗力，在土壤中可存活 5 年以上，干燥病料内芽孢在室温中可以生存 10 年以上，在液体中的芽孢可以耐受 20 min 煮沸、3% 福尔马林 15 min 内、0.2% 升汞在 10 min 内可杀死芽孢。在盐腌肌肉中可存活 2 年以上，在腐败的肌肉中可存活 6 个月。

【流行病学】 自然情况下气肿疽主要侵害黄牛、水牛，绵羊少见，山羊、鹿以及骆驼有过发病报道，猪与貂类虽可感染但更少见。鸡、马、骡、驴、犬、猫不感染，人对此有抵抗力，但也见有少量发病报道。6 个月至 3 岁的牛容易感染，但幼犊或更大年龄者也有发病的。肥壮牛似比瘦弱牛更易感染。

该病传染源为患病动物，但并不直接传播，主要传递因素是土壤，即气肿疽梭菌的芽孢就会长期生存于土壤中，进而污染饲草或饮水。动物采食后，经口腔和咽喉等深部创伤侵入组织,也可以从松弛或微伤的胃、肠黏膜侵入血液。绵羊气肿疽则多为创伤感染,即芽孢随着泥土通过产羔、断尾、剪毛、去势等创伤进入组织而感染。吸血昆虫的叮咬也可传播。

该病常呈散发或地方性流行,有一定的地区性和季节性。多发生在潮湿的山谷牧场及低湿沼泽地区,较多病例见于天气炎热的多雨季节以及洪水泛滥时。夏季昆虫活动猖獗时,也易发生。舍饲牲畜则因饲喂了疫区的饲料而发病。

实验动物中以豚鼠最敏感,仓鼠也易感,小鼠和家兔也可感染发病。

【致病机制】　气肿疽梭菌主要通过深部创伤、手术感染,或经口进入消化道,经胃肠道肠系膜进入血液循环最终到达各个器官和肌肉组织内。病原体常以芽孢状态进入机体,在混有腐败物质的无氧肠腺中出芽繁殖,再通过淋巴及血液循环散播于肌肉及肝组织中潜伏,直待肌肉群受伤或其他原因发生改变,给病原体生长繁殖提供适宜环境。病原体繁殖部位由于 α 毒素及透明质酸酶的作用促使发生典型的肌坏死。经碳水化合物分解,产生酸臭的有机酸和气体,使受损害部位有捻发音及海绵状结构。由于蛋白质和红细胞分解形成硫化氢及含铁血黄素等致使肌肉颜色由暗红色至黑色。循环系统的毒素及组织损坏产物引起导致心肌及实质器官变性的致死性毒血症。在该病后期也有菌血症。动物死亡后,细菌还能借尸体温度繁殖,分解实质组织中的碳水化合物及蛋白质。肝脏含肝糖较多,所以产气膨胀也较为明显。气肿疽梭菌能够产生神经氨酸酶,协助气肿疽梭菌在动物体内扩散,参与发病过程。

【临床症状】　气肿疽潜伏期一般为 3～5 天,最短 1～2 天,最长 7～9 天,人工感染 4～8 h 即有体温反应及明显局部炎性肿胀。患病初期不易立刻发觉,往往突然发病。各种动物临诊表现基本相似。该病在新疫区其发病率可达 40%～50%,死亡率接近 100%。

1. 黄牛

发病多为急性经过,往往突然发病,体温达 41～42℃,早期出现轻度跛行,食欲和反刍停止。相继出现特征性临诊症状,即在多肌肉部位发生肿胀,初期热而痛,后期变冷、无痛。患部皮肤干硬呈暗红色或黑色,有时形成坏疽。触诊有明显的捻发音,叩诊有明显鼓音。切开患部皮肤,从切口流出污红色带泡沫的酸臭液体。这种肿胀多发生在腿上部、臀部、腰、荐部、颈部及胸部。周围组织水肿,局部淋巴结肿大,触之坚硬。病重牛食欲、反刍消失,呼吸困难,脉搏快而弱。精神高度沉郁呈昏睡状态,卧地不起,排粪停止,反应迟钝。最后体温下降到 35℃ 左右或再稍回升,一般病程 1～3 天死亡,也有延长到 10 天。若病灶发生在口腔,腮部肿胀有捻发音,发生在舌部时,舌肿大伸出口外,有捻发音。老牛发病症状较轻,中等发热,肿胀也较轻,有时有疝痛臌气,可能康复。

2. 绵羊

多因创伤感染,病羊的主要症状是感染部位肿胀。非创伤感染病例多与病牛临诊症状相似,羊发病后,步态僵硬,跛行,稍有臌气,体温增高,食欲大减或完全停止,口角流出含有泡沫的唾涎,颈、胸部下方肿胀。肿胀部热而疼痛,其中含有气体,故当用手指触压有捻发音;叩诊有鼓音。皮肤蓝红色已至黑色,有时有血色浆液渗出和表皮脱落。一般病程 1～3 天死亡。

3. 骆驼

患病后,病程短促,常在 1～3 天内死亡,幼驼死亡更快。病初体温迅速上升,食欲和反刍消失,步态僵硬,腰背无力,不愿站立。肿胀常发生在肩和臀部,开始不甚明显,逐渐增大,呼吸困难,痛苦呻吟,死前体温下降。

【病理变化】 尸体表现轻微腐败变化,但因皮下结缔组织气肿及瘤胃膨胀而致尸体显著膨胀。因肺脏在濒死期水肿,天然孔(如鼻孔、肛门与阴道口)常有带泡沫血样的液体流出。肌肉丰满部位有捻发音性肿胀,肿胀可以从患部肌肉扩散至邻近组织,但也有的只局限于局部骨骼肌。患部皮肤正常或部分坏死,但皮下组织呈红色或金黄色胶样浸润,有的部位杂有出血或小气泡。肿胀部的肌肉潮湿或干燥,肌间有刺激性酪酸样气体,呈疏松多孔海绵状,触之有捻发音,切面呈一致污棕色,或有灰红色、淡黄色和黑色条纹,肌纤维束被小气泡胀裂。如病程较长,患部肌肉组织坏死性病理变化明显。这种捻发音性肿胀,也可偶见于舌肌、喉肌、咽肌、隔肌、肋间肌等。

胸腹腔有暗红色浆液,心包液暗红而增多,胸膜、腹膜常有纤维蛋白或胶冻样物质。心脏内外膜有出血斑,心肌变性,色淡而脆。肺小叶间水肿,肺小叶间有胶性物质浸润,淋巴结急性肿胀和出血性浆性浸润。脾常无变化或被小气泡所胀大,血呈暗红色。肝脏松而脆,切面有豆粒大至核桃大不等的棕色干燥病灶,这种病灶在死后仍继续扩大,由于产气结果,呈多孔海绵状。肾脏也有类似变化,胃及小肠有时有轻微出血性炎症。其他器官常呈败血症的一般变化。

【诊断】

根据流行病学、临诊症状和病理变化,可做出初步诊断,但气肿疽易于恶性水肿混淆,也与炭疽、巴氏杆菌有相似之处,应注意鉴别。因此,该病的确诊需依靠实验室检验,而血清学检测结果在临床诊断中具有重要参考价值。

1.病原学检查

采取肿胀部位的组织水肿液、心血或各内脏器官等病料接种厌氧培养基可分离气肿疽梭菌,也可将病料接种豚鼠以获得该菌的纯培养物或进行肝触片染色观察。动物试验时也可用厌气肉肝汤中生长的纯培养物肌内接种豚鼠,豚鼠在 6~60 h 内死亡。该方法是最传统最可靠但同时也是耗时最长的一种确诊方法。

2.血清学试验

气肿疽目前还没有标准化的血清学诊断制剂。主要的血清学诊断方法有琼脂凝胶扩散实验、免疫印迹、试管凝集试验、免疫荧光试验和酶联免疫吸附试验等手段。

3.分子生物学检测

分子生物学的方法对气肿疽的检测快捷,操作简单,国内外对于该方法的建立比较多,主要集中在 PCR 检测方法的建立上。以 16S-23S rRNA 基因建立 PCR、套式 PCR 方法检测气肿疽梭菌。

【防制】

由于该病病程短,发病急,死亡率高,对于该病的控制主要预防为主。鉴于气肿疽梭菌是专性厌氧,采取土地耕种或植树造林等措施,可使气肿疽梭菌污染的草场无害化。疫苗预防接种是控制该病的有效措施。我国于 1950 年研制出气肿疽氢氧化铝甲醛灭活苗,皮下注射5 mL,免疫期 6 个月,犊牛 6 个月时再加强免疫一次,可获得很好的免疫保护效果。近年来又研制成功气肿疽、巴氏杆菌病二连干粉疫苗,气肿疽干粉疫苗用时与 20%氢氧化铝胶混合后皮下注射 1 mL,对两种病的免疫期各为 1 年。干粉疫苗的保存期长达 10 年或更长,使用效果好,剂量小,反应轻,使用方便,易于推广。目前中国兽医药品监察所和郑州兽医生物药品厂共同研制的气肿疽灭活疫苗为我国正在使用的疫苗,该疫苗所使用的菌株为 C54-1 株和

C54-2 株。

病畜应立即隔离治疗,受威胁的牛群紧急免疫接种或注射气肿疽高免血清;死畜严禁剥皮吃肉,应深埋或焚烧。病畜圈栏、用具以及被污染的环境用 3％福尔马林或 0.2％的升汞液消毒。粪便、污染的饲料和垫草等均应焚烧销毁。

治疗该病早期可用抗气肿疽高免血清,静脉或腹腔注射,同时应用青霉素和四环素,效果较好。局部治疗,可用加有 80 万～100 万 IU 青霉素的 0.25％～0.5％普鲁卡因溶液 10～20 mL 于肿胀部周围分点注射。

思考题

1. 如何鉴别诊断牛气肿疽、牛恶性水肿和巴氏杆菌病?
2. 气肿疽的具体防治措施是什么?

案例分析

牛气肿疽

【临诊实例】

2013 年 7 月 15 日,甘南县兴隆乡某养牛户饲养肉牛 79 头,体温 41～42℃,食欲和反刍减少或停止,精神不振。发病后牛多呈跛行,有时卧地不起,在臀部、股部、背部和肩部发生气性炎性肿胀,产生很多气体,并沿皮下组织向其他地方扩散,按压有捻发音,肿胀部位发热,并有疼痛感,叩诊有气鼓音,肿胀部位切开后,有暗红色的酸臭体液病变,周围的淋巴结有肿大。经实验室细菌分离培养、细菌生化试验和动物实验,确诊为牛气肿疽。(以上案例引自于海峰,2013 年。)

【诊断】

1. 病因浅析

牛气肿疽病俗称黑腿病或鸣疽,是一种由气肿疽梭菌引起的反刍动物的一种急性、热性、败血性传染病,其特征是股、臀、腰、胸部等肌肉丰满处发生气性肿胀,按压有捻发音,并有酸臭气体产生。严重者常伴有跛行。该病常发地区 6 个月龄至 3 岁牛容易感染,但幼犊或其他年龄的牛也有发病,肥壮牛比瘦牛更易患病。该病呈散发或地方性流行性,有一定季节性,春、夏季放牧,尤其在炎热干旱时,容易发生,而严冬则少见。该病发病急,死亡率高,一旦发病,给养殖户造成较大经济损失。气肿疽梭菌为两端钝圆的粗大杆菌,能运动,无荚膜。在体内外均可形成芽孢,能产生不耐热的外毒素。芽孢抵抗力较强,能在泥土中存活 5 年以上,在腐尸中可存活 6 个月。煮沸 20 min 或 3％福尔马林 15 min 才能杀死。

2. 流行特点

自然感染下气肿疽梭菌主要侵害黄牛、水牛,绵羊少见。6 个月至 3 岁的牛容易感染,但幼犊或更大年龄者也有发病的。肥壮牛似比瘦弱牛更易感染。羊、猪少见,骆驼偶有感染,马、骡、驴、犬和猫一般不感染。实验动物以豚鼠最易感染。该病传染源为患病动物,但并不直接传播,牛的排泄物、分泌物及尸体处理不当,污染饲料、水源及土壤;特别是在土壤中,芽孢能长期生存,成为持久的传染源。传染途径主要为消化道,深部创伤感染也有可能。该病常呈散发或地方性流行,有一定的地区性和季节性。

3. 主要症状

潜伏期一般在3～5天,最短2天,最长7天,病牛常呈急性经过,突然发生。体温升到42℃,精神不振,食欲和反刍减少或停止,早期就出现跛行。相继在肌肉多的部位发生肿胀,初热而痛,后变冷。患部皮肤干硬呈暗红色,有的形成了坏疽。触诊有明显的捻发音,叩诊有鼓音。切开患处流出红色带泡沫的酸臭液体,周围组织水肿,局部淋巴结肿大。肿胀部位都发生在腿的上部和臀部。病重者呼吸困难,脉搏细弱而快。随着病势加重,发病的牛食欲反刍都停止,精神高度沉郁呈昏睡状态,卧地不起,排粪停止,反应迟钝。肿胀向四周扩散,全身状况恶化,最后卧地不起,最后体温降到35℃左右,常于1～3天内死亡。

4. 剖检病变

病死牛尸体表现轻微腐败变化,臌胀明显,鼻口处、肛门与阴道口流出血样泡沫,患部皮肤有坏死,皮下呈深黄色胶样浸润。肿胀部位肌肉呈海绵状,有酸味,触之有捻发音,切面呈一致污棕色。胸腹腔有暗红色浆液,心包液增多,心脏内外膜有出血斑,心肌变性,色淡而脆。肺水肿,淋巴结肿大。大多数牛的肝脏松而脆,呈多孔的海绵状,胃肠都有出血性炎症。其他器官常呈败血症的一般变化。

5. 类症鉴别

该病易于恶性水肿混淆,也与炭疽、巴氏杆菌有相似之处,应注意鉴别诊断。

气肿疽病原为气肿疽梭菌,菌端圆形的杆菌,有周身鞭毛,能运动。该病常呈散发或地方性流行,有一定的地区性和季节性。多发生在潮湿的山谷牧场及低湿沼泽地区。其特征为肌肉丰满的部位(如股部、臀部、腰部、肩部、颈部及胸部等)发生炎性气性肿胀,呈暗红棕色到黑色,中心坏死变黑,按压有捻发音,并常有跛行。

恶性水肿是由梭状芽孢菌属中的腐败梭菌经创伤感染而引起的一种局部发生炎性水肿的急性传染病,该病的特征为创伤局部发生急剧气性炎性水肿,并伴有发热和全身毒血症。

牛巴氏杆菌病是由多杀性巴氏杆菌引起的一种急性、热性传染病,常在健康牛的上呼吸道中存在,牛的急性病例主要呈败血经过,以高热、肺炎、急性胃肠炎及内脏器官广泛出血为特征。该病一般呈散发性流行,当牛群受应激等因素免疫力降低时可发生内源性感染。

炭疽病由炭疽杆菌引起,该菌为革兰氏染色阳性、菌体两端平直的大杆菌,有荚膜,排列成短链,呈竹节状。炭疽病多发生于夏季,呈散发或地方性流行。临床表现为发病急、可视黏膜发绀、呼吸困难,天然孔出血,血液呈煤焦油样,凝固不良,死后尸僵不全。

6. 实验室诊断

根据流行病学、临诊症状和病理变化,可做出初步诊断,但气肿疽易于恶性水肿混淆,也与炭疽、巴氏杆菌有相似之处,应注意鉴别。因此,该病的确诊需依靠实验室检验。

(1)病原学检查 无菌采取肿胀部位的组织水肿液、心血或各内脏器官等病料接种厌氧培养基可分离气肿疽梭菌,用革兰氏染色和姬姆萨氏染色后镜检,结果发现单个或两个连在一起的革兰氏阳性大杆菌,无荚膜。菌体中央有卵圆形、横径大于菌体的芽孢而使菌体两端钝圆。取上述病料接种于葡萄糖鲜血琼脂和厌氧肝汤培养基,37℃厌氧培养,对有污染菌的培养物移植培养,获得纯培养物,在葡萄糖鲜血琼脂上24 h生长出圆形、扁平、中心隆起的纽扣状菌落,周围有微弱的溶血环,厌氧肝汤中培养12～24 h培养基均匀混浊并产气,培养至48 h培养液转为清亮,管底有松散的白色沉淀。生化试验,分离菌株能分解葡萄糖、乳酸、果糖、蔗糖和麦芽糖,产酸产气,产生靛基质和 H_2S,甲基红试验和乙酰基醇试验阴性。经镜检、细菌分离培养及生化试验鉴定,获得的分离菌株为气肿疽梭菌。

(2)血清学试验 有报道用琼脂凝胶扩散实验、免疫印迹、试管凝集试验、免疫荧光试验和酶联免疫吸附试验等手段。实验用气肿疽梭菌裂解菌体为抗原建立的间接 ELISA 检测方法,具有快速、敏感、简便、易于标准化等优点。

(3)分子生物学检测 分子生物学的方法对气肿疽的检测快捷,操作简单,国内外对于该方法的建立比较多,主要集中在 PCR 检测方法的建立上。以 16S-23S rRNA 基因建立 PCR、及套式 PCR 方法检测气肿疽梭菌。

(4)动物实验 也可将病料接种豚鼠以获得该菌的纯培养物或进行肝触片染色观察。动物试验时也可用厌气肉肝汤中生长的纯培养物肌内接种豚鼠,豚鼠在 6～60 h 内死亡。

【防控措施】

1.防控要点

疫苗接种是目前国内外防控气肿疽的有效方法。我国于 1950 年研制出气肿疽氢氧化铝甲醛灭活苗,近年来又研制成功气肿疽干粉疫苗和气肿疽灭活苗。在进行首次接种疫苗时,应避免母源抗体的干扰,首次接种后应进行第二次强化免疫。对疫区严格封锁,禁止疫区内易感动物的流通。被污染的圈舍、用具及环境用 20％漂白粉溶液、0.2％升汞、10％烧碱或 3％～5％福尔马林溶液进行彻底消毒,以防形成新的疫源地。对怀疑病畜一律皮下注射抗气肿疽血清 10～20 mL,经 14～20 天后皮下注射气肿疽灭活疫苗 5 mL。

2.治疗

该病最佳治疗方法是在发现该病后尽早用抗气肿疽高免血清通过静脉或腹腔注射,同时给予大剂量的青霉素和四环素一般可获得较好治疗效果。局部治疗,可用加有 80 万～100 万 IU 青霉素的 0.25％～0.5％普鲁卡因溶液 10～20 mL 于肿胀部周围分点注射。在治疗的同时,实施强心、补液,以提高疗效。

3.小结

由于气肿疽病程短,发病急,死亡率高,对于该病的控制主要预防为主,通过加强饲养管理,可提高牛的自身抵抗力。在发生该病后,及早治疗是关键,同时还要采取隔离、消毒、无害化处理等综合性防治措施,以避免疫情的进一步扩大和蔓延。该病的发生有明显的地区性,在该病发生的地区每年采用疫苗定期预防接种,是控制该病的有效措施。把好日常消毒关,圈舍的地面、墙壁、饲槽等可用火碱、漂白粉进行消毒,以预防疾病的发生。

第十七节 羊快疫

羊快疫是由腐败梭菌感染羊引起的一种急性、致死性传染病,主要发生于绵羊。临床上以突然发病、病程短、死亡快、真胃黏膜出血性坏死性炎症为主要特征。

【病原】 腐败梭菌属于梭菌属是革兰氏阳性的厌气大杆菌,在自然界分布极广。两端钝圆,其大小为(3～10) μm×(0.6～1.0) μm,在肝脏表面触片标本中,该菌呈长链状或长丝状,在组织内侧呈膨大的柠檬状。该菌在体内外均能产生芽孢,呈卵圆形,位于菌体中央或近端,有鞭毛,能运动,无荚膜,能产生溶血性毒素和致死性毒素。腐败梭菌以群居的状态存在,当群体老了之后,就失去了它们的革兰氏阳性,变成了革兰氏阴性。在葡萄糖鲜血琼脂平板上形成薄沙状菌落,有微弱溶血现象;在厌氧肉肝汤培养基中,可使肉汤变混浊,形成絮片状白色沉淀,有脂肪腐败性气味。一般的消毒药能杀死腐败梭菌的繁殖体,但芽孢抵抗力很强。20%漂白粉、3%～5%硫酸石炭酸合剂、3%～5%氢氧化钠能在较短时间内杀灭芽孢。

【流行病学】 绵羊对腐败梭菌易感,山羊也可感染。6～18月龄的羊易于感染发病。在自然界,尤其在潮湿、低洼或沼泽地,腐败梭菌常以芽孢形式存在。羊采食被腐败梭菌污染的饲草或饮水,腐败梭菌进入消化道,但并不一定发病。当存在应激,造成动物抵抗力下降等,该菌便大量繁殖,产生毒素,引起消化道黏膜炎症,尤其是真胃黏膜发生炎症、坏死。同时毒素随血液循环到达全身各组织器官,刺激中枢神经系统,引起中毒性休克,患病羊只迅速死亡。通常该病以散发主,发病率低,但病死率高。

【临床症状】 根据临床症状表现,该病可分为最急性型和急性型。

1.最急性型

患病羊只突然发病,拒食,反刍停止,呻吟、磨牙,口鼻流泡沫状液体,呼吸急促,腹痛、四肢分开、后躯摇摆,最终痉挛卧地2～6 h死亡。

2.急性型

病羊精神沉郁,食欲不振或拒食,不合群,走路摇晃,排便困难。随着病情发展,病羊卧地不起,眼结膜充血,呻吟、流涎、呼吸急促,腹部膨胀,粪便带血,呈黑绿色,有的混有黏稠炎症产物或脱落的黏膜,体温升高,达40℃以上,不久死亡。

【病理变化】 病死羊尸体迅速腐败、膨胀,可视黏膜充血、发绀,胸腔、腹腔和心包多有积液,遇空气易凝固。真胃出血性炎症为特征性剖检病变,胃底部及幽门附近的黏膜有大小不一的出血斑点、坏死灶,黏膜下组织水肿。肠道有气体、充血、出血、坏死或溃疡。有的病例心内、外膜有出血点、胆囊肿胀。

【诊断】 根据流行病学特点、临床症状、病理变化可对该病做出初步诊断,确诊应进行实验室检测。

1.染色镜检

迅速无菌采集病死动物的组织脏器,制作组织涂片,采用用瑞氏染色法或美蓝色染色法进行染色、镜检,病原菌两端钝圆,单个或短链状,数个连接在一起,呈长短不等的长丝状。革兰氏染色呈阳性。

2.动物接种试验

用新鲜病料制成组织悬液,经肌肉注射豚鼠或小鼠,若多数实验动物于24 h内死亡,即为阳性。立即采集病死实验动物的组织,进行细菌分离培养,对纯培养物进行涂片镜检,可发现无关节长丝状腐败梭菌。

【防制】

(1)在疫区,每年定期接种"羊快疫、羊肠毒血症、羊猝狙"三联苗或"羊快疫、羊肠毒血症、羊猝疽、羊黑疫和羔羊痢疾"五联苗,保护期可达半年。

(2)加强饲养管理,增强动物机体的抵抗力,尽量避免各种应激作用。有霜期早晨出牧不要过早,避免采食霜冻饲草。

(3)及时隔离发病羊只,并将假定健康羊只转移至地势高燥之处,可减少发病。该病病程短,常来不及治疗。病程稍长者,可肌注青霉素,口服磺胺嘧啶或 10%~20% 石灰乳。

第六章　家禽的传染病

家禽病毒性传染病

第一节　新城疫

新城疫(newcastle disease，ND)是由新城疫病毒(NDV)强毒引起的鸡和多种禽类的急性高度接触性传染病，易感禽常呈败血症经过，主要特征表现为呼吸困难、下痢、神经紊乱、黏膜和浆膜出血。因致病的毒株不同，ND 可表现为严重程度差异很大的疾病。ND 对养禽业影响很大，在许多发展中国家，ND 呈地方流行性，成为制约家禽生产和家禽产品贸易的一个重要因素。ND 不仅可以在家禽中传播，同时还影响着人类的健康。

该病 1926 年首次发现于印尼，同年发现于英国新城，根据发现地名而命名为新城疫。该病分布于世界各地，1928 年我国已有该病的记载，1935 年在我国有些地区流行，1946 年梁英和马闻天第一次在发病鸡群分离到 NDV 强毒。ND 传播迅速，死亡率很高，是严重危害养禽业的重要疾病之一，造成很大经济损失。在国际动物卫生法典 2004 年之前的版本中，该病与高致病性禽流感同属 A 类病，在 2004 年以后版本中因不再分 A 类病和 B 类病，但都是必须报告的疾病。在我国 ND 被定为一类动物疾病，在《国家中长期动物疫病防治规划(2012—2020 年)》中，ND 是被列为优先防治的 5 种一类动物疫病之一。

【病原】　新城疫病毒(*Newcastle disease virus*，NDV)属于副黏病毒科(*Paramyxovirinae*)禽腮腺炎病毒属(*Avulavirus*)。NDV 完整病毒粒子形状不一，大多数为球形，直径为100～500 nm，但也可呈不同长度的细丝状。有囊膜，在囊膜的外层有呈放射状排列的纤突，能刺激宿主产生抑制病毒凝集红细胞的抗体和病毒中和抗体。

病毒核酸类型为单股负链不分节段的 RNA，核衣壳呈螺旋对称型，具有双层囊膜，表面有12～15 nm 长的纤突。在 NDV 基因组上依次排列着 NP、P、M、F、HN 和 L 基因，分别编码核衣壳蛋白(NP)、磷蛋白(P)、基质蛋白(M)、融合蛋白(F)、血凝素－神经氨酸酶(HN)和大分子蛋白(L)。基因组由 15186、15192 或 15198 个核苷酸组成。

禽副黏病毒(APMV)有 10 个血清型，即 APMV-1 至 APMV-10，NDV 是 APMV-1，而从火鸡和其他鸟类分离的 APMV-3 与 APMV-1 有交叉反应。该病毒存在于病鸡所有器官、体液、分泌物和排泄物中,以脑、脾和肺含毒量最高,骨髓含毒时间最长。从不同地区和禽类分离到的 NDV 对鸡的致病性有明显差异。根据病毒对鸡胚平均致死时间、1 日龄雏鸡脑内接种致病指数和 6 周龄鸡静脉接种致病指数不同,可将 NDV 分为几种致病型:①速发型或强毒型毒株,在各种年龄易感鸡引起急性致死性感染;②中发型或中毒型毒株,仅在易感的幼龄鸡造成致死性感染;③缓发型即低毒型或无毒型毒株,表现为轻微的呼吸道感染或无临床症状肠道感染。NDV 的毒力分型必须进行生物学试验,即依据鸡胚平均死亡时间(MDT),1 日龄雏鸡脑内接种致病指数(ICPI)和 6 周龄鸡静脉接种致病指数(IVPI)来区别(表 6-1)。NDV 基因组有 6 个基因,共编码 7 种蛋白:近年来,对决定 NDV 毒力的分子基础有了深入的了解。NDV 在复制过程中,F 蛋白以其前体 F0 的形式被合成,只有 F0 被裂解为 F1 和 F2,子代病毒才有传染性,而这种裂解是由宿主细胞的蛋白酶介导的。强毒和弱毒的主要差异是在 F0 的 112-117 位氨基酸基序即裂解位点上。对鸡表现高毒力的毒株裂解位点基序的最低要求是-113RXR/KR* F117-。117 位的苯丙氨酸对强毒是绝对必需的,除了 113 和 116 位外还有 115 和 112 位两个碱性氨基酸。而低毒力毒株 117 位均为亮氨酸(L),仅在 113 位有另一个碱性氨基酸。裂解强毒这种 F0 前体裂解位点含有多个碱性氨基酸残基结构的蛋白酶广泛存在于不同宿主组织和器官的各种类型的细胞中;而弱毒不含有多个碱性氨基酸,裂解带这种结构的 F0 需要胰酶样酶类,它们只存在于呼吸道和消化道上皮细胞等少数类型的细胞中。所以弱毒只引起局部感染,而强毒则造成致死性全身感染。

表 6-1　不同致病型的新城疫病毒的主要区别

试验方法	缓发型毒株 Lentogenic	中发型毒株 Mesogenic	速发型毒株 Velogenic
病毒对一日龄雏鸡脑内接种的致病指数(ICPI)	0.0~0.5	1.0~1.5	1.5~2.0
6 周龄鸡静脉注射致病指数(IVPI)	0.00	0.0~0.5	2.0~3.0
1 个最小致死量接种于 10 日龄鸡胚,引起鸡胚死亡平均时间(h,MDT)	>90	61~90	≤60
病毒对红细胞凝集解脱的时间	快	快	慢
红细胞凝集素的耐热时间(56℃,min)	5	5	15~20

　　根据 NDV 毒株 F 基因的序列、特定的酶切图谱和 F 蛋白可变区氨基酸残基变化,可将它们分两类(Class Ⅰ)和(Class Ⅱ):其中 Ⅰ 类病毒为弱毒,基因组全长为 15 198 bp;Ⅱ 类病毒又可分为 9 个基因型,基因 Ⅰ-Ⅳ 型为早期基因型,其基因组全长为 15 186 bp,基因他 Ⅴ-Ⅷ 型为晚期基因型,其基因组全长为 15 192 bp。

　　NDV 能在多种细胞培养上生长,可引起细胞病理变化。在单层细胞培养上能形成蚀斑,毒力越强蚀斑越大。NDV 在细胞培养中,可通过中和试验、蚀斑减数试验、血吸附抑制试验来鉴定病毒。NDV 能在鸡胚中生长繁殖,以尿囊腔接种于 9~10 日龄鸡胚,强毒株在 30~60 h 死亡,弱毒株 3~6 天死亡。当鸡胚含有母源抗体时,弱毒株不能全部致死鸡胚,胚液的血凝滴度低,这可能是受抗体影响使病毒复制发生障碍,形成无囊膜的缺损病毒,所以分离 NDV 的鸡胚,应来自 SPF 鸡群或未接种 ND 疫苗的鸡群。

NDV 的一个很重要的生物学特性就是能吸附于鸡、火鸡、鸭、鹅及某些哺乳动物（人、豚鼠）的红细胞表面,并引起红细胞凝集(HA),这种特性与病毒囊膜上纤突所含血凝素和神经氨酸酶有关。其血凝现象能被抗 NDV 的抗体所抑制(HI),因此可用 HA 和 HI 试验来鉴定病毒、进行免疫监测和流行病学调查。

NDV 对乙醚、氯仿敏感。病毒在 60℃ 30 min 失去活力,真空冻干病毒在 30℃ 可保存 30 天,在直射阳光下病毒经 30 min 死亡。病毒在冷冻的尸体中可存活 6 个月以上。常用的消毒剂如 2% 氢氧化钠、5% 漂白粉、70% 酒精。NDV 对 pH 稳定,pH 3~10 不被破坏。

【流行病学】 鸡、火鸡、珠鸡及野鸡对该病都有易感性,以鸡最易感。不同年龄的鸡易感性也有差异,幼雏和中雏易感性最高,两年以上的鸡较低。水禽（鸭、鹅）对该病有抵抗力,但可从鸭、鹅肠道中分离到 NDV。1997 年前后我国鹅群中开始暴发的 ND 与同时出现的对鹅致病性强的 NDV 新基因型(VIId 亚型)有关。从燕八哥、麻雀、猫头鹰、孔雀、鹦鹉、乌鸦、燕雀等鸟类中也分离到 NDV。近哺乳动物对该病有很强的抵抗力,但人可感染,表现为结膜炎或类似流感临床症状。

该病的主要传染源是病禽以及在流行间歇期的带毒禽,但带毒野鸟也会传播该病毒。受感染的鸡在出现临床症状前 24 h,其口、鼻分泌物和粪便中已有病毒排出。而痊愈鸡带毒排毒的情况则不一致,多数在临床症状消失后 5~7 天就停止排毒。在流行停止后的带毒鸡,常呈慢性经过,精神不好,有咳嗽和轻度的神经临床症状。保留这种慢性病鸡,是造成该病继续流行的原因。

该病的传播途径主要是呼吸道和消化道,在一定时间内鸡蛋也可带毒而传播该病。创伤及交配也可引起传染,非易感的野禽、外寄生虫、人畜均可机械地传播病原。NDV 可以通过呼吸或采食而感染,禽之间的传播取决于接触传染性病毒方式。自然感染时,病毒会在受感染鸡呼吸道进行增殖,病毒会存在于感染鸡排出的粪便当中,而正常的鸡若接触到含有病毒的粪便,就容易感染 NDV。目前对于 NDV 的垂直感染尚不清晰,一般认为若产蛋鸡在产蛋期间染毒,鸡胚一般会在孵化期间死亡。

该病一年四季均可发生,但以春秋两季较多,近年来,由于免疫程序不当,或有其他疾病存在抑制 ND 抗体的产生,免疫鸡群发生非典型新城疫很常见。对免疫鸡群中 NDV 强毒感染流行的流行病学研究表明,NDV 一旦在鸡群建立感染,通过疫苗免疫的方法无法将其从群中清除,当鸡群的免疫力下降时,就可表现出临床症状。

污染的环境和带毒的鸡群,是造成该病流行的常见原因。易感鸡群一旦被速发性嗜内脏型鸡新城疫病毒所传染,可迅速传播呈毁灭性流行,发病率和病死率可达 90% 以上。疫苗免疫的家禽群体虽然可得到临床保护,但不能阻止强毒的感染及在体内复制和排毒。由于我国引起的 ND 的优势流行株是基因 VIId 亚型,而使用最广泛的疫苗株是基因 I 型和 II 型,流行株与疫苗株之间遗传发生上和抗原上有较大的差异,高免疫抗体时流行株感染虽不引起死亡和临床症状,但抗体滴度下降或参差不齐时,就会出现一定比例的死亡和明显的临床症状（如产蛋下降等）。这就是所谓的非典型 ND。

【发病机理】 该病的发生一般认为是病毒从呼吸道或消化道侵入后,先在呼吸道和肠道内繁殖,然后迅速侵入血流扩散到全身,引起败血症,导致腺胃、盲肠及小肠和大肠黏膜表现特别明显的出血,这可能是由于肠壁和淋巴组织样出血导致。

病毒在血液中维持最高浓度约 4 天,若不死亡,则血中病毒显著减少,并有可能从内脏中消失。在慢性病例后期,病毒主要存在于中枢神经系统和骨髓中,引起脑脊髓炎变化。该病对易感性低的禽类也主要侵害神经系统而引起特征性的神经临床症状。

NDV 强毒感染破坏全身淋巴组织,胸腺、法氏囊和脾脏受害严重,造成严重免疫抑制。

【临床症状】　自然感染的潜伏期一般为 2～15 天(平均 5～6 天),人工感染 2～5 天,根据临床表现和病程的长短,可分为最急性、急性、亚急性或慢性三型。

1.最急性型

突然发病,常无特征临床症状而迅速死亡。多见于流行初期和雏鸡。一般开始表现为精神抑郁、呼吸加快、无力,最后衰竭死亡。早期未死亡的鸡还会伴随有绿色下痢,出现明显的震颤、腿和翅膀麻痹和角弓反张。

2.急性型

病初体温升高达 43～44℃,食欲减退或废绝,有渴感,精神萎靡,不愿走动,垂头缩颈或翅膀下垂,眼半开或全闭,状似昏睡,鸡冠及肉髯渐变暗红色或暗紫色。嗉囊内充满液体,倒提时常有大量酸臭液体从口内流出。粪便稀薄,呈黄绿色或黄白色,有时混有少量血液,后期排出蛋清样的排泄物。有的病鸡还出现神经临床症状,如翅、腿麻痹等,最后体温下降,不久在昏迷中死亡。母鸡产蛋停止或产软壳蛋。随着病程的发展,出现典型临床症状:咳嗽,呼吸困难,有黏液性鼻漏,张口呼吸,并发出尖锐的叫声。总体来说,患病鸡会突然产生严重的呼吸道疾病,但一般不会出现下痢。病程 2～5 天。1 月龄内的小鸡病程较短,临床症状不明显,病死率高。

3.亚急性或慢性

初期临床症状与急性相似,不久后渐见减轻,但同时出现神经临床症状,患鸡翅腿麻痹,跛行或站立不稳,头颈向后或向一侧扭转,常伏地旋转,动作失调,瘫痪或半瘫痪,一般经 10～20 天死亡。此型多发生于流行后期的成年鸡,病死率较低,但是日龄较小的鸡群或易感的鸡群初外。这里需要注意的是,对于快要屠宰的肉鸡,如果此时对肉鸡进行免疫接种或感染这些毒株会引起大肠杆菌败血症或气囊炎,进而导致淘汰率增加。

免疫鸡群中发生非典型 ND,其发病率和病死率较低,仅表现呼吸道或消化道症状,有时在产蛋鸡群仅表现产蛋下降,这种现象称为 ND 的免疫失败。其主要原因包括:雏鸡的母源抗体或其他年龄鸡群的残留抗体水平较高,不能获得坚强免疫力;或免疫后时间较长,保护力下降到临界水平,当鸡群内本身存在 NDV 强毒循环传播,或有强毒侵入时,仍可发生新城疫;或接种疫苗剂量不足;或免疫方法不当;或疫苗保存不当致效力降低;或鸡群有其他疫病特别是免疫抑制性疫病存在等。

鹅 ND,小至 8～300 日龄均有报道。病鹅表现精神不振、食欲减退并有下痢,排出带血色或绿色粪便。有些病鹅在病程的后期出现神经临床症状。据估计,平均发病率和死亡率分别为 20% 和 10% 左右,幼龄鹅的发病率和死亡率高。

鸭 ND,不同种的鸭均有报道,似乎番鸭和樱桃谷鸭较麻鸭敏感。发病率和死亡率因鸭的年龄、毒株毒力和饲养管理状况不同,有很大差异。幼龄鸭更敏感,症状与幼龄鹅相似,严重的出现头颈扭曲、瘫痪等神经症状,死亡率高的可达 10% 以上。

【病理变化】　该病的主要病理变化是从小肠到盲肠和直肠黏膜均有大小不等的出血点,肠黏膜上有纤维素性坏死性病理变化,有的形成假膜,假膜脱落后即成溃疡。盲肠扁桃体常见肿大、出血和坏死。泄殖腔弥漫性出血。喉头黏膜出血。气管出血或坏死,周围组织水肿。肺有时可见瘀血或水肿。心冠脂肪有细小如针尖大的出血点。产蛋母鸡的卵泡和输卵管显著充血,卵泡膜极易破裂以致卵黄流入腹腔引起卵黄性腹膜炎;脾、肝、肾无特殊的病理变化;脑膜充血或出血,组织学检查时见明显的非化脓性脑炎病理变化。

全身黏膜和浆膜出血,淋巴组织肿胀、出血和坏死,出血尤其以消化道和呼吸道为明显。嗉囊充满酸臭、稀薄液体和气体。腺胃黏膜水肿,其乳头或乳头间有鲜明的出血点,或有溃疡和坏死,此为特征病理变化。肌胃角质层下也常见有出血点。

中枢神经系统病变主要发生在除中脑以外的其他区域,例如非化囊性脊髓炎、神经元变性、血管周淋巴细胞浸润和内皮细胞肥大等。新城疫病毒感染对上呼吸道黏膜具有严重的影响,病变可以扩展到整个气管,感染两天内纤毛就会脱落。上呼吸道黏膜充血、水肿,有大龄的淋巴细胞和巨噬细胞发生浸润。肝脏会出现局灶性坏死,有时胆囊和心脏会出现出血。

免疫鸡群发生新城疫时,其病理变化不很典型,仅见黏膜卡他性炎症、喉头和气管黏膜充血,腺胃乳头出血少见,但剖检数量较多时,可见有腺胃乳头出血病例,直肠黏膜和盲肠扁桃体多见出血。

鹅 ND 最明显和最常见的大体变化是在消化器官和免疫器官。食管有散在的白色或带黄色的坏死灶;腺胃和肌胃黏膜有坏死和出血,肠道有广泛坏死灶并伴有出血。大多数病鹅的法氏囊和胸腺萎缩。鸭 ND 的病理变化与鹅 ND 的相似。

【诊断】 根据该病的流行病学、临床症状和病理变化进行综合分析,可作出初步诊断。

实验室检查有助于对 ND 的确诊。病毒分离和鉴定是诊断 ND 最可靠的方法,常用的是鸡胚接种、HA 和 HI 试验、中和试验及荧光抗体试验。因为有的鸡群存在弱毒和中等毒力的 NDV,所以分离出 NDV 还得结合流行病学、临床症状和病理变化进行综合分析,必须对分离的毒株作毒力测定后,才能作出确诊。还可以应用免疫组化和 ELISA 来诊断该病。

ND 是由血清 1 型禽副黏病毒(APMV-1)引起的禽类感染,该 APMV-1 在毒力上符合下列两个标准中的一个:①该病毒在 1 日龄雏鸡的脑内接种致病指数(ICPI)大于或等于 0.7;②该病毒 F1 蛋白的 N 端即 117 位残基为苯丙氨酸(F),而 F2 蛋白的 C 端有多个碱性氨基酸。所谓多个碱性氨基酸是指在 113 位和 116 位之间至少有 3 个精氨酸或赖氨酸残基。不能显示上述氨基酸残基的特征结构则需要对分离的病毒作 ICPI 试验。根据 OIE 对 ND 的这一定义,目前 OIE 确诊 ND 有两种方法:一是采用基于 RT-PCR 的分子生物学方法,确定病原为 NDV 并确定其毒力;二是分离鉴定 NDV 并进行生物学试验,测定分离 NDV 的 MDT、ICPI 和 IVPI 以确定其毒力。因常规的病毒分离鉴定和用生物学试验确定毒力费时、费力、费钱,又要使用动物,已越来越不被人们接受。在这种情况下,经过几年探索而日趋成熟的分子确诊方法,可以用来取代常规的确诊方法。因为 NDV 是 RNA 病毒,因此先需反转录(RT)以产生基因组的 cDNA 拷贝,这是分子诊断必需的第一步。用 PCR 扩增 cDNA,可根据不同的目的采用不同的引物。通用引物的 PCR 扩增仅鉴定 NDV 或其存在;强毒和弱毒特异引物的 PCR 扩增可用来区分 NDV 的毒力。PCR 产物可根据目的进一步作限制酶分析、探针杂交和裂解位点分析以及核苷酸序列测定。目前核苷酸测序已可自动化并且快速,在对 NDV 毒力进行分子评价时不失为首选的技术。

该病应注意与禽霍乱、传染性支气管炎和禽流感相区别。

【防制】

对于存在 ND 地方性流行的国家和地区,措施有两个方面:一是免疫接种,提高禽群的特异免疫力;二是采取严格的生物安全措施,防止 NDV 强毒进入禽群。近年来的研究表明,只要 NDV 强毒侵入禽群,就能长期传播维持,不论采用何种免疫措施都不能将其从群内清除。在这个意义上,防止 NDV 强毒进入禽群是头等重要的。

接种疫苗是防制 ND 的重要措施之一,可以提高禽群的特异免疫力,减少 NDV 强毒的传播,降低 ND 造成的损失。ND 免疫计划中疫苗的选择和合理免疫程序的制定受母源抗体高低、强毒感染危险大小、畜牧制度和其他感染存在情况等多种因素影响,必须根据具体鸡群确立,不能一概而论。

防止 NDV 强毒进入禽群,必须采取严格的生物安全措施:日常的隔离、卫生、消毒制度;防止一切带毒动物(特别是鸟类、鼠类和昆虫)和污染物进入禽群;进出的人员和车辆及用具消毒处理;饲料和饮水来源安全;不从疫区引进种蛋和苗鸡,新购进的鸡须隔离观察两周以上证明健康者,方可合群;科学的畜牧制度,如全进全出等;禽场的选址,生产的规模等均考虑有利于防止病原体的进入。

理论上,新城疫免疫接种可以诱导机体产生免疫力,抵抗病毒感染和增殖,但是新城疫接种并不能阻止鸡群带毒,它只能避免鸡群发生严重感染,病毒在鸡体内仍能增殖,鸡体能够排毒,只是排毒量会有所减少。另外,免疫商品肉鸡,因为其具有母源抗体,免疫时间不容易确定。但是肉鸡一般生长时间短,所以有时不进行免疫预防。但是产蛋鸡不同,产蛋鸡生长时间长,要想其终生具有免疫力,就需要多次进行免疫接种。

ND 免疫应注意下列问题:

(1)ND 疫苗分为活疫苗和灭活疫苗两大类,活疫苗接种后疫苗毒在体内增殖,刺激产生体液免疫、细胞免疫和局部黏膜免疫。灭活疫苗接种后无病毒增殖,在体内靠接受的既定抗原量刺激产生体液免疫,对细胞免疫和局部免疫无大作用。

(2)母源抗体对 ND 免疫应答有很大的影响,母鸡经过鸡新城疫疫苗接种后,可将其抗体通过卵黄传递给雏鸡,雏鸡在 3 日龄抗体滴度最高,以后逐渐下降,每日大约下降10%。具有母源抗体的雏鸡既有一定的免疫力,又对疫苗接种有干扰作用,因此最好在母源抗体下降到 2^5 以下时作第一次疫苗接种,在 30～35 日龄时作第二次接种。但在有该病流行的地区是不安全的,因为母源抗体不足以抵抗强毒的感染,所以有人主张对带有母源抗体的 1 日龄雏鸡采用灭活苗,据称灭活苗受循环抗体的影响较小,或者死苗和活苗同时接种,据称活苗能促进对死苗的免疫反应。不在有条件的鸡场,一般根据对鸡群 HI 抗体免疫监测的结果确定初次免疫和再次免疫的时间,这是最科学的方法。对鸡群抽样采血作 HI 试验,如果 HI 效价高于 2^5 时,进行首免几乎不产生免疫应答,可以选在 HI 效价降至 2^5 以下时接种。免疫监测可以了解免疫接种的效果,也为制定或修改免疫程序提供可靠依据。ND 免疫程序在很大程度上应取决于生物安全水平,生物安全水平很高的规模化养禽场,可以降低 ND 疫苗使用的频率,把疫苗免疫作为 ND 防控中的最后一道防线。

(3)由于 ND 的免疫失败在现场屡屡发生,有些人怀疑可能是由于出现新的基因型或抗原型病毒,使现在常用的疫苗株保护力下降引起的。根据近年来国内外多个实验室证实,现有疫苗病毒对流行株已不能提供理想的保护力。

(4)ND 疫苗免疫后产生免疫应答还受到鸡群健康状况,特别是否存在免疫抑制性感染的影响。MD、IBD、鸡贫血病毒感染、网状内皮组织增生症病毒感染,甚至使用中等偏强毒力的 IBD 疫苗和饲料中的霉菌毒素,都可使 ND 的免疫应答受到严重抑制,HI 抗体滴度比正常显著降低。目前我国 ND 强毒占绝对优势的是基因 VIId 亚型,与常用的疫苗株相比,不仅遗传距离较远,而且抗原上有相当大的差异。国内外研究结果显示:当疫苗株与流行株基因型一致时,不仅能提供理想的临床保护,而且能显著降低免疫禽群的强毒感染率和排毒量,保护免疫禽群的生产性能(产蛋、增重等),在临床上可有效控制免疫禽群非典型 ND 的发生。用保护力更高的基因 VII 型疫苗来替代现有疫苗,已是摆在我们面前的迫切任务。

案例分析

【临诊实例】

2011 年 11 月,盐湖区某黄羽肉种鸡养殖场 300 日龄产蛋期的 8 000 只黄羽肉种鸡发病,发病前产蛋率 75%,正值产蛋高峰而突然发病。临床症状:病鸡发热,张口呼吸,口流黏液,排黄绿色稀粪,采食量不减,饮水基本正常,产蛋率仅下降 5%。剖检症状:剖检死鸡,发现其浆膜、黏膜、直肠出血,腺胃、肌胃除有恶臭气味外基本正常确诊为非典型新城疫。(以上案例引自耿宪丽《鸡新城疫病的防控》,2013.)

【诊断】

1.病因浅析

新城疫又称亚洲鸡瘟,是由副黏病毒科、腮腺炎病毒属的新城疫病毒(NDV)所引起的一种烈性和高度接触性的传染病,大致分为速发嗜内脏型、速发嗜肺脑型、中发型和缓发型。主要感染家鸡和珍珠鸡,对于其他家禽和野鸟也有感染力。新城疫病毒属于副黏病毒科、腮腺炎病毒属的 I 型禽副黏病毒。新城疫病毒(NDV)是负股单链 RNA,由 15 586 个核苷组成。目前已经证实新城疫病毒基因组的基因序列是 3′-NP-P-M-F-HN-L-5′,其基因组至少编码 7 种病毒蛋白。在 7 种蛋白中,NDV 的致病性和抗原性主要是与 F 蛋白和 HN 蛋白有关,而其中 F 蛋白被认为是 NDV 的主要抗原.NDV 的血清型只有一种,但是其生物学特性在不同毒株之间差异较大。

2.流行特点

典型新城疫发病无明显的季节性,生产实践中新城疫已经得到很好的控制,但也有可能在免疫失败、免疫程序不合理或其他因素造成新城疫暴发。

虽然非典型性新城疫在各个季节都可以发生,但大多在秋冬季节,尤其是气候突变、季节交替等情况下易发生。而其发病主要是在首免与二免之间,育雏期与育成期之间多发,产蛋鸡在开产前后和开产高峰期多发。发病鸡群都有疫苗接种史,该病初发时无群体性,表现进行性缓发过程,逐渐在全群及相邻鸡群蔓延,极易诱发其他疾病。

3.主要症状

(1)典型新城疫 呼吸困难、咳嗽、气喘等呼吸道症状,鸡冠呈青紫色,绿色稀便,嗉囊蓄积量酸臭液体,倒提病鸡液体从口中流出,病程稍长者会出现神经症状,如腿翅麻痹和头颈扭曲等。发病无明显的季节性。

(2)非典型新城疫 对于非产蛋鸡可能出现不同程度呼吸道症状,有的鸡群可能仅见少数鸡只摇头、咳嗽、甩鼻等呼吸道症状。采食量下降,大多数病鸡所排粪便不成形,只有少数鸡只排出黄绿色稀粪。但是死亡率不高，一般不超过30%。

对于产蛋鸡来说，产蛋率下降，有时可达20%左右，软壳蛋、畸形蛋增多，蛋壳颜色发白，死淘率有所增加，常出现假产鸡。

4. 剖检病变

(1)典型新城疫　剖检病鸡可见腺胃乳头或乳头间点状出血，十二指肠及小肠黏膜有暗红色出血，肠黏膜处常见有枣核状大小的纤维素性坏死，泄殖腔充血、出血，产蛋鸡输卵管充血、出血明显。

(2)非典型新城疫　剖检病死鸡可见气管黏膜充血、出血，十二指肠及小肠黏膜有出血和溃疡，但均不如典型性新城疫特征性明显。盲肠扁桃体肿胀出血，泄殖腔有出血点。产蛋鸡卵泡变形、充血，后期输卵管萎缩。较特征性病理变化是在十二指肠或空肠的一段或多段处，局部肠黏膜脱落，肠壁明显变薄，并被胆汁染成杏黄色，伸展时手感有韧性。有的病例肠内充满气体或液体，外观呈泡状隆起。

5. 类症鉴别

该病应与禽流感、传染性支气管炎、传染性喉气管炎、慢性呼吸道疾病和禽霍乱鉴别诊断。

与禽流感比较禽流感可引起病鸡肿头、眼睑周围浮肿、肉冠和肉垂肿胀。

与传染性支气管炎比较传染性支气管炎传播迅速，可在1~2天内波及全群，一般只引起1~4周龄的鸡死亡，而新城疫可引起各年龄鸡死亡。另外，鸡传染性支气管炎还可引起肾脏病变、产蛋鸡产蛋下降，产畸形蛋、蛋清稀薄如水。

与传染性喉气管炎比较二者都有气管内病变，但喉气管炎无消化道病变。传喉主要引起育成鸡和产蛋鸡发病，表现为明显的呼吸道症状，喉头和气管内有血痰或黄色干酪样物。

与慢性呼吸道病比较慢性呼吸道病病程长，死亡较少，并常发细菌感染而发生气囊炎、肝周炎、心包炎等病变。抗生素治疗有效。

与禽霍乱比较禽霍乱的患病鸡多为成年鸡，往往无先兆症状。突然死亡，多发生于季节交替时。慢性病例肉髯肿胀、关节发炎、无神经症状，从病变来看，禽霍乱肝脏表面有灰白色坏死点及脏器表面出血，具有特征性。

6. 实验室诊断

(1)病毒分离鉴定

①样品采集　当认为鸡群发生ND，引发严重疾病导致高死亡率时，通常是从死亡不久的禽或人为杀死的濒死禽进行病毒分离。从死禽采集的样品有口鼻拭子，还有肺、肾、肠(包括内容物)、脾、脑、肝和心组织，这些样品可单独或者混合存放，但肠内容物常需单独处理。从活禽采集的样品应包括气管和泄殖腔拭子，后者需要带有可见粪便，对雏鸡采集拭子容易造成损伤，可采用收集新鲜粪便代替。样品采集应在疾病初期进行。样品采集原则：采集样品时，必须有严格的无菌概念，采集不同发病禽或死亡禽的病料应放置不同的容器中保存。采集的样品必须有代表性(采集具有典型临床症状)，每一发病群最少应采集5只发病禽。

②样品处理　样品置于含抗生素的等渗的0.01 M PBS(pH 7.0~7.4)中，抗生素视具体情况而定，但对组织和气管拭子保存液应含青霉素(2 000 U/mL)，链霉素(2 mg/mL)，卡那霉素(50 μg/mL)和制菌霉素(1 000 U/mL)；而对粪便和泄殖腔拭子其浓度应提高5倍。加入抗

生素后调节 pH 到 7.0~7.4。粪便和捣碎的组织,应用抗生素溶液制成 10%~20%(W/V)的悬浮液。采集的样品应尽快处理,首先在室温下静置 1~2 h。如果没有处理条件,样品可在 4℃ 保存,但不超过 4 天。

③病毒培养 粪便或组织的悬浮液在室温下(不超过 25℃)1 000 g 离心后的上清液,经尿囊腔接种至少 5 枚 9~11 日龄的 SPF 鸡胚,0.02 mL/枚,35~37℃ 孵育 4~7 天。弃去 24 h 内死亡鸡胚,收集 24 h 后死亡的和濒死鸡胚尿囊液,于 4℃ 冷却,随后检测尿囊液的 HA 活性。阴性者至少用另一批蛋再传代一次。

④病毒鉴定 应用 NDV 标准阳性血清进行 HI 试验可以鉴定 NDV。但是,应考虑以下因素,在无菌收集的尿囊液中能检出 HA 活性,可能是由于存在 15 种血凝亚型之一的流感病毒或者其他 8 个血清型之一的副黏病毒(未灭菌的尿囊液可能含细菌性 HA)。用特异的抗血清可以证明 NDV 的存在。通常使用鸡的抗血清,它们是用 NDV 毒株中的一个株制备的。NDV 和 APMV-3 在 HI 试验中可能发生交叉反应,可以使用合适的抗原和抗血清对照解决此问题,另外,单抗的使用将会很好解决这个问题。

(2)病原指数测定 不同 NDV 分离株的毒力差异显著,而且由于新城疫活疫苗的广泛应用,仅从具有临床症状的病禽分离病毒进行鉴定,还不能对 ND 作出确诊,因此,需要对分离毒株的致病性进行毒力评价。目前常用的方法为体外试验,采用鸡胚平均致死时间(MDT)、脑内致病指数(ICPI)、静脉致病指数(IVPI)

测定对致病性进行评估。判定标准:MDT 低于 60 h 为强毒型 NDV,在 60~90 h 为中等毒力型 NDV,大于 90 h 为低毒力 NDV ;ICPI 越大,NDV 致病性越强,最强毒力病毒的 ICPI 接近 2.0,而弱毒株毒力的 ICPI 为 0 ;IVPI 越大,NDV 致病性越强,最强毒力病毒的 IVPI 可达 3.0,而弱毒株的 IVPI 为 0。

【防控措施】

1. 防病要点

良好的疫苗免疫,包括选择合格的疫苗,恰当、正确的使用方法,合理的免疫程序,并由责任心强的、技术熟练的员工进步免疫接种。同时,为了有效防止非典型 ND 的发生,可根据抗体监测的结果,在 HI 抗体滴度低于 6log2 时,采用弱毒疫苗免疫。良好的环境、管理和安全措施,包括能满足鸡只各生长阶段所需的全价饲料、通风、水质及水量,以及良好的消毒、全进全出制、隔离等综合安全措施。一旦发生疫情,要对病死鸡进行深埋或焚烧,进行环境消毒,消灭传染源,防止疫情扩散。同时,应对鸡只或周围鸡群进行紧急免疫接种。

2. 治疗

使用新城疫疫苗紧急接种的治疗。鸡群感染新城疫后立即用新城疫疫苗通过饮水或注射进行治疗的方法,通常称为新城疫疫苗紧急接种治疗方法。

使用新城疫蛋黄、血清抗体的治疗。新城疫蛋黄抗体和血清抗体,统称为新城疫被动抗体,即遗传抗体。使用新城疫蛋黄或血清抗体治疗非典型性新城疫,一针见效,且疗效稳定,但对于典型性新城疫治疗,其要求就严格了,首先自身抗体效价要求保持在 11~12 之间,即要求在保质期内不能反复冻融;其次要求新城疫病毒感染时间在最佳治疗时间内,否则治疗效果很难预测,常常造成 30%~80% 的死亡。

使用市场相关药物进行治疗。

第二节 马立克病

马立克病(marek's disease,MD)是一种常见免疫抑制性传染病,以外周神经和包括虹膜、皮肤在内的各种器官和组织的单核性细胞浸润为特征,是最常见的一种鸡淋巴组织增生性传染病。该病早期会对鸡胸腺、法氏囊和脾脏造成损伤。该病由马立克氏病疱疹病毒引起的传染性肿瘤性疾病,是最常见的一种鸡淋巴组织增生性传染病。MD存在于世界所有养禽国家和地区,其危害随着养鸡业的集约化而增大,受害鸡群的损失从不到1%到超过30%,个别鸡群可达50%以上。自20世纪70年代广泛使用火鸡疱疹病毒(HVT)疫苗以来,该病的损失已大大下降,但疫苗免疫失败屡有发生。近年来世界各地相继发现毒力极强的马立克病病毒,给该病的防制带来了新的问题。

【病原】 马立克病毒(*Marek's disease virus*,MDV)之前归属于疱疹病毒(*Herpesviridae*)α疱疹病毒亚科(*Alphaherpesvirinae*)马立克病样病毒属(*Marek's disease-like viruses*)。马立克病样病毒属的成员共分三个血清型,禽疱疹病毒2型(*Gallid herpesvirus 2*,GaHV-2)、禽疱疹病毒3型(*Gallid herpesvirus 3*,GaHV-3)和火鸡疱疹病毒1型(*Meleagrid herpesvirus 1*,MeHV-1),属名也改称为马立克病毒属(*Mardivirus*)。MDV血清I型病毒进一步分为几个病理型:温和型MDV、强毒型MDV、超强毒型MDV、特超强毒型MDV病毒株。

MDV基因组是线状的双股DNA,全长180 kb左右。MDV的基因组结构排列与单纯疱疹病毒相同,在长独特区(UL)和短独特区(US)的两侧均有倒置重复序列,具有典型的α-疱疹病毒结构。MDV编码的病毒基因可以分为两大类,一类基因含有α-疱疹病毒同类物,另一类是MDV独特的基因。MDV病毒核衣壳呈六角形结构,85~100 nm;带囊膜的病毒粒子直径155 nm左右,羽囊上皮细胞中的带囊膜病毒粒子273~400 nm,随角化细胞脱落,成为传染性很强的病毒。

UL44基因编码的gC是琼扩试验(AGP)最易测到的抗原,它与延迟和诱发肿瘤有关,在MDV致病中有重要作用。UL27基因编码gB在疫苗免疫中起重要作用,因为其可以诱导中和抗体。Meq(Marek's EcoQ)基因对细胞的肿瘤转化起重要作用,磷蛋白基因pp38、pp24与潜伏感染病毒的激活和随后的复制有关,而与致瘤无关。此外,MDV特有基因还包括潜伏感染相关转录子(LATs)、禽类趋化因子IL8的同源物(v-IL8)、1.8kb基因家族、端粒酶RNA(vTR)、MDV编码的微RNA(miRNA)等。

MDV以典型的细胞结合性方式复制,病毒感染过程是细胞到细胞并形成细胞间桥。MDV感染后,在体内与细胞之间的相互作用有3种形式。第一种是潜伏感染,主要发生于激活的CD4$^+$T细胞,但也可见于CD8$^+$T细胞和B细胞。潜伏感染是非生产性的,检查方法较少,目前只能通过DNA探针杂交或体外培养激活病毒基因组的方法检查出来。第二种是生产性感染,该方式常见于非淋巴细胞,病毒在此进行DNA复制,抗原合成,产生病毒颗粒。在鸡羽囊上皮细胞中是完全生产性感染,产生大量带囊膜的病毒粒子,并且这种病毒离子离开细胞仍具有很强的传染性。在大多数培养细胞(如淋巴细胞和上皮细胞)中,是生产—限制性感染,具有抗原合成,但产生的大多数病毒粒子无囊膜,因而并不具有传染性。生产性感染都导致细胞溶解,所以又称溶细胞感染。第三种是转化性感染,是MD淋巴瘤中大多数转化细胞的特征。转化性感染仅出现在 T 细胞,且只有强毒的 1 型 MDV 才能引发疾病。与存在病毒基因组但不表达的潜伏感染不同,转化性感染以基因组的有限表达为特征。Meq 基因在转化细胞的核内和 S 期的胞浆中均有表达,该基因与亮氨酸拉链类致瘤基因同源,但其编码的蛋白质的特性目前尚未完全搞清楚。转化性感染常伴随着病毒 DNA 整合进宿主细胞基因组。最近的研究表明 CD30hi 抗原的表达是 MD 淋巴瘤的特性。MATSA 并非肿瘤特异,而是伴随细胞转化的宿主抗原,但它在 MD 鉴别诊断中仍有重要意义。

强毒 MDV 可在鸭胚成纤维细胞(DEF)和鸡肾细胞(CK)培养上均能生长,但经过继代的三种血清型的病毒均能在鸡胚成纤维细胞(CEF)上繁殖。感染的细胞培养出现折光性逐渐增强并且逐渐变圆的变形细胞。受害细胞常可见到 A 型核内包涵体,并有合胞体形成。

MDV 可以与细胞结合,也可游离于细胞外。假如细胞死亡,那么细胞结合病毒的传染性也会丧失。因此保存毒种的方法可借鉴保存细胞的方法。从感染鸡羽囊随皮屑排出的游离病毒,对外界环境有很强的抵抗力,污染的垫料和羽屑在室温下其传染性可保持 4~8 月,在 4℃ 至少为 10 年。但该病毒对常用的化学消毒剂抵抗力较弱。

【流行病学】 鸡是最重要的自然宿主,除鹌鹑外,其他动物的自然感染没有实际意义。不易感染非禽类动物。但近年来报道有些致病性很强的毒株可在火鸡造成较大损失。不同品种或品系的鸡均能感染 MDV,但对发生 MD(肿瘤)的抵抗力差异很大,目前已知的伊莎、罗曼、海赛等蛋鸡品种和国内的北京油鸡及狼山鸡均对 MD 高度易感。感染时鸡的年龄对发病的影响很大,特别是出雏和育雏室的早期感染可导致很高的发病率和死亡率。年龄大的鸡发生感染,病毒可在体内复制,并随脱落的羽囊皮屑排出体外,但大多不发病。对感染的免疫应答能力是构成遗传抗病力和年龄抗病力的共同基础。

病鸡和带毒鸡是主要的传染源,病毒通过直接或间接接触经气源传播。在羽囊上皮细胞中复制的传染性病毒,随羽毛、皮屑排出,使污染鸡舍的灰尘成年累月保持传染性。很多外表健康的鸡可长期持续带毒排毒。

现在普遍认为,该病不发生垂直传播,通过种蛋的表面污染而将病从母鸡传给子代的可能性也很小。用病鸡血液、肿瘤匀浆悬液或无细胞病毒接种 1 日龄易感雏鸡,或与感染鸡的直接或间接接触,均可成功地人工感染。

鸡群所感染的 MDV 的毒力对发病率和死亡率影响很大。虽然致瘤的 MDV 都属血清 1 型,但它们之间存在显著的毒力差异,从近乎无毒到毒力最强者,构成一个连续的毒力谱。根据 HVT 疫苗能否提供有效保护,将 MDV 分为温和毒(中等毒力)型(mMDV)、强毒型(vMDV)、超强毒型(vvMDV)和超超强毒型(vv⁺MDV)。据认为 MDV 流行毒株的毒力是在不断演变的。流行很多年的古典型 MD 可能由温和毒株引起,20 世纪 50 年代后期、60 年代和 70 年代以强毒占优势,自 20 世纪 70 年代末至现在世界各地相继出现超强毒,主要在 HVT 免疫鸡群造成严重死亡。欧洲一些国家和地区在长期使用 CVI988/Rispens 1 型疫苗后,近年来也出现特强毒株。美国于 1990 年代初引进 CVI998/Rispens 1 型疫苗,近年来也在该疫苗的免疫鸡群中发现毒力增强的毒株。这说明在自然界(人工饲养的鸡群)中存在 MDV 毒力增强的选择压力,将来有可能出现毒力更强的毒株。

应激等环境因素也可影响 MD 的发病率。

【临床症状】 该病是一种肿瘤性疾病,潜伏期较长。1 日龄雏鸡人工接种时,两周后开始排毒,高死亡率发生在 3~5 周;3~6 天出现溶细胞感染,但该时期死亡率较低,6~8 天淋巴器官发生变性损害;两周后可发现神经和其他器官的单核细胞性浸润;一般直到3~4周才显现临床症状和病理变化,而早期死亡综合征以感染后8~14天死亡为特征。种鸡和产蛋鸡常在4~20周龄出现临床症状。

MD急性暴发时病情严重,初以大批鸡精神委顿为特征,几天后有些鸡出现共济失调,随后发生单侧或双侧性肢体麻痹。有些鸡突然死亡。多数鸡则脱水、消瘦和昏迷。

典型的MD症状是感染的鸡会表现出不同程度的共济失调和颈部或四肢的疲软性麻痹,一般在接触病毒两周后开始出现。因侵害的神经不同而表现不同的临床症状。臂神经受损时,翅受累麻痹下垂。控制颈肌的神经受害可导致头下垂或头颈歪斜。迷走神经受害可引起嗉囊扩张或喘息。最常见坐骨神经受侵害,表现步态不稳,后完全麻痹,不能行走,蹲伏地上,或呈典型"劈叉"姿势,一腿伸向前方,另一腿伸向后方。

有些病鸡虹膜受害,导致失明。一侧或两侧虹膜不正常,色彩消退。瞳孔呈同心环状或斑点状以至弥漫性灰白色,开始时边缘变得不齐,后期则仅为一针尖状小孔。并且受害眼睛逐渐失去适应光强度能力。

病程长者体重减少、肤色苍白、食欲不振和下痢等。死亡通常由于饥饿、失水或同栏鸡的踩踏所致。

【病理变化】 最恒定的病理变化部位是外周神经,以腹腔神经丛、前肠系膜神经丛、臂神经丛、坐骨神经丛和内脏大神经最常见。受害神经横纹消失,变为灰白色或黄白色,呈水煮样肿大变粗,局部或弥漫性增粗,可达正常的2~3倍以上,有时呈水肿样外观。病理变化常为单侧性,将两侧神经对比有助于诊断。

内脏器官最常被侵害的是卵巢,其次为肾、肾上腺、脾、肝、心、肺、胰、肠系膜、腺胃和肠道。肌肉和皮肤也可受害。在上述器官和组织中可见大小不等的肿瘤块,灰白色,质地坚硬而致密,有时肿瘤呈弥漫性,使整个器官变得很大。个别病鸡因肝、脾高度肿大而破裂,造成内出血而突然死亡。剖检时可见头部苍白,肝脏有裂口,肝表面有大的血凝块,腹腔内有大量血水,除法氏囊外,内脏的眼观变化很难与禽白血病等其他肿瘤病相区别。在该病的较急性病例中,内脏淋巴瘤尤为常见。

法氏囊通常萎缩,极少数情况下发生弥漫性增厚的肿瘤变化,由肿瘤细胞的滤泡间浸润所致皮肤病理变化常与羽囊有关,但不限于羽囊,病理变化可融合成片,呈清晰的白色结节,在拔毛后的胴体尤为明显。

MD的非肿瘤性变化包括法氏囊和胸腺萎缩,以及骨髓和各内脏器官的变性损害,它们是强烈溶细胞感染的结果,可导致肿瘤产生前的鸡早期死亡。溶细胞性感染最早可发生在3~6天,但也有可能在8~14天才能出现。

外周神经的组织学变化可分A、B两种类型。A型变化与非生产性感染有关,表现为增生性损害,本质上是肿瘤性的,由增生的成淋巴细胞团块组成。B型变化与生产性感染有关,表现为变性损害,本质上是炎症性的,以轻到中度小淋巴细胞和浆细胞浸润为特征,通常伴有水肿,有时有脱髓鞘和雪旺氏细胞增生。轻度的B型变化亦称C型变化。有些病例也有脱髓鞘和雪旺氏细胞增生。在增生性损害中有一种嗜碱性、嗜哌咯宁、细胞浆多空泡、细胞核内部结构不清楚的特殊变性成淋巴细胞,称为MD细胞。上述两种变化可出现于同一只鸡不同神经,或甚至同一神经的不同区域。两种变化的次序是B型在前,A型在后。MDV超强毒株诱发病变出现最早且更广泛。

皮肤的变化大体上是炎症性的,但也可为淋巴瘤性的。眼部最常见的病变为虹膜的单核细胞浸润,但也可在眼肌发现类似浸润,特别需要注意外直肌和睫状肌中发现金浸润。

内脏的淋巴瘤样损害是更为一致的增生性病变。细胞组成类似外周神经的 A 型变化,主要为弥漫浸润的小至中淋巴细胞、成淋巴细胞、MD 细胞和被激活的原始网状细胞。在肿瘤块中也会发现巨噬细胞,尤其在缓慢生长的肿瘤中,也许反映出宿主的免疫应答。

早期死亡综合征以严重的淋巴组织变性和死亡为特征,常伴脾肿大和坏死,也可出现暂时性麻痹相关的病变。

【诊断】 MDV 是高度接触传染性的,在商业鸡群中几乎是无所不在,但只有小部分鸡会发生 MD。此外,接种疫苗的鸡虽能得到保护不发生 MD,但仍能感染 MDV 强毒。因此,不能简单以是否感染 MDV 不能作为诊断 MD 的标准,必须根据流行病学、临床症状、病理学和肿瘤标记作出诊断。

MD 一般发生于 1 月龄以上的鸡,2～7 月龄为发病高峰;MD 的内脏肿瘤与鸡淋巴白血病(LL)的在眼观变化上很相似,需要作区别诊断。非缺陷性网状内皮组织增生症病毒(REV)也可产生与 MD 相似的临床疾病。可对肿瘤作组织学检查或免疫组织化学检查。MD 肿瘤中多数细胞表达 Ia 抗原和 CD4/CD8 T 细胞表面标志,AV37 细胞标志、MATSA 抗原也常见于 MD 肿瘤细胞。这些抗原的检测有助于诊断。非法氏囊型 RE 虽然在很多方面与 MD 相似(表 6-2),但它在自然条件下很少发生。

表 6-2 MD、LL 和非法氏囊型网状内皮组织增生症(RE)的鉴别诊断
(Calnek and Witter,1991)

病名	MD	LL	RE*
发病年龄			
高峰	2～7 月	4～10 月	2～6 月
限制	>1 月	>3 月	>1 月
临床症状			
麻痹	常见	无	少见
眼观变化			
肝脏肿瘤	常见	常见	常见
神经肿瘤	常见	无	常见
皮肤肿瘤	常见	少见	常见
法氏囊肿瘤	少见	常见	少见
法氏囊萎缩	常见	少见	常见
肠道肿瘤	少见	常见	常见
心脏肿瘤	常见	少见	常见
组织学变化			
多形性细胞	是	不是	是
均一的成淋巴细胞	不是	是	不是
法氏囊肿瘤	滤泡间	滤泡内	少见

续表 6-2

病名	MD	LL	RE*
法氏囊萎缩	常见	少见	常见
表面抗原			
MATSA	5%～40%	无	无
IgM	<5%	91%～99%	未知
B 细胞	3%～25%	91%～99%	少见
T 细胞	60%～90%	少见	常见

指非法氏囊型 RE,法氏囊型 RE 的特点基本与 LL 的相同。

虽然检查鸡群感染 MDV 情况对建立 MD 诊断并无多大帮助,但对流行病学监测和病毒特性研究具有重要意义。常用的方法有病毒分离,检查组织中的病毒标记和血清中的特异抗体。病毒分离常用 DEF 和 CK 细胞,分离物用特异型单抗进行鉴定。组织中的病毒标记即病毒抗原,可用 FA、AGP 和 ELISA 等方法,或用 DNA 探针查病毒基因组。FA、AGP 和 ELISA 等方法也可用于检查血清中的 MDV 特异抗体。

【防制】

疫苗接种是防制该病的关键,尤其要以防止出雏室和育雏室早期感染为中心的综合性防制措施对提高免疫效果和减少损失亦起重要作用。MD 疫苗虽然不能阻止 MDV 的感染,但对于后续感染 MDV 的复制效率和排毒时间具有显著效果。

用于制造疫苗的病毒有三种:血清 1 型 MDV(如 CVI988)、自然不致瘤的 2 型 MDV(如 SB-1,Z_4)和 3 型 MDV (HVT)(如 FC126)。HVT 疫苗使用最早最广泛,因为制苗经济,而且可制成冻干制剂,保存和使用较方便。多价疫苗主要由血清 2 型和 3 型或 1 型和 3 型病毒组成。血清 1 型毒和 2 型毒只能制成细胞结合疫苗,需在液氮条件下保存。合理的选择和使用疫苗对控制 MD 十分重要。即使是保护效力最好的疫苗,长期使用也会出现一些毒力更强的毒株,欧洲和美国在长期使用 CVI988 疫苗后已发生上述情况。

有很多因素可以影响疫苗的免疫效果。早期感染可能是引起免疫鸡群超量死亡的最重要原因,因为疫苗接种后需 7 天才能产生加强免疫力,而在这段时间内在出雏室和育雏室都有可能发生感染,在疫苗接种的同时加强对出雏室和育雏室的消毒。IBDV、REV、呼肠孤病毒、强毒 NDV、A 型流感病毒和鸡贫血病毒等引起免疫抑制的感染均可干扰疫苗诱导免疫力,它们均有免疫抑制作用。

由超强毒株引起的 MD 暴发,常在用 HVT 疫苗免疫的鸡群中造成严重损失,用血清 1 型 CVI988 疫苗,血清 2、3 型毒组成的双价疫苗或血清 1、2、3 型毒组成的 3 价疫苗可以控制。血清 2 型和 3 型毒之间存在显著的免疫协同作用,由它们组成的双价疫苗免疫效率比单价疫苗显著提高。由于双价苗是细胞结合疫苗,其免疫效果受母源抗体的影响很小。

对不同品种或品系的鸡,疫苗对病毒的免疫效果也是不尽相同有人发现用 HVT 疫苗免疫有遗传抗病力的鸡,效果比双价苗(HVT＋SB-1)免疫易感鸡的还要好。因此在未来实践生产中,提高选育生产性能好的抗病品系鸡更有利于防止马立克氏病的发生。

案例分析

【临诊实例】

2013 年 7 月重庆市长寿区某商品蛋鸡存养 3 400 只，从 70 日龄时开始陆续有鸡每天 20～30 只发病，饲养至 119 日龄时已死淘 11.5% 左右，病鸡日渐消瘦，病程慢性经过。该养鸡场属于一个山地养鸡场，占地约 3 亩，场内建筑较为简陋，鸡舍地势低洼、地面崎岖不平、卫生防疫条件差。主诉：该批次蛋鸡为 3 400 只，饲养之 70 日龄时陆续出现病鸡，每天都在 20～30 只左右，病情出现后户主曾先后使用恩诺沙星、禽菌灵、青霉素、磺胺等药物治疗但效果不明显。据了解该批次鸡苗在出壳 24 h 内已按照要求进行马立克氏病等的疫苗接种，上一年该鸡场曾出现过类似病例。蛋鸡饲养至 119 日龄时损失严重死淘率已达到 11.5% 左右。患病鸡精神委顿、站立不稳、两腿呈"劈叉式"前后伸展，有点走路成企鹅状，眼睛凹陷无神、瞳孔比正常缩小、食欲减退或废绝，羽毛蓬松杂乱，鸡冠和肉髯呈苍白色，部分患病鸡排白色或黄色的稀粪，病鸡呈渐进式消瘦、贫血，后期常因极度消瘦而衰竭死亡。（以上案例摘自左祥勇. 一例蛋鸡马立克氏病的诊断与防治. 2014.）

【诊断】

1. 病因浅析

马立克氏病（MD）是由马立克氏病病毒（MDV）引起的一种接触性传染性肿瘤疾病，以外周神经、性腺、虹膜、各种内脏器官肌肉和皮肤发生单个或多组织器官的单核细胞浸润，形成淋巴性肿瘤为特征。该病传染性强、传播速度快、潜伏期较长（1～3 个月），急性发病的鸡场淘汰及死亡率达 10%～80%，是危害养鸡业的最主要传染病之一。

2. 流行特点

目前该病一般发生于 2～5 月龄，50～70 日龄鸡较多见，肉鸡可早在 45 日龄，产蛋鸡 180～200 日龄仍有发生。神经型主要发生于 3～4 月龄蛋鸡群，死亡率 1%～3%。该病可通过空气传播，也可经污染的饮水、人员和昆虫媒介传播。

3. 主要症状

一般病鸡精神尚好，并有食欲。病情较重的鸡采食减少，精神沉郁，日渐消瘦，被毛粗乱，个别鸡站立不稳，有的鸡下肢麻痹，遇刺激时两腿前后伸展，呈"劈叉"姿势。有的病鸡一侧或两侧的翅膀下垂，头下垂或头颈歪斜，嗉囊扩张，食物时不能后转。但往往由于饮不到水而脱水，吃不到饲料而衰竭；有的病鸡表现瞳孔缩小，严重时仅有针尖大小；虹膜边缘不整齐，呈环状或斑点状，颜色由正常的橘红色变为弥漫性的灰白色，呈"鱼眼状"。轻者表现对光线强度的反应迟钝，重者对光线失去调节能力，最终失明或被其他鸡只践踏，最后均以死亡而告终。

4. 剖检病变

剖检时，部分病鸡的背部、颈部、翅膀等皮肤上常有大如蚕豆、小如麦粒的结节，除发现部分病死鸡皮肤上有大小不一的肿瘤结节外，所有病死鸡消瘦。生前有神经症状的鸡剖检时，发现坐骨神经、臂神经等均有不同程度的炎症，导致其粗大（是原来的 2～3 倍），表面横纹消失。有的病死鸡肝脏、脾脏等器官上常有大如豆粒、小如米粒，边缘不整齐灰白色的结节。切面呈脂肪样但肝脏异常肿大，比正常大 5～6 倍，正常肝小叶结构消失，表面呈粗糙或颗粒性外观。

有的甚至整个卵巢被肿瘤组织代替,呈花菜样肿大,腺胃外观有的变长,有的变圆,胃壁明显增厚或薄厚不均,切开后腺乳头消失,黏膜出血、坏死。

5.类症鉴别

该病主要与新城疫、法氏囊病、淋巴细胞性白血病相区分。

(1)马立克氏病与鸡新城疫的鉴别

①二者均有羽毛松乱,精神萎靡,翅膀麻痹,运动失调,嗉囊扩张,采食困难,腹泻等临床症状。

②二者的区别在于:鸡新城疫发病快,死亡率高,呼吸道症状明显,消化道出血严重,各器官很少出现肿瘤。鸡马立克氏病潜伏期长,表现为零星发病,各器官肿瘤病变明显。

(2)马立克氏病与鸡传染性法氏囊病的鉴别

①二者均有体温高,走路摇摆,步态不稳,减食,低头,翅下垂脱水等临床症状。

②二者区别在于:鸡传染性法氏囊病3～6月龄鸡最易发生,常见病鸡自啄肛门周围羽毛,并出现腹泻;后期病鸡有冷感,趾爪干燥等临床症状。剖检可见法氏囊肿大2～3倍,囊壁增厚3～4倍,质硬,外形变圆,呈浅黄色,或黏膜皱褶上出血,浆膜水肿;胸肌色暗,大腿侧鸡、翅皮下、心肌、肠黏膜、肌胃黏膜下有出血斑。

(3)马立克氏病与鸡淋巴细胞性白血病的鉴别

①二者均有精神萎靡,食欲不振,腹部膨大,消瘦,冠、髯苍白等临床症状。

②二者区别在于:鸡淋巴细胞性白血病在鸡4月龄发生,6～18月龄为主要发病期,法氏囊出现结节性肿瘤,但不表现神经麻痹和"灰眼"症状。鸡马立克氏病大多发生于2～5月龄,内脏型经常引起法氏囊萎缩,个别病例法氏囊壁增厚,但无肿瘤。

6.实验室诊断

(1)细菌的分离与鉴定 分别对送检病鸡的肝脏进行细菌分离培养,病料接种鲜血琼脂平板后,于37℃温箱培养24 h,结果可见无菌生长。

(2)琼脂扩散试验采集 病鸡的羽髓样本,经研磨、反复冻融、离心等试验步骤,获得病毒抗原样本;采用含8%NaCl的1%的琼脂糖琼扩板进行试验,PBS为阴性对照。

另外一种方法,马立克氏病毒核酸的PCR检测,取病、死鸡肝脏组织制成组织匀浆,组织匀浆液经10 000 r/min(4℃)离心10 min,取上清液采用SDS-蛋白酶K法提取病毒DNA样本。以马立克氏病病毒核酸特异性的引物进行PCR扩增,结果能扩增出马立克氏病病毒核酸特异性条带。

【防控措施】

1.防病要点

目前对该病尚无有效疗法。鸡群中的病鸡必须彻底检出淘汰,彻底消灭该病的传染源。

(1)疫苗接种 采用马立克病毒疫苗,1～3日龄雏鸡,每只皮下注射稀释疫苗0.2 mL,免疫期约5个月。

(2)加强鸡群的饲养管理 搞好卫生消毒工作。保持鸡舍清洁卫生,做好消毒灭源工作。用3%的烧碱溶液对鸡舍墙壁、地面以及整个放养场地全面消毒一遍;加强饲料营养,在饲料中适当添加矿物质元素硒,以进一步增强鸡群抵抗肿瘤疾病的能力。

2.治疗

对于已经通过上述检查诊断确诊为鸡马立克氏病的鸡只而言,需要采取的治疗方案为:对患病鸡可使用中药治疗,具体用药方案为:20.0 g 穿心莲、10.0 g 川贝、10.0 g 桔梗、10.0 g 剂量金银花、10.0 g 剂量杏仁、6.0 g 甘草,研制形成粉末,将其装入空心胶囊内,每次用药剂量为3～4粒,3次/天。同时,为了对继发性感染进行预防,需要在饲料中混合一定的氟苯尼考。患病鸡只还需要提高饲养中的水分摄入量,摄入水中加入电解多维,维持体内酸碱平衡。同时,养殖区域使用浓度为 3.0% 的烧碱液喷洒消毒。

第三节　禽白血病

禽白血病(avian leukosis)是由禽白血病/肉瘤病毒群中的病毒引起的禽类多种恶性肿瘤的统称,在自然条件下以淋巴白血病最为常见,其他如成红细胞白血病、成髓细胞白血病、髓细胞瘤、纤维瘤和纤维肉瘤、肾母细胞瘤、血管瘤、骨石症等出现频率很低。该病广泛存在于世界各地,大多数鸡均易感染病毒,但很少表现出临床症状。由于 1970S 在蛋种鸡群和 1990S 在肉种鸡群实施消灭计划,目前商业种鸡群中外源性禽白血病病毒(Avian leukosis virus,ALV)的流行率已不如以前高。该病在经济上的重要性主要表现在三个方面:一是通常因肿瘤在鸡群造成 1%～2% 的死亡率,偶见高达 20% 或以上者;二是 ALV 亚临床感染引起很多生产性能下降,尤其是产蛋和蛋质下降;三是造成感染鸡群的免疫抑制。该病病毒主要有 A、B、C、D、E 和 J 等亚群,其中 1990S 出现 J 亚群白血病后,严重威胁肉鸡产业的发展。

【病原】　禽白血病/肉瘤病毒群(Avian leukosis/Sarcoma viruses)在分类上属反转录病毒科,α 反转录病毒属(Alpharetroviruses)。这群病毒的成员有相似的物理和分子特性,并有共同的群特异(gs)抗原。白血病病毒粒子和核芯无明显对称性,但是一些 C 型的反转录病毒核芯存在二十面体对称。该病毒具有反转录酶,此酶以 RNA 为模板合成前病毒 DNA 所必须。ALV 中的淋巴白血病病毒(Lymphocyte leukemia virus,LLV)缺乏转化基因,致瘤速度慢,需 3 个月以上;据信这种肿瘤转化是通过病毒激活与病毒肿瘤基因同源的细胞基因(原癌基因)而发生的。禽白血病病毒(ALV)和禽肉瘤病毒(ASV)是禽白血病/肉瘤病毒(Avian leukosis/sarcoma viruses,ALSV)中相应成员的总称。

该群病毒粒子在感染细胞超薄切片中呈球形,其内部为直径 35～45 nm 的电子密度大的核心,外面是中层膜和外层膜。整个病毒粒子直径 80～120 nm,平均 90 nm。病毒粒子表面有直径 8 nm 的特征性球状纤突,构成了病毒的囊膜糖蛋白。根据囊膜糖蛋白抗原差异,对不同遗传型鸡胚成纤维细胞(chick embryo fibroblasts,CEF)的宿主范围和各病毒之间的干扰情况,该群病毒被分为 A、B、C、D、E 和 J 等亚群。A 和 B 亚群的病毒是现场常见的外源性病毒;C 和 D 亚群病毒在现场很少发现;而 E 亚群病毒则包括无所不在的内源性白血病病毒,致病力低;J 亚群病毒则是 1989 年从肉用型鸡中分离到的,与肉鸡的髓细胞性白血病有关。和 A、B 亚群一样,J 亚群也是商品鸡群中最常分离到的病毒。此外从一些禽类中还分离到 F、G、H 和 I 亚群病毒。

该群中的肉瘤病毒,接种 11 日龄鸡胚绒尿膜,在 8d 后可产生痘斑;接种 5～8 日龄鸡胚卵黄囊则可产生肿瘤;接种 1 日龄雏鸡的翅蹼,也可产生肿瘤。肉瘤病毒可在 CEF 上生长,产生转化细胞灶,常用于病毒的定量测定。包括 LLV 在内的大多数禽白血病病毒可在敏感的 CEF 上复制,但不产生任何明显病理变化,它们的存在可用多种试验检查出来。

白血病/肉瘤病毒对脂溶剂和去污剂敏感，去污剂十二烷基硫酸钠可裂解病毒粒子并释放出 RNA 和核芯蛋白。对热的抵抗力弱，反复冻融可使病毒裂解，释放 gs 抗原。病毒材料需保存在－60℃以下，在－20℃很快失活。该群病毒在 pH 5～9 之间稳定。另外 ALV 野外分离株对紫外线具有相当强的抵抗力。

【流行病学】　鸡是该群所有病毒的自然宿主。ASV 中的 Rous 肉瘤病毒（RSV）宿主范围最广，人工接种在野鸡、珠鸡、鸭、鸽、鹌鹑、火鸡和鹦鹉也可引起肿瘤。但是在实验室条件下，具有较广泛的宿主范围。不同品种或品系的鸡对病毒感染和肿瘤发生的抵抗力差异很大。ALV-J 主要引起肉鸡的肿瘤和其他病征，但最近研究表明也可引起商品白壳蛋鸡的感染并发生肿瘤，感染可能是在同一孵化器的 1 日龄蛋鸡和肉鸡接触引起的。

外源性 LLV 有两种传播方式　垂直传播和水平传播。垂直传播在流行病学上十分重要，因为它使感染在世代间连续不断的感染。大多数鸡通过与先天感染鸡的密切接触获得感染。因为病毒不耐热，在外界存活时间短，感染不易间接接触传播。J 亚群 ALV 在肉鸡群的水平传播效率比其他外源 ALV 高得多，并能导致免疫耐受（持续的病毒血症和缺乏抗体），接着排毒并通过种蛋产生垂直传播。

成年鸡的 LLV 感染有 4 种情况　无病毒血症又无抗体（V－A－）；无病毒血症，而有抗体（V－A＋）；有病毒血症又有抗体（V＋A＋）；有病毒血症而无抗体（V＋A－）。先天感染的胚胎对病毒发生免疫耐受，出壳后成为 V＋A－鸡，血液和组织含毒很高，到成年时母鸡把病毒传给子代有相当高比例。先天感染与母鸡向蛋白排毒和阴道存在病毒有关，电镜检查显示输卵管膨大部病毒复制的浓度很高。感染胚胎的胰腺积聚大量病毒，可从新出壳鸡的粪便中排出，传染性很强。感染的鸡胚并不一定死亡，但是随着鸡胚不断发育成雏鸡乃至成鸡时，病毒也在不断地复制，感染病毒越早，越容易发病。

通常感染鸡只有一小部分发生淋巴白血病（LL），但不发病的鸡可带毒并排毒。V＋A－鸡死于 LL 的比 V－A＋鸡高好几倍。出生后最初几周感染病毒，LL 发病率高，感染的时间后移，则发病率明显下降。

内源性白血病病毒常通过公鸡和母鸡的生殖细胞遗传传递，多数有遗传缺陷，不产生传染性病毒粒子，少数无缺陷，在胚胎或幼雏也可产生传染性病毒，像外源病毒那样传递，但大多数鸡对它有遗传抵抗力。ALV 蛋清排毒并传给鸡胚是输卵管蛋清分泌腺增殖病毒的结果。内源病毒无致瘤性或致瘤性很弱。

【临床症状和病理变化】　淋巴白血病（lymphocyte leukemia, LL）的潜伏期长，以标准毒株（如 RPR12）接种易感胚或 1～14 日龄易感雏鸡，在 14～30 周龄之间发病。自然病例可见于 14 周龄后的任何时间，但通常以性成熟时发病率最高。

LL 无特异临床症状，可见鸡冠苍白、皱缩，间或发绀。食欲不振、消瘦和衰弱。腹部增大，可触摸到肿大的肝、法氏囊和/或肾。一旦显现临床症状，通常病程发展很快。病鸡后期不能站立，倒地因衰弱死亡，发现病状前，内脏已有肿瘤产生。

隐性感染不仅能使肉鸡的生长速度受到抑制，还能使蛋鸡和种鸡的产蛋性能受到影响。与不排毒母鸡相比，排毒母鸡不仅产蛋量要少 20～30 枚，而且性成熟迟缓，蛋小而壳薄，受精率和孵化率下降。

肝、法氏囊和脾几乎都有眼观肿瘤;肾、肺、性腺、心、骨髓和肠系膜也可受害。肿瘤平滑柔软,呈灰白色或淡灰黄色,大小不一,可为结节性、粟粒性或弥漫性。肿瘤组织的显微变化呈灶性和多中心,即使弥漫性也是如此。肿瘤细胞增生时把正常组织细胞挤压到一边,而不是浸润其间。肿瘤主要由成淋巴细胞组成,大小虽略有差异,但都处于相同的原始发育状态。细胞浆含有大量 RNA,在甲基绿哌咯咛染色片中呈红色。观察细胞特征以新鲜样品的湿固定触片为最好。病鸡外周血液的细胞成分缺乏特征性变化。

ALV 的绝大多数毒株都能引起血管瘤,见于各种年龄的鸡。自然病例中,因血管瘤而死亡的鸡多在 6～9 月龄。血管瘤通常发生于各种年龄鸡的皮肤和内脏器官,在其表面形成血疱或实体瘤,充满血液的腔隙内排列着内皮细胞或其他细胞,多见细胞增生性病变。严重时病鸡下痢、消瘦、全身虚弱、毛囊有出血,最后极度衰弱而死亡。通常血管瘤呈多发性且易破裂,可引起致死性出血。

ALV-J 感染发病可发生在 4 周龄或更大日龄的肉鸡,产生髓细胞瘤的时间比 ALV-A 产生的成淋巴群细胞瘤要早,4～20 周龄病鸡在肝、脾、肾和胸骨可见病理变化。组织病理学变化的特征是肿瘤由含酸性颗粒的未成熟的髓细胞组成。

成红细胞白血病、成髓细胞白血病、髓细胞瘤等在现场很少发生,生产上意义不大,但它们在肿瘤的基础研究中起重要作用。

【诊断】 主要根据流行病学和病理学检查。LL 需与 MD 鉴别诊断。

病毒分离鉴定和血清学检查在日常诊断中很少使用,但它们是建立无白血病种鸡群所不可缺少的。病毒分离的最好材料是血浆、血清和肿瘤,新下蛋的蛋清、10 日龄鸡胚和粪便中也含有病毒。表 6-3 列出的是用于分离鉴定不同亚型 ALV 的不同纯系 CEF 的易感性。它们的存在及亚群鉴定可用下列试验测定。

表 6-3 用于分离鉴定不同亚型 ALV 的不同纯系 CEF 的易感性

纯系鸡 CEF	易感的 ALV 亚群	用途	参考文献
Line 15B1(C/O)	A、B、C、D、E、J	所有的 ALV 的分离	Crittenden 等,1987
Line0 (C/E)	A、B、C、D、J	外源性 ALV 的分离	Crittenden 等,1987
Line alv6 (C/AE)	B、C、D、J	排除 A 亚群 ALV	Crittenden 和 Salter,1992
DF-1/J (C/EJ)	A、B、C、D	排除 J 亚群 ALV	Hunt 等,1999

PCR 法可用于包括 ALV-J 在内的不同亚群的 ALV 基因的检测,模板 RNA 可从感染鸡样品接种的 CEF 和感染鸡的血液、鸡冠、趾端制备。可设计不同的引物,检查不同亚群的 ALV。例如有几种引物可用于特异性检测最常见的 A 亚群和新出现的 J 亚群 ALV。免疫组化法可用于受害组织和感染 CEF 中 ALV 的检测,间接免疫荧光法或流式细胞仪也可用于感染细胞的 ALV 检测。

检测特异抗体的样品以血浆、血清或卵黄为好,采用琼脂糖扩散、补体结合试验、免疫荧光抗体试验、病毒的分离和鉴定等方法进行诊断。RSV 假型(pseudotype)中和试验可确定过去或现在感染病毒的亚群。检测抗体的间接免疫酶试验和 ELISA 也已有报道。检测抗体对该病的诊断意义不大。

鸡淋巴细胞白血病要注意与 MD 相区别,两者对鸡眼部影响类似,两者主要不同点主要在于 MD 侵害外周神经、皮肤、虹膜,法氏囊常萎缩,但是淋巴细胞白血病并没有这些现象。

【防制】

减少种鸡群的感染率和建立无白血病的种鸡群是防制该病最有效的措施。其主要原因在于:该病可垂直传播,水平传播仅占次要地位;先天感染的免疫耐受鸡是最重要的传染源,所以疫苗免疫对防制的意义不大;目前也没有可用的疫苗。一旦发病全群淘汰,不得留作种用,彻底消毒被污染的环境,对于商品鸡群,不仅要淘汰病鸡和带毒蛋,还要采取完全隔离饲养管理。刚出壳的雏鸡免疫能力弱,因此在孵化场对每批之间孵化器、出雏器、育雏室都要进行严格的清扫消毒。

从种鸡群中消灭 LLV 的步骤包括:从蛋清和泄殖腔拭子试验阴性的母鸡选择受精蛋进行孵化;在隔离条件下小批量出雏,接种疫苗每雏换针头,测定雏鸡血液是否 LLV 阳性,淘汰阳性雏鸡及与之接触者;在隔离条件下饲养无 LLV 的各组鸡,连续进行 4 代,建立无 LLV 替代群。目前通常的做法是通过检测和淘汰带毒母鸡以减少感染,在多数情况下均能奏效。因为刚出雏的小鸡对接触感染最敏感,每批之间孵化器、出雏器、育雏室的彻底清扫消毒,均有助于减少垂直感染的传播。

抗病遗传也是控制该病的一个重要方面。编码针对外源性白血病/肉瘤病毒感染的细胞易感性和抵抗力的等位基因的频率,在不同的商品鸡品系间大小相同。遗传抵抗力的选择主要是针对占优势的 A 亚群,有时也针对 B 亚群。

第四节　传染性支气管炎

传染性支气管炎(infectious bronchitis,IB)又称为禽传染性支气管炎,是由传染性支气管炎病毒(*Infectious bronchitis virus*,IBV)引起的鸡的一种常见、急性、高度接触性的呼吸道和生殖道疾病,对畜牧业产生重要影响,造成较大的经济损失。肾病变型传染性支气管炎以肾脏肿胀,伴有输尿管和肾小管内尿酸盐沉积等病理变化;呼吸型传染性支气管炎主要以咳嗽、打喷嚏和出现气管啰音等为主要特征。产蛋鸡可表现为产蛋量减少和蛋品质下降;雏鸡通常表现出喘气,咳嗽,流鼻液等呼吸道症状。

该病首先由 Schalk 等于 1931 年在美国发现,我国于 1972 年由邝荣禄等首次在广东报道。目前该病呈世界性流行,是危害养禽业的重大传染病之一。

【病原】　鸡传染性支气管炎病毒(*Avian infectious bronchitis virus*,IBV),属于冠状病毒科(*Coronaviridae*)冠状病毒属(*Coronavirus*)中第三群禽冠状病毒的代表株。基因组为单股正链 RNA,基因长约为 27.6 kb。病毒粒子多数呈圆形(类似于球型),直径 80~120 nm。病毒粒子带有囊膜和纤突。IBV 包括结构蛋白分别是纤突蛋白(Spike protein,S)、膜蛋白(Membrane protein,M)、核衣壳蛋白(Nucleocapsid protein,N)和小膜蛋白(Envelope,E)。S蛋白是 1 种糖基化蛋白,位于病毒粒子囊膜上,在病毒粒子与细胞表面受体结合后通过膜融合侵入宿主细胞和感染宿主体内介导中和抗体产生的过程中发挥重要生物学作用。S 蛋白由 2种糖多肽 S1 和 S2 构成,各有 2~3 个拷贝。M 蛋白仅有 10% 暴露于病毒外表面。N 蛋白缠绕 RNA 基因组形成核糖核蛋白体(RNP)。小膜蛋白(E),以很小的量结合在囊膜上,目前研究尚不明确,可能与病毒子形成有关。

多数 IBV 野毒株不需适应就能在气管环组织培养(TOC)上生长,可用于病毒分离、毒价测定和病毒血清分型。病毒还能在 15～18 日龄的鸡胚肾细胞(CEK)、肝细胞(CEL)和鸡肾细胞(CK)上生长,少数毒株(如 Beaudette 株)也能在非洲绿猴肾细胞株(Vero)中连续传代。但最常用的是鸡胚肾细胞,6～10 代后可产生细胞病理变化,使细胞出现蚀斑,胞浆融合,形成合胞体以及细胞死亡。相应的抗血清能抑制病毒的致细胞病理变化作用。

该病毒能在 10～11 日龄的鸡胚中繁殖生长。自然毒初次接种鸡胚,多数鸡胚能存活,少数生长迟缓甚至死亡。但随着继代次数的增加,该病毒可增强对鸡胚的毒力,到第 10 代时,可在接种后的第 9 天引起 80% 的鸡胚死亡感染鸡胚尿囊液不能直接凝集鸡红细胞,但经 1% 胰酶或磷脂酶 C 处理后,则具有血凝性。利用该特性,有些实验室建立了鉴定 IBV 毒株或监测抗体水平的间接血凝抑制试验,但该方法目前尚缺乏规范标准。

IBV 鉴别和分类目前尚无统一的标准,常通过血清型和基因型来划分。近年来多采用基于 S1 的基因分型方法。一般来讲,S1 基因序列差异越大,毒株间的交叉保护程度越低。但这种方法也存在同一 S1 基因型的毒株间属于不同血清型的可能。许多研究表明,IBV 的基因型和血清型的相关性较低。根据 IBV 对组织的亲嗜性及其引起的临床表现,可分为肠型、肾型、呼吸型和肌肉型等。一般认为要有效防控 IBV,首先须确定该地区 IBV 的血清型,选择保护率高的疫苗。目前,我国流行 IBV 毒株的血清型众多,有 Massachusetts 型、D41 型、Holte 型、T 型和 Ark 型等。目前常有免疫失败的报道疫苗 H_{120}、H_{52} 都是 Massachusetts 型疫苗。传染性支气管炎病毒株在 56℃ 15 min 或 45℃ 90 min 可被灭活,但在 -30℃ 以下存活时间可长达多年。IBV 对外界不良环境抵抗力较弱,尤其对一般消毒剂敏感,在 1% 来苏儿溶液、0.01% 高锰酸钾溶液、1% 福尔马林溶液、2% 氢氧化钠溶液及 70% 乙醇中 3～5 min 即被灭活。

【流行病学】 IBV 病毒可感染多种动物,因此鸡不是 IBV 的唯一宿主。各日龄的鸡均易感,但以雏鸡(尤其 6 周龄以下)和产蛋鸡发病较多,死亡率也高。易感鸡可在 24～48 h 内出现症状,病鸡带毒时间长,康复后仍可排毒。过热、拥挤、温度过低或通风不良等因素都会促进该病的发生。肾型多发生在 3～7 周龄鸡群。腺胃型多发生在 3～12 周龄鸡群。该病的传染源主要通过病鸡和带毒鸡呼吸道和泄殖腔排毒,经空气或污染的饲料、饮水等媒介进行传播。IBV 具有高度传染性且传播迅速,潜伏期也短。该病一年四季流行,应激是该病的重要诱因,但以冬春寒冷季节最为严重。

【临床症状】 临床症状因病毒的毒力、并发感染(大肠杆菌、支气体等)及不良的饲养管理因素等而有较大差异。病鸡常观察不到前驱临床症状,突然出现呼吸临床症状,产蛋鸡的产蛋率急剧下降,并迅速波及全群为该病特征。根据病毒对组织的亲嗜性及其引起的临床表现,可分为呼吸型、肾型、肠型和肌肉型等。这一方面与病毒本身变异快、血清型多有关,另一方面也与环境中的其他致病因子(如大肠杆菌、支原体等)有关潜伏期 36 h 或更长,人工感染为 18～36 h。

1. 肾型

主要发生于 3～4 周龄的鸡。代表毒株有 Holte 株、T 株和 Gray 株。最初表现短期(1～4 天)的轻微呼吸道症状,包括啰音、喷嚏和咳嗽等,但只有在夜间才较明显。呼吸道症状消失后不久,鸡群会突然大量发病,出现厌食、口渴、精神不振和拱背扎堆等症状,同时排出水样白色稀粪(类似于白石灰),内含大量尿酸盐,肛门周围羽毛污浊。剖检可见典型的"花斑肾"病变。

发病 10～12 天达到死亡高峰,21 天后死亡停止,死亡率约 30%。产蛋鸡感染后引起产蛋量下降和产异常蛋等症状,但不会造成较多死亡。

2.呼吸型

代表毒株有 Beaudette 株、M41 株和 Connecticut 株等。主要表现为喘气、张口呼吸、咳嗽、打喷嚏和呼吸啰音等症状,尤其在夜里能够清晰听到咕噜的叫声。2 周龄以内的雏鸡,还可见鼻窦肿胀、流鼻液及甩头等。6 周龄以上的鸡和成年鸡的发病症状与幼鸡相似,但较少见到流鼻液的现象。成年鸡感染 IBV 后的呼吸道症状较轻微,但会较大影响产蛋鸡的性能。主要表现为开产期推迟,产蛋量明显下降,降幅在 25%～50% 之间,可持续 6～8 周。同时畸形蛋、软壳蛋和粗壳蛋增多。蛋品质下降,蛋清稀薄,蛋黄与蛋清分离。康复后的蛋鸡产蛋量难以恢复到患病前的水平。

3.肠型

代表毒株有 G 株。主要表现为打喷嚏,咳嗽,呼吸湿啰音等呼吸道症状,但持续时间不长。病毒在消化道中存在的时间较长,可导致肠炎病变。

4.肌肉型

代表毒株有 793/B(4/91)株。主要危害肉种鸡和蛋鸡,有时可表现呼吸症状。感染肉种鸡表现为深部胸肌苍白、肿胀,偶尔可见肌肉表面出血并有一层胶冻样水肿。感染产蛋鸡可出现产蛋下降。

研究数据表明,除 IBV 毒株本身的致病作用外,环境中的一些其他因素(如寒冷、饲料成分不当和多种病原混合感染等)对传染性支气管炎病变的表现形式和严重程度有较大影响。如果将异常的临床表现或病理变化都归咎于 IBV 毒株变异本身,则容易对诊断和防制工作带来不利的影响。

【病理变化】　不同的临床型有不同的病理变化特征。

1.呼吸型

主要病变表现为鼻窦、喉头、气管黏膜充血和水肿,支气管周围肺组织发生小灶性肺炎。鼻道、鼻窦、喉头、气管、支气管内有浆液性、卡他性和干酪样(后期)分泌物。急性病例可见气囊混浊,增厚。产蛋鸡多表现为卵泡充血、出血、变形和破裂,甚至发生卵黄性腹膜炎。雏鸡感染过 IB 后可导致输卵管永久性病变(输卵管发育不全,长度不及正常的一半,管腔狭小、闭塞)。呼吸系统的病理组织学变化可见支气管、气管黏膜水肿,纤毛脱落,上皮细胞逐渐变圆,然后脱落。黏膜固有层内出现不同程度的充血、水肿和炎症细胞浸润。生殖系统的病理组织变化表现为输卵管黏膜水肿,纤维增生。上皮细胞纤毛变短或脱落,分泌细胞减少,淋巴细胞浸润等。子宫部壳腺细胞变形,固有层腺体增生。卵泡颗粒膜细胞呈树枝状增生,卵泡溶解。

2.肾型

肾小管和输尿管扩张,沉积大量尿酸盐,俗称"花斑肾",肾小管充满白色尿酸盐结晶。主要病变表现为肾脏苍白、肿大和小叶突出。在严重病例中,输尿管增粗,白色尿酸盐还会沉积在其他组织器官表面,即出现所谓的内脏型"痛风"。病理组织学病变方面表现为肾小管上皮细胞肿胀,颗粒变性,空泡变性,管腔扩张,内含尿酸盐结晶。肾间质水肿,并有淋巴细胞、浆细胞和巨噬细胞浸润,有时还可见纤维组织增生。

【诊断】　在一般情况下,根据临床病史、临床症状和病理变化可作出现场初步诊断。确诊可根据血清转阳或抗体滴度升高,病毒分离鉴定,直接检测 IBV 抗原或 IBV RNA 作出。

1.病毒的分离

可无菌采取数只急性期的病鸡气管渗出物和肺组织,制成悬浮液,每毫升加青霉素和链霉素各 1 万单位,置 4℃冰箱过夜。离心后取上清经尿囊腔接种于 10～11 日龄的鸡胚。初代接种的鸡胚,孵化至 19 天,可使少数鸡胚发育受阻,而多数鸡胚能存活,这是该病毒的特征。若有该病毒存在,病毒经过 3 到 5 次传代后,可见胚体明显矮小、蜷缩以及卵黄囊缩小等特征变化。也可收集尿囊液再经气管内接种易感鸡,如有该病毒存在,则被接种的鸡在 18～36 h 后可出现临床症状,发生气管啰音。用 IBV 特异的多克隆或单克隆抗体对感染鸡胚的绒尿膜(CAM)切片,或尿囊液的细胞沉积物涂片作免疫荧光或免疫酶试验可以快速鉴定分离的病毒。可将尿囊液经 1%胰蛋白酶 37℃作用 4 h,再作血凝及血凝抑制试验进行初步鉴定。也可取感染的气管黏膜或其他组织作切片,用免疫荧光或免疫酶试验直接检测 IBV 抗原。近年来已建立起直接检查感染鸡组织中 IBV 核酸的 RT-PCR 方法,扩增 N 蛋白基因或 S1 蛋白基因。采用单克隆抗体技术,金标记技术分别建立检测 IBV 的胶体金监测方法。

2.干扰试验

IBV 在鸡胚内可干扰 NDV-B1 株(即Ⅱ系苗)血凝素的产生,因此可利用这种方法对 IBV 进行诊断。

3.血清学试验

常用于鉴定 IBV 的血清学方法包括病毒中和试验(VN),ELISA 试验和免疫荧光抗体技术(IFA)等。ELISA 试验具有群特异性,可在感染 1 周内检出抗体,加之已经有商品化的试剂盒供应,因此目前被广泛应用。但是这种方法不能确定血清型,HI 的稳定性差,常出现假阳性和假阴性。

4.气管环培养

此法可用作 IBV 分离、毒价滴定,若结合病毒中和试验则还可作血清分型。利用 18～20 日龄的鸡胚,取 1 mm 厚气管环作旋转培养,37℃ 24 h,在倒置显微镜下可见气管环纤毛运动活泼。感染 IBV,1～4 天可见纤毛运动停止,继而上皮细胞脱落。

5.分子生物学试验

通过 RT-PCR 或 RT-nested PCR,荧光定量 PCR 扩增特异的基因片段。此方法灵敏、快速和特异,能够较好地解决 IBV 血清型众多所造成的不便。另外,也有通过 DNA 指纹图谱分析、基因芯片技术、限制性酶切片段多肽性分析和环介导逆转录等温扩增技术(RT-LAMP)等方法进行诊断的报道。

传染性支气管炎流行初期,要注意与新城疫、禽流感和传染性喉气管炎等相鉴别。

【防制】

该病的预防应主要从改善饲养管理和兽医卫生条件,减少对鸡群不利应激因素,以及加强免疫接种等综合防制措施方面入手。

在做好清洗和消毒的基础上,可采用 Massachusetts 血清型的 H120 和 H52 弱毒疫苗来控制 IB。H120 毒力较弱,主要用于免疫 3～4 周龄以内的雏鸡加强免疫时使用 H52。此外,肾型鸡传染性支气管炎病毒疫苗(如 LDT3-A 株)也已经上市。因 IBV 变异很快,所以用疫苗前必须掌握当地流行的病毒血清型,使用与当地流行毒株抗原性一致的疫苗品系,这样才能达到有效的免疫预防目的。对 IB 弱毒疫苗新毒株和变异株的引进应十分慎重,因为一旦引入,就可能会面临疫苗毒和野毒重组产生新的血清型致病毒株,造成更大危害,因此对待新的"变异株"多使用灭活的自体疫苗。

病高发地区或流行季节,可将首免提前到 1 日龄,二免改在 $10\sim18$ 日龄进行,方法同上。对于饲养周期长的鸡群最好每隔 $2\sim3$ 个月用 H52 苗喷雾或饮水免疫。肉鸡可在 $5\sim7$ 日龄时通过滴鼻点眼的方式接种 H_{120} 弱毒疫苗,$25\sim30$ 日龄时用 H_{52} 弱毒苗或不同血清型的疫苗加强免疫 1 次;蛋鸡和种鸡群还应于开产前接种 1 次 IB 油乳剂灭活疫苗。

该病目前尚无特异性治疗方法。由于 IBV 可造成生殖系统的永久损伤,因此对幼龄时发生过传染性支气管炎的种鸡或蛋鸡群需慎重处理,必要时及早淘汰。对发病鸡群可采用平喘药物对症治疗,同时添加抗菌药物控制继发感染。改善饲养管理条件,降低鸡群密度,加强鸡舍消毒,降低饲料中的蛋白含量,可适当用豆粉代替鱼粉,并适当补充 K^+ 和 Na^+,控制其他病原的继发感染或混合感染将有助于减少损失。

案例分析

传染性支气管炎

【临诊实例】

2015 年 1 月宁国市霞西镇某养殖户饲养的 6 000 只土鸡暴发以咳嗽、喷嚏、气管啰音、呼吸困难、拉稀为特征的疫病。该土鸡饲养户饲养品种为当地三黄土鸡,于 2014 年 10 月 16 日购进,饲养总量为 6 000 只,至发病日为 76 日龄,2014 年 12 月 31 日全群暴发疫病,主要表现呼吸道症状,排白色粪便,采食量骤降,至 2015 年 1 月 2 日累计死亡 320 多只,死亡率 5.3%。该户紧急求助于宁国市畜牧兽医局,畜牧兽医局随即派出技术人员进行诊治。据养殖户介绍,鸡群发病突然,鸡群食欲废绝,体温增高,饮水增加。主要表现为张口呼吸、咳嗽、喷嚏、呼吸啰音,常见流泪、流鼻液、频频甩头、伴有呼噜音,病鸡同时排白色水样稀粪,病死鸡死前鸡冠发绀,因气管阻塞呈现缺氧状态。根据发病情况,临床检查,结合剖检变化和实验室检验,诊断为鸡传染性支气管炎。(以上内容摘自方芳《一例土鸡暴发鸡传染性支气管的诊治》,2015.)

【诊断】

1. 病因浅析

鸡传染性支气管炎病毒属冠状病毒科冠状病毒属。多数呈圆形,直径 $80\sim120$ nm。基因组为单股正链 RNA,长为 27.6 kb。病毒粒子带有囊膜和纤突。IBV 含有 3 种病毒特异主要结构蛋白,即纤突(S)、膜(M)糖蛋白及内部核衣壳(N)蛋白。S 蛋白由两种糖多肽 S1 和 S2 各 $2\sim3$ 个拷贝构成,血凝抑制和大多数中和抗体都是由 S1 引起。M 蛋白仅有 10% 暴露于病毒外表面。N 蛋白缠绕 RNA 基因组形成核糖核蛋白体(RNP)。此外,还有第 4 种蛋白,即小膜蛋白(E),它以很小的量结合在囊膜上,可能与病毒子形成有关。病毒主要存在于病鸡呼吸道渗出物中。肝、脾、肾和法氏囊中也能发现病毒。在肾和法氏囊内停留的时间可能比在肺和气管中还要长。在混合感染的情况下,IBV 可以发生重组,因此很容易出现新的血清型或基因型。

2. 流行特点

该病经常发生于鸡,各种月龄的鸡均可感染,尤以 1 月龄以内雏鸡最易感染,发病率较高,肉鸡死亡率高,蛋鸡产蛋量下降。该病主要通过空气在鸡群迅速传染,咳出的飞沫经呼吸道传播,污染的饲料、饮水等间接地经消化道传播。虽然 IBV 对外界因素的抵抗力不强,但其传染性极高。有母源抗体的雏鸡有一定的抵抗力(约 4 周)。过热、严寒、拥挤、通风不良、疫苗接种以及维生素、矿物质和其他营养缺乏等均可促使该病的发生。四季均有发生,以冬季较为严重。病鸡康复后可带毒 49 天,在 35 天内具有传染性。

3. 主要症状

4 周龄以下鸡常表现为伸颈、张口呼吸、喷嚏、咳嗽、啰音,全身衰弱,精神不振,食欲减少,羽毛松乱,昏睡,翅下垂。病鸡常挤在一起保暖。康复鸡则发育不良。5～6 周龄以上鸡,主要的临床症状是啰音、气喘和微咳,同时伴有食欲减退、沉郁或下痢等临床症状。成年鸡出现轻微的呼吸道临床症状,产蛋鸡则引起产蛋量下降,并产软壳蛋、畸形蛋、"鸽子蛋"或粗壳蛋。蛋的质量变坏,蛋白稀薄呈水样,蛋黄和蛋白分离以及蛋白黏着于壳膜表面等。

4. 剖检病变

肉眼可见结膜炎,鼻腔、鼻窦、咽喉、气管内半透明黏稠液增量,病程稍长则变成干酪样。在支气管和肺支气管可见肺炎灶和水肿,气囊混浊,可见条状、点状干酪样物附着。肝稍肿大,呈土黄色。产蛋母鸡的腹腔内可以发现液状的卵黄物质,卵泡充血、出血、变形。18 日龄以内的幼雏感染可导致输卵管发育异常,致使成熟期不能正常产蛋。有些病鸡的法氏囊有炎症出血,输卵管呈稚型或萎缩至一半。肾病变型鸡传染性支气管炎病,其肾肿大、苍白,外观似油灰样,小叶清晰,多数肾的表面红白相间呈斑驳状的"花斑肾",切开后有大量石灰渣样物流出。肾小管扩张,充满尿酸盐。严重病例,白色尿酸盐沉积可见于其他组织器官表面。

5. 类症鉴别

该病应与新城疫、传染性喉气管炎、传染性鼻炎、毒支原体感染、曲霉菌病相区别。

(1)鸡新城疫 相同处:有传染性,羽毛松乱,翅下垂,嗜睡,鼻腔内分泌物增多,常甩头,呼吸困难,有咕噜声。不同处:病原为鸡新城疫病毒。症状表现为:排黄绿或黄白色稀粪,嗉囊充满液体,倒提即从口中流出酸臭液。亚急性、慢性型常出现翅肢麻痹和运动失调,头颈弯曲、啄食不准等神经症状。剖检腺胃水肿,乳头和乳头间有出血点或溃疡和坏死,肌胃角质层下有出血点,小肠、盲肠、直肠有出血点或纤维素性坏死点。血清中和试验可测得血清中含有特异抗体。酶联免疫吸附试验(ELISA)可在细胞边缘检测到明显的棕褐色酶染斑点。

(2)鸡传染性喉气管炎 相同处:有传染性,流鼻液,流泪,咳嗽,张口呼吸。不同处:病原为鸡传染性喉气管炎病毒。有特征性的呼吸症状,即呼吸时发出湿啰音,有喘鸣声,每次吸气时头颈向上、向后张口尽力吸气,严重时出现痉挛咳嗽,咳出的带血黏液或血块并溅于鸡身、墙壁、垫草上。剖检可见气管有含血黏液和血块。用气管分泌物接种易感鸡 2～5 天内即出现典型症状。

(3)鸡传染性鼻炎 相同处:有传染性且传播迅速,精神萎靡,流鼻液、打喷嚏、甩头,有结膜炎,产蛋下降。剖检鼻腔有黏液。不同处:病原为鸡嗜血杆菌。成年鸡多发,眼睑肿胀,一侧或两侧颜面肿胀。剖检仅鼻腔眶下窦有炎症,内脏一般无变化。

(4)鸡毒支原体感染 相同处:有传染性,咳嗽,打喷嚏,流鼻液,呼吸有啰音,流泪,蛋产量下降。剖检可见:鼻腔、鼻窦、气管内黏液增加,气囊混浊,有干酪样附着物。不同处:病原为鸡毒衣原体。症状表现为:因鼻液堵塞鼻孔,病鸡则用翅羽拂鼻而被鼻液黏附;眶下窦肿胀,导致眼睛睁不开;有的病鸡有关节炎、跛行等症状。剖检可见:肺有较多黏液,气囊附有珠状或块状干酪样分泌物,关节肿胀,关节液混浊如油状黏稠。用平板凝集反应可检测到背景清亮的凝集颗粒(阳性反应)。

(5)禽曲霉菌病 相同处:有传染性,羽毛松乱,嗜睡,翅下垂,打喷嚏,伸颈张口呼吸,摇头甩鼻,下痢,产蛋下降。不同处:病原为曲霉菌。4~6日龄多发,至2~3周龄停止。症状表现为:对外界反应淡漠,不咳嗽,呼吸有沙沙声。剖检可见:肺有霉菌结节,周围有红色浸润,切开结节有干酪样物,压片镜检可见曲霉菌的菌丝(气囊的结节可见到孢子柄和孢子)。

6. 实验室诊断

(1)动物接种 采取病鸡呼吸道分泌物和肺组织制成悬液,加抗生素处理后接种9~12日龄鸡胚,经传代后,胚胎出现矮小和蜷曲状。

(2)干扰试验 IBV在鸡胚内可干扰NDV-B1株(即Ⅱ系苗)血凝素的产生,因此可利用这种方法对IBV进行诊断。

(3)气管环培养 利用18~20日龄鸡胚,取1 mm厚气管环做旋转培养,37℃ 24 h,在倒置显微镜下可见气管环纤毛运动活泼。感染IBV,1~4天可见纤毛运动停止,继而上皮细胞脱落。该法可用作IBV分离、毒价滴定,若结合病毒中和试验则还可进行血清分型。

(4)血清学诊断 由于IBV抗体多型性,不同血清学方法对群特异和型特异抗原反应不同。酶联免疫吸附试验、免疫荧光及免疫扩散,一般用于群特异血清检测;而中和试验、血凝抑制试验一般可用于初期反应抗体的型特异抗体检测。抗体IgG于接种IBV后1~3周达到高峰,然后下降;IgM在第3周上升,保持到第5周,因此常于感染初期和恢复期分别试血,如恢复期血清效价高于初期,可诊断为该病。

(5)琼脂扩散沉淀试验(AGP) 用感染鸡胚的绒毛尿囊膜制备抗原,按常规方法测定血清抗体。该方法特异性强,操作简单、快速,鸡感染IBV野毒或接种弱毒疫苗7~9天后就能检测出抗体,并可持续2~3个月。一般认为,鸡血清中和指数在3.17以上时AGP才会出现阳性,因此采用AGP试验具有实际意义。

【防控措施】

1. 防病要点

(1)疫苗免疫 疫苗免疫接种是目前预防该病的主要措施,但由于该病的血清型多,所以有时免疫效果不很理想。因IBV变异很快,所以用疫苗前必须了解当地流行的IBV血清型,使用的疫苗血清型应与病毒血清型一致,这样才能达到有效的保护作用。对IB弱毒疫苗新毒株和变异株的引进应十分慎重,因一旦引入,就可能会面临疫苗毒和野毒重组产生新的血清型致病毒株,造成更大危害。

一般认为,M120型疫苗对其他型病毒株有交叉免疫作用,常用M120型的弱毒苗如H120株和H52株及其灭活油剂苗。H120毒力较弱,对雏鸡安全;H52毒力较强,适用于20日龄以上的鸡;油苗则各种日龄鸡均可使用。一般免疫程序为:5~7日龄首免,可使用H120;25~30日龄二免,可使用H52;以后每2~3个月可使用H52加强免疫1次。种鸡还应于120~140日龄用油苗加强免疫1次。使用弱毒苗应与NDV弱毒苗同时或间隔10天使用,以免发生干扰作用。弱毒苗可采用点眼或滴鼻以及饮水和气雾免疫均可,油苗可采用皮下注射。

(2)加强管理 由于该病的发生常伴有混合感染、饲养管理和环境因素的多重影响,若只注意该病的原发致病作用,则很难防控。因此,严格执行隔离、检疫等卫生防疫措施,加强饲养管理,创造良好的生产环境条件,对该病的防控则十分重要。鸡舍要做好通风换气,防止鸡只过度拥挤,注意保温,加强饲养管理,补充一定的维生素和矿物质饲料,增强鸡体抗病力。IBV对外界的抵抗力低,媒介物的传播作用不大,所以做好鸡场的消毒、鸡舍合理间隔,对防控该病有效。最重要的是防止感染鸡只进入鸡群,应从没有 IB 疫情的鸡场购入鸡苗,采用"全进全出"和批间空置场舍的饲养制度。值得注意的是表面上康复的鸡仍可在数周内继续排毒。

2.治疗

对 IBV 没有特异疗法,因在实际生产过程中经常并发细菌性疾病,因此使用抗生素类药物有一定的疗效。

①链霉素:5 万～10 万 IU,注射用水适量,一次肌肉注射,2 次/天,连用 3～5 天。呼吸困难时,也可一次肌肉注射 20%樟脑水注射液 0.5～1 mL。

②复方新诺明:一次喂服,按 20～25 mg/(kg·bw)用药,2 次/天,连用 2～4 天。

第五节　传染性喉气管炎

传染性喉气管炎(infectious Laryngotracheitis,ILT)是由传染性喉气管炎病毒(*Infectious laryngotracheitis virus*,ILTV)引起的一种急性、高度接触性上呼吸道传染病。其特征性临床症状表现为呼吸困难、咳嗽、气喘和咳出含有血样的渗出物。剖检时可见喉部和气管黏膜肿胀、出血和糜烂。该病传播快,死亡率高,在我国较多地区发生和流行,危害养鸡业的发展。

传染性支气管炎(ILT)在 1925 年首次报道于美国,当时 May 和 Tittsler 用病鸡的喉头和气管渗出物接种健康鸡感染继代成功。1930 年 Beaudette 和 Beach 证实该病病原为病毒。该病曾有许多别名如禽白喉、气管-喉头炎等,1931 年美国兽医协会禽病专门委员会统一命名为传染性喉气管炎(ILT)。1963 年 Cruickshank 在电镜下观察负染标本,证明该病毒的形态结构同单纯疱疹病毒一致,明确了该病毒为疱疹病毒。我国于 1986 年检测出 ILTV 抗体阳性病例,1987 年以后在广东、福建、云南、河南、天津、上海等地区先后报道了该病的存在和流行,1992 年分离到病毒。目前该病在大多数国家中存在,是危害养鸡业的重要呼吸道传染病之一。

【病原】　ILTV 属于疱疹病毒科(*Herpesviridae*)疱疹病毒亚科(*Alphaherpesviridae*)的禽疱疹病毒Ⅰ型(*Gallid herpesviridae* Ⅰ)。病毒颗粒呈球形,二十面体立体对称,核衣壳由162 个壳粒组成,在氯化铯中的浮密度为 $1.704 g/cm^3$。病毒粒子在感染细胞内呈散在或结晶状排列,分为成熟和未成熟病毒两种,胞浆内成熟病毒粒子直径为 195～250 nm,有囊膜,其上有病毒糖蛋白纤突构成的细小突起,未成熟的病毒颗粒直径约为 100 nm。ILTV 对鸡和其他常用实验动物的红细胞无凝集特性。

ILTV 基因组为线性双股 DNA,长约 155 kb,由两个相互联结的 UL 和 US 组成,在 US端有一个末端重复序列,在 UL 和 US 之间有一个内部重复序列。在 ILTV 基因组上目前已经鉴定的基因有 gB、gC、gD、gX、gK 和独有的 gp60 基因,单抗分析发现含有 5 种囊膜糖蛋白,分子质量分别为 205 ku、160 ku、115 ku、90 ku、60 ku。ILTV 只有一个血清型,但不同毒株在致病性和抗原性均有差异,在细胞培养物和鸡胚绒毛尿囊膜形成的蚀斑大小和形态也不尽相同。

该病毒宿主特异性较高,能够在鸡胚和许多禽类细胞上增殖。用病料接种 10 日龄鸡胚绒毛尿囊膜,经 2～9 天后可引起鸡胚死亡。病料接种的初代鸡胚往往不死亡,随着鸡胚传代次数的增加,鸡胚死亡时间缩短,并逐渐有规律地死亡。死亡胚体变小,在鸡胚绒毛尿囊膜上形成散在的边缘隆起、中心低陷的痘斑样坏死病灶。一般在鸡胚接种 2 天后就观察到痘斑,以后逐渐增大。该病毒易在鸡胚的肝细胞、肾细胞中增殖,也可在鸡胚肺细胞、成纤维细胞、肺上皮细胞、鸭胚细胞中生长。在实验室多用鸡胚肝细胞和鸡胚肾细胞,接种病毒材料后 4～6 h 就开始出现细胞病变,12 h 就可检出感染细胞的核内包涵体,48 h 可见多核巨细胞。

该病毒对外界环境的抵抗力不强,脂类溶剂、热和各种消毒剂都有很好的灭活作用。该病毒对氯仿、乙醚等敏感,在 55℃ 只能存活 10～15 min,37℃ 存活 22～24 h,13～23℃ 能存活 10 天,若煮沸可立即被灭活,在低温下,存活时间较长,如在 －20～－60℃ 下可长期保存其毒力;该病毒在甘油盐水中保存良好,37℃ 可存活 7～14 天;气管分泌物中的 ILTV 在暗光的鸡舍最多可存活 1 周;5% 石炭酸、3% 来苏儿或 1% 苛性钠溶液等 1 min 即可杀死病毒;该病毒在干燥的材料中可生存 1 年以上。

【流行病学】 自然条件下,该病主要侵害鸡,各年龄及品种的鸡均可感染,但育成鸡和成年产蛋鸡尤为严重,且多表现典型症状。幼火鸡、野鸡、鹌鹑和孔雀也可感染,而其他禽类和实验动物有抵抗力,如麻雀、乌鸦、野鸽、鸭、鸽和珍珠鸟等不易感,哺乳动物不感染。

病鸡、康复后的带毒鸡和无症状的带毒鸡是该病的主要传染源,约 2% 康复鸡可带毒,时间可长达 2 年,最长带毒时间可达 741 天。病毒存在于气管和上呼吸道分泌物中,通过咳出血液和黏液而经上呼吸道和眼内感染,也可经消化道感染。由呼吸器官和鼻腔分泌物污染的垫料、饲料、饮水及用具可成为该病的传播媒介,人和野生动物的活动也可机械传播病毒。易感鸡与接种活苗的鸡长时间接触,也可感染该病。目前还未证实 ILTV 能经蛋垂直传播。

该病一年四季均可发生,但以秋、冬、春季节多发。鸡群饲养管理不善,如鸡群拥挤、通风不良、维生素 A 缺乏、存在寄生虫感染等,均可促进该病的发生和传播。此病一旦在鸡群中发病,传播速度快,2～3 天内可波及全群,群间传播速度较慢,常呈地方流行性。该病的感染率可达 90%～100%,死亡率一般平均在 10%～20%,在高产的成年鸡病死率较高,最急性型死亡率可高达 50%～70%,急性型一般在 10%～30%,慢性或温和型死亡率约为 5%。产蛋鸡群感染后,其产蛋下降可达 35% 或停产。实际生产中死亡率与鸡群健康状况、鸡舍环境条件、有无继发感染及继发感染的控制程度以及病毒毒力强弱有一定关系。

近年来该病的"温和型"感染逐渐增多,发病率和致死率都很低(0.2%～2%),主要表现为感染鸡的黏液性气管炎、窦炎、结膜炎、消瘦和低死亡率。鸡群发病后可获得较坚强的保护力,但康复鸡的带毒和排毒可成为易感鸡群发生该病的主要传染源,应引起重视。

【致病机制】 该病毒的自然入侵门户是上呼吸道和眼结膜。病毒感染从吸附于细胞受体开始,然后病毒囊膜与细胞膜融合,将核衣壳释放到胞浆中;病毒 DNA 从核衣壳中逸出后,通过核孔进入细胞核,并进行转录和复制。病毒增殖多局限于气管组织,很少形成病毒血症。

【临床症状】 该病潜伏期的长短与 ILTV 毒株的毒力有关,自然感染的潜伏期为 6～12 天,人工气管内接种时为 2～4 天。突然发病和迅速传播是该病发生的特点。由于病毒的毒力和侵害部位不同,传染性喉气管炎在临床上可分为喉气管炎型(急性型)和结膜炎性(温和型)。

1. 喉气管炎型（急性型）

由高度致病性的 ILTV 毒株引起。发病初期，感染鸡鼻孔有分泌物，眼流泪，伴有结膜炎。特征性临床症状表现为呼吸困难，且其程度比鸡的任何呼吸道传染病都明显而且严重。病鸡可见伸颈张口吸气，低头缩颈呼气，闭眼呈痛苦状，蹲伏地面或栖架上。多数鸡表现精神不好，食欲下降或废绝，鸡群中不断发出咳嗽声，呼吸时发出湿性啰音和喘鸣音，病鸡出现甩头症状。严重的病例表现出高度呼吸困难，伴随着剧烈、痉挛性咳嗽，咳出带血的黏液或血凝块，在病鸡喙角、颜面及头部羽毛、鸡舍墙壁、垫料、鸡笼、鸡背羽毛或邻近鸡身上可见血痕。当鸡群受到惊扰时，咳嗽更为明显。检查病鸡的口腔时，可见喉部黏膜上有淡黄色或带血的黏液，或见干酪样渗出物，不易擦去。若喉头被血液或纤维蛋白凝块堵塞，病鸡会窒息死亡，死亡鸡的鸡冠、肉髯呈暗紫色。病鸡迅速消瘦，有时排出绿色稀粪，衰竭死亡。该病发生后很快在鸡群中出现死鸡。产蛋鸡群发病可导致产蛋量下降，下降幅度可达 35% 或停产。该病的病程在 15 天左右，最急性病例与 24 h 左右死亡，多数 5~10 天或更长。发病后 10 天左右鸡只死亡开始减少，鸡群状况开始好转，存活鸡多经 8~10 天恢复，有的逐渐恢复成为带毒者。

2. 结膜炎性（温和型）

往往由低致病性 ILTV 毒株引起，病情较轻型，流行比较缓和，发病率较低。病鸡表现为生长迟缓，产蛋减少，眼结膜充血，眼睑肿胀，1~2 天后流眼泪及鼻液，分泌黏液或干酪样物，上下眼睑被分泌物粘连，眶下窦肿胀，有的病鸡失明；病程较长，长的可达 1 个月，死亡率低，大约为 2%，绝大部分鸡可以耐过。如果有继发感染和应激因素存在，死亡率会有所增加。产蛋鸡产蛋率下降，畸形蛋增多，呼吸道症状较轻。

【病理变化】 不同临床型病例，其病理变化不尽相同。

1. 剖检病变

病变见于结膜和整个呼吸道，但以喉部和气管最明显。气管和喉头的病变轻则表现为卡他性炎症，气管和喉头表面仅出现多量黏液；重则表现为出血性、纤维素-坏死性炎症，即在气管内形成凝血块，或在血液中混杂着黏液和坏死组织。有的黏膜表面覆以暗红色纤维素性假膜，有时含血的纤维素性干酪样物充满整个喉、气管腔。炎症可向下扩展到肺和气囊。有的病鸡眼结膜病变明显，但多与喉头、气管病变合并发生。结膜炎分为浆液性炎和纤维素性炎两种，前者眼流泪，结膜充血、水肿，有时见点状出血；后者结膜囊内有大量纤维素性干酪样物，眼睑粘连，角膜浑浊。

2. 组织学病变

随病程及病情的不同而异。喉、气管黏膜呈卡他性、纤维素性或出血-坏死性炎症。黏膜的早期病变为杯状细胞消失和炎性细胞浸润。随病程的发展，黏膜上皮细胞肿胀，纤毛丧失并出现水肿。随后，气管黏膜上皮细胞可形成合胞体，黏膜上皮细胞以及含有核内包涵体的合体细胞坏死、脱落，在上皮细胞特别是脱落的上皮细胞内，可见核内有嗜酸性或嗜碱性包涵体。核内包涵体一般只在感染早期（1~5 天）存在。在眼结膜上皮细胞核内同样可检出核内包涵体。喉气管黏膜固有层和黏膜下层严重出血，并见有大量淋巴细胞、异嗜性粒细胞、单核细胞和浆细胞浸润。

【诊断】

1. 临床综合诊断

该病的诊断要点是：发病急，传播快，成年鸡多发；病鸡张口呼吸，喘气，有啰音，咳嗽时可咳出带血的黏液,有头向前向上吸气姿势,呼吸困难的程度比鸡的任何呼吸道病明显而严重;剖检可见气管出血,并有黏液、血凝块或干酪样物。根据 ILT 这些流行病学、临床症状和剖检病理变化可作出初步诊断。当症状不典型时,要注意强弱毒株感染时不同的症状和流行特点,确诊需进行实验室诊断。

2. 病毒分离鉴定

用气管或气管渗出物和肺组织做成 1:10 的悬液,离心后取上清液,加入双抗(青霉素、链霉素)在室温下作用 30 min,取 0.2 mL 接种 9~12 日龄鸡胚绒毛尿囊膜上或尿囊腔,在 2 天以后,绒毛尿囊膜上可出现痘斑样坏死病灶,在周围细胞内可检出核内包涵体;病毒接种在鸡胚肾细胞单层培养,24 h 后出现细胞病变,可检出多核细胞(合胞体)、核内包涵体和坏死病变;在病的初期(1~5 天),用气管和眼结膜组织,经固定、姬姆萨氏染色,可见上皮细胞核内包涵体,据报道,在 60 份样品中包涵体检出率为 57%,病毒分离率为 72%。

3. 分子生物学诊断

应用 PCR 方法可以敏感检测出病毒的早期感染和潜伏感染,而且对细菌污染的原始病料同样敏感。

4. 血清学诊断

用已知抗血清与病毒分离物作中和试验可以做出诊断,采用荧光抗体技术和免疫琼脂扩散试验也可以作为该病的诊断方法。

5. 鉴别诊断

该病应与鸡新城疫、禽流感、白喉型鸡痘及传染性鸡气管炎相鉴别。鸡新城疫虽然呼吸道发生病变,但主要病变为消化道出血-坏死性炎症和非化脓性脑炎,该病病变主要集中在喉和气管,其他病变不明显或没有;禽流感的呼吸道及眼结膜与该病有类似病变,但禽流感还有面目水肿、出血坏死、腿部皮肤水肿出血,多器官的变性、坏死、炎症等病变;白喉性鸡痘发生于各种年龄的鸡和其他禽类,除口、咽、喉黏膜的纤维素-坏死性炎症外,还有皮肤痘疹病变,嗜酸性包涵体(Bollinger 小体)位于病变皮肤、黏膜的上皮细胞浆中,该病主要发生于成年鸡,喉气管出血明显,包涵体位于病变黏膜上皮细胞核内;传染性支气管炎主要病变位于呼吸道,常呈浆液-卡他性炎症,主要侵害 30 日龄的雏鸡和未成年鸡,有的毒株可引起肾炎-肾病综合征,细胞内无包涵体形成。

【防制】

1. 加强饲养管理

保持养殖鸡舍、运动场地、饲喂工具清洁卫生,保持良好的通风,降低饲养密度;严格遵守隔离消毒的制度,易感鸡不与病愈鸡接触;新购进的鸡必须用少量的易感鸡与其作接触感染试验,隔离观察两周,易感鸡不发病,方可合群。

2. 免疫接种

采用弱毒苗进行免疫,对于 14 日龄以上的鸡,最佳途径为点眼,但点眼后 3~4 天可发生轻度的眼结膜炎,个别鸡只出现眼肿,甚至眼盲,此时可用浓度为 1 000~2 000 IU/mL 的庆大霉素或其他抗生素滴眼。为防止鸡发生眼结膜炎,稀释疫苗时每羽份加入青霉素、链霉素各500 IU。也可以将疫苗涂擦在羽毛囊上接种,此法较安全,已广泛使用。此外,灭活苗与弱毒疫苗具有相似的免疫效果,且灭活苗不存在毒力返强和散度的问题,可用于安全场或未用弱毒疫苗场的紧急接种或临时免疫。

3. 治疗

发现此病后要尽快清除传染源,迅速淘汰病鸡,隔离易感鸡群。对急性型病鸡可采用镊子除去喉部和气管上端的干酪样渗出物,同时辅以抗生素治疗,防止继发性细菌感染。应用平喘药物盐酸麻黄素、氨茶碱饮水或拌料投服可缓解症状。结膜炎的鸡可用氯霉素眼药水点眼。对发病鸡群,病初期可用弱毒疫苗点眼,接种后5～7天即可控制病情,同时用环丙沙星或强力霉素饮水或拌料,防止继发细菌感染。耐过的康复鸡在一定时间内可带毒或排毒,因此需要严格控制康复鸡与易感鸡群的接触,最好将病愈鸡只淘汰。

第六节 　 传染性法氏囊病

鸡传染性法氏囊病(infectious bursal disease,IBD)是由传染性法氏囊病病毒引起鸡的一种急性、高度接触性传染病。发病率高、病程短。主要临床症状为突然发病、排白色粪便、颤抖、极度虚弱并引起死亡。法氏囊高度肿大或萎缩、肾脏高度肿大及尿酸盐沉积,法氏囊、腿肌、胸肌、腺胃和肌胃交界处出血是其特征性病理变化。

该病于1957年首先发生于美国特拉华州的冈博罗,所以又称为冈博罗病(Gumboro disease)。目前在除新西兰外全世界养鸡的国家和地区广泛流行。19世纪70年代末该病传入我国,是一直严重威胁我国养鸡业的重要传染病之一。除引起发病鸡群出现高死亡率而直接造成严重损失外,该病还可导致幼龄鸡法氏囊未成熟的B淋巴细胞大量破坏,形成严重免疫抑制,易出现继发感染和免疫失败,带来巨大的经济损失。

【病原】 传染性法氏囊病病毒(*Infectious bursal disease virus*,IBDV)属于双RNA病毒科(*Birnaviridae*)禽双RNA病毒属(*Avibirnavirus*),此病毒属仅有该一种病毒。病毒含单层衣壳,无囊膜,病毒粒子直径为55～65 nm,为十二面体对称结构。无红细胞凝集特性。IBDV基因组由A、B两个片段的双股RNA构成。A片段有2个ORF,短的编码非结构蛋白VP5,在病毒出芽中起作用;长的编码多聚蛋白,能被水解加工成结构蛋白VP2、VP3和VP4。VP2能诱导产生中和抗体,VP2与VP3是IBDV的主要蛋白,分别占蛋白总量的51%和40%,可共同诱导中和抗体产生。B片段 (2.8 kb)编码VP1,即病毒RNA介导的RNA聚合酶(RdRp)。

该病毒能在鸡胚上生长繁殖,经绒毛尿囊膜(CAM)接种效果更好,尿囊腔接种所繁殖的病毒滴度较低,而卵黄囊接种者介于二者之间。IBDV不凝集红细胞,能在鸡胚中生长繁殖,病毒经CAM接种后3～5天鸡胚死亡,胚胎全身水肿,头部和趾部充血和小点出血,肝有斑驳状坏死。

在鸡胚中适应的IBDV毒株也能适应于细胞培养,包括鸡胚和法氏囊原代细胞、一些禽源和哺乳动物源传代细胞系。Vero、DF-1和BGM-70细胞系均能支持一些IBDV毒株生长,BGM-70尤其敏感,甚至可用于一些毒株的初次分离。有些毒株不易在CEF上适应。病毒适应于鸡源细胞培养后,经2～3代,可产生细胞病变,并能形成蚀斑。

目前已知IBDV有2个血清型,即血清Ⅰ型(鸡源性毒株)和血清Ⅱ型(火鸡源性毒株)。血清Ⅰ型毒株中可分为6个亚型(包括变异株),引起鸡群发病的主要是血清Ⅰ型。Ⅰ型IB-

DV 可使鸡患病,但不会使火鸡患病,并且火鸡能够产生抗体。此外,血清 1 型 IBDV 各毒株之间毒力差异很大,有的毒株毒力很强,称为超强毒(vvIBDV)。这些亚型毒株在抗原性上存在明显的差别,亚型间的相关性用交叉中和试验测知为 10%～70%,这种毒株之间抗原性差异可能是免疫失败的原因之一。

该病毒对外界不良环境抵抗力较高,耐热耐酸,但是对碱性环境抵抗力弱,并且对乙醚和氯仿都有较高的抵抗力。病毒特别耐热,56℃ 3 h 病毒效价不受影响,60℃ 90 min 病毒不被灭活,70℃ 30 min 可灭活病毒。病毒在外界环境中极为稳定,能够在鸡舍内长期存活,据报道从鸡舍将清除病鸡后 54～122 天,再放入易感鸡仍可被感染发病。

【流行病学】 鸡、火鸡、番鸭、北京鸭和珍珠鸡均可感染,但只有鸡感染该病毒时才会发病。各种年龄的鸡都能感染,主要发生于 2～15 周龄的鸡,3～6 周龄鸡最易感,发病后死亡率较高。成年鸡一般呈隐性经过。人工感染 3～6 周龄火鸡仅表现亚临床症状,法氏囊有组织病理学变化病鸡和带毒鸡是主要传染源,能通过粪便长期和大量排毒,污染饲料、饮水、垫料、用具、人员等,通过粪-口途径传播和感染。该病往往突然发生,传播迅速,当鸡舍发现有被感染鸡时,短期内可传播至全群,而且会造成地方性传染感染。发病鸡通常在感染后第 3 天开始死亡,随后死亡率急剧上升,5～7 天达到高峰,以后很快停息,表现为高峰死亡和迅速康复的曲线。

近年来对我国各地分离的 IBDV 进行毒力鉴定的结果表明,vvIBDV 已普遍存在。该病常与大肠杆菌病、新城疫、鸡支原体病混合感染,使死亡率升高。不同鸡群的死亡率差异很大,一般为 15%～20%,严重者死亡率可达 60% 以上,在非免疫鸡群若遇到超强毒株感染,首次发病率甚至可以达到 100%。1986 年首次报道出现的 IBDV 超强毒毒株(vvIBDV)造成的死亡率可高达 70%。

【临床症状】 潜伏期 2～3 天,发病突然且传播速度快。最初可见部分鸡啄自己的泄殖腔。病鸡羽毛蓬松,采食减少,畏寒,挤堆,精神委顿,随即出现腹泻,排出白色黏稠或水样稀粪,泄殖腔周围羽毛污染严重。病重者鸡头垂地,闭目嗜睡,利群呆立,两翅下垂。后期体温低于正常,严重脱水,饮水增加,极度虚弱,最后死亡。由变异株引起的感染表现为亚临床症状,主要引起免疫抑制。由 vvIBDV 引起的病例临床症状表现更严重,死亡率可达 50% 以上,有抗体的鸡只也能发病。

【病理变化】 法氏囊的病理变化具有特征性,法氏囊水肿和出血,体积增大,重量增加,比正常值重 2 倍,严重者呈紫葡萄状。浆膜表面覆盖有胶冻样淡黄色渗出物,切开后内有严重出血和黏液。肾脏有不同程度的肿胀,多因尿酸盐沉积而呈红白相间的"花斑"状外观。腿部和胸部肌肉有出血点或出血斑。腺胃与肌胃交界处有条状出血。

病理组织学检查可见法氏囊髓质区的淋巴滤泡坏死和变性,滤泡结构发生改变。淋巴细胞被异染细胞、细胞残屑的团块和增生的网状内皮细胞取代。法氏囊上皮层增生,形成由柱状上皮细胞组成的腺体状结构,在这些细胞内有黏蛋白小体。脾生发滤泡和小动脉周围的淋巴细胞鞘发生淋巴细胞性坏死。肾组织可见异染细胞浸润。肝血管周围可见到轻度的单核细胞浸润。

【诊断】 根据该病的流行病学、临床症状和病理变化特征可作出初步诊断。由 IBDV 变异株感染的鸡,只有通过法氏囊的病理组织学观察和病毒分离才能做出诊断。病毒分离鉴定、血清学试验和易感鸡接种是确诊该病的主要方法。

1.病毒分离鉴定

取典型病例的法氏囊和脾磨碎后,加灭菌生理盐水作 1∶5 稀释,离心取上清液 0.2 mL 加入抗生素作用 1 h,经绒毛尿囊膜接种 9~11 日龄 SPF 鸡胚。分离的 IBDV 可用已知阳性血清在鸡胚或 CEF 上作中和试验鉴定;RT-PCR 和单抗捕捉 ELISA(AC-ELISA)可对病毒作出快速鉴定。血清亚型的鉴定进行交叉中和试验。用 RT-PCR 方法并结合对扩增的基因片段作酶切或序列分析,可区分血清 1 型的经典株和变异株。

琼脂扩散试验此法特异性强、简便、经济,既可检测抗原,也可检测抗体以进行流行病学调查和检测免疫效果,是最常用的 IBD 诊断方法。

2.易感鸡感染试验

取病死鸡有典型病理变化的法氏囊磨碎制成悬液,经滴鼻和口服感染 20~34 日龄易感鸡,在感染后 48~72 h 出现临床症状,死后剖检见法氏囊有特征性的病理变化。要确定分离的病毒是否为 vvIBDV 也需要接种易感鸡,临床病料往往有其他病原体的混合感染,所以在做出 vvIBDV 的结论时应慎重。

IBD 病鸡通常有急性肾炎,因此应注意与鸡传染性支气管炎肾病理变化型相鉴别。

【防制】

该病尚无特殊治疗方法,必要时在发病早期可注射无病原体污染的高免血清或卵黄抗体,同时配合抗生素防止继发感染及其他对症治疗措施。由于 IBDV 抵抗力极强,因此严格执行防制大多数家禽传染病散布的各项措施都对控制 IBD 十分必要。

种鸡良好免疫后,可将高水平的母源抗体传递给子代,从而保护雏鸡免于早期发病。如果种鸡在 18~20 周龄和 40~42 周龄经 2 次接种 IBD 油佐剂灭活苗,雏鸡可获得较整齐和较高的母源抗体,在 2~3 周龄内得到较好的保护,能防止雏鸡早期感染和免疫抑制。

平时要注意对环境的消毒,特别是对育雏室的消毒。对环境、鸡舍、用具、笼具进行消毒,经 4~6 h 后,进行彻底清扫和冲洗,然后再经 2~3 次消毒。因为雏鸡从疫苗接种到抗体产生需经一段时间,所以必须将免疫接种的雏鸡,放置在彻底消毒的育雏室内,以预防 IBDV 的早期感染。

母源抗体只能维持一定时间,其后主要依靠雏鸡的主动免疫。母源抗体过高可干扰主动免疫,因此对雏鸡应选择合适的疫苗和首免日龄很重要。可根据琼扩试验测定的雏鸡母源抗体消长情况来选择首免日龄,1 日龄雏鸡抗体阳性率不到 80% 的鸡群在 10~16 日龄间首免;阳性率达 80%~100% 的鸡群,在 7~10 日龄再检测一次抗体,阳性率在 50% 时,可于 14~18 日龄首免。

目前我国常用的疫苗有两大类,即活毒疫苗和灭活疫苗。

活苗有三种类型,一是弱毒,对法氏囊没有任何损害,免疫后抗体产生迟,效价较低,易受母源抗体干扰,对 vvIBDV 保护率不高,A30 等属于这类型疫苗;二是中等毒力,在严重污染区的雏鸡可以直接选用,接种后对法氏囊有轻度损伤,对血清Ⅰ型的强毒的保护率高,B87 等属于这类疫苗,在污染场使用这类疫苗效果较好;三是中等偏强毒力型,在两周龄前使用均对法氏囊造成严重损害,引起免疫抑制,但并不影响对 IBD 本身的保护力,因此不为用户注意。由于中等毒力疫苗不能突破母源抗体干扰、常常发生免疫失败,而中等偏强毒力型疫苗可引起小日龄鸡较严重的免疫抑制,因此迫切需要一种突破母源抗体能力强、免疫效力高、能抵抗 vvIBDV 攻击又不产生免疫抑制的中等毒力疫苗。

灭活疫苗多由鸡胚或细胞适应毒制备,由于成本较高,故主要用于种鸡群的免疫,必须与弱毒活苗配合使用才能取得较好效果。

案例分析

【临诊实例】

永安某养殖专业户于2014年5月9日从外地调入3 600羽土鸡。经了解,该批雏鸡免疫程序如下:1日龄免疫马立克氏病疫苗,5日龄免疫传染性支气管炎疫苗,10日龄免疫鸡传染性法氏囊炎疫苗,14日免疫新城疫疫苗,15日龄免疫禽流感疫苗(H5+H9)。24日龄时发现部分鸡采食减少、畏寒、腹泻,并开始陆续出现死亡。场主对发病鸡注射头孢噻吩钠,不见效,患鸡继续死亡。患鸡精神沉郁、采食减少、翅膀下垂、畏寒挤堆、走路摇晃、腹泻,肛门四周污染白色或蛋清样粪便,粪便干燥后呈石灰样,病死鸡出现严重的脱水现象。(以上信息摘自官丁明《一例土鸡传染性法氏囊炎的诊治》,2014.)

【诊断】

1. 病因浅析

法氏囊病毒为呼肠孤病毒,属于双股RNA病毒科,双股RNA病毒属。该病毒基因含有两个片段的双链RNA,这种排列方式可造成遗传重组和抗原结构的改变,导致新的血清型或原始血清型变异株的产生。此外,该病毒无囊膜,有两个血清型即血清Ⅰ型和Ⅱ型。其中血清Ⅰ型对鸡有致病性,血清Ⅱ型对火鸡有致病性,对鸡不致病,Ⅰ型与Ⅱ型之间无交叉免疫;血清Ⅰ型又分6个亚型,亚型之间的交叉保护率有数据统计为10%~70%,这种抗原性的差异是导致免疫失败的原因之一,尤其是毒力较强的毒株。由于法氏囊病毒对鸡的肠道有亲嗜性,容易在鸡的肠道环境中增殖和占位,所以受霉菌污染的饲料及鸡群发生球虫病、细菌和病毒性肠炎等肠道疾病,会影响法氏囊疫苗的免疫效果,同时一些能够引起免疫抑制的病毒性疾病,包括肠道寄生虫疾病也都会影响法氏囊的免疫效果。雏鸡是否来源于同一种鸡群,是否有母源抗体,鸡群的母源抗体是否均匀,母源抗体的高低等问题,都是影响法氏囊免疫效果的关键因素。环境中的法氏囊病毒稳定,抵抗力强,在鸡舍中可保持120天以上的感染力,耐热、耐酸、怕碱,一般消毒剂很难将其杀死消灭,一旦污染环境和鸡舍后,法氏囊病毒将长期存在。健康鸡群通过和被病毒污染的鸡舍、饲料、水源及其他媒介接触,就会使病毒进入呼吸道和消化道,侵入其黏膜而感染发病。

2. 流行特点

鸡传染性法氏囊炎多发生于春末、夏季及秋初,主要侵害3月龄以内的小鸡,特别是7~40日龄更容易感染。由于传染性法氏囊炎疫苗的广泛应用,鸡群对该病的抵抗力增强以及病毒毒力减弱和抗原的变异,传染性法氏囊炎逐渐向温和型、非典型转变。

3. 主要症状

全群突然发病,精神高度沉郁、缩头、乍毛、排石灰水样稀便,食欲废绝,鸡爪脱水干瘪。

4. 剖检病变

剖检见法氏囊高度肿大,外观浆膜下有黄色胶冻样物或严重出血呈紫葡萄状。剖开法氏囊腔内有黏液或有黄白色干酪状物,囊壁皱褶出血;胸肌、腿肌有明显的斑点状出血;腺胃乳头出血或腺胃、肌胃交界处有出血斑;肾脏肿大瘀血或有尿酸盐沉积,呈花斑肾。

5.类症鉴别

该病应与新城疫、传染性支气管炎肾病、包涵体肝炎、淋巴细胞性白血病、马立克氏病区分。

肺脑型鸡新城疫感染发病鸡可见到法氏囊的出血、坏死及干酪样物,也见到腺胃及盲肠扁桃体的出血;但法氏囊不见黄色胶冻样水肿,耐过鸡也不见法氏囊的萎缩及蜡黄色。鸡新城疫多有呼吸道症状、神经症状。

传染性支气管炎肾病变型患此病的雏鸡常见肾肿大,有时沉积尿酸盐,有时见法氏囊充血或轻度出血,但法氏囊无黄色胶冻样水肿,耐过鸡的法氏囊不见萎缩或蜡黄色。感染该病的鸡常有呼吸道症状,病死鸡的气管充血、水肿,支气管黏膜下有时见胶样变性。

包涵体肝炎患病鸡的法氏囊有时萎缩而呈灰白色,常见肝出血、肝坏死的病变,剪开骨髓常呈灰黄色,鸡冠多苍白,传染性法氏囊病有时与此病混合感染,此时该病发生严重。

淋巴细胞性白血病多发生在 18 周龄以上的鸡,性成熟发病率最高,肝、肾、脾多见肿瘤,法氏囊增生,呈灰白色,不见出血、胶冻样水肿及蜡黄色萎缩病变,但法氏囊多呈灰白色,不见传染性法氏囊病病毒所致法氏囊蜡黄色萎缩的病变。

鸡马立克病有时见法氏囊萎缩的病变,鸡马立克病多见外周神经的肿大,在腺胃、性腺、肺脏上的肿瘤病变,常见两种病的混合感染,早期感染传染性法氏囊病病毒,则可增加马立克病的发病率。

6.实验室诊断

琼脂扩散试验:取病变的法氏囊,剪碎,放到玻璃研磨器中,按 1∶5 的比例加入无菌 PBS 溶液进行研磨,制成悬浮液作为抗原。取一定量的琼脂粉,按 1% 左右的比例加入 PBS 缓冲液,缓慢煮沸融化,将融化的琼脂倒成 2 mm 左右厚度的平板,自然冷却,用梅花形打孔器打孔,在火焰上缓慢加热,使孔底边缘琼脂少许融化封底。用毛细滴管吸取病料悬浮液和法氏囊阳性抗原置于周围相邻的孔中,阳性血清置于中心孔中。将平板置于湿盘中,37℃自由扩散 24 h 后发现平板上的沉淀带完全融合,证明待检的抗原与标准法氏囊阳性抗原为同种抗原。

【防控措施】

1.防病要点

加强饲养管理及卫生措施。加强鸡群的饲养管理,保持进雏时间的间隔,实行全进全出的饲养制度,做好清洁卫生及消毒工作,减少和避免各种应激因素等。

常规免疫接种预防。在雏鸡 12～14 日龄首免 D78 或 B87 等中等毒株疫苗,二倍量滴口或饮水;28 日龄(法氏囊病发病期提至 21 日龄)二免,2～3 倍量饮水。

2.治疗

治疗原则是提高舍温 1～2℃,饮水中加入电解多维;注射卵黄抗体、抗病毒、通肾、防止继发感染的药物。在治疗过程中,应依据法氏囊炎病毒毒力强弱、鸡群发病的轻重缓急,制定合理的联合用药方案,既要控制病情,又要考虑治疗成本。

暴发症及典型法氏囊炎发病急、致死率高,短期内即导致大批量死亡。发现后应尽早注射卵黄抗体,一般注射后 1 天即可控制死亡。为了减少通过卵黄抗体传染病原菌的概率,每 500 mL 抗体内加入 100 万单位庆大霉素或丁胺卡那霉素,充分混匀后注射。

由于注射卵黄抗体对鸡群应激较大,且易相互传播疾病,因此对于温和型传染性法氏囊炎病鸡不主张注射卵黄抗体治疗,应以药物为主。

并发新城疫不宜注射卵黄抗体,以免引起新城疫在鸡群中的广泛传播,造成鸡群的更大伤亡。用大剂量的抗病毒药物(可联合应用干扰素)控制病情后,用新城疫苗免疫接种。

并发大肠杆菌病的治疗方案中慎重选用抗体治疗,如确需注射抗体,要勤换针头,减少传播概率。同时选用对大肠杆菌病高效的药物(但对肾脏的副作用要小)进行治疗,如氟苯尼考等。

第七节 禽腺病毒感染

腺病毒(*Avian adenovirus*)是家禽常见的传染性病原体,大多数在健康家禽体内复制而不产生明显的临诊症状。但是,当其他因素,特别是其他疾病使家禽健康恶化,则腺病毒很快就会发挥机会性病原体的作用。有些腺病毒,如火鸡出血性肠炎病毒、鹌鹑支气管炎病毒和减蛋综合征病毒,其本身是原发性病原体。而另一些腺病毒则只是参与一些疾病的致病过程。

禽腺病毒是腺病毒科的成员。腺病毒科(*Adenovifidae*)中对动物致病的包括两个属,即哺乳动物腺病毒属(*Mastadenovirus*)和禽腺病毒属(*Aviadenovirus*),均为双股 DNA 病毒。禽腺病毒和哺乳动物腺病毒在血清学上完全不同,在其基因结构方面也有区别。大多数病毒易在禽细胞培养物中复制,并形成核内包涵体,这有利于诊断。禽腺病毒分为 3 个群:I 群是从鸡、火鸡、鹅和鸭等分离出的禽腺病毒,有共同的群特异性抗原,可分为 A、B、C、D、E 5 个种和 12 个血清型;II 群包括火鸡出血性肠炎病毒、雉大理石脾病病毒和鸡大脾病病毒,它含有与 I 群腺病毒不同的群特异性抗原;III 群是从鸡、鸭产蛋下降综合征中分离到的腺病毒,它仅含有部分的 I 群共同抗原。与 II、III 群腺病毒不同,I 群腺病毒的致病性大多数尚未确定,作为自然感染的原发性病原尚有争议。一般认为它可引起包涵体肝炎和鹌鹑支气管炎,它在 IBD 和 CIA 中起继发或协同致病作用。I 群腺病毒还可以引起产蛋下降、饲料转换差、生长迟缓和呼吸道疾病等。在禽腺病毒感染(avian adenovirus infection)中对鸡危害严重的有鸡包涵体肝炎、产蛋下降综合征,这两种病在世界上分布很广,对养禽业可引起严重的经济损失。

一、鸡包涵体肝炎

鸡包涵体肝炎(avian inclusion body hepatitis,IBH)又称贫血综合征(anemia syndrome)是由 I 群禽腺病毒中的某些血清型引起的鸡的一种急性传染病,其特征是突发性死亡率增加、贫血、黄疸、肝肿大并有出血和坏死灶,肝细胞见有核内包涵体。该病主要危害幼龄鸡和青年鸡群,并能降低种鸡群的种蛋孵化率及雏鸡成活率。

1951 年美国首次报道该病,随后意大利、加拿大、英国、墨西哥、葡萄牙、德国、日本均有该病发生的报道,我国也有此病发生。

【病原】 包涵体肝炎病毒属腺病毒科(*Adenoviridae*)、禽腺病毒属(*Aviadenovirus*)的禽腺病毒 I 群中的病毒。在 I 群腺病毒中有很多血清型(FAdv-1～10 和 FAdv-12)都与自然发生的包涵体肝炎暴发有关。病毒粒子为球形,二十面体立体对称,直径 70～90 nm,无囊膜,由 252 个壳粒围绕一直径 60～65 nm 的核心,病毒核酸类型为双股 DNA。

病毒可在鸡胚肾细胞、鸡胚肝细胞、鸡胚成纤维细胞中繁殖,在鸡胚肾细胞上可形成蚀斑。

但不能在火鸡、兔、牛和人胎细胞增殖。鸡胚接种后若病毒滴度高则可引起鸡胚死亡,胚的肝、脾肿大,肝细胞有核内包涵体,肾脏有尿酸盐沉积。对分离病毒的检测除了观察细胞和鸡胚病变外,还可用荧光抗体、电镜技术、血清中和试验及琼扩试验、酶联免疫吸附试验等作出鉴定。血清 FAdv-1 型病毒能凝集白鼠红细胞,但其他血清型无此特性。

该病毒主要存在于鸡的消化道、胰、脾、肝、鼻和气管黏膜、肾及生殖道。

该病毒对外界环境的抵抗力比较强,能抵抗乙醚、氯仿,可耐受 pH 3～9,对热有明显抵抗力,室温下可保持致病力 6 个月,干燥时 25℃ 下可存活 7 天,有的毒株甚至可耐受 70℃ 30 min。存活较长时间。但对福尔马林、次氯酸钠和碘制剂较敏感。

【流行病学】 该病多发生于 4～10 周龄鸡,5 周龄鸡最易感,产蛋鸡很少发病,但多数鸡群可长期带毒排毒而表现临床症状。

该病可垂直传播是一个非常重要的特点,所以一旦传入很难根除。有证据表明,腺病毒感染可以保持潜伏状态至少一个世代不被查出。虽然腺病毒感染后第 1 天开始就能分离到病毒,但正常要到第 3 周开始排毒。肉鸡的排毒高峰是在 4～6 周期间。青年蛋鸡感染后 5～9 周排毒水平高,而 14 周后仍保持 70% 的高水平。因此,水平传播在该病的发生中也很重要,病鸡和带毒鸡主要通过粪便向外界排毒,易感鸡通过接触病鸡或被病鸡污染的禽舍、饲料、饮水经消化道、呼吸道、眼结膜而感染。

该病多发于春、秋两季。一般为散发,也可呈地方流行性。饲养密度过大、通风不良、感染其他病原体,特别是传染性法氏囊炎病毒和鸡传染性贫血病毒可促使该病的发生。该病在鸡群中感染率很高(20%～100%),但死亡率较低,一般在 2%～10%,偶尔可达 30% 以上,如有其他疾病混合感染时,病情加剧,病死率上升。

【临诊症状】 该病潜伏期较短,自然感染为 1～2 天,病鸡表现精神沉郁,嗜睡,下痢,羽毛粗乱。有的病鸡出现贫血和黄疸。感染后 3～4 天突然出现死亡率高峰,第 5 天后死亡减少或逐渐停止,病程一般为 10～14 天。有 IBDV 和 CIAV 等免疫抑制性病毒混合感染时病情加重,死亡率升高。产蛋鸡群除产蛋量减少外 10% 左右外,多无其他表现。

【病理变化】 该病特征性病变在肝脏,表现为肝脏肿胀,脂肪变性,质地脆弱易破裂,呈点状或斑驳状出血,并见有隆起坏死灶,肝的染色呈淡褐色或灰黄色。有些病例因肝破裂可见肝表面附有血凝条块,肝柔软、色淡、脂肪变性;脾脏常有灰白色坏死点;肾脏肿胀呈灰白色,并有出血点;脾有白色斑点状和环状坏死;骨髓呈灰白色或黄色(贫血)。组织学变化特征是肝细胞见有包涵体,为嗜酸性,边界清晰,圆形或不规则,偶有嗜碱性包涵体。

【诊断】 根据流行病学、典型症状和病理变化可以作出初步诊断,确诊需进行病原分离和血清学等实验室诊断。病毒分离取病鸡或病死鸡的肝,制成(1:5)～(1:10)悬液,经 3 000 r/min 离心 30 min,上清液加入青霉素、链霉素各 500～1 000 IU/mL,置 37℃ 温箱作用 30 min,接种于 5 日龄腺病毒阴性的鸡胚卵黄囊内,5～10 天鸡胚死亡,见胚胎出血,肝坏死,并有包涵体。也可接种鸡胚肾细胞、鸡胚肝细胞等,然后观察细胞病变。分离病毒可用荧光抗体技术、中和试验、双向免疫扩散试验和免疫电镜技术等对其作出鉴定。

血清学检测可用荧光抗体技术对肝组织涂片或切片中的病毒抗原作直接检查。若对感染鸡群进行抗体检测,可用间接 ELISA、琼脂扩散试验、中和试验等,但应检测发病期和恢复期双份血清才有意义。

【防制】

该病尚无特殊的治疗方法。预防传染病的一般性措施均适应于该病。因为该病为垂直传播，所以净化种群是非常重要的控制措施。其他措施包括加强饲养管理，杜绝传染源传入，防止和消除应激因素等。在饲料中补充微量元素和复合维生素以增强鸡的抵抗力，并加强禽舍和环境消毒。为了防止并发细菌性疾病，可在发病日龄前的 2～3 天喂给一些抗生素药物。

二、产蛋下降综合征

产蛋下降综合征（eggs drop syndrome，EDS$_{76}$）是由禽腺病毒Ⅲ群中的病毒引起，以产蛋下降为特征的一种传染病，其主要表现为鸡群产蛋骤然下降，软壳蛋和畸形蛋增加，褐色蛋蛋壳颜色变淡，而鸡群整体情况基本正常。该病广泛流行于世界各地，对养鸡业危害极大，已成为蛋鸡和种鸡的主要传染病之一。

1976 年 Van Eck 首次报道荷兰发生该病，1977 年分离到病毒，随后英国、法国、德国、匈牙利、意大利、美国、澳大利亚、日本、韩国等 20 多个国家报道有该病发生。我国在 1991 年从发病鸡群分离到病毒，证实有该病存在。

【病原】 产蛋下降综合征病毒（EDSV）属于禽腺病毒Ⅲ群（*Avian adenovirus Group* Ⅲ），该病毒粒子为球形，无囊膜，直径 76～80 nm，衣壳呈 20 面立体对称，属双股 DNA 型病毒。在血清学上与腺病毒Ⅰ和Ⅱ型无关，仅有 1 个血清型。但有人根据对很多毒株的限制性内切酶位点分析，把它们分为 3 个基因型，分别为欧洲鸡毒株、欧洲鸭毒株、澳大利鸡毒株。基因组 DNA 相对分子量约为 22.6×10^6，碱基数比Ⅰ群病毒小（EDSV 为 33.2kb，FAdv-1 为 43.8kb）；基因组的 A、T 含量高，而且擒腺病毒的早期基因在 EDSV 是缺失的，其他被鉴定的基因与其他禽腺病毒也没有明显的同源性。EDSV 在其遗传特征方面与一种绵羊腺病毒和某些牛腺病毒有相似性。由于该病毒与哺乳动物腺病毒和禽腺病毒Ⅰ群和Ⅱ群都有足够的差异，已建议单列一个属，称为高 TA 腺病毒属（*Atadenovirus genus*）。病毒粒子大小为 76～80 nm。该病毒有 13 条结构多肽，有 7 条与群禽腺病毒的结构多肽相对应。

虽然 EDSV 最早的分离物来自鸡，但现在认为它最初来源于鸭，因此其种名为鸭Ⅰ型腺病毒（DAdv-1）。有研究表明它实际上是一株鸭腺病毒，后来可能通过污染的疫苗引入到鸡群，并逐渐适应了鸡群。在国内外分离到 EDS$_{76}$ 病毒株有 10 余个，国际标准毒株为 EDS$_{76}$～127。已知各地分离到的毒株同属一个血清型。

EDS$_{76}$ 病毒表面有纤突，纤突上有细胞结合的点位和血凝素，能凝集鸡、鸭、火鸡、鹅、鸽的红细胞，但不能凝集家兔、绵羊、马、牛、猪、大白鼠等哺乳动物的红细胞。而其他禽腺病毒只能凝集哺乳动物的红细胞，这一特点可用于两者的区别。

该病毒能在鸭胚、鸭胚肾细胞、鸭胚成纤维细胞、鸡胚、鸡胚肝细胞和鸡胚成纤维细胞上生长繁殖，但在鸡胚、鸡胚肾细胞、鸡胚成纤维细胞和火鸡源细胞中生长不良，在哺乳动物细胞不能生长。在鸭胚生长良好，可使鸭胚致死，鸭胚培养是目前实验室分离和扩增病毒最常用的方法。对分离毒株的鉴定，最常用简便的方法是血凝及血凝抑制试验。另外也可用琼脂扩散试验、荧光抗体检测和酶联免疫吸附试验等方法。病毒血凝滴度在 4℃可保持很长时间，鸭胚尿囊液中病毒的 HA 滴度可达 18～20，而鸡胚尿囊液病毒的 HA 滴度较低。

病毒只对产蛋鸡有致病性，影响产蛋，存在于鸡的输卵管伞、蛋壳分泌腺、输卵管狭窄部及鼻黏膜等上皮细胞中，在细胞核内复制，并可随卵子的形成而进入蛋中。

该病毒对外界抵抗力比较强,病毒对乙醚、氯仿不敏感,对 pH 适应谱广(pH3～10),甲醛、强碱对其有较好的消毒效果。病毒对热有一定耐受性,56℃3 h 可存活,但 70℃却被破坏。

【流行病学】 该病除鸡易感外,自然宿主为鸭、鹅和野鸭。有报道天鹅、海鸥、珠鸡等存在 EDS$_{76}$ 抗体,证明该病毒在各种禽类和鸟类中感染普遍。鸡的品种不同对 EDS$_{76}$ 病毒易感性有差异,产褐色蛋母鸡最易感。该病主要侵害 26～32 周龄鸡,而幼龄鸡和 35 周龄以上的鸡感染后无症状。

该病传播方式主要是垂直传播。试验证明,感染母鸡所产的蛋孵出雏鸡,在肝脏可回收到 EDS$_{76}$ 病毒。水平传播也是重要的方式,因为从鸡的输卵管、泄殖腔、粪便、肠内容物都能分离到病毒,一般水平传播的方式是通过带毒的粪便和破壳、无壳蛋污染饲料、饮水、用具、环境等再经消化道感染。健康鸡直接啄食带毒的鸡蛋也可感染,国内外有报道用人工感染或自然发病所产畸形蛋和软壳蛋饲喂易感鸡后,鸡可被感染并产畸形蛋,感染 8～15 天在血清可检测到较高效价的 HI 抗体,在感染后 2～3 周蛋中有病毒出现。另外有报道认为,EDS$_{76}$ 的零星暴发是通过鸡与感染的野生或家养水禽直接接触而引起的。

病毒对性成熟前鸡不表现致病性,胚胎带毒鸡和幼龄感染鸡不表现症状,血清中也无抗体出现,但在性成熟后开始产蛋时,由于生理应激致使潜伏的病毒活化并侵入生殖道而引起发病,同时抗体也转阳。由此看出,开产应激是造成病毒激活致病的启动因子。从产蛋率 50% 至产蛋高峰期,是病毒增殖和对外排毒的极盛期,也是造成生殖器官损伤和产蛋下降的最严重期。

【临诊症状和病理变化】 感染鸡无明显症状,主要表现为突然性群体产蛋下降,比正常下降 20%～38%,甚至达 50%。病初蛋壳色泽变淡,紧接着产畸形蛋,蛋壳粗糙像砂粒样,蛋壳变薄易破损,软壳蛋增多,占 15% 以上,但是,蛋的内部质量并无明显影响,对受精率和孵化率没有影响,这是 EDS 与传支的区别。病程可持续 4～10 周。

该病无明显病变,发现卵巢变小、萎缩、子宫和输卵管黏膜出血和卡他性炎症。输卵管腺体水肿,单核细胞浸润,黏膜上皮细胞变性坏死,病变细胞中可见到核内包涵体。

【诊断】 根据流行病学特征和症状可作出初步诊断,确诊需要进行实验室诊断。

1. 病原分离和鉴定

病料最好取发病 15 天以内的软壳蛋或薄壳蛋,也可从病鸡的输卵管、泄殖腔、肠内容物和粪便取作病料,经无菌处理后,以尿囊腔接种 10～12 日龄鸭胚(无腺病毒抗体)。首次分离时鸭胚死亡不多,随着传代次数增加,鸭胚死亡数增多。病料也可以接种于鸭胚肾细胞、鸭胚成纤维细胞。分离的病毒发现有血凝现象,再用已知抗 EDS$_{76}$ 病毒血清,进行 HI 试验或中和试验进行鉴定。

2. 血清学试验

HI 试验是最常用的诊断方法之一,鸡群感染后 21 天 HI 抗体可达高峰。对非免疫鸡群,如果鸡群 HI 效价在 1:8 以上,可证明此鸡群已感染。此外还可采用中和试验,ELISA,荧光抗体技术和双向免疫扩散试验等方法测定抗体以辅助确诊。

3. 鉴别诊断

要注意区别非典型新城疫、传染性支气管炎、败血支原体病等引起的产蛋下降。EDS$_{76}$ 主要影响产蛋高峰期生产,有蛋壳的外形变化,但不出现传支时那样蛋清变化,通过剖检变化及

HI 试验可与传支及新城疫区别；败血支原体病对产蛋的影响自开产起一直贯穿生产期始终，且蛋的受精率、孵化率均下降，死胚弱胚增多，对幼龄鸡有严重的致病性。

【防制】

尚无成功的治疗方法，主要采取如下综合防制措施：

1. 杜绝 EDS_{76} 病毒传入

该病主要是经胚垂直传播，所以应从非疫区鸡群中引种，引进种鸡要严格隔离饲养，产蛋后经 HI 试验监测，确认 HI 抗体阴性者，才能留作种鸡用。另外应注意不要在同一场内同时饲养鸡和鸭，以防病原从鸭传给鸡。

严格执行兽医卫生措施，加强鸡场和孵化厅消毒工作，在日粮配合中，注意氨基酸、维生素的平衡。

免疫接种是防制该病的重要手段，用油佐剂灭活苗对鸡免疫接种可起到良好的保护作用。鸡在 110～130 日龄进行免疫接种，免疫后 HI 抗体效价可达 8～9，免疫后 7～10 天可测到抗体，免疫期 10～12 个月，这些抗体也可以通过卵黄囊传给雏鸡。试验证明以新城疫病毒和 EDS_{76} 病毒制备二联油佐剂灭活苗，对这两种病有良好保护力。

2. 在原种群和祖代群实施根除计划

北爱尔兰一个育种公司已成功消灭了 EDSV。采用的方法基于以下几种考虑：

①EDSV 感染种蛋孵出的鸡可能潜伏感染而不产生抗体；

②在产蛋高峰时病毒可被激活，并有大量复制和排出，随后产生 EDS 抗体，阻止或减少进一步排毒；

③EDS 向相邻传播效力不强。根除计划从 40 周龄以上原种和祖代鸡的种蛋开始，因为这一阶段鸡群已停止产异常蛋，且有 EDS HI 抗体。孵出的雏鸡小群（100 只/群）饲养，每隔 6 周测一次 HI 抗体，如发现 1～2 只阳性鸡则剔除，然后每周检测 HI 抗体。这样连续几个世代，即可成功。

三、火鸡出血性肠炎

火鸡出血性肠炎（hemorrhagic enteritis of turkeys，HE）是 4 周龄以上青年火鸡的一种急性传染病，以沉郁、血便和突然死亡为特征。临诊疾病通常在受害火鸡群中持续 7～10 天，但由于 HE 的免疫抑制性质和易继发细菌感染，病程和死亡可再延长 2～3 周，因此可造成巨大经济损失。野鸡的大理石脾病（marble spleen disease，MSD）和鸡的禽腺病毒大脾病（avian adenovirus spleenomegaly，AAS），其病原体与 HE 病毒在血清学上不能区分，因此这里也一并介绍。

【病原】　火鸡出血性肠炎病毒（HEV）和野鸡大理石脾病病毒（MSDV）以及鸡大脾病病毒（AASV）均属于禽腺病毒Ⅱ群，其形态结构、化学组成等与禽腺病毒Ⅰ群相似。Ⅰ群和Ⅱ群禽腺病毒彼此可用限制性内切酶指纹图谱和单克隆抗体加以区分。

电镜照片说明 HEV-MSDV 是在网状内皮系统（特别是脾脏）的细胞核内复制的。免疫荧光和 ELLSA 检测发现很多组织中仅有少量病毒，沉淀抗原集中在脾脏，其他脏器中难以检出。

病毒在鸡和火鸡胚胎以及鸡和火鸡胚胎成纤维细胞中均未获生长，近年来有人用从火鸡马立克病肿瘤建立的成淋巴细胞性 B 细胞系（MDTC-RP19）用正常火鸡白细胞培养该病毒获得成功。

【流行病学】 火鸡、野鸡和鸡是已知的 HE-MSD-ASS 病毒群成员仅有的自然宿主。在野生鸟类的血清中未检出 HE-MSD-ASS 沉淀抗体。火鸡的 HEV 分离物也能使野鸡感染。在人工感染实验中,HEV 能使锦鸡、孔雀、鸡和鹧鸪引起脾肿大的病理变化,但不引起死亡。

HE 最常发生于 6～12 周龄的青年火鸡,人工感染 1 月龄至 1 岁左右的火鸡均可发病。该病主要通过水平传播,它可以经口腔和泄殖腔接种而感染。病毒通过污染的垫料传播。与鸡的腺病毒不同,没有发现经蛋传递此病的流行病学证据。MSD 自然发生于 3～8 月龄的雉,幼龄雉有抵抗力。AAS 的自然发病多见于 20～45 周龄的肉种鸡。

【临诊症状】 经口腔或泄殖腔人工感染 HEV 后约 6 天发病死亡。该病以迅速发病和突然死亡为特征,临诊症状主要表现为沉郁和血便,泄殖腔附近皮肤和羽毛常有暗红色血液污染,在腹部适当压挤,可见从泄殖腔流出血液。所有临诊症状通常在 24 h 内出现,不死者常能完全康复。自然感染死亡率平均为 10%～15%,人工感染的死亡率可达 80%。

给野鸡口服自野鸡分离的 MSDV 后 6 天内引起 MSD 而发生死亡;给鸡口服接种 AASV 后可使脾肿大。感染 MSD 的野鸡和感染 AAS 的鸡常由于窒息而突然死亡,故看不到明显临诊症状。MSD 的死亡率通常为 10%～15%,成年鸡的 AAS 死亡率约为 9%。

【病理变化】 死亡的火鸡由于贫血而显得苍白,但营养状态仍然正常。小肠通常膨胀,呈深褐色,充满红棕色血液,空场黏膜发红且高度充血。个别病鸡肠黏膜表面形成一层由纤维蛋白和脱落上皮构成的黄色覆盖物。脾肿大是特征性的,质脆,呈大理石状或色泽斑驳。肺常充血,肝常肿大。

组织病理学变化以网状内皮系统和小肠最为明显,脾所受影响最为严重。脾的组织病理变化包括白髓增生、淋巴样细胞坏死、内皮细胞增大、网状细胞增生以及出现少量网状细胞核内包涵体。绝大部分病毒是在形成含有病毒的核内包涵体的网状内皮系统中产生的。HEV 的靶细胞为淋巴细胞和网状内皮细胞。淋巴细胞功能试验证实,HEV 感染后可发生低度的一过性免疫抑制,因此 HEV 感染常继发大肠杆菌病和鼻气管炎等病。死亡是由于血液通过位于肠绒毛顶端受损伤的毛细血管流入肠腔造成大量出血而引起。死于该病的火鸡均有这种特征性的肠道病理变化。

【诊断】 根据临诊症状和剖检变化可作出初步诊断,实验室诊断主要是动物试验和血清学检查。由于病毒的分离培养尚有一定难度,目前还很少采用这种方法。

1.动物实验

可采用死亡或濒死火鸡的血性肠内容物或脾组织浸提液给 6～10 周龄火鸡口服或泄殖腔接种,接种的动物可在 5～6 天后发生死亡。没有死亡的火鸡可能有大理石样肿大的脾脏,其脾组织和血清都有传染性。

2.血清学检查

可采用琼脂扩散试验或者 ELISA。琼脂扩散试验可以证明在感染脾浸提液中有该病的特征性抗原,在感染的火鸡群的血浆或血清中可检出抗体。ELISA 比琼脂扩散实验更为敏感,可用以检测抗原或抗体。

如果火鸡有大理石样肿大的脾而无肠道出血,并且在脾中未能证明有沉淀抗原,则应考虑其他疾病,例如网状内皮组织增生症或白血病。急性细菌性感染、霉菌毒素中毒、药物中毒等可产生于该病相似的肠道出血。

野鸡死于急性窒息,伴有肺充血、水肿、脾肿大,并显示有 MSDV 抗原,则可认为死于 AASV 感染。同样的,如鸡出现脾肿大的病理变化,同时有 AASV 抗原,则可以认为死于 AASV 感染。

【防制】

HE 可以用注射康复血清的方法治疗,这种抗血清可从健康的火鸡群得到,通常可在屠宰时收集。收集的血清加酚处理,每只火鸡给予 0.5 mL。应尽可能在作出诊断后立即给发病群的所有青年火鸡注射抗血清。

不要将受感染禽舍的垫料和粪便移至其他禽舍。用无毒力的 HEV 和 MSDV 分离物制成的活疫苗经饮水进行预防,可获得良好效果。如禽群并未全部进行免疫预防,则随后的 2～3 周内可由于疫苗毒的水平传播而使全群获得保护。鸡 AAS 的防制尚无类似疫苗可用。

思考题

1. 简述禽腺病毒的分类地位和所致的主要疾病。

2. 鸡包涵体肝炎的流行病学和病理学特征是什么?

3. 有哪些禽病可以引起产蛋下降?产蛋下降综合征与其他引起产蛋下降的疾病主要区别是什么?

第八节　禽呼肠孤病毒感染

禽呼肠孤病毒感染(avian reovirus infection)是由呼肠孤病毒引起的一类传染病。临床症状常因毒株和感染宿主的不同而不同。感染鸡只可出现关节炎、矮小综合征、腱鞘炎、肠道疾病、呼吸道疾病、吸收障碍综合征和骨质疏松等症状。

禽呼肠孤病毒感染最早发生于美国、英国和加拿大。目前世界上许多国家都有此病发生。1954 年首次从患慢性呼吸道疾病的肉鸡的呼吸道内分离到病毒。随后又从蛋鸡(1976)、火鸡(1982)、番鸭(1954)中分离到病毒,1985 年王锡坤证实了我国也有病毒性关节炎发生。

2001 年吴宝成等报道,自 1997 年以来流行于福建、浙江、广东等省的以肝脾出现小白色坏死点为主要特征的番鸭传染病为呼肠孤病毒所致,俗称"花肝病"或"肝白点病"。随着养禽业的蓬勃发展,番鸭呼肠孤病毒感染已在世界主要水禽饲养地区存在。该病主要见于番鸭,秋冬季多发,发病日龄 4～15 天,发病率 20％～90％。死亡率差异很大,一般为 10％～30％,应激或混合感染时高达 90％以上。临床病鸭主要表现精神委顿、软脚、排绿色带黏液稀粪,部分病鸭趾关节或跗关节有不同程度肿胀及生长发育受阻。此外,也有从绿头鸭(野鸭)、北京鸭、半番鸭、鹅和其他鸟类中分离到该病毒的报道。

【病原】　禽呼肠孤病毒为呼肠孤病毒属成员,属于呼肠孤病毒科(*Reoviridae*)正呼肠病毒属(*Orthoreovirus*)。国际病毒学分类委员会第七次分类报告(2000)将哺乳类呼肠孤病毒(*Mammaslian ortho reovirus*,MRV)、禽类呼肠孤病毒(*Avian reovirus*,ARV)和纳尔逊海湾病毒(*Nelson Bay virus*,NBV)以及狒狒呼肠孤病毒(*Baboon reovirus*,BRV)这四个代表种分为Ⅰ、Ⅱ和Ⅲ 3 个亚群,其中 ARV 和 MRV 在亚群Ⅱ内;而两个蛇源分离株因具有亚群Ⅱ和Ⅲ诱导融合细胞能力,故目前暂列入未确定的亚群Ⅳ。

禽呼肠孤病毒(ARV)在胞浆内复制,具有典型的呼肠孤病毒的形态,为无囊膜,呈球形,二十面体对称并具有双层衣壳结构的双股 RNA 病毒。根据电泳迁移率不同,可将其基因组分为含有 10 个基因节段的三组,依次分为 L、M、S,分别代表 3 个大基因节段(L1、L2 和 L3),相对分子质量为 $(2.4\times10^6)\sim(2.7\times10^6)$;3 个中等基因节段(M1、M2 和 M3),相对分子质量为 $(1.3\times10^6)\sim(1.7\times10^6)$;4 个小基因节段(Sl、S2、S3 和 S4),相对分子质量为 $(0.68\times10^6)\sim(1.2\times10^6)$。完整的呼肠孤病毒粒子直径约 75 nm,其在氯化艳中的浮密度为 $1.36\sim1.37$ g/cm^3。纯化病毒只含有 RNA 和蛋白质,平均含量分别为 18.7% 和 81.3%。

禽呼肠孤病毒对乙醚不敏感,对氯仿轻度敏感,对热、pH 和 DNA 代谢抑制物有抵抗力,MgCl$_2$ 能增强病毒对热的稳定性,但浓度太大反而促进其灭活。70% 乙醇和 0.5% 有机碘和 5% 过氧化氢溶液可灭活病毒。ARV 虽与哺乳动物的呼肠孤病毒同属呼肠孤病毒属,但两者有显著的差异,不仅抗原性无交叉,核酸电泳方式不相同,而且除了两例之外,其他试验均未能证明 ARV 有血凝活性。ARV 对胰蛋白酶的敏感性不同,但与抗原结构和动物来源无关。对胰蛋白酶敏感性与病毒相对致病性的关系仍不清楚,但是对胰蛋白酶敏感的病毒经口感染在肠道内复制较少,也不容易扩散到其他组织。

禽呼肠孤病毒各毒株之间具有共同的群特异抗原,这种共同抗原可用琼脂扩散试验(AGP)、荧光抗体试验(FA)及补体结合试验(FC)进行检测。同时,通过血清学方法可对呼肠孤病毒进行分类,或者根据对鸡的相关致病性进行分群。由于存在大量的交叉反应,有些群不能作为独立的血清型。因此呼肠孤病毒经常以抗原亚型存在。Wood 等统计了来自美国、法国和日本的呼肠孤病毒的相关性,结果发现了 11 个血清型。Hierongmus 等(1983)将 5 个吸收不良综合征的分离株分为 3 个血清型。交叉中和试验证明鸭源株(y1/79、1625/87)和鸡源株 S1133 之间缺乏交叉保护作用。国内 DRV-B3 株与 S1133 具有一定的抗原相关性。

与哺乳动物的呼肠孤病毒不同,ARV 能在鸡胚增殖。可于感染 4～6 天后在绒毛尿囊膜上形成痘疮样物,并可致死鸡胚。病毒可在鸡胚肝、肾或成纤维细胞增殖,以鸡胚肝细胞最为敏感。某些毒株亦可用 Vero 细胞增殖,在细胞上可产生合胞体病变及胞浆包涵体。包涵体内的病毒子可成晶格样排列,某些毒株经适应可在许多哺乳动物细胞内生长,但除 Vero 外,大多数毒株不产生 CPE。1 日龄雏鸡接毒后肝产生退行性病灶及圆形细胞浸润。经卵黄囊(YS)、尿囊腔(AC)和绒毛尿囊膜(CAM)接种,病毒容易在禽胚内生长。初次分离最好用 YS,但经 AC 或 CAM 接种鸡胚或鸭胚也有成功分离出病毒的报道。

禽呼肠孤病毒可感染鸡、火鸡、鸭、鹅、鹦鹉和其他禽类;它既可以水平传播也可经卵传播。其致病意义至今还不完全清楚,无致病性的毒株并不少见,已有报道小鹅瘟病料中污染 ARV,赵振芬分离到一株无毒株,尽管能产生典型细胞病变,但无致病性。ARV 所致的最重要的疾病是禽病毒性关节炎及滑液囊炎或称禽病毒性关节炎综合征(VAS),主要发生于 5～7 周龄雏鸡,表现羽毛稀少,生长迟缓,矮化,腹泻,粪中带橘红至黄色黏膜以及未消化的饲料,饲料转化率降低,病禽表现不同程度的跛行,跗关节剧肿,肌腱及腿鞘发炎。但也有文献报道,禽呼肠孤病毒的致病性可分三个类型:Ⅰ型只引起暂时性消化系统紊乱、吸收不良障碍综合征,Ⅱ型引起病毒性关节炎综合征,Ⅲ型可引起前两者。某些呼肠孤病毒的致病作用,会由于柔嫩艾美耳球虫或巨型艾美耳球虫的协同感染而加强。ARV 也能加剧其他病原引起的疾病,如 CAA、E-coli 和 ND 等。因为感染 ARV 后产生免疫抑制作用因此导致了对其他传染性因子的易感性增加。值得一提的是,番鸭呼肠孤病毒分离株毒力存在明显差异。例如以色列分离株对 1

日龄雏鸡、幼龄鹅、北京鸭和鼠无致病性,DRV-yl/79 的毒力比 1625/87 强,DRV-Lw、Fe 和 84049 有差异。吴宝成对国内 DRV-B3 株的致病性进行了相关研究,在人工感染番鸭胚的组织超薄切片上观察到感染的肝细胞和脾淋巴细胞出现凋亡细胞和凋亡小体。

【流行病学】　禽呼肠孤病毒广泛存在,从患多种疾病病鸡的多种组织中可分离得到该病毒,包括病毒性关节炎/腱鞘炎、矮小综合征、呼吸道疾病、肠道疾病、免疫抑制以及吸收不良综合征等。临床上也可从表现正常的鸡中分离到该病毒。目前已从许多种鸟类中分离到该病毒。鸡多在 4～7 周发病,火鸡多呈不显性感染。但人工感染可发病。目前认为鸡和火鸡是唯一可引起关节炎或腱鞘炎的自然或试验宿主,已从患有关节炎的火鸡中分离到呼肠孤病毒。虽然已从患病的鸭、鹅、鹦鹉和其他鹦鹉类中分离出呼肠孤病毒,但并非总能复制出该病;然而鸭、鹅等也有例外的报道。家兔、仓鼠、大鼠、小鼠、豚鼠、鸽和金丝雀对该病的试验性感染一般不敏感。但 Phillip 等报道了通过口腔和鼻腔感染新生小鼠后出现肝脏坏死。

对于受感染的幼龄鸡和番鸭,为同舍禽群的潜在传染源。由于病毒可长期存在于盲肠扁桃体和跗关节内,潜伏期的长短取决于病毒的致病型、宿主年龄和感染途径。不同毒株在毒力上有很大差别,病毒通过呼吸道和消化道侵入禽体后,会迅速在群体中传播,但一般多为隐性感染。

对呼肠孤病毒的水平传播已有大量文献报道,但是不同毒株的水平传播能力有相当大的不同。如病毒通过肠道排毒时间比呼吸道更长,提示粪便是一个主要的接触性传播途径;而 Roessler 等证实,1 日龄雏鸡通过呼吸道比口服对呼肠孤病毒更易感。该病还可垂直传播,但经蛋传播率很低。年龄对该病具有一定的抵抗力,这可能与机体免疫系统是否完全发育有关。该病在临床上还与呼吸道病、肠道病、蓝冠病、肉鸡矮小综合征,暂时性消化系统紊乱、吸收障碍综合征有一定联系。病原除从病鸡的许多组织中分离到外,临床健康的鸡也有分离的报道。

【致病机制】

1. Ⅰ型(吸收障碍型)

发病机制比较复杂,有报道认为是与番鸭呼肠孤病毒感染而导致宿主细胞(尤其是淋巴细胞)凋亡有关。其诱导的凋亡造成机体特定组织如胰腺、甲状腺的损伤及消化道损伤,从而引起消化不良等临床症状。

2. Ⅱ型(关节炎/腱鞘炎型)

急性期关节水肿,凝固性坏死、异嗜细胞集聚和血管周围浸润,还有滑膜细胞萎缩及增生,淋巴细胞和巨噬细胞浸润及网状细胞增生。这些病理过程引起腱鞘显著增厚,滑膜腔充满异嗜细胞、巨噬细胞和脱落的滑膜细胞。随着破骨细胞增生而形成骨膜炎。慢性期滑膜形成绒毛样突起,并有淋巴小节。随着病程延长(30 天以后),会出现大量纤维结缔组织增生和网状细胞、淋巴细胞、巨噬细胞、浆细胞的显著浸润或增殖,出现腱鞘慢性纤维化,从而导致关节僵硬和固定。

番鸭呼肠孤病毒感染的主要病理变化出现在心、肝、脾、肾、腔上囊、胸腺、胰腺、肠道黏膜和腱鞘等部位。其中以肝、脾等脏器损害最为明显。当前国内流行的番鸭"花肝病"与国外报道的番鸭呼肠孤病毒感染在临床症状及病变特征表现不尽一致。这可能是多因素作用的综合结果,也与受感染的宿主淋巴细胞遭到破坏、机体免疫功能降低有关系。呼肠孤病毒能诱导宿主细胞产生凋亡现象,但如何影响宿主免疫功能有待研究。

【临床症状】　由于宿主类型、年龄、机体状态不同,病毒毒力的差异,加上环境因素,以及免疫抑制所致的继发/合并感染,往往使临床症状和流行方式表现多样化和复杂化。

1. 鸡

(1)Ⅰ型(吸收障碍型) 该病潜伏期在自然感染中较难确定。病鸡以体弱,精神不振,羽毛生长不良和腿弱及跛行为特征。1~3周龄雏鸡吸收障碍的症状包括色素沉着不良、羽毛异常、生长不匀、骨质疏松、腹泻、粪便中有未消化的饲料,死亡率增加等。该病的发病率为5%~20%,病死率一般为12%~15%。

(2)Ⅱ型(关节炎/腱鞘炎型) 多发于4~7周龄肉鸡,也有14~16周龄的发病。主要症状为跗关节上方胫骨和腿束双侧肿大,腱移动受限,表现不同程度的跛行,继而出现腓肠肌腱断裂。1~7日龄雏鸡可见肝炎、心肌炎。病鸡可能在1~3周内由急性期恢复,但也可能变为慢性。病程稍长时,患肢多向外扭转,步态蹒跚。这种症状多见于大雏或成鸡。同时病鸡发育不良,且长期不能恢复。发病率高达100%,但死亡率不及6%。

(3)Ⅲ型 可引起前两者,即表现吸收障碍和/或关节炎(腱鞘炎)的临床症状。

2. 鸭

目前在临床上主要有多脏器坏死型、多脏器出血型、肝坏死型、脾坏死型四种病型,且发生坏死型的雏鸭后期常继发鸭传染性浆膜炎、鸭大大肠杆菌病或鸭球虫病等。

(1)鸭多脏器坏死症 2001年吴宝成等、2004年胡奇林等报道我国福建、浙江、广东等省一带雏番鸭发生呼肠孤病毒病,俗称雏番鸭"花肝病"、"肝白点病"等,发病日龄多为7~45天,发病率20%~90%,病死率为10%~50%,在有应激或混合感染时,可高达90%;感染番鸭表现腹泻、软脚,部分病鸭趾关节或跗关节有不同程度的肿胀及耐过鸭生长发育受阻;临床病理变化主要以多器官局灶性坏死为特征,肝、脾、胰、肾、肠表面有不同数量的白色坏死点。

2002年黄瑜等报道福建省福州地区番鸭发生类雏番鸭呼肠孤病毒病,发病日龄为12~43天,发病率、病死率高低不一,为5.2%~46.7%,且与发病鸭日龄密切相关,日龄愈小,发病率、病死率愈高;其肉眼病变除在肝、脾、胰、肾、肠与雏番鸭呼肠孤病毒病相同外,还有腔上囊出血病变。

(2)鸭多脏器出血症 2003年,程安春等报道1998年在我国四川省温江某种鸭场饲养的33周龄5 000只天府肉用种鸭暴发鸭呼肠孤病毒病,2001年年初,该病又在重庆、贵州、云南等省市养鸭地区发生,可侵害3~500日龄的各品种鸭(如天府鸭、樱桃谷鸭、北京鸭、四川麻鸭、建昌鸭、四川白鸭、番鸭、野鸭和各种杂交鸭等),发病率为50%~90%,病死率40%~80%,有些鸭群的发病率、病死率均高达100%;其临床症状主要为腹泻、呼吸困难、肿头、死亡迅速;其主要肉眼病变为全身皮肤广泛出血、消化道和呼吸道黏膜出血、肝脏出血、心肌出血、肾肿大出血、肺出血,产蛋鸭卵巢严重充血、出血。据其临床症状和特征性出血病变,该病又称为鸭病毒性肿头出血症。

(3)鸭肝坏死症 自2005年冬以来,福建、浙江等省4~23日龄雏番鸭、雏半番鸭、雏麻鸭发生一种以肝脏不规则白色或红白色坏死点(斑)、点(斑)状出血,心肌或/和腔上囊出血为主要特征的疫病,俗称鸭新肝病、鸭肝坏死症,发病率为4%~23%,病死率差异较大,为5%~17%,病程5~9天,但发病鸭日龄越小,其发病率、病死率越高。

(4)鸭脾坏死症 自2006年5月以来,北京、河北、河南、湖北和江苏等地北京肉鸭群均有不同程度发生,发病日龄多在7~22天,死亡率为10%~15%,有的感染鸭群死亡可持续到30日龄以上。临床上,感染早期无明显特异性症状,其特征性病变为脾脏表面有出血斑或坏死灶;后期主要为脾脏坏死、变硬和萎缩。经对典型病例进行病原学检测、病毒分离鉴定及其人工感染试验确定为鸭呼肠孤病毒感染。

综上所述,目前我国鸭呼肠孤病毒感染相关的临床疫病呈现多样性、宿主差异性和地域差异性,这表明我国不同地区养鸭生产中流行的鸭呼肠孤病毒很可能在血清型(亚型)、基因型(亚型)、致病性(型)、组织亲嗜性或毒力等方面发生了变化,但不同鸭呼肠孤病毒株的血清型(亚型)、基因型(亚型)、致病性(型)、组织亲嗜性及其与临床病型之间的对应关系等均有待进一步深入研究确定。

3. 鹅

雏鹅感染后也可出现包括关节炎在内的肝脾坏死等病理变化。

【病理变化】

1. 鸡

(1)Ⅰ型(吸收障碍型) 主要病变见于胃肠道、胸腺、胰腺、心肌、腔上囊和腿骨等部位。

(2)Ⅱ型(关节炎/腱鞘炎型) 自然感染鸡的肉眼病变是趾屈肌腱和跖伸肌腱肿胀,爪垫和跗关节一般不出现肿胀。从跗关节上部触诊能明显感觉到跖伸肌腱的肿胀。跗关节常含有少量黄色或血样渗出物;少数病例有大量的脓性渗出物,与传染性滑膜炎相似。感染早期跗关节和跖关节腱鞘有明显水肿。跗关节内滑膜经常有点状出血。腱部炎症可发展为以腱鞘硬化、粘连和关节软骨增生等为特征的慢性型病变。

(3)Ⅲ型 则出现以上两者病变。

2. 鸭

人工感染番鸭后,发现脾脏白髓区淋巴细胞坏死、数量明显减少甚至消失、红髓明显充血,感染后84 h出现明显的坏死灶,坏死灶多位于白髓;胸腺淋巴细胞减少、甚至坏死,且皮质多于髓质,皮质和髓质交界处淋巴细胞减少最为明显;腔上囊于攻毒后84 h大部分滤泡淋巴细胞坏死、数量明显减少,出现很多空腔,于164 h腔上囊坏死严重。通过电镜观察可见脾、腔上囊、胸腺等组织除坏死病变外,还可见典型的细胞凋亡的形态学特征:凋亡早期细胞核发生边集,在细胞核膜周边聚集形成团块或新月形;随后染色质固缩、凝聚成团,集于核膜旁;胞质浓缩,细胞体积缩小,核膜皱缩,凋亡细胞逐渐与其他细胞脱落、分离,细胞膜保持完整;晚期见凋亡小体形成,内有被膜包裹的染色质及较完整的细胞器,凋亡小体被吞噬降解,无炎症反应。经原位末端标记法检测发现,番鸭呼肠孤病毒试验感染番鸭脾脏、胸腺和腔上囊中均检测到大量TUNEL染色阳性细胞,表明脾脏、胸腺、腔上囊均发生明显的凋亡,且凋亡率显著高于正常对照组。

以上研究结果显示番鸭感染呼肠孤病毒后,免疫器官胸腺、脾脏和腔上囊中的淋巴细胞不仅坏死,而且发生凋亡,表明番鸭呼肠孤病毒可引起淋巴细胞大量丢失、数量减少和免疫功能的降低,这不但直接影响到细胞免疫应答,而且还使体液免疫反应受到影响,造成机体免疫机能低下。

【诊断】 根据症状和病变可作出初步诊断。确诊必须进行血清学或病原学检验。

1. 病原鉴定

包括病毒分离鉴定和足(爪)接种试验。处理过的可疑病料对敏感性鸡(鸭)胚或细胞进行接种,直接分离出该病毒,并要求复制出该病。符合柯氏确定病因学的"三原则"。强调这点是因禽呼肠孤病毒感染特点所决定的。由于禽呼肠孤病毒对鸡、火鸡关节的致病性据被认为是该病毒的一种特性,因此通过爪垫接种以确定其致病性成为多数实验室普遍采用的方法之一。

一般是通过1日龄易感雏鸡(鸭)来确定从关节分离到的呼肠孤病毒的相对致病性,如果有致病性,在接种72 h内病毒可引起爪垫出现明显炎症反应。

2.抗原检测

现已建立的方法有琼脂扩散试验(AGPT)、直接荧光法(FA)、核酸探针和逆转录-聚合酶链反应(RT-PCR)等。

3.抗体检测

包括AGPT、间接荧光法(IFA)、酶联免疫吸附试验(ELISA)、中和试验等。

4.鉴别诊断

应注意由滑液支原体引起的滑膜炎和其他病因引起的肠道病(如营养吸收不良、生长迟缓)、呼吸道病、骨质疏松、心肝病损等进行鉴别诊断。

【防制】

在发病早期,要采取隔离、淘汰、保肝抗毒处理。尽量不要打针应激,否则会导致很高的死亡率。在第二阶段要防治细菌的继发感染。在第三阶段,要加强饲养管理,对软脚较多的病禽,要采用打针消炎的方法加快病禽的康复。

由于禽呼肠孤病毒在自然界中广泛存在,加上它们固有的稳定性,在现代高密度饲养条件下,要消除病毒感染很困难。该病毒可以通过水平和垂直方式进行传播,由于病毒很难灭活,很容易通过机械方式传播。为此,要防治该病,加强综合防制和饲养管理显得十分重要。一般性综合防制措施有:①避免各种应激因素。②提供全价饲料。③加强禽舍消毒和卫生管理。一般是对禽舍彻底清洗并用碱液和0.5%有机碘作彻底消毒,以杜绝病毒的水平传播。④健康禽群要防止引进带毒鸡(鸭)胚或污染病毒的疫苗。⑤使用抗生素控制细菌合并或继发感染。⑥尚无有效疫苗进行防疫时,发病初期注射自制高免卵黄抗体或高免血清有一定效果,且单独使用高免血清的效果要优于高免卵黄抗体,但两者的联合使用不一定能提高治疗效果。

合理选用疫苗和制定免疫程序,是预防效果成败的关键因素。目前预防ARV感染可用的有弱毒苗和灭活苗两种。由于各流行毒株存在血清型的差异,不同血清型之间不能提供交叉保护作用,故应选用同型疫苗。针对1日龄雏鸡对致病性ARV具有相当强的易感性,一般采用灭活疫苗,对开产前(2~3周)母鸡进行预防接种,以保证雏鸡在孵出后能够得到母源抗体的保护,这样不仅可防止疫苗毒经卵传播,而且对限制潜在的垂直传播有重要作用。不过这种免疫力通常只对同源性的血清型效果好。因此,灭活苗往往由抗原性相似的几株病毒制备,当野毒与商用疫苗所保护血清型明显不同时,使用自家苗的效果会更好。然后对1日龄接种弱毒活苗,可诱导产生主动免疫,虽然可进行大雾滴喷雾免疫,但通常采取皮下接种。

第九节　禽脑脊髓炎

禽脑脊髓炎(avian encephalomyelitis,AE)是由禽脑脊髓炎病毒(AEV)引起鸡的一种急性、高度接触性传染病。该病主要侵害雏鸡的中枢神经系统,以共济失调和快速震颤特别是头颈部的震颤为特征,故又称流行性震颤,主要病变为非化脓性脑脊髓炎。该病可通过垂直传播和水平传播使疫情不断蔓延。该病的主要危害是造成雏鸡发病及死亡和产蛋鸡产蛋下降。

【病原】　禽脑脊髓炎病毒（*Avian encephalomyelitisvirus*，AEV）属微 RNA 病毒科中的肠道病毒属。无囊膜，病毒粒子呈球形，直径 24~32 nm。

该病毒只有一个血清型，但不同分离株的毒力及对器官组织的嗜性有差异。根据病理表现可将其分为两类：一类是以自然野毒株为主的嗜肠型，它们容易通过口服途径感染鸡，并通过粪便传播，经垂直感染或早期水平感染以及实验室条件下脑内接种时，雏鸡可表现神经症状；另一类是以鸡胚适应毒株为主的嗜神经型，这些毒株口服一般不引起感染，但脑内接种、皮下接种或肌肉注射可引起严重的神经症状。它们对非免疫鸡胚有致病性。

繁殖 AEV 可用易感鸡群的幼雏、鸡胚、神经胶质细胞、鸡胚肾细胞、CEF 和鸡胚胰腺细胞等细胞培养。鸡胚神经胶质细胞是生产血清学试验用 AEV 抗原的最佳材料。

中枢神经细胞是 AEV 的主要存在部位和靶细胞。

该病毒抵抗力较强，对氯仿、酸、胰蛋白酶、胃蛋白酶和 DNA 酶等有抵抗力，在双价镁离子保护下具有抗热效应。

【流行病学】　除鸡外野鸡、鹌鹑和火鸡也能自然感染，各种日龄均可感染，一般雏禽才有明显的临诊症状。雏鸭、幼鸽、珠鸡可人工感染。经鸡脑内接种途径复制 AE 最稳定，皮下、皮内、腹腔内、静脉内、肌肉内、口内、鼻内等接种途径也可建立感染。

AEV 具有很强的传染性，能够进行水平传播和垂直传播。在自然条件下，AE 实质上是一种肠道感染，粪中排毒可持续数天。如幼雏排毒可持续 2 周以上，而 3 周龄以上雏鸡排毒持续 5 天左右。因病毒对环境抵抗力很强，传染性可保持很长时间。垫料、饲料、饮水等污染物是主要传播媒介。

垂直传播在病毒的散播中起很重要的作用。如易感鸡群在性成熟后被感染，则母鸡将病毒传给种蛋，病毒还可在孵化器内进一步传播，使后代发生 AE。

【临诊症状与病理变化】　经胚胎感染的雏鸡的潜伏期为 1~7 天，而通过接触传播或迳口接种时至少为 11 天。自然发病通常在 1~2 周龄，但出壳时也可发病。一般的发病率是40%~60%，死亡率平均为 25%，亦可超过 50%。

病雏初期表现为精神沉郁、反应迟钝、目光呆滞，不愿走动而蹲坐，随后发生进行性共济失调，驱赶时很易发现。共济失调加重时，常坐于脚踝，驱赶时走动显得不能控制速度和步态，最终倒卧一侧。严重时可伴有衰弱的呻吟。头颈颤抖，其频率和幅度不定，手扶时更明显。刺激或骚扰可诱发病雏的颤抖，持续长短不一的时间，并经不规则的间歇后再发。共济失调通常在颤抖之前出现，但有些病例仅有颤抖而无共济失调。有人报道，在组织学检查阳性的现场病例中，36.9%有共济失调，18.3%有颤抖，35%两者都有，9.2%无临诊症状。共济失调通常发展到不能行走，之后是疲乏、虚脱，最终死亡。少数出现症状的鸡可存活，但其中部分发生失明。

该病有明显的年龄抵抗力。2~3 周龄后感染很少出现临诊症状。成年鸡感染可发生暂时性产蛋下降（5%~10%），但不出现神经症状。

AE 唯一的眼观变化是病雏肌胃有带白色的区域，它是由浸润的淋巴细胞团块所致，但这种变化不很明显，容易被忽略，需细心观察才能发现。

病理组织学变化主要位于在中枢神经系统和某些内脏器官，外周神经不受侵害，这有鉴别诊断意义。中枢神经系统的病理变化为散在的非化脓性脑脊髓炎和背根神经节炎。最常见的变化是脑和脊髓所有部位的显著血管周袖套。中脑圆核和卵圆核恒有疏松小胶质细胞增生，是具有诊断意义的变化。脑干核神经元的中央染色质溶解也具有诊断意义。

内脏组织学变化是淋巴细胞增生积聚,腺胃肌壁的密集淋巴细胞灶也是具有诊断意义的变化,肌胃、胰腺等也有类似变化。由临诊症状的病例都有组织学变化。

【诊断】 根据疾病多发生于 2 周龄以下的雏鸡,以共济失调和头颈震颤为主要症状,无明显眼观病变,药物治疗无效等流行病学、临床症状和病理变化资料可作出初步诊断。

1. 病理组织学检查

中枢神经系统胶质细胞增多、淋巴细胞血管周浸润、轴突型神经元变性和某些内脏组织的淋巴滤泡增生可作为 AE 的诊断依据。

分离到病毒或血清特异抗体效价升高,则可进一步确诊。

2. 病毒分离

取脑、胰或十二指肠材料无菌处理,接种来自易感鸡群的 5~7 日龄胚卵黄囊,待孵化出壳后观察 10 天是否出现临诊症状。有临诊症状时取病鸡脑、胰和腺胃检查显微变化或用荧光抗体法(FA)检查病毒抗原。病毒分离也可用鸡胚脑细胞培养。

3. 病料中的抗原检查

可采用荧光抗体技术、PCR 技术等。

感染 AEV 的鸡所产生的特异抗体检查:可通过病毒中和试验(VN)、间接荧光抗体技术、琼脂扩散试验(ID)、ELISA 和被动血凝试验(PHA)测定。

4. 健康雏鸡接种试验

取病雏脑组织悬液颅内接种 1 日龄敏感雏,在 1~4 周龄内出现典型症状。

5. 鉴别诊断

马立克氏病、新城疫、脑软化病(维生素 E 缺乏)也有瘫痪、共济失调、运动失调等临床症状,应与该病注意区别:

马立克氏病有外主神经病变及内脏肿瘤,AE 则无。而且马立克氏病发病更晚;新城疫各日龄均可发病,有特征性剖检变化,新城疫病毒有血凝活性,可通过 HA 和 HI 检测;脑软化病一般比 AE 发病晚,多见 3~6 周,无头颈震颤症状,剖检时可见胸、腹皮下有紫红色胶状渗出物,小脑出血和有软化灶,补充维生素 E 和硒可治愈。

病鸡瘫痪、共济失调等临床症状也可由多种疾病引起,应予鉴别。特别应与马立克氏病、新城疫、脑软化病(维生素 E 缺乏)相区别。

【防制】

该病尚无有效的治疗方法,主要做好预防工作,防止从疫区引进种蛋或雏鸡,平时加强饲养管理、做好消毒及环境卫生工作。种鸡被感染后 1 个月内产的蛋不宜做种蛋孵化。

有该病存在的鸡场和地区进行免疫接种是预防该病的重要措施之一。种鸡群在生长期接种疫苗,保证其在性成熟后不被感染,以防止病毒通过蛋源传播,是防制 AE 的有效措施。母源抗体还可在关键的 2~3 周龄之内保护雏鸡不受 AEV 接触感染。疫苗接种也可防止蛋鸡群感染 AEV 所引起的暂时性产蛋下降。

目前用于免疫接种的疫苗有两类,一类是弱毒疫苗,应在 8~10 周龄及开始产蛋之前 4 周经饮水或滴眼滴鼻方式免疫,使母鸡在开产前便获得免疫力。另一类是灭活疫苗,一般在开产前一个月肌肉注射。也可在 10~12 周龄接种弱毒疫苗,在开产前一个月再接种灭活疫苗。

生产 AE 活疫苗特别要注意的是,必须保证用作制造活疫苗的毒株不发生鸡胚适应。因为适应于鸡胚后就丧失了通过肠道感染的能力,所以通过自然途径(口服)接种时就不再有效;另一方面,适应毒像野毒一样,经翅蹼途径接种可引起临诊疾病。在用鸡胚制造 AEV 疫苗过程中不经意间可发生这种鸡胚适应,因此对制造疫苗的毒种进行监测十分重要。

❓ 思考题

1. 某鸡场发生了疑似禽脑脊髓炎疫病,请为其设计一个实验室诊断程序。
2. 禽脑脊髓炎的主要临诊症状有哪些?

第十节　鸭瘟

　　鸭瘟(duck plague)又称鸭病毒性肠炎(duck virus enteritis),是由鸭瘟病毒引起鸭、鹅、天鹅等雁行目禽类的一种急性、败血性及高度致死性传染病,临诊特征是病禽体温升高、两脚麻痹、下痢、流泪和部分病鸭头颈肿大。剖检可见食道黏膜有小出血点,并有灰黄色假膜覆盖或溃疡;泄殖腔黏膜充血、出血、水肿和假膜覆盖;肝有大小不等的坏死灶和出血点。该病传播迅速,发病率和病死率都很高,严重地威胁养鸭业的发展。

　　【病原】　鸭瘟病毒(*Duck plague virus*)在分类上属疱疹病毒科、α-疱疹病毒亚科。具有疱疹病毒的典型形态结构。病毒粒子呈球形,直径为 80～160 nm,有的成熟病毒粒子可达300 nm。在感染细胞制备的超薄切片中,电镜下可见细胞核内的病毒粒子为 90 nm,胞浆内的病毒粒子为 160 nm。基因组为双股 DNA,有囊膜。病毒子有必须脂类,用胰酯酶处理可使病毒失活。

　　鸭瘟病毒能在 9～12 日龄鸭胚中生长繁殖和继代,随着继代次数增加,鸭胚在 4～6 天死亡,比较规律。致死的胚体出血、水肿、绒毛尿囊膜上有灰白色坏死灶,肝亦有坏死灶。病毒也能适应于鹅胚,但不能直接适应于鸡胚,必须在鸭胚或鹅胚传几代后,才能适应于鸡胚。病毒也能适应于鸭胚、鹅胚、鸡胚的成纤维细胞培养。病毒在细胞培养上可引起细胞病变,用吖啶橙染色,可见核内包涵体。病毒连续通过鸭胚、鸡胚和细胞培养传代后,可使毒力减弱,此特点可用于弱毒疫苗株的培育。

　　该病毒对禽类和哺乳动物的红细胞没有凝集现象。病毒具有广泛的组织嗜性,病毒存在于鸭体各器官、血液、分泌物和排泄物中,但以肝、脑、食道、泄殖腔含毒量最高。病毒毒株间的毒力有差异,但只有一个血清型,各毒株的免疫原性相似。

　　病毒对外界的抵抗力不强,加热 80℃经 5 min 即可死亡;夏季在直射阳光下,9 h 毒力消失;但在秋季(25～28℃)直射阳光下 9 h 仍存活;在 4～20℃污染禽舍内存活 5 天。但对低温抵抗力较强,在−5～−70℃经 3 个月毒力不减弱;−10～−20℃经一年对鸭仍有致病力。在pH 为 7～9 时,经 6 h 不降低毒力;在 pH 为 3 和 11 时迅速被灭活。病毒对乙醚和氯仿等常用消毒剂敏感。

　　【流行病学】　不同日龄和品种的鸭均可感染该病,以番鸭、麻鸭、绵鸭易感性高,北京鸭次之。在自然感染病例中,1 月龄以上成年鸭多见,发病率可高达 100%,死亡率可达 95%,1 月龄以下雏鸭发病较少,但人工感染时,雏鸭也很易感染,死亡率亦很高。这是因为成年鸭在放牧时受传染的机会较多的缘故。在自然情况下,鹅和病鸭密切接触也能感染发病,在有些地区可引起流行。人工感染雏鹅尤为敏感,病死率也高。人工感染中野鸭和雁对该病有易感性;鸡的抵抗力较强,但2周龄的雏鸡可人工感染发病。鸭瘟病毒适应于鸡胚后,对鸭失去致病力,但对1日龄至1月龄雏鸡的毒力大大提高,其病死率甚高。鸽、麻雀、兔、小鼠对该病无易感性。

病鸭和带毒鸭(至少带毒3个月)是该病主要传染源。健康鸭和病鸭在一起放牧,或是在水中相遇,或是放牧时通过发病的地区,都能发生感染。被病鸭和带毒鸭的粪尿等排泄物及口、鼻、眼等分泌物污染的饲料、饮水、用具和运输工具等,都是造成鸭瘟传播的重要因素。该病在低洼多水的地区流行,当新的易感鸭群到达污染水域,往往造成鸭瘟流行。某些野生水禽感染病毒后,可成为传播该病的自然疫源和媒介。此外,在购销和大批调运鸭群时,也常会使该病自一个地区传至其他地区。

鸭瘟的感染途径主要是消化道,其他还可以通过交配、眼结膜和呼吸道而传染;吸血昆虫也可能成为该病的传播媒介。人工滴鼻、点眼、泄殖腔接种、皮肤接种、肌肉和皮下注射均可使健康鸭致病。

该病在一年四季都可发生,但一般以春、夏之交和秋季流行最为严重,因为此时是鸭群放牧和大量上市的时节,饲养量多,各地鸭群接触频繁,如检疫不严容易造成鸭瘟的发生和流行。

当鸭瘟传入一个易感鸭群后,一般在3~7天开始出现零星病例,再经3~5天陆续出现大批病鸭,进入流行发展期和流行盛期,整个流行过程一般为2~6周。如果鸭群中有免疫鸭或耐过时,流行过程较为缓慢,流行期可达2~3个月过更长。

【临诊症状】 自然感染的潜伏期一般为3~4天,人工感染的潜伏期为2~4天。病初体温升高(43℃以上),呈稽留热。这时病鸭精神委顿,头颈缩起,食欲减少或停食,渴欲增加,羽毛松乱无光泽,两翅下垂。两脚麻痹无力,走动困难,严重的可见病鸭静卧地上不愿走动,如强行驱赶时,则见双翅扑地而走,走不了数步又蹲伏于地上。当病鸭两脚完全麻痹时,伏卧不起。病鸭不愿下水,如强迫下水,漂浮在水面上,并挣扎回岸。

流泪和眼睑水肿是鸭瘟的特征临诊症状,病初流出浆性分泌物,眼周围的羽毛沾湿,以后变黏性或脓性分泌物,眼睑粘连。严重者眼睑水肿或翻出于眼眶外,打开眼睑可见眼结膜充血或小点出血,甚至形成小溃疡。部分病鸭的头颈部肿胀,俗称为"大头瘟"。此外,病鸭从鼻腔流出稀薄和黏稠的分泌物,呼吸困难,发出鼻塞音,叫声嘶哑,个别病鸭频频咳嗽。同时病鸭发生下痢,排出绿色或灰白色稀粪,肛门周围的羽毛被污染并结块。泄殖腔黏膜充血、出血、水肿,严重者黏膜外翻,黏膜面有黄绿色的假膜,且不易剥离。

病程一般为2~5天,慢性可拖至1周以上,生长发育不良。

病鸭的红细胞和白细胞均减少,感染发病后24~36 h,血清白蛋白显著降低,β球蛋白、γ球蛋白有不同程度的上升,在临死前24 h,上升幅度尤为明显。

鹅感染鸭瘟后,症状似鸭,其临诊主要症状为:体温升高42.5~43℃,两眼流泪,鼻孔有浆性和黏性分泌物。病鹅的肛门水肿,严重者两脚发软,卧地不愿走动。泄殖腔黏膜有一层灰黄色假膜覆盖,黏膜充血或有斑点状出血和坏死。

【病理变化】 鸭瘟是一种急性败血性疾病,体表皮肤有许多散在出血斑,拔出羽毛后较容易发现。眼睑常粘连一起,下眼睑结膜出血或有少许干酪样物覆盖。部分头颈肿胀的病例,皮下组织有黄色胶样浸润。食道黏膜有纵行排列的灰黄色假膜覆盖或小出血斑点,假膜易剥离,剥离后食道黏膜留有溃疡斑痕,这种病变具有特征性。有些病例腺胃与食道膨大部的交界处有一条灰黄色坏死带或出血带。肠黏膜充血、出血,以十二指肠和直肠最为严重。泄殖腔黏膜的病变与食道相同,也具有特征性,黏膜表面覆盖一层灰褐色或绿色的坏死结痂,黏着很牢固,不易剥离,黏膜上有出血斑点和水肿,具有诊断意义。产蛋母鸭的卵巢滤泡增大,有出血点和出血斑,有时卵泡破裂,引起腹膜炎。

肝脏不肿大,肝表面和切面有大小不等的灰黄色或灰白色的坏死点,少数坏死点中间有小出血点,这种病变变化具有诊断意义。所有的淋巴器官均受害。脾脏大小正常或较小,色深有花斑;胸腺有多灶性出血,表面和切面有黄色灶性区,严重萎缩;雏鸭感染鸭瘟病毒时,法氏囊呈深红色,表面有针尖状的坏死灶,囊腔充满白色的凝固性渗出物;肠道环状带呈明显的红色环,甚至最后变成深棕色,肠结合淋巴组织有多灶性坏死。

鹅感染鸭瘟病毒后的病理变化与鸭相似,食道黏膜上有散在坏死灶,坏死痂脱落而留有溃疡,肝也有坏死点和出血点。

组织学变化以血管壁损伤为主,小静脉和微血管明显受损,管壁内皮破裂,具有特征性组织学变化。坏死的肝细胞发生明显肿胀和脂肪变性,肝索结构破破坏,中央静脉红细胞崩解,血管周围有凝固性坏死灶,肝细胞见有核内包涵体。食道和泄殖腔黏膜上皮细胞坏死脱落,黏膜下层疏松,水肿,有淋巴样细胞浸润。胃肠道黏膜上皮细胞见有核内包涵体。法氏囊有黏膜下和滤泡间血管出血,滤泡内淋巴细胞严重缺乏,在髓质中的滤泡留下空洞,囊上皮细胞增生肥大,细胞浆有空泡,含有核内和胞浆内包涵体。胸腺可见游离血液充满滤泡间隙,中央髓质网状细胞凝固坏死,皮质淋巴细胞破坏显著。脾窦充满红细胞,血管周围有凝固性坏死。

【诊断】 根据流行病学特点、特征症状和病变可做出初步诊断。该病传播迅速,发病率和病死率高,特征性症状为体温升高,流泪,两腿麻痹和部分病鸭头颈肿胀;有诊断意义的病变为食道和泄殖腔黏膜溃疡和有假膜覆盖,肝脏有坏死灶等。

通过病毒分离鉴定和中和试验、荧光抗体试验等可作出确诊。Dot-ELISA 可作为快速诊断。也可采用 PCR 技术对病料中的病原进行鉴定。

鸭瘟和鸭出败在某些临诊症状上很相似,应注意鉴别诊断。在鸭瘟流行中常并发巴氏杆菌病,因此发现巴氏杆菌时,如应用抗生素和磺胺类药物治疗无效者,应考虑两种病的并发感染。

【防制】

坚持自繁自养,需要引进种蛋、种雏或种鸭时,一定要从无病鸭场引进,并经严格检疫,确实证明无疫病后,方可入场。要禁止到鸭瘟流行区域和野水禽出没的水域放牧。

病愈和人工免疫的鸭均可获得坚强免疫力。目前使用的疫苗有鸭瘟鸭胚化弱毒苗和鸡胚化弱毒苗。采用皮下或肌肉内注射,雏鸭 20 日龄首免,4～5 月后加强免疫 1 次即可。母鸭的接种最好安排在停产时,或产蛋前一个月。3 月龄以上鸭免疫 1 次,免疫期可达 1 年。鸡胚化疫苗在已有该病暴发的地区也可使用,因为接种疫苗后可立即提供保护作用,且疫苗毒对叠加的野毒感染有干扰作用。但是在潜伏期中的鸭得不到保护。

一旦发生鸭瘟,立即采取隔离和消毒措施,对鸭群用疫苗进行紧急接种。要禁止病鸭外调和出售,停止放牧,防止病毒扩散。在受威胁区内,所有鸭和鹅应注射鸭瘟弱毒疫苗。

思考题

1.简述鸭瘟的临诊和病变特征。

2.为某蛋鸭场设计一个预防鸭瘟发生的免疫程序。

案例分析

【临诊实例】

某鸭场,饲养商品蛋鸭2 000余只,85日龄时发生疫情。鸭群采食量大减,精神不好,不下水,已死亡十只。

【诊断】

1. 病因浅谈

由于疫情发病急,特征性症状和病变出现较少,根据突然发病,传染迅速,全群发病数量多,不食,不愿下水,两脚麻痹,流泪;肠黏膜出血,肝脏有出血点和坏死点等,初步怀疑为鸭瘟。

2. 主要症状

病鸭趴卧于水池边沿,驱赶也不下水,驱赶时,行走步态不稳,严重者双翅扑地而走,流泪、流鼻,眼周围的羽毛沾湿在一起,下痢,排出绿色、灰白色稀粪。

3. 剖检变化

病鸭肠黏膜充血、出血,以十二指肠和直肠最为严重,心冠脂肪有出血点,肝脏有出血点和坏死点。

【防控措施】

经紧急接种弱毒鸭瘟疫苗后病情逐渐好转直至痊愈。3天后停止死亡,5天后鸭群基本恢复正常。

发生鸭瘟后,目前由于没有有效的药物治疗,采取紧急免疫接种的措施是主要手段。

第十一节　鸭病毒性肝炎

鸭病毒性肝炎(duck virus hepatitis,DVH)是幼龄雏鸭的一种高度致死性急性传染病。特征是发病急,传播快,死亡率高,临诊表现角弓反张,俗称"背脖病",病理变化为肝脏肿大,并有大小不等的出血斑、出血点。该病常给养鸭场造成严重的经济损失。

该病最先在美国发现,并首次用鸡胚分离到病毒。其后在英国、加拿大、德国等许多养鸭国家陆续发现该病。我国大部分省、市和地区亦有该病的发生,且呈上升趋势。

【病原】　鸭肝炎病毒(*Duck hepatitis virus*,DHV),在分类上属于微RNA病毒科、肠病毒属,无囊膜,病毒粒子呈球形,直径为20~40 μm。在电镜下观察感染细胞,病毒在胞浆中呈晶格状排列。

该病毒有三个血清型,即1、2、3型。我国流行的鸭肝炎病毒血清型为1型,是否有其他型,目前尚无全面的调查和报道。据国外的研究报告,以上三型病毒在血清学上有着明显的差异,无交叉免疫性。此外,这一病毒不能与人和犬的病毒性肝炎的康复血清发生中和反应,与鸭乙型肝炎病毒(DHBV)没有关系。

病毒对氯仿、乙醚、胰蛋白酶和pH 3.0均有抵抗力,对热有一定的热稳定性,56℃加热60 min仍可存活,但加热至62℃ 30 min即被灭活。病毒在1%福尔马林或2%氢氧化钠中2 h

（15～20℃），在 2％漂白粉溶液中 3 h，或在 0.25％ β-丙内酯 37℃30 min 均可灭活。

病毒在自然界能存活较长时间，可在污染的孵化器内至少存活 10 周，在荫凉处的湿粪中可存活 37 天以上，在 4℃条件下可存活 2 年以上，在－20℃则可存活 9 年。

1 型鸭肝炎病毒能在鸡胚、鸭胚、鹅胚中增殖，将病毒尿囊腔接种 8～10 日龄鸡胚，10％～60％的鸡胚在接种病毒后 5 天或 6 天死亡，胚体发育不良或水肿；尿囊腔接种 10～14 日龄鸭胚，鸭胚在 24～72 h 内死亡；鹅胚也对 DHV 敏感，尿囊腔接种后 2～3 天鹅胚死亡。病毒经鸡胚连续传 20～26 代后，即失去对雏鸭的致病力。鸡胚中的病毒滴度比在雏鸭低 1～3。此种鸡胚适应毒在鸭胚成纤维细胞上培养，可产生细胞病理变化。鸡胚肝或肾原代细胞均可用来培养 1 型鸭肝炎病毒。

该病毒存在于感染小鸭的脑、肺、心、肝、脾等器官，其中以肝和脾的含毒量高。

【流行病学】　该病主要危害 6 周龄以下小鸭，特别是 3 周龄以内更易感，随日龄增长，易感性降低，成年鸭感染不发病，但可成为传染源，野生水禽可能成为带毒者。在自然条件下不感染鸡、火鸡和鹅。主要经病者和带毒者的粪尿等排泄物及口、鼻、眼等分泌物向外界排毒。散播到外界的病毒主要经消化道和呼吸道途径感染易感鸭。据推测不发生经蛋的传递。在野外和舍饲条件下，该病可迅速传播给鸭群中的全部易感小鸭，表明它具有极强的传染性。

感染多由从发病场或有发病史的鸭场购入带病毒的雏鸭引起。由参观人员，饲养人员的串舍以及被污染的用具、垫料和车辆等引起的传播也经常发生，鸭舍内的鼠类在传播病毒方面亦起重要作用。

雏鸭的发病率与病死率均很高，1 周龄内的雏鸭病死率可达 95％，1～3 周龄的雏鸭病死率为 50％或更低，4～5 周龄的小鸭发病率与病死率较低。

该病一年四季均可发生，但主要在孵化季节，我国南方多在 2～5 月和 9～10 月间，北方多在 4～8 月间。然而在家养肉鸭的舍饲条件下，可常年发生，无明显季节性。饲养管理不当，鸭舍内湿度过高，密度过大，卫生条件差，缺乏维生素和矿物质等都能促使该病的发生。有试验表明，饲料营养缺乏使肝脏功能受损，可使较大的雏鸭也易于发病。

【临诊症状】　该病发病急，传播迅速，死亡率高，一般死亡多发生在 3～4 天内。雏鸭初发病时表现精神萎靡、缩颈、翅下垂、不爱活动、行动呆滞或跟不上群，常蹲下，眼半闭，厌食，发病 0.5～1 天即发生全身性抽搐，病鸭多侧卧，头向后背，呈角弓反张姿势，俗称"背脖病"，两脚痉挛性地反复踢蹬，有时在地上旋转。出现抽搐后，约十几分钟即死亡。喙端和爪尖瘀血呈暗紫色，少数病鸭死前尖叫，排黄白色和绿色稀粪。1 周龄内的雏鸭疾病严重暴发时，死亡极快。

【病理变化】　主要病变在肝脏，肝肿大，质脆，色暗或发黄，肝表面有大小不等的出血点、出血斑点，胆囊肿胀呈长卵圆形，充满胆汁，胆汁呈褐色，淡茶色或淡绿色。脾有时有肿大，呈斑驳状。许多病例肾肿胀与充血。

急性病例组织学变化主要是肝细胞的变性和坏死。幸存鸭则有许多慢性病理变化，表现为肝脏的广泛性胆管增生、不同程度的炎性细胞反应和出血。脾组织呈退行性变性和坏死。

【诊断】　根据突然发病，迅速传播和急性经过，临诊表现角弓反张，剖检可见肝肿胀并有出血斑点等特点可初步诊断为该病。

1.动物试验

接种 1～7 日龄的敏感雏鸭，复制出该病的典型症状和病变，而接种同一日龄的具有母源抗体的雏鸭（即经疫苗接种的母鸭子代，或将无母源抗体的雏鸭注射 1～2 mL 鸭肝炎高免血

兽医传染病学·各论

清或卵黄抗体),则应有 80%～100%受到保护,即可确诊。

2.血清学试验

直接荧光抗体技术可对自然病例或接种鸭胚的肝脏触片或冰冻切片进行快速、准确的诊断。也可采用 PCR 技术对病料中的病原进行鉴定。病毒中和试验(VN)、琼脂扩散沉淀实验(AGDP)和 ELISA 实验用于检查血清抗体、病毒鉴定、免疫效果评价和流行病学监测。

3.病毒分离

将病鸭肝脏制成悬液,接种鸡胚或鸭胚进行病毒复制。

4.鉴别诊断

应注意与黄曲霉毒素中毒症区别,该病亦可出现共济失调、抽搐和角弓反张以及胆管增生的显微病理变化,与病毒性肝炎相似,但不引起肝脏的出血。

【防制】

严格的防疫和消毒制度、坚持自繁自养和"全进全出"的饲养管理制度是预防该病的重要措施。

疫苗接种是有效的预防措施,可用鸡胚化鸭肝炎弱毒疫苗给临产蛋种母鸭皮下免疫,共两次,每次 1 mL,间隔两周。这些母鸭的抗体至少可维持 4 个月,其后代雏鸭母源抗体可保持 2 周左右,如此即可渡过最易感的危险期。种鸭 12 周龄用活疫苗免疫,于 16 周龄再接种灭活疫苗,产生的中和抗体滴度提高 16 倍,可对 8 个月的产蛋周期内孵出的雏鸭提供充分保护。但在一些卫生条件差,常发肝炎的疫场,则雏鸭在 10～14 日龄时仍需进行一次主动免疫。未经免疫的种鸭群,其后代 1 日龄时经皮下或腿肌注射 0.5～1.0 mL 弱毒疫苗,即可受到保护。

发病或受威胁的雏鸭群,可经皮下注射康复鸭血清或高免血清或免疫母鸭蛋黄匀浆 0.5～1.0 mL,可起到降低死亡率、制止流行和预防发病的作用。

第十二节　小鹅瘟

小鹅瘟(gosling plague,GP)又称鹅细小病毒感染(goose parvovirus infection,GPVI)、雏鹅病毒性肠炎(gosling viral enteritis)或 Derzsy's 病,是由小鹅瘟病毒(*Gosling plague virus*,GPV)引起雏鹅和雏番鸭的一种急性或亚急性的败血性传染病。该病主要侵害出壳后 3～20 日龄雏鹅,传播快,发病率和死亡率可高达 90%～100%。随着雏鹅日龄增长,其发病率和死亡率下降。患病雏鹅以精神委顿,食欲废绝和严重下痢为特征性临床症状。以渗出性肠炎,小肠黏膜表层大片坏死脱落,与渗出物凝成假膜状,形成栓子状物堵塞于小肠后段的狭窄处肠腔。在自然条件下成年鹅的感染常不呈临诊症状,但经排泄物及卵传播疾病。

1956 年方定一等首先在我国江苏省扬州地区发现该病,并用鹅胚分离到病毒。1961 年方定一和王永坤在该地区重新分离到一株病毒,将该病及病原定名为小鹅瘟及小鹅瘟病毒。1962 年研制成功抗小鹅瘟血清,1963 年研制成功种鹅弱毒疫苗,1980 年研制成功雏鹅弱毒疫苗,有效地控制了该病的发生与流行。自 1965 年以后,德国、匈牙利、荷兰、苏联、意大利、英国、法国、南斯拉夫、越南、以色列等欧洲与亚洲的许多国家先后报道类似该病。

【病原】　GPV 属细小病毒亚科(*Parvovirinae*)细小病毒属(*Parvovirus*)鹅细小病毒

398

(*Goose parvo virus*)。病毒粒子呈球形或六角形,无囊膜,二十面体对称,直径 $20\sim22$ nm,电镜下可见完整病毒粒子形态和缺少核酸的病毒空壳形态两种。病毒沉降系数为 90.5 S,用 Sepharose 4B 柱层析纯化病毒,等电点为 4.3,在氯化铯、蔗糖和氯化钠溶液中的密度分别为 $1.31\sim1.35$ g/mL、$1.081\,0\sim1.176\,4$ g/mL 和 $1.41\sim1.43$ g/mL。单股线性 DNA 病毒,核酸分子量大小为 $5\sim6$ kb,含有正链 DNA 和含有负链 DNA 病毒粒子数目基本相等,各占 50%。GPV 基因组中间为编码区,两端为回文序列折叠形成发夹结构,即倒置末端重复序列(ITR)。中间编码区含有两个开放阅读框架(ORF),但两个 ORF 位于同一个读码框,左 ORF(LORF)编码 NS1,NS2 两种非结构蛋白,右侧 ORF(RORF)编码 3 种结构蛋白(VP),即 VP1,VP2 和 VP3,分子质量分别为 85ku(VP1)、61ku(VP2)和 57.5ku(VP3),其中 VP3 为主要结构多肽,约占总蛋白的 80%。GPV 全基因结构见(图 6-1)。

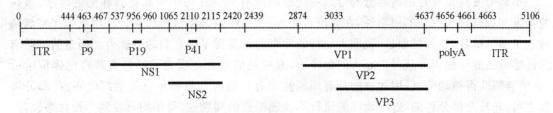

图 6-1　GPV 基因组结构图(5106 bp)

　　目前国内外分离的毒株抗原性基本相同,均为同一个血清型。GPV 与一些哺乳动物细小病毒不同,该病毒无血凝活性,不能凝集鸡、鹅、鸭、兔、豚鼠、地鼠、小鼠、绵羊、山羊、猪、奶牛和人类 O 型红细胞。与鸡新城疫病毒、鸡传染性法氏囊病病毒、鸭瘟病毒、鸭病毒性肝炎病毒、猫细小病毒、犬细小病毒和猪细小病毒等无抗原关系;交叉中和试验和基因组酶切分析,鹅细小病毒与番鸭细小病毒(*Muscovy duck parvovirus*,MDPV)存在显著性差异。

　　GPV 存在于患病雏鹅的肝、脾、肾、胰、脑、血液、肠道、心肌等各脏器及组织中。病毒初次分离时,将病料制成悬液接种 $12\sim14$ 日龄易感鹅胚的绒尿腔或绒尿膜,鹅胚一般接种后 $5\sim7$ 天死亡,死亡鹅胚绒毛尿囊膜局部增厚,胚体皮肤、肝脏及心脏等出血。7 天以上死亡的胚胎发育停顿,胚体小。鹅胚分离毒连续通过多代后,对胚胎的致死时间稳定在接种后 $3\sim4$ 天。免疫母鹅的胚体和雏鹅对该病毒感染有抵抗力,因此在病毒分离和传代应予以重视。病毒初次分离时不易引起鸭胚致死,须盲传数次后才有可能引起部分胚胎死亡。应用鹅胚绒尿液适应毒株,通过鹅胚和鸭胚交替传代数次后,可引起部分鸭胚死亡,随着鸭胚传代次数的递增而逐渐适应于鸭胚,可引起绝大部分鸭胚死亡。初次分离的病毒株和鹅胚适应毒株及鸭胚适应毒株均不能在鸡胚内复制。初次分离的病毒株不能在生长旺盛的鹅胚和番鸭胚成纤维细胞中复制,而鹅胚适应毒株能在生长旺盛的鹅胚和番鸭胚成纤维细胞中复制,并逐渐引起有规律性的细胞病变。鸭胚适应毒株能在鸭胚成纤维细胞中复制,逐渐引起有规律性的细胞病变。初次分离的病毒株、鹅胚适应毒株和鸭胚适应毒株均不能在鸡胚成纤维细胞、兔肾上皮细胞、兔睾丸细胞、小鼠胚胎成纤维细胞、小鼠肾上皮细胞、地鼠胚胎细胞及肾上皮细胞和睾丸细胞、猪肾上皮细胞和睾丸细胞、PK$_{15}$ 细胞株中复制。

　　该病毒对不良环境的抵抗力强大,肝脏病料和鹅胚绒尿液毒在 $-8℃$ 冰箱内至少能存活二年半,冻干毒在 $-8℃$ 冰箱内至少能存活 7.5 年以上。能抵抗氯仿、乙醚、胰酶和 pH 3.0 等,在

56℃经3h的作用仍保持其感染性。

【流行病学】 在自然情况下,小鹅瘟病毒能感染雏鹅和雏番鸭,而其他禽类和哺乳动物均无易感性。出壳后3～4天乃至20天左右的雏鹅可发生该病,1周龄以内的雏鹅死亡率可达100%,10日龄以上死亡率不超过60%,20日龄以上发病率低,而1月龄以上则极少发病。但近年来,小鹅瘟发病及死亡日龄已有增大的趋势,最大发病年龄为73日龄。雏鹅感染发病随着日龄的增大,其发病率和死亡率下降,症状较轻,病程延长。

发病雏鹅主要从粪便中排出大量病毒,导致直接或间接接触而迅速传播,而病鹅内脏、脑、血液和肠管均含有病毒。小鹅瘟病毒主要经过消化道感染,经过病鹅直接接触或接触病鹅的排泄物污染的饲料、饮水、用具和场地而传染。大龄鹅可建立亚临诊或潜伏感染,通过带毒的种蛋污染孵房和孵化器,对疾病的水平传播起重要作用。

小鹅瘟发病及死亡率的高低与母鹅的免疫状况有关。在每年全部更新种鹅的地区,该病的暴发和流行具有明显的周期性,在大流行后的一、二年内都不致再次流行。用流行次年雏鹅做人工感染试验,75%能耐过,说明大流行的幸存者都获得了强有力的抵抗力。病愈的雏鹅与隐性感染的成年鹅均可获得强有力的免疫力,成年鹅的这种免疫力可经过蛋黄将抗体传给后代,使雏鹅获得被动免疫,因此该病具有周期性。有些地区并不每年更新全部种鹅,在部分淘汰之后,新补充部分种鹅,这些地区的流行不表现明显的周期性,每年均有发病。死亡率较低,在20%～50%。易感雏鹅进入该病存在的疫区后常常导致该病的暴发。

【致病机制】 易感雏鹅感染小鹅瘟病毒后,病毒首先在肠道黏膜层大量复制,先为小肠黏膜发生广泛的急性卡他性炎,之后黏膜绒毛由于病毒的损害作用及局部黏膜的血液循环代谢障碍,发生渐进性坏死,上皮层坏死脱落散乱,整个绒毛的结构逐渐破坏、松散,并与相邻的坏死融合在一起,黏膜层的整片绒毛沿基部连同一部分黏膜固有层脱落。以后细胞成分进一步发生崩解碎裂和凝固。经血液循环病毒在各组织器官复制,导致全身性淋巴网状系统细胞增生反应。从神经组织、血管组织、淋巴网状系统和消化道黏膜引起变性——坏死和炎症过程,表明小鹅瘟病毒为嗜器官性病毒。

小鹅瘟病毒全基因有5～6 kb,包含两个完整的开放阅读框,编码结构蛋白(VP1、VP2和VP3)和非结构蛋白(NS1和NS2)。GPV的3种结构蛋白功能未研究清楚,但依据其他一些细小病毒结构蛋白功能推测,VP1、VP2和VP3蛋白在病毒感染宿主细胞的过程中发挥重要作用。VP1蛋白参与病毒衣壳蛋白的合成,形成感染性颗粒。在VP1蛋白的N末端存在核定位信号序列,该序列可能参与了GPV在细胞内的定位;其N末端还有一些磷脂酶序列,可能参与了病毒的感染。Tullis等去除VP1蛋白得到鼠细小病毒突变体,与野生型病毒相比,突变体与细胞结合的能力比野生型好,但不能感染宿主细胞。这说明VP1蛋白N端可能存在与宿主细胞受体相互作用的氨基酸序列。结构蛋白VP1的独特区并不暴露在衣壳表面,但病毒进入宿主细胞后,病毒衣壳通过内吞小体转运至细胞核,此时VP1被内吞小体低pH值等不良环境作用就暴露出其独特区,暴露出的N端就可指引内吞小体往细胞核转运。VP2也有合成病毒衣壳的功能,VP2蛋白在VP1蛋白缺失的条件下能折叠组装病毒颗粒,与病毒颗粒的细胞核输出有关。VP3约占衣壳蛋白总量的80%,能诱导机体产生保护性抗体,具有良好的免疫原性,对小鹅瘟的治疗、预防和疫苗的研制有着至关重要的作用。非结构蛋白的功能较结构蛋白研究更少,但根据其他细小病毒的研究,它具有十分重要的功能性作用。目前认为细小病毒非结构蛋白功能主要有:①NS1蛋白参与细小病毒增殖。GPV的NS1蛋白与人腺联病毒 2 型(AAV-2)的 NS 78 蛋白在结构和功能上均相似,包含 4 个高度保守的基序 GPTT-GK,具有解旋酶活性和与 NTP 相结合的能力。②NS1 蛋白还对宿主细胞具有毒性作用,导致宿主细胞发生形态变化乃至凋亡。③NS2 蛋白参与细小病毒复制,影响感染性病毒颗粒的产生。NS1 可以对病毒的致病性起到关键的作用,NS2 本身不具有细胞毒性作用,但在 NS1 作用时起协同作用。总之,细小病毒非结构蛋白的主要功能是参与病毒的复制和对宿主细胞毒性作用,但 GPV 非结构蛋白功能与其他细小病毒有的共性和不同处还需进一步研究。

【临床症状】 该病的潜伏期与感染时的年龄密切相关,一般情况下日龄越小,潜伏期越短,出壳即感染潜伏期为 2～3 天,1 日龄感染潜伏期为 3～5 天,1 周龄以上感染潜伏期为 4～7 天。小鹅瘟的症状以消化道和中枢神经系统紊乱为特征,但其症状表现与感染发病时雏鹅的日龄有密切关系。根据病程长短,可分为最急性、急性和亚急性三种类型。

1. 最急性型

多见于 1 周龄内的雏鹅和雏番鸭,突然发病死亡,易感雏发病率可达 100%,病死率高达 95% 以上,常见患病雏出现精神沉郁后数小时内表现极度衰弱,倒地两腿划动并迅速死亡,或在昏睡中衰竭死亡。患病雏鹅鼻孔有少量浆性分泌物,喙端发绀和蹼色泽变暗。数日内很快扩散至全群。

2. 急性型

多见于 1～2 周龄内的雏鹅,患病雏鹅表现为全身委顿、打盹、食欲减退或废绝,但多饮水,不愿活动,出现严重下痢,排灰白色或青绿色稀粪,并混有气泡,粪中带有纤维碎片或未消化的饲料等。泄殖腔扩张,挤压时流出黄白色或黄绿色稀薄粪便。张口呼吸,鼻孔有棕褐色或绿褐色浆性分泌物流出,使鼻孔周围污秽不洁。口腔中有棕褐色或绿褐色稀薄液体流出,喙端发绀,蹼色变暗。嗉囊松软,含有气体和液体。眼结膜干燥,全身有脱水征象;临死前头多触地,两腿麻痹或抽搐,病程 1～4 天。

3. 亚急性型

多见于 2 周龄以上的雏鹅,常见于流行后期或低母源抗体的雏鹅。病程稍长,一部分病雏鹅转为亚急性,尤其是 3～4 周龄的雏鹅感染发病,多呈亚急性。患病鹅精神委顿,消瘦,行动迟缓,站立不稳,喜蹲卧,拉稀,稀粪中杂有多量气泡和未消化的饲料及纤维碎片,肛门周围绒毛污秽严重。少食或拒食,鼻孔周围沾污大量分泌物和饲料碎片。病程一般为 5～7 天或更长,少数患鹅可以自愈。

【病理变化】 该病大体病变以消化道炎症为主。全身皮下组织明显充血,呈弥漫性红色或紫红色,血管分支明显。

1. 眼观病变

典型病理变化主要体现在肠道上。

(1)肠道变化 GPV 感染 1～2 天除见部分肠段轻度充血肿胀外,并无明显变化。第 3 天小肠各段开始充血和明显肿胀,黏液增多,黏膜上出现少量黄白色蛋花样的纤维性渗出物。4～5 天时渗出物明显增多,并在中、下肠段形成淡黄色的假膜或直径约 0.3 cm、长 20 cm 左右细条状的凝固物,黏膜明显充血发红,并见小点出血。6～9 天时病鹅处于濒死期或发生死亡,肠内的纤维性渗出物和坏死组织增多,小肠出现特征性凝固性栓子。这些肠段膨大增粗,可比正常增大 1～3 倍,肠壁菲薄,触摸有紧实感,外观如香肠状,这种变化,主要发生在小肠中、下段的空肠和回肠部,但也可见其他肠段出现。栓子有两种类型:第一种是比较粗大的凝栓物,紧密充满肠腔,由两层构成,中心为干燥密实的肠内容物,外面由纤维素性渗出物和坏死组织混杂凝固形成的厚层假膜包被,这种栓子表面干燥,呈灰白色或灰褐色,直径在 1.0 cm 左右,长 2~15 cm;第二种凝栓物完全是由纤维素性渗出物和坏死物凝固而成,但形状不一,有的呈圆条状,表面光滑,两端尖细,直径 0.4~0.7 cm,长度可达 20 cm 左右,如蛔虫样,有的呈扁平状,灰白色如绦虫样;这些凝栓物均不与肠壁粘连,很易从肠腔中拽出,坏死凝固物与肠壁完全分离脱落,脱落表面很平整,但黏膜面明显充血、出血,有的肠段出血严重,黏膜面成片染成红色。盲肠和直肠早期可见充血、发红、出血,后期有较多黏液附着,泄殖腔扩张,发红、肿胀,有黄褐色稀薄的内容物。

(2)其他组织器官的变化　早期无明显变化。后期可见皮下充血、出血,全身脱水、肌肉暗红,出血(瘀斑与瘀点)主要见于大腿内侧皮下、胸肌、心内外膜及肺脏等。胸腺充血,有的病鹅见针尖大出血点。间质性心肌炎,心壁扩张,心耳及右心室积血。肝暗红色,明显缩小。胆囊肿胀,充满深绿色胆汁。腺胃黏膜肿胀,附有较多黏性分泌物。胰腺充血,腺泡上皮变性和偶见灶状坏死。脾暗红,体积无变化,多数表面可见针尖大灰白坏死点。肾暗红,浑浊肿胀,质脆。脑膜血管充血。

2.组织学变化

心肌纤维有不同程度的颗粒变性和脂肪变性,脂肪浸润,肌纤维断裂,排列零乱,有 Cowdrey A 型核内包涵体。肝脏细胞空泡变性和颗粒变性。脑膜及脑实质血管充血并有小出血点和轻微的血管周围"套管",神经细胞变性,严重病例出现小坏死灶,胶质细胞增生,有的区域形成胶质结节。

【诊断】

1.临床综合诊断

小鹅瘟的诊断是根据流行病学,临诊症状和病理变化特征进行。1~2 周龄的雏鹅大批发生肠炎症状,死亡率极高,而青年、成年鹅及其他家禽均未发生;患病雏鹅以拉黄白色或黄绿色水样稀粪为主要特征,肠管内有条状的脱落假膜或在小肠末端发生特有的栓塞等可做出初诊的依据,确诊需进行实验室诊断。

2.病毒分离与鉴定

无菌操作取患病雏鹅或死亡雏鹅的肝、脾、肾、脑等器官病料,置灭菌的玻璃器皿中冻结保存,作为病毒分离材料。制备病料悬液,经细菌检验为阴性者作为病毒接种材料。接种于 12~15 日龄鹅胚或其原代培养细胞。尿囊腔接种含病毒材料,可在 5~7 天致死鹅胚,主要变化为胚体皮肤充血、出血及水肿,心肌变性呈瓷白色,肝变性或有坏死灶。细胞培养在接种 3~5 天出现细胞病变,HE 染色可见 Cowdrey A 型核内包涵体和合胞体形成。

死亡鹅胚或细胞培养中的 GPV 可与已知抗小鹅瘟病毒标准血清,或抗小鹅瘟病毒单克隆抗体在易感鹅胚或易感雏鹅作中和试验;或用已知抗小鹅瘟病毒标准血清用易感雏鹅作保护试验;也可用琼脂扩散试验、ELISA、荧光抗体、PCR 和基因测序等方法鉴定病毒。

3.血清学诊断

用于小鹅瘟血清学诊断的方法主要有中和试验、琼脂扩散试验、酶联免疫吸附试验、反向间接血凝试验、免疫酶琼脂扩散试验、免疫过氧化物酶染技术、免疫荧光技术、精子凝集抑制试验等。

4.分子生物学诊断

有核酸探针技术、PCR、荧光定量 PCR 和环介导等温扩增技术(LAMP)等。

5.鉴别诊断

当鹅发病时,应注意与雏鹅新型病毒性肠炎、鹅副粘病毒病、鹅禽流感等相区别(表 6-4)。

表 6-4　四种主要疫病的鉴别诊断

类别	小鹅瘟	雏鹅新型病毒性肠炎	鹅副黏病毒病	鹅禽流感
病原	鹅细小病毒	禽腺病毒	鹅副黏病毒	正黏病毒
发病日龄	4～60 日龄	3～40 日龄	3～300 日龄	所有日龄
发病时间	无明显季节性	无明显季节性	无明显季节性	冬春季节易发
感染速度	较快	较快	较快	很快
头部肿大	一般无	一般无	不常见	常见
呼吸道症状	较微	一般	一般	比较严重
腿部、皮下出血	一般无	一般无	一般无	常见
神经症状	角弓反张	角弓反张	扭头、转圈	扭颈、颤抖
附近鸡、鸭感染情况	鸡不感染,鸭可感染	鸡、鸭不感染	鸡、鸭均可发病	鸡、鸭均可发病
肠道病变	有香肠样栓子(5～8 cm)	凝固性栓子(15～20 cm)	出血较严重,常可见到结痂、溃疡	出血严重,肠壁变薄
肌、腺胃出血情况	一般无	一般无	点状出血	出血严重,呈片状出血
胰腺病变	一般无	一般无	点状坏死点	肿胀,有坏死灶
喉头、气管出血	一般无	一般无	轻度气管环出血	出血严重,可见整条气管出血
肺部病变	不明显	不明显	有时可见瘀血斑	出血、充血、坏死明显
生殖道病变	不明显	不明显	不明显	卵泡萎缩、变性、出血,还可见卵黄性腹膜炎、输卵管炎症明显

【防制】

各种抗菌药物对该病均无治疗作用。该病的特异性防制有赖于被动免疫和主动免疫。

1.被动免疫

在该病流行区域或已被该病污染的孵化场,雏鹅出壳后立即皮下注射高免血清或卵黄抗体,可达到预防或控制该病的流行发生。种鹅如果未经免疫接种,雏鹅可在出壳后 24 h 内立即皮下注射小鹅瘟高免血清 0.5 mL/只。小鹅瘟高免卵黄抗体,每羽雏鹅皮下注射 2～2.2 mL。对于发病初期的病鹅,每只注射抗小鹅瘟高免血清或卵黄抗体 1～2 mL 也可显著降低死亡率。同源抗血清可作为预防和治疗用,而异源抗血清不宜作预防用,仅在发病雏鹅群紧急预防和治疗用。

2.主动免疫

在该病严重流行的地区,采用弱毒苗甚至强毒苗免疫母鹅是预防该病最经济有效的方法,但在未发病的受威胁区不要用强毒免疫,以免散毒。目前,多使用小鹅瘟弱毒苗,用于种鹅和雏鹅的免疫接种。种鹅于开产前 15～45 天,皮下或肌肉注射种鹅疫苗,之后间隔 2 周,可加强免疫注射 1 次,可使免疫后 3～4 个月产蛋期孵出的初生雏得到母源抗体有效保护期 1 年之久。种鹅如果未经免疫接种,雏鹅可在出壳后 24 h 内立即皮下注射小鹅瘟疫苗 1 头份,一般在 1 周内即可产生免疫效力。

同时要加强兽医卫生消毒措施。该病可经种蛋传播,要做好种蛋、孵化场、设备的卫生消毒。严禁从该病正在流行地区购进种蛋、种苗及种鹅,对入孵的种蛋进行药液冲洗和福尔马林熏蒸消毒,防止病毒经种蛋传播。孵化场应定期进行彻底消毒,新购雏鹅应进行隔离饲养20 天以上,无小鹅瘟发生时才与其他雏鹅合群。

思考题

1.简述小鹅瘟的流行病学特点、特征性的临床症状和病理变化。

2.简述小鹅瘟的防制要点。

第十三节　雏番鸭细小病毒病

雏番鸭细小病毒病(muscovy duck parvovirus disease,MDPD)又称雏番鸭细小病毒感染(muscovy duck parvovirus infection,MDPI)、雏番鸭"三周病",是由番鸭细小病毒(*Muscovy duck parvovirus*,MDPV)引起的一种急性、败血性传染病。主要侵害 1～3 周龄的雏番鸭,以腹泻、喘气、软脚和胰腺出血或白色坏死点为主要临诊症状。病变主要特征是肠道严重发炎,肠黏膜坏死、脱落,肠管肿胀、出血。该病具有高度传染性,发病率和死亡率高,即使耐过也成僵鸭。其他禽类和哺乳动物均不感染发病。

雏番鸭细小病毒病最早于 1985 年在我国的福建莆田、仙游、安溪、福州、福清、长乐和闽侯等地区的鸭场和孵坊发生,引起雏番鸭大量死亡。1987 年福建省农科院畜牧兽医研究所首先对莆田和福州地区雏番鸭大批死亡进行了流行病学调查和病因研究。于 1988 年分别从莆田和福州病死鸭的肝、脾等组织中分离到二株病毒,根据病毒形态、结构、理化特性、血清学鉴定和本动物回归试验,确认其病原属细小病毒科细小病毒属的一个新成员(番鸭细小病毒,MD-PV)。它引起的疫病为雏番鸭细小病毒病。1991 年后,广东、广西、浙江、湖南和山东等省、自治区亦有发生该病的报道。1991 年 Jestin 报道 1989 年在法国西部地区番鸭出现一种新病,其死亡率高达 80% 以上,临诊病状和肉眼变化类似 Derzy's 病(鹅细小病毒病)。随后在我国台湾地区、日本、泰国、匈牙利和美国等地陆续报道了该病的流行。1993 年程由铨等研制成功雏番鸭细小病毒病弱毒活疫苗。1 日龄雏番鸭接种疫苗后,成活率从未注苗前的 60% 左右,提高到 95% 以上,使该病得到有效控制。

【病原】　雏番鸭细小病毒为细小病毒科(*Parvoviridae*)细小病毒亚科(*Parvovirinae*)依赖病毒属(*Dependovirus*)成员,在电镜下该病毒成晶格排列,有实心和空心两种病毒粒子,直径 20～25 nm,呈圆形等轴立体对称的 20 面体,无囊膜。核酸为单股线状 DNA,约 5.2 kb。MDPV 在氯化铯中沉淀时具有 3 条区带,其密度分别为 1.28～1.30 g/mL,1.32 g/mL,1.42 g/mL,其中第三条带具有感染性。关于 MDPV 对其结构蛋白说法不一,法国学者 Le Call-Recule G 等(1994)进行 SDS-PAGE 电泳时,发现在 51 ku 左右处有一条淡染蛋白带;匈牙利学者 Z. Zadori(l995)根据蛋白凝胶电泳分析,MDPV 有 3 条结构多肽,分子量分别为 VP1 91 ku,VP2 78 ku,VP3 58 ku。而我国孟松树等,王永坤等(1991)研究表明,MDPV 有 4 条结构多肽,VP1(89 ku)、VP2(68 ku)、VP3(58 ku)和 VP4(40 ku),其中 VP3 为主要结构多肽,占总含量的 78.5%,而 VP1 含量为 9.4%,VP2 为 7.2%,VP4 为 4.9%。MDPV 目前只有一个血清型,与鹅细小病毒(Goose parvovirus,GPV)存在部分共同抗原。病毒能在番鸭胚和鹅胚中繁殖,并引起胚胎死亡,不感染鸡胚;病毒在番鸭胚成纤维细胞(MDEF)、番鸭胚肾细胞(MDEK)上繁殖并引起细胞病变,荧光抗体染色在细胞核内出现明亮的黄绿色荧光,表明病毒在细胞核内复制。MPDV 对鸡、番鸭、麻鸭、鸽、猪、绵羊、豚鼠等动物和人的 O 型红细胞均无凝集作用。该病毒能抵抗乙醚、胰蛋白酶、酸和热,但对紫外线辐射敏感。

【流行病学】　MDPV 自然感染多发生于 1～3 周龄的雏番鸭,对半番鸭、樱桃谷鸭、莆田黑鸭、北京鸭、鹅和鸡等不易感。发病率与病死率与日龄密切相关,日龄越小,发病率和病死率越高。一般从 4～5 日龄初见发病,10 日龄左右达到高峰,以后逐日减少,20 日龄以后表现为零星发病。近年来雏鸭发病日龄有延迟的趋势,即 30 日龄以上的番鸭,偶尔也有发病,但其死亡率较低,往往形成僵鸭。除番鸭外,实验室和自然条件下均未见其他幼龄水禽感染。

该病主要经消化道而感染,孵场和带毒鸭是主要传染病源。成年番鸭感染病毒后不表现任何症状,但能随分泌物、排泄物排出大量病毒,成为重要传染来源,带病毒的种蛋污染孵场,随着工作人员的流动,工具污染等因素造成大面积传播。

该病的发生一般无明显季节性,特别是我国西南部地区,常年平均温度较高,湿度较大,易于发生该病。散养的雏番鸭全年均可发病,但集约化养殖场该病主要发生于 9 月份至次年 3 月份,原因是这段时间气温相对较低,育雏室内门窗紧闭,空气流通不畅,污染较为严重,发病率和死亡率均较高;而在夏季,通风较好,发病率一般在 20%～30%。

该病的发病率和死亡率受饲养管理因素的影响较大。实践中,凡管理适当、消毒严格、通风良好的,种鸭进行免疫接种且污染控制较好者,该病发生率和死亡率可控制在 30% 以内。管理条件差、育雏室污染严重且通风不良、种鸭未进行免疫时发病率和死亡率可达 80% 左右。

【临床症状】　　自然感染潜伏期为 4～16 天,最短为 2 天。人工感染潜伏期为 21～96 天不等,症状以消化系统和神经系统功能紊乱为主。根据病程长短,可分为最急性、急性和亚急性三型。

1.最急性型

多发生于出壳后 6 天以内病雏,其病势凶猛,病程很短,只有数小时。多数病雏不表现先驱症状即衰竭,倒地死亡。此病的病雏喙端、泄殖腔、蹼间等变化不明显,偶见羽毛直立、蓬松。临死时,两脚乱划,头颈向一侧扭曲。该型发病率低,占整个病雏的 4%～6%。

2.急性型

多发生于 7～21 日龄,约占整个病雏数的 90% 以上。病雏主要表现为精神委顿,羽毛蓬松、直立,两翅下垂、尾端向下弯曲,两脚无力,懒于走动,不合群,对食物啄而不吃。有不同程度的拉稀现象,排出灰白或淡绿色的稀粪,常混有絮状物,并常黏附于肛门周围。喙端发绀,蹼间及脚趾边也有不同程度发绀。呼吸用力,后期长蹲伏于地,张嘴呼吸,临死前两脚麻痹,倒地抽搐,最后衰竭死亡,该型病例无甩头和喜欢饮水现象,鼻孔无黏液流出,病程2～4天。

3.亚急性型

该病例较少,往往是由急性型随日龄增加转化而来。主要表现为精神委顿,喜蹲伏,排黄绿色或灰白色稀粪,并黏附于肛门周围。此型死亡率随日龄增加而渐减,幸存者多成僵鸭。

【病理变化】

1.眼观病变

最急性型由于病程短,病理变化不明显,只在肠道内出现急性卡他性炎症,并伴有肠黏膜出血,其他内脏无明显病变。

急性型病理变化比较典型,呈全身败血现象。肛门周围有大量稀粪黏着,泄殖腔扩张、外翻。心脏变圆,心房扩张,心壁松弛,尤以左心室病变明显,有半数病例心肌呈瓷白色。肝稍肿,呈紫褐色或土色,无明显坏死灶;胆囊明显肿大,胆汁充盈,胆汁呈暗绿色。肝、脾稍肿大。有些胰腺呈淡绿色,还有少量出血点。特征性病变在肠道,十二指肠在肠道前段有多量胆汁渗出,空肠中、后段和回肠前段的黏膜有不同程度的脱落,有的肠壁可见到肌层,回肠中、后段可见到外观呈现显著膨大的肠节,剖开见有大量炎性渗出物,或内混有脱落的肠黏膜,少数病例中见有假性栓子,即在膨大处内有一小段质地松软的黏稠性聚合物,长度3～5 cm,呈黄绿色,其组成主要是脱落的黏膜、炎性渗出物及肠内容物,也有的病例在肠黏膜表面附着有散在的纤维素性凝块,呈黄绿色或暗绿色,未见有真正的栓子形成。两侧盲肠均有不同程度的炎性渗出和出血现象,直肠黏液较多,黏膜有许多出血点,肠管肿大。脑膜无明显病变,个别有散在的出血点。鼻腔、喉头、气管及支气管无黏液渗出。食道、腺胃和肌胃也未见病变。全身脱水较明显。

2.组织学病变

心肌束间有少许红细胞渗出,血管扩张、充血。肝小叶间血管扩张、充血,细胞局灶性脂肪变性。肺内血管充血,大部分肺泡壁增宽、充血及瘀血,肺泡腔减少,少数肺泡囊扩张。肾以近曲小管为主要变化,表现为肾小管上皮细胞变性,管腔内红染,分泌物积蓄。胰呈散在灶性胰腺泡坏死。脑神经细胞轻度变性,胶质细胞轻度增生。

【诊断】

1.临床综合诊断

根据该病的流行病学、临诊症状和病理变化,可作出初步诊断。但是临诊上该病常与小鹅瘟、鸭病毒性肝炎、禽副伤寒、大肠杆菌和鸭疫里默氏杆菌等混淆,也存在几种疾病混合感染的情况,容易造成误诊和漏诊。确诊需要进一步的实验室诊断。

2.病毒分离鉴定

无菌操作取濒死期雏番鸭的肝、脾、胰腺等组织,以Hank's溶液研磨成20%悬液,加适量抗生素,低温冰箱冻融2次,2 000 r/min离心20 min,取上清液,尿囊腔接种11～13日龄番鸭胚,每胚0.1 mL,37℃孵育,观察到10天,一般初次分离时胚胎死亡时间3～7天。随着传代代数的增加,胚胎死亡时间稳定在3～5天。死胚绒毛尿囊膜增厚,胚胎充血,翅、趾、胸背和头部均有出血点。收集鸭胚尿囊液和胚胎,采用ELISA、荧光抗体技术、琼脂扩散试验、乳胶凝集试验(LA)、中和试验(NT)等血清学方法鉴定,也可采用PCR和基因测序鉴定病毒。

3.血清学诊断

MDPV 常用的血清学诊断方法包含琼脂扩散试验（AGP）、中和试验（NT）、酶联免疫吸附试验（ELISA）、免疫荧光抗体试验（FA）、微量碘凝集试验（MIAF）和胶乳凝集试验（LPA）等。由于鹅细小病毒和番鸭细小病毒存在共同抗原，对番鸭细小病毒特异的单抗在对分离物的鉴定和对临诊样品的快速诊断上发挥很重要的作用。基于番鸭细小病毒的特异单抗的乳胶凝集试验和免疫荧光试验可用于临诊样品的检测，而乳胶凝集抑制试验则可用于血清流行病学调查和免疫鸭群的抗体监测。

4.分子生物学诊断

有核酸探针技术、PCR、荧光定量 PCR 和环介导等温扩增（LAMP）技术等。

5.鉴别诊断

因番鸭对鹅细小病毒和番鸭细小病毒都易感。鹅细小病毒病和番鸭细小病毒病是严重危害水禽饲养业的传染病，临床上常在同一地区流行，甚至混合感染。两种疫病的流行病学、临床症状、病理变化都非常相似；两种病毒粒子的大小、形态结构、理化特性、核酸类型、免疫学特性等方面极为相似；两者的血清也有一定的交叉保护性，用常规的血清学检测方法很难将这两种病毒区分，临床上鉴别诊断难度较大。但两者的差异主要表现为：

①致病特性，MDPV 仅感染雏番鸭，而 GPV 可感染雏番鸭和雏鹅，可通过动物感染试验进行鉴别。

②临床症状和病理变化方面，小鹅瘟出现甩头、喜饮水、鼻孔流出黏液、喉炎及气管中有黏液堵塞、肠内形成腊肠样栓子等典型变化，在番鸭细小病毒病中未曾发现，而该病中出现的心脏圆变也有别于小鹅瘟；

③抗原性方面，MDPV 与 GPV 用常规血清学作交叉中和试验，有较明显的交叉保护作用，但用单克隆抗体作 ELISA、FA 等发现有不交叉的抗原成分；

④MDPV 和 GPV 在核酸序列上有明显差异，可针对两种病毒的非同源区设计引物，采用 PCR 技术对这两种疾病进行鉴别诊断。除此之外，也可采用限制性内切酶技术、PCR 产物结合测序的方法和 PCR-RFLP 对这两种细小病毒进行鉴别诊断。

【防制】

1.加强环境控制措施，减少病原污染，增强雏番鸭的抵抗能力

孵房的一切用具、物品、器械等在使用前后应该立即清洗消毒，购入的孵化用种蛋也要进行甲醛熏蒸消毒，刚出壳的雏鸭应避免与新购入的种蛋接触，育雏室要定期消毒。如孵场已被污染，则应立即停止孵化，待育雏室等全部器械用具彻底消毒后再继续孵化。

2.做好疫苗接种

程由铨等（1994）对番鸭细小病毒进行诱变制成弱毒疫苗。该疫苗对 1 月龄雏鸭接种安全，接种疫苗 3 天后部分鸭产生免疫，7 天后全部产生免疫，21 天后抗体水平达到高峰。经福建、广东及浙江等省预防注射 2 500 多万羽雏番鸭，安全，有效，可使雏番鸭成活率由注疫苗前的 60%～70%提高到 95%左右，也可通过免疫种鸭，使出壳雏鸭得到一定的保护。也可使用灭活疫苗。国外有供种鸭用的鹅细小病毒和番鸭细小病毒二联灭活疫苗，而对雏番鸭可联合使用灭活的水剂番鸭细小病毒疫苗和弱毒鹅细小病毒活疫苗。

3.发病时用高免血清防治

娄华等(1995)用番鸭细小病毒致弱毒株反复免疫鸭,收集琼扩效价为 1∶32 以上的鸭血清。该血清用于雏番鸭(5 日龄)预防,可大大地减少发病率,用量为每只雏鸭皮下注射 1 mL。对发病鸭进行治疗时,使用剂量为每只雏鸭皮下注射 3 mL,治愈率可达 70%。

❓ 思考题

1.简述番鸭细小病毒病和小鹅瘟的异同点。

2.简述番鸭细小病毒病和小鹅瘟的鉴别诊断要点。

家禽细菌性传染病

第十四节　鸡支原体感染

鸡支原体病(avian mycoplasmosis)是有支原体所引起鸡的一组传染病。鸡毒支原体(*Mycoplasma gallisepticum*,MG)感染也称为慢性呼吸道病(chronic respiratory disease,CRD),在火鸡上称为传染性窦炎(infectious sinusitis),临床上以呼吸道症状为主,主要特征为咳嗽、流鼻液、呼吸道啰音,严重时呼吸困难和张口呼吸。鸡滑液支原体(*Mycoplasma synoviae*,MS)感染又称滑液囊支原体感染、滑液囊霉形体感染、传染性滑液囊炎、传染性滑膜炎,是鸡和火鸡的一种急性或慢性传染病,主要损害关节的滑液囊膜及腱鞘,引起渗出性滑膜炎、腱鞘炎及滑液囊炎。

一、鸡毒支原体

【病原】 鸡毒支原体(*Mycoplasma gallisepticum*,MG)在分类学上属于软皮体纲(Mollicutes)支原体目(Mycoplasmatales)支原体科(Mycoplasmataceae)支原体属(*Mycoplasma*)。通过血清学分型,鸡毒支原体属于血清 A 型。到目前为止,这个种只发现 1 个血清型,但各个分离株之间的致病性和趋向性并不一致。一般分离株主要侵犯呼吸道,但也有对于火鸡脑有趋向性的,如 S6 株;有的对火鸡足关节有趋向性,如 A514 株。

MG 无细胞壁,形体柔软,呈高度多形性,常见的有球状、丝状,还有杆状、环状、螺旋状等不规则形态,大小为 $0.25\sim0.5\ \mu m$,姬姆萨或瑞氏染色着色良好,革兰染色为弱阴性。MG 可吸附鸡、火鸡和仓鼠等动物的红细胞,这是与非致病性禽源支原体的主要区别。

MG 为需氧和兼性厌氧,培养时需要培养基含有较丰富的营养成分,需要在培养基中加入 10%～15% 的灭活猪或马血清、胰酶水解物和酵母浸出物才能生长,在普通培养基上不能生长。在固体培养基上,需置潮湿的环境中培养 3～10 天才能形成表面光泽透明、边缘整齐、露滴样的小菌落,菌落直径 0.2～0.3 mm,最大不超过 1 mm,中心比较致密,深入培养基中,不易从培养基表面剥离。MG 能在 7 日龄鸡胚卵黄囊中生长繁殖。部分鸡胚于接种后 5～7 天死亡,病变鸡胚生长不良,全身水肿,皮肤、尿囊膜及卵黄囊有时可见到出血点。死胚的卵黄及绒毛尿囊膜中含 MG 浓度最高。MG 能发酵葡萄糖、麦芽糖,产酸不产气,不发酵乳糖、卫矛醇和水杨昔。很少发酵蔗糖,对半乳糖、果糖及甘露醇的发酵结果不定。不水解精氨酸,磷酸酶活性阴性。

MG 对外界环境的抵抗力不强,一般常用的消毒剂均能将其杀死。50℃、20 min 即可将其灭活,对紫外线敏感,阳光直射便迅速丧失活力,在沸水中立刻死亡。MG 在 18～20℃的室温条件下,可存活 6 天;在 20℃的粪便中,可存活 1～3 天;固体培养物在湿润的培养罐内 37℃能存活 14 天,于 45℃存活 15 min。但在低温条件下,存活时间很长,如－20℃时可存活 1 年,真空冻干培养物 4℃时可存活 7 年。

【流行病学】　MG 在国内的鸡群中感染相当普遍,根据血清学调查,感染率平均为 70%～80%。鸡和火鸡对该病有易感性,火鸡对 MG 的易感性比鸡高。此外,红腿鸡、珍珠鸡、雉、鸽、鹌鹑、孔雀、鹦鹉等也可感染;鸭、鹅也有分离到 MG 的报道。各种龄期的鸡和火鸡均可感染,尤以雏禽易感。4～8 周龄的肉用仔鸡和 5～16 周龄的火鸡最易暴发该病。发病时,全部或大部分被感染,发病后病程很长。单纯 MG 感染死亡率不高,一般为 10%～30%,若有其他病原协同感染或有某些应激因素存在,死亡率可达 30%以上。成年鸡大多数呈隐性感染,死亡率虽然不高,但可使产蛋率始终处于最高水平之下。

影响 MG 感染流行的因素除了菌株本身的致病性之外,还包括鸡的日龄、环境条件以及其他病原的并发感染等。鸡对 MG 感染的抵抗力随着日龄的增长而加强,小鸡比成年鸡易感,病情表现也更严重;寒冷、拥挤、通风不良、潮湿等可促进该病的发生;新城疫、传染性支气管炎等呼吸道病毒感染及大肠杆菌混合感染会使呼吸道病症明显加重;当 MG 在体内存在时,用弱毒疫苗气雾免疫时很容易激发该病。

该病的传播有垂直和水平传播两种方式。易感鸡与带菌鸡或火鸡接触可感染此病。病原体一般通过病鸡咳嗽、喷嚏,随呼吸道分泌物排出,又随飞沫和尘埃经呼吸道传染。被支原体污染的饮水、饲料、用具也能使该病由一个鸡群传至另一个鸡群。被感染的种鸡可以通过种蛋传播病原体,感染早期和疾病严重的鸡群经卵传播率高,使该病在鸡群中连续不断地发生。

【致病机制】　MG 一旦进入鸡体后,首先通过其表面的黏附蛋白吸附于上呼吸道黏膜相应的受体上,进而生长繁殖,引起上呼吸道特别是鼻道的炎症,由于黏膜的充血和浆液渗出,遂出现流鼻涕和打喷嚏症状;继而因鼻黏膜腺体分泌增强,鼻道充斥大量黏液。随着炎症的蔓延,受损的部位扩大至鼻邻近组织和眶下窦、气管、支气管、肺和气囊等处。因气管内积存多量炎性渗出物,乃出现呼吸啰音。呼吸道内大量炎性渗出物的蓄积使空气进出受阻和呼吸容量减少而出现明显的呼吸困难。呼吸道组织受损以及由此所产生的病变是该病发病学的主导环节。

鸡的 MG 感染按其性质是一种经过缓慢的传染病,当饲养管理条件良好时,疾病的发展很慢,有的几乎不显症状,而当饲养条件恶劣或伴有其他感染时,则病情显露和加剧。特别是混合感染时,出现的症状、病变比单纯鸡毒支原体感染要复杂得多,其发病机制也不尽相同。该病最常见的混合感染是大肠杆菌、巴氏杆菌、副鸡嗜血杆菌以及传染性支气管炎病毒等。

另外,MG 感染后,鸡虽然可以产生一定的免疫力,但 MG 通过其编码抗原基因的突变,使其抗原特别是黏附素高度变异,使它可以逃避宿主的免疫反应,而在宿主体内长期持续存在。

【临床症状】　该病的最大特点是潜伏期长,人工感染该病的潜伏期为 4～25 天,自然感染则很难确定,时间长的可达 1 个多月。病初可见鼻液增多,流出浆性或黏性鼻液,鼻孔周围沾污明显,常与饲料等黏着形成鼻塞,影响呼吸,病鸡因此频频摇头,打喷嚏。分泌物增多时,病鸡呼吸困难,张口呼吸,咳嗽和发出呼吸啰音。早晨或夜晚到鸡舍时,啰音更明显。单纯的鸡毒支原体感染一般死亡率不高,主要是慢性经过,因此雏鸡感染后,常常引起发育受阻,关节炎或者导致鼻窦炎,引起眼睑肿胀,眼突出形成所谓的"金鱼凸眼"状,甚至导致一侧或两侧眼萎缩或失明。成年鸡和肉鸡症状没有雏鸡的明显,但产蛋鸡会发生产蛋量和蛋重下降。最重要的是,鸡群感染该病后免疫力下降,此时若受到某些应激因素的作用,如环境卫生差、通气不良、饲料营养不全、温度骤变、病毒或者细菌并发感染等,则症状会变得相当复杂,死亡率增高,雏鸡可达30%以上,成年鸡也会因病程的长短和严重程度而出现一定数量的死亡。

【病理变化】 主要出现在呼吸道。呼吸道的变化也轻重不一。轻微的不易察觉,鼻孔、鼻窦、气管和肺中出现比较多的黏性液体或者卡他性分泌物,气管壁略水肿。随着感染的发展,气囊逐渐浑浊、增厚,灰白色不透明,常有黄色泡沫样物或干酪样物附着,严重时成堆成块。一侧或双侧性眼炎,眶下窦肿胀,积聚有大量黄白色渗出物,严重者可从窦内挤压出黄白色的干酪样硬块。如有大肠杆菌混合感染,则窦炎、眼炎、气管炎加剧,并常见有纤维素性心包炎、纤维素性肝周炎和纤维素性腹膜炎。

组织学变化:以气管壁增厚、气管黏膜上皮细胞纤毛缺损、上皮细胞坏死脱落、固有层中淋巴细胞浸润、肺部及气囊壁有特征性的淋巴细胞集结为主。随着病程的延长,少数病鸡还可见有关节肿胀、滑膜炎,切开关节常见有浑浊液体或干酪样渗出物。患病的鸡和火鸡一般均见有输卵管炎。

【诊断】 根据流行病学、临床症状和病理变化特点可对该病进行初步诊断,血清学诊断结果可作为鸡群感染的参考,确诊则必须进行病原分离。自然情况下,经蛋传递感染或初孵出时感染的雏鸡,凝集抗体于4～6周龄开始产生,但一般要到2～3月龄时才呈现明显的阳性。据此,对鸡群的凝集试验,一般从8周龄开始,以后每隔4周进行一次。

感染MG后,凝集抗体首先出现,2～4周后出现血凝抑制抗体,以后两种抗体几乎平行消长。一般在感染的后期,血凝抑制抗体占优势。因此,感染初期检查,有时出现凝集试验阳性而血凝抑制试验阴性的现象。即使从未发生过MG感染的成年鸡群,其血清平板凝集试验阳性率仍很高,国内报道一般在30%～70%之间。

据报道,感染鸡体内产生抗体后,MG常不被消灭而仍潜伏存在于某些组织中,当体内抗体滴度下降时它们又可大量增殖,从而刺激机体产生抗体,使抗体价上升;而抗体价升高,反过来又抑制病原体的增殖,导致抗体逐渐下降。这种现象可能与MG菌体表面的某些吸附蛋白(protein of *Mycoplasma gallisepticum* adhesin,pMGA)所引起的免疫逃逸(immune evasion)机制有关。研究表明,在MG基因组中存在着一组pMGA基因,其拷贝数在32～70个之间,能对宿主免疫系统提呈多达几十种抗原性有差异的黏附素,但每次只允许一个基因表达,表达产物刺激感染宿主产生抗体,抗体的特异性识别反过来抑制表达,使得MG随机选择另一pMGA基因,产生抗原性有差异的黏附素,以此躲避宿主免疫系统的攻击,保护MG在同一宿主内,即使有特异性血清抗体存在,也能保持持续感染,甚至终身带菌现象。MG的这种免疫逃逸机制可能是MG致病机理中的一个重要因素。

同一个体可在不同时期的血清学检查结果中呈现抗体价时高时低,甚至出现阳转阴或阴转阳的情况,亦即阴性鸡体内可能也带菌。所以,血清平板凝集试验只能用作鸡群的定性检查,而不能评价个体鸡只的实际感染状态,对该病不能像鸡白痢那样根据血清学检查结果淘汰阳性鸡而达到鸡群的净化,因为外表健康鸡的血清学阳性或阴性与带菌率无密切关系。此外,血清平板凝集试验有时还会出现假阳性现象。据报道,假阳性率一般为 2%～5%,有时可高达 10%。出现假阳性的原因,除抗原质量差,或血清腐败、溶血等外,尚存在非特异性反应问题。如滑液支原体感染、近期使用油佐剂疫苗或各种病原的组织培养疫苗接种等都有可能产生非特异性反应。

1. 血清学检查

(1)平板凝集试验　这是目前使用最广泛的一种血清学检测方法,有结晶紫染色抗原和虎红染色抗原两种。取被检鸡血清或全血一滴置于洁净的白瓷板或载玻片上,加一滴染色抗原,用牙签充分混合并涂成直径约 2 cm 的液滴,轻轻摇动,当温度为 20℃左右时,2 min 以内出现50%凝集(＋＋)者为阳性,2～5 min 出现凝集者为可疑,5 min 内不出现凝集者为阴性。

(2)试管凝集反应　将平板凝集抗原用含有 0.25% 石炭酸的生理盐水缓冲液(pH 7.0)稀释 20 倍,使用时以稀释抗原 1 mL 滴加被检血清 0.08 mL(此时血清稀释度为 1∶12.5),于试管内经 37℃水浴过夜,有凝集者为阳性。此法实际应用较少。

(3)血凝抑制试验　本试验的特异性较强,在凝集反应不能判定的情况下,可用本试验做进一步检查。以 MG 的幼龄培养物离心后的沉淀物作为抗原,预先稀释为一定浓度,测定其对红细胞的凝集价,据此决定其在试验中的使用浓度,通常用 4 个单位。如测定抗原对红细胞的凝集价为 256 倍时,4 个单位为 64 倍,即在实际应用时,可将抗原稀释 64 倍使用。具体操作方法与新城疫血凝抑制试验基本相同。如单纯为了诊断,可将灭活的待检血清做 5 倍稀释,即在稀释 5 倍的 0.25 mL 血清中加入 4 个单位的抗原 0.25 mL,置 37℃水浴中作用 15 min 后,加入 0.25% 红细胞液 0.5 mL,再放入冰箱中作用 15 min 即可判定。在这种稀释度情况下,能抑制红细胞凝集的为阳性。

近年来,国内外不少学者采用 ELISE 法检测鸡群 MG 感染情况,并以氯仿抽提的蛋黄浸出物代替血清检测 MG 抗体,以寻找一种比上述几种方法更敏感、更特异的 MG 抗体检测法。

2. 病原的分离和鉴定

MG 的培养要用特殊的培养基,一般的分离方法难以获得成功。即使用鸡胚接种,用超声波处理检材等方法,也只能从少数材料中分离得到。培养基中的任何一种成分,都可能影响到分离率,其中影响最大的是血清。若培养基经过预先测定,从发病鸡的病变部位进行分离,分离率可达 100%。另外,病料中常存在非致病性的支原体,因其发育快而掩盖了致病性支原体的生长,给鉴定工作带来一定的困难。因此,在实践中,很少采用病原分离和鉴定的方法来诊断该病,只是有时为了确诊,特别是要区别 MG 和 MS,或者是研究工作需要,在有条件的实验室才进行 MG 的分离和鉴定。

3. 鉴别诊断

鸡毒支原体引起的呼吸道感染,与其他病原引起的呼吸道疾病症状和病变很相似,如新城疫、传染性支气管炎、传染性喉气管炎、大肠杆菌病、传染性鼻炎、曲霉菌病以及维生素 A 缺乏症等,在临床诊断时容易混淆,应该注意鉴别。

(1)大肠杆菌病　大多数情况下,鸡毒支原体易与大肠杆菌混合感染。鸡单独感染大肠杆菌时,常见有纤维素性的心包炎、肝周炎和气囊炎,发病后期少数鸡可导致全眼球炎。成年鸡除呼吸困难外,还有产蛋减少、腹泻等症状。

(2)新城疫　典型的新城疫主要表现为呼吸道症状,常摇头,发出怪叫,嗉囊积有酸臭液体,排绿色稀粪,稍后出现各种神经症状。剖检时除气管充血,积有大量分泌物外,常有腺胃出血,盲肠扁桃体出血和泄殖腔出血的特征性病变。非典型新城疫主要表现为一过性呼吸道症状,伴以产蛋下降、产软壳蛋、畸形蛋,抗体效价参差不齐、抗菌药物治疗无效等表现。

（3）传染性支气管炎　幼鸡有短暂而轻微的呼吸道症状,若病毒转而侵犯肾时则引起肾苍白肿大、尿酸盐沉积(肾型),死鸡逐步增多;成年鸡发病则以产蛋率下降、产畸形蛋和蛋白水样变性为特征。

（4）传染性喉气管炎　主要是成年鸡发病,可见全群精神沉郁,部分病鸡则有闭目伸颈、张口呼吸的特征性症状,常甩头,以至在病鸡蹲卧处、水槽和料槽附近常有新鲜血迹。因呼吸困难引起缺氧,病鸡的冠、髯及脸部发绀,且常因窒息而死亡。剖检死鸡、病鸡,常见喉头、气管充血、出血,有黏性或干酪样分泌物,有时有肺出血。其他内脏器官常无病变。

（5）传染性鼻炎　该病由副鸡嗜血杆菌引起。成年鸡比幼龄鸡易感,发病快。多数病鸡在短期内出现水样鼻液,流泪,睑肿,有时公鸡肉垂浮肿,上下眼睑粘连,呼吸困难。鼻腔及眼结膜感染细菌时,常出现附有污垢的脓性分泌物。抗生素和磺胺类药物对该病均有疗效,但该病原菌易产生耐药性,故鸡群发生该病时,常反复发生,有时持续数月之久。

（6）曲霉菌病　多发生于梅雨季节,常因饲料或垫料发霉而暴发,幼雏尤为敏感。病雏呼吸困难,常有干性啰音。剖检见肺部常有粟粒大黄白色结节,压片镜检可发现霉菌菌丝和孢子;腹部气囊有时见有霉斑。

（7）维生素 A 缺乏症　慢性渐进性发展,病鸡消瘦,羽毛蓬乱无光泽,鼻孔和眼有水样分泌物,上下眼睑被分泌物粘在一起。口腔黏膜特别是近食道处的上皮细胞角质化,封闭黏液腺管,引起坏死。鼻腔、口腔、食道和咽部常有白色小脓疮,小脓疮中央凹陷,逐渐变成小溃疡,这是该病的特征性病变。

【防制】

鸡毒支原体病主要感染雏鸡,对成年鸡而言,多为隐性或慢性感染,但只要遇到不良因素,症状就会明显地表现出来,甚至发生死亡。更重要的是该病既可以水平传播,也可以经卵垂直传播。因此预防该病的最有效措施是淘汰、清除感染鸡或者进行有效的预防免疫接种。鉴于我国的实际情况,彻底淘汰、清除感染鸡非常困难,故采取预防免疫接种为主的综合防制措施是较符合实际情况的一种措施。

1.防止垂直传播

新引进种鸡时,应隔离观察 2 个月以上,在此期间进行血清学检查,并在以后的半年内进行 2 次以上的复查,坚决淘汰阳性鸡。如果有条件,最好进行自繁自养。对鸡群进行定期检疫,淘汰发病鸡和隐性感染鸡,逐步在鸡场内建立无病鸡群。对种母鸡可以在饲料中添加敏感的抗菌药物,使所产的蛋尽可能不被支原体感染。孵化前,所有的种蛋需经甲醛液消毒,并放入适当的抗菌液如红霉素、四环素等内浸泡 15～20 min,尽量减少种蛋的带菌率。孵化时,采取不同种鸡群的蛋分别进行孵化的方法,避免交叉污染。雏鸡出壳后,用甲醛液熏蒸消毒,并分群饲养。饲养过程中,继续使用药物预防和定期作血清学检查,淘汰阳性鸡。

2.加强饲养管理

鸡群感染支原体病以后,对营养的需求增加,尤其是对氨基酸和蛋白质的需求更大。另外,感染鸡的免疫力下降,容易继发细菌病或病毒病。因此,各种应激因素如温度的骤变、氨气过浓、饲料营养不全、鸡群拥挤或鸡舍消毒不严等均可导致病情恶化。故应建立合理的饲养管理制度,预防其他传染病和寄生虫病的暴发。

3.免疫接种

生产中采用较多的是灭活苗,对 7～15 日龄雏鸡颈部皮下注射 0.2 mL,成年鸡颈部皮下注射 0.5 mL,注射疫苗后 15 天开始产生免疫力,免疫期约为 5 个月。

4.治疗

鸡群一旦出现该病,可选用抗生素进行治疗。常用的药物中以泰妙菌素、泰乐菌素、红霉素、链霉素和氧氟沙星等疗效较好,但该病临床症状消失后极易复发,且 MG 易产生耐药性,所以治疗时最好采取交替用药的方法。

二、鸡滑液囊支原体

【病原】 该病病原为滑液囊支原体(*Mycoplasma synoviae*,MS)。MS 在姬姆萨涂片染色中为多形态的球状体,直径约为 0.2 μm,比 MG 稍小,无细胞壁,革兰氏染色阴性。

MS 要求生长的营养条件比 MG 更为苛刻,其必须有烟酰胺腺嘌呤二核苷酸(简称NAD)、血清才能生长。固体培养时,在含有 5%～10%CO_2 的环境中则生长更好。MS 在固体培养基上生长较 MG 慢,37℃培养 3～7 天,菌落直径 1～3 mm,菌落圆形、隆起,似花格状,有的有中心,而有的无中心。MS 在 5～7 日龄鸡胚卵黄囊中和鸡的气管培养物上生长良好。

MS 能发酵葡萄糖和麦芽糖,产酸不产气,不发酵乳糖、卫矛醇、水杨苷、蕈糖等。MS 无磷酸酶活性,还原四唑盐的能力有限,膜膜试验阳性。

MS 对外界环境和消毒剂的抵抗力与 MG 相似,将 MS 污染的鸡舍经清洗、彻底消毒后,再空舍 1 周,放入 1 日龄易感鸡不引起感染。MS 可耐受冰冻,但滴度会降低,卵黄材料中的MS 在−63℃存活 7 年,−20℃存活 2 年,肉汤培养基中的 MS 在−70℃或冻干的培养物在4℃条件下均可保存数年而不失去活力。但 MS 对 39℃以上的温度敏感,在 pH 6.9 或更低时不稳定。

【流行病学】 鸡是 MS 的自然宿主,比火鸡易感,鹅、鸭试验感染也能引起滑膜炎,而兔、大家鼠、豚鼠、小鼠、猪及羔羊对人工接种不敏感。鸡的自然感染最早为 1 周龄,急性感染常见于 4～16 周龄的鸡和 10～24 周龄的火鸡。急性感染可转为慢性感染,使体内长期带菌。健康鸡与该病病鸡接触 1～4 周后,其呼吸道中有 MS 存在。

该病水平传播途径很多,主要通过呼吸道感染,吸血昆虫在该病传播上也起着重要作用。某些病原和不良环境可促使该病发生,加重病情,如鸡舍内有毒有害气体浓度过高,可促进呼吸道症状的出现。气囊炎可由接种新城疫、传染性支气管炎疫苗以及其他呼吸道病原体感染而加重。MS 无论是人工感染还是自然感染均可发生垂直传播。产蛋种鸡群在产蛋过程中感染 MS 时,蛋传播率在感染后 4～6 天最高,随后垂直传播可能消失,但感染鸡群将持续排菌。鸡的发病率为 2%～75%,通常为 5%～15%,死亡率 1%～10%。人工感染的鸡,死亡率0%～100%,视接种途径和接种剂量的不同而异。火鸡群的发病率通常较低,为 1%～20%。

【致病机制】 不同分离株的致病性存在着相当大的差异,许多分离株可能不引起或很少引起临床疾病。Lockaby 和 Morrow 等比较了几个 MS 分离株的致病性,他们发现菌株之间毒力有明显的不同。这些菌株对鸡胚的致病力也不同,但与对鸡的毒力无相关性。潜在的毒力因子,如血细胞凝集和血细胞吸附、细胞黏附以及致纤毛运动停止等已经做了研究。但这些因子不能解释以前发现的对鸡的毒力的差异。他们推断,致病性可能与支原体在上呼吸道的黏附和定植以及其他一些与系统感染和病变有关的尚未确定的因素有关。

【临床症状】

自然接触感染时潜伏期通常为11~21天,经蛋垂直传播的潜伏期则相当短,可在1周龄内发病。以病鸡的关节渗出液或感染鸡胚的卵黄液人工感染3~6周龄的鸡均可发病,潜伏期因接种物的量、接种部位及毒株的致病力不同而有所差异。临床上,有些病例表现为严重的关节病症,而另外一些病例则表现为严重的呼吸道症状,也有二者兼而有之的。关节型病例:感染初期,病鸡精神尚好,饮食正常;病程稍长,精神不振,独处、喜卧,食欲下降,生长停滞,消瘦,脱水,鸡冠苍白。典型症状是跛行,跗关节和跖关节肿胀、变性;慢性病例可见胸部龙骨出现硬结,进而软化为胸囊肿。成年鸡症状轻微,仅关节肿胀,体重减轻。上述急性期症状过后转为缓慢的恢复期,但滑膜炎可持续5年之久。呼吸型病例表现为打喷嚏,咳嗽,常在接种活疫苗或受到其他应激如断喙、大风降温后出现呼吸道症状。

火鸡的症状通常与鸡的症状相同,其中以跛行最为明显。严重感染者体重减轻,但感染不严重的火鸡从群体中隔离出来后,仍可获得满意的增重。

【病理变化】 早期病鸡的关节滑液囊膜及腱鞘上有黏稠的乳白色的渗出物。随病程的进展,渗出物变成干酪样或呈奶油状稠度。干酪样物偶见于颈部皮下,但很少伸延至肌肉及气囊。若病鸡在干酪样物生成前已极度消瘦失水,则关节附近可能没有液体。慢性病例其关节面常呈黄色或橘黄色,约有50%的早期病例有脾、肝、肾肿大,这种病变随疾病加重而越加明显,部分严重病鸡的内脏则无可见病变。

火鸡的关节肿胀不常见,但切开跗关节时可见少量脓性分泌物。将此种分泌物注射到鸡胚培养后可分离到MS,注射到鸡则可引起滑膜炎的症状和病变,但呼吸道病变较少见。若将MS注射到火鸡的气囊可引起炎症,7天后,气囊膜高度增厚并有黄白色的渗出物。

组织学变化表现为病变关节的关节腔和腱鞘中有异嗜性粒细胞浸润和纤维素性渗出。滑液膜因绒毛形成和膜下淋巴细胞和巨噬细胞浸润而增生。

【诊断】 根据病史、典型的临床症状及病变可做出初步诊断,由于该病的症状和病理变化并不是特征性的,故确诊则应将初步诊断结果与病原分离、血清学检查结果相结合。

用于病原分离的组织包括气管、气囊、肝脏、滑液囊和病变关节渗出液。从急性病禽分离MS容易成功。关节渗出液可直接接入液体培养基中;滑膜、气囊膜、气管以及肝、肺、脾等内脏,可无菌取一小块,直接投入液体培养基中,37℃培养24 h后盲目传代一次,同时接入固体培养基。当液体培养基出现规律性颜色变化(红色变黄色)、固体培养基中出现典型的支原体菌落时,则表明分离成功。鉴定时,将固体培养基中的青霉素去掉,连续传代5次不恢复为细菌形态,即可排除细菌L型。当只在含NAD的培养基上才能生长而在不含NAD的培养基中不生长时,可作出是MS的初步判定。准确鉴定须用血清学方法。常用的血清学检测方法有平板凝集反应、试管凝集反应与血凝抑制试验等。也有关于酶联免疫吸附试验、PCR扩增技术等的报道。常用的方法为平板凝集反应。

临床诊断时,该病应与葡萄球菌、链球菌、大肠杆菌等细菌病引起的关节炎以及病毒性关节炎相区别。在进行血清学试验和病原分离时,则应注意与MG相区别。

【防制】

1.预防

由于MS可经蛋垂直传播,所以唯一有效的控制措施就是培育无病健康种鸡群。种鸡必须定期检疫,及时剔除阳性鸡。此外,对种蛋的及时消毒也能减少 MS 的垂直传播。

疫苗免疫方面,国内尚无成功的疫苗上市,国外虽然有弱毒苗和灭活苗,但其在 MS 控制上的作用尚未研究清楚。

2.治疗

MS 对泰乐菌素、阿奇霉素、林肯霉素、土霉素、壮观霉素、环丙沙星、氧氟沙星、四环素等比较敏感,对红霉素有一定抵抗力。在药物治疗同时,应提供适宜的饲养环境,减少应激,注意通风、消毒,也能降低该病的发病率,减少经济损失。

第十五节　传染性鼻炎

鸡传染性鼻炎(infectious coryza,IC)是由副鸡嗜血杆菌(*Haemophilus paragallinarum*)引起的一种鸡急性或亚急性上呼吸道传染病。主要症状为鼻腔和鼻窦发生炎症,表现为流涕、颜面肿胀、结膜炎等。该病可在育成鸡群和产蛋鸡群中发生,可造成鸡只生长停滞、淘汰率增加以及产蛋显著下降(10%～40%)等。

1920 年 Beach 认为鸡传染性鼻炎是一种独立的临床症状,直到 1932 年 De Blieck 初次分离到了该病的病原体,并将其命名为鸡嗜血红蛋白鼻炎芽孢杆菌,2005 年 Blaclall 将其重新命名为副鸡禽杆菌。目前,此病在全世界内发生和流行,温带国家和地区多发。近几年我国很多地区养鸡场均有此病的发生和流行。

【病原】　该病病原为副鸡嗜血杆菌,也称副鸡禽杆菌,为巴氏杆菌科,嗜血杆菌属成员。Page 用玻片凝集试验将该菌分为 A、B、C 3 个血清型。我国以 A 血清型为主,但也有报道分离出了 B、C 血清型。Kume 采用间接血凝抑制试验将该菌分为 Ⅰ、Ⅱ、Ⅲ 3 个血清群,9 个血清型。近年来又将 Kume 的分类重新命名,将 Ⅰ、Ⅱ、Ⅲ 3 个血清群改为 A、B、C 血清群,使之与 Page 的 A、B、C 个血清型相对应,并分为 A1、A2、A3、A4、B1、C1、C2、C3、C4 共 9 个血清型。近年来,PCR 和内切酶分析等分子生物学技术已用于副鸡嗜血杆菌的鉴定分型和流行病学研究。

副鸡嗜血杆菌多为短杆菌,也有菌体呈球状或长丝状。大小(1～3) μm×(0.4～0.8) μm,幼龄培养物两极染色,不形成芽孢,无鞭毛。新分离到的致病菌株,有荚膜,兼性厌氧。在液体培养基或者老龄培养物中,该菌形态上会有所变异。

副鸡嗜血杆菌在普通培养基上不生长,多数分离株需要在培养基中加入还原型 NAD(烟酰胺腺嘌呤二核苷酸,NADH)。但也有些菌株不一定需要 NAD。对于部分分离株,鸡血清可促进其生长,但牛血清也可以在某种程度上替代鸡血清。该菌兼性厌氧,但在固体培养基上接种时需要厌氧环境或 3%～10%的 CO_2。在固体培养基上生长 16～24 h,形成针尖大小(直径 0.3 mm 左右),圆形,灰白色半透明、凸起的菌落,毒力菌株菌落在 45°斜射光下会产生蓝灰色荧光,但培养基上体外传代时,荧光会逐渐减弱或消失,并且菌落会逐渐变大。在巧克力琼脂平板上与饲养菌交叉划线,除 NAD 非依赖性菌株外,都会出现"卫星"现象。该菌可经鸡胚卵黄囊内接种,24～48 h 内致死鸡胚,在卵黄和鸡胚内含菌量较高。该菌不发酵半乳糖、海藻糖,无过氧化酶。

该菌的抵抗力很弱,培养基上的细菌在4℃时能存活两周,卵黄囊内菌体－20℃应每月继代一次。该菌对热及消毒药也很敏感,在45℃存活不过6 min,在冻干条件下可保存10年。

【流行病学】 该病可在各个日龄的鸡发病,以4周龄以上的鸡较为敏感,1周龄以内的鸡有一定程度的抵抗力。但其他家禽(火鸡、鸭、鹅、鸽)和试验动物(家兔、小鼠),无论是自然感染还是人工感染,对该病都有很强的抵抗力。

发病鸡、慢性带菌鸡和康复鸡是该病的主要传染源。该病的主要传播途径是呼吸道和消化道,病鸡的鼻腔、眶下窦黏膜会有大量病原菌增殖,随鼻液排出体外,再通过被污染的饲料、饮水、空气传播。该病传播迅速,一旦发生将会很快波及全群,一般发病率可达70%,甚至100%。死亡率与环境因素、有无并发症或继发病以及是否及时采取治疗措施等密切相关,多数情况下较低,尤其是在流行的早、中期鸡群很少出现死亡。一般幼龄鸡的病死率为5%～20%,成年鸡的死亡率较低。

该病一年四季均可发生,以秋冬季多发。各种应激因素是发病诱因,气温波动大、鸡群体质差以及通风状况差是主要诱因。当有其他疾病如大肠杆菌病混合感染或继发感染时,会明显加重病情,并导致较高的死亡率。

【致病机制】 副鸡嗜血杆菌的致病性与多种因素有关。该菌存在3种毒力相关抗原:从血清A型、C型菌株培养的上清液中分离的脂多糖,能引起动物发生中毒症状,例如产蛋下降;从血清A型、C型菌株分离的多糖能引起鸡心包积液;还有一种是含有透明质酸的荚膜,它与细菌的定植有关,也是引起鸡传染性鼻炎的相关致病因素。该菌的荚膜可以保护细菌抵抗血清的中和作用。也有学者提出有荚膜的细菌在体内增殖期间所释放的毒素与临床病症有关。A、C两型菌株均具有不同程度的致病力,而B型菌株的致病与否因菌株而异。B型菌株存在株间的抗原多样性,菌株间只存在部分交叉免疫。

【临床症状】 该病潜伏期短,自然感染时1～3天,经鼻腔或鼻窦人工感染时16～48 h。发病鸡只主要表现为鼻炎和鼻窦炎,鼻眼肿胀、流鼻液是该病的特征性症状,鼻腔与鼻窦发炎、流鼻液、甩头、脸部肿胀,眼结膜发炎,发生红眼和肿胀。仔鸡生长不良,成年母鸡产蛋减少甚至停止,公鸡肉髯常见肿大。如炎症蔓延至下呼吸道,则呼吸困难并有啰音。病程一般为4～8天。该病在夏季较缓和,病程亦较短。

强毒株感染的病死率较高,无并发感染的发病率高而病死率低。若饲养管理不善,缺乏营养及感染其他疾病时,则病期延长,病情更为严重,病死率也增高。

【病理变化】 该病的病理变化主要是面部、眼睑、肉髯明显水肿,有时眼鼻流出恶臭的黏性、脓性分泌物,并在鼻孔周围形成痂皮。鼻腔和鼻黏膜呈急性卡他性炎,充血肿胀,表面覆有大量黏液、窦内有渗出物凝块,后成为干酪样坏死物。发生结膜炎时,结膜充血肿胀,内有干酪样物,严重的可引起眼睛失明。病程较长时,可见尸体消瘦,胸骨突出,多数消化道内空虚无食物。鼻窦、眶下窦内积有多量的黄色干酪样物。气管和支气管可见渗出物,严重者因干酪样物质阻塞呼吸道而造成肺炎和气囊炎。其他器官如心、肺、肝、肾、胃、肠等均无严重病变。从临床病例来看,由于混合感染(如鸡慢性呼吸道疾病、鸡大肠杆菌病、鸡白痢等)的存在,病变往往复杂多样,有的病死鸡具有一种疾病的主要病理变化,有的鸡则兼有2～3种疾病的病理变化特征,诊断时需要特别加以注意。

【诊断】 根据流行病学、临床症状、病理变化可以作出初步诊断。确诊则有赖于实验室方法。

1.病原的分离与鉴定

可用消毒棉拭子采取早期病鸡的鼻窦、气管或气囊病料,直接在血琼脂平板上划线,然后再用葡萄球菌在平板上划一纵线,在 5%CO$_2$ 培养箱内,37℃培养 24～48 h,在葡萄球菌菌落边缘可长出一种细小的卫星菌落,这可能是副鸡嗜血杆菌。然后取单个菌落,进行扩增。将纯培养物分别接种在鲜血(5%鸡血)琼脂平板和马丁肉汤琼脂平板上,若在前者上长出针尖大小、透明、露滴状、不溶血菌落,且做涂片镜检可观察到大量两极着色的球杆菌,而在马丁肉汤琼脂平皿上无菌落生长,即可确诊,必要时进行生化试验。

以病鸡的窦分泌物或培养物,窦内接种于健康鸡,可在 24～48 h 出现传染性鼻炎的典型临床症状。如接种材料含菌量少,则其潜伏期可延长至 7 天。

2.血清学诊断

常用的血清学诊断方法是平板和试管凝集试验,主要用于检测抗体,包括自然感染产生抗体和菌苗免疫产生的抗体。可用加有 5%鸡血清的鸡肉浸出液培养副鸡嗜血杆菌,制备抗原,用凝集试验检查鸡血清中的抗体,通常鸡被感染后 7～14 天即可出现阳性反应,可维持一年或更长的时间。因为 3 种血清型的细菌都有共同抗原,所以用 1 种血清型制备的凝集抗原可检出 3 种血清型抗体。凝集试验可用于检测鸡群过去感染的情况,也可用于菌苗效力试验中抗体应答的追踪。平板法抗原是试管抗原的 10 倍,1:5 稀释血清,与抗原各 1 滴,3 min 内出现凝集着为阳性。此外常用的血清学诊断方法还有血凝抑制试验、琼脂扩散试验、酶联免疫吸附试验、荧光抗体技术及补体结合试验等。

3.分子生物学方法

PCR 诊断方法比常规的细菌分离鉴定快速,用菌落或窦中的黏液制备模板 DNA,可迅速检测出 A、B、C 3 个型的毒株。

4.鉴别诊断

该病应与有类似症状的疾病如慢性呼吸道病、新城疫、鸡传染性支气管炎、慢性禽霍乱、禽痘以及维生素 A 缺乏症区别开来。由于鸡传染性鼻炎常与多种疾病如慢性呼吸道病、大肠杆菌等混合感染,所以对死亡率高和病程延长的病例更应注意区别。

【防制】

加强饲养管理以及搞好环境卫生是预防该病的重要措施。鸡舍应保持良好的通风,做好鸡舍内外的卫生消毒工作,避免过分拥挤,并在饲料中适当补充富含维生素 A 的饲料。坚持"全进全出"和自繁自养的生产模式,禁止不同日龄的鸡混养,清舍之后要彻底进行消毒,空舍一定时间后方可让新鸡群进入。

免疫接种是预防该病的主要措施之一。目前主要使用灭活菌苗,国内以 A 型单价灭活苗为主,但鉴于我国也存在由 C 型菌引起的感染,为了全面、有效预防和控制该病的发生和流行,最好使用 A、C 二价菌苗。常规的免疫程序为 4～6 周龄时皮下注射 0.3 mL/只,开产前一个月皮下注射 0.5 mL/只加强免疫,保护期可达 9 个月以上。

多种抗生素和磺胺类药物都可用于治疗该病,但应注意该细菌易产生耐药性,治疗中断后容易复发。常用药物包括磺胺二甲基嘧啶、复合磺胺制剂,一般连续拌料 5～7 天。对不吃料的鸡可肌内注射庆大霉素、卡那霉素等,每天 2 次,连用 2～3 天。同时还应做好隔离、消毒措施。

第十六节 鸭传染性浆膜炎

鸭传染性浆膜炎又名新鸭病或鸭败血病,是由鸭疫里默氏杆菌引起的侵害雏鸭的一种慢性或急性败血性传染病。该病主要侵害 1～7 周龄的小鸭,导致感染鸭出现急性或慢性败血症、纤维素性心包炎、肝周炎、气囊炎、脑膜炎,还可引起结膜炎和关节炎。在商品鸭场,该病所造成的死亡率常为 5%～30%,少数情况下也可高达 80%。该病的发生还导致肉鸭生长发育迟缓,出现较高的淘汰率,该病广泛地分布于世界各地,引起死亡、体重减轻和淘汰给养鸭业造成巨大的经济损失。

1904 年,Riemer 首次报道鹅发生该病,并称之为"鹅渗出性败血症"(septicemia anserum exsudative)。1932 年,Hendrickson 和 Hilbert 首次报道美国纽约长岛的 3 个北京鸭场发生该病,当时认为是一种新病,故该地区称之为"新鸭病"(new duck disease)。1938 年,该病又发生于美国伊利诺伊州的一个商品鸭场,称为"鸭败血症"(duck septicemia)。Dougherty 等(1955)经过全面系统的病理学研究之后,根据该病导致浆膜炎的特点,定名为"传染性浆膜炎"(infectious serositis in duckling)。为了突出该病是由鸭疫巴氏杆菌引起,并与具有相似病理学变化的其他疾病相区别,Leibovitz(1972)建议使用"鸭疫巴氏杆菌感染"(Pasteurella anatipesti fer infection)的名称。由于致病菌已改称为鸭疫里默氏杆菌(riemerella anatipestifer,RA),该病也随之被称为"鸭疫里默氏杆菌感染"(riemerella anatipestifer infection)。

该病呈世界范围分布,已在所有集约化养鸭生产的国家发现。迄今为止,美国、英国、加拿大、原苏联、荷兰、澳大利亚、法国、德国、丹麦、西班牙、新加坡、泰国、孟加拉国、日本等均有该病的报道。我国于 1982 年由郭玉璞等首次报道在北京地区的商品鸭观察到该病,并分离到病原菌,此后,我国各养鸭地区都有该病的报道。

【病原】 鸭疫里默氏杆菌的分类地位尚未确定。该菌最早是由 Hendrickson 和 Hilbert 于 1932 年分离和鉴定,并命名为鸭疫斐佛氏菌(Pfeifferella anatipestifer)。Bruner 和 Fabricant 于 1954 年将该菌特性与莫拉氏菌进行比较研究,认为二者之间有许多相似之处,建议命名为鸭疫莫拉氏菌(Moraxella anatipestifer)。因该菌在形态和染色特性又与巴氏杆菌很相似,在第七版《伯杰氏细菌学鉴定手册》中曾被列为巴氏杆菌属,命名为鸭疫巴氏杆菌(Pastenrella anatipestifer)。但比较其超微结构、生化特性、生长温度、DNA 碱基组成等,二者有明显不同。Piechulla 等根据其 DNA,结合产生甲基萘醌类和侧链脂肪酸等特点,建议将其划入黄杆菌属/噬纤维菌同源群。Segers 等建议将该菌单独列为里默氏杆菌属,并将该菌命名为鸭疫里默氏杆菌(Riemerella anatipestifer),以纪念 Riemer 于 1904 年首次报道该病,这一命名在卡尔尼克主编的第十版《禽病学》中已被采纳。

鸭疫里默氏杆菌属于革兰氏阴性、不运动、不形成芽孢的杆菌,菌体宽 0.3～0.5 μm,长 1～2.5 μm。单个、成双存在或呈短链,液体培养可见丝状。该菌经瑞氏染色呈两极着染,用印度墨汁染色可显示荚膜。

鸭疫里默氏杆菌在巧克力琼脂、胰酶大豆琼脂、血液琼脂、马丁肉汤、胰酶大豆肉汤等培养基中生长良好,但在麦康凯琼脂和普通琼脂上不生长,血琼脂上无溶血现象。在胰酶大豆琼脂中添加 1%～2% 的小牛血清可促进其生长,增加 CO_2 浓度生长更旺盛。在胰酶大豆琼脂上,于烛缸中 37℃培养 24 h 可形成突起、边缘整齐、透明、直径为 0.5～1.5 mm 的菌落,用斜射光观察固体培养物呈淡蓝绿色。

不同研究者对鸭疫里默氏杆菌生化特性的检测结果不尽一致,但多数研究者的检测结果显示,该菌不发酵糖,不产吲哚和硫化氢,硝酸盐还原和西檬氏枸橼酸盐利用阴性,明胶液化和产尿素为不定,氧化酶、过氧化氢酶以及磷酸酶阳性,七叶苷水解酶、透明质酸酶和硫酸软膏素酶阴性。

37℃或室温条件下,大多数鸭疫里默氏杆菌菌株在固体培养基中存活不超过 3～4 天。在肉汤培养物中可存活 2～3 周。55℃作用 12～16 h,该菌全部失活。曾有报道称从自来水和火鸡垫料中分离到的细菌可分别存活 13 和 27 天。该菌对青霉素、红霉素、氯霉素、新霉素、林可霉素敏感,对卡那霉素和多黏菌素 B 不敏感。

【流行病学】　该病主要发生于鸭,各种品种的鸭如北京鸭、樱桃谷鸭、番鸭、半番鸭、麻鸭等都可以感染发病。一般情况下,1～8 周龄鸭对自然感染都易感,尤以 2～3 周龄的雏鸭最易感,1 周龄以内的雏鸭很少有发生该病者,7～8 周龄以上发病者亦很少见。因此,该病多流行于商品肉鸭群。除鸭外,小鹅亦可感染发病。曾报道火鸡自然暴发过该病,也曾从雏鸡、鸡等分离到鸭疫里默氏杆菌,但少见。该病年四季均可发生,但以冬春季为甚。

鸭群感染鸭疫里默氏杆菌后,每日都会有少量鸭只表现出病症,并陆续出现死亡,日死亡率通常不高。由于发病可持续到上市日龄,故总死亡率可能较高。若鸭场存栏有不同日龄的商品鸭群,则各批鸭均可发病和死亡。有时亦可见较高的日死亡率。死亡率高低与疾病流行严重程度和鸭场采取的措施有关,由 5％～80％。

鸭疫里默氏杆菌可经呼吸道和皮肤的伤口(尤其是足蹼部皮肤)而感染。经静脉、皮下、足蹼、眶下窦、腹腔、肌肉、气管途径感染均可复制出该病。

【临床症状】　病鸭最常见的临床表现是精神倦怠、厌食、缩颈闭眼、眼鼻有浆液或黏液性分泌物,常因鼻孔分泌物干涸堵塞,引起打喷嚏,眼周围羽毛黏结形成"眼圈";拉稀,粪便稀薄呈淡黄白色、绿色或黄绿色;病鸭脚软无力,不愿走动,伏卧,站立不稳,常用喙抵地面;部分鸭出现不自主的点头,摇头摇尾,扭颈,前仰后翻,翻倒后划腿,头颈歪斜等神经症状。多数病鸭死前可见抽搐,死后常呈角弓反张姿势。耐过鸭生长受阻,没有饲养价值。

【病理变化】　病理变化广泛性纤维素渗出性炎症是该病的特征性病理变化,其中以心包膜、肝脏表面最为显著。渗出物中除纤维素外,还含有少量的炎性细胞,主要是单核细胞和异嗜细胞。在慢性病例中有多核巨细胞和成纤维细胞。主要表现为纤维素性心包炎,心包液增多,心外膜表面覆盖纤维性渗出物。慢性病例心包增厚、混浊,与纤维性渗出物粘连在一起;气囊混浊、增厚且附有纤维素性渗出物;肝脏肿大,呈土黄色或红褐色,表面被一层灰白色或淡黄色纤维素膜覆盖,有肝周炎、肝坏死;脾肿大,表面有灰白色坏死点,呈斑驳状;脑膜充血、出血,脑膜上也有纤维素渗出物附着;鼻窦内充满分泌物。少数日龄较大的鸭见有输卵管发炎、膨大,内有干酪样物。

皮肤常发生慢性局部感染,表现为后背部或肛周围呈坏死性皮炎病变,在皮肤和脂肪层之间有淡黄色渗出物。

【诊断】　临床表现的神经症状和剖检所见广泛性纤维素渗出性炎症变化可作为该病初步诊断的依据,但应与多杀性巴氏杆菌、大肠杆菌、粪链球菌和沙门氏菌等引起的败血性疾病相区别。因为这些疾病的大体病变与鸭疫里默氏杆菌感染很难区分。确诊需要进行该菌的分离和鉴定。

1.病原菌分离和鉴定

在急性败血症时期,细菌在各器官组织,如心血、脑、气囊、骨髓、肺、肝脏和病变渗出物中均可分离到。无菌采取病料,划线接种于血液琼脂或接种于加有 0.05% 酵母浸出物的胰酶大豆琼脂上,置于蜡烛罐或厌氧培养箱中 37℃ 培养 24～72 h。对被污染的病料,在培养基中加入 5% 的新生牛血清和庆大霉素(5 mg/L),有助于鸭疫里默氏杆菌的分离。

鸭疫里默氏杆菌与多杀性巴氏杆菌在菌体形态和培养特性上非常相似。如二者病料涂片,染色菌体均呈现两极浓染,在普通培养基上均不生长,但二者在生化特性上有明显区别。如鸭疫里默氏杆菌发酵糖的能力很弱,而多杀性巴氏杆菌可发酵多种糖类;鸭疫里默氏杆菌吲哚试验和 H_2S 产生试验均为阴性,而多杀性巴氏杆菌则相反。另外,鸭疫里默氏杆菌病在临床表现上又与鸭大肠杆菌病和鸭沙门氏菌病容易混淆,因为三者引起的病变十分相似,均可引起浆膜性渗出性炎症。如将三种细菌分别接种于麦康凯琼脂上,大肠杆菌呈红色菌落,沙门氏菌为透明无色菌落,而鸭疫里默氏杆菌则不生长,进一步通过生理生化试验很容易区别。

2.免疫荧光法

Marshall 等(1961)报道,用荧光抗体技术可检出培养物、临床病料、自然或人工感染组织中的鸭疫里默氏杆菌。此法迅速而且特异性强。

3.间接血凝试验

张鹤晓等报道了可用琼脂扩散抗原致敏戊二醛化的绵羊红细胞来检测血清中鸭疫里默氏杆菌抗体。

4. ELISA 方法检测

Hatileld 等建立了 ELISA 方法检测鸭血清中抗鸭疫里默氏杆菌抗体,张鹤晓等用裂解的鸭疫里默氏杆菌菌体作为包被抗原,建立了间接 ELISA 方法检测鸭血清的抗鸭疫里默氏杆菌抗体。以脂多糖(LPS)作为包被抗原,建立间接 ELISA 方法来检测血清中抗体,人工感染 72 h 后即可检出抗体。

由于该菌不同的分离株生化特性有较大的差异,因此在分离鉴定时,不仅要做生化试验,有条件时,可进一步做血清学或血清型的鉴定。

【防制】

最重要的是做好生物安全、管理和环境卫生工作。研究表明,从疫区引进雏鸭,可将鸭疫里默氏杆菌带入该场,若从多个来源引进雏鸭,易使本场流行的血清型过多,增加控制难度,因此,实施"自繁自养"制度是控制该病传播的有效手段。若不具备"自繁自养"的条件,也需保持鸭苗来源单一。同时,要加强装苗框和运输工具的消毒。

最好实施"全进全出"制度,便于对养殖环境彻底消毒。保留没有饲养价值的病鸭将会加重本场污染程度,而随意丢弃病死鸭则会促进疾病的传播和流行。在养鸭生产中,应杜绝这些不规范的做法。每天清理鸭舍,保持地面干燥及良好通风,避免过度拥挤。

第十七节　禽曲霉菌病

曲霉菌病(aspergllosis avium)见于多种禽类和哺乳动物。病的特点是在组织器官中,尤其是肺及气囊发生炎症和小结节,主要病原体为烟曲霉。多见于幼禽,常为急性暴发。该病的表现决定于受害的器官和系统以及感染是局部性的还是全身性的。

【病原】　主要病原体为半知菌纲曲霉菌属中的烟曲霉($Aspergillus\ fumigatus$),其次为黄曲霉($Aspergillus\ flavus$),此外,黑曲霉、构巢曲霉、土曲霉等也有不同程度的致病性,偶尔也可从病灶中分离出青霉菌、木霉、头孢霉、毛霉、白曲霉菌等。曲霉菌的气生菌丝一端膨大形成顶囊,上有放射状排列小梗,并分别产生许多圆形或卵圆形的分生孢子,形如葵花状。烟曲霉的顶囊直径为 $20\sim30\ \mu m$,分生孢子直径为 $2\sim3.5\ \mu m$。

曲霉菌无所不在,部分是因为其对营养要求不高,常存在于土壤、谷物和腐败植物材料中。该菌为需氧菌,在室温和 $37\sim45\,℃$ 均能生长。在一般霉菌培养基,如马铃薯培养基和其他糖类培养基上均可生长。烟曲霉在固体培养基中,初期形成白色绒毛状菌落,经 $24\sim30\ h$ 后开始形成孢子,菌落呈面粉状、浅灰色、深绿色、黑蓝色,而菌落周边仍呈白色。

曲霉菌的孢子抵抗力很强,煮沸后 $5\ min$ 才能杀死,常用消毒剂有 5% 甲醛溶液、石炭酸溶液、过氧乙酸和含氯消毒剂。该菌对一般抗生素均不敏感,制霉菌素、两性霉素 B、硫酸铜、碘化钾等对该菌有抑制作用。

该菌在感染组织的过程中能产生毒素,可使动物痉挛、麻痹、致死和组织坏死等。这些毒素大多为蛋白溶解酶,特别是弹性蛋白溶解酶和胶原蛋白溶解酶,可溶解宿主组织,尤其是细胞外基质成分。

【流行病学】　曲霉菌的孢子广泛分布于自然界,禽类常因接触发霉饲料和垫料经呼吸道或消化道而感染。各种禽类都有易感性,以幼禽($4\sim12$ 日龄)的易感性最高,常为急性和群发性,成年禽为慢性和散发哺乳动物如马、牛、绵羊、山羊、猪和人也可感染,但为数甚少。实验动物中兔和豚鼠可人工感染。

曲霉菌的孢子易穿过蛋壳,而引起死胚或出壳后不久出现症状。孵化室受曲霉菌污染时新生雏可受到感染,几天后大多数出现症状,一个月基本停止死亡。阴暗潮湿鸡舍和不洁的育雏器及其他用具、梅雨季节、空气污浊等均能使曲霉菌增殖,易引起该病发生,饲养密度过大、舍内通风不良也是促发病因素。

【临诊症状】　急性者可见病禽呈抑郁状态,多卧伏、拒食,对外界反应淡漠。病程稍长,可见呼吸困难,伸颈张口,细听可闻气管啰音,但不发生明显的"咯咯"声。由于缺氧,冠和肉髯发绀,食欲显著减少或不食,饮欲增加,常有下痢。离群独处,闭目昏睡,精神委顿,羽毛松乱。有的表现神经症状,如摇头、头颈不随意屈曲、共济失调、脊柱变形和两腿麻痹。病原侵害眼时,结膜充血、眼肿、眼睑封闭,下睑有干酪样物,严重者失明。急性病例 $2\sim7$ 天后死亡,慢性者可延至数周。

【病理变化】　病理变化为局限性,或全身性,取决于侵入途径和部位。但一般以侵害肺部为主,典型病例均可在肺部发现粟粒大至黄豆大的黄白色或灰白色结节,结节的硬度似橡皮样或软骨样,切开后可见有层次的结构,中心为干酪样坏死组织,内含大量菌丝体,外层为类似肉芽组织的炎性反应层,并含有巨细胞。除肺外,气管和气囊也能见到结节,并可能有肉眼可见的菌丝体,成绒球状的霉菌斑。其他器官如胸腔、腹腔、肝、肠浆膜等处有时亦可见到类似结节。有的病例呈局灶性或弥漫性肺炎变化。

【诊断】　根据流行病学、症状和剖检可作出初步诊断,确诊则需进行微生物学检查:

1. 直接镜检

采取病灶部位的霉菌结节或霉菌斑置于载玻片上,加生理盐水 1～2 滴,用针拉碎病料,加盖玻片后镜检,可见有隔菌丝和孢子。

2. 分离培养

取病料接种于马铃薯培养基或其他真菌培养基进行分离培养,每天观察培养物,根据培养物的形态特征和生长特性进行检查鉴定;取培养物进行显微镜检查鉴定。

【防制】

不使用发霉的垫料和饲料是预防曲霉菌病的主要措施,垫料要经常翻晒,妥善保存,尤其是阴雨季节,防止霉菌生长繁殖。种蛋、孵化器及孵化房均按卫生要求进行严格消毒。

育雏室应注意通风换气和卫生消毒,保持室内干燥、清洁。长期被烟曲霉污染的育雏室、土壤、尘埃中含有大量孢子,雏禽进入之前,应彻底清扫、换土和消毒。消毒可用福尔马林熏烟法,或 0.4％过氧乙酸、5％石炭酸喷雾后密闭数小时,经通风后使用。

发现疫情时,迅速查明原因,并立即排除,同时进行环境、用具等的消毒工作。

该病目前尚无特效的治疗方法。据报道用制霉菌素防治该病有一定效果,剂量为每 100 只雏鸡一次用 50 万 IU,每日 2 次,连用 2～4 天。用 1:3 000 的硫酸铜或 0.5％～1％碘化钾饮水,连用 3～5 天。

❓ 思考题

1. 某鸡场常有禽曲霉菌病发生,请为其分析发病的可能原因,并提出预防措施。
2. 某鸭场发生了疑似禽曲霉菌病,送检病死鸭数只,如何经实验室诊断进行确诊?

案例分析

【临诊实例】

山东临沂某养鸡户于 2004 年 4 月 26 日购进一日龄 AA 肉雏鸡 2 000 只,平养育雏,并进行了正常的防疫和药物预防。18 日龄时鸡突然发病,当日死亡 15 只,以后病情逐日加重,投服氟哌酸、痢特灵等药物未见明显效果,24 日龄时死亡 200 余只鸡,死亡率达到 12％。(本案例发表于《动物保健》2005 年第 4 期)

【诊断】

1. 病因浅析

根据发病情况和垫料检验情况,结合临床症状、剖检变化,初诊为鸡曲霉菌病。

垫料发霉是引起鸡曲霉菌病的主要病因之一。引起垫料发霉的原因有:保存不当;垫料更换不及时。

发霉饲料也是引起鸡曲霉菌病的主要病因之一,所以,要保管好饲料,饲料要经常检验,不喂发霉饲料。

2. 临床症状

病鸡精神沉郁,两翅下垂,离群独处,卧地,不愿走动,颈缩呆立,闭目昏睡。食欲减退或废绝,饮水增加,下痢,粪呈灰褐色、黄白色。呼吸困难,气喘,伸颈,张口呼吸。眼流泪,结膜潮红。病鸡消瘦。

3．剖检病变

病鸡肺瘀血、水肿，肺表面及组织中散布灰白色或黄白色结节。结节一般呈圆形，有粟粒大至豆粒大，有些结节融合成片，形成较大的硬性肉芽肿结节，其质地坚硬，切开呈轮层状结构，中心为干酪样坏死组织，内含大量菌丝体。气囊壁上有局部混浊，呈云雾状，有的有大小不一的圆形灰白色结节。气管和支气管内有黏性及脓性分泌物和干酪样物，有的可见到结节和菌丝体成绒球状。肝、脾和其他脏器未见明显的眼观变化。

4．实验室诊断

（1）取病死鸡的肝、脾等病料涂片，经革兰氏、瑞氏染色后，镜检，未发现细菌。

（2）取病死鸡的肝、脾等病料分别接种普通琼脂培养基和鲜血营养培养基，置37℃温箱培养24 h，未见细菌生长。

（3）取病死鸡的肺组织结节或气囊壁上的结节，放入灭菌平皿内，按无菌技术要求，用剪刀将其尽量剪碎。将剪碎的少量组织放在载玻片上，滴加10％的氢氧化钾液1～2滴，加盖玻片后，在酒精灯上微微加热，然后轻压盖玻片，使之透明，置显微镜下观察，见到短的分枝状有隔菌丝。

（4）无菌采取肺结节部一片组织，直接涂布于沙堡弱葡萄糖琼脂平板上，24℃环境中培养，逐日观察。24 h后可见小菌落出现，培养至4天后，可见菌落表面有皱纹，中心带呈暗绿色，稍突起，周边呈散射纤毛样无色结构，背面为奶油色，直径约6 mm，有霉味。取培养物显微镜下检查，可见典型霉菌样结构。

（5）垫料检验　取鸡舍内的垫草检验，发现暗绿色云雾状霉变，霉味。

【防控措施】

撤掉发霉的垫料，清扫鸡舍，并用百毒杀消毒鸡舍及用具，更换清洁、干燥、无霉变的垫料。时要保存好垫料，在使用垫料前，对垫料进行检查、暴晒、消毒。在饲养过程中要及时更换垫料，防止该病发生。

加强通风，保持舍内清洁、干燥，降低空气中的霉菌含量。

在饲料中添加制霉菌素，每只1 000 000 IU，同时加入维生素 A、维生素 C，连用3～5 天；按1∶2 000 配制硫酸铜液给鸡饮水，连用3 天。

第十八节　家禽念珠菌病

家禽念珠菌病（candidiasis）又名鹅口疮（thrush）或消化道真菌病（mycosis of the digestive tract），主要由白色念珠菌引起的家禽上消化道的一种霉菌病，特征是在口腔、食道、嗉囊等黏膜上发生白色的假膜和溃疡。

【病原】　白色念珠菌（*Candida albicans*）是半知菌纲中念珠菌属的一种。此菌在自然界广泛存在，在健康的畜禽及人的口腔、上呼吸道和肠道等处寄居。所以念珠菌病是一种机会性内源真菌病，由微生物群落紊乱或其他使机体抵抗力变弱因素的作用引起。

该菌为类酵母菌，在病变组织及普通培养基上皆产生芽生孢子及假菌丝，不形成有性孢子。菌体圆形或卵圆形，似酵母细胞状，大小为2 μm×4 μm，革兰氏染色阳性。假菌丝是由细胞出芽后发育延长而成。

该菌为兼性厌氧菌,在沙堡弱氏培养基上经 37℃培养 1～2 天,生成酵母样菌落,呈乳脂状半球形,略带酒酿味。其表层多为卵圆形酵母样出芽细胞,深层可见假菌丝。在玉米琼脂培养基上,室温或 37℃培养 3～5 天,可产生分枝的菌丝体、厚膜孢子及芽生孢子,而非致病性念珠菌均不产生厚膜孢子。该菌能发酵葡萄糖和麦芽糖,分解蔗糖、半乳糖产酸不产气,不分解乳糖、菊糖,这些特性有别于其他念珠菌。

2%甲醛、1%氢氧化钠或 5%氯化碘溶液均能达到消毒目的。制霉菌素、硫酸铜等对该菌有抑制作用。

【流行病学】 该病主要见于幼龄的鸡、鸽、火鸡和鹅,野鸡、松鸡和鹌鹑也有报道,人也可以感染。实验动物中兔和鼠人工感染易成功。

禽的念珠菌病多呈散发,但暴发时也可造成严重损失。幼禽对该病易感性比成禽高,且发病率和病死率也高。鸡群中发病的大多数为两个月内的幼鸡。

病禽的粪便含有多量病菌,污染材料、饲料和环境,通过消化道传染。但内源性感染不可忽视,如营养缺乏、长期应用广谱抗生素或皮质类固醇,饲养管理卫生条件不好,以及其他疫病使机体抵抗力降低,都可以促使该病发生。也可能通过蛋壳传染。

【临诊症状和病理变化】 病禽生长发育不良,精神委顿,嗉囊扩张下垂、松软,羽毛粗乱,逐渐瘦弱死亡,无特征性临诊症状。在口腔黏膜上,开始为乳白色或黄色斑点,后来融合成白膜,呈干酪样的典型"鹅口疮",用力撕脱后可见红色的溃疡出血面。这种干酪样坏死假膜最易见于嗉囊,表现黏膜增厚,形成白色、豆粒大结节和溃疡。在食道、腺胃等处也可能见到上述病变。

【诊断】 病禽上消化道黏膜的特征性增生和溃疡灶,常可作为该病的诊断依据。确诊必须采取病变组织或渗出物作抹片检查,观察酵母状的菌体和假菌丝,并作分离培养,特别是玉米培养基上能鉴别是否为病原性菌株。必要时取培养物,制成 1%菌悬液,取 1 mL 给家兔静脉注射,4～5 天即死亡,可在肾皮质层产生粟粒样脓肿;皮下注射可在局部发生脓肿,在受害组织中出现菌丝和孢子。

鉴别诊断 念珠菌病应与禽痘和毛滴虫病等疾病相区别。

【防制】

该病与卫生条件有密切关系,因此,要改善饲养管理及卫生条件,室内应干燥通风,防止拥挤、潮湿,排除使机体抵抗力下降的各种因素,不滥用抗生素,以防上消化道黏膜微生物群落紊乱。种蛋表面可能带菌,在孵化前要消毒。

发现病鸡应立即隔离、消毒。饲养人员应注意个人防护,因该病可引起人的鹅口疮(主要是婴儿)、阴道炎、肺念珠菌病和皮炎等。

大群治疗,可在每千克饲料中添加制霉菌素 50～100mg,连喂 1～3 周。此外,两性霉素 B 等控制霉菌药物也可应用。个别治疗,可将病禽口腔假膜刮去,涂碘甘油。嗉囊中可以灌入数毫升 2%硼酸水,或饮以 0.05%硫酸铜液。

思考题

1. 试分析家禽发生念珠菌病的因素。
2. 家禽念珠菌病的临诊症状和病理变化特点有哪些?

第七章 马的传染病

第一节 非洲马瘟

非洲马瘟(african horse sickness,AHS)是由非洲马瘟病毒引起的马属动物的一种急性或亚急性虫媒性传染病。以发热、皮下结缔组织与肺水肿以及内脏出血为特征,马对此病的易感性最高,病死率高达 95％。中国尚无该病发生。OIE 将其列为 A 类疫病。该病发生有明显的季节性和地域性,多见于温热潮湿季节,常呈地方流行或暴发流行,传播迅速;厚霜、地势高燥、自然屏障等影响媒介昆虫繁殖或运动的气候、地理条件,将使该病显著减少。

该病主要流行于非洲大陆中部热带地区,并传播到南部非洲,有时也传播到北部非洲。近东与中东(1959 年)、西班牙(1966 年,1987—1990 年)、葡萄牙(1989 年)等非洲以外的国家也曾流行。在非洲撒哈拉沙漠以南呈地方性流行,其中拟蚊库蠓(*Culioides. Imicola*)是最重要的传播媒介。

【病原】 非洲马瘟病毒属呼肠孤病毒科(*Reoviridae*)环状病毒属(*Orbivirus*)。现已知有9 个血清型,各型之间没有交互免疫关系,不同型病毒的毒力强弱也不相同。病毒在 37℃下可存活 37 天,而 50℃ 3 h,60℃ 15 min 可被灭活。在 pH 6.0～10 之间稳定,在 pH 3.0 时迅速死亡。能被乙醚及 0.4％ β-丙烯内脂灭活。0.1％福尔马林 48 h,以及被石炭酸和碘伏灭活。

【流行病学】 病毒的贮藏宿主,目前尚不清楚。马、骡、驴、斑马是病毒的易感宿主。马尤其幼龄马易感性最高,骡、驴依次降低。大象、野驴、骆驼、狗因接触感染的血及马肉也偶可感染。感染非洲马瘟的病死率最低为 10％～25％,最高可达 90％～95％,骡、驴病死率较低。耐过该病的马匹只能对这同一型病毒的再感染产生一定的免疫力。

该病主要通过媒介昆虫如库蠓、伊蚊和库蚊吸血传播。

传染源为病马、带毒马及其血液、内脏、精液、尿、分泌物及所有脱落组织。马的病毒血症期一般持续 4～8 天,长的可达 18 天;斑马、驴病毒血症期可持续 28 天以上。

该病发生有明显的季节性和地域性,多见于温热潮湿季节,常呈地方流行或暴发流行,传播迅速;厚霜、地势高燥、自然屏障等影响媒介昆虫繁殖或运动的气候、地理条件,将使该病显著减少。

【致病机制】 带毒昆虫叮咬动物后,病毒进入体内。病毒主要在肺,脾和淋巴结中复制,病毒存在于马的血液,渗出液,组织液等体液中,大部分吸附于红细胞上。病毒的增殖导致特定组织器官或身体某些部位的血管渗透性增加,引起肺泡,胸膜下和肺间质水肿,有时也出现严重的胸腔积水。

【临床症状】 潜伏期通常为7～14天,短的仅2天。中国《陆生动物卫生法典》规定,非洲马瘟的感染期为40天。

按病程长短、症状和病变部位,一般分为肺型(急性型)、心型(亚急性型、水肿型)、肺心型、发热型和神经型。

1. 肺型

多见于该病流行暴发初期或新发病的地区。呈急性经过。病畜体温升高达40～42℃,精神沉郁、呼吸困难,心跳加快。眼结膜潮红,羞明流泪。肺出现严重水肿,呼吸困难,并有剧烈咳嗽,鼻孔扩张,流出大量含泡沫样液体。病程5～7天,常因窒息而死。

2. 心型

为亚急性经过,病程缓慢。病马体温不超过40.5℃,持续10多天可见眼窝处发生水肿。其后消退或扩散到头部、舌,有的蔓延至颈部、胸腹下甚至四肢。由于肺水肿可引起心包炎、心肌炎、心内膜炎。伴有心脏衰弱的症状。该型康复率较高。

3. 肺心型

呈亚急性经过,多发生于有一定抵抗力的马匹。具有肺型、心型的临诊症状

4. 发热型

此型多见于免疫或部分免疫马匹。该型潜伏期长,病程短。表现为病马体温升高到40℃,持续1～3天。病马表现厌食,结膜微红,脉搏呼吸增数。

【病理变化】 显著特征的常见的病变是皮下和肌肉间组织胶样浸润,并以眶上窝,眼和喉尤为显著。胃底黏膜卡他性肿胀一直延伸到小肠前部。咽,气管,支气管充满黄色浆液和泡沫,约有2/3病例有急性水肿。心内膜和心包膜有出血点和出血瘀斑,心肌变性。有些病例胸腔和心包积存大量黄白色或红色液体,淋巴结急性肿大,肝和胃充血。

肺型病变为肺水肿;胸膜下、肺间质和胸淋巴结水肿,心包点状瘀血,胸腔积水。

心型病变为皮下和肌间组织胶冻样水肿(常见于眼上窝、眼睑、颈部、肩部);心包积液,心肌发炎,心内外膜点状瘀血;胃炎性出血。

【诊断】

1. 临床综合性诊断

接种马匹试验:将病料制成1:10倍无菌悬液,接种健马,每匹静脉注射5 mL。一般4～10天体温升至40～41℃,显现非洲马瘟症状。接种小白鼠试验:将相同病料悬液接种2～4日龄乳鼠,每鼠脑仙接种0.01 mL,从第4天起可产生临床症状,出现中枢神经系统感染或衰竭死亡。可作为诊断的依据。再利用其他试验:如补体结合试验、中和试验、荧光抗体试验、琼脂扩散试验、红细胞凝集试验等都可确诊该病。在国际贸易中检测的指定诊断方法有补体结合试验、酶联免疫吸附试验,替代诊断方法有病毒中和试验。

2. 病毒分离与鉴定

采集发热期病畜全血,用OPG(50%甘油＋0.5%草酸钠＋0.5%石炭酸)或肝素(按10IU/毫升添加)抗凝,于4℃下保存或送检;或刚死亡动物的脾、肺和淋巴结(取2～4 g小块),置10%甘油缓冲液,于4℃下保存或送检。将样品接种乳鼠、细胞(BHK、MS、Vero)或鸡胚。然后采取酶联免疫吸附试验(ELISA)、病毒中和试验、聚合酶链反应(PCR)鉴定病毒。

3.血清学诊断

酶联免疫吸附试验(ELISA)、补体结合试验、免疫印迹。用于血清学诊断宜采集血清,最好采双份血清,分别在急性期和康复期,或相隔21天采取,于-20℃下保存备用。

4.鉴别诊断

应与马病毒性脑炎、马病毒性动脉炎、锥虫病、焦虫病鉴别。

非洲马瘟的临床症状和损伤易与马脑炎病毒(EEV)引起的临床症状和损伤相混淆,AHSV和EEV是密切相关的环状病毒。由这两种病毒引起的疾病在流行病学的许多方面都有相似之处。它们有相似的地理分布和脊椎动物宿主范围以及相同的媒介昆虫库蠓。所以它们可发生在相同的部位甚至相同的动物身上。幸运的是快速、敏感、特异的ELISA法可检测AHSV和EEV的抗体和抗原,如果分别应用于两种病毒就可进行快速而有效的鉴别诊断。

其他几种疾病也可能与AHS某些疾病类型相混淆。出血性紫癜/血小板减少性紫癜(purpura haemorrhagica)和马病毒性动脉炎(equine viral arteritis,EVA)的出血和水肿与那些肺型AHS的相似。早期巴贝斯虫病能与AHS相混淆,尤其是在血涂片中难以发现寄生虫时。

【防制】

尚无有效药物治疗。

感染区应对未感染马进行免疫接种,如多价苗、单价苗(适用于病毒已定型)、单价灭活苗(仅适用于血清4型)。

中国尚未发现此病,为防止从国外传入,禁止从发病国家输入易感动物。

发生可疑病例时,按《中华人民共和国动物防疫法》规定,采取紧急、强制性的控制和扑灭措施。采样进行病毒鉴定,确诊病原及血清型,扑杀病马及同群马,尸体进行深埋或焚烧销毁处理。采用杀虫剂、驱虫剂或筛网捕捉等控制媒介昆虫。

思考题

1.非源马瘟病毒有哪些突出特点?

2.非洲马瘟的诊断方法有哪些?

3.如何防止非洲马瘟传入我国?

第二节　马传染性贫血

马传染性贫血病简称马传贫(equine infectious anemia,EIA),由反录病毒科慢病毒亚科中的马传染性贫血病病毒引起的马、骡、驴传染病。其特征主要为间歇性发烧、消瘦、进行性衰弱、贫血、出血和浮肿;在无烧期间则症状逐渐减轻或暂时消失。

该病最早于1843年发生在法国,以后经两次世界大战,几乎遍发于世界各国,其中法国、德国、美国、日本和苏联等国流行严重。于1954年从苏联进口马匹传入我国,在我国东北和西北等都有此病发生。

【病原】　马传染性贫血病毒(EIAV)为RNA病毒,属于反转录病毒科(*Retroviridae*)慢病毒属(*Lentivirus*)。病毒粒子呈圆形,有囊膜,以出芽方式成熟和释放。

病毒有群特异性抗原,用补体结合反应和琼脂扩散反应可以检出,主要用于该病的诊断。另还有型特异性抗原,是各型毒株间不同的抗原,存在于病毒粒子表面,可用病毒-血清中和试验检出,主要用于病毒型的鉴别。该病至少有 14 个型。

病毒只在马属动物白细胞及驴胎骨髓、肺、脾、皮肤、胞腺等细胞培养时才可复制。用马属动物以外的其他动物人工感染和进行细胞培养均未获成功。

病毒对热的抵抗力弱,煮沸立即死亡,在 56～60℃加热 1 h 可使病毒完全失去感染力。日光照射经 1～4 h 死亡。3%来苏儿溶液可在 20 min 内杀死,2%～4%氢氧化钠溶液和福尔马林均可在 5～10 min 内杀死。病毒对外界的抵抗力强,粪中可存活 2.5 个月,在堆粪发酵中 30 天死亡。在秋季收割的牧草上,可存活 6 个月。

【流行病学】 传贫病马和带毒马是该病的传染源,特别是发热期的病马,其血液和脏器中含有大量病毒,随其分泌物和排泄物(乳、粪、尿、精液、眼屎、鼻液、唾液等)排出体外而散播传染。慢性和隐性病马长期带毒,是危险的传染源。

马传贫的传播途径是多方面的,主要是通过吸血昆虫(虻、蚊、蠓等)的叮咬而机械性传染;还可经病毒污染的器械(采血针、注射针头,诊疗器械或点眼瓶等)散播传染:消化道和交配以及胎盘感染亦是传播途径。

只有马属动物对马传贫病毒有易感性,且无品种、年龄、性别差异,其中马的易感性最强,骡、驴次之。进口马和改良马的易感性较强。其他畜禽和野生动物等均无感受性。

该病通常呈地方流行性,有明显季节性,在吸血昆虫滋生活跃的季节(7—9 月)发生较多。新疫区多呈暴发,急性型多,老疫区则断断续续发生,多为慢性型。

【致病机制】 EIAV 以浆膜上向细胞外或向细胞质内空泡出芽的方式成熟。成熟病毒粒子以圆锥形或管状形态隆凸于细胞表面。EIAV 在马体内增殖时,主要在巨噬细胞内进行。引起 T 细胞和 B 细胞的应答性反应,引发马传染性贫血。

【临床症状】 临床特征以发热(稽留热或间歇热)为主,并有贫血、出血、黄疸、心机能紊乱、浮肿和消瘦等症状。

根据临诊表现,可分为急性型、亚急性型、慢性型和隐性型四种病型。

1. 急性型

多见于新疫区的流行初期或者是老疫区内突然暴发的病马,体温升高,一般稽留 8～15 天,有的会有短时间下降,又骤升到 40～41℃,一直稽留到死。病程 3～30 天,症状和血液学变化明显。

2. 亚急性型

在流行中期多见。呈现反复发作的间歇热,温差倒转现象较多。临床及血液学指标,随体温的变化而变化。病程 1～2 个月。

3. 慢性型

最常见,主要是老疫区,特点与亚急性型基本相似,呈反复发作的间歇热或不规则热。发热程度不高,发热期短,一般 2～3 天。有热期短,临症及血液学变化比亚急性轻。无热期长,症状不明显。病程数月到数年

4. 隐性型

能长期带毒,无明显症状。

【剖检变化】 急性型呈现全身败血变化。浆膜、黏膜、淋巴结和实质脏器有弥漫性出血点（斑）。脾急性肿大，暗红或紫红色，红髓软化，白髓增生，切面呈颗粒状。肝肿大，黄褐色或紫红色，肝细胞索变性与中央静脉、窦状隙瘀血交织，使肝切面形成豆蔻状或槟榔状花纹，有"豆蔻肝"或"槟榔肝"之称。

亚急性和慢性病主要是脾、肝、肾、心脏及淋巴结等的网状内皮细胞的增生，肝脏内见有多量吞铁细胞。长骨的骨髓红区扩大，黄髓内有红髓增生灶，慢性严重病例骨髓呈乳白色胶冻状。

组织学变化主要表现为肝、脾、淋巴结和骨髓等组织器官内的网状内皮细胞明显肿胀和增生。急性病例主要为组织细胞增生，亚急性及慢性病例则为淋巴细胞增生，在增生的组织细胞内，常有吞噬的铁血黄素。

【诊断】

1.临床综合性诊断

此病的病情较复杂，应依据流行病学（发病动物种类品种、吸血昆虫、季节性、诱因）、临床症状和病理变化（西米脾、槟榔肝、淋巴结肿大）进行诊断。必要时，可采用肝脏穿刺的方法，直接采取肝组织一小块，做组织学检查，进行确诊。

2.鉴别诊断

应与马梨形虫病，伊氏锥虫病，马钩端螺旋体病及营养性贫血鉴别。马梨形虫病又叫血孢子虫病或焦虫病。典型症状为高稽留热，保持在 40～41℃ 之间，病马精神沉郁，反应迟钝、肌肉震颤，重病者昏迷。黏膜轻度充血，渐变苍白，并出现黄疸；有时有出血点。呼吸急促，心搏亢进，节律不齐。病初粪便干硬，后转为腹泻，粪便多黏膜，甚至带血。尿频，量少，争黄褐，尿含蛋白，重症病例尿中含有血液。最后常因高度贫血，心力衰竭和呼吸困难而死亡。

马伊氏锥虫病是由伊氏锥虫引起的一种血液原虫病。急性病例多为不典型的稽留热（多在 40℃ 以上）或弛张热。发热期间，呼吸急促，脉搏增数，血象、尿液、精神、食欲、体质等均有明显新变化。一般在发热初期血中可检出锥虫，急性病例血中锥虫检出率与体温升高比较一致，而且有虫期长，慢性病例不规律，常见体躯下部浮肿。后期病马高度消瘦，心机能衰竭，常出现神经症状，主要表现为步态不稳，后躯麻痹等。

钩端螺旋体病是由有致病力的钩端螺旋体所致的一种自然疫源性急性传染病。为全身性感染疾病，病程常呈自限性，由于个体免疫水平上的差别以及菌株的不同，临床表现可以轻重不一。轻者可为轻微的自限性发热；重者可出现急性炎症性肝损伤、肾损伤的症状如黄疸、出血、尿毒症等，也可出现脑膜的炎性症状如神志障碍和脑膜刺激征等；严重病马可出现肝、肾功能衰竭、肺大出血甚至死亡。

营养性贫血是指因缺乏生血所必需的营养物质，如铁、叶酸、维生素 D 等，使血红蛋白的形成或红细胞的生成不足，以致造血功能低下的一种疾病。

【防制】

预防及扑灭马传贫，应采取养、防、检、消、隔、处等综合性防制措施。

1.加强饲管，提高马匹的抗病能力

防止蚊、虻侵袭马体。禁止由疫区购买或交换马匹。

2.做好预防接种工作

在检疫的基础上，对健康马匹用马传贫驴白细胞弱毒疫苗，在每年蚊、虻活动季节前 3 个月进行接种。

3. 定期检疫

采用补反、琼扩和临诊三种方法进行,任一种方法判为阳性,则都是传贫病马。

4. 隔离和封锁

对检出的传贫病马及可疑马匹,要远离健马予以隔离。在疫点确定后,立即进行封锁。

5. 处理和消毒

对病马应报有关部门批准后进行扑杀。同时对马厩用具等进行严格消毒,病马尸体应烧毁或深埋。粪便堆集发酵处理。

❓ 思考题

1. 马传染性贫血的基本特性是什么? 如何诊断?

2. 马传染性贫血的致病机理是什么? 如何有效预防和控制该病?

第三节 马传染性鼻肺炎

马传染性鼻肺炎(equine rhinopneumonitis,ER),又名马病毒性流产,是马的一种急性发热性传染病,病原为马疱疹病毒Ⅰ型。临诊表现为头部和上呼吸道黏膜的卡他性炎症以及白细胞减少。妊娠母马感染该病时,易发生流产。

马传染性鼻肺炎于20世纪30年代初最早发现于美国,之后日本、印度、马来西亚均有报道,马传染性鼻肺炎已发现于30多个国家或地区。从对马群的特异性血清抗体调查看,阳性率一般都在30%以上,最高达90%,该病所引起的危害主要是妊娠母马流产,经济损失严重。

【病原】 马传染性鼻肺炎病毒(EHV1)可分为2个亚型,即亚型1又叫胎儿亚型,主要导致流产;亚型2又叫呼吸系统型,主要导致呼吸道症状。来自流产胎儿的毒株在细胞培养物内增殖快速,细胞致病性强,感染细胞种类多,马体接种试验表明,来自流产胎儿的毒株较来自传染性鼻肺炎病畜的毒株有更强的致病性,前者能在鼻咽部广泛增殖。

EHV1能在鸡胚成纤维细胞以及马、牛、羊、猪、犬、猫、仓鼠、兔和猴等多种动物的原代细胞上增殖,此外不能在牛胎肾、绵羊胎肾和兔胎肾等多种传代细胞内增殖。马肾细胞最适于EHV1的分离培养,其次为猪胎肾。中国分离的毒株对乳仓鼠肾细胞的感受性很高。猪肾细胞与乳仓鼠细胞相同。由于来自不同马场的毒株之间有明显的差异,因此在作初代分离培养时,必须选择普遍易感的细胞种类。

初代分离毒株,随着在细胞培养物上传递代数的增加,出现细胞病变的时间明显缩短。当接毒量为10%时,到第三代在2~3天开始出现细胞病变,3~5天可收获。细胞层呈疏松的纱布状,继之网眼不断扩大,直至细胞层全部脱落,显微镜下观察,首先见细胞呈灶状圆缩,折光性增强,病变中心部的细胞首先脱落,随后逐渐形成葡萄状和带状的细胞集聚,细胞脱落空隙逐渐扩大直至全部脱光。经H.E.染色的细胞培养物,可见核内嗜酸性包涵体和少量多核巨细胞。

马传染性鼻肺炎病毒不能在宿主体外长时间存活。对乙醚、氯仿、乙醇、胰蛋白酶和肝素等都有敏感。能被许多表面活性剂如肥皂等灭活，0.35％甲醛液可迅速灭活病毒，pH 4 以下和 pH 10 以上迅速灭活。pH 6.0～6.7 最适于病毒保存。冷冻保存时以－70℃以下为佳。在56℃下约经 10 min 灭活，对紫外线照射和反复冻融都很敏感。蒸馏水中的病毒，在 22℃静置1 h，感染滴度下降 10 倍。在野外自然条件下留在玻璃、铁器和草叶表面的病毒可存活数天。黏附在马毛上的病毒能保持感染性 35～42 天。

【流行病学】　马传染性鼻肺炎病毒在自然条件下只感染马属动物。病马和康复后的带毒马是传染源，主要经呼吸道传染，消化道及交配也可传染，可呈地方性流行，多发生于秋冬和早春。先在育成马群中暴发，传播很快，1 周左右可使同群幼驹全部感染，随后怀孕母马发生流产，流产率达 65％～70％，高的达到 90％。在老疫区，一般只见于 1～2 岁的幼马发病，3 岁以上的马匹因有一定的免疫力，一般不再感染，即使感染也多取隐性经过，再次怀孕的母马也较少发生流产。

【临床症状】　自然感染的潜伏期为 2～10 天，幼驹人工感染的潜伏期为 2～3 天。临诊表现为，幼驹呈流感样症状，怀孕母马发生流产。

幼驹发病初期高热，体温高达 39.5～41℃，可持续 2～7 天。同时可见鼻黏膜充血并流出浆液性鼻液，颌下淋巴结肿大，食欲稍减，体温下降后可恢复正常。发热的同时白细胞数减少，而且主要是嗜中性白细胞减少，体温下降后可恢复正常。若无细菌继发感染，多呈良性经过，1～2 周可完全恢复正常。若发病后调教或劳役过度，易引起细菌继发感染，发生肺炎和肠炎等，造成死亡。

成年马和空怀母马感染后多呈隐性经过，怀孕母马感染后潜伏期很长，要经过 1～4 个月后才发病。母马的流产多数发生在怀孕后的 8～11 个月，流产前不出现任何症状，偶有类似流感的表现。胎儿一般顺产，未见胎盘滞留，生殖道能正常恢复，无恶露排出，也不影响以后配种和怀孕。流产的胎儿多为死胎，一般比较新鲜，无自溶和腐败现象。接近足月产出的马驹可能是活的，但衰竭，不能站立，呼吸困难，黏膜黄染，常于数小时或 2～3 天死亡。

个别怀孕母马可并发麻痹症状，后肢共济失调，继而瘫痪，流产后减轻，可逐渐恢复。

【病理变化】　幼驹和成年马感染此病后一般只引起上呼吸道炎症。上呼吸道充血或有糜烂，黏液增多。流产胎儿呈急性病毒性败血症的变化，胎盘、胎膜有充血、出血和坏死斑，流产胎儿大多出现黄疸，黏膜有出血斑。胎儿皮下，特别是颌下、腹下、四肢浮肿和充血，脐带常因水肿而变粗。胸水黄色或血样，腹水增多。骨骼肌黄染。

肝脏充血肿大，质脆，被膜下有多量白色或黄色粟粒大的坏死灶。

脾肿大，脾滤泡突起，小梁不明显。肾脏瘀血，呈暗红色，被膜下可见小出血点。肾上腺未见明显异常。心脏的心冠沟及纵沟部外膜上有瘀血，两心室内膜下，尤其在左心乳头肌部可见瘀血或瘀斑。心肌暗淡，无光泽。肺脏有水肿和点状出血。胃肠黏膜常见有瘀血和散在的小出血点。

幼驹的病理组织学变化可见急性支气管肺炎，支气管嗜中性粒细胞浸润，支气管周围及血管周围的圆形细胞浸润，局部肺泡有浆液性纤维素渗出物潴留。支气管淋巴结的生发中心见坏死及核内包涵体。

成年马可见呼吸道上皮细胞坏死，圆形细胞浸润及核内包涵体。

流产胎儿肝高度瘀血，并有不同程度的颗粒变性、脂肪变性和水泡变性，严重时出现坏死。在肝实质内有不同大小的凝固性坏死灶，坏死灶中的肝细胞核已溶解，并见有少数变性而肿大的网状细胞核。另外在坏死灶中还可见大量蓝色的颗粒状或/和条状核碎片。坏死组织可被增生的网状细胞所取代,形成网状结构。在坏死灶周围的肝细胞呈严重的浊肿和脂变。在这些严重变性的肝细胞核内以及坏死灶边缘残存的裸核中经常可见特征性的核内包涵体。这种包涵体也见于肝内的胆管上皮,血管内膜和肺的细支气管上皮,肺胞壁上皮细胞的胞核内。

【诊断】

1. 综合性诊断

在马鼻肺炎流行区,可根据流行病学、临床症状、流产胎儿病变,尤其是嗜酸性核内包涵体作出综合诊断,确诊需靠病毒分离或血清学试验。

2. 病毒分离与鉴定

采样鼻咽样品应在发热、呼吸道症状出现的早期从马的鼻咽分泌物采样,用 5 cm×5 cm 大的海绵纱布安在 1 段长 50 cm 的柔软的不锈钢丝一端,套在乳胶管内,以无菌手术擦拭鼻咽部。采样后,将试子从不锈钢丝上拿下,放入 3 mL 加有抗生素的冷的 MEM 中(运输液体培养基),立即送往病毒实验室。在有流产胎儿时,以无菌操作采取肺、肝、脾和胸腺等组织的样品进行病毒学检验最易成功,其中以肺脏病毒的检出率最高,其次为肝,再次为脾和胸腺。这些组织样品在送往实验室前,应 4℃保存。不能在几小时内处理的样品,应置−70℃保存。在患 EHV-1 型神经性疾病的马死前,病毒常能从急性病例的血液白细胞中分离到。若从血液白细胞中分离病毒,无菌采血加柠檬酸钠或肝素抗凝,并用冰保存(不宜冻结),立即送往实验室。

电镜下除能看到典型的疱疹病毒形态结构外,还可以发现细胞培养物内马鼻肺炎病毒核芯的十字样形态特征。病毒的细胞感染范围、理化特性、核酸类型、乳仓鼠或乳豚鼠人工感染试验等均可作为鉴定的手段。必要时,可将分离的可凝马鼻肺炎病毒,以子宫或胎儿体内接种妊娠中后期的母马,妊娠母畜接种后大多 3~4 天流产,流产一般不超过 l0 天。还可用免疫荧光技术检测病毒抗原。

3. 鉴别诊断

该病属于病毒性呼吸疾病,应注意与马流行性感冒、病毒性动脉炎、马腺疫等鉴别诊断。

【防制】

隔离感染动物,减少应激,将马匹厩于干净通风良好的环境能够有效地降低发病率并且减轻感染的严重程度。

美国现有 EHV-1 和 EHV-4 死苗和减毒活疫苗可以使用。澳大利亚和欧洲有联合的二价灭火苗可以应用,并且已证实能使免疫马匹产生高水平的血清抗体。在防止传染性鼻肺炎方面这些疫苗的功效尚存疑问,但可减轻临床症状的严重程度和机体的带毒时间。预防接种疫苗的另一个益处是通过减少感染马匹向外界环境释放的病毒数量来减少疾病的传播。

运用联合灭活疫苗(Duvaxyn EHV-1,4)时推荐的疫苗接种免疫程序是:5~6 月龄首免,4~6 周后二次免疫,然后每间隔 6 个月再加强注射一次。

使用含有 EHV-1 抗原的疫苗对怀孕母马预防接种的时间分别在妊娠期 5、7 和 9 个月时进行,可以减少由于病毒感染引起的流产发生率。

❓ 思考题

马传染性鼻肺炎的基本特性是什么? 如何诊断?

第四节　马病毒性动脉炎

马病毒性动脉炎(equine viral arthritis)，又称流行性蜂窝织炎、丹毒。是一种由病毒引起的传染病，主要特征为病马体温升高，步态僵硬，躯干和外生殖道水肿，眼周围水肿，鼻炎和妊娠马流产。

该病于1953年在美国的Ohio的BUCYRUS暴发，DOLL等从流产病马中分离到病毒，称为马病毒性动脉炎。此后在美国的肯塔基地区发病马中也分离出病毒，经鉴定与BUCYRUS株一致。后来瑞士、波兰、奥地利、加拿大也都分离到该病毒。此外在英国、日本、法国、西班牙、爱尔兰、葡萄牙、南斯拉夫、埃及、埃塞俄比亚、莫洛哥、苏联、德国、瑞典、伊朗、印度、丹麦、荷兰、澳大利亚、新西兰和意大利等国家通过血清学调查证实有该病存在。该病的危害主要是引起妊娠母马流产。

【病原】　马病毒性动脉炎病毒属冠状病毒科(*Coronaviridae*)动脉炎病毒属(*Arteritisvirus*)。是一种有囊膜、单股RNA病毒，其病毒粒子直径为50～70 nm、核心平均直径为40 nm，表面纤突长3～5 nm。病毒的浮密度为1.7～1.24 g/mL，分子量为$4×10$ u，基因组长度为12.7 kb。

美国从各州分离出来的病毒株，如OHIO、INDIANA、CALIFORNIA、PENNYLVANIA、KENTUCKY等毒株与BUCYRUS原型毒株血清型一致。此外，欧洲瑞士和奥地利分离的毒力稍弱的BIBUNA和VIENNA毒株也在血清学上和BUCYRUS毒株一致。所以马动脉炎病毒迄今为止只有一个血清型。

动脉炎病毒能在许多细胞培养物中增殖，产生细胞病变和蚀斑，并可用蚀斑减数实验等方法鉴定。马动脉炎病毒增殖最适细胞株为马的皮肤细胞株E. derm NBL-6，病毒复制快，产量高。电镜检查证明，病毒的形态发生与病毒的生长密切相关。细胞在感染后9～12 h，出现核蛋白体聚积有及许多反常现象，例如细胞浆内出现特殊的膜样结构，但不能看到病毒粒子，到18 h，即可初次看到病毒粒子，在感染后的24 h，30 h，34 h至43 h，随着病毒浓度的增高，成熟病毒粒子的数目也增加，并可看到这些病毒粒子是从胞资浆的空泡中芽生出来，聚集在空泡内和散在于细胞间的空隙中。细胞浆此时已完全损坏，细胞核内没有病毒复制的迹象。胞浆空泡病毒粒子的平均直径是43 nm。将病毒粒子从赤道线切开时，可测得其核心蛋白的平均直径是$(35±2)$ nm。

病毒对0.5 mg/mL胰蛋白酶有抵抗力，但对乙醚，氯仿等脂溶剂敏感。50℃ 1 mol/L的$MgCl_2$溶液中加速病毒灭活。病毒在低温条件下极稳定，在−20℃保存7年仍有活性。4℃保存35天，37℃仅存活2天，56℃ 30 min使其灭活。

【流行病学】　马病毒性动脉炎主要是通过呼吸系统和生殖系统传染。患病马在急性期通过呼吸道分泌物将病毒传给同群马或与其相接触的马。流产马的胎盘、胎液、胎儿亦可传播该病。长期带毒的种公马可通过自然交配或人工授精的方式把病毒传给母马。通过饲具、饲料、饲养人员的接触也能将病毒传给易感马。人工接种病毒于怀孕母马及幼驹，可使50%的幼驹死亡，母马则发生流产。

在实验室内，马动脉炎病毒常用易感马传代来保持其对马的致病性。cCollum等用接种强毒株后 5～8 天死亡的马脾脏制成 20％脾脏悬液，经轻度离心澄清后取其上层液 10 mL 用喷雾器喷入幼驹鼻咽部 10 mL，易感马驹在人工感染后有半数发病死亡，其余则在发生急性动脉炎后恢复。

【临床症状】 患马可表现为临诊症状和亚临诊症状。大多数自然感染的马表现为亚临诊症状，实验接种马可表现为临诊症状。

该病的典型症状是发热，一般感染后 3～14 天体温升高达 41℃，并可持续 5～9 天。病马出现以淋巴细胞减少为特征的白细胞减少症，临诊病期大约 14 天。表现厌食、精神沉郁、四肢严重水肿，步伐僵直，眼、鼻分泌物增加，后期为脓性黏液，发生鼻炎和结膜炎。面部、颈部、臀部形成皮肤疹块。有的表现呼吸困难、咳嗽、腹泻、共济失调，公马的阴囊和包皮水肿，引起马驹和虚弱马死亡。

怀孕母马流产，其流产可达 90％以上。流产发生在感染后的 10～30 天，通常出现在临诊发病期或恢复早期。该病毒突破胎盘屏障而感染胎儿，胎儿常在流产前就死亡。流产胎儿水肿，呼吸道黏膜和脾被膜上有出血点。不论是流产胎儿或已在子宫内死亡胎的肝、脾和淋巴结中找不到核内包涵体，但易从流产胎儿特别是脾脏中分离出马动脉炎病毒。母马痊愈后很少带毒，而大多数公马恢复后成为病毒的长期携带者。

【致病机制及病理变化】 死亡病例最主要的剖检变化是全身较小动脉管内肌层细胞的坏死，内膜上皮的病变导致特征性的出血和水肿以及血栓形成和梗死。常见大叶性肺炎和胸膜渗出物，发生全身性动脉炎的结果，所有浆膜和黏膜以及肺和中隔等都有点状出血。肾上腺上也有出血，在心、脾、肺、肾、怀孕母马的子宫、眼结膜、眼睑、膝关节或跗关节以下的皮下组织以及阴囊和睾丸内，均能发现出血及水肿变化。浆膜腔中含有大量坏死，盲肠和结肠的黏膜坏死。恢复期病马的慢性损害包括广泛的全身性动脉炎和严重的肾小球性肾炎。

在心血管系统的绝大多数部位中都可以发现损害和病毒复制，马动脉炎病毒在被吸入后，首先感染肺部的巨噬细胞，然后扩散到支气管的淋巴结。在巨噬细胞及内皮细胞中发生病毒复制，病毒继而在一些器官的中层肌细胞、间皮和上皮细胞内复制。

HENSEN(1974)应用组织学观察及电镜和荧光抗体技术研究了马动脉炎全身性脉管炎的发病机理；病毒感染上皮细胞，使血管内膜的渗透性增加，并发生白细胞浸润，从而导致血管内壁弹性层的损坏和崩解。病毒随后进入血管壁中层，侵入并感染中层肌细胞。由于肌细胞的破坏以及其细胞和血浆的附着，结果发生纤维蛋白坏死，动脉管周围由淋巴细胞所包围并形成水肿。血栓和梗死常发生在肠管和肺脏中，也出现在所有伴发水肿的器官中。在实验感染后 10 天，静脉和淋巴管的损害已大部分消退，但动脉管的坏死仍极为严重。一般需在感染后两个月，动脉才能再生和恢复。

【诊断】 血清学诊断目前世界各国采用中和实验(VN)、补体结合反应(CF)、免疫沉淀反应、荧光抗体测定和 ELISA 等方法进行血清学诊断。

CF 主要用于感染后 4 个月的诊断，感染后 2～4 月滴度达高峰，8 个月后降到检测极限。CF 抗体在诊断近期感染中有一定作用，因为 CF 抗体比 VN 抗体滴度下降的更快。VN 抗体与 CF 抗体同时产生，感染后 2～4 个月达高峰，并可持续数年。加拿大和英国已建立 EIJSA 法，用于检测 EAV 特异性抗体。ELISA 法虽然敏感特异，但不能准确证实是免疫还是感染所产生的抗体。

克隆表达的 EAV N 蛋白和 M 蛋白来检测血清抗体：利用可产生重组麦芽糖结合融合蛋

白(MBP-N、P、M)的原核表达载体表达 EAV N 蛋白和 M 蛋白进行免疫印迹试验。免疫印迹试验与血清中和试验有 100％相关性。因此重组的 M、N 蛋白可用来检测 EAV 感染的血清。

实时荧光定量 RT-PCR 检测 EAV：已研制出一管法实时 RT-PCR 检测 EAV，可以检测感染马的精液和鼻分泌液，不仅可检测传统的 RK13 细胞分离的病毒株，还可以检测到欧洲病毒和美洲病毒的变异株。设计的引物和荧光探针可以扩增和检测到 EAV ORF7 的高度保守序列。该方法非常敏感，可以检测到临床样品中 10 个 RNA 分子，或每毫升组织培养液200 个病毒 RNA 拷贝。该方法快速、准确、简便、可以定量，可同时检测大量样品，还可以避免交叉污染。

快速敏感的检测精液和组织中 EAV 的方法：RT-PCR、斑点杂交、嵌套式 PCR 及 RT-PCR-ELISA。用 RT-PCR 检测精液和组织中的 EAV，最成功的扩增片段为编码 EAV 基因组的前导序列。敏感性方面，分子生物学方法比细胞培养高，其中嵌套式 PCR＞斑点杂交＞RT-PCR＞限制性内切酶分析。考虑到敏感、快速、特异等方面，最好的检测方法是将 TR-PCR、斑点杂交或套式 PCR 相结合。

鉴别诊断：需要排除因马疱疹病毒（EHV）1 型和 4 型、鼻病毒、腺病毒和流感病毒引起的上呼吸道感染，以及马传贫、钩端螺旋体、出血性紫癜、荨麻疹、低蛋白血症或因多食少动引起的四肢水肿；对流产诊断主要排除 EHV1 型感染。EHV 感染母马流产产出的是新鲜胎儿，而 EAV 感染产出的胎儿部分出现自溶。

【防制】

自然免疫可以用 EAV 再感染来免疫从前感染过的马。自然免疫力可保持 7 年以上。EAV 感染期间存在的高滴度血清中和抗体可持续较长时间，能较好的保护呼吸道，防止交配感染。

1. 疫苗免疫

传统疫苗——许多学者对 EAV 疫苗进行研究，已研制出安全有效全灭活病毒疫苗和减毒活疫苗。Doll 等（3968）早期研究证实毒力 EAV 能通过组织培养传代而减弱毒力，但仍具有免疫原性。在马肾、兔肾和马真皮细胞上连续传代，得到 EAV 弱毒株，用以生产减弱活疫苗（MLV）。这种疫苗在 1984 年肯塔基州暴发 EVA 期间广泛应用，同时在美国某些州已注册使用。目前还未发现使用 MLV 疫苗而产生副作用的。在疫苗接种 7 天后，可从血清和鼻咽中分离到病毒，但接种 32 天后则仅有少数能分离到病毒。疫苗接种后 5～8 天即可诱导产生中和抗体，并最少维持 2 年。Fuktmaga 等（1984，1990）开辟了应用福尔马林灭活的 EAV 疫苗。在初次免疫接种后 4 周实施第二次免疫接种，结果病毒中和滴度可达到 1∶5 320，抗体滴度下降迅速，如果 2 个月后第三次免疫接种，则病毒中和抗体达（1∶80）～（1∶320）之间，并持续 6 个月。在病毒中和滴度为 1∶43 时，则有 50％的保护抗体。但不是所有的马有高滴度抗体都能抵抗由活病毒感染而产生的临床疾病。目前对这种疫苗在疾病控制中的稳定性还不清楚。

2. DNA 疫苗

带有 EAV ORF5 的表达载体，或位于 ORF5 基因产物 1～121 aa 残基的 N 端胞外区域的 cDNA 表达载体，可诱导高水平的中和抗体。

3. 亚单位疫苗

大肠杆菌表达的重组蛋白，具有病毒 GL 蛋白整个胞外区域（18～322 aa），是具有免疫原性的病毒抗原,能诱导比其他 GL 多肽更多的抗体,能使症状减轻或消失。利用亚单位疫苗,结合其他诊断试验,可以区分自然感染和疫苗接种。

用委内瑞拉脑炎病毒(VEE)疫苗株的 RNA 复制型颗粒作为载体来表达 EAV 的主要囊膜蛋白:M、GL、GL/M。用三者免疫老鼠均可产生抗体,但只有 GI/M 异二聚体的复制型颗粒作为载体才能产生中和病毒的抗体。而且只有在 M 蛋白存在的情况下,才能发生重组 GL 蛋白的翻译后修饰和构象成熟,两者相互作用才能产生中和病毒的抗体。

治疗急性期病马一般都能康复,对发热期病马通常采用对症疗法。体温升高会损及公马精子,使受精能力下降,应以非类固醇抗炎药退烧。Little 等最新证实对慢性感染公马给予睾丸激素,可以直接或间接调节 EAV 的存在。另一些学者同样发现在公马的副性腺中 EAV 的存在依赖于睾丸激素。

思考题

1. 马病毒性动脉炎的流行病学特点有哪些?
2. 马病毒性动脉炎的典型症状和病变有哪些?
3. 马动脉炎的实验室诊断方法有哪些?

第五节　马流行性淋巴管炎

马流行性淋巴管炎(epizootic lymphangitis,EL)是由伪皮疽组织胞浆菌(*Histoplasma farciminosum*)引起马属动物(偶尔也感染骆驼)以形成淋巴管和淋巴结周围炎、肿胀、化脓、溃疡和肉芽肿结节为特征的慢性传染病。

该病分布于全世界,如意大利、北非、埃及、东西赤道非洲、南非、苏丹、伊朗、土耳其、希腊、德国、英国、芬兰、瑞典、丹麦、比利时、苏联、北美、秘鲁、日本、印度、印度尼西亚、缅甸、越南、中国、泰国等国家和地区。

流行性淋巴管炎是一种顽固性疾病,一旦感染发病很难清除,至今无有效的治疗方法。初期局部感染病例多数可治愈,全身性重症病例,病程长达 3~4 个月,较难治愈。

【病原】　伪皮疽组织胞浆菌(HF)是 Rivolta 在 1873 年从病马溃疡的脓性分泌物中发现的。发现该菌的当时,Rivolta 称它为伪皮疽隐球菌(*Cryptococcus farciminosus*),Tokishge(1896)获得该菌纯培养物,命名伪皮疽酵母菌(*Saccharomyces farciminosus*),1934 年 Redailli(Rivolta)和 Ciferri 定名伪皮疽组织胞浆菌(*Histoplasma farciminosum*),1935 年 Dodge 称之伪皮疽酵丝菌(*Zymonema farciminosum*)。近半个世纪,国际公认该菌的分类学位置是半知菌纲(Deuteromycetes)、念珠菌目(Candida)、组织胞浆菌科(Histoplasma)、组织胞浆菌属(Histoplasma)。

原菌为双相型。该菌寄生在动物机体内以孢子芽裂繁殖为主的寄生型和在培养基上生长阶段呈以菌丝繁殖为主的腐生型。寄生型伪皮疽组织胞浆菌呈球形、卵圆形、梨子形。长 2.5~3.5 μm、宽 2.0~3.5 μm,菌体有双层细胞膜,细胞原浆均质,半透明,可清楚看到透明折光的类脂质包含物。新生体呈淡绿色,其中有 2~4 个折光率强、能回转运动的颗粒。在病变组织和脓液中也经常发展成少量菌丝。腐生型伪皮疽组织胞浆菌呈长的菌丝,在培养基上形成皱褶菌落。菌丝分枝有横隔,菌丝直径为 $2.1\sim4.2\ \mu m$。当培养时间延长时形成直径为 $5\sim10\ \mu m$ 的厚垣孢子。在腐生型的菌体中也有少量寄生型的孢子菌体。

该菌一般不需染色可清楚地看出,如用革兰氏、姬姆萨等方法染色,则可见到特征性的孢子、菌丝体和正在发育中尚未分离的母子孢子。其孢子在脓液涂片中常呈单个或成簇、成链状,有的游离,有的在白细胞或巨噬细胞中。

该菌能在多种培养基上生长,如蛋白胨肝汤琼脂、睾丸琼脂、含 2% 葡萄糖和 1% 甘油卵黄培养基、沙堡罗培养基、2.5% 葡萄糖马肉汤等培养基,但生长发育都很缓慢,一般接种后 $15\sim20$ 天才能看出菌落开始生长。在动物脏器浸液琼脂上 28℃ 经 7 天培养可旺盛生长。该菌在斜面培养基上形成蚕豆至拇指大,像爆玉米花样不规则形多皱褶隆起,呈灰白色至淡黄色、浅褐色菌落。在液体培养基深部发育微弱,很长时间仅呈高粱粒大的毛球样发育;但在液体培养基表面发育良好,$30\sim40$ 天发育旺盛,形成浅灰淡黄色多皱襞的菌膜,表面呈撒粉样,液体保持透明。

马流行性淋巴管炎能在 pH $6.5\sim9.0$ 生长,pH $7.7\sim7.8$ 生长发育旺盛。培养温度为 $26\sim30℃$,$27\sim28℃$ 培养时发育旺盛。

该菌不能分解任何糖,不产生吲哚和硫化氢,VP 试验阴性,能在牛乳培养基生长并逐渐使其凝固;在明胶中生长极慢,$5\sim6$ 天呈沙粒样发育,能轻微液化明胶。

伪皮疽组织胞浆菌对外界因素抵抗力强。病变部位的病原菌在直射阳光作用下能耐受 5 天,60℃ 能存活 30 min;在 80℃ 仅几分钟即可杀死。0.2% 升汞要 60 min 杀死,5% 石炭酸 $1\sim5$ h 死亡。在 0.25% 石炭酸、0.1% 盐酸溶液中能存活数周。在 1 个大气压的热压消毒器中 10 min 杀死。病畜厩舍污染该菌经 6 个月仍能存活。

在培养基上生长的该病原菌在日光直接作用下能存活 5 天,60℃ 加热能抵抗一小时,在 80℃ 几分钟即可杀死。0.2% 升汞、5% 石炭酸、1% 甲醛溶液、5% 石灰乳 $1\sim5$ h 杀死该菌,在 5%~20% 漂白粉中要 $1\sim3$ h 才能杀死该菌。在干燥的培养基上可生存一年,在密封的培养基能存活一年以上。

【流行病学】 自然感染是通过病畜溃疡脓性分泌物直接或间接通过受损伤的皮肤和黏膜侵入而发病。包皮及阴囊有病变的种公马与母马交配也可直接感染。病变部位的脓液或分泌物污染的厩舍、厩具、马具、刷具、垫草、土壤、厩肥、管理人员用的鞋、靴、工作服、医疗器械、保定架、绳、绷带材料等都是间接传染该病的媒介物。当皮肤、黏膜有损伤时亦可借污染的媒介物而感染。

蚊、蝇、虻等刺螯昆虫是该病的机械传递者,刺螯昆虫通过对皮肤的刺吮传播此病。另外,厩舍中易造成外伤的钉头、铁丝断端、挽具、装蹄及马匹互相咬踢等引起的外伤容易感染该病。该病不能经消化道感染。

在低湿地区及多雨年份、洪水泛滥之后发生较多,无明显季节性,一年四季都可发生,但一般秋末到冬初发生较多。马、骡、驴对感染有同样的易感性。该病与年龄关系不大,幼龄及老龄的马属动物都可发生,但 $2\sim6$ 岁马较敏感,在牧区则以 $1\sim3$ 岁育成马发病率较高。

一般污染地区发病率为 2%~5%,流行严重地区为 10% 左右,个别严重的发病率可达 32%~51%。死亡率和废役率一般占 20%~30%。

【临床症状】 该病潜伏期的长短与机体抵抗力、感染次数及病原菌毒力强弱等因素有关,短的 40 天左右,长的达半年以上。人工感染潜伏期 $30\sim60$ 天。病灶最常见于四肢、头部(特别是唇部),其次为颈、背、腰、尻、胸侧和腹侧。病灶通常从皮肤的某一部位开始,出现豌豆大的硬性结肿,初期被毛覆盖,用手触摸才能发现。结节逐渐增大,突起于皮肤表面,变成脓肿,然后破溃流出黄白色或淡红色脓液,逐渐形成溃疡。继后由于肉芽增生,溃疡高于皮肤表面如蘑菇状或周围突起中间凹陷,易于出血,不易愈合。

这种病灶发生在某一部位淋巴管上,则这个淋巴管变粗呈索状,若其上面形成许多小结节则为串珠状。局部淋巴结变大,有的如拇指大,有的如核桃大。初期硬性肿胀,后变软直至化脓穿孔形成溃疡。溃疡不断地分泌出脓性分泌物,使病灶附近的毛粘结成痂皮。

除皮肤病变外,也常侵害鼻腔黏膜和颌下淋巴结。典型的是鼻黏膜上发生大小不同的黄色圆形或椭圆扁平隆起,表面干燥,多数具有明显的边缘。这种隆起逐渐增大形成结节并破溃形成溃疡。当有此病变时,鼻腔流出少量脓性鼻漏,临诊上很象鼻疽。会阴、阴囊、睾丸、乳房、阴筒、阴唇、眼结膜等处也可有病灶出现。

在结节、溃疡、淋巴管索状肿之间皮肤一般正常。但有的恶化演变成成片的溃烂,弥漫性肿胀。当有化脓病菌感染时,则发展为全身性症状,病畜消瘦、运动障碍、食欲减退,以至瘦弱死亡。

该病全身症状不明显,一般体温不升高,当有化脓性病原菌混合感染时体温才升高。

该病常呈慢性经过,每例的病程不同。有些病例病变仅限于侵入的原处,可在 2 个月痊愈;严重病例可拖延数月。有的病例似乎临诊痊愈,但等到湿冷季节又重新复发,病程漫长,乃至消瘦和衰竭,最后力尽而死。

【致病机制及病理变化】 伪皮疽组织胞浆菌进入机体并能抗御机体的防御得到生长发育的机会则在淋巴间隙中繁殖,并随淋巴液向远处蔓延。当病原体蔓延到淋巴管的瓣膜部位受阻形成阻塞,由于病原菌繁殖和侵害,引起淋巴管内膜和周围炎及淋巴结炎,致使淋巴管变厚、肿胀。在肿胀的淋巴管上由于局部淋巴液高度郁滞,管腔高度炎性扩张,形成结节。

患畜病变多的时候能引起全身性病症。不良的饲养管理及继发感染(链球菌、葡萄球菌和坏死杆菌等)都可使病情加重,病势恶化,致使病畜逐渐消瘦而死亡。

皮肤和皮下组织中有大小不同的化脓病灶,其间的淋巴管充满脓液和纤维蛋白凝块,淋巴管内壁则呈高度潮红和细颗粒状。单个结节是由灰白色柔软的肉芽组织构成,其中散布着微红色病灶。局部淋巴结通常肿大,含有大小不等的化脓病灶,陈旧者被坚韧的结缔组织所包围。

个别四肢关节含有浆液脓性渗出液,周围的组织中有的布满许多化脓病灶。

鼻黏膜上有扁豆大扁平突起的灰白色小结节和由这种小结节形成的较大溃疡,溃疡边缘隆起。有的病例鼻窦、喉头和支气管中也有类似的病变。有的病例还可在肺、脑中见到小的化脓病灶。

【诊断】 根据流行病学、临床症状、病变作出初步诊断,确诊需靠病毒分离或血清学试验。

1. 病原学检查

采取病畜脓汁及分泌物镜检,可见大小不等的囊球菌,呈卵圆形或瓜子状,一端或两端尖锐,长 $3\sim5\,\mu m$,宽 $2.4\sim3.6\,\mu m$。菌体内部为均质状态,外壁呈双层轮廓构造,多单个存在,也有 $1\sim2$ 个菌体相连。

将采集的分泌物接种于固体培养基上,置于 $22\sim28\,^{\circ}C$ 恒温箱内 $6\sim10$ 天后观察,病菌开始如蚕豆大,湿润,多皱褶,稍带黄褐色,以后逐渐干燥和增大,呈深褐色。在 4% 葡萄糖肉汤培养,表面生长成较厚、多皱褶、淡黄褐色菌膜,液体保持透明。将不同培养基生长的菌落抹片镜检,革兰氏染色,用丙酮短时脱色,均为革兰氏阳性且形态相似的卵圆形囊球菌。

2.鉴别诊断

应与脉管炎、创伤、葡萄球菌感染引起的蜂窝织炎、过敏、皮鼻疽鉴别诊断。

必要时取脓肿病灶内的脓性血清和浓汁,对其进行细胞学检查、培养和组织病理学检查,皮鼻疽是由鼻疽假单胞菌感染引起,流行性淋巴管炎是由假皮疽组织胞浆菌(仅限于非洲和亚洲)感染引起。

【防制】

隔离感染动物,减少应激,将马匹置于干净通风良好的环境能够有效地降低发病率并且减轻感染的严重程度。

划定疫区,严格封锁,隔离治疗。除取圈舍垫草和粪便,改善环境卫生,粪便堆集发酵,农具、鞍具固定专用,防止疫源扩散。污染的场地、用具、圈舍用5%氢氧化钠溶液每天消毒一次;饮用水源用1%~2%漂白粉溶液消毒,每隔10天消毒一次。病畜尸体焚烧、深埋。

重症病畜采用全身疗法,选用青霉素400万ⅠU,复方氨基比林20 mL,混合一次肌注,每天2次,连用7天;长效土霉素分数点深部肌注,每天1次,连用5天,治疗3~4个疗程。对体质虚弱的病畜强心、补液,用5%葡萄糖500~1 000 mL,10%维生素C 20 mL,10%安钠咖20 mL,一次静注,连用3天。

轻症病畜局部治疗,首先剪毛,用3%来苏儿清洗,除去坏死组织,脓汁,然后扩创,再用2%高锰酸钾溶液反复冲洗创面,直至肉芽组织带有鲜红色即可,接着患部涂擦达克宁软膏或克霉唑软膏,每天1~2次,并覆盖灭菌纱布。

? 思考题

1.流行性淋巴管炎的流行病学、临诊症状和病理变化有何特点?

2.流行性淋巴管炎怎样与鼻疽、溃疡性淋巴管炎和颗粒性皮炎(夏疮)等类症相鉴别? 如何有效预防和控制该病?

第六节　马传染性贫血

马传染性贫血简称马传贫(EIA),由反转录病毒科(*Retroviridae*)慢病毒亚科(*Lentivirinae*)中的马传染性贫血病病毒引起的马、骡、驴传染病。其特征主要为间歇性发烧、消瘦、进行性衰弱、贫血、出血和浮肿;在无烧期间则症状逐渐减轻或暂时消失。该病在1843年首次发现于法国,后传遍世界各国。后来由苏联进口马匹时又将该病传入我国,造成我国疫情严重。我国于1965年由解放军兽医大学首次分离马传贫病毒成功,进而研制成功了马传贫补体结合反应和琼脂扩散反应两种特异诊断法,1975年哈尔滨兽医研究所又研制成功了马传贫驴白细胞弱毒疫苗。该疫苗的推广应用并采取了综合性防疫措施,使我国的疫情逐步得到控制。该病被国际兽疫局定为B类传染病,我国也将其列入二类动物疫病。

【病原】　马传贫病毒(EIAV)为RNA病毒,属于反转录病毒科、慢病毒亚科。病毒粒子直径为80~140 nm。病毒粒子常呈圆形。有囊膜,膜厚约9 nm。病毒粒子中心有一个直径

40~60 nm,电子密度高的椎形或杆形类核体。类核的外周有壳膜,壳膜外被亮晕包绕,其外面是囊膜,有纤突(球形突起)。病毒粒子存在于感染细胞的胞浆、细胞表面和细胞间隙。细胞核内无传马贫病毒粒子。病毒主要在胞膜上以出芽方式成熟和释放,也可由胞浆内的空泡膜上出芽成熟。

马传贫病毒有群特异性抗原(病毒内部可溶性核蛋白抗原)。用补体结合反应和琼脂扩散反应可以检出,它主要用于该病的诊断。另还有型特异性抗原(病毒表面抗原),是各型毒株间不同的抗原,存在于病毒粒子表面,可用病毒-血清中和试验检出,它主要用于病毒型的鉴别。该病至少有 14 个型。表明马传贫病毒有多向性抗原漂移,这与病毒糖蛋白的结构改变有关。

病毒只在马属动物白细胞及驴胎骨髓、肺、脾、皮肤、胞腺等细胞培养时才可复制。用马属动物以外的其他动物人工感染和进行细胞培养均未获成功。但也有报道美国用狗、猫细胞培养该病毒获得成功。

马传贫病毒对外界抵抗力较强。病毒在粪、尿中可生存 2.5 个月,堆肥中 30 天,−20℃中保持毒力 6 个月到 2 年,日光照射经 1~4 h 死亡。2%~4%氢氧化钠、3%~5%克辽林、3%漂白粉和 20%草木灰水等均可在 20 min 内杀死病毒。病毒对温度的抵抗能力较弱,煮沸立即死亡,血清中的病毒,经 56℃ 1 h 处理,可完全灭活。病毒对乙醚敏感,5 min 即可丧失活性。对胰蛋白酶、核糖分解酶和脱氧核糖核酸酶有抵抗力。

马传贫主要发生于马、驴、骡,其他家畜禽及野生动物均无自然感染的报道,但有人工感染的记载。

【流行病学】 该病主要通过吸血昆虫(虻、厩螫蝇、蚊及蠓)对健康马多次叮咬而传染。污染的针头、用具、器械等,通过注射、采血、手术、梳刷及投药等均可引起该病传播。此外,经消化道、呼吸道、交配、胎盘也可发生感染。病马和带毒马是该病的主要传染源。病畜在发热期内,血液和内脏含毒浓度最高,排毒量最大,传染力最强(慢性病马)。而隐性感染马则终身带毒长期传播该病。

该病主要呈地方流行或散发。一般无严格的季节性和地区性,但在吸血昆虫较多的夏秋季节及森林、沼泽地带发病较多。在新疫区以急性型多见,病死率较高,老疫区则以慢性型、隐性型为多,病死率较低。自然地理与气候条件在流行病学上有一定的意义。外界环境条件造成了发病的内部因素,如不良的土壤、营养不全的饲料、寒冷而潮湿的畜舍以及繁重的劳役、长途运输及内外寄生虫侵袭等,都成为促进该病发生和流行的因素,马匹的流动(引进新马)将更扩大该病的蔓延。

【致病机制】 马传平贫血原理至今尚未定论,目前认为是较复杂的混合性贫血。主要与自身免疫有关,即病马在病毒作用下,引起红细胞变性,变性的红细胞成为抗原,刺激机体产生抗红细胞自身抗体,这种抗体存在于血清中,与自身红细胞发生结合反应,使其变性,易为肝、脾中增生的巨噬细胞所吞噬和破坏;或血清中的抗体与红细胞结合后,在补体的参加下,发生溶血现象。其次是马红细胞表面吸附有补体第三成分(C3)促使对渗透压的抵抗力减弱,引起红细胞的寿命缩短,再其次是骨髓造血机能降低。出血是由于病毒及有毒产物作用于毛细血管,引起血管壁通透性增大,红细胞渗出到血管周围的结果。

病马可视黏膜黄疸,是因肝脏部分肝细胞发生变性和坏死,转变间接胆红素为直接胆红素的能力降低,血液内间接胆红素增加,同时一部分直接胆红素经由坏死肝细胞进入血液,血液中出现直接胆红素。因此,病马可视黏膜出现黄疸,尤以膣黏膜较为明显。由于病马心脏衰弱,全身静脉瘀血,毛细血管壁通透性增加,加上病马贫血,血浆蛋白减少,血液胶体渗透压降低等原因,血液的液体成分漏出血管外而发生浮肿。在病毒作用下,使病马肝、脾等网状内皮细胞大量增殖,吞噬能力增加,变性的红细胞被大量吞噬细胞酶的作用,将被吞噬的红细胞的血红蛋白转变成含铁血黄素。这种吞噬有含铁血黄素的细胞称为吞铁细胞。来自肝、脾、网状内皮细胞的吞噬细胞,脱离原来的位置后进入血流,到达外周血液中,成为组织原性吞噬细胞。另外,血液中的单核细胞、嗜中性白细胞,也能吞噬红细胞成为吞铁细胞称为血源性吞噬细胞。

马传贫的发热,不论是初发还是再发,可能都是体内病毒大量增殖的结果。

【病理变化】

1. 急性型

主要表现败血变化,浆膜、黏膜出现出血点或出血斑,尤其以舌下、齿龈、鼻腔、阴道黏膜、眼结膜、回肠、盲肠、和大结肠的浆膜、黏膜以及心内外膜尤为明显。脾脏不同程度肿大,脾髓软化,包膜紧张并有出血;有的白髓增生,切面呈颗粒状。肝肿大,被膜紧张,表面有出血点,切面小叶结构模糊;质脆弱呈锈褐色或黄褐色。由于变性肝细胞索和中央静脉与窦状隙瘀血的交织,使肝切面呈现特征的槟榔状花纹。肾显著肿大,实质浊肿,呈灰黄色。皮质有出血点,输尿管和膀胱黏膜有出血点。心肌脆弱,呈灰白色煮肉样,并有出血点。有时在心肌、心内外膜见有大小不等的灰白色斑。全身淋巴结肿大,切面多汁,并常有出血。

2. 亚急性和慢性

以贫血、黄染和单核内皮细胞增生反应明显,而败血性变化轻微。脾脏中度或轻度肿大,坚实,表面粗糙不平,呈淡红色;由于淋巴小结增生,切面有灰白色粟粒状突起(西米脾);有的脾脏萎缩,切面小梁及滤泡明显。肝脏不同程度肿大呈土黄色或棕红色;切面呈豆蔻状花纹(豆蔻肝);有的肝体积缩小,较硬,切面色淡呈网状。肾轻度肿大,灰白色。心肌浊肿。锯开长骨;可见红、黄髓界限不清,黄髓全部或部分被红髓代替;严重病例骨髓呈乳白色胶冻状。

病畜组织学变化最明显的是实质器官的网状内皮增生反应和铁色素代谢的破坏。器官内有大量浆细胞、淋巴样细胞和组织细胞的积聚,后者形成单核白细胞,细胞浆有铁色素及裂解红细胞。肝细胞变性,肝索紊乱,肝窦扩张,星状细胞肿大增生,脱落,在肝窦和汇管区内有多量的淋巴细胞、浆细胞及单核吞噬细胞;在吞噬细胞浆内含有红细胞和含铁血黄素。肾脏见血管球性肾炎,肾小管变性及血管周围的淋巴样细胞的套状现象。心肌坏死与细胞浸润。

【临床症状】　该病潜伏期长短不一,人工感染病例平均 10～30 天,长的可达 90 天。根据临诊表现,常将马传贫病马分为急性、亚急性、慢性和隐性四种病型。

1. 急性型

特征为高温稽留,病程短,死亡率高。病马体温突然升高 40℃以上,一般稽留 8～15 天不等,而后下降至常温,不久又升至 40℃以上,稽留不降,直到死亡。病程一般不超过一个月,最短 3～5 天死亡。高温期各种症状明显。发热初期,可视黏膜潮红,随病程发展表现苍白,黄染。在舌底面、口腔、鼻腔、阴道黏膜及眼结膜处,常见大小不一的鲜红色至暗红色的出血点(斑)。病马常出现心搏动亢进,节律不齐,心音混浊,分裂,缩期杂音。病马精神沉郁,食欲减退,呈渐进性消瘦,病的中、后期可见尾力减退,后躯无力,摇晃,步样不稳,急转弯困难,有的病马胸、腹下、四肢下端(特别是后肢)或乳房等处出现无热,无痛的浮肿。少数病马有拉稀现象。红细胞总数减至 500 万或 300 万以下,血红蛋白减少,血沉显著加快,初速 15 分钟可达 60 刻度以上。白细胞减少,丙种球蛋白增高,外周血液中出现吞铁细胞。在分类中淋巴细胞及单核细胞增加,中性白细胞减少。

2. 亚急性型

特征为反复发作的间歇热。一般发热 39℃ 以上持续 3～5 天退热至常温。经 3～15 天的间歇期又复发。有的病马出现温差倒转现象。病程 1～2 个月。

3. 慢性型

特征为不规则发热。一般为微热及中热。病程可达数月及数年。临诊症状及血液变化发热期明显,无热期减轻或消失,但心机能和使役能力降低,长期贫血、黄疸、消瘦。

【诊断】 根据典型临床症状和病理变化可做出初步诊断,确诊需进一步做实验室诊断。在国际贸易中,指定诊断方法为琼脂凝胶免疫扩散试验(AGID),替代诊断方法为酶联免疫吸附试验。

1. 病料采集

采集可疑马的血液备用。

2. 病原分离与鉴定

将可疑马的血液接种易感马或用其制备的白细胞培养物,分离病毒(通常不用)。免疫扩散试验、免疫荧光试验。

3. 血清学检查

琼脂凝胶免疫扩散试验、酶联免疫吸附试验(需经 AGID 证实)、补体结合试验、荧光抗体试验。

【防制】

为预防和消灭马传贫必须按《中华人民共和国动物防疫法》和农业部颁发的《马传染性贫血病防制试行办法》的规定,采取严格控制、扑灭措施。平时加强饲养管理,提高马群的抗病能力。搞好马厩及其周围的环境卫生,消灭蚊、虻,防止蚊、虻等吸血昆虫侵袭马匹。发现患病马匹立即上报疫情,严格隔离,扑杀病畜,其尸体、病死马尸体等一律深埋或焚烧。污染场地、用具等严格消毒,粪便、垫草等应堆积发酵消毒。经检疫健康马、假定健康马,紧急接种马传贫驴白细胞弱毒疫苗。不从疫区购进马匹,必须购买时,须隔离观察 1 个月以上,经过临床综合诊断和 2 次血液学检查,确认健康者,方准合群。调出马属动物的单位和个人,应在出售前一个月报检,经当地动物防疫监督机构进行血清学检查为阴性,且装运前经临床检查健康无病,签发产地检疫证后,方可启运。发现疑似马传贫病马属动物后,畜主应立即隔离疑似患病马属动物,限制疑似患病马属动物移动。当地动物防疫监督机构要及时派员到现场诊断,包括流行病学调查、临床症状检查、病理解剖检查、采集病料、实验室诊断等,并根据诊断结果采取相应防治措施。

第八章　犬、猫、兔、貂的传染病

第一节　犬瘟热

犬瘟热是由犬瘟热病毒引起的犬科、鼬科及浣熊科动物的一种急性、高度接触性致死性传染病。早期双相热型，症状类似感冒，随后以支气管炎、卡他性肺炎、胃肠炎等为特征。病后期可见神经症状如痉挛、抽搐，有的伴有皮炎。脚底表皮过度增生、变厚，形成硬肉趾病或称硬脚掌病（hard-pad disease）。

该病最早发现于 18 世纪后叶，1905 年 Carre 发现其病原为一种滤过性病毒，所以该病也曾称为 Carre 氏病。我国在 1980 年首次分离获得该病毒，该病现分布于全世界。目前该病是对养犬业和毛皮动物养殖业危害最大的疾病。

【病原】　犬瘟热病毒（*Canine distemper Virus*，CDV）属于副黏病毒科（*Paramyxoviridae*）麻疹病毒属（*Morbillivirus*），为单股 RNA 病毒。病毒基因组编码核衣壳蛋白（N）、磷蛋白（P）、大蛋白（C）、基质蛋白（M）、融合蛋白（F）和血凝蛋白（H）。病毒粒子呈圆形或不整形，有时呈长丝状。

该病毒只有一个血清型，可在 Vero 细胞系、犬肾细胞、肺泡巨噬细胞和鸡胚成纤维细胞等细胞上繁殖，但效果有差异。有些毒株需要特定条件，如细胞繁殖期或外加胰酶才会产生典型的 CPE，表现为细胞圆缩、拉网状、脱落等。某些毒株在细胞中形成空泡、巨细胞、合胞体或胞浆型包涵体。

CDV 对紫外线、热和干燥敏感，高温、阳光可将其灭活，50～60℃ 30 min 即可将其灭活，在炎热季节 CDV 在犬群中不能长期存活，这可能是犬瘟热多流行于冬春寒冷季节的原因。2～4℃可存活数周，−60℃可存活 7 年以上。多数清洁剂、肥皂和多种化学物质（乙醚、氯仿、甲醛、苯酚、季铵盐消毒剂等）都可以将 CDV 灭活。

【流行病学】　该病毒可以感染所有的犬科（野犬、狐狸、狼等），鼬科（雪貂、貂、臭鼬、獾、黄鼠狼、水獭等）及獾熊科（浣熊、熊猫、密熊、长鼻獾熊等）。CDV 可以通过身体的所有分泌物排到体外，尤其是呼吸道的分泌物，其主要传播途径为患犬与健康犬接触传播，此外也可经空气、胎盘间接传播。恢复期的犬排毒会持续数周，但痊愈后不再排毒。幼犬（3～6 月龄）易感，但自然发病率随年龄的增长而降低。

【致病机制】　自然状态下，病毒通过消化道或上呼吸道黏膜上皮进入扁桃体和支气管淋巴结繁殖。2～4 天后，病毒在扁桃体、咽喉和支气管淋巴结中的数量急剧增加，但在其他淋巴器官，如骨髓、胸腺和脾脏中只能发现数目较少的病毒感染的单核细胞。4～6 天后，病毒在脾脏淋巴滤泡、胃及小肠固有层、肠系膜淋巴结和肝枯否氏细胞内增殖,导致体温升高和白细胞减少,主要是淋巴细胞减少,包括 T 淋巴细胞和 B 淋巴细胞。8~9 天后,病毒进一步传播到上皮细胞和中枢神经系统的组织中,形成严重的病毒血症。14 天后,动物依靠体内的特异性抗体和细胞介导的细胞毒性反应从大多数组织中清除病毒,而不表现临床症状,但可能存留于神经元和皮肤,如鼻端和脚垫。病毒在这些组织中的存在和扩散可能使某些犬发生中枢神经系统症状和趾部皮肤角化病,即硬脚垫。免疫状态低下的犬在 9~14 天后,病毒扩散至许多组织器官,包括皮肤、分泌腺、胃肠道、呼吸道和泌尿生殖道的上皮细胞。临床症状严重时,病毒在上述脏器中持续存在直至动物死亡。CDV 在脑组织中主要表现为对血管壁细胞的激活过程,继而引起神经胶质细胞反应,其中大部分犬在感染 21~28 天后出现神经症状而死亡。中枢神经系统病变的类型和感染过程取决于几个因素,包括动物的年龄、免疫状态以及病毒的嗜神经作用和免疫抑制作用。急性和慢性脑炎均可发生和转变,老龄犬发生脑炎时应考虑感染该病。

【临床症状】 犬瘟热为泛器官感染,临床症状极为复杂,随着病毒种属、环境因素以及个体对感染的反应不同而轻重不同。按疾病发展过程常见精神倦怠,厌食、发热、流泪或有脓性眼屎,浆液性或脓性鼻液,咳嗽、呕吐、腹下脓性皮疹、呼吸困难,不同形式的神经症状、鼻端和脚垫表皮角质化等。幼犬常发生出血性腹泻和肠套叠,成犬多无腹泻症状。随着病程发展,患犬逐渐脱水、衰竭而死亡。

神经症状出现于急性感染犬康复后的 1~3 周。CDV 引起的神经症状有明显的渐进性,最后迅速恶化。出现神经症状的犬如果存活下来,则可能有永久的后遗症,如癫痫、前庭疾病、四肢轻瘫、肌痉挛。如 CDV 感染发生于恒齿长出前,则牙釉质可能发育不良。其他症状还有前葡萄膜炎、视神经炎(突然失明)、视网膜变性和毯底及非毯底部坏死。眼底镜检查毯的过度反光区可见有慢性的、无活性的视网膜损伤,常被叫做"金奖章损伤"。感染 CDV 的幼犬还出现长骨的干骺端骨样硬化。

【病理变化】 CDV 为泛嗜性病毒,对上皮细胞有特殊的亲和力,因此,病变分布非常广泛。有些病例皮肤出现脓疱型皮疹;有的病例鼻和脚底表皮层增生而呈角质化。感染了该病的新生幼犬,通常表现为胸腺萎缩,且多呈胶冻样。带有全身性症状的幼犬会出现肺炎和卡他性肠炎。成年大多表现为结膜炎、鼻炎、气管支气管炎和卡他性肠炎。消化道可见胃黏膜潮红。脾常肿大。中枢神经系统的病变包括脑膜充血、脑室扩张和因脑水肿所致的脑脊液增加。在患犬普遍能看到轻微的间质性附睾炎和睾丸炎。

组织学检查时可在病犬的消化道、呼吸道及泌尿道等组织细胞中发现嗜酸性的和胞浆内包涵体,呈圆形或椭圆形,直径 $1~2~\mu m$。CDV 包涵体的检查最为常用的方法是胞质和嗜酸细胞染色法。可在黏膜、网状细胞、白细胞、细胞胶质和神经元上皮细胞中找到包涵体。在感染 5~6 周后,在淋巴系统和泌尿道中能找到包涵体,核内包涵体普遍位于被覆上皮细胞、腺上皮细胞和神经节细胞。

【诊断】 对于典型病例,可根据临诊症状及流行病学特征作出初步诊断。目前动物医院普遍采用犬瘟热快速诊断试纸条进行确诊诊断。取患犬眼、鼻分泌物、唾液或尿液等为检测样品,可在 5~10 min 内作出诊断。

1. 包涵体检查

生前可取舌、鼻、结膜和瞬膜等,死后则刮肾盂、膀胱、胆囊和胆管等黏膜,做成涂片、干燥、甲醇固定、苏木素和伊红染色后,镜检。包涵体红色,见于胞浆内,一个细胞内有 1~10 个,平均2~3个,圆形或椭圆形,边缘清晰。发现包涵体可作为诊断依据,但可能导致假阳性结果,最好再进行病毒分离鉴定。

2.病毒分离培养与鉴定

致死性犬瘟热病毒很难在常规细胞中培养,巨细胞(合胞体)形成是犬瘟热病毒一个特征性的细胞病变,与此同时,病毒被其他细胞覆盖。最近有报道称,在病毒分离中,巨噬细胞培养已经被犬淋巴细胞培养取代。一般来说,在巨噬细胞、淋巴细胞、肾细胞和上皮细胞上,病毒抗体滴度都很高。取肝、脾、粪便等病料,用显微镜可以直接观察到病毒粒子,或采用免疫荧光试验从血液白细胞、结膜、瞬膜以及肝、脾涂片可检出CDV抗原,也可以在肺和膀胱黏膜切片或印片中检出包涵体。

3.血清学检查

包括中和试验、补体结合试验、酶联免疫吸附试验等方法。

4.分子生物学诊断技术

现已有成熟的RT-PCR方法和核酸探针技术用于该病诊断。该法简便快速,灵敏特异,是目前实验室诊断CDV的主要方法。

5.鉴别诊断

患犬病初的临床表现与普通感冒十分相似,犬瘟热患犬双眼大多湿润或有明显的流泪现象,不久可见上下眼睑黏附多量黏脓性分泌物,而普通感冒多无此种现象。与其症状相似的疾病还有:狂犬病、肺炎、鲍特菌支气管炎感染自发性癫痫、低血糖症、中枢神经系统损伤以及肾衰竭。

【防制】

目前市场上使用的犬瘟热疫苗均有很好的免疫保护效果,建议8~16周的犬免疫3次。初次加强免疫后,免疫力可持续3~5年,但最好进行抗体水平检测。自然感染康复的犬可有几年的免疫力。

一旦发生犬瘟热,为了防止疫情蔓延,必须迅速将病犬严格隔离,病舍及环境用火碱、次氯酸钠、来苏儿等彻底消毒。严格禁止病犬和健康犬接触。对尚未发病有感染可能的假定健康犬及受疫情威胁的犬,应立即用犬瘟热高免血清或单克隆抗体进行紧急预防注射,待疫情稳定后,再注射犬瘟热疫苗。

在犬瘟热最初发病期间,可用大剂量的犬瘟热高免血清或单克隆抗体进行注射,控制该病的发展。在出现临诊症状之后,给予大剂量的高免血清或单克隆抗体,可以使机体增加足够的抗体,达到治疗目的。对于犬瘟热临诊症状明显、出现神经症状的中后期病例,较难治愈。可进行补糖、补液、退热等对症治疗,防止继发感染,加强饲养管理等措施,对该病治疗有一定的帮助。

【公共卫生】

犬瘟热不是人兽共患病,除了早期有报道人的多发性硬化症(MS)与犬瘟热病毒有关外,没有其他有关麻疹或犬瘟热病毒与人的MS相关的记录。

? 思考题

1.犬瘟热有哪些典型的临床特征?

2.实验室诊断犬瘟热的方法有哪些?

案例分析

【临诊实例】

金毛犬,雄性,2月龄,3.4 kg,一周前食欲减退,咳嗽,流脓鼻涕,鼻镜干裂。未进行疫苗免疫。

【诊断】 测量体温为 40.0℃,用犬瘟热快速诊断试纸条进行诊断为阳性,病史结合临床症状可确诊该犬感染犬瘟热病毒。

【防控措施】

1. 防病要点

因犬瘟热危害较大,且一旦出现特征性症状,则预后极差。所以接种疫苗仍是防控该病的有效措施。CDV 高效弱毒疫苗已在市场上应用多年,临床免疫保护效果显著,大多数制造商建议 8~16 周的犬免疫 3 次。初次加强免疫后,免疫力可持续 3~5 年。

2. 治疗

犬瘟热发病早、中期可注射使用单克隆抗体或犬瘟热高免血清,同时配合对症治疗。注射葡萄糖或葡萄糖生理盐水加一些常规能量用药如 ATP,辅酶 A,VC,VB6 等补充体能;使用一些抗生素,如氨苄西林钠加地塞米松和利巴韦林,防止继发感染;如有呼吸道的咳嗽,肺炎,发烧等症状,或者消化道的腹泻,便血,呕吐等症状,可用药物对症治疗。但在疾病后期,一旦病犬出现明显的神经症状,则预后不良,可以考虑给予安乐死。临床症状发展的程度,成为对 CDV 感染犬愈后的限制因素。目前治疗主要集中在控制呼吸道的继发感染和结膜炎。对于犬瘟热引起的神经症状,可以使用抗痉挛药物或安宫牛黄丸进行治疗

3. 小结

该病较难治疗,应以预防为主,定期进行犬瘟热疫苗免疫接种。免疫程序是:首免时间6~8周;二免时间间隔3周;三免时间间隔3周。三次免疫后,以后每年免疫一次。目前市场上出售的五联苗、六联苗、八联苗均可按以上程序进行免疫。

第二节　犬细小病毒病

犬细小病毒病,又称为犬传染性出血性肠炎,是由犬细小病毒 2 型引起的犬的一种急性、接触性、致死性传染病。主要感染犬科和鼬科动物,其中以 6 周龄至 6 月龄的纯种犬易感性最高。临床上以剧烈呕吐、脱水、出血性肠炎、血性水样便、心肌炎和白细胞显著减少为特征。该病有肠炎型和心肌炎型两种。前者主要表现为出血性坏死性小肠炎,后者主要表现为急性非化脓性心肌炎。

1977 年,犬细小病毒最先由美国学者 Eugster 和 Nairn 从患出血性肠炎的犬粪便中分离到,在其后的 2~3 年间,澳大利亚、加拿大、法国、意大利、南非、日本等国均报道了此病。1982 年,我国最早报道了类似犬细小病毒所致的犬出血性肠炎。1983 年,徐汉坤等正式报道了该病的流行。犬细小病毒传播速度快,各年龄段的犬都能感染,新型变异株的不断出现,宿主范

围的扩大,高发病率和高死亡率,成为世界范围内的犬的最主要的传染病之一,给养犬业造成了极大的危害。

【病原】 犬细小病毒(*Canine parvovirus*,CPV)属于细小病毒科(*Parvoviridae*)细小病毒属(*Parvovirus*)的成员,具有细小病毒属的典型形态和结构。病毒粒子为等轴对称的二十面体,外观呈圆形或六边形,直径 18~26 nm,无囊膜。在 CsCl 密度梯度离心沉淀时,大部分感染性病毒粒子存在于 1.38~1.42 g/cm³ 密度,小部分感染性病毒粒子存在于 1.45~1.47 g/cm³ 密度。核酸由线形单股负链(ss−)DNA 组成,含有 5 233 个核苷酸。

犬细小病毒基因组含有两个开放阅读框架(ORF),两个 ORF 分别有自己的启动子。第一个 ORF 编码非结构蛋白 NSl 和 NS2,非结构蛋白负责对细小病毒的基因表达发挥调控作用,如 NSl 对病毒基因表达具有反式激活功能。第二个 ORF 编码结构蛋白 VP1 和 VP2。这两种蛋白在病毒感染过程中起着极为重要的作用。缺失 VP1 或 VP2 蛋白的突变体均丧失了对宿主细胞的再感染性。在空衣壳蛋白中只含有 VP1 和 VP2 两种蛋白质,病毒粒子中含有 3 种多肽:VP1、VP2 和 VP3。VP3 仅存在于完整的病毒粒子衣壳蛋白中,它只在衣壳装配和病毒基因组包装后出现,其产量随着感染进程的发展而增加。

犬细小病毒血凝特性较强,在 4℃ 或 25℃ 条件下能凝集猪和恒河猴的红细胞,应用硼酸缓冲盐溶液和病毒调节稀释剂,病毒能凝集犬和绵羊的红细胞,但不能凝集牛、山羊、兔、鼠、鸡、鹅和人的 O 型红细胞。经福尔马林灭活后,病毒的血凝性几乎不变。该病毒与猫泛白细胞减少症病毒、水貂肠炎病毒之间有共同的抗原组成,可发生血清学交叉反应,与猪细小病毒之间也有某些共同的抗原组成,在进行免疫荧光试验和血凝抑制试验时有交叉反应。

犬细小病毒的 DNA 复制完全依赖于宿主 DNA 聚合酶及其复制体系,在感染细胞的染色体复制开始后才在细胞核内合成的。因此,在体外进行该病毒培养传代时,必须在细胞培养的同时或最迟在 24 h 内接种,病毒才能良好增殖。该病毒能在多种不同的细胞内增殖,如原代、继代猫胎肾细胞、犬胎的肾、脾、胸腺和肠管细胞、水貂肺细胞系(CCL64)和浣熊的唾液腺细胞内增殖和传代。近年来常用 F81 等传代细胞分离培养病毒,病毒增殖后可引起 F81 细胞脱落、崩解和破碎等明显的细胞病变。

该病毒对外界各种理化因素有较强抵抗力。65℃ 30 min 不丧失感染性,室温下可存活 90 天,长期低温存放对其感染性无明显影响,在粪便中可存活数月甚至数年。对乙醚、醇类、氯仿、去氧胆酸盐等有机溶剂有抵抗力,而福尔马林、β-丙内酯、次氯酸钠、氨水、氧化剂和紫外线能使其灭活。

【流行病学】 犬细小病毒病的宿主广泛。犬科动物(犬、郊狼、丛林狼、食蟹狐等)、鼬科(鼬、黄鼠狼、雪貂、水貂、獾)、浣熊科、猫科动物(猫、狮子、老虎、猎豹)均能感染该病。犬是该病的主要自然宿主,不同年龄、性别、品种的犬均可感染,但以刚断乳至 90 日龄的犬多发,病情也较严重,尤其是新生幼犬,有时呈现非化脓性心肌炎而突然死亡。纯种犬比杂种犬和土种犬易感性高。该病无明显的季节性。一年四季均可发病。

病犬是主要的传染源,其呕吐物、唾液、尿液和粪便等排泄物中均有大量病毒。而且康复犬可长期通过粪便向外排毒,该病主要通过污染的饲料和饮水经消化道感染,或健康犬与病犬或带毒犬直接接触感染,另外该病可经胎盘传播。

犬细小病毒虽然是 DNA 病毒,但却有着和 RNA 病毒一样的突变频率,基因变异速度快。1978 年,分离到 CPV-2,1979 年和 1984 年分别分离到变异株 CPV-2a 和 CPV-2b,这两种变异株很快取代 CPV-2 成为世界范围内的主要病原。随后在 2001 年,意大利发现新型变异株 CPV-2c。单个毒株的基因含有多个不同的病毒克隆,加上多种毒株的混合感染和持续感染,导致了更高频率的遗传差异和遗传多态现象。

【致病机制】 犬细小病毒可在犬的多种淋巴组织和肠上皮黏膜细胞中复制,首先结合宿主细胞的转铁蛋白受体,进而通过内涵素介导的内吞作用进入细胞内部并被转运至内涵体,随后进入细胞质,在核周围聚集,从核孔进入细胞核后开始复制。

犬细小病毒主要通过消化道感染,犬细小的感染途径和起始复制位点在鼻和口咽部。病毒在口咽部复制,通过血液循环传播到其他器官,以病毒血症的方式扩散,1～3 天后可出现在扁桃体、咽淋巴结、胸腺和胸淋巴结和肠相关淋巴结组织。在肠道内,细小病毒可杀死肠腺的胚上皮细胞,导致上皮脱落、纤毛变短,导致小肠出血性坏死性肠炎,引起犬的呕吐和腹泻。

【临床症状】 病初大多数患犬体温升高(有的患犬体温正常或轻度降低),精神沉郁,食欲废绝,频繁呕吐,饮欲增强,大量饮水后立即呕吐,并很快发生腹泻或出血性腹泻、贫血及严重脱水。患犬眼球凹陷,皮肤弹性减退,软弱无力,多在 1 周内死亡。

【病理变化】

1. 肠炎型

动物消瘦脱水,可视黏膜苍白,胃内空虚,黏膜表面附有淡黄色或黄红色黏液,胃底部黏膜弥漫性充血、出血。空肠、回肠病变最为严重,具有特征性。肠壁呈不同程度的增厚、肠管增粗、肠腔狭窄、积聚血粥样内容物或混有紫黑色血凝块、肠道浆膜下血管充血、瘀血,肠黏膜和黏膜下层呈弥漫性或条索性出血。大肠内容物稀软、呈酱油色、腥臭。大肠黏膜肿胀、有少量的出血点。肠系膜淋巴结肿大,暗红色。心脏扩张,心肌柔软,有出血点。肺淡红有轻度水肿,气管及支气管内有大量泡沫样液体。肝瘀血,轻度水肿。肾脏、脾脏局部有出血点,偶见局部的出血性梗死。肝脏肿大,呈紫红色,质地脆,切口外翻,切面血液凝固不良。

电镜下可见小肠绒毛萎缩变短,甚至消失。肠黏膜上皮细胞坏死、脱落,固有膜暴露,固有层充血、出血和有炎性细胞浸润、淋巴细胞减少。小肠隐窝上皮细胞有程度不同的坏死、脱落,隐窝肿大,数量减少,这种现象以空肠、回肠最为严重。大肠黏膜上皮细胞坏死,脱落,局部肠腺上皮细胞核肿大,染色淡,边界不清。固有层内毛细血管充血,淋巴细胞减少。肠系膜淋巴结严重出血,副皮质、髓窦内充满大量红细胞。皮质内淋巴细胞的数量减少,淋巴小结个体变小,数量减少;髓质内髓素数量减少,髓窦扩张,网状细胞肿胀脱落,巨噬细胞数量增多。心肌纤维颗粒变性,肌束间轻度出血水肿。

2. 心肌炎型

主要病理变化在心脏和肺。心外膜散布黄色或白色条纹,心肌呈白色条纹状,心肌或心内膜有非化脓性坏死灶,心肌纤维变性,常见有出血斑纹。肺脏呈严重的气泡型肿胀,呈灰色或花瓣状,切面有大量的血样液体流出。膈叶边缘有红色实变区,肺门与前膈周围的结缔组织伴发胶样水肿,气管和支气管充满了泡沫样液体。肺脏肿大严重者会压迫心脏,之后肺部坏死造成死亡。心肌纤维排列疏松,其间有水肿液贮积;心肌细胞变细,肌浆断裂减少,胞核肿大变长。有的可发现包涵体(具有诊断意义),局部有断裂、崩解现象。心肌毛细血管扩张、充血。在变性的心肌周围有少量的中性粒细胞、淋巴细胞和浆细胞浸润。肺泡壁毛细血管充血,肺泡内充满浆液以及脱落的肺泡上皮细胞和巨噬细胞,肺间质增宽。

【诊断】 依据典型的流行病学特点和临床症状,应当怀疑该病。CPV 快速诊断试剂板是诊断该病的常用方法。取患犬粪便少量稀释后检测,可在 5~10 min 内得出结果。

1.病毒分离鉴定

取病犬粪便或濒死犬的肠内容物,离心过滤除菌或加氯仿于 4℃过夜处理,接种 F81 等传代细胞,进行病毒的分离。对分离的病毒还需用免疫荧光、血凝和血凝抑制试验等来验证。该法特异性强,但敏感性低,只有在感染后期才能检测到病毒,且费时费力,不便于进行快速诊断。

2.直接电镜与免疫电镜观察

取病犬的粪或肠内容物,用负染法可在几分钟之内获得结果,细胞培养物用 EM 观察效果更佳。结合抗原抗体特异性反应和电镜的直观观察,应用免疫金电镜技术。可直观地看到犬细小病毒被相应的胶体金抗体特异性标记的结果。

3.血凝和血凝抑制试验

血凝试验中,用 0.5%~1% 的猪红细胞,检测粪便或细胞培养物中的犬细小病毒,HA>1:80判为阳性,然后作血凝抑制试验加以证实。HI 也可用于该病抗体检测,采用 96 孔板可快速检测大量样品,可用于流行病学的调查和抗体检测。

4.酶联免疫吸附试验

常用于检测犬细小病毒的 ELISA 方法包括竞争 ELISA、间接 ELISA 等,可用于检测犬细小病毒的抗原和抗体。

5. PCR 技 术

PCR 诊断技术具有高度的特异性和敏感性,目前多用于犬细小病毒感染的实验室快速诊断。大多数 PCR 方法均是以 VP2 基因作为扩增的靶基因。实时 PCR 法、梯度 PCR 法、原位 PCR 法、套式 PCR 等技术均已成功的应用到犬细小病毒的检测中,并且商品化的 PCR 检测试剂盒也已在实验室中广泛应用。

【防制】

接种免疫效果可靠的疫苗是预防该病的有效措施。目前商品化的疫苗已达到良好的保护效果。对发病犬采取综合治疗措施,注射高免血清或犬细小病毒单克隆抗体,同时进行抗病毒、抗菌消炎、止吐、止泻、止血等对症治疗。对于呕吐症状,可使用爱茂尔、硫酸阿托品等;止血可用止血敏、维生素 K 等。对患犬严格禁食禁饮,再通过补液来纠正酸中毒、电解质紊乱。

❓ 思 考 题

1.临床上犬细小病毒病分为哪两种类型,各自的临床症状和病理变化有什么特点?

2.目前常用的犬细小病毒病的诊断技术有哪些? 各有哪些优缺点?

【临诊实例】

泰迪犬,雄性,4 月龄,2.0 kg,精神沉郁,无饮食欲,呕吐,腹泻,粪便色暗。未进行疫苗免疫。

【诊断】　体温 38℃,结合临床表现,使用快速诊断试剂板诊断 CPV 阳性,CCV 阴性。

犬细小病毒对犬具有高度的接触传染性,各种年龄和不同性别的犬都有易感性,但以刚断奶至 90 日龄的犬发病率高,病情也较严重。初生犬 45 日龄后应及时进行疫苗免疫,否则极易感染该病。病犬的粪便中含毒量最高且病毒可在环境中长期存在,病毒随病犬的粪便、尿液等排泄物排出,污染周围环境,使易感犬发病。

【防控措施】

1. 防病要点

平时应做好免疫接种。在该病流行季节,严禁将个人养的犬带到犬集结的地方。当犬群暴发该病后,应及时隔离,对犬舍和饲具反复消毒。对轻症病例,应采取对症疗法和支持疗法。对于肠炎型病例,因脱水失盐过多,及时适量补液显得十分重要。为了防止继发感染,应按时注射抗生素。

2. 治疗

治疗犬细小病毒病早期应用犬细小病毒高免血清或单抗进行治疗,同时配合对症治疗:补液疗法,用等渗的葡萄糖盐水加入 5% 碳酸氢钠注射液给予静脉注射,可根据脱水的程度决定补液量的多少,同时进行抗菌消炎、止吐、止泻、止血等对症治疗,防止继发感染。

3. 小结

犬细小病毒传播速度快、发病率和死亡率高,宿主范围广,应严格控制该病的发生。预防该病应加强饲养管理,定期注射疫苗。该病发病快,一旦发病要及时采取治疗。幼犬应定期进行免疫接种。

第三节　犬传染性肝炎

犬传染性肝炎是由犬 I 型腺病毒所引起的犬科动物的一种急性、高度接触性败血性传染病,俗称犬蓝眼病。以 1 岁以内的、尤其断奶不久的幼犬发病率和死亡率最高。临床上以体温升高、黄疸、贫血和角膜混浊为特征;病理上以肝小叶中心坏死、肝实质细胞和皮质细胞内出现包涵体和出血时间延长为特征。

1925 年,Creen 首先发现犬 I 型腺病毒引起狐的脑炎,因此又称狐脑炎。1947 年,Rubarth 又发现可引起犬肝炎症状,故曾称狐脑炎和犬传染性肝炎。

【病原】　犬传染性肝炎病毒(*Infectious canine hepatitis virus*,ICHV)为犬腺病毒 I 型病毒(*Canine adenovirus 2*,CAV-I),属腺病毒科(*Adenoviridae*),哺乳动物腺病属(*Mastadenorivus*),又名罗巴斯病病毒(*Rubarth disease virus*)。病毒呈二十面体结构,无囊膜。其基因组为单分子线状双链 DNA,长 36~38 kb,末端有一个共价相联的 55 ku 末端蛋白(TP)。末端蛋白与病毒的感染性有关,存在末端蛋白的病毒 DNA 可使其感染性提高 100 倍。

病毒可以凝集人 O 型、鸡、大鼠的红细胞。利用这种特性可以进行血凝抑制试验。病毒对外界抵抗力很强,室温下可存活 10~13 周,附着在针头上的病毒可存活 3~11 天。病毒对乙醚、氯仿、酒精有耐受性,苯酚、碘酊及火碱是常用的有效消毒剂。

【流行病学】　患犬和康复犬是该病主要传染源。康复犬尿中排毒可达 180~270 天,可引起其他犬感染。感染途径主要是经消化道,但临床也见胎内感染造成新生仔犬死亡。病犬是该病的主要传染源,其呕吐物、唾液、鼻液、粪便和尿液中都带有病毒,康复犬可经尿长期排毒。自然条件下,除犬外,狐也易感染而发生狐脑炎。不满周岁的幼犬感染率和致死率均较高。

【致病机制】　自然感染主要经消化道感染,病毒通过扁桃体和小肠上皮经淋巴和血液而广泛散播。发病初期,病毒在网状组织细胞系统和血管内皮中繁殖,以增生性和退行性变化及很早出现核内包涵体为特征。血管内皮的损害伴有严重的渗透和循环紊乱。肝实质细胞和多种组织器官的血管内皮细胞是病毒定位和侵害的主要靶细胞,肝脏受损时常发生变性、坏死等退行性变化或慢性肝炎变化。病毒可在肾脏长期存在,病初局限于肾小球血管内皮,导致蛋白尿,随后出现于肾小管上皮,引起局灶性肾炎,在疾病的发热期,病毒可侵入眼而引起虹膜睫状体炎和角膜水肿。

【临床症状】 该病一般可分为最急性型、急性型和慢性型。主要表现为呕吐、腹痛与出血性腹泻、体温升高、精神沉郁、食欲废绝、饮欲增加、扁桃体与淋巴结肿大。齿龈上的出血点或出血斑是该病的重要症状。部分患犬因发生眼色素层炎而表现角膜水肿,即"肝炎性蓝眼",同时还有眼睑痉挛、羞明和浆液性分泌物等表现。

【病理变化】 各型病例的病理变化差异较大,急性和亚急性型病例,齿龈黏膜通常苍白,有时有小点状出血,扁桃体水肿出血。最突出的变化是肝脏肿胀、质脆,切面外翻,肝小叶明显。胆囊壁水肿,有时在水肿的胆囊壁上有出血点。腹腔常有积液,其积液常混有血液和纤维蛋白,遇空气极易凝固,肝或肠管表面有纤维蛋白沉着,并常与膈肌、腹膜粘连。肠系膜淋巴结明显水肿、出血,肠内容物常混有血液。组织学检查,肝小叶中心坏死,常见肝细胞及窦状隙的内皮细胞、枯否氏细胞和静脉内皮细胞有核内包涵体。电镜超薄切片检查,则可在肝细胞内见有呈晶格状排列的病毒及其前体。在具有眼色素层炎症状的病例,可在其色素层的沉淀物里找到由该病毒的抗原与抗体所形成的免疫复合物。

【诊断】 依据患犬临床表现,应当怀疑该病。犬腺病毒快速诊断试剂板是诊断该病的良好方法,取患犬眼、鼻分泌物稀释后检测,可在 5~10 min 内得出结果。

1. 病毒分离鉴定

病毒分离是特异性诊断,用发病初期的血液、扁桃体棉拭子或死亡动物的肝、脾组织研磨后接种犬肾原代或继代细胞。随后即可用补体结合试验检测细胞培养物中的病毒抗原。以人工感染动物的特异免疫血清作为抗体,应用这种抗体作补体结合试验,还可检出急性病犬肝脏以及血清和腹水中的病毒抗原。应用中和试验,可进一步鉴定病毒的型。

2. 血清学检查

用组织培养液作抗原进行补体结合试验,或用浓缩的感染细胞培养物为抗原作琼脂扩散试验,检测血清抗体。在做中和试验和血凝抑制试验(用人的 O 型血红细胞)时可取间隔14 天的双份血清,以抗体效价提高 4 倍以上者作为该症感染的阳性指标。

3. PCR 技术

选择基因序列保守区设计引物进行病原的特异性扩增,该技术可区分强弱毒以及Ⅰ型和Ⅱ型区分开,灵敏度高、特异性强,是实验室检测该病毒的常用方法。

4. 鉴别诊断

该病临床症状与多种疾病相似,应特别注意与犬瘟热、犬细小病毒性肠炎、感冒、单纯的间质性角膜炎或浅表性角膜炎进行鉴别。

【防制】

该病的预防措施是接种质量可靠的疫苗。该病的治疗在发病早期使用犬腺病毒高免血清,并静脉滴注犬免疫球蛋白,提高机体免疫力,治疗有一定的作用。但对于病程短急和发病中后期,且全身症状严重者,治疗效果均不理想。犬传染性肝炎的一个重要特点是康复后带毒期长达 6～9 个月,成为该病的重要传染来源,一些犬场、狐场长期存在该病的原因就在于此。为彻底控制该病,必须坚持免疫与检疫相结合,在加强免疫的同时,重视对新引进动物和原有康复动物的检疫。

? 思考题

1.犬传染性肝炎的典型临床表现和病理变化有哪些?

2.犬传染性肝炎常用的诊断方法有哪些?

案例分析

【临诊实例】

北京犬,8 月龄,4 kg,4 天前不明原因拉稀,呕吐,食欲废绝,左眼发蓝,羞明流泪,时不时抓挠眼部,故来诊。(贺生中,卓国荣主编,犬病临床诊疗实例解析,北京,中国农业出版社,2012,第一版.)

【诊断】 根据临诊症状及流行病学特征作出初步诊断。使用犬传染性肝炎快速诊断试剂板进行诊断,CAV-Ⅰ阳性。

病因浅析:在自然条件下,病毒由口腔和咽上皮侵入附近的扁桃体,经淋巴和血液扩散至全身。犬和狐狸均是自然宿主,尤其是病犬及带毒犬是该病的传染源。健康犬通过接触被病毒污染的用具、食物等经消化道感染发病,感染病毒后的怀孕母犬也可经胎盘将病毒传染给胎儿。

【防控措施】

1.防病要点

防止盲目由国外及外地引进犬,防止病毒传入,患病后康复犬一定要单独饲养,最少隔离半年以上。防止该病发生最好的办法是定期给犬做健康免疫,免疫程序同犬瘟热疫苗。目前大多采用多联苗免疫。国外已经推广应用灭活疫苗和弱毒疫苗。目前国内生产的灭活疫苗免疫效果较好,且能消除弱毒苗产生的一过性症状。幼犬 7～8 周龄第 1 次接种、间隔 2～3 周第 2 次接种,成年犬每年免疫 2 次。

2.治疗

发病早期使用犬腺病毒高免血清进行特异性治疗,并静脉滴注犬免疫球蛋白,可提高机体抵抗力。犬传染性肝炎病毒对肝脏及小血管内皮细胞损害严重、保肝和制止出血是治疗的重点。注重保肝和降低转氨酶,可肌肉注射肝炎灵、肌苷,同时适当补充 V_{B1}、V_{B2}、V_{B6} 和 V_C 等。控制出血除使用常规止血药外,最好输血或输入血浆,补充凝血因子和血小板以提高疗效。为防止细菌感染,应选用适宜的抗生素或磺胺药等。

3.小结

预防该病要定期免疫疫苗。该病治疗无特效药物,病初大量注射抗犬传染性肝炎病毒的高效价血清,可有效地缓解临诊症状。此病毒对肝脏的损害作用在发病 1 周后减退,因此,主要采取对症治疗和加强饲养管理。

第四节　犬冠状病毒感染

犬冠状病毒感染是由犬冠状病毒引起的一种急性、肠道性传染病，以呕吐、腹泻、脱水及易复发为特点。1971 年首先由 Binn 从患有胃肠炎的犬中分离到犬冠状病毒，以后在世界范围内流行。

【病原】　犬冠状病毒（*Canine corona virus*，CCV）属冠状病毒科（*Coronaviridae*）冠状病毒属（*Coronavirus*），单股 RNA 病毒，核衣壳呈螺旋状，由糖蛋白（S）、膜蛋白（M）、小膜蛋白（SM）和核蛋白（N）4 种结构蛋白组成。该病毒具有冠状病毒的一般形态特征，呈圆形或椭圆形，长 80～120 nm，宽 75～80 nm，有囊膜，囊膜表面有花瓣状纤突，长约 20 nm，反复冻融极易脱落，失去感染性。CCV 只有一个血清型。病毒在 CsCl 中的浮密度为 1.15～1.16 g/cm^3。病毒对氯仿、乙醚、脱氧胆酸盐敏感。对热也敏感。用甲醛、紫外线能灭活。对胰蛋白酶和酸有抵抗力，pH 3.0，20～22℃条件下不能灭活，这也是病毒经口感染通过胃不被灭活的原因。病毒在粪便中存活 6～9 天。

【流行病学】　该病可感染犬、貂和狐狸等犬科动物，不同品种、性别和年龄犬都可感染，6 周龄以下幼犬最易感染。病犬和带毒犬是主要传染源。病毒通过直接接触和间接接触，经呼吸道和消化道传染给健康犬及其他易感动物。该病一年四季均可发生，但多发于冬季。气候突变，卫生条件差，犬群密度大，断奶转舍及长途运输等可诱发该病。

【致病机制】　该病毒经口接触易感犬 2 天后，到达十二指肠上部，主要侵害小肠绒毛 2/3 处的消化吸收细胞。病毒经胞饮作用进入微绒毛之间的肠细胞，在胞质空泡的平滑膜上出芽。由于细胞膜破裂，病毒随脱落的感染细胞进入肠腔内，再感染小肠整个肠段的绒毛上皮细胞，进而绒毛短粗，消化酶和肠吸收功能丧失，导致腹泻。以后随着小肠结构的复原，临床症状消失，排毒减少并终止，血清中产生中和抗体。

【临床症状】　该病传播迅速，数日内即可蔓延全群。潜伏期 1～4 天，临床症状轻重不一。主要表现为呕吐和腹泻，严重病犬精神不振，呈嗜睡状，食欲减少或废绝，多数无体温变化。口渴、鼻镜干燥，呕吐，持续数天出现腹泻。粪便呈粥样或水样，红色或暗褐色，或黄绿色，恶臭，混有黏液或少量血液。白细胞数正常，病程 7～10 天，有些病犬尤其是幼犬发病后 1～2 天内死亡，成年犬很少死亡。

【病理变化】　剖检病变主要是胃肠炎。肠壁菲薄、肠管内充满白色或黄绿色、紫红色血样液体，胃肠黏膜充血、出血和脱落，胃内有黏液。其他如肠系膜淋巴结肿大，胆囊肿大。组织学检查主要见小肠绒毛变短、融合、隐窝变深，绒毛长度与隐窝深度之比发生明显变化。上皮细胞变性，胞浆出现空泡，黏膜固有层水肿，炎性细胞浸润，上皮细胞变平，杯状细胞的内容物排空。

【诊断】　根据患犬体温大多正常或降低、血便不多见等临床症状，结合发病率很高、死亡率较低、以新生幼犬多发等流行病学特点，应怀疑该病。犬冠状病毒快速检测试剂板是鉴别和确诊该病的快速诊断方法。另外实验室内确诊可使用 PCR、电镜检查和病毒分离鉴定等方法。

1.RT-PCR 检测方法

根据 Genebank 中 CCV 基因保守序列，设计合成一对特异性引物，建立 CCV 的 RT-PVR 检测方法，灵敏度高、特异性强，是目前实验室检测该病毒的常用方法。

2. 电镜检查

去粪便用氯仿处理,低速离心,取上清液,低于铜网上,经磷钨酸负染后,用电子显微镜观察是否有特殊形状的病毒粒子。该法快速。取上清液与免疫血清作用,使病毒粒子特异性凝集,则有助于诊断。

3. 病毒分离鉴定

取典型病犬新鲜粪便,经常规处理后,接种于 A72 细胞或犬肾原代细胞上培养,用特异抗体染色检测是否存在病毒,或待细胞出现 CPE 后,用已知阳性血清作中和试验鉴定病毒。为提高病毒分离率,粪便要新鲜,避免反复冻结,最好先将病料感染健康犬,取典型发病犬腹泻粪便作为样品分离病毒。

4. 血清学诊断方法

包括血清-病毒中和试验、乳胶凝集试验和 ELISA 等方法,也可诊断该病。如果感染犬血清中有较高的抗 CCV 抗体滴度,则可确诊为 CCV 感染。

5. 鉴别诊断

该病感染的临床症状与犬以稀便为主的肠炎疾病相似,如肠道寄生虫、消化不良、食物过敏及其他肠道病毒性疾病轮状病毒感染或细小病毒感染。尤其应与犬轮状病毒和犬细小病毒感染相区分鉴别。

【防制】

对单纯性的犬冠状病毒感染,选用国产犬 5 联血清注射治疗,辅以止吐、止泻、消炎、补液、增加营养等对症治疗,停喂含乳糖较多的牛奶,多酶片、乳酸菌片。口服补液盐,静脉滴注氯化钠注射液,以纠正脱水与电解质紊乱。肌注地塞米松,以改善微循环和治疗体。为减少死亡率,应隔离病犬并彻底消毒场地及器具。

思考题

临床上,应如何对犬冠状病毒病和犬细小病毒病进行鉴别诊断?

案例分析

【临诊实例】

田园犬,45 日龄,2.5 kg,雌性,呕吐 2 次,排软便,成粥样或水样,精神尚可,皮肤弹性下降。

【诊断】 根据临诊症状及流行病学特征作出初步诊断,使用快速诊断试剂板进行确诊诊断,CCV 阳性、CPV 阴性。

病因浅析:该病一年四季均可发生,以冬季多发,与病原对低温有相对的抵抗力有关。过高的饲养密度、较差的饲养卫生条件、断奶、分窝、调运等条件突然改变,气温骤变等都会提高感染和发病的概率。

【防控措施】

1. 防病要点

犬舍每天打扫,清除粪便,保持清洁卫生。每周用消毒液严格消毒一次。保证饲料、饮水要清洁卫生。病犬剩下的饲料、饮水挖坑深埋,饲具要彻底消毒后再用。初生幼犬吃足母乳,获得母源抗体和免疫保护力,是预防此病的重要措施。也可给无免疫力的幼犬注射高免血清用于预防。

2. 治疗

注射高免血清或干扰素进行特异性治疗。为了纠正水盐代谢失调和脱水,可用氯化钠注射液或乳酸林格氏液补液。氨苄西林防止混合感染和继发感染,辅以痛消安(氟尼辛葡甲胺)、胃复安、科特壮(复方布他磷注射液)对症治疗,可有效缓解症状,促进患犬痊愈。

3. 小结

犬冠状病毒病与犬细小病毒病发病症状相似,注意鉴别诊断。该病若能及时治疗,治愈率较高,预后良好。

第五节 猫泛白细胞减少症

猫泛白细胞减少症又称猫瘟热(feline distemper)或猫传染性肠炎(feline infections enteritis)由猫泛白细胞减少症病毒(*Feline Panleucopenia Virus*,FPV)引起,是猫及猫科动物的一种急性高度接触性传染病。该病主要发生于 1 岁以内的幼龄猫,临床表现为患猫突发高热、呕吐、腹泻、脱水及白细胞减少等特征,且有出血性肠炎病变。此病毒在环境中存活率较高,能够在宿主体外的环境中存活 2~3 年。大部分成年猫在经过 1 岁时亚临床感染该病毒后,可以获得天然免疫力。因此,幼龄猫最容易感染。

该病在世界各地的猫群中普遍存在,尤以德国、匈牙利、法国、美国、日本等国为重。我国于 20 世纪 50 年代初即有临床病例报道,1984 年,张振兴等利用猫肾细胞培养分离到 FNF8 病毒株,近年来该病已经蔓延到全国许多地区,成为猫的重要传染病之一。

【病原】 FPV 属于细小病毒科(*Parvoviridae*)细小病毒属(*Parvovirus*)的成员之一。在电镜下观察,病毒粒子呈二十面体立体对称,无囊膜,直径约 20 nm,核衣壳由 32 个壳粒组成,每个壳粒 3~4 nm,病毒基因组为单股线状 DNA。

FPV 仅有 1 个血清型,且在形态学和抗原性方面与水貂肠炎病毒(MEV)、犬细小病毒(CPV)密切相关。限制性内切酶图谱分析,与 MEV 有 55/56 相同,与 CPV 也仅 20% 不同。已经从健康猫和有猫泛白细胞减少症症状猫中分离出犬细小病毒 2a 和 2b 株,表明 CPV 可感染猫,起源很可能来自 FPV。相反,FPV 不感染犬。FPV 血凝性较弱,在 pH 6.0~6.4 环境下,4℃或 37℃条件下能够凝集猪的红细胞。

FPV 既能在多种猫源细胞如猫肾、肺、睾丸等原代细胞上生长繁殖,也能在 CRFK、F81、NLFK、FK 及 FLF 等传代细胞上增殖,均能产生 CPE,但是比较难于识别。FPV 不能在鸡胚组织中增殖。

FPV 抵抗力极强,一经污染就很难彻底消灭,在室温条件下能在组织污染物中存活 1 年,在 56℃能存活 30 min,在低温或甘油缓冲液内能长期保持感染性。病毒对 70% 酒精、碘酊、苯酚和季胺类有抵抗性。对氯仿、乙醚、0.5% 石炭酸、胰蛋白酶及酸性环境(pH 3)具有一定抵抗力。但在常温下,0.5% 福尔马林和次氯酸则能有效地将其杀灭。80℃加热 2 h 可以灭活该病毒。

【流行病学】 FPV 最重要的传染源主要是感染猫和康复带毒猫。在感染初期病猫即从鼻、眼分泌物,唾液,呕吐物和粪尿中排毒。少量康复猫可通过粪尿排毒数周至数月,组织碎片中的病毒在环境中非常稳定,常温可存活 1 年以上。感染的幼猫带毒可达 1 年以上。

传染源在自然条件下可以通过直接或间接接触,经消化道传染给健康猫,经由肠道或粪便排出的病毒感染性最强。传播媒介主要为污染的衣服、鞋子、手套、食具、寝具及笼子,在温暖的季节,还可由苍蝇和其他昆虫引起传播。该病除水平传播外,还可经感染妊娠母猫的胎盘垂直传染给胎儿。

FPV 除感染家猫外,还能感染狮、虎、豹等多种猫科动物及浣熊科、鼬科动物。各种年龄的猫均易感,2~5 月龄的幼猫最为易感,发病率高达 83.5%。全窝小猫先后陆续发病,死亡率为 50%~60%,最高达 90%。随年龄增长发病率降低,3 岁以上的成年猫也可感染,但常无临床症状。通过初乳获得的母源抗体对幼猫的保护通常达 3 个月。高发病率和高死亡率发生在 3~5 月龄未接种疫苗的易感猫。接种过疫苗的 4 周龄至 12 月龄的幼猫或成年猫,则散发。

FPV 虽一年四季均可发生,但秋末至冬春季节多发,12 月至翌年 3 月的发病率占 55.8% 以上,尤以 3 月份发病率最高。因各种应激因素影响,如饲养条件剧变、长途运输或不同来源的猫混杂饲养等,均可能导致疾病急性暴发性流行,死亡率达 90% 以上。

【致病机制】 FPV 对肠黏膜上皮有特殊的亲和力,首先选择正在分裂的细胞,导致黏膜细胞破坏。其次侵袭造血系统,造成淋巴组织和骨髓的抑制,引起淋巴细胞、中粒细胞显著减少。当鼻内或口服接种 FPV 进入体内后,病毒首先居留口咽部,48 h 全身所有组织均有病毒侵入。7 天后病毒滴度达到最高,随着血清抗体的出现,病毒滴度急剧下降,14 天时大多数组织中已很少或无病毒,但在某些组织如肾脏中可持续存在少量病毒达 1 年。病毒还可以通过妊娠母猫胎盘感染仔猫,进而侵害胎儿脑部,造成畸胎。胎儿晚期和出生后早期的感染会导致淋巴和骨髓的损害。在中枢神经系统中,大脑、小脑、视网膜和视神经都可被感染。

【临床症状】 FPV 一般潜伏期为 2~9 天,平均为 4 天。根据临诊表现可分为最急性、急性、亚急性和隐性 4 个类型。亚急性型病例为临床常见病例。

1. 最急性型

病猫可能在 12 h 内,不显示临床症状而立即死亡,常被误认为中毒。

2. 急性型

24 h 内死亡。体温 40℃ 以上,由于继发菌血症和内毒素血症,常有小肠损伤和泛白细胞减少症。临床表现为腹痛、严重沉郁、呕吐、脱水、出血性肠炎及发热等,严重流行时,幼猫死亡率达 100%。

3. 亚急性型

6 个月以上的猫大多呈现亚急性型,病程 7 天左右。第一次发热体温达 40℃ 以上,持续 24 h 左右降至正常体温,食欲不振;第 2~3 天后体温再次升高至 40℃ 以上,呈双相热型,发热的同时白细胞明显减少(2 000~5 000 个/mm³)。第二次发热时症状加剧,临床症状表现为高度沉郁、衰弱、被毛粗乱、厌食、眼鼻流出脓性分泌物、呕吐、腹痛、出血性肠炎和严重脱水、伏卧、头搁于前肢,每天呕吐数十次,粪便带血恶臭,体重迅速下降。在疾病的末期,猫会出现体温偏低、沉郁、轻度的昏迷,甚至死亡。病程超过 6 天以上的猫,可能需要经过较长的恢复期才能痊愈。

妊娠母猫感染 FPV 后可以造成流产或死胎,由于 FPV 对于处于分裂旺盛期的细胞具有亲和性,可使胎猫脑组织受到严重侵害。因此,可能会造成胎儿小脑发育不全,呈小脑性共济失调症,旋转、视网膜发育异常等症状。

4.隐性型

临床上缺乏明显的症状。

【病理变化】剖检可见猫尸消瘦、脱水(除最急性外),消化道有明显的扩张,小肠黏膜充血、肿胀、弥漫性出血,以空肠和回肠的病变最为突出。肠壁出现严重充血、出血和水肿,致使肠壁增厚似乳胶管样,肠腔内有呈灰红或黄绿色的纤维素性坏死性假膜或纤维素条索。肠腔内容物为黄红色,呈水样,味道恶臭。肠系膜淋巴结明显水肿充血、出血,切面多汁,色泽鲜红、暗红或呈大理石花样。

腹水增多,有纤维素性假膜出现,长骨红骨髓呈液状或胶冻样变化。肝肿大呈红褐色,胆内充满浓稠胆汁,脾肿大、出血。肺充血、出血及水肿。长骨的红骨髓呈液体状或胶冻状,完全丧失了正常硬度,具有一定的诊断意义。

组织学检查时,胃内隐窝的扩大,上皮细胞的功能丧失,以及胃的坏死,隐窝细胞坏死继发绒毛变短。肠黏膜和肠腺上皮细胞与肠淋巴滤泡上皮细胞变性,可见嗜酸性及嗜碱性两种核内包涵体,但病程超过 3～4 天者往往消失。肝细胞、肾小管上皮细胞变性,其内也见有核内包涵体。新生儿或胎儿期的小脑组织学颅腔异常扩大,室管膜细胞分裂,下皮层软化。

【诊断】该病可以根据流行病学、临床双相热型、骨髓多脂状、胶冻样及小肠黏膜上皮内的病毒包涵体,并结合血常规检查的血液白细胞大量减少作出初步诊断。疾病的确诊需要结合实验室检查。

1.病毒的分离与鉴定

对于急性病例可以采取其血液、内脏器官及排泄物;对于病死动物可以采取其脾、小肠和胸腺,病料处理后接种易感断乳仔猫或其肾、肺原代细胞或 F81 细胞系,以观察接种动物发病、检查眼观和组织学病变或接种细胞的 CPE 和核内包涵体。可以通过以下几种方法对病毒进行鉴定:采用免疫荧光试验检测患病动物组织脏器或接毒的细胞培养物的冰冻切片;采用已知标准毒株的免疫血清进行病毒中和试验;应用免疫电镜技术检查病猫粪便,以检出病毒抗原而确诊。

2.血液学检查

以第 2 相发热后白细胞数骤然减少为典型的血液学变化,血液中白细胞数常由 15 000～20 000 个/mm³ 降至 5 000 个/mm³ 以下,且以淋巴细胞和中性粒细胞减少为主,严重者很难在其血液涂片中找到白细胞,因此称为猫泛白细胞减少症。通常认为,血液中白细胞数减少程度与疾病的严重程度呈正相关。血液中白细胞数降至 5 000 个/mm³ 以下时表示重症,降至2 000 个/mm³ 以下时往往预后不良。

3.免疫电镜检查

对病猫粪便进行免疫电镜检查,以检出病毒抗原。因健康猫粪便也带毒,仅用电镜不准确。直接 FA 试验可用于细胞增殖病毒的检测以及感染后两天的猫组织(通常为消化道组织)的检测。

4.血清学检查

血凝和血凝抑制试验是最常用的血清学诊断方法。取猫粪便、感染细胞等都可用猪红细胞作血凝试验,以检测病毒抗原及其毒价,再用标准 FPV 阳性血清做 HI 试验,做出诊断检定,也可采发病初期和 14 天后的双份血清,56℃灭活 30 min 后与已知病毒用 1‰猪红细胞做血凝抑制试验,如康复期抗体效价增高 4 倍以上,即可判定阳性。

此外亦可用中和试验、免疫荧光、ELISA 和对流免疫电泳(出现明显的沉淀线,简便易行)进行诊断。

近年来,PCR 也被广泛用于该病的细胞培养物或感染组织的检测。

【防制】

该病的预防主要以疫苗免疫接种为主。因为 FPV 只有 1 个血清型,所以选用的疫苗均具有长期有效的保护力。目前主要有三种疫苗可供选择,分别为甲醛灭活的同种组织苗、灭活的细胞苗及弱毒苗。应用最多的主要为后两种。免疫接种程序为对出生 49~70 日龄的幼猫进行首次免疫接种,84 日龄时进行第 2 次免疫接种,为加强免疫效果,可在 112 日龄时进行第 3 次免疫接种。以后每年 1 次。进口的猫三联疫苗,可以同时预防猫泛白细胞减少症、猫病毒性鼻气管炎、猫杯状病毒病,可参照上述相同免疫程序进行。近年来,有以细菌载体表达 FPV 基因的亚单位疫苗及浣熊痘病毒载体重组 FPV 疫苗的报道。新生仔猫可以从初乳中获得母源抗体,半衰期 9.5 天,中和抗体效价 1:30 以上,可以获得良好保护。对于那些受威胁区的未吃初乳的易感猫,28 日龄以下不宜采用活疫苗接种,可以先接种高免血清(2 mL/kg 体重),间隔一定时间后再进行预防接种。

做好猫舍的环境卫生工作,保持清洁,对于新引进的猫,必须先隔离,经免疫接种并观察 30 天无恙后,方可混群饲养。发生该病时,要淘汰处理病死猫,对污染的环境、笼子、食具、地板等进行彻底清洁和消毒。

目前该病尚无有效的治疗方法,未免疫的猫群一旦发病,应立即隔离病猫。在发病初期,通过注射大剂量抗病毒血清可以获得一定的治疗效果,同时大量补液可以预防脱水和继发感染,并且使用广谱的抗生素或磺胺类药物结合对症疗法进行综合治疗,可以降低死亡率。近年来,利用高效价猫瘟热高免血清进行特异性治疗,同时结合症状治疗,取得了良好的效果。

1. 血清疗法

采用猫瘟热抗病血清肌注,使用越早越好,使用剂量为按 1~2 mL/kg 体重,每天或隔天一次,连续注射 2~3 次。同时肌注聚肌胞 1~2 mg/次,隔日 1 次,连用 3 次以上。若无猫瘟热血清,也可采用人医用转移因子 1~3 单位/次,每天 1 次,连用 3 天以上。

2. 抗病毒、抗感染

黄芪多糖注射液 5~10 mL,氨苄青霉素 30 mg/kg 体重,地塞米松 2~5 mg,肌注,每天 1~2 次,连用 4 天以上。

3. 对症治疗

呕吐严重,肌注爱茂尔 1~2 mL,每天 1~2 次。腹泻严重,肌注"372"止泻灵 0.2 mL/kg 体重,食欲废绝,肌注维生素 B_1 1~2 mL,复合维生素 B 1~2 mL。脱水严重的患猫,静注复方生理盐水 50~80 mL/kg 体重,氢化可的松 10~15 mg,ATP 10~20 mg,CoA 25~50 单位。有酸中毒症状,另外静注适量 5‰碳酸氢钠。

【公共卫生】

猫泛白细胞减少症不会对人类健康造成危害。

💡 **思考题**

1. 猫泛白细胞减少症的病原是什么？
2. 患病动物有哪些临床症状？

第六节　猫白血病

猫白血病(feline leukemia)是由猫白血病病毒(*Feline leukemia virus*,FLV)引起的一种以恶性淋巴瘤为特征的传染病。其主要特征是骨髓造血器官破坏性贫血,免疫系统极度抑制和全身淋巴系统恶性肿瘤。临床上感染猫产生两类疾病,一类主要是白血病,表现为淋巴瘤、成红细胞性或成髓细胞性;另一类主要是免疫缺陷疾病,其与前者的细胞异常增殖相反,主要是以细胞损伤和细胞发育障碍为主,表现为胸腺萎缩,淋巴细胞减少,中性粒细胞减少,骨髓红细胞系发育障碍而引起贫血,这类疾病使免疫反应低下,易继发感染。因此,该病不是单纯的血液病,而是造血组织的恶性肿瘤,现已将其与猫免疫缺陷病毒(FIV)引起的疾病统称为猫获得性免疫缺陷综合征,即猫艾滋病(FAIDS)。

该病于1964年由美国学者Jarrett首次确认,并从猫体内分离出病毒。随后在世界各地陆续被发现,发病率和死亡率均很高,是猫的重要传染病之一。

【病原】FLV属于反转病毒科(*Retroviridae*)哺乳动物C型反转病毒属(*Mammalian type C retrovirus*)的成员之一。病毒粒子切面呈圆形或椭圆形,直径为90~110 nm,由单股RNA和核心蛋白构成的类核体位于病毒粒子中央,并含有逆转录酶,类核体被衣壳包裹,最外层由囊膜覆盖。

与FLV及其所感染细胞有关的抗原有囊膜抗原、病毒粒子内部抗原和肿瘤病毒相关细胞膜抗原(FOCMA)三类。FLV有A、B、C 3个血清型。每个血清型病毒适应的宿主有所不同。A型FLV只能在猫源细胞上增殖,B型FLV能在猫、犬、牛、猴、猪和人的细胞上生长,C型FLV可在猫、犬、豚鼠和人的细胞上繁殖。在自然界,3个亚群常以混合状态存在。病毒最多见于胸腺性淋巴瘤(80%~90%),多中心淋巴瘤为60%,消化道淋巴瘤仅为30%。

FLV-A的致病性很弱,但能建立持久的病毒血症。相反,FLV-B的致病性最强,但不易建立病毒血症,可能是由FLV-A的env基因和猫细胞中的内源性缺损FLV样前病毒重组产生的。其可能是诱导恶性病变和FAIDS的直接病原,而常与之同时存在的FLV-A则可能起辅助作用。因为有半数的FLV-B常与FLV-A混合存在,这种带毒猫比单纯只带FLV-A的猫诱导淋巴瘤的危险性更大。FLV-C是由FLV-A的env基因变异而来,在猫中不再传染,主要引起骨髓红细胞系发育不全而导致贫血。FLV-B和FLV-C在猫群中的产生和传播均依赖于FLV-A,故疫苗仅含A亚群的抗原。

FLV对脱氧胆酸盐和乙醚敏感,56℃ 30 min可使其灭活。酸性环境(pH 5以下)和常用消毒剂也能将其灭活。在37℃半衰期为150~360 s。对紫外线有一定的抵抗力。在潮湿的室温下,病毒能存活数天,故通过污染的针头,外科手术或输血均可传播该病,但在病猫的粪便中尚未检出病毒。

【流行病学】 FLV的传染源是病猫和带毒猫,在猫群中以水平传播方式为主,病毒经消化道和呼吸道传播,研究发现,在自然条件下,消化道比呼吸道更易进行传播。FLV存在于上呼吸道分泌物和唾液中,经污染环境、猫争斗时咬伤、舔舐、洗浴或共用食具等都可传染。此外,猫血液中含有病毒,所以吸血昆虫如猫蚤也可作为传播媒介。污染的食物、饮水、用具等也可能传播该病,群饲时相互传染的危险性较高。

FLV除可以水平传播外,还可以垂直传播,感染母猫经子宫和乳将病毒传染给胎儿和幼猫。但先天性感染并不常见,主要是因为大多数感染的母猫发生繁殖障碍,子宫感染会产死胎,有些猫出生后具有免疫力。有半数的猫可在接触病毒后6个月在骨髓建立潜伏感染,10%的猫3年后仍可查出带毒。该病病程较短,致死率高,约有半数的病猫在发病28天内死亡。感染后恢复能获得病毒中和抗体的猫及有母源抗体的猫在2~3个月内均对再感染有抵抗力。

FLV主要引起猫的感染,不同性别和品种的猫均易感染,90%以上的感染猫终身带毒,4~5月龄幼猫较成年猫更为易感,多呈现持续性感染,大于6月龄猫的仅有15%出现持续性感染,随着年龄的增长其易感性降低。据报道,约33%死于肿瘤的猫是由于该病毒所致。FLV除感染猫外,没有发现其他贮存宿主。

该病无季节性,四季均发,多呈散发。单养猫的感染率大约3%,而流浪猫则高达11%,群养猫及自由游走的家猫中感染率可高达70%,城市猫比农村猫感染率明显高。83%的感染猫会在3~5年内死亡。

【致病机制】 FLV感染细胞后,通过病毒的逆转录酶能利用RNA基因组生产出DNA拷贝。然后以前病毒形式整合进细胞的染色体DNA中,成为FLV持续感染的分子基础。随着细胞的分裂,子代病毒释出。有两类成分与免疫有关,即主要内衣壳蛋白(p27)和表面糖蛋白(gp70),前者是在病毒血症的猫胞质中可检出的一种抗原;后者是由病毒env基因所编码,为诱导对FLV产生免疫力的重要抗原成分,含有吸附细胞受体的部位,决定着细胞亚群,从而改变了宿主细胞的生物学特性,使正常干细胞转变为恶性细胞株。

FLV感染首先需要宿主细胞表面受体识别。不同亚型通过不同受体来识别感染细胞。其中,FLV-A是通过FeTHTR1受体,其持续性感染导致包膜基因变异,形成新的病毒亚型,后者需要新的表面受体识别。如FLV-C来源于FLV-A包膜基因的位点突变,感染细胞需要FLVCR(feline leukemia virus receptor)受体;FLV-B由FLV-A内源基因重组形成,其需要跨膜磷酸盐传递蛋白FePit1或FePit2作为受体识别。FLV表面糖蛋白通过结合到宿主细胞受体上,进一步融合宿主细胞膜,最终破坏靶细胞。

【临床症状】 潜伏期一般为2个月,该病属慢性消耗性疾患,通常表现精神沉郁,食欲不振或废绝、消瘦、黏膜苍白是其共同症状。其他症状多种多样,随病型不同而不同。虽然发病与年龄没有直接关系,但雄性比雌性呈现多发倾向。

1. 消化器官型

最为多发,约占全部病例的30%。以消化道淋巴组织或肠系膜淋巴结出现B细胞性淋巴瘤为主要特征。腹部触诊时,可触摸到肠段、肠系膜淋巴结以及肝、肾等处的肿瘤块。临床上主要表现为体重减轻,食欲消退,贫血,黏膜苍白,有时腹泻或呕吐等症状;有些病猫发生血便、黄疸、贫血、尿毒症或腹水增多等临床症状。

2. 弥散型

约占全部病例的20%,其主要症状是内脏各淋巴结及淋巴性组织的肿瘤,常可用手触摸到颌下、肩前、腋下及腹股沟等身体浅表的病变淋巴结。病猫表现为食欲不振、消瘦、贫血、精神沉郁、脾和肝脏肿大等,有的表现腹水增多。

3.胸腺型

青年猫多发。瘤细胞通常具有 T 细胞的特征,严重病例整个胸腺组织均被肿瘤组织所代替。有的蔓延到纵隔前部及隔淋巴结,在腹前两侧可触摸到肿块。由于肿瘤形成,压迫胸腔形成胸积水,严重时压迫心脏及肺部,常可引起咳嗽、喘鸣样呼吸音等症状,严重呼吸和吞咽困难,心力也随之衰竭。临床解剖可见猫纵隔淋巴肿瘤达 300~500 g。在诊疗过程中,往往由于不合理保定等引起动物兴奋,可出现急性缺氧而导致呼吸困难。由于容易误诊为其他胸部疾病(肺炎、胸膜炎、脓胸等)。因此,需要加以鉴别。

4.白血病型

常具有初期骨髓细胞异常增生的典型症状。由于白细胞引起脾脏红髓扩张进而导致恶性病变细胞的扩散及脾脏、肝脏肿大,淋巴结轻度至中度肿大。临床表现为间歇热,食欲消退,消瘦,黏膜苍白,黏膜和皮肤上有出血点,血液学检验可见白细胞总数增多。

5.骨髓肿瘤

初期表现为骨髓细胞增生,贫血、精神沉郁、食欲不振,肝脏、脾、淋巴结肿大,间歇热,呕吐、腹泻、轻度黄疸、呼气困难,血检白细胞总数增多,有大量异常的白细胞。

【病理变化】 约半数病例出现红细胞数减少和 PCV 下降,有时虽然出现幼红细胞,但见不到网状红细胞的增多(再生不良性贫血)。多数病例白细胞数处于正常范围,但其中有个别病例出现轻度减少或增加。虽然以淋巴细胞的绝对数显著增加为特征的白血病很少见,但多数以上病例出现异常淋巴细胞或早幼淋巴细胞。有些骨髓肿瘤病例见血小板增加。

在发生胸水或腹水的病例,大多见于肿瘤性淋巴细胞。骨髓白血病胸水和腹水呈水样透明的淡黄色液体。肿瘤淋巴细胞的免疫学检查,胸腺型由 T 淋巴细胞,消化器官型由 B 淋巴细胞,弥散型由 B 淋巴细胞和 T 淋巴细胞形成。

剖检变化为弥散型呈现淋巴结肿大和内脏各器官的白色转移灶;消化器官型的肠系膜淋巴结、淋巴集结及胃肠道壁上见有淋巴瘤,有时在肝、脾、肾等实质脏器有浸润;胸腺型则在纵膈部出现肿瘤。骨髓白血病脾脏和肝脏肿大,有时也能见到淋巴结肿大。

【诊断】 根据临床症状和病理变化,以及结合实验室检测能够作出初步诊断。如出现发热、呼吸困难、嗜睡、食欲不振、齿龈炎、胃炎、非愈合性脓肿等,以及持续性腹泻,胸腺病理性萎缩,血液及淋巴组织中淋巴细胞减少,经淋巴细胞转化实验证明其细胞免疫功能降低即可怀疑该病。血液学检查表现非再生性贫血,高氮血症,肝酶活性增强。要进一步确诊需进行血清学和病毒学检测。

1.病毒分离与鉴定

可采用病猫淋巴组织或血液淋巴细胞与猫的淋巴细胞系或成纤维细胞系共同培养的方法进行。随后检测培养液中逆转录酶的活性,电镜观察病毒粒子的形态结构,并采用免疫学方法进一步鉴定。

2.血清学诊断

实验室诊断中最简便、快速的方法是用病猫的血液涂片作免疫荧光抗体技术检查,可检出感染细胞中的抗原。此外也可采用酶联免疫吸附试验、免疫荧光技术、中和试验、放射免疫测定法等方法检测病猫组织中 FLV 抗原及血清中的抗体水平而进行 FLV 的诊断和分型。对潜伏性感染可以用 PCR 检测,对免疫带毒者除 PCR 外还可用 ELISA 检测血清中的抗体。

【防制】

目前国外已有疫苗可供使用,接种的猫 80%～90% 可产生坚强的免疫力,主要疫苗的种类有:灭活病毒或病毒感染的细胞培养物、重组菌生产的囊膜蛋白 gp70、在细胞中表达 FLV 基因的金丝雀痘-FLV 重组病毒。疫苗的免疫程序是 8～9 周龄时首免,隔 3 周二免,以后每年加强免疫一次。而对该病最有效的预防措施还是建立无 FLV 猫群。要加强饲养管理,搞好环境卫生。猫舍及时清扫,尤其是地面上的粪便应及时清理,定期消毒地面、用具。对全群猫进行检疫,剔除阳性猫。猫白血病的自然传播是经水平方式传染发生的,因此有必要用琼脂免疫扩散试验或免疫荧光抗体等方法定期检查,培养无白血病健康猫群。引进猫必须进行隔离检疫,每隔 3 个月检疫 1 次,直至连续两次皆为阴性后,视为健康猫群。

根据 FLV 感染猫的临床症状来确定相应的治疗方法,临床上可通过血清学疗法治疗猫白血病。有的学者不赞成对病猫施以治疗措施,因治疗不易彻底,且患猫在治疗期及表面症状消失后具有散毒危险。一旦发生典型临床症状,就应进行捕杀。据介绍,利用放射性疗法可抑制胸腺淋巴肉瘤的生长,对于全身性淋巴肉瘤也具有一定疗效。可联合应用环磷酰胺、长春新碱、泼尼松龙、阿霉素、多柔比星等药物,疗效取决于多种因素,预后与猫感染 FLV 的程度有关。据报道,病毒感染阳性猫,仅存活 3～4 个月;感染 FLV 阴性猫的存活时间为 9～18 个月。一般可存活 6～9 个月。对淋巴瘤病例可采用免疫疗法,即大剂量输注正常猫的全血浆或血清(均不能置 56℃灭活),或小剂量输注高滴度的猫肿瘤相关的细胞膜抗原(FOCMA)抗体的血清,也可以采用免疫吸收法,即将淋巴肉瘤患猫的血浆通过金黄色葡萄球菌 A 蛋白柱,除去免疫复合物,消除与抗体结合的病毒和抗原。经过治疗后,淋巴肉瘤会完全消退,体内检测不出 FLV。同时,严重病例可进行对症治疗。呕吐下痢导致脱水时进行补液,同时还要进行止吐止痢,使用苯海拉明、次硝酸铋、鞣酸蛋白、活性炭等治疗。贫血者可使用硫酸亚铁、维生素 B12、叶酸等治疗。

【公共卫生】

尽管有研究表明,人类可能感染 FLV,但是目前还没有人感染 FLV 的病例,也没有证实人白血病发生与 FLV 抗原有关。目前 FLV 还没有列为对人类有害的病毒。

思考题

1. 猫白血病临床症状有哪些?
2. 如何防制猫白血病?

第七节　猫免疫缺陷病毒感染

猫免疫缺陷病毒感染(feline immunodeficiency virus infections)也称猫艾滋病(FAIDS),是由猫免疫缺陷病毒(*Felineimmunodeficiency virus*,FIV)引起的危害猫类的一种慢性接触性传染病。临床症状表现以慢性口腔炎、鼻炎、腹泻及高度虚弱、免疫功能缺陷、继发性和机会性感染、神经系统紊乱和发生恶性肿瘤为特征。

FIV 首次发现于 1987 年,该病呈地方性流行,主要遍布美国和欧洲,在加拿大、新西兰、日本、澳大利亚、南非等国也有流行。在流行地区,猫群中 FIV 的阳性率达 1%～12%,高危险猫群中甚至高达 15％～30％,其感染率在不同地区有所不同。FIV 在野生的和散养的猫中具有很高的感染发病率,而雄性猫中的发病率更高。FIV 是一种慢性病毒,因此具有与其他病毒(如 HIV)一样的特性。因此,FIV 感染的猫已经广泛用于 HIV 感染的研究。

【病原】　FIV 属反转病毒科(*Retroviridae*)慢病毒属(*Lentivirus*)猫慢病毒群(*feline lentivirus group*)的成员之一。病毒粒子由囊膜、衣壳及核芯组成,内含反转录酶。病毒粒子呈圆形或椭圆形,直径为 105～125 nm,囊膜纤突较短。病毒核酸型为单股 RNA,其基因长度为 9.5 kb,除结构基因 999、POL 和 env 外,还有 6 个小的开放阅读框,参与病毒基因的表达和复制。在突出于囊膜的纤突上有两种蛋白,即约 40 ku 的跨膜蛋白和与中和抗体有关的大约 90 ku 的表面蛋白。根据表面蛋白的抗原性不同,可分为五个亚群。但有报道存在不同亚群,如有 A/B、B/D、A/C 囊膜基因序列的重组病毒存在。这些亚群中,以 B 亚群年限较长,可能较 A 亚群有更好的宿主适应性。

FIV 最适合在猫源细胞中生长,能够在猫原代血液单核细胞、胸腺细胞、脾细胞和猫 T 淋巴母细胞系如 LSA1 和 FL74 等细胞上生长增殖。但不能在非淋巴结细胞系如猫粘连细胞系 Fcwf4 和 Fc9 细胞上增殖。在非猫源细胞如 Raji 细胞、人血液单核细胞、犬血液单核细胞、BALB/c 小鼠脾细胞、小鼠 IL-2 依赖 HT2cT 淋巴母细胞及绵羊正常纤维母细胞上观察不到 FIV 增殖现象。

病毒对理化因素抵抗力不强,可用酒精等药物杀灭。该病毒可抵抗抗体中和作用,故尽管血清中存在抗体,也可以引起病毒血症。

【流行病学】　该病主要发生于家猫,苏格兰野猫、山猫及非洲狮子、美洲虎、豹等猫科动物也可感染。1 岁以下的猫感染少见,随年龄增长而升高,发病多为中、老龄猫(平均 6 岁);公猫比母猫的感染率高 2～3 倍,尤其是未经去势的公猫患病率更高。因此,有人认为患 FAIDS 与性行为有直接关系,但通过接触或交配感染的病例并不多见。感染率也与猫群密度呈正比,猫群密度越大,患 FAIDS 的猫越多。户外散养猫较笼养猫的感染率要高。人工接种 FIV 不感染狗、小鼠、绵羊和人的淋巴细胞。在从事病毒和养猫的人员中未检测到抗体。

感染猫是该病的主要传染源。FIV 主要以唾液和咬伤的形式传播,特别是蚊虫叮咬。散养猫由于活动自由,相互接触频繁,猫之间通过互舐、咬伤、蚊虫叮咬等传播,因此,较笼养猫的感染率要高。接触病猫的血液也是一种高效的传播疾病的方式。精液是否传染 FIV 未得到证实,母子间可相互传染。垂直感染是罕见的。

【致病机制】　FIV 诱导的免疫缺陷是一个慢性渐进性过程。在无临床症状携带病毒期,淋巴细胞会对刀豆素 A(con A)的母细胞化反应呈渐进性降低,到典型临床阶段反应几乎完全消失;对 T 依赖免疫原的抗体反应也呈现渐进性下降,但非 T 依赖的抗体反应一直正常。这种免疫功能缺陷的物质基础是建立在 CD4＋T 淋巴细胞亚群的选择性消耗的基础上,最终导致感染猫的 Th 淋巴细胞功能衰竭,伴随各种继发感染和肿瘤。神经症状通常是 FIV 作用于脑细胞的直接后果,FIV 引起脑皮质损伤,临床多表现行为异常而不是运动异常;少部分有神经症状的猫有脑的继发感染,如弓形虫或隐球菌感染。

人工感染的 SPF 猫也同样能够渐进的导致猫免疫缺陷,说明 FIV 是致病的主要因素,但继发病原及其免疫激活在致病中的相对作用也不容小觑。FLV 感染的猫更易感染 FIV,而且共同感染猫发病早、症状重、死亡快。白血病病毒作为一种协同因子能加强 FIV 在体内的复制,使猫组织中的 FIV DNA 含量提高 9 倍,进而导致在 FIV 广泛分布组织中,因此,可在共同感染猫的肾、肝和脑中检出FIV的DNA。

【临床症状】潜伏期长短因猫而异。人工感染FIV 21～28天后,从血液中可分离到FIV,30～60天后表现淋巴结肿大、齿龈发红、腹泻等非特异性的临床症状。一般可分为急性期、无症状持续期和感染末期。

1.急性期

感染后4～6周,病猫表现低热、精神沉郁、中性粒细胞减少、淋巴结肿大,低热和中性粒细胞减少症状持续数天至数周后消失,外周淋巴结肿大症状则持续2～9个月后逐渐消退等非特异性症状。随后50%以上的病猫表现慢性口腔炎、齿龈红肿、口臭、流涎,严重者因疼痛而不能进食。约25%的猫出现慢性鼻炎和蓄脓症。病猫常打喷嚏,流鼻涕,长年不愈,鼻腔内储有大量脓样鼻液。由于FIV破坏了猫的正常免疫功能,肠道菌群失调,常表现菌痢或肠炎。约10%猫的主要症状为慢性腹泻,约5%表现神经紊乱症状。眼病是FIV阳性猫的示病症状。眼前部和后部出现异常,如前眼色素层炎、无色素层炎的青光眼、睫状体炎,视网膜局灶性变性和内视网膜出血。也有的发生肾病、皮炎和呼吸道病。这个时期可能持续数天到几周。

2.无症状带毒期

感染后第3～4周会出现中和抗体,在1年内逐渐达到高水平,这可能是急性期消退的原因,此后多数猫进入无症状感染状态,抗体仍然存在,但可从血液和唾液中分离出病毒。

3.感染末期

通常5年后可见到末期的症状,主要表现为逐渐消瘦并转为衰竭,贫血加剧,因免疫缺陷而呈现淋巴瘤病、白血病和其他肿瘤疾病及细菌性感染。全身淋巴结再度肿大。常发生各种慢性病,如口腔炎、慢性呼吸道病、慢性皮肤病,持续下痢,也称为艾滋病关联综合征。此时淋巴结免疫系统被破坏,免疫机能的指标CD_4阳性,T淋巴细胞减少。多见口腔和牙龈炎,有些猫出现黏膜溃疡和坏死。最常见的神经症状是行为的改变。患病猫常并发弓形虫病、隐球菌病、全身蠕形螨病和耳痒螨病及血液巴尔通氏体病(Hemobartonellosis)等。CD_4阳性细胞数若达到艾滋病的低值时,对肿瘤和病原体感染的治疗均无反应,发病后数月内死亡。有些病猫因免疫力下降,对病原微生物的抵抗力减弱,稍有外伤,便会发生菌血症而死亡。猫从发病到死亡多为3年左右,尚未发现数月内发生死亡的病例。

【病理变化】根据临床症状表现不同,其病理变化也不相同。在结肠可见亚急性多发性溃疡病灶,在盲肠和结肠可见肉芽肿,空肠可见浅表炎症。淋巴结滤泡增多,发育异常呈不对称状,并渗入周围皮质区,副皮质区明显萎缩。脾脏红髓、肝窦、肺泡、肾及脑等组织可见大量未成熟单核细胞浸润。在自然和人工感染猫的胸部,可见神经胶质瘤和神经胶质结节。

【诊断】根据该病的流行病学、临床症状及病理变化,,只能对该病进行初步诊断。要确诊需要通过实验室检查来进行。

1.病毒分离与鉴定

以刀豆素A(5 μg/mL)刺激猫外周血淋巴细胞,培养含人IL-2(100 IU /mL)的RPMI培养液中,然后加入被检病猫血液样品,制备的血沉棕黄色层,37℃培养14天后出现细胞病变,取阳性培养物电镜观察,免疫转印分析。

2.血清学诊断

抗体产生与病毒感染具有较好的相关性。免疫荧光试验、酶联免疫吸附试验等可用于血清或唾液中抗体检测,两者的敏感性相当。采用酶联免疫吸附试验检出抗体比免疫荧光试验早7天以上,且滴度高。目前广泛采用的是免疫荧光试验,用FIV感染血液淋巴细胞做基质,用PBS将被检血清1∶10稀释,加在经丙酮固定的基质上,置湿盒37℃ 30 min。取出用PBS冲洗3次,加荧光素标记的兔抗猫IgG抗体,复置37℃ 30 min,取出用0.01%伊文斯蓝复染,细胞质出现荧光者为阳性,每次试验均设阴性和阳性对照。携带病毒的猫血清不一定呈阳性,有些感染的猫会在数月甚至一年才会出现抗体,有些病猫是由于免疫抑制或者极度衰弱才呈现抗体阳性。

对于幼猫检查的结果要慎重对待,感染母猫可把抗体经初乳传给幼猫。因此,很难评估6月龄以下小猫的阳性抗体测试。首次检查如果是阴性,可能是真阴性,也可能是尚未形成可检测阈值的抗体,需要隔8~12周后重检;如果首次检查是阳性,需要6月龄后重检,如果是阴性,则证明首次查出的是母源抗体。如果仍为阳性,则可能是真正的感染。

3.PCR技术

PCR技术的发展,可用于无症状期的血液和唾液中抗体的检测,也能证实那些病毒先天性或持续性感染。

4.鉴别诊断

任何表现出慢性或复杂疾病、发热以及体重下降的成年猫都应该接受常规的FLV和FIV检测。猫有贫血、中性粒细胞减少症、口炎、舌炎、淋巴瘤和慢性上呼吸道感染时,都应进行FIV感染评估。

【防制】

虽然美国已经批准使用FIV疫苗,但最有效的预防措施是改善饲养管理和饲养方式,改散养为笼养,尽可能地减少与FIV感染猫的接触。猫的住处和饮食器具要经常消毒,保持清洁,公猫施行阉割去势术,限制户外活动,减少因领土之争而发生咬伤;对受污染的猫群要进行每3个月1次定期检疫,凡检出阳性者应隔离或淘汰;病(死)猫要集中处理,彻底消毒,以消灭传染源,逐步建立无猫病毒猫群;并减少各种应激因素,例如高密度饲养,引入新猫,改换主人等。

该病无特效治疗方法,只能采取综合措施来控制继发感染和缓解临床症状。对患病猫采取对症治疗和营养疗法可延长生命。特异性抗病毒药物如叠氮胸苷(AZT)和阿德福韦(PMEA)可试用于猫艾滋病的治疗,降低病毒血症和提高CD_4^+细胞数量,但是在使用这些药物后会产生副作用,尤其是贫血症。用AZT按15 mg/kg口服或皮下注射,每日两次,以改善猫的临床症状、免疫状况并延长寿命。临床上使用AZT、PMEA后可见口炎消退和CD_4^+/CD_8^+比率增加。人重组α-干扰素被广泛应用于治疗反转录病毒感染后免疫缺陷的病猫,治疗费用低而且还可以提高病猫的存活状况。另外,可采用对症治疗,铁剂、维生素B等,以促进造血。多数动物经上述方法治疗2~4天,可明显好转。

❓ 思考题

猫免疫缺陷病毒感染临床症状分几期?

第八节 猫传染性鼻气管炎

猫传染性鼻气管炎是由猫疱疹病毒 1 型(*Feline herpesvirus*,FHV-1)引起的猫的一种急性、高度接触性上呼吸道传染病,又称为猫病毒性鼻气管炎(feline viral rhinotracheitis, FVR)。临床上以发热、打喷嚏,精神沉郁以及由鼻、眼流出分泌物为特征。病毒主要侵害仔猫,发病率可达 100%,死亡率约 50%。

该病是猫的重要传染病之一,该病毒最早是由 Crandell 从美国患呼吸道疾病的仔猫体内分离鉴定出来,随后在英国、瑞士、加拿大、荷兰、匈牙利、日本等国也相继从病猫体内分离出来,在我国群养猫、家猫及实验猫体内均有该病毒存在。

【病原】 FHV-1 属于疱疹病毒科(*Herpesviridae*)甲型疱疹病毒亚科(*Alphaher-pesvir-inae*)的成员之一,具有疱疹病毒的一般形态特征。其病毒粒子主要由核心、衣壳及囊膜三部分组成。存在细胞核内的病毒粒子直径约 148 nm,在胞浆内的直径 126~167 nm,细胞外的病毒粒子约 164 nm。病毒粒子中心致密,外有糖蛋白脂质构成的囊膜,核衣壳呈立体对称,其上分布着 162 个壳粒。该病毒对猫红细胞有凝集和吸附特性,可采用血凝及血凝抑制试验检测病毒的抗原和抗体,为临床诊断提供依据。

FHV-1 基因组为双股 DNA 病毒,长约 126kb。最早的研究发现,这些毒株的特性相同,都属于一个血清型。用限制性内切酶分析也证明其相对的均质性。大多数的毒株有类似的致病力,但不同生物型存在一定差异。有些毒株具有耐热性,与犬疱疹病毒和海豹疱疹病毒在抗原性和基因结构上密切相关,但交叉中和试验证明该病毒与 FPV、伪狂犬病病毒、人单纯疱疹病毒、猫杯状病毒及牛传染性鼻气管炎病毒均无交叉反应。但随后的研究发现 FHV-1 存在一些新的基因型。1992 年 Horimoto 等对 9 个毒株进行了同源性分析,发现致弱的 F2 疫苗株缺乏一种分子量为 36 ku 的蛋白质,并且 MluI 限制性酶的切割模式和野毒株有明显的区别。1995 年 Maeda 等发现所有分离株可以通过 M1uI 消化的方法分为 C7301,F2 及 C7805 三个血清型。1998 年 Fujita 等发现 FHV-1 不同毒株之间可以发生体外基因重组,重组频率从 10.1% 到 21.5% 不等。2005 年 Hamano 等报道 SalI 酶切可以作为 FHV-1 的基因标志进行 FHV-1 野毒株的鉴别。

FHV-1 可以在猫的肾源细胞、肺以及睾丸细胞培养物内增殖和传代,增殖迅速,细胞致病性强,接种 12 h 开始出现 CPE,24 h CPE 达 50%,呈分散性病灶,细胞圆缩,胞浆呈线状,形成合胞体。36 h CPE 达高峰,病变细胞培养物往往呈葡萄串状,48h 细胞全部脱落。感染细胞因融合而产生多核巨细胞,核内形成大量椭圆形嗜酸性包涵体,正常传代时,一般在接种后 2~4 天可达收获程度。FHV-1 在琼脂覆盖层下能形成蚀斑。该病毒不感染鸡胚及鸡胚成纤维细胞,对人、猴和牛源细胞发生顿挫型感染,形成包涵体,但难以传代。总之,对于其他异种动物细胞只能在兔肾细胞中较好增值。

FHV-1 主要侵袭猫的鼻、咽、喉、气管、黏膜、舌的上皮细胞并在其内定位增殖,进而引发急性上呼吸道炎症,有的甚至可扩展到全身。

FHV-1 虽具有囊膜,但对外界因素的抵抗力较弱,脱离宿主只能存活数天。对热、酸、消毒剂及脂溶剂均敏感。酚和甲醛很容易将其灭活。在干燥环境下仅能存活 12 h,在湿润环境下可存活 18 h。在-60℃环境下仅能存活 3 个月，在 56℃环境下经 4~5 min 即可将其灭活。

【流行病学】 该病主要的传染源为病猫。FHV-1 可以在鼻、咽喉、气管和支气管以及舌、结膜等部位的上皮细胞内增殖并由鼻、眼、咽等部位产生的分泌物排出。近年来的研究证明，自然康复或人工接种耐过猫，可以长期带毒并排毒，成为危险的传染源。该病可能像多数疱疹病毒那样，具有潜伏感染性。急性感染的猫由其唾液和泪液持续排毒达数周；初次感染的猫带毒时间稍长；持续带毒猫通常无明显症状，但呈应激性间歇性小量排毒，如遇到分娩、发情、运输等应激反应均可排毒，因而应激因素作用后的 1~3 周为最危险期，但幼猫的发病与否和母源抗体水平密切相关，有些不表现临床症状或症状轻微。

FHV-1 主要通过易感猫间直接接触传染，FHV-1 由鼻、眼、咽部位产生的分泌物排出，易感猫通过鼻与鼻的直接接触或吸入含 FHV-1 的飞沫造成呼吸道感染。据报道，FHV-1 在静止的空气中，即使距离超过 1 m 也能传播感染，呈现高度的接触传染性。怀孕猫感染可将FHV-1 传染给胎儿。发情期可因交配感染。

该病毒具有高度的种属特异性，只感染猫和猫科动物，如家猫、印度豹、猎豹及其他猫科动物均易发生感染。对猫科动物以外的其他异种动物以及鸡胚不致病。尽管从犬的腹泻病例中分离出与 FHV-1 无法区分的疱疹病毒，但迄今为止，人们认为该病感染仅局限于猫科动物成员。该病在成年和幼体猫中均易发生，特别是 4~6 周龄的幼仔猫，由于其母源抗体水平下降致使免疫力降低，感染后，严重的可能会导致死亡。

FHV-1 呈世界性流行。群居猫感染 FHV-1 后通常发病较重，这与管理不善、FHV-1 携带猫的存在有直接关系。因此，合理的管理、消毒和对病猫的适当隔离都能有效地预防该病。

【致病机制】 FHV-1 属于稳定性感染。稳定性感染即指含有囊膜的病毒在细胞内增殖的过程中，不妨碍细胞本身的代谢，不会使细胞溶解死亡。它们以"出芽"方式从感染的宿主中释放出来，在一段时间内，逐个释放，对抗体细胞只有机械性损伤及合成产物的毒害，可使细胞发生混浊肿胀、皱缩、出现轻微的细胞病变，在一段时间内宿主细胞并不会立即死亡，有时受感染细胞可增殖，病毒可传给子代细胞，或通过直接接触感染邻近细胞。

【临床症状】 潜伏期为 2~6 天，与成年猫相比仔猫更易感且症状严重。病猫在发病初期体温升高，可以达到 40℃以上。食欲消退，体重下降，精神沉郁，中性粒细胞减少。上呼吸道感染症状明显，表现为突然发作，阵发性咳嗽和喷嚏，羞明流泪，鼻腔内分泌物增多，鼻液和泪液初期透明，随着病情加重转变为黏脓性。结膜炎，水肿，充血，角膜上血管呈树枝状充血。仔猫患病后可能发生死亡，若继发细菌感染，死亡率会增高。

急性病例病程可达 10~15 天，成年猫感染后，通常舌、硬腭、软腭均会发生溃疡，眼、鼻有典型的炎性反应，个别表现为角膜炎和角膜溃疡，严重者甚至会造成失明。但成年猫死亡率相对较低，仔猫死亡率可达 20%~30%。带毒母猫所产新生仔猫表现为嗜睡、体衰、腹式呼吸或无症状死亡。耐过的病猫 7 天后症状逐渐消失并且痊愈。部分病猫则转为慢性，慢性病例可能会出现慢性鼻窦炎、溃疡性角膜炎及全眼炎，仔猫感染可能会造成严重的结膜炎，溃疡性的角膜炎最后可能引发全眼炎甚至失明。个别病猫可能发生病毒血症，导致全身组织感染。生殖系统感染时，可引发阴道炎和子宫颈炎，并导致短期不孕。孕猫感染时，缺乏典型的上呼吸道症状，但可能造成死胎或流产，即使顺利生产，幼仔多伴有嗜睡，呼吸道症状，体格衰弱，死亡率高，但这不是 FHV-1 作用于生殖道的结果，而可能是全身性疾病所引发的。

【病理变化】 肉眼主要见于上呼吸道病变。在疾病初期，病猫的鼻腔、鼻甲骨、喉头及气管黏膜呈弥漫性出血。较严重病例,鼻腔及鼻甲骨黏膜坏死。扁桃体、眼结膜、会厌软骨、喉头、气管、支气管甚至细支气管的部分黏膜上皮发生局灶性坏死,坏死区上皮细胞中存在大量的嗜酸性核内包涵体。若继发细菌感染,常可见到肺炎病变。全身性感染病例,血管周围局部坏死区的细胞可见嗜酸性核内包涵体。慢性病例可见鼻窦炎。表现为下呼吸道症状的病猫,可见间质性肺炎及支气管和细支气管炎周围组织坏死,有时可见气管炎和细支气管炎的病变。有的猫在支气管、细支气管及肺泡的间隔上皮见有炎性坏死。有的猫鼻甲骨吸收,骨质溶解。

【诊断】 从临床症状上看,咳嗽、喷嚏、结膜炎、鼻炎等症状和剖检上的呼吸道病变可做出初步诊断。但由于该病与 FCV 感染、FPV 感染和猫肺炎(衣原体感染)很难区分,只有靠实验室检查才能做出准确诊断。

1.包涵体检查

剖检时,采取病猫上呼吸道黏膜上皮细胞,进行包涵体染色,如在上呼吸道黏膜上皮细胞中见到典型的嗜酸性核内包涵体,具有一定的诊断意义。

2.血清学诊断

取培养物与已知标准阳性血清进行中和试验(病毒感染 21 天后中和抗体可达 64 倍)及血凝抑制试验,具有诊断意义。病猫眼结膜和上呼吸道黏膜的涂片或切片标本,用 FHV-1 荧光抗体染色,可作出准确快速的诊断。

3.病毒分离与鉴定

是最可靠的诊断方法。FHV-1 可在病猫鼻咽部黏膜和结膜持续存活 30 天以上。症状出现后 7 天内,在肝、肺、肾、脾等实质脏器用敏感细胞(猫肺或睾丸原代细胞)可分离出病毒。成功率较高的分离方法是,在急性发热期,以灭菌棉拭子在鼻咽、喉头和结膜部取样,接种于猫肺或睾丸或胎肾原代细胞上培养,37℃吸附 2 h,更换新维持液,逐日观察有无 CPE,盲传 3 代,再用标准抗血清做中和试验鉴定病毒。

4.分子生物学诊断

利用 PCR 检测急性、慢性 FHV-1 感染,具有较高的特异性和敏感性。

【防制】

防控该病应采取综合性措施,对新引进的猫应加强检疫,隔离观察 14 天,确认无病后方可入群。加强饲养管理,减少应激因素,保证饲养猫的环境通风良好,控制猫群的数量及密度,搞好饲养人员的卫生。因分娩常能促进带毒母猫排毒,从而造成新生仔猫的感染,因此带毒母猫不宜再做种用。并非所有表现慢性呼吸道症状的猫都是疱疹病毒带毒者,可通过定期检疫方法检出带毒猫。发病后的猫只应进行及时隔离,治疗,尸体作深埋处理,对污染的环境及用具进行彻底消毒。

对 FHV-1 的预防除了上述的措施外,对易感猫进行免疫接种仍是最重要的预防方法。虽然疫苗不能完全阻止 FHV-1 感染,但可以防止疾病发生,减少病毒排出。目前所使用的疫苗主要包含活疫苗和灭活疫苗。灭活疫苗需配合佐剂使用。仔猫一般在断乳期首免,3~4 周后,进行第二次接种,免疫效果一般可维持 4~5 年,但对群居猫或受 FHV-1 感染威胁的猫,第二次免疫的时间间隔需适当缩短。美国使用的 FHV-1 弱毒苗,于猫 63~84 日龄时首免,之后每隔半年加强免疫 1 次。弱毒苗的副作用稍大,但能克服母源抗体的干扰,能在 2~4 天内快速产生免疫力。

目前该病尚缺乏特效的治疗方法。可采用对症治疗,使用抗生素防止继发感染及支持性疗法。对于病猫,应用广谱抗生素可有效防止细菌继发感染和后遗症的发生。同时大量应用维生素 B 和维生素 C、补液等可提高机体的抵抗力。5-碘脱氢尿嘧啶核苷可用以治疗该病引起的溃疡性角膜炎。鼻炎症状严重的病猫,用麻黄素 1 mL、氢化可的松 2 mL、青霉素 80 万 IU 混合滴鼻,每天滴 4～6 次。吞咽困难时可给予糖浆。用药 4～5 天后可以进行细菌培养和药敏试验,控制继发感染。口腔损害及病程较长的病猫,可口服或肌肉注射维生素 A。结膜炎的病猫每天可多次使用 10%磺醋酰胺钠、1%恩诺沙星滴眼液或 0.5%新霉素眼膏滴眼,但含皮质类固醇的眼膏不宜使用。

患病猫需早期隔离,加强护理,给予易消化且富含营养的食物,隔离舍保持恒温,最好在 21℃左右。如有脱水,可口服或皮下注射等渗葡萄糖盐水,每日 50～100 mL,每日 2 次,直到开始正常进食。为增进食欲,可给予少量香味食物,如鱼、肝、瘦肉等,有利于患猫康复。长久不进食者,可考虑用胃导管法喂食。

思考题

猫传染性鼻气管炎有哪些临床症状?

第九节　泰泽氏病

泰泽氏病(tyzzer disease)是由毛样芽孢梭菌引起的多种实验动物、家畜、野生动物的一种共患性传染病,以严重下痢、脱水、迅速死亡以及肝多发性死灶、出血坏死性肠炎为主要特征的一种传染病。自 1917 年 Tyzzer 首次描述泰泽氏菌引起小鼠致死性肠(型)肝炎以来,已发现该菌可染小鼠、大鼠、豚鼠、沙鼠、仓鼠、察鼠、家兔、白尾棕兔、浣熊、郊狼、犬、灰狐、猫、雪豹、马、袋鼠和非人灵长类等哺乳动物,也可能感染人。

【病原】　长期以来,泰泽氏菌一直按其形态学特征被称为"毛发(样)杆菌"(*Bacillus Piliformis*)虽然曾有人提出该菌更像是梭状芽孢杆菌属的成员,但缺乏证据。1993 年,Duncan 等根据 16SrRNA 序列分析产生的系统树与由表型特征分析推测的种系关系一致,也与由其他高度保守基因序列分析推测的进化树相一致的特点,对来源家兔的泰泽氏菌进行了系统分类学研究,以真细菌类 16SrRNA 特异性序列作引物对提取的泰泽氏菌 DNA 进行 PCR 扩增,产物经扩增后进行转录和测序。根据泰泽氏菌 16SrRNA 与核糖体数据库计划(Ribosomal Data Project)首次公布的其他细菌 16SrRNA 序列,通过极大拟然性分析,构建了系统树。作者将菌归类为厌氧菌的特定组群,重新分类定名为"毛发样梭菌"(*Clostridium Piliforme*)。

该病的病原为毛样芽孢梭菌,以往称为毛样芽孢杆菌(*Bacillus piliformis*)是泰泽氏病的病原菌,为严格的细胞内寄生菌,是一种细长的革兰氏阴性细菌,体积比较大,易自溶,有鞭毛,只能在活细胞内生长。

目前尚无体外非细胞的培养方法。早期研究多通过鸡胚或动物活体将泰泽氏菌进行传代和保存,例如将感染性组织匀浆直接接种鸡胚卵黄囊或通过动物静脉或脑内注射途径感染敏感动物。现在可通过鼠原代肝细胞及其他适宜传代细胞系进行传代和增殖,这些细胞包括小鼠正常胎肝细胞、大鼠肝细胞、小鼠成纤维细胞以及小鼠胚胎成纤维细胞。

感染卵黄囊的提取物,在室温下经 15～20 min 失去活性,37℃时则更快。4℃经 24 h 完全丧失感染力,冻存在－70℃任何形式的离心、冻干等,皆不能维持繁殖体的活性。但其芽孢的形式却相当稳定,在 56℃可存活 1 h,芽孢在接种后死亡的鸡胚卵黄囊中,于室温下可保持感染力达 1 年。在感染动物的垫料中,也可保持相同的时间。据文献报道,毛发状芽孢杆菌的繁殖体,即在感染细胞中成束,成堆似毛发样的细长杆菌极不稳定。如严重感染的动物死亡后超过 2 h,取肝组织制成悬液,不能再感染可的松处理过的动物。

该菌对胰酶、酚类杀菌剂、乙醇、新洁尔灭敏感。福尔马林、碘伏、1％过氧乙酸、0.3％次氯酸钠在 5 min 内均能灭活菌。该菌对一般的抗生素有很强的抵抗力,对磺胺类药物不敏感。比较有效的仅有红霉素等,且仅能预防症状的出现,不能阻止肝病变的产生。

【流行病学】 泰泽氏病可在多种实验动物中引起散发流行,以小鼠泰泽氏病流行最广,自然情况下,多呈隐性感染。当动物处在卫生环境差,过度拥挤,运输应激,高温高湿,营养不良,饲料发霉以及免疫应激等情况下,常会引起疫病流行。动物对该病的敏感性及抵抗力亦受遗传基因和年龄的影响。

【致病机制】 对该菌的宿主,特异性和动物的种间传播进行的研究表明,经口或静脉接种,异种间的传染不如同种间的传染毒力大,同种间的感染产生的免疫力更强,从各种受感染动物分离的菌株,对小鼠均有致病性。用小鼠、大鼠和兔源菌株接种小鼠,发现它们的抗原性是一样的。产生的抗体水平也是一致的。

该病通常经消化道感染,患病动物从粪便中排出大量病原体,污染垫料和饮水,动物采食后,侵入回盲结口部黏膜上皮缓慢增殖,对组织损伤微小,不出现明显的临床症状,如果经血液或淋巴液转移到其他器官,就会出现严重的症状和病变。一旦出现各种应激条件(如饲料的粗制蛋白升高、纤维素降低、气候条件改变)导致机体抵抗力下降时,病原菌则迅速繁殖,经门脉进入肝脏,继而以细菌栓子的形式到达其他组织(如心肌)。毛样芽孢梭菌进入宿主细胞是其主动参与下的内吞过程,主要依赖于宿主细胞的微丝功能。进入宿主细胞后,毛样芽孢梭菌迅速逃逸出吞噬体,在胞质内进行复制,这与其他细菌如志贺菌和立克次体相似。但它与其他细胞内寄生的病原体不同之处在于它在细胞质快速运动,并可能入侵细胞核。毛样芽孢梭菌的增殖时间显著长于大多数兼性侵入性细菌,与专性细胞内寄生菌如立克次体相似。目前还不清楚毛样芽孢梭菌如何从细胞中释放出来,可能是细胞质内细菌达到一定数量后,细胞死亡而释放。泰泽氏病病原体繁殖与肝细胞新陈代谢活性密切相关。肝细胞质中的丙氨酸氨基转移酶(ALT)和门冬氨酸氨基转移酶(gsm)的水平与肝脏损坏程度、泰泽氏病病原体的数量呈直接关系;而肝脏坏死程度及其进展与病原体的多少也成正相关。泰泽氏病病原体的鞭毛不仅是运动的器官,而且在该菌致病方而也产生重要的影响。在自然感染中,泰泽氏病病原体从空肠、回肠或结肠通过门静脉到达肝脏,并在肝细胞内、窦小管及枯否细胞内寄生和繁殖。

【临床症状】

1.兔

兔发病时通常出现急性下痢,短期内死亡,3～12 周龄小兔最为易感,出现症状者死亡率可达 90％。泰泽氏菌感染后有两种临床类型:①急性临床型,主要发生在断奶动物及抵抗率下降的动物,患兔发病急,腹泻严重,腹胀,粪便呈褐色稀糊糊状或水样,常迅速脱水,10～72 h内死亡,慢性者拖延数日后停止腹泻,再经 12～48 h 死亡,呈急性型的死亡率为 50％～90％。也有无腹泻临床症状突然死亡的,少数兔耐过成为僵兔,长期食欲不振,生长停滞。②亚临床型,主要由不产生细胞毒素的菌株引起,发生于成年动物。

2.鼠

小鼠、大鼠、沙鼠的临床症状各异,而且是非特异的。刚断奶的小鼠呈急性型,常出现严重的下痢,排水样便,便中可见不同量的黏液。小鼠和地鼠发病率和死亡率均很高,感染鼠的被毛粗乱、食欲减退、弓背、肛门和尾根部沾有粪便,部分成年小鼠,即使未见明显临床症状也可死亡。大鼠感染泰泽氏病时,仅见沉郁,被毛粗乱等症状。沙鼠表现为轻度下痢,食欲不振,嗜睡,通常于出现症状后1～3天死亡。

3.猫

自然发病时,食欲不振、沉郁、下痢、迅速恶化后死亡。

4.恒河猴

也可见类似猫的情况。

【病理变化】

1.剖检病变

(1)兔　肝脏坏死灶呈灰白色、细小点状,多少不一;盲肠、结肠呈暗红色,盲肠可见浆膜出血,水肿,肠壁变厚,病变部肠段内容物呈水样,恶臭,肠黏膜有坏死斑点,其上覆盖的肠内容物和坏死碎屑形成假膜,黏膜、浆膜下水肿、充血。

(2)鼠　濒死或死亡小鼠消瘦、被毛粗乱,肛门及尾根部污秽。肝脏轻度肿大,可见局灶性黄白,灰白色坏死灶,坏死灶散在,数量较多,大小不一。回肠远端、盲肠、结肠近端水肿扩张,尤其盲肠呈大口袋状,回盲结口部肠浆膜可见点、灶性出血,肠弛缓无紧张力。大鼠和小鼠的肉眼病变相似。沙鼠肠病变较轻,主要病变部位在肝。猫回肠、近端结肠黏膜充血、增厚,肠系膜淋巴结肿大,肠内容物呈泡沫样,色泽暗。

2.组织病理学观察

各种动物感染后肝脏病变基本相似。肝组织散在局灶性凝固性坏死,其周围通常可见嗜中性白细胞,巨噬细胞和成纤维细胞。坏死及细胞浸润部分与周围肝细胞界限较清楚。

(1)兔　回肠、盲肠、结肠近端黏膜坏死,肠黏膜细胞浆可见毛样芽孢杆菌。也可在心肌炎病例的心肌细胞内查到病原菌。在亚临床型病例很难查到以上病变,在细胞浆内找不到毛样芽孢杆菌。实验感染时,在鼻黏膜、子宫黏膜上皮、神经细胞等也可见到繁殖体。

(2)小鼠　在自然感染小鼠肝组织中发现,病变周围的肝细胞常可见胞浆呈嗜碱性着染,HE染色片油镜下观察可见毛发样丝状或末端膨大,纺锤形蓝紫色小体,姬姆萨染色该部位呈阳性着染。如做镀银染色,PAS染色可进一步证实菌体的存在。病灶可见于肝组织的任何部位,但血管周围较多见。小鼠回肠远端、盲肠、近端结肠可见黏膜细胞变性、坏死,在空泡样变性的细胞浆内可见束状、毛发样菌体,固有膜及腺腔内可见大量细菌形成的菌丛,固有层可见嗜中性白细胞及单核细胞浸润,黏膜表层可见坏死物和细菌覆盖,但这些菌未必都是病原菌。

(3)大鼠　肠道病变是绒毛变短粗,固有层单核细胞浸润,黏膜下有淋巴组织增生,炎性浸润还可扩展到浆膜下组织。病死鼠肝组织中细菌繁殖体少,主要是细菌芽孢。

【诊断】　根据流行病学、临床症状剖检变化可初步诊断。确诊需要实验室检查。

1.病原学检查

(1)取病变的肝表面灰白色病灶,压片自然干燥后,甲醇固定,姬姆萨染色,镜检发现毛样芽孢杆菌即可确诊。也可用 PAS 和 Mesena min 银染色检查肝细胞内和肠上皮细胞内有该菌存在情况。

Warthin-Starry 银染色法则能在急性感染动物的肠组织及肝细胞内观察到泰泽氏菌,其特征是病灶周围肝细胞内呈现特征性束状或簇状排列的细长毛发样杆菌,这是确诊泰泽氏菌感染的主要依据。

(2)细菌培养:接种样品在小鼠的初代培养肝细胞上生长增殖,可以确诊该菌。

(3)聚丙烯酰胺凝胶电泳(PAGE)和免疫印迹分析,Riley 等比较了多种泰泽氏苗菌株之间蛋白质和抗原的差异。

(4)EL1SA 和免疫荧光、补体结合试验和琼脂扩散试验、免疫磁珠分离纯化技术、原位杂交法、PCR 方法可以探查泰泽氏菌早期感染以及亚临床型感染。

(5)可的松激发试验:有报道,采用可的松激发试验从普通小鼠群中检出毛发芽孢杆菌。

2.血清学诊断

CF 试验在日本广泛用于监测该病,欧洲则使用 IFA 试验和 ELISA;国内学者将 1FA 法应用于实验大鼠的检测,将 CF 法应用于实验小鼠的检测均取得较好的结果。

3.鉴别诊断

(1)与魏氏梭菌鉴别,魏氏梭菌病排带血胶冻样或黑色粪便,胃黏膜和肠浆膜有溃疡斑和出血斑等。

(2)与沙门氏菌病鉴别,肝脏有散在性或弥漫性、针尖大、灰白色的坏死灶,蚓突黏膜有弥漫性淡灰色、粟粒大的特征性病灶、脾脏肿大 1~3 倍,呈暗红色。

(3)与大肠杆菌病鉴别,大肠杆菌病病死兔剖检,胃膨大,充满多量液体和气体,胃黏膜上有出血点。

(4)与绿脓假单胞菌病鉴别,患有绿脓杆菌病的死亡兔的胃和小肠肠腔内有血样内容物,脾肿大,肺点状出血。

【防制】

对于实验动物来说,对泰泽氏病应强调的是预防而不是治疗。在实验动物的生产和研究中,应当努力在实验室中保持实验动物的无泰泽氏病状态,特别是动物用于涉及免疫抑制的研究时,无菌技术和屏障系统是提供无泰泽氏病动物的一条途径,加上良好的环境控制,可基本控制该病的发生。

该病无特效的治疗方法。目前对已患该病的动物群,应及时使用抗生素(金霉素、土霉素、红霉素等)防止该病暴发,及时隔离感染兔群,防止病原散播。采用耐过该病感染的动物血清,可作预防用,但动物发病后再给予血清无治疗作用。

对泰泽氏病的预防还处于探索阶段,有人曾用过感染小鼠肝脏制备的福尔马林灭活苗,有一定的保护作用,但还未实用于生产。

【公共卫生】

有关泰泽氏菌感染动物的报道很多,但在灵长类,尤其是人的感染则罕见。由于培养困难及对泰泽氏病在人体的组织病理及临床表现缺乏认识,过去在个别孕妇体内只发现抗泰泽氏菌抗体升高的现象。但 1996 年,Smithy 报道了首例 HIV-1 感染患者发生泰泽氏菌感染,并经 rRNA 测序得到确认,表明泰泽氏菌有可能成为人类的一种新的潜在致病菌。

❓ **思考题**

1. 简述泰泽氏菌的流行病学特点。
2. 如何控制实验动物的泰泽氏菌病？

第十节　兔梭菌性下痢

魏氏梭菌，又称产气荚膜梭菌，是一种重要的人兽共患病的病原体，能够引起多种动物的肠毒血症和坏死性肠炎，也是一种比较常见的食物中毒致病菌。

兔梭菌性下痢也称魏氏梭菌（Clostridium welchii）病或魏氏梭菌性肠炎，是由 A 型或 E 型魏氏梭菌引起的，多发生于断乳后至成年的家兔。该病临床上以发病急、病程短、死亡率高、病兔排出灰褐色或黑色水样粪便，直肠浆膜有出血斑和胃黏膜出血、溃疡为主要特征。近年来，该病的发生呈上升趋势。

【病原】　该病病原为魏氏梭菌（*Clostridium whelchii*），又名产气夹膜梭状芽孢杆菌（*Clostridium perfriu-gees*），属于梭状芽孢杆菌属（*Clostridium*），为厌氧性两端钝圆的革兰氏阳性粗大杆菌，广泛存在于土壤、粪便和消化道中。1978 年才由 Patto 等证实，死于腹泻的兔的盲肠内容物中存在 E 型产气夹膜梭状芽孢杆菌毒素。同时据江苏省农业科学院畜牧兽医研究所（1980）研究证实，A 型魏氏梭菌是我国家兔急性下痢的病原之一。

魏氏梭菌为革兰氏阳性，大小为（1～1.5）$\mu m \times$（4～8）μm，无鞭毛，不运动。菌体两端较平，有荚膜，产芽孢，一般为单个或成双存在。芽孢大而卵圆，位于菌体中央或近端，使菌体膨胀，但在一般条件下罕见形成芽孢。多数菌株可形成荚膜，荚膜多糖的组成可因菌株不同而有变化。

取肠内容物划线接种葡萄糖鲜血琼脂平板上，37℃厌氧培养 24 h，可见圆形光滑的灰白色菌落，有溶血环。该分离菌能分解葡萄糖、蔗糖、乳糖、麦芽糖，还原硝酸盐，产生 H_2S 不分解水杨酸，不产生靛基质，暴烈发酵牛乳，符合魏氏梭菌的特性。最后通过中和试验检测分离菌。

【流行病学】　除哺乳仔兔外，不同年龄、品种、性别的家兔对 A 型魏氏梭菌均有易感性。但毛用途高于皮肉用兔，尤其以纯种长毛兔和獭兔高于杂交毛兔。各种年龄的兔均可感染发病，但以 1～3 月龄的仔兔发病率最高。该病一年四季均可发生。消化道是该病主要的传染途径。

【致病机制】　A 型魏氏梭菌芽孢广泛分布于土壤、粪便、污水和劣质面粉中，可经消化道和伤口进入机体。在长途运输、饲养管理不当、青饲料短缺、粗纤维含量低、突然更换饲料、饲喂高蛋白的精料、饲喂劣质鱼粉、长期饲喂抗生素或磺胺类药物和气候骤变等应激因素作用下，极易导致该病的暴发。在冬春季节青饲料缺乏时容易发病，这与青饲料的显著减少，而喂过多的谷类饲料有关。因为低纤维高淀粉饲料，容易造成兔胃肠道碳水化合物过度负荷，肠道正常菌群失调和厌氧状态，从而 A 型魏氏梭菌可以大量繁殖，产生毒素引起腹泻。

【临床症状】　该病潜伏期短的为 2～3 天，长的为 10 天。常突然发生，病兔精神沉郁，拒绝采食，急剧腹泻，病初粪便呈水样，很快排带血、胶冻样或黑褐色水样粪便，有特殊的腥臭味，腹部膨胀，轻摇兔身可听到"咣当咣当"的水声，肛门周围、后肢及尾部被毛被稀粪污染。病兔体温正常，严重脱水，多数于腹泻当天或次日死亡，少数病程可延至 1 周或更长。发病率为可达 90% 以上，而致死率最高可达到 100%。

家兔魏氏梭菌病呈零星散发，初期家兔精神沉郁，趴伏不动，食欲不振或废绝，饮欲增加，少数病兔腹胀。病初粪便软，不成形，很快就排灰褐色或黑色水样稀便，伴有恶腥臭味，以急性剧烈腹泻和迅速死亡为主要特征，在出现水泻的当天或次日即死亡，少数可拖延至一周或更久，但最终死亡，发病率可高达 90%，病死率可高达 100%。

【病理变化】 剖检可见肛门附近和飞肢后节下端被毛染粪，病尸脱水，腹腔有特殊腥臭味，病尸脱水、消瘦，胃内有大量内容物，胃黏膜易脱落，胃底弥漫性出血，鲜红，呈"大红布"状，有的病例可见胃壁破裂。肠壁菲薄、松弛，浆膜有鲜红色条状或块状出血斑，肠腔内有大量灰褐色水样内容物，大肠内容物混有较多气泡。黏膜也可见到条状或块状出血斑，肠系膜淋巴结水肿，肝脏稍肿、质地变脆；胆囊肿大、充满胆汁；脾呈深褐色；个别病例可见肺部充血、瘀血。心脏表而血管扩张，呈树枝状。肾脏肿大，皮质部可见粟粒大出血斑；膀胱积有茶色尿液。

【诊断】

1. 动物试验

(1)兔泡沫肝试验 用魏氏梭菌给兔静脉接种后，兔肝肿胀成泡沫状，比正常肝大 2～3 倍，且肝组织成烂泥状，一触即破。肠腔中也产生大量的气体，因而兔腹围显著增大。取病兔或死亡兔的心血、肝脏、小肠内容物和肠黏膜、脾脏涂片，可以检出魏氏梭菌。

(2)豚鼠皮肤蓝斑试验 分点皮内注射魏氏梭菌检样 0.05～0.1 mL，经 2～3 h 后静脉注射伊文斯蓝 1.0 mL，30 min 后观察局部毛细血管渗透性呈亢进状态，一般于 1 h 后局部呈环状蓝色反应，即为阳性。

2. 细菌培养

取病死兔的心脏血液、肝脏、小肠内容物，接种鲜血琼脂平板，厌氧培养 24 h，可见圆形、边缘整齐、表面光滑、灰白色、半透明的大菌落，菌落周围有双溶血环。挑取单个菌落涂片、革兰氏染色、镜检，可见到呈革兰氏阳性、两端钝圆、有荚膜的粗大杆菌。

3. 生化试验

将分离的细菌做生化反应，该菌分解葡萄糖、乳糖、麦芽糖、蔗糖和果糖，产酸产气，不发酵甘露醇，不产生靛基质，可还原硫酸亚铁产生硫化氢，能液化明胶，接种牛乳培养基呈现"暴烈发酵"的现象。

4. 血清中和试验

取液体纯培养物的离心滤液，分别与 A、B、C、D、E 型魏氏梭菌抗血清等量混合作用后，接种于小鼠腹腔，24 h 内，存活的为阳性，全组死亡者为阴性，通过此中和试验的结果可以血清学定型。

5. 荧光诊断

魏氏梭菌产生的磷酸酶能水解 4-甲基伞形酮酰磷酸盐（MUP），产生荧光物质 4-甲基伞形酮，可在 365 nm 紫外光下检测荧光强度。魏氏梭菌在水解乳糖时会产生 β-半乳糖苷酶，此酶水解邻硝基苯酚-D-半乳糖（ONPG）为邻硝基苯酚，呈黄色。检测到 MUP 和 ONPG 即可证实魏氏梭菌的存在，4 h 即可获得结果。

6. PCR 诊断

PCR 可检测粪便样品中的细菌，用套式 PCR 可检测到 1～6 个菌细胞/g。对大肠杆菌、艰难梭菌、双歧杆菌、金黄色葡萄球菌等其他潜在菌均无特异扩增区带。也有报道，一种同时检测兔致病性大肠杆菌和魏氏梭菌毒力基因的二重 PCR 检测方法。

7. RAPD 技术

不同血清型的魏氏梭菌其 RAPD 指纹图谱不同,采用随机扩增多态性 DNA 技术(RAPD)对魏氏梭菌 PCR 扩增,A、B、C、D 型 4 个型之间的条带差别明星,均可用于鉴定、分型,也可用于确定某地区某一微生物的感染情况及其感染源,发现新的流行菌株。

8. ELISA 诊断

针对魏氏梭菌产生的毒素,建立捕获抗体 ELISA 、间接 ELISA 和 Dot-ELISA,检出极限可以达到 19 ng/mL、25 ng/mL 和 0.01 MLD,其中 Dot-ELISA 方法更适用于现场应用。

9. 间接血凝试验(IHA)

将丙酮醛-甲醛双重醛化的绵羊红细胞和人"O"型红细胞,配成 1% 的悬液,致敏红细胞的提纯。毒素浓度为 $2.0 \sim 6.0$ μg/mL。该方法用于家兔 A 型魏氏梭菌下痢的流行病学和大规模的免疫检测血清样品,检出率为 85%。

10. 葡萄球菌 A 蛋白介导酶联免疫吸附试验(SPA-ELISA)

用辣根过氧化酶(HRP)标记的葡萄球菌 A 蛋白代替第二抗体,包被用抗原为经碳酸盐缓冲盐透析的纯化毒素。该方法用于家兔 A 型魏氏梭菌下痢的流行病学和大规模的免疫检测血清样品,检出率也达到 90% 以上。

11. 对流免疫电泳

采用对流免疫电泳来检测待检样血清抗体,电泳结束后,以抗原、抗体孔间出现肉眼可见的沉淀线者判断为阳性。

【防制】

(1)科学饲喂　保证饲料中有足量的粗纤维,适量减少高能量、高蛋白的精料,定时定量;为减轻兔胃肠道的压力,更换饲料要逐步进行;最好全年饲喂固定的全价颗粒料。

(2)加强管理　搞好兔舍卫生,定期消毒,适时通风,做好防寒保暖工作,适当增加光照和运动,以增强兔的抵抗力。引进种兔应先隔离观察、检疫后,再混群饲养。

(3)消毒与隔离　及时隔离发病兔只,用 2% 烧碱溶液对兔舍外环境、地面、兔笼、饲槽和水槽等进行全面彻底的消毒。

(4)定期接种　定期注射兔魏氏梭菌灭活苗,每兔颈部皮下注射 $1 \sim 2$ mL,免疫期 $4 \sim 6$ 个月。通常仔兔断乳后进行第一次注射,以后每年 2 次。未断奶的乳兔也可使用,但断奶后应再注射一次。近来发现仔兔断奶前 1 周进行首次免疫接种,可明显提高断奶仔兔成活率。在对兔群作紧急预防注射时,间隔 $7 \sim 15$ 天后以同样剂量再重复注射 1 次,能有效提高免疫力,保护力可达 90% 以上。对于已经发生疫情场的未发病兔进行紧急接种疫苗,可以有效控制疫情。

(5)治疗　病兔口服或注射抗生素(如蒽诺沙星、诺氟沙星、环丙沙星、青霉素、泰乐菌素、卡那霉素、金霉素、红霉素、甲硝唑等)控制感染,同时补充电解质和水分,防止脱水、酸中毒。也可用 A 型魏氏梭菌高免血清治疗。

【公共卫生】

不同的菌型的产气荚膜梭菌可以引起不同的人和动物疾病,动物舍环境中分布的魏氏梭菌不仅与动物健康关系密切,也对食品和公共卫生意义重大。因此对动物舍环境中的魏氏梭菌的分离与血清型鉴定,对动物魏氏梭菌病及公共卫生的研究都很有意义。

思考题

1.魏氏梭菌病的主要特征是什么？
2.怎样诊断魏氏梭菌病？
3.如何预防魏氏梭菌病？

第十一节　兔密螺旋体病

兔密螺旋体病又名兔梅毒、螺旋体病、性螺旋体病或兔花柳病，是家兔和野兔的一种普通性传染病，主要特征是外生殖器和颜面部皮肤或黏膜发生炎症、结节和溃疡。

【病原】　兔密螺旋体是一种细长的螺旋形微生物，呈革兰氏阴性，但着色差。该病的病原体兔密螺旋体在形态上和人梅毒的苍白螺旋体相似，很难区别，一般菌体宽 $0.25~\mu m$，长 $10\sim16~\mu m$。显微镜暗视野检查，可见其呈旋转运动。

螺旋体对外界抵抗力低，阳光直射 $1.5\sim2.0~h$ 死亡，在 $56\,^\circ\!C$ 环境下 $20~min$ 死亡。螺旋体对酸敏感，0.5% 的石炭酸，能在 $5~min$ 杀死。病原体主要存在于兔的外生殖器官病灶中，很难人工培养、对家兔人工接种（皮肤划线再涂以病料）可发生和自然感染相同的病灶。

【流行病学】　该病仅发生于家兔和野兔，人和其他动物（猴、鼠等）均不感染，病兔和带菌兔为传染源，多由于病兔和健康兔交配而传染，成群散放饲养的兔，一旦发生该病，成年兔很快几乎全部发病，8 个月龄以内未交配过的兔也有少数发病。部分兔皮肤有损伤时，也可感染。发病兔大多为成年兔，幼龄兔少见。育龄母兔较公兔发病多，散养兔较笼养兔发病多，被病兔传染的垫草、饲料及用具等是该病的传染的传播媒介。兔群中流行该病时，发病率很高。病兔逐渐消瘦，有时可引起淋巴结病变，可长期带菌。

【致病机理】　家兔感染后，病原体在黏膜、皮肤及其接合部集中增殖，初期急性经过后，引起慢性炎症反应，有时见到皮肤点状溃疡。最初，通常外生殖器有病变。在颚、口唇、颜面、眼睑、耳或其他部位也见到病变。病原体由体表也向其他部位扩散，向淋巴结蔓延。

【临床症状】　一般潜伏期为 $1\sim2$ 周，个别的可长达 10 周；一般食欲不振，体重逐渐减轻，公兔性欲下降，母兔受胎率降低。病兔后代身体衰弱，生活力降低。该病具有慢性特征，病程可持续数月或 1 年。病兔时好时坏，愈后往往复发。最后常因全身衰竭而死亡。

【病理变化】　病初期，在母兔大阴唇、公兔包皮及阴囊皮肤上，出现潮红和浮肿或细小的水泡，接着流出黏液性或脓性分泌物，其中含有大量病原体。同时或稍后，肛门周围也发生潮红和浮肿，浮肿常常伴有粟粒大小的结节，破溃后形成糜烂或溃疡，溃疡稍凹陷，边缘不整齐，易于出血，并逐渐结成棕色、黄色或褐色痂皮，痂皮脱落后，露出粉红色糜烂面。局部皮肤逐渐增厚、板结，被毛脱落。严重时，上述局部症状常扩大到附近皮肤，有时也能蔓延到眼周围、鼻孔、嘴唇、背部或其他部位的皮肤上，形成丘疹、小水泡、糜烂、痂皮或疣状物。

【诊断】　根据流行病学和临床症状、病理变化可做出初步诊断，确诊需要实验室检验，实验室检查方法如下：

1.病原学检查

采取病变部皮肤渗出物（或包皮洗出物）或用病变皮肤淋巴液，涂片用暗视野显微镜检查有螺旋体;也可以将涂片进行姬姆萨氏或用 Warthin-Starry 二氏镀银染色的组织切片,在表皮和表皮层真皮中能找到很多密螺旋体。

2.血清学试验

应用活性炭凝集试验(RPR)将标准的类脂抗原结合在标准的活性炭粒上,这种含抗原炭粒与病兔的血清混合在一起后,形成肉眼可见的凝集颗粒,出现阳性反应即可进行确诊。也可以采用人梅毒检测的华氏反应、玻片凝集试验、血浆反应素纸片快速试验,或荧光抗体试检查等。

3.动物试验

将病兔生殖器病变材料接种到试验动物(小白鼠或豚鼠)后,检查肝脏和肾脏的特征性病变,即可诊断。

【防制】

1.应采用自繁自养

从外地调入种兔时,应进行检疫,阴性者方可购入,隔离观察一定时间后,方准合群。

2.应保持笼舍清洁,勤换垫草

在配种前要检查兔生殖器官,发现可疑症状应停止配种,隔离饲养,治疗观察。

3.做好饲养管理及预防检疫工作

经常保持兔舍清洁卫生,配种前详细检查公母兔外生殖器,对病兔和可疑病兔,停止配种,隔离饲养,治疗观察。

4.及时清理、消毒兔舍及用具

病情比较严重、兔体衰弱者,须及时淘汰,并及时清除兔舍中的污物,并用 2%火碱、2%~3%来苏儿或 10%热草木灰水彻底消毒兔舍及其用具等。

5.治疗

新胂凡纳明 40~60 mg/kg 体重,用注射用水配成 5%溶液,静脉或肌肉注射。2 周后,可用同剂量再注射 1 次;青霉素钠 80 万 IU/1 次,肌肉注射 2~3 次,连用 5 天。两方同时应用,效果更好。10%水杨酸钠注射液,0.06~0.08 mL/kg 体重,1 次肌肉注射,14 天后可再用同剂量注射 1 次。在用上述药物的同时,可用 0.1%高锰酸钾溶液清洗患部,以后再涂抹以碘甘油、硼酸软膏或抗生素软膏;顽固性溃疡,经彻底清洗后,再搽以 25%甘汞软膏,可加速其愈合。

❓ 思考题

1.兔密螺旋体的形态学特征?

2.兔密螺旋体病主要临床症状和病理变化有哪些?

3.兔密螺旋体病的诊断方法有哪些?

4.如何控制兔密螺旋体病?

第十二节　兔黏液瘤病

兔黏液瘤病(myxomatosis)是由兔黏液瘤病毒引起的兔的一种高度接触性、致死性传染病。该病以全身皮下特别是颜面部和天然孔周围皮下发生黏液瘤性肿胀为主要特征。该病最早于1898年在乌拉圭的蒙得维亚发现,随后不久该病即传播到南美的巴西、阿根廷、哥伦比亚和巴拿马等国家。1930年,此病经墨西哥传入美国加利福尼亚州,目前在美国西部各州呈地方性流行。澳大利亚为消灭野兔所造成的危害,1950年人为地将黏液瘤病毒引入。1952年该病传入欧洲,18个月内传遍了法国、比利时、德国和荷兰等国,并越过英吉利海峡传到英伦三岛,同时斯堪的纳维亚和北非国家也发生流行。到目前为止,已有至少56个国家和地区发生过该病。

我国目前尚未发现该病,但近几年实验研究证明,中国家兔对兔黏液瘤病毒的发病率和死亡率均为100%,世界动物卫生组织和我国分别将之列为B类或二类动物传染疫病。随着对国外各种种兔及兔产品原料等的引入,该病对我国养兔业的潜在威胁很大,如果传入,所造成的危害和经济损失将无法估量。

【病原】　该病的病原是黏液瘤病毒(*Myxoma virus*),属于痘病毒科(*Poxviridae*)兔痘病毒属(*Leporipoxvirus*)的成员。病毒粒子呈砖形,大小为(280~230) nm × 75 nm,病毒DNA长约160 kbp,G-C含量约为40%。该病毒包括几个不同毒株,具有代表性的是南美毒株和美国加州毒株。各毒株间的毒力和抗原性互有差异,这由病毒基因组大小有关。

黏病瘤病毒除了能编码蛋白酪氨酸酯酶(MPIP)外,还能编码产生下列蛋白质:可溶性杀伤细胞受体类似物(M- T7蛋白,约37 ku),孤立的位于黏液瘤病毒感染细胞表面的多肤(MILL),丝氨酸蛋白酶抑制物(SERP1,一种糖蛋白),类似宿主单核细胞和巨噬细胞产生的肿瘤坏死因子(INF)的蛋白质(T2蛋白),多肽类的表皮生长因子(EGF)。

黏液瘤病毒能在10~12日龄鸡胚绒毛尿囊膜上生长,并产生痘斑,南美毒株产生的痘斑大,加州毒株产生的痘斑小。病毒在欧洲兔的肾、心、睾丸、胚胎成纤维细胞上生长良好。此外,在鸡胚成纤维细胞、人羊膜细胞、松鼠、豚鼠、大鼠和仓鼠胚胎肾细胞上生长繁殖,在中国兔肾原代细胞上生长良好。

不同地域黏液瘤病毒株的抗原性有差异。所有加利福尼亚毒株与加利福尼亚MSW原型完全相同,但加利福尼亚毒株比来自巴西、乌拉圭、阿根廷的南美洲毒株抗原性较少。巴拿马和哥伦比亚毒株对北美洲毒株比南美洲毒株更密切相关。

黏液瘤病毒的抵抗力低于大多数其他痘病毒。对热敏感,不耐pH 4.6以下的酸性环境。50℃ 30 min,55℃ 10 min,60℃以上的温度于几分钟内使其灭活,但病变皮肤中的病毒可在常温下存活几个月。如置50%甘油盐水中,更可长期保持活力。对乙醚敏感,但能抵抗去氧胆酸盐,这是黏液瘤病毒独特的性质。因为其他痘病毒对乙醚和去氧胆酸盐的敏感性是一致的。

【流行病学】　兔是该病的唯一易感动物,有学者试图感染家养和实验室动物,包括豚鼠、鼠、雪貂、鸽子、猪、鸡、鸭、鹅、马、牛、绵羊、山羊、猫、仓鼠和猴以及人类,但未获成功。各种年龄的兔均易感,但幼兔似乎比成年兔更有抵抗力。该病呈季节性发生,夏秋季为发病高峰季节,每8~10年流行一次。主要流行于大洋洲、美洲、欧洲诸国,在我国尚未见报道。

该病呈季节性发生,夏秋季为发病高峰季节,每 8～10 年流行一次。主要流行于大洋洲、美洲、欧洲诸国,在我国尚未见报道,该病对中国家兔的感染率为 100%,死亡率均为 100%

兔黏液瘤病主要发生于潮湿凉爽的初夏,此时病毒能较长时间保持活力,媒介昆虫又有良好的繁殖条件。由于兔群遗传抵抗力的增高和病毒毒力的减弱,随着流行持续年数的延长,病死率可逐年下降。

传染源为病兔和带毒兔。病兔可通过眼、鼻分泌物或正在渗出的皮肤液向外排毒。该病主要是机械性传播,即经吸血节肢动物包括各种蚊子、跳蚤、蚋蝇、蜱、兔蚤和螨等的口器携带病毒而传播。兔接触或与被污染的饲料、饮水和器具等接触能引起感染,但接触传播不是主要的传播方式。蚊子是该病的主要传播媒介,但在不同地区传播媒介略有差异。

【致病机制】　欧洲兔感染初期病毒进入皮肤,并在皮肤增殖,皮肤变红、增厚。随后病毒蔓延到局部淋巴结,经 48～72 h 随体循环进入各器官。第 6 天在接种部位发现直径约为 3 mm 的斑点,后扩大并增厚。眼睑、鼻和眼可能出现水样或黏液脓性分泌物。耳根、眼睑和黏膜与皮肤的连接处变厚并肿胀。几天后眼睑增厚呈典型的狮子头状。皮肤颜色由红变紫。睾丸严重水肿,引起阴囊破裂。病兔厌食而濒死。呼吸困难,鼾息,晚期常见角弓反张,抽搐。病程不定,成年兔感染致病毒株通常在 8～12 天内死亡。

年龄小于 3 周龄的穴兔,人工感染完全致病的黏液瘤病毒比成年兔更少具有全身性疾病症状,并且更快死亡。接种未成年南美林兔导致全身性疾病和眼炎。而 10～30 周龄兔接种小剂量黏液瘤病毒比成年兔存活更长。

环境温度明显影响兔黏液瘤病的发现机理。环境温度高引起皮肤和直肠温度升高而疾病减轻,但很少有继发性病损。曾经报道,野兔感染不完全弱化病毒的死亡率,夏天为 30%,冬天为 86%～100%。

【临床症状】　潜伏期为 4～11 天,平均约为 5 天。病兔身体各天然孔周围及面部皮下水肿是其主要特征。急性型病例症状较为明显,眼睑水肿,严重时上、下眼睑互相粘连;口、鼻孔周围和肛门、外生殖器也可见到炎症和水肿,并常见有黏液脓性鼻分泌物。耳朵皮下水肿可引起耳下垂。头部皮下水肿严重时呈"狮子头"状外观,病兔呼吸困难、摇头、喷鼻、发出呼噜声。母兔阴唇发炎水肿,公兔阴囊肿胀。病至后期可见皮肤出血眼黏液脓性结膜炎,羞明、流泪和出现耳根部水肿,最后全身皮肤变硬,出现部分肿块或弥漫性肿胀。死前常出现惊厥,但濒死前仍有食欲,病兔在 1～2 周内死亡。

近年来,在一些集约化养兔业较发达的疫区,该病常呈呼吸型。潜伏期长达 20～28 天。常为接触传染,无媒介昆虫参与,一年四季都可发生。初期卡他性鼻炎,继而脓性鼻炎和结膜炎。皮肤病损轻微,仅在耳部和外生殖器的皮肤上见有炎症斑点,少数病例的背部皮肤有散在性肿瘤结节。病愈兔可获 18 个月的特异性抗病力。

【病理变化】　剖检可见皮肤肿瘤和颜面与身体自然孔周围的皮肤及皮下浮肿。有的病毒株引起皮肤出血,胃肠道浆膜下溢血或心内膜出血。肝、脾、肾、肺充血。

病兔死后眼观最明显的变化是皮肤上特征性肿瘤结节和皮下胶冻样浸润,颜面部和全身天然孔皮下充血、肿胀及脓性结膜炎和鼻漏。表皮、真皮及皮下组织可见胶状或纤维状肿瘤,出血性坏死。淋巴结肿大、出血,肺肿大、充血,胃肠浆膜下、胸腺、心内外膜有出血点。脾正常或增大,在增大的脾内有突起的脾小体,脾可见黑色软化。胃、肠壁、腹筋膜、腹膜下、胸腺、冠状血管和肺脏也可能见有出血。偶尔观察到肺气肿。肝可呈花斑状或含有黄色斑点。

组织学变化可见上皮细胞、成纤维细胞和内皮细胞表现增生或变性,有大量白细胞浸润以及部分正在分裂的大细胞核和细胞浆丰满的星状细胞——黏液瘤细胞。在上皮细胞中可检出胞浆包涵体,脾、淋巴结、胸腺的内皮细胞增生,毛细血管内皮增生。

皮肤病变部位可见到上皮细胞、成纤维细胞和内皮细胞,表现为增生或变性。除了有大量白细胞浸润外,还有部分正在分裂的大细胞核和丰满细胞浆的星状细胞称之为"黏液瘤细胞"(起源于未分化的间充质细胞的原生性增生,呈巨大星状)。由于黏液性物质蓄积导致皮肤肥厚。在上皮细胞中可检出胞浆包涵体(体积较大,形态不规则,结构疏松,有时包涵体内有嗜碱性、原生小体颗粒)。脾、淋巴结、胸腺等的内皮细胞增生;毛细血管或细毛细血管内皮增生,进而由于黏液瘤细胞的突出而使管腔狭窄,血行障碍,在黏液瘤中心部坏死。

超微结构:皮下胶原纤维凝集、溶解、消失,可见大量星状瘤细胞,其核大小不规则。在表皮的基细胞层和棘细胞层的细胞及肿瘤细胞中可见许多不同时期的病毒;早期病毒无囊膜,呈圆形或椭圆形颗粒,其电子密度比核染色深;中期病毒有囊膜,成熟的病毒与细胞外膜融合后排出细胞外,呈砖形,大小为 280 nm×220 nm,其核心呈哑铃形,中间凹陷,外有 2 层外膜包裹核心。在胞浆中有病毒包涵体。包涵体内有圆形原生小体。基细胞层细胞质中病毒最多,在上皮的角化细胞层和颗粒细胞层的细胞中未见到病毒颗粒。

【诊断】 根据临床特征、病理变化,结合流行病学可做出初步诊断。确诊需进行实验室检验。

病理组织学诊断采取病变组织,用 10% 中性甲醛溶液固定,石蜡包埋,切片,HE 染色,光镜观察,看到黏液瘤细胞及病变部皮肤上皮细胞胞浆内包涵体,是组织病理学诊断黏液瘤病的重要佐证。

1. 病毒分离与培养

(1)剪取一部分病变组织,用 PBS 清洗,最后按 1:5～1:10 比例用研磨器或组织捣碎器制成匀浆,反复冻融 3 次,或以超声波处理,使细胞裂解,释放出病毒粒子和病毒抗原,悬液经 1 500 r/min 离心 10 min,上清用于实验室诊断。

(2)细胞培养 分离病毒病料接种兔肾原代细胞或 PK13 传代细胞单层,24～48 h 后,出现典型的痘病毒细胞病变:细胞融合形成合胞体,染色质呈嗜碱性凝集。有时出现嗜伊红的细胞浆包涵体,呈散在性分布。感染细胞变圆,萎缩和核浓缩,溶解脱壁,甚至单层完全脱落。

2. 血清学诊断

(1)琼脂扩散试验 1% 琼脂糖 PBS 高压溶解后倒成琼脂板,打直径 6 mm 间隔 5 mm 的小孔,分别在小孔内加入参考阳性血清和被检的上述病料悬液抗原,如在 48 h 内出现 2～3 条沉淀线,表明有黏液瘤病毒抗原存在。

(2)血清中和试验 根据抗兔黏液瘤病毒的血清抗体能中和相应病毒的感染性,通过血清中和试验,可以检出病毒或感染动物的血清抗体。血清中和试验有 3 种方式:

兔体保护试验将不同比例的血清病毒混合物作用一定时间后,接种到易感兔的皮肤上,通过计算发病率或存活率以确定定量病毒的感染性或被检血清的抗体水平。

(3)痘斑抑制试验 将血清病毒混合物接种到 10～12 日龄的鸡胚绒毛尿囊膜上,观察病毒痘斑的呈现率。

(4)蚀斑中和试验 通过检测血清抗体对减少病毒在细胞培养物上形成蚀斑的能力来确定血清抗体的满度,或用已知阳性血清来鉴定分离病毒。

3.免疫荧光抗体试验

将发病动物组织病料的冰冻切片或细胞分离物，用特异性荧光抗体染色后镜检，确定黏液瘤病毒抗原。

4.酶联免疫吸附试验（ELISA）

澳大利亚 Wilson（1989）对 Robbins 最近建立的兔黏液瘤标准间接 ELISA 试验程序作了一些改动，并成功地应用于兔黏液瘤的母源抗体的测定。

5.鉴别诊断

兔纤维瘤病毒与黏液瘤病毒具有抗原交叉性，血清学无法排除兔纤维瘤病，但是依据它们的病理变化不同可以区别诊断。因此，组织病理学检查是鉴别诊断黏液瘤病的重要方法之一。

兔黏液瘤病和纤维瘤病是兔的两种主要病毒病，在临床和病理上容易混淆。已知这两种病毒的地理分布不重叠，在北美洲的中部和东部发现纤维瘤病；在加利福尼亚、俄勒冈、南美洲中部发现黏液瘤病。用肿瘤组织真皮内接种成年家兔，产生的疾病可鉴别这两种病毒。感染黏液瘤病毒可产生全身性疾病并死亡，而纤维瘤病毒仅仅引起自限性皮肤病损。

【防制】

严禁从有黏液瘤病发生和流行的国家或地区进口兔及兔产品。毗邻国家发生该病流行时，应封锁国境。引进种兔及兔产品时，应严格港口检疫，首先要求输出国兽医行政管理部门出具国际动物健康证书，证明动物装运之日无黏液瘤临床症状；自出生或装运前 6 个月内，一直在官方报告无黏液瘤病的养殖场饲养。一旦检出阳性动物，作扑杀销毁或退回处理，同群动物继续隔离检疫。对进口兔毛皮等产品要实施熏蒸消毒。新引进的兔需在防昆虫动物房内隔离饲养 14 天，检疫合格者方可混群饲养。在发现疑似该病发生时，应向有关单位报告疫情，并迅速做出确诊，及时采取扑杀病兔、销毁尸体，用 2%～5%福尔马林液消毒污染场所、紧急接种疫苗、严防野兔进入饲养场以及杀灭吸血昆虫等综合性防制措施。

该病目前无特效的治疗方法。通过免疫接种，及时隔离病兔，消除节肢媒介的易感动物，消除周围地区的野兔等措施可控制该病的发生。初步研究表明，兔纤维瘤病毒疫苗对于中国家兔基本上是安全的，只有少数接种兔会引起皮肤局部的结节；所有接种兔均能抵抗黏液瘤病毒的攻击。

预防主要靠注射疫苗，国外使用的疫苗有 Shope 氏纤维瘤病毒疫苗，预防注射 3 周龄以上的兔，同时在接种时及接种后 4 天、6 天和 10 天使用可的松（50 ng/只）以提高免疫力，免疫保护期 1 年，免疫保护率达 90%以上。

黏液瘤病毒的灭活疫苗的效力令人怀疑。一些研究表明，经灭活疫苗接种的中国家兔，均不能抵抗黏液瘤病毒的攻击而全部发病死亡。

【公共卫生】

凡引进的家兔，必须是无黏液瘤病毒抗体的动物，进口家兔应隔离检疫一个月，检疫必须在防昆虫媒介的条件进行。昆虫媒介是指蚊、蚤及其他吸血昆虫。检疫期间，可疑动物的皮肤病变样品应制成悬液，经皮内或皮下途径接种青年易感家兔，如果是兔黏液瘤，就会在一周内于注射部位出现特征的皮肤病变。严格地讲，每只进口家兔均需采血，并经皮内或皮下接种易感兔。若是阳性样品，就会在两周内显现出黏液瘤症状。

第十三节　兔病毒性出血症

兔病毒性出血症(rabbit viral hemorrhagic disease,RHD)俗称"兔瘟"、兔坏死性肝炎、兔X病、兔出血性肺炎、兔传染性出血病、病毒性猝死病,是由兔出血症病毒(*Rabbit hemorrhagic disease virus*,RHDV)引起兔子的一种急性、烈性、致死性传染病。RHDV仅侵害家兔和野兔,一年四季均可发生,常呈毁灭性流行。该病潜伏期短,发病急、病程短、传播快,发病率和病死率极高,常呈暴发性流行。3月龄以上的青年兔和成年兔发病率和死亡率最高(可达95%以上),断奶幼兔有一定抵抗力,哺乳期仔兔基本不发病。该病以呼吸系统出血、肝坏死、实质脏器水肿、瘀血及出血性变化为特征。

1984年春,该病在我国江苏省无锡地区江阴首次暴发,迅速蔓延至全国。一年之后在亚洲的朝鲜,印度,韩国也有报道,在1987—1989年间,该病迅速在意大利、德国、法国、苏联、西班牙、日本、黎巴嫩、美洲的墨西哥和非洲的喀麦隆和欧洲的奥地利、比利时、瑞士及南斯拉夫等国家和地区相继发现该病。欧洲进行了兔出血症病毒的病原学和血清学回顾性调查,发现1982年保存的病料中即含有RHDV,他们还从保存了12~13年的血清样品中检出了相关的病毒抗体,说明该病毒在欧洲的兔群中已经存在了许多年,但当时的欧洲兔群中并没用暴发RHD。中国在20世纪80年代初期大量从德国(原西德)引进长毛兔,1984年开始暴发RHD。由于该病给养兔业造成极大的经济损失,已成为危害养兔业最严重的一种疾病。为此,OIE将其列为B类传染病,我国农业部动物疫病分类法列为二类动物疫病。

【病原】

1. 基因、血清型、形态

兔出血症病毒(*Rabbit hemorrhagic disease virus*,RHDV)属于嵌杯状病毒科(*Caliciviridae*)兔嵌杯病毒属(*Lagovirus*)。病毒粒子呈球形,无囊膜,表面有短的纤突,正二十面体立体对称,病毒粒子直径32~36 nm。核心直径约20 nm。核衣壳厚4~6 nm,表面有直径约4 nm的壳粒32~42个,在核衣壳上整齐地排列着中空的杯状结构。病毒在CsCl中的浮密度为1.36~1.38 g /cm^3;在蔗糖密度梯度离心中的沉淀系数为162S。基因组为单股正链RNA,由7 437个核苷酸组成,相对分子质量为$2.4×10^6$~$2.6×10^6$。基因组含有两个开放阅读框(ORF)。5′末端的长开放阅读框ORF1编码一个含有2 344个氨基酸的多聚蛋白,分子量约257 ku,该蛋白可被进一步水解为至少8个重要蛋白,其中7个主要蛋白的排列顺序为:NH2-pl1-p28-p35(NTPase)-p32-p14(VPg)-p70(Pro-Pol)-p60(VP1)-COOH。3′末端的短开放阅读框ORF2编码另一个结构蛋白(VP10)。基因组的5′末端共价结合一个分子量约15 ku的蛋白VPg,3′端含有一个多聚腺嘌呤尾巴结构poly(A)。该多聚蛋白在蛋白酶解过程中被病毒编码的蛋白酶(胰蛋白酶样半胱酸蛋白酶)进一步酶解加工释放,产生相对分子质量分别为80、73、60和43 ku的四个主要多肽,这四个多肽分别对应于病毒多聚蛋白的2C解旋酶、3C样蛋白酶,3D样聚合酶、衣壳蛋白(VP60)、一个保守区。VP60蛋白立体结构由180个化学上完全相同的亚单位组成,单体的分子质量约为60 ku,是RHDV唯一的结构蛋白,VP60能够自聚合形成病毒样颗粒(VLPs),在病毒诱导机体的免疫反应中起主要作用。RHDV具有凝集红细胞的能力,对绵羊、鸡、鹅和人的O型红细胞有凝集作用,而对马、牛、犬、大鼠、小鼠、鸡、鸭、鹌鹑等多种动物的红细胞不凝集。病毒滴度以肝脏最高,其次是脾、肾、肺等组织。世界各地分离的病毒均为同一血清型。Berninger 等比较了来自意大利、韩国、墨西哥和西班牙分离株的血清型,发现仅存在微小的差异。但有报道存在不同亚型的毒株,个别毒株的血凝性与常规毒株有所不同。

2.培养特性

病毒体外培养十分困难,曾用乳兔肝、肺、睾丸、肾等原代细胞和乳兔肾传代细胞、IBRS-2、PK-15、MA104、Vero、Hela、BHK-21 等传代细胞系及兔肺二倍体细胞进行分离培养,均未获得成功。病毒也不能适应鸡胚培养,但可以在乳鼠体内生长繁殖,引起规律性发病和死亡,因此,除家兔外,可以利用乳鼠进行种毒保存。

3.抵抗力

RHDV 对酸(pH 3)、热(60℃ 30 min)、20％乙醚和 1 mol/ L MgCl$_2$均有很强的抵抗力。病毒可被 1％ NaOH 溶液灭活;0.4％甲醛溶液在室温、4℃或 37℃下能使病毒丧失致病性,但保持其免疫原性。

【流行病学】　病兔、隐性感染兔和病后康复兔为传染来源。病毒存在于患兔的内脏、肌肉、毛皮、分泌物及排泄物中,体内以肝脏含毒量最高,其次是肺、脾、肾、肠道及淋巴结等。传播途径主要由病兔或带毒兔与健康兔接触而感染,也可通过被排泄、分泌物等污染的饲料、饮水、用具、空气、兔毛以及人员来往间接传播。该病可经消化道、呼吸道、损伤皮肤、眼结膜等途径传染,经口腔、皮下、腹腔、滴鼻等途径也可引起发病,但没有由昆虫、啮齿动物或经胎盘垂直传播的证据。该病仅发生于兔,不同品种和性别的兔均可感染,品种、性别间差异不大,毛用兔的易感染性略高于皮用兔,其中长毛兔最易感,青紫蓝兔和土种兔次之。人工接种大鼠、小鼠、仓鼠和豚鼠等均不引起发病。发病年龄差异很大,主要发生于 2 月龄以上的青年兔或成年兔,而且膘情越好,其发病率和病死率越高。病毒对乳兔和 2 月龄以下仔兔,尤其是吮乳兔多具有抵抗力,极少发病或不发病。在密集饲养的兔场发病率可高达 70％～80％,致死率接近100％。野兔可能是该病的隐性带毒者和潜在的传染源。

该病一年四季均可发生,但以冬春季发病较多,可能与天气多变、寒冷以及饲料单一,导致兔的抵抗力下降有关。流行主要与传染源的存在和易感兔的密度有关。购进新兔、配种、剪毛以及收购兔毛及兔皮的人员等,都可促进该病的发生与流行。该病在老疫区发病较少,以散发病例多见,在新疫区常呈暴发性流行。病原一旦侵入易感兔群,发病急、传播快,病势凶猛。一般开始仅有少数兔呈急性型临床症状死亡,以后死亡数量迅速上升,6 天左右达到流行高峰,青壮年兔及成年兔 90％以上发病和死亡,发病率可达 100％,病死率达 90％。免疫兔群发生时多为散发或慢性型,发病特点是病程延长,侵害幼龄兔。自然康复兔及人工感染耐过兔能产生坚强的免疫力。

【致病机制】　RHDV 是侵害多种组织细胞的泛嗜性病毒,但其主侵器官是肝脏,主要靶细胞是肝细胞及血管内皮细胞。感染初期 RHDV 首先在宿主细胞核内出现,随着病情发展,在核内增殖、聚集,至疾病严重期核内感染强度达到高峰,濒死期略有下降。疾病后期,核内的 RHDV 颗粒通过破损的核膜或核崩解向细胞浆扩散。但只要核的轮廓尚存,核内 RHDV 的密度始终高于胞浆。注射 RHDV 8h 后便可在兔的肝脏检测到病毒,而在脾脏无 RHDV 的复制,病毒在肝脏复制后运送至脾脏,在脾脏有成熟病毒粒子池。该病的主要病理变化为急性坏死性肝炎,诸多器官出血、弥漫性血管内凝血,后期发展为急性败血症。疾病的实质是 RHDV 损伤肝细胞引起的病毒性肝炎。出血是该病重要的病理变化之一,它是血管内皮损伤、DIC 和其他多种因素致使毛细血管壁通透性增强的反应,属于继发性病变。

【临床症状】 自然感染病例潜伏期 2～3 天,人工感染潜伏期为 38～72 h,临床表现因发病过程的不同而不同。感染初期多呈最急性,急性经过,感染后期为亚急性经过。

1. 最急性型

多发生于新疫区及流行初期,病兔表现为无任何症状而突然倒地死亡。死前仅表现短暂的兴奋、而后卧地挣扎、抽搐,划动四肢如游泳状,尖叫数声,两鼻孔流出泡沫样血液或鲜血。

2. 急性型

多在流行中期发生,感染后 24～40 h,病兔表现体温升高(41℃以上),呼吸急促(140 次/min),心跳加快(120 次/min)。病兔食欲减退,渴欲增加,精神沉郁,被毛粗乱,结膜潮红。死前突然兴奋,狂奔,打滚,尖叫,抽搐,全身颤抖,四肢滑动,体温下降后死亡,死后呈角弓反张。有时病死兔鼻孔流出泡沫样血液。孕兔可发生流产。此二型多数发生在青年兔和成年兔。

3. 亚急性型

多见于老疫区或流行后期,3 月龄以内的幼兔及疫苗免疫兔。潜伏期和病程长,病兔出现 1～2 天的体温升高(40～41℃),精神沉郁,食欲不振,被毛粗乱,因消瘦、衰弱而死。有些病兔可以耐过,但生长迟缓,发育不良。

【病理变化】

1. 眼观变化

眼观以实质器官瘀血、出血为主要特征。兔尸营养良好,常呈角弓反张,齿龈黏膜及皮肤可能有出血斑点。鼻孔发绀并有含血的鼻液。鼻腔、喉头和气管黏膜瘀血或弥漫性出血,并有泡沫状血色分泌物。眼结膜充血,有时小点状出血。一侧或两侧肺水肿,有数量不等、大小不一的、散在或成片的出血斑点,肺脏切面见有大量泡沫状暗红色血液流出。少数病兔肺无明显病变,而气管的出血和渗出物普遍存在,呈现"红气管"。肝肿大,黄褐色,质脆,表面散在灰白色针尖至粟粒大坏死灶,切面结构模糊,呈"槟榔肝"外观,有的肝瘀血而呈紫红色,并有出血斑点。肾肿大,暗红,被摸下和切面有大量出血点。心肌柔软,心室扩张,心外膜及心内膜上均可见到小点状出血。部分兔脾脏瘀血肿大。胃、小肠黏膜充血,出血。肠系膜淋巴结瘀血肿大,圆小囊肿大,出血。内分泌腺,性腺,输卵管和脑膜亦可见充血和出血。

2. 病理组织学变化

组织学变化以全身微循环障碍为主,突出表现在肺、肾、心,延髓等重要器官的微血管广泛瘀血,红细胞黏滞,透明血栓形成,小点出血和间质血肿,实质器官的细胞广泛变性和坏死。

肺脏小血管和肺泡壁毛细血管充血,肺泡腔内有浆液性渗出,有的充满大量红细胞和脱落的肺泡壁上皮细胞和少量单核细胞和网状的纤维蛋白。支气管黏膜上皮脱落,管腔内有红细胞,管壁充血、出血,部分支气管周围有淋巴细胞呈结节状浸润。肝细胞变性,肝小叶周边肝细胞发生核浓缩、碎裂和溶解,坏死灶内有少量淋巴细胞和嗜中性粒细胞浸润,肝小叶中央静脉瘀血,肝窦充血、出血,肝细胞间有少量淋巴细胞、嗜中性粒细胞和单核细胞浸润,小叶间静脉瘀血,其周围间质中有炎性细胞浸润,小叶间胆管上皮细胞增生、脱落。脾脏充满红细胞,白髓与红髓结构消失,白髓残迹在红细胞中呈岛屿状,脾实质中常有少量中性粒细胞浸润。胸腺瘀血、水肿、出血。胸腺皮质部淋巴细胞散在坏死,还可见大量散在的巨噬细胞吞淋巴细胞而体积增大,淡染,核残缺不全,皮质部淋巴细胞排列稀疏。皮、髓质交界区网状细胞淡染溶解,少量淋巴细胞坏死。圆小囊黏膜脱落,黏膜下层淋巴小结内淋巴细胞排列极度疏松,部分淋巴细胞发生核浓缩,碎裂,伴有少量单核细胞浸润。淋巴结的淋巴小结疏松水肿,淋巴窦扩张,内有淡红染水肿液及淋巴细胞和单核细胞浸润,小血管充血,出血。肾脏肾小球毛细血管网充血扩张并有透明血栓形成,有的血管壁发生玻璃样变,与腔内透明血栓融合成半透明均质红染的团块或条索,毛细血管间及肾球囊内有红细胞漏出,有的肾球囊内充满大量红细胞。肾曲小管上皮细胞发生颗粒变性,管腔内可见均质红染的透明滴状物,髓质集合管腔内可见透明管型和细胞管型。大小脑膜及脑实质充血,神经元细胞肿胀,核溶解,消失,神经胶质细胞增生并出现"卫星"现象和嗜神经元现象。有的病例脑实质中有浸润性出血,血管周围出现由淋巴细胞围管性浸润而形成的"袖套"现象。睾丸瘀血,水肿。曲细精管各级生精细胞和支持细胞变性,精子变性坏死,表现为精子头固缩,尾部断裂。

【诊断】

1.临床综合诊断

根据特征性的临床症状、病理变化和流行病学资料可对该病做出初步诊断。主要侵害青年、成年兔,在几天内可致大批死亡;典型病例出现高体温、不吃食、呼吸急促,几小时后便死亡。死后两鼻孔冒出白色或淡红色泡沫,皮肤、黏膜发钳。实质器官瘀血、出血为主要特征的病理变化可做出初诊的依据,确诊需进行实验室诊断。

2.病原学诊断

动物感染试验:无菌采集病、死兔肝、脾、肺等实质脏器,放入无菌的玻璃研磨器中,一边研磨,一边按10%～20%(W/V)比例加入无菌生理盐水制成匀浆。冻融1次后,加入青霉素、链霉素各1 000 IU,37℃温箱温育1 h,3 000 r/min离心20 min,吸取上清液,经无菌检验合格后,按每千克体重0.3～0.5 mL的剂量,肌肉接种体重约2 kg易感兔。发病兔表现典型兔出血症症状,可以见到以实质器官瘀血、出血为主要特征的病理变化。无菌采取肝、脾、肾材料,提纯病毒,进行电镜检查。

3血清学诊断

用于兔病毒性出血症血清学诊断的方法主要有血凝试验(HA),血凝抑制试验(HI),间接血凝试验(IHA),琼脂扩散试验,协同凝集试验,酶联免疫吸附试验,荧光抗体技术,胶体金免疫层析等。

4.分子生物学诊断

有DNA探针技术、RT-PCR、荧光定量PCR和环介导等温扩增技术(LAMP)等。

5.鉴别诊断

该病主要与兔巴氏杆菌病相区别,可取病死兔的心血或肝脏、肺脏等病料做涂片,染色,镜检。或用病料做细菌分离鉴定,或做小白鼠接种试验即可做出鉴别诊断。

【防制】

该病发病急、传播迅速、流行面广,无特效治疗方法,因此重在预防。

平时坚持自繁自养,从无该病的地区购买种兔,并进行严格检疫与隔离观察,确认无病时方可混群。

加强兔群的饲养管理，坚持做好卫生防疫工作。主要的防疫措施是按规定注射兔出血症组织灭活苗，兔出血症与巴氏杆菌二联苗或兔出血症、魏氏梭菌病和巴氏杆菌三联苗。断乳后的家兔，每只兔肌肉注射 1 mL，7 天左右产生免疫力，免疫期为 6 个月。由于该病流行有趋幼龄化倾向，仔兔宜在 20～25 日龄时初免，60 日龄进行二免。

一旦发生该病，及时隔离病兔，封锁疫点，对病兔立即注射兔瘟高免血清，每只 3 mL，10 天后再注射兔瘟疫苗。未发病的兔可全群进行紧急预防接种，以减轻损失，控制疫情。病死兔应焚烧或深埋，严格消毒饲养管理用具和污染的环境，可用 1％氢氧化钠、5％～10％漂白粉、20％石灰乳等消毒剂进行消毒。兔毛和兔皮可用福尔马林熏蒸消毒，或 0.3％过氧乙酸喷雾消毒。

思考题

1.简述兔病毒性出血症的流行病学和病理变化特点。

2.如何对兔病毒性出血症进行实验室诊断？

第十四节　貂病毒性肠炎

水貂病毒性肠炎是水貂肠炎病毒（*Mink enteritis virus*，MER）引起的以剧烈腹泻为主要临床特征的急性、烈性和高度接触性传染病，貂病毒性肠炎又称貂泛白细胞减少症或貂传染性肠炎，是由貂细小病毒引起的一种急性传染病，主要特征为急性肠炎和白细胞减少，该病于1947 年在加拿大首次发生，1949 年由加拿大学者 Schofield 定名为水貂传染性肠炎，1952 年Wills 首次提出该病病原为病毒，并命名为水貂肠炎细小病毒。此后该病相继在美国、丹麦、芬兰、挪威、瑞典、英国和日本等国家发生和流行。国内在 1974 年首次报道发生该病，此后该病逐渐蔓延全国，在我国也是三大水貂传染病之一。

【病原】　貂肠炎病毒（*Mink enteritis virus*，MEV），也叫貂细小病毒（*Mink parvovirus*），属细小病毒科细小病毒属成员。直径为 18～26 nm，无囊膜，其形态、大小、理化和生物学特性都与猫细小病毒完全相同，两者在抗原性上也有密切的亲缘关系。

貂肠炎病毒能在貂肾和猫肾原代细胞、FK、CRFK 及 NLFK 等细胞株上生长增殖，并产生细胞病变和核内包涵体，MEV 可以凝集猪和绿猴的血细胞，对牛、绵羊、猫、犬、鸡等动物的血细胞无凝集作用，病毒能够在猫、虎、水貂、雪貂的细胞上增殖，尤其在心脏、脾脏、肾脏细胞上生长旺盛。不同品种和不同年龄的貂均有感染性，但幼貂的感染性极强。

MEV 具有典型的细小病毒属成员的结构特点，病毒颗粒结构致密，直径很小，在 20～24 nm 之间。如此致密结实的结构导致了其对外界环境具有极强的抵抗力。病毒在 70℃处理10 min，仍然具有完全的感染活力；70℃处理 20 min，部分失活；80℃处理 20 min，才完全失活。病毒组织悬液在 25℃保存 2 天或者−5℃下保存 5 天，仍然具有感染能力。含有病毒的粪便，在不超过 0℃的土地里埋藏，6 个月内仍然能够保持很高的感染活性。病毒在 pH 3 的酸性条件处理 3 h，病毒感染活力不下降。

【流行病学】　该病多发生于貂，雪貂、猫、小鼠和田鼠都不感染该病。即使人工接种也都不表现症状和病变。各种品种和不同年龄的貂都有易感性，但 50～60 日龄的仔貂和幼貂最为易感.发病率50%～60%。病貂的年龄越小。病死率越高,最高可达90%以上。病貂、痊愈带毒貂和患泛白细胞减少症病猫是主要传染源。它们从粪、尿、唾液中排毒,通过污染物和场舍内外环境等经消化道和呼吸道传染给易感染的健康貂。此外,鸟类、鼠类和昆虫等也可成为传播媒介该病全年都可发生,但南方多发生于5—7月,北方则以8—10月发病较为多见,常呈地方流行性。一旦传人貂场,如兽医防疫卫生措施不完善,常常导致长期存在和周期性发生流行。

该病全年都可发生,常呈地方性流行,在自然条件下,常见于貂感染发病,不同品种、品系和不同年龄的貂都有感受性。但幼貂和育成貂的易感性更高,年龄小的病死率也高。带毒貂和猫是该病的主要疫源,耐过貂至少能排毒1年以上。

【致病机制】 有研究表明,该病与犬细小病毒产生的病变相似,该病毒可在口咽部复制,通过血流传播到其他器官,出现病毒血症,导致全身性炎症反应,由于消化系统功能障碍,严重腹泻,造成水盐代谢和酸碱平衡紊乱,大量毒性物质在体内蓄积,导致肠道、肝脏和肾脏损伤较为严重,进而引起患病貂死亡。

【临床症状】 潜伏期多为4～9天,若是急性经过,发病次日即有死亡,发病15天后多转为慢性,如再次复发,多预后不良。病初期表现精神沉郁,食欲减退乃至消失,渴欲明显增加,不愿活动,有时发生呕吐,体温升高到40℃以上。粪便初软后稀,有较多黏液,多呈灰白色,少数为鲜红、红褐、黄绿水样或血便;进而在粪便中可见到多种颜色的黏膜,有灰白、黄色、白色或奶酪色;中后期常出现黄或白、粉红奶酪色的圆筒状粪便(呈管套样),长度为2～10 cm,直径为0.5～1.0 cm。人们常以"花花粪"和"管套状粪便"作为该病的临床诊断特征。病程短的4～5天死亡,长的在1～2周后逐渐恢复健康。但长期带毒、生长迟缓。多数病例并发大肠杆菌、沙门氏菌感染,由此而加重病的过程,病死率更高,白细胞明显减少.由正常的9.5×10^9/L减少到5.5×10^9/L左右,嗜中性白细胞由正常的0.40%增至0.65%,淋巴细胞由正常的0.58%减至0.29%。慢性型的病貂消瘦、虚弱、脱水,出现皮炎,趾掌红肿达3～4倍;鼻、唇、趾、掌皮肤出现水泡,继而化脓破溃、结痂;全身皮肤发炎变厚、失去弹性,有糠麸样皮屑脱落;常常伸展四肢平卧,最后衰竭而死,或逐渐恢复健康,长期带毒,生长发育迟缓;病死率一般为10%～85%,高的可达90%以上,病程为2周左右。

【病理变化】 剖检病理变化主要是小肠呈现急性卡他性纤维素性或出血性肠炎。胃内空虚,仅有少量黏液、黏膜和胆汁。肠管呈鲜红色.肠内容物中混有血液、脱落的黏膜上皮和纤维蛋白样物,肠壁菲薄有出血性病变。肠系膜淋巴结肿胀、充血、水肿。胆囊膨满,充满胆汁。脾脏肿大,呈暗紫色,表面粗糙。肝脏肿大,质脆色淡。组织学变化主要是小肠黏膜上皮变性、坏死。有的上皮细胞内可见有核内包涵体,而貂感染猫细小病毒所发生肠炎则见不到这种包涵体。

【诊断】 根据流行病学、临床特征,特别是血液白细胞锐减,以及剖检变化等可以作出诊断。但在混合感染等复杂情况下,需进行实验室检查。

1.病毒分离与鉴定

急性病例可采取血液和各种脏器或病兽的排泄物,作为分离病毒的病料。病死貂则以脾、小肠和胸腺最为适宜。

2.电镜与免疫电镜检查

采集典型患病动物带有脱落肠黏膜的粪便适当稀释后,经离心沉淀等处理后,取上清直接负染后电镜检查,或加入免疫血清后作免疫电镜检查,如发现典型病毒例子,即可确诊。

3.血清学诊断

(1)琼扩试验 取病貂带有黏液的管状粪便,用生理盐水按 1:3 稀释,加双抗处理,离心沉淀后的上清液作为抗原,放置冰箱中备用。阳性血清可用康复貂血清按常规方法制备,置-20℃ 低温冰箱中,可保存 1 年以上。一般感染该病后 14 天,病貂血清中即可出现(1:8)~(1:64)的沉淀抗体。用已知抗原检查未知抗体.按常规方法进行琼扩试验,观察结果作出判断。

(2)血凝抑制(HI)试验 采集病貂粪便或双份血清与已知阳性血清或病毒培养物进行 HI 试验。试验时,抗原为乙烯亚胺灭活的病毒培养物,使用 48 个单位,被检血清用 10%红细胞吸收,用 1%猪红细胞作观察系统。该诊断方法具有简单、快速等优点。

(3)血凝抑制试验 取发病期病貂粪便作 HA(用猴红细胞或猪的红细胞)检测,常可以检测出较高的血凝价,再用 HI 进行特异性诊断,这是一种理想的病毒鉴定和血清学诊断方法,还被用来测定毒苗的效价。

(4)琼脂扩散试验(AGP) 可用已知的 MEV 抗体检测病料中的 MEV 抗原成分,也可用已知的 MEV 抗原检测发病貂血清中的抗体效价,但此法的敏感性要比血凝和血凝抑制试验低。

(5)荧光抗体染色技术 用免疫荧光抗体直接检测病貂肠黏膜、淋巴结等组织的冰冻切片,或者着染分离病毒的细胞培养物,如果在感染细胞核内出现特异性荧光,从而作出快速诊断。

(6)中和试验 根据病愈后血清效价要比病初增高 4 倍才有诊断意义,应用已知标准毒株的免疫血清,在猫肾次代细胞培养物上进行中和试验是较好的病毒鉴定方法。

(7)对流免疫电泳(CIEP) 采用对流免疫电泳诊断 MEV 的方法,检测水貂病毒性肠炎 CIEP,具有特异性强、检出率高,与 HA-HI 检出率相符。该方法简便、快速、准确,可在各水貂场应用。它既可以检测病貂粪便中的病毒,也就可以检测水貂血清中 MVE 特异性抗体,从而作出准确的诊断,该方法应用于感染后 4~6 天的早期诊断。

(8)其他检测方法 酶联免疫吸附试验(ELISA)、乳胶凝集试(LA),单克隆抗体的免疫层析、组织微点阵的免疫组化、基因组的限制性内切酶图谱、聚合酶链式反应、核酸杂交检测技术、光生物素标记核酸探针检测等技术。

【防制】

该病尚无特效治疗方法,应用抗生素和补液可以控制大肠杆菌、沙门氏菌的继发感染,减少死亡,根除该病的重点是检疫、淘汰阳性貂和可疑貂。

该病的预防和控制,必须采取综合性防疫措施。加强饲养管理,严格执行兽医卫生制度,定期进行免疫预防注射。

疫苗的免疫接种是控制该传染病的有效手段。对于病毒性疾病来说,由于没有有效的治疗药物,疫苗的免疫预防显得尤为重要。疫苗的接种是目前能够有效地预防 MEV 引起的水貂病毒性肠炎的主要手段。在水貂养殖过程中常用的疫苗为灭活疫苗和弱毒疫苗。最近几年,新型疫苗的研制也在不断进行中,主要包括基因工程亚单位疫苗、DNA 疫苗、合成肽疫苗和表位疫苗等。

一旦貂群发病,立即隔离病貂,并对场地、环境进行清扫和严格消毒,封死疫点,对受威胁的易感貂立即用弱毒苗紧急接种,对病貂进行对症、支持疗法,采用抗菌药物防止并发感染。

此外,还可用水貂肠炎病毒制备抗血清或软黄抗体用于病貂的治疗。

预防该病主要依靠免疫接种疫苗。定期注射貂病毒性肠炎灭活苗,通常在配种前(1~2月)对种貂进行预防注射,在断奶分窝后(6~7月)对幼貂作疫苗注射以控制该病。

思考题

1. 貂病毒性肠炎的主要诊断方法有哪些?
2. 如何控制貂病毒性肠炎?

第十五节　水貂阿留申病

水貂阿留申病(aleutian mink disease,AD)是由水貂阿留申病病毒(*Aleutian mink disease parvovirus*,ADV)引起的水貂的一种慢性消耗性、超敏感性和自身免疫性疾病,造成动物机体抵抗力下降,易于继发或混合感染其他疾病,各养貂国家均有发生,所有品系的水貂均能感染,该病主要的防控措施是检疫淘汰。

【病原】　ADV 属细小病毒科(*Parvoviridae*)、细小病毒亚科(*Parvovirinae*)、阿留申病毒属(*Amdovirus*)成员,为单股线状 DNA 病毒,基因组约 4 800 bp,无囊膜,二十面体对称,直径为 22~25 nm。ADV 能在貂睾丸细胞和肾细胞等原代细胞上生长,也可在 CRFK 细胞复制,并产生细胞病变。

ADV 对外界物理化学因素的抵抗力非常强。耐乙醚、氯仿、醇类等脂溶剂,耐酸,耐热,90℃ 10 min、100℃ 3 min 仍能保持感染性。但可被紫外线、0.5 mol/L 的盐酸、5 g/L 的碘及 20 g/L 的氢氧化钠灭活。

【流行病学】　ADV 主要存在于感染水貂的血液、血清、骨髓、脾脏、粪尿和唾液中。病貂和潜伏期的带毒水貂是主要的传染源。消化道和呼吸道是主要的传播途径,也可垂直传播。笼舍饲养加大了交叉感染的可能性。另外,水貂交配可使公貂和母貂相互感染,节肢动物是重要的传播媒介。ADV 也可以感染猫、狗、浣熊、臭鼬等动物。

【临床症状】　2~6 周龄新生幼貂易感,出现急性间质性肺炎,咳嗽、发热,病情迅速发展,急性病死率较高。

成年水貂感染 ADV 后,潜伏期为 60~90 天,个别病例达一年以上,多数病例病程发展缓慢,病程短者较少。患病水貂食欲不稳定,渴欲增强,渐进性消瘦、衰弱,体重下降,贫血,眼结膜、口腔黏膜和阴道黏膜色泽苍白,有的病例的齿龈、口腔、软腭、硬腭和舌根处有出血点和出血斑,肠道出血,排煤焦油样黑色粪便;有的病例出现神经症状,痉挛、抽搐、共济失调、后躯麻痹等。浆细胞增多、血清 γ-球蛋白数量增加。病貂机体抵抗力下降,易于继发其他疾病,且皮张质量差;成年母貂表现繁殖障碍,不妊娠、流产、死胎、木乃伊胎;患病成年公貂生殖能力下降。

【病理变化】　患病水貂肾脏病理变化最为明显,肾脏肿胀,由红色变为淡黄色或灰色,有散在的出血斑点,表面凹凸不平,似桑葚状,包膜难以剥离,后期肾脏萎缩变小。急性病例脾脏肿大,呈暗红色,慢性病例脾脏萎缩变小。病貂肝脏变性、肿胀、坏死,呈土黄色或红褐色,表面有散在灰白色斑点,质脆弱,有的病例会出现腹水。有的病貂胃肠黏膜有点状出血,口腔溃疡,心脏扩张、出血,脑膜充血。浆细胞大量增殖是主要的组织学变化,常在淋巴结、脾脏、肾脏及肝脏的血管周围形成"袖套"。

【诊断】 根据阿留申病的流行病学、临床症状和剖检变化,可作出初步诊断,确诊需进行实验室诊断。可采用病毒分离鉴定、碘凝集试验(IAT)、对流免疫电泳试验(CIEP)、淋巴细胞酯酶标记、胶体金免疫层析法、基因芯片技术、聚合酶链式反应(PCR)、核酸杂交技术等方法进行诊断。

【防治措施】

目前尚无阿留申病特异性防治办法,主要采取检疫净化等综合性防制措施。加强饲养管理,提供营养全价的新鲜饲料,提高动物机体抵抗力。加强兽医卫生制度,是防止 AD 蔓延和流行的有效方法,病貂场禁止水貂输入输出。定期进行 AD 检疫,对 AD 阳性貂淘汰。临时解救办法,注射青霉素、维生素 B_{12}、多核苷酸及给予肝制剂等,改善病貂的身体状况。采用异色型杂交在某种程度上可以减少该病的发病率。多年来,国内许多水貂场采用此方式,都收到了较好的成果。

第十六节　貂克雷伯氏菌病

貂克雷伯氏菌病是由克雷伯氏菌感染引起,以脓疱痈、蜂窝组织炎、麻痹、急性败血型为主要临床症状,常呈地方流行性,造成较大的损失。

【病原】 肺炎克雷伯杆菌(*Klebsiella pneumoniae*)属于肠杆菌科(Entewbacteriaceae)克雷伯菌属(*Klebsiella*),为兼性厌氧菌,两极着色,无鞭毛,不形成芽孢,多数菌株有菌毛,有荚膜,革兰氏染色阴性,常呈单个、成双或短链状排列。在普通培养基上(含糖时),呈灰白色、浓厚、圆凸的黏液壮大菌落,用接种环常可拉出较长的丝。在血液琼脂培养基上,不溶血。最适培养温度为 37℃。广泛存在于在自然界,是重要的条件致病菌。

【流行病学】 患病动物与健康带菌动物是主要的传染源,存在于人和动物呼吸系统、消化系统、泌尿生殖系统。主要经呼吸道、消化道以及外伤等途径感染。运输、拥挤、环境气候变化等应激,造成机体免疫力降低,动物易于感染发病。另外,长期使用抗生素导致菌群失调,也促进该病的发生。该病无季节性,多散发。

【致病机制】 克雷伯氏菌产生胞外毒性复合物,主要成分为荚膜多糖(63%)、脂多糖(30%)和少量蛋白质(7%)。有些菌株还可产生 LT 和 ST 肠毒素。肺炎克雷伯杆菌的荚膜抗原可使细菌抗吞噬以及抗抑菌物质的损伤;荚膜多糖可使细菌间粘连,也可黏附于组织细胞,是感染的重要因素;Ⅰ型和Ⅲ型菌毛尖端的黏附蛋白与细菌的移居、黏附和增殖有关。

【临床症状】 急性败血型病例突然发病,精神沉郁,食欲下降或废绝,呼吸困难,病程短,很快死亡。慢性病例的周身出现小脓疱,慢慢破溃、流出脓汁,有的形成瘘管。有的病例出现蜂窝织炎,多出现在喉部,并向颈下蔓延。有的病例后肢麻痹,步态不稳,预后不良。

【病理变化】 急性病例表现有化脓性、纤维素性肺炎或心内、外膜炎,脾肿大,肾脏有出血点或梗死。肝脏肿大、质脆易碎,有出血和瘀血。

【诊断】 根据流行病学、临床症状、病理变化诊断可做出初步诊断。确诊需要进行实验室检测。

1.直接镜检

无菌采取颈部脓汁、肝、肺涂片,镜检,克雷伯氏菌为革兰氏阴性杆菌,有荚膜。

2.细菌分离培养菌

采取肺、肝样品用灭菌注射器无菌将病死貂的肝、脾接种在普通琼脂培养基上,37℃培养24 h,可见乳白色、湿润、闪光、半透明黏液状正圆形菌落,用接种环勾取时则呈拉丝状。

3.生化鉴定

克雷伯氏菌生长特性:发酵葡萄糖、乳糖、麦芽糖、甘露醇、蔗糖;接触酶阳性;靛基质、M．R．、V-P、柠檬酸盐、硝酸盐还原试验均为阳性氧;氧化酶试验阴性。

4.动物接种试验

取 PYG 汤克雷伯氏菌纯培养物,腹腔接种健康接种后 24~96 h,全部死亡。死亡鼠的肺、肝组织可以发现接种的克雷伯氏菌。

【防制】

加强饲养管理,严格把好饲料关,禁止饲喂霉败变质和病原微生物污染的饲料,增强动物抵抗力。搞好环境卫生,严格管理制度。发现病貂,及时进行确诊;采取切实可行的治疗措施,通过药敏试验确定敏感药物进行使用,并尽早确定和淘汰无治疗价值的病貂,以减轻经济损失。

第十七节　水貂脑膜炎

水貂脑膜炎是由脑膜奈瑟球菌引起水貂的一种传染病,以病貂脑膜炎、败血症变化和突然死亡为特征。

【病原】　奈瑟氏菌属于革兰氏阴性菌,多呈双球菌状排列,相邻一侧扁平或略凹呈肾状。根据 DNA 同源性分析发现奈瑟氏菌有不同的基因种,包括脑膜炎奈瑟氏菌、淋病奈瑟氏菌、干燥奈瑟氏菌、金黄色奈瑟氏菌、淡黄奈瑟氏菌和黏膜奈瑟氏菌等种别。脑膜炎奈瑟氏菌是流行性脑脊髓炎的病原菌,在动物感染方面的研究鲜有报道。

脑膜炎奈瑟球菌为专性需氧菌,在 5%~10% CO_2 湿润环境中生长更佳:该菌最适生长温度为 37℃,低于 30℃或超过 40℃均不能生长:最合适生长的酸碱度为 pH 7.4~7.6;在血琼脂培养平板上,经 37℃ 24 h 培养后,形成无色或浅蓝灰色、圆形、凸起、光滑、透明、湿润、似露滴状的菌落,菌落直径为 1~1.5 mm,菌落不溶血,亦无色素;在血清肉汤液体培养基中,经 37℃ 24 h 培养后,培养基有轻度或中度混浊,稍微呈颗粒状或黏稠沉淀,液体培养基表面无菌体生长。

脑膜炎奈瑟球菌具有特征性的生物化学特性,该菌能够分解和发酵葡萄糖和麦芽糖,发酵产物中包括乳酸、甲酸、乙酸和琥珀酸等多种有机酸;奈瑟球菌在发酵葡萄糖和麦芽糖时,只产酸而不产气;不能分解和利用蔗糖,亦不液化明胶。

奈瑟氏菌分为多种血清群,目前在世界范围内引起流行的主要是 A、B、C 血清群。

脑膜炎奈瑟球菌对不良的环境状况的抵抗力很弱,特别对干燥、湿热、寒冷等物理因素极为敏感,即使在室温条件下,环境中的脑膜炎奈瑟球菌超过 3 h 即全部死亡:在 55℃的温度下,处理 5 min 便可杀灭该菌。该菌对化学因素和常用的消毒剂亦很敏感,1%石炭酸、75%乙醇、

0.1%新洁尔灭等均可以迅速杀灭该菌。

【流行病学】 通过呼吸道传播所致的化脓性脑膜炎,患者和带菌者为该病流行的重要传染源。多数病例为 A 群,冬春季节流行。

【致病机制】

1.脑膜炎奈瑟菌荚膜

荚膜可抵抗宿主体内吞噬细胞的吞噬作用,增强细菌对机体的侵袭力。

2.菌毛

介导细菌黏附在宿主易感细胞表面,有利于细菌在宿主体内定居、繁殖。

3.内毒素

是脑膜炎奈瑟菌的主要致病物质。内毒素作用于小血管或毛细血管,引起血栓、出血,表现为皮肤出血性瘀斑;作用于肾上腺,导致肾上腺出血。大量内毒素可引起弥漫性血管内凝血(disseminated intravascular coagulation,DIC),导致休克,预后不良。

【致病机理】 流行性脑脊髓膜炎(简称流脑)是由脑膜炎奈瑟菌(Nm)通过呼吸道传播引起的化脓性脑膜炎。

人类是脑膜炎奈瑟菌唯一的易感宿主。细菌由鼻咽部侵入机体,依靠菌毛的作用黏附于鼻咽部黏膜上皮细胞表面。多数人感染后表现为带菌状态或隐性感染,细菌仅在体内短暂停留后被机体清除。只有少数人发展成脑膜炎。我国引起脑膜炎的主要是 A 群菌,B 群常为带菌状态。脑膜炎奈瑟菌感染的发病过程可分为 3 个阶段:

(1)病原菌首先由鼻咽部侵入,依靠菌毛吸附在鼻咽部黏膜上皮细胞表面,引起局部感染;

(2)随后细菌侵入血流,引起菌血症,伴随恶寒、发热、呕吐、皮肤出血性瘀斑等症状;

(3)侵入血流的细菌大量繁殖,由血液及淋巴液到达脑脊髓膜,引起脑脊髓膜化脓性炎症。患者出现高热、头痛、喷射性呕吐、颈项强直等脑膜刺激症状。严重者可导致 DIC,循环系统功能衰竭,于发病后数小时内进入昏迷。病理改变表现为脑膜急性化脓性炎症伴随血管栓塞,白细胞渗出。

【临床症状】 成年水貂出现精神沉郁、食欲减退、被毛凌乱,并出现死亡。潜伏期尚不清楚。病初食欲减退或废绝,渴欲增加,体温 40.5~41.0℃,病貂消瘦,精神沉郁,眼裂缩小,喜卧,呼吸加快,粪便稀薄,常混有血液、肠黏膜和未消化饲料,呈红黄色或黑绿色。有的出现脑膜炎症状、间歇性抽搐和痉挛、反复发作等。

【病理变化】 剖检死亡水貂主要特征是出血性素质变化。在胸膜、心内膜及心冠状沟均有大小不等出血点和出血斑。心脏扩张,多数心房和心室内充满紫黑色血液凝块。肺呈斑块状出血,边缘气肿,肺门淋巴结肿大,呈红褐色,切面多汁。脾脏肿大是该病解剖变化显著特点,一般较正常脾脏大 2~3 倍,边缘钝圆呈紫黑色;肝脏肿大,呈黑红色,各别情况下发现有小的黄褐色坏死灶,切面不平,外翻。肾脏肿大,被膜易剥离,表面有散在粟粒大出血点和高粱粒大出血斑,肾盂内有出血点。小肠黏膜卡他性和出血性炎症变化脑膜高度充血,在大脑、小脑、延脑和颅底部发现有大小不等的出血点和出血斑。

【诊断】 根据流行病学、临床症状、病理剖检变化可以做出初步诊断,确诊需要实验室进行病原分离鉴定。

1.直接涂片镜检

脑脊液离心沉淀后,取沉淀物涂片,革兰染色后镜检。或消毒患者皮肤出血瘀斑处皮肤,用无菌针头挑破瘀斑取渗出物制成涂片,革兰染色后镜检。如镜下见到中性粒细胞内、外有革兰染色阴性双球菌时,即可作出初步诊断。

2.细菌分离

无菌条件下分别从病死水貂的肝脏、脾脏、肾脏及肺脏组织中取样划线接种于普通培养基、伊红美蓝、SS琼脂培养基和血琼脂平板上。在普通营养琼脂上经37℃培养24 h培养后,肝脏、肾脏、脾脏及肺脏等组织的培养中形成圆形隆起、表面有光泽、透明或半透明的露滴样小菌落;伊红美蓝琼脂上可以生长,但生长缓慢;在SS琼脂上不生长。血平板上形成直径为1 mm蓝灰色、半透明、凸起、光滑、湿润、有光泽、边缘整齐的不溶血菌落。革兰氏染色呈阴性球菌,呈双球菌状排列。

3.生化检测

分解葡萄糖和麦芽糖,产酸不产气;氧化酶实验呈阳性;过氧化氢酶实验呈阳性;不分解蔗糖、乳糖、果糖和山梨醇。

4.血清免疫学检查

(1)特异性抗原 可用对流免疫电泳法、乳胶凝集实验葡萄球菌A蛋白协同凝集试验、ELISA或免疫荧光法检测病人(或动物)早期血清及脑脊液中的脑膜炎球菌抗原。ELISA检测的灵敏度较高、特异性强、快速,有助于早期诊断。

(2)特异性抗体 可用间接血凝法、杀菌抗体实验、ELISA及RIA法检测,阳性率为70%左右。用固相放射免疫分析法(SPRIA)可定量检测抗A群脑膜炎球菌的特异性抗体,阳性率可高达90%。

(3)RIA法检测脑脊液微球蛋白 在病人脑脊液中微球蛋白明显增高,且与脑脊液中的蛋白含量及白细胞数平行。此项检测较敏感,早期脑脊液检查尚正常时此项检测即可升高,恢复期可正常。故有助于早期诊断、病情监测及预后判断。

(4)血清凝集试验 对获得死亡水貂细菌纯培养物,分别用已知人脑膜炎球菌A-D群诊断血清进行玻片凝集反应试验,以灭菌生理盐水作阴性血清对照,于玻片上出现颗粒状或片状凝集,液体变为透清,而与其他群血清及生理盐水均呈阴性反应,液体均等混浊。一般为A型。

5.分子生物学检测

(1)16S rRNA基因扩增和测序 对病原菌的16S rRNA基因片段进行了PCR扩增,以1.5%琼脂糖凝胶电泳观察,在1 380 bp处得到一条明亮条带。将分离自肝脏及脾脏的细菌PCR产物分别进行测序,经序列比对发现两者测序结果相同。将测序结果与GenBank上的已知序列进行同源性比较,结果与已知的脑膜炎奈瑟氏菌的核酸序列同源性达99.2%。根据不同属细菌16S rRNA基因同源性为70%~90%,而同一种内不同株间基因同源性>99%,确定该分离株为脑膜炎奈瑟氏菌。

(2)核苷酸碱基序列比对及进化树分析 将分离可疑菌株通过BLAST与黄奈瑟氏菌、脑膜炎奈瑟氏菌、脑膜炎奈瑟氏菌、脑膜炎奈瑟氏菌和脑膜炎奈瑟氏菌碱基序列同源比对进行诊断。脑膜炎奈瑟菌PCR分群:对疑似病例的血液标本进行脑膜炎奈瑟菌PCR分群和多位点序列分析实验进行鉴定,如果出现A型脑膜炎奈瑟菌即可确诊。

(3)常规PCR 国外有研究者在脑膜炎奈瑟氏菌基因的插入序列1 106设计一对引物,扩增疑为脑膜炎患者的CSF标本,其特异性为95%,敏感性为100%。

(4)荧光定量 PCR Balganesh 等用 PCR 扩增急性化脓性脑膜炎患者 CSF 中的脑膜炎奈瑟氏菌基因高度保区,扩增产物以生物素标记,再与特异探针进行点杂交,用链霉亲和素-碱性磷酸酶结合物和 BCIP /NBT 显色,敏感性与特异性均大于 95%,整个操作仅需 7 h 。

(5)其他快速诊断法 依据是脑膜炎患者脑脊液及血清中存在脑膜炎奈瑟菌可溶性抗原。因此可采用已知的抗体检测有无相应的抗原。

①对流免疫电泳 此法较常规培养法敏感,特异性高。一般 1 小时内即可得到结果。

②SPA 协同凝集试验 将待检的患者脑脊液或血清与已知脑膜炎奈瑟菌 IgG 类抗体标记的产生 SPA 的金黄色葡萄球菌混合。若标本中存在脑膜炎奈瑟菌的可溶性抗原,则使抗体标记的金黄色葡萄球菌聚集在一起,形成肉眼可见的凝集现象。

【防制】

该病的预防主要由控制脑膜炎奈瑟球菌传染源和提高动物的主动免疫力两大综合性措施进行。早期隔离治疗发病动物;加强带菌动物的检查及管理;搞好动物养殖场所的空气流通和空气消毒。控制病毒传染源的方法如下:

(1)加强饲养管理,保持饲料卫生,定期清扫圈舍,注意通风换气,改善貂舍环境。

(2)搞好环境卫生,严格消毒制度,禁用刺激性大的消毒液,定时清扫貂舍,保持貂舍内外环境卫生清洁。

(3)切断传播途径,搞好环境卫生,彻底清扫貂舍内外;加强消毒,选用聚维酮碘消毒液带畜消毒;及时隔离病貂。

(4)首先把具有临床症状病貂进行隔离饲养,采用青霉素和链霉素、磺胺类药物进行治疗,并对全群进行药物预防。

(5)在疫苗研制方而,在人已经研制出多种针对不同脑膜炎荚膜多糖群特异性的疫苗,主要的 A、C、Y、W 1 354 个群特异性抗原疫苗,根据各国各地流行的脑膜炎奈瑟球菌的血清型,选择使用不同血清型。在动物未见疫苗预防的报道。

【公共卫生】

由于该病为人兽共患病,应加强传染源的管理,提高人和动物的主动免疫力。早期隔离治疗患病动物和人;加强带菌者的检查及管理;在人群聚集场所和饲养场所加强空气流通和空气消毒;可以针对性地使用不同脑膜炎荚膜多糖群特异性的疫苗。

思考题

1.如何诊断水貂脑膜炎?

2.水貂脑膜炎对公共卫生有何影响?

3.在养殖场,如何防控水貂脑膜炎?

参 考 文 献

[1] 陈溥言. 兽医传染病学. 5 版. 北京：中国农业出版社,2006.

[2] 杨汉春. 动物免疫学. 2 版. 北京：中国农业大学出版社,2003.

[3] 蔡宝祥. 兽医传染病学. 4 版. 北京：中国农业出版社,2000.

[4] 吴清民. 家畜传染病学. 北京：中国农业大学出版社,2002.

[5] 刘秀梵. 兽医流行病学. 2 版. 北京：中国农业出版社,2000.

[6] 斯特劳 B E,阿莱尔 S D,蒙加林 W L,等. 猪病学. 8 版. 北京：中国农业大学出版社, 2000.

[7] J A W Coetzer and R C Tustin. Infectious Diseases of Livestock. 2nd edition. Oxford University Press,2005.

[8] Abul K,Abbas et al. Cellular and Molccular Immunology. 4th editiom. Saumders W B. Company,2000.

[9] Raitt I,Brostoff J,Male D. Immunology. sixth edition. edinburgh：Harcout Publishers Limited,2001.